www.kuhminsa.com

한 발 앞서는 출판사 구민사

KUH MIN SA

#604, Mullaebuk-ro 116, Yeongdeungpo-gu
Seoul, Republic of Korea

T. 02 701 7421
F. 02 3273 9642

Email kuhminsa@kuhminsa.co.kr

자격증 시험 접수부터 자격증 수령까지

필기 원서 접수

큐넷 회원 가입 후
(www.q-net.or.kr)
인터넷 접수만 가능
사진 파일, 접수비
(인터넷 결제) 필요
응시자격 요건
반드시 확인할것

필기 시험

입실 시간 미준수 시
시험 응시 불가
준비물 : 수험표,
신분증, 필기구 지참

필기 합격 확인

큐넷 사이트에서 확인
(www.q-net.or.kr)

실기 원서 접수

큐넷 회원 가입 후
(www.q-net.or.kr)
응시 자격 서류는
실기시험 접수기간
(4일 내) 에 제출
해야만 접수 가능

합격

한 발 앞서나가는 출판사
구민사에서 시작하세요!

실기 시험

필답형과 작업형으로 분류. 원서 접수 시 선택한 장소와 시간에 맞게 시험을 봅니다.
준비물 : 수험표, 신분증, 필기구 지참!

최종합격 확인

큐넷 사이트에서 확인
(www.q-net.or.kr)

자격증 신청

방문 or 인터넷 신청 가능. 방문 신청 시 신분증, 발급 수수료 지참할 것

자격증 수령

방문 or 등기 우편 수령 가능
등기비용을 추가하면 우편으로 받을 수 있습니다.

PREFACE

　설비보전기사는 일정한 주기로 모든 건물(주택, 플랜트 등)뿐만 아니라 지상에 설치된 모든 기계설비 장치의 진동 소음 등을 측정 분석하여 설비상태를 판단하고 기계요소 및 윤활상태를 철저히 점검 관리하여 돌발고장이 발생하지 않도록 최적의 설비상태를 유지토록 업무를 수행하는 국가 기술자격증이다.

　본 수험서는 설비보전기사 필기시험을 준비하는 수험생들을 위해 2025년부터 변경된 출제기준과 2022년까지 공개된 기출문제들을 철저히 분석하여 집필한 것으로, 각 과목들을 혼자서도 충분히 정리할 수 있도록 핵심 내용과 출제될 수 있는 문제들을 엄선하여 수록하였다. 또한 실전모의고사를 수록하여 시험에 대비할 수 있도록 하였다.

　본서의 특징은 다음과 같다.

> Ⅰ. 한국산업인력공단의 출제기준에 맞추어 내용을 구성하였다.
> Ⅱ. 출제 과목을 철저히 분석하여 효율적인 내용과 문제로 최대의 효과를 기대할 수 있도록 하였다.
> Ⅲ. 각 과목의 이론과 문제들은 혼자서도 충분히 공부할 수 있도록 하였다.
> Ⅳ. 최근 기출문제들과 출제경향 등을 분석하였고 자기평가를 할 수 있도록 하였다.
> Ⅴ. 출제 빈도가 높은 중요 공식과 내용 위주로 집필되었다.

본 교재를 통하여 뜻한 바 목적을 이루기를 바라며 내용 중 오류 및 잘못된 점이 있다면 수험생들의 기탄없는 충고를 받아들여 베스트 문제집이 될 수 있도록 최선을 다할 것이다.
끝으로 이 책이 출간되기까지 애를 쓰신 도서출판 구민사 조규백 대표님과 직원 임직원들께 감사드린다.

저자 씀

CONTENTS

제 1 과목 — **제1편 공유압** — 공유압 및 자동제어

제1장 공유압의 개요 ... 2
1. 파스칼의 원리(Pascal's principle) ... 2
2. 공압기기의 구성 및 특징 ... 3
3. 공·유압기기 ... 3
4. 유압장치의 구성요소 ... 4
5. 유압장치의 특징 ... 5
6. 공·유압장치 구성의 차이 ... 5
7. 공·유압장치의 예 ... 6

제2장 공압기기 ... 7
1. 공압발생장치 ... 7
2. 공압 제어 밸브 ... 9
3. 공압 액추에이터(Actuator ; 작동기) ... 11
4. 공압 부속기기 ... 13

제3장 유압기기 ... 16
1. 유압 펌프 ... 16
2. 유압 제어 밸브 ... 21
3. 유압 액추에이터 ... 23
4. 유압 부속기기 ... 26

제4장 공·유압 기호 ... 30
1. 공압 기호 표시법 ... 30
2. 공·유압 기호 ... 31

제5장 공·유압 회로 ... 38
1. 공압 회로 ... 38
2. 유압 회로 ... 39
◆ 실전연습문제 ... 44

제 1 과목 — **제2편 자동제어** — 공유압 및 자동제어

제1장 전기전자장치 조립 ... 81
1. 전기전자 조립 공구와 장비 ... 81
2. 전기전자 부품 ... 84
3. 전기전자장치 기능 검사 ... 85
4. 전기전자장치 안전성 검사 ... 86
5. 계측기기 유지보수 ... 87

제2장 센서활용 기술	89
1. 센서의 개요	89
2. 센서의 종류와 특성	90
3. 센서 회로의 신호 변환, 전송, 처리, 출력	93
4. 센서 신호 측정 방법	95
5. 센서 관리	98

제3장 모터제어	100
1. 모터의 구조	100
2. 모터의 특징	112
3. 제어회로 구성	115
4. 시험운전	119
5. 유지보수	120

제4장 공장제어	123
1. 제어의 기초이론	123
2. 계측일반	154
3. 계측제어	162
◆ 실전연습문제	168

제 2 과목 용접 및 안전관리

제1장 용접일반 이론	212
1. 용접의 총론	212
2. 전기 용접	215
3. 가스 용접	223

제2장 용접시공	226
1. 용접시공 시 올바른 적용 사항	226
2. 용접 결합부를 예열하는 이유	226
3. 용착 방법의 종류	226
4. 용접이음과 결함의 종류	227
5. 용접변형과 잔류응력	229
6. 용접 결함의 생성과 특성 및 방지대책	231
7. 가스 용접의 역류, 역화, 인화	233
◆ 실전연습문제	234

제3장 비파괴 검사	253
1. 각종 비파괴 검사의 개요	253
2. 비파괴 검사의 종류, 원리 및 특징	257

◆ 실전연습문제 262

제4장 안전관리 279

1. 기계작업 안전 279
2. 용접작업 안전 287
3. 전기취급 안전 288
4. 가스 및 위험물의 안전 290
5. 산업안전 일반 294
6. 안전보호구 298
7. 사고 예방 300
8. 산업안전보건법령 301
9. 기계설비법령 302
◆ 실전연습문제 306

제 3 과목 기계설비 일반

제1장 도면해독 328

1. 치수공차 328
2. 표면거칠기 331
3. 기하공차 종류 및 해석 334
◆ 실전연습문제 339

제2장 측정기 348

1. 측정기 선정 348
2. 기본 측정기 사용 351
◆ 실전연습문제 355

제3장 기계가공법 365

1. 공작기계의 종류 및 용도 365
2. 절삭가공의 종류 및 특징 366
3. 비절삭가공의 종류 및 특징 378
◆ 실전연습문제 383

제4장 기계재료 396

1. 기계재료의 개요 396
2. 기계재료의 물성 및 재료시험 397
3. 열처리 401
◆ 실전연습문제 404

제5장 기계구동 장치 조립 — 413

1. 조립작업계획 — 413
2. 설계도면 및 조립도면 해독 — 414
3. 공구활용 — 420
4. 조립 측정 검사 — 421
◆ 실전연습문제 — 422

제6장 기계장치 보전 — 427

1. 체결용 기계요소 — 427
2. 축계 기계요소 — 441
3. 전동용 기계요소 — 450
4. 제어용 기계요소 — 460
5. 관계 기계요소 — 462
6. 밸브의 점검 및 정비 — 463
7. 펌프의 점검 및 정비 — 464
8. 송풍기의 점검 및 정비 — 470
9. 압축기의 점검 및 정비 — 473
10. 감속기의 점검 및 정비 — 478
11. 전동기의 점검 및 정비 — 480
◆ 실전연습문제 — 483

제4과목 설비진단 및 관리

제1장 설비 진동 및 소음 — 522

1. 설비진단 — 522
2. 진동 및 측정 — 526
3. 소음 및 측정 — 547
◆ 실전연습문제 — 558

제2장 설비관리계획 — 582

1. 설비관리 개론 — 582
2. 설비계획 — 587
3. 설비보전의 계획과 관리 — 598
◆ 실전연습문제 — 608

제3장 종합적 설비관리 — 624

1. 공장 설비관리 — 624
2. 종합적 생산보전 — 630
◆ 실전연습문제 — 638

제4장 윤활관리의 기초   648

1. 윤활관리의 개요   648
2. 윤활제의 선정   655
◆ 실전연습문제   660

제5장 윤활방법과 시험   674

1. 윤활 급유법   674
2. 윤활기술   679
3. 윤활제의 시험방법   687
◆ 실전연습문제   696

제6장 현장윤활   707

1. 압축기의 윤활관리   707
2. 베어링의 윤활관리   710
3. 기어의 윤활관리   711
4. 유압 작동유 및 오염관리   712
◆ 실전연습문제   715

※ 필기과목의 변경과 CBT 시험 실시에 따른 기출문제는 더 이상 수록할 수 없는 관계로 복원문제 및 출제예상 모의고사로 대체합니다.

부록 — CBT 실전 모의고사

제1회	CBT 실전모의고사	726
제2회	CBT 실전모의고사	751
제3회	CBT 실전모의고사	776
제4회	CBT 실전모의고사	800
제5회	CBT 실전모의고사	824
제6회	CBT 실전모의고사	848

CONSTRUCT

01 핵심 이론 요약

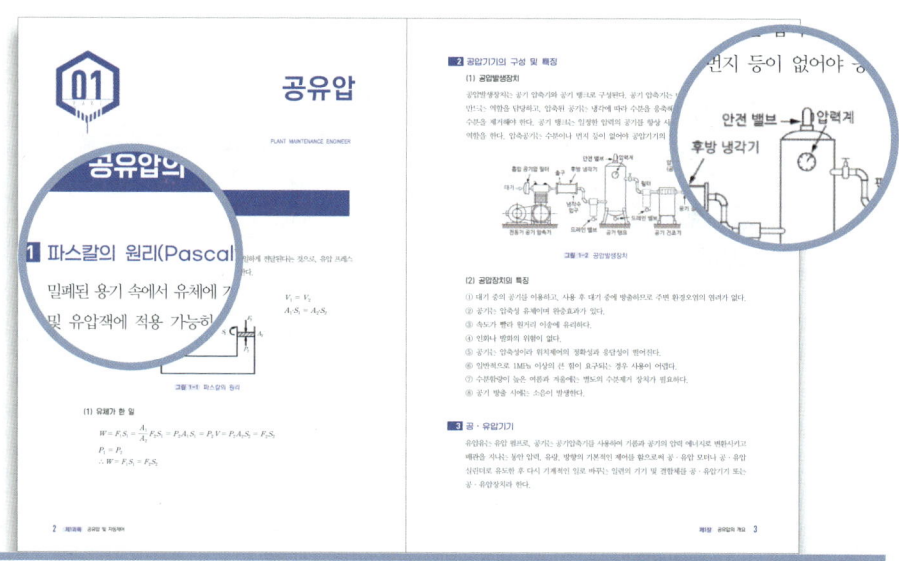

출제기준에 맞춰 각 과목별 이론을 체계적으로 요약 정리하여 수험생이 스스로 내용을 정리할 수 있도록 하였습니다.

02 실전연습문제

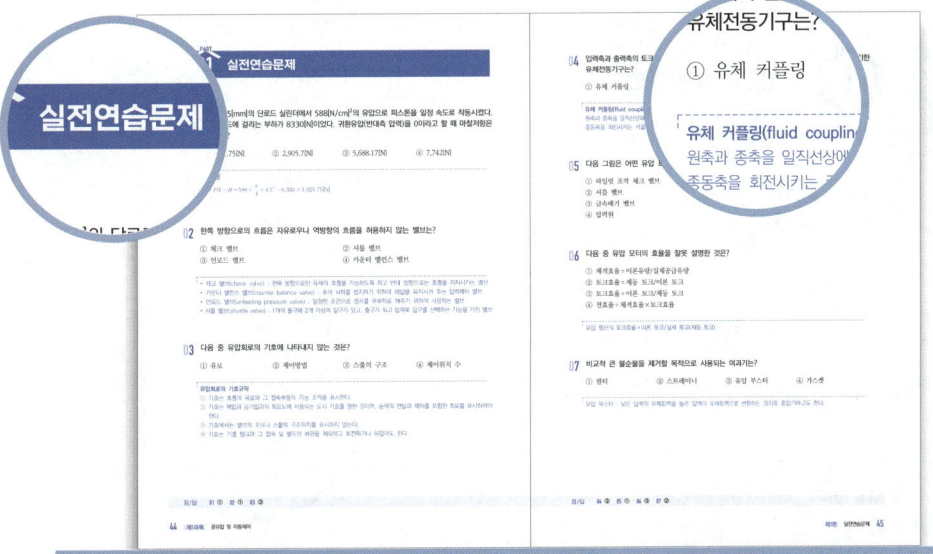

실전연습문제와 상세한 해설을 수록하여 앞서 배운 이론을 한 번 더 짚고 넘어갈 수 있도록 하였습니다.

03 CBT 실전모의고사

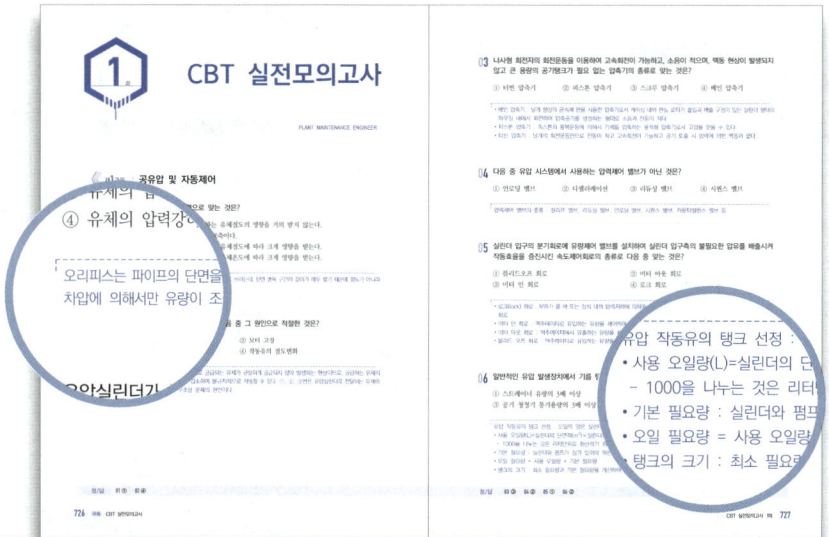

CBT 실전모의고사 문제를 수록하여 출제기준 경향 분석 및 자기평가를 할 수 있도록 하였으며 틀린문제도 쉽게 이해할 수 있도록 자세한 해설을 수록하였습니다.

설비보전기사 필기 출제기준

직무분야	기계	자격종목	설비보전기사	적용기간	2025.1.1~2028.12.31

직무내용: 생산시스템이나 설비(장치)의 설비보전에 관한 전문적인 지식을 가지고, 생산설비 등을 최적의 상태로 효율적으로 유지하기 위해 일상점검 및 정기점검을 통한 설비진단을 하고 고장부위를 정비하거나 유지, 보수, 관리 및 운용 등을 수행하는 직무이다.

필기검정방법	객관식	문제수	80	시험시간	2시간

필기과목명	문제수	주요항목	세부항목
공유압 및 자동제어	20	1. 공유압	1. 공유압의 개요 2. 공기압 기기 3. 유압 기기 4. 공유압 기호 5. 공유압 회로
		2. 전기전자장치조립	1. 전기전자장치 조립 2. 전기전자장치 기능 검사 3. 전기전자장치 안전성 검사
		3. 센서 활용 기술	1. 센서 선정 2. 센서 회로 구성 3. 센서 신호 4. 센서 관리
		4. 모터 제어	1. 제어방식 설계 2. 제어회로 구성 3. 시험 운전 4. 유지 보수
		5. 공정제어	1. 제어의 기초이론 2. 계측일반 3. 계측제어

필기과목명	문제수	주요항목	세부항목
용접 및 안전관리	20	1. 용접일반 이론	1. 아크 용접
		2. 용접시공	1. 용접시공 및 검사
		3. 비파괴검사	1. 비파괴검사 개요
		4. 안전관리	1. 작업 안전관리
기계설비 일반	20	1. 도면해독	1. 도면해독
		2. 기본측정기 사용	1. 기본측정기 사용
		3. 기계가공법	1. 기계가공
		4. 기계재료	1. 기계재료의 성질과 분류
		5. 기계구동장치조립	1. 기계구동장치조립
		6. 기계장치 보전	1. 기계요소 보전 2. 기계장치 보전

필기과목명	문제수	주요항목	세부항목
설비진단 및 관리	20	1. 설비 진동 및 소음	1. 설비진단의 개요 2. 진동 및 측정 3. 소음 및 측정
		2. 설비관리계획	1. 설비관리 개론 2. 설비계획 3. 설비보전의 계획과 관리
		3. 종합적 설비관리	1. 공장 설비관리 2. 종합적 생산보전
		4. 윤활관리의 기초	1. 윤활관리의 개요 2. 윤활제의 선정
		5. 윤활방법과 시험	1. 윤활 급유법 2. 윤활기술 3. 윤활제의 시험방법
		6. 현장윤활	1. 윤활개소의 윤활관리

설비보전기사 필기 시험정보

개요
국가적으로 플랜트 설비를 잘관리하느냐 못하느냐에 따라 국익에 미치는 영향이 크므로 설비관리를 기술적으로 담당하는 기술인력이 산업사회에 요구되어 자격제도 제정

수행직무
일정한 주기로 플랜트 설비의 진동소음 등을 측정분석하여 설비상태를 판단하고 기계요소 및 윤활상태를 철저히 점검 관리하여 돌발고장이 발생하지 않도록 최적의 설비상태를 유지토록 업무를 수행

진로 및 전망
화학, 제철, 전자부품조립, 전력설비등 설비를 갖춘 모든 산업체로 진출이 가능하며, 해당업체는 원료를 절약하여 회사의 이익을 창출하는데 한계가 있으므로 결국 설비를 어떻게 잘 관리했느냐 못했느냐에 따라 회사이익이 좌우될 수 있어 향후 설비보전 기술요원에 대한 전망은 밝다고 볼 수 있음

취득방법
① 시 행 처 : 한국산업인력공단
② 관련학과 : 대학 및 전문대학의 기계 관련학과
③ 시험과목
- 필기 : 1. 설비진단 및 계측 2. 설비관리 3. 기계일반 및 기계보전 4. 공유압 및 자동화
- 실기 : 설비보전 실무
④ 검정방법
- 필기 : 객관식 4지 택일형 과목당 20문항(과목당 30분)
- 실기 : 작업형(멀티미디어(동영상) 1시간, 50점 / 작업형 2시간, 50점)
⑤ 합격기준
- 필기 : 100점을 만점으로 하여 과목당 40점 이상, 전과목 평균 60점 이상
- 실기 : 100점을 만점으로 하여 60점 이상

시험수수료
- 필기 : 19,400
- 실기 : 68,000

01 SUBJECT

공유압 및 자동제어

PLANT MAINTENANCE ENENGINEER

◢ 공유압
◢ 자동제어

공유압

PLANT MAINTENANCE ENGINEER

CHAPTER 01 공유압의 개요

1 파스칼의 원리(Pascal's principle)

밀폐된 용기 속에서 유체에 가한 압력은 모든 방향으로 동일하게 전달된다는 것으로, 유압 프레스 및 유압잭에 적용 가능하며, 유압기기의 원리라고도 한다.

$$P_1 = \frac{F_1}{A_1}, P_2 = \frac{F_2}{A_2}$$

$$V_1 = V_2$$
$$A_1 \cdot S_1 = A_2 \cdot S_2$$

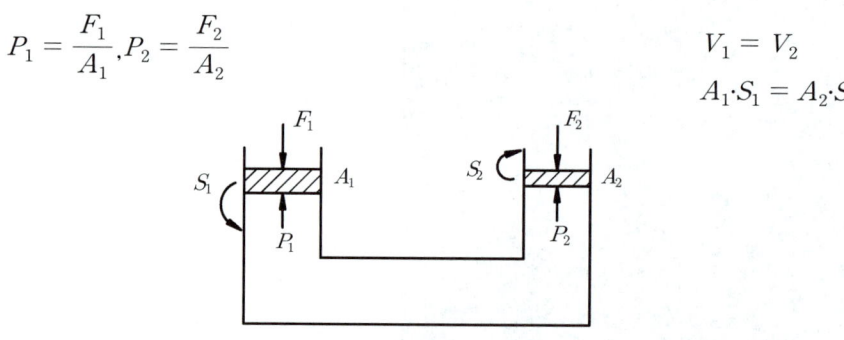

그림 1-1 파스칼의 원리

(1) 유체가 한 일

$$W = F_1 S_1 = \frac{A_1}{A_2} F_2 S_1 = P_2 A_1 S_1 = P_2 V = P_2 A_2 S_2 = F_2 S_2$$

$$P_1 = P_2$$
$$\therefore W = F_1 S_1 = F_2 S_2$$

2 공압기기의 구성 및 특징

(1) 공압발생장치

공압발생장치는 공기 압축기와 공기 탱크로 구성된다. 공기 압축기는 대기의 저압을 고압으로 만드는 역할을 담당하고, 압축된 공기는 냉각에 따라 수분을 응축해 배출시키거나 건조시켜 수분을 제거해야 한다. 공기 탱크는 일정한 압력의 공기를 항상 사용할 수 있도록 저장하는 역할을 한다. 압축공기는 수분이나 먼지 등이 없어야 공압기기의 고장이 발생하지 않는다.

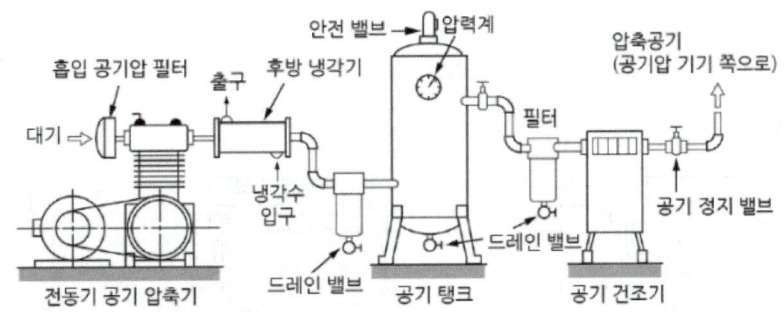

그림 1-2 공압발생장치

(2) 공압장치의 특징

① 대기 중의 공기를 이용하고, 사용 후 대기 중에 방출하므로 주변 환경오염의 염려가 없다.
② 공기는 압축성 유체이며 완충효과가 있다.
③ 속도가 빨라 원거리 이송에 유리하다.
④ 인화나 발화의 위험이 없다.
⑤ 공기는 압축성이라 위치제어의 정확성과 응답성이 떨어진다.
⑥ 일반적으로 1MPa 이상의 큰 힘이 요구되는 경우 사용이 어렵다.
⑦ 수분함량이 높은 여름과 겨울에는 별도의 수분제거 장치가 필요하다.
⑧ 공기 방출 시에는 소음이 발생한다.

3 공·유압기기

유압유는 유압 펌프로, 공기는 공기압축기를 사용하여 기름과 공기의 압력 에너지로 변환시키고 배관을 지나는 동안 압력, 유량, 방향의 기본적인 제어를 함으로써 공·유압 모터나 공·유압 실린더로 유도한 후 다시 기계적인 일로 바꾸는 일련의 기기 및 결합체를 공·유압기기 또는 공·유압장치라 한다.

4 유압장치의 구성요소

유압장치란 유압유에 압력 에너지를 주어 그 압력 에너지로 하여금 기계적 일을 하도록 한 시스템이다.

(1) Power unit(동력장치) 동력원-펌프, 기름 탱크, 여과기, 전동기로 구성된다.

(2) 제어 밸브류

압력 에너지를 전달·조정하는 유압 요소로 압력제어 밸브, 유량제어 밸브, 방향제어 밸브 등이 있다.

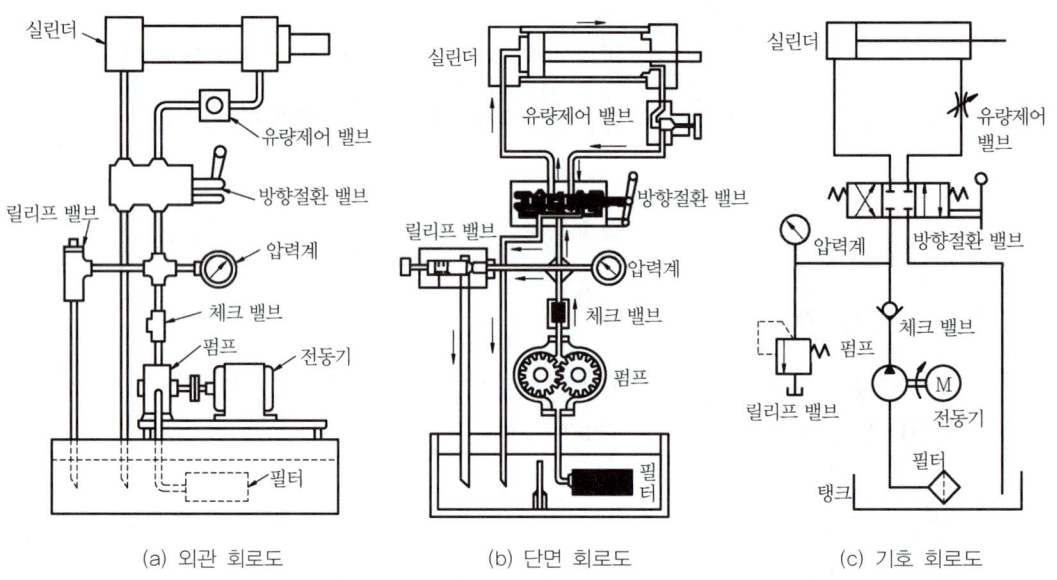

그림 1-3 드릴 머신의 유압장치

① 압력제어 밸브 : 힘의 크기를 제어한다.
② 유량제어 밸브 : 속도를 제어한다.
③ 방향제어 밸브 : 방향을 제어한다.

(3) 액추에이터(작동기)

압력 에너지를 기계적 에너지로 변환시키는 유압 요소로 유압 실린더와 유압 모터가 있다.

(4) 파이프류

앞의 장치들을 연결시키고 작동유를 수송하는 요소로 동관, 고무호스, 알루미늄관 등이 있다.

(5) 기타 부속품

압력 게이지, 축압기(accumulator), 필터, 여과기 등이 있다.

5 유압장치의 특징

(1) 장점

① 동작속도를 자유로이 바꿀 수 있다.
② 커다란 조작력을 간단히 얻으며 그 조절도 용이하다.
③ 전기적 조작과 조합이 간단하게 된다.
④ 원격조작(remote control)이 된다.
⑤ 과부하에 대해서 안전장치로 만드는 것이 용이하다.
⑥ 입력에 대한 출력의 응답이 빠르다.
⑦ 무단변속이 가능하다.
⑧ 충격이나 진동을 용이하게 감쇄시킨다.
⑨ 공기압에 비하여 조작이 안전하고 응답이 빠르다.

6 공·유압장치 구성의 차이

공·유압장치 구성의 가장 다른 점은 유압장치에는 기름 탱크로의 귀환 배관이 필수적으로 있어야 하는 반면, 공압장치에서는 귀환되는 공기는 대기 중에 방출하면 되므로 별도의 귀환 배관이 요구되지 않는다는 것이다.

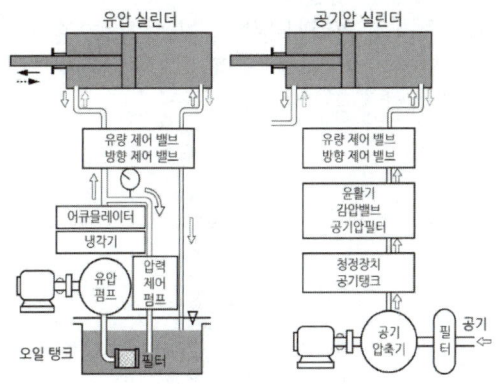

그림 1-4 유공압장치의 구성도

7 공·유압장치의 예

(1) 유체전동기구

토크컨버터 : 입력축과 출력축의 토크를 변화시키기 위하여 펌프 회전차와 터빈 회전차 중간에 스테이터를 설치한 유체전동기구이다. 구성요소는 다음과 같다.

① 입력축에 펌프(임펠러) 회전차
② 출력축에 터빈(런너) 회전차
③ 안내깃(스테이터)

(2) 유체변속장치

① 두 축 사이에 동력을 전달할 때, 두 축 사이의 속도비를 무단계(無段階)로 변속시킬 수 있는 장치로서, 구동축과 피동축 사이에 액체를 운동전달의 매개로 사용한 연결체이다.

② 원동축(原動軸)과 부하(負荷)를 유체(流體)를 매개로 결합해서 동력을 전달하고, 부하의 변동에 따라 자동으로 변속장치를 하는 유체 변속장치이다. 가장 기본적인 토크컨버터는 원동축에 의해 구동되는 펌프 날개차, 피동축을 회전시키는 터빈 날개차 및 안내날개로 이루어져 있다.

③ 원리는 2개의 선풍기를 마주 놓고 한쪽의 선풍기에 스위치를 넣어 회전시키면 공기의 작용으로 다른 것도 회전하는데 있다. 이 한 쌍의 선풍기를 터빈 휠로 하여 케이스로 덮고, 그 속에 액체(오일)를 가득 넣으면, 회전력이 보다 효과적으로 전달된다. 더구나 한 쌍의 터빈 사이, 즉 액체의 귀로(歸路)에 해당되는 곳에 고정날개를 설치하면 회전력(토크)이 증대한다. 게다가 피구동측(被驅動側)의 회전속도가 느릴 때는 토크가 증대되고, 속도가 빨라짐에 따라 토크가 작아지는 성질이 있다.

(3) 쇽업소버(Shock absorber) : 스프링, 고무, 공기압, 유압 등을 이용하여 운동 에너지를 흡수하여 기계적 충격을 완화시키는 장치로 차량, 항공기 등에 장착된다.

CHAPTER 02 공압기기

1 공압발생장치

공압발생장치의 구성은 공기 압축기, 냉각기, 공기탱크, 건조기 등으로 구성된다.

(1) 공기 압축기(Air compressor)

공기를 압축하여 공압 에너지를 발생시키는 장치로 대기 중의 공기를 흡입하여 100kPa 이상의 압력을 만들어 내는 공압기기의 심장이다. 압축기의 형식으로는 체적변화의 원리를 이용(용적형)한 왕복식 압축기와 회전식 압축기 그리고 공기의 유동 원리를 이용(비용적형, 터보형)한 터빈 압축기가 있다. 왕복식 압축기의 종류로는 피스톤 압축기와 격판 압축기(다이어프램식 압축기)가 있으며, 회전식 압축기에는 미끄럼 날개 회전 압축기, 스크루 압축기, 루트 블로어(Root blower) 등이 있다. 터빈 압축기(유량 압축기)에는 축류형과 반경류형이 있다

① 왕복 피스톤 압축기 : 실린더 내 피스톤의 왕복운동으로 공기를 압축하는 기계로 흡입, 압축, 토출이 피스톤의 직선 왕복운동에 의해 이루어지고, 저압에서 고압까지 사용 가능하며 산업용으로 가장 널리 사용되고 있다. 1단, 2단, 3단 압축이 있으며 냉각방법에 따라서는 수냉식과 공랭식이 있다. 공랭식은 소형, 수냉식은 대형으로 이용되고 있다. 다이어프램식은 급유가 필요없는 방식이다.

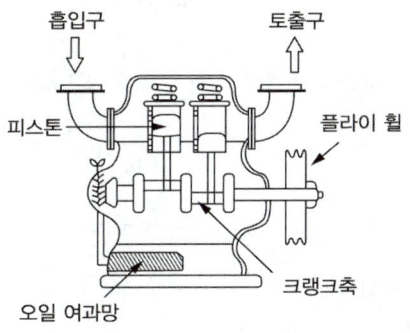

그림 2-1 피스톤 압축기

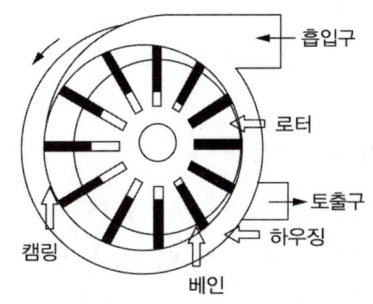

그림 2-2 미끄럼 날개 회전식 압축기

② 미끄럼 날개 회전식 압축기 : 그림 2-2와 같이 하우징(housing) 내에 로터가 회전하면 베인에 의해 흡입된 공기가 토출구 쪽으로 이동하게 된다. 공기를 안정된 상태에서 압축할 수 있고 일정하게 공급이 가능하며, 치수의 정밀도가 높아 조용한 운전이 가능하다. 베인식 압축기라고도 하며 압축공기를 부드럽게 연속적으로 공급할 수 있으며, 맥동과 소음이 적고 소형으로

공기압 모터로도 사용되고 있다.
③ 스크루 압축기 : 암수 한 쌍의 스크루가 맞물려 하우징에 둘러싸인 공간 내에서 스크루의 회전으로 흡입된 공기가 축 방향으로 압축되어 토출된다. 특징은 다음과 같다.
- 회전축이 평행하므로 고속회전이 가능하다.
- 진동이 적으며 저주파로 소음이 적고 발생된 소음은 제거가 용이하다.
- 압축기 실내의 섭동 부분이 적어 급유가 필요치 않다.
- 연속적으로 압축된 공기의 토출이 가능하여 맥동이 없고 큰 공기탱크가 불필요하다.

④ 터빈 압축기 : 날개의 회전운동만으로 진동이 적고 고속회전이 가능하고 공기 토출 시 압력에 의한 맥동이 없다. 또한 흡인 밸브와 토출 밸브가 없어 고장이 적고, 압축 부분에 윤활이 필요 없어 급유할 필요가 없다. 대 유량용으로 사용하기에 적당하다. 축류형과 반경류형이 있다.

⑤ 루츠 블로어 : 90° 위상차를 갖는 두 회전자를 서로 반대방향으로 회전시켜 압축하는 방식이다. 비접촉형이며 급유가 필요 없고 소형이며, 고압 송풍이 가능한 반면, 토크 변동이 커 큰 소음이 발생하는 형식이다.

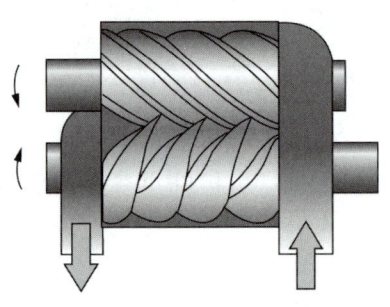

그림 2-3 스크루 압축기

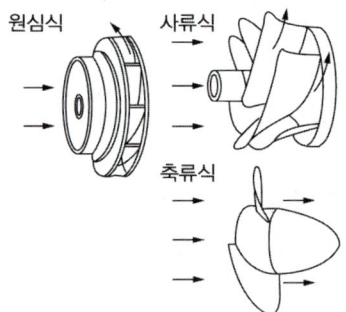

그림 2-4 흐름의 방향에 따른 회전체의 분류

(2) 공기탱크

압축된 공기를 저장하는 역할을 한다. 압축기로부터 공급받은 압축공기의 공급 및 압력의 변화를 안정되게 한다. 즉, 맥동방지, 압력강하 방지, 정전과 같은 비상시 운전 유지, 공기 내 응축수 분리 등의 역할을 하고 있고 압력용기로 법적 제한을 받는다.

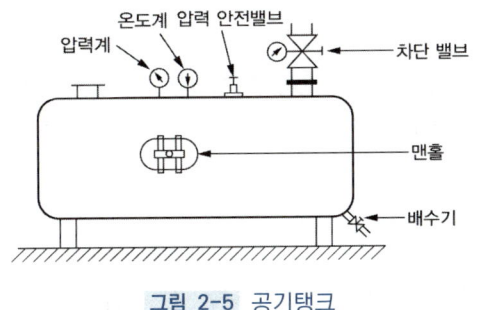

그림 2-5 공기탱크

(3) 에프터 쿨러(After cooler; 냉각기)

압축된 공기를 냉각하여 수분을 제거하는 장치이다. 설치 위치는 공기 압축기의 바로 다음이나 에어 드라이어 앞에 둔다. 냉각하는 방식으로는 수냉식과 공랭식이 있다.

(4) 에어 드라이어(Air dryer; 건조기)

압축된 공기를 건조시키는 장치이다. 건조 방식으로는 냉동식, 흡수식, 흡착식 등이 있다. 냉동식 에어 드라이어는 압축공기를 냉동기로 수분을 응축시켜 제거하는 방식으로 보수비, 설비비, 운전비가 저렴하며 널리 사용되고 있다. 이슬점 온도를 0.5[℃] 이상 유지시켜 열교환기에 얼음이 얼어 막히지 않도록 해야 한다.

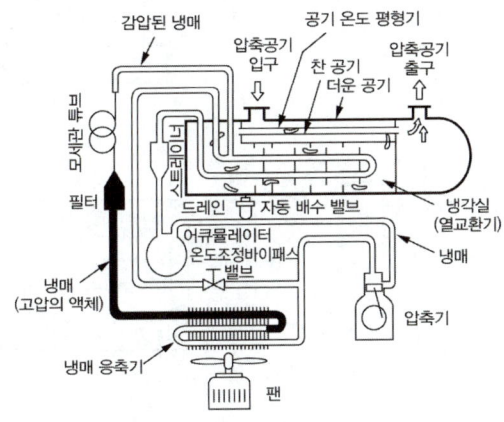

그림 2-6 냉동식 에어 드라이어

2 공압 제어 밸브

공압 제어 밸브로는 압력 제어 밸브, 유량 제어 밸브, 방향 제어 밸브 등이 있다. 공압 제어 밸브의 분류와 원리가 유압 제어 밸브의 분류와 원리가 유사한 면이 있기 때문에 유압 제어 밸브 쪽에서 좀 더 자세한 내용을 다루기로 한다.

(1) 압력 제어 밸브

압력 제어 밸브의 종류로는 릴리프 밸브, 안전 밸브, 시퀀스 밸브, 감압 밸브(압력 조절 밸브), 비례압력 제어 밸브 등이 있다.

(2) 유량 제어 밸브

공기의 유량을 조정하는 것으로 공압기기 구동 시 공급량 또는 배기량을 조절하는데 유속을 제어하는 밸브이다. 용도 및 기능에 따른 분류로 교축 밸브, 속도 제어 밸브, 배기 교축 밸브, 급속 배기 밸브 등이 있다.

(3) 방향 제어 밸브

① 기능에 의한 분류 : 포트의 수와 위치의 수에 따른 분류이다.
② 조작 방식에 따른 분류 : 인력조작 방식, 기계 방식, 전자 방식, 공압 방식 등으로 분류된다.
③ 밸브구조에 의한 분류 : 포펫식 밸브와 미끄럼(슬라이드)식 밸브 등이 있다.

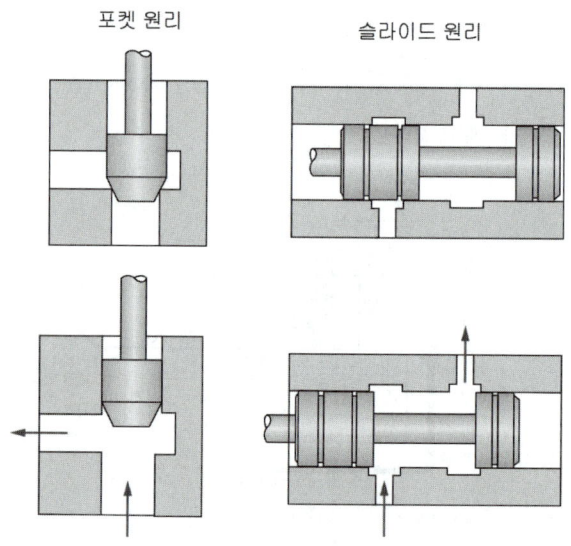

그림 2-7 포펫 밸브와 슬라이드 밸브의 작동원리

(4) 기타 밸브

① 체크 밸브(check valve) : 체크 밸브란 한쪽 방향의 유동은 허용하고 반대 방향의 흐름은 차단하는 밸브로서 역류 방지용으로 사용된다. 차단시키는 방법에는 원추(cone)나 볼(ball), 판(plate) 또는 격판(diaphragm) 등이 사용되며, 종류에도 스프링이 없는 것과 내장된 것 등이 있다.
② 셔틀 밸브(shuttle valve) : 셔틀 밸브는 두 개 이상의 입구와 한 개의 출구를 갖춘 밸브로서

양 체크 밸브(double checkvalve) 또는 OR 밸브라고도 한다.
③ 2압 밸브(two pressure valve) : 2압 밸브는 두 개의 입구와 한 개의 출구를 갖춘 밸브로서 두 개의 입구에 압력이 작용할 때에만 출구에 출력이 작용하는 밸브이다. 이 밸브는 두 개의 압력 신호가 다른 압력 신호일 경우는 작은 쪽의 압력이 출구로 나가며, 동시에 입력되지 않을 경우는 늦게 들어온 신호가 출구로 나가게 된다. 따라서 이 밸브는 AND 밸브라고도 하며 안전 제어, 연동 제어, 검사 기능, 로직 작동(logic operation) 등에 사용된다.
④ 급속배기 밸브(quick exhaust valve) : 공기를 급속하게 배기시켜 실린더의 속도를 증가시키고자할 때 사용된다. 이 밸브를 실린더에 직접 부착하면 실린더 내의 공기가 좁고 긴 배관을 통과하지 않고 급속배기 밸브의 배기공을 통하여 직접 배기되기 때문에 배기시간이 단축되어 실린더의 속도가 증가된다.

3 공압 액추에이터(Actuator; 작동기)

(1) 공압 실린더

공기는 압축성 유체로 정확한 속도제어와 위치제어가 다소 어렵고 부하의 크기에 영향을 받기 쉽다. 공압 실린더의 구조와 종류는 다음과 같다.

① 공압 실린더의 기본 구조
- 실린더 튜브 : 실린더의 외곽을 이루는 부분으로서 피스톤의 움직임을 안내하기 때문에 피스톤의 미끄럼 운동 및 내압이 걸리므로 내압성과 내마모성이 요구된다.
- 헤드커버, 로드커버 : 실린더 튜브의 양 끝에 설치되어 피스톤의 행정거리를 결정하는 요소이고, 급배기 포트, 피스톤 로드 부싱, 쿠션기구 등을 내장하는 부품이다.

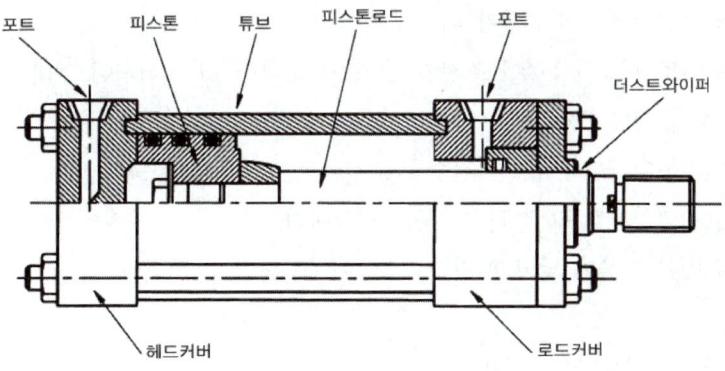

그림 2-8 복동 공압 실린더의 구조

② 단동 실린더(Single acting cylinder) : 한 방향의 운동에만 압축 공기를 사용하고 반대 방향의 운동은 스프링이나 피스톤 및 로드의 자중 또는 외력에 의해 이루어지는 복귀운동을 한다.

③ 복동 실린더(Double acting cylinder) : 압축 공기를 양측에 번갈아가며 공급하여 피스톤을 전진운동을 시키거나 후진운동을 시켜 전진운동 시나 후진운동 시 모두 일을 할 수 있다.

④ 양로드 실린더(Double rod cylinder) : 피스톤 로드가 양쪽에 위치하여 피스톤 로드를 잡아주는 베어링이 양쪽에 있어 왕복운동이 원활하며, 로드에 걸리는 횡하중에도 어느 정도 견딜 수 있다.

⑤ 로드리스 실린더(Rodless cylinder) : 공압 실린더에는 피스톤 로드가 없는 형식도 있다. 로드리스 실린더를 사용하면 설치면적이 극소화되는 장점이 있으며, 전진 시와 후진 시의 피스톤 단면적이 같아 중간 정지특성이 양호하다는 이점도 있다.

⑥ 장착 형식에 따른 분류
- 고정형 : 실린더 본체를 고정하고 로드를 통하여 부하를 움직이는 형식으로 풋형, 플렌지형 등이 있다.
- 요동형 : 부하의 움직임에 따라 실린더 본체가 요동하는 형식으로 크레비스형, 트러니언형이 있으며, 로드 선단에 너클을 사용하는 것이 있다.

(2) 공압 모터

공압 모터의 종류로는 피스톤 모터, 베인 모터, 기어 모터, 터빈 모터 등이 있다. 터빈 모터의 경우는 터빈에 압축공기를 분사하여 회전력을 얻을 수 있으며 500,000rpm 정도의 빠른 회전속도가 가능하다. 공압 모터의 특징은 다음과 같다.

① 균일한 속도를 얻는 게 불가능하며 저속에서는 속도가 아주 불안정하다.
② 회전속도가 빨라지면 에너지 소비량이 증가한다.
③ 고가의 운전비용이 소요되기 때문에 비경제적이다.
④ 회전수와 토크를 자유로이 조정할 수 있고 과부하 시 위험성이 없다.
⑤ 기동, 정지, 역전 등 가능
⑥ 회전수 변동이 크고 일정 회전수를 고정도로 유지하기 힘들다.
⑦ 폭발의 위험성이 낮고 정전 시 사용 가능하다.
⑧ 에너지 변환 효율이 낮고 배기 시 소음이 큰 단점이 있다.

공압 모터의 종류는 다음과 같다.
① 베인형 : 고속회전 저토크형
② 피스톤형 : 중저속회전 고토크형

③ 기어형 : 고속회전 고토크형
④ 터빈형 : 초고속회전 미소토크형

4 공압 부속기기

(1) 공압 진공 발생기

① 벤튜리 원리를 이용한다.
② 대기압 이하 53.33[kPa]~80[kPa] 정도의 진공압 사용
③ 사용하는 진공 패드는 니트릴 고무, 우레탄 고무 또는 실리콘 고무 등이다.

(2) 공·유압 변환기

공기 압력을 동일 압력의 유압으로 변환시키는 기기이다. 기본적인 구조는 출입구에 설치되어 있는 위 커버와 오일 출입구가 설치되어 있는 아래 커버 및 실린더로 구성되어 있다.

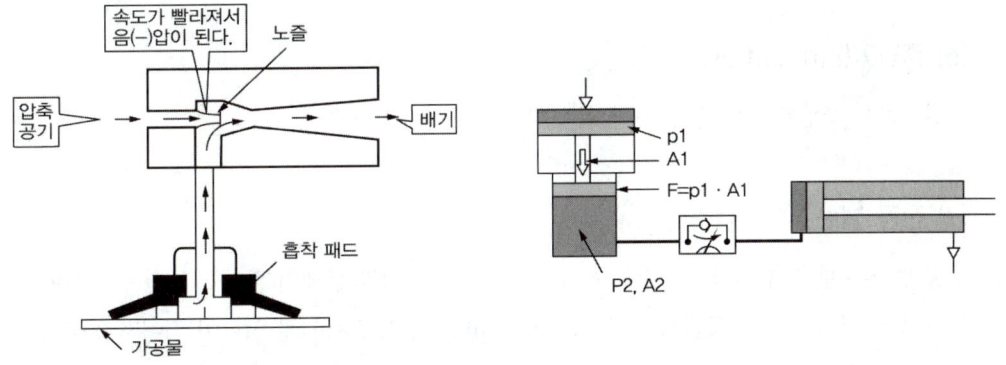

그림 2-9 공압 진공 발생기의 원리

그림 2-10 공유압 변환기

(3) 공기 여과기(air filter)

① 공기에 있는 수분, 먼지 등의 이물질이 공압기기에 들어가지 않게 한다.
② 설치 위치 : 공압기기의 입구부에 둔다.

(4) 윤활기(lubricator)

공압기기 내의 섭동이 일어나는 부분에 급유를 하기 위한 장치이다. 공압기기의 작동을 원활하게 하며 내구성을 향상시키는데 도움이 된다

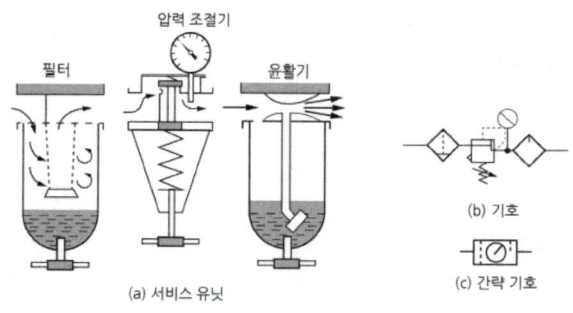

그림 2-11 공기 조정 유닛

(5) 공기 조정 유닛(air control unit, service unit)
① 공기 필터, 압축공기 조정기, 윤활기, 압력계가 1개조로 되어 있는 부분이다.
② 공압기기의 윤활과 이물질 제거, 압력조정, 드레인 제거 등을 할 수 있다.

(6) 증압기(intensifier)
공압 회로 내에서 고압을 발생시키는 데 사용하는 기기이다.

(7) 진공 밸브
진공 밸브는 벤츄리 원리를 이용하여 구성한 진공발생기와 물체의 흡착을 위한 흡착컵이 조립된 구조이다. 압축 공기를 공급하면 벤츄리를 통과하면서 속도 증가로 압력이 떨어져 진공이 형성되고, 이로 인하여 흡착컵의 공기를 빨아올려 흡착컵 내부에 진공압력을 형성하게 된다.

(8) 공압센서
① 에어 배리어(air barrier) : 분사노즐과 수신노즐로 구성되고 분사측 노즐의 형태는 단면이 넓은 쪽에서 좁은 쪽으로 공기가 흐르고, 수신노즐은 단면이 좁은 쪽에서 넓은 쪽으로 흐른다. 감지하고자 하는 물체가 두 노즐 사이에 있으면 수신노즐쪽 출구의 작은 압력 신호가 사라져 물체의 유무를 알 수가 있다.
② 반향 감지기(reflex sensor) : 송신과 수신 노즐이 하나의 몸체로 되어 있다. 압축공기를 공급하면 환상(ring type)의 통로를 통하여 흐르며, 환상 내부의 노즐부는 대기압 미만의 압력상태가 되며, 물체가 감지 거리 이내에 있으면 이 물체의 저항으로 인해 환상 내부에 낮은 압력이 형성되어 출력이 발생한다.

③ 압력 증폭기 : 비접촉식 공압센서의 출력압력은 아주 낮은 압력이기 때문에 연결된 공압기기를 작동시킬 수 없을 때 증폭기를 이용하여 정상압력으로 높이기 위한 것이다. 즉, 증폭기는 낮은 신호압력을 정상압력으로 변환하는 기기이다. 기타 공압센서로는 배압 감지기(back pressure sensor)와 공압 신호가 출력되는 리드스위치(read switch)가 있다.

(9) 제어용 공압 밸브

① 공압 타이머 : 시간을 지연하는 밸브이다.
② 압력 시퀀스 밸브 : 일정 압력을 확인하여 출력을 발생시키는 밸브이다.

CHAPTER 03 유압기기

1 유압 펌프

유압 펌프는 유압유에 압력 에너지를 주는 요소로 용적형 펌프와 비용적형 펌프 중 용적형 펌프가 주로 사용되고 있다.

① 용적형 펌프 : 부하 압력이 변동하여도 토출량이 일정한 펌프이다.
② 비용적형 펌프 : 부하 압력에 따라 토출량이 변화하는 펌프이다.

(1) 펌프동력과 제효율

① 펌프동력

실제 펌프 토출 출력은 다음과 같이 구한다.

$$L_P = FV = PAV = PQ\,[\text{N·m/sec}]$$

$$Q = Q_{th} - \Delta Q$$

P : 송출압력[N/m², P_A]]
Q_{th} : 이론유량
Q : 송출량[m³/sec]
ΔQ : 손실량

$$L_P = \frac{PQ}{735}[PS] = \frac{PQ}{1{,}000}[kW]$$

② 펌프 축동력과 효율

펌프가 갖고 있는 이론 소요동력이다.

$$L_S = \frac{L_P}{\eta}$$

η : 펌프 효율(펌프의 전효율)

③ 체적효율

이론 송출량(Q_i)에 대한 실제 송출량(Q_0)

$$\eta_V = \frac{Q_O}{Q_i} = \frac{Q_i - \Delta Q}{Q_i} = 1 - \frac{\Delta Q}{Q_i} = \frac{Q_0}{q \cdot N}$$

q = 유압 펌프의 1회전당 배제용량[cc/rev]
N = 펌프의 회전수[rev/sec]

④ 토크효율

$$\eta_T = \frac{T_{th}}{T_{th} + \Delta T}$$

ΔT : 회전토크손실
T_{th} : 이론토크
$T_{th} + \Delta T$: 실제토크

⑤ 전효율

$$\eta = \eta_V \times \eta_T$$

⑥ 이론토크

$$L = PQ = PqN$$
$$Q = q \cdot N [cc/\min, m^3/\sec]$$

q : 회전당 토출량[cc/rev]

$$L = T \cdot \omega = T \cdot 2\pi N$$

$$T = \frac{Pq}{2\pi}$$

여기서 T는 이론토크이다.

(2) 펌프의 종류

① 토출량에 따른 분류
- 정용량형 펌프 토출량의 변화가 없는 펌프이다.
- 가변용량형 펌프 토출량의 변화가 존재하는 펌프이다.

② 기구에 따른 분류(용적형 펌프)
- 회전형
    - 기어 펌프 : 내접 기어형과 외접 기어형이 있다.
    - 베인 펌프 : 압력 평형형 펌프와 압력 불평형형 펌프가 있다.
- 왕복형
    - 피스톤형 펌프(플런저펌프) : 액셜형(축류)과 레이디얼형(반경류)이 있다.

> **터보형 펌프(비용적형 펌프)**
> - 원심 펌프
> - 축류 펌프
> - 사류 펌프

(3) 펌프의 운전조건

펌프의 종류		압력[kg/cm²]	송출량[ℓ/sec]	회전수[rpm]
플런저 펌프	축류	70~350	2~1500	600~6000
	반경류	50~250	2~800	600~1800
기어 펌프		35~175	5~400	1200~5000
베인 펌프		35~210	2.5~950	1000~2000
가변 용량형 베인 펌프		17.5~70	5~110	1000~2000

※ 1[kgf] = 9.8[N], 1[kgf/cm²] = 9.8×10⁴[N/m²] = 9.8×10⁻²[MPa]≒0.1[MPa]

(4) 기어 펌프

케이싱 속에서 두 개의 기어가 맞물려 회전하면서 펌핑 작용을 한다. 용적형 펌프와 비용적형 펌프가 있는데, 용적형 펌프는 부하 압력이 변동하여도 토출량이 일정하고, 비용적형 펌프는 부하 압력에 따라 토출량이 변화하는 펌프이다. 기어 펌프의 특징은 다음과 같다.

① 구조가 간단하고 운전 및 보수가 용이하다.
② 가격이 싸고 신뢰도가 높다.
③ 산업용 유압 펌프로 이용된다.
④ 정용량형 펌프로 가능하나 가변용량형 펌프로는 불가능하다.
⑤ 누설량이 많으며 효율이 낮고 소음이 크다.
⑥ 폐입현상이 발생한다. 폐입현상이란 토출측까지 운반된 오일의 일부는 기어의 맞물림에 의해 두 기어의 틈새에 폐쇄되어 다시 원래의 흡입측으로 되돌려지는 현상을 폐입현상이라 한다. 폐입현상을 방지하기 위해서는 릴리프 홈이 적용된 기어를 사용한다.

> 내접 기어는 외접 기어 펌프에 비해 진동이 작고 이의 마멸도 낮으며 고속회전, 저 토크에 적합하다.

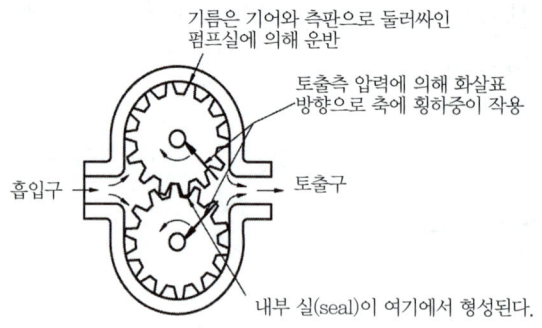

그림 3-1 외접 기어 펌프

(5) 베인 펌프

로터의 베인이 반지름 방향으로 홈 속에 끼여 있어서 캠링의 내면과 로터와 함께 회전하면서 오일을 토출한다. 베인 펌프의 특징은 다음과 같다.

① 로터와 캠링을 사용함으로써 송출 압력에 비해 맥동이 작다.
② 구조가 간단하며 형상이 작다.
③ 고장이 작고, 수리 및 관리가 용이하다.
④ 깃의 마모에 의한 압력 저하가 발생하지 않으므로 기밀이 유지된다.
⑤ 오일의 점성을 유지하기 위한 청결도에 주의를 요한다.
⑥ 높은 공작정밀도를 요구한다.

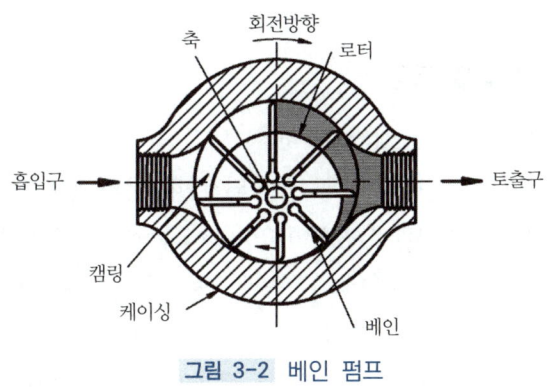

그림 3-2 베인 펌프

(6) 베인 펌프의 종류 및 특징

① 1단(단단) 베인 펌프(single-stage vane pump)
 - 베인 펌프의 기본형이다.
 - 최고 토출압력이 0.34~0.69MPa, 최고 토출유량이 300[L/min]이다.
 - 카트리지-2장의 부시, 캠링, 로터, 베인으로 구성
 - 축과 베어링에 편심하중이 걸리지 않고 수명이 길다.

② 2단 베인 펌프(two-stage vane pump)
 - 최고압력이 13.72~20.58MPa이다.
 - 부하분배 밸브(load dividing valve)가 부착되어 있다.
 - 1개의 본체, 내부에 2개의 카트리지를 직렬로 연결하여 2배의 압력을 낼 수 있는 펌프이다.

③ 이중(이연) 베인 펌프(double vane pump)
 - 설비비가 저렴하다.
 - 1개의 펌프 유닛을 가지고 2개의 유압 펌프를 얻을 수 있다.
 - 1개의 본체 내의 2개의 카트리지를 병렬로 연결하여 1개의 원동기로 구동되는 펌프이다.

(7) 피스톤 펌프(Piston pump)

실린더 내부에서 피스톤 왕복운동에 의한 용적 변화를 이용하여 펌프 작용을 한다. 압력이 210[kg/cm^2, 20.58MPa] 이상으로 초고압 펌프라고 한다. 피스톤 펌프의 특징은 다음과 같다.

① 가변용량형 펌프로 많이 사용한다.
② 구조가 복잡하고 가격이 비싸다.
③ 흡입능력이 가장 낮다.
④ 고속, 고압의 유압장치에 적합하다.
⑤ 다른 유압 펌프에 비해 체적효율이 좋다.
⑥ 면적이 적다.

(8) 피스톤 펌프의 종류 및 특징

① **축방향 피스톤 펌프(axial piston pump)**

구동축, 실린더 블록, 밸브 플레이트로 구성되어 피스톤의 운동방향이 실린더 블록의 중심과 같은 방향의 펌프로 사축식과 사판식이 있다. 사축식은 실린더 블록축과 구동축의 각도를 바꾸는 방식이고, 사판식은 실린더 블록축과 구동축을 동일 축상에 배치하고 경사판의 각도를 바꾸어서 피스톤의 행정을 조정하는 방식이다. 실린더 블록축과 구동축 사이의 각이 일정하면 정용량형 펌프, 변화하면 가변용량형 펌프라고 한다. 가변용량형 제어방법에는 레버 제어방식, 핸들 제어방식, 서보 제어방식 등이 있다. 특징으로는 구조가 간단하고 유동저항이 적으며 진동에 대한 안전성이 좋다.

② **반경방향 피스톤 펌프(radial piston pump)**

피스톤의 운동방향이 실린더 블록의 중심선에 직각인 평면 내에 방사성으로 나열되어 있는 펌프이다. 압력이 커지면 다른 펌프보다 소음이 크지만 효율이 좋다. 슬라이더 블록을 반대 방향으로 옮기면 구동축의 회전방향을 변화시키지 않고도 기름의 송출 방향을 바꿀 수 있다는 장점이 있다. 회전 캠형과 회전 피스톤형 두 가지가 있다.

※ 펌프 소음의 원인
① 펌프의 상부 커버(top cover)를 고정시킬 볼트가 헐겁다.
② 원동기와 펌프의 센터(center)축이 맞지 않다.
③ 공기가 유입되어 있다.
④ 회전이 너무 빠르거나 점도가 큰 경우 소음이 발생한다.

2 유압 제어 밸브

(1) 유압 제어 밸브의 종류

① 압력 제어 밸브

압력에 의한 힘을 이용하여 일의 크기를 결정하는 밸브이다.

$F = PA [\text{N, kgf}]$

$W = F \cdot \Delta S [\text{N} \cdot \text{m, J, kgf} \cdot \text{m}]$

$L = \dfrac{FV}{1000} [\text{kW}] = \dfrac{FV}{735} [\text{PS}]$

F : 압력이 가하는 힘[N], P : 압력[N/m^2 Pa, kgf/m^2], A : 면적[m^2], W : 일량
L : 동력, V : 속도[m/s]

② 유량 제어 밸브

단면적의 가감으로 유속을 적절하게 조절할 수 있는 밸브이다.

$Q = AV [\text{m}^3/\text{s}]$

Q : 체적 유량
A : 단면적[m^2]
V : 유속[m/s]

③ 방향 제어 밸브

유압유 흐름의 정지, 방향 변환을 조절하기 위한 밸브이다.

(2) 압력 제어 밸브

파일럿 압력에 의한 방법(파일럿 작동식)과 출구쪽 압력에 의하여 제어하는 방법(직동식)이 있다.

① 릴리프 밸브(relief valve) : 유체압력이 설정값을 초과할 때 배기시켜 회로 내의 유체압력을 설정값 이하로 일정하게 유지시키는 밸브이다.

 ※ Cracking pressure : 릴리프 밸브가 열리는 순간의 압력으로 이때부터 배출구를 통하여 오일이 흐르기 시작한다.

② 감압 밸브(reducing valve) : 고압의 압축 유체를 감압시켜 사용조건이 변동되어도 설정 공급 압력을 일정하게 유지시킨다.

③ 시퀀스 밸브(sequence valve) : 유압 실린더들이 순차적으로 작동할 때 작동순서를 회로의 압력에 의해 제어하는 밸브이다.

④ 카운터 밸런스 밸브(counter balance valve) : 부하가 급격히 제거되었을 때 그 자중이나 관성력 때문에 소정의 제어를 못하게 되거나 램의 자유낙하를 방지하거나 귀환유의 유량에

관계없이 일정한 배압을 걸어주는 역할을 한다. 주로 배압 제어용으로 사용된다.

⑤ 무부하 밸브(unloading valve) : 작동압이 규정 압력 이상으로 달했을 때 무부하 운전을 하여 배출하고, 이하가 되면 밸브를 닫고 다시 작동하게 된다. 열화방지 및 동력절감 효과를 갖게 된다.

※ 기타

① 안전 밸브 : 기기나 관 등의 파괴를 방지하기 위하여 회로의 최고 압력을 한정시키는 밸브이다.
② 압력 스위치 : 회로의 압력이 설정값에 도달하면 내부에 있는 마이크로 스위치가 작동하여 전기회로를 열거나 닫게 하는 기기이다. 즉, 유체 압력의 상승하강 현상을 감지하여 작동하는 스위치이다.
③ 유체 퓨즈 : 융막의 파열에 의하여 유압회로의 최고압력을 판정하기 위한 요소이다.
※ 채터링 현상 : 감압 밸브, 체크 밸브, 릴리프 밸브 등에서 밸브 시트를 두드려 높은 소음을 내는 자력진동 현상이다.

(3) 유량 제어 밸브

유량의 흐름을 제어하는 밸브로 주로 실린더의 속도를 제어하는데 사용한다. 제4장의 공·유압 기호 부분에서 유량 제어 밸브들의 종류를 참고하도록 한다.

① 교축 밸브(throttle valve) : 유로의 단면적을 교축하여 유량을 제어하는 밸브이다.
② 속도 제어 밸브
③ 스톱 밸브 : 하나의 라인의 흐름을 열거나 닫는 역할을 하는 밸브이다.

(4) 방향 제어 밸브

방향 제어 밸브는 포트 및 위치 수에 따라 분류할 수 있다. 제4장 공·유압기호 부분에서 방향 제어 밸브 기호와 분류를 참고하도록 한다.

(5) 체크 밸브(check valve) : 한 방향의 유동은 허용하나 역방향의 유동은 완전히 제지하는 역할을 하는 밸브로 역지 밸브라고도 한다.

(6) 기타 제어 밸브

① 감속 밸브(deceleration valve) : 유압 모터나 유압 실린더의 속도를 감속시킬 때 사용하는 밸브이다.
② 서보 밸브(servo valve) : 입력 신호에 따라 유체의 유량과 압력을 제어하는 밸브로, 토크 모터, 유압 증폭부, 안내 밸브 등으로 구성된다.

③ 포핏 밸브(poppet valve) : 밸브 몸체가 밸브 시트면에 직각방향으로 이동하는 형식의 밸브이다.
④ 셔틀 밸브(shuttle valve) : 2개 이상의 입구와 1개의 공통 출구를 가지고 출구는 입구 압력의 작용(최고 압력의 입구를 선택)에 의하여 한쪽 방향에 자동적으로 접속되는 밸브이다.
⑤ 적층 밸브 : 2개의 유입관로의 압력에 관계없이 정해진 출구 유량이 유지되도록 합류하는 밸브이다.

※ 인터플로(interflow)
　밸브의 전환 도중에서 과도적으로 생긴 밸브 포트간의 흐름을 의미한다.

3 유압 액추에이터

유체의 압력 에너지를 이용하여 기계적인 에너지로 변환하는 유압기기 요소로, 유압 실린더와 유압 모터 등이 있다. 유체 에너지를 기계적 에너지로 변환하는 운동형태로는 회전운동, 직선운동, 요동의 각운동 등이 있다.

(1) 액추에이터(Actuator, 작동기)의 분류

① 유압 실린더
② 유압 모터
③ 요동 모터

(2) 유압 실린더

① 유압 실린더의 구조

　유압 실린더의 구조는 실린더(통), 피스톤과 피스톤 로드, 엔드 캡, 유출입구 및 시일로 이루어진다. 피스톤의 패킹으로는 V 패킹, U 패킹, 컵 시일, O-링, 피스톤 링 등이 사용되고, 실린더 덮개의 종류로는 나사 고정 방식 · 타이로드 방식 · 실린더 링 고정 방식 등이 있다.

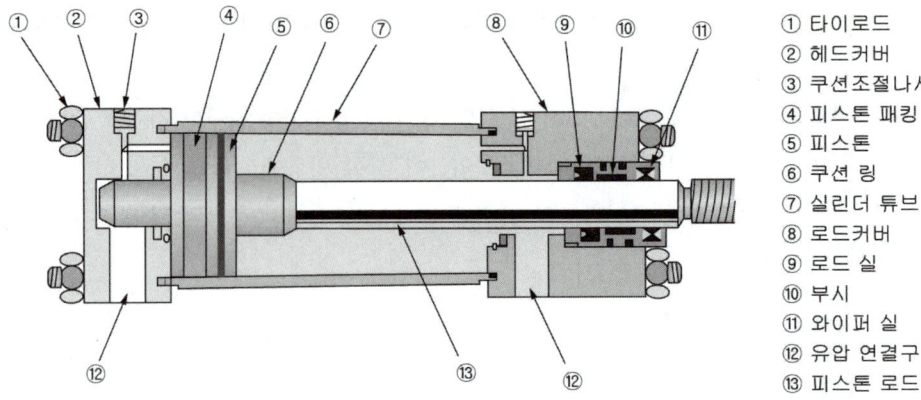

그림 3-3 타이로드를 이용한 유압 실린더의 구조

② 유압 실린더의 분류
- 단동형 실린더 : 피스톤의 한쪽에만 압유를 공급하여 작동한다. 복귀행정은 중력이나 기계적 스프링으로 가능하다.
- 복동형 실린더 : 일반적 유압 실린더이며, 핀 로드형, 양 로드형, 이중 피스톤형 등이 있다.
- 다단형 실린더 : 초기 동작에 큰 힘이 필요하고 행정의 진동에 따라서 점점 필요한 힘이 감소하는 형식의 실린더이다. 엘리베이터나 덤프카 등에 사용한다.
- 단동형 램 : 한 방향으로만 조작력이 필요하다.
- 복동형 램

(3) 유압 모터

압유가 가진 압력을 출력축의 회전력으로 변환하는 기기이다. 에너지 변환 관계에서 보면 유압 펌프의 반대 개념이라 할 수 있다.

① 이론토크

$$T_{th} = \frac{Pq}{2\pi} = \frac{PQ}{2\pi N}$$

T_{th} : 이론 토크[N·m]
p : 압력차 : 출구압력
Q : 유량 : 이론유량 $Q = q \cdot N$
q : 모터 1회전당 배제용량[m^3/rev]
N : 회전수(rps, rpm)

② 모터 유동력과 효율

$$L_m = \frac{PQ}{1,000}[kW] = \frac{PQ}{735}[PS], \eta = \frac{L_s}{L_m}$$

> P : 모터의 공급유와 배유의 압력차[N/m²]
> Q : 모터에 공급되는 유량[m³/s]
> η : 모터 효율
> L_m : 모터의 유동력(유압 모터에 공급되는 압유가 단위시간당 가지고 들어가는 에너지)
> L_s : 축동력

③ 체적효율

$$\eta_v = \frac{이론유량(Q)}{실제유량(Q+\varDelta Q)}$$

> Q : 유출유량

④ 기계효율

압유로부터 회전자가 받는 동력과 축동력과의 비이다.

$$\eta_m = \frac{L_s}{PQ_e}$$

> P : 모터의 입·출구 사이의 압력차(kgf/m², N/m²)
> Q_e : 유효유량(이론유량)[m³/sec]

⑤ 토크효율

$$\eta_T = \frac{실제\ 토크(T-\varDelta T)}{이론\ 토크(T)}, \quad \eta_T = \eta_m$$

$$\eta = \eta_T\, \eta_v = \eta_m\, \eta_v$$

> η_T : 토크효율
> η : 전효율

⑥ 플런저 모터

- Radial piston motor
  레이디얼 피스톤 모터의 특징으로는 구조가 복잡하고 값이 비싸며, 누설이 적고 회전속도 범위가 넓으며 가동 특성이 양호하다.
- Axial piston motor
  액셜 피스톤 모터는 레이디얼 피스톤 모터보다 용적효율이 크고, 고속에 적당하다.

※ 기어 모터와 베인 모터의 작동원리는 기어 펌프와 베인 펌프 작동 원리와 반대 개념이고, 구조 및 특징은 매우 유사하다고 할 수 있다.

4 유압 부속기기

(1) 실(seal)

실 장치는 기름의 누설과 외부에서의 이물질 침입을 방지하기 위한 요소이다. 가스켓과 팩킹으로 분류되는데, 가스켓(gasket)은 고정부분에 사용하는 실 장치이고, 패킹(packing)은 운동부분에 사용하는 실 장치이다.

① 실의 구비조건(packing의 구비조건)
- 양호한 유연성을 갖고 있어야 한다.
- 내유성이 양호해야 한다.
- 내열·내한성이 좋아야 한다.
- 기계적 강도를 갖고 있어야 한다.
- 유체에 대한 저항이 커야 한다.

② 시일의 종류
- O링 : 가장 널리 사용하며 재료는 니트릴 고무이다.
- 성형 패킹 : V형, L형, J형, U형 등이 있다.
- 기계식 실(mechanical seal) : 펌프와 연결된 전동축 둘레의 기름 누설을 방지하는 실이다.
- 오일 실(oil seal) : 유압 펌프의 회전축, 변환 밸브의 왕복축 등의 실 장치로 합성고무 재료를 사용한다.
- 그랜드 패킹(gland packings) : 축을 둘러싸고 있는 패킹을 그랜드로 눌러 누설을 방지한다. 마찰로 인한 기계 손실로 효율은 저하된다.
- 래비린스 패킹(labyrinth packing) : 회전체에 사용하는 비접촉형 실 장치이다.

(2) 압유 탱크(Oil Tank)

유압유의 저장을 위한 오일 탱크(oil tank)이다.

① 배플판(baffle plate) : 유압 작동유가 탱크의 벽면을 타고 흐르도록 하여 유압 작동유에 혼입되어 기포와 수분을 제거하고자 하는 것
② 에어 브리더(air breather) : 탱크 안의 압력이 대기압이 될 수 있도록 되어 있고, 외부의 이물질이 공기와 함께 유입되지 않도록 한 것

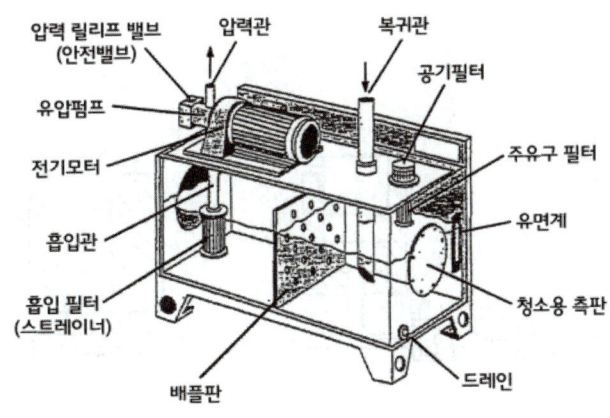

그림 3-4 기름 탱크의 구성

(3) 여과기

압유청정을 위한 요소로 필터와 스트레이너가 있다. 필터(filter)는 미세한 불순물을 제거, 스트레이너(strainer)는 비교적 큰 불순물을 제거하는 용이다. 필터의 종류는 다음과 같다.

① 표면식 필터 : 다공질의 종이나 직물을 고온에서 성형하여 만든 것으로 주로 바이패스 회로에 사용한다.
② 적층식 필터 : 엷은 여과면을 다수 겹쳐서 사용(철망, 종이, 금속 등의 원판)하는 것으로 주로 고압용에 사용된다.
③ 다공체식 필터 : 스테인리스, 청동 등의 미립자를 다공질로 소결시켜 만든 것이다.
④ 흡착식 필터 : 활성백토, 알루미나를 흡착제로 사용한 것으로 고무질, 아교질 등의 산화 주성분 여과가 가능하다.
⑤ 자기식 필터 : 영구자석을 이용한 것으로 철분, 자성체 불순물 등을 여과한다.

(4) 축압기(accumulator)

① 용도
- 압력 에너지의 축적 : 회로 내 소정의 압력을 유지시키는 역할을 한다.
- 맥동·충격의 제거 : 밸브류, 배관, 계기류 파손을 방지한다.
- 액체를 수송하는 역할을 한다.

② 종류
- 중량식 : 저압 대용량에서 사용한다.
- 스프링식 : 소형 중저압용으로 사용한다.
- 공기압식 : 작동액이 물인 경우 대형 축압기 등에 사용한다.

- 실린더식
- 블래더식

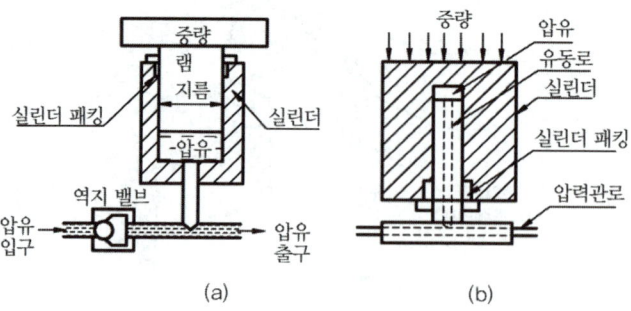

그림 3-5 중량식 축압기

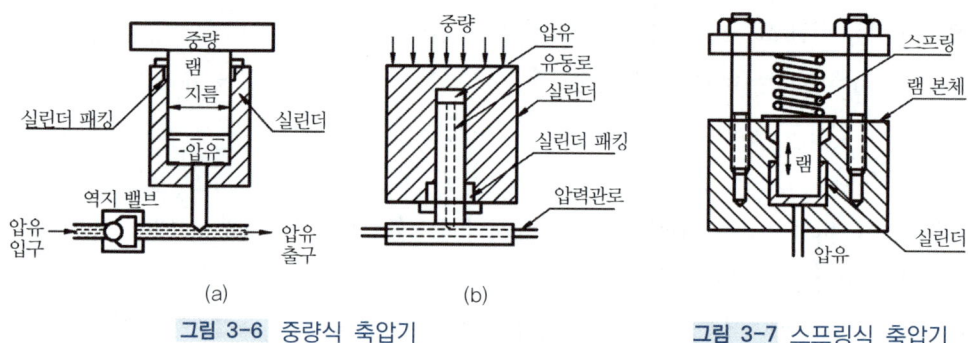

그림 3-6 중량식 축압기   그림 3-7 스프링식 축압기

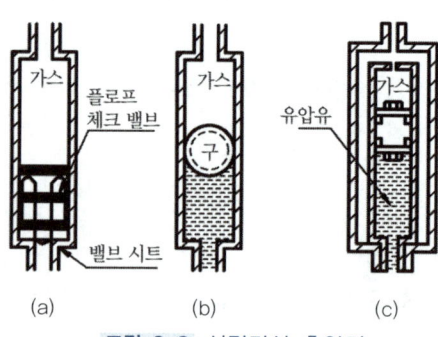

그림 3-8 실린더식 축압기

③ 용량 : 압력 에너지 축적용으로 축압기 내에서 압유가 압축되었을 때 체적의 변화량을 구하면 다음과 같다.

$$P_0 V_0 = PV$$

P_0 : 기체의 봉입 압력[N/m^2]
V_0 : 축압기 용적[m^3]

$$\Delta V = V_2 - V_1 = P_0 V_0 \left(\frac{1}{P_2} - \frac{1}{P_1} \right)$$

P : 축압기내에서 압유가 압축되었을 때 압력
V : 축압기내에서 압유가 압축되었을 때 체적

④ 축압기 장착과 취급에 관한 주의사항
- 진동이 심한 곳에서는 충분한 지지구로 고정해야 한다.
- 축압기에 용접, 가공, 구멍 뚫기 등은 절대 금물이다.
- 펌프와 축압기 사이에는 역지 밸브를 설치하여 압유가 펌프 쪽으로 흐르지 않도록 한다.

(5) 쿨러(Cooler; 냉각기)

쿨러는 유압시스템 쪽에서는 복귀관 쪽에 설치한다. 냉각방법으로는 수냉식과 공랭식이 있다. 수냉식은 35℃ 정도, 공랭식의 경우 25℃ 정도 온도를 낮출 수 있다.

(6) 히터(Heater)

히터는 유압펌프의 시동온도까지 짧은 시간에 도달하게끔 하기 위해서 사용된다.

CHAPTER 04 공·유압 기호

1 공압 기호 표시법

밸브 연결구 표시법으로 숫자 표시법과 문자 표시법이 있다. 숫자 표시법과 문자 표시법을 혼용하여 사용해도 된다.

(1) 숫자 표시법

① 그룹 번호 표시법
- 그룹 .0 : 에너지 공급 요소(압축기)
- 그룹 1, 2, 3 : 각 제어 시스템을 표시(실린더의 개수와 그룹의 숫자는 일치)

② 그룹 내에서의 일련번호 체계
- 0 : 구동요소
- .1 : 최종 제어요소
- .2, .4, .6(짝수) : 구동요소의 전진운동에 영향을 미치는 모든 요소
- .3, .5, .7(홀수) : 구동요소의 후진운동에 영향을 미치는 모든 요소
- .01, .02 : 유량제어 밸브와 같이 제어요소와 구동요소 사이에 모든 요소

표 4-1 | 밸브 연결구 표시법

	ISO-1218(유압)	ISO-5599/11(공기압)
작업포트	A, B, C, …	2, 4, 6, …
압축공기 공급 포트	P	1
배기 포트	R, S, T, …	3, 5, 7, …
제어 포트	Z, Y, X, …	10, 12, 14, …

(2) 문자 표시법

구동요소는 영문자의 대문자로 표시하고, 리밋 스위치는 소문자로 표시한다.
① A, B, C, … : 작업요소인 실린더의 수
② a0, b0, c0, … : 각 실린더의 후진된 위치를 확인해 주는 리밋 스위치의 표시
③ a1, b1, c1, … : 각 실린더의 전진된 위치를 확인해 주는 리밋 스위치의 표시

2 공·유압 기호

(1) 관로 및 접속

번호	명칭	기호	비고
1.1	주관로	———	
1.2	파일럿 관로	-------	
1.3	드레인 관로	—·—·—	
1.4	관로의 접속		
1.5	휨 관로		
1.6	관로의 교차		
1.7	통기 관로		공기구멍 연속적으로 공기를 빼는 경우
1.8 1.8.1 1.8.1(1) 1.8.2(2)	급속이음 분리된 상태 체크 밸브 없음 체크 밸브 있음 (셀프 실 이음)		급속이음 : 호스의 접속용 이음으로서 신속하게 착탈이 가능한 것.

(2) 펌프 및 모터

번호	명칭	기호	비고
2.1	일정용량형 유압 펌프	(1) (2)	(1) 한 방향 흐름 (2) 양 방향 흐름
2.2	가변용량형 유압 펌프	(1) (2)	
2.3	일정용량형 유압 모터	(1) (2)	
2.4	가변용량형 유압 모터	(1) (2)	

2.5	일정용량형 유압 펌프·모터		
2.6	가변용량형 유압 펌프·모터	(3)	

(3) 실린더

번호	명칭	기호	비고
3-1	단동실린더	상세기호 　 간략기호	• 공기압 • 압출형 • 핀로드형 • 대기 중의 배기(유압의 경우는 드레인)
3-2	복동실린더	(1) (2)	(1) • 편로드 　 • 공기압 (2) • 양로드 　 • 공기압
3-3	단동 텔레스코프형 실린더		공기압
3-4	복동 텔레스코프형 실린더		유압

(4) 제어방식

번호	명칭	기호	비고
4.1	스프링 방식		
4.2 4.2.1	인력 방식 인력 방식(기본 기호)		
4.2.2	레버 방식		
4.2.3	누름단추 방식		
4.2.4	페달 방식		
4.3 4.3.1	전자(電磁) 방식 단일 코일형		Solenoid 방식 - 전자조작 방식 - 전자파일럿조작 방식
4.3.2	복수 코일형		

번호	명칭	기호	비고
4-4. 4-4.1	압력을 가하여 조작하는 방식		
	(1) 공기압 파일럿		• 내부 파일럿 • 1차 조작 없음
	(2) 유압 파일럿		• 외부 파일럿 • 1차 조작 없음
	(3) 유압 2단 파일럿		• 내부 파일럿, 내부 드레인 • 1차 조작 없음
	(4) 공기압·유압 파일럿		• 외부 공기압 파일럿, 내부 유압 파일럿, 외부 드레인 • 1차 조작 없음
	(5) 전자·공기압 파일럿		• 단동솔레노이드에 의한 1차 조작붙이 • 내부 파일럿
	(6) 전자·유압파일럿		• 단동솔레노이드에 의한 1차 조작붙이 • 외부 공기압 파일럿, 내부 외부 드레인

(5) 압력제어 밸브

번호	명칭	기호	비고
5.1	릴리프 밸브 및 안전 밸브 내부	(1) (2)	
5.1.1 5.1.2	파일럿 밸브 외부 파일럿 밸브	(1) (2) (3)	
5.2	언로드 밸브		무부하 밸브
5.3 5.3.1 5.3.2	시퀀스 밸브 내부 파일럿 방식 외부 파일럿 방식		
5.4	감압 밸브		일정비율 감압 밸브
5.5	카운터밸런스 밸브		

(6) 유량제어 밸브

번호	명칭	기호	비고
6.1	교축 밸브		
6.2	스톱 밸브		
6.3	감압 밸브		• 기계조작 가변 교축 밸브 • 롤러에 의한 기계조작
6.4	속도제어 밸브		• 1방향 교축 밸브 • 가변 교축 장착 • 공기압
6.5	유량조정 밸브		
6.5.1	직렬형 유량조정 밸브 (온조보상 붙이)		
6.5.2	바이패스형 유량조정 밸브	상세기호 간략기호	
6.5.3	체크밸브 붙이 유량조정 밸브		
6.6	분류 밸브		
6.7	집류 밸브		

(7) 방향제어 밸브

번호	명칭	기호	비고
7.1	기본 표시 2포트 2위치 변환 밸브		펌프를 무부하로 운전 텐덤 센터 : 센터 바이패스형
	4포트 3위치 변환 밸브		크로우즈드 센터
			오픈센터
			조리개 붙이 오픈센터
			조리개 붙이 ABR 접속
7.2	전기, 유압식 서보 밸브		

(8) 체크 밸브

번호	명칭	기호	비고
8.1	체크 밸브		
8.2	파일럿 조작 체크 밸브	(1)　　(2)	

(9) 부속기기

번호	명칭	기호	비고
9.1	압력 스위치		리밋스위치
9.2	어큐뮬레이터 (축압기)		기체식 　중량식 　스프링식
9.3	필터	일반기호	드레인 배출기 붙이 필터 수동배출 　자동배출
9.4	소음기		아날로그 변환기
9.5	압력계		
9.6	온도계		토크계
9.7 9.7.1	유량계 순간지시방식		
9.7.2	적산		

(10) 기타 공·유압기호

번호	명칭	기호	비고
10-1.	기능요소		유압
10-1.1 10-1.2	흑 백		공기압 또는 기타의 기체압 • 유체 에너지의 방향 • 유체의 종류 • 에너지원의 표시 • 대기 중에의 배출을 포함
10-2. 10-2.1 10-2.2	배기구		• 공기압 전용 • 접속구가 없는 것 • 접속구가 있는 것

번호	명칭	기호		비고
10-3. 10-3.1 10-3.2	급속이음	접속 상태	떨어진 상태	• 체크 밸브 없음 • 체크 밸브붙이(셀프실 이음)
10-4.	펌프 및 모터	유압펌프	공기압 모터	• 일반기호
10-5.	공기압 모터			• 2방향 유동 • 정용량형 • 2방향 회전형
10-6.	요동형 액추에이터			• 공기압 • 정각도 • 2방향 요동형 • 축의 회전방향과 유동 방향과의 관계를 나타내는 화살표의 기입인 임의 (부속서 참조)
10-7.	공기유압 변환기		단동형	
			연속형	
10-8.	증압기		단동형	• 압력비 1 : 2 • 2종 유체용
			연속형	
10-9.	공기탱크			
10-10.	고압 우선형 셔틀밸브	상세기호	간략기호	고압쪽측의 입구가 출구에 접속되고, 저압쪽측의 입구가 폐쇄된다.
10-11.	급속배기밸브	상세기호	간략기호	온도계
10-12.	유면계			평행선은 수평으로 표시

CHAPTER 05 공·유압 회로

1 공압 회로

(1) 복동 실린더 방향제어 회로

푸시 버튼을 활용하여 실린더의 전진과 후진운동이 가능하도록 한 회로이다.

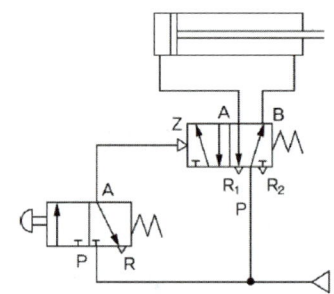

그림 5-1 복동 실린더 방향제어 회로

(2) 실린더의 자동복귀 회로

리밋스위치를 이용하여 자동으로 후진운동이 가능하도록 한 회로이다.

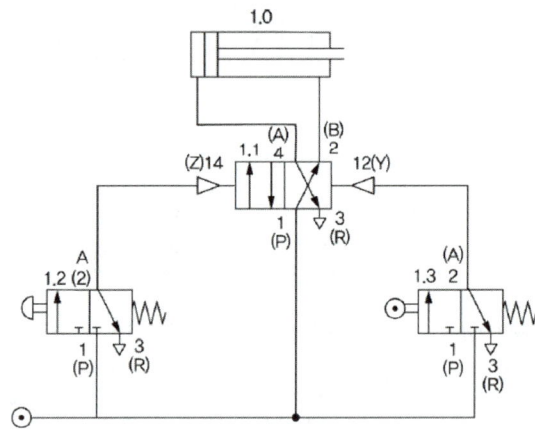

그림 5-2 실린더의 자동복귀 회로

(3) OR 회로

셔틀 밸브를 사용하여 실린더의 전진운동이 이루어지는 회로이다. 즉, 두 개의 수동 작동 밸브 중 하나를 작동시키면 실린더가 전진한다.

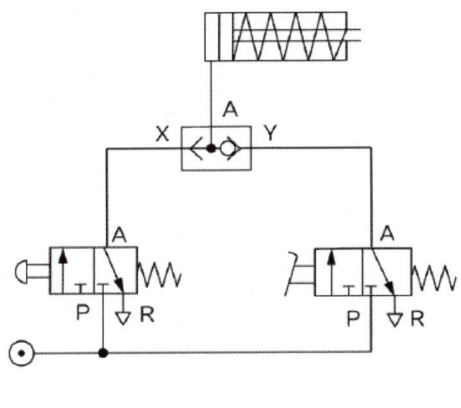

그림 5-3 OR 회로

(4) AND 회로

2압 밸브를 사용하여 실린더를 전진운동시키는 회로이다. 즉, 두 개의 푸시버튼 밸브를 눌러야 실린더가 전진한다.

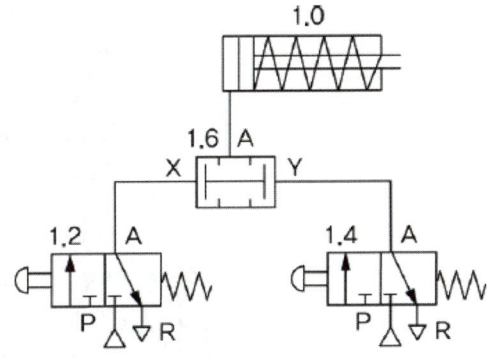

그림 5-4 AND 회로

2 유압 회로

(1) 미터인 회로

실린더의 입구측에 장치하여 유압 유량을 조정하여 실린더의 속도를 제어한다.

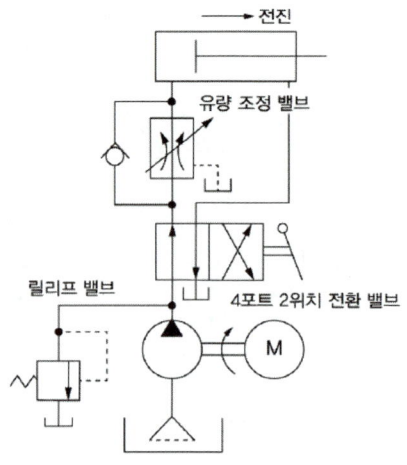

그림 5-5 미터인 회로

(2) 미터아웃 회로

실린더 출구측에 설치한 회로로 실린더로부터 유출되는 유량을 제어한다.

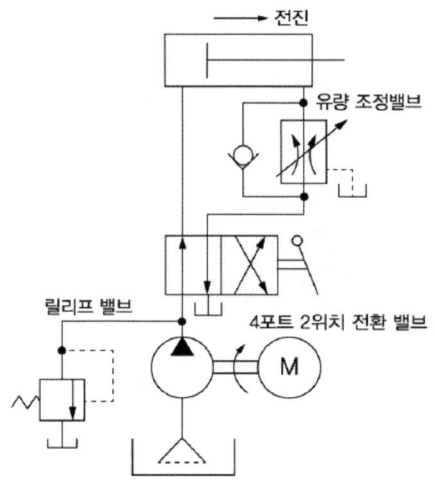

그림 5-6 미터아웃 회로

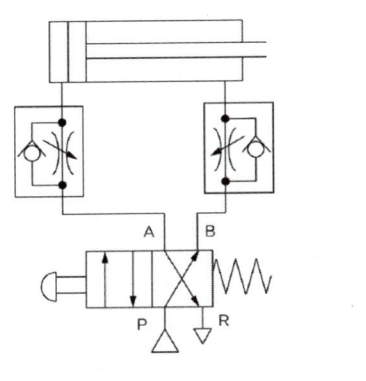
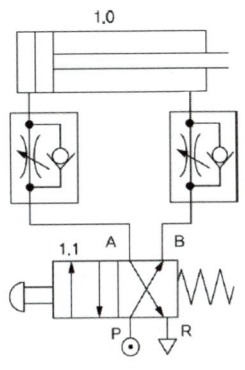

그림 5-7 미터인 회로   그림 5-8 미터아웃 회로

(3) 블리드 오프 회로

실린더 입구측의 분기회로에 유량제어 밸브를 설치하여 실린더 입구측의 불필요한 압유를 배출시켜 작동 효율을 증진시킨 회로이다.

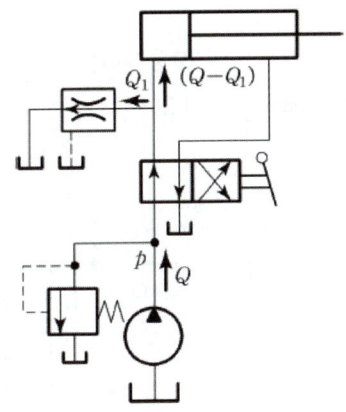

그림 5-9 블리드 오프 회로

(4) 감압 회로

주 조작회로압(1차압)의 변화에도 불구하고 회로의 일부를 그것보다 낮은 2차압으로 유지하는 회로이다.

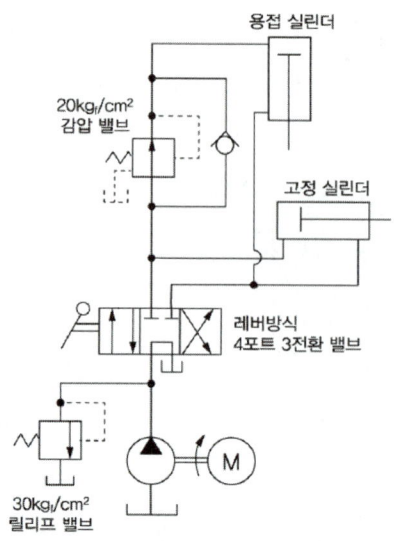

그림 5-10 감압 회로

(5) 증압 회로

① 순간적으로 고압을 필요로 할 때 사용한다.
② 공기압을 유압으로 변환하여 큰 힘을 얻고자 할 때 사용한다.

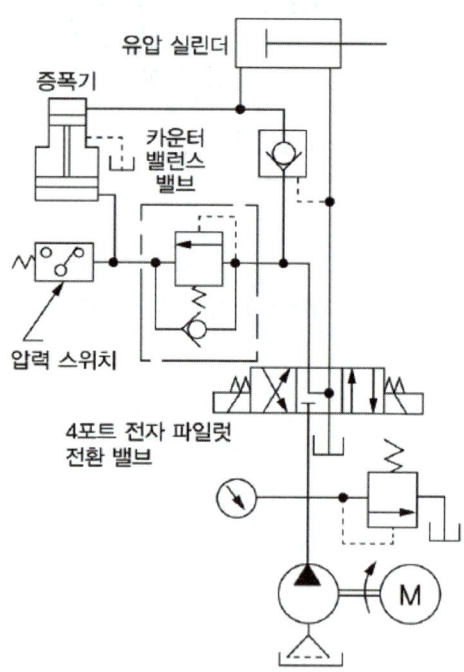

그림 5-11 증압 회로

(6) 시퀀스 회로

A, B 두 실린더가 순차적으로 작동이 행하여지는 회로이다.

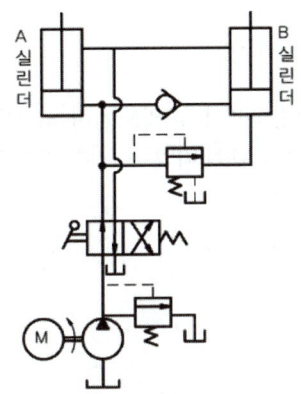

그림 5-12 시퀀스 회로

(7) 로킹 회로

실린더 행정 중 임의의 위치에서 또는 행정단에 실린더를 고정시켜 놓을 필요가 있을 때라 할지라도 부하가 클 때 또는 장치 내의 압력 저하에 의하여 실린더의 피스톤이 이동되는 경우가 발생할 때 이 피스톤의 이동을 방지하는 회로이다.

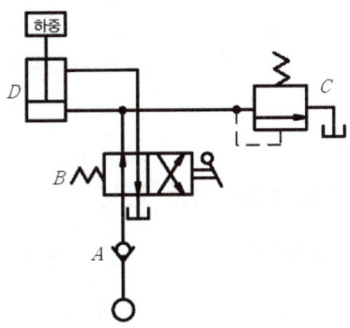

그림 5-13 로킹 회로

PART 01 실전연습문제

01 안지름 45[mm]의 단로드 실린더에서 588[N/cm]²의 유압으로 피스톤을 일정 속도로 작동시켰다. 이 때 로드에 걸리는 부하가 8330[N]이었다. 귀환유압(반대측 압력)을 0이라고 할 때 마찰저항은 얼마인가?

① 1,021.75[N] ② 2,905.7[N] ③ 5,688.17[N] ④ 7,742[N]

마찰저항

$W = PA - R = 588 \times \dfrac{\pi}{4} \times 4.5^2 - 8,330 = 1,021.75[N]$

02 한쪽 방향으로의 흐름은 자유로우나 역방향의 흐름을 허용하지 않는 밸브는?

① 체크 밸브 ② 셔틀 밸브
③ 언로드 밸브 ④ 카운터 밸런스 밸브

- 체크 밸브(check valve) : 한쪽 방향으로만 유체의 흐름을 가능하도록 하고 반대 방향으로는 흐름을 저지시키는 밸브
- 카운터 밸런스 밸브(counter balance valve) : 추의 낙하를 방지하기 위하여 배압을 유지시켜 주는 압력제어 밸브
- 언로드 밸브(unloading pressure valve) : 일정한 조건으로 펌프를 무부하로 해주기 위하여 사용하는 밸브
- 셔틀 밸브(shuttle valve) : 1개의 출구와 2개 이상의 입구가 있고, 출구가 최고 압력쪽 입구를 선택하는 기능을 가진 밸브

03 다음 중 유압회로의 기호에 나타내지 않는 것은?

① 유로 ② 제어방법 ③ 스풀의 구조 ④ 제어위치 수

유압회로의 기호규약
① 기호는 흐름의 유로와 그 접속부품의 기능 조작을 표시한다.
② 기호는 액압과 공기압과의 회로도에 사용되는 도시 기호를 정한 것이며, 동력의 전달과 제어를 포함한 회로를 표시하여야 한다.
③ 기호에서는 밸브의 포트나 스풀의 구조위치를 표시하지 않는다.
④ 기호는 기름 탱크와 그 접속 및 벨트의 배관을 제외하고 회전하거나 뒤집어도 된다.

정/답 01 ① 02 ① 03 ③

04 입력축과 출력축의 토크를 변화시키기 위하여 펌프 회전차와 터빈 회전차 중간에 스테이터를 설치한 유체전동기구는?

① 유체 커플링   ② 축압기   ③ 토크 컨버터   ④ 방향 전환 밸브

> 유체 커플링(fluid coupling, hydraulic coupling)
> 원축과 종축을 일직선상에 놓고 각 축에 펌프와 수차의 깃차를 직결하여 이것을 원동축의 펌프로 일정한 물을 수차에 보내어 종동축을 회전시키는 커플링이다.

05 다음 그림은 어떤 유압 표시기호인가?

① 파일럿 조작 체크 밸브
② 셔틀 밸브
③ 급속배기 밸브
④ 압력원

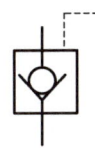

06 다음 중 유압 모터의 효율을 잘못 설명한 것은?

① 체적효율 = 이론유량/실제공급유량
② 토크효율 = 제동 토크/이론 토크
③ 토크효율 = 이론 토크/제동 토크
④ 전효율 = 체적효율×토크효율

> 유압 펌프의 토크효율 = 이론 토크/실제 토크(제동 토크)

07 비교적 큰 불순물을 제거할 목적으로 사용되는 여과기는?

① 필터   ② 스트레이너   ③ 유압 부스터   ④ 가스켓

> 유압 부스터 : 낮은 압력의 유체동력을 높은 압력의 유체동력으로 변환하는 장치로 증압기라고도 한다.

정/답   04 ③   05 ①   06 ③   07 ②

08 압력 686[N/cm²]에서 토출량이 50[L/min], 회전수 1200[rpm]인 유압 펌프가 있는데 소비동력이 7[kW]일 때 펌프의 전효율은?

① 61[%] ② 71[%] ③ 82[%] ④ 92[%]

$$\eta = \frac{L_p}{L_s} = \frac{P \cdot Q}{1000 \times L_s} = \frac{686 \times 50 \times 10^4 \times 10^{-3} \times 100}{1000 \times 60 \times 7} = 82$$

09 다음 중 성형패킹의 종류가 아닌 것은?

① V형 ② L형 ③ U형 ④ C형

10 유압 펌프의 송출압력을 저압, 중압, 중·고압, 고압, 초고압으로 분류한다. 다음 중 고압에 해당하는 압력 범위로 가장 적당한 것은?

① 7.35~13.72[N/mm²] ② 20.28~34.3[N/mm²]
③ 8.23~20.58[N/mm²] ④ 3.42~8.23[N/mm²]

저압 : 3.92MPa 이하
중압 : 3.92~6.86MPa
중·고압 : 2.94~8.23MPa
고압 : 6.86~20.58MPa
초고압 : 20.58MPa 이상

11 다음 그림은 무슨 기호인가?

① 일정량 용량형 유압 펌프 모터
② 공기압 모터
③ 가변 용량형 유압 펌프 모터
④ 진공 펌프

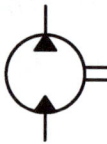

정/답 08 ③ 09 ④ 10 ③ 11 ①

12 어큐뮬레이터(Accumulator)의 장점을 설명한 것으로 맞지 않는 것은?

① 기름의 누출 시 보충을 해준다.
② 갑작스런 충격압력을 막아주는 역할을 한다.
③ 펌프의 대용으로도 사용되며 안전장치 역할도 한다.
④ 축적된 압력 에너지의 방출 사이클 시간을 연장한다.

13 회로 내의 압력이 규정 압력에 도달하면 펌프의 전유량을 직접 탱크로 되돌려 보냄으로써 펌프를 무부하로 하여 동력을 절약할 수 있는 자동제어 밸브의 명칭은?

① 니들 밸브(needle valve)
② 교축 밸브(restricting valve)
③ 체크 밸브(check valve)
④ 언로딩 밸브(unloading valve)

- 니들 밸브 : 노즐 또는 관내에 있어 물의 유량을 적절하게 조절하는 밸브이다.
- 교축 밸브 : 원판의 회전에 의하여 관로의 열림을 축소하고 마찰에 의하여 압력을 감소시키는데 사용하는 밸브이다.

14 유압회로에 대한 소음을 줄이기 위하여 주의하여야 할 사항에 속하지 않는 것은?

① 공동현상을 방지할 것
② 긴 관로의 변환 밸브는 천천히 작동시킬 것
③ 기름 댐퍼를 사용하지 말 것
④ 펌프의 흡입압력에 제한을 둘 것

댐퍼(damper) : 운동하고 있는 물체나 진동하고 있는 물체를 정지시키기 위하여 운동 에너지의 일부 또는 전부를 흡수하는 장치이다.

15 유압유 속에 공기가 혼입되어 있을 때 펌프나 밸브를 통과하는 유압회로에 압력변화가 생겨 저압부에서 기포가 포화상태로 되어 혼합되어 있던 기포가 분리하여 기름 속에 공동부가 생기는 현상을 무엇이라 하는가?

① 캐비테이션 현상
② 서징 현상
③ 체터리 현상
④ 역류 현상

정/답 12 ④ 13 ④ 14 ③ 15 ①

16 다음 그림은 KS 유압 도면 기호에서 무엇을 나타낸 것인가?

① 기름 탱크
② 어큐뮬레이터
③ 압력 스위치
④ 급속 배기 밸브

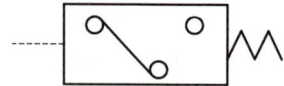

17 유압기기에 쓰이는 펌프는 다음과 같은 것들이 많이 쓰이고 있다. 이 중 가장 관계가 적은 것은?

① 왕복식 펌프 ② 회전식 펌프 ③ 터보형 펌프 ④ 기어식 펌프

18 다음 그림의 기호는 무슨 유압기호인가?

① 무부하 릴리프 밸브
② 가변 교축 밸브
③ 직렬형 유량조절 밸브
④ 바이패스형 유량조정 밸브

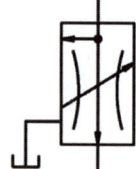

19 유압 펌프로부터 토출유의 일부를 바이패스시켜 오일 탱크에 되돌리고 그 복귀 유량을 제어하는 방법의 회로는?

① 차동 회로 ② 블리드 오프 회로 ③ 배압 회로 ④ 가변 펌프 회로

> 블리드 오프 회로 : 액츄에이터로 흐르는 유량의 일부를 탱크로 분기함으로써 작동 속도를 조절하는 방식의 회로이다.

20 다음은 유량조정 밸브에 의한 제어 회로를 나타낸 것이다. 옳지 않은 것은?

① 미터 인 회로(metter-in-circuit)
② 미터 아웃 회로(metter-out-circuit)
③ 카운터 밸런스 회로(counter balance circuit)
④ 블리드 오프 회로(bleed-off-circuit)

> 속도제어 회로에는 미터 인 회로, 미터 아웃 회로, 블리드 오프 회로, 차동 회로 등이 있다.

정/답 16 ③ 17 ③ 18 ④ 19 ② 20 ③

21 다음 그림의 기호는 어떤 밸브를 나타내는 기호인가?

① 시퀀스 밸브
② 카운터 밸런스 밸브
③ 무부하 밸브
④ 일정비율 감압 밸브

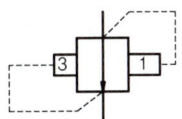

일정비율 감압 밸브
출구쪽 압력을 입구쪽 압력에 대하여 소정의 차이만큼 감압시켜 주는 밸브

22 그림은 피스톤이 어느 일정한 힘으로 장시간 무부하를 걸고 있는 동안 펌프를 무부하로 운전시키기 위하여 구성한 무부하 회로이다. A의 위치에 어느 종류의 절환 밸브(direction control valve)를 사용하면 좋은가?

① 클로즈드 센터형 사접속 삼위치 밸브
  (closed center type 4 port 3 positiion)
② 센터 바이패스형 사접속 삼위치 밸브
  (center bypass type 4 port 3 position)
③ 오픈 센터형 사접속 삼위치 밸브
  (open center type 4 port 3 positiion)
④ 삼접속 2위치 밸브(3 port 2 position)

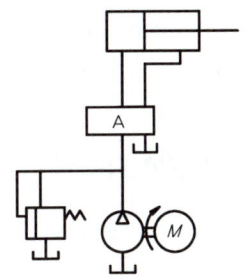

• 클로즈드 센터 : 변환 밸브의 중립 위치에서 모든 포트가 닫혀 있는 흐름의 형태의 절환 밸브
• 오픈 센터 : 변환 밸브의 중립 위치에서 모든 포트가 서로 통하고 있는 흐름의 형태의 절환 밸브

23 다음 필터 중 유압유 중에 용입되어 있는 고무질, 아교질 등의 산화 주성분을 주로 여과하는 것은?

① 표면식 필터   ② 적층식 필터   ③ 다공체식 필터   ④ 흡착식 필터

24 두 개 이상의 분기회로(分岐回路)를 갖는 회로 중에서 그 작동순서를 회로의 압력 또는 유압 실린더 등의 운동에 의해서 규제하는 자동 밸브는?

① 릴리프 밸브(relief valve)
② 카운터 밸런스 밸브(counter balance valve)
③ 언로딩 밸브(unloading valve)
④ 시퀀스 밸브(sequence valve)

정/답 21 ④ 22 ② 23 ④ 24 ④

25 축압기는 고압용기이므로 장착과 취급에 각별한 주의사항이 요망된다. 이에 맞지 않는 항은?

① 점검보수에 편리하고 진동이 심한 곳에서는 충분한 지지구로 충분히 고정할 것
② 축압기에 용접, 가공, 구멍뚫기 등은 절대 금물이다.
③ 기체의 예압력은 밸브가 열려 유속이 최소로 되었을 때 걸리는 정적압력
④ 펌프와 축압기 사이에는 역지 밸브를 설치하여 압유가 펌프 쪽으로 역류를 방지할 것

26 회로압의 과부하를 막고 회로 압력을 일정값 이하로 유지함과 동시에 유압 모터의 회전력과 유압 실린더의 추력을 제한하는 밸브는?

① 무부하 밸브(unloading valve)
② 방향전환 밸브
③ 릴리프 밸브(relief valve)
④ 시퀀스 밸브(sequence valve)

27 다음 중 고정 부분에 사용하는 실(seal) 장치는?

① 그랜드 패킹(grand packing) ② 가스켓(gasket)
③ 미캐니컬 패킹(mechancial packing) ④ 칸막이(weir)

28 그림에서 피스톤의 지름을 각각 50[mm], 60[mm]로 하고 작은 피스톤에 400N]의 힘을 가한 경우 큰 피스톤을 10[mm] 움직이면 작은 피스톤은 얼마나 움직이는가?

① 11.4[mm]
② 12.0[mm]
③ 13.2[mm]
④ 14.4[mm]

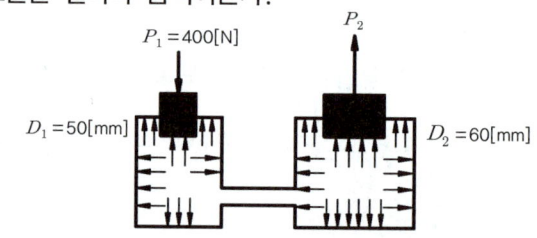

$V_1 = V_2, \ \frac{\pi}{4}D_1^2 \times S_1 = \frac{\pi}{4}D_2^2 \times S_2$

$50^2 \times S_1 = 60^2 \times 10, \ S_1 = 14.4$[mm]

29 다음 기호가 나타내는 명칭은?

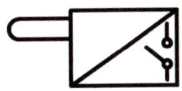

① 리밋 스위치
② 아날로그 변환기
③ 압력 스위치
④ 전자 변환기

압력 스위치
유체 압력이 소정의 값에 달하였을 때 전기 접점을 개폐시키는 기기이다.

30 엷은 여과면을 다수 겹쳐 쌓아서 사용하는 필터는?

① 표면식 필터 ② 다공체식 필터 ③ 적층식 필터 ④ 흡착식 필터

31 다음 중 필요에 따라 유체의 일부 또는 전량을 분기시키는 관로는?

① 바이패스 관로 ② 드레인 관로 ③ 통기 관로 ④ 주 관로

드레인 관로 : 드레인이란 기기의 통로나 관로에서 탱크나 매니폴드 등으로 돌아오는 액체 또는 액체가 돌아오는 현상이다. 드레인을 귀환 관로 또는 탱크 등으로 연결하는 관로를 드레인 관로라 한다.

32 다음 기호는 무슨 밸브의 명칭인가?

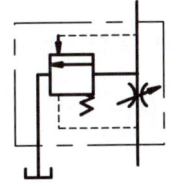

① 바이패스형 유량조절 밸브
② 직렬형 유량조절 밸브
③ 체크 밸브 유량조절 밸브
④ 기계조작형 감압 밸브

유량조절 밸브
배압 또는 부압에 따라서 생긴 압력의 변화에 관계없이 유량을 설정된 값으로 유지시켜 주는 유량제어 밸브이다.

33 다음 중 유체 토크컨버터의 구성요소와 거리가 먼 것은?

① 릴리프 밸브 ② 스테이터 ③ 펌프 회전차 ④ 터빈 회전차

정/답   29 ①   30 ③   31 ①   32 ①   33 ①

34 다음 중 서보 밸브의 구성요소로서 가장 적합한 것은?

① 유압증폭부, 안내 밸브, 스트레이너, 탱크
② 토크 모터, 유압증폭부, 안내 밸브, 반환 밸브
③ 토크 모터, 유압증폭부, 피스톤, 안내 밸브
④ 토크 모터, 유압증폭부, 릴리프 밸브, 피스톤

> 서보 밸브 : 전기, 그 밖의 입력 신호에 따라 유량 또는 압력을 제어할 수 있는 밸브이다.

35 다음 기호 중 회로의 교차를 표시하는 것은?

① 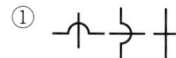 ②  ③ ⌣ ④ ⌢

36 축압기의 용량이 5[L], 기체의 봉입압력이 250[kPa]일 때 작동유압이 $P_1 = 700[kPa]$ 로부터 $P_2 = 400[kPa]$까지 변화할 때 방출 유량은 몇 [L]인가?

① 약 1.01 ② 약 1.34 ③ 약 1.48 ④ 약 1.73

> $\Delta V = V_2 - V_1 = P_0 V_0 \left(\dfrac{1}{P_2} - \dfrac{1}{P_1} \right) = 250 \times 10^3 \times 5 \times 10^{-3} \times \left(\dfrac{1}{400 \times 10^3} - \dfrac{1}{700 \times 10^3} \right) = 1.34$

37 서지압의 방지에서 배관, 밸브, 계기류를 보호하기 위해 설치된 것은?

① 어큐뮬레이터 ② 액추에이터 ③ 스로틀 ④ 디퓨져

38 부하가 급격히 제거되었을 때 관성력 때문에 소정의 제어를 못할 경우 삽입되는 회로는?

① 카운터 밸런스 회로 ② 시퀀스 회로
③ 언로드 회로 ④ 감압 회로

정/답 34 ② 35 ① 36 ② 37 ① 38 ①

39 패킹의 재료로는 다음 성능이 요망된다고 한다. 이에 맞지 않는 것은?

① 금속에 밀착하고 기름이 새는 것을 막기 위해서는 유연성이 있을 것
② 동력 시일에 대해서는 내마모성이 요망된다.
③ 패킹이 유체와 접하므로 그 유체에 의해 연화되는 재질일 것
④ 사용하는 유체에 대해서 저항성이 있을 것

> 패킹은 유체로부터 받는 힘이 있으므로 이 힘에 저항할 수 있는 강도를 갖고 있어야 한다.

40 구조가 복잡하고 값이 비싸나 누설이 작고 회전속도 범위가 넓으며, 기동 특성이 양호한 유압 모터는?

① 기어 모터
② 베인 모터
③ 레이디얼 피스톤 모터
④ 액셜 피스톤 모터

41 미터 아웃 회로(meter-out circuit)를 가장 옳게 설명한 것은?

① 유량제어 밸브를 실린더의 입구측에 설치한 회로
② 유량제어 밸브를 실린더의 출구측에 설치한 회로
③ 압력유지 밸브를 실린더의 입구측에 설치한 회로
④ 속도조정 밸브를 실린더의 출구측에 설치한 회로

> 미터 아웃 회로는 속도제어 회로의 종류이다. 유량조정밸브를 실린더 출구쪽에 설치하여 유속을 제어하는 회로이다. 유량제어 밸브는 유량을 제어하는 밸브의 총칭적 표현이다. 유량제어 밸브 중 체크 밸브 붙이 유량조정 밸브를 이용하여 실린더 속도를 제어할 수 있다. 이와 같은 유량조정 밸브를 속도조정 밸브라 표현할 수도 있다.

42 다음 기호는 무슨 밸브인가?

① 저압 우선형 셔틀 밸브
② 급속 배기 밸브
③ 파일럿 조작 체크 밸브
④ 서보 밸브

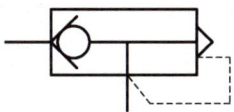

정/답 39 ③ 40 ③ 41 ④ 42 ②

43 유압 실린더의 작동이 불확실한 이유로서 적당치 않은 것은?

① 실린더 내의 기름이 충만되어 있다.
② 패킹이 손상되어 있다.
③ 작동유의 온도 상승이 지나치게 크다.
④ 작동유에 이물이 혼입되어 있다.

44 다음 그림은 접속구의 어떤 압기호인가?

① 비기구
② 급속이음
③ 회전이음
④ 공기구멍

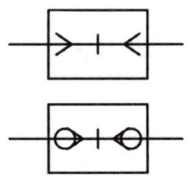

호스의 접속용 이음으로서 신속하게 착탈이 가능한 것이 급속이음(quick disconnet coupling)이다.

45 유압 시스템이 갖고 있는 장점을 기술한 것 중 맞는 것은?

① 무단변속이 가능하다.
② 먼 거리까지 쉽게 에너지를 전달할 수 있다.
③ 에너지의 저장성이 좋다.
④ 작업요소의 운동속도가 빠르다.

46 다음 유압 회로는 펌프 출구 직후에 릴리프 밸브를 설치하여 최대 압력을 제한하려는 것이다. 이에 맞는 회로의 명칭은?

① 카운터 밸런스 회로
② 조합 회로
③ 시퀀스 회로
④ 감압 회로

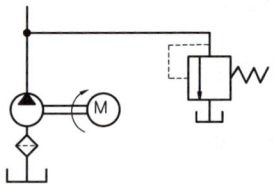

조합 회로
릴리프 밸브를 기본으로 한 것으로 회로 압력을 미리 설정하여 회로 내부에 정상압력보다 큰 압력이 작용하게 되면 작동유의 일부가 릴리프 밸브를 통하여 탱크로 되돌아가게 하는 회로이다.

정/답 43 ① 44 ② 45 ① 46 ②

47 다음 중 필요에 따라 유체의 일부 또는 전량을 분기시키는 관로는?

① 바이패스 관로　　② 드레인 관로　　③ 통기 관로　　④ 주 관로

통기 관로 : 대기로 언제나 개방되어 있는 회로

48 펌프의 무부하 운전에 대한 장점이 아닌 것은?

① 구동동력 경감　　　　　　② 유압유의 점도저하 방지
③ 작업시간 단축　　　　　　④ 고장방지 및 수명연장

49 유압 회로 내의 압력을 일정하게 유지하든가 적당한 압력으로 감압(減壓)하든가 회로의 압력을 설정한 작동순서에 따라 변화시키는 등 압력에 관해서 제어하는 밸브(valve)를 무슨 밸브라고 하는가?

① 압력제어 밸브(pressure control valve)
② 감압 밸브(pressure reducing valve)
③ 유체 퓨즈(hydraulic fuse)
④ 압력 스위치(pressure switch)

압력제어 밸브의 종류 : 릴리프 밸브, 감압 밸브, 시퀀스 밸브, 무부하 밸브, 카운터 밸런스 밸브 등

50 서보 밸브(servo valve)는 어떤 작용을 하는가?

① 작동유의 유량을 조절하여 전기적 신호로 변환시키는 밸브이다.
② 유압을 전기적 신호로 만드는 밸브이다.
③ 미약한 전기압력 신호를 유압으로 변환시키는 밸브이다.
④ 작동유의 유속을 조절하여 전기적 신호로 변화시키는 밸브이다.

51 방향전환 밸브에서 밸브와 주관로와의 접속구 수를 무엇이라고 하는가?

① 방수(mumber of way)　　　　　② 포트수(numbeer of port)
③ 위치수(number of position)　　④ 스풀수(number of spool)

정/답　47 ①　48 ③　49 ①　50 ③　51 ②

52 유압 구동의 특징을 설명한 것이다. 틀린 것은?

① 원격 조작 및 자동조작이 용이하다.
② 주기적인 운동을 간단한 장치로 할 수 있다.
③ 열변형 또는 온도변화에도 공작 정밀도가 저하하지 않는다.
④ 무단변속이 가능하다.

53 가스켓(gasket)의 용어 설명으로 알맞은 것은?

① 고정 부분에 사용되는 실(seal)
② 운동 부분에 사용되는 실(seal)
③ 대기로 개방되어 있는 구멍
④ 흐름의 단면적을 감소시켜 관로 내 저항을 갖게 하는 기구

54 그림과 같이 제시된 회로는 다음 중 어느 것인가?

① 미터 인 회로
② 미터 아웃 회로
③ 블리드 오프 회로
④ 차동 회로

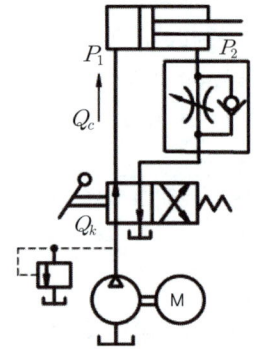

55 자동차의 파워 스티어링에 유압을 적용한 경우 핸들의 복귀가 좌우 모두 나쁘게 느껴질 때 그 원인에 대한 설명으로 가장 적당한 것은?

① 탱크 내의 유량 부족에 의한 공기의 흡입
② 필터가 막혔음
③ 배관의 찌그러짐이나 이물질의 혼입
④ 오일의 점도가 높고, 베인이 나오지 않음

정/답   52 ③   53 ①   54 ②   55 ④

56 유압 프레스의 작동원리는 다음 어느 이론에 바탕을 둔 것인가?

① 파스칼의 원리 ② 보일의 법칙
③ 아르키메데스의 원리 ④ 토리체리의 원리

57 그림에서 $W=300\text{kgf}$의 물체를 피스톤 ①로 작동시켜서 들어 올리려고 한다. 유압 피스톤 ①을 $10[\text{kgf}]$의 힘으로 밀 때 그 지름 D_1은 몇 [cm]로 할 것인가?

① 5.42
② 6.39
③ 7.22
④ 8.36

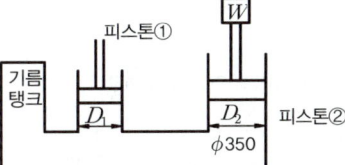

$P_1 = P_2, \quad \dfrac{W_1}{A_1} = \dfrac{W_2}{A_2}$

$\dfrac{10}{D_1^2} = \dfrac{300}{35^2}$

$D_1 = 6.39[\text{cm}]$

58 다음 펌프 중 구동축의 회전 방향을 변화시키지 않고 기름의 송출 방향을 바꿀 수 있는 펌프는?

① 외접 기어 펌프 ② 레이디얼 플런저 펌프
③ 복합 베인 펌프 ④ 내접 기어 펌프

59 다음 그림은 어떤 유압기호인가?

① 처짐관로 ② 접속관로
③ 교차관로 ④ 통기관로

60 압력이 $686[\text{N/cm}^2]$, 유량이 $30[\text{L/min}]$인 유압 모터에서 1분간의 회전수는 몇 [rpm]인가? (단, 유량(qn)=$20[\text{cc/rev}]$이다.)

① 500 ② 1000 ③ 1500 ④ 2000

$Q = q \cdot N$

$N = \dfrac{30 \times 10^3}{20} = 1500[\text{rpm}]$

정/답 56 ① 57 ② 58 ② 59 ① 60 ③

61 다음 그림은 어떤 접속구인가?

① 배기구 ② 공기구멍
③ 회전이음 ④ 급속이음

62 다음 중 실린더에서 유출하는 유량을 복귀측에 직렬로 유량 체크 밸브를 설치하여 유량을 제어하는 것은?

① 전자 회로 ② 미터 인 회로(meter in circuit)
③ 미터 아웃 회로(meter out circuit) ④ 언로드 회로

63 절삭과 급속 귀환 공정을 하는 공작기계에서 절삭 시 사용할 고압 펌프와 귀환 시 사용할 저압 대용량 펌프를 병행해서 사용할 때 동력을 최대로 절감하려면 어떤 밸브를 사용하는 것이 좋은가?

① 감압 밸브(reducing valve) ② 시퀀스 밸브(sequence valve)
③ 무부하 밸브(unloading valve) ④ 릴리프 밸브(relif valve)

64 유압장치에서 조직 사이클 고정부에서 짧은 행정 또는 순간적으로 고압을 필요로 할 경우에 사용하는 회로는?

① 감압 회로 ② 로킹 회로 ③ 증압 회로 ④ 통기 회로

65 다음 중 유압장치의 주요 구성요소가 아닌 것은?

① 동력원(power unit) ② 연결부(connection unit)
③ 제어부(control unit) ④ 구동부(actuator)

66 미끄럼 밸브에서 랜드 부분과 포트 부분 사이에 중복된 상태 또는 그 양을 무엇이라고 하는가?

① 초크(choke) ② 벤트 포트(vent port)
③ 랩(lap) ④ 공동현상(cavitation)

> 랩(lap) : 몸체와 스풀이 겹치는 정도를 말하며, 언더 랩과 오버 랩이 있다

정/답 61 ② 62 ③ 63 ③ 64 ③ 65 ② 66 ③

67 방향제어 밸브 내에서 스풀의 동작 시 발생되는 오버 랩 중 네거티브 오버 랩(negative overlap)의 설명으로 올바른 것은?

① 밸브의 동작 시 압력의 작용으로 열리지 않는다.
② 밸브의 전환 시 피크 압력이 발생한다.
③ 일반적으로 서보 밸브에 적용된다.
④ 밸브의 전환 시 밸브 내 모든 유로가 연결된다.

> 언더 랩(under lap) : 미끄럼 밸브 등에서 밸브가 중립점에 있을 때 포트가 열려 있어 유체가 흐르도록 되어 있는 상태를 의미하는 것으로, 네거티브 오버 랩도 이와 유사한 의미이다.

68 유압 실린더의 부하가 갑자기 감소하여 피스톤이 급진하는 것을 방지하거나, 피스톤이나 램의 자유 낙하를 방지하기 위한 밸브는?

① 시퀀스 밸브
② 카운터 밸런스 밸브
③ 파일럿 조작 방향제어 밸브
④ 압력 보상형 유량제어 밸브

69 4/3-way 방향제어 밸브를 이용하여 무부하 회로를 구성하려 한다. 중립 위치의 형태로 가장 적당한 것은?

① 탠덤 센터　② 오픈 센터　③ 클로즈드 센터　④ 스콜 센터

70 다음의 유압 시스템 구성요소 중 유압 에너지를 생성하거나 이용하는 것이 아닌 것은?

① 작업요소
② 최종제어요소
③ 신호처리요소
④ 동력공급장치

71 한쪽 방향의 흐름에는 설정된 배압을 부여하고 반대 방향의 흐름에는 자유흐름이 되는 밸브는?

① 릴리프 밸브
② 시퀀스 밸브
③ 언로드 밸브
④ 카운터 밸런스 밸브

정/답　67 ④　68 ②　69 ①　70 ④　71 ④

72 유압회로 중 실린더의 부하 변동에 관계없이 임의의 위치에 고정시킬 수 있는 회로의 명칭은?

① 부스터 회로
② 언로드 회로
③ 로킹 회로
④ 시퀀스 회로

73 유압 액추에이터(Actuator) 중 직선 왕복운동을 하는 것은?

① 유압 모터
② 유압 실린더
③ 요동형 액추에이터
④ 피스톤형 요동 모터

> 작동기(actuator)는 직선왕복운동, 회전운동, 요동운동 등을 하는 작업요소이다. 회전운동하는 액추에이터는 유압 모터이다.

74 다음 그림과 같은 밸브의 명칭으로 가장 적합한 것은?

① 3포트 2위치 전환 밸브
② 2포트 3위치 전환 밸브
③ 6포트 2위치 전환 밸브
④ 2포트 6위치 전환 밸브

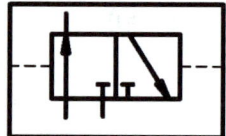

75 유압기본회로에서 폐회로의 특성에 대한 설명으로 틀린 것은?

① 동력손실이 적어 열발생이 적다.
② 회로 내의 압력은 부하에 의해 발생한다.
③ 펌프 한 대에 대하여 유압 모터 여러 대를 사용하는 것이 원칙이다.
④ 액추에이터의 속도제어는 가변 펌프의 토출량의 변화로 된다.

> 기본적으로 작동기의 속도제어에는 유량제어 밸브를 이용한다.

76 지름이 50[mm]인 유압 실린더를 이용하여 9,800[N]의 물체를 50[mm/sec]의 속도로 밀어 올리려고 할 때, 다음 중 가장 적합한 유압 펌프의 펌프 동력은 몇 [kW]인가? (단, 유압 시스템의 모든 손실은 무시한다.)

① 0.1
② 0.5
③ 1
④ 2

$$H_{kw} = \frac{9{,}800 \times 0.05}{1{,}000} = 0.5[kW]$$

정/답   72 ③   73 ②   74 ①   75 ④   76 ②

77 유압 실린더의 작동이 불확실한 이유로서 적당하지 않은 것은?

① 작동유의 온도 상승이 지나치게 크다.
② 실린더 내의 기름이 충만되어 있다.
③ 작동유에 이물이 혼입되어 있다.
④ 패킹이 손실되어 있다.

78 그림과 같은 유압 기본 로직회로에서 A와 B의 입력이 만족할 때 출력 C가 되는 회로는?

① AND 회로
② OR 회로
③ NOT 회로
④ NOR 회로

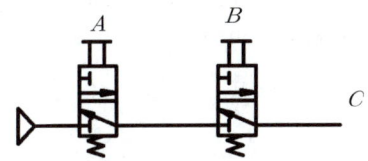

- OR 회로 : A와 B의 입력 중 하나만 만족할 때 출력 C가 되는 회로
- NOR 회로 : A와 B의 입력이 off일 때 출력 C가 되는 회로
- NOR 회로 : A와 B의 입력 중 하나만 만족할 때 출력 C가 off되는 회로

79 보기와 같은 유압도시기호의 명칭으로 적합한 것은?

① 다이어프램형 실린더
② 쿠션 장착 실린더
③ 단동 실린더
④ 복동 실린더

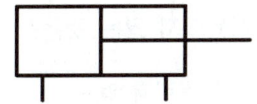

80 유압장치에서의 설명으로 올바른 것은?

① 힘의 크기를 유량제어 밸브, 속도를 압력제어 밸브, 일의 방향을 방향제어 밸브로 제어한다.
② 힘의 크기를 압력제어 밸브, 속도를 유량제어 밸브, 일의 방향을 방향제어 밸브로 제어한다.
③ 힘의 크기를 유압 액추에이터, 속도를 유량제어 밸브, 일의 방향을 방향제어 밸브로 제어한다.
④ 힘의 크기를 유량제어 밸브, 속도를 유압 액추에이터, 일의 방향을 방향제어 밸브로 제어한다.

81 다음 중 압력제어 밸브가 아닌 것은?

① 릴리프 밸브　　　　　　　② 시퀀스 밸브
③ 스로틀 밸브　　　　　　　④ 카운터 밸런스 밸브

정/답　77 ②　78 ①　79 ④　80 ②　81 ③

82 유압장치에서 장치의 최대 사용압력을 결정하려고 한다. 다음 중 어느 밸브를 사용하여야 하는가?

① 압력 릴리프 밸브　　② 3방향 감압 밸브
③ 방향제어 밸브　　　④ 압력보상형 밸브

83 보기와 같은 유압 회로의 명칭으로 적합한 것은?

① 재생 회로(regenerative circuit)
② 카운터 밸런스 회로(counter valance circuit)
③ 감속 회로(deceleration circuit)
④ 제동 회로(brake circuit)

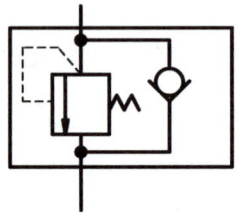

84 다음 그림은 무슨 전환 밸브의 기호인가?

① 5포트 교축
② 4포트 파일럿
③ 5포트 파일럿
④ 4포트 교축

85 다음 중 유압 펌프로 사용되지 않는 것은?

① 기어 펌프　　② 플런저 펌프　　③ 베인 펌프　　④ 터빈 펌프

터빈 펌프(turbine pump) : 물의 속도를 서서히 저하시키므로 효율을 좋게 하기 위하여 안내 깃을 갖는 원심 펌프

86 다음 설명 중 유압장치의 장점이 아닌 것은?

① 작동체의 속도를 무단 변속시킬 수 있다.
② 에너지의 축적이 가능하다.
③ 소형의 장치로서 큰 힘을 낼 수 있다.
④ 기름의 유속에 제한이 있으므로 작동체의 속도에도 제한이 있다.

정/답　82 ①　83 ②　84 ③　85 ④　86 ④

87 오일 탱크(oil tank)의 용량은 펌프 토출량의 몇 배 정도의 크기가 적당한가?

① 3배 이하　　② 3~6배 정도　　③ 12~15배 정도　　④ 16~20배 정도

88 다음 그림의 기호는 무슨 방식의 조작 기호인가?

① 누름 버튼
② 누름-당김 버튼
③ 당김 버튼
④ 레버 버튼

89 회전수 n[rpm], 압력 P[kg/cm^2], 기어 펌프의 누설량 q[l/min], 펌프 1회전당 송출량 D[l/rev]일 때 실제 송출량 Q[l/min]는?

① $Q = nD - q$　　② $Q = nq - D$　　③ $Q = \pi nD - q$　　④ $Q = n\pi - qD$

- 이론 유량 : $Q_{th} = D \cdot n[\ell/\min]$
- 실제 유량 : $Q = Q_{th} - q = D \cdot n - q$

90 회로의 회전체에 사용되는 것으로 비접촉형 실 장치는?

① 그랜드 패킹(grand packing)　　② 미캐니컬 패킹(mechanical packing)
③ 셀프실 패킹(self seal packing)　　④ 래비린스 패킹(labyrinth packing)

래비린스 패킹(labyrinth packing) : 축과 실이 접촉하지 않은 상태로 축만 회전하는 패킹 장치

91 릴리프 밸브는?

① 압력제어 밸브이다.　　② 방향제어 밸브이다.
③ 유량조절 밸브이다.　　④ 속도제어 밸브이다.

정/답　87 ②　88 ③　89 ①　90 ④　91 ①

92 출력 토크 54.88[N·m], 회전수 30[rpm]으로 하는 회전 피스톤 모터를 설계하려고 한다. 모터의 크기를 210[cm³/rev]로 할 때 필요한 압유의 압력을 구하면? (단, 모터의 토크 효율 및 용적 효율을 각각 90[%]라고 가정한다.)

① 170.52[N/cm²] ② 182.45[N/cm²] ③ 190.12[N/cm²] ④ 201.88[N/cm²]

$\eta_T = \dfrac{T}{T_{th}}$, $T_{th} = \dfrac{T}{\eta_T} = \dfrac{p \cdot q}{2\pi}$

$\dfrac{54.88}{0.9} = \dfrac{P \times 210 \times 10^{-6}}{2\pi}$, $P = 182.45[\text{N/cm}^2]$

93 회로압력을 일정하게 하거나 최고압력을 규제하여 장치를 보호하는 역할을 하는 유압 밸브는?

① 감압 밸브 ② 릴리프 밸브 ③ 시퀀스 밸브 ④ 언로드 밸브

94 다음 그림은 어떤 기호 표시인가?

① 브레이크 밸브
② 양방향 릴리프 밸브
③ 카운터 밸런스 밸브
④ 일정비율 감압 밸브

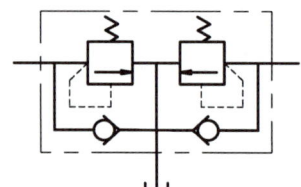

95 기어 펌프에서 이론 송출량이 65.5[L/min], 체적효율이 0.9일 때 실제 송출량은?

① 58.95[L/min] ② 72.22[L/min] ③ 54.75[L/min] ④ 60.45[L/min]

$\eta_v = \dfrac{\text{실제송출량}}{\text{이론송출량}}$, $0.9 = \dfrac{Q}{65.5}$, $Q = 58.95[L/min]$

96 유압기기에서 포트(port)수를 가장 잘 설명한 것은?

① 관로와 접촉하는 유량 밸브 접촉구의 개수
② 관로와 접촉하는 전환 밸브 접촉구의 개수
③ 관로와 접촉하는 교축 밸브 접촉구의 개수
④ 관로와 접촉하는 체크 밸브 접촉구의 개수

정/답 92 ② 93 ② 94 ① 95 ① 96 ①

97 유압 펌프의 크기를 표시하는 방법 중 옳은 것은?

① 압력과 그때의 속도로 표시한다.
② 압력과 그때의 토출력으로 표시한다.
③ 압력과 그때의 힘으로 표시한다.
④ 압력과 그때의 토출량으로 표시한다.

98 공·유압기기 가동의 장점이 아닌 것은?

① 원격조작 및 무단변속이 가능하다.
② 과부하에 대한 안전장치의 조합이 간단하다.
③ 전기회로에 비하여 유압회로의 구성작업이 간단하다.
④ 에너지의 축적이 가능하다.

99 회로의 압력이 밸브의 설정값에 달하였을 때 유체의 일부 또는 전량을 빼돌려서 회로 내의 압력을 설정값으로 유지시키는 압력 제어 밸브는?

① 릴리프 밸브(relief valve)
③ 시퀀스 밸브(sequence valve)
② 무부하 밸브(unloading valve)
④ 카운터 밸런스 밸브(counter balance valve)

100 펌프의 압력 $P=1,960[N/cm^2]$, 토출량 $Q=20[\ell/min]$, 용적효율 $\eta_v=0.95$일 때 누설손실은 약 얼마인가?

① 0.25[l/min]   ② 0.5[l/min]   ③ 0.75[l/min]   ④ 1.05[l/min]

$\eta_v = \dfrac{Q_{th} - \triangle Q}{Q_{th}}$

$0.95 = \dfrac{20}{Q_{th}}$, $Q_{th} = 21.05[l/min]$

$\Delta Q = 21.05 - 20 = 1.05[l/min]$

정/답   97 ④   98 ③   99 ①   100 ④

101 유압 펌프 중 초고압(20.58MPa 이상)에 적합한 펌프는?

① 기어 펌프(gear pump)
② 2단 베인 펌프
③ 베인 펌프(vane pump)
④ 회전 피스톤 펌프(rotary piston pump)

102 다음 밸브 중 유압 실린더, 유압 모터의 감속 및 정지를 하게 하는 밸브로서 감속 밸브라고 하는 것은?

① 솔레노이드 밸브(solenoid valve)
② 파일럿 밸브(pilot valve)
③ 슬리브 밸브(sleeve valve)
④ 디셀러레이션 밸브(deceleration valve)

> 디셀러레이션 밸브 : 액추에이터를 감속시켜 주기 위하여 캠 조작 등으로 유량을 서서히 감소시켜 주는 밸브이다.

103 유체의 흐름이 없을 때에도 일정 압력을 유지하는데 사용하는 유압 부품은?

① 오일 탱크   ② 스트레이너   ③ 가변 용량 탱크   ④ 어큐뮬레이터

104 유압기기의 기호표시로서 맞는 것은?

① 2포트 수동 전환 밸브
② 2포트 전자 변환 밸브
③ 3포트 수동 전환 밸브
④ 3포트 전자 변환 밸브

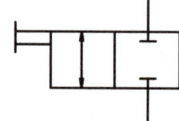

105 기어 펌프의 결점에 대한 설명 중 잘못된 것은?

① 효율이 타 펌프에 비해 낮다.
② 소음과 진동이 심하다.
③ 고점액의 수송 성능이 우수하다.
④ 기름 속에 기포가 발생한다.

정/답   101 ④   102 ④   103 ④   104 ①   105 ③

106 작동유 속에 용입된 용해 공기가 기포로 분리되는 상태를 무엇이라 하는가?

① 노킹(knocking) 현상　　　② 수격작용(water ha[mm]ering)
③ 서징(surging) 현상　　　　④ 공동현상(cavitation)

> 공동현상(cavitation) : 유동하고 있는 액체의 압력이 국부적으로 저하되어 포화증기압 또는 용해 공기 등이 분리되어 기포를 일으키는 현상. 이것들이 흐르면서 퍼지게 되면 국부적으로 초고압이 생겨, 소음 등을 발생시킨다.

107 다음의 기술 사항은 유압계통에 사용되는 어느 기기의 사용 조건을 표시한 것인가?

- 동력원인 유압 펌프가 작동되고 있지 않을 때 또는 언로딩 밸브의 작동에 의하여 유압이 발생하지 않는 상태에 있을 때 사용한다.
- 유압계통에 고장이 생겼을 때 비상용 유압원으로 사용한다.
- 압력원인 유압 펌프 용량 이상 많은 유량이 필요할 때 유압계통의 보조유압원으로 사용한다.
- 유압 펌프 및 작업에서 발생하는 유압과의 완충제로서 사용한다.

① 쇽업소버　　② 공기 분리 탱크　　③ 기름 보조 탱크　　④ 축압기

108 다음 중 축압기를 유압장치에 사용하는 목적은 어느 것인가?

① 유압류의 축적용　　　　② 유압유의 감속용
③ 여러 밸브의 자동조절용　　④ 유압유의 증속용

109 다음 그림은 무엇을 나타내는가?

① 스톱 밸브
② 언로드 밸브
③ 체크 밸브
④ 릴리브 밸브

정/답　106 ④　107 ④　108 ①　109 ①

110 유압장치에서 부하에 전달되는 동력을 100[kW], 피스톤 속도를 10[m/min]로 할 때 피스톤에 발생하는 힘은?

① 612[kN] ② 6,120[kN] ③ 600[kN] ④ 660[kN]

$L = \dfrac{F \times V}{1,000}$

$100 = \dfrac{F \times 10}{1,000 \times 60}$, $F = 600[[kN]]$

111 원심 펌프에서 유체의 비중량을 r[N/m³], 유량을 Q[m³/s], 수(水) 동력을 L[kW]라 할 때, 전(全) 양정 H[m]를 구하는 식은?

① $H = \dfrac{735L}{rQ}$ ② $H = \dfrac{rQ}{735}L$ ③ $H = \dfrac{1,000L}{rQ}$ ④ $H = \dfrac{rQ}{1,000L}$

112 다음 회로도는 무엇을 나타내는 기호인가?

① 냉각기 ② 여과기
③ 가열기 ④ 온도조절기

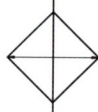

냉각기(radiator)
일반적으로 열을 발생시키는 장치의 총칭

113 공·유압회로를 작성하는 착안 사항에 속하지 않는 것은?

① 간단한 회로 구성일 것   ② 방열관계에서 열발생이 클 것
③ 유압기기의 목적에 맞는 회로일 것 ④ 표준품일 것

114 다음 기호는 무슨 조작방식의 명칭인가?

① 인력
② 버튼
③ 레버
④ 페달

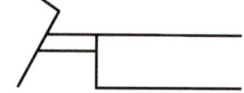

정/답   110 ③   111 ③   112 ①   113 ②   114 ④

115 다음 펌프 중 토출압력이 최대인 유압 펌프는?

① 기어 펌프   ② 원심 펌프   ③ 플런저 펌프   ④ 베인 펌프

116 릴리프 밸브에 관한 설명 중에서 가장 적합하지 않은 것은 어느 것인가?

① 회로의 파괴를 방지한다.
② 압력을 일정하게 유지한다.
③ 회로 내의 압력을 설정값 이하로 제한한다.
④ 토출량을 저압인 채로 탱크로 되돌아가게 한다.

117 본체, 슬리브, 너트의 3가지 부품으로 형성되어 있으며, 너트의 조임에 높은 접촉면을 얻을 수 있으므로 고압에 적당한 조인트는?

① 나사 조인트   ② 용접 조인트   ③ 플랜지 조인트   ④ 플레어 조인트

118 구멍뚫기가 끝나고 갑자기 무부하가 되었을 경우 피스톤 마개가 튀어나오는 것을 방지하는데 사용되는 회로는 다음 중 어느 것인가?

① 미터 아웃 회로   ② 감속 회로   ③ 차동 회로   ④ 블리드 오프 회로

119 다음 그림은 무엇을 나타내는 기호인가?

① 압력계   ② 온도계
③ 유량계   ④ 유속계

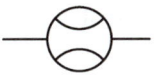

120 유압회로에서 다음 그림의 기호는 무엇을 표시하는가?

① 유속 조정 밸브이다.   ② 유량 조정 밸브이다.
③ 방향 조정 밸브이다.   ④ 압력 조정 밸브이다.

정/답   115 ③   116 ④   117 ④   118 ④   119 ②   120 ②

121 다음의 기호 중에서 고정형 조정 밸브는 어느 것인가?

① 　② 　③ 　④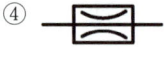

122 축압기의 용도가 아닌 것은?

① 유압 에너지의 축적　② 맥동 제거
③ 2차 회로의 구동　④ 유속의 증가

123 다음 그림은 A, B 두 실린더가 순차적으로 작동이 행하여지는 회로이다. 무슨 회로인가?

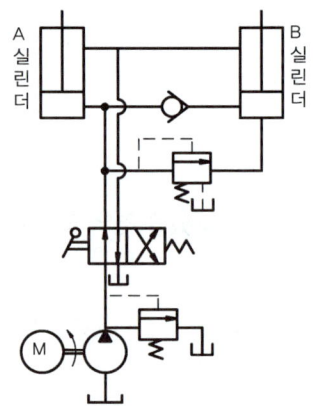

① 언로더 회로(unloader circuit)　② 시퀀스 회로(sequence circuit)
③ 카운터 밸런스 회로(counterbalance circuit)　④ 디컴프레션 회로(decompression circuit)

> **디컴프레션(decompression)**
> 프레스 등으로 유압실린더의 압력을 천천히 빼어 기계손상의 원인이 되는 회로의 충격을 작게 하는 것

124 유압 밸브의 3대 목적에 들지 않는 것은?

① 유량조정　② 유온(油溫) 조절
③ 압력제어　④ 흐름의 방향 전환

정/답　121 ④　122 ④　123 ②　124 ②

125 작동유의 점성에 관계없이 유량을 조절할 수 있으며, 조정범위가 크고 미세량도 조정 가능한 밸브는?

① 서보 밸브   ② 체크 밸브   ③ 교축 밸브   ④ 안전 밸브

126 터보(비용적)형 펌프(pump)의 종류에 해당되지 않는 것은?

① 벌류트 펌프   ② 축류 펌프   ③ 경사류 펌프   ④ 플런저 펌프

> 플런저 펌프(피스톤 펌프) : 피스톤 또는 플런저를 경사판, 캠, 크랭크 등으로 왕복운동시켜서 액체를 흡입 쪽으로부터 토출 쪽으로 밀어내는 형식의 펌프이다.

127 오일 실(seal)의 가장 큰 목적은?

① 브레이크에 사용한다.
② 밸브와 같은 목적에 쓰인다.
③ 기름 누설, 토사와 먼지 침입을 방지한다.
④ 유압장치의 커버로 사용한다.

128 전기 신호에 의하여 전기회로의 개폐를 전환하는 기기로서 전기회로의 보호 또는 제어의 목적으로 사용되는 스위치는 다음 중 어느 것인가?

① 릴레이(relay) 스위치   ② 토글(toggle) 스위치
③ 마이크로(micro) 스위치   ④ 서멀(thermal) 스위치

정/답   125 ③   126 ④   127 ③   128 ①

129 다음의 유압회로에서 릴리프 밸브는 어느 것인가?

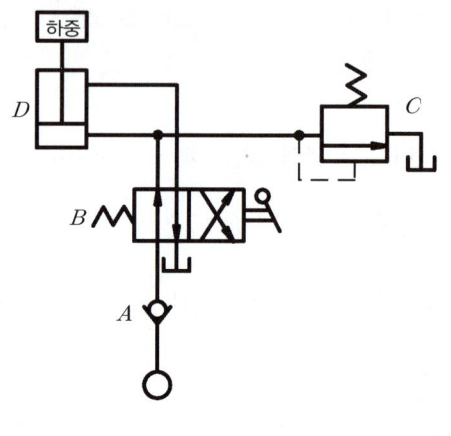

① A ② B ③ C ④ D

- A : 체크 밸브
- B : 레버 스프링식 2포트 2위치 변환 밸브
- D : 유압 실린더

130 나사 펌프에 대한 설명 중 가장 거리가 먼 항목은?

① 연속적 체적 이동이 발생하므로 진동이나 소음이 작다.
② 1축, 2축, 3축식이 있다.
③ 고점도액 수송에 적합하다.
④ 터보형으로 효율이 좋다.

- 나사 펌프 : 케이싱 내에 나사가 달린 로터를 회전시켜 액체를 흡입 쪽에서 토출 쪽으로 밀어내는 형식의 펌프이다.

131 다음의 유압회로도는 어느 부분에 사용되고 있는가?

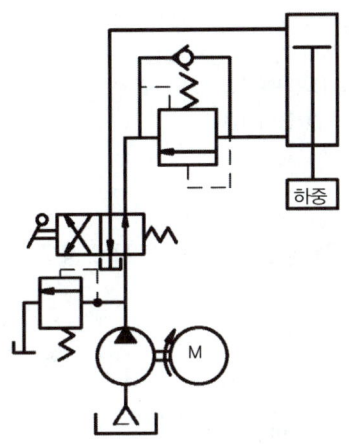

① 자중낙하 방지회로   ② 시퀀스 밸브의 응용회로
③ 압력유지회로   ④ 미터 인 회로

132 운전이 조용하며 고속회전이 가능하고, 폐입현상이 없으며 맥동이 없는 일정량의 거품을 토출하는 펌프는?

① 피스톤 펌프   ② 외접 기어 펌프
③ 나사 펌프   ④ 내접 기어 펌프

> 폐입현상을 일으키는 펌프는 기어 펌프이고, 맥동이 발생하는 펌프는 피스톤 펌프이다.

133 유압 회로 내의 압력이 설정압을 넣으면 유압에 의하여 막이 파열되어 유압유를 탱크로 귀환시키며, 압력 상승을 막아 기기를 보호하는 역할을 하는 유압 요소는?

① 압력 스위치   ② 유체 퓨즈   ③ 언로드 밸브   ④ 포핏 센서

134 다음 중 공기탱크의 역할로 적당하지 않은 것은?

① 공기 압축기로부터 토출된 공기의 맥동을 방지한다.
② 다량의 공기 소비 시 급격한 압력 강하를 방지한다.
③ 정전과 같은 비상시에도 안정된 공기를 공급할 수 없어 운전이 불가능하다.
④ 주위의 영향으로 발생된 응축수를 분리시킨다.

정/답   131 ①   132 ③   133 ②   134 ③

공기탱크의 역할
- 공기 압축기로부터 토출된 공기의 맥동을 방지한다.
- 다량의 공기 소비 시 급격한 압력 강하를 방지한다.
- 정전과 같은 비상시에도 안정된 공기를 공급하여 운전을 유지시킨다.
- 주위의 영향으로 발생된 응축수를 분리시킨다.

135 다음 중 공기탱크의 크기에 영향을 주는 인자로 맞지 않은 것은?

① 압축기의 공급 체적 ② 공기 분배망
③ 공기 압축기의 형식 ④ 조절 방법

공기탱크의 크기 결정에 영향을 주는 인자
- 압축기의 공급 체적
- 공기 소비량
- 공기 분배망
- 조절 방법
- 허용 가능한 압력 강하

136 공압밸브의 선정 기준으로 적합하지 않은 것은?

① 공압 실린더의 속도와 체적 ② 요구되는 스위칭 횟수
③ 허용할 수 있는 압력 강하 ④ 액추에이터의 종류

밸브의 선정 기준
- 공압 실린더의 속도와 체적
- 요구되는 스위칭 횟수
- 허용할 수 있는 압력 강하

137 공압 배관의 선정 기준으로 볼 수 없는 것은?

① 파이프 단면의 모양 ② 허용 가능한 압력 강하
③ 파이프의 길이 ④ 작업 압력

공압 배관의 선정 기준
- 유량
- 파이프의 길이
- 허용 가능한 압력 강하
- 작업 압력
- 파이프라인 내의 교축효과를 주는 부속요소의 양

정/답 135 ③ 136 ④ 137 ①

138 나사형 회전자의 회전운동을 이용하여 고속회전이 가능하고, 소음이 적으며, 맥동 현상이 발생되지 않고 큰 용량의 공기탱크가 필요 없는 압축기는?

① 피스톤 압축기 ② 스크류 압축기 ③ 터보 압축기 ④ 베인 압축기

- 베인 압축기 : 날개 형상의 금속제 판을 사용한 압축기로 용기 내부에서 편심 로터의 회전에 따라 흡입과 배출 구멍이 있는 실린더 형태의 하우징 내에서 압축공기를 발생시키는 종류로 소음과 진동이 적은 편이다.
- 피스톤 압축기 : 피스톤의 왕복운동에 의해서 공기를 압축하는 용적형 압축기로서 고압을 얻을 수 있는 특징이 있다. 2단 피스톤 압축기는 왕복동식에서 2개의 실린더를 병렬로 배열하여 초단은 중압으로 압축하여, 이것을 다시 다음 실린더에 넣어 고압으로 압축하는 방식의 압축기도 있다.

139 다음 중 전진과 후진 시 추력이 같은 장점을 갖는 실린더는?

① 텔레스코프형 실린더 ② 텐덤 실린더
③ 양 로드 실린더 ④ 다위치형 실린더

- 탠덤 실린더 : 꼬치 모양으로 연결된 복수의 피스톤을 n개 연결시켜 n배의 출력을 얻을 수 있도록 한 실린더이다.
- 다위치형 실린더 : 복수의 실린더를 직결시켜 여러 방향의 위치를 결정할 수 있게 한 실린더이다.
- 텔레스코프형 실린더 : 긴 행정을 지탱할 수 있는 다단 튜브형 로드를 갖춘 다단형 실린더이다. 또한 튜브형의 실린더가 두 개 이상 서로 맞물려 있는 것으로서 높이에 제한이 있는 경우에 사용 가능하다.

140 다음 보기 중 공기압 유량제어 밸브에 대한 설명으로 틀린 것은?

① 공기압 실린더의 속도제어를 위해 방향제어 밸브와 실린더의 중간에 설치하는 것은 속도제어 밸브이다.
② 공기압의 속도제어는 배기 교축에 의한 속도제어 회로를 주로 채택한다.
③ 공기압 실린더의 배기 유량을 감소시켜 실린더의 속도를 증가시키는 것은 급속 배기 밸브이다.
④ 공기압 회로의 유량을 조정하고자 할 때 사용하는 것은 교축 밸브이다.

- 급속배기 밸브는 공압실린더에서 배기되는 유량을 순간적으로 단면적이 넓은 배기구로 토출시켜 순간적으로 속도를 증진시키는 밸브이다.

141 유압 및 공기압에 관한 설명으로 적절하지 않은 것은?

① 유압은 위치 제어성이 우수하고, 이송 속도도 매우 빠르다.
② 공기압은 공기탱크에 에너지를 저장할 수 있다.
③ 유압은 가스나 스프링 등을 이용한 축압기에 소량의 에너지 저장이 가능하다.
④ 공기압은 인화나 폭발의 위험이 없다.

정/답 138 ② 139 ③ 140 ③ 141 ①

유압의 특징
- 작은 장치로도 큰 힘을 낼 수 있다.
- 제어의 용이성과 정확도가 좋다.
- 응답이 빠르다.
- 윤활성, 방청성, 내열성 등이 우수하며, 보수가 용이하다.
- 비압축성에 의해 액추에이터 속도의 한계가 있다.
- 누유로 인해 시스템이 불결하다.

공압의 특징
- 유압기기에 비해 가격이 저렴하며 유지보수가 용이하다.
- 저압을 사용하므로 기기파손의 위험이 적다.
- 화재의 위험이 적다.
- 시스템이 청결하다.
- 공기의 압축성에 의해 정밀제어가 곤란하다.

142 다음 중 공기압 작업요소의 설명이 틀린 것은?

① 격판 실린더는 격판에 부착된 피스톤 로드가 미끄럼 실링되어 있다.
② 다위치제어 실린더는 2개 또는 그 이상의 복동 실린더로 구성된다.
③ 회전 실린더는 피니언과 랙 등의 구조를 이용하여 회전 운동을 할 수 있다.
④ 탠덤 실린더는 2개의 복동 실린더가 1개의 실린더 형태로 된 것이다.

격판 실린더 : 내장된 격판은 피스톤의 기능을 대신하며, 피스톤 로드가 격판의 중앙에 부착되어 있다. 여기서는 미끄럼 밀봉이 필요 없고 단지 재료가 늘어남에 따라 발생하는 마찰만이 있다.

143 다음 중 공기압 실린더의 설치형식이 아닌 것은?

① 플랜지형   ② 트러니언형   ③ 타이로드형   ④ 플랜지형

- 풋형 : 부하가 작으며 단순한 직선운동을 한다.
- 플랜지형 : 견고한 지지가 필요한 형식으로 부하의 운동방향과 축의 중심을 일치시켜 지지할 때 사용한다.
- 타이로드형 : 유압실린더에서 사용하는 실린더의 유형으로 양쪽 커버를 타이로드로 고정시킨 방식이다. 래크 엔드 피니언의 래크와 로크 암 사이가 타이로드이다.

정/답   142 ①   143 ③

144 다음 중 공기 냉각기(after cooler)에 관한 설명으로 틀린 것은?

① 압축기에서 나온 뜨거운 압축공기를 냉각함으로써 수중기의 약 60[%] 정도를 제거한다.
② 공랭식은 냉각효과를 높이기 위해 방열판을 설치하며, 수냉식에 비해 교환 열량이 크다.
③ 공랭식을 사용하면 냉각수를 사용하지 않아도 되므로 보수가 쉽고 유지비가 적게 든다.
④ 공기 압축기 후단, 에어 드라이어 앞단에 설치한다.

> 교환 열량은 공랭식보다 수냉식이 더 크다.

145 다음은 공유압 기기에 관한 설명이 틀린 것은?

① 압력스위치 : 공기 압력신호를 전기신호로 변환한다.
② 셔틀밸브 : 안전장치, 검사기능, 연동제어에 사용된다.
③ 시퀀스밸브 : 액추에이터의 동작을 정해진 순서에 따라 작동시킨다.
④ 감압밸브 : 2차측의 압력을 일정하게 한다.

> 셔틀밸브 : 출구가 최고 압력의 입구를 선택하는 기능을 가진 밸브로서, OR제어에 사용된다.

146 다음 밸브 중 압축 공기가 2개의 입구에 모두 작용할 때만 출구에 압축 공기가 나오는 동작을 하는 밸브는?

① 2압 밸브   ② 분류 밸브   ③ OR 밸브   ④ 감압 밸브

- R 밸브 : 두 개의 개별 유체 입력을 단일 출력으로 흐르게 하는 밸브
- 감압 밸브 : 밸브로 유입된 유체의 압력을 낮춰 토출하는 밸브
- 분류 밸브 : 압력이 다른 2개의 유압 관로에 각각의 관로의 압력에는 관계없이 항상 일정한 관계를 가진 유량으로 분할하는 밸브

147 다음 중 공기압 모터의 특징으로 맞는 것은?

① 폭발 및 과부하에 불안전하다.
② 회전 방향을 쉽게 바꿀 수 없다.
③ 속도를 무단으로 조절하는 것은 불가능하다.
④ 구동 초기에 최고 회전 속도를 얻을 수는 없다.

정/답   144 ②   145 ②   146 ①   147 ④

공기압 모터의 특징
- 폭발의 위험성이 있는 환경에서도 안전하며 주위 온도, 습도 등의 영향이 다른 원동기에 비하여 적은 편이다.
- 가격이 저렴한 제어 밸브만으로 회전수, 토크를 자유롭게 조절할 수 있다.
- 속도 제어 및 역회전 기구가 간단한 편이다.
- 모터 자체의 발열이 적어 섭동부의 마찰열은 압축 공기의 단열 팽창으로 냉각된다.
- 에너지의 축적이 행해져 정전 시의 비상용 동력원으로 유효하다.
- 부하에 의한 회전수 변동이 크고, 일정 회전수를 고저로 유지하는 것이 어렵다.
- 에너지 변화 효율이 낮으며 공기의 압축성에 의해 제어성이 좋지 않은 편이다.
- 회전 날개형 공기압 모터 등은 배기 소음이 크다.

148 일반적인 공압 발생장치의 기기순서로 옳은 것은?

① 공기 압축기 → 공압 조정 유닛 → 에어드라이어 → 공기탱크 → 후부 냉각기 → 배관
② 공기 압축기 → 냉각기 → 공기탱크 → 에어드라이어 → 공압 조정 유닛
③ 공기 압축기 → 공기탱크 → 에어드라이어 → 후부 냉각기 → 배관 및 공압 조정 유닛
④ 공기 압축기 → 에어드라이어 → 공기탱크 → 후부 냉각기 → 배관 및 공압 조정 유닛

- 공기 압축기 : 외부의 공기를 흡입하여 압축기에 의해 공압을 발생시키는 장치
- 냉각기 : 생성된 공압은 높은 열을 가지고 있으므로 냉각기를 통해 온도를 낮추어 시스템에 공급해야 열화가 발생하지 않는다.
- 공기탱크 : 생성된 공압을 저장하는 장치로 저장탱크라고도 한다.
- 에어드라이어 : 생성된 공압에 있는 수분을 제거하는 장치로 수분이 함유된 공압이 밸브나 실린더로 전달될 경우 녹과 같은 열화가 발생한다.
- 공압 조정 유닛 : 보통 서비스 유닛이라 부르며, 시스템으로 공급되기 전 필터, 압력조절밸브, 윤활기를 통해 사용자가 원하는 압력으로 시스템에 공급하도록 해주는 장치

149 다음 회로 중 유압모터의 관성력으로 인한 펌프작용을 방지하기 위해 필요한 보상회로의 명칭은?

① 일정토크 구동 회로
② 유압모터 직렬 회로
③ 유압모터 병렬 회로
④ 브레이크 회로

- 브레이크 회로 : 유압장치 시동 시의 서지압의 방지나 정지시키고자 할 경우, 유압으로 제동을 부여하는 회로로서 카운터밸런스 밸브 혹은 압력 릴리프 밸브가 사용된다.
- 유압모터 병렬 회로 : 병렬배치 미터인 회로와 병렬배치 미터아웃 회로가 있다. 미터인 회로는 유압모터를 독립적으로 구동, 정지, 속도제어가 되는 이점이 있다. 미터아웃 회로는 각 유압모터의 속도를 제어하고, 유압모터의 부하변동에 따라, 다른 유압모터의 회전속도에 영향을 주기 쉽다.
- 유압모터 직렬 회로 : 유압모터를 직렬로 배치하면 펌프의 용량을 작게 할 수 있고, 또 유량분배장치도 생략 가능하다. 회로 일부의 관 지름은 병렬배치의 경우보다 작아지고, 압력관과 귀환관은 각 한 개의 관으로 충분하며, 펌프 송출압력은 각 유압모터의 압력강하를 유발시켜 증가하게 된다.
- 일정 토크 구동 회로 : 유압모터축의 최대토크를 전속도 범위에 걸쳐 일정하게 할 수 있으므로 인쇄기계, 제지기계, 고무나 직물기계 등의 구동에 적합한 회로이다.

정/답 148 ② 149 ④

150 방향제어 밸브의 구조 중 스풀 방식의 밸브에 대한 설명으로 맞는 것은?

① 다양한 조작방식을 쉽게 적용할 수 없다.
② 전환밸브에서 가장 널리 사용되지 않는 형식이다.
③ 다양한 유압 흐름의 형식을 쉽게 설계할 수 없다.
④ 밸브 습동 부분에서의 내부 누설이 발생하고 조작이 불확실하다.

포핏밸브의 특징	스풀밸브의 특징
• 디지털 제어에 적합 • 밀봉성이 우수 • 작동유의 오염에 강함 • 큰 조작력이 필요 • 시트 표면 마모가 쉽게 일어남 • 압력제어 밸브로 많이 사용됨	• 포트부의 개구면적을 연속적으로 변화 가능함 • 높은 가공 정밀도 요구됨 • 작동유 오염에 취약 • 스풀과 슬리브 사이의 틈새에 누설 가능함 • 방향제어 밸브로 주로 사용됨

151 다음 중 밸브의 오버랩에 대한 설명으로 옳은 것은?

① 포지티브 오버랩에서 밸브의 전환 시 액추에이터는 부하에 종속된 움직임을 갖는다.
② 밸브의 작동 시 포지티브 오버랩 밸브는 서지압력이 발생할 수 있다.
③ 방향제어 밸브는 일반적으로 제로 오버랩을 갖는다.
④ 밸브의 전환 시 모든 연결구가 순간적으로 연결되는 형태가 제로 오버랩이다.

오버랩의 종류
- 포지티브 오버랩
  - 밸브 전환 시 잠시동안 밸브의 연결구가 모두 차단
  - 압력이 떨어지지 않음
  - 잠시동안 펌프로부터 토출된 유압유가 갈 곳이 없음
  - 압력 릴리프 밸브를 동작시키는데 필요한 시간보다 적은 경우 사용으로 서지압력 발생

- 네거티브 오버랩
  - 밸브 전환 시 잠시동안 밸브의 연결구가 모두 차단 연결
  - 잠시동안 압력이 붕괴되어 액추에이터가 표류될 수 있음
  - 유량이 차단되지 않아 서지압력이 없고, 부드럽고 조용한 밸브 전환이 가능
  - 서지 압력으로 인한 유압시스템과 유압 부품의 손상을 방지함

- 제로 오버랩
  - 밸브 전환 시 포지티브 오버랩과 네거티브 오버랩 사이에 존재하는 경계 영역
  - 주로 서보 밸브를 사용하여 유량이 개폐되는 정도를 동일하게 해줌
  - 오버랩을 구현하기 위해 높은 정도의 가공이 필요하며, 가공비가 매우 비쌈

정/답 150 ④ 151 ②

152 다음 중 방향제어 밸브의 조작 방식 기호 중 기계적 방식이 아닌 것은?

① ⎯⋀⋁⋀⎯   ② ⎯▱⎯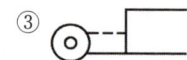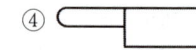

① 스프링
② 직동형(전자조작)
③ 롤러(기계조작)
④ 플런저 방식(기계조작)

153 압축공기 저장탱크의 구성요소가 아닌 것은?

① 배수기   ② 압력계   ③ 유량계   ④ 압력 안전밸브

압축공기 저장탱크 구성 : 압력안전 밸브, 온도계, 압력계, 차단 밸브, 맨홀, 배수기 등

정/답   152 ②   153 ③

자동제어

PLANT MAINTENANCE ENGINEER

CHAPTER 01 전기전자장치 조립

1 전기전자 조립 공구와 장비

(1) 부품조립의 개요

부품조립은 장비의 콘셉트, 사양, 장비 주요부 및 주변부 사양에 맞게 정확하게 설계된 조립도면과 작업 표준서를 기준으로 조립을 진행하게 되며, 자재 목록표 및 조립도를 가지고 조립작업 순서를 정한다.

(2) 기구도면

기구도면이란 기계 부품이나 시스템을 표현하기 위해 사용되는 상세한 그림 또는 도표라 할 수 있다. 이러한 도면은 부품의 치수, 형태, 제조 과정 등을 정확하게 나타내어 기계 설계 및 제작에 절대적으로 필요한 도면이라 할 수 있다.

(3) 조립도면

전기전자장치 조립도면은 전기 및 전자장치를 조립하는 데 필요한 모든 부품, 구성 요소 및 연결을 보여주는 상세도면이다. 일반적인 조립도면에 관한 내용은 다음과 같다.

① 구조물이나 기계의 전체적인 조립 상태를 나타낸 것이고, 부분조립도를 합친 도면으로 외관 구성과 단면도를 나타낸 것이다.

② 한 장의 조립도로 나타내기 어려운 대형 기계의 경우, 몇 개의 부분으로 나누어 부분 조립도로 분리하여 각 부분의 상세한 조립 상태를 알 수 있도록 한다.

③ 조립도에는 조립 치수만을 기입하도록 하고 전체 조립도를 보면 구조를 잘 알 수 있다.

④ 조립에 관한 작업량과 일정은 전체 조립도를 보고 계획을 세운다.

(4) 기구조립 시 유의사항

① 도면에 표시되어 있는 기본적인 치수 단위 및 공차를 이해하도록 한다.
② 부분 조립도를 보고 조립을 구분할 수 있는지 확인하고 이해하도록 한다.
③ 정밀 조립을 위한 기준점 및 조립 시 주의할 내용을 도면에서 확인해 둔다.
④ 전체적인 부품 조립 작업량을 파악하도록 한다.
⑤ 자재 목록표를 참조하여 일반부 및 주요부의 조립 순서를 파악해 조립하도록 한다.
⑥ 전체 조립도를 보고 전체 및 부분 조립에 대한 일정 계획을 세우도록 한다.
⑦ 실제 가공부품과 도면의 치수와 모양을 정확하게 비교하며 조립을 시작한다.
⑧ 측정 공구 중 버니어 캘리퍼스, 마이크로미터 등의 스케일 사용법을 익힌다.

(5) 전장조립 시 유의사항

① 전장조립은 전기, 액추에이터 같은 반도체 장비의 동작 요소에 전기와 신호를 공급하고, 회신받는 일체의 배선 작업을 포함한다.
② 장비 전체의 구성과 동작에 대하여 정확하고 폭넓은 이해가 가능해야 한다.
③ 메인 전원부에서부터 말단의 센서 연결까지 모든 전기, 공압, 모터, 센서, 유틸리티 전원공급 배선, 주변 장치 전원공급배선, 안전전원까지 한눈에 확인하고 체크가 가능해야 한다.
④ 배선 작업 전 배선 종류 선택, 배선 레이아웃, 전기용량 안전을 고려한 배선 선택과 길이를 선정할 수 있어야 한다.
⑤ 수정 및 개선 작업도 고려한 전장 배선이 가능해야 한다.

(6) 작업표준서(작업지도서)

전기전자장치의 설치, 유지보수, 검사 및 수리를 위한 절차와 지침을 담은 문서로 안전하고 효율적인 작업을 보장하기 위해 필요하다.
① 작업 관리자가 작업표준에 기초한 올바른 작업 방법을 구체적 또는 단시간에 알기 쉽게 작업자를 지도하기 위한 작업지침서이다.
② 작업표준서에는 작업표준에 의해 규정화된 작업 조건, 작업 방법, 관리 방법, 사용 재료, 사용 설비 및 기타 작업내용과 관련된 정보들이 명시된다.

(7) 자재목록표(Bill of Material)

해당 장치를 제작하는 데 필요한 모든 부품, 소재, 구성요소의 목록으로 제품 설계, 구매, 재고 관리 및 생산 계획에 필요한 중요 정보를 제공한다.

① 제품을 만드는 데 필요한 모든 조립품, 반제품, 부분품, 부품 그리고 원자재의 목록이다.
② 생산정보시스템과 연계하여 구매 요청 혹은 생산 오더의 발행에 필요한 품목을 결정하는 데 필요하다.

(8) 공구의 종류와 용도

① **전동 드릴** : 금속, 목재 등에 구멍을 뚫는 용도로 쓰이는 공구
② **니퍼** : 전선이나 부품의 리드선을 절단하거나, 전선의 피복을 벗길 때 사용
③ **롱 노즈 플라이어**
- 니퍼와 같이 사용하여 전선의 피복을 벗기거나 원하는 형태로 부품의 리드를 구부리는 공구
- 작은 나사를 잡거나 너트를 조이거나 풀 때도 유용하게 사용

전동드릴	니퍼	롱 노즈 플라이어	드라이버	라체트 렌치

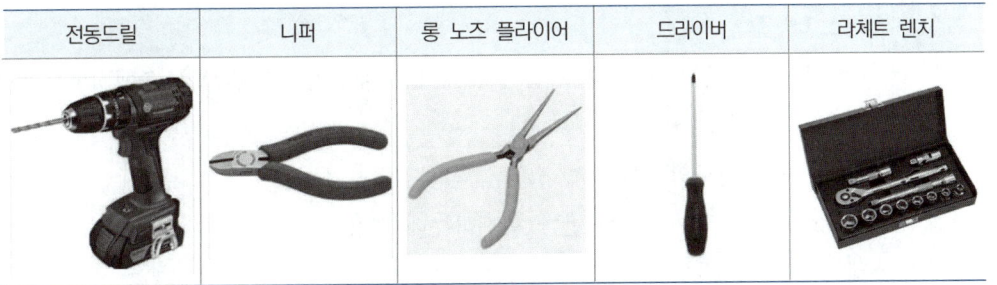

그림 1-1 전기전자장치 조립 공구 A

④ **드라이버**
- 회나사 또는 볼트 등을 조이거나 푸는 데 사용
- 십자(+)형과 일자(-)형이 있고, 나사 또는 볼트의 크기에 맞추어 사용

⑤ **라체트 렌치** : 볼트, 너트를 연속적으로 조이거나 푸는데 사용(현장용어 - 깔깔이)

⑥ **기타 공구**
- 와이어 스트리퍼 : 전선의 겉면을 벗겨내어 내부의 도체를 드러내는 데 사용
- 솔더링 아이언 : 전자 부품을 회로 기판에 납땜할 때 사용
- 멀티미터 : 전압, 전류, 저항 등을 측정할 때 사용

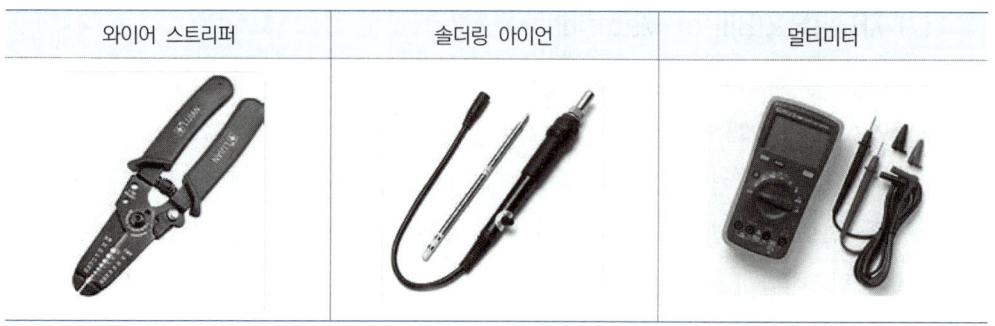

그림 1-2 전기전자장치 조립 공구 B

2 전기전자 부품

(1) 전기전자장치 조립부품의 구성

① 조립 베이스
  • 전기전자장치를 부착할 수 있는 플레이트

② 인덱스 테이블
  • 회전 테이블을 일정 각도로 회전시켜 다양한 공정이 순차적으로 수행되도록 하는 장치

③ 스테핑 모터
  • 회전 각도와 속도의 제어
  • 인덱스 모듈을 정해진 각도만큼 회전하는데 사용

④ 스테핑 모터 드라이버
  • 스테핑 모터 구동을 위한 전용 구동기기

⑤ 컨베이어
  • 일정한 거리를 연속적으로 재료나 물품을 운반하는 장치

⑥ 진공 발생기(이젝터 : Ejector)
  • 벤튜리 현상을 이용해 진공을 발생시키는 장치

⑦ 솔레노이드 밸브 터미널
  • 많은 수의 공압 배선 구성이 가능하도록 하는 것

3 전기전자장치 기능 검사

(1) 전류 · 전압 · 저항 측정
전압, 전류, 저항을 측정하는 기기는 멀티미터이다.

(2) 멀티미터
멀티미터는 전환 선택 스위치를 돌려서 직류 전압, 직류 전류, 교류 전압 및 저항 등을 하나의 계기로 측정할 수 있는 종합 기능을 가진 계측기이다. Tester라고도 한다.
① 교류 전압 : 각종 전기설비 관련 기기, 콘센트 등에 몇 볼트의 전압이 오고 있는지를 확인
② 직류 전압과 직류 전류 : 건전지나 차량의 배터리 전압, 직류를 사용하는 자동제어 관련 회로보호기와 센서 등을 잴 때 사용
③ 저항 : 저항을 측정함으로써 단선이 되었는지 알 수가 있다.

(3) 오실로스코프
① 세로축에 전압, 가로축에는 시간으로 설정하여 전기 신호의 파형을 그래프로 표시하는 계측기
② 전기신호의 진폭과 시간에 대한 정보를 그래프로 나타낸다.

(4) 스펙트럼 애널라이저
① 세로축을 전력 또는 전압, 가로축을 주파수로 설정하여 전기 신호를 표시하는 기기

(5) 기타
① 로직 애널라이저
② 네트워크 애널라이저

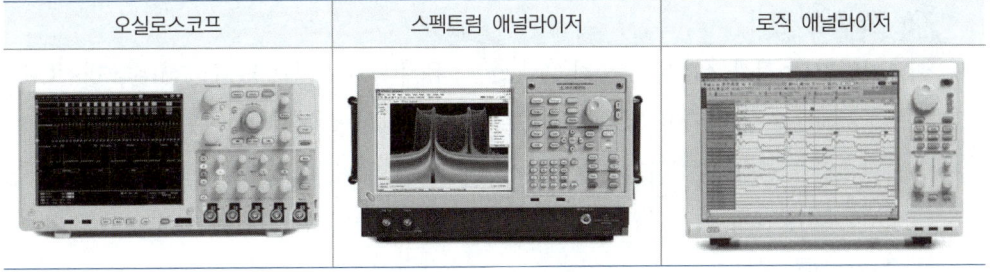

그림 1-3 전기전자장치 전류·전압·저항 측정기

4 전기전자장치 안전성 검사

(1) 전기전자장치의 안전 검사 항목

① 내전압 시험 테스트 : 제품이 고압에 견디는 능력을 측정
② 절연 저항 테스트 : 전기 절연 특성을 측정
③ 누설 전류 테스트
   • AC 전원과 접지 사이에 흐르는 전류가 안전규격을 넘지 않는지를 점검
④ 접지 연속성 테스트

(2) 안전성 검사

① 내전압 검사
   • 피측정체(DUT : Device Under Test)의 절연 성분에 고압을 가하는 시험
   • 전기적으로 위험한 부분과 위험하지 않은 부분 사이의 내전압 혹은 절연장벽의 적합성 여부를 판단하기 위한 것
   • 내전압 장벽을 확인함으로써 정상적인 동작 상태에서와 한 AC 전원선이 끊어진 상태에서 전기적 쇼크 위험으로부터의 보호가 가능한지를 검사한다.
      – 내전압 장벽 = 절연 장벽
      – 내전압 장벽은 잠재하는 전기적 위험으로의 노출로부터 사용자를 보호.
      – 내전압 장벽은 위험한 회로와 사용자가 접촉할 수 있는 부분 사이에서 형성
   • 정상 동작 전압보다 아주 높은 전압을 인가한다.
      – 통상 정상 동작 전압의 두 배에 1,000V를 더한 전압을 사용
         예 120V나 240V에 동작되는 제품이면 테스트 전압은 보통 1,250~1,500VAC
   • 내전압 : DC(Dielectric Strength), WV(Withstanding Voltage), HPV(High Potential Voltage)

② 절연저항 검사
   • 절연저항 검사 4단계 : 충전(Charge), 유지(Dwell), 측정(Measure), 방전(Discharge)
   • 전기적으로 절연되어 있는 어느 두 지점 사이의 절연저항을 측정
   • 전류의 흐름을 방해하기 위한 전기적 절연이 얼마나 효과적으로 되어 있는가를 판정
   • 제품이 생산된 직후뿐만 아니라 일정 기간 사용한 후 절연의 상태를 검사하는 데 유용

③ 누설 전류 검사
   • AC 전원을 사용하는 모든 제품에는 약간의 전류 누설이 발생
   • 항상 누설 전류에 의한 전기 쇼크 또는 감전 사고에 주의해야 한다.

④ 접지 연속성 검사
- 표면에 노출된 전도성 금속 부분과 전원부 접지 사이의 접지 경로를 검사
- 접지 경로의 검사는 사용자를 전기 쇼크로부터 보호하는 가장 기본적인 수단

⑤ 극성(Polarization) 검사
- 제품의 전원 플러그가 제대로 연결되었는지를 검사
- 라인(Line) 단자와 뉴트럴(Neutral) 단자가 서로 바뀌지 않았는지를 검사

⑥ 접지 도통 검사
- 접지 회로의 저항을 측정하여 연결의 완벽함 여부를 검사

⑦ 생산라인 검사
- 제품 전체의 품질을 보증하기 위한 검사

5 계측기기 유지보수

전기전자 계측기기의 유지보수는 정확한 측정을 보장하고 장비의 수명을 연장하기 위해 매우 중요하다. 일반적인 유지보수에는 정기적인 교정, 청소, 소프트웨어 업데이트, 부품의 점검 및 교체 등이 포함될 수 있다. 안전성 검사 측정기로는 다음과 같은 것들이 있다.

(1) 내전압 시험기

① 전기 안전 시험을 수행하여 제품의 절연 효과를 결정하는 장비
② 부품의 상호 절연된 부분 사이 또는 전기가 흐르는 부분과 접지 사이에서 수행
③ 주로 케이블이나 와이어 하네스의 절연 파괴, 단락, 개방 회로를 측정하는 데 사용
- 와이어 하네스 : 전기적 신호 및 전류를 부품 상호간에 전달하여 각 시스템이 제 역할을 수행할 수 있도록 하는 배선의 총 집합체

(2) 절연·내압 시험기

① 절연저항 시험기와 내압 시험기를 일체화한 시험기
② 전기적 절연체의 절연 강도를 시험하는 장비
③ 다양한 재료와 부품의 절연성능을 평가
④ 절연시험과 내압시험을 연속적으로 하여 시험을 보다 간단하고 효율적으로 진행

(3) 통전 시험기

① 목적 : 전기기기의 회로가 끊어진 곳이나 접속이 불량한 곳이 있는지 알아보기 위한 시험

② 통전 시험에 사용되는 기구 : 램프 시험기, 회로 시험기, 버저 시험기 등

(4) 절연저항 시험기
① 절연체의 전기 저항을 측정하기 위해 사용되는 특별한 종류의 오옴미터이다.
② 전기 시스템, 케이블, 와이어, 권선 등의 절연 품질과 무결성을 평가하는 데 주로 사용

(5) 누설전류 시험기
① 누설되는 전류를 측정하는 장비로 전원부 회로에서의 누설 전류를 측정한다.

CHAPTER 02 센서활용 기술

1 센서의 개요

(1) 센서(Sensor)

센서란 온도·압력, 소리·빛 등 여러 종류의 물리량을 검지·검출하거나 판별·측정하여 신호로 전달하는 기능을 갖춘 소자(素子) 또는 이러한 소자를 이용한 계측기이다.

① 센서를 사용하여 측정하는 대상물에 관한 정보
  - 물리적인 정보 : 압력, 위치, 변위, 속도, 가속도, 온도, 질량
  - 화학적인 정보 : 기체, 액체, 고체 등의 조성
  - 전자적인 정보 : 전하, 자기, 전류
  - 광학적인 정보 : 가시광, 자외선, 적외선, X-선, 방사선

② 트랜스듀서(변환기) : 감지된 정보를 다른 측정 가능한 물리적인 양으로 변환시킬 필요가 있으며, 한 에너지 형태(신호)를 다른 에너지 형태(신호)로 변환하는 소자이다.

③ 감지된 정보를 전기적 형태로 변환시키는 목적
  - 전기전자 제어를 위한 피드백 신호로 사용하기가 편리하다.
  - 원하는 정보를 얻기 위하여 필터링, 미분, 저장 등 신호처리가 간단하다.
  - 원거리 정보 전송이 가능하다.

(2) 센서 선정의 기준

① 대상 물체의 고려
  - 물체의 재질, 형상, 색상 등

② 용도에 따른 고려
  - 위치결정, 투명체 검출, 단차판별, 색상판별 등
    - 반복정도(repeat accuracy)
    - 응차거리(hysteresis)
    - 응답시간(response time)
    - 검출거리(detection distance)

③ 작업 조건에 따른 고려
  - 설치장소, 배경영향, 내구성 등

2 센서의 종류와 특성

(1) 센서의 기본적 분류

① 기구에 따른 분류 : 기구형(또는 구조형) 센서, 물성형 센서, 기구와 물성 혼합형 센서
② 감지대상에 따른 분류 : 물리량 센서, 역학량 센서, 화학량 센서
③ 에너지 변환에 따른 분류 : 에너지 변화형 센서, 에너지 제어형 센서
④ 동작 방식에 따른 분류 : 수동형 센서, 능동형 센서

(2) 기구에 따른 분류

① 기구형(구조형) 센서
- 기계적 양을 직접적 혹은 간접적으로 감지 가능한 센서이다.
- 종류 : 힘 센서, 가속도계 센서, 압력 센서, 자이로스코프 등
  - 정전용량의 변화를 이용한 변위센서
- 특징
  - 구조나 치수 등이 특성을 직접 지배하는데 구성 재료의 물성은 거의 영향을 받지 않는다.
  - 구조나 치수로 특성이 결정되는 센서를 기구형(구조형) 센서라고 한다.
  - 고감도이고 안정된 특성을 갖는 센서를 실현하기 쉽고 대상이나 용도에 최적인 설계가 가능하다.

② 물성형 센서
- 물성의 특성에 의해 지배되는 센서를 물성형 센서라 한다.
  - 물성형 센서는 재료에 의해 특성이 결정된다.
  - 물질의 물리적 성질을 측정하는 장치, 즉 온도, 압력, 습도, 광도 등과 같은 다양한 물리적 요소를 감지하는데 사용된다.
- 종류 : 광학적, 압전식, 저항식, 정전식, 자기식, 변형 게이지 센서 등
- 반도체 센서 : 물성법칙을 이용한 센서이다.
- 가전이나 자동차에 사용되는 센서는 물성형 센서이다.

(3) 감지대상에 따른 분류

분류 \ 항목	감지대상	센서의 종류
물리량 센서	온도	열전쌍, 서미스터, 온도계
	빛, 색	광도전, 이미지 센서, 포토다이오드
	자기	홀 소자, 자기저항 소자
	자외선, 방사선	조도계, 광량계, GM계수기
	전류	분류기, 변류기
역학량 센서	변위, 길이	차동 트랜스, 스트레인 게이지, 콘덴서 변위계
	속도, 가속도	회전형 속도계, 가속도계(동전형, 압전형)
	회전수, 진동	엔코더, 리졸버, 스트로보스코프, 압전형 검출기
	압력	다이어프램, 로드 셀, 수정 압력계
	힘, 토크	저울, 천칭, 토션바
화학량 센서	습도	세라믹 센서, 결로 센서, 고분자막 센서
	가스	매연 센서, 반도체 가스 센서, 산소 센서
	이온	pH 전극 센서, 이온 선택 전극 센서

* pH 전극 센서 : 용액의 산성도 또는 염기성도(알칼리성)를 측정하는 장치

(4) 에너지 변환에 따른 분류

① 에너지 변화형 센서
- 에너지의 한 형태를 다른 형태로 변환하는 센서
- 태양광 센서 : 빛 에너지를 전기 에너지로 변환
- 열전 센서 : 열 에너지를 전기 에너지로 변환
- 열전대 : 온도 센서
  - 온도를 측정하기 위한 대상에 접촉시키면 열이 흘러들어 온도가 변화
- 광센서 : 포토다이오드와 태양전지를 이용한 센서
  - 출력된 전력은 센서에 작용하는 빛 에너지의 일부

② 에너지 제어형 센서
- 주변 환경의 변화를 감지하고 이것을 전기적 신호로 변환하여 다른 전자장치나 컴퓨터 프로세서에 정보를 전달하는 역할을 한다.
- 입력 신호가 외부 전원의 출력에 의해 에너지 혹은 파워의 흐름을 제어하는 센서
- 포토레지스터 : 전원 공급이 필요하여 빛의 에너지를 전기 에너지로 변환
- 서미스터 온도 센서나 황화카드뮴을 사용한 광센서 등이 있다.

(5) 동작 방식에 따른 분류

① 수동형 센서
- 어떠한 부가적인 에너지원도 필요하지 않으며, 외부 자극에 대해 직접 전기적인 신호로 출력하는 센서
- 종류 : 에너지 변환형 센서, 태양전지(Solar Cell), 열전대(Thermocouple), 피에조(Piezo) 센서 등

② 능동형 센서
- 감지대상과 별도의 에너지원으로부터 에너지를 공급받아 대상의 반응에 의해 정보를 얻는 방식의 센서, 검출 소자에 전원을 공급해 주어야만 동작 특성을 나타내는 센서이다.
- 센서가 주가 되어서 뭔가를 발사하고 상대로부터 반사되거나 차단되는 내용을 분석하는 것
- 종류 : 레이더, 포토트랜지스터(Photo Transistor), 서미스터(Thermistor), 레이저 센서, 광센서 등

(6) 유도형 센서

① 센서의 검출면에 접근하는 물체 또는 주위에 존재하는 물체의 유무를 전자계의 에너지를 이용하여 기계적 접촉 없이 검출하는 장치이다.
- 전자기 유도 원리를 사용하여 물체를 감지하거나 측정하는 장치
- 금속 물체가 센서의 측정 필드에 위치할 때 이를 감지할 수 있는 장치

② 금속 물체의 유무를 감지하는 전자장치이다.

(7) 정전 용량형 센서

① 물체의 접근이나 접촉을 감지할 때 사용되는 장치이다.
② 전기장의 변화를 감지하여 작동하는 근접 센서이다.
③ 검출물체가 센서에 접근하면 검출전극과 대지 간 정전용량이 변화하는 것을 이용해 물체를 검출하는 센서이다.
- 플라스틱, 유리, 도자기, 목재와 같은 절연체도 검출 가능
- 물, 기름 등의 액체도 검출 가능

  ※ 참고
  - 정전 용량이란 전기 회로에서 축적할 수 있는 전하의 양으로 단위는 패럿(Farad)이다.

(8) 광전 센서

① 빛을 매체로 대상물을 검출하는 센서를 총칭한 것이다.
② 빛을 내는 투광부와 빛을 받는 수광부로 구성된 센서이다.
③ 투광부에서 발사된 빛이 검출 물체에 의해 반사, 투과, 흡수되는 정도에 따라 수광부에 도달하면 이를 감지하여 출력 신호를 얻는 원리이다.
- 투광부 : 발신기(Sender), 수광부 : 수신기(Receiver)

④ 광전 센서에는 투과형, 미러 반사형, 확산 반사형 3타입이 있다.
- 포토레지스터(Photoresistors) : 빛의 강도에 따라 저항이 변화하는 센서이다.
- 포토다이오드(Photodiodes) : 포토레지스터보다 빠르게 빛의 변화에 반응하는 센서이다.
- 포토트랜지스터(Phototransistors) : 포토다이오드와 비슷한 방식으로 빛을 감지하지만, 더 높은 출력 전류를 제공할 수 있는 센서이다.

(9) 접촉식(Contact Type)과 비접촉식(Contactless Type) 센서

감지 방법에 따른 분류이다.
① 접촉식 센서 : 마이크로 스위치, 전기 리미트 스위치, 공압 리미트 스위치
② 비접촉식 센서 : 유도형, 정전 용량형이 해당
- 전기 리드 스위치, 광센서, 광파이버

(10) 압력 센서

① 다이어프램식 압력 스위치
② 기계식 압력 스위치
③ 전자식 압력 스위치

3 센서 회로의 신호 변환, 전송, 처리, 출력

센서들은 온도, 압력, 힘, 길이, 회전각, 수위(저장탱크), 유량 등의 물리적 값에 반응하고 적정한 신호를 전달한다. 센서 회로에서 신호 변환은 센서가 감지한 물리적, 화학적, 생물학적 현상을 전기 신호로 변환하는 과정, 전송은 이 변환된 신호를 회로나 다른 장치로 보내는 단계, 처리는 신호를 증폭하거나 필터링하는 등의 방식으로 가공하는 과정, 출력은 처리된 신호를 디스플레이나 다른 통신장치로 보내 사용자가 이해할 수 있도록 하는 것이다.

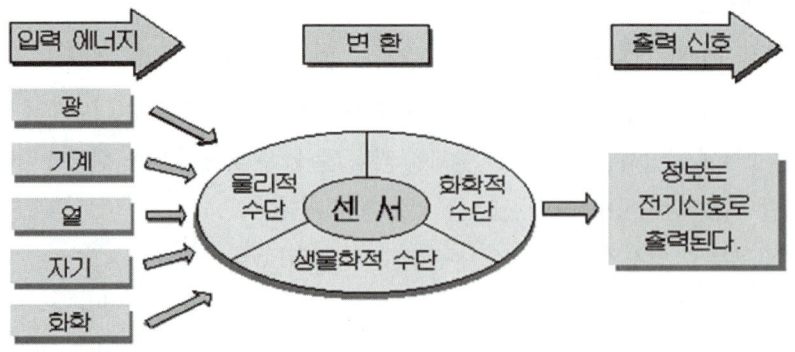

그림 2-1 센서 신호 변환, 전송, 처리, 출력

(1) 측정 신호의 특성

① 이진 신호
- ON-OFF, 이상-이하 같은 데이터 혹은 위-아래, 전-후 같은 위치에 대한 정보를 전달한다.
- 두 개의 값을 갖는 이진 신호는 디지털 신호의 특정한 형태이다.
- 디지털 신호는 유한한 값을 취한다.
- 디지털 신호의 가장 좋은 예는 컴퓨터에서의 데이터 전송이다.

② 아날로그 신호
- 측정값과 신호값의 관계가 일정 비율에 따라 연속적으로 변하는 신호
- 그 크기가 시간에 따라 연속적으로 변화하는 신호
- 센서 기술에는 환경 모니터링, 자동차 제어시스템, 의료 기기 등에 사용
- 아날로그 신호의 가장 좋은 예는 사람의 목소리이다.

③ 아날로그 신호와 디지털 신호의 차이
- 아날로그 신호는 연속적인 신호이며, 디지털 신호는 시간적으로 분리된 신호이다.
- 아날로그 신호는 사인파로 표시되고, 디지털 신호는 구형파로 표시된다.
- 아날로그 신호는 연속적인 값 범위를 사용하여 정보를 표현한다.

(2) 신호 변환

입력측에 공급되는 아날로그값을 등가의 비트 조합값으로 변환하여 출력측에 전달하는 전자회로가 있다. 이와 같은 회로를 아날로그-디지털 변환기(A/D 변환기)라 한다.

입력값이 측정되면 A/D 변환기는 센서로부터 아날로그값을 매우 빈번히 등가의 디지털값으로 변환한다. 변환기의 입력측 아날로그 신호는 특정 시간 간격으로 분석되어 디지털값으로 변환되어 출력측에 전달하게 된다.

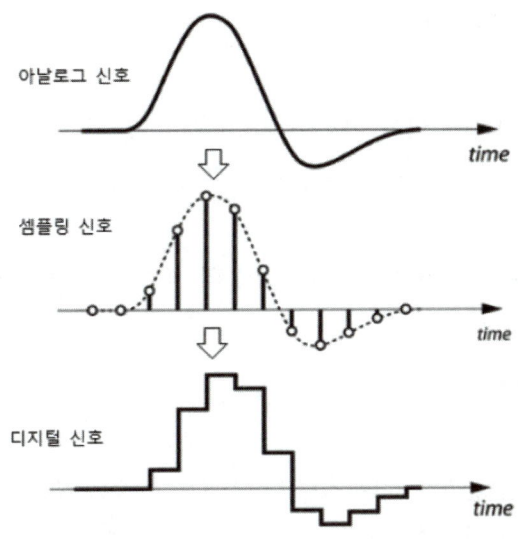

그림 2-2 아날로그 신호-디지털 신호로 변환

① A/D변환기의 중요한 특성
- 변환 속도 : 빠른 변환 시 마이크로초 단위까지 가능하다.
- 출력측에서 디지털 정보의 데이터 길이(Data Length; 비트의 수) : 신호의 신뢰성 결정

(3) 신호 증폭

센서는 구동기기를 직접 구동시킬 수 없을 정도로 작은 범위의 신호값을 출력한다. 그러므로 구동기기의 구동을 위해서는 이 신호를 증폭시켜야 한다.

4 센서 신호 측정 방법

(1) 직접 측정과 간접 측정

① 직접 측정
- 실물의 실제 치수를 직접 측정하는 방법
- 측정량과 이와 동일한 기준으로 하는 양을 직접 측정하는 방법

② 간접 측정
- 기하학적으로 측정하기 힘든 경우, 예를 들어 나사, 기어 등과 같이 형태가 복잡한 것은 기하학적 계산에 의하여 결정하는 측정 방법
- 측정량과 상관관계에 있는 양을 측정한 다음 그것으로부터 측정값을 산출하는 방법

(2) 절대 측정과 비교 측정

① 절대 측정
- 정의에 의해 정해진 양을 이용하여 측정하는 방식
  - 예) 진공 중의 빛의 속도 C는 파장 λ와 주파수 f에 의해 $C = \lambda \cdot f$로 정의

② 비교 측정
- 이미 알고 있는 표준편의 양과 차를 실물의 치수와 비교해 측정함으로써 측정 범위가 좁다.

(3) 측정법의 종류

① 편위법(偏位法; Deflection Method)
- 측정량이 직접 결과로 나타나는 지시계로부터 측정량을 알아내는 방법
- 계측기 눈금의 기준과 지침의 위치를 비교하여 측정량의 크기를 재는 방법
- 종류 : 부르동관(Bbourdon Tube) 압력계, 슬라이드 와이어(Slide Wire), 전압계, 전류계 등
- 특징
  - 구성이 비교적 단순하고 취급이 용이하며 표시도 신속하다.
  - 지침의 움직임으로 측정량을 표시하기 때문에 측정 범위가 한정된다.
  - 지침 구동 기구의 특성 변동 및 동작의 불완전에 의한 오차가 발생한다.

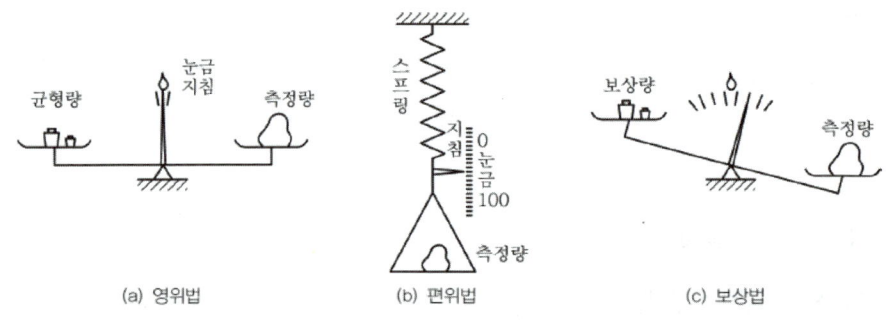

그림 2-3 측정법의 종류

② 영위법(零位法; Zero Method, Null Method)
- 측정량을 가감할 수 있는 기지량(旣知量)과 균형시켜 그때의 균형량의 크기로부터 측정량을 구하는 방법. 즉, 기지량의 크기로부터 측정량을 알아내는 방법
- 조정 : 측정량의 크기와 기준의 크기를 비교하여 그 차를 제로(Zero)로 하는 조작이 필요하고, 이것을 위해 에너지를 외부로부터 공급해야 가능하다.
- 종류 : 전위차계, 자동 평형식 계기 등

- 특징
  - 편위법에 비해 조작에 시간이 걸리며 구성도 복잡하다.
  - 측정 범위가 넓다.
  - 행 수가 많은 측정값을 얻을 수 있다.

③ 보상법(補償法; Compensation Method)
- 계기류로 측정해야 할 값과 표준값을 비교해서 양자의 근소한 차이를 정밀하게 측정하여 측정량을 알아내는 방식
- 측정량에 거의 일치하는 기지량을 추출한 후, 그 차로써 측정량을 알아내는 방법
- 영위법과 편위법을 조합한 형태이다.

④ 치환법(置換法; Substitution Method)
- 측정량과 기지량을 치환하여 측정한 결과로부터 측정량을 알아내는 방법
- 예 : 휘스톤 브리지(Wheat-Stone Bridge)에 의한 저항 측정

⑤ 일치법
- 일치 상태를 판단하기 위하여 측정자가 피드백 조작을 한다는 점에서는 영위법과 비슷
- 예 : 마이켈슨(Michelson) 간섭계에 의해 블록 게이지(Block Gauge)의 길이를 측정

⑥ 차등법
- 같은 종류의 양에 의해 작용하는 차를 이용하여 측정하는 방법
- 종류 : 차동 변압기

(4) 측정 오차

오차는 측정값에서 참값을 뺀 값으로 구하고, 참값에 더 가까운 값을 구하기 위하여 읽은 값 또는 계산값에 있는 값을 더하기도 하는데, 이를 보정이라 한다. 오차의 종류로는 다음 3가지가 있다.

① 실수에 의한 오차
- 측정 순서의 오류, 측정값을 읽을 때의 착오, 측정자의 실수에 의한 오차 등

② 계통 오차
- 측정값에 편차를 주는 것과 같은 어떠한 원인에 의해 생기는 오차
- 예를 들면, 계측기를 오래 사용하면 지시가 맞지 않거나, 눈금을 읽을 때 개인적인 습관에 의해 생기는 오차 등
- 고유 오차, 개인 오차

③ 우연 오차
- 확실히 잘 모르는 원인에 의해 발생

- 측정 장소에서 예기치 못한 원인에 의하여 발생하는 오차
- 발생 시 반복 측정하여 평균값을 구해 우연 오차를 없앴다.

5 센서 관리

(1) 멀티미터(Multimeter)를 사용한 측정

① 교류 전압 측정
- 각종 전기설비 관련 기기, 콘센트 등에 몇 볼트의 전압이 오고 있는지를 확인하는 용도
- 교류는 동력(480V, 380V 등)과 일반가정용(220V)을 구분

② 직류 전압과 직류 전류 측정
- 건전지나 차량의 배터리 전압 측정
- 직류를 사용하는 자동제어 관련 회로보호기와 센서 등을 측정
- 직류전류는 10A까지 측정

③ 저항 측정
- 단선 확인 가능, 단선되었다는 것은 선이 끊어져 있다는 것을 의미한다.

(2) 멀티미터(Multimeter) 사용 시 유의사항

① 직류를 측정할 때는 플러스(+)와 마이너스(-)를 거꾸로 측정하면 안 된다.
② 고장이 의심되면 내장 퓨즈를 확인한다.
③ 저항 측정에 문제가 있으면 내부의 건전지를 확인한다.
  - 전압이나 전류는 건전지가 없어도 측정 가능
④ 부적절한 레인지로 측정하면 멀티미터의 고장을 초래하므로 측정 전 레인지를 확인한다.
⑤ 사용하지 않을 때는 OFF 위치로 전환시킨다.
  - OFF 위치가 없는 멀티미터라면 저항 측정 레인지 외에 다른 레인지로 스위칭한 후 보관한다.

(3) 리미트 스위치 점검

① 레버, 롤러의 마모, 손상, 덜렁거림 등을 정기 점검한다.
- 점검 방법 : 육안 검사
- 판단 기준 : 레버, 롤러에 덜렁거림, 마모, 손상이 없을 것
- 처치 방법 : 교환

② 결선부의 더러움, 손상 등을 정기 점검한다.
- 점검 방법 : 육안 검사

- 판단 기준 : 더러움, 손상이 없을 것
- 처치 방법 : 분해 수리

③ 취부나사의 느슨함을 정기 점검한다.
- 점검 방법 : 육안 검사, 촉수 점검
- 판단 기준 : 취부나사의 느슨함으로 흔들림이 없을 것
- 처치 방법 : 취부나사 완전히 조이기

(4) 광전 스위치의 점검

① 렌즈면의 더러움, 손상 등을 정기 점검한다.
- 점검 방법 : 육안 검사
- 판단 기준 : 이물질, 손상이 없을 것
- 처치 방법 : 이물질 제거, 교환

② 결선부의 더러움, 손상 등을 정기 점검한다.
- 점검 방법 : 육안 검사
- 판단 기준 : 결선부에 손상이 없을 것
- 처치 방법 : 분해 수리

③ 취부나사의 느슨함을 정기 점검한다.
- 점검 방법 : 육안 검사, 촉수 점검
- 판단 기준 : 취부나사의 느슨함으로 흔들림이 없을 것
- 처치 방법 : 취부나사 완전히 조이기

CHAPTER 03 모터제어

01 모터의 구조와 특성

1 모터의 구조

1. 전동기(Motor)의 종류

전원으로부터 전력을 입력받아 도체가 축을 중심으로 회전운동을 하는 기기를 전동기라 한다. 전동기는 전기에너지의 종류에 따라 교류 전동기, 직류 전동기, 특수 전동기 등으로 구분되며, 특수 전동기는 서보 전동기와 스태핑 전동기로 분류된다.

2. 서보 모터

(1) 서보 모터의 종류

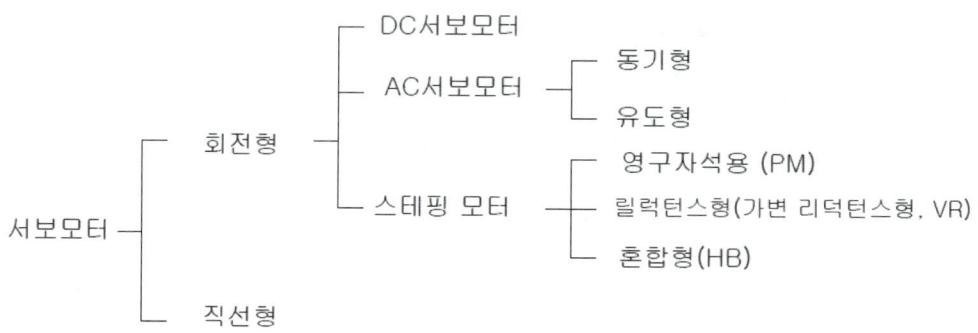

그림 3-1 서보 모터의 종류

서보 모터는 직류 서보 모터와 교류 서보 모터로 구분되고, 특히 교류 서보 모터를 브러시리스 서보 모터라고 한다. 동기형(SM형)과 유도형(IM형)이 있다.

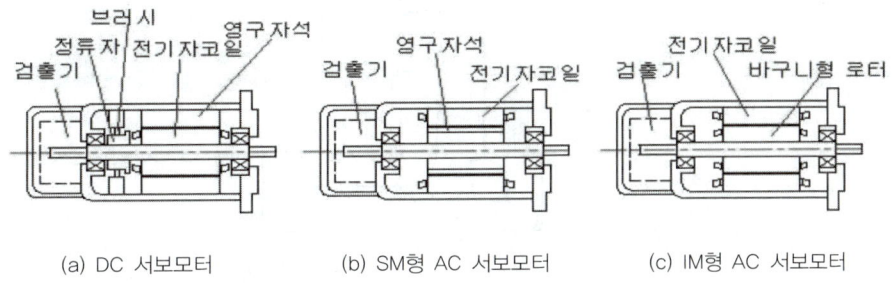

(a) DC 서보모터　　　(b) SM형 AC 서보모터　　　(c) IM형 AC 서보모터

그림 3-2 서보 모터의 종류별 구조

모터 제어에 있어서 제어를 하여 얻고자 하는 요소에 따른 분류에는 다음 3가지가 있다.
① 토크제어 : 서보 모터의 일정한 회전력, 반발력을 갖도록 제어
② 속도제어 : 서보 모터를 일정한 회전력으로 일정 속도를 유지하도록 제어
③ 위치제어 : 원하는 회전수와 위치에 정확한 정지를 위한 제어

(2) 직류 서보 모터(DC Servo Motor)

① DC 서보 모터의 구조

그림에서 보는 바와 같이 고정자측 구성은 기계적 지지를 목적으로 하는 원통형의 프레임과 프레임 내경에는 자석이 부착되어 있다. 회전자측 구성은 샤프트와 샤프트 외경에 정류자 및 회전자 철심이 부착되어 있고, 회전자 철심 내에 전기자 권선(Coil)이 감겨 있다. 전기자 권선에 정류자를 통하여 전류를 공급하는 브러시(Brush) 및 브러시(Brush Holder) 홀더가 부착되어 있다.

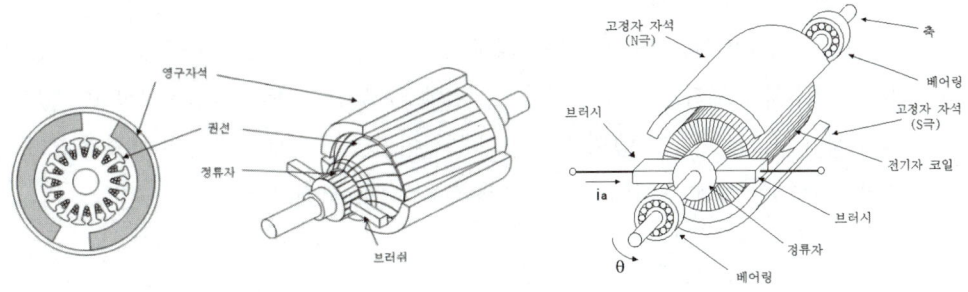

그림 3-3 DC 서보 모터의 구조

Bracket과 Flange에는 Ball Bearing이 있어서 회전자를 받쳐주고 있다. Bracket 뒤쪽에는 회전속도신호를 검출하는 검출기가 회전자와 연결되어 있는데, 광학식 인코더 혹은 타고 제너레이터를 많이 사용한다.

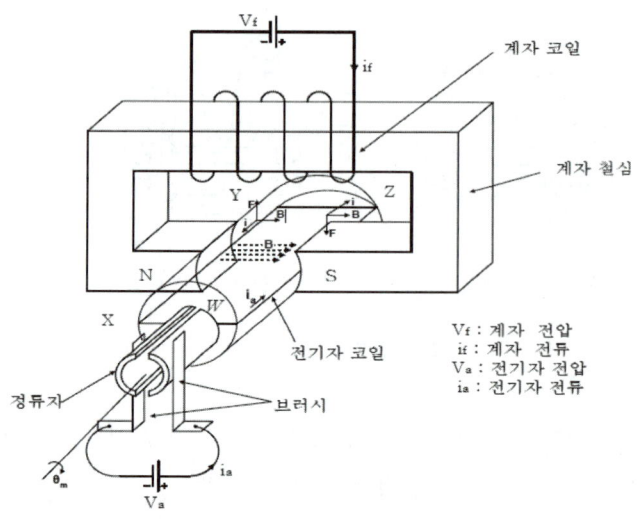

그림 3-4 DC 서보 모터의 구동원리

② DC 서보 모터의 구동방식

트랜지스터에 의한 펄스폭 변조방식이 주로 사용되며, 이와 같은 방식은 주파수 전원을 정류하여 직류를 얻어 이 직류 전원이 모터에 인가되는 시간폭을 주파수의 반송파에 의해 변화되어 가변 전압을 만들어 모터의 속도 제어를 행한다. 이런 방식의 제어는 응답성이 좋고 부하 마찰 토크가 국부적으로 변화하므로 다관절 로봇과 같이 자세에 의한 모터축 환산부하 관성이 크게 변하는 계에서도 충분히 안정된 제어를 행할 수 있다.

(3) 교류 서보 모터(AC Servo Motor)

① AC 서보 모터의 구조와 원리

DC 서보 모터와 AC 서보 모터는 그림과 같이 고정자와 회전자의 구조가 서로 반대로 되어 있다. DC 서보 모터는 계자 권선이 회전자에 있고, AC 서보 모터는 고정자에 있다. 이렇게 대조적인 구조를 가지고 있으며, 제어의 특성이 DC 서보 모터의 제어 특성과 같이 선형적으로 제어할 수 있다고 하여 브러시 없는 DC 서보 모터라고도 부르고 있다.

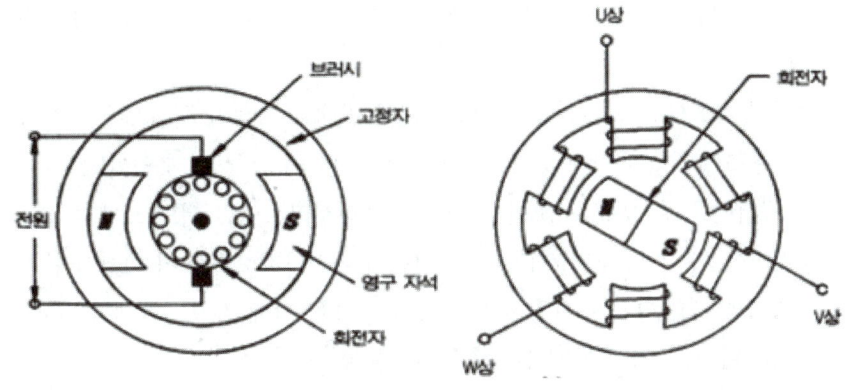

(a) DC 서보 모터 구조   (b) AC 서보 모터 터 구조

그림 3-5 DC 서보 모터와 AC 서보 모터의 기본 구조

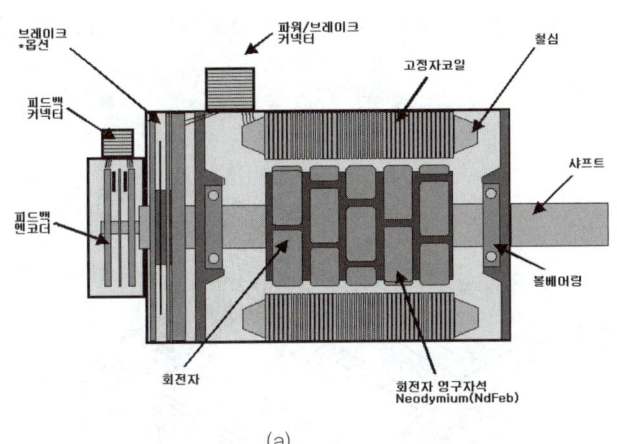

(a)

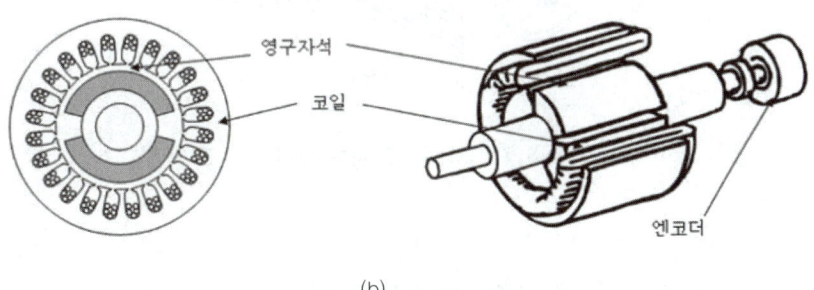

(b)

그림 3-6 AC 서보 모터의 구조 (a), (b)

② 동기형 AC 서보 모터(SM형 : Synchronous Type AC Servo Motor)

고정자측 구성은 기계적 지지를 목적으로 하는 원통형의 프레임과 프레임 내경에 원통형의 고정자 코어(Stator Core)가 있고, 코어에 전기자 권선이 감겨져 있다. 권선 끝단에는 리드선이 나와 있어서 이 리드선으로부터 전류 및 전압이 공급된다. 회전자측 구성은 샤프트와

샤프트 외경에 자석이 부착되어 있다. 양쪽 브라켓 및 플랜지에는 볼 베어링이 부착되어 있다.

동기형 AC 서보 모터는 DC 서보 모터와 반대로 자석이 회전자에 부착되어 있고, 전기자 권선은 고정자측에 감겨 있다. 따라서 정류자나 커뮤니케이터 없이도 외부로부터 직접 전원을 공급받을 수 있는 구조이기 때문에 브러시리스 DC 서보 모터라고도 한다.

동기기형 AC 서보 모터도 DC 서보 모터와 마찬가지로 광학식 인코더나 리졸버를 회전속도 검출기로 사용한다. 동기형 AC서보 모터는 회전자에 자석, 즉 페라이트 자석 혹은 희토류(Rare Earth) 자석을 사용하여 계자 역할을 한다.

동기기형 AC 서보 모터는 전기자 전류와 토크의 관계가 선형이므로 제동이 용이하고, 비상정지 시에 다이나믹 브레이크가 작동한다. 그러나 회전자에 영구자석을 사용하는 구조이므로 복잡하고 제어 시 회전자 위치를 검출해야 할 필요가 있다. 또한 드라이브로부터의 전기자 전류에는 고주파 성분이 포함되어 있어서 토크리플(Torque Ripple) 및 진동의 원인이 되는 경우가 있다.

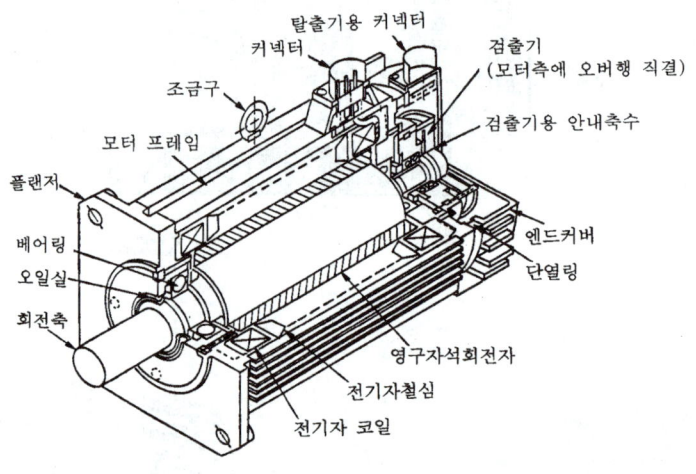

그림 3-7 SM형 AC 서보 모터의 구조 단면

③ 유도형 AC 서보 모터(IM형 서보 모터 : Induction Type AC Servo Motor)

유도형 AC 서보 모터의 구조는 일반 유도기(Induction Motor)의 구조와 똑같다. 즉, 고정자측은 프레임, 고정자 코어, 전기자 권선, 리드선으로 구성되어 있고, 회전자는 샤프트, 회전자 코어 그리고 코어 외경에 도전체(Conductor)가 조립되어 있다. 컨덕터는 코어 외경에 축방향으로 경사지게 많은 슬롯이 나 있는데, 링 형상의 코어 양단면과 슬롯에는 순도 높은 알루미늄 봉이 차 있어서 바구니 모양과 비슷하다.

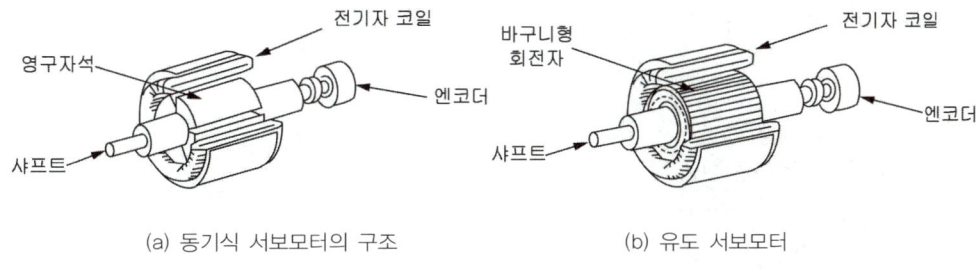

(a) 동기식 서보모터의 구조   (b) 유도 서보모터

그림 3-8 동기식과 유도식 AC 서보 모터의 구조

유도기의 경우 회전자와 고정자의 상대적인 위치 검출 센서가 필요치 않다. 유도형은 회전자 구조가 간단하고 검출기도 특수한 것이 필요 없다. 그러나 정지 시에도 여자전류를 계속 흘려야 하므로 이것에 의한 발열 손실과 비상정지 시에 DC 서보 모터와 같이 전기자 권선을 단락하여 다이나믹 브레이크를 걸어주는 것이 불가능한 것 등의 결점이 있다.

(4) AC 서보 모터와 DC 서보 모터의 차이점

DC 서보모터는 정류자에 의한 소음 및 분진 발생의 문제점과 브러시 마모에 따른 유지보수의 문제점으로 인하여 브러시가 없는 형식의 AC 서보모터로 대체되어 사용되고 있다.

3. 스테핑 모터

(1) 스테핑 모터의 개요

스테핑 모터란 모터의 각 상 단자에 DC전압(또는 전류)을 스위칭(switching) 방식으로 입력시켜 주어 여기서 발생하는 펄스 수에 따라 일정한 각도(step 각, 미소회전각)의 회전을 하게 되는 디지털 펄스 제어방식의 모터이다. 이 모터의 최대 특징은 펄스 전력에 대응하여 회전한다는 것이다. 게다가 입력 펄스 수에 비례하여 회전각이 변위되고, 입력 주파수에 비례하여 회전 속도가 변화하기 때문에 피드백 없이 모터의 동작을 제어할 수 있다. 이러한 이점을 가진 스테핑 모터는 피드백 제어가 필요 없는 위치결정 제어의 구동원으로 폭넓게 사용되고 있다.

(2) 스테핑 모터의 구조

스테핑 모터에는 하이브리드(HB)형, 영구자석(PM)형, 릴럭턴스(VR)형(가변 자기저항형, 가변 리덕턴스형) 등 3가지가 있다.

HB형 스테핑 모터의 구조는 다음 그림과 같다. 그림과 같이 로터의 중심부 길이 방향으로 자화된 원통형의 영구자석이 있고, 이것을 전후에서 끼우듯이 다수의 작은 기어를 가진 연자성체(대부분의 경우 성층 규소강판)가 반 피치 위상지연의 상태에서 배치되어 있다. 스테이터에 대해서는 여자용 코일의 개수가 짝수로 철심에 감겨있다.

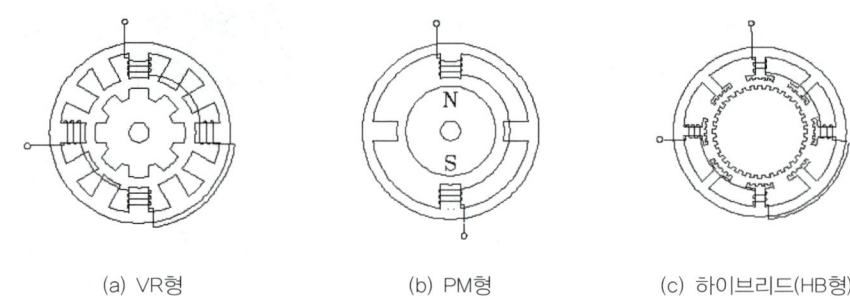

(a) VR형　　　　(b) PM형　　　　(c) 하이브리드(HB형)

그림 3-9 스테핑 모터의 각종 구조

HB형 스테핑 모터는 중심부의 자석 효과만을 보면 PM형 모터이며, 자석이 없는 연자성체만을 보면 VR형 모터가 된다.

(3) 서보 모터와 스테핑 모터의 차이점

서보 모터는 센서를 이용하여 피드백 제어를 함으로써 지령에 대하여 고속, 고정밀로 추종하는 특징을 갖는 것에 반하여, 스테핑 모터는 위치를 펄스 단위로 분해하여 지령펄스만큼 위치를 이동하지만, 위치센서가 없어서 탈조가 발생할 경우 위치가 틀어지는 문제점을 갖고 있다. 이를 보완하기 위하여 최근에는 위치센서를 부착하여 피드백 제어를 하는데, 엄밀히 말하면 이 경우는 스테핑 서보 모터라 할 수 있다.

스테핑 모터는 펄스 단위로 위치이동을 함에 따라 제어 회로가 간단하여 가격이 싼 장점이 있으나, 진동 및 소음이 심하고, 대출력이 어려워 소형 제어시스템에서 주로 이용된다.

4. 모터 선정 시 고려사항과 모터의 특성

(1) 모터 선정 시 고려사항

모터 선정 시 전동력을 합리적으로 이용하기 위해서는 다음과 같은 사항을 고려한다.
① 속도 특성과 부하 토크에 적합한지를 고려할 것
② 운전 형식에 알맞은 정격 및 냉각 방식을 고려할 것
③ 사용 장소의 상황에 적합한 보호 방식인지 고려할 것
④ 고장이 적고 신뢰도가 높으며, 운전비가 저렴한지 고려할 것
⑤ 가급적 정격 출력인 기기를 고려할 것
⑥ 용도에 알맞은 기계적 형식의 것을 고려할 것

(2) 서보 모터의 특성

서보 모터에서는 급가감속을 행하기 위해 최대 토크는 정격 토크에 대하여 수배로 크게 하지 않으면 안되는데, DC 서보 모터에 있어서는 가감속 영역이라 불리는 정류한계가 있다. 이것을 넘어서 사용하면 정류자 불꽃이 갑자기 광대해지는 Flash over 현상이 나타난다. 더구나 이 정류한계는 회전속도가 커지면 현저하게 저하한다.

AC 서보 모터에 있어서는 정류한계가 존재하지 않기 때문에 고속 회전 영역까지 최대 토크를 저감하지 않고 운전할 수 있다. 또한 영구자석이 회전축상에 설치되어 있기 때문에 회전자에서는 발열이 없고 모터의 발열은 고정자측의 전기자에서만 발생한다. 고정자측의 전기자에서 발생한 열은 프레임을 통하여 대기 중에 발산하므로, 발열부가 회전자에 있는 DC 서보 모터에 비하여 냉각이 용이하다. 또한 발열부의 온도검출이 직접 가능하기 때문에 과부하에 대한 보호 조치를 확실하게 취할 수 있다.

아래 그림은 서보 모터의 동작 특성을 나타낸 것이다.

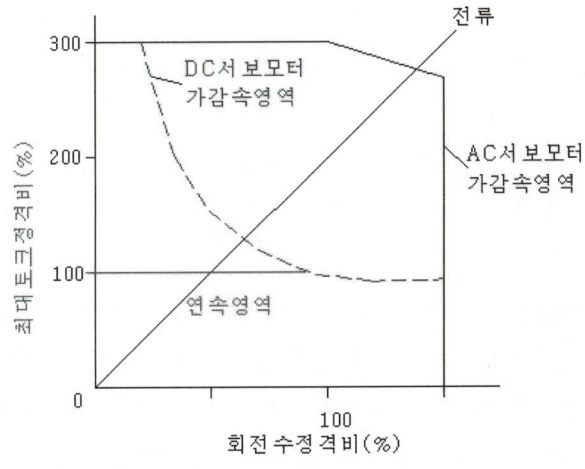

그림 3-10 서보 모터의 동작 특성도

(3) 스테핑 모터의 특성

스테핑 모터의 특성에는 정특성, 동특성, 과도응답특성의 3가지로 설명할 수 있는데, 이 중에서 동특성은 모터를 구동하면서 발생하는 특성이다.

① 스테핑 모터의 동특성

토크 특성은 모터 자신, 구동회로 및 여자방식에 따라 크게 변화한다. 그러나 원칙적으로 속도가 높아질수록 모터의 토크는 떨어지게 되며, 그 이유는 그림과 같이 모터의 코일에 흐르는 전류가 고속이 될수록 완전히 상승되지 못하기 때문이다. 또, 스테핑 모터의 코일은 정지 시에 가장 많은 전류가 흐르며, 이때의 토크가 가장 크고, 이것이 최대정지 토크(TH)로 된다.

Stepping motor의 속도와 토크와의 관계는 일반적으로는 아래 그림과 같이 표시된다.

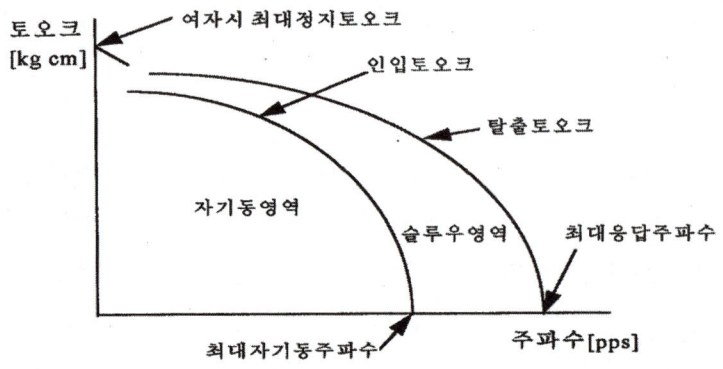

그림 3-11 스테핑 모터의 주파수대 토크 특성

특성 곡선에 나타나는 용어는 아래와 같다.
- 토크(Torque) : 토크를 이해하려면 토크의 물리적인 단위를 생각하면 된다. 토크의 물리적인 단위는 [N·m]이다. 즉, 1[N·m]란 모터가 1N의 무게를 1m만큼 이동할 수 있는 힘을 나타낸다.
- 자기동 영역 : 입력에 비례하는 출력이 나오는 영역이다. 쉽게 표현하면 어떤 펄스에서 갑자기 회전할 수 있는 영역을 말한다. 예를 들어, 낮은 주파수로 10개의 펄스가 입력되면 10개의 펄스값만큼 회전출력으로 나올 수 있는 이유는 모터의 입력펄스가 자기동 영역에 있기 때문이다. 따라서 자기동 영역에서는 순간적인 정회전 혹은 역회전이 가능하다.
- Slew 영역 : 모터가 동기를 잃지 않고 회전할 수 있는 영역을 말한다. 즉, 모터에 펄스가 가해졌을 때 모터는 회전은 하지만 입력한 펄스 수만큼 회전한다는 보장을 하지 못하는 영역이다. 스태핑 모터는 자기동 영역에서 스타트시키고 slew 영역에서 사용하면 가장 효율이 좋다. 그러므로 스태핑 모터로 로봇을 구동할 때 가감속 테이블을 사용하면 좋은 이유가 바로 이 때문인 것이다.
- 탈출토크 : 자기동 영역의 주파수에서 서서히 주파수를 상승시키면(속도를 증가시키면) 모터는 특정한 주파수에서 탈조한다. 이 경우 탈조하는 순간의 부하 토크를 그 주파수의 탈출토크라고 한다.
- 탈조 : 모터에 펄스를 가했을 때 동기를 잃고 있는 상태이다. 따라서 이런 상황에서 펄스를 입력하면 모터가 홀딩상태가 되거나 갑자기 회전하는 상태가 되는 것이다.

스테핑 모터를 사용하게 되면 모터가 출력할 수 있는 최고 속도는 결국 최대 응답 주파수를 넘지 못하는 것이다. 좀 더 속도를 증가시킬 수 있는 방법은 기동물체의 무게를 감소시키는 것이다. 이러한 이유에서 가능하면 가볍게 기동물체(로봇)를 제작한다. 고속이 될수록 모터의 토크는 떨어진다. 그 이유는 모터의 코일에 직류전류를 흘리기 때문이다.

모터가 무부하 시에 모터의 회전이 입력 펄스수와 완전히 1:1로 대응해서 기동할 수 있는 속도를 최대 자기동 주파수라고 한다. 또한 입력 신호에 추종해서 기동, 정지, 역전, 가속, 감속 등이 행해지는 자기동 영역이라고 하며, 이 영역에서의 속도와 최대 토크특성과를 스타팅 특성이라고 한다.

즉, 이 자기동 영역 안에서 모터를 스타트시키면 입력 펄스수와 완전히 1:1로 대응한 제어를 할 수 있다.

스테핑 모터는 이 자기동 영역의 범위 안에서 기동시키면 그 뒤에 서서히 입력 펄스를 증가시킬 수 있다. 그리고 입력펄스의 주파수를 증가시키면서 입력펄스수와 완전히 1:1로 대응할 수 있는 영역이 정상영역이고, 이때의 속도와 최대 토크 특성을 정상 회전 특성이라고 한다. 따라서 스테핑 모터의 성능을 최대한 사용하려면 우선 자기동 영역 안에서 기동하고, 그 뒤는 서서히 주파수를 올려 슬루영역을 잘 활용해야 한다. 이것을 가감속(throw up/throw down) 제어라고 한다.

② 스테핑 모터의 정특성

스테핑 모터의 가장 기본적인 특성의 하나로 정특성이라는 것이 있다. 이것은 각도, 즉 정토크 특성이라고도 한다. 모터를 정격의 직류 전압으로 여자하고 모터의 출력축에 외력을 가했을 때 출력축에 발생하는 토크를 나타내고 있다.

다음 그림은 각도와 정토크 특성과의 관계를 나타낸 것이다. 모터의 부하 토크가 0이라면 변위각의 오차는 0이 되고 정확하게 정지한다. 그러나 모터의 부하 토크가 가해지면 그 토크에 따라서 정지 각도가 변위한다.

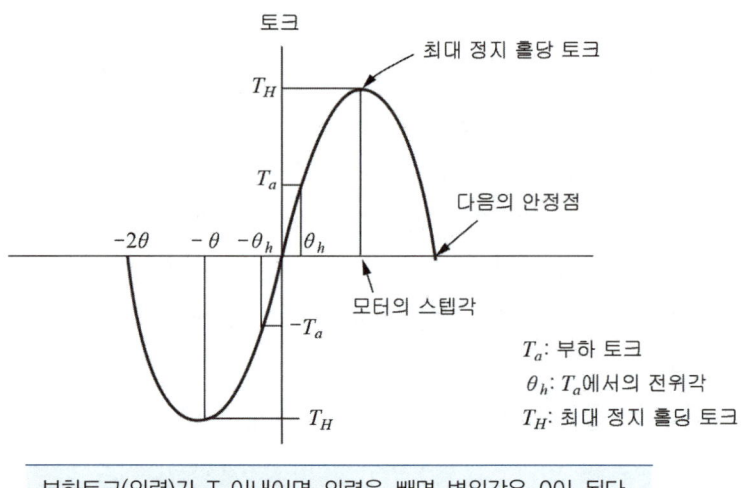

부하토크(외력)가 T_H이내이면 외력을 빼면 변위각은 0이 된다.

그림 3-12 각도와 정토크의 특성

모터의 정지 위치에서 모터를 회전 방향으로 회전시키려고 하는 부하 토크가 작용하는 경우 샤프트는 $+\theta$쪽으로 변위한다. 또 반시계 방향으로 회전시키는 것 같은 부하토크가 작용하면 $-\theta$쪽으로 변위하는 것이 된다. 모터의 특성에서는 최대 정지 토크 T_H가 정해져 있는데, 이 이상의 부하 토크가 가해지면 그림의 θ 위치를 넘어 모터는 다음 안정점 (2θ)까지 회전하는 것이 된다. 지금 부하 토크 T_a를 음으로 해서 모터가 정지하면 θ_a의 변위 각도의 위치에서 정지한다. 그리고 1방향 회전이라면 변위 각도 θ_a를 포함한 그대로 정지하므로 절대 위치에서는 어느 위치에서도 θ_a의 오차가 생긴다. 그러나 상대 오차는 생기지 않는다. 다만 정역회전을 한 경우는 절대 위치에서 $2\theta_a$의 오차가 생기게 되므로 주의가 필요하다.

스테핑 모터의 정특성은 모터의 정지 시 특성을 나타내는 것으로, 즉, 모터를 여자한 후 손으로 한 스텝을 돌린다면 1스텝 중에서 처음 얼마간은 힘을 가해주어야 하지만 1스텝 중에서 어느 정도가 돌아가게 되면 1스텝의 나머지 부분은 알아서 돌아가는 특성을 말한다. 위에서 만약 1스텝의 위치에 모터가 정지해 있을 때 여자하면 모터는 2스텝으로 돌아가게 될 것이다. 이때 손으로 2스텝에서 3스텝까지 힘을 가해 돌리면 나머지 3스텝에서 4스텝까지는 스스로 회전하게 되는 것이다. 따라서 모터의 정특성으로부터 모터의 홀딩 토크를 알 수 있다.

③ **스테핑 모터의 과도응답 특성**

스테핑 모터의 과도응답 특성은 모터의 1개의 펄스를 입력했을 때 모터가 움직임을 나타내는 특성이다. 스테핑 모터는 1개의 펄스를 입력하면 회전자가 1스텝 회전 후 정확히 정지해 있는 것이 아니라 약간의 진동을 하면서 정지하게 된다. 물론 사람의 눈으로는 보이지 않지만 이 아주 작은 흔들림이 굉장히 빠른 모터를 만들기 어렵게 한다. 또한 관성이 커지면 1스텝 이동 후 안정하게 정지하기까지 더 많은 시간이 걸린다는 것을 알 수 있다.

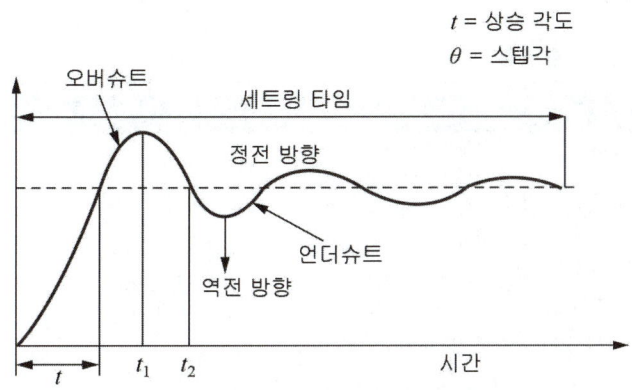

그림 3-13 3-13 스테핑 모터의 과도 특성

스테핑 모터에 펄스 신호를 인가하면 회전자는 그림과 같은 특성을 나타낸다. 즉, t의 상승시간 뒤에 오버슈트를 발생하고, 고유의 감쇠 진동(Damping)을 하면서 잔여진동시간(settling time)까지 진동하고 정지한다. 그런데 그림에서의 t_1부터 t_2의 사이는 역방향 토크가 작용하고 있으므로, 이 사이에 다음의 펄스가 들어오게 되면 회전자는 역회전하거나, 불안정이 되던가 하여 여러 가지 속도로 공진(Resonance)이라고 하는 진동이 발생하므로, 모터의 구동주파수를 증가하면 오버슈트(over shoot), 언더슈트(under shoot)가 줄어들고 회전음도 작아지고 있음을 나타낸다.

스테핑 모터의 과도특성 오차는 다음과 같다.

- 각도 정밀도(Step Angle Accuracy) : 스테핑 모터의 회전각도의 정확도를 나타내는 것
- 정지각도 오차(Positional Accuracy) : 2상 여자(Full-step Driving)로 모터를 360° 회전시켰을 때의 최대각도 오차. 이는 360° 회전 시 각 스텝마다의 오차 중 (+)최대치와 (−)최대치의 1/2값을 말한다.
- 히스테리시스 오차(hysteresis error) : 모터를 정방향(CW)으로 회전시켰을 때 정지한 위치와 역방향(CCW)으로 회전시켰을 때 정지한 위치는 약간 다르며 이때의 위치 차이를 말한다.

2 모터의 특징

1. 모터의 종류별

표 3-1 | 모터의 종류별 특징

구분	세부 종목	특징	모터 종류
직류 모터	코어리스 모터	고정자에 영구자석 사용 회전자에 철심 넣지 않은 소형	원통형(CAP형) 원판형(디스크형)
	브러시리스 모터	회전자에 영구자석 삽입 브러시 없는 소형 정밀 모터	내부 회전자형 외부 회전자형
	마이크로 모터	고정자에 영구자석을 사용한 초소형 정밀 모터	FG, TG 방식 전자거버너 상식
	스테핑 모터	회전자를 스텝상으로 회전	PM형, VR형 하이브리드형
	DC 서보 모터	제어용 모터로 특수하게 구성 평활 전기자 구조	슬롯 부착형 슬로트리스형
교류 모터	동기 모터	반작용 토크 이용 및 회전자에 히스테리시스 재료를 사용하여 히스테리시스 토크를 이용 영구자석 및 다극의 유도자를 회전자가 지닌 소형 정밀 모터	반작용형 히스테리시스형 인덕터형
	유도 모터	유도전류에 기준한 유도 토크를 이용한 소형 정밀 모터	단상형, 콘덴서 시동형 2상 농형, 3상 농형 리니어 모터

2. 소형 정밀제어 모터의 특성 비교

표 3-2 | 각종 소형 정밀제어 모터의 특성 비교

항 목	DC 모터	AC 모터	브러시리스 모터	릴럭턴스 모터
제조 가격	높음	낮음	보통	최저가
유지 보수	필요	불필요	불필요	불필요
신뢰성	낮음	높음	높음	높음
수명	짧음	반영구	반영구	영구적
모터 크기	큼	보통	소형	소형
출력 밀도	적음	보통	큼	큼
발전 가능	희박	희박	높음	높음
시장 추세	축소	하락	확대	확대

표 3-3 | 소형 정밀제어 모터의 분류 및 수요 분야

분류	수요분야	응용 가능 기기
AC 모터	산업기기	소형 ROBOT, 공작기계, 자동화 전용기 등
	계측기기	계측기용 FAN 모터 등
	가전기기	냉장고, 에어컨 등
브러시리스 DC 모터	A/V기기	VIDEO, LDP, HEAD-PHONE STEREO 등
	정밀기기	시계, 카메라, SLIDE PROJECT 등
	가전기기	SHAVER, 전동 BRUSH, VCR 등
	사무기기	PRINTER, DATA RECORDER, FDD, HDD 등
릴럭턴스 모터	산업기기	소형 ROBOT, 공작기계, 조립자동화 기기 등
	사무기기	PRINTER, FDD, HDD, FAX, 복사기 등
	계측기기	기록계, X-Y PLOTTER 등
특수모터	정밀기기	카메라, 정밀 ACTUATOR 등

3. 회전형 서보 모터의 특징

표 3-4 | 회전형 서보 모터의 특징

특징 \ 종류	스테핑 모터	DC 서보 모터	동기형 AC 서보 모터	유도형 AC 서보 모터
구조	복잡	복잡	간단	간단
브러시	없음	있음	없음	없음
제어성	간단	간단	약간 복잡	약간 복잡
출력	소출력	수W~수kW 소~대출력 (고속 대출력 불가능)	수십W~수kW 소~중출력	수백 이상 중~대출력 (소용량에서 효율이 나쁨)
고속회전	저속	비교적 고속 (적합치 않음)	고속 (적용 가능)	고속 (최적)
보수성	양호	불량	양호	양호

* 동기형 AC 서보 모터 = Brushless DC 모터
* 변천과정 : DC 서보 모터 → AC 서보 모터

4. DC 서보 모터와 AC 서보 모터의 비교

표 3-5 | DC 서보 모터와 AC 서보 모터의 특징 비교

DC 서보 모터	AC 서보 모터
브러시 모터(Brushled Motor)	브러시리스 모터(Brushless Motor)
제어구조가 간단하고 쉽다.	제어구조가 복잡하고 어렵다.
단상으로 제어한다.	3상으로 제어한다.
회전 전기자형	회전 자계형
회전자가 권선으로 방열이 나쁘다.	고정자가 권선으로 방열이 쉽다.
브러시의 유지 보수가 필요하다.	브러시의 유지 보수가 필요없다.
기계적 구조로 최대 속도가 낮다.	전기적 구조로 최대 속도가 높다.
정격 용량을 크게 하기 어렵다.	정격 용량을 크게 하기 어렵다.

표 3-6 | 동기형·유도형 AC 서보 모터와 DC 서보 모터 비교

	AC 서보 모터		DC 서보 모터
	동기 모터형	유도 모터형	
장점	① 브러시리스로서 보수가 용이하다. ② 내환경성이 용이하다. ③ 정류한계가 없다. ④ 고 신뢰성이 크다. ⑤ 고속, 고토크 이용이 가능하다. ⑥ 보통형 구조는 고정자 산에 권선이 있으므로 방열성이 유리하다.	① 브러시리스로서 보수가 용이하다. ② 내환경성이 용이하다. ③ 정류한계가 없다. ④ 영구자석을 사용하지 않는다. ⑤ 고속, 고토크 이용이 가능하다. ⑥ 고속회전 운전에 적합하다. ⑦ 보통형 구조는 고정자 산에 권선이 있으므로 방열성이 유리하다. ⑧ 회전자 구조가 균형되어 취급이 용이하다. ⑨ 회전을 위한 검출기가 불필요하다.	① 기동 토크가 크다. ② 브러시 소형, 대토크 ③ 효율이 높다. ④ 제어성이 양호하다. ⑤ 속도제어 범위가 넓다. ⑥ 비교적 적정한 가격이다.
단점	① 시스템이 복잡하고 가격이 비싸다. ② 전기적 시정수가 크다. ③ 회전을 위한 검출기가 필요하다. ④ 출력 2~3kW가 현재 최대	① 시스템이 복잡하고 가격이 비싸다. ② 전기적 시정수가 크다. ③ 출력 2~3kW 이하 ④ 현재의 실용 예가 적다.	① 브러시 마모의 기계적 손실이 크다. ② 브러시 수명에 의한 보수가 필요하다. ③ 접촉부(브러시) 신뢰성이 적다. ④ 라디오 잡음 ⑤ 브러시 소음 ⑥ 정류한계 속도 있음 ⑦ 전류한계 전류 있음 ⑧ 진동에 의한 브러시의 진동이 있다. ⑨ 사용한계의 제한이 있다.

5. 스테핑 모터의 특징

(1) 장점

① 모터의 총 회전각은 입력펄스신호의 총 수에 정확히 비례한다.
② 1스텝당의 각도 오차가 5% 이내로 작고 오차는 누적되지 않는다.
③ 기동, 정지 및 정·역회전이 쉽고 응답성이 양호하므로 서보 모터로써 사용이 가능하다.
④ 디지털 신호 등의 펄스 입력에 개루프제어(Open-loop-control)가 가능하기 때문에 제어 구조가 간단하고 가격이 상대적으로 저렴하다.
⑤ 모터축에 부하를 직결한 상태에서 초저속 동기 운전이 가능하다.
⑥ 브레이크 등을 사용하지 않아도 정지 위치 제어가 가능하다. 즉, 정지 시에도 유지토크(holding torque)를 갖는다.
⑦ 모터의 속도는 펄스신호의 입력 주파수에 비례하여 회전속도가 가변하고 저속부터 고속 회전까지 광범위한 속도제어가 가능하다.
⑧ DC 모터 등과 같이 브러시 교환 같은 보수가 필요하지 않아 신뢰성이 높고 수명이 길다.

(2) 단점

① 모터 구동을 위한 별도의 제어회로가 필요하다.
② 어느 주파수에서는 진동 및 공진이 발생할 수 있으므로 가속 또는 감속의 제어를 필요로 한다.
③ 고속 운전 시에 탈조하기 쉽다. 따라서 최대 속도에 한계가 있다.
④ 부하 관성 모멘트의 영향을 받기 쉽다.
⑤ 구동 시 권선의 인덕턴스 영향으로 권선에 충분한 전류를 흘리게 할 수 없으므로 펄스비가 높아짐에 따라 토크가 저하한다.
⑥ DC 모터에 비해 효율이 떨어진다.
⑦ 회전이 진동적이어서 진동 및 소음 레벨이 높아지는 경향이 있다.

2 제어회로 구성

1. 모터 제어기

모터 제어기란 모터의 시작, 정지, 속도, 회전 방향, 토크 등을 제어하는 장치라 할 수 있다.

(1) 배선용 차단기(MCCB : Molded-case circuit breaker)

① 전기 회로를 과전류로부터 보호하기 위해 설계된 전기 안전장치

- 기본 기능은 장비를 보호하고 화재를 예방하기 위해 전류 흐름을 차단하는 것이다.
- 저압 배선의 보호를 목적으로 한다.
- 시동과 정지가 적은 특정 용도의 전동기의 조작 및 보호용으로 사용된다.

② 구조
- 개폐기구 : 전로를 수동 또는 외부 전기 조작으로 개폐 가능
- 과전류 트립장치 : 과전류나 단락이 발생했을 때 자동으로 전로를 차단
- 소호장치 : 차단기를 보호
- 접점 및 단자 : 전기적 연결
- 몰드케이스 : 내부 구성 요소를 보호하는 외부 케이스

③ 원리

차단기는 고정 접점과 이동 접점으로 구성되어 있다. 정상적인 상태에서 이 접점들은 서로 닿아 전류를 통전시키지만, 전류가 설계 한계를 초과하면 차단기는 전기 회로를 끊어 전류의 흐름을 차단하여 전기 설비를 보호한다. 이러한 기본 원리를 트립(trip)이라 한다. 트립은 방식에 따라 완전전자식, 열동전자식, 전자식 등 3가지가 있다.

④ 특징
- 각 극을 동시에 차단하여 결상의 우려가 없다.
- 개폐기구 및 트립장치가 절연물 케이스에 내장되어 있어 안전하게 사용할 수 있다.
- 과부하 및 단락사고 차단 후 재투입이 가능하다.
- 소형이면서 큰 전류 용량이며 큰 차단 용량을 가진다.

※ 모터 제어기의 개폐기는 전기 모터의 전원을 켜고 끄는데 사용되는 장치이다. 이것은 모터의 작동을 제어하고, 필요에 따라 전류를 차단하여 모터를 보호하는 역할을 한다.

(2) 전자 접촉기(Magnetic Switch)

전동기나 저항부하의 개폐에 널리 사용되는 것으로 전자 릴레이처럼 내부에 있는 전자코일에 의해서 접점의 개폐가 이루어진다. 일종의 스위치 역할을 하는 것인데, 전자석에 전류를 통하여 접촉자를 갖다 붙여 접점을 닫게 하는 장치로 전자석의 원리를 이용한 것이다.

① 구조
- 케이스 : 합성수지로 제작
- 전자 코일 : 전류를 흐르게 하여 플런저를 전자석으로 만드는 역할
- 플런저 : 전자 코일에 의해 형성된 자력으로 가동철편을 움직여 주접점과 보조접점을 가동
- 주접점 : 주회로의 전류를 개폐하는 부분으로 고정 접점과 가동 접점을 조합한 형태
- 보조 접점 : 자기유지나 인터록 접점, 동작신호 전송용 등의 제어회로 전류를 개폐하는

접점
- 접점 스프링 : 가동 접점을 누름으로써 고정 접점과의 접촉압력을 얻는 역할
- 복귀 스프링 : 전자 코일에 전류가 차단되었을 때 고정 접점에 흡착되어 있는 가동접점을 초기 상태로 되돌리는 역할

  ※ A접점 : Normal Open(NO) 단자-평소 연결되어 있지 않은 상태에 있다가 스위치가 동작하면 연결

  B접점 : Normal Close(NC) 단자-평소 연결되어 있다가 스위치가 동작하면 끊어짐
  평소에 안 붙어 있다가 스위치를 누르면 연결되는 것이 A접점, 반대로 평소에 붙어 있다가 스위치를 누르면 떨어지는 것이 B접점, A접점과 B접점을 번갈아 사용할 수 있는 것이 C접점이다.

② 원리

  코일에 전류가 흐를 때 생성되는 전자기력을 사용하여 접촉을 닫거나 열어 회로를 제어하는 것으로, 대전력을 원격으로 제어할 수 있다. 전기회로를 자동으로 연결하거나 끊는 장치이다.

③ 특징
- 코일에 전류가 흐르면 자기장을 생성하여 회로를 닫는다.
- 이동 접점과 고정 접점을 사용해 코일에 의해 당겨져 회로를 닫거나 열게 한다.
- 보조 접점은 추가 기능을 위해 사용된다.
- 프레임 또는 인클로저에 의해 접점과 전자석을 보호한다.
- 산업용 및 상업용 전기 시스템에서 주로 사용한다.

  ※ 인클로저 : 먼지, 물, 극한의 온도와 같은 다양한 환경 요인으로부터 민감한 전기 부품을 보호하는 것

(3) 인버터(Inverter)

'직류(DC)' 전력을 '교류(AC)' 전력으로 변환하는 장치이다.

① 구조
- 컨버터 회로 : AC(교류)를 DC(직류)로 변환
- 커패시터 : 전기를 저장
- 인버터 회로 : DC를 다시 AC로 변환

② 인버터 회로
- 절연 게이트 양극성 트랜지스터와 같은 전력 트랜지스터의 ON/OFF 간격을 변경하여 다양한 폭의 펄스파를 생성하는 회로이다.

③ 인버터의 사용목적
- 에너지 절약
- 제품 품질의 향상 및 생산성 향상
- 설비의 소형화
- 전력을 효율적으로 사용할 수 있다.
- 필요한 전기 장비에 적합한 전류를 제공할 수 있다.
- ※ 컨버터(Converter) : AC를 DC로 변환하는 전력변환 장치이다. 간단한 컨버터의 예로는 다이오드 브리지 회로가 있다.
- ※ 모터 보호기 : 전동기나 그 회로의 전류, 전압, 온도, 속도 또는 토크 등의 매개 변수를 감시하고 제어하는 장치이다. 이러한 장치의 목적은 고장이나 비정상적인 상태 발생 시 전동기와 그 회로에 대한 손상을 예방하거나 최소화하는 데 있다.

(4) 열동형 계전기(서멀 릴레이; thermal relay)

① 전동기의 과부하로 인한 소손을 방지하는 목적으로 사용하는 과부하 계전기이다.
- 전기 모터와 다른 전기장치들을 과부하로부터 보호하기 위해 설계되었다.

② 구조
- 열소자(thermal element) : 열동형 계전기의 핵심, 과부하가 발생하면 열 발생
  - 스트립형의 히터와 바이메탈(bimetal)을 조합
- 이중 금속 시트(Bimetallic sheet) : 온도 변화에 따라 휘어지면서 접점을 작동
- 접점(contacts) : 열에 의해 바이메탈의 만곡 작용을 이용하여 접점을 개폐

(5) 전자식 과부하 릴레이(Electronic Overload Relay; EOCR)

① 원리
- 모터를 통해 흐르는 전류를 지속적으로 모니터링하여 사전 설정된 임계값과 비교하여 전류가 임계값을 초과하면 릴레이가 작동하여 모터를 전원 공급에서 분리시켜 추가적인 손상을 방지한다.
- 전자식 릴레이에 사용된 센서들은 과부하 상태를 감지하고 모터의 과열 및 와인딩 손상을 방지하기 위해 회로를 차단한다.
  - ※ 모터 와인딩 손상 : 전원 공급 문제로 인해 발생하는 전기적 실패

② 특징
- 반응 속도가 빠르고, 반응 속도를 임의로 조절할 수 있다.
- 접점수명이 길며 가볍다.

- 미세한 전류의 변화에도 반응하게 할 수 있도록 정밀하게 조절할 수 있다.

3 시험운전

1. 제어기 간 상호 인터페이스

(1) 인터페이스

자동제어에서 인터페이스 연결이란 장비간의 서로 다른 소스의 신호를 연결하는 것을 의미한다.
① PNP와 NPN 신호를 서로 연결하는 것도 해당한다.
② PLC 신호를 PNP로 사용하는 장비 등의 예가 있다.
※ PNP와 NPN은 트랜지스터의 타입으로 PNP는 부하가 음극(⊖, N상)에 연결되어 positive 입력 신호를 ON/OFF하는 타입이고, NPN은 부하가 양극(⊕, P상)에 연결되어 negative 입력 신호를 ON/OFF하는 타입이다.

(2) R4T 릴레이보드

① 4채널 릴레이 모듈 : 릴레이(relay)를 한 번에 4개 제어할 수 있는 모듈이다.
- 기본적으로 5V에서 동작한다.
- 릴레이(relay) : 전자석의 원리로 전류가 흐르면 자기장을 형성해 자기력으로 자석을 끌어당겼다가 전류가 흐르지 않으면 자석을 놓는 원리이다.
- 스위치 역할로서 사용 가능하다.

② 초소형의 중부하용 릴레이보드로 어떠한 신호를 이어주는(주고받는) 중간 역할을 한다.
- 예를 들면, 센서의 접점을 릴레이를 통해 전달받아 remote I/O로 입력을 받을 때 사용된다.

③ 특징
- 유도성 부하, 개폐빈도가 큰 부하, noise가 많은 부하에 적합하다.
- 접점 LED 부착으로 동작상태 확인이 용이하다.

(3) RS-485 통신

① 컴퓨터와 주변 장치를 연결하는 직렬 통신이다.
② RS-485는 발생기와 수신기의 전기적 특성만을 정의하며, 물리적 계층이나 통신 프로토콜은 지정하거나 권장하지 않는다.
③ RS-485는 송신 모드를 위해 드라이버에 신호를 하나 더 둬야 한다.
④ RS-485는 한 개의 마스터 장치에 최대 32개의 슬레이브 장치가 데이터 송수신이 가능하다.
⑤ RS-485 표준의 디지털 통신 네트워크는 장거리 및 전기적으로 잡음이 많은 환경에서 효과적

으로 사용할 수 있다.
⑥ 산업용 제어 시스템과 같은 응용 분야에서 유용하게 사용되고 있다.

(4) 인버터 시운전

① 모터의 기동, 정지
- 제어 조건 설정
  - 단자대를 사용하여 운전 정지를 실시
  - 지령 주파수는 가변저항을 접속하여 0~60Hz 내에서 임의로 속도를 설정
  - 가속시간은 10초, 감속시간은 20초로 설정
- 배선 실시
- 운전 파라미터 설정
- 시운전

② 모터의 다단 속도 제어
- 제어 조건 설정
  - 단자대를 사용하여 운전 정지를 실시
  - 다단 속도 제어는 단자대를 이용하여 저속(20Hz), 중속(30Hz), 고속(80Hz) 운전
  - 최대 주파수는 80Hz까지 설정 변경 가능
- 배선 실시
- 운전 파라미터 설정
- 시운전

4 유지보수

1. 모터 관리

(1) 모터의 고장 원인

① 주회로 조건의 이상
- 전압 변동, 배선의 단선, 개폐기나 보호기의 이상 등이 원인

② 부하 또는 운전조건의 이상
- 과부하, 고빈도 시동, 중관성 부하 등이 원인

③ 주위 환경조건의 영향
- 고온도, 고습도, 먼지, 부식성 가스, 진동 등이 원인

④ 설치 및 시공 불량
  - 취약한 기초공사, 센터링 불량, 벨트 장력의 부적정 등이 원인
⑤ 보수 점검 정비의 불량
  - 그리스 보급 또는 브러시 교환의 시기가 부적절한 원인
⑥ 기타
  - 모터 제조상의 결함
  - 운전조작 미숙
  - 절연물의 열화, 베어링의 마모 등이 원인

(2) 모터 시동 전 점검사항

① 절연저항 및 상간저항 확인할 것
② 전동기 설치상태 확인할 것
③ 전동기 축 핸드터닝(손으로 회전)으로 상태 점검
④ 전동기 무부하 운전 및 결선 상태 확인할 것

(3) 모터 시동 직후 점검사항

① 회전방향 확인
② 시동 전류 및 시동 시간의 정상 여부
③ 가속 시의 이상음이나 이상 진동의 여부
④ 부하 용량 및 부하 전류의 관계 확인
⑤ 급유 펌프, 냉각용 팬 등의 보조 기기의 가동 상태 정상 여부

(4) 모터 운전 중 점검사항

① 부하가 너무 크게 발생하는지 확인
② 전원 전압이나 전류의 변동 사항 및 불평형은 없는지 확인
③ 보호기기의 설정값은 운전상태에 맞는지 확인
④ 벨트 전동의 경우 벨트의 진동이나 슬립은 없는지 확인
⑤ 브러시 부분에 불꽃 발생 여부 확인
⑥ 운전 중에 각 부의 온도 정상 여부 확인
⑦ 부하 운전 중의 이상음과 이상 진동 여부 확인
⑧ 배선을 포함하여 각 부의 국부 파열 여부 확인

(5) 모터 점검

모터는 일상 점검, 정상 점검, 정밀 점검 그리고 특별 점검으로 나누어 관리하도록 한다.

① 정밀 점검

장시간 운전 정지로 마모된 부품의 교환, 이상 개소의 손질, 보수, 정기 점검보다 상세한 내부 진단이나 성능시험을 실시하고자 하는 점검이다

CHAPTER 04 공장제어

01 제어의 기초이론

1 자동 제어의 기본 개념

(1) 자동 제어(automatic control)란?

어떤 물체의 현 상태를 사람이 원하는 상태로 조절하는 것이다. 즉, 주어진 목적에 맞도록 행해지는 모든 일련의 과정을 제어라 할 수 있으며, 제어 대상, 센서, 액추에이터, 제어기, 목표치(기준입력), 출력 등으로 구성되어 이루어지는 제어를 자동제어라 할 수 있다.

제어시스템의 기본 구성과 용어를 그림과 같은 블록선도를 이용하여 정리한다.

그림 4-1 제어계의 블록

① 작업 명령 : 외부에서 주어지는 명령신호(입력)
② 명령 처리부 : 작업명령, 검출부 제어명령이 발생
③ 제어 명령 : 제어대상을 제어하기 위한 신호
④ 조작부 : 제어명령을 제어대상 신호체계에 맞게 조정
⑤ 조작 신호 : 제어대상을 조작하는 신호
⑥ 제어 대상 : 제어시키고자 하는 기기
⑦ 표시 경보부 : 제어대상의 현재 상태를 나타내는 신호 발생
⑧ 제어량 : 제어대상이 발생하는 신호(출력)
⑨ 기준량 : 제어계를 동작시키는 목표값
⑩ 검출부 : 제어량을 검출하여 기준량과 비교
⑪ 검출 신호 : 검출부에서 명령처리부로 보내는 신호

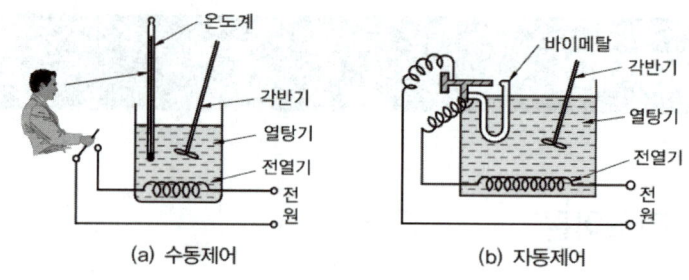

그림 4-2 제어의 종류

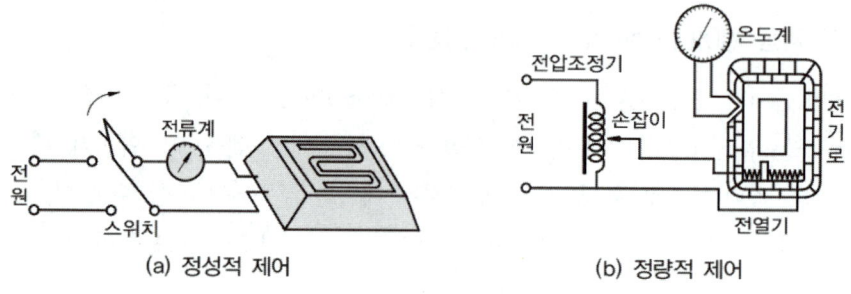

그림 4-3 제어의 명령-정성적 제어와 정량적 제어

(2) 제어시스템의 구성 방식

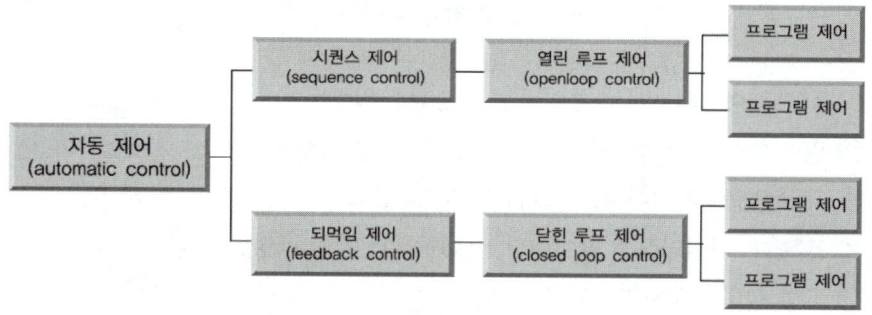

그림 4-4 자동제어의 분류

① 개루프(open-loop) 시스템 : 순차제어(sequence control)

출력이 제어입력에 영향을 미치지 못하고, 단지 기준입력에 의해 초기에 설정한 제어입력으로 구동기를 작동하는 시스템이다.

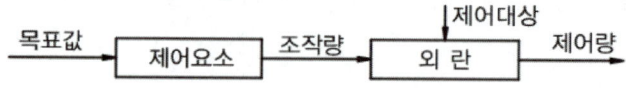

그림 4-5 개루프 시스템의 블록선도

개루프 시스템의 장점은 구성이 간단하여 비용이 저렴하다는데 있다. 단점은 외란에 대해 정확한 제어가 힘들고 정확성이 떨어지는데 있다.

② 폐루프(closed-loop) 시스템 : 피드백 제어(feedback control)
출력을 검출하여 검출된 신호를 피드백시켜 목표치와 비교하여 그 차이가 영에 접근할 때까지 계속 제어할 수 있는 시스템이다.

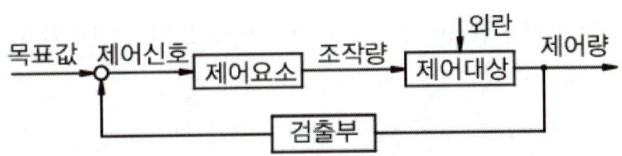

그림 4-6 폐루프 시스템의 블록선도

③ 폐루프 시스템의 장점
- 목표값과 출력값 사이의 오차를 줄여 정확한 제어가 가능하다.
- 균일한 제품 생산으로 생산품질을 향상시킬 수 있다.
- 생산속도 증대로 생산량을 증가시킬 수 있다.
- 에너지 절약과 인건비 절감이 가능하다.

④ 폐루프 시스템의 단점
- 제어조작이 복잡하다.
- 고가의 비용으로 비경제적이다.
- 고도의 기술이 필요하고 안정성 문제를 고려해야 한다.

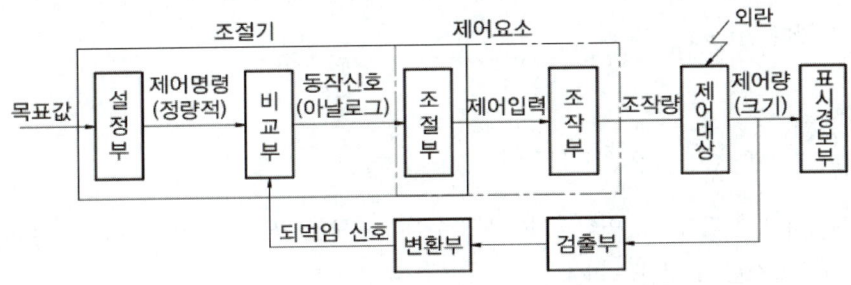

그림 4-7 피드백 제어계의 기본 구성

(3) 제어장치의 분류

① 신호에 따른 분류
- 아날로그 제어계 : 연속적인 물리량으로 표시되는 아날로그 신호로 처리되는 제어 시스템
- 디지털 제어계 : 각각의 단계에 하나의 값을 부여한 디지털 신호로 처리되는 제어 시스템
- 2진 제어계 : ON-OFF 형태 제어로 하나의 제어변수에 2가지의 가능한 값을 이용한 제어 시스템. 신호의 유무, 1/0 등과 같은 2진 신호를 이용한 제어 시스템이다.

② 작동 시퀀스에 따른 분류
- 파일럿 제어(pilot control) : 요구되는 입력 조건이 만족되면 그에 상응하는 출력신호가 발생되는 제어법
- 메모리 제어(memory control) : 어떤 신호가 입력되어 출력신호가 발생한 후, 입력신호가 없어져도 그때의 출력 상태를 유지하는 제어법
- 시간에 따른 제어(time scheduled control) : 시간의 변화에 따라서 이루어지는 제어법
- 조합 제어(coordinated motion control) : 목표치가 캠축이나 프로그램 벨트 또는 프로그래머에 의하여 주어지나, 그에 상응하는 출력변수는 제어계의 작동요소에 의하여 영향을 받는 제어법
- 시퀀스 제어(sequence control) : 전 단계의 작업완료 여부를 리밋 스위치나 센서를 이용하여 확인한 후 다음 단계의 작업을 수행하는 제어법

③ 제어량의 성질에 따른 분류로는 프로세스 제어, 서보기구, 자동조정 제어법 등이 있다.

④ 목표량의 시간적 변화에 따른 분류로는 정치 제어, 추치 제어, 프로그램 제어 등이 있다.

(4) 라플라스 변환(laplace transform)

제어에 있어서 시간의 함수 $f(t)$에 e^{-st}를 곱한 후 $t=0$에서부터 $t=\infty$까지 적분하여 적분값이 존재할 경우에는 변수 s에 대하여 새로운 함수를 얻게 되는데, 이러한 연산을 라플라스 변환이라 한다.

$$\int_0^\infty f(t)e^{-st}dt = \mathcal{L}[f(t)] = F(s)$$

여기서 L은 라플라스 연산자이며 복소수이다. 구해진 $F(s)$를 역라플라스 변환하면 다시 시간에 대한 함수로 구해진다.

$$\mathscr{L}^{-1}[F(s)] = f(t) = \frac{1}{2\pi j}\int_{r-j\infty}^{r+j\infty} F(s)e^{st}ds \,(t>0)$$

여기서 r은 $F(s)$의 모든 특이점들의 실수부보다 큰 실수의 상수이다.

① 라플라스 변환함수

	함수명	$f(t)$		$F(s)$
1	단위 임펄스 함수	$\delta(t)$		1
2	단위 계단 함수	$u(t)$		$\dfrac{1}{s}$
3	단위 램프 함수	t		$\dfrac{1}{s^2}$
4	포물선 함수	t^2		$\dfrac{2}{s^3}$
5	n차 램프 함수	t^n		$\dfrac{n!}{s^{n+1}}$
6	지수 감쇠 함수	e^{-at}		$\dfrac{1}{s+a}$
7	지수 감쇠 포물선 함수	$t^2 e^{-at}$		$\dfrac{2}{(s+a)^3}$
8	지수 감쇠 n차 램프 함수	$t^n e^{-at}$		$\dfrac{n!}{(s+a)^{n+1}}$
9	정현파 함수	$\sin\omega t$	$\dfrac{e^{j\omega t}-e^{-j\omega t}}{2j}$	$\dfrac{\omega}{s^2+\omega^2}$
10	여현파 함수	$\cos\omega t$	$\dfrac{e^{j\omega t}+e^{-j\omega t}}{2}$	$\dfrac{s}{s^2+\omega^2}$
11	지수 감쇠 정현파 함수	$e^{-at}\sin\omega t$		$\dfrac{\omega}{(s+a)^2+\omega^2}$
12	지수 감쇠 여현파 함수	$e^{-at}\cos\omega t$		$\dfrac{s+a}{(s+a)^2+\omega^2}$

Question 01

아래 정의된 함수 $f(t)$를 라플라스 변환하라(단, 함수 $f(t)$는 다음과 같다).

$$f(t) = \begin{bmatrix} 0, & t<0 \\ a, & t>0 \end{bmatrix}$$

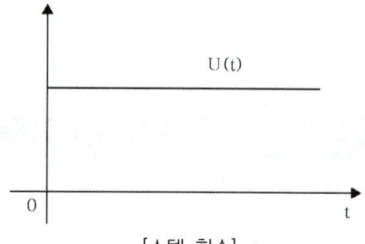

[스텝 함수]

Solution

단위 계단함수(스텝함수)

$$\mathscr{L}[a] = \int_0^\infty ae^{-st}dt = -a\left[\frac{e^{-st}}{s}\right]_0^\infty = -\frac{a}{s}(0-1) = \frac{a}{s}$$

Question 02

단위 임펄스함수 $\delta(t)$를 라플라스 변환하라.

$$f(t) = \begin{bmatrix} \dfrac{1}{T}, & T>t>0 \\ 0, & t>T, \quad t<0 \end{bmatrix}$$

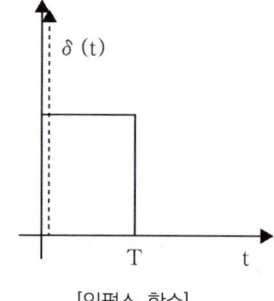

[임펄스 함수]

Solution

단위 임펄스함수는 그림에서 T가 영에 접근하는 극한을 생각할 때 폭이 극히 좁고 면적이 1인 함수이다.

$$\mathscr{L}[f(t)] = \int_0^T \frac{1}{T}e^{-st}dt = \frac{1}{T}(-\frac{1}{s})e^{-st}\Big|_0^T = -\frac{1}{sT}(e^{-sT}-1) = \frac{1-e^{-sT}}{sT}$$

Question 03

$f(t) = at$인 함수를 라플라스 변환하라(단, $f(t) = 0$, $t < 0$이다).

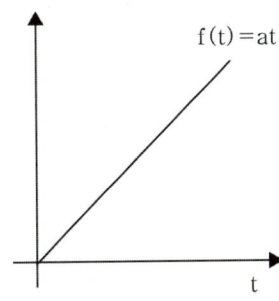

[Ramp 함수]

Solution

$$\mathscr{L}[f(t)] = \int_0^\infty ate^{-st}dt = \left[-\frac{ate^{-st}}{s}\right]_0^\infty + \int_0^\infty \frac{ae^{-st}}{s}dt = \frac{a}{s^2}$$

Question 04

다음의 라플라스 변환은? (단, $f(t) = e^{-at}$, $t > 0$이다.)

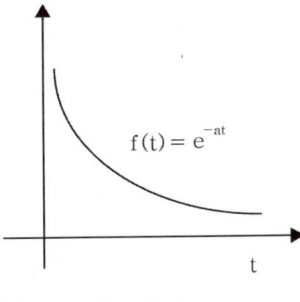

[지수함수]

Solution

$$\mathscr{L}[f(t)] = \int_0^\infty e^{-at}e^{-st}dt = \int_0^\infty e^{-(a+s)t}dt = \frac{1}{a+s}$$

② 라플라스 변환의 성질
- 선형 정리(linearity theorem) : $\mathcal{L}[af_1(t)+bf_2(t)] = aF_1(s)+bF_2(s)$
- 주파수 추이 정리(frequency shift theorem) : $\mathcal{L}[e^{-at}f(t)] = F(s+a)$
- 시간 추이 정리(time shift theorem) : $\mathcal{L}[f(t-a)] = e^{-as}F(s)$
- 상사 정리(scaling theorem) : $\mathcal{L}[f(at)] = \int_0^\infty f(at)e^{-st}dt = \dfrac{1}{a}F(s_1)$
- 미분 정리(differentiation theorem) : $\mathcal{L}\left[\dfrac{d^2}{dt^2}f(t)\right] = s^2F(s)-sf(0)-f'(0)$
- 적분 정리(integration theorem) : $\mathcal{L}\left[\int f(t)dt\right] = \dfrac{F(s)}{s}+\dfrac{f^{-1}(0)}{s}$
- 초기치 정리(intial value theorem) : $f(0+) = \lim\limits_{s\to\infty} sF(s)$
- 최종치 정리(final value theorem) : $f(\infty) = \lim\limits_{t\to\infty} f(t) = \lim\limits_{s\to 0} sF(s)$

■ 미·적분 및 전이 정리 공식

$f(t)$	$F(s)$
$f(t-t_0)u(t-t_0)$	$e^{-t_0 s}F(s)$
$\dfrac{d}{dt}f(t)$	$sF(s)-f(0^+)$
$\int_0^t f(t)dt$	$\dfrac{F(s)}{s}$
$\int f(t)dt$	$\dfrac{F(s)}{s}-\dfrac{f^{-1}(0)}{s}$
$tf(t)$	$-\dfrac{d}{ds}F(s)$
$\dfrac{1}{t}f(t)$	$\int_0^\infty F(s)ds$

③ 부분분수 전개(Part fraction expansion)
- 분모의 근이 실수이고, 중근이 아닌 경우의 예

$$F(s) = \dfrac{2}{(s+1)(s+2)} = \dfrac{A}{s+1}+\dfrac{B}{s+2}$$

함수 $F(s)$를 다음과 같이 부분 분수화할 수 있다.

$$F(s) = \dfrac{2}{s+1}-\dfrac{2}{s+2}$$

여기서 역변환하면 다음과 같이 시간의 함수의 해를 구할 수 있다.

$$f(t) = (2e^{-t} - 2e^{-2t})u(t)$$

- 분모의 근이 실수이고, 중근을 갖는 경우의 예

$$F(s) = \frac{2}{(s+1)(s+2)^2} = \frac{K_1}{s+1} + \frac{K_2}{(s+2)^2} + \frac{K_3}{s+2}$$

여기서 K_1, K_2, K_3를 구하면 $F(s)$에 대한 부분분수 전개 결과는 다음과 같다.

$$F(s) = \frac{2}{s+1} - \frac{2}{(s+2)^2} - \frac{2}{s+2}$$

이것을 역변환하여 해를 구하면 다음과 같은 결과를 얻을 수 있다.

$$f(t) = 2e^{-t} - 2te^{-2t} - 2e^{-2t}$$

- 분모의 근이 복소근인 경우의 예

$$F(s) = \frac{3}{s(s^2+2s+5)} = \frac{K_1}{s} + \frac{K_2 s + K_3}{s^2+2s+5}$$

여기서 K_1, K_2, K_3를 구하여 결과적으로 부분분수 전개 결과는 다음과 같다.

$$F(s) = \frac{\frac{3}{5}}{s} - \frac{3}{5}\frac{s+2}{s^2+2s+5}$$

이것을 역변환하여 해를 구하면 다음과 같다.

$$f(t) = \frac{3}{5} - \frac{3}{5}e^{-t}\left(\cos 2t + \frac{1}{2}\sin 2t\right)$$

Question 05
$f(t) = 5$를 라플라스 변환하라.

Solution

$$F(s) = \mathscr{L}[f(t)] = \int_0^\infty 5e^{-st}dt = -\frac{5}{s}e^{-st}\Big|_0^\infty = -\frac{5}{s}(0-1) = \frac{5}{s}$$

Question 06

$f(t) = e^{-5t}$를 라플라스 변환하라.

Solution

$$F(s) = \mathscr{L}[f(t)] = \int_0^\infty e^{-5t} e^{-st} dt = \int_0^\infty e^{-(5+s)t} dt$$

$$= -\frac{1}{5+s} e^{-(5+s)t}\Big|_0^\infty = -\frac{1}{5+s}(0-1) = \frac{1}{5+s}$$

Question 07

$f(t) = t^3$를 라플라스 변환하라.

Solution

$$F(s) = \mathscr{L}[f(t)] = \int_0^\infty t^3 e^{-st} dt = \frac{3 \times 2 \times 1}{s^{(3+1)}} = \frac{6}{s^4}$$

＊공식 적용

n차 램프 함수	t^n	$\dfrac{n!}{s^{n+1}}$

Question 08

$f(t) = 10t^3$를 라플라스 변환하라.

Solution

$$F(s) = \mathscr{L}[f(t)] = \int_0^\infty 10 t^3 e^{-st} dt = 10 \times \frac{3 \times 2 \times 1}{s^{(3+1)}} = \frac{60}{s^4}$$

Question 09

$f(t) = \sin t + 3\cos t$ 를 라플라스 변환하라.

Solution

$$F(s) = \mathscr{L}[f(t)] = \int_0^\infty (\sin t + 3\cos t)e^{-st}dt = \int_0^\infty (3\cos t)e^{-st}dt + \int_0^\infty (\sin t)e^{-st}dt$$

$$= \frac{3s}{s^2+1} + \frac{1}{s^2+1} = \frac{3s+1}{s^2+1}$$

*공식 적용

정현파 함수	$\sin\omega t = \dfrac{e^{j\omega t} - e^{-j\omega t}}{2j}$	$\dfrac{\omega}{s^2+\omega^2}$
여현파 함수	$\cos\omega t = \dfrac{e^{j\omega t} + e^{-j\omega t}}{2}$	$\dfrac{s}{s^2+\omega^2}$

Question 10

$f(t) = \sin(\omega t + \theta)$ 를 라플라스 변환하라.

Solution

$$\sin(\omega t + \theta) = \sin\omega t \cdot \cos\theta + \cos\omega t \cdot \sin\theta$$

$$F(s) = \mathscr{L}[f(t)] = \int_0^\infty (\sin\omega t \cdot \cos\theta + \cos\omega t \cdot \sin\theta)e^{-st}dt$$

$$= \int_0^\infty (\sin\omega t \cdot \cos\theta)e^{-st}dt + \int_0^\infty (\cos\omega t \cdot \sin\theta)e^{-st}dt$$

$$= \frac{\omega\cos\theta}{s^2+\omega^2} + \frac{s\sin\theta}{s^2+\omega^2}$$

Question 11

$f(t) = e^{-3t}\cos 5t$ 를 라플라스 변환하라.

Solution

$$F(s) = \mathscr{L}[f(t)] = \int_0^\infty (e^{-3t}\cos 5t)e^{-st}dt = \frac{s+3}{(s+3)^2+25}$$

*공식 적용

정지수 감쇠 여현파 함수	$e^{-at}\cos\omega t$	$\dfrac{s+a}{(s+a)^2+\omega^2}$

Question 12

$f(t) = 2 - e^{-at}$를 라플라스 변환하라.

Solution

$$F(s) = \mathscr{L}[f(t)] = \int_0^\infty (2-e^{-at})e^{-st}dt = \int_0^\infty 2e^{-st}dt - \int_0^\infty e^{-at}e^{-st}dt$$

$$= -\frac{2}{s}(0-1) - \frac{-1}{s+a}(0-1) = \frac{2}{s} - \frac{1}{s+a} = \frac{s+2a}{s(s+a)}$$

Question 13

$f(t) = e^{-5t}\cos(9t - 60°)$를 라플라스 변환하라.

Solution

$e^{-5t}\cos(9t - 60°) = e^{-5t}(\cos 9t \cdot \cos 60° + \sin 9t \cdot \sin 60°)$

$$F(s) = \mathscr{L}[f(t)] = \int_0^\infty e^{-5t}(\cos 9t \cdot \cos 60°)e^{-st}dt + \int_0^\infty e^{-5t}(\sin 9t \cdot \sin 60°)e^{-st}dt$$

$$= \frac{\cos 60° \,(s+5)}{(s+5)^2 + 9^2} + \frac{\sin 60° \times 9}{(s+5)^2 + 9^2} = \frac{0.5s + 10.294}{(s+5)^2 + 81}.$$

*공식 적용

지수 감쇠 정현파 함수	$e^{-at}\sin\omega t$	$\dfrac{\omega}{(s+a)^2 + \omega^2}$

Question 14

$f(t) = e^{j\omega t}$를 라플라스 변환하라.

Solution

$$F(s) = \mathscr{L}[f(t)] = \int_0^\infty e^{j\omega t}e^{-st}dt = \int_0^\infty e^{-(-j\omega + s)t}dt$$

$$= -\frac{1}{s - j\omega}e^{-(-j\omega + s)t}\Big|_0^\infty = -\frac{1}{-j\omega + s}(0-1) = \frac{1}{s - j\omega}$$

> **Question 15**
>
> $F(s) = \dfrac{4}{S^3 + 3S^2 + 2S}$를 라플라스 역변환하라.
>
> **Solution**
>
> $S^3 + 3S^2 + 2S = S(S+2)(S+1)$
>
> $F(s) = \dfrac{4}{S^3+3S^2+2S} = \dfrac{4}{S(S+2)(S+1)} = \dfrac{A}{S} + \dfrac{B}{S+2} + \dfrac{C}{S+1}$
>
> $(A+B+C)S^2 + (3A+B+2C)S + 2A = 4$
>
> $A+B+C = 0,\ 3A+B+2C = 0,\ 2A = 4$
>
> $A = 2,\ B = 2,\ C = -4$
>
> $F(s) = \dfrac{2}{S} + \dfrac{2}{S+2} - \dfrac{4}{S+1}$
>
> $\mathscr{L}^{-1}[F(s)] = f(t) = 2 + 2e^{-2t} - 4e^{-t}$

2 제어계의 전달함수

(1) 전달함수(Transfer function)

제어대상을 선형화된 미분방정식 형태로 표현한 식을 수학적 모델식이라 하고, 이 식을 라플라스 변환을 통해 입력과 출력 사이의 관계를 나타낸 식을 전달함수라 한다. 시스템 전달함수는 입력과 출력 신호 사이의 동특성을 나타내는 식이다.

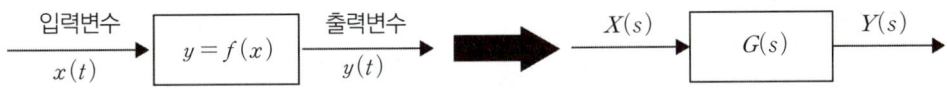

그림 4-8 수학적 모델식과 전달함수

여기서 모든 초기조건을 0으로 하여 입력과 출력 신호를 각각 라플라스 변환 후 함수로 나타낸 것이 전달함수이고, 다음과 같다.

$G(s) = \dfrac{Y(s)}{X(s)} = \dfrac{\mathscr{L}[y(t)]}{\mathscr{L}[x(t)]}$, $X(s)$: 입력, $Y(s)$: 출력, $x(t)$: 입력신호, $y(t)$: 출력신호

(2) 전달함수의 기본요소

동적 시스템의 전달함수는 비례요소, 적분요소, 미분요소, 1차 지연요소, 2차 지연요소, 전달지연요소 등의 조합으로 이루어진다.

① 비례요소

입력신호 $x(t)$에 비례하여 출력신호 $y(t)$가 나오는 시스템의 전달함수이다.

$y(t) = Kx(t)$

여기서 K는 상수(비례감도 이득정수)이고 라플라스 변환하여 전달함수를 구하면 다음과 같다.

$G(s) = \dfrac{Y(s)}{X(s)} = K$

② 적분요소

출력신호 $y(t)$가 입력신호 $x(t)$의 적분값에 비례한다. 즉, 출력신호의 변화속도가 입력신호에 비례하는 요소이다.

$y(t) = K_I \int x(t) dt$

라플라스 변환하여 전달함수를 구하면 다음과 같다.

$\mathcal{L}\left[\int x(t)dt\right] = \dfrac{1}{s}X(s), \quad Y(s) = K_I \cdot \dfrac{1}{s}X(s)$

$G(s) = \dfrac{Y(s)}{X(s)} = \dfrac{K_I}{s}$

위의 식에서 $\dfrac{1}{s}$은 적분요소이다.

미분방정식 형태로 나타내 정리하면 다음과 같다.

$\dfrac{1}{K_I}\dfrac{dy(t)}{dt} = x(t)$

$\dfrac{s}{K_I}Y(s) = X(s), \quad G(s) = \dfrac{Y(s)}{X(s)} = \dfrac{K_I}{s}$

③ 미분요소

출력신호 $y(t)$가 입력신호 $x(t)$의 미분값에 비례한다.

$y(t) = K_p \dfrac{dx(t)}{dt}$

라플라스 변환하여 전달함수를 구하면 다음과 같고, 적분요소에 역수로 표현된다.

$\mathcal{L}\left[\dfrac{d}{dt}x(t)\right] = sX(s), \quad Y(s) = K_p \cdot sX(s)$

$G(s) = \dfrac{Y(s)}{X(s)} = K_p \cdot s$

미분요소의 예로는 레이드 자이로스코프, 미분회로 등이 있다.

④ 1차 지연요소

전달함수 특성방정식의 최고 차수가 1인 시스템의 경우를 1차 지연요소라 한다.
1차 미분방정식이 다음과 같다.

$$b_1 \frac{dy(t)}{dt} + b_0 y(t) = a_0 x(t), \ (b_1 > 0, \ b_0 > 0)$$

라플라스 변환을 하여 전달함수를 구하면 다음과 같다.

$$b_1 s Y(s) + b_0 Y(s) = a_0 X(s)$$

$$G(s) = \frac{Y(s)}{X(s)} = \frac{a_0}{b_1 s + b_0} = \frac{a_0/b_0}{(b_1/b_0)s + 1} = \frac{K}{Ts + 1}, \ a_0/b_0 = K, \ b_1/b_0 = T$$

$$b_1 \frac{dy(t)}{dt} + b_0 y(t) = a_0 x(t) \ \Rightarrow \ T\frac{dy(t)}{dt} + y(t) = Kx(t)$$

⑤ 2차 지연요소

전달함수 특성방정식의 최고 차수가 2인 시스템의 경우를 2차 지연요소라 한다.
2차 미분방정식이 다음과 같다.

$$b_2 \frac{d^2 y(t)}{dt^2} + b_1 \frac{dy(t)}{dt} + b_0 y(t) = a_0 x(t), \ (b_2 > 0. \ b_1 > 0, \ b_0 > 0)$$

라플라스 변환을 하여 전달함수를 구하면 다음과 같다.

$$b_2 s^2 Y(s) + b_1 s Y(s) + b_0 Y(s) = a_0 X(s)$$

$$G(s) = \frac{Y(s)}{X(s)} = \frac{a_0}{b_2 s^2 + b_1 s + b_0}, \ \frac{a_0}{b_0} = K, \ \frac{b_2}{b_0} = T^2, \ \frac{b_1}{b_0} = 2\delta T, \ \frac{1}{T} = \omega_n$$

$$G(s) = \frac{K}{1 + 2\delta Ts + T^2 s^2} = \frac{K\omega_n^2}{s^2 + 2\delta\omega_n s + \omega_n^2}$$

⑥ 지연요소(부동작 시간 요소)

입력신호 $x(t)$에 대하여 출력신호가 L만큼 지연 시 생기는 경우

$$y(t) = Kx(t - L)$$

이다. L은 전달지연(부동작 시간)이라 한다. 라플라스 변환 후 전달함수를 구하면 다음과 같다.

$$G(s) = \frac{Y(s)}{X(s)} = Ke^{-sL}$$

e^{-sL}은 지연요소라 하며, 시간의 지연요소가 크게 되면 피드백 제어시스템의 안정도에 불안 정한 영향을 미칠 가능성이 높다.

표 4-1 | 제어요소의 전달함수

요소의 종류	입력과 출력의 관계	전달함수	비 고
비례요소	$y(t)=k_x(t)=k_p e(t)$	$G(s)=\dfrac{Y(s)}{X(s)}=k$	k : 이득정수
적분요소	$y(t)=k\int x(t)dt$	$G(s)=\dfrac{Y(s)}{X(s)}=\dfrac{K}{s}$	
미분요소	$y(t)=K\dfrac{d}{dt}x(t)$	$G(s)=\dfrac{Y(s)}{X(s)}=ks$	
1차 지연요소	$b_1\dfrac{d}{dt}y(t)+b_0 y(t)=a_0 x(t)$	$G(s)=\dfrac{Y(s)}{X(s)}=\dfrac{a_0}{b_1 s+b_0}$ $=\dfrac{\frac{a_0}{b_0}}{\frac{b_1}{b_0}s+1}=\dfrac{K}{Ts+1}$	$K=\dfrac{a_o}{b_o}$ $T=\dfrac{b_1}{b_0}$ (T : 시정수)
부동작 요소	$y(t)=kx(t-L)$	$G(s)=\dfrac{Y(s)}{X(s)}=Ke^{-LS}$	L : 부동작 시간

(3) 블록선도

블록선도는 동적 시스템 모델링의 한 방법으로 블록선도의 기본단위는 시스템 특성(전달함수)을 나타내는 사각형의 블록, 신호의 흐름을 나타내는 화살표, 두 신호의 ±합산을 나타내는 합산기호 및 신호를 인출하는 인출점 등으로 구성된다.

표 4-2 | 블록선도의 기본단위

순번	구분		표현방법
1	전달요소(블록)	$G(s)$	$G(s)$
2	신호의 전달	$B(s)=G(s)A(s)$	$A(s) \rightarrow G(s) \rightarrow B(s)$
3	가합점	합 : $A(s)+B(s)=c(S)$ 차 : $A(s)-B(s)=c(S)$	(a) 합, (b) 차
4	인출점	$A(s)=B(s)=C(S)$	

① 직렬결합 및 등가변환

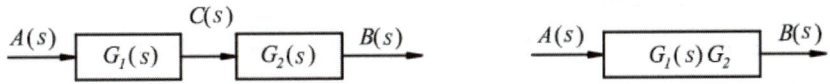

그림 4-9 직렬결합 및 등가변환

$C(s) = G_1(s) \cdot A(s), \ B(s) = G_2(s) \cdot C(s)$

$B(s) = [G_1(s) \cdot G_2(s)] A(s)$

② 병렬결합 및 등가변환

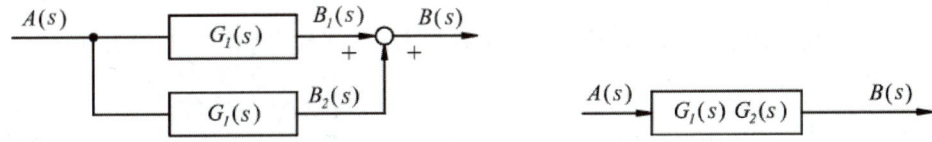

그림 4-10 병렬결합 및 등가변환

$B_1(s) = G_1(s)A(s), \ B_2(s) = G_2(s)A(s), \ B(s) = B_1(s) + B_2(s)$

$B(s) = [G_1(s) \cdot G_2(s)]A(s)$

③ 피드백 결합 및 등가식

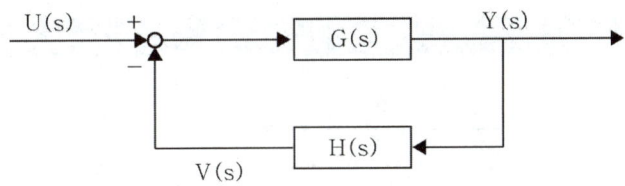

그림 4-11 피드백 결합

$Y(s) = G(s)[U(s) - V(s)]$

$V(s) = H(s)Y(s)$

$[1 + G(s)H(s)]Y(s) = G(s)U(s)$

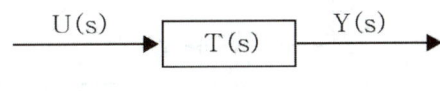

그림 4-12 피드백 등가변환

$$T(s) = \frac{G(s)}{1 + G(s)H(s)}$$

출력신호 $Y(s)$가 전달함수 $H(s)$를 걸치지 않고 그대로 입력 쪽에 귀환될 때 전달함수 $H(s) = 1$인 경우다. 이때 전달함수 $T(s)$는 아래와 같다.

$$T(s) = \frac{G(s)}{1 + G(s)}$$

(4) 신호흐름도

① 블록선도와 신호흐름도의 비교

신호흐름도는 절점(node)과 가지(branch)로 구성되고 절점은 신호의 흐름을 가지는 전달특성을 나타낸다. 블록선도와 마찬가지로 동적 시스템 모델링의 한 방법이다.

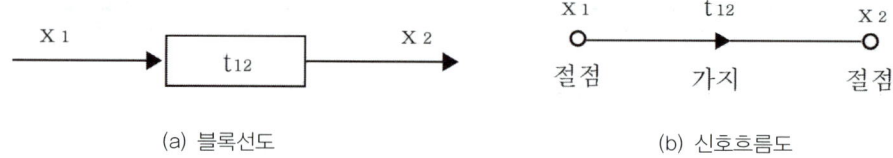

(a) 블록선도 (b) 신호흐름도

그림 4-13 블록선도와 신호흐름도 비교

표 4-3 | 블록선도와 신호흐름 선도의 대응관계

	블록선도	신호흐름선도
신호	a →	○
전달요소 앞에 이동	a → G → b	a ○—G—→○ b
가합점 $b = G \cdot a$	a → ⊗ → c=a±b, ±b ↑	a ○—1—→○ c, b ○—±1—↗
인출점 $c = a \pm b$	a →•→ b, ↓ c	a ○—1—→○ b, ○—1—↘○ c

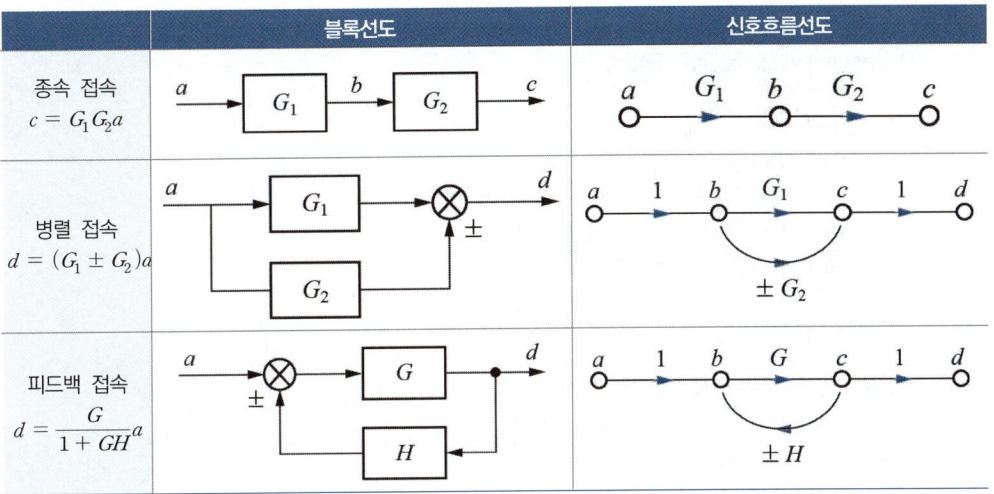

② 신호흐름도의 대수적 계산

• 가산법

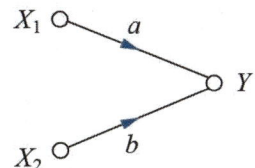

$Y = aX_1 + bX_2$

• 전송법

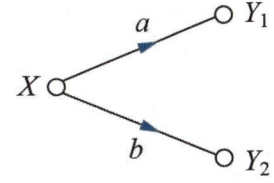

$Y_1 = aX$
$Y_2 = bX$

• 승산법

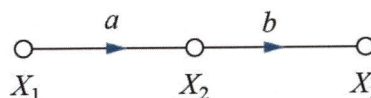

$X_3 = aX_1 + bX_2$

Mason의 게인(전달함수) 공식

$$G = \frac{1}{\Delta}\sum_i P_i \Delta_i$$

여기서 G : 전달함수
P_i : i번째 피드포워드 방향의 경로에 대한 게인
Δ_i : P_i와 교차하는 경로를 제외한 Δ값
Δ : 신호흐름선도의 행렬식

$$\Delta = 1 - \sum_a L_a + \sum_{b,c} L_b L_c - \sum_{d,e,f} L_d L_e L_f + \cdots$$

여기서 $\sum_a L_a$: 중복되지 않는 모든 루프(Loop) 게인(Gain)의 합

[피드백이 되는 노드와 노드 사이에 게인 1개]

$\sum_{b,c} L_b L_c$: 서로 교차되지 않는 2개의 루프 게인 곱의 합

[피드백이 되는 노드와 노드 사이에 게인 2개]

$\sum_{d,e,f} L_d L_e L_f$: 서로 교차되지 않는 3개의 루프 게인 곱의 합

[피드백이 되는 노드와 노드 사이에 게인 3개]

- 피드백 접속 1

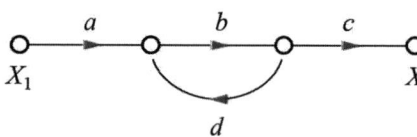

$P_1 = abc$, $\Delta_1 = 1$, $L_1 = bd$,
$\Delta = 1 - L_1 = 1 - bd$
$G = \dfrac{X_2}{X_1} = \dfrac{P_1 \Delta_1}{\Delta} = \dfrac{abc}{1 - bd}$

- 피드백 접속 2

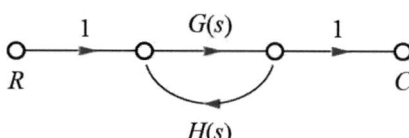

$P_1 = G(s)$, $\Delta_1 = 1$, $L_1 = G(s)H(s)$, $\Delta = 1 - L_1 = 1 - G(s)H(s)$

$G(s) = \dfrac{C(s)}{R(s)} = \dfrac{P_1 \Delta_1}{\Delta} = \dfrac{G(s)}{1 - G(s)H(s)}$

- 피드백 접속 3

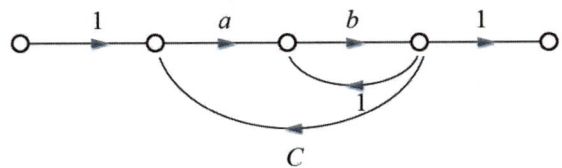

$P_1 = ab$, $\Delta_1 = 1$, $L_{11} = bf$, $L_{12} = abc$

$\Delta = 1 - L_{11} + L_{12} = 1 - bf + abc$

$G(s) = \dfrac{C(s)}{R(s)} = \dfrac{P_1 \Delta_1}{\Delta} = \dfrac{P_1 \Delta_1}{1 - L_{11} + L_{12}} = \dfrac{ab}{1 - bf + abc}$

3 주파수 응답

주파수 응답은 신호발생기와 측정 장비를 사용하여 필요한 신호를 발생시키거나 측정하는 것을 의미한다. 즉, 주파수를 가진 입력신호에 대한 시스템의 정상상태 반응을 주파수 응답이라 한다. 주파수 영역에서 제어시스템은 설계변수에 오차가 있더라도 제어시스템의 성능이 웬만큼 보장된다. 대표적인 시스템 주파수응답에는 nyquist 선도, 보드 선도, nichols 선도 등이 있다.

(1) 주파수 전달함수

주파수 전달함수는 전달함수 $G(s)$에서 복소수 s값 대신 $j\omega$를 대입한 $G(j\omega)$이다.

$G(j\omega) = X + jY = Me^{j\phi(\omega)} = M\angle \phi(\omega)$

$M(\omega) = |G(j\omega)| = \sqrt{X^2 + Y^2}$, $\phi = \angle G(j\omega) = \tan^{-1}\dfrac{Y}{X}$

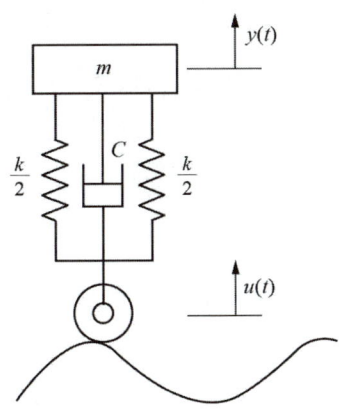

그림 4-14 차량의 1/4 모델

예를 들어, 그림과 같은 차량의 1/4의 모델 노면에서 노면입력 $u(t)$에 대하여 차체에서는 진동 $y(t)$가 발생한다. 이때 자동차의 전달함수를 $G(s)$라 하고, 노면 입력 $u(t) = A\sin\omega t$에 대한 정상상태 차체 진동 출력 $y_s(t)$는 다음과 같이 구한다.

$$\mathscr{L}[u(t)] = \mathscr{L}A\sin\omega t] = \frac{A\omega}{s^2+\omega^2}$$

$$\frac{Y(s)}{U(s)} = G(s)$$

$$Y(s) = G(s)U(s) = G(s)\frac{A\omega}{s^2+\omega^2}$$

이것을 부분분수형태로 나타내면 다음과 같다.

$$Y(s) = \frac{K_1}{s-s_1} + \frac{K_2}{s-s_2} + \ldots + \frac{K_n}{s-s_n} + \frac{K_+}{s-j\omega} + \frac{K_-}{s-j\omega} \quad (*)$$

이것을 다시 역라플라스 변환을 시키면 출력 $y(t)$는 다음과 같다.

$$y(t) = K_1 e^{s_1 t} + K_2 e^{s_2 t} + \ldots + K_n e^{s_n t} + K_+ e^{j\omega t} + K_- e^{-j\omega t}$$

해[$y(t)$]=일반해[과도응답; $y_e(t)$]+특수해[정상상태응답; $y_s(t)$]

$$y_e(t) = K_1 e^{s_1 t} + K_2 e^{s_2 t} + \ldots + K_n e^{s_n t}$$

$$y_s(t) = K_+ e^{j\omega t} + K_- e^{-j\omega t}$$

여기서 K_+, K_-는 식(*)에서 구한다.

$$K_+ = G(s)U(s)(s-j\omega)|_{s=j\omega} = G(s)\frac{A\omega(s-j\omega)}{s^2+\omega^2}|_{s=j\omega} = G(j\omega)\frac{A}{2j}$$

$$K_- = G(s)U(s)(s+j\omega)|_{s=-j\omega} = G(s)\frac{A\omega(s+j\omega)}{s^2+\omega^2}|_{s=-j\omega} = -G(-j\omega)\frac{A}{2j}$$

$$y_s(t) = G(j\omega)\frac{A}{2j}e^{j\omega t} - G(-j\omega)\frac{A}{2j}e^{-j\omega t}$$

차량의 주파수 전달함수를 적용하면 다음과 같다.

$$G(j\omega) = Me^{j\phi}, \ G(-j\omega) = Me^{-j\phi}$$

$$y_s(t) = Me^{j\phi}\frac{A}{2j}e^{j\omega t} - Me^{-j\phi}\frac{A}{2j}e^{-j\omega t} = M\frac{A}{2j}e^{(j\omega t + j\phi)} - M\frac{A}{2j}e^{-(j\omega t + j\phi)}$$

$$y_s(t) = MA\frac{e^{(j\omega t + j\phi)} - e^{-(j\omega t + j\phi)}}{2j} = MA\sin(\omega t + \phi)$$

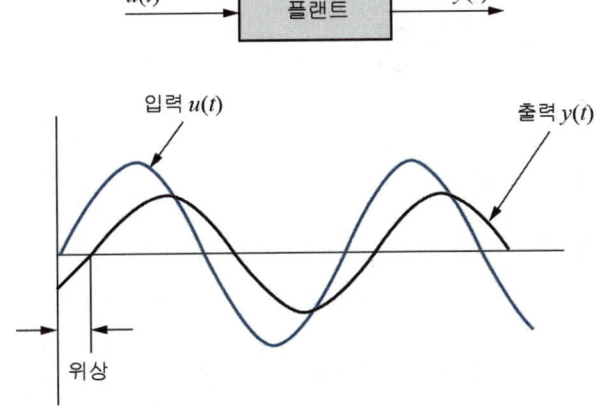

그림 4-15 주파수 응답

시스템에 정현파인 입력신호를 가할 때 출력신호는 정상상태에서 입력과 같은 주파수의 정현파가 되나 출력의 크기와 위상은 시스템에 따라 다를 수 있다.

(2) Nyquist 선도

주파수가 0에서 ∞까지 변할 때 전달함수 $G(j\omega)$의 궤적을 그린 것을 Nyquist 선도라 한다.

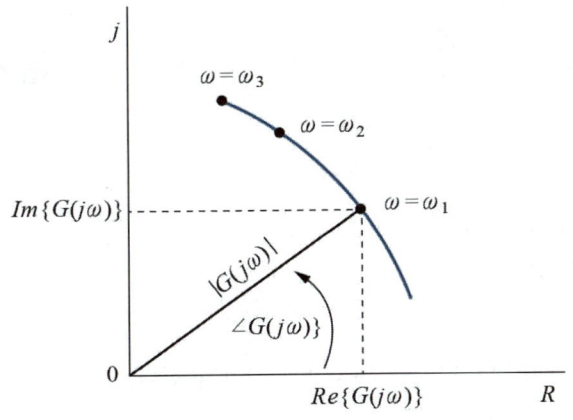

그림 4-16 Nyquist 선도

다음은 전달함수 $G(j\omega)$의 크기와 위상각을 나타낸 것이다. 전달함수는 실수부와 허수부로 나누어 표현된다.

$$G(j\omega) = Re[G(\omega)] + i\,Im[G(\omega)]$$
$$|G(j\omega)| = \sqrt{Re[G(\omega)]^2 + Im[G(\omega)]^2}$$
$$\angle G(j\omega) = \phi = \tan^{-1}\frac{Im\,G(\omega)}{Re\,G(\omega)}$$

① 적분요소

전달함수 $G(s) = K/s$

주파수 전달함수 $G(j\omega) = \dfrac{K}{j\omega}$

주파수 전달함수의 크기와 위상각은 다음과 같다.

$$|G(j\omega)| = \sqrt{\left(\frac{K}{\omega}\right)^2} = \frac{K}{\omega},\quad \angle G(j\omega) = \tan^{-1}\left(\frac{K/j\omega}{0}\right) = -90°$$

ω를 0에서 ∞까지 증가시킬 때 크기와 위상각

$$\lim_{\omega \to 0}|G(\omega)| = \frac{K}{\omega} = \infty,\quad \lim_{\omega \to 0}\angle G(\omega)| = -90°$$
$$\lim_{\omega \to \infty}|G(\omega)| = \frac{K}{\omega} = 0,\quad \lim_{\omega \to \infty}\angle G(\omega)| = -90°$$

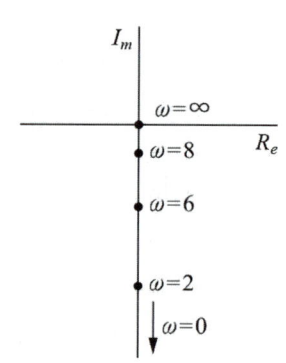

그림 4-17 적분요소 복소평면

② 미분요소

전달함수 $G(s) = Ts$

주파수 전달함수 $G(j\omega) = j\omega T$

주파수 전달함수의 크기와 위상각은 다음과 같다.

$$|G(j\omega)| = \sqrt{(\omega T)^2} = \omega T,\quad \angle G(j\omega) = \tan^{-1}\left(\frac{j\omega T}{0}\right) = 90°$$

ω를 0에서 ∞까지 증가시킬 때 크기와 위상각

$$\lim_{\omega \to 0}|G(\omega)| = \omega T = 0, \quad \lim_{\omega \to 0} \angle G(\omega) = 90°$$

$$\lim_{\omega \to \infty}|G(\omega)| = \omega T = \infty, \quad \lim_{\omega \to \infty} \angle G(\omega) = 90°$$

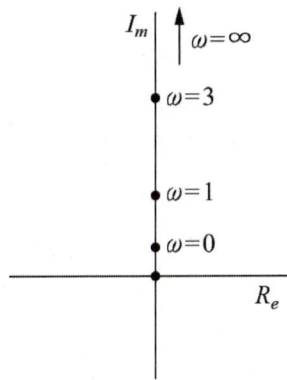

그림 4-18 미분요소 복소평면

③ 1차 시스템

1차 시스템의 주파수 전달함수 $G(j\omega) = \dfrac{K}{1+j\omega T}$

$$G(j\omega) = \frac{K(1-j\omega T)}{(1+j\omega T)(1-j\omega T)} = \frac{K(1-j\omega T)}{(1+\omega^2 T^2)}$$

주파수 전달함수의 크기와 위상각은 다음과 같다.

$$|G(j\omega)| = \sqrt{\frac{K^2(1+\omega^2 T^2)}{(1+\omega^2 T^2)}} = \frac{K}{\sqrt{1+\omega^2 T^2}}$$

실수부; $\dfrac{K}{(1+\omega^2 T^2)}$, 허수부; $-\dfrac{K\omega T}{(1+\omega^2 T^2)}$

$$\angle G(j\omega) = -\tan^{-1}(\omega T)$$

ω를 0에서 ∞까지 증가시킬 때 크기와 위상각

$$\lim_{\omega \to 0}|G(\omega)| = K, \quad \lim_{\omega \to 0} \angle G(\omega) = 0°$$

$$\lim_{\omega \to \infty}|G(\omega)| = 0, \quad \lim_{\omega \to \infty} \angle G(\omega) = -90°$$

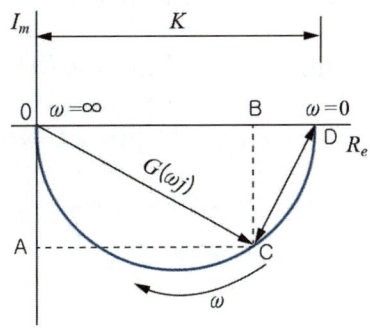

그림 4-19 1차 시스템 극좌표

④ 2차 시스템

2차 시스템의 주파수 전달함수

$$G(j\omega) = \frac{\omega_n^2}{(j\omega)^2 + 2\zeta\omega_n(j\omega) + \omega_n^2}$$

$$G(j\omega) = \frac{1}{\left(1 - \frac{\omega^2}{\omega_n^2}\right) + j2\zeta\frac{\omega}{\omega_n}} = \frac{1}{(1-r^2) + j2\zeta r} = \frac{1 - r^2 - j2\zeta r}{(1-r^2)^2 + 4\zeta^2 r^2}$$

주파수비 $r = \dfrac{\omega}{\omega_n}$

주파수 전달함수의 크기와 위상각은 다음과 같다.

실수부; $\dfrac{1-r^2}{(1-r^2)^2 + 4\zeta^2 r^2}$, 허수부; $\dfrac{-j2\zeta r}{(1-r^2)^2 + 4\zeta^2 r^2}$

$$|G(j\omega)| = \frac{1}{\sqrt{(1-r^2)^2 + 4\zeta^2 r^2}}$$

$$\angle G(j\omega) = \tan^{-1}\frac{-2\zeta r}{1-r^2}$$

ω를 0에서 ∞까지 증가시킬 때 크기와 위상각

$$\lim_{\omega \to 0}|G(\omega)| = \lim_{r \to 0}|G(\omega)| = 1,$$

$$\lim_{\omega \to 0}\angle G(\omega)| = \lim_{r \to 0}\angle G(\omega)| = 0°$$

$$\lim_{\omega \to \infty}|G(\omega)| = \lim_{r \to \infty}|G(\omega)| = 0,$$

$$\lim_{\omega \to \infty}\angle G(\omega)| = \lim_{r \to \infty}\angle G(\omega)| = -180°$$

$$\lim_{r \to 1}|G(\omega)| = 1, \quad \lim_{r \to 1}\angle G(\omega)| = -90°$$

이 시스템은 공진이 발생하고, ζ값이 증가할수록 실수측에 접근하게 된다.

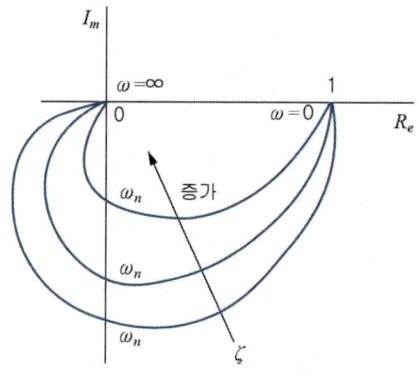

그림 4-20 2차 시스템 극좌표

⑤ 적분요소와 1차 지연요소 직렬결합

적분요소 $G_1(j\omega) = \dfrac{1}{j\omega}$와 1차 지연요소의 $G_2(j\omega) = \dfrac{K}{1+j\omega T}$의 직렬결합한 주파수 전달함수

$$G(j\omega) = G_1(j\omega)G_2(j\omega) = \dfrac{K}{j\omega(1+j\omega T)}$$

$$G(j\omega) = \dfrac{K}{j\omega(1+j\omega T)} = -\dfrac{K}{\omega(\omega T-j)} = -\dfrac{K\omega T}{\omega(\omega^2 T^2+1)} - j\dfrac{K}{\omega(\omega^2+T^2)}$$

주파수 전달함수의 크기와 위상각은 다음과 같다.

$$|G(j\omega)| = \dfrac{K}{\omega\sqrt{1+\omega^2 T^2}}, \quad \angle G(j\omega) = -\tan^{-1}\dfrac{1}{\omega T}$$

ω를 0에서 ∞까지 증가시킬 때 크기와 위상각

$$\lim_{\omega\to 0}|G(\omega)| = \infty, \quad \lim_{\omega\to 0}\angle G(\omega) = -90°$$

$$\lim_{\omega\to\infty}|G(\omega)| = 0, \quad \lim_{\omega\to\infty}\angle G(\omega) = -180°$$

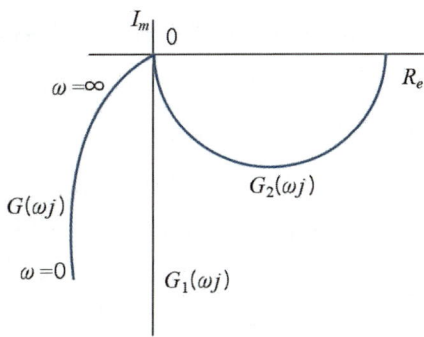

그림 4-21 적분과 1차 지연 결합 극좌표

⑥ 미분요소와 1차 지연요소 직렬결합

미분요소 $G_1(j\omega) = j\omega T$와 1차 지연요소의 $G_2(j\omega) = \dfrac{1}{1+j\omega T}$의 직렬결합한 주파수 전달함수

$$G(j\omega) = G_1(j\omega)G_2(j\omega) = \dfrac{j\omega T}{1+j\omega T}$$

$$G(j\omega) = \dfrac{j\omega T}{(1+j\omega T)} = \dfrac{j\omega T(1-j\omega T)}{(1+\omega T)(1-j\omega T)} = \dfrac{\omega T(j+\omega T)}{(1+\omega^2 T^2)}$$

주파수 전달함수의 크기와 위상각은 다음과 같다.

$$|G(j\omega)| = \dfrac{\omega T}{\sqrt{1+\omega^2 T^2}}, \quad \angle G(j\omega) = -\tan^{-1}\dfrac{1}{\omega T}$$

ω를 0에서 ∞까지 증가시킬 때 크기와 위상각

$\lim_{\omega \to 0} |G(\omega)| = 0, \ \lim_{\omega \to 0} \angle G(\omega)| = 90°$

$\lim_{\omega \to \infty} |G(\omega)| = 1, \ \lim_{\omega \to \infty} \angle G(\omega)| = 0°$

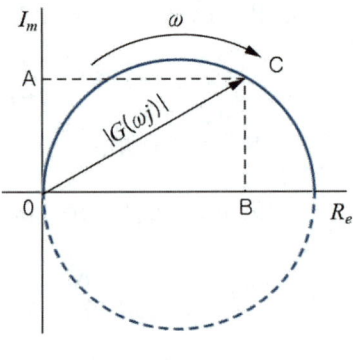

그림 4-22 미분과 1차 지연 결합 극좌표

⑦ 전달지연요소

주파수 전달함수 $G(j\omega) = e^{-j\omega L}$

주파수 전달함수의 크기와 위상각은 다음과 같다.

$|G(j\omega)| = |e^{-j\omega L}| = |\cos \omega L - j \sin \omega L| = \sqrt{\cos^2 \omega L + \sin^2 \omega L} = 1$

$\angle G(j\omega) = -\omega L$

$G(j\omega) = e^{-j\omega L}$은 비선형 전달함수이다. 지연시간 L이 동작시간보다 상대적으로 작으면 선형화할 수 있다.

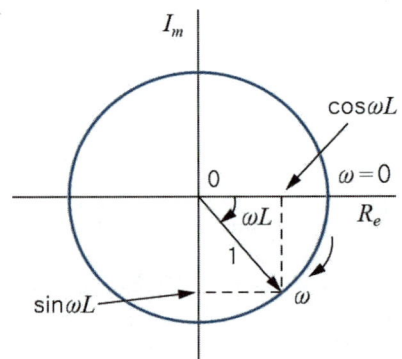

그림 4-23 전달지연요소 극좌표

(3) 보드(Bode)선도

보드선도는 주파수 전달함수 $G(j\omega)$의 절대값 $|G(j\omega)|$과 위상 $\angle G(j\omega)$을 각각 직각 좌표계에 주파수에 따라 시각적으로 알 수 있도록 나타낸 선도이다. 즉, 주파수에 따라 크기와 위상으로 나누어 표시하는데 주파수는 가로축에 대수(log)눈금으로 나타내고, 세로축에는 데시벨(dB)과 각도(degree)로 나타낸 것이다.

① 비례요소

주파수 전달함수 $G(j\omega) = -K$

주파수 전달함수의 크기와 위상각은 다음과 같다.

$20\log|G(j\omega)| = 20\log K$, $\angle G(j\omega) = 0°$

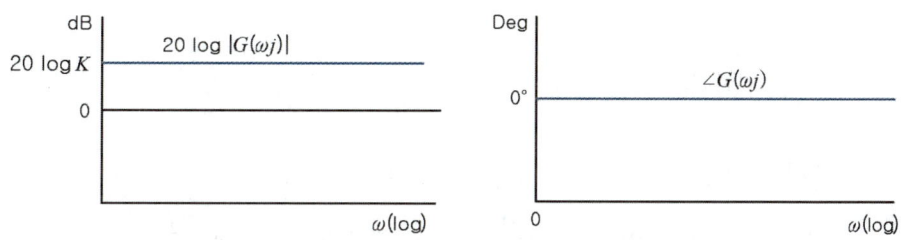

그림 4-24 비례요소의 보드선도

② 미분요소

주파수 전달함수 $G(j\omega) = j\omega T$

주파수 전달함수의 크기와 위상각은 다음과 같다.

$20\log|G(j\omega)| = 20\log \omega T$, $\angle G(j\omega) = 90°$

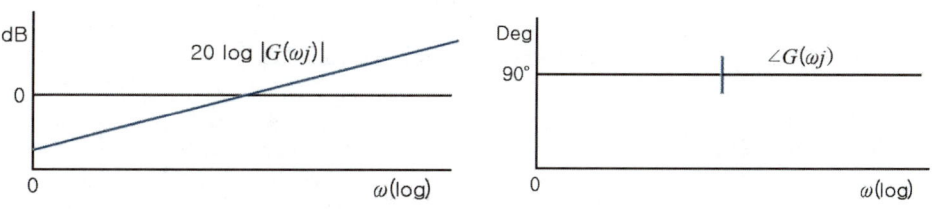

그림 4-25 미분요소의 보드선도

③ 적분요소

주파수 전달함수 $G(j\omega) = \dfrac{1}{j\omega T}$

주파수 전달함수의 크기와 위상각은 다음과 같다.

$20\log|G(j\omega)| = 20\log \dfrac{1}{\omega T} = -20\log \omega T$, $\angle G(j\omega) = -90°$

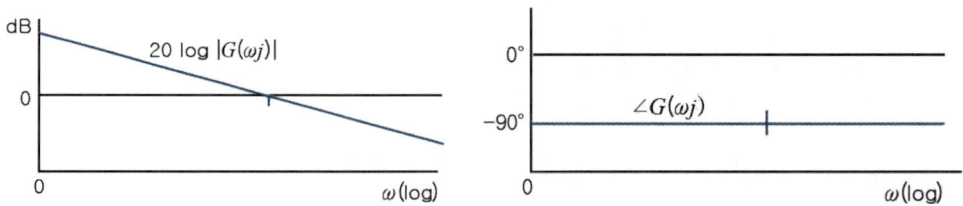

그림 4-26 적분요소의 보드선도

④ 1차 지연요소

주파수 전달함수 $G(j\omega) = \dfrac{1}{1+j\omega T}$

주파수 전달함수의 크기와 위상각은 다음과 같다.

$20\log|G(j\omega)| = 20\log \dfrac{1}{\sqrt{1+\omega^2 T^2}} = -20\log\sqrt{1+(\omega T)^2}$

$\angle G(j\omega) = -\tan^{-1}\omega T$

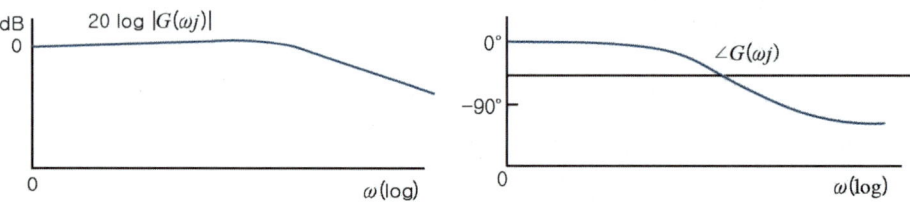

그림 4-27 1차 지연요소 보드선도

⑤ 2차 지연요소

주파수 전달함수 $G(j\omega) = \dfrac{\omega_n^2}{(j\omega)^2 + 2\zeta\omega_n(j\omega) + \omega_n^2}$

주파수 전달함수의 크기와 위상각은 다음과 같다.

$20\log|G(j\omega)| = 20\log\dfrac{1}{\sqrt{(1-r^2)^2 + 4\zeta^2 r^2}} = -20\log\sqrt{(1-r^2)^2 + 4\zeta^2 r^2}$

$\angle G(j\omega) = \tan^{-1}\dfrac{2\zeta r}{1-r^2}$

ω를 0에서 ∞까지 증가시킬 때 크기와 위상각

$\lim\limits_{\omega \to 0}|G(\omega)| = \lim\limits_{r \to 0}|G(\omega)| = 0$, $\lim\limits_{\omega \to 0}\angle G(\omega) = \lim\limits_{r \to 0}\angle G(\omega) = 0°$

$\lim\limits_{\omega \to \infty}|G(\omega)| = \lim\limits_{r \to \infty}|G(\omega)| = -40\log r$, $\lim\limits_{\omega \to \infty}\angle G(\omega) = \lim\limits_{r \to \infty}\angle G(\omega) = 180°$

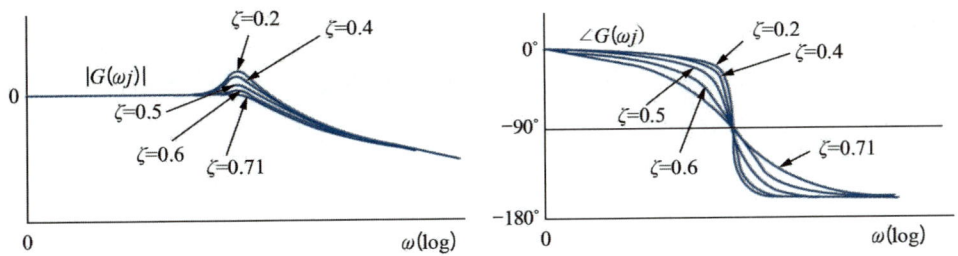

그림 4-28 2차 지연요소의 보드선도

표 4-4 | 기본 요소의 보드선도

전달함수	게인 곡선	위상 곡선
K (비례요소)	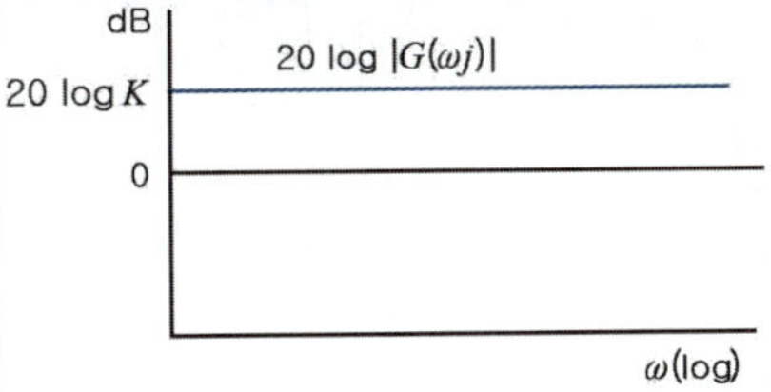	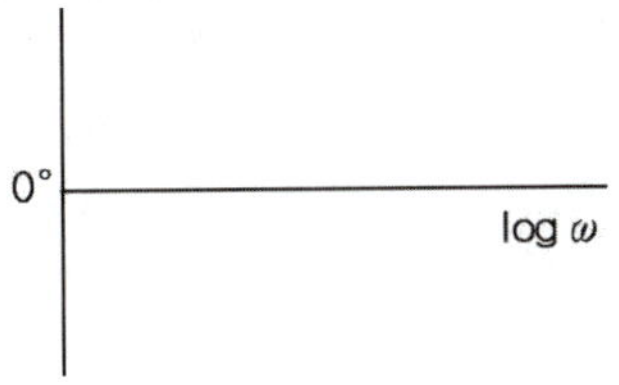
s (미분요소)	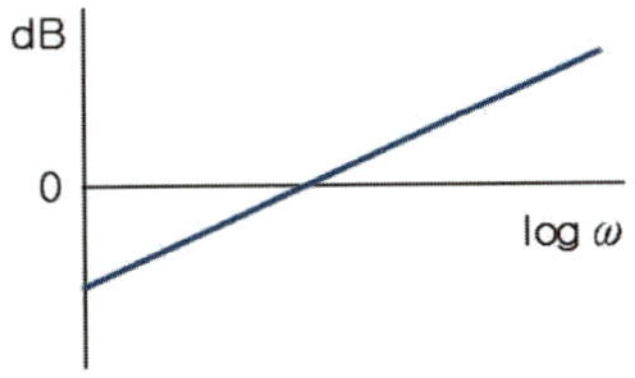	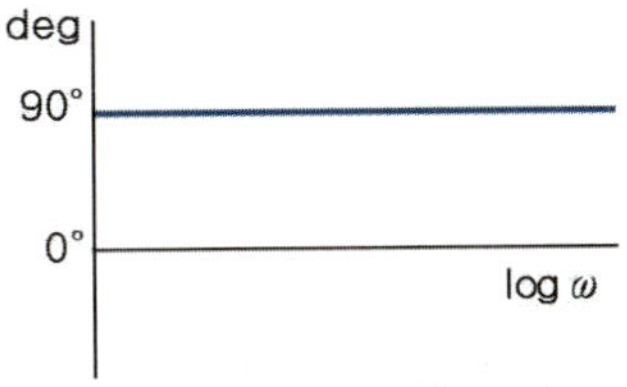
$\dfrac{1}{s}$ (적분요소)	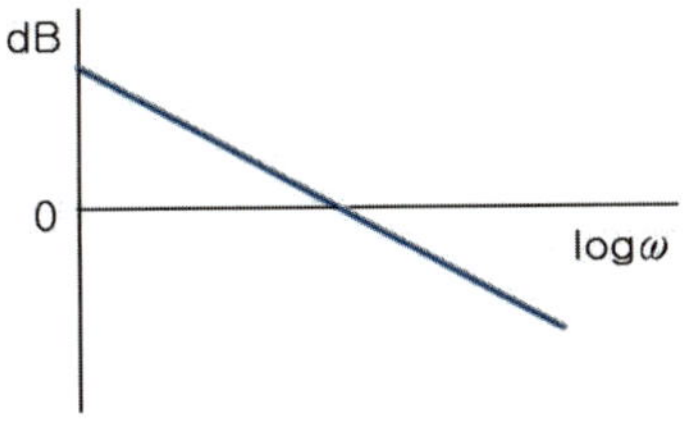	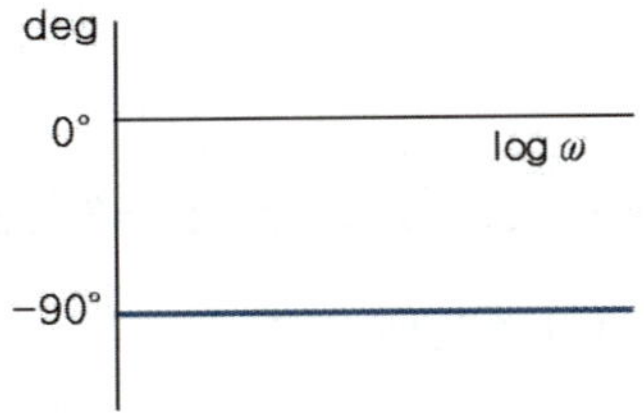
$Ts+1$	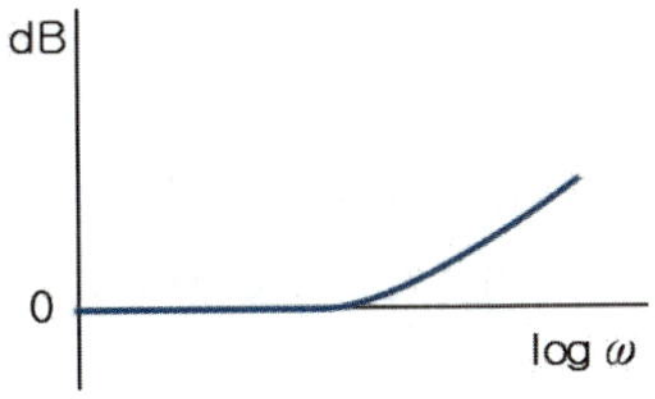	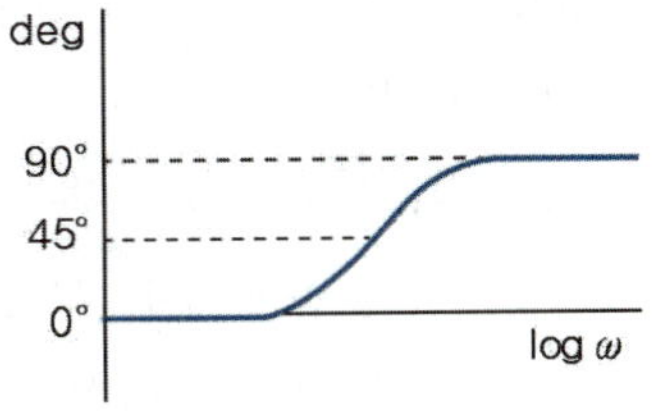
$\dfrac{1}{Ts+1}$ (1차 지연요소)	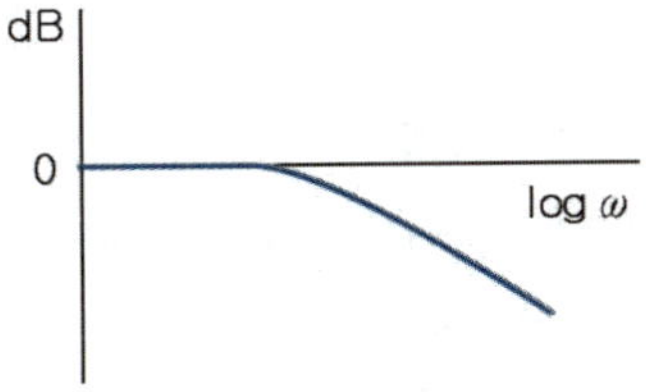	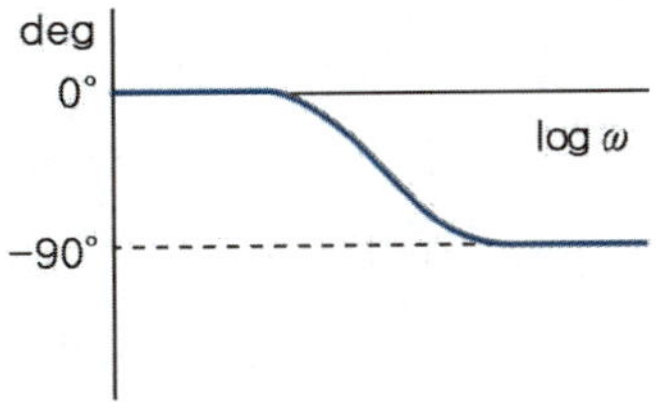

(4) Nichols 선도

Nichols 선도는 세로축을 주파수 전달함수의 크기 $20\log|G(j\omega)|$, 가로축을 위상 $\angle G(j\omega)$로 하여 주파수 전달함수 $G(j\omega)$를 나타낸 것이다.

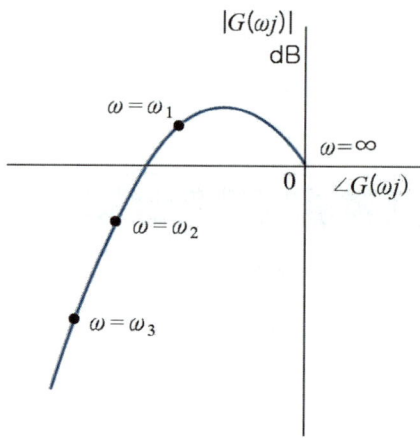

그림 4-29 Nichols 선도

02 계측일반

1 온도, 압력, 유량, 액면의 계측

(1) 온도의 계측

① 접촉식과 비접촉식의 특징
- 접촉식의 특징
  - 측정 대상 중 열용량이 적은 것은 검출 소자의 접촉 시 측정량 변화가 발생하기 쉽다.
  - 운동 중에 있는 물체의 온도를 측정하기에는 어려움이 있다.
  - 측정 개소를 임의로 지정 가능하다.
- 비접촉식의 특징
  - 검출소자와는 비접촉 상태이므로 측정량의 변화가 발생하지 않는다.
  - 운동 중에 있는 물체의 온도 측정이 가능하다.
  - 일반적으로는 물체 표면 온도를 측정하는 방식이다.

② 온도계의 종류
- 저항 온도계(측온 저항체, resistance thermo meter)

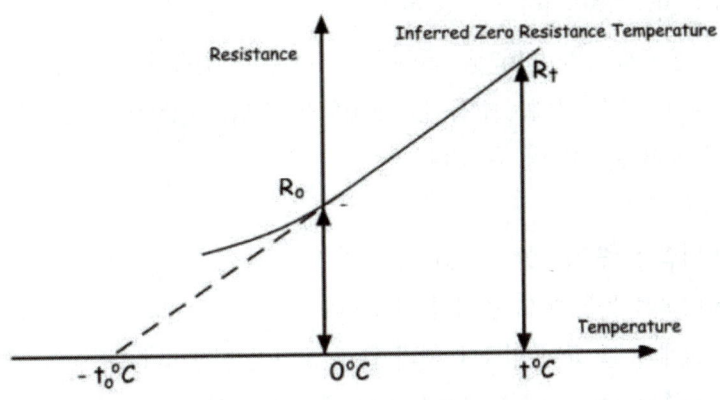

그림 4-30 저항온도계수

- 도체나 반도체의 전기 저항률이 온도에 비례하는 것을 이용한 검출기
- 백금저항온도계가 대표적으로 사용되고 있다.
- 측온 저항체의 구성 재료 : 백금, 구리, 니켈, 백금, 코발트 합금 등
- 저항온도계수(α)는 온도가 1℃ 올라갔을 때, 변화한 저항값의 차이가 원래의 저항값에 비해서 얼마나 되는가를 나타내는 비율로 정의된다. 0℃에서 저항을 R0, t℃에서 저항을 Rt, t'℃(t'>t)에서 저항을 Rt'라 할 때 저항온도계수 관련 공식은 다음과 같다.

$R_t = R_0[1+\alpha(t-0)]$, $R_t' = R_0[1+\alpha(t'-0)]$

$$\frac{R_t}{R_t'} = \frac{1+\alpha t}{1+\alpha t'}$$

- 열전 온도계(Thermo Electric Pyrometer)
  - 열전대의 열기전력을 이용한 온도계
  - 원리 : 서로 다른 두 금속이 접합될 때 발생하는 전압을 기반으로 작동하고, 이 전압은 주로 접합부의 온도에 따라 달라지는데 이러한 점을 바탕으로 온도를 측정할 수 있다. 이와 같은 원리를 제베크(seebeck) 효과라 한다.
  - 특징
    - 비교적 안정되고 정확하다.
    - 일부 원격 전송 지시를 할 수 있다.
    - 공업적으로 널리 사용되고 있다.
  - 종류[열전대(+) - 금속(-)]
    - 백금 로듐 - 백금 : 기호 R
    - 크로멜 - 알루멜 : 기호 K
    - 철 - 콘스탄탄 : 기호 J

- 구리 - 콘스탄탄 : 기호 T
- 방사 온도계(radiation pyrometer; 복사 온도 검출기)
  - 원리 : 모든 물체는 방사에너지(적외선)를 방사하는데 이것을 비접촉 상태로 측정하여 물체의 온도를 알 수 있다.
  - 특징
    - 비접촉 측정을 할 수 있다.
    - 비교적 높은 온도 측정이 가능하다.
    - 물체와 그 표면 상태에 따라 측정 오차가 발생한다.
  ※ 방사율(Emissivity) : 실제 방사와 흑체 방사의 비율
  - 종류
    - 광 고온계 : 파장범위는 단색광, 측정량은 필라멘트 전류이다.
    - 광전 고온계 : 파장범위는 가시광선, 측정량은 전구의 전류이다.
    - 방사 고온계 : 파장범위는 전파장, 측정량은 열기전력이고 편위법으로 측정한다.
- 압력식 온도계(Expansion Thermometer)
  - 압력이 온도에 따라 변화하는 원리를 이용한 온도계이다. 보일-샤를의 법칙을 적용한다.
  - 종류
    - 액체 압력식 : 액체의 열팽창을 이용하고 액체로는 수은 또는 탄화수소를 사용한다.
    - 기체 압력식 : 가스의 팽창으로 인한 압력 변화를 측정하고 질소와 같은 불활성 기체를 사용한다.
    - 증기 압력식 : 액체의 증기압이 온도에 따라 변하는 것을 이용한 것이다. 휘발성 액체를 감지부에 적용하는데, 감온액으로는 메틸클로라이드, 이산화항, 에테르, 프로판, 부탄 등을 사용한다.

(2) 압력의 계측

① 액체 압력계 : 무게와 평형시켜 압력을 측정
- 액주식 압력계 : 양 끝이 열려진 U자관 사용
- 침종식 압력계 : 침종이라 불리는 용기를 사용, 싱글벨 압력계 또는 단종 압력계라 한다.
- 환상식 압력계 : 환상의 일부에 액체를 넣어 사용
  ※ 환상(環象) : 둘레를 에워싸고 있는 일체의 형상
  ※ 환형(環形) : 두 개의 동심원 사이에 있는 도넛 모양의 도형
② 탄성 압력계 : 탄력성과 평형시켜 스프링의 변위로 압력을 측정
- 부르동관식 압력계 : 환상으로 구부려 만든 부르동관을 이용

- 다이어프램식 압력계 : 파형이 원형 판막
- 벨로스식 압력계 : 얇은 두께의 금속관에 주름이 잡혀 있는 형상

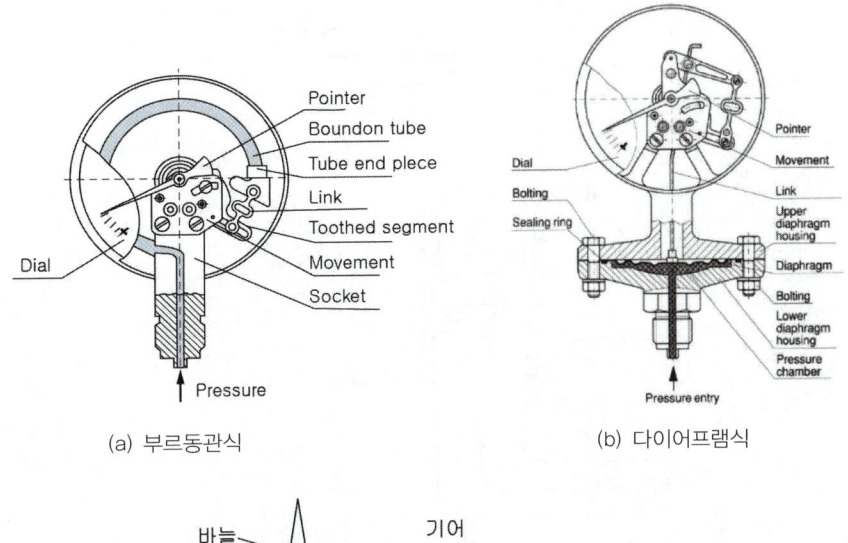

(a) 부르동관식   (b) 다이어프램식

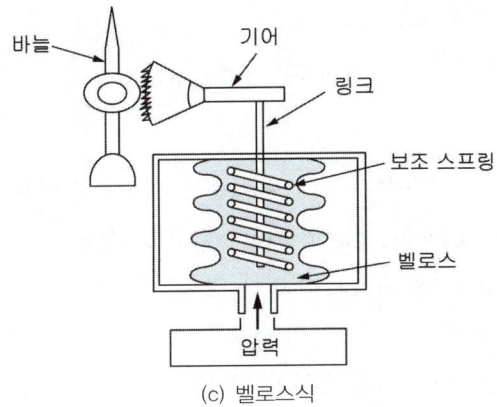

(c) 벨로스식

그림 4-31 탄성 압력계

③ 분동식 압력계
- 분동의 중량으로 기름의 압력을 측정
- 구성 : 램, 실린더, 기름 탱크, 가압 펌프 등

(3) 유량의 계측

① 차압식 유량계
- 관로 내에 차압 기구를 설치
- 차압기구 : 오리피스, 노즐, 벤투리관, 피토관 등
- 측정원리 : 베르누이 방정식 적용, 연속방정식도 이용

② 면적식 유량계(로터미터; rotameter)
- 부자의 이동으로 유로 면적을 변화시켜 측정된 면적으로 유량을 알 수 있다.

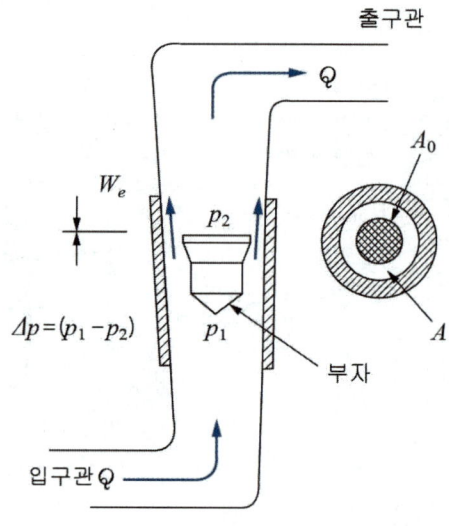

그림 4-32 면적식 유량계

③ 용적식 유량계
- 유체의 흐름에 따라 회전하는 회전자의 운동 횟수로 유량을 측정
- PD 미터(Positive Displacement Meter)라고도 한다.
- 오발(oval) 기어형과 루츠(roots)미터가 있다.
- 액체용과 기체용이 있다.
- 액체용으로는 회전자형과 피스톤형이 있다.

④ 전자 유량계
- 패러데이(Faraday)의 전자 유도 법칙을 이용
- 패러데이 법칙 : 도전성의 물체가 자계 속을 움직이면 기전력이 발생한다는 법칙이다.

⑤ 와류식 유량계(Vortex flow meter)
- 측정 대상에 제한이 없다.
- 액체, 기체 어느 것도 측정 가능하다.
- 유체의 조성, 밀도, 온도, 압력 등의 영향을 받지 않는다.
- 유량에 비례한 주파수로서 체적 유량 측정이 가능하다.

⑥ 터빈식 유량계
- 유체 흐름에 의한 로터의 회전으로 유체의 속도를 알 수 있고 그때 로터의 회전수를 검출하여 유량을 구하는 방식이다.

- 특징
  - 용적식에 비해 소형이고 구조가 간단하며 압력손실이 작다.
  - 내구력이 양호하고 수리가 쉽다.
  - 제조 비용이 싸다.
  - 고온과 저온, 고압의 액체에 사용 가능하다.
  - 식품과 약품 등의 특수 유체에 사용할 수 있다.
⑦ 초음파식 유량계(Ultrasonic flow meter)
- 진행 방향의 음의 속도와 반대 방향의 음의 속도 차를 이용하여 유량 측정 가능. 이때 음 대신 초음파를 사용하는 유량계이다.
- 하수, 공장 폐수, 공장 배수 등의 이물질을 포함한 오수의 유량을 측정
- 액체와 기체 다 사용 가능
- 도플러 효과(Doppler Effect) 이용, 도플러 효과란 파동의 발생원이 관찰자에게 다가가거나 멀어질 때 관찰자가 받는 파동의 빈도가 변하는 현상이다.
  - 구급차의 사이렌 소리가 다가올 때는 큰 소리로 들리다가 멀어지면서 작은 소리로 들리는 것
- 싱 어라운드(sing around)법 이용, 동일 거리를 이동하는 초음파 펄스의 흐름이 같은 방향과 반대 방향에 대해서 발생하는 시간차를 이용해 평균 유속을 구하는 방식이다.

(4) 액면의 계측

① 측정하는 방식으로는 직접법과 간접법이 있다.
- 직접법 : 액면의 높이를 직접 측정하는 방식이다.
- 간접법 : 액면의 높이를 압력차나 초음파 방사선 등을 이용하여 측정하는 방식이다.

② 직접 측정방식의 종류
- 직관식 : 측정 탱크에 유리관 또는 플라스틱의 투명한 관을 설치하여 탱크 내에서 액면변화를 측정하는 방식으로 유리관식이라고도 한다.
- 플로트식(Float Type; 부자식) : 액면에 플로트를 띄워 변위로 나타내고 와이어, 체인, 레벨 등을 사용하여 측정하는 방식이다.
  - 액면이 심하게 움직이는 곳에 사용
  - 밀폐와 개방 탱크 모두에 사용
  - 공기압과 전기량으로 전송이 가능
  - 구조가 간단하고 경보 및 액면 제어용으로 용이하다.
- 감척식 : 자를 이용하여 개방형 탱크, 저수조의 액면을 직접 측정하는 방식이다.

③ 간접 측정방식의 종류
- 압력검출식
  - 다이어프램식과 기포식이 있다.
  - 개방형 및 밀폐형 탱크에 모두 사용 가능하다.
  - 저점도 유체에 사용하며 탱크 내 압력계를 설치한다.
- 방사선식
  - 탱크의 외부 양쪽에 방사성 소스(송신기)와 검출기를 갖추고 있다.
  - 이 검출기는 탱크 내의 유체나 고체의 레벨을 감마선을 사용하여 측정한다.
- 차압식
  - 고압 밀폐 탱크에 사용한다.
  - 다이어프램식과 U자관식이 있다.
  - 다이어프램식 : 공기압 신호를 이용한다.
  - U자관식 : 수은의 레벨을 이용한다.
  - 자동제어가 가능하고 부착이 용이하다.
- 초음파식
  - 방사선 대신 초음파를 사용한 것으로 위험성이 감소된 방식이다.
  - 소형 경량화가 가능하면 조작이 간단하다.
- 기포식
  - 액체가 있는 탱크나 용기에서 액체의 높이를 결정
  - 기포식 수평계 : 액체의 수준을 측정하는 데 사용되는 도구

2 회전수의 계측

(1) 펄스 출력형 검출기

회전체의 회전수에 비례한 주파수(펄스 수)의 신호를 인출하는 검출기이다.

① 전자식
- 자속의 밀도 변화를 이용
  - 펄스 모양의 전압 신호를 인출한다.
- 저속 회전의 검출을 할 수 없다.
  - 정지에 가까운 저속에서는 출력 전압이 감소하기 때문이다.
- 내수성이 우수하다.
- 전원이 필요 없다.

② 광전식
- 회전체의 회전수를 펄스 수로 변환시키기 위해 광원과 포토트랜지스터 등의 광전 변환소자를 사용
- 고속 회전수 검출에 사용
- 작은 토크의 회전체 측정에는 반사형이 사용된다.
- 광원 소자 : 발광다이오드, 램프
- 수광 소자 : 포토트랜지스터

(2) 디지털 계수식 회전계

① 펄스 수 계수 방식(주파수 계수 방식)
- 펄스 신호를 일정 시간 직접 계수하여 이 시간 내의 평균 회전수를 구하는 방법이다.

② 회전주기 측정방식
- 회전체의 회전주기를 측정하여 그 역수로 회전수를 구하는 방법이다.
- 기계장치의 회전주기 측정 : 타코미터, 스트로보스코프 사용

3 전기의 계측

(1) 전류 검출용 센서

① 피측정 전로에 직접 삽입되어 연결하는 방식 : 분류기, 변류기
② 전로의 절단이 없이 검출하는 방식 : 클램프식 전류 센서
　※ 전로 : 사용 상태에서 전기를 통하는 회로의 전부 또는 일부

(2) 분류기식

① 분류 저항기의 전압 강하에 따라 전류를 검출하는 방식이다.
② 직류와 교류 검출이 가능하다.
③ 고압 전로 등에서는 안전성에 문제가 있다.
④ 분류 저항의 측정 손실이 있다.
⑤ 대전류에는 과전류에 의해 발열이 있다.

(3) 변류기식

① 특징
- 트랜스 결합에 따라 전류를 검출한다.

- 피측정 전로와 절연을 할 수 있다.
- 구조가 간단하고 견고하다.
- 전력계통 등의 교류 전로에 사용된다.
- 직류검출은 불가능하다.
- 용도에 따라서는 주파수 특성상 오차가 크다.

② 변류기(CT; Current Transformer)
- 임의의 전류(大)에 대해 비례하는 전류(小)로 변성하는 기기이다.
- 사용 전원의 전류 검출에 사용된다.

③ 클램프형
- 구조가 비교적 간단하다.
- 수 mA~수천 A까지 교류 센서로 사용된다.

03 계측제어

1 센서와 신호변환

(1) 센서의 일반사항

① 센서(Sensor)
- 측정 대상이 갖고 있는 정보를 감지(또는 검지)하는 기기
- 인간의 5감을 대신할 수 있는 기기
    ※ 인간의 5감 : 보고, 듣고, 만지고, 냄새 맡고, 맛보는 것
- 적외선, 전자파 등의 에너지 현상까지 감지할 수 있는 기기
- 능동 센서와 수동 센서로 분류된다.
- 외부 환경에서 물리적인 양이나 변화를 감지하고, 그 정보를 전기 신호로 변환하여 사용된다.

② 센서의 종류
- 온도 센서
    - 대상물의 온도 변화를 감지하여 온도 관리를 자동화하는 것이 가능한 센서
    - 접촉식과 비접촉식으로 분류
    - 열을 감지하여 전기 신호를 생성할 수 있다.
- 습도 센서
    - 대상물이 갖고 있는 습도를 감지하는 기기

- 공기 속의 수증기 양을 측정하는 센서
- 주로 화학 반응에 의한 색 변화나 전기적 신호로 습도를 검출하는 방식이다.
- 초음파 센서
  - 초음파를 이용하여 거리, 두께, 움직임 등을 검출하는 센서
  - 로봇, 생산 제어, 비파괴 검사 등에 사용이 가능하다.
- 압력 센서
  - 대상물이 갖고 있는 압력 정보를 감지하는 센서
- 가속도 센서
  - 가속도나 충격의 세기를 측정할 수 있는 센서
  - 자동차, 항공기, 로봇 등에 활용이 가능하다.
- 적외선 센서
  - 적외선을 이용하여 온도, 방사선, 인체 등을 감지할 수 있는 센서
  - 방범, 화재 감지 등에 사용된다.
- 이미지 센서
  - 피사체 정보를 검지하여 전기적인 영상 신호로 변환하는 장치이다.
  - 디지털 카메라 및 영상장치에 이용, 모바일 기기 등에 활용된다.
- 기타 센서 : 자기 센서, 음파 센서, 마이크로파 센서, 방사능 센서, 속도 센서, 화학 센서, 바이오 센서 등

(2) 신호 변환

① 신호 변환의 개요
- 계측과 제어에서 전송신호로는 전기 신호와 공기압 신호가 사용되고 있다.
- 전류를 전송신호로 사용할 때 : 4~20mA의 직류 전류 사용
- 공기압을 전송 신호로 사용할 때
  - 전송 거리가 150m 정도 이내에서 사용
  - 2~100kPa의 공기압 사용

② 전기식 및 공기압식 변환
- 전기식 변환의 특징
  - 신호전송에 대한 응답이 신속히 이루어진다.
  - 전송 지연이 없고 배선이 간단하다.
  - 컴퓨터 등과의 결합과 연산 능력이 양호하다.
  - 주위 조건 및 방폭성에 주의가 따른다.

- 조작 속도를 높이기 위한 조작부 제작이 어렵다.
- 공기압식 변환의 특징
  - 신호 전송에 있어 시간 지연이 발생한다.
  - 원거리 전송에 적합하지 않다.
  - 컴퓨터와의 결합과 연산 능력에 제한을 받는다.
  - 별도의 동력원을 필요로 한다.
  - 조작부의 구동속도가 빠르다.
  - 내구성이 양호하고 보수가 쉽다.
  - 주위 환경의 영향과 폭발의 위험이 없다.

③ 아날로그와 디지털
- 아날로그
  - 정보를 연속적인 물리량으로 표시
  - 예 : 길이, 온도, 전압, 압력, 사람의 목소리 등 자연계 대부분의 물리량
  - 센서 : 연속적인 물리량의 신호를 전기적 신호로 변환해 주는 것
  - 증폭기 : 아날로그 신호를 처리하여 연속적인 전기적 신호로 출력하는 시스템
- 디지털
  - On/off 중 어느 한 상태밖에 유지할 수 없는 회로
  - 0이나 1의 값만 가지고 변환하는 방식으로 신호의 변화가 불연속적이다.

④ D/A, A/D 변환
- D/A 변환(Digital to Analog Converter)
  - 2진수의 데이터를 그 값에 비례하는 전압이나 전류로 변화
- A/D 변환(Analog to Digital Converter)
  - 아날로그 신호를 디지털 신호로 바꾸기 위해 사용
  - D/A 변환기와 반대의 동작을 하는 소자

⑤ 신호 변환의 종류
- 기계적 변환
  - 기계적 변환기(transducer) : 물리적 양을 기계적 출력으로 또는 그 반대로 변환시키는 장치
  - 탄성변형, 열변형, 중력과의 평형 등의 원리를 적용한 변환기
  - 탄성변형을 이용한 변환기 : 스프링, 벨로스, 다이어프램, 부르동관 등
  - 스프링 : 하중을 변위로, 토크를 각변위로 변환
  - 벨로스, 다이어프램, 부르동관 : 원통 내의 차압을 변위로 변환
  - 자이로스코프 : 회전속도 및 각속도를 원심력을 이용하여 하중이나 변위로 변환

- 바이메탈 : 유체나 고체의 열팽창을 이용하여 온도를 변위로 변환
- 확대변환기구 : 레버, 기구, 나사, 평행 박편 등을 사용
- 전기적 변환
  - 전기적 변환기(Transducer) : 물리량을 전기 출력 또는 신호로 변환시키는 장치
  - 임피던스의 변화로 변환, 기전력으로 변환, 전압이나 전류의 펄스로 변환하는 것
- 유체적 변환
  - 액주변환기 : 액주로 압력을 검출
  - 유량을 변위로 변환 : 면적식 유량계
  - 압력으로 변환 : 차압 검출 기구, 압력식 온도계, 노즐·플래퍼 기구, 분사관 등
- 광학적 변환
  - 입력신호를 빛의 강도로 변환
  - 광전효과 : 물질이 빛을 흡수하여 자유전자를 발생시켜 기전력 발생 또는 전도도가 증가하는 현상
- 기타 변환
  - 시간 변환, 주파수 변환, 온도 변환 등

(3) 변환기

① 신호 변환기(signal conditioner)
- 한 가지 유형의 전자 신호를 또 다른 유형의 신호로 전환하는 장비이다.
- 제어 감지기 및 센서로부터의 신호를 읽고 목표치에 가까워지도록 조작량을 제어하는 기기이다.
- 신호처리기, 신호조절기, 시그널 컨디셔너 등으로도 불린다.

② 센서 입력 변환기
- 검출기로부터 검출한 온도, 압력, 유량 등의 물리량을 전기신호로 변환하는 장치이다.

③ 아이솔레이터(isolator)
- 입력 신호와 출력 신호를 절연하는 기능을 가진 변환기이다.

④ 특성 변환기
- 직선적이지 않은 출력 특성을 직선화하는 변환기이다.

(4) 노이즈

① 프로세스 제어 시스템에서 노이즈의 종류
- 측정 대상 노이즈, 측정기 내부의 노이즈, 신호 전송·라인에서 발생하는 노이즈

② 노이즈의 발생원인
- 전도, 정전 유도, 전자 유도, 중첩, 접지 루프, 접합, 전위차 등이 원인

③ 노이즈 대책
- 신호 전송 라인의 격리
  - 신호전송 라인을 노이즈 원으로부터 멀리 둔다.
  - 각각 다른 덕트로 배선한다.
  - 신호전송 라인과 전력 배전선 간의 거리는 둔다.
- 실드(shield)선의 사용
  - 강 또는 구리로 된 실드선은 전자유도계에 대한 효과가 없다.
- 접지
- 회로 밸런스

2 프로세스 제어

(1) 프로세스 제어의 개요

① 일관된 품질의 제품을 생산하고 예정된 결과를 달성하기 위해 다양한 산업 공정을 관리, 모니터링 및 최적화하는 기술이다.
② 생산 공정에 영향을 미치는 변수를 면밀히 추적하고 관리하여 특정 기준을 충족시키도록 하는 기술이다.

(2) 개루프 제어(Open loop Control)

① 출력이 제어 동작에 어떤 영향도 미치지 않는 제어 시스템이다.
② 제어 구조가 간단하여 가격이 저렴하고, 단순 제어 시스템에 대부분 사용된다.
③ 위치 및 정도가 보장되지 않는다.
④ 예 엘리베이터, 세탁기, 교통 제어 시스템 등

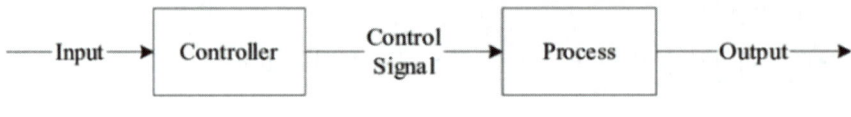

그림 4-33 Open loop control

(3) 폐루프 제어(Close loop control)

① 제어 동작(control action)이 출력 신호에 직접적인 영향을 받는 시스템이다.
② 피드백 제어 시스템이라고도 하며, 입력 신호와 피드백 신호의 차이가 오차제어 동작 신호이다.
③ 고정도의 위치제어가 가능하다.
④ 위치 검출기의 추가 설치에 따른 기계적인 복잡성으로 인해 고장이 잦다.
⑤ 예 : 수치 제어 공작기계, 공정 제어 시스템, 아날로그형 전자계산기, 냉장고 등

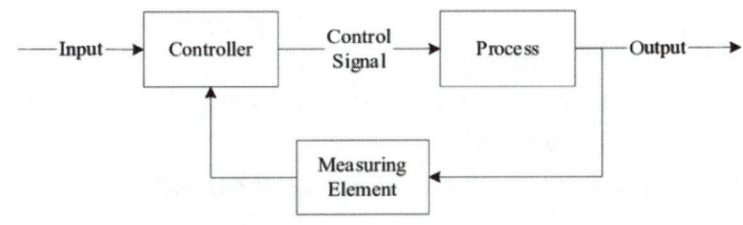

그림 4-34 Close loop control

(4) 시퀀스 제어(Sequence control)

① 정해진 순서에 따라 순차적으로 제어하는 개루프(open loop) 시스템이다.
② 예 커피 자판기, 신호등

※ 용어 정리
- 플랜트 : 제어하고자 하는 물리적 대상
- 제어기 : 제어 동작을 수행하는 장치
- 궤환 : 되먹임 시스템의 피드백
- 목표값 : 입력값으로 피드백 요소에 속하지 않는 신호
- 조절부 : 제어 요소가 동작하는데 필요한 신호를 만들어 조작부에 보내는 요소
- 조작부 : 조절부로부터 받은 신호를 조작량으로 바꾸어 제어 대상에 보내주는 요소
- 검출부 : 제어량을 검출하고 입력과 출력을 비교하는 비교부가 반드시 필요한 요소

PART 02 실전연습문제

01 다음은 전기전자장치의 조립도면에 대한 설명이다. 적절하지 못한 것은?

① 구조물이나 기계의 전체적인 조립 상태를 나타낸 것이다. 또한 부분조립도를 합친 도면으로 외관구성과 단면도를 나타낸 것이다.
② 한 장의 조립도로 나타내기 어려운 대형 기계의 경우, 몇 개의 부분으로 나누어 부분 조립도로 분리하여 각 부분의 상세한 조립 상태를 알 수 있도록 한다.
③ 조립도에는 조립 치수뿐만 아니라 도면의 모든 치수가 기입되도록 하고 전체 조립도를 통해서 전체 구조를 파악하는 되는 한계가 있다.
④ 조립에 관한 작업량과 일정은 전체 조립도를 보고 계획을 세운다.

> 조립도에는 조립 치수만을 기입하도록 하고 전체 조립도를 보면 구조를 잘 알 수 있다.

02 다음 중 기구조립 시 유의사항이라 할 수 없는 것은?

① 정전기 방전 장치가 필요하다.
② 조립 시 보안경, 장갑을 사용해서는 안 된다.
③ 조립에 필요한 도구와 부품을 준비한다.
④ 조립 설명서를 우선 파악하고 이해한다.

> **기구조립 시 유의사항**
> • 조립 설명서를 우선 파악하고 이해한다.
> • 조립에 필요한 도구와 부품을 준비한다.
> • 장갑, 보안경 등 안전 장비를 착용한다.
> • 조립 과정에서 부품을 강하게 다루지 않도록 주의한다.
> • 정전기 방지 조치를 취한다.
> • 작업 공간을 깨끗하고 정돈된 상태로 유지한다.

03 다음 중 전장 조립 시 유의사항이라 할 수 없는 것은?

① 정전기 방지할 것
② 전원케이블 연결 확인할 것
③ 포트 연결 상태 확인할 것
④ 작업 환경은 신경 쓰지 말 것

정/답 01 ③ 02 ② 03 ④

> **전장 조립 시 유의사항**
> - 정전기 방지 : 건조한 장소에서 조립할 때 정전기가 발생하여 하드웨어에 손상을 줄 수 있다.
> - 전원 케이블 연결 확인 : CPU와 마더보드의 전원 케이블이 올바르게 연결되었는지 확인한다.
> - 포트 연결 확인 : 모든 구성 장치의 포트에 연결 케이블이 정상적으로 장착되었는지도 확인한다.
> - 안전한 작업 환경 : 충격을 주지 않는 테이블에서 조립하고, 필요 안전 장비를 착용한다.

04 정작업 관리자가 작업표준에 기초한 올바른 작업 방법을 구체적 또는 단시간에 알기 쉽게 작업자를 지도하기 위한 작업지침서를 다음 중 무엇이라 하는가?

① 작업표준서　　② 작업설명서　　③ 작업계획서　　④ 작업목록표

> 작업표준서(작업지도서) : 전기전자장치의 설치, 유지보수, 검사 및 수리를 위한 절차와 지침을 담은 문서로 안전하고 효율적인 작업을 보장하기 위해 필요하다.

05 전기전자장치를 제작하는 데 필요한 모든 부품, 소재, 구성요소의 목록으로 제품 설계, 구매, 재고 관리 및 생산 계획에 필요한 중요 정보를 제공하는 것으로 볼 수 있는 것은 다음 중 어느 것인가?

① 작업표준서　　② 작업설명서　　③ 작업목록표　　④ 작업계획서

> 자재목록표 : 전기전자장치를 제작하는 데 필요한 모든 부품, 소재, 구성요소의 목록으로 제품 설계, 구매, 재고 관리 및 생산 계획에 필요한 중요 정보를 제공하는 목록이다.

06 다음 중 전기전자장치 조립 시 사용하는 공구의 종류로 다음 중 가장 적절하지 못한 것은 어느 것인가?

① 전동드릴　　② 망치　　③ 롱 노즈 플라이어　　④ 라체트 렌치

> 전기전자장치 조립 시 사용하는 공구 : 전동드릴, 니퍼, 롱 노즈 플라이어, 라체트 렌치 등

07 다음 중 전기전자장치의 조립부품 구성과 관련이 없는 요소는?

① 조립 베이스　　② 인덱스 테이블　　③ 컨베이어　　④ NC 테이블

> 전기전자장치의 조립부품 구성 : 조립 베이스, 인덱스 테이블, 스테핑 모터, 스테핑 모터 드라이버, 컨베이어, 진공 발생기, 솔레노이드 밸브 터미널 등

정/답　04 ①　05 ③　06 ②　07 ④

08 다음 중 전류·전압·저항 측정과 관련이 없는 기기는?

① 마그네틱 플로우미터　　② 오실로스코프
③ 로직 애널라이저　　　　④ 멀티미터

- 멀티미터, 오실로스코프, 스펙트럼 애널라이저, 로직 애널라이저, 네트워크 애널라이저
- 마그네틱 플로우 미터는 유량측정용이다.

09 다음 중 전기전자장치의 안전 검사 항목이 아닌 것은?

① 내전압 시험 테스트　　② 절연 저항 테스트
③ 누설 전류 테스트　　　④ 장치 조립성 테스트

- 전기전자장치의 안전 검사 항목
  - 내전압 시험 테스트, 절연 저항 테스트, 누설 전류 테스트, 접지 연속성 테스트 등

10 다음 중 안전성 검사 측정기의 분류에 해당되지 않는 기기는?

① 내전압 시험기　② 내마모 시험기　③ 통전 시험기　④ 절연저항 시험기

- 안전성 검사 측정기
  - 내전압 시험기, 절연·내압 시험기, 통전 시험기, 절연 저항 시험기, 누설전류 시험기 등

11 절연체의 전기 저항을 측정하기 위해 사용되는 특별한 종류의 오옴미터라 불리는 전기전자장치의 안전성 검사 측정기로 맞는 것은?

① 내전압 시험기　② 통전 시험기　③ 절연저항 시험기　④ 누설전류 시험기

- 내전압 시험기 : 전기 안전 시험을 수행하여 제품의 절연 효과를 결정하는 장비
- 절연·내압 시험기 : 절연시험과 내압 시험을 연속적으로 하여 시험
- 통전 시험기 : 전기기기의 회로가 끊어진 곳이나 접속이 불량한 곳을 찾아내는 시험
- 절연저항 시험기 : 절연체의 전기 저항을 측정
- 누설전류 시험기 : 누설되는 전류를 측정

정/답　08 ①　09 ④　10 ②　11 ③

12 다음 중 절연저항 검사의 4단계에 해당하지 않는 것은?

① Discharge ② Deference ③ Charge ④ Dwell

> 절연저항 검사 4단계 : 충전(Charge), 유지(Dwell), 측정(Measure), 방전(Discharge)

13 다음은 절연저항 검사에 대한 내용이다. 그 내용이 절연저항 검사와 거리가 먼 것은?

① 피측정체(DUT : Device Under Test)의 절연 성분에 고압을 가하는 시험의 검사이다.
② 절연 저항(insulation resistance) 측정은 일반적으로 두 테스트 포인트 사이의 실제 저항을 알아내기 위해 실시한다.
③ 전류의 흐름을 방해하기 위한 전기적 절연이 얼마나 효과적으로 되어 있는가를 판정할 수 있다.
④ 정기적으로 절연저항 테스트를 실시하면 절연 파괴가 일어나기 전에 절연 불량을 판별해 낼 수 있고, 따라서 절연 파괴에 의한 사용자 안전사고나 비용이 많이 드는 고장 발생을 예방할 수 있다.

> 피측정체(DUT : Device Under Test)의 절연 성분에 고압을 가하는 시험은 내전압 검사이다.

14 절연저항 검사는 다음 중 어느 검사와 유사한 검사인가?

① 접지 연속성 검사 ② 누설 전류 검사
③ 극성 검사 ④ DC 내전압 검사

> 절연저항 검사는 누설 전류값 대신 저항값을 읽는다는 것 외에는 DC 내전압테스트와 흡사하다.

15 전기적으로 위험한 부분과 위험하지 않은 부분 사이의 내전압 혹은 절연장벽의 적합성 여부를 판단하기 위한 시험으로 다음 중 맞는 것은?

① 누설 전류 검사 ② 접지 연속성 검사
③ 내전압 검사 ④ 접지 도통 검사

> • 누설 전류 검사 : AC 전원을 사용하는 모든 제품에는 약간의 전류 누설이 발생
> • 접지 연속성 검사 : 표면에 노출된 전도성 금속 부분과 전원부 접지 사이의 접지 경로를 검사
> • 접지 도통 검사 : 접지회로의 저항을 측정하여 연결의 완벽함의 여부를 검사

정/답 12 ② 13 ① 14 ④ 15 ③

16 어떤 대상의 정보를 수집하여 기계가 취급할 수 있는 신호로 치환하는 소자 및 장치를 무엇이라 하는가?

① 제어　　　　② 계측기　　　　③ 측정기　　　　④ 센서

> 센서(Sensor) : 어떤 대상의 정보를 수집하여 기계가 취급할 수 있는 신호로 치환하는 소자 및 장치 제어로 상대편을 억눌러서 목적에 맞는 작용을 하도록 조절하는 것

17 센서를 기구에 따라 분류할 때 그 분류에 해당하지 않는 것은?

① 에너지 변환형 센서　　　　② 기구형 센서
③ 물성형 센서　　　　　　　　④ 기구/물성 혼합형 센서

> 에너지 변환에 따른 분류 : 에너지 변화형 센서, 에너지 제어형 센서

18 다음 중 감지대상에 따른 센서의 분류에 해당하지 않는 것은?

① 물리량 센서　　② 능동형 센서　　③ 역학량 센서　　④ 화학량 센서

> 동작 방식에 따른 분류 : 수동형 센서, 능동형 센서

19 구조나 치수로 특성이 결정되는 센서로 기계적 양을 직·간접적으로 감지할 수 있는 것은 다음 중 어느 것인가?

① 기구형 센서　　② 물성형 센서　　③ 수동형 센서　　④ 능동형 센서

> - 물성형 센서 : 물질의 물리적 성질을 측정하는 장치. 즉, 온도, 압력, 습도, 광도 등과 같은 다양한 물리적 요소를 감지하는 센서
> - 수동형 센서 : 어떤 부가적인 에너지원이 필요하지 않으며, 외부 자극에 대해 직접 전기적인 신호로 출력하는 센서
> - 능동형 센서 : 감지대상과 별도의 에너지원으로부터 에너지를 공급받아 대상의 반응에 의해 정보를 얻는 방식의 센서, 검출소자에 전원을 공급해 주어야만 동작 특성을 나타내는 센서

정/답　16 ④　17 ①　18 ②　19 ①

20 다음 중 물리량 센서의 감지 대상에 해당되지 않는 것은?

① 온도   ② 빛/색   ③ 변위/길이   ④ 자기

- 물리량 센서의 감지 대상
  - 온도, 빛/색, 자기, 전류, 자외선/방사선
- 역학량 센서의 감지 대상
  - 변위/길이, 속도/가속도, 회전수/진동, 압력, 힘/토크
- 화학량 센서의 감지 대상
  - 습도, 가스, 이온

21 다음 중 회전수/진동을 측정하는 센서의 종류로 적합하지 않은 것은?

① 엔코더   ② 리졸버
③ 스트로보스코프   ④ 스트레인 게이지

스트레인 게이지는 변위와 길이를 감지하는 센서로 분류되는 역학량 센서이다.

22 다음 중 물리량 센서의 종류에 해당하지 않는 것은?

① 서미스터   ② 포토다이오드
③ 동전형 가속도계   ④ 홀 소자

- 서미스터 : 온도를 감지하는 물리량 센서
- 포토다이오드 : 빛/색을 감지하는 물리량 센서
- 홀소자 : 자기를 감지하는 물리량 센서
- 가속도계 : 속도/가속도를 감지하는 역학량 센서

23 다음 중 화학량 센서의 종류로만 나열된 것은?

① 엔코더, 다이어프램, 로드 셀
② 세라믹 센서, 반도체 센서, pH 전극 센서
③ 열전쌍, 광도전, 자기저항 소자
④ 분류기, 콘덴서 변위계, 고분자막 센서

정/답   20 ③   21 ④   22 ③   23 ②

감지대상에 따른 센서의 분류

분류	항목 감지대상	센서의 종류
물리량 센서	온도	열전쌍, 서미스터, 온도계
	빛, 색	광도전, 이미지 센서, 포토다이오드
	자기	홀 소자, 자기저항 소자
	자외선, 방사선	조도계, 광량계, GM 계수기
	전류	분류기, 변류기
역학량 센서	변위, 길이	차동 트랜스, 스트레인 게이지, 콘덴서 변위계
	속도, 가속도	회전형 속도계, 가속도계(동전형, 압전형)
	회전수, 진동	엔코더, 리졸버, 스트로보스코프, 압전형 검출기
	압력	다이어프램, 로드 셀, 수정 압력계
	힘, 토크	저울, 천칭, 토션바
화학량 센서	습도	세라믹 센서, 결로 센서, 고분자막 센서
	가스	매연 센서, 반도체 가스 센서, 산소 센서
	이온	pH 전극 센서, 이온 선택 전극 센서

24 다음 중 에너지 변화형 센서의 종류로 적합하지 않은 것은?

① 포토레지스터　　　　　② 태양광 센서
③ 열전대　　　　　　　　④ 포토다이오드 센서

- 에너지 변화에 따른 센서에는 에너지 변화형 센서와 에너지 제어형 센서가 있다.
- 에너지 변화형 센서는 한 형태의 에너지에서 다른 형태의 에너지로 변화하는 것을 감지하여 검출하는 센서이다. 종류로는 빛 에너지를 전기 에너지로 변환하는 광센서에 해당하는 포토다이오드와 태양전지를 이용한 센서가 있다. 그리고 열 에너지를 전기 에너지로 변환시키는 열전대 센서가 있다.
- 에너지 제어형 센서는 주변 환경의 변화를 감지하고 이것을 전기적 신호로 변환하여 다른 전자장치나 컴퓨터 프로세서에 정보를 전달하는 역할을 한다. 종류로는 포토레지스터, 서미스터 온도 센서, 황화카드뮴을 사용한 광센서 등이 있다.

25 어떠한 부가적인 에너지원도 필요하지 않으며, 외부 자극에 대해 직접 전기적인 신호로 출력하는 센서는 다음 중 어떤 것인가?

① 서미스터　　　　　　　② 피에조 센서
③ 레이더　　　　　　　　④ 포토트랜지스터

정/답　24 ①　25 ②

- 수동형 센서 : 어떠한 부가적인 에너지원도 필요하지 않으며, 외부 자극에 대해 직접 전기적인 신호로 출력을 감지하는 센서이다. 종류로는 에너지 변환형 센서, 태양전지(solar cell), 열전대(thermocouple), 피에조(Piezo) 센서 등이 있다.
- 능동형 센서 : 감지대상과 별도의 에너지원으로부터 에너지를 공급받아 대상의 반응에 의해 정보를 얻는 방식의 센서이다. 종류로는 레이더, 포토트랜지스터(photo transistor), 서미스터(thermistor), 레이저 센서, 광센서 등이 있다.
- 서미스터 : 온도 변화에 따라 저항이 변하는 센서이다.
- 레이더 : 물체의 위치, 속도, 거리를 감지하기 위해 전자기파를 사용한 센서에 해당한다.
- 포토트랜지스터 : 포토다이오드와 트랜지스터를 조합한 것으로, 빛에 민감한 베이스 영역을 갖고 있는 반도체 장치이고 베이스는 빛을 감지하여 전류로 변환하게 된다.
- 피에조 센서 : 압력이나 힘이 가해질 때 전기적 신호를 생성하는 압전소자이다. 이 센서는 압전 소자의 전기 효과를 이용하여 기계적인 압력을 전기 에너지로 변환시켜 위치, 가속도, 진동 등을 감지할 수 있는 센서로 분류된다.

26. 센서의 검출면에 접근하는 물체 또는 주위에 존재하는 물체의 유무를 전자계의 에너지를 이용하여 기계적 접촉 없이 검출하는 장치로 다음 중 가장 적합한 것은?

① 정전 용량형 센서
② 광전 센서
③ 에너지 제어형 센서
④ 유도형 센서

- 정전 용량형 센서 : 물체의 접근이나 접촉을 감지할 때 사용되는 장치이다.
- 광전 센서 : 빛을 매체로 대상물을 검출하는 센서이다.

27. 모든 전기, 전자 회로를 측정하고 분석하여 이해하는 데 필요한 기본량으로 다음 중 가장 거리가 먼 것은?

① 전류
② 전력
③ 전압
④ 저항

전류, 전압 및 저항의 측정은 모든 전기, 전자 회로를 측정하고 분석하여 이해하는 데 가장 기본이 되는 값이다.
전력이란 전압과 전류가 흐르는 곳에서 생성되는 전기 에너지이다.

28. 다음 중 전류, 전압, 저항과 다른 전기량을 함께 측정할 수 있는 기구로 적합한 것은?

① 리미트 스위치
② 광전 스위치
③ 멀티미터(Multimeter)
④ 오실로스코프

- 멀티미터(multimeter) : 전류, 전압, 저항과 다른 전기량을 함께 측정할 수 있는 기구이다. 멀티미터를 테스터(tester) 또는 VOM(Volt-Ohm-Milliampere)라고도 한다.
- 오실로스코프 : 파동과 같은 주기적인 변화를 시각적으로 보여주는 장비이다. 전압의 변화를 신호로서 시각적으로 표시해주는 장치에 해당한다.

정/답 26 ④ 27 ② 28 ③

29 다음 중 멀티미터(multimeter) 사용 시 유의사항으로 적합하지 않은 것은?

① 직류를 측정할 때는 플러스(+)와 마이너스(-)를 거꾸로 측정하면 안 된다.
② 고장이 의심되면 내장 퓨즈를 확인한다.
③ 저항, 전압, 전류 측정 시 문제가 있으면 내부의 건전지를 확인한다.
④ 부적절한 레인지로 측정하면 멀티미터의 고장을 초래하므로 측정 전 레인지를 확인한다.

멀티미터(multimeter) 사용 시 유의사항
- 직류를 측정할 때는 플러스(+)와 마이너스(-)를 거꾸로 측정하면 안 된다.
- 고장이 의심되면 내장 퓨즈를 확인한다.
- 저항 측정에 문제가 있으면 내부의 건전지를 확인한다.
- 전압이나 전류는 건전지가 없어도 측정 가능하다.
- 부적절한 레인지로 측정하면 멀티미터의 고장을 초래하므로 측정 전 레인지를 확인한다.
- 사용하지 않을 때는 OFF 위치로 전환시킨다.
- OFF 위치가 없는 멀티미터라면 저항 측정 레인지 외에 다른 레인지로 스위칭한 후 보관한다.

---

30 다음 중 리미트 스위치의 정기 점검 항목에 해당하지 않는 것은?

① 레버, 롤러의 마모, 손상, 덜렁거림 등
② 결선부의 더러움, 손상 등
③ 취부나사의 느슨함
④ 렌즈면의 더러움, 손상 등

광전 스위치의 점검
- 렌즈면의 더러움, 손상 등을 정기 점검한다.
- 결선부의 더러움, 손상 등을 정기 점검한다.
- 취부나사의 느슨함을 정기 점검한다.

---

31 접촉식 센서인 마이크로 스위치의 특징으로 맞는 것은?

① 소형이고 대용량의 전력을 개폐할 수 있다.
② 액추에이터에 따른 기종의 다양성 부족으로 선택 범위가 넓지 못하다.
③ 전자 부품과 같은 고체화 소자에 비해서 수명이 길다.
④ 구조적으로 완전 밀폐가 아니므로 사용 환경에 제한이 없다.

- **마이크로 스위치의 장점**
    - 소형이고 대용량의 전력을 개폐할 수 있음
    - 정밀 스냅 액션 기구를 사용하여 반복 정밀도가 높음
    - 응차의 움직임이 있으므로 진동, 충격에 강함
    - 액추에이터에 따른 기종이 다양하여 선택 범위가 넓음
    - 기능 대비 경제성 높음

정/답 29 ③ 30 ④ 31 ①

- **마이크로 스위치의 단점**
  - 금속 접점을 사용하여 접점 바운스나 채터링이 있는 것도 있음
  - 전자 부품과 같은 고체화 소자에 비해서 수명이 짧음
  - 동작, 복귀 시 소음이 남
  - 전자회로와 같은 드라이 서킷 회로에서는 개폐 능력에 한계가 있음
  - 구조적으로 완전 밀폐가 아니므로 사용 환경에 제한이 있음

32 비접촉형 센서인 광센서의 특징으로 틀린 것은?

① 색의 판별이 가능하고 수광의 넓이와 굵기를 자유로이 설정하기 쉽다.
② 고정도로 검출하기 어렵다.
③ 렌즈면의 먼지나 유분에 의한 투광 및 수광이 방해받는다.
④ 대부분의 대상물을 검출할 수 있고 응답시간이 빠르다.

광센서의 특징
- 비접촉식이고 검출거리가 길다.
- 대부분의 대상물을 검출할 수 있고 응답시간이 빠르다.
- 색의 판별이 가능하고 수광의 넓이와 굵기를 자유로이 설정하기 쉽다.
- 고정도로 검출할 수 있다.
- 렌즈 면의 먼지나 유분에 의한 투광 및 수광이 방해받는다.
- 외란 광에 주의하여야 한다. 보통 10만 룩스 정도까지는 문제시되지 않는다.

33 다음 중 오실로스코프로 측정이 불가능한 것은?

① 파형 ② 전압 ③ 임피던스 ④ 주파수

오실로스코프로 측정 가능한 것
- 주기, 주파수, 반복부하, 진폭, 평균 전압, 노이즈

34 다음 중 과도응답 특성을 파악하기 위하여 기본적으로 사용하는 입력신호가 아닌 것은?

① 삼각파 신호 ② 계단 신호 ③ 임펄스 신호 ④ 정현파 신호

제어에 필요한 기본적인 신호들에는 임펄스, 계단, 기울기, 포물선, 정현파가 있다.

정/답 32 ② 33 ③ 34 ①

35 계측계에서 입력신호인 측정량이 시간적으로 변동할 때, 출력 신호인 계측기 지시 특성을 나타내는 것은 어느 것인가?

① 부특성　　　② 정특성　　　③ 변환특성　　　④ 동특성

- 부특성 : 전압과 전류의 관계를 나타내는 특성의 기울기가 마이너스일 때, 즉 한쪽이 증가하면 다른 쪽이 감소하는 특성
- 정특성 : 트랜지스터에 부하를 접속하지 않고 직접 직류, 전압을 가했을 때 각 전극의 전압, 전류 사이의 관계를 말한다.
- 변환특성 : 어떤 전극 전압과 다른 전극 전류의 관계

36 다음 중 각도 검출용 센서가 아닌 것은?

① 리졸버　　　② 포텐쇼미터　　　③ 포지셔너　　　④ 로터리 인코더

- 리졸버 : 회전각과 회전속도를 감지
- 포지셔너 : 계기나 기기가 놓여 있는 위치를 표시하는 장치
- 포텐쇼미터 : 회전축이 회전하면 내부의 와이퍼가 저항체 위를 이동하고, 저항값은 회전각에 비례하여 변화하는 특성을 이용한 장치
- 로터리 인코더
  - 인크리멘털식 로터리 인코더 : 축이 일정량의 각도를 회전할 때마다 펄스를 발생하고, 즉, 펄스 수를 셈으로써 축의 각도를 검출할 수 있는 것이다.
  - 앱솔루트식 로터리 인코더 : 몇 가닥의 신호선에 의하여 축의 절대위치를 검출할 수 있다.

37 미지 저항을 측정하기 위한 휘스톤 브리지(Wheat-Stone Bridge) 회로에서 사용하는 측정방법은?

① 편위법　　　② 치환법　　　③ 영위법　　　④ 보상법

- 휘스톤 브리지 회로 : 브리지 회로의 한 종류로 4개의 저항이 사각형의 형태를 이루며, 대각선을 연결하는 브리지로 저항이나 전압계, 검류계를 사용한다. 일반적으로 알려지지 않은 저항값을 측정하기 위해 사용한다.
- 편위법 : 측정량을 그것과 비례한 지시의 변화량으로 바꾸어 그 변화량으로 측정량을 재는 측정법
- 영위법 : 여러 가지 크기의 측정기준량을 갖추고, 그 어느 것과 측정량의 크기가 일치하도록 기준의 크기를 조정하면서 양자가 일치한 것을 검지하여 그때의 기준의 크기에서 측정값을 구하는 방법
- 치환법 : 미지의 값을 측정하는 방법의 하나로, 측정 대상물과 표준기를 바꾸어 넣어 그 차 또는 비율을 측정하여 미지의 값을 구하는 방법
- 보상법 : 측정량에서 측정하기 전에 이미 알고 있는 양을 빼고 그 차를 측정하여 측정량을 재는 방법

정/답　35 ④　36 ③　37 ③

38 다음 중 자계의 방향이나 강도를 측정할 수 있는 자기 센서는?

① 포토 다이오드　　② 홀 센서　　③ 서미스터　　④ 서모파일

- 포토 다이오드 : 빛 에너지를 전기 에너지로 변환하는 다이오드
- 서미스터 : 온도가 올라감에 따라 전기 저항이 낮아지는 원리를 이용하여 온도를 재는 반도체
- 서모파일 : 몇 개의 열전 접합에서 생성된 기전력을 이용하여 흡수된 방사에 의해 생성된 가열 효과를 측정하는 광학 방사의 열 검출기
- 홀 센서 : 전류가 흐르는 도체에 자기장을 걸어 주면 전류와 자기장에 수직 방향으로 전압이 발생하는 홀 효과를 이용하여 자기장의 방향과 크기를 알아낸다. 이때 발생된 전압은 전류차가 발생하는 효과를 이용하는 센서

39 비교측정의 특징 중 틀린 것은?

① 치수계산이 생략된다.
② 자동화가 가능하다.
③ 측정범위가 넓고 직접 제품의 치수를 읽을 수 있다.
④ 많은 양의 높은 정도를 비교적 용이하게 측정할 수 있다.

- 직접측정의 특징 : 측정범위가 넓고 직접 제품의 치수를 읽을 수 있다.

40 측정의 방식 중에 편위법에 대해 올바르게 설명한 것은?

① 측정하려고 하는 양의 작용에 의하여 계측기의 지침에 편위를 일으켜 이 편위를 눈금과 비교함으로써 측정을 행하는 방식이다.
② 계측기의 지시가 0 위치를 나타낼 때 기준량의 크기로부터 측정량의 크기를 간접으로 아는 방식이다.
③ 지시량을 미리 알고 있는 양으로부터 측정량을 아는 방식이다.
④ 분등과 측정량의 차이로부터 측정량을 알아내는 방식이다.

41 측정방법의 종류가 아닌 것은?

① 영위법　　② 보상법　　③ 치환법　　④ 상각법

정/답　38 ②　39 ③　40 ①　41 ④

42 다음 중 직접 측정의 장점이 아닌 것은?

① 측정범위가 다른 측정방법보다 넓다.
② 피측정물의 실제 치수를 직접 읽을 수 있다.
③ 양이 적고, 종류가 많은 제품을 측정하기에 적합하다.
④ 조작이 간단하고, 경험을 필요로 하지 않는다.

43 물체의 위치, 방위, 자세 등의 기계적 변위를 제어량으로 해서 목표값의 임의의 변화에 추종하도록 구성된 제어계로 맞는 것은?

① 프로세스 제어   ② 서보기구   ③ 자동 조정   ④ 정치 제어

- 서보기구 : 기계적 위치, 방향, 자세 등의 제어량을 활용하는 제어계
- 자동조정 : 속도, 회전력, 전압, 주파수
- 공정 제어 : 온도, 압력, 유량, 농도, 비중
- 프로세스 제어 : 공정 제어

44 다음의 되먹임 블록선도에서 ②와 ④의 용어가 순서대로 기록된 것으로 맞는 것은?

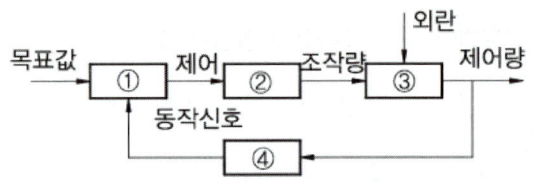

① 제어부, 제어대상   ② 비교부, 제어부
③ 제어부, 변환부   ④ 제어대상, 변환부

되먹임 블록선도

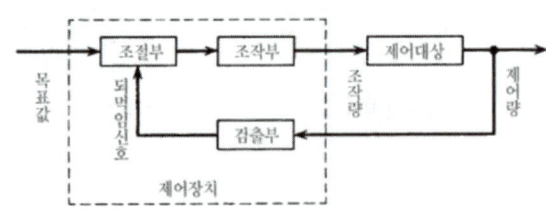

정/답   42 ④   43 ②   44 ③

45 다음 중 피드백 제어계의 특징이 아닌 것은?

① 운전 및 수리에 고도의 지식이 필요 없다.
② 생산속도를 향상시킨다.
③ 연료, 원료 및 동력을 절감할 수 있다.
④ 품질이 향상된다.

> **피드백 제어의 특징**
> - 제어량이 목표값과 비교하여 정확하다.
> - 구조가 복잡하고 비용이 많이 든다.
> - 제어 부품의 성능에 큰 영향을 받지 않는다.
> - 계의 특성 변화에 대한 입력 대 출력비의 감도 줄어든다.
> - 대역폭이 증가한다.
> - 외부 조건의 변화에 대한 영향이 감소한다.
> - 제어계가 복잡하고 비용이 고가다.

46 다음 중 입력과 출력을 비교하는 장치를 필요로 하는 제어로 맞는 것은?

① 프로그램 제어
② ON - OFF 제어
③ 되먹임 제어
④ 프로세서 제어

> 되먹임 제어(피드백 제어) : 감지기 및 센서로부터의 신호를 읽고 목표치와 비교하면서 시스템 기기를 운전하고 목표치에 접근해 가는 방식의 제어이다.

47 온도, 유량, 압력 등을 제어량으로 하는 제어계로서 프로세스에 가해지는 외란의 억제를 주목적으로 하는 것으로 다음 중 맞는 것은?

① 정치 제어
② 자동 제어
③ 서보 기구
④ 프로세스 제어

> **프로세스 제어(process control)**
> - 유량, 압력, 레벨, 농도, 습도, 비중 pH 등 공정제어의 제어량으로 하는 제어
> - 응답속도가 느리다.
> - 목표값이 일정한 정치 제어

정/답 45 ① 46 ③ 47 ④

48 다음 중 순차 제어와 되먹임 제어의 차이점에 해당하는 것은?

① 조절부   ② 비교부   ③ 출력부   ④ 조작부

- 되먹임 제어(feed back control) : 각기의 단계에 있어서 그 단계에 만족하는 제어는 피드백에 의해 제어량을 목표값과 비교하여 일치시키도록 정정 동작을 하는 제어이다.
- 정량적 제어로 비교대상이 필요하다.
- 순차 제어(sequence control) : 일정한 논리에 의해서 정해진 순서에 따라 제어의 각 단계를 차례로 진행해 가는 제어이다.
- 정형적 제어

49 다음 중 자동제어를 적용한 경우의 특징이 아닌 것은?

① 연속작업   ② 제품 품질의 균일화
③ 전자 재료비 증가   ④ 신속한 작업

자동제어의 장점
- 가격 저하, 원가 절감, 작업환경 개선
- 제품의 생산량 증가
- 제품의 품질 향상
- 제품의 균일화로 인해 불량품 감소
- 수동 조작을 위한 작업자가 필요 없어 인건비 절감
- 생산 설비의 수명 연장

50 전동기의 정·역전회로 등에서 다른 계전기의 동시 동작을 금지시키는 기능을 하는 회로로 다음 중 맞는 것은?

① 자기유지회로   ② 정지우선기억회로
③ 기동우선기억회로   ④ 인터록회로

- 인터록회로 : 동시에 동작하지 못하게 하는 회로, 전기적으로 시스템을 보호하는 회로
- 자기유지회로 : 릴레이를 동작시키는 신호(스위치)가 off해도 릴레이를 동작시켜 계속 유지하는 회로
- 정지우선기억회로 : 작동버튼과 정비버튼을 동시에 입력하면 작동회로의 기능이 정지하는 회로
- 기동우선기억회로 : 작동버튼과 정비버튼을 동시에 입력하면 작동회로의 기능이 정지되지 않는 회로

정/답   48 ②   49 ③   50 ④

51 그림의 블록선도에서 C(s)/R(s)를 구하면?

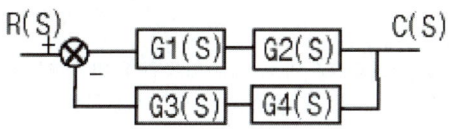

① (G1 + G2 + G3) /(1+G1G2 +G3G4)   ② (1+G1G2) /(1+G1 +G2 +G3 +G4)
③ G3G4 /(G1G2G3G4)   ④ G1G2 /(1+G1G2G3G4)

$C = (R - X) \cdot G_1 \cdot G_2$

$X = [(R - X) \cdot G_1 \cdot G_2] \cdot G_3 \cdot G_4$
$\quad = (R \cdot G_1 \cdot G_2 - X \cdot G_1 \cdot G_2) \cdot G_3 \cdot G_4$

$X = \dfrac{R \cdot G_1 \cdot G_2 \cdot G_3 \cdot G_4}{1 + G_1 \cdot G_2 \cdot G_3 \cdot G_4}$

$C = R \cdot \left(G_1 \cdot G_2 - \dfrac{G_1^2 \cdot G_2^2 \cdot G_3 \cdot G_4}{1 + G_1 \cdot G_2 \cdot G_3 \cdot G_4} \right)$

$\dfrac{C}{R} = \dfrac{G_1 \cdot G_2}{1 + G_1 \cdot G_2 \cdot G_3 \cdot G_4}$

---

52 $\dfrac{x(s)}{R(s)} = \dfrac{1}{s+4}$ 의 전달함수를 미분 방정식으로 표현하면?

① ∫ r(t)dt + 4 r(t) = x(t)   ② (dr(t)/dt) + 4 r(t) = x(t)
③ ∫ x(t)dt + 4 x(t) = r(t)   ④ (dx(t)/dt) + 4 x(t) = r(t)

$\dfrac{d}{dt} x(t) = sX(s), \ x(t) = X(s), \ r(t) = R(s)$

$\dfrac{d}{dt} x(t) + 4x(t) = r(t)$

$X(s)(s+4) = R(s), \ \dfrac{X(s)}{R(s)} = \dfrac{1}{s+4}$

정/답 51 ④ 52 ④

53 전달함수 G(S)=1/(S+2)2에서 ω = 10rad/sec에서의 Bode선도의 기울기는 몇 dB/dec인가?

① -20   ② -40   ③ 20   ④ 0

> 기울기를 구하기 위해서는 전달함수의 극점과 영점을 고려해야 한다. 이 전달함수는 두 개의 극점을 S=-2에서 가지고 있으며 영점은 없다. 각 극점은 -20 dB/dec의 기울기 기여를 한다. 따라서 두 극점의 총 기여는 -40 dB/dec가 되고 ω=10 rad/sec에서는 이 기울기가 적용된다.

54 10t5의 라플라스 변환은?

① $\dfrac{1200}{s^6}$ ② $\dfrac{120}{s^6}$ ③ $\dfrac{24}{s^6}$ ④ $\dfrac{6}{s^6}$

> $\mathscr{L}[t^n] = \dfrac{n!}{s^{(n+1)}}$, $\mathscr{L}[t^5] = \dfrac{5!}{s^6}$
>
> $\mathscr{L}[10t^5] = 10 \times \dfrac{5 \times 4 \times 3 \times 2 \times 1}{s^6} = \dfrac{1200}{s^6}$

55 비례감도 3, 적분시간이 5인 PI 조절계의 전달함수는?

① (15S + 5) / 3S   ② (15S + 3) / 5S
③ 3 / 5S   ④ 5 / 3S

> P는 비례, I는 적분을 의미 비례-적분 조절계 전달함수
>
> PI 동작 $G(s) = K_p + \dfrac{K_i}{s}$
>
> K_p : 비례 감도(Proportional Gain), K_i : 적분 감도(Integral Gain)
>
> 적분시간 $T_i = \dfrac{K_p}{K_i}$, $K_i = \dfrac{K_p}{T_i}$, $K_i = \dfrac{3}{5}$
>
> $G(s) = 3 + \dfrac{3}{5s} = \dfrac{15s+3}{5s}$

정/답   53 ②   54 ①   55 ②

56 다음 블록선도의 입출력비는?

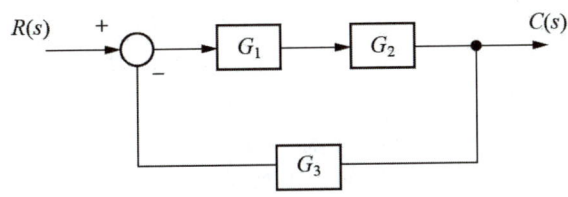

① G1 / (1-G1G2G3)
② G2 / (1+G1G2G3)
③ G1G2 / (1-G1G2G3)
④ G1G2 / (1+G1G2G3)

$(R-X) \cdot G_1 \cdot G_2 = C$
$X = (R-X) \cdot G_1 \cdot G_2 \cdot G_3$, $X = \dfrac{R \cdot G_1 \cdot G_2 \cdot G_3}{1 + G_1 \cdot G_2 \cdot G_3}$
$\dfrac{R \cdot G_1 \cdot G_2}{1 + G_1 \cdot G_2 \cdot G_3} = C$, $\dfrac{C}{R} = \dfrac{G_1 \cdot G_2}{1 + G_1 \cdot G_2 \cdot G_3}$

57 $F(s) = \dfrac{1}{s+2}$의 라플라스 역변환은?

① e-2t   ② 2e-2t   ③ e2t   ④ 2e2t

지수 감쇠 함수 : $f(t) = e^{-at}$의 라플라스 변환은 $F(s) = \dfrac{1}{s+a}$
$a = 2$이므로 $f(t) = e^{-2t}$이다.

58 전달함수의 값이 1인 경우의 의미는?

① 일정량의 입력이 출력에서 0이다.
② 입력량이 0일 때 출력은 1이다.
③ 입력량이 무한대일 때 출력은 1이다.
④ 입력과 출력의 양이 같다.

전달함수의 값이 1인 경우
- 시스템이 입력 신호를 아무런 변경 없이 출력으로 전달한다는 뜻
- 시스템의 이득(gain)이 1이며, 입력에 대한 출력이 동일하다는 의미
- 시스템이 입력에 대해 동일한 크기의 출력을 낸다는 것을 의미한다.
- 입력량이 무한대일 때 출력이 1이라는 것은 일반적인 경우가 아니다.

정/답   56 ④   57 ①   58 ④

59 되먹임 제어방법 중 서보기구를 이용한 것과 다른 것은?

① 자동조타 장치　　　　　　② 추적레이더
③ 디지털 제어　　　　　　　④ 자동평형 기록계

- 서보기구는 되먹임 제어 방식을 사용하고 대표적인 것이 서보 모터이다.
- 서보 모터는 위치와 속도를 실시간으로 모니터링하는 내장된 피드백 장치를 통해 정밀한 제어가 가능하다.
- 서보기구를 이용한 되먹임 제어방법으로는 추적 레이더와 디지털제어에 적용되며, 자동평형 기록계에도 사용된다.
- 자동평형 기록계에서는 서보메커니즘이 측정 및 기록을 주로 사용한다.
- 자동조타장치는 되먹임 제어방법을 사용한다. 시스템의 출력이 입력에 영향을 주어 시스템이 원하는 성능을 유지할 수 있도록 하는 방식이다.

60 다음 그림과 같은 회로에서 V(s)을 구하시오.

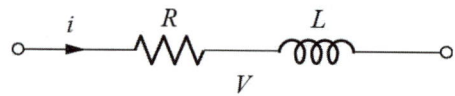

① $V(s)=RI(s)+sLI(s)$
② $V(s)=(1/R)I(s)+sLI(s)$
③ $V(s)=RI(s)+(1/sL)I(s)$
④ $V(s)=RI(s)+(1/L)I(s)$

$V = Ri + L\dfrac{di}{dt}$, $i \Rightarrow I(s)$, $\dfrac{di}{dt} \Rightarrow sI(s)$

$V = RI(s) + LsI(s)$

61 제어용 각종 기기 중에서 주 회로의 단락사고 등에 의한 과전류로부터 회로를 보호하는 장치로 사용되는 것은?

① 카운터　　　② 타이머　　　③ 배선용 차단　　　④ 릴레이

- 카운터 : 클럭 펄스의 수를 카운트하는 소자, 일종의 논리회로이다.
- 클럭신호 : 논리상태 1과 0이 주기적으로 나타나는 수형파 신호
- 펄스 : 파동이나 주기적으로 반복되는 현상에서 발생하는 구형파, 임펄스, 가우스 형태의 신호이다.
- 타이머 : 일련의 사건이나 프로세스를 제어하거나 측정하는 데 사용된다.
- 릴레이 : 입력 전류의 유무 또는 방향에 따라 다른 회로를 여닫는 장치

정/답　59 ①　60 ①　61 ③

62 다음 그림의 전달함수 (C/R)로 맞는 것은?

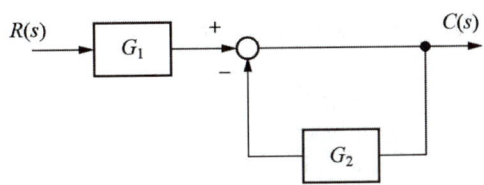

① $\dfrac{1}{1+G_1G_2}$ ② $\dfrac{G_1G_2}{1-G_2}$ ③ $\dfrac{G_1}{1-G_2}$ ④ $\dfrac{G_1}{1+G_2}$

$R \cdot G_1 + X = C$

$X = (R \cdot G_1 + X) \cdot G_2, \quad X = \dfrac{R \cdot G_1 \cdot G_2}{1-G_2}$

$\dfrac{R \cdot G_1}{1-G_2} = C, \quad \dfrac{C}{R} = \dfrac{G_1}{1-G_2}$

63 시정수의 값은 1차 시스템에서 입력 스텝 함수에 대한 출력 변화가 전체 변화량의 약 몇 [%]에 이를 때까지의 시간인가?

① 26 ② 30 ③ 63 ④ 70

1차 시스템에서 시정수(time constant)는 입력 스텝 함수에 대한 시스템의 출력이 최종값의 약 63.2%에 도달하는 데 걸리는 시간을 의미한다. 이것은 시스템이 안정된 상태에 도달하기까지의 특성 시간을 나타내는 중요한 지표가 된다.

64 다음 그림과 같은 블록선도에서 등가변환된 전달함수 [G(S)/R(S)]은?

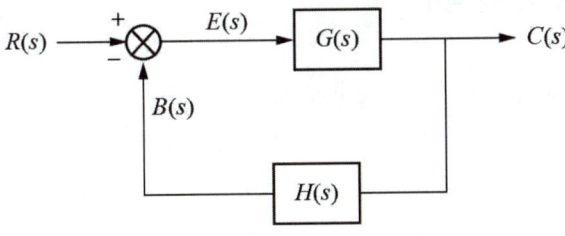

① $\dfrac{G(S)}{G(S)H(S)}$ ② $\dfrac{G(S)}{1+G(S)H(S)}$

③ $\dfrac{G(S)H(S)}{G(S)}$ ④ $\dfrac{1+G(S)H(S)}{G(S)}$

정/답 62 ③ 63 ③ 64 ②

$$E(S) = R(S) - B(S), \quad E(S) \cdot G(S) = C(S)$$
$$B(S) = E(S) \cdot G(S) \cdot H(S) = [R(S) - B(S)] \cdot G(S) \cdot H(S)$$
$$B(S) = \frac{R(S) \cdot G(S) \cdot H(S)}{1 + G(S) \cdot H(S)}$$
$$C(S) = [R(S) - B(S)] \cdot G(S) = \frac{R(S) \cdot G(S)}{1 + G(S) \cdot H(S)}, \quad \frac{C(S)}{R(S)} = \frac{G(S)}{1 + G(S) \cdot H(S)}$$

65 자동제어의 장점에 대한 설명이 아닌 것은?

① 생산 속도를 감소시킨다.
② 품질향상과 균일화에 기여한다.
③ 인간이 직접 하기 어려운 작업까지도 가능하다.
④ 양질의 제품을 신속, 대량으로 생산 가능하다.

자동제어의 장점
- 제품의 생산 속도 증가
- 제품의 품질 향상, 제품의 균일화
- 수동 조작을 위한 작업자가 필요 없고 노동력 감소로 인건비 절감
- 생산 설비의 수명 연장
- 자동화로 인한 노동 조건 향상

66 3e-5t를 라플라스 변환하면?

① 15S　　② $\dfrac{3}{S}$　　③ $\dfrac{3}{s+5}$　　④ $\dfrac{S+5}{3}$

지수 감쇠 함수의 라플라스 변환 공식

$f(t) = e^{-at} \Rightarrow F(s) = \dfrac{1}{s+a}$

- s는 복소수 평면에서의 변수이며, s 〉 -5를 만족해야 한다.

$\mathscr{L}[3e^{-5t}] = \dfrac{3}{s+5}$

정/답　65 ①　66 ③

67 상수 K를 라플라스 변환한 값은?

① K ② K2 ③ $\dfrac{K}{S}$ ④ $\dfrac{K}{S^2}$

> 상수 K의 라플라스 변환은 $\dfrac{K}{s}$이다. s는 라플라스 변환의 복소수 변수이다.

68 그림과 같은 블록선도의 전달함수는?

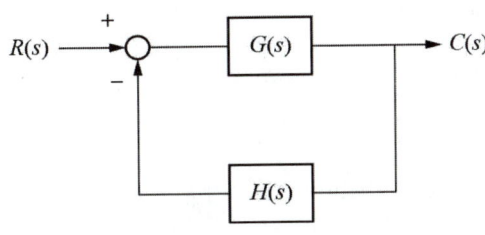

① G(S)/[1+G(S)H(S)] ② G(S)/[1-G(S)H(S)]
③ G(S)H(S)/[1+G(S)H(S)] ④ G(S)H(S)/[1-G(S)H(S)]

> $C(S) = [R(S) - X(S)] \cdot G(S)$
> $X(S) = [R(S) - X(S)] \cdot G(S) \cdot H(S)$, $X(S) = \dfrac{R(S0) \cdot G(S) \cdot H(S)}{1 + G(S) \cdot H(S)}$
> $C(S) = \dfrac{R(S) \cdot G(S)}{1 + G(S) \cdot H(S)}$, $\dfrac{C(S)}{R(S)} = \dfrac{G(S)}{1 + G(S) \cdot H(S)}$

69 전동기의 정·역전 회로 등에서 다른 계전기의 동시동작을 금지시키는 회로는?

① 자기유지회로 ② 지연동작회로
③ 인터록 회로 ④ AND 회로

> • 자기유지회로 : 릴레이를 동작시키는 신호(스위치)가 off해도 릴레이를 동작시켜 계속 유지하는 회로
> • 지연동작회로 : 스위치를 누르고 나서 미리 설정해 둔 시간이 결정된 시간이 지난 지점에서 부하가 동작하기 시작하는 제어회로
> • AND 회로 : 입력이 서로 같을 때만 출력이 1이, 입력이 서로 다를 때는 출력이 0이 발생하는 회로

정/답 67 ③ 68 ① 69 ③

70 그림에서 R(s)=101, C(s)=10일 때 전달함수 G의 값은?

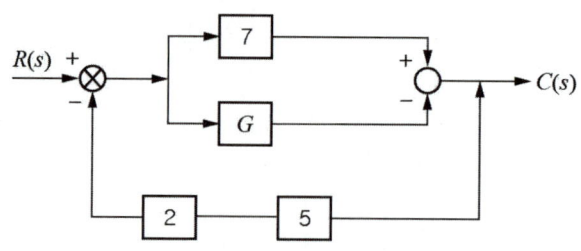

① 3 ② 6 ③ 9 ④ 12

$(R-X) \cdot (7+G) = C$

$X = (R-X) \cdot (7+G) \cdot 2 \cdot 5 = (7R + RG - 7X - XG)10$

$X = \dfrac{70R + 10RG}{71 + 10G}$

$\dfrac{R}{71+10G} \cdot (7+G) = C, \ R = 101, \ C = 10$

$101 \cdot (7+G) = 10 \cdot (71+10G)$

$101G - 100G = 710 - 707, \ G = 3$

71 다음 그림과 같은 회로 명칭은?

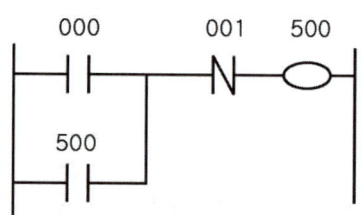

① 시간지연회로   ② 자기유지회로
③ 쉬프트회로   ④ 인터록회로

- 자기유지회로(기억회로) : 입력신호가 소멸해도 연속적으로 출력신호를 얻을 수 있는 회로이다. 전자 릴레이, 전자접촉기, 타이머 등의 조작회로에 사용된다.
- 시간지연회로 : 전기가 순차적으로 흐르도록 하지만 지연되어 작동하는 회로이다.
- 쉬프트회로 : 비트(bit)들의 집합을 순차적으로 한 방향으로 이동시키는 디지털 회로이다.
- 인터록회로 : 서로 호환되지 않는 두 가지 동작을 방지하기 위해 설계된 스위치 접점이다.
- 예로는 전기 모터를 동시에 앞으로 및 뒤로 작동하지 못하도록 하는 것이다.

정/답 70 ① 71 ②

72 주파수 전달함수가 G(jω)=1+j일 경우 위상은?

① 0°　　② 45°　　③ 90°　　④ 180°

주파수 전달함수 $G(j\omega) = 1 + j$의 경우 위상은 아크탄젠트 함수를 사용하여 계산한다.
위상은 $\tan^{-1}(1/1) = 45°$ 또는 $\dfrac{\pi}{4} rad$이다.

73 단위 계단 함수 u(t)의 라플라스 변환은?

① u(us)　　② 1　　③ s　　④ 1/s

단위 계단 함수 $u(t) = 1$이면 $F(s) = \dfrac{1}{s}$이다.

74 다음 블록선도의 전달함수의 값은?

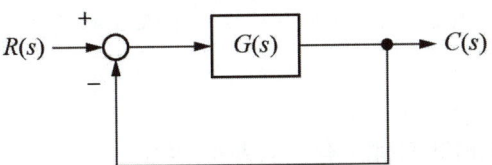

① 1+1/G(s)　　② G(s)/{1-G(s)}　　③ G(s)/{1+G(s)}　　④ 2G(s)

$[R(s) - X(s)] \cdot G(s) = C(s)$

$X(s) = [R(s) - X(s)] \cdot G(s)$, $X(s) = \dfrac{R(s) \cdot G(s)}{1 + G(s)}$

$\dfrac{R(s) + R(s) \cdot G(s) - R(s) \cdot G(s)}{1 + G(s)} \cdot G(s) = C(s)$, $\dfrac{C(s)}{R(s)} = \dfrac{G(s)}{1 + G(s)}$

75 아날로그 신호를 디지털 신호로 변환하는 장치는?

① CPU　　② ROM　　③ RAM　　④ A/D 변환기

- CPU : 컴퓨터의 중앙처리장치
- ROM : 읽기만 가능하고 쓰기는 불가능한 컴퓨터의 주기억장치의 메모리이다.
- RAM : 쓰기가 가능한 메모리로 컴퓨터의 주기억장치에 해당한다.

정/답　72 ②　73 ④　74 ③　75 ④

76 물체의 위치, 각도, 자세 등의 변위를 제어하는 것은?

① 서보제어 ② 자동조정
③ 추종제어 ④ 프로그램제어

- 추종제어 : 미지의 시간적 변화를 하는 목표값에 제어량을 추종시키기 위한 제어이다.
- 프로그램제어 : 목표값이 미리 정해진 시간적 변화를 하는 경우 제어량을 그것에 추종시키기 위한 제어이다.

77 다음 중 광전 센서의 일반적인 특징이 아닌 것은?

① 비접촉식으로 물체를 검출한다.
② 검출물체의 대상이 넓다.
③ 응답속도가 느리다.
④ 검출거리가 길다.

광전 센서
- 빛의 빔을 방출하고 물체에 의해 반사된 빛을 감지하는 원리이다.
- 반사되는 빛의 양에 기초하여 물체의 존재를 감지한다.
- 빛이 물체로 이동하고 다시 돌아오는 데 걸리는 시간을 기준으로 물체까지의 거리를 감지한다.

78 다음 중에서 서보 모터의 특성을 잘못 설명한 것은?

① 속도 응답성이 좋아야 한다.
② 제어성이 좋아야 한다.
③ 빈번한 시동 및 정지운전이 연속적으로 이루어지더라도 기계적 강도가 커야 한다.
④ 관성이 크고, 전기적 또는 기계적 시상수가 커야 한다.

- 서보 모터는 정확한 위치 제어를 위해 관성이 작고, 전기적 또는 기계적 시상수가 작다. 이것은 모터의 회전 속도와 위치를 정확하게 제어하기 위함이다.
- 스테핑 모터는 권장 부하 관성을 초과하면 자동 조정 범위를 벗어나 운전이 불안정해질 수 있는 반면에, 서보 모터는 넓은 속도 범위에서 필요에 따라 높은 토크를 발생시킬 수 있다. 따라서 관성이 크고 시상수가 큰 경우에는 스테핑 모터가 더 유리하다.

정/답 76 ① 77 ③ 78 ④

79 다음 설명에 합당한 제어기 명칭은?

"예상할 수 있는 기능이 있지만 잡음(Noise)신호를 증폭하여 작동기를 포화시킬 수 있다. 과도기간 동안에만 효과적으로 작용하기 때문에 단독으로는 사용되지 않는다."

① 미분제어기
② 비례-적분제어기
③ 적분제어기
④ 비례제어기

> 미분제어는 과도기간 동안에만 효과적이며, 노이즈에 매우 민감하기 때문에 단독으로 사용되지 않고, 비례(P) 또는 비례-적분(PI) 제어와 함께 사용
> • 적분제어기 : 정상상태 오차가 발생할 때 그 오차를 계속 적분하여서 최종적인 제어값에 영향을 미치도록 해 정상상태 오차를 줄이는 제어기로 미세 조정을 통한 편차 제거를 위해 사용된다.
> • 비례제어기 : 조작량을 목표값과 현재 위치의 차이에 비례한 크기로 생각하고, 조금씩 조금씩 조절하는 제어 방법이다.
> • PID제어기 : 비례-적분-미분(Proportional-Integral-Derivative)제어기이다. 제어 시스템에서 원하는 목표값과 현재 시스템의 상태를 비교하여 오차를 계산하고, 이 오차를 기반으로 제어 입력을 조절하여 원하는 동작을 달성하도록 한 제어기이다.

80 다음 블록선도의 전달함수는?

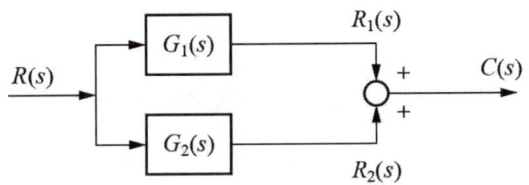

① $C(S) = [G_1(S) \cdot G_2(S)]R(S)$
② $C(S) = G_1(S) + G_2(S)$
③ $C(S) = G_1(S) \cdot G_2(S)$
④ $C(S) = [G_1(S) + G_2(S)]R(S)$

> **병렬접속**
> $R1(s) = G1(s)R(s), \ R2(s) = G2(s)R(s)$
> $C(s) = R1(s) + R2(s) = [G1(s) + G2(s)]R(s)$

81 스테핑 모터의 동작과 관련된 설명으로 틀린 것은?

① 구동회로에 주어지는 입력펄스 1개에 대해 소정의 각도만큼 회전시키고, 그 이상 입력이 없는 경우는 정지위치를 유지한다.
② 회전각도는 입력 펄스의 수에 반비례한다.
③ 회전속도는 입력 펄스의 주파수에 비례한다.
④ 펄스를 부여하는 방식에 따라 급속하고 빈번하게 기동, 정지가 가능하다.

정/답 79 ① 80 ④ 81 ②

> **스테핑 모터**
> - 전기 펄스를 정밀하게 제어하여 기계적 에너지로 변환하는 전기 모터이다.
> - 스테이터(고정자)에 여러 전자석이 있고, 로터(회전자)가 중앙에 위치한다. 전자석을 특정 순서로 켜고 끄면 로터가 자기장에 맞춰 정렬되어 움직이는 원리이다.
> - 스테핑 모터의 회전각도는 입력된 펄스의 수에 정비례한다. 각 입력 펄스는 모터의 구동 회로를 작동시켜 일정 각도의 회전을 통행 정확한 위치 조정이 가능하다.

82 온도, 유량, 압력 등을 제어량으로 하는 제어계로서 프로세스에 가해지는 외란의 억제를 주목적으로 하는 것은?

① 프로세스제어 ② 자동제어
③ 서보 기구   ④ 정치제어

> - 자동제어는 시스템이나 장치가 인간의 직접적인 개입 없이도 원하는 성능이나 동작을 유지하도록 하는 기술이다.
> - 서보 기구는 물체의 기계적 변위를 제어량으로 읽어 제어하는 시스템으로, 전기식, 유압식, 공압식 등의 종류가 있다. 서보 모터의 속도값과 위치값을 측정하여 피드백시키는 시스템이다.
> - 정치제어란 목표값이 미리 정해진 시간적 변화를 추종시키기 위한 제어이다.

83 정상 편차를 0으로 하면서 제어 동작을 빠르게 하는 동작은?

① 비례 동작   ② 비례 미분 동작
③ 비례 적분 동작   ④ 비례 적분 미분 동작

> **비례 동작(P동작)**
> - 비례 영역 내에서 현재값과 설정값의 편차에 비례한 조작량이 작용하도록 하는 동작이다.
> - 비례 미분 동작
> - 시스템의 출력을 조절하기 위해 현재 오차와 오차의 변화율(미분)을 모두 고려하는 방식이다.
> - 시스템이 빠르게 목표값에 도달하도록 하면서도 과도한 진동이나 안정성 문제를 방지하는 데 도움을 주는 제어방식이다.
> - 비례 적분 동작
> - 시스템의 현재 상태와 원하는 상태 사이의 차이(오차)를 줄이기 위해 비례(P) 동작과 적분(I) 동작을 결합한 것이다.
> - 비례 동작은 오차에 비례하여 제어 신호를 생성하고, 적분 동작은 오차가 시간에 따라 얼마나 누적되었는지를 고려하여 제어 신호를 조정하게 된다.

84 다음 그림과 같은 제어요소의 블록선도로 맞는 것은?

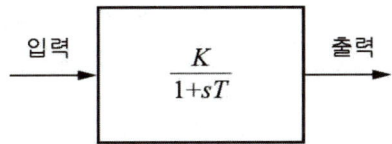

① 비례요소 ② 미분요소
③ 적분요소 ④ 1차 지연요소

- 비례요소 : K_p, 미분요소 : $K_p \cdot s$, 적분요소 : $\dfrac{K_I}{s}$

85 제어요소의 전달 함수 중 적분요소에 해당하는 것은?

① $G(s) = k$ ② $G(s) = ks$ ③ $G(s) = \dfrac{k}{s}$ ④ $G(s) = \dfrac{k}{Ts+1}$

- 비례요소 : K, 미분요소 : KS, 적분요소 : $\dfrac{K}{S}$

86 1차 지연요소 $G(s) = \dfrac{1}{1+Ts}$ 인 제어계의 절점 주파수에서의 이득(dB)으로 맞는 것은?

① -3 ② -4 ③ -5 ④ -6

- 절점 주파수에서의 이득은 보통 −3dB로 정의된다.
- 1차 지연요소의 경우, 절점 주파수 $\omega_c = \dfrac{1}{T}$

이득 $|G(j\omega_c)| = \dfrac{1}{\sqrt{1+\omega_c^2 T^2}} = \dfrac{1}{\sqrt{2}}$

$20\log|G(j\omega_c)| = 20\log \dfrac{1}{\sqrt{1+\omega_c^2 T^2}} = -20\log \sqrt{1+(\omega_c T)^2}$

$= -20 \times \log\sqrt{2} = -3 dB$

따라서 절점 주파수에서의 이득은 −3 dB이다.

정/답 84 ④ 85 ③ 86 ①

87 제어 시스템의 기본 구성요소를 바르게 표현한 것은?

① 입력부, 제어부, 출력부
② 기구부, 검출부, 조절부
③ 비교부, 제어부, 증폭부
④ 입력부, 변환부, 조작부

제어 시스템의 구성
- 입력 신호(명령) : 시스템이 어떻게 동작해야 하는지를 알려주는 신호
- 센서(측정 장치) : 시스템의 현재 상태를 감지하고 측정하는 부분
- 제어기(컨트롤러) : 입력 신호와 센서의 측정값을 비교하여 오차를 계산, 적절한 제어 신호를 생성
- 조작기(액추에이터) : 제어기의 신호에 따라 시스템을 조정하는 요소
- 출력

88 $f(t) = e^{-at}$의 라플라스 변환은?

① $\dfrac{1}{s-a}$
② $\dfrac{1}{s+a}$
③ $\dfrac{1}{(s-a)^2}$
④ $\dfrac{1}{(s+a)^2}$

- 지수 감쇠 함수의 라플라스 변환 공식

  $f(t) = e^{-at} \Rightarrow F(s) = \dfrac{1}{s+a}$

- 지수 감쇠 n차 램프 함수

  $f(t) = t^n e^{-at} \Rightarrow F(s) = \dfrac{n!}{(s+a)^{n+1}}$

89 다음 중 피드백 제어계의 특징이 아닌 것은?

① 구조가 간단하다.
② 대역폭이 증가한다.
③ 비선형성과 왜형에 대한 효과가 감소한다.
④ 정확성이 증가한다.

피드백 제어의 특징
- 제어량이 목표값과 비교해서 정확하다.
- 제어계의 구조가 복잡하고 비용이 고가이다.
- 제어 부품의 성능에 큰 영향을 받지 않는다.
- 계의 특성 변화에 대한 입력 대 출력비의 감도가 줄어든다.
- 대역폭이 증가한다.
- 외부 조건의 변화에 대한 영향을 줄일 수 있다.

정/답 87 ① 88 ② 89 ①

90 서보 모터의 특징이 아닌 것은?

① 제어회로가 간단하다. ② 정·역회전이 자유롭다.
③ 기동 토크가 크다. ④ 신속한 정지가 가능하다.

서보 모터의 특징
- 컨트롤러의 명령에 따라 매우 정밀하게 작동한다.
- 센서의 피드백을 받아 보다 정밀하게 회전한다.
- 높은 정확도와 토크를 제공한다.
- 중량감 있는 부하를 정밀하게 제어한다.
---

91 다음 그림의 블록선도에 대한 설명으로 옳은 것은?

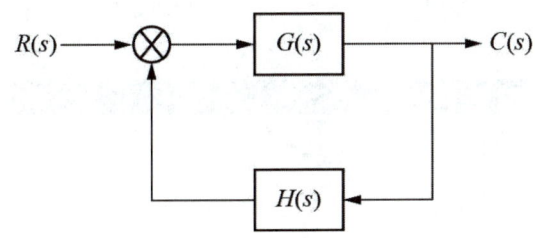

① 직렬 결합 ② 병렬 결합
③ 피드백 결합 ④ 캐스케이드 결합

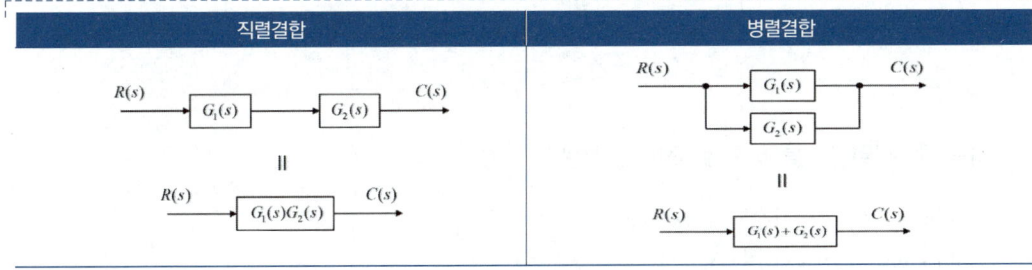

정/답 90 ① 91 ③

92 벡터 궤적이 그림과 같이 표시되는 요소는?

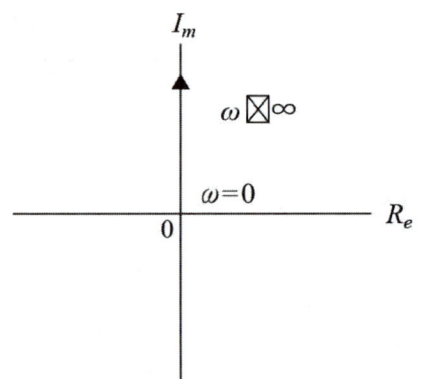

① 적분요소　　② 미분요소　　③ 비례요소　　④ 1차 지연요소

적분요소의 복소평면	미분요소의 복소평면
I_m축 상에 $\omega=\infty$에서 원점($\omega=0$)으로 내려오는 궤적 ($\omega=8, 6, 2$)	I_m축 상에 원점($\omega=0$)에서 위로 올라가는 궤적 ($\omega=1, 3, \infty$)

93 다음 중 전달함수를 바르게 표현한 것은?

① 비례요소의 전달함수는 1/Ts이다.
② 미분요소의 전달함수는 K이다.
③ 적분요소의 전달함수는 Ts이다.
④ 1차 지연요소의 전달함수는 K/(Ts+1)이다.

• 비례요소 : K, 미분요소 : KS, 적분요소 : $\dfrac{K}{S}$

정/답　92 ②　93 ④

94 다음은 유도전동기의 특성에 대한 설명이다. 내용 중 올바른 것은?

① 동기속도로 회전할 때 슬립 S는 1이다.
② 무부하 상태에서 슬립은 1% 이하이다.
③ 회전수는 주파수의 반비례한다.
④ 슬립은 회전자 속도가 동기속도에 비해 얼마나 빠른가를 나타낸다.

유도전동기의 특징
- 유도전동기의 회전수와 역률은 주파수에 비례하고, 유기기전력, 온도변화, 최대토크는 주파수에 반비례한다.
- 슬립은 손실 속도를 정상속도로 나눈 값이다.
- 슬립은 동기속도 기준 손실률을 말한다.
- 동기속도로 회전하는 모터의 슬립은 0%이다. 슬립은 모터의 동기속도와 실제 회전 속도 사이의 차이를 나타내는데, 동기속도에서는 이 차이가 없기 때문에 슬립이 발생하지 않는다.

---

95 다음 그림과 같은 블록선도의 전달함수로 올바른 것은?

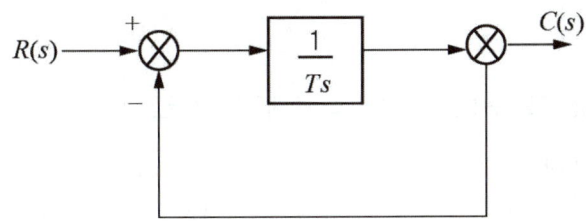

① 1/Ts ② 1/Ts+1 ③ Ts+1 ④ Ts

$[R(S) - X(S)] \cdot \dfrac{1}{Ts} = C(S)$

$X(S) = [R(S) - X(S)] \cdot \dfrac{1}{Ts}$, $X(S) = \dfrac{R(S)}{1+Ts}$

$C(S) = \left[R(S) - \dfrac{R(S)}{Ts+1} \right] \cdot \dfrac{1}{Ts} = \dfrac{R(S)}{1+Ts}$, $\dfrac{C(S)}{R(S)} = \dfrac{1}{1+Ts}$

---

96 다음 자동화 장치의 기본적인 구성 중 입력되는 제어 신호를 분석, 처리하여 필요한 제어 명령을 내려주는 곳은?

① 센서 ② 프로그램
③ 액추에이터 ④ 시그널 프로세서

- 센서 : 검출부
- 프로그램 : 제어내용
- 액추에이터 : 작동부

정/답 94 ② 95 ② 96 ④

97 자동화의 기본 요소가 아닌 것은?

① 감지장치　　② 작동장치　　③ 저장장치　　④ 제어장치

> **자동화의 5대 요소**
> • 센서(감지), 프로세서(제어), 액추에이터(작동), 소프트웨어(제어내용), 네트워크(통신)

98 변압기에 대한 설명으로 틀린 것은?

① 정격 2차 전압에 권수비를 곱한 것을 정격 1차 전압이라 한다.
② 변압기는 전압과 전류를 바꾸고 있지만 전력으로서는 바뀌지 않는다.
③ 입력에 대한 출력량의 비를 변압기 효율이라 하며, 출력이 클수록 효율이 좋다.
④ 변압기는 전압과 전류를 바꾸고 있지만 유도 저항에 비례한다.

> 변압기는 전압에 비례, 전류는 반비례, 저항은 제곱에 비례한다.

99 선형제어계의 안정도를 판별하는 방법과 관계없는 것은?

① 나이퀴스트 판별법　　② 근궤적도
③ 보드 선도　　　　　　④ 과도 응답 판별법

> • 나이퀴스트 판별법 : 피드백 시스템의 안정도를 판별하기 위한 한 가지 방법
> • 근궤적도 : 피드백 제어 시스템의 안정성과 과도 응답에 대한 정보를 제공하는 방법
> • 보드 선도 : 선형제어계의 주파수 응답을 나타내는 그래프
> • 시스템의 안정성을 판별하는 데 사용된다.
> • 과도응답 판별법 : 시스템이 안정된 상태로 돌아가기 전에 일시적으로 변화하는 응답
> • 과도응답이란 출력이 정상상태(steady state)가 되기 전까지 걸리는 시간에 나타나는 응답

100 입력신호와 출력신호가 서로 반대의 값으로 되는 논리는?

① OR　　② AND　　③ NOT　　④ XOR

> • OR : 두 개 입력신호 중 하나의 입력신호만 ON이 되더라도 출력신호가 ON되는 논리
> • AND : 두 개의 입력신호가 모두 ON되어야만 출력신호가 ON되는 논리
> • XOR : 두 개의 입력신호 중 하나의 입력신호만 ON이 되더라도 출력신호가 ON되는 논리이지만, 두 개의 입력신호가 모두 ON일 경우에는 출력신호가 ON되지 않는다.

101 다음 회로에 대한 설명으로 틀린 것은?

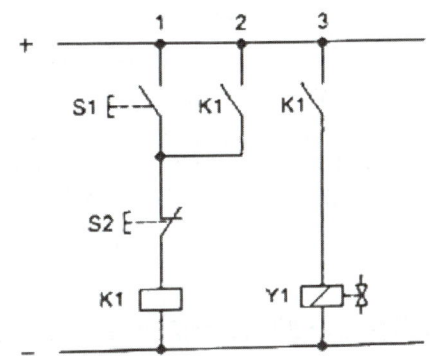

① 리셋(reset) 우선 자기유지회로이다.
② 라인 3의 Y1은 솔레노이드 밸브이다.
③ 스위치 S1은 자기유지회로를 구성하기 위한 셋(set) 스위치이다.
④ 라인 2와 3의 접점 K1은 동일한 릴레이의 동일한 접점으로 할 수 없다.

> 릴레이는 여자되었을 때 다른 전기 회로의 개폐를 제어하는 기기이므로, 2번과 3번 라인의 K1 접점은 동일한 릴레이와 동일한 접점을 사용할 수 있다.

102 다음 중 자동화의 장점이 아닌 것은?

① 생산성을 향상시킨다.
② 제품의 품질을 균일하게 한다.
③ 시설투자비용을 줄일 수 있다.
④ 원가를 절감하여 이익을 극대화할 수 있다.

> 자동화시스템은 구조가 복잡하고 다양한 장치들이 구성되기 때문에 초기에 시설투자비용이 많이 들지만, 그만큼 수동시스템에 비해 생산성을 향상시킬 수 있다.

103 서보제어의 의미로 옳은 것은?

① 증폭제어
② 느린 정밀제어
③ 오픈회로제어
④ 빠르고 정확한 폐회로제어

> 서보제어 : 지령과 검출부의 피드백 신호를 비교하여 그 차이만큼 지령을 보정하여 제어부를 동작하는 제어를 말한다.

정/답 101 ④ 102 ③ 103 ④

104 위치 데이터를 서보 오프 상태에서 수동 조작하여 위치를 확인한 후 입력하는 제어방식은?

① 직선보간 ② 원호보간
③ 티칭 플레이 백 ④ 포인트 투 포인트

- 직선보간 : 양단점의 수치 정보를 주어서 그것으로 정해지는 직선을 따라 공구의 운동을 제어
- 원호보간 : 평면상의 주어진 2점간이 주어진 점을 중심으로 원호에 따라서 운동하는 제어
- 포인트 투 포인트 : 어느 한정된 위치검출에서 정해진 정밀도 내에서 정지시키는 제어

105 DC 솔레노이드를 사용할 때는 스파크가 발생하지 않도록 스파크 방지회로를 채택해 주어야 한다. 그 방법이 아닌 것은?

① 모터를 이용하는 방법 ② 저항을 이용하는 방법
③ 다이오드를 이용하는 방법 ④ 저항과 콘덴서를 이용하는 방법

스파크킬러(Spark Killer)의 종류
- 콘덴서만으로 구성하는 방식
- 콘덴서와 저항의 직렬 연결로 구성하는 방식
- 트랜스포머를 사용해 과전압을 차단하는 방법
- TNR/SNR(써지옵서버)를 사용하는 방법
- 다이오드, 제너다이오드, 바리스터 등으로 구성하는 방법

106 다음 중 자동화의 장점이 아닌 것은?

① 생산성을 향상시킨다.
② 제품의 품질을 균일하게 한다.
③ 시설투자비용을 줄일 수 있다.
④ 원가를 절감하여 이익을 극대화할 수 있다.

자동화시스템은 구조가 복잡하고 다양한 장치들이 구성되기 때문에 초기에 시설투자비용이 많이 들지만, 그만큼 수동시스템에 비해 생산성을 향상시킬 수 있다.

정/답 104 ③ 105 ① 106 ③

107 자동화 시스템의 자동화가 적용되는 분야나 산업별로 구분한 것이 아닌 것은?

① OA(Office Automation)
② HA(Home Automation)
③ FA(Factory Automation)
④ LCA(Low Cost Automation)

공장 자동화의 종류
- FA(factory automation)
- OA(office automation)
- HA(home automation)
- LA(laboratory automation)
- BA(building automation)
- SA(sales automation)
- IA(information automation)

108 캐스케이드 회로에 대한 설명으로 틀린 것은?

① 제어에 특수한 장치나 밸브를 사용하지 않고 일반적으로 이용되는 밸브를 사용한다.
② 작동 시퀀스가 복잡하게 되면 제어 그룹의 개수가 많아지게 되어 배선이 복잡하고, 제어회로의 작성도 어렵게 된다.
③ 작도에 방향성이 없는 리밋 스위치를 이용하고, 리밋 스위치가 순서에 따라 작동되어야만 제어신호가 출력되기 때문에 높은 신뢰성을 보장할 수 있다.
④ 캐스케이드 밸브가 많아지게 되면 제어 에너지의 압력 상승이 발생되어 제어에 걸리는 스위칭 시간이 짧아지는 특징이 있다.

캐스케이드 회로 : 가장 흔한 밸브를 이용할 수 있고, 신뢰성이 높으며 고장 시 진단이 쉽다. 또한 제어되는 순차적 운동을 그룹별로 나누어 제어 회로를 구성함으로써 사용되는 제어 요소를 줄일 수 있다. 그러나 신호가 너무 길어질 수가 있다는 것이 단점이다.

109 자동화시스템의 고장 추적을 위해 각 구동 요소의 스텝에 따른 작동 순서를 파악할 수 있는 선도는?

① 블록 선도
② 신호 흐름 선도
③ 변위-단계 선도
④ 변위-시간 선도

- 블록 선도 : 자동제어계의 각 요소를 블록으로 나타내어 입출력 신호 사이의 관계를 나타내는 계통도
- 제어 흐름 선도 : 계의 변수에 대해 신호의 흐름으로 화살표를 붙인 선으로 나타내고, 변수 사이의 전달특성은 선 위에 써놓는 식으로 표현한 선도
- 변위-시간 선도 : 자동화시스템의 고장 추적을 위해 각 구동 요소가 구동되는 시간의 크기와 작동 순서를 파악할 수 있는 선도

정/답 107 ④ 108 ④ 109 ③

110 직류 전동기에서 전기자의 권선에 생기는 교류를 직류로 바꾸는 부분의 명칭은?

① 계자 ② 전기자 ③ 정류자 ④ 타여자

- 계자 : 고정자와 회전자를 이격시킨 공간에 회전기 동작에 필요한 자계를 확립하기 위한 것
- 전기자 : 회전 전기기기에서 주요한 동작을 하는 권선을 수용하고 있는 부분
- 타여자 : 여자 전류를 축전지 등 다른 직류 전원으로부터 흘려주는 것

111 다음 레벨계 중 액체의 레벨에 따라 탱크 바닥 압력 변화를 감지할 수 있는 측정 방식을 적용하고 있는 것으로 맞는 것은?

① 부력식 ② 중추식 ③ 플루드식 ④ 차압식

- 부력식 레벨계 : 액면이 상하로 이동함에 따라 플로트라는 부유물에 작용하는 부력을 이용하여 레벨을 검출하는 원리로 연속적인 레벨측정이 가능하다.
- 중추식 레벨계 : 와이어 로프에 매단 웨이트를 측정물에 착상할 때까지 전동으로 감아 내리는 것으로 측정 시작부터 웨이트 착상까지의 시간을 측정하여 거리로 환산하는 원리이다.
- 차압식 레벨계 : 두 지점 사이의 압력 차이를 감지하여 탱크 내 액체의 레벨을 정확하게 파악할 수가 있다.

112 다음 중 근접센서의 종류라 할 수 없는 것은?

① 초음파형 ② 유도 브리지형
③ 로터리 인코더 ④ 자기형

- 근접센서 : 물리적 접촉 없이 물체의 존재를 감지할 수가 있다.
- 전자기장, 초음파 및 적외선과 같은 다양한 기술이 사용된다.
- 근접센서의 종류 : 관전센서, 유도형, 정전용량형, 초음파형 등
- 로터리 인코더 : 회전 각도를 조절하는 방식으로 모터 축의 위치나 회전 속도를 측정하는 기기이다.

113 다음 센서 중 진동센서로 분류되지 않는 것은?

① 속도센서 ② 가속도센서 ③ 근접센서 ④ 변위센서

- 진동센서의 종류 : 변위, 속도, 가속도
  이와 같은 변위, 속도, 가속도는 진동을 측정하는 물리량이기도 하다.

정/답 110 ③ 111 ③ 112 ③ 113 ③

114 다음 중 자기(Magnetic) 플로트형 레벨미터에 대한 원리와 관련된 것으로 맞는 것은?

① 리드 스위치의 온/오프(On/Off)에 따른 저항값의 변화로 레벨 측정
② 부력의 원리를 이용한 레벨 측정
③ 레벨의 변화에 따른 정전용량의 변화를 이용한 레벨 측정
④ 중추의 이동 거리의 변화를 적용한 레벨 측정

- 부력의 원리를 이용한 레벨 측정 : 부력식 레벨계
- 레벨의 변화에 따른 정전용량의 변화를 이용한 레벨 측정 : 정전용량식 레벨계
- 중추의 이동 거리의 변화를 적용한 레벨 측정 : 중추식 레벨계

115 회전체의 회전수를 측정하는 방법 중 펄스 신호를 일정 시간 직접 계수하여 이 시간 내의 평균회전수를 구할 수 있는 방법으로 맞는 것은?

① 광전식 검출법
② 전자식 검출법
③ 회전주기 측정법
④ 주파수 계수법

회전수의 계측법
- 전자식 검출법 : 자속의 밀도 변화를 이용하여 펄스 모양의 전압 신호를 인출하는 방법으로 회전수를 알 수 있는 방법이다.
- 광전식 검출법 : 정지에 가까운 저속 상태에서는 출력 전압이 줄어 저속회전의 검출은 할 수 없으나 내구성이 양호하고 별도의 전원이 필요 없는 측정법이다.
- 주파수 계수법 : 펄스 수 계수 방식이라고도 한다. 펄스 신호를 일정 시간 직접 계수하여 이 시간 내의 평균회전수를 구할 수 있는 방법이다.
- 회전주기 측정법 : 회전체의 회전 주기를 측정하여 그 역수로 회전수를 구할 수 있는 방법이다.

116 다음 중 각도 검출용 센서의 종류에 해당하지 않는 것은?

① 퍼텐쇼미터 ② 바이메탈 ③ 싱크로 ④ 레졸버

- 각도 센서의 종류 : 퍼텐쇼미터, 싱크로, 레졸버, 로터리 인코더 등
- 바이메탈 : 고체나 유체의 열팽창을 이용하여 온도 계측 및 제어장치에 활용된다.
- 변위센서에 활용되는 공업량 : 힘, 압력, 차압, 유량, 레벨, 소리, 진동, 가속도, 토크 등

117 다음 중 차압 유량계의 수축부의 분류에 해당하지 않는 것은?

① 오리피스 ② 피에조미터 ③ 벤투리미터 ④ 플로우 노즐

- 차압식 유량계 : 차압을 발생시키는 수축부에 따라 분류된다.
- 오리피스, 벤투리미터, 노즐, 피토관 등

정/답 114 ① 115 ④ 116 ② 117 ②

118 다음 중 서보모터에 사용되고 있는 회전 속도 검출기로 적당하다고 할 수 없는 것은?

① 스트레인 게이지
② 엔코더
③ 리졸버
④ 타코 제너레이터

- 서보모터에 사용되고 있는 회전 속도 검출기
- 타코 제너레이터, 엔코더(광학식, 자기식), 리졸버
- 로드셀; 힘을 가하면 전기신호로 변환하는 무게 측정용 소자
- 전자저울, 산업용저울, 시험기 등에 사용되고 있다.
- 스트레인 게이지 : 하중, 토크 등을 정밀하게 측정하는 금속 전기 측정용 요소이다.

119 패러데이 법칙을 이용한 유량계로 다음 중 맞는 것은?

① 와류식 유량계
② 정전 용량식 유량계
③ 초음파식 유량계
④ 전자 유량계

- 패러데이 법칙이란 자기장이 변화할 때 전류가 흐름으로 도전성의 물체가 자계 속을 움직이면 기전력이 발생하게 된다. 이것을 이용하여 유량을 측정할 수 있는 것이 전자 유량계이다. 즉, 자계 속을 횡단하여 흐르는 도전성의 유체에 유기된 전압을 검출하여 유량을 측정하는 장비이다.
- 와류식 유량계 : 배관 내부에 장애물을 설치하여 와류를 발생시켜 와류의 크기로 유량을 측정하는 방식이다.
- 초음파 유량계 : 초음파를 유체에 분사시킨 뒤 반사되어 돌아오는 음파의 변환값을 분석하여 유량을 측정하는 방식이다.

120 로터미터는 다음 중 어떤 유량계로 분류되는가?

① 전자 유량계
② 터빈 유량계
③ 용적 유량계
④ 면적 유량계

- 로터미터 : 테이퍼 관로 속에서 플로터의 이동으로 면적의 변화가 발생하고, 그로 인한 차압을 일정하게 유지하며, 그때 면적을 측정하여 유량을 계측하는 면적식 유량계이다.

121 유체가 흐르는 관로 속에 날개가 있는 회전자를 설치하여 그 회전으로 검출되는 회전수를 이용하여 유량을 구하는 방식의 유량계로 다음 중 맞는 것은?

① 면적식 유량계
② 용적식 유량계
③ 초음파식 유량계
④ 터빈식 유량계

- 용적식 유량계 : 유체의 체적을 주기적으로 측정하여 유량을 계산하는 방식으로 오벌 기어방식, 루츠 방식, 헬리컬기어 방식 등이 있다.

정/답 118 ① 119 ④ 120 ④ 121 ④

122. 맞물린 2개의 타원형의 기어를 유체 흐름 속에 놓고, 유체의 압력으로 생기는 기어의 회전을 계수하는 방식의 유량계로 다음 중 맞는 것은?

① 로터리 베인형
② 로터리 피스톤형
③ 오벌 기어형
④ 루츠형

• 용적식 유량계의 종류 : 오벌 기어형, 헬리컬 기어형, 루츠형, 로터리형 등

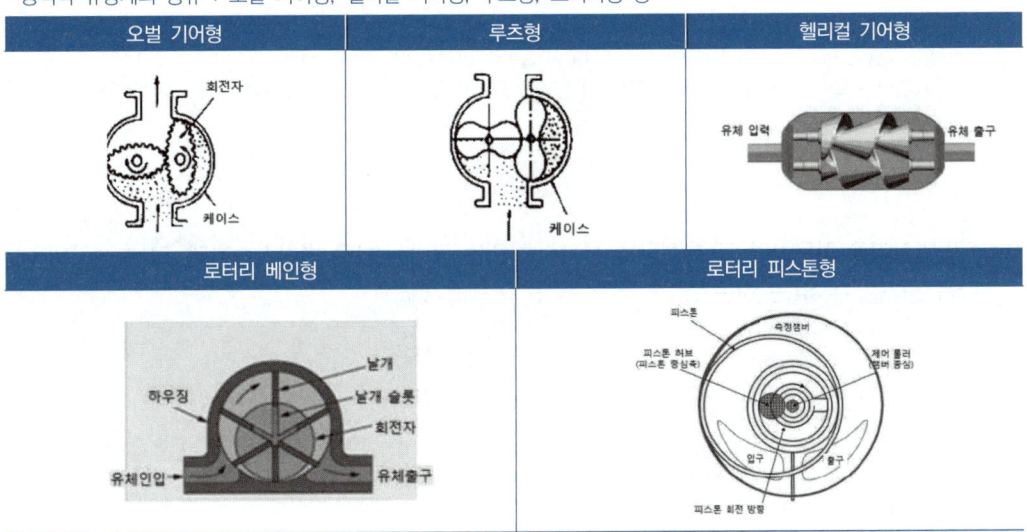

123. 아날로그값을 디지털값으로 변환하는 장치로 다음 중 맞는 것은?

① A/D 변환기   ② D/A 변환기   ③ D/D 변환기   ④ A/A 변환기

디지털값을 아날로그값으로 변환하는 장치는 D/A 변환기라 한다.

124. 다음 중 변위를 전압으로 변환하는 장치로 맞는 것은?

① 벨로스관   ② 차동 변압기   ③ 노즐 플래퍼   ④ 서미스터

• 벨로스관 : 신축관, 안전한 수송이 요구되는 파이프라인 및 설비 배관의 열 신축, 압력 및 온도에 견디는 관이다.
• 노즐 플래퍼 : 검출 신호를 공기압 신호로 변환 기구에 전달하는 역할을 한다.
• 서미스터 : 온도 감지 센서

정/답   122 ③   123 ①   124 ②

125 다음 중 변위를 직접 전기저항으로 변환하고, 추가 회로에 의해 저항 변화를 전압 또는 전류 변화로 다시 변환하는 센서를 사용한 회로로 맞는 것은?

① 휘트스톤 브리지 회로
② 열전대 회로
③ 부자식 레벨 센서 회로
④ 퍼텐쇼미터 회로

- 휘트스톤 브리지 회로 : 저항 측정에 주로 사용되는 회로
- 열전대 회로 : 고온 측정 회로
- 부자식 레벨 센서 회로 : 압력을 이용해 레벨을 측정하는 센서의 한 종류
- 퍼텐쇼미터 회로 : 가변저항, 전위차계, 분압기 등으로 표현되고, 전압을 가하면 설정에 따라 전압 일부를 전달하는 역할을 하는 회로이다.

126 차압변환기를 이용하여 그 측정량을 전기신호(또는 공압신호)로 변환가능한데, 그 측정량의 대상으로 다음 중 볼 수 없는 것은?

① 레벨(유면, 수면 등)
② 온도
③ 유량
④ 밀도

- 차압 변환기 : 두 지점 간의 압력 차이를 측정하여 전기 신호로 변환하는 장치이다.
- 유체의 흐름, 수위, 밀도 등의 관찰이 가능하다.

127 탄성변형을 이용한 기계적 변환기 중 하중을 변위로 또는 토크를 각변위로 변환하는 경우에 사용하는 것으로 다음 중 맞는 것은?

① 스프링
② 벨로스
③ 바이메탈
④ 다이어프램

- 탄성변형을 이용한 기계적 변환기 : 스프링, 벨로스, 다이어프램, 부르동관 등
- 벨로스 : 원통 내외의 차압에 의해 축 방향으로 신축하여 변위로 변화하는 종류이고, 비교적 낮은 압력 또는 차압을 측정하는데 사용된다.
- 다이어프램 : 비금속 또는 금속의 탄성막이 내장되어 있는 형식이고, 비교적 낮은 압력 또는 차압을 측정하는데 사용된다.
- 바이메탈 : 유체나 고체의 열팽창을 이용하여 온도를 변위로 변환시키는 종류이다.
- 부르동관 : 타원형으로 굽어진 장원형 단면의 관 한쪽 끝부분을 고정하고, 반대편 부분을 자유단으로 하여 그 선단을 막고 관내의 높은 압력 측정에 사용하는 종류이다.

정/답 125 ④ 126 ② 127 ①

128 다음 중 압력을 전기적 신호로 변환시키는 변환기는?

① 승압 변환기　　② 변위 검출기　　③ 차압 변환기　　④ 유량 전송기

- 변위 검출기 : 객체가 참조 위치에 비해 이동한 거리를 측정하는 데 사용되는 센서에 해당하며, 객체의 높이, 두께, 너비 등의 치수를 측정할 수 있다.
- 승압 변환기 : 입력 전압보다 높은 출력 전압을 생성하는 DC-DC 변환기, 즉 직류(DC)를 직류(DC)로 변환하는 기기이다.
- 유량 전송기 : 유량의 물리적 매개변수를 표준화된 전기신호로 변환하는 기기이다.
  - 전기신호 : 전압, 전류, 주파수 등
- 압력 전송기 : 압력을 측정하여 그걸 공기나 전기신호로 변환시켜서 전송하는 계기로 압력센서의 역할을 한다.

129 두 개의 접점 간의 온도차가 일어나게 하여 기전력을 발생하도록 한 제베크 효과를 이용한 변환기로 다음 중 맞는 것은?

① 전압 전류 변환기　　　　　　② 열전 효과 변환기
③ 압전 효과 변환기　　　　　　④ 압력 변환기

- 압전 효과 변환기 : 물리적 압력이나 기계적 변형을 전기적 충전으로 변환하는 장치이다.
- 가속도, 압력, 변형, 온도 또는 힘과 같은 변화를 측정할 수 있다.
- 전압 전류 변환기 : 전압 신호를 전류 신호로 변환하는 장치로 센서 출력이나 장거리 전송에서 주로 사용된다.
- 열전 효과 변환기 : 열에너지를 전기에너지로 변환하는 장치이다.
  - 제베크 효과 : 서로 다른 두 금속이 온도 차이를 가질 때 전기 전압이 생성되어 기전력이 발생하는 현상이다.

130 다음 중 압력을 변위로 변환시키는 기계적 변환기의 종류는?

① 서미스터　　② 퍼텐쇼미터　　③ 차압 변환기　　④ 다이어프램

- 압력을 변위로 변환시키는 기계적 변환기 : 스프링, 부르동관, 벨로스, 다이어프램 등
- 다이어프램 압력 변환기 : 다이어프램을 사용하여 유체 또는 가스의 압력을 측정하는 일종의 압력 센서이다.

정/답　128 ③　129 ③　130 ④

참고도서

1. "설비보전기사", 한국표준협회 미디어, 2014년 개정판
2. 한홍걸, "생산자동화산업기사 필기", 예문사, 2015년
3. 한기봉외 3인 공저, "알기 쉬운 자동제어", 구민사
4. 김영기, "일반기계기사 필기", 구민사, 2024년
5. 한국직업능력개발원, "모터 제어", 교육부, 2019년
6. 한국직업능력개발원. "센서활용기술", 교육부, 2019년
7. 한국직업능력개발원. "전기전자장치조립", 교육부, 2019년
8. 양경모, "메카트로닉스공학", 구민사
9. 박찬술, "생산자동화산업기사 필기", 구민사
10. 임호외 1인 공저, "계측제어공학", 일진사, 2022년 1판 4쇄

PLANT MAINTENANCE
ENENGINEER

02
SUBJECT

용접 및 안전관리

- 용접일반 이론
- 용접시공
- 비파괴 검사
- 안전관리

용접일반 이론

PLANT MAINTENANCE ENGINEER

01 용접의 총론

금속 및 비금속을 접합하는 방법으로는 기계적 접합 방법과 야금학적 접합 방법이 있다. 야금학적 접합 방법을 용접(鎔接, Welding)이라 한다.

(1) 기계적 접합방법

기계요소를 이용한 접합 방법이다.
① 나사(screw) – 볼트 체결
② 키(key)
③ 핀(pin)
④ 코터(cotter)
⑤ 리벳(rivet

(2) 야금학적(금속적) 접합 방법 – 용접(welding)

① 융접(融接 : fusion welding)
  접합하고자 하는 물체의 접합부를 가열 용융시키고 여기에 용재를 첨가하여 접합하는 방법이다. 종류에는 가스 용접, 아크 용접, 테르밋 용접 등이 있다.
② 압접(壓接)
  접합부를 냉간 상태 또는 적당한 온도로 가열 후 국부적으로 압력을 주어 접합하는 방법으로 용가재를 사용하지 않으며, 가압 용접(pressure welding)이라고도 한다. 종류에는 단접, 냉간 압접, 저항 용접, 가스 압접 등이 있다.

③ 납접

모재를 용융시키지 않고 저 용융점의 합금(납)을 녹여서 접합시키는 방법으로 경납접(brazing)과 연납접(soldering)이 있다.

(3) 용어 정리

① 모재(母材 : base metal, parent metal) : 접합할 때 양쪽 금속의 부재
② 용가재(溶加材 : filler material) : 제3의 금속인 용접봉
③ 불순물 피막(不純物 被膜) : 모재 접합면의 용융으로 그 표면에 존재하고 있던 불순물들이 용융금속 중에 유리되어 접합면에 남아 있는 물질
④ 슬래그(용재 : slag) : 접합면의 불순물을 용제(溶劑 : flux)의 도움으로 제거되어 굳어져 있는 것
⑤ 용착 금속(溶着金屬 : deposit metal) : 모재와 용가재가 융합 응고되어 생긴 부분으로 비드(bead)라고도 한다.
⑥ 용입 : 모재가 녹은 깊이
⑦ 용융지 : 모재 일부가 녹은 금속의 쇳물
⑧ 선상조직 : 용착 금속의 파단면에 나타나는 서리조직
⑨ 용적 : 용접봉이 녹아서 형성된 금속 증기와 녹은 쇳물방울
⑩ 용락 : 용접에 있어서 용접금속이 개선(groove)의 뒤쪽에서 녹아 떨어진 것
⑪ 용접입열 : 용접 시 외부로부터 용접부에 가해지는 열량
⑫ 은점 : 용착 금속의 파단면에 나타나는 은백색을 한 괴기눈 모양의 결함부로 시간이 지나면 저절로 없어짐
⑬ 노치취성 : 흠이 없을 때는 연성을 나타내는 재료라도 흠이 있으면 파괴되는 것

(4) 용접의 특징

① 기밀, 수밀성을 유지할 수 있다.
② 용접부의 결함 검사가 곤란
③ 10~15[%] 정도의 재료 절약이 가능
④ 응력 집중 현상이 발생한다(잔류응력이 발생).
   • 용접 가공 시 발생된 열영향부(HAZ : Heat Affect Zone)는 반드시 풀림 처리나 피닝 처리를 하여 잔류응력을 제거해야 한다.
⑤ 이음 효율이 양호하다.
⑥ 용접사의 양심에 따라 제품의 품질 향상

⑦ 작업속도 증가-리벳 조인트보다 공정수가 적다.
⑧ 제품의 성능 및 수명 향상
⑨ 탄소강 용접 시 탄소 함유량이 증가하면 급랭 시 경화 현상이 심해진다.
※ 용접을 자동화할 때 장점
   ① 생산성과 품질이 양호하다.
   ② 일정한 전류값을 유지하며 용접이 가능하다.
   ③ 아크 길이를 일정하게 유지할 수 있다.
   ④ 용접 와이어의 손실을 감소시킬 수 있다.
   ⑤ 비드의 높이와 폭 그리고 용입 정도 등을 정확히 제어 가능하다.
   ⑥ 용접 조건에 따른 공정을 줄일 수 있다.

(5) 용도
① 건축물, 교량, 선체 등의 기계 구조물 및 대형 구조물
② 철도차량의 대차
③ 수차의 케이싱
④ 보일러, 선박용 엔진의 프레임

(6) 가스 및 아크 용접
① 가스 용접

   가연성(可燃性)가스와 조연성가스(산소)를 혼합 연소하여 그 열로 용가제와 모재를 녹여서 접합하는 방법, 전기 용접에 비해 열손실이 크고 변형이 많이 생긴다.

   ※ 가연성(可燃性) : 불에 잘 타는 성질 ↔ 불연성(不燃性) : 불에 잘 타지 않는 성질
- 산소-아세틸렌 용접 : 가연성가스는 아세틸렌이고, 조연성가스는 산소이다.
- 공기-아세틸렌 용접 : 가연성가스는 아세틸렌이고, 조연성가스는 공기이다.
- 산소-수소 용접 : 가연성가스는 수소이고, 조연성가스는 산소이다.
- 산소-프로판 용접 : 가연성가스는 프로판이고, 조연성가스는 산소이다.

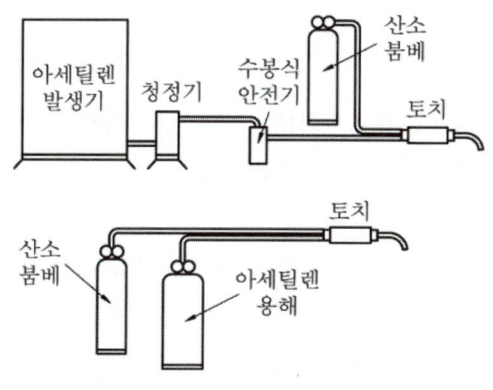

그림 1-1 가스-아세틸렌 용접

② 아크 용접

모재와 전극 사이에서 4500~6000[℃]의 아크열을 발생시켜, 이 열을 이용하여 용접봉과 모재를 녹여 접합하는 방법이다. 아크 용접에는 피복 아크 용접과 특수 아크 용접인 불활성가스 아크 용접, 서브머지드 아크 용접, CO_2 가스 아크 용접 등이 있다.

02 전기 용접

(1) 아크 용접기의 특성

① 수하 특성(垂下特性 ; drooping characteristic)
- 전류(부하)가 증가하면 내부저항이나 전기자 반작용 등으로 인하여 전압강하가 발생하고 전압강하는 전류를 감소시켜 일정한 전류를 유지시켜 주는 현상으로 정전류 특성이라고도 한다. 즉, 전류가 일정한 특성이다. 수동 용접기 설계 시 적용한다.
- 전류가 증가하면 단자간의 전압이 저하되는 특성으로 아크를 안정시키는데 필요한 조건이다.

② 정전압 특성(constant voltage characteristic)
- MIG 용접과 CO_2 용접에서는 부하 전류가 변화해도 단자 전압은 거의 변화하지 않는다. 즉, 전압이 일정한 특성이다.

③ 상승 특성(rising characteristic)
- 부하전류가 증가하면 단자 전압이 증가한다.
- 자동·반자동 용접기 설계 시에는 정전압 및 상승 특성을 적용한다.

(2) 직류 용접

① 직류 정극성 용접
- 모재 (+)전류와 용접봉 (−)전류의 아크로 두꺼운 모재에 용입을 깊게 용접할 수 있다.
- 용접봉의 용융이 늦고 비드 폭이 좁다.

② 직류 역극성 용접
- 모재 (−)전류와 용접봉 (+)전류의 아크로 얇은 모재(박판)에 열을 적게 받게 하여 용접한다.
- 용접봉의 용융이 빠르고 비드 폭이 넓으며 모재의 용입이 깊지 않다.

※ 용입 깊이 순서 : 직류 정극성 용접 〉 교류 용접 〉 직류 역극성 용접

(3) 용적이행의 형식

용적이행이란 용융된 금속이 용접 와이어의 선단으로부터 모재 쪽으로 옮겨 이행하는 것을 의미하는 것으로, 다음과 같이 분류된다.

① 단락이행(Short circuit transfer) : 용적이 용융지에 접촉되어 단락되고 표면장력의 작용으로 모재에 옮겨가서 용착되는 현상이다. 저수소계 용접봉이나 비피복 용접봉 사용 시 나타난다.

② 입상이행(Globular transfer) : 비교적 큰 용적이 단락되지 않고 모재에 옮겨가는 현상이다. 글로블러형 또는 핀치효과형이라고도 한다.

③ 분무이행(Spray transfer) : 피복제의 일부가 가스화되어 가스를 뿜어내면서 미세한 용적이 모재에 옮겨가면서 용착되는 현상이다. 스프레이형이라고도 한다.

(4) 아크 쏠림(자기쏠림, 자기불림)

용접봉의 아크가 한쪽으로 쏠리는 현상이다. 직류 용접 시 비피복 용접봉을 사용할 때 심한 편이다.

① 발생 원인
- 용접 전류에 의해 아크 주위에 발생하는 자장이 용접봉에 대하여 비대칭이기 때문이다.

② 발생 대책
- 직류 용접 대신 교류 용접을 할 것
- 접지점을 용접부보다 멀리 하고 접지점 2개를 연결할 것
- 용접부가 긴 경우에는 후퇴법으로 용접할 것
- 피복제가 모재에 접촉할 정도의 짧은 아크를 사용할 것

(5) 직류 아크 용접기의 종류 및 특징

종류로는 발전기형과 정류기형이 있다.

① 발전기형
- 엔진구동형과 전동발전형이 있다.
- 구동부와 발전기부로 되어 있어 고가이다.
- 보수와 점검에 어려움이 있다.
- 완전한 직류를 얻을 수 있다.
- 엔진형은 옥외나 교류 전원이 없는 장소에서 사용 가능하다.
- 엔진형은 회전하므로 소음이 발생하고 고장나기 쉽다.

② 정류기형
- 소음이 거의 없고 보수 점검이 간단하다.
- 취급이 간단하고 가격이 저렴하다.
- 교류를 직류로 바꾸어(정류) 주나 완전한 직류를 얻지 못한다.
- 정류기 파손에 주의한다.
  - 실리콘 150℃, 셀렌 80℃ 이상에서 파손 우려가 있어 주의해야 한다.

(6) 교류 아크 용접기의 종류 및 특성

종류로는 가동 철심형, 가동 코일형, 탭 전환형, 가포화 리엑터형 등이 있다.

① 가동 철심형
- 변압기 원리를 이용한 것으로 가장 많이 사용하는 방식이다.
- 가동 철심으로 누설 자속을 가감하여 전류를 조정한다.
- 미세한 전류 조정이 가능하나 광범위한 전류 조절에는 어려움이 있다.

② 가동 코일형
- 고가이며 현재는 거의 사용하지 않는 종류이다.
- 소음이 없는 방식이며 아크 안정도가 높다.
- 1차, 2차 코일 중의 하나를 이동시켜 누설 자속에 변화를 주어 전류를 조정하는 방식이다.

③ 탭 전환형
- 코일의 감긴 수에 따라 전류를 조정할 수 있다.
- 적은 전류 조정 시 무부하 전압이 높아 전격 위험의 가능성이 있다.
- 탭 전환부의 소손(불에 타 부서지는 현상)이 발생한다.
- 광범위한 전류 조정이 어렵고 주로 소형으로 사용된다.

④ 가포화 리엑터형
- 전기적인 전류 조정 방식으로 소음이 없고 기계 수명이 긴 편이다.
- 가변 저항의 변화로 용접 전류를 조정하는 방식이다.

• 원격제어가 가능한 방식으로 원격조작이 간단하다.

(7) 직류 용접기와 교류 용접기의 비교

특성 \ 분류	직류 용접기	교류 용접기
아크 안정성	우수	약간 떨어짐
비피복봉 사용	가능	불가능
극성변화	가능	불가능
자기쏠림 방지	불가능	가능(거의 없음)
무부하 전압	약간 낮음(40~60kW)	높음(70~80kW)
전격 위험	적다.	많다.
구조	복잡	간단
역률	매우 양호	불량
가격	고가	저렴
소음	정류형 조용, 회전기 큼	조용

1 피복 금속 아크 용접

피복제가 심선을 둘러싸고 있는 용접봉을 사용한 아크 용접이다.

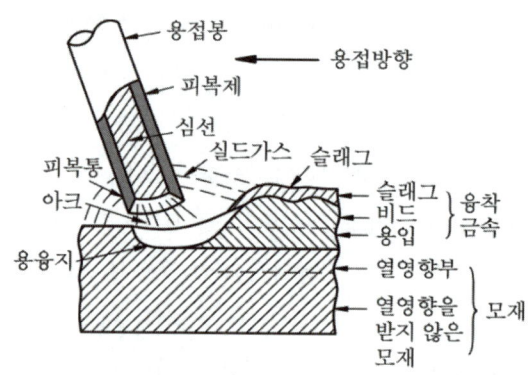

그림 1-2 피복 아크 용접

(1) 아크의 길이

아크 길이가 일정할 때 전압은 전류가 증가함에 따라 지수 곡선 모양으로 변화한다.

(2) 아크 용접봉

피복 아크 용접봉의 내부는 심선이 들어가 있고 이 심선을 피복제가 둘러싸고 있다.

① 심선 : 심선의 지름은 3.2~6.0[mm]가 가장 많이 사용된다.
- 심선재의 5대 원소 : C, Si, Mn, P, S
- 심선재의 재질 : 저탄소 림드강

② 피복제의 역할
- 대기 중의 산소와 질소의 침입을 방지하고 용융 금속을 보호한다.
- 용융 금속의 용적을 미세화하고 용착 효율을 높인다.
- 용융 금속의 응고와 냉각 속도를 지연시켜 준다.
- 비드 파형을 곱게 하고 슬래그 제거를 쉽게 한다.
- 전기 절연 작용을 하며 아크를 안정시킨다.
- 용착 금속에 필요한 합금원소를 첨가하며 스패터 발생을 줄일 수 있다.

③ 연강용 피복 용접봉의 표시방법

E　　43　　△　　□
ⓐ　　ⓑ　　ⓒ　　ⓓ

- ㉠ Electric Arc Welding의 첫글자(전극봉의 첫글자)
- ㉡ 용착 금속의 최소 인장강도[kg/mm^2, N/mm^2]
- ㉢ 용접자세
- ㉣ 피복제의 종류

E4301(일미나이트계)	E4303(라임티타니아계)	E4311(고셀룰로오스계)	E4313(고산화티탄계)
E4316(저수소계)	E4324(철분 산화티탄계)	E4326(철분산화저수소계)	E4327(철분 산화철계)

④ 용접의 기본적인 자세
- F : 필렛 용접, H : 수평 용접, V : 수직 용접, OH : 위보기 자세

(3) 피복 아크 용접봉이 갖추어야 할 사항

① 용착 금속의 모든 성질을 우수하게 할 수 있어야 한다.
② 용접 작업이 용이하게 될 수 있어야 한다.
③ 심선보다 피복제가 약간 늦게 녹아야 한다.
④ 값이 싸고 경제적이어야 한다.
⑤ 저장 중에 변질되지 말아야 한다.
⑥ 습기에 용해되지 않아야 한다.

⑦ 용접 시 유독한 가스를 발생하지 않아야 한다.
⑧ 슬래그가 용이하게 제거되어야 한다.

2 서브머지드 아크 용접(submerged arc welding)

분말용재 속에 용접 심선을 와이어식으로 공급해 심선과 모재 사이에서 아크를 발생시켜 용접하는 방법이다.

(1) 서브머지드 아크 용접의 다른 명칭

① 잠호 용접
② 유니온 벨트 용접
③ 링컨(Lincoln)
④ 자동 아크 용접

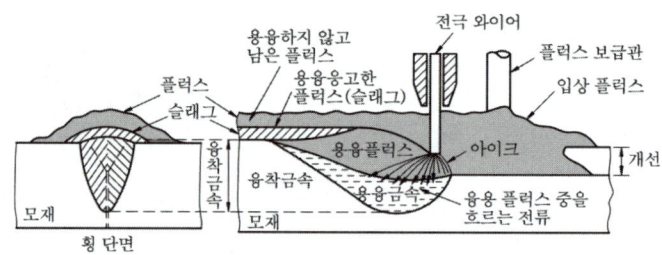

그림 1-3 서브머지드 아크 용접

3 불활성가스 아크 용접

용접부의 질화나 산화를 방지하기 위하여 용착 금속과 모재에 영향을 주지 않는 아르곤(Ar), 네온(Ne), 헬륨(He) 등 불활성가스를 분출시켜 그 속에서 아크를 발생시켜 열을 공급해 용접하는 방법이다.

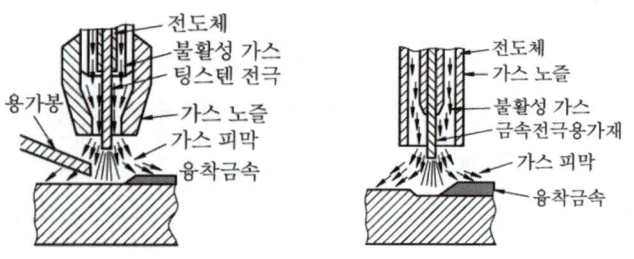

그림 1-4 불활성가스 아크 용접

(1) 불활성가스를 사용하는 이유

산소와 공기의 접촉으로 생길 수 있는 기공이나 산화를 막을 수 있기 때문이다.

(2) 불활성가스 아크 용접의 종류

① TIG 용접(tungsten inert gas arc welding) : 텅스텐 전극(용접봉)을 사용한 텅스텐 불활성가스 아크 용접으로 GTAW 용접이라 한다.
② MIG 용접(metal inert gas arc welding) : 금속 비피복봉을 사용한 금속 불활성가스 아크 용접-직류 역극성 용접

(3) 용접 가능 금속

① 특수강-내식강, 내열강 등
② 구리, 동합금, 이종(異種) 금속
③ 경합금-알루미늄, 마그네슘 합금 등

(4) 불활성가스 아크 용접의 특징

① 전자세 용접이 용이하고 고능률적이다.
② 청정작용이 있다.
③ 아크가 극히 안정되고 스패터가 적다.
④ 기포나 산화 및 질화 방지
⑤ 용제를 사용하지 않는다.

4 탄산가스 아크 용접

CO_2 가스 아크 용접으로 불활성가스 대신 탄산가스를 노즐에서 분출시켜 아크열로 접합하는 방법이다. 주로 연강 용접에 적당하다.

(1) CO_2 가스 아크 용접의 특징

① 산화
  • 질화가 없어 우수한 용착 금속을 얻을 수 있다.
② 용착 금속 중 수소 함유량이 적어 수소로 인한 결함이 거의 없다.
③ 용입이 양호하다.
※ 가스금속 아크 용접(GMAW) : 용접부의 용융부위가 노즐을 통하여 공급되는 가스로 인하여

대기로부터 보호되는 용접을 GMAW 용접이라 한다. 불활성가스(Ar)를 사용하는 경우는 MIG 용접이라 하고, 탄산가스(CO_2)를 사용하는 경우는 탄산가스 아크 용접이라 한다. 그리고 Ar과 탄산가스를 혼합하여 용접하는 경우를 MAG 용접이라 한다.

5 플럭스 코어드 아크 용접(Flux Cored Arc Welding, FCAW)

가스금속 아크 용접(GMAW)과 비슷한 원리로 플럭스 코어드 와이어를 사용하여 발생하는 아크열을 사용하여 모재를 용융시키고, 용착 금속을 형성하도록 한 용접이다. 플러스 코어드 와이어란 와이어 중심부에 플럭스가 채워져 있는 형이다.

(1) 플럭스 코어드 아크 용접의 대표적 특징

① 플럭스에 의한 용접부의 금속학적 성질이 향상된다.
② 와이어의 단면적 감소로 전류 밀도가 상승하게 되어 용착 속도가 증가한다.
③ 수직 상진 용접 시 슬래그에 의한 비드의 처짐을 방지할 수 있으므로 고전류 사용이 가능하다.
④ 슬래그로 인하여 외관상 매끄러운 비드 상태를 유지할 수 있다.

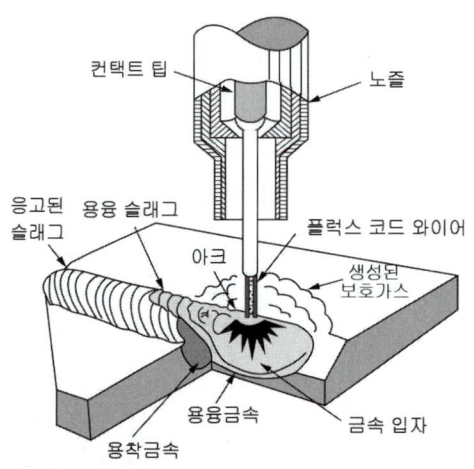

그림 1-5 플럭스 코어드 아크 용접의 원리

6 기타 아크 용접

(1) 원자 수소 용접

두 텅스텐 전극 사이에서 아크를 발생시키고 그 사이에 수소가스를 공급하면 수소는 아크열에 의해 분해되어 원자상태의 수소로 되었다가, 모재면에서 다시 분자 상태로 환원될 때 고열이 발생하는데, 이 열을 이용하여 접합하는 방법이다.

(2) 스터드 용접

볼트나 환봉 등의 선단과 모재 사이에 아크를 발생하여 접합하는 방법

(3) 플라즈마 용접

플라즈마란 기체의 온도가 수천도가 되면 기체 일부 또는 전부가 이온화하여 전자와 양자이온의 집합체인 가스 또는 증기 형태로 되어 도전성을 띠게 되는 상태이다. 텅스텐 전극을 사용하고 실드 가스로 아르곤을 사용한 비소모 전극식 아크 용접이다.

03 가스 용접

1 가스 용접의 특징

(1) 장점
① 전기가 필요 없고 용접장치를 쉽게 설치 가능하다.
② 가열 시 열량 조절이 비교적 자유롭고 유해광선의 발생이 적다.
③ 운반이 자유롭고 응용 범위가 넓다.
④ 박판 용접에 적당하다.

(2) 단점
① 용접 시 금속이 탄화 및 산화될 우려가 많다.
② 열효율과 집중력이 낮아 용접속도가 느리다.
③ 용접부의 기계적 강도가 낮다.
④ 가열 범위와 열 영향부가 넓어 용접 응력이 크고 용접 후 변형이 심하다.
⑤ 아크 용접에 비해 신뢰도가 적다.
⑥ 고압가스 사용 때문에 폭발 및 화재의 위험이 높다.

2 아세틸렌가스

(1) 성질

① 순수 아세틸렌가스는 무색
- 무취의 기체이다.

② 비중은 0.906으로 공기보다 가볍다.

③ 용해성이 양호하여 각종 액체에 잘 용해되고 보통 물에는 동일 양, 석유에는 2배, 벤젠에는 4배, 알코올에는 6배, 아세톤에는 25배가 용해된다.

(2) 용해 아세틸렌

강제 용기 안쪽을 규조토, 목탄 분말, 석면 등 다공질 물질로 채우고 아세톤을 흡수시킨 다음, 아세틸렌가스를 15℃에서 15.5기압으로 충전 용해시킨 것을 용해 아세틸렌이라 한다.

3 산소-아세틸렌가스

(1) 불꽃

① 표준 불꽃(중성염 불꽃)

산소와 아세틸렌의 비가 1 : 1인 상태의 불꽃으로 연강, 주철, 구리, 알루미늄 용접에 적합하다.

$$C_2H_2 + O_2 = 2CO + H_2$$

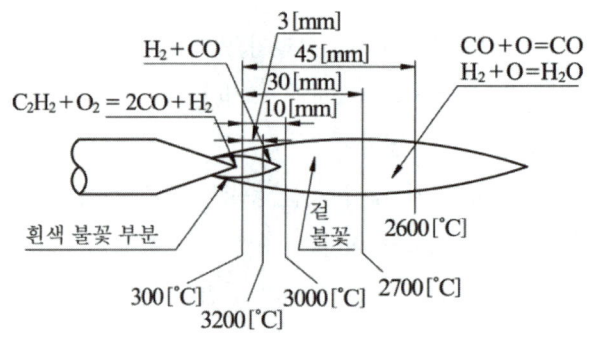

그림 1-6 산소-아세틸렌가스 용접 불꽃

② 탄화염 불꽃(아세틸렌 과잉 불꽃)

산소보다 아세틸렌을 많이 사용한 불꽃으로 경강, 스테인리스강, 스텔라이트, 모넬메탈 등의 용접에 적합하다.

③ 산화염 불꽃(산소 과잉 불꽃)

아세틸렌보다 산소를 많이 사용한 불꽃으로 구리, 황동 용접에 적합하다.

4 가스 용접 토치

(1) 팁의 능력

① 프랑스식 : 표준 불꽃으로 1시간동안 용접 시 아세틸렌가스의 소비량[L]으로 나타낸다.
- 예를 들어, 팁 100이라면 1시간 동안 표준 불꽃으로 용접할 때 아세틸렌 소비량이 100[L]이라는 뜻이다.

② 독일식 : 용접할 연강판 두께로 나타낸다.
- 예를 들어, 1번 팁이라고 하면 두께 1[mm]의 연강판 용접에 적합하다는 뜻이다.

5 가스 용접봉

(1) 용접봉의 지름과 굵기

① 용접봉의 지름 : 1.0, 1.6, 2.0, 2.6, 3.2, 4.0, 5.0, 6.0

② 용접봉의 굵기 선택
- 모재 두께가 1mm 이상일 때 공식

$$D = \frac{T}{2} + 1$$

> 예) 모재 두께가 4mm일 때 용접봉의 굵기는?
> $D = \frac{4}{2} + 1 = 3mm$

용접시공

1. 용접시공 시 올바른 적용 사항

① 같은 평면 내에 많은 이음부가 있을 때, 수축부는 가능한 자유단 쪽으로 붙여 용접한다.
② 물건의 중심에 대하여 항상 대칭으로 용접을 진행한다.
③ 수축이 큰 부분을 먼저 용접하고 수축이 작은 부분은 뒤에 용접하도록 한다.

2. 용접 결합부를 예열하는 이유

① 용접부의 냉각속도를 느리게 하여 결함을 방지할 수 있다.
② 용접부의 수축변형과 잔류응력을 감소시킬 수 있다.
③ 용접 금속 및 열영향부의 연성 및 인성을 감소시킬 수 있다.
④ 온도분포가 완만하게 되어 열응력의 감소로 변형과 잔류응력의 발생을 감소시킬 수 있다.
⑤ 용접부의 기계적 성질을 향상시키고 경화되는 조직을 석출을 방지할 수 있다.
⑥ 수소의 방출을 용이하게 하여 저온균열을 방지할 수 있다.
⑦ 용접의 작업성을 개선시킬 수 있다.

3. 용착 방법의 종류

용착이란 가열하여 녹은 용접봉의 금속이 모재와 결합하는 현상으로 다음과 같은 용착법의 종류가 있다.

① 전진법 : 용접 진행 방향과 용착 방향이 동일하게 되는 방법으로 좌진법이라고도 한다.
② 후진법 : 용접 진행 방향과 용착 방향이 반대로 되는 방법으로 우진법이라고도 한다.
③ 전진블록법 : 첫 비드층에 균열이 발생하기 쉬울 때, 짧은 용접 길이로 표면까지 용착시키는 방법이다.
④ 대칭법 : 용접이음의 전체 길이를 분할하여 중앙 지점을 기준으로 대칭적으로 용접을 실시하는 방법이다.

⑤ 캐스케이드법 : 특수한 방법으로 잘 사용하지 않는다. 결함이 잘 발생하지 않는 특징이 있고 후진법과 병용하여 사용하는 방법이다.
⑥ 스킵법 : 용접이음 전체 길이를 넘어서는 용접법으로 비석법이라고도 하며, 용접 시점과 종점에 결함이 발생할 수 있는 단점이 있다.
⑦ 빌드업법 : 수직 용접 시 적용하는 방법으로 덧살올림법이라 한다. 용접 이음 전체 길이에 대해서 각 층을 연속하여 용접하는 방법이다.

(1) 전진법의 특징
① 열 이용률이 불량하고 산화가 심하다.
② 용접 속도는 느리나 용착 금속은 급랭처리한다.
③ 용접 모재 두께는 얇고 홈 각도는 크다.
④ 용착 금속 조직이 거칠고 용접 변형이 크나 비드 모양은 보기 좋다.

(2) 후진법의 특징
① 열 이용률이 양호하고 산화가 심하지 않다.
② 용접 속도가 빠르고 용착 금속은 서냉처리한다.
③ 모재 두께가 두껍고 홈 각도가 작다.
④ 용착 금속 조직이 미세하고 용접변형이 적으며 비드 모양이 매끄럽지 못하다.

4 용접이음과 결함의 종류

(1) 용접이음
겹치기이음과 맞대기이음으로 분류할 수 있고 겹치기이음 형태를 필렛 용접이음이라 할 수 있다. 또한 용접에는 가용접과 본용접으로 나눠 볼 수 있다. 가용접이란 본용접을 하기 전에 좌우의 홈 또는 이음 부분을 잡아주기 위해 하는 점용접 형태이다.

① 가용접 시 고려 사항
 • 본용접 시보다 가는 용접봉을 사용해야 한다.
 • 본용접을 하는 작업자와 동일 기량의 소유자가 작업해야 한다.
 • 강도상 중요한 곳, 용접의 시작점과 끝나는 점 위치에는 가용접을 해서는 안 된다.

② 본용접 시 고려 사항
 • 적정 전류로 아크 길이는 가능한 짧게 한다.
 • 적당한 예열과 운봉법으로 작업한다.

- 용접의 시점과 끝점에 결함의 우려가 크므로 중요한 경우에는 엔드탭을 사용하여 결함을 방지하도록 한다.
- 봉의 연결부에는 결함이 생기기 쉬우므로 슬래그 제거를 신경써서 해야 하며, 용입이 충분히 이루어지도록 한다.
- 필렛 용접은 언더컷이나 용입 불량이 발생할 가능성이 높아 아래보기 자세로 용접하도록 한다.
- 비드가 교차하는 것은 피하는 것이 좋다. 또한 비드의 시점과 끝점이 구조물의 중요 부분이 되지 않도록 한다.

(2) 강용접부(鋼溶接部)의 결함(缺陷)

- 아크 용접의 결함 종류와 특성

① 오버랩(overlap)

낮은 전류로 용융열이 부족하여 용가재와 모재가 잘 융합하지 않고 용착 금속의 모재 위에 겹쳐서 쌓인 결함이다. 원인은 다음과 같다.
- 용접봉이 굵을 때
- 용접 전류가 약할 때
- 운봉의 불량
- 용접 속도가 느릴 때

② 기공

용착 금속의 내부에 가스가 남아 있어 생긴 구멍 결함이다.
- 모재에 불순물이 함유되어 있을 때
- 용접봉에 습기가 있을 때
- 용접 전류가 과대할 때
- 가스 용접 시 과열되었을 때

③ 슬래그 섞임

용착 금속 속에 피복제가 섞여 굳어서 생긴 결함
- 운봉의 불량
- 용접 전류 속도의 부적당
- 피복제의 조성 불량

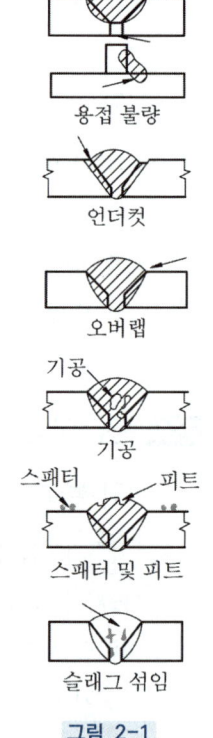

그림 2-1
아크 용접부의 결함

④ 언더컷(under cut)

용접비드의 양쪽 경계부에 용접 전류의 과다로 인해 용접부 테두리가 파이는 결함이다.
- 운봉의 불량
- 용접전류 속도의 부적당
- 용접전류의 과대

⑤ 용입부족

접합부의 끝의 홈 밑바닥 부분까지 충분히 용착 금속이 형성되지 못해 생긴 결함
- 부적합한 용접봉 사용
- 용접 속도가 너무 빠를 때
- 모재에 황 함유량이 많을 때

⑥ 피시 아이(fish eye)

용착 금속의 인장 또는 굽힘 시험편의 파단면 또는 중심부의 공간에 홈 등의 결함이 나타나는 현상이다.

⑦ 크레이터(crater)

비드의 끝부분은 용착 금속의 수축으로 인해 용착 금속 부족으로 폭 파여진 형태의 결함이다.

⑧ 스패터(spatter)

용착 금속의 기포 팽창, 용착 금속 폭발, 피복제에 수분함유, 운봉각도 부적합, 모재의 온도가 현저히 낮을 때 비산되는 금속 방울 때문에 발생하는 결함이다.

5 용접변형과 잔류응력

(1) 아크 길이가 길 때 나타나는 현상

① 용입이 적고 표면이 거칠어진다.
② 언더컷이 생기기 쉽다.
③ 아크가 불안정하다.
④ 기공 및 균열이 생기기 쉽다.
⑤ 용융금속이 산화 및 질화가 되기 쉽다.
⑥ 스패터 발생이 많아진다.

(2) 아크 길이가 짧을 때 나타나는 현상

① 용입이 불량해진다.
② 용접봉이 자주 단락된다.
③ 모재와 용접봉의 접착이 쉬워진다.

④ 아크의 지속이 어렵다.

(3) 잔류응력 제거 방법

용접 시 열을 가하게 되면 구속된 상태에서 변형이 발생하게 되므로 열응력이 발생하고, 발생된 열응력은 재료 내부에 잔류하여 내부응력을 증가시키게 된다. 이와 같은 잔류응력에 가장 큰 영향은 부식이라 할 수 있고, 이를 제거하는 열처리 방법이 풀림이다.

① 피닝처리 : 치핑 해머로 용접부를 가볍게 연속적으로 때려 슬래그 제거와 함께 잔류응력을 제거하는 효과가 있는 방법이다.

② 풀림 처리
- 노내 풀림 : 가열로 안에서 적정 온도하에 일정한 시간 동안 유지하며 서냉시키는 방법이다.
- 국부 풀림 : 가열로 내에서 작업이 어려울 경우 용접 부위만을 풀림 처리하는 방법이다.

③ 응력 완화법
- 기계적 응력 완화법 : 잔류응력부에 하중을 가하여 미소 소성에 변형을 준 후 하중을 제거하는 방법으로 잔류응력을 완화시키는 방법이다.
- 저온 응력 완화법 : 용접선 양축을 일정한 속도로 이동하며 가스불꽃으로 60~150mm에 걸쳐 150~200℃ 정도로 가열 후 수냉시키는 방법이다.

(4) 용접 시 발생한 변형을 교정하는 방법

① 얇은 판의 경우는 점 가열을 통해 교정한다.
② 두꺼운 판은 가열 후 압력을 가해 놓고 수냉 처리하여 교정한다.
③ 형재의 경우는 직선 가열법으로 교정한다.
④ 가열 후 해머로 두드리는 방법으로 교정한다.

(5) 변형을 경감시키는 방법

① 억제법 : 공작물을 가접 또는 지그 홀더 등으로 고정하고 변형 발생을 억제하는 방법이다.
② 역변형법 : 용접 금속 및 모재의 수축에 대하여 모재를 용접 전에 반대 방향으로 굽혀 놓고 작업하는 방법
③ 도열법 : 용접 입열로 인한 변형을 방지하는 방법으로 용접부에 구리로 된 덮개 판을 두든지, 뒷면에 용접부를 수냉 또는 용접부 근처를 물기가 있는 석면, 천 등을 두는 방법 등이 있다.
④ 롤링법 : 롤을 이용하여 판상, 직선상 등의 형상 용접물을 간단히 롤링하는 방법이다.
⑤ 가열법 : 용접물을 가열 후 수냉 처리를 하거나 타격을 가해 변형을 경감시키는 방법이다.

6 용접 결함의 생성과 특성 및 방지대책

(1) 용접 결함의 분류
용접의 결함에는 구조적 결함과 치수상 결함으로 분류된다.
① 구조적 결함 : 언더컷, 오버랩, 용입불량, 기공, 슬래그 섞임, 선상조직, 은점, 균열, 기공
② 치수상 결함 : 변형, 치수불량, 형상불량 등

(2) 용접 결함의 종류와 방지대책
일반적으로 용접전류가 낮으면 용입불량, 슬래그 섞임, 오버랩 등이 발생하고, 용접전류가 높으면 언더컷, 스패터, 기공 등이 발생하게 된다. 다음과 같은 용접결함의 종류가 있으며 그 대책을 간단히 정리하도록 한다.

① 균열
- 적정 전류와 속도로 운봉하도록 한다.
- 저수소계 용접봉을 사용하도록 한다.
- 예열 및 피닝 작업을 해준다.
- 비드 배치를 변경하거나 용접 비드 단면적을 넓혀 준다.

② 오버랩
- 용접봉을 바르게 선택하고 운봉을 적절히 유지한다.
- 적정 전류를 사용한다.
- 필렛의 경우 용접봉의 각도를 잘 조절하도록 한다.

③ 기공(blow hole)
- 충분하게 건조된 저수소계 용접봉을 사용하도록 한다.
- 이음 표면을 청결하게 해준다.
- 위빙(weaving)을 하여 열량을 늘리거나 예열을 하도록 한다.
- 전류를 조절하고 용접속도를 늦추도록 한다.
- 정해진 범위의 전류 내에서 좀 긴 아크를 사용하도록 하고 용접법을 조절한다.
- 강재에 부착되어 있는 기름, 페인트, 녹 등을 제거하도록 한다.

④ 용입 불량
- 용접속도를 적당히 유지한다.
- 슬래그가 벗겨지지 않는 한도 내에서 전류를 높인다.
- 용접봉의 선택을 바르게 한다.
- 루트간격 및 치수를 크게 한다.

⑤ 언더컷
- 아크 길이를 짧게 유지한다.
- 유지 각도를 바꾼다.
- 용접속도를 감소시킨다.
- 용접봉 선택을 바르게 한다.
- 운봉을 양호하게 한다.

⑥ 피트
- 저수소계 용접봉을 사용한다.
- 건조된 용접봉을 사용한다.
- 용접부의 청결을 유지하고 예열을 하도록 한다.
- 염기도가 높은 봉을 사용하도록 한다.

⑦ 스패터
- 모재 두께에 맞는 용접봉을 선택한다.
- 충분한 건조가 이루어진 후 용접한다.
- 낮은 전류를 사용하여 위빙을 크게 하지 말고 적당한 아크 길이로 용접하도록 한다.

⑧ 슬래그 섞임
- 적당한 운봉법으로 전류를 다소 강하게 한다.
- 슬래그를 깨끗이 제거하고 루트 간격을 넓게 하여 알맞은 용접이음이 되도록 한다.
- 용접부 예열을 하고 운봉의 유지각도는 용접방향을 향하게 해야 한다.
- 운봉속도는 슬래그가 앞지르지 않도록 유지한다.

⑨ 선상조직 : 모재 재질이 불량하거나 용착 금속의 냉각속도가 빠를 때 발생한다.
- 모재 재질에 맞는 용접봉을 선정하고 급랭을 피하도록 한다.

(3) 용접 결함의 보수

① 언더컷 : 작은 용접봉으로 재(再)용접한다.
② 오버랩 : 용접부를 깎아 내거나 갈아내고 재(再)용접한다.
③ 균열 : 균열의 성장 방향 끝에 정지 구멍을 뚫고 균열 부분을 파내고 재(再)용접한다.
④ 기공 및 슬래그 섞임부는 깎아내고 재(再)용접한다.

7 가스 용접의 역류, 역화, 인화

(1) 역류

① 토치 내부의 청소가 불량할 때, 토치 내부가 막혀서 고압산소가 아세틸렌가스 호스로 흐르는 현상이다.
② 역류 시 산소가스를 차단하고 나서 아세틸렌가스를 차단 후 토치를 청소한다.

(2) 역화

팁 속에서 폭발음과 함께 불꽃이 꺼졌다가 다시 나타나는 현상으로 다음과 같은 원인이 있다.
① 팁 끝이 모재에 닿아 팁 끝이 막히거나 과열되었을 때
② 사용 가스의 압력이 낮을 때
③ 팁의 죔이 완전하지 않을 때

(3) 인화

① 팁 끝이 순간적으로 막히면 가스의 분출이 나빠져 가스 혼합실까지 불꽃이 도달되어 토치가 빨갛게 달구어지는 현상이다.
② 토치의 아세틸렌 밸브를 차단 후 산소 밸브를 차단하도록 한다.

CHAPTER 02 실전연습문제

01 아크나 발생 가스가 다같이 용제 속에 잠겨져 있어서 잠호 용접이라고 하며, 상품명으로는 링컨 용접법이라고도 하는 것은?

① TIG 용접
② 서브머지드 용접
③ MIG 용접
④ 일렉트로 슬래그 용접

- 피복아크 용접 : 모재와 전극 사이에 아크열을 발생시켜 이 열로 용접봉과 모재를 녹여 접합
- 불활성가스 아크 용접 : Ar, Ne, He 등의 불활성가스 속에서 아크열을 발생시켜 접합, MIG 용접(금속전극봉)과 TIG 용접(텅스텐 전극봉)이 있다.
- 일렉트로 슬래그 용접 : 와이어와 용융 슬래그 사이에 통전된 전류의 저항열로 접합

02 산소-아세틸렌가스 용접법의 장점이 아닌 것은?

① 토치의 거리나 화염의 크기를 가감함으로써 가열의 조정이 자유롭다.
② 열에너지의 집중이 높다.
③ 전원설비가 필요치 않고 언제 어디서나 장치를 운반하여 용접작업이 가능하다.
④ 토치나 화구(火口)를 교환하면 절단, 열처리, 굽힘가공 등의 각종 가열작업에 이용할 수 있다.

가스 용접(산소-아세틸렌 용접)의 특징
- 설치 및 운반이 비교적 편리하고 전기가 필요없다.
- 유해광선의 발생률이 적고 응용범위가 넓다.
- 가열할 때 열량조절이 쉽다.
- 박판 용접이 가능하다.
- 고압가스로 인한 폭발, 화재 위험이 크다.
- 용접속도가 느리고 열의 집중성이 떨어져 용접이 어렵다.
- 용접 부위의 변형이 크다.
- 용접부 기계적 강도가 떨어지고 신뢰성이 작다.

03 교류 아크 용접기의 효율을 옳게 나타내는 식은? (단, 아크 출력의 단위는 [kW], 소비전력의 단위는 [kVA], 전원입력의 단위는 [kVA]이다.)

① (아크 출력÷소비 전력)×100[%]
② (소비 전력÷아크 출력)×100[%]
③ (소비 전력÷전원 입력)×100[%]
④ (아크 출력÷전원 입력)×100[%]

정/답   01 ②   02 ②   03 ①

04 용접의 결점에 해당되지 않는 것은?

① 품질검사가 곤란하다.
② 용접모재의 재질에 대한 영향이 크다.
③ 제품의 두께가 두껍고 가공수가 많이 든다.
④ 응력집중에 대하여 극히 민감하다.

용접의 특징(리벳 이음과 비교)
- 자재의 절약과 공정수가 적다.
- 이음효율이 향상된다.
- 작업의 자동화가 가능하다.
- 모재의 변질과 응력집중 현상이 발생한다.
- 기밀·수밀성이 좋다.
- 제품의 성능과 수명이 향상된다.
- 품질 검사가 곤란하다.
- 용접공의 숙련도에 따라 용접 정도가 다르다.
---

05 금속 아크 용접봉의 피복제 작용 중 틀린 것은?

① 아크를 안정시킨다.
② 용착 금속을 보호한다.
③ 모재의 응력집중을 방지한다.
④ 용착 금속의 급냉을 방지한다.

06 알곤, 헬륨 등의 불활성가스 분위기 속에서 텅스텐 용접봉을 사용하여 용접하는 것은?

① CO_2 알곤 용접
② 서브머지드 용접
③ MIG 용접
④ TIG

07 용접의 단점으로 틀린 것은?

① 잔류응력(殘留應力)이 생기기 쉽다.
② 자재가 많이 소모된다.
③ 품질검사가 곤란하다.
④ 용접 모재의 재질에 대한 영향이 크다.

08 특수 아크 용접에 해당되지 않는 것은?

① TIG 용접
② 잠호 용접
③ MIG 용접
④ 심(seam) 용접

정/답 04 ③ 05 ③ 06 ④ 07 ② 08 ④

09 다음 중 피복아크 용접에서 모재가 녹은 깊이를 무엇이라 하는가?

① 용입(penetration)
② 용락(burn through)
③ 용적(globule)
④ 용융지(weld pool)

- 용락(burn through) : 용접 과정에서 용접 금속이 과도하게 용입되어 개선(groove)의 뒷면까지 흘러 부분적으로 용접 금속이 떨어진 것을 의미한다.
- 용적(globule) : 용접봉에서 모재로 용융금속이 옮겨가는 금속의 물방울
- 용융지(weld pool) : 용접 시 용융금속이 액체 상태로 존재하는 곳

10 AW 300의 아크 용접기로 220[A]의 용접전류를 사용하여 15시간 용접했다. 이 경우 허용 사용률은 약 몇 %인가? (단, 용접기의 정격 사용률은 45%이다.)

① 61.4　　② 614　　③ 83.7　　④ 837

- AW 300 : 교류아크 용접기의 정격 2차 전류가 300A

$$허용사용률 = \left(\frac{정격2차전류}{실제사용전류}\right)^2 \times 정격사용률$$

$$허용사용률 = \left(\frac{300}{220}\right)^2 \times 45 = 83.68\%$$

11 다음 중 전기저항 용접에서 용접성에 영향을 가장 적게 미치는 요소로 맞는 것은?

① 전압　　② 전류　　③ 통전시간　　④ 가압력

전기저항 용접의 3요소 : 용접 전류, 통전시간, 가압력

12 용접균열은 발생장소에 따라서 용접금속 균열과 열영향부 균열로 대별된다. 다음 중 용접 비드 종점에서 흔히 볼 수 있는 고온균열로 열영향부 균열이 아닌 것은?

① 토 균열(toe crack)
② 비드 밑 균열(under bead crack)
③ 크레이터 균열(crater crack)
④ 층상 균열(lamellar tear)

크레이터는 아크를 끊을 때 비드 끝부분이 오목하게 들어가는 것을 의미, 즉 용접 시 용융 부위가 그대로 응고되어 움푹하게 패인 부분이다.
고온균열은 온도에 따라 분류되는데, 액상선 온도 부근의 응고구간에서 발생하는 응고취성 균열과 응고 종료 후 재결정 온도 전후에서 발생하는 연성저하 균열로 나누어진다.

정/답　09 ①　10 ③　11 ①　12 ③

13 기공 또는 용융 금속이 튀는 현상이 발생한 결과, 용접부 바깥면에서 나타나는 작고 오목한 구멍을 뜻하는 용어로 다음 중 맞는 것은?

① 크레이터(crater)　　② 피트(pit)
③ 스패터(spatter)　　④ 홈(groove)

> 스패터(spatter) : 용접 중에 전류, 전압의 조합이 적절하지 않은 경우, 어스의 접촉 불량 등의 이유로 용접봉이나 와이어가 정상적으로 용착되지 않고 사방으로 튀어 비산되거나 주위에 작은 덩어리의 상태로 일부 녹아 붙어 있거나 한 결함이다.

14 교류 아크 용접기에서 AW300이란 표시가 뜻하는 것으로 다음 중 맞는 것은?

① 정격 사용률 300A　　② 최고 2차 무부하 전압 300A
③ 정격 2차 전류 300A　　④ 2차 최대 전류 300A

15 아래 그림의 KS 용접 도시기호를 바르게 해석한 것은?

① 용접 피치는 50mm
② 용접 길이는 150mm
③ 양쪽 모두 단속용접
④ 단속용접 용접수는 3

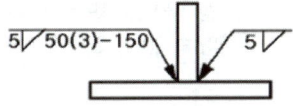

> 화살표 쪽으로 필렛용접 적용, 각장 사이즈가 5mm, 용접길이가 50mm, 용접간격(단속 용접의 피치) 150mm

16 내용적 50L 산소용기의 고압력계가 120기압일 때, 프랑스식 200번 팁으로 용접이 가능한 시간은 얼마인가? (단, 가스 혼합비 산소:아세틸렌가스는 1 : 1이다.)

① 60시간　　② 30시간　　③ 5시간　　④ 15시간

> 산소용기의 총 가스량=내용적×기압, 사용가능 시간=산소용기의 총 가스량÷시간당 소비량, 사용가능 시간=(50×120)÷200=30시간

정/답　13 ②　14 ③　15 ④　16 ②

17 용접 시 생길 수 있는 수축 변형을 감소시키는 방법으로 다음 중 비드를 두들겨서 용착 금속이 늘어나게 하여 용착 금속의 수축을 방지하여 변형을 감소시키는 방법인 것은?

① 케스케이드법 ② 피닝법 ③ 빌드업법 ④ 도열법

- 케스케이드법 : 한 부분에 몇 층을 용접하다가 이것을 다른 부분의 층으로 연속시켜 전체가 계단 형태의 단계를 이루도록 용착시키는 방법이다.
- 빌드업법 : 각 층마다 전체 길이로 용접하는 다층용접법이다.
- 점진블록법 : 한 개의 용접봉으로 살을 붙일만한 길이로 구분해서 홈을 한 부분씩 여러 층으로 쌓아 올려가며 하는 다층 쌓기 용접법이다.

18 아크 용접에서 아크쏠림(arc blow)을 방지하기 위한 조치 사항으로 다음 중 틀린 것은?

① 용접전류를 낮추고 용접속도를 빠르게 한다.
② 가접을 크게 하고 아크길이를 짧게 한다.
③ 접지점을 멀리하여 위치를 바꾼다.
④ 직류(DC)용접기 대신 교류(AC)용접기를 사용한다.

아크쏠림(arc blow) : 아크가 용접봉 방향에서 한쪽으로 쏠리는 현상을 의미한다. 아크 주위에서 발생하는 자장이 용접봉에 대해 비대칭으로 되어 아크가 한 방향으로 강하게 쏠리게 되어 나타난다.

19 다음 중 주철의 용접이 연강에 비하여 대단히 곤란한 이유로서 적합하지 않는 사항은?

① 일산화 탄소가스가 발생되어 용착 금속에 기공이 생기기 쉽다.
② 예열하지 않는 용접에서는 냉각속도가 느리므로 담금질 경화가 되지 않는다.
③ 용융상태에서 급냉하면 백선화되어 수축이 큰 잔류 응력이 발생되어 균열이 생기기 쉽다.
④ 장시간 가열하여 흑연이 조대화된 경우 모재와의 친화력이 나쁘다.

주철은 응융상태에서 급냉되면 HAZ(열영향부) 부위에 급격한 경화로 인한 압력으로 냉각 수축현상이 발생하여 균열에 의한 크랙의 발생 위험이 커진다.

정/답 17 ② 18 ① 19 ②

20 피복 아크 용접에서 아크 전압이 30V, 아크 전류가 150A, 용접속도는 20cm/min일 때 용접부에 주어지는 용접입열량은 몇 J/cm인가?

① 22,500　　② 13,500　　③ 225　　④ 135

- 용접입열량(H)=60×전류×전압÷용접속도
  전류 A, 전압 V, 용접속도 cm/min, 용접입열량 J/cm
  H=60×150×30÷20=13,500J/cm

21 탄산가스 아크 용접 용극식(소모성)에서 일반적으로 사용되는 보호가스가 다음 중 아닌 것은?

① CO_2 + Ar
② CO_2 + O_2
③ CO_2 + Ar + O_2
④ CO_2 + N_2

가스메탈아크 용접(GMA : Gas Metal Arc Welding)에 사용하는 보호가스는 아르곤(Ar), 헬륨(He), 이산화탄소(CO_2)로 이들 중 2가지 이상을 혼합하여 사용하거나 산소(O_2) 등을 소량 첨가하는 경우도 있다.

22 직류 아크 용접기의 특성이다. 다음 설명 중 잘못된 것은?

① 비피복봉 사용이 가능하다.
② 역률이 양호하다.
③ 자기 쏠림이 없다.
④ 극성 선택이 가능하다.

직류 아크 용접기 특징
- 아크의 안정성이 좋다.
- 모재의 재질이나 두께에 따라 극성변환이 가능하여 효율을 증대시킬 수 있다.
- 자기쏠림방지가 불가능하다.

23 알루미늄 합금이나 마그네슘 합금 등의 용접에 가장 적합한 용접은?

① 탄산가스 아크 용접
② 서브머지드 용접
③ 불활성가스 용접의 직류 역극성 용접
④ 불활성가스 용접의 직류 정극성 용접

불활성가스 금속 아크 용접(MIG)의 경우 직류 역극성 용접으로 Al+Cu 합금, 스테인리스강, 연강 등의 용접에 적당하다.

정/답　20 ②　21 ④　22 ③　23 ③

24 다음은 서브머지드 아크 용접법의 장점이다. 잘못 설명된 것은?

① 용융속도 및 용착속도가 빠르다.
② 적용재료에 제한을 받지 않는다.
③ 용입이 깊다.
④ 비드 외관이 매우 아름답다.

서브머지드 아크 용접의 특징
- 용입이 깊고 용접재료에 제약을 받는다.
- 일반적으로 비드 외관이 좋다.
- 용접속도가 수동 용접에 비해 10~20배 빠르다.

25 가스 용접용 토치는 사용하는 아세틸렌가스 압력에 의하여 저압식, 중압식, 고압식으로 나누어진다. 다음 중 저압식 토치의 아세틸렌 공급압력으로 가장 적합한 것은?

① 3.92×10^{-3} MPa 이상
② 6.86×10^{-3} MPa 이하
③ 3.92×10^{-2} MPa 이상
④ 0.098MPa 이상

- 저압식 토치 : 0.07kg/cm² [6.86×10^{-3} MPa] 이하
- 중압식 토치 : 0.07~1.3kg/cm² [6.86×10^{-3}~0.1274MPa]
- 고압식 토치 : 1.3kg/cm² [0.1274MPa] 이상

26 수소와 질소가 용접부에 미치는 다음의 영향 중 질소의 영향으로 가장 적합한 것은?

① 파면에 은점이 나타난다.
② 금속 파면에 선상 조직을 일으킨다.
③ 비드 언더(bead under) 크랙을 유발한다.
④ 저온 뜨임 시 시효 경화현상이 나타난다.

질소(N)의 영향
- 냉각 중 질화철의 형태로 석출되어 강의 연성과 충격저항을 감소시킨다.
- 연성 감소에 따른 크랙을 발생시킨다.
- 질소 함유량의 증가로 인성이 저하하면 열변형과 취성화(청열취성)의 원인이 된다.
- 수소의 영향 : 수소취성, 언더비드크랙, 피쉬아이, 미소균열, 선상조직 등의 문제점 발생

정/답 24 ② 25 ② 26 ④

27 다음 중 아세틸렌가스에 대한 설명으로 틀린 것은?

① 물에는 25배 정도 용해되어서 용해 아세틸렌으로 만들어 용접에 이용되고 있다.
② 불순물인 황화수소 등을 포함하고 있어 악취가 난다.
③ 순수한 아세틸렌가스는 무색 기체이다.
④ 공기보다 가볍다.

> **아세틸렌가스 성질**
> - 비중이 0.91로 공기보다 가볍고 매우 불안전한 가스로 분류된다.
> - 무색, 무취의 가스이다.
> - 물에는 1배, 석유에는 2배, 벤젠에는 4배, 알코올에는 6배, 아세톤에는 25배 용해된다.

28 다음 설명 중 저수소계 용접봉의 특징으로 틀린 것은?

① 용착 금속은 기계적 성질, 내균열성이 우수하다.
② 아크가 안정되어 작업성이 우수하다.
③ 탄산칼슘($CaCO_3$), 불화칼슘(CaF_2)이 주성분이다.
④ 아크에 탄산가스 분위기를 주어 용착 금속에 용해되는 수소량을 적게 한다.

> **저수소계(E4316) 용접봉**
> - 연성과 인성은 양호, 기계적 성질 우수, 아크가 다소 불안정하고 작업성이 불량하다.

29 탄산가스 용접 시 와이어 돌출길이가 적당해야 용접이 잘된다. 용접전류 200[A] 미만일 때, 와이어 돌출길이가 몇 mm 정도이어야 적합한 것으로 볼 수 있는가?

① 25~30   ② 20~25   ③ 10~15   ④ 5~7

> 와이어 돌출길이-팁 끝에서 모재까지 거리에서 아크 길이를 제외한 길이에 해당
> - 저전류 영역(약 200A 미만) : 10~15mm 정도
> - 고전류 영역(약 200A 미만) : 15~25mm 정도

정/답   27 ①   28 ②   29 ③

30 현장에서 많이 사용하고 있는 일반적인 용해 아세틸렌에 대한 설명으로 잘못된 것은?

① 발생기 아세틸렌보다 고순도이다.
② 아세틸렌가스를 아세톤에 용해시킨 것이다.
③ 일정 온도 이상이 되면 산소가 없어도 폭발한다.
④ 발생기 아세틸렌에 비하여 불안정하다.

> 용해 아세틸렌 : 강철 용기 내부에 규조토, 목탄 분말, 석면 등 다공질 물질을 채우고 아세톤을 흡수시킨 다음 아세틸렌가스를 15℃에서 15.5기압으로 충전 용해시킨 것이다.

31 용접봉 용제(flux)의 종류에 따라서 용접금속의 충격치가 다른데, 다음 중 그 값이 가장 우수하게 나오는 계(系)는?

① 산화철계(酸化鐵系) ② 일미나이트계(ilmenite계)
③ 저수소계(低水素系) ④ 티타니아계(titania계)

> 인성이 풍부하고 기계적 성질이 우수한 것은 저수소계(低水素系) 용접봉이다.

32 아크 용접 작업에서 아크시간이 7분, 휴식시간이 3분이라 할 때, 실제 사용률(duty cycle)은 몇 %가 되는가?

① 40 ② 45 ③ 65 ④ 70

> 정격 사용률(%) = $\dfrac{\text{아크시간}}{\text{아크시간}+\text{휴식시간}} \times 100$
>
> 정격 사용률 = $\dfrac{7}{7+3} \times 100 = 70\%$

33 저수소계, 일미나이트계, 티탄계, 고산화철계 용접봉의 용접성에 대한 설명으로 잘못된 것은?

① 작업성은 피복제의 염기도가 높을수록 향상된다.
② 내균열성은 피복제의 염기도가 높을수록 양호하다.
③ 티탄계는 내균열성이 가장 나쁘다.
④ 내균열성은 저수소계가 가장 좋다.

정/답 30 ④ 31 ③ 32 ④ 33 ①

- 용접봉의 용접성 : 내균열성의 정도, 용접 후 변형의 정도, 내부결함, 금속의 기계적 성질 등을 용접성이라 한다.
- 용접봉의 작업성은 아크안정, 스패터, 슬랙, 용융점, 점성, 응고 온도변화, 표면장력 등의 성질에 따라 결정된다.
- 용착 금속의 내균열성은 용접봉을 선택하는데 중요한 인자가 된다. 연강용 피복 아크 용접봉의 내균열성이 가장 좋은 것이 저수소계이고, 그 다음이 일미나이트계, 타이타늄계 순이다.
  내균열성의 정도는 피복제의 염기도(basicity)가 높을수록 높다. 반대로 피복제가 산성화되어 작업성이 좋아지면 용착 금속은 균열이 발생하기 쉽다.

34 다음 중 강 용접물의 용접 변형에 영향을 주는 요소가 아닌 것은?

① 강의 상변태 ② 용접입열 ③ 용접결함 ④ 용착량

- 상변태란 상의 변화(고상 → 액상)를 의미하고 용접결함은 용접 변형에 영향을 주는 요소가 아니라 일종의 변형의 결과물이다.
- 용접변형의 원인 : 모재의 열팽창, 모재의 소성변형, 냉각 과정의 수축, 모재의 영향, 용접시공의 영향, 잔류응력, 용접순서, 환경의 영향 등이 있음

35 다음 중 용접부를 피닝하는 주목적으로 가장 알맞은 것은?

① 용접부의 잔류응력을 완화하고 변형을 방지한다.
② 응력을 강하게 하고 변형을 크게 한다.
③ 미세한 먼지 등을 털어낸다.
④ 모재의 재질을 검사한다.

- 피닝(Peening) : 용접부 잔류응력을 제거하는 효과가 있다.

36 용접기의 1차 입력이 20kVA이고 전원 전압이 200V일 때, 용접기 1차측 안전 스위치로 가장 적합한 것은?

① 0.1A ② 5A ③ 10A ④ 100A

- 퓨즈용량=1차 입력(VA)/전원 전압(V)=20,000(VA)/200(V)=100A

정/답 34 ③ 35 ① 36 ④

37 다음 중 아크 특성에 관한 설명 중 잘못된 것은?

① 양극구역 전압강하는 아크 길이 및 전류에 관계없이 거의 일정하다.
② 양극과 음극 사이의 아크 간격이 길어지면 전압강하는 증가한다.
③ 아크의 특성은 용접봉의 조성, 보호가스 등에 관계없이 일정하다.
④ 음극구역 전압강하는 양극구역 전압강하보다 많이 일어난다.

아크의 특성
- 전극의 재질과 가스 종류에 따라 변화한다.
- 양극과 음극전압 강하구역은 아크 기둥에 비하여 작기 때문에 전압 기울기는 매우 높다.
- 이 구역의 전압은 아크길이의 변화에 무관하다.
- 아크에서 전류의 흐름은 전자에 의하여 유지된다.

38 다음 용접 방법 중에서 전기적인 아크(Arc)열을 이용하는 것은?

① 플라즈마 용접　　② 테르밋 용접
③ 프로젝션 용접　　④ 일렉트로 슬래그 용접

- 플라즈마 용접 : 텅스텐 전극과 공작물 사이에 아크가 형성된 용접
- 테르밋 용접 : 알루미늄과 금속 산화물 사이에서 발생하는 화학반응열을 이용한 용접
- 프로젝션 용접 : 압접의 종류인 전기저항 용접의 종류이다.
- 일렉트로 슬래그 용접 : 용접 전극 와이어와 용융 슬레그 사이에 흐르는 전류의 저항열을 이용하여 용접하는 방법

39 다음 중 용접 제품에서 잔류응력의 영향이 아닌 것은?

① 박판 구조물에서는 국부 좌굴을 촉진한다.
② 사용 중에는 변형의 원인은 되지 않는다.
③ 취성파괴의 원인이 된다.
④ 응력부식의 원인이 된다.

용접의 잔류응력은 응력부식의 원인이 될 위험성이 높다. 또한 구조물의 피로강도를 저하시키고 취성파괴 등을 유발한다.

40 서브머지드 아크 용접 시 아크의 길이가 길어지면 나타나는 현상으로 맞는 것은?

① 용접비드가 좁아진다.　　② 용입이 깊어진다.
③ 오버랩이 발생한다.　　　④ 용입이 얇고 폭이 넓어진다.

정/답　37 ③　38 ①　39 ②　40 ④

아크 길이가 길 때 나타나는 현상
- 용입이 적고 표면이 거칠어진다.
- 언더컷이 생기기 쉽다.
- 아크가 불안정하다.
- 공 및 균열이 생기기 쉽다.
- 용융금속이 산화 및 질화가 되기 쉽다.
- 스패터 발생이 많아진다.

41 다음 중 일반적인 불활성가스 아크 용접에 해당하지 않는 것은?

① MIG 아크 용접
② 캐스케이드 아크 용접
③ 알곤 아크 용접
④ TIG 아크 용접

- 불활성가스 : 아르곤, 헬륨, 네온 등
- 불활성가스 아크 용접의 종류 : TIG 용접, MIG 용접

42 다음은 피복 금속 아크 용접봉의 용융속도에 관한 설명이다. 잘못 표현된 것은?

① 심선이 같더라도 피복제에 따라 다르다.
② 같은 전류의 경우 봉의 크기와 무관하다.
③ 아크 전압에 비례한다.
④ 아크 전류에 비례한다.

- 용접봉의 용융속도=아크전류×용접봉 쪽 전압강하
- 용접봉의 용융속도는 단위 시간당 소비되는 용접봉의 길이 또는 무게로 나타내고 아크 전압과는 관계가 없다.

43 산소-아세틸렌가스 절단 시 절단조건으로 다음 중 설명이 잘못된 것은?

① 모재의 연소온도가 용융온도보다 높을 것
② 슬래그의 용융온도가 모재의 용융온도보다 낮을 것
③ 모재 중 불연소물이 적을 것
④ 슬래그의 유동성이 좋고 쉽게 이탈할 것

- 산소-아세틸렌가스 절단 시 절단조건
- 절단재료의 발화온도가 그 용융온도보다 낮을 것
- 산화물의 용융온도가 절단재료의 용융온도보다 낮을 것
- 산화물의 유동성이 좋아 절단재료로부터 쉽게 배출될 것
- 절단재료의 성분 중에 불연성 물질이 적을 것

정/답　41 ②　42 ③　43 ①

44 아크전류가 300A, 아크전압이 25V, 용접속도가 20cm/min인 경우 용접길이 1cm당 발생되는 용접입열은 몇 J/cm인가?

① 30,000 ② 25,500 ③ 22,500 ④ 20,000

용접입열 $H = \dfrac{60EI}{V}(J/cm) = \dfrac{60 \times 25 \times 300}{20} = 22,500(J/cm)$

45 다음은 가스 용접에서 전진법(좌진법)에 대한 설명이다. 잘못된 것은?

① 소요 홈 각도는 우진법에 비하여 작다.
② 용접속도는 우진법에 비하여 느리다.
③ 열 이용률은 우진법에 비하여 나쁘다.
④ 용접 변형은 우진법에 비하여 크다.

가스 용접의 우진법(후진법)과 좌진법(전진법)의 비교

방법 항목	후진법(우진법)	전진법(좌진법)
산화 정도	약함	심함
용착 금속의 조직	미세	거침
용착 금속의 냉각	서냉	급랭
용착 금속의 판 두께	두꺼움	얇음
홈 각도	작다(60°)	크다(90°)
비드 모양	매끈하지 못함	매끈함
용접 변형	작다	크다
용접 속도	빠름	느림
열 이용률	양호	불량

46 일반적인 강판의 가스 용접 시 모재 두께 4mm일 때, 사용 용접봉의 지름으로 적당한 것은?

① 4mm ② 3mm ③ 2mm ④ 1mm

연강판의 두께가 2.5~4mm이면 용접봉의 지름은 1.6~3.2mm 사이를 사용, 모재 두께 4mm이면 용접봉의 지름이 2mm보다 3mm가 적당하다.

정/답 44 ③ 45 ① 46 ②

47 다음의 아크 쏠림(arc blow) 방지방법 중 가장 적당한 것은?

① 직류 정극성으로 극성을 선택한다.
② 아크 길이를 길게 하여 용접한다.
③ 접지점(ground)을 용접부로부터 멀리 한다.
④ 직류 역극성으로 극성을 선택한다.

아크 쏠림 방지법
- 교류 용접기 사용 시 아크 길이를 짧게 유지한다.
- 용접봉 끝을 아크 쏠림 반대 방향으로 기울이도록 한다.
- 접지점을 이중으로 양 끝에 연결(접지점 2개를 연결)하고 가능한 멀리 한다.
- 이음 시작과 끝에 앤드탭 장착한다.
- 후퇴법으로 용접한다.
- 용접부의 틈을 적게 한다.

---

48 전기 저항 용접법의 종류 중 맞대기(butt) 용접이 아닌 것은?

① 퍼커션 용접　　② 플래시 용접
③ 업셋 용접　　　④ 프로젝션 용접

겹치기 전기저항 용접 : 점 용접(Spot), 심 용접(seam), 프로젝션 용접(projection)

---

49 아크 용접기의 수하특성을 설명한 것으로 맞는 것은?

① 부하전류가 증가하면 단자 전압이 저하하는 특성
② 아크전압이 변하여도 아크전류가 변하지 않은 특성
③ 부하전류가 낮아져도 단자 전압이 변하지 않은 특성
④ 부하전류가 증가하면 단자 전압이 상승하는 특성

- 정전압특성 : 부하 전류가 변하여도 단자 전압은 거의 변하지 않는 특성
- 상승특성 : 부하 전류가 증가하면 단자 전압도 다소 높아지는 특성
- 정전류특성 : 아크길이와 전압이 변하여도 전류는 거의 변하지 않고 아크가 지속되는 특성

---

50 저수소계 용접봉(E4316)의 건조온도와 시간에 대한 설명으로 맞는 것은?

① 200~250℃로 1시간 정도　　② 300~350℃로 2시간 정도
③ 70~100℃로 1시간 정도　　　④ 100~150℃로 1시간 정도

저수소계(E4316)의 건조 : 흡습성이 크므로 사용 전 300~350℃에서 1~2시간 건조 후 사용

정/답　47 ③　48 ④　49 ①　50 ②

51 용접봉 피복제가 갖추어야 할 성질에 해당하지 않는 것은?

① 탈산 능력이 있을 것
② 쉽게 이온화될 것
③ 슬래그(slag)를 형성하는 능력이 있을 것
④ 수분 함량이 클 것

• 피복제란 아크 발생을 쉽게 하고 용접부를 보호하며, 녹아서 슬래그가 되는데 수분이 많으면 아크 발생의 어려움이 예상된다.

52 용접 시 발생하는 잔류응력에 대한 설명으로 다음 중 옳지 못한 것은?

① 잔류응력의 제거방법에는 노내풀림, 국부풀림, 피닝, 저온응력 완화법 등이 있다.
② 잔류응력의 억제를 위하여 지그 등을 활용한 구속 용접을 한다.
③ 용접 시 발생한 잔류응력을 완화하기 위하여 풀림처리를 한다.
④ 잔류응력의 발생을 억제하기 위한 수단으로 스킵법을 사용한다.

• 구속 용접으로 인해 열응력이 발생하고 잔류응력이 생기는 것이므로 잔류응력 제거와 관계없다.
• 스킵법 : 용접 길이를 짧게 나누어 놓고 간격을 두면서 용접을 하는 방법으로 잔류응력을 적게 할 경우 사용하며 비석법이라고도 한다.

53 용접봉의 규격 표시인 E4311에 대한 설명으로 다음 중 맞는 것은?

① 11는 아래보기 자세로만 가능한 것을 표시한 것이다.
② 아크 용접봉으로 피복제의 계통은 고셀룰로오스계이다.
③ 가스 용접봉으로 불활성가스에만 사용된다.
④ 용착 금속의 최고인장강도는 43kgf/mm^{2}이다.

E4311 : 셀룰로오스 30% 정도 가스 발생식, 최저 인장강도 43kgf/mm^2, 수직 상향 및 하향의 현장용접, 파이프와 같은 원주 용접, 박판 용접 등에 적당

54 다음 용접법 중 화학 반응열을 이용한 것으로 맞는 것은?

① 테르밋 용접　　　　　　　② 스터드 용접
③ 일렉트로 슬래그 용접　　　④ 아크 용접

정/답　51 ④　52 ②　53 ②　54 ①

- 스터드 용접 : 볼트, 환봉, 핀 등의 금속 고정구를 철판이나 기존 금속면에 모재와 스터드 끝면을 용융시켜 스터드를 모재에 눌러 융합시켜 용접
- 테르밋 용접 : 알루미늄과 금속 산화물 사이에서 발생하는 화학반응열을 이용한 용접
- 아크 용접 : 용접봉에 전기를 흘려 모재와 용접봉 사이에 발생하는 아크로 용접
- 일렉트로 슬래그 용접 : 용접 전극 와이어와 용융 슬래그 사이에 흐르는 전류의 저항열을 이용하여 용접하는 방법

55 아크 용접에 비교한 가스 용접의 설명이 아닌 것은?

① 열 집중성이 나빠서 효율적인 용접이 어렵다.
② 폭팔 위험성이 크고 금속이 탄화 및 산화될 가능성이 많다.
③ 아크 용접에 비해서 유해 광선의 발생이 적다.
④ 아크 용접에 비해서 불꽃 온도가 높다.

가스 용접의 특징(장단점)
- 응용범위가 넓다.
- 아크 용접에 비해 유해광선의 발생이 적다.
- 운반이 편리하다
- 가열, 조절이 비교적 자유롭다(박판 용접에 적당하다).
- 설비비가 싸고 어느 곳에서나 설비가 쉽다.
- 전원설비가 없는 곳에서도 용접이 가능하다(전기가 필요 없다).
- 폭발의 위험성이 크다.
- 가열의 범위가 커서 용접 응력이 크고 가열 시간이 오래 걸린다.
- 용접변형이 크다.
- 열 집중력이 나빠서 효율적인 용접이 어렵다.
- 아크 용접에 비해 일반적으로 신뢰성이 적다.
- 금속의 탄화 및 산화될 가능성이 많다.

56 원형판 전극 사이에 피용접물을 끼워 전극에 압력을 가하며 전극을 회전시켜 연속적으로 점 용접을 반복하는 용접이 맞는 것은?

① 프로젝션 용접(projection welding)   ② 스폿 용접(spot welding)
③ 플래시 용접(flash-butt welding)   ④ 시임 용접(seam welding)

- 스폿 용접 : 점용접으로 겹쳐 놓은 두 모재에 전원을 공급해 열을 가하고 가압해 용접
- 프로젝션 용접 : 금속 부재의 돌기를 전극으로 가압하고 전류를 이 돌기부에 집중시켜 발생하는 저항열로 용접하는 방법
- 플래시 용접 : 저항가열 외에 아크열도 적극적으로 이용하여 비교적 넓은 접합 단면적을 갖는 재료를 상대적으로 낮은 전류밀도를 적용하여 압접하는 방법

정/답   55 ④   56 ④

57 가스 용접용 아세틸렌가스의 성질 설명으로 다음 중 옳지 않은 것은?

① 산소와 적당히 혼합하여 연소시키면 약 3000℃ 열을 발생한다.
② 아세톤에 25배 용해된다.
③ 비중은 1.906으로 공기보다 무겁다.
④ 무색 무취의 기체이다.

- 아세틸렌가스 성질
- 매우 불안전한 가스로 비중은 0.91로 공기보다 가볍다.
- 무색·무취하다
- 물에는 1배, 석유에는 2배, 벤젠에는 4배, 알코올에는 6배, 아세톤에는 25배 용해된다.
- 산소와 적당히 사용하면 연소 시에 높은 열(3000~ 3100℃)을 발생한다.

58 다음 중 아래 설명에서 (   )속에 가장 적합한 용어는 무엇인가?

> 강의 용접부를 풀림 처리하는 것은 용접에 의해 발생한 (   )을(를) 제거하는 것이 목적이며 열처리로 속에서 서서히 가열하고 각 부분을 균등하게 600~650℃에 도달하게 한다. 유지시간은 판 두께 25mm당 최저 1시간으로 한 다음 노내 냉각시킨다.

① 용접균열　　② 크레이터　　③ 용접변형　　④ 잔류응력

- 물체에 가해진 외력이 제거된 후에도 물체 속에 여전히 남아 있는 내부응력을 잔류응력이라 하며, 용접이나 열처리 등의 과정에 의한 내부응력도 잔류응력이라 한다.

59 용접 비드의 가장자리에서 모재 쪽으로 발생하는 균열을 무엇이라 하는가?

① 루트 균열　　　　　　② 라멜라티어
③ 토우 균열　　　　　　④ 비드 밑 균열

- 루트 균열 : 저온 균열로서 맞대기 이음의 가접부 또는 제1층 용접의 루트 부근 열영향부에서 발생한다. 종균열의 형태로서 표면에 나타나지 않는 경우가 많지만 열팽창부에서 발생하여 차차 비드 속으로 성장해 들어와서 며칠간에 걸쳐서 서서히 진행되는 경우가 많다. 이것의 원인으로는 열영향부의 경화, 용접 금속 중의 수소, 용접 응력 등이 있다.
- 라멜라티어(층상균열) : 모서리 이음, T 이음 등에서 볼 수 있는 것으로서 강의 내부 모재 표면과 평행하게 층상으로 발생되는 균열이다.
- 토우 균열 : 비드 표면과 모재와의 경계부에서 발생하며 경계부가 벌어져 있기 때문에 PT(침투탐상검사)로 검출할 수 있다. 용접에 의한 모재 회전 변형을 무리하게 구속하거나 용접 후 바로 횡굴곡을 주면 발생한다.
- 비드 밑 균열 : 비드 바로 밑에서 용접선에 아주 가까이, 거의 이와 평행되게 모재의 열영향부에서 발생하는 균열이며 고탄소강이나 저합금강과 같은 담금질 경화성이 강한 재료를 용접했을 때 발생하기 쉽다. 원인은 급랭에 의한 열영향부의 경화, 용착 금속 중의 수소, 용접 응력 등이 있다.

정/답　57 ③　58 ④　59 ③

60 직류 전원을 사용하여 아크 용접 시에 정극성(straight polarity) 용접은?

① 용접봉과 모재를 모두 (+)극에 연결한다.
② 용접봉을 (-)극, 모재를 (+)극에 연결한다.
③ 모재의 용입이 낮아진다.
④ 용접봉의 용융속도가 빨라진다.

직류 역극성(DCRP; 모재:-극, 용접봉:+극)의 특징
- 모재의 용입이 낮고 비드 폭이 넓다.
- 용접봉의 용융이 빠르고 주로 박판 용접에 쓰인다.
- 발열량은 모재 30%, 용접봉 70%이다.
- 직류 정극성(DCSP; 모재 : +극, 용접봉:-극)의 특징
- 모재의 용입이 깊고 비드 폭이 좁다.
- 용접봉의 용융이 늦으며 일반적으로 널리 쓰이는 방법이다.
- 발열량은 모재 70%, 용접봉 30%이다.

61 다음은 피복제의 역할을 설명한 것이다. 맞는 것은?

① 용착 금속의 산화, 질화작용을 촉진한다.
② 용착 금속의 급냉을 방지한다.
③ 용융점이 높은 무거운 슬래그를 만든다.
④ 용융금속의 탈산 및 정련작용을 방지한다.

피복제의 역할
- 용적을 미세화하고 용착효율을 높인다.
- 용착 금속의 응고와 냉각속도를 느리게 한다.
- 비드 파형을 곱게 하고 슬래그 제거도 용이하게 한다.
- 용착 금속의 불순물 제거 및 탈산작용을 한다.
- 아크를 안정시키고 절연작용을 한다.
- 용융점이 낮고 적당한 점성의 가벼운 슬래그를 생성시킨다.
- 용접 시 대기 중의 산소와 질소 등의 침입을 막아준다.

62 용접가공에서 열영향부(HAZ)의 재질을 향상시키기 위하여 흔히 취해지는 옳은 방법은?

① 특수한 용가재의 사용
② 용접부의 냉각속도의 감소
③ 용접부의 피닝
④ 용접부의 예열과 후열

용접 열영향부는 용융선과 모재 사이에 형성되는 영역으로 고상에서 조직 변화가 일어나는 부분이다. 열영향부의 기계적 성질과 조직의 변화는 모재의 화학적 구성, 냉각속도, 용접속, 예열 및 후열의 결과에 따라 달라진다. 이와 같은 열영향부에는 내부응력이 증가하게 되는데, 그 잔류응력을 제거하기 위하여 피닝처리를 한다.

정/답 60 ② 61 ② 62 ③

63 용입 부족에 대한 원인에 해당되지 않는 것은?

① 용접 이음의 설계에 결함이 없을 때
② 부적합한 용접봉을 사용할 때
③ 용접 속도가 너무 빠를 때
④ 모재에 황 함량이 많을 때

용입 부족 발생 원인
- 용접봉의 잘못된 선택, 관리 및 보관의 불량
- 용접 방법 및 순서에 의한 변형이 생길 때
- 용접 시 전류가 과소할 때
- 용접속도가 일정하지 못하고 지나치게 빠를 때
- 용접부 청소 상태가 불량할 때

64 산소병을 취급할 때 주의사항으로 틀린 것은?

① 밸브 등에 기름을 주유하여 사용한다.
② 충격을 주지 않는다.
③ 밸브의 개폐는 천천히 한다.
④ 직사광선에 노출시키지 않는다.

65 가스 용접 시 역화(back fire)의 원인 중 틀린 것은?

① 혼합가스의 연소 속도가 분출 속도보다 낮을 때
② 팁의 구멍이 불결할 때
③ 팁의 구멍이 확대 변형되었을 때
④ 작업 중 불꽃이 역행할 때

역화(back fire, flash back) : 팁속에서 폭발음이 나면서 불꽃이 꺼졌다가 다시 켜지는 현상
- 순간적으로 팁끝이 막혔을 때
- 팁의 고열, 팁조임의 불량
- 사용가스 압력이 부적당할 때

정/답 63 ① 64 ① 65 ①

비파괴 검사

PLANT MAINTENANCE ENGINEER

1 각종 비파괴 검사의 개요

(1) 비파괴 검사란?

비파괴검사(非破壞檢査; nondestructive testing)란 제조분야에서 공작물, 구조물, 부재 등을 파괴하지 않고, 그 자체 그대로 두고 재료의 표면 결함이나 내부 결함 등을 검사하는 방법이다. 재료를 파괴하지 않고도 검사할 수 있다는 특성 때문에 경제적이며, 시간을 절약할 수 있어 각종 재료 및 기계 부품들을 검사 및 평가하고 문제를 해결하는데 유용한 기술이다.

(2) 내부 결함 검출

① 방사선 투과시험
- 방사선의 조사(照射) 방향의 깊이를 가진 결함 검출에 우수하다.
- 특히 결함의 종류, 형상, 판별에는 우수하다.
- 2매(二枚) 균열과 경사가 있는 균열 등에 대해서 검출하기가 곤란하다.

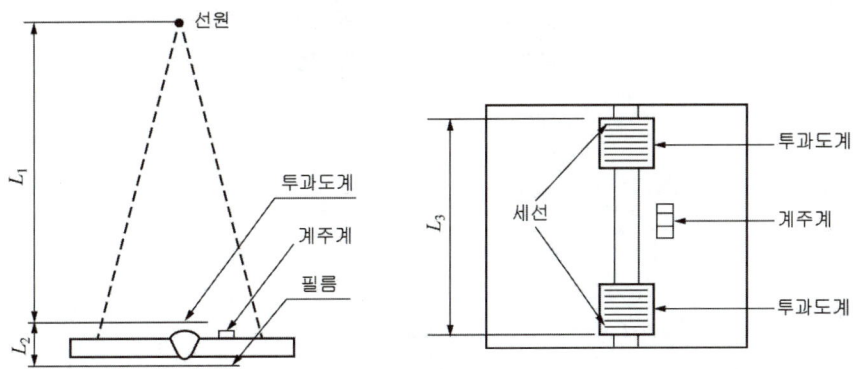

그림 3-1 방사선 투과시험이 촬영배치

② 초음파 탐상시험
- 균열 등의 면상(面狀) 결함의 검출 능력이 방사선 투과시험보다 우수하다.
- 균열면이 초음파가 가능한 한 수직이 되도록 탐상조건의 선정(選定)에 주의할 필요가 있다.

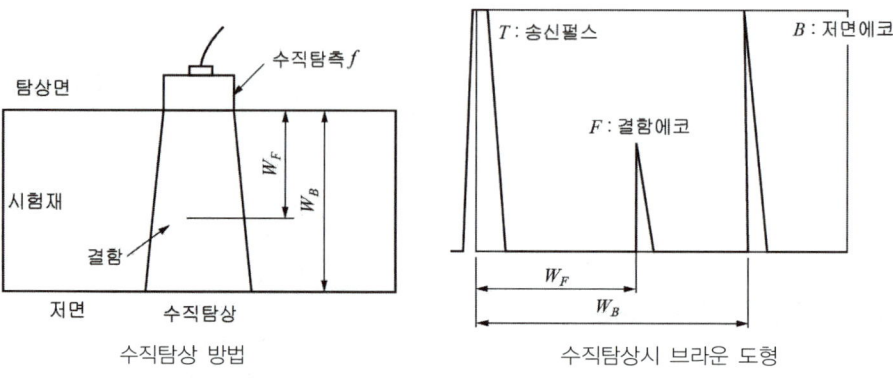

(a) 수직탐상

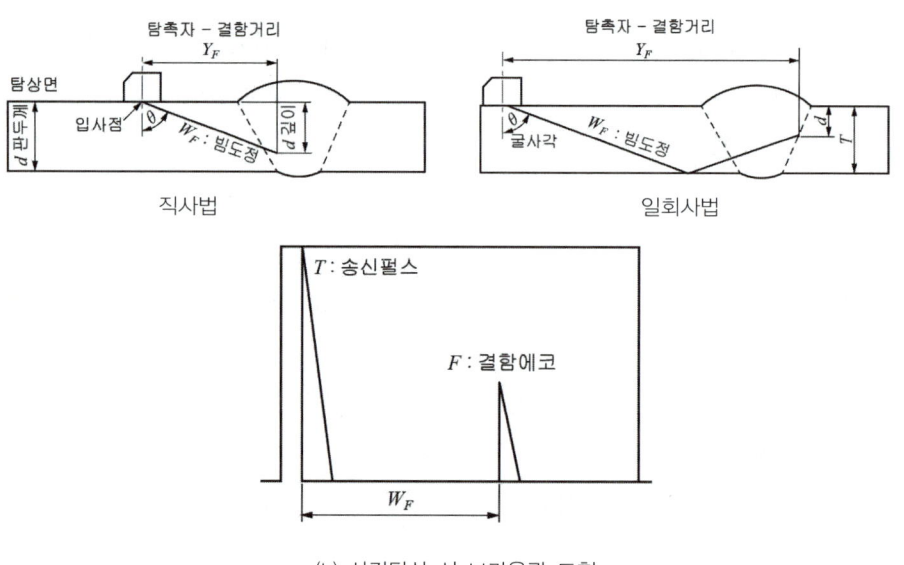

(b) 사각탐상 시 브라운관 도형

그림 3-2 초음파 탐상시험

(3) 표면 결함 검출

① 자분 탐상시험
- 표면 및 표면 바로 밑 결함의 검출이 가능하지만 강자성체의 재료밖에 적용할 수 없다.

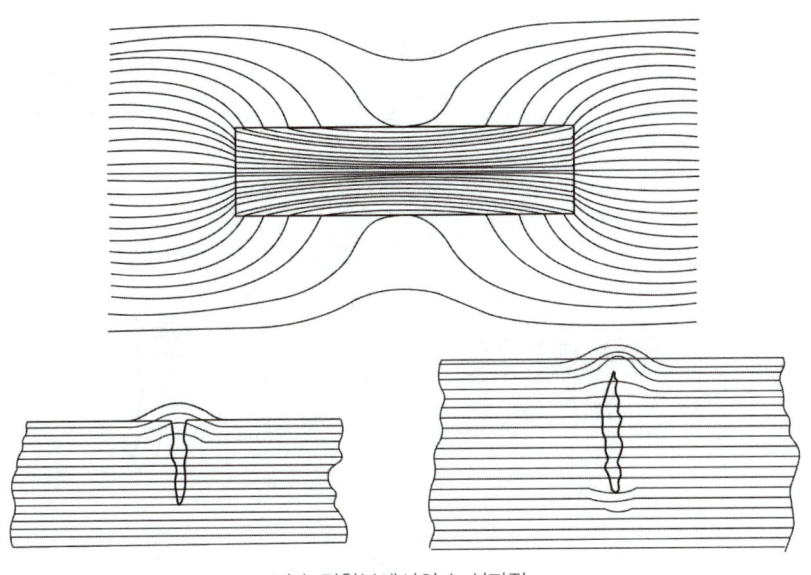

(a) 결함부에서의 누설자장

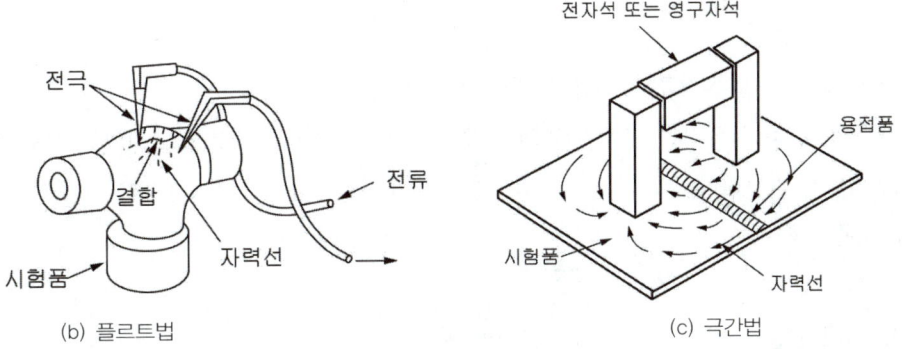

(b) 플르트법 (c) 극간법

그림 3-3 자분 탐상시험

② 침투 탐상시험
- 표면 개구(開口) 결함만 검출 가능하다.
- 금속재료, 비금속재료 모두 적용 가능하다.

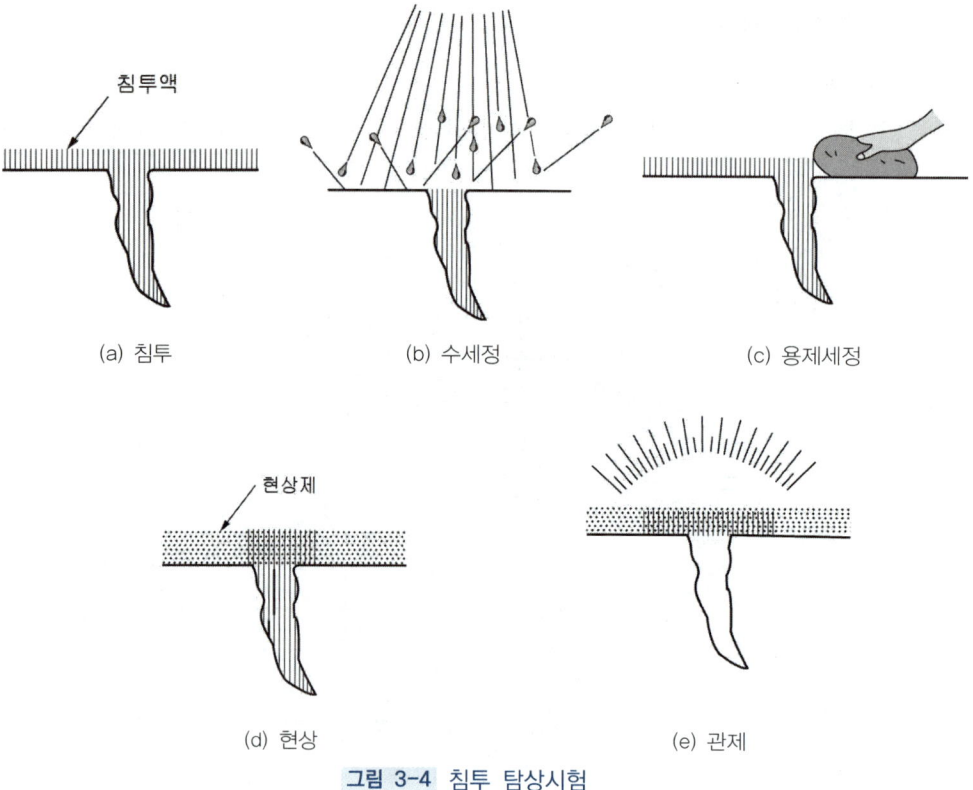

그림 3-4 침투 탐상시험

③ 전자유도시험
- 도체 내의 와류전류를 이용한 결함 검출 방법이다.
- 긁힘 검출이 목적인 시험법을 와류 투상시험이라 한다. 이것은 도체의 성질을 알고 있기 때문에 가능하다.

④ 외관 검사

(4) 기타 검출

① 음향 탐상시험
② 응력 측정시험
- 스트레인 게이지의 변형률을 측정하여 응력을 산출하는 방법이 있다.
③ 내압 시험
④ 누설 시험

2 비파괴 검사의 종류, 원리 및 특징

(1) 방사선 투과시험(Radiographic Test; RT)

시험편에 방사선을 투과했을 때 재료 두께와 밀도 차에 따라 방사선의 흡수량이 달라진다. 즉, 방사선 투과 후의 강도는 방사선 투과 시의 강도에 비해 약하다. 방사선의 투과 사진 또는 형광 스크린상의 결함이나 내부 구조 등을 관찰하는 방법이 방사선 투과시험이다.

① 적용
- 주조품이나 용접부 시험에 적합하다.
- 미세한 라미네이션 등의 검출이 어렵다.
- 라미네이션(Lamination) : 강재 내부의 결함, 비금속 이물질, 기포 등이 가공 방향을 따라 늘어난 층상 조직의 결함이다.

② 검사법의 종류
- X선 투과 검사법 : 균열, 융합 불량, 용입 불량, 기공, 슬래그 섞임, 비금속 이물질, 언더컷 등 검사에 사용
- γ선 투과 검사법 : X선보다 더 투과력이 양호, X선으로 투과하기 어려운 두꺼운 판에 사용한다.

③ 특징
- 필름에 검사 결과를 보관할 수 있고 필름 판독을 해야 한다.
- 방사선의 입사 방향에 따라 15° 이상 기울어져 있는 면상 결함은 발견할 수 없다.
- 주변 재질과 비교하여 1% 이상의 흡수차가 있더라도 결함 발견이 가능하다.
- 미세 기공 및 균열 등은 발견이 어렵다.
- 내부 결함 검사에 적합하나 미세 라미네이션은 검출되지 않는다.
- 다른 방법에 비해 안전관리에 주의가 요구된다.

(2) 초음파 탐상시험(Ultrasonic Test; UT)

① 원리
- 0.5~15MHz의 짧은 음파를 시험편에 주사하여 시험편 내부의 불연속을 검출하는 방법이다.
- 시험편의 불연속부로부터 반사되는 에너지의 양, 시간과 초음파가 시험편을 통과할 때 감쇠되는 양의 차이를 자료와 비교 판단하여 결함의 위치와 크기 등을 측정하는 방법이다. 두께 측정의 원리를 이용한 수직탐상법과 초음파를 경사각으로 주사하는 사각탐상법이 있다.

② 특징
- 자동탐상이 가능하여 탐상 결과를 즉시 알 수 있다.
- 0.1mm 정도까지 결함 검출이 가능하며 감도가 높다.
- 결함의 위치와 크기를 비교적 정확히 찾을 수 있다.
- 초음파의 투과능력이 크다.
- 시험편의 표면이나 형상을 탐상할 수 없을 때 결함을 찾을 수 없을 때가 있다.
- 시험편 내부 조직의 구조 및 결정입자가 조대할 경우 정량적 평가가 힘들다.

③ 초음파 탐상법의 종류
- 투과법 : 초음파를 물체 뒷면에서 수신하여 결함으로 인한 초음파의 장해 및 쇠약 정도로 결함을 판단하는 방법
- 펄스 반사법 : 펄스 초음파에 대한 반사파로 결함을 판정하는 방법으로 가장 많이 사용하는 방법이다.
- 공진법 : 공진현상으로 라미네이션 등의 결함을 찾을 수 있는 방법이다.

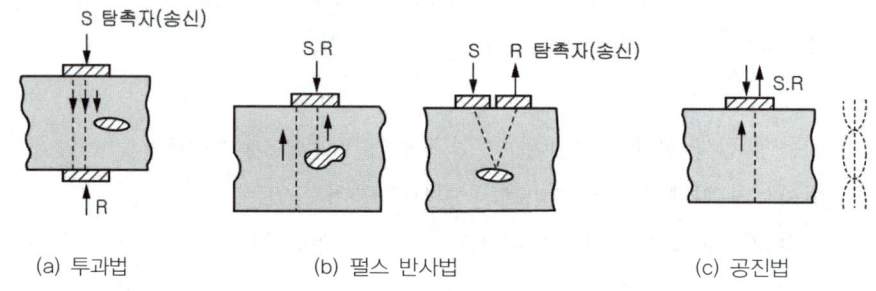

그림 3-5 초음파 탐상법의 종류

(3) 자분(기) 탐상시험(Magnetic Test; MT)

① 원리

시험편을 자화시키고 그 위에 자성 분말을 뿌려주면 결함이 있는 경우, 그 속에서 자분이 흐트러져 누설 자속이 발생한다. 이를 관찰하여 결함의 유무를 판단한다.
- 강자성체인 철 등의 표면 결함검사에 사용되는 방법이다
- 결함의 깊이는 표면과 표면 바로 밑 5mm 정도이다.
- 자화방법에는 극간법, 관통법, 코일법, 축 통전법, 프로드법, 직각 통전법 등이 있다.
- 표면 결함의 검출 시는 교류, 내부 결함의 검출 시는 직류가 사용된다.

② 특징
- 검사법이 간단하고 빠르게 진행되며 쉽게 익힐 수 있다.
- 표면결함은 육안으로 관찰이 가능하다.
- 시험편의 크기와 형상에 구애받지 않는다.
- 검사 전에 정밀한 전처리가 요구되지 않으며 자동화가 가능하고 저렴한 비용으로 검사할 수 있다.
- 강자성체에 한하여 표면검사가 가능하고 내부검사는 불가능하다.
- 불연속부의 위치는 자속 방향의 직각이어야 한다.
- 검사 후 자분 제거 등 후처리가 요구된다.

(4) 침투 탐상시험(Penetrant Test; PT)

① 원리

용접부를 깨끗이 세척하고 나서 침투액을 뿌린다. 몇 분 후 잔여 침투액을 닦아낸 다음 건조 후 현상제를 뿌리면 결함을 발견할 수 있다.
- 순서 : 전처리→침투처리→잔여액 제거→현상 처리→결함관찰
- 현상제 : MgO, $BaCO_3$ 등의 용제
- 철, 비철금속, 합성수지(플라스틱), 세라믹 등 재료의 결함 검사가 가능하다.

② 특징
- 표면의 결함 검출만 가능하나 시험표면이 너무 거칠거나 기공이 많으면 결함검사가 곤란하다.
- 침투제에 의한 용접부 표면이 변질되는 경우 결함 검사를 할 수 없다.
- 온도, 주변 환경에 민감하며 침투제 오염이 발생할 수 있고, 시험이 종료된 후 뒤처리가 필요하다.
- 고도의 숙련이 필요 없이 검사가 간단하여 비용이 저렴하다.
- 제품의 형상과 크기에 상관이 없고 국부적 검사와 미세한 균열도 발견이 가능하며 판별이 쉽다.
- 자분 탐상시험으로 발견하지 못하는 금속재료의 결함을 찾는데 유용하다.

③ 검사법의 종류
- 형광 침투 탐상법 : 암실에서 초고압 수은등의 자외선을 이용하여 미세 균열도 발견이 쉽다.
- 염료 침투 탐상법 : 보통의 전등 또는 햇빛 아래서 결함 검사가 실시된다.

(5) 전자유도시험(와류 탐상시험, Eddy Current Test; ET)

① 원리

용접부에 교류에 의한 와전류를 가까이 가져갔을 때 불연속성의 유무에 따라 와전류의 임피던스가 달라진다. 이것을 이용하여 균열 등의 불연속성에 의하여 와전류의 임피던스 변화를 관찰함으로써 결함의 존재를 찾는 방법이다.

② 특징
- 표면 아래 깊은 지점의 결함 검출은 곤란하나 응용 분야가 넓고 결과의 기록과 보존이 가능하다.
- 고속 자동화가 가능하여 온라인 생산의 전수검사가 가능하다.
- 표면 결함 검출 감도가 좋아 결함의 크기를 추정할 수 있으나 결함의 종류, 형상 등을 판단하기는 어렵다.
- 구멍 내부, 가는 선, 얇은 물체, 고온 하에서도 측정이 가능하다.
- 프로브를 접근시켜 결함 검사가 가능한 비접촉 검사 방법이다.
- 원격 조작으로 좁은 영역이나 깊은 홈 부의 결함 검사도 가능하다.
- 강자성 금속에 적용이 어렵고 관통형 코일의 경우 원주 상에 어느 위치에 결함이 있는지 찾기 어렵다.
- 검사의 숙련도가 요구된다.

③ 적용 범위
- 용접부 표면 균열, 기공, 개재물(介在物), 피트, 언더컷, 오버랩, 용입 불량 등을 검사할 수 있다.
- 전기 전도성, 결정립의 대소, 열처리 상태, 경도 및 물리적 성질 변화 등의 측정이 가능하다.
- 도체 위에 입힌 페인트와 같은 도포물의 두께 측정이 가능하다.

(6) 외관 검사(Visual Test; VT)

① 원리

용접부를 육안 또는 확대경을 사용하여 외관의 수려함으로 판단하는 검사 방법이다.

② 결함 검사

언더컷, 용입 상태, 오버랩, 표면균열, 피트, 슬래그 섞임, 크레이터, 형상불량 등을 조사한다.

③ 특징
- 육안 검사이므로 타 방법보다 비용이 저렴하다.
- 모든 용접부의 제작과정상 감독이 가능한 조사 방법이다.
- 용접 종료 후 바로 불연속부 등의 결함부를 찾을 수 있고 보수 작업이 가능하다.

- 용접부 표면의 불연속 상태만을 검출할 수 있으며, 검사자의 경험과 지식에 따라 결과가 크게 좌우될 수 있다.

(7) 음향 탐상시험(Acoustic Emission Test; AE)

① 원리

용접부의 변형, 균열, 누설 또는 파괴 시에 발생하는 탄성파를 음향방출센서를 이용하여 손상 정도를 측정할 수 있는 방법으로, 변형이나 균열이 진행되는 과정에서 탄성파가 발생하기 때문에 측정 및 분석을 통해 결함을 조기에 찾아낼 수 있다.

② 특징
- 가소성에 의한 변형이나 미세한 파괴의 진행과정을 실시간으로 검사할 수 있다.
- 여러 개의 음향방출센서를 사용하여 결함의 위치 파악이 가능하다.

(8) 누설검섬(Leak Test; LT)

① 원리

검사체 내부 및 외부의 압력차 등에 의해서 유체가 결함부를 통해 흘러 들어가거나 나오는 것을 보고 결함의 존재 유무 및 위치를 알 수 있는 방법이다. 즉, 유체의 누출, 유입 여부를 검사하거나 유출량을 검출하는 방법이다.

② 특징
- 검사 속도가 빠르며 비용이 저렴하다.
- 검사속도에 비해 감도가 좋다.
- 결함의 원인 형태를 알 수 없다.
- 개방된 상태에서는 사용할 수 없고 수압에 의해 손상이 발생할 수 있다.

③ 시험의 종류
- 가압법 : 내부와 외부의 압력차를 만들 때 가압하여 높게 만들어 검사하는 방법
- 진공법 : 내부와 외부의 압력차를 만들 때 감압하여 대기압보다 낮게 하여 검사하는 방법

④ 누설을 감지하는 방법
- 비눗방울을 적용해 누설이 있는 곳은 비눗방울이 생기는 것으로 감지하는 방법
- 시험체 내의 압력이 변화하는 것을 측정하는 방법

⑤ 누설검사의 종류
- 버블시험, 압력측정시험, 할로겐 다이오드 누설시험, 헬륨 질량 분광계 누설시험 등이 있다.

CHAPTER 03 실전연습문제

01 다음 중 용접 부위의 검사방법으로 파괴검사는 어느 것인가?

① 방사선 투과검사 ② 자기분말검사
③ 초음파검사   ④ 금속조직검사

> 금속조직검사(microscopiz test) : 현미경에 의하여 용접부의 결정조직을 조사하는 검사

02 강 용접부에 대한 방사선 투과사진에서 결함을 판독하였을 때 다음 중 용접 결함의 종류로 보기 어려운 것은?

① 용입부족(Incomplete Penetration) ② 융합부족(Lack of fusion)
③ 슬래그혼입(Slag Inclusion)   ④ 라미네이션(lamination)

> - 아크 용접 시 용접결함의 종류로는 오버랩, 언더컷, 용입불량, 슬래그 섞임, 기공, 용접불량, 스패터 및 피트 등이 있다.
> - 라미네이션(lamination)이란 대상물의 표면을 보호하기 위해 물체 표면에 1겹 이상의 얇은 레이어를 씌우는 기술이다.

03 다음 중 84 측정이 가능한 비파괴검사법은 어느 것인가?

① 침투탐상검사 ② 와전류탐상검사
③ 음향방출시험 ④ 누설검사

> - 침투탐상검사 : 물체 표면에 침투액을 부려 결함을 알아내는 방법
> - 누설검사 : 물체의 압을 감압하거나 가압을 하는 방법으로 검사
> - 음향방출시험 : 물체가 고응력을 받으면 음향을 발생하고 불연속 파를 방출하게 되는데, 이것을 음향 방출이라 한다.
> - 와전류탐상검사 : 와전류를 이용하여 결함을 찾는 방법으로 도체 내의 균열 등이 있으면 와전류의 크기와 분포가 변화한다. 이것을 이용하여 결함을 찾는다. 이 와전류의 크기와 분포는 주파수, 도체의 전기전도도와 투자율, 시험체의 크기와 형상 또는 결함 등에 영향을 받는다.

정/답   01 ④   02 ④   03 ②

04 침투탐상시험과 비교하여 자분탐상시험의 장점으로 다음 중 맞는 것은?

① 페인트 처리된 강 재료도 탐상할 수 있다.
② 비철금속 재료도 탐상할 수 있다
③ 절연체인 재료도 탐상할 수 있다.
④ 표면이 복잡한 형상의 시험체도 쉽게 탐상할 수 있다.

- 자분탐상검사의 특징 : 표면 균열검사에 적합하다. 결함의 모양이 표면에 나타나 육안으로 식별 가능하다. 물체의 크기, 형상 등에 그다지 구애받지 않는다. 얇은 도장, 도금 등에도 작업이 가능하다.

05 다른 비파괴검사법과 비교한 침투탐상시험의 장점에 대한 설명으로 맞지 않는 것은?

① 적용 방법이 비교적 간단하다.
② 불연속에 대한 평가가 비교적 쉽다.
③ 모든 불연속의 검출이 가능하다.
④ 원리가 비교적 간단하고 이해하기 쉽다.

- 침투탐상시험의 특징 : 국부적 시험이 간단하며 다른 비파괴 시험법에 비해 간단하게 결함을 찾아낼 수 있다. 고도의 숙련기술이 필요하지 않으며 시험체의 크기와 형상에 구애를 받지 않는다.

06 초음파탐상시험에 대한 결함길이, 결함높이의 설명으로 맞는 것은?

① 결함높이는 에코높이 구분선의 영역을 나타낸다.
② 결함깊이는 결함의 판두께 방향의 치수를 말한다.
③ 결함높이는 결함의 판두께에 평행한 방향의 치수를 말한다.
④ 결함깊이는 탐상면으로부터의 결함위치이다.

- 초음파탐상시험이란 시험물체에 초음파를 주사하여 내부에 있는 결함부로부터 반사되어 나오는 신호를 분석하여 결함상태를 분석하는 방법이다. 6mm 이상 두께의 모재를 맞대기 용접했을 때 그 내부의 기공, 슬래그, 용입부족, 균열 등을 찾아낼 수 있다. 결함길이는 결함이 있는 부분에서 파형이 움직이게 되어 최고점과 최저점을 찾아 그 길이를 결함의 길이로 측정한 길이이다.

07 자분탐상검사의 특징을 설명한 것으로 다음 중 옳지 않은 것은?

① 균열과 같은 결함은 검출할 수 있다.
② 자속은 가능한 한 결함면에 수직이 되어야 한다.
③ 결함으로부터의 누설자속은 없으므로 자분을 균일하게 적용하면 결함부분에 자분이 흡착된다.
④ 결함이 표면으로부터 깊은 곳에 있으면 자속이 누설되기 어려워 결함을 발견할 수 없다.

정/답 04 ① 05 ③ 06 ④ 07 ③

> 자분탐상법 : 물체를 자화시켰을 때 결함 부위에 자장이 형성되어, 자분가루를 뿌렸을 때 결함 부위에 자분이 밀집되게 되어 그 결함의 크기를 알 수 있는 방법이다. 결함이 있는 부분에 자장이 형성되는 이유는 물체 표면의 자화를 결함이 막음으로써 그 부분에서 누설되는 자장으로 인하여 결함부위 공간에 자장이 일어나기 때문이다.

08 다음 결함 중 초음파 탐상검사로 검출하기 가장 어려운 결함은 어떤 것인가?

① 루트균열   ② 오버랩   ③ 수축공   ④ 라미네이션

> - 초음파 탐상검사로는 기공, 슬래그, 용입부족, 균열 등을 찾기 쉽다.
> - 오버랩은 용입금속이 필요 이상 홈을 덮고 있는 형태의 결함이다.

09 침투 탐상검사를 하기 위한 일반적인 전처리 방법에 해당하지 않는 것은?

① 증기 탈지법   ② 산 세척법
③ 브라스팀법   ④ 초음파 세척법

> 시험체 표면에 묻어 있는 이물질, 즉 먼지, 기름, 녹, 페인트 등을 세척하여 침투액이 결함 부위에 잘 침투되도록 하는 방법이다. 증기 탈지법, 산 세척법, 초음파 세척법 등이 있다. 침투액 적용 방법으로는 분무법(spray), 붓칠법(brushing), 정전분사법(electrostatic spray), 침적법, 배약처리(draining) 등이 있다.

10 음향방출검사(AE)와 초음파탐상검사(UT)에 대한 설명 중 맞지 않는 것은?

① UT는 이미 내부에 존재하고 있는 결함을 검출하는 정적인 결함 검출 기법으로 AE보다 낮은 100KHz 이하의 초음파를 수신, 해석하는 것이 일반적이다.
② AE는 재료 내부에서 탄성파가 발생하였을 때만 AE 신호를 포착하는 수동적인 비파괴계측 기법이다.
③ UT는 초음파 신호를 직접 입사한 후 결함으로부터 반사해 온 신호를 검출하는 능동적인 비파괴계측기법이다.
④ AE는 재료 내부의 동적 거동을 파악하고 결함의 성질과 상태를 평가하는 동적인 결함 검출 기법이다.

> 초음파탐상법은 초음파를 발생시켰을 때 반사되어 되돌아오는 초음파를 읽어 결함의 형상이나 거리를 측정할 수 있는 방법이고, 음향방출검사는 초음파로 내부의 결함을 확인하는 방법이다. UT와 AE는 같은 초음파 대역을 사용하고 있고, UT는 발생 초음파를 주고받으면서 결함을 찾아내고 AE는 발생 초음파로 결함을 찾는 방법이다.

정/답   08 ②   09 ③   10 ①

11 와전류탐상시험의 장점에 대한 설명으로 다음 중 맞는 것은?

① 부도체 금속에 적용이 용이하다.
② 복잡한 형상을 갖는 시험체의 전면 탐상에 유리하다.
③ 결함의 종류 판별 및 내부결함검사가 용이하다.
④ 시험속도가 빠르며 자동화가 가능하다.

> 와전류탐상시험의 특징
> ① 데이터 저장 및 보관이 쉬워 보수검사 등에 유용하게 사용된다.
> ② 관재, 봉재, 선재 등의 결함검사 시 고속으로 자동화하여 전수검사 가능
> ③ 고온과 얇은 부재, 구멍 안쪽의 결함 검사에는 다른 방법보다 유리하다.
> ④ 결함의 검출 감도가 우수하고, 결함의 크기 추정에 유용하다.
> ⑤ 표면 아래 깊은 곳의 결함 검출이 어렵다.
> ⑥ 직접적인 결함의 종류와 형상을 판단하기에는 어려움이 있다.
> ⑦ 검사 시 많은 잡음 요소의 영향을 받기 쉽다.

12 다른 비파괴검사법과 비교하여 필름 방사선투과검사의 주요 특성이라 할 수 없는 것은?

① 검사결과의 영구기록
② 내부결함의 검출
③ 검사결과의 신속성
④ 원자번호와 밀도 변화에 대한 검출

> 방사선투과검사는 필름의 현상과 판독에 시간이 요구되는 방법이다.

13 누설되는 누설자속을 자기테이프 위에 기록하는 방법은?

① 직각통전법   ② 자기녹자법   ③ 자속관통법   ④ 전류관통법

> • 자기녹자법 : 누설되는 누설자속을 자기테이프 위에 기록하는 방법이다.
> • 자기테이프를 누설자속이 있는 곳에 대고 녹이는 것으로 누설자속을 기록할 수 있다.
> • 자기테이프가 누설자속을 감지하면 녹아들어 기록되기 때문에 가능한 방법이다.
> • 자분탐상검사의 자화 방법 : 축 통전법, 직각 통전법, 전류 관통법, 자속 관통법, 코일법, 극간법, 프로드법 등

14 다음 중 응력측정법에 해당하는 것으로 볼 수 없는 것은?

① 광탄성 피막시험
② 스트레인게이지시험
③ 인장시험
④ 중성자 투과시험

정/답   11 ④   12 ③   13 ②   14 ④

비파괴 응력측정 방법
- 적외선 열화상을 이용한 측정법
- 광탄성 효과를 이용하여 모델의 응력분포를 광학적으로 측정하는 방법
- X선의 회절 현상을 이용하여 재료 표면의 국부적인 응력을 측정하는 방법
- 스트레인 게이지의 변형률을 측정하여 응력을 산출하는 방법
- 기타 : 인장시험, 압축시험, 굽힘시험 등
- 중성자 투과시험 : 방사선 투과시험으로 중성자가 직접적으로 필름을 감광시키지 않지만, 변환자에 조사되어 방출되는 2차 반사선에 의하여 방사선 투과사진을 얻는 방법이다.

15 다음 중 방사선 비파괴검사에 이용되는 것이 아닌 것은?

① 중성자선 ② 자외선 ③ X선 ④ Y선

투과 방사선 원리를 이용한 시험법으로는 X선투과시험, Y선투과시험, 중성자투과시험이 있다.

16 다음 중 누설비파괴검사로 발견할 수 있는 결함인 것은?

① 관통균열 ② 내부균열 ③ 내부기공 ④ 표면균열

누설검사(Leak Test; LT) : 관이나 용기 내의 유체가 누설하는지 여부를 알아보는 시험법으로 비눗물, 질소, 헬륨에서부터 정밀한 검출기를 사용하는 방법 등 다양한 방법이 있다.

17 다음 보기의 원리에 해당하는 검사법은?

〈보기〉
"X-선, Y-선 등을 시험체에 투과시켜 필름에 상을 형성시킴으로써 시험체 내부의 결함을 검출하는 방법이다. X-선, Y-선은 물체를 투과하는 성질을 가지고 있으며, 투과하는 정도는 시험체의 두께 및 밀도에 따라 달라진다. 따라서 이러한 선이 시험체를 투과할 때 내부에 결함이 있으면 결함부로부터 투과되어 나오는 X-선량이나 Y-선량에 차이가 생기게 된다. 이를 현상하여 필름에 나타난 밝고 어두운 정도를 비교하여 시험체 내부의 상태를 알아보는 방법이다."

① 자분 투과검사법 ② 초음파 투과검사법
③ 침투 탐상검사법 ④ 방사선 투과검사법

- 방사선 비파괴검사(RT) : 방사선 투과량에 따라 필름의 색이 변화하는 것을 이용하여 내부의 결함을 찾는 방법이다.
- X선 검사 : 전기로 방사선을 이용하여 검사
- Y선 검사 : 이리듐, 코발트, 셀레늄 등의 방사성 동위원소에서 나오는 방사선을 이용
- 셀레늄은 빛에 의해 전기가 흐르게 되는 현상인 광전도성이란 성질이 있어 광전지나 광센서로 널리 쓰이기도 했다. 셀레늄에 방사선을 투과하여 검사하는 방법으로 건식 방사선 투과법이 있다.

정/답 15 ② 16 ① 17 ④

18 다음 중 비파괴시험 기술자의 임무라 할 수 없는 것은?

① 시험기술 향상을 위해 꾸준한 노력   ② 제품의 품질보증에 대한 책임
③ 제조공정의 철저한 관리   ④ 시험결과의 정확한 판정

> 제조공정의 철저한 관리는 공정관리자의 업무에 해당한다.

19 다음 중 발(기)포 누설검사법(Bubble Test)에서 쇼크시간(soak time)이란?

① 검사용액을 적용한 후 관찰할 때까지 소요되는 시간
② 검사용액을 혼합하고 적용하는데 소요되는 시간
③ 시험에 소요되는 총 시간
④ 가압의 완료 시점과 용액의 적용시점 사이의 시간

> 버블테스트 : 시험하고자 하는 검사체의 누설부위를 확인하기 위해 검사체에 검사용액을 투입하면 결함부 틈새에서 기포가 형성되어 외부로 누출되는 것을 보고 결함을 판단하는 방법이다.

20 다음 비파괴검사법에서 시험체 내의 결함정보를 얻을 때 의사지시를 만들거나 또는 결함검출 능력을 저하시키는 요인과의 연결이 바르지 못한 것은?

① 자분탐상시험 : 전극 지시   ② 와전류탐상시험 : 적산효과
③ 방사선투과시험 : 산란선   ④ 초음파탐상시험 : 표면 거칠기

> • 의사지시 : 결함 이외의 원인에 의하여 나타나는 자분 모양으로 자기(magnetic) 펜의 흔적이다. 단면 급변 지시, 전류 지시, 전극 지시, 자극 지시, 표면 거칠기 지시, 재질 경계 지시 등이 있다.
> • 와전류탐상시험은 검사를 통해 얻은 지시로 직접 결함의 종류, 형상 등을 판별하기 어렵다.
> • 적산효과(superimpose effect) : 초음파탐상시험의 수직탐상 시 저면에코보다 뒤에 나타난 결함에코가 누적되어 크게 나타나는 현상이다.

21 다음 중에서 비파괴검사의 적용이 가장 타당한 것은?

① 다공성 강재의 표면결함을 검출하기 위해서는 초음파탐상시험을 선정한다.
② 동관의 표층부 결함을 검출하기 위해서는 와전류탐상시험을 선정한다.
③ 알루미늄 주조품의 표면 근처 결함을 검출하기 위해서는 자분탐상시험을 선정한다.
④ 스테인리스강의 내부에 존재하는 결함의 깊이를 측정하기 위해서는 방사선투과시험을 선정한다.

> • 알루미늄 주조품의 표면 근처 결함을 검출하기 위해서는 방사선투과시험을 선정한다.
> • 스테인리스강의 내부에 존재하는 결함의 깊이를 측정하기 위해서는 초음파탐상시험을 선정한다.
> • 다공성 강재의 표면결함을 검출하기 위해서는 자분탐상시험을 선정한다.

정/답 18 ③ 19 ① 20 ② 21 ②

22 다음 중 별도의 전원 공급 장치 없이 비파괴검사가 가능한 방법은?

① 염색침투탐상검사
② 자기비파괴검사(코일법)
③ 와전류탐상검사
④ 초음파탐상검사

- 침투탐상검사 : 물체 표면에 침투액을 뿌려 결함을 알아내는 방법
- 자기탐상검사 : 물체를 자화시켰을 때 결함 부위에 자장이 형성되어, 자분가루를 뿌렸을 때 결함 부위에 자분이 밀집되게 되고, 그 결함의 크기를 알 수 있는 방법이다.
- 와전류탐상검사 : 와전류를 이용하여 결함을 찾는 방법으로 도체 내의 균열 등이 있으면 와전류의 크기와 분포가 변화한다. 이것을 이용하여 결함을 찾는다. 이 와전류의 크기와 분포는 주파수, 도체의 전기전도도와 투자율, 시험체의 크기와 형상 또는 결함 등에 영향을 받는다.
- 초음파탐상검사 : 시험물체에 초음파를 주사하여 내부에 있는 결함부로부터 반사되어 나오는 신호를 분석하여 결함상태를 분석하는 방법이다.

23 다음 중 비파괴검사의 신뢰도에 영향을 미치는 요소로 가장 거리가 먼 것은?

① 검사 장치
② 검사 방법의 선택
③ 검사 비용
④ 기술자의 능력

비파괴검사의 신뢰도에 영향을 미치는 요소
검사 장치, 기술자의 능력, 검사 방법의 선택, 시험 환경, 결함의 크기, 형상, 방향성 등

24 다음 비파괴검사 시험 중 금속내부의 결함을 검출하는데 가장 적절한 검사는?

① 침투탐상검사
② 초음파탐상검사
③ 와류탐상검사
④ 자분탐상검사

초음파탐상시험 : 초음파를 시험체 내로 보내서 시험체 내에 존재하는 불연속을 검출하는 방법, 즉 시험물체에 초음파를 주사하여 내부에 있는 결함부로부터 반사되어 나오는 신호를 분석하여 결함상태를 분석하는 방법이다.

25 X선투과시험과 비교한 Y선투과시험의 장점에 대한 설명으로 다음 중 적당하지 않은 것은?

① Y선은 동위원소의 핵에서 필요치 않다.
② 에너지가 높으므로 두꺼운 검사체에 사용할 수 있고, 선명한 투과사진을 얻을 수 있다.
③ 운반하기 쉽고, 협소한 장소에 접근하기 쉽다.
④ 동일한 에너지 범위일 경우 X선 장비보다 가격이 저렴하다.

정/답 22 ① 23 ③ 24 ② 25 ②

- 감마선은 전자기파로 파장이 매우 짧고 주파수(진동수)가 매우 높아 에너지도 매우 높다. X선으로 투과하기 힘든 두꺼운 판에 사용한다.
- Y선 검사 : 이리듐, 코발트, 셀레늄 등의 방사성 동위원소에서 나오는 방사선을 이용, 원자핵전이에 의해 생겨나는 고에너지 전자기파이다. 감마선은 원자핵의 에너지 상태가 변경될 때 방출, 방사성 핵분열이나 핵융합 과정에서 발생한다. X선은 전자의 에너지 상태 변화로 인해 발생하며, 감마선은 원자핵의 에너지 상태 변화로 인해 발생하는 것이다.

26 다음 중 자분 분산매가 가져야 할 특성에 대한 설명 중 옳은 것은?

① 점도가 낮고, 장기간 변질이 없어야 한다.
② 휘발성이 크고, 점도는 낮아야 한다.
③ 적심성은 나쁘며, 결함에서 활발한 화학반응이 일어나야 한다.
④ 인화점이 낮고, 인체에 유해하지 않아야 한다.

분산매 : 용액에서 용매의 역할을 하는 것으로 자분을 잘 분산시킨 상태에서 시험체의 표면에 적용하기 위한 매체가 되는 액체 또는 기체를 의미한다.

27 다음은 와전류탐상시험에서 표피효과의 기준이 되는 침투깊이에 대해 기술한 것이다. 맞는 것은?

① 시험체의 도전율이 높을수록 침투깊이는 깊다.
② 시험체의 투자율이 낮을수록 침투깊이는 얕다.
③ 탄소강과 알루미늄 중 탄소강이 침투깊이가 얕다.
④ 시험주파수가 낮을수록 침투깊이는 얕다.

- 표피효과 : 전선에 흐르는 주파수가 커지면 커질수록 바깥 부분으로 흐르려는 성질이다.
- 침투깊이가 깊으면 전류가 도체 표면에 집중되지 않아 표피효과가 감소한다.
- 표피효과는 전선의 굵기, 도전율, 투자율, 주파수 등에 비례한다.

28 1cm 직경의 구리봉을 2cm 직경의 코일로 검사하는 경우의 충전(진)율은 얼마인가?

① 4.0(400%) ② 2.0(200%) ③ 0.5(50%) ④ 0.25(25%)

와전류 탐상 검사의 충전율 : (시험체의 외경/코일의 평균직경)2 = $\left(\dfrac{d}{D}\right)^2$, $\left(\dfrac{1}{2}\right)^2 = 0.25$

정/답 26 ① 27 ③ 28 ④

29 시험체에 있는 도체에 전류가 흐르도록 한 후, 시험체 중의 전위분포를 계측하여 결함을 찾는 비파괴 검사 방법과 관련된 것은?

① 화학분석 검사법
② 전기저항법
③ 초음파 검사법
④ 방사선투과 검사법

- 전기저항 : 저항이란 장치 또는 재료가 전류 흐름을 감소시키는 방법을 측정하는 전기량이고, 옴(Ω) 단위로 측정값을 표현한다.
- 전위(電位, Electric Potential, Electrostatic Potential)는 시간에 따라 변하지 않는 전기장에서 단위 전하가 가지게 되는 전기적 위치 에너지로 단위는 볼트(V)이다.

30 다음 중 비파괴검사의 결과를 전기 신호로 나타낼 수 없는 검사법에 해당하는 것은?

① 누설자속탐상검사
② 초음파탐상검사
③ 액체침투탐상검사
④ 와전류탐상검사

액체침투탐상검사 : 용접부 시험체 표면에 침투액을 침투시킨 후 결함에서 새어 나오는 지시모양을 이용하여 표면의 결함을 찾아내는 방법이다. 검사 방법의 6단계 순서로는 전처리 → 침투처리 → 제거처리(세척) → 현상처리 → 관찰(판독) → 후처리 순이다.

31 다음 중 방사선과 시험체가 상호작용을 일으킬 때 그 정도에 영향을 미치는 인자가 아닌 것은?

① 시험체의 표피효과
② 시험체의 원자번호
③ 방사선의 에너지
④ 시험체의 두께

시험체의 표피효과 : 시험코일에 의해 유도된 와전류의 밀도가 시험체의 표피 근처에 집중하는 현상

32 다음 중 비파괴검사의 신뢰도를 높이는 요인이라 할 수 없는 것은?

① 결과의 평가기준
② 단일검사수법
③ 기술자의 기량
④ 검사기법의 적응성

비파괴검사의 신뢰도를 높이는 요인
- 비파괴검사를 하는 기술자의 기량
- 제품부품에 대한 검사기법의 적응성
- 비파괴검사결과의 평가기준
- 단일검사수법에만 의한 것이 아닌 비파괴검사법의 중복 또는 조합

정/답 29 ② 30 ③ 31 ① 32 ②

33 침투탐상시험의 하전입자법(electrified particle test)에 관한 내용으로 다음 중 틀린 것은?

① 마찰전기 효과(triboelectric effect)
② 정전기 효과(static electricity)
③ 양전기로 하전된 $CaCO_3$ 분말을 자분으로 사용
④ 분말은 대전량이 적은 것일수록 양호

> 하전입자법(Electrified Particle Test) : 전도성이 없는 시험체의 개구 결함에 낮은 전도도의 액체를 침투시킨 후, 표면의 액체는 제거하여 건조시킨 다음, 경질 고무의 노즐을 이용하여 탄산칼슘의 미립자 분말을 뿜어주면 입자는 양전하를 띠고, 이 전하에 의해 액체 속의 음전하를 띤 이온은 액체 표면으로 이동하여 균열에는 양전하를 띤 탄산칼슘 분말입자가 쌓여 지시 모양이 형성된 것을 이용한 검출방법이다.

34 다음 중 방사선투과시험에서 X선 필름의 감도를 높이고 노출 시간을 단축시키며, 상질을 개선하기 위해 사용되는 것은?

① 필름 관찰기   ② 투과도계   ③ 증감지   ④ 계조계

> • 증감지 사용 이유
> - 노출시간을 줄이기 위함
> - 투과사진상의 콘트라스트와 선명도 증대
> - 산란 방사선의 효과를 현저히 줄여 투과사진의 성질을 높임
> • 방사선 투과 검사 용어
> - 상질 : 투과도계-투과사진을 나타내는 척도
> - 계조계 : 콘트라스트 판명계측기
> - 동위원소 : 동일한 원소로 양자수는 같고 질량수는 다른 것
> - 산란방사선 : 물질을 통과하여 변화한 방사선

35 다음 중 초음파탐상검사에서 결함을 가장 쉽게 검출할 수 있는 탐상시점은?

① 감쇠를 적게 할 수 있는 열처리 후
② 표면이 거칠어지는 열처리 전
③ 정밀 다듬질 전
④ 거친 다듬질 후

> • 초음파탐상검사 : 시험체 내의 불연속부로부터 반사되는 에너지량, 송신된 초음파가 시험체를 투과하여 불연속부로부터 반사되어 되돌아올 때까지의 진행시간, 초음파가 시험체를 투과할 때 감쇠되는 양의 차이를 적절한 표준자료(standard data)와 비교하여 결함의 위치와 크기 등을 측정하는 방법이다.
> • 감쇠 : 시스템의 진동에너지가 마찰이나 열과 같은 요인에 의해 손실되어 진동이 감소하는 것

정/답   33 ④   34 ③   35 ①

36 다음 중 비파괴평가법과 그 기본원리의 연결이 잘못된 것은?

① 중성자투과검사-탄성파
② 와전류탐상검사-전자유도작용
③ 초음파탐상검사-펄스반사
④ 방사선투과검사-투과성

> 중성자 투과검사 : 방사선으로 중성자선을 이용하여 시험체의 재료결함, 용접불량 등에 의한 밀도분포나 두께의 이상을 투과방사선 량차 정보로부터 결함을 검출하는 방법이다.

37 외경 30mm, 두께 2.5mm의 튜브를 직경 20mm인 코일이 감겨있는 내삽형 탐촉자로 와전류탐상시험할 때, 충전율은 얼마인가?

① 0.64　　② 0.44　　③ 0.80　　④ 0.67

> 와전류 탐상 검사의 충전율 η
> - 관통형 코일일 때 : η=(시험체의 외경/코일의 평균직경)^2=$\left(\dfrac{d}{D}\right)^2$
> - 내삽형 코일일 때 : η=(코일의 평균직경/시험체의 내경)^2=$\left(\dfrac{D}{d}\right)^2$
>
> $\eta = \left(\dfrac{20}{25}\right)^2 = 0.64$

38 다음 중 자분집적모양의 식별성을 향상시키기 위해 고려할 사항이 아닌 것은?

① 관찰하기 편리한 환경에서 눈과 시험면의 거리를 두고 바른 관찰을 해야 한다.
② 적정한 자화로 불연속부로부터 충분한 누설자속이 형성되도록 해야 한다.
③ 불연속부에 충분한 양의 자분이 흡착되도록 균일하게 자분을 적용해야 한다.
④ 식별성은 백그라운드와의 대비에 의해 좌우되므로 형광자분을 사용할 때는 형광휘도가 낮은 것을 선택하여 사용해야 한다.

> 자분모양의 식별 성능은 자분 모양과 탐상면 배경과의 대비에 크게 좌우되므로 비형광자분을 사용하는 경우에는 탐상면의 색깔과 가능한 한 높은 대비가 되는 색깔을 선택하고, 형광 자분을 사용하는 경우에는 형광 휘도가 가급적 높은 것을 선택해야 한다. 탐상면의 색이 여러 가지 색으로 되어 있거나 결함에 의한 누설자속밀도가 낮은 경우는 비형광 자분보다 형광 자분을 사용하는 쪽이 좋다.

39 강 용접부(20mm 두께) 내 융합부족이나 균열을 가장 잘 검출할 수 있는 비파괴검사법은?

① 누설검사
② 자분탐상검사
③ 초파탐상검사
④ 침투탐상검사

정/답　36 ①　37 ①　38 ④　39 ③

40 다음 중 비파괴검사에 대한 설명으로 옳지 않은 것은?

① 비파괴검사는 시험체를 파괴시키지 않고 원형을 보존하며 검사하는 방법을 말한다.
② 비파괴검사는 모든 종류의 결함을 검출할 수 있다.
③ 비파괴검사는 제품의 사용 수명 내의 영향을 미치는 결함을 검출하고 제거함으로써 제품의 신뢰도를 높일 수 있다.
④ 비파괴검사는 재료의 물리적 성질이 결함의 존재에 의하여 변화하는 현상을 이용한다.

41 시험체가 변형될 때 그 시험체의 표면에 부착시켜 놓은 센서의 전기적인 변화를 측정함으로써 변형에 대한 모니터링이 가능한 특수 비파괴검사법은?

① 기체 방사성동위원소시험
② 전자초음파공명시험
③ 스트레인 측정시험
④ 전위차시험

> 스트레인 게이지의 변형률을 측정하여 응력을 산출하는 방법

42 결함의 형상을 육안으로 확인할 수 있어 해석이 용이한 비파괴검사법만으로 조합된 것은?

① 와전류탐상검사, 침투탐상검사
② 와전류탐상검사, 자분탐상검사
③ 초음파탐상검사, 침투탐상검사
④ 방사선투과검사, 자분탐상검사

43 부품의 체적검사에 적용되는 비파괴검사의 물리적 현상은?

① 방사선, 초음파
② 전자파, 열
③ 침투액, 미립자
④ 전자파, 음파

44 침투탐상검사에서 침투액의 점성(viscosity)은 침투액의 어떤 성능에 가장 큰 영향을 미치는가?

① 형광성
② 침투속도
③ 침투력
④ 세척성

정/답 40 ② 41 ③ 42 ④ 43 ① 44 ②

45 자분탐상시험과 비교할 때 침투탐상시험을 우선적으로 적용할 수 있는 가장 큰 이유는?

① 열처리 직후의 검사에서 신뢰성이 높기 때문에
② 표면 전처리의 정도가 높지 않아도 되기 때문에
③ 시험체의 재질에 대한 제한이 적기 때문에
④ 미세한 균열의 검출감도가 우수하기 때문에

46 감마선(Y선)투과검사에 대한 설명으로 옳은 것은?

① 열려 있는 작은 결함에도 사용할 수 있다.
② 외부의 전원이 필요하다.
③ 투과 능력은 사용하는 동위원소가 달라도 모두 같다.
④ 360° 또는 일정 방향으로 투사의 조절이 불가능하다.

47 방사선투과시험과 비교한 초음파탐상시험의 장점과 거리가 먼 것은?

① 한쪽 면에서만 접근할 수 있어도 탐상이 가능하다.
② 결함의 형태와 종류를 쉽게 알 수 있다.
③ 미세한 균열성 결함의 검사에 유리하다.
④ 시험체 두께에 대한 영향이 적다.

> **방사선투과검사와의 비교**
> • 시험체의 두께가 두꺼워도 쉽게 검사가 가능하다.
> • 균열과 같은 면상의 결함 검출능력이 탁월하다.
> • 결함의 종류를 식별하기 어렵다.
> • 금속조직의 영향을 받기 쉽다.
> • 검사원의 자질에 따른 영향이 크다

48 다음 중 레이저(laser)와 관계가 없는 비파괴검사법은?

① 광탄성 피막 검사(Photelastic coating test)
② 광 홀로그램(Optical holography)
③ 보어스코프 검사(Borescope test)
④ 모아레 검사(Moire test)

> 육안 검사(VI : Visual Inspection) : 손전등, 확대경, 보어스코프(Borescope) 장비 등을 활용하여 손상 및 결함을 찾아내는 검사방법이다. 보어스코프는 내시경 검사를 위해서 기체 구조부 및 엔진 내부 등을 검사하는데 효과적인 광학장치이다.

정/답 45 ③ 46 ① 47 ② 48 ③

49 누설 시험에서 온도를 측정하는 온도계 중 비접촉식 온도계로 옳은 것은?

① 저항 온도계 ② 열전대 온도계
③ 유리 온도계 ④ 방사 온도계

50 다음 비파괴검사 중 방사선검사와 관계가 먼 것은?

① 중성자 투과검사 ② X선 회절 분석
③ X선 투과검사 ④ γ선 투과검사

51 다음 중 물질의 손상량 평가법으로 비파괴검사방법인 것은?

① 크리프시험법 ② 피로시험법 ③ 레프리카법 ④ 충격시험법

레프리카법(replica method) : 전자를 투과시키지 않는 시편의 표면 구조를 관찰하기 위한 비파괴검사법이다.

52 침투탐상시험에서 침투능력과 관계되는 물리적 성질과 거리가 먼 것은?

① 모세관 현상 ② 표면 장력 ③ 점성 ④ 내부식성

53 핵연료봉과 같은 높은 방사성 물질의 검사에 적합한 비파괴검사 방법은?

① 전사법을 이용한 중성자투과검사
② 직접법을 이용한 중성자투과검사
③ Co-60을 이용한 중성자투과검사
④ 입자가속기를 이용한 고에너지 X선투과검사

54 비파괴검사의 역할에 대한 설명으로 틀린 것은?

① 결함이 존재하는 재료를 항상 폐기할 수 있다.
② 재료의 손실을 줄일 수 있다.
③ 제조원가의 절감이 가능하다.
④ 제조공정을 합리화할 수 있다.

정/답 49 ④ 50 ② 51 ③ 52 ④ 53 ① 54 ①

55 다음 중 와전류탐상검사로 검사가 곤란한 것은?

① 배관용접부 내부의 기공
② 라미네이션
③ 페인트의 두께 측정
④ 도금의 두께 측정

> 공업제품 내부의 기공(氣孔)이나 균열 등의 결함과 용접부의 내부 결함을 파괴하지 않고 외부에서 검사하는 방법으로, 비파괴검사(NDT 또는 NDI)가 이용되는 경우가 많다. 용접부나 주물속의 공동을 조사하는 데는 X선, Y선, β선 등의 방사선투과를 이용하고, 철판 단조품, 관재(棺材) 등의 상처나 내부의 결함을 조사하는 경우는 초음파 탐상(探傷)이나 맴돌이전류시험과 물품 표면의 작은 상처의 발견에는 침투법(浸透法)이나 자분탐상법(磁紛探傷法)이 사용된다.

56 기체에 방사선이 닿으면 전기적으로 중성이었던 기체의 원자 또는 분자가 이온으로 분리되는 작용은?

① 사진작용
② 전리작용
③ 기상작용
④ 형광작용

> 전리작용(Ionization) : 물질 내를 통과할 때 그것이 가지고 있는 에너지에 의하여 원자 중의 궤도전자를 튕겨내어, 양전하를 띤 상태(양이온)와 자유로운 전자 또는 전자가 첨가되어 음의 전하를 띤 상태(음이온)로 분리되는 것을 의미하는 것으로 이온화라고도 한다.

57 다음 중 30mm 압연 강판에 존재하는 라미네이션을 검사하고자 할 때 가장 적절한 비파괴검사법은?

① 질량분석 누설검사
② 자동 초음파탐상검사
③ 자동 와전류탐상검사
④ 자동 방사선투과검사

58 다음 중 비파괴검사법에 대한 일반적인 설명으로 틀린 것은?

① 표면결함의 검출은 강자성체의 경우 자분탐상시험이 효과적이다.
② 초음파탐상시험은 원리적으로 펄스반사법이 많이 이용되고 있다.
③ 방사선투과시험은 결함의 깊이와 형태를 정확히 알 수 있다.
④ 초음파탐상시험은 방사선투과시험보다 두꺼운 강재를 검사할 수 있다.

> 결함의 깊이와 형태를 정확히 알 수 있는 방법은 초음파탐상법이다.
> – 내부 결함의 위치 및 크기, 방향을 정확히 측정할 수 있는 방법이다.

59 와전류탐상시험이 가능하지 않은 대상물은?

① 알루미늄 막대
② 구리 막대
③ 강철 막대
④ 고무 막대

정/답 55 ① 56 ② 57 ② 58 ③ 59 ④

60 자분탐상검사에 영향을 미치는 자분의 성질로 가장 거리가 먼 것은?

① 자분의 비중
② 자분의 입도
③ 자분의 전기적 성질
④ 자분의 색조와 휘도

- 자분의 성질 : 자분의 분산성과 결함부의 흡착성에 영향을 주는 성질
  - 투자율이 높아야 한다.
  - 보자력이 낮아야 한다.
  - 자분의 겉보기 비중은 낮을수록 좋다.
  - 자분의 색조 및 휘도가 매우 중요하다.

61 다음 중 침투탐상시험이 적합한지를 선택하는 조건과 거리가 먼 것은?

① 시험체의 표면 상태
② 시험체의 제작 공차
③ 시험체의 재질
④ 시험체의 형상

침투탐상시험
1. 시험체의 표면의 결함탐상에 적합하다.
2. 침투제 적용시간(dwell time)이 매우 중요하다.
3. 시험체의 형상 및 크기 등은 중요한 문제가 되지 않는다.
4. 결함 측정 시 시험체 표면온도는 중요하다.
5. 침투제는 쉽게 오염된다.
6. 거의 모든 재질의 시험품에 적용될 수 있는 방법이다.
7. 모세관현상(capillary action)을 적용시켜 결함을 찾는 방법이다.

62 다음 중 초음파탐상시험의 장점이 아닌 것은?

① 시험체의 한 면만을 이용하여 결함을 측정할 수 있다.
② 결함으로부터의 지시를 곧바로 얻을 수 있다.
③ 침투력이 매우 높아 두꺼운 단면을 갖는 부품의 깊은 곳에 있는 결함도 용이하게 검출한다.
④ 내부조직의 입도가 크고 기포가 많은 부품 등의 탐상에 유용하다.

초음파탐상시험의 장점
- 침투력이 매우 높아 두꺼운 단면의 결함을 용이하게 검출할 수 있다.
- 감도가 매우 높아 미세한 결함의 검출도 가능하다.
- 결함으로부터 즉시 검사결과를 확인할 수 있다.
- 검사를 위해 시험체의 한 면만 이용 가능하다.

정/답   60 ③   61 ②   62 ④

63 다음 중 홀효과를 이용하는 비파괴검사법은?

① 형광서머그래피법
② 누설자속탐상검사
③ 광탄성법
④ 전위차시험법

> 홀효과 : 자기장에 놓여진 고체에 장기장과 수직인 전류가 흐를 때, 그 고체 내부에 횡단 방향으로 전기장이 생성되는 현상이다.

64 다음 비파괴검사 방법 중 결함의 형상을 추정하기 곤란한 검사 방법은?

① 와전류탐상검사   ② 침투탐상검사   ③ 자분탐상검사   ④ 방사선투과검사

> **와전류 탐상검사의 장·단점**
> - 관, 봉, 선재 등에 대하여 고속으로 자동화하여 전수검사를 실시할 수 있다.
> - −표면결함에 대한 검출감도가 우수하다.
> - 지시의 크기로 결함의 크기를 추정할 수 있어 결함 평가에 유용하다.
> - 고온 하에서의 측정, 얇은 시험체, 가는 선, 구멍의 내부 등 다른 검사 방법으로는 곤란한 대상물에도 적용할 수 있다.

65 누설검사를 계획하거나 시방서를 작성할 때 이용할 누설검사의 선택에서 가장 먼저 생각할 점은?

① 누설률의 범위
② 추적가스의 선택
③ 검사비용
④ 설계압력

66 다음 중 방사선투과시험에서 반가층에 대한 표현으로 맞는 것은?

① 방사성 물질이 원래의 크기보다 반으로 줄어들 때의 구분선을 말한다.
② 방사선투과 사진의 질을 점검할 때 표준시험편을 사용하는 데 이의 등급 간의 분류를 말한다.
③ X, Y선이 물질 후면으로 투과되어 나온 방사선의 강도가 투과되기 전 표면에서의 강도의 반이 되는 물질의 두께이다.
④ 방사선과 물질과의 상호작용 시 이온화 과정에 의한 흡수가 필름 안에서 일어나 이때의 자유 전자들이 영상을 흐리게 하는 층을 말한다.

정/답   63 ②   64 ①   65 ①   66 ③

안전관리

PLANT MAINTENANCE ENGINEER

01 기계작업 안전

1 작업복장과 보호구

(1) 작업복

① 작업복은 항상 깨끗이 하고 특히 기름이 묻었을 경우 불이 붙을 위험이 있다.
② 여름철과 같이 더운 계절이나 고온·고열 작업 시에는 재해의 위험성이 따르므로 작업복을 절대로 벗지 않도록 해야 한다.
③ 기계 주위에서 작업을 할 때 반드시 모자를 쓰도록 한다.

※ 일반적인 안전수칙

① 작업복과 안전 장구는 반드시 착용해야 한다.
② 돌출부 또는 회전체에 작업복 끝부분이 걸리지 않도록 착용한다.
③ 작업복은 착용자의 연령, 성별 등을 고려하여 적절히 선택하고 노출은 삼가도록 한다.
④ 안전 장비는 인체에 맞는 것을 착용하도록 한다.
⑤ 모든 기계는 사용 전에 반드시 점검하여 안전 상태를 확인해야 한다.
⑥ 규격에 맞지 않거나 불안전한 공구는 사용하지 않도록 한다.
⑦ 기계의 청소나 손질은 기계를 정지시킨 후 실시하도록 한다.
⑧ 인화성 물질, 화기 취급은 반드시 철저한 방화 조치를 한 후 실시하도록 한다.
⑨ 작업은 항상 표준 작업을 준수하여 실시한다.
⑩ 이동식 사다리의 폭은 30cm 이상, 길이는 6m 이내로 해야 한다.
⑪ 안전 난간은 최소 100kg 이상의 하중에 견딜 수 있는 구조이어야 한다.

(2) 보호구의 종류와 용도

① 방진안경
- 철분, 모래 등이 날리는 연삭, 선반, 셰이퍼, 목공기계 등의 작업에 사용할 것

② 차광안경
- 용접작업과 같이 불티나 유해광선이 나오는 작업에 사용할 것

③ 보호 마스크
- 먼지가 많은 장소와 납, 비소와 같은 해로운 가스가 발생되는 작업에 사용한다. 특히 산소가 16[%] 이하로 결핍되었을 시는 산소마스크를 사용하도록 한다.

④ 장갑
- 선반작업, 드릴, 목공기계, 연삭, 해머, 정밀기계 작업 등에는 장갑 착용을 금할 것

⑤ 귀마개
- 소음이 발생하는 작업, 제관, 조선, 단조, 직포 작업 등에는 귀마개를 사용하도록 한다.

(3) 작업자가 작업장에서 작업을 시작하기 전 점검사항

① 기계 공구가 그 기능이 정상적인가?
② 가스 사용 시 누설이 없는가, 폭발 위험이 없는가?
③ 전기 장치에 이상이 없는가?
④ 작업장 조명이 정상인가?
⑤ 정리 정돈이 잘되어 있는가?
⑥ 주변에 위험물이 없는가?

(4) 안전표시

① 녹십자 표시
- 하얀 바탕 위에 녹십자를 그린 표지-우리나라에서 산업안전의 상징(1964년 노동부예규 제6호)

② 안전 표시의 색체
- 적색 : 방화 금지, 방향 금지(표시), 규제 및 화학물질 취급장소의 위험 표시
- 오랜지색(주황색) : 위험 표시
- 황색 : 주의 표시
- 녹색 : 안전지도, 위생 표시, 대피소 및 구호소의 위치 안내 등을 표시
- 청색 : 주위 수리 중, 송전중 표시, 보호구 사용 표시
- 진한 보라색 : 방사능 위험 표시

- 백색 : 주의 표시, 글씨 및 관련 그림
- 흑색 : 방향 표시

2 수공구류의 안전수칙

(1) 일반적인 안전수칙

① 공구는 사용 전에 반드시 점검하고 불안전한 것은 절대로 사용해서는 안 된다.
② 공구는 작업에 적합한 것을 사용해야 하며, 정해진 용도 이외에는 사용해서는 안 된다.
③ 공구는 정해진 장소에 비치하여 사용하고 손이나 공구에 기름이 묻어 있는 경우 완전히 제거하고 사용할 것
④ 공구나 재료를 기계 위나 발판대, 난간 등 떨어지기 쉬운 장소에 놓아두지 않도록 할 것
⑤ 전기, 전기식 공구는 유자격자 및 감독자에게 허가받은 자만이 사용할 것
⑥ 사용 후 기름이나 먼지 등을 깨끗이 제거 후 보관하도록 할 것

(2) 스패너 및 렌치 작업 시 안전수칙

① 볼트 및 너트 머리부에 잘 맞는 것을 사용할 것
② 몸쪽으로 당겨서 사용할 것
③ 공구가 갑자기 빠지거나 넘어지지 않도록 자세를 확고히 잡을 것
④ 무리하게 힘을 주지 말고 사용할 것
⑤ 스패너에 자루를 연결하거나 파이프 등을 물려 돌리지 말 것
⑥ 사용 목적 외에 다른 용도로 사용하지 말 것

(3) 해머 작업 시 안전수칙

① 녹쓴 공작물에는 보호안경을 착용할 것
② 최초에는 천천히 칠 것
③ 장갑을 끼지 말 것
④ 좁은 곳에서는 사용하지 말 것
⑤ 해머의 고정 상태 및 자루의 파손 상태를 점검하고 사용할 것
⑥ 해머 면에 홈 등 변형된 곳은 없는지 사용 전에 점검하고 사용할 것
⑦ 기름이 묻은 경우 즉시 닦은 후에 작업할 것
⑧ 올바르게 잡고 비스듬히 타격을 가해서는 안 된다.
⑨ 긴 자루의 해머는 절손되기 쉬우므로 주의할 것

⑩ 해머 대용으로 스패너 렌치 등 기타 공구를 사용해서는 안 된다.
⑪ 타격 시 반동에 주의하도록 한다.

(4) 펀치 및 정 작업 시 안전수칙

① 펀치의 가격부나 날이 무뎌졌을 경우 연마하여 사용할 것
② 깎는 작업을 처음 하는 경우에는 가볍게 쳐서 잘 맞을 때까지 힘을 가할 것
③ 정 작업 시에는 작업복 및 보호 안경을 착용할 것
④ 자르기를 시작할 때와 마무리할 때는 세게 치지 않을 것
⑤ 정 작업 중 시선은 정의 날을 주시하고 작업자는 절단 상태에 주의할 것
⑥ 보호판을 정의 조각이 튀어나가는 쪽에 세울 것
⑦ 해머 자루는 단단히 박을 것

(5) 다듬질 작업 시 안전수칙

① 공구류는 기름이 묻은 것을 사용해서는 안 된다.
② 정 작업 시 방진 안경을 착용한다.
③ 정 작업 시 반대편에 차폐막을 설치한다.
④ 정 작업은 처음에는 가볍게 두들기고 목표가 정해진 후에 차츰 세게 두들긴다. 또 작업이 끝날 때는 타격을 약하게 한다.
⑤ 담금질한 재료를 정으로 쳐서는 안 된다.
⑥ 스크레이핑 작업 시 허리로 스크레이퍼 작업을 할 때는 넓적다리에 스크레이퍼를 댄다.
⑦ 바이스 작업 시 가공물을 체결한 다음에는 반드시 핸들을 밑으로 내린다.
⑧ 바이스 작업 시 둥근 가공물은 프리즘형 보조구를 이용하여 고정한다.
⑨ 불안정한 공작물, 무거운 공작물을 고정할 때는 공작물 밑에 나뭇조각 등의 대를 받쳐서 작업 중에 공작물이 낙하하지 않도록 한다.
⑩ 줄 다듬질 시 줄에 담금질 균열이 있는 것은 사용 중에 부러질 우려가 있으므로 잘 점검한다.
⑪ 줄자루는 소정의 크기의 것으로 든든한 쇠고리가 끼워진 것을 선택하고, 자루를 확실하게 고정하여 사용한다.
⑫ 쇠톱 작업 시 절삭이 끝날 무렵에는 힘을 빼고 가볍게 사용한다.

3 기계 안전

(1) 공작기계 안전수칙

① 기계 위에 공구나 재료를 올려놓지 않는다.
② 이송을 걸어 놓은 채 기계를 정지시키지 않는다.
③ 기계의 회전을 손이나 공구로 멈추지 않는다.
④ 가공물, 절삭공구의 설치를 확실히 한다.
⑤ 절삭공구는 짧게 설치하고 절삭성이 나쁘면 일찍 바꾼다.
⑥ 칩이 비산할 때는 보안경을 사용한다.
⑦ 칩을 제거할 때는 브러시나 칩 클리너를 사용하고 맨손으로 하지 않는다.
⑧ 절삭 중 절삭면에 손이 닿아서는 안 된다.
⑨ 절삭 중이나 회전 중에는 공작물을 측정하지 않는다.

※ 기타 안전수칙
　① 기계는 반드시 점검하고 이상 유무를 확인하고 작업할 것
　② 가동 중 소음, 진동, 발열 등의 이상을 발견하였을 경우 즉시 작동을 정지하고 감독자에게 보고할 것
　③ 청소, 수리, 검검 등을 실시할 경우 기계의 운전을 정지하고 스위치를 끈 후에 실시할 것
　④ 물, 기름, 칩 등이 비산하는 기계의 경우 덮개를 할 것
　⑤ 벨트, 숫돌 등이 노출된 것은 위험하므로 덮개를 하도록 할 것
　⑥ 가동 중 칩을 치우기 위해 입으로 불거나 손으로 쓸지 말고 브러시나 적당한 용구를 사용할 것
　⑦ 회전하는 기계 작업에는 절대로 장갑을 착용하지 않도록 할 것
　⑧ 작업이 끝났을 시에는 기계를 정위치에 복귀시키고 메인 스위치를 오프(off)할 것
　⑨ 정전 시에는 반드시 메인 스위치를 오프(off)할 것

(2) 선반 작업 시 안전수칙

① 가공물의 설치는 전원을 내리고 바이트를 충분히 뗀 다음 설치한다.
② 공작물의 설치가 끝나면 척, 렌치류를 곧 떼어 놓는다.
③ 편심된 가공물의 설치는 균형추를 부착시킨다.
④ 바이트는 기계를 정지시킨 다음에 설치한다.
⑤ 작업 전 상태를 점검하고 절삭 공구의 고정은 확실하게 할 것
⑥ 기계 위에 공구나 가공물을 올려놓지 않을 것
⑦ 치수를 측정할 때는 기계를 정지시키고 측정할 것

⑧ 칩 제거는 기계를 정지시킨 후에 브러시 등의 용구를 사용할 것
⑨ 보안경을 착용하고 청소 및 주유를 할 경우 반드시 기계를 정지시킬 것

(3) 드릴 작업 시 안전수칙

① 얇은 물건을 작업할 때는 밑에 나무 등을 깔고 구멍을 뚫어야 한다.
② 작은 가공물이라도 손으로 잡지 않도록 할 것
③ 머리카락이나 작업복이 회전 중인 드릴에 말려들지 않도록 주의할 것
④ 드릴이 회전 중에 있을 때 칩을 치우지 말 것
⑤ 드릴의 착탈은 회전이 완전히 멈춘 다음에 할 것
⑥ 작업 시 장갑을 착용하지 않도록 할 것
⑦ 드릴에 상처나 균열이 있는 것은 사용하지 않도록 할 것

(4) 밀링 작업 시 안전수칙

① 상하 이송용 핸들은 사용 후 반드시 벗겨 놓는다.
② 절삭 공구에 절삭유를 줄 때는 커터 위에서부터 주유한다.

(5) 연삭 작업 시 안전수칙

① 숫돌을 설치하기 전에 나무망치로 숫돌을 때려 조사한다(균열이 있으면 탁한 소리가 난다).
② 숫돌차의 안지름은 축의 지름보다 0.05~0.15[mm] 정도 커야 한다.
③ 숫돌은 3분 이상 작업개시 전에는 1분 이상 시운전한다. 그때 숫돌의 회전 방향으로부터 몸을 피하여 안전에 유의한다.
④ 숫돌과 받침대의 간격은 항상 3[mm] 이하로 유지한다.
⑤ 숫돌은 반드시 시운전에 지정된 사람이 설치할 것
⑥ 플렌지는 좌우가 같은 것을 사용하고, 숫돌 바깥지름의 1/3 이상의 것을 사용할 것
⑦ 무리한 압력으로 연삭하지 않도록 할 것
⑧ 공작물은 받침대로 확실하게 고정할 것
⑨ 소형 숫돌은 측압에 약하므로 컵형 숫돌 외에는 측면 사용을 피할 것
⑩ 숫돌의 커버를 벗겨놓은 채 사용하지 말 것
⑪ 안전 차폐막을 갖추지 않은 연삭기를 사용할 때는 방진 안경을 사용할 것

(6) 프레스 작업의 안전수칙

① 기계의 사용 방법을 완전히 숙지하기 전에는 함부로 작동하지 않도록 할 것
② 작업 전에 급유하고 시운전을 행하여 활동부의 움직임 및 상태를 점검할 것
③ 운전 중 램 밑에 손이 들어가지 않도록 주의할 것
④ 안전장치의 작동 상태를 점검하고 잘못된 것은 조정할 것
⑤ 2명 이상이 작업 시에는 신호를 명확하게 하고 조작에 안전을 기할 것
⑥ 작업이 완료된 후에는 반드시 스위치를 내릴 것
⑦ 수리, 조정, 급유 시에는 반드시 기계의 작동을 멈추고 할 것

4 작업점과 위험점

(1) 작업점 방호

① 작업점에는 작업자가 절대로 가까이 접근하지 않도록 해야 한다.
② 기계를 조작하기 위해서 작업점에서 멀리 떨어져 있게 한다.
③ 작업자가 위험 지대에서 멀어지기 전에 기계를 움직이지 못하게 한다.
④ 작업 시 작업점에 손을 넣지 않도록 한다.

(2) 기계설비의 위험점

① 협착점 : 기계의 왕복 운동을 하는 운동부와 고정부 사이의 위험점이다.
　• 단조해머, 프레스, 압축용접기, 인쇄기, 성형기, 펀칭기 등이 예가 된다.
② 끼임점 : 고정부와 회전하는 운동부 사이의 위험점이다.
　• 연삭숫돌과 공구지지대와의 사이, 교반기의 날개와 용기 몸체와의 사이, 반복 동작하는 링크기구 등에서 발생
③ 절단점 : 회전하는 운동부와 운동하는 기계 자체 사이의 위험점이다.
　• 밀링의 커터, 띠톱이나 둥근 톱의 톱날, 벨트의 이음새 등에서 발생
④ 물림점 : 회전하는 두 개의 회전체 사이의 위험점이다.
　• 롤러와 기어가 서로 맞물려 회전하는 경우 발생
⑤ 접선 물림점 : 회전하는 부분이 접선 쪽으로 물려 들어갈 때의 위험점이다.
　• 풀리와 V벨트 사이, 체인과 스프로킷 휠 사이, 피니언과 래크 사이 등에서 발생
⑥ 회전 말림점 : 회전체의 부위와 돌기 회전 부위의 위험점이다.
　• 축, 커플링, 회전하는 드릴 또는 보링기 등에서 발생

(3) 위험점의 5가지 요소

① 함정(Trap) : 기계요소 운동에 의해 트랩점이 발생한다.
② 충격(Impact) : 움직이는 속도에 의해 사람이 상해를 입게 된다.
③ 접촉(Contact) : 위험요소와 사람의 접촉을 의미한다.
④ 말림(Entanglement) : 얽힘이라고도 하며, 기계요소 등에 말려드는 위험에 해당한다.
⑤ 튀어나옴(Ejection) : 기계요소나 가공재가 튀어나오는 위험에 해당한다.

(4) 기계설비의 근원적 안전화

① 작업의 안전화
- 프레스 작업 시 적당한 수공구 사용
- 롤러기에 급정지 장치 설치
- 조작장치는 조작이 쉽게 설계
- 가동장치는 안전한 배치
- 장치와 정지 시의 시건장치, 급정지장치 등의 배치
- 작업자가 위험 부분에 접근 시 검출형 안전장치 등을 이용

② 보수유지의 안전화
- 보전용 통로와 작업장 확보
- 고장 발견 및 보수 점검이 용이

③ 구조의 안전화
- 설계상 결함 방지
- 재료 결함 방지
- 가공 결함 방지

④ 기능적 안전화
- 전압강하나 정전 시 오동작 방지-정전 보상장치(UPS)

⑤ 외관상 안전화
- 회전부에 대한 방호 덮개 설치
- 안전색채

(5) Fail-Safe 기능적 측면 3단계

① Fail-passive : 부품 고장 시 기계는 정지 방향으로 이동
② Fail-active : 부품 고장 시 기계는 경보를 울리지만, 단시간 내에 운전 가능
③ Fail-operational : 부품 고장 시 추후 보수까지 안전 기능 유지

02 용접작업 안전

(1) 용접 시 지켜야 할 안전사항

① 인화성 물질 근처에서 작업을 하지 말 것
② 탱크와 같은 밀폐공간이나 작업할 시에 환기를 철저히 해야 하며, 2인 1조 작업을 원칙으로 한다.
③ 부득이 가연성 물질 근처에서 작업할 시에는 화재 발생 예방조치를 철저히 하도록 한다.

(2) 용접 전 일반적인 주의사항

① 예열 및 후열이 필요한지 검토한다.
② 이음부에 대한 불순물을 충분히 제거하도록 한다.
③ 용접도면을 이해하고 작업 내용을 숙지하도록 한다.
④ 용접 조건 및 순서를 미리 정해두도록 한다.
⑤ 작업 전 사용재료를 확인하도록 한다.

(3) 용접 시 감전 방지 대책

① 홀더나 용접봉은 용접 장갑을 낀 상태서 취급하도록 한다.
② 물 또는 땀 등의 축축하고 습기가 찬 작업복, 장갑, 구두 등을 착용하지 않도록 한다.
③ 절연 홀더의 절연 부분이 노출 또는 파손되면 수리 및 교체하도록 한다.
④ 용접기 내부에 가급적 손을 대는 일은 없도록 한다.

(4) 전기 용접작업 시 주의사항 및 안전수칙

① 용접기를 습기가 많은 장소에 설치하지 않도록 주의한다.
② 스위치 및 퓨즈는 정격 용량을 써야 안전하다.
③ 개로 전압이 필요 이상 높지 않게 해야 하며, 자동 전격 방지기는 완전 가동시켜야 하고 누전이 없도록 하고, 누전차단기를 사용하도록 한다.
  • 개로전압 : 전류가 외부로 유출되지 않을 때 양극 간에 발생하는 전위차이다.
④ 전선은 단자와 완전히 접속하도록 접선하며, 접속부는 완전히 피복하도록 한다.
⑤ 전선이 상할 위험이 있으면 보호장치를 충분히 갖추도록 한다.
⑥ 인화성 물질이 있는 곳에서 작업할 시에는 스파크에 의해 점화될 수 있으므로 방폭구조로 한다.

⑦ 적절한 안면보호구를 착용하도록 한다.
⑧ 배기장치가 적절히 가동되고 있는지 확인한다.
⑨ 용접과 도장을 같은 장소에서 하지 않도록 한다. 화재의 위험성이 높다.
⑩ 소화기가 비치되어 있는지 확인한다.
⑪ 비상상황 시 대피할 수 있는 비상구의 위치를 파악해 둔다.

03 전기취급 안전

(1) 전기 설비

① 전기 설비 배선 기구를 사용할 때에는 기구 장치류의 청소 및 점검을 해야 하고, 발열이나 과열 아크 등이 일어나지 않게 주의해야 한다.
② 전기로 같은 전열기를 사용할 때에는 가연물과의 접촉이나 근접을 피하고, 코드 절연, 열화가 생기기 쉬우므로 잘 점검해야 한다.
③ 배전반이나 분전반 후면에 물건을 쌓거나 기름걸레 등을 놓지 말고, 내부에는 절대로 물건을 방치하지 말아야 한다.
④ 정해진 용량 이상의 휴즈 사용은 금지한다.
⑤ 전동 공구의 사용 시 소켓, 코드 등의 파손, 마모 및 절연상태를 정기적으로 점검하고 불량품은 즉시 수리하도록 한다.
⑥ 조명기구의 보호장치, 글로브가 파손된 것은 수리 또는 교환하고 반사판, 전구 등은 항상 청결을 유지하도록 한다.

(2) 기계의 동력 차단장치

① 동력 차단장치에는 스위치, 클러치, 벨트이동장치, 스톱밸브 등이 있다.
② 롤러기 등에는 급정지장치를 해야 한다.
③ 동력으로 운전하는 기계는 안전을 위하여 동력 차단장치를 해야 한다.

(3) 조명 방식의 분류

① 직접조명
  • 균일한 조명도를 얻기 어렵고 눈부심이 강하며, 그림자가 뚜렷하게 생긴다.
  • 조명률은 가장 좋고 설치가 간단하다.

- 공장용 조명으로 적당하다.
- 광원으로부터 빛이 대부분 작업면에 직접 가해진다.

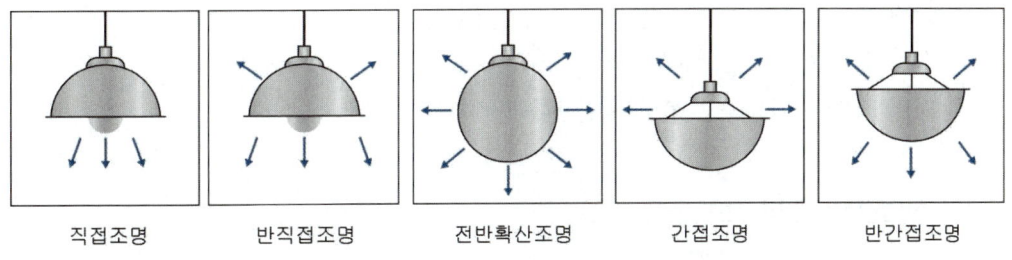

| 직접조명 | 반직접조명 | 전반확산조명 | 간접조명 | 반간접조명 |

그림 4-1 조명 방식

② 간접조명
- 빛의 90~100%를 천정이나 벽면에 비춰 반사시켜 조도를 얻는 방식
- 눈부심이 없고 부드러운 빛을 얻을 수 있다.
- 저렴하고 효율적이나 빛이 비치지 않고 그림자가 생기는 단점이 있다.

③ 전반확산조명
- 직접조명과 간접조명의 중간방식이다.
- 조명기구를 일정한 높이와 간격으로 배치하여 전체적인 확산이 되도록 하는 방식이다.
- 고급 사무실, 상점, 주택, 공장 등에 사용

④ 국부조명
- 필요로 하는 일부분만 조명하는 방식이다.

(4) 조명의 필요조건

① 작업 성질에 따라 빛의 질이 적당하여야 한다.
② 광원이 안정되고 흔들리지 않아야 한다.
③ 광원이 위치가 바르고 눈이 부시지 않아야 한다.
④ 분산된 광선의 색이 태양광, 무색에 가까워야 한다.
⑤ 작업 장소와 바닥 등에 너무 짙게 그림자를 만들지 않아야 한다.
⑥ 작업장 내에 적정한 조도(조명도)를 갖추어야 한다.
⑦ 입체감을 갖는 시야를 만들어 주어야 한다.
⑧ 창의 채광과 인공조명을 병용하도록 한다.

(5) 조명의 사용목적

① 깨끗하고 밝은 작업 환경 조성을 위해
② 눈의 피로를 감소하고, 재해를 방지하기 위해
③ 작업의 능률 향상을 위해
④ 정밀 작업이 가능하고 불량품 발생률이 감소를 위해

(6) 산업안전보건법 상의 조명

① 초정밀 작업 : 750Lux 이상
② 정밀 작업 : 300Lux 이상
③ 보통 작업 : 150Lux 이상
④ 거친 작업 : 75Lux 이상

(7) 조도 반사율

① 천장 : 80~90%
② 벽체 : 40~60%
③ 기계 기구 : 25~45%
④ 바닥 : 20~40%

04 가스 및 위험물의 안전

1 가스 안전

(1) 가스 용기 취급 시 주의사항

① 밸브의 개폐는 서서히 할 것
② 직사광선을 피하고, 온도는 40℃ 이하로 유지할 것
③ 운반 시에는 캡을 씌우고 충격을 피하도록 할 것
④ 전도의 위험이 없도록 할 것
  • 전도란 기울어짐에 의해 넘어지는 현상이다.
⑤ 용해 아세틸렌은 세워서 보관할 것
⑥ 고무호스의 산소용은 흑색이나 녹색, 아세틸렌용은 적색으로 구분할 것

(2) 화재의 종류

① A급 화재 : 백색 표시 – 일반 화재
② B급 화재 : 황색 표시 – 유류 화재
③ C급 화재 : 청색 표시 – 전기 화재
④ D급 화재 : 표시 없음 – 금속 화재

(3) 가연성 가스

① 폭발 가능성이 높은 성질을 갖고 있는 가스이다.
② 산소 또는 공기와 반응하여 점화하게 되면, 빛과 열을 발생하며 연소하는 가스이다.
③ 종류로는 수소, 메탄, 아세틸렌, 프로판, 부탄 등이 있다.

(4) 가연성 가스 취급 시 주의사항

안전하게 취급하고 안전하게 저장하고, 누출 및 화재 폭발에 주의해야 한다.
① 가스의 누설 유무를 반드시 점검해야 한다.
  • 비눗물 혹은 가스 검지기를 사용한다.
② 검사필증이 있는 용기만 사용하도록 한다.
③ 사용 후 반드시 밸브를 잠그고, 보호 캡을 씌워 놓아야 한다.
④ 용기를 떨어뜨리거나 충격을 주지 말아야 한다.
  • 반드시 세워서 보관 및 관리하도록 한다.
⑤ 충전된 용기는 40℃ 이하로 유지하며 직사광선으로부터 피해야 한다.
⑥ 용기를 세울 때에는 넘어지지 않도록 로프 또는 체인으로 고정하도록 한다.
⑦ 용기는 지붕이 있고, 환기가 잘 되는 곳에 보관한다.
⑧ 용기나 밸브 등을 녹여야 할 때에는 40℃ 이하의 물을 사용하도록 한다.
⑨ 저장소에 용적 $300m^3$ 이상의 고압가스를 저장할 경우에는 각 저장소마다 신청서를 시장, 군수, 구청장에게 제출해야 한다.
⑩ 보관 장소 주위의 2m 이내에는 화기 또는 인화성, 발화성 물질을 두지 말아야 한다.
⑪ 토치가 가열되었을 때에는 아세틸렌을 잠그고, 산소만 분출시킨 상태로 물에 식히도록 한다.

(5) 인화성 물질

① 액체에서 증발된 가연성 증기와 혼합 기체에 의해 폭발할 위험성을 가진 물질이다.
② 인화점 : 가연성 액체가 공기 중에서 인화하기 충분한 가연성 증기를 발생하는 최저 온도이다.
  • 가연성 액체로부터 발생한 증기가 액체 표면에서 연소범위의 하한계에 도달할 수 있는 최저

온도이다.
③ 인화성이 큰 물질은 1L 이상 보관하지 않도록 규정되어 있다.

(6) 발화성 물질

① 공기 중에서 일정 온도 이상이 되면 점화원 없이도 스스로 연소되는 물질이다.
② 발화점 : 가연성 물질이 공기 중에서 점화원이 없이 스스로 연소되는 최저 온도이다.
- 외부의 점화원과 직접적인 접촉 없이 주위로부터 충분한 에너지를 받아서 스스로 점화되는 최저온도이고 착화온도라고도 한다.
- 발화점은 인화점보다 20~60℃ 높다.
- 산소와의 친화력이 높을수록 발화점은 낮아진다.
- 물속에서 알칼리 금속계열(칼륨, 나트륨, 금속의 수소화물)은 발화(발열)하므로 주의하도록 한다.

※ 연소점
  ① 외부 점화원에 의해 발화 후 연소를 자발적으로 지속시킬 수 있는 충분한 증기를 발생시킬 수 있는 최저온도이다.
  ② 인화점보다 5~10℃ 높고, 불꽃이 최소 5초 이상 지속되는 온도이다.

(7) 산화성 물질

① 스스로 발화, 폭발할 위험은 없다.
② 가연성, 환원성 물질과 접촉하였을 때 충격, 마찰, 가열에 의해 발화하거나 폭발할 위험이 있다.

2 위험물의 안전

(1) 독극물

① 생체에 해를 주는 화학물질, 즉 사람의 몸에 접촉하여 화학 반응을 일으켜 건강을 해치는 독성이 있는 물질이다.
② 독은 피부나 소화관 등의 신체기관의 체내에 침투 시 조직과 기능을 상하게 한다.
③ 가장 많은 상해 부위는 눈이며, 심할 경우 실명에 이른다.
④ 시안화칼륨, 시안화학물, 시안화산, 시안화물 등 다양한 종류가 있다.

(2) 독극물 취급 시 주의사항

① 취급 및 운반 시 안전한 용구 및 운반 도구를 이용하도록 한다.
② 저장소나 용기 등에 보관 시에 내용물을 확인할 수 있도록 표시한다.
③ 확인이 어려운 독극물은 함부로 취급하지 않도록 한다.
④ 독극물 내용물의 유무에 따라 구분해 놓는다.
⑤ 도난 및 오용, 파손 방지를 위해 철저히 보관하도록 한다.
⑥ 취급하는 독극물의 특성을 미리 파악하여 방호 수단을 구비한다.
⑦ 일반적으로 직사광선을 피하고 냉소에 저장하도록 한다.
⑧ 이종물질을 혼합하여 저장할 때 냉장 보관한다.
⑨ 화기 및 열원으로부터 격리해야 한다.

(3) 유기용제의 구분 표시

① 제 1종 유기용제 : 적색
② 제 2종 유기용제 : 황색
③ 제 3종 유기용제 : 청색

※ 용어 정리
- 유기용제 : 시너, 솔벤트 등 어떤 물질을 녹일 수 있는 액체상태의 유기화합물이다.
  - 종류 : 아세톤, 휘발유, 벤젠, 툴루엔, 부탄올, 시너, 메틸렌 클로라이드, 에테르 등

(4) 유해물질의 표시 방법

① 유해물질의 성분 함유량은 중량의 비율로 표시할 것
② 유해물질 중 벤젠은 함유된 용량의 비율로 표시할 것
③ 유해물질의 용기에 인쇄하거나 인쇄한 표찰을 부착할 것
④ 유해물질을 표시하는 표찰의 양식, 규격 및 색상 등은 환경부장관이 권고할 수 있다.
⑤ 유해화학물질 취급시설과 취급현장, 유해화학물질을 보관·저장 또는 진열하는 장소, 유해화학물질 운반차량에는 유해화학물질에 관한 표시를 해야 한다.

05 산업안전 일반

(1) 산업안전 목적 및 장점

① 산업안전의 정의
- 산업 활동 중에 일어나는 직·간접적인 모든 재해나 사고로부터 인명과 재산을 보호하는 것

② 산업안전의 목적
- 인명 보호, 복지의 증진, 경제성 및 생산성 향상 등에 있다.

③ 산업안전관리의 장점
- 직장의 신뢰도 향상으로 직장 이직률 감소
- 기업의 투자 경비 감소
- 전문인력 육성으로 인한 고유 기술 축적
- 숙련된 작업자로 인한 품질 향상 및 불량 감소

(2) 산업재해의 분류

① 상해 : 골절, 뇌진탕, 동상, 부종, 베임, 익사, 절단, 중독, 찔림, 찰과상, 타박상, 피부병, 화상 등
- 상해 : 신체에 대한 생리적 기능을 해치는 행위이다.

② 재해 : 감전, 낙하, 붕괴, 유해물질 접촉, 이상 온도 접촉, 전도, 추락, 충돌, 파열, 협착, 화재 등
- 재해 : 이상적인 자연현상 또는 인간의 행동에 의한 사고가 원인이 되어 발생한 사회적 그리고 경제적 손실을 의미한다.
- 산업재해 : 노동과정에서 업무상 일어난 사고 또는 직업병으로 인해 근로자가 받는 신체적 또는 정신적 장애를 의미한다.

(3) 외적 요소에 의한 재해의 원인

① 인적 원인 : 재해 사고를 일으킬 수 있는 또는 그 요인을 만들어 낸 근로자의 행동이 원인
- 위험한 장소에 접근
- 안정장치의 기능을 제거
- 보호구 미사용이나 기구의 잘못된 사용
- 위험물 취급 부주의
- 불안전한 행동 및 자세

② **물적 원인** : 기계, 설비, 작업장 환경조건, 작업방법의 결함 등이 원인
- 물체 자체, 안전장치, 보호구, 작업환경, 설비의 결함

③ **기술적 원인** : 장치, 기계, 건물 등의 설계와 점검, 보전 등 기술상의 미비로 인해 발생
- 건물, 기계 장치의 설계 불량
- 구조, 재료의 부적합
- 생산 공정의 부적합
- 점검 및 보존의 불량

④ **교육적 원인** : 안전 관련 교육 미흡이 원인
- 안전 수칙의 미숙지
- 작업 방법의 몰이해
- 경험, 훈련의 미숙
- 작업 방법의 교육 불충분
- 위험에 대한 교육 불충분

⑤ **작업 관리상의 원인**
- 안전 관리 조직의 결함 또는 미정비
- 안전 수칙의 미제정
- 작업 준비의 부족
- 인원 배치의 부적당
- 작업 지시의 부적당

(4) 내적 요소에 의한 재해의 원인

① 근육운동의 부족에 의한 인적관리 결함
② 체력부족, 신경계통의 이상 및 질병, 극도의 피로 및 수면 부족 등으로 인한 생리적 결함
③ 고집 및 과도한 집착 등으로 인한 심리적 결함

(5) 재해 발생의 메커니즘

① 3가지 구조적 요소(재해 발생의 형태)
- 집중형 : 사고 원인이 독립적으로 재해 발생 장소에 일시적으로 집중되는 재해 발생 형태
- 연쇄형 : 사고 원인이 되는 요고가 연쇄적으로 나타나는 재해 발생 형태
- 혼합형 : 연쇄형과 단순 자극형의 복합적인 발생 유형으로 나타나는 재해 발생 형태

② 가해물과 기인물
  - 가해물 : 작업자에게 직접적인 접촉 등으로 피해를 가한 물건-사람에게 직접 위해를 끼치는 것
  - 기인물 : 발생 사고의 근원이 되는 것
    - 결함을 고치면 사고를 일으키지 않고 끝나는 것
③ 하인리히의 도미노 이론(하인리히의 재해 이론)
  - 대형사고가 발생하기 전에 그와 관련된 수많은 경미한 사고와 징후들이 반드시 일어난다는 법칙
  - 사고가 일어날 수 있는 요소들을 도미노에 적용해 놓고, 그 도미노를 쓰러지게 했을 때 중간의 도미노 하나를 빼버리면 최종 결과인 사고는 발생하지 않는다는 이론이다.
  - 재해발생 5단계
    - 1단계 : 사회적 환경과 유전적 요소(선천적 결함)
    - 2단계 : 개인적인 결함(인간의 결함)
    - 3단계 : 불안전한 행동 및 불안전한 상태(물리적&기계적 위험)
    - 4단계 : 사고 발생
    - 5단계 : 산업재해(상해)
  - 3단계가 핵심 : 불안전한 행동과 상태를 제거하면 사고를 방지할 수 있음
④ 버드의 재해 이론
  - 하인리히의 도미노 이론을 변형한 이론
  - 재해는 근본적인 관리 문제이다. 사고 전에는 항상 전조가 있다.
  - 인간의 과오로 인해 발생하는 사고 발생 5단계 중 어느 단계라도 잘못되면 재해가 발생한다.

(6) 산업안전의 원칙
① 건강 및 위생
② 적절한 공장 배치
③ 적절한 화재 예방 시스템
④ 적절한 경보 및 경고 시스템
⑤ 직원을 위한 적절한 센서 및 안전장치
⑥ 적절한 안전 교육

(7) 재해 원인의 분석법

① 개별적 원인 분석
- 재해를 개별 분석하는 것이다.
- 중대재해 및 건수가 적은 중소 규모 사업장에 적합하다.

② 통계에 의한 원인 분석
- 특성요인도 : 특성과 요인 관계를 도표로 세분화한 분석법
  - 어골도 : 물고기 뼈와 같이 세분화한다고 해서 붙여짐
- 파레토법 : 사고의 유형, 기인물 등의 분류 항목이 큰 순서대로 도표화하여 분석하는 방법
  - 중요 인자별 서열화하여 분석
- 클로즈(close)분석 : 2개 이상의 문제 관계를 분석하는 데 사용
- 관리도분석 : 재해 발생 건수 등의 추이를 파악하여 목표 관리를 실행하는데 필요한 월별 재해 발생수를 그래프화하여 관리선을 설정해서 관리하는 방법

(8) 산업재해율 계산법

① 연천인율
- 1년간 1000명을 기준으로 발생하는 사상자 수

$$연천인율 = \frac{1년간\ 사상자\ 수}{1년간\ 평균\ 근로자\ 수} \times 1,000$$

- 1년간 사상자 수 = 재해건수(연간 사상자 수), 1년간 평균 근로자 수 = 연평균 근로자 수

② 빈도율(도수율, FR : Frequency rate of injury)
- 산업재해의 발생 빈도
- 연 근로시간 합계 100만 시간당 발생 건수

$$빈도율(도수율) = \frac{재해건수}{근로자\ 수 \times 연간\ 근로시간} \times 1,000,000 = \frac{재해건수}{총\ 근로시간\ 수} \times 10^6$$

- 총 근로시간 수 = 근로자 수 × 연간 근로시간

③ 연천인율과 진도율의 상관관계

$$연천인율 = 빈도율 \times 2.4$$

④ 강도율(SR : Severity rate of injury)
- 근로시간 1,000시간당 재해에 의해 상실된 근로손실일 수
- 재해 발생빈도를 알 수는 없다.

- 근로손실일수 = 휴업일수 × $\dfrac{근로일수}{365}$

- 근로손실일수 = 장애 등급별 근로손실일수 + 비장애 등급 휴업일수 × $\dfrac{300}{365}$

- 강도율 = $\dfrac{근로손실일수}{연간\ 노동시간\ 수}$ × 1,000

⑤ 종합재해지수(FSI : Frequency Severity Index) : 빈도율과 강도율을 하나로 묶어 나타낸 지수

$FSI = \sqrt{FR + SR}$

- 사업장 재해 위험도 및 안전에 관심을 높이는데 사용

06 안전보호구

(1) 안전보호구란?

① 산업재해 방지를 위해 작업에 따라 작업자 개인이 착용해야 하는 것으로, 그 위험과 유해에 따라 일어나는 재해를 예방하고, 그에 따른 영향이나 부상의 정도를 감소시키기 위하여 사용하는 보조기구
② 안전하게 작업을 하기 위한 보호구이다.
③ 산업현장에서 발생하는 다양한 산업재해를 예방하기 위한 가장 기본적인 것이다.

(2) 보호구의 구비조건

① 착용이 간편해야 한다.
② 작업에 방해를 주지 않아야 한다.
③ 유해 위험 요소에 대한 방호 성능이 완전해야 한다.
④ 원재료의 품질이 우수해야 한다.
⑤ 구조 및 표면 가공이 우수해야 한다.
⑥ 외관미가 양호해야 한다.

(3) 보호구의 종류

① 안전모, 안전화 : 물체의 낙하 또는 작업자의 추락에 의한 위험을 방지 또는 경감시키거나 감전에 의한 위험을 방지하기 위한 것이다.

② 안전 장갑 : 전기에 의한 감전을 방지하기 위한 것이다.
③ 보안경 : 비산하는 물체에 의한 위험 또는 유해 물질, 광선에 의한 작업자의 눈 보호를 위한 것이다.
④ 보안면 : 용접 시 불꽃 또는 비산하는 파편에 의한 위험을 방지하기 위한 것이다.
⑤ 방진, 방독 마스크 : 분진 및 유해 물질이 호흡기를 통해 인체에 유입되는 것을 막기 위한 것이다.
⑥ 송기 마스크 : 산소 결핍으로 인한 위험 방지를 위한 것이다.
⑦ 귀마개 : 소음으로부터 청력을 보호하기 위한 것이다.
⑧ 방열복(방호복) : 고열 작업에 의한 화상을 방지하기 위한 것이다.
⑨ 안전대 : 추락에 의한 위험을 방지하기 위해 로프, 고리 등을 작업자의 몸에 묶어 고정하는 것이다.

(4) 안전표지의 구분

① 금지표지
- 바탕은 흰색, 기본 모형은 빨간색이다.
- 특정의 행동을 금지시키는 표지, 안전 명령 표시

② 경고표지
- 바탕은 노란색, 기본 모형 및 부호는 검정색이다.
- 위험물에 대한 주의를 환기시키는 표지

③ 지시표지
- 바탕은 파란색, 관련 그림은 흰색이다.
- 보호구 착용을 지시하는 등의 지시 표지

④ 안내표지
- 바탕은 흰색, 기본 도형은 녹색 또는 바탕은 녹색, 관련 그림은 흰색이다.
- 위치를 알리는 표지

07 사고 예방

(1) 사고 예방 대책의 기본 원칙

① 예방 가능의 원칙
- 모든 인적 재해는 예방 가능하다.

② 손실 우연의 원칙
- 사고결과 손실 유무 및 대소는 사고 당시 조건에 따라 우연히 발생한다.

③ 원인 연계의 원칙
- 사고는 반드시 그 원인이 있고 원인의 대부분은 복합적인 연계가 원인이다.

④ 대책선정의 원칙
- 재해의 원인은 각기 다르므로 원인을 정확히 규명해서 대책을 선정하고 실시한다.

(2) 사고 예방 대책의 기본원리

① 안전관리 조직
- 안전관리 조직을 구성하고 운영한다.
- 안전관리 계획서를 수립하여 시행하도록 한다.

② 사실의 발견
- 작업 분석 및 위험요인을 확인한다.
- 점검, 검사 및 재해 원인을 조사한다.

③ 원인규명
- 재해조사에 따른 분석 및 평가를 실시한다.
- 위험성에 대한 평가와 작업환경의 위험도 측정

④ 개선책의 선정
- 기술적, 제도적 개선안을 수립하도록 한다.
- 재발 방지 대책과 관련하여 구체적인 방안을 강구한다.

⑤ 개선책의 실시
- 대책의 실현 및 재평가를 통해 보완하도록 한다.
- 3E와 4M의 대책을 적용 실시한다.

(3) 3E 기법(Harvey 주장)

① 기술적(Engeering) 대책
② 교육적(Education) 대책

③ 관리적(Enforcement) 대책

(4) 4M 기법

문제의 원인이나 해결해야 되는 과제를 분석하기 위해 해결의 범위를 작업자, 기계적인 요인, 자재, 방법으로 분류하여 문제의 근본 원인을 찾아내는 합리적인 분석기법이라 할 수 있다.

① 기계(Machine) : 물적 위험을 평가
② 인간(Man) : 인적 위험을 평가
③ 작업매체(Media) : 작업환경을 평가
④ 관리(Management) : 관리적 결함 사항을 평가

08 산업안전보건법령

(1) 산업안전보건법

① 근로자의 신체 및 생명보호를 목적으로 한다.
② 경영자는 생산성을 고려하여 재해예방 활동을 지속적으로 실시해야 한다.
③ 산업안전보건법의 목적
  - 산업안전보건에 관한 기준을 확립하여 준수하며 그 책임의 소재를 명확하게 하여 산업재해를 예방하고 쾌적한 작업 환경을 조성함으로써 근로자의 안전 및 보건을 유지하고 증진함을 목적으로 한다.
④ 전기안전, 가스안전, 건설안전, 소방안전, 교통안전, 환경안전 등의 분야에서 관계법은 물적 재산권 보호를 목적으로 한다.

(2) 중대 재해(산업안전보건법 제2조)

① 사망자가 1인 발생한 재해
② 3개월 이상 요양을 요하는 부상자가 동시에 2인 발생한 재해
③ 부상자 또는 직업성 질병자가 동시에 10인 이상 발생한 재해

(3) 중대 산업재해(중대재해처벌법 제2조)

① 사망자가 1명 이상 발생
② 동일한 사고로 6개월 이상 치료가 필요한 부상자가 2명 이상 발생

③ 동일한 유해요인으로 급성중독 등 대통령령으로 정하는 직업성 질병자가 1년 이내에 3명 이상 발생

(4) 처벌

중대산업재해가 발생하는 경우, 사업주와 경영책임자 등이 의무를 다하지 못하여 재해가 발생했다면 강도 높은 형사처벌을 받게 되고, 민사상 손해액의 최대 5배의 범위에서 징벌적 손해배상책임을 부담할 수 있다.

09 기계설비법령

(1) 기계설비법 시행령(시행 2021.02.02.)

제3조(기계설비기술자의 범위) ① 법 제2조 제5호에서 "대통령령으로 정하는 법령"이란 다음 각 호의 법령을 말한다.
① 「건설산업기본법」
② 「엔지니어링산업 진흥법」
③ 「자격기본법」

(2) 기계설비유지관리자의 선임기준

기계설비유지관리자의 선임기준(제8조제1항 관련)

선임대상	선임대상	선임자격	선임 인원
1. 영 제14조제1항제1호에 해당하는 용도별 건축물	가. 연면적 6만제곱미터 이상	특급 책임기계설비유지관리자	1
		보조기계설비유지관리자	1
	나. 연면적 3만제곱미터 이상 연면적 6만제곱미터 미만	고급 책임기계설비유지관리자	1
		보조기계설비유지관리자	
	다. 연면적 1만 5천제곱미터 이상 연면적 3만제곱미터 미만	중급 책임기계설비유지관리자	1
	라. 연면적 1만제곱미터 이상 연면적 1만 5천제곱미터 미만	초급 책임기계설비유지관리자	1

선임대상	선임대상	선임자격	선임 인원
2. 영 제14조제1항제2호에 해당하는 공동주택	가. 3천세대 이상	특급 책임기계설비유지관리자	1
		보조기계설비유지관리자	
	나. 2천세대 이상 3천세대 미만	고급 책임기계설비유지관리자	1
		보조기계설비유지관리자	
	다. 1천세대 이상 2천세대 미만	보조기계설비유지관리자	1
		중급 책임기계설비유지관리자	1
	라. 500세대 이상 1천세대 미만	초급 책임기계설비유지관리자	1
3. 영 제14조제1항제3호에 해당하는 건축물 등(같은 항 제1호 및 제2호에 해당하는 건축물은 제외한다)	마. 300세대 이상 500세대 미만으로서 중앙집중식 난방방식(지역난방방식을 포함한다)의 공동주택	초급 책임기계설비유지관리자	1
	영 제14조제1항제3호에 해당하는 건축물 등(같은 항 제1호 및 제2호에 해당하는 건축물은 제외한다.)	건축물의 용도, 면적, 특성 등을 고려하여 국토교통부장관이 정하여 고시하는 기준에 해당하는 초급 책임기계설비유지관리자 또는 보조기계설비유지관리자	1

※ 비고
① 위 표에서 "선임자격"이란 해당 기계설비유지관리자 등급 이상을 보유한 사람으로서 다음 각 목의 구분에 따른 기준을 충족한 사람을 말한다. 이 경우 보조기계설비유지관리자는 초급 이상인 책임기계설비유지관리자로 선임할 수 있다.
   가. 제1호 및 제2호 : 다른 건축물 등의 기계설비유지관리자로 선임되어 있지 않은 사람
   나. 제3호 : 다른 건축물 등의 기계설비유지관리자로 선임되어 있지 않거나 국토교통부장관이 정하여 고시하는 범위 이내에서 다른 건축물 등의 기계설비유지관리자로 선임되어 있는 사람
② 건축물대장의 건축물현황도에 표시된 대지경계선 안의 지역 또는 연접한 2개 이상의 대지에 건축물 등이 둘 이상 있고, 그 관리에 관한 권원(權原)을 가진 자가 동일인인 경우에는 이를 하나의 건축물 등으로 보아 해당 건축물 등을 합산한 연면적 또는 세대를 기준으로 기계설비유지관리자를 선임해야 한다.

(3) 영 제14조 제1항 제1호에 해당하는 용도별 건축물

제1종 근린생활시설, 제2종 근린생활시설, 문화 및 집회시설, 종교시설, 판매시설, 운동시설 및 위락시설의 용도로 쓰는 건축물로서 그 용도로 쓰는 바닥면적의 합계가 2천제곱미터 이상인 건축물
① 공장, 발전시설, 방송통신시설, 운수시설, 창고시설, 자원순환관련 시설, 자동차관련 시설 등등

(4) 영 제14조 제1항 제2호에 해당하는 공동주택

의무 관리 대상 공동주택
① 300세대 이상의 공동주택
② 150세대 이상의 승강기가 설치된 공동주택

③ 150세대 이상의 중앙집중식 난방방식의 공동주택 등

(5) 영 제14조 제1항 제3호에 해당하는 건축물

① 높이 6미터를 넘는 굴뚝, 높이 4미터를 넘는 장식탑, 기념탑, 첨탑, 광고탑, 광고판, 그밖에 이와 비슷한 것.
② 높이 8미터를 넘는 고가수조나 그 밖에 이와 비슷한 것
③ 높이 2미터를 넘는 옹벽 또는 담장·바닥면적 30제곱미터를 넘는 지하대피호 등

(6) 기계설비법 시행령 [별표 5의2] 〈개정 2021. 2.〉

① 기계설비유지관리자는 책임기계설비유지관리자와 보조기계설비유지관리자로 구분
- 책임기계설비유지관리자는 자격 및 경력 기준에 따라 특급·고급·중급·초급으로 구분한다. 이 경우 실무경력은 해당 자격의 취득 이전의 실무경력까지 포함한다.

② ① 항목에도 불구하고 국토교통부장관은 기계설비의 안전하고 효율적인 유지관리를 위하여 책임기계설비유지관리자 및 보조기계설비유지관리자의 경력, 자격·학력 및 교육을 다음의 구분에 따른 점수 범위에서 종합평가하여 그 결과에 따라 등급을 특급·고급·중급·초급으로 조정하여 산정할 수 있다.
- 실무경력 : 30점 이내
- 보유자격·학력 : 30점 이내
- 교육 : 40점 이내

③ 외국인 기계설비유지관리자의 인정 범위 및 등급
- 외국인 기계설비유지관리자는 해당 외국인의 국가와 우리나라 간의 상호인정협정 등에서 정하는 바에 따라 자격을 인정하되, 그 인정 범위 및 등급에 관하여는 ①항목 및 ②항목을 준용한다.

④ 그밖에 기계설비유지관리자의 실무경력 인정, 등급 산정 및 인정 범위 등에 필요한 방법 및 절차에 관한 세부기준은 국토교통부장관이 정하여 고시한다.

구분		자격 및 경력 기준		종합평가 결과에 따른 등급 산정
		보유자격	실무경력	
가. 책임기계설비 유지관리자	1) 특급	가) 기술사		제1호나목에 따라 특급으로 산정된 기계설비유지관리자
		나) 기능장	10년 이상	
		다) 기사	10년 이상	
		라) 산업기사	13년 이상	
		마) 특급 건설기술인	10년 이상	
	2) 고급	가) 기능장	7년 이상	제1호나목에 따라 고급으로 산정된 기계설비유지관리자
		나) 기사	7년 이상	
		다) 산업기사	10년 이상	
		라) 고급 건설기술인	7년 이상	
	3) 중급	가) 기능장	4년 이상	제1호나목에 따라 중급으로 산정된 기계설비유지관리자
		나) 기사	4년 이상	
		다) 산업기사	7년 이상	
		라) 중급 건설기술인	4년 이상	
	4) 초급	가) 기능장		제1호나목에 따라 초급으로 산정된 기계설비유지관리자
		나) 기사		
		다) 산업기사	3년 이상	
		라) 초급 건설기술인		
나. 보조기계설비유지관리자		기계설비기술자 중 기계설비유지관리자에 필요한 자격을 갖추었다고 국토교통부장관이 정하여 고시하는 사람		

※ 비고
① 기술사 : 건축기계설비·기계·건설기계·공조냉동기계·산업기계설비·용접 분야
② 기능장 : 배관·에너지관리·용접 분야
③ 기사 : 일반기계·건축설비·건설기계설비·공조냉동기계·설비보전·용접·에너지관리 분야
④ 산업기사 : 건축설비·배관·건설기계설비·공조냉동기계·용접·에너지관리 분야

CHAPTER 04 실전연습문제

01 기계 설비의 안전화를 위한 고려 사항이 아닌 것은?

① 작업의 안전화 ② 기능적 안전화
③ 창의적 안전화 ④ 외관상의 안전화

기계설비의 근원적 안전화
- 외관상 안전화, 기능적 안전화, 구조의 안전화, 작업의 안전화, 보수유지의 안전화 등

02 다음 중 위험점의 5요소에 해당되지 않는 것은?

① 함정   ② 충격   ③ 접촉   ④ 행정

위험점의 5가지 요소
- 함정(Trap), 충격(Impact), 접촉(Contact), 말림(Entanglement), 튀어나옴(Ejection)

03 전공장의 정리 정돈에 관한 설명 중 잘못된 것은?

① 사용이 끝난 공구는 즉시 뒷정리를 하여 다음에 사용할 수 있도록 한다.
② 통로를 넓히기 위해 통로 한쪽에 물건을 세워 놓는다.
③ 폐품은 용기 속에 넣어 정리하도록 한다.
④ 공구 재료 등은 정해놓은 장소에 넣어 정리하도록 한다.

04 작업장에서 전기 유해가스 및 위험물이 있는 곳을 식별하기 위해 사용하는 색은?

① 청색   ② 붉은색   ③ 황색   ④ 녹색

안전표시 색상의 의미는 다음과 같다.
- 적색 : 방화 금지, 방향 금지
- 황색 : 주의 표시
- 청색 : 주의 수리중, 송전중 표시
- 백색 : 주의 표시
- 오렌지색 : 위험 표시
- 녹색 : 안전지도, 위생 표시
- 진한 보라색 : 방사능 위험 표시
- 흑색 : 방향 표시

정/답   01 ③   02 ④   03 ②   04 ②

05 다음 중 기계 운전작업 중에도 할 수 있는 것은?

① 급유   ② 치수측정   ③ 점검   ④ 기계 주변 정리

06 다음 중 장갑을 끼고 작업해도 되는 것은?

① 선반 작업   ② 밀링 작업   ③ 드릴 작업   ④ 용접

07 기계 작업에 관한 설명 중 가장 타당한 것은?

① 치수 측정은 운전 중에도 필요하면 할 것
② 베드 및 테이블의 면은 공구대의 대용으로 사용할 것
③ 운전 중에는 다듬면 검사를 하지 말 것
④ 구멍 깎기 작업 시 기계 운전 중에는 구멍을 청소할 것

08 공작기계의 안전사항으로 다음 중 설명이 잘못된 것은?

① 절삭가공 중에는 치수 측정을 하지 않는다.
② 공구는 움직이지 않도록 확실히 고정할 것
③ 가공 절삭 중에는 절삭면 손을 대지 않도록 할 것
④ 바이트는 가능한 길게 설치할 것

09 기계 가공 시 발생하는 칩을 제거하는 방법으로 가장 타당한 것은?

① 작업 후에 솔 등을 사용하여 청소한다.
② 가공물의 상태를 알기 위해 작업 중에도 깨끗하게 한다.
③ 가공물의 칩은 맨손으로 깨끗이 청소한다.
④ 기계 운전 작업 시 걸레 등을 사용하여 제거한다.

정/답   05 ①   06 ④   07 ③   08 ④   09 ①

10 공작기계에서 주축의 회전을 정지시키는 방법 중 옳은 것은?

① 손으로 멈추도록 잡는다.
② 역회전시켜 정지시킨다.
③ 스스로 정지하게 한다.
④ 수공구를 사용하여 강제로 정지시킨다.

11 다음 중 선반에서 주축 변속을 언제 하는 것이 가장 타당한가?

① 절삭 작업 중
② 저속 회전 중
③ 정지했을 때
④ 운전 중이면 어느 때든 상관없다.

12 가공이 끝난 후에 뒷정리로 해야 할 일로 볼 수 없는 것은?

① 기계를 시운전한다.
② 기계 핸들 등을 정위치에 놓는다.
③ 가공 공구를 정비한다.
④ 기계를 청소한다.

13 드릴 작업 시 보안경 착용과 관련하여 다음 중 맞는 것은?

① 필요시만 한다.
② 저속 가공 시만 한다.
③ 고속 가공 시만 한다.
④ 작업 시 항상 착용한다.

14 밀링 작업에서 주의할 점 중 잘못 설명한 것은?

① 커터에 옷이 감기지 않도록 한다.
② 절삭 중 측정기로 치수를 측정한다.
③ 보호안경을 착용하도록 한다.
④ 가공물은 기계가 정지한 상태에서 고정하도록 한다.

정/답   10 ③   11 ③   12 ①   13 ④   14 ②

15 다음과 같은 드릴 작업 중 사고가 발생할 우려가 있는 경우는?

① 드릴 작업 중 반드시 보호안경을 착용하도록 한다.
② 얇은 판은 테이블에 힘을 주어 누르면서 작업을 하도록 한다.
③ 드릴 작업 중에는 장갑을 끼지 않도록 한다.
④ 드릴 작업 중 바이스가 회전하지 않도록 테이블을 고정한다.

16 그라인딩 작업에서 주의해야 할 사항으로 틀린 것은?

① 숫돌의 측면을 사용하면 깨끗한 가공면을 얻을 수 있다.
② 회전 속도는 규정 이상을 넘어가지 않도록 한다.
③ 작업 중 진동이 심하게 수반되면 즉시 중지하도록 한다.
④ 작업 중 반드시 보호안경을 착용하도록 한다.

17 다음 사항 중 탭이 부러지는 원인으로 맞는 것은?

① 핸들에 과도한 힘을 주지 않을 때
② 구멍 밑바닥에 탭이 부딪혔을 때
③ 탭의 구멍이 일정할 때
④ 소재보다 경도가 높을 때

18 선반작업 중 안전사항을 열거한 것이다. 틀린 것은?

① 고정 센터 작업 시 센터에는 주유하지 말 것
② 안지름나사 작업 시 칩은 손가락으로 제거하지 말 것
③ 치수측정 시는 정지를 할 것
④ 작업 전에 기계 점검을 할 것

19 다음 보기는 생산 현장에서 안전사고의 발생을 막기 위한 방법이다. 틀린 것은?

① 사용한 공구는 공구함에 보관하여 원위치해 놓는다.
② 화재가 발생하였을 경우 신속한 진화를 위해 평소 소화기 근처에 물건을 적재한다.
③ 칩을 일정한 장소에 모은다.
④ 보안경, 작업화, 보호면 등이 필요한 작업일 경우 반드시 착용한다.

정/답   15 ②   16 ①   17 ②   18 ①   19 ②

20 다음 일반공구 사용법에서 안전관리에 적합하지 않은 것은 어느 것인가?

① 공구는 작업에 적합한 것을 사용한다.
② 공구는 사전에 불안전한 공구는 사용하지 말 것
③ 공구는 옆 사람에게 빌려줄 때는 빨리 던져주어 시간을 줄인다.
④ 공구에 기름이 묻었을 때 완전히 닦고 사용한다.

21 기계띠톱 및 둥근톱에 대한 안전사항으로 틀린 것은?

① 띠톱기계는 규정 이상의 속도로서 회전 점검한다.
② 띠톱날에 균열이 있는가 확인하고 끼운다.
③ 둥근톱기계의 작업대는 작업에 적합한 높이로 한다.
④ 띠톱을 풀 때 기계를 멈춰놓고 작업한다.

22 항해 항공의 보안시설 및 조난구조 때 사용하는 해상 또는 상공에서 식별하기 쉬운 안전표기 색채는?

① 주황색   ② 노랑   ③ 녹색   ④ 청색

> **안전표시의 색체**
> - 빨간색 : 화재의 방지에 관계되는 물건에 나타내는 식으로 방화표지, 소화전, 소화기, 화재 경보기 등이 있으며, 정지표지로 긴급정지 버튼, 정지신호, 통행금지, 출입금지 등이 있다.
> - 주황색 : 재해나 상해가 발생하는 장소에 위험표지로 사용, 뚜껑 없는 스위치, 스위치 박스, 뚜껑의 내면, 기계의 안전 커버의 내면, 노출 톱니바퀴의 내면, 항공·선박의 시설 등에 사용된다.
> - 노란색 : 충돌·추락주의 표시, 크레인의 훅, 낮은 보, 충돌의 위험이 있는 기둥, 피트의 끝, 바닥의 돌출물, 계단의 디딤면 등에 사용된다.
> - 청색 : 함부로 조작하면 안 되는 곳, 수리 중의 운휴 정지장소를 표시하는 표지, 전기 스위치의 외부표시 등에 사용된다.
> - 녹색 : 위험, 구급장소를 표시, 대피장소 또는 방향을 표시하는 표지, 비상구, 안전위생 지도표지, 진행 등에 사용된다.
> - 흰색 : 통로의 표지, 방향지시, 통로의 구획선, 물품 두는 장소, 보조색으로서 방화 등에 사용된다.
> - 흑색 : 주의, 위험표지의 글자, 보조색(빨강이나 노랑에 대한) 등에 사용된다.
> - 보라색 : 방사능 등의 표시에 사용된다.

23 안전색채 빨강의 표시사항이 아닌 것은? (단, KS규격에서)

① 주의   ② 방화   ③ 정지   ④ 금지

정/답   20 ③   21 ①   22 ①   23 ①

24 기계와 기계 사이 또는 기계와 다른 설비 사이의 통로의 넓이는 얼마 이상이어야 하는가?

① 80cm   ② 1m   ③ 60cm   ④ 1.2m

통로
- 통로면으로부터 높이 1.8m 이내에는 장애물이 없어야 한다.
- 기계와 기계 사이의 통로 넓이는 적어도 80cm 이상으로 할 것
- 통로 바닥은 미끄럽지 않게 하며, 불필요한 물건이나 기름 등이 없을 것
- 가설 통로의 경사는 30° 이내로 하며, 15° 이상인 때는 손잡이를 설치한다.
- 작업장의 벽은 백색 칠이 가장 좋다.
- 50인 이상의 근로자가 취업하는 옥내 작업장은 비상 통로를 2개 이상 설치해야 한다.
- 작업장의 출입문은 미닫이 또는 밖여닫이로 한다.
- 추락 위험이 있는 장소에는 75cm 이상의 난간을 설치한다.
- 통행의 우선 순위 : 기중기 → 적재차량 → 빈차 → 보행자
- 작업장 통행로의 폭 : 차폭 + 2ft(80cm)

25 퓨즈가 끊어져 다시 끼웠을 때, 다시 끊어졌다면?

① 다시 한 번 끼워본다.
② 좀 더 굵은 것으로 끼운다.
③ 기계의 합선 여부를 본다.
④ 굵은 동선으로 바꾸어 끼운다.

26 다음은 안전모에 대하여 설명하였다. 잘못 설명된 것은?

① 모자를 쓸 때 머리 끝부분과 간격은 25mm 이상 되도록 조절하여 놓을 것
② 턱끈은 반드시 꼭 매어 놓을 것
③ 전기공사 등을 할 때에는 절연이 되는 것은 사용하지 말 것
④ 될 수 있는 대로 각 개인별 전용으로 할 것

- 기계 주위에서 작업하는 경우에는 작업모를 쓸 것
- 여자, 장발자의 경우에는 머리카락이 나오지 않도록 해야 한다.
- 안전모의 제일 윗부분과 머리와의 간격을 25mm 이상으로 한다.

정/답   24 ①   25 ③   26 ③

27 다음에서 위험 표시를 사용한 경우 가장 옳게 설명한 것은?

① 잠재적인 위험조건에 관한 경고와 안전한 행동에 대한 주의를 환기시키기 위해 사용한다.
② 직접적인 위험에 대한 경고를 위하여 사용한다.
③ 혼란과 불편을 방지하기 위하여 유용하다고 인정될 경우 사용한다.
④ 안전한 행동에 관한 일반적인 지시나 시사를 하기 위하여 사용한다.

28 인력에 의한 물품 운반 시 주의사항으로 틀린 것은?

① 긴 물건은 앞을 조금 높여서 운반한다.
② 육체적으로 키가 고르게 같은 사람으로 조를 짠다.
③ 무거운 물건을 운반할 때는 등에 업혀서 운반한다.
④ 몸의 자세는 허리를 충분히 낮추고 등을 가급적 바르게 하며 손을 물품에 충분히 대고 든다.

29 화재는 그 연소물에 따라 등급으로 표시되는데, 전기 시설물 화재는 몇 급에 해당되는가?

① A급　　　　② B급　　　　③ C급　　　　④ D급

소화기의 종류와 용도

소화기 \ 종류	보통화재 (A급)	기름(유류) 화재(B급)	전기화재 (C급)
포말 소화기	적합	적합	부적합
분말 소화기	양호	적합	양호
CO_2 소화기	양호	양호	적합

30 안전에서 강도율을 계산하는 공식은 다음 중 어느 것인가?

① $\dfrac{사망자수}{연근로자수} \times 1000000$

② $\dfrac{사망자수}{연근로자수} \times 1000000$

③ $\dfrac{노동손실일수}{연근로시간수} \times 1000$

④ $\dfrac{연간사상자수}{평균근로자수} \times 1000000$

재해 발생률

① 연천인율 = $\dfrac{연간재해건수}{연평균근로자수} \times 1000$

② 도수율 = $\dfrac{재해건수}{총근로시간수} \times 1000000$

③ 강도율 = $\dfrac{노동손실일수}{연근로시간수} \times 1000$

정/답　27 ①　28 ③　29 ③　30 ③

31 상시 취업시키는 장소에서 정밀한 작업 시 작업장의 조명은?

① 150Lux 이상이어야 한다.
② 100Lux 이상이어야 한다.
③ 300Lux 이상이어야 한다.
④ 200Lux 이상이어야 한다.

조명
- 초정밀 작업 : 750Lux 이상
- 정밀 작업 : 300Lux 이상
- 보통 작업 : 150Lux 이상
- 거친 작업 : 75Lux 이상

32 다음 중 누전차단기의 사용 목적이 아닌 것은?

① 전기 설비 및 전기 기기의 보호
② 누전으로 인한 화재 예방
③ 감전으로부터 보호
④ 단선 방지

누전 차단기 설치 목적
- 인체 감전 보호
- 화재 보호
- 기구 손상 방지
- 다른 계통으로의 사고 확산 방지

33 동력으로 운전하는 기계는 안전을 위하여 다음 중 어떤 장치를 사용해야 하는가?

① 가속 장치
② 동력 차단 장치
③ 감시 장치
④ 안전 이탈 장치

동력으로 작동하는 기계에 스위치, 클러치, 벨트 이동 장치 등 동력차단장치를 설치해야만 한다.

34 다음 중 크레인의 안전장치의 분류에 해당하지 않는 것은?

① 비상 정지 장치
② 과부하 방지 장치
③ 백레스트
④ 권과 방지 장치

크레인의 안전장치의 종류
- 과부하 방지장치
- 권과 방지장치
- 훅 해지장치
- 충돌 방지장치
- 미끄럼 방지 고정장치
- 레일 정지기구
- 정전 시 보호장치
- 백레스트 : 지게차의 마스트와 포크 사이에서 물건을 들어 올릴 때 지지하는 역할을 하는 장치

정/답 31 ③ 32 ④ 33 ② 34 ③

35 다음 중 직접 조명에 대한 설명으로 바르지 못한 것은?

① 설치가 간편하여 공장용 조명으로 사용한다.
② 눈부심이 강해 그림자가 뚜렷하다.
③ 균일한 조명도를 얻기 어렵지만 조명률이 가장 좋다.
④ 광속의 90~100%를 위를 향해 천장 또는 벽에서 반사, 확산시켜 눈부심이 없고 부드러운 빛을 얻을 수 있다.

- 직접조명 : 광원으로부터의 빛이 대부분 작업면에 직접 조사되는 조명 방식이다.
- 적은 전력으로 높은 조도를 얻을 수 있다.
- 공간 전체에 균일한 조도를 얻기 어렵다.
- 눈부심이 일어나기 쉽고 빛에 의한 그림자가 강하게 나타난다.

36 안전난간은 최소 몇 kg 이상의 하중에 견딜 수 있는 구조이어야 하는가?

① 100　　② 200　　③ 400　　④ 600

안전난간은 임의의 점에서 임의의 방향으로 움직이는 100kg 이상의 하중에 견딜 수 있는 구조이어야 한다.

37 다음 중 선반 작업 시 안전사항으로 맞는 것은?

① 기계 위에 공구나 재료를 올려놓고 작업한다.
② 바이트 착탈은 기계를 구동시킨 상태에서 하도록 한다.
③ 이송을 걸은 채 기계를 정지하도록 한다.
④ 칩을 제거할 때는 맨손을 사용해서는 안 된다.

선반 작업 시 안준수칙
- 기계 위에 공구나 재료를 올려놓지 않는다.
- 바이트 착탈은 기계를 정지시킨 다음에 한다.
- 이송을 걸은 채 기계를 정지시키지 않는다.
- 칩을 제거할 때는 맨손을 사용해서는 안 된다.

38 드릴 작업 시 안전에 관한 사항으로 옳은 것은?

① 작거나 가벼운 일감은 손으로 잡고 작업한다.
② 드릴의 착탈은 회전 중에 해도 좋다.
③ 가공 중 드릴이 깊이 먹어 들어가면 기계가 구동 중인 상태에서 일감에서 드릴을 뽑아낸다.
④ 회전하고 있는 주축이나 드릴에 손이나 걸레를 대거나 머리를 가까이 하지 않는다.

정/답　35 ④　36 ①　37 ④　38 ④

- 작거나 가벼운 일감이라도 손으로 잡지 않도록 한다.
- 드릴의 착탈은 회전이 완전히 멈춘 다음 행한다.
- 가공 중 드릴이 깊이 먹어 들어가면 기계를 멈추고 일감에서 드릴을 뽑아낸다.

39 다음 중 이동식 사다리에 관한 설명으로 옳지 않은 것은?

① 사다리의 폭은 20cm 이상으로 한다.
② 미끄럼 방지 장치를 부착한다.
③ 기둥과 수평면과의 각도는 75° 이하가 되도록 한다.
④ 부식이 없는 견고한 구조로 된 것을 사용한다.

- 이동식 사다리의 폭은 30cm 이상, 길이는 6m 이내로 한다.
- 견고한 구조이어야 한다.
- 심한 손상이나 부식 등이 없는 재료를 사용해야 한다.
- 발판의 간격은 일정하게 해야 한다.
- 발판과 벽과의 사이는 15cm 이상의 간격을 유지해야 한다.

40 다음 중 작업복 선정 시 고려사항으로 적절하지 않은 것은?

① 바지 자락 또는 단추가 기계에 말려 들어갈 위험이 없도록 해야 한다.
② 작업복이 몸에 맞고 동작이 편해야 한다.
③ 착용자의 연령, 성별 등을 감안할 필요 없이 일관된 복장이면 된다.
④ 작업복 끝부분이 회전체 및 돌출부에 걸리지 않도록 착용한다.

작업복은 착용자의 연령, 성별 등을 감안하여 적절하게 선정하고 노출을 삼가야 한다.

41 다음 중 장갑을 착용하고 작업해도 괜찮은 것은?

① 용접 작업　　② 드릴 작업　　③ 선반 작업　　④ 밀링 작업

장갑 착용이 불가한 작업 : 선반, 드릴, 목공기계, 그라인더, 해머, 기타 회전형 공작기계 등

42 안전모나 안전대의 용도로 가장 적합한 것은 무엇인가?

① 전도방지용　　　　　　② 작업 능률 가속용
③ 추락 재해 방지용　　　④ 작업자 용품의 일종

정/답　39 ①　40 ③　41 ①　42 ③

- 안전모 : 물체의 낙하 또는 작업자의 추락에 의한 위험을 방지
- 안전대 : 로프, 고리 등을 작업자의 몸에 묶어 고정하여 추락 위험 방지

43 안전모의 구비조건으로 가장 관련성이 떨어지는 것은?

① 모체의 재료는 내열성 및 내한성이 높을 것
② 원료 단가가 비싸고 제조상 기술이 필요할 것
③ 충격에 강하고 가능한 가벼울 것
④ 외관이 미려하고 호감이 가도록 할 것

안전모의 구비조건
- 품질이 우수하고 외관이 미려할 것
- 착용이 간편하고 착용감이 좋으며 활동이 자유로워야 한다.
- 작업에 방해가 되지 않아야 하며 생산을 저해해서는 안 된다.
- 내열성, 내한성 등이 우수해야 하고 충격에 잘 견디며 가벼워야 한다.
- 성능이 우수해야 한다.

44 산업안전보건법에서 규정하고 있는 안전표지의 구분으로 다음 중 해당되지 않는 것은?

① 위험표지　　② 지시표지　　③ 경고표지　　④ 금지표지

안전표지의 구분
- 금지표지 : 바탕은 흰색, 기본 모형은 빨간색
- 경고표지 : 바탕은 노란색, 기본 모형 및 부호는 검정색
- 지시표지 : 바탕은 파란색, 관련 그림은 흰색
- 안내표지 : 바탕은 흰색, 기본 도형은 녹색 또는 바탕은 녹색, 관련 그림은 흰색

45 안전·보건 표지의 구분별 형태 및 색채에 대한 내용으로 다음 중 맞지 않는 것은?

① 안내표지 : 바탕은 흰색, 기본 도형은 녹색 또는 바탕은 녹색, 관련 그림은 흰색
② 금지표지 : 바탕은 흰색, 기본 모형은 빨간색
③ 경고표지 : 바탕은 빨간색, 기본 모형은 노란색
④ 지시표지 : 바탕은 파란색, 관련 그림은 흰색

정/답　43 ②　44 ①　45 ③

46 고압가스 충전 용기를 차량에 적재, 운반할 때 당해 차량의 전후 보기 쉬운 곳에 "위험고압가스"라는 경계표시는 어떤 색으로 표기해야 하는가?

① 청색　　　② 적색　　　③ 검은색　　　④ 노란색

적색 : 방화 금지, 방향 표시, 규제 및 화학물질 취급 장소의 위험 표시

47 다음 중 보호구의 종류로 볼 수 없는 것은?

① 절연테이프　　　② 귀덮개　　　③ 송기마스크　　　④ 보안면

보호구의 종류 : 안전모, 안전화, 안전 장갑, 보안경, 방진 마스크, 송기 마스크, 귀마개, 방열복, 안전대

48 다음 보호구 중 작업자의 눈을 보호할 수 있는 것은?

① 안전화　　　② 안전모　　　③ 보안경　　　④ 안전대

보안경 : 비산하는 물체에 의한 위험 또는 유해 물질, 광선에 의한 작업자의 눈을 보호하는 보호구

49 다음 중 산소 결핍으로 인한 위험을 방지하기 위한 보호구는?

① 송기 마스크　　　② 보안면　　　③ 방진 마스크　　　④ 방독 마스크

- 방진 및 방독 마스크 : 분진 및 유해 물질이 호흡기를 통해 인체에 유입되는 것을 막기 위한 것
- 보안면 : 용접 시 불꽃 또는 비산하는 파편에 의한 위험을 방지하기 위한 것

50 화학물질 취급 장소에서 유해·위험을 경고하기 위해 사용하는 안전·보건표지의 색채로 다음 중 맞는 것은?

① 빨간색　　　② 파란색　　　③ 녹색　　　④ 검정색

녹색 : 안전, 위생, 대피소 및 구호소의 위치 안내 등을 표시

정/답　46 ②　47 ①　48 ③　49 ①　50 ①

51 다음 중 가연성 가스에 해당하지 않는 것은?

① 아세틸렌　　② 프로판　　③ 수소　　④ 산소

- 가연성 가스 : 수소, 메탄, 아세틸렌, 프로판, 부탄 등
- 조연성 가스 : 산소, 공기 등

52 공기 중에서 점화원 없이 연소하는 최저 온도란?

① 폭발점　　② 인화점　　③ 발화점　　④ 연소점

- 인화점 : 가연성 액체가 공기 중에서 인화하기 충분한 가연성 증기를 발생하는 최저 온도
- 연소점 : 연소를 자발적으로 지속시킬 수 있는 충분한 증기를 발생시킬 수 있는 최저 온도
- 폭발점 : 폭발이 발생하는 시점

53 금속의 용접·용단 또는 가열에 사용되는 가스 등의 용기 취급 시 주의사항으로 다음 중 틀린 것은?

① 용해 아세틸렌 용기는 눕혀 놓을 것
② 밸브의 개폐는 서서히 할 것
③ 전도의 위험이 없도록 할 것
④ 충격이 가하지 않도록 할 것

용기를 떨어뜨리거나 충격을 주어서는 안 되고 반드시 세워서 보관 및 관리하도록 한다.

54 가연성 액체나 고체의 표면에 순간적으로 화염을 접근시킬 경우, 연소시키는데 필요한 만큼의 증기를 발생하는 최저 온도는?

① 폭발점　　② 인화점　　③ 발화점　　④ 연소점

55 다음 중 고압가스 용기 보관 시 유의할 사항으로 옳지 않은 것은?

① 용기 보관 장소에는 계량기 등 작업에 필요한 물건 외에는 두지 않아야 한다.
② 충전 용기와 빈 가스 용기는 각각 구분하여 용기 보관 장소에 놓는다.
③ 용기 보관 장소의 주위 2m 이내에는 화기 또는 인화성 물질이나 발화성 물질을 두지 않는다.
④ 충전 용기는 항상 60℃ 이하의 온도를 유지해야 한다.

정/답　51 ④　52 ③　53 ①　54 ②　55 ④

> **고압가스 용기 보관기준**
> - 가스 충전 용기는 직사광선이나 눈, 비를 맞지 않도록 한다.
> - 충전 용기와 빈 용기는 구분하여 저장하고, 가스 충전 용기는 40℃ 이하에서 유지해야 한다.

56 폭발성 물질 보관 시 주의하여야 할 사항으로 다음 중 틀린 것은?

① 충격이 발생하지 않는 곳에 보관할 것
② 마찰이 발생하지 않도록 보관할 것
③ 햇빛이 잘 비추는 곳에 보관할 것
④ 통풍이 잘 되는 곳에 보관할 것

> **폭발성 물질 보관 시 주의사항**
> - 화염·불꽃 접근을 엄금하고, 가열·마찰·충격 등 금지하도록 할 것
> - 강산화제, 강산류, 금속산화물 등의 이물질 혼입을 금지한다.
> - 정전기 및 낙뢰 등에 의한 폭발방지를 위해 접지, 방폭형 전기기계·기구 사용 및 피뢰 장치를 설치하도록 한다.
> - 인접시설과 방호벽 등을 설치하여 격리하고 다른 위험물과 동일한 저장소에 저장을 금지한다.
> - 화약류저장소는 저장량에 따라 저장소 외벽으로부터 보안건물 사이에 보안거리를 유지한다.
> - 가급적 소분하여 저장하고 용기의 파손 및 누출 방지 조치를 실시한다.
> - 환기가 잘되고 직사광을 피하도록 한다.

57 가스 절단기 및 토치의 사용에 관한 설명으로 다음 중 틀린 것은?

① 토치가 가열되었을 때는 산소를 잠그고 아세틸렌만 분출시킨 상태로 물에 식힐 것
② 팁을 청소할 때에는 반드시 팁 클리너를 사용할 것
③ 토치에 기름이나 그리스를 바르지 않을 것
④ 토치의 점화는 토치 점화용 라이터를 사용할 것

> 토치가 가열되었을 때에는 아세틸렌을 잠그고, 산소만 분출시킨 상태로 물에 식히도록 한다.

58 다음 중 물속에서 발화(또는 발열)하지 않는 가스는?

① 나트륨
② 칼륨
③ 금속의 수소화물
④ 요오드산 염류

> 물속에서 발화(발열)하지 않는 알칼리 금속계열로는 칼륨, 나트륨, 금속의 수소화물 등이 있다.

정/답 56 ③ 57 ① 58 ④

59 유해물질의 표시 방법에 관한 설명으로 다음 중 틀린 것은?

① 유해물질을 표시하는 표찰의 양식, 규격 및 색상 등은 환경부장관이 권고할 수 있다.
② 유해물질의 용기에 인쇄하거나 인쇄한 표찰을 부착할 필요는 없다.
③ 유해물질 중 벤젠은 함유된 용량의 비율로 표시해야 한다.
④ 유해물질의 성분 함유량은 중량의 비율로 표시해야 한다.

> 유해물질의 용기에 인쇄하거나 인쇄한 표찰을 부착해야 한다.

60 다음 중 산업안전사고 발생의 가장 큰 원인에 해당하는 것은?

① 불안전한 행동   ② 천재지변   ③ 불안전한 조건   ④ 시설의 결함

> 안전사고의 가장 큰 원인은 과로 및 신체반응의 문제에 있다.

61 다음 중 재해의 직접적인 원인에 해당하지 않는 것은?

① 불충분한 경보 시스템   ② 안전 지식의 부족
③ 물체 자체의 결함   ④ 안전 방호 장치의 결함

> 안전사고가 발생하는 직접적이고 1차적인 원인으로는 주로 천재지변이나 기계, 설비 등의 시설 및 설치 하자에 의한 물적 원인과 관리자의 부주의에 의한 인적 원인이 있다.

62 불안전한 행동의 원인으로서 다음 중 비중이 가장 높은 것으로 판단되는 것은?

① 위험한 자세 및 위치 동작   ② 필요 이상의 급한 행동
③ 무리한 행동   ④ 인간의 작업 행동의 결함

> **불안전한 행동의 종류**
> - 지식부족 : 작업상의 위험에 대한 지식 부족, 기술적 지식, 작업에 따른 위험과 그 방호 방법에 대한 지식 등 부족
> - 기능의 미숙으로 인한 행동
> - 인간의 에러 : 인간의 작업 행동에 대한 결함
> - 불안전한 행동에 대한 대책
> - 착각이나 오인을 낳기 쉬운 요소 제거할 것
> - 사태의 올바른 파악에 필요한 지식을 주기 위한 안전교육 철저히 할 것
> - 동작의 장해가 되는 요인 제거할 것
> - 심신의 건강상태를 정상적으로 유지할 것
> - 건강하지 못한 심신의 상태로 작업 금지할 것
> - 능력을 초과하는 업무부여는 금지할 것
> - 신뢰성이 낮은 수준에서는 작업 금지할 것
> - 작업환경개선 및 개별면담 실시할 것

정/답   59 ②   60 ①   61 ②   62 ④

63 다음 중 재해 형태에 관한 설명이 올바르지 못한 것은?

① 전기 접촉이나 방전에 의해 사람이 충격을 받은 경우를 감전이라 한다.
② 기계 설비 또는 물건에 끼워지거나 말려든 상태를 협착이라 한다.
③ 사람이 건축물 등에서 떨어지는 것을 전도라 한다.
④ 위에서 떨어지는 물건 등으로 사람이 맞은 경우를 낙하라 한다.

> 사람이 평탄한 곳 위로 넘어지는 것을 전도라 한다.

64 산업 현장에서 분류하는 상해의 종류가 아닌 것은?

① 뇌진탕 ② 낙하 ③ 타박상 ④ 화상

> • 상해 : 골절, 뇌진탕, 동상, 부종, 베임, 익사, 절단, 중독, 찔림, 찰과상, 타박상, 피부병, 화상 등
> • 재해 : 감전, 낙하, 붕괴, 유해 물질 접촉, 이상 온도 접촉, 전도, 추락, 충돌, 파열, 협착, 화재 등

65 인력 운반 작업 시 작업 동작으로 인한 재해의 발생 원인으로 적절하지 않은 것은?

① 작업 규율 무시 ② 무리한 자세
③ 작업 환경이 좋지 않음 ④ 기계의 사용 방식 무시

> **인력운반작업의 안전-작업자**
> • 정해진 작업표준에 의해 정확한 방법을 몸에 익히도록 한다.
> • 작업에 충분한 체력을 유지하도록 한다.
> • 작업개시 전 무리성(無理性)을 감지하여 다시 고치든가 중지하도록 한다.
> • 취급하는 화물은 확실하고 견고하게 붙들 것
> • 정해진 작업복, 작업화는 정확하게 착용하도록 한다.
> • 전방의 예측을 확실하게 한 다음 행동하도록 한다.

66 재해 원인의 정신적 요소 중 정신력과 관계되는 생리적 현상에 해당하지 않는 것은?

① 고집 및 과도한 집착성 ② 신경계통의 이상
③ 체력부족 ④ 극도의 피로

> 재해의 원인으로 체력부족, 신경계통의 이상 및 질병, 극도의 피로 및 수면 부족 등은 생리적 결함에 해당한다.

정/답 63 ③ 64 ② 65 ③ 66 ①

67 다음 중 재해의 원인으로 거리가 먼 것은?

① 허가 없이 장치를 운전한다.
② 기계를 정비할 때는 운전을 정지하고 진행하도록 한다.
③ 안전장치를 제거하고 운전한다.
④ 결함이 있는 장치를 운전한다.

> **재해의 원인**
> - 직접원인 : 인적 원인(불안전한 행동), 물적 원인(불안정한 상태)
> - 간접원인 : 기술적 원인, 교육적 원인, 작업관리상 원인

68 불량품, 결점, 클레임, 사고 건수 등을 그 현상이나 원인별로 데이터를 내고 수량이 많은 순서로 나열하여 그 크기를 막대그래프로 나타내는 재해 원인 분석 방법으로 다음 중 맞는 것은?

① 특성요인도 ② 관리도 분석 ③ 파레토 분석 ④ 클로즈 분석

> - 파레토법 : 사고의 유형, 기인물 등의 분류 항목이 큰 순서대로 도표화하여 분석하는 방법
> - 기인물 : 발생 사고의 근원이 되는 것

69 1년 평균 600명의 상시 근로자 사업장에서 연간 30건의 사상자가 발생할 경우, 연천인율은?

① 25 ② 50 ③ 75 ④ 100

> 연천인율 $= \dfrac{1년간\ 사상자\ 수}{1년간\ 평균\ 근로자\ 수} \times 1,000 = \dfrac{30}{600} \times 1,000 = 50$

70 1년 평균 600명의 상시 근로자 사업장에서 연간 30건의 사상자가 발생할 경우, 도수율은? (단, 1일 근로시간은 8시간이고 년 근로일수는 300일이다.)

① 20.83 ② 36.93 ③ 48.45 ④ 67.21

> 빈도율(도수율) $= \dfrac{재해건수}{총\ 근로시간\ 수} \times 10^6 = \dfrac{30}{600 \times 8 \times 300} \times 10^6 = 20.83$

정/답 67 ② 68 ③ 69 ② 70 ①

71 다음 중 산업안전보건법의 목적으로 적절하지 않은 것은?

① 근로자의 안전과 보건을 유지 및 증진을 목적으로 한다.
② 산업재해의 예방과 쾌적한 작업 환경 조성을 목적으로 한다.
③ 산업안전보건 기준 확립을 목적으로 한다.
④ 산업안전보건에 관한 정책의 수립 및 실시를 목적으로 한다.

> 산업안전보건에 관한 정책의 수립 및 실시는 산업안전보건법의 목적을 달성하기 위한 실행단계

72 재해 예방을 위한 경영자의 자세로 올바르지 않은 것은?

① 경영자는 재해를 예방하는 것이 노사와의 관계를 안정시킬 수 있는 방법임을 인식해야 한다.
② 경영자는 기업의 사회적 가치를 확보하기 위하여 재해 예방 활동에 노력해야 한다.
③ 경영자는 안전 관리를 위한 조치가 1차적인 생산성 향상을 위한 길임을 인식해야 한다.
④ 경영자는 생산성을 고려하여 재해 예방 활동을 간헐적으로 실시해야 한다.

> 경영자는 생산성을 고려하여 재해예방 활동을 지속적으로 실시해야 한다.

73 다음 중 산업재해를 예방하고 쾌적한 작업 환경을 조성함으로써 근로자의 안전과 보건을 유지 및 증진을 목적으로 하여 제정된 법으로 맞는 것은?

① 사회보장법   ② 환경보건법   ③ 산업안전보건법   ④ 근로기준법

> - 사회보장법 : 사회보장에 관한 국민의 권리와 국가 및 지방자치단체의 책임을 정하고 사회 보장정책의 수립·추진과 관련 제도에 관한 기본적인 사항을 규정함으로써 국민의 복지증진에 이바지하는 것을 목적으로 한 것이다.
> - 환경보건법 : 환경오염과 유해화학물질 등이 국민건강 및 생태계에 미치는 영향 및 피해를 조사·규명 및 감시하여 국민건강에 대한 위협을 예방하고, 이를 줄이기 위한 대책을 마련함으로써 국민건강과 생태계의 건전성을 보호·유지할 수 있도록 함을 목적으로 한 것이다.
> - 근로기준법 : 근로조건의 기준을 정함으로써 근로자의 기본적 생활을 보장, 향상시키며 균형 있는 국민경제의 발전을 꾀하는 것을 목적으로 한 것이다.

74 다음 중 산업안전보건법에서 규정하고 있는 중대재해에 해당되지 않는 것은?

① 직업성 질병자가 동시에 6명 이상이 발생한 재해
② 3개월 이상 요양을 요하는 부상자가 동시에 2명이 발생한 재해
③ 사망자 1명과 3개월 이상 요양이 필요한 부상자 1명이 발생한 재해
④ 사망자가 2명 발생한 재해

정/답   71 ④   72 ④   73 ③   74 ①

> **중대 재해(산업안전보건법 제2조)**
> - 사망자가 1인 발생한 재해
> - 3개월 이상 요양을 요하는 부상자가 동시에 2인 발생한 재해
> - 부상자 또는 직업성 질병자가 동시에 10인 이상 발생한 재해

75 다음은 산업안전보건법의 목적에 관한 내용이다. 다음 중 옳지 않은 것은?

① 쾌적한 작업 환경 조성을 목적으로 한다.
② 재해 발생 시 책임을 물어 형사처벌하는 것을 목적으로 한다.
③ 산업재해 예방을 목적으로 한다.
④ 산업안전·보건에 관한 기준 확립을 목적으로 한다.

76 기계설비유지관리자의 실무경력 인정, 등급 산정 및 인정 범위 등에 필요한 방법 및 절차에 관한 세부기준을 정하고 고시하는 것을 담당하고 있는 장관은?

① 문화부장관 ② 환경부장관 ③ 국토교통부장관 ④ 보건복지부장관

> 기계설비유지관리자의 실무경력 인정, 등급 산정 및 인정 범위 등에 필요한 방법 및 절차에 관한 세부기준은 국토교통부장관이 정하여 고시한다.

77 다음 중 책임기계설비유지관리자 초급의 자격 및 경력기준에 해당되지 않는 것은?

① 기능장
② 기사
③ 산업기사 경력 2년 이상
④ 초급 건설기술인

> 산업기사는 경력 3년 이상이다.

정/답 75 ② 76 ③ 77 ③

참 | 고 | 도 | 서

1. 김영기(2024), "일반기계기사 필기", 구민사
2. 김영기(2023), "건설기계설비기사 필기", 구민사
3. 김영기(2023), "기계설계산업기사 필기", 구민사
4. 구민사, "설비보전기능사 필기"
5. 동명사, "비파괴검사개론 연습문제" 기계교육연구회 편, 1987년 판
6. 정균호 외(2022), "고수열강 용접기사", 구민사
7. 김창균(2018), "기계설비보전", 기전연구사

03

SUBJECT

PLANT MAINTENANCE
ENENGINEER

기계설비일반

- 도면해독
- 측정기
- 기계가공법
- 기계재료
- 기계구동 장치 조립
- 기계장치 보전

도면해독

PLANT MAINTENANCE ENGINEER

1 치수공차

(1) 치수공차의 용어

① 구멍 : 주로 원통형 부분의 내측 부분
② 축 : 주로 원통형 부분의 외측 부분
③ 실치수 : 두 점 사이의 거리를 실제로 측정한 치수
④ 허용한계치수 : 실치수가 그 사이에 들어가도록 정한 대·소의 허용치수이다.

예 $30^{+0.2}_{-0.1}$

예의 의미는 최대허용치수가 30.2, 최소 허용치수가 29.9이라는 뜻이다.
⑤ 기준치수 : 치수허용한계의 기준이 되는 치수
⑥ 기준선 : 허용한계치수 또는 끼워맞춤을 도시할 때 치수허용차의 기준이 되는 선으로, 치수허용차가 0인 직선으로 기준치수를 나타낼 때 사용한다.
⑦ 치수허용차 : 허용한계치수에서 그 기준치수를 뺀 값으로, 위 치수 허용차와 아래 치수 허용차가 있다.
⑧ 치수공차 : 최대허용 한계치수와 최소허용 한계치수의 차이다. 또는 위 치수 허용차와 아래 치수 허용차의 차를 의미하기도 하며, 공차라고도 한다.

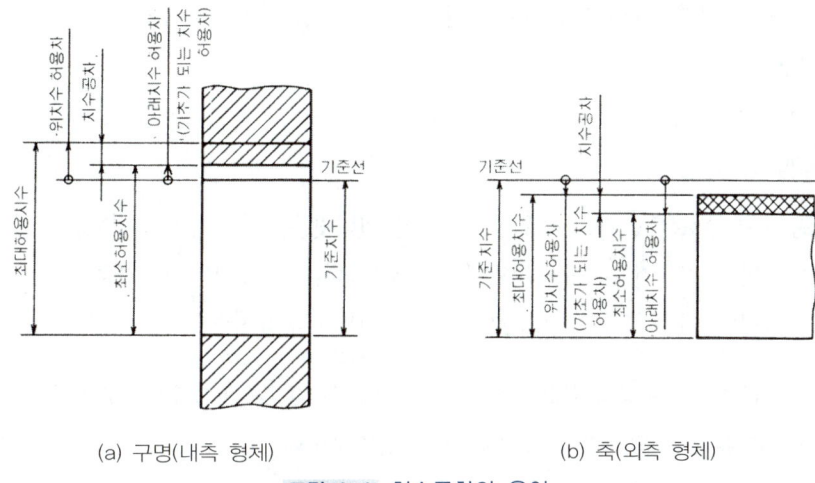

(a) 구멍(내측 형체)　　　(b) 축(외측 형체)

그림 1-1 치수공차의 용어

> $30^{+0.05}_{-0.02}$ 에서 최대허용치수와 최소허용치수는?
>
> ① 최대허용치수 = 기준치수 + 위치수허용차 = 30 + 0.05 = 30.05mm
> ② 최소허용치수 = 기준치수 + 아래치수허용차 = 30 + (−0.02) = 29.98mm
> ③ 치수공차 = 최대허용치수 − 최소허용치수 = 30.05 − 29.98 = 0.07mm

(2) 기본공차

IT 기본공차는 치수공차와 끼워맞춤에 있어서 정해진 모든 치수공차를 의미하는 것으로, 국제 표준화 기구(ISO) 공차 방식에 따라 분류하며, IT 01부터 IT 18까지 20등급으로 구분하여 KS B 0401에 규정되어 있다.

① 기본공차의 적용 : IT공차 적용 예는 아래 표와 같다.

표 1-1 | IT 기본공차의 적용 예

구분	초정밀 그룹 게이지제작 공차 또는 이에 준하는 제품	정밀 그룹 기계가공품 등의 끼워맞춤부분의 공차	일반 그룹 일반 공차로 끼워맞춤과 무관한 부분의 공차
구멍	IT1~IT5	IT6~IT10	IT11~IT18
축	IT1~IT4	IT5~IT9	IT10~IT18
가공 방법	래핑, 호닝, 초정밀 연삭	연삭, 리밍, 정밀선삭, 인발, 밀링, 세이퍼 가공	압연, 압출, 프레스, 단조, 주조
공차 범위	$\frac{1}{1000}$mm	$\frac{1}{100}$mm	$\frac{1}{10}$mm

② IT 공차의 수치기준치수가 500 이하인 경우와 500을 초과하여 3150까지 기본공차의 치수를 나타낸다.

(3) 끼워맞춤

끼워맞춤의 종류로는 헐거운 끼워맞춤, 중심 끼워맞춤, 억지 끼워맞춤 등이 있다.

- 틈새: 구멍의 치수가 축의 치수보다 클 때의 치수차(헐거움 끼워맞춤)
- 죔새: 구멍의 치수가 축의 치수보다 작을 때의 치수차(억지 끼워맞춤)

① 헐거움 끼워맞춤 : 구멍의 최소 치수가 축의 최대 치수보다 큰 경우의 끼워맞춤으로 미끄럼운동이나 회전운동이 필요한 기계부품 조립에 적용한다.

예) 40H7은 $40_0^{+0.025}$ 또는 $\frac{40.025}{40.000}$

40g6은 $40_{0.025}^{0.009}$ 또는 $\frac{39.991}{39.975}$

∴ 최소 틈새= 구멍의 최소 허용치수 − 축의 최대 허용치수
= 40.000 − 39.991 = 0.009

최대 틈새= 구멍의 최대 허용치수 − 축의 최소 허용치수
= 40.025 − 39.975 = 0.050

② 중간 끼워맞춤(정밀 끼워맞춤) : 구멍과 축의 실제 치수에 따라 죔새와 틈새가 생기는 끼워맞춤으로 베어링 조립에 주로 쓰인다.

예) 40H7은 $40_0^{+0.025}$ 또는 $\frac{40.025}{40.000}$

40n6은 $40_{+0.017}^{+0.033}$ 또는 $\frac{40.033}{40.017}$

∴ 최대 죔새= 축의 최대 허용치수 − 구멍의 최소 허용치수
= 40.033 − 40.000 = 0.033

최대 틈새= 구멍의 최대 허용치수 − 축의 최소 허용치수
= 40.025 − 40.017 = 0.008

③ 억지 끼워맞춤 : 구멍의 최대 치수가 축의 최소 치수보다 작은 경우이며, 항상 죔새가 생기는 끼워맞춤으로 동력전달장치의 분해조립의 반영구적인 곳에 적용된다.

(4) 끼워맞춤 방식

① 구멍기준식 끼워맞춤 : H6 ~ H10(아래 치수 허용차가 0인 H 기호 구멍)

② 축기준식 끼워맞춤 : h5 ~ h9(위 치수 허용차가 0인 h 기호축)

표 1-2 | 자주 사용하는 구멍 기준 끼워맞춤

기준 구멍	축의 공차 범위 클래스																
	헐거운 끼워맞춤							중간끼워맞춤			억지 끼워맞춤							
H6						g5	h5	js5	k5	m5						
					f6	g6	h6	js6	k6	m6	n6	p6					
H7					f6	g6	h6	js6	k6	m6	n6	p6	r6	s6	t6	u6	x6
				e7	f7		h7	js7									
					f7		h7										
H8				e8	f8		h8										
			d9	c9													
			d8	e8			h8										
H9		c9	d9	e9			h9										
H10	b9	e9	d9														

- φ50H7 g6 : 구멍기준식 헐거운 끼워맞춤
- φ40H7 p6 : 구멍기준식 억지 끼워맞춤
- φ30G7 h5 : 축기준식 헐거운 끼워맞춤

2 표면거칠기

표면거칠기는 작은 간격으로 나타나는 기계 부품 표면의 오목 볼록한 기복의 차이를 말한다. 표면거칠기의 표시 방법으로는 중심선 평균 거칠기(Ra), 최대 높이(Rmax) 및 10점 평균 거칠기(Rz)의 세 가지 표시법이 KS B 0161에 규정되어 있으며, 측정값은 μm으로 표시한다.

(1) 중심선 평균 거칠기(Ra)

다음 그림과 같이 거칠기 곡선에서 산을 깎아 골을 메웠을 때 생기는 직선을 중심선이라 하며, 그 중심선의 방향으로 측정 길이 ' L '의 부분을 채취하고, 중심선으로부터 아래쪽에 있는 부분을 위쪽으로 접어서 얻은 윗부분인 빗금친 부분의 면적을 측정 길이로 나눌 때 얻게 되는 값을 미크론 단위 m으로 나타낸 것을 말한다.

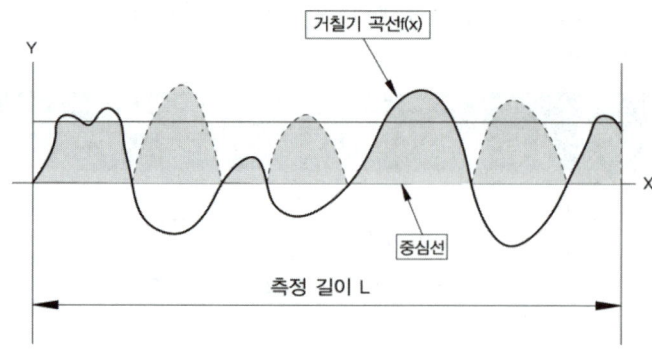

그림 1-2 중심선 평균거칠기

(2) 최대 높이 거칠기(Rmax)

다음 그림과 같이 단면 곡선에서 기준 길이를 채취하여 그 부분의 가장 높은 곳과 가장 깊은 골과의 높이차를 단면 곡선의 세로 배율의 방향으로 측정하고, 그 값을 미크론 단위 μ m로 나타낸 것을 최대 높이라 한다. L_1, L_2 및 L_3는 기준 길이이고, 이에 따른 최대 높이는 $Rmax_1$, $Rmax_2$, $Rmax_3$이다.

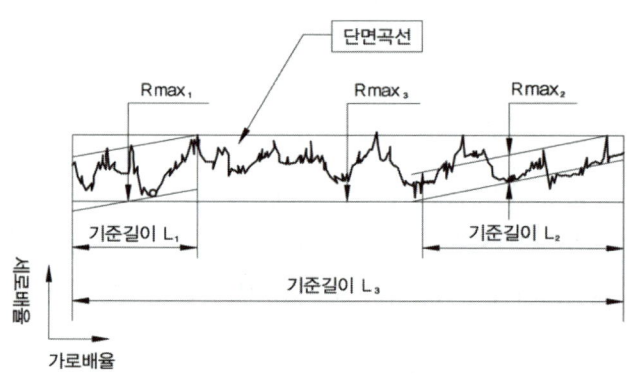

그림 1-3 최대 높이 거칠기

(3) 10점 평균 거칠기(Rz)

아래 그림과 같이 단면 곡선에서 기준 길이 L을 채취하여 이 부분 중 가장 높은 쪽에서 다섯 번째 봉우리까지의 표고 평균값과 깊은 쪽에서 다섯 번째까지의 골 밑 표고 평균값과의 차를 미크론 단위 μ m로 나타낸 것을 10점 평균 거칠기라 하며, 값의 다음에 "Z"를 같이 기입한다.

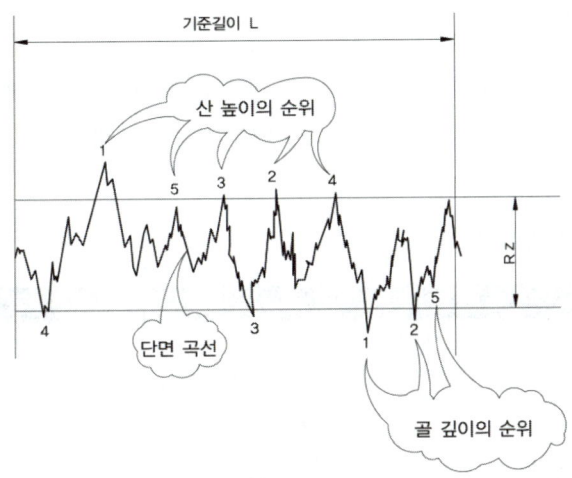

그림 1-4 10점 평균 거칠기

(4) 대상면을 지시하는 기호

그림 1-5 면의 지시 기호

(5) 다듬질 기호 및 표면거칠기의 표준값

다듬질 기호		정도(精度)	사용보기	분류	Rmax	Rz	Ra
∨	~~~~	일체의 가공이 없는 자연면	압력에 견뎌야 하는 곳	자연면	특히 규정 않음		
	⌒	고운 자연면을 그대로 두고 아주 거친 곳만 조금 가공	스패너 자루, 핸들, 휠의 바퀴	주조면, 단조면			
W∨	▽	가공 흔적이 남을 정도의 막다듬질	드릴 가공면, 샤프트의 끝면	거친 다듬면	100S	100Z	25a
X∨	▽▽	가공 흔적이 거의 없는 중다듬질	기어와 크랭크의 측면	보통(중간)다듬면	25S	25Z	6.3a
Y∨	▽▽▽	가공 흔적이 전혀 없는 상다듬질	게이지의 측정면, 공작기계의 미끄럼면	고운 다듬면	6.3S	6.3Z	1.6a
Z∨	▽▽▽▽	광택이 나는 고급 다듬질	래핑, 버핑에 의한 특수 용도의 고급 플랜지면	정밀 다듬면	0.8S	0.8Z	0.2a

3 기하공차 종류 및 해석

기하공차(geometrical tolerancing)는 기계 부품의 치수공차에 형상 및 위치공차를 주어 제품을 정밀하고 효율적으로 생산하여 경제성을 추구하는 데 있다.

(1) 기하공차의 종류와 기호

적용하는 형체	구분	공차의 종류	기호	적용하는 형체	구분	공차의 종류	기호
단독 형체	모양 공차	진직도	—	관련 형체	자세공차	평행도	//
		평면도	⌷			직각도	⊥
		진원도	○			경사도	∠
		원통도	⌭		위치공차	위치도	⌖
단독 형체 또는 관련 형체		선의 윤곽도	⌒			동축도 공차 또는 동심도	◎
		면의 윤곽도	⌓			대칭도	═
					흔들림공차	원주 흔들림	↗
						온 흔들림	⌰

(2) 단독 형체로 적용되는 기하공차

① 진직도

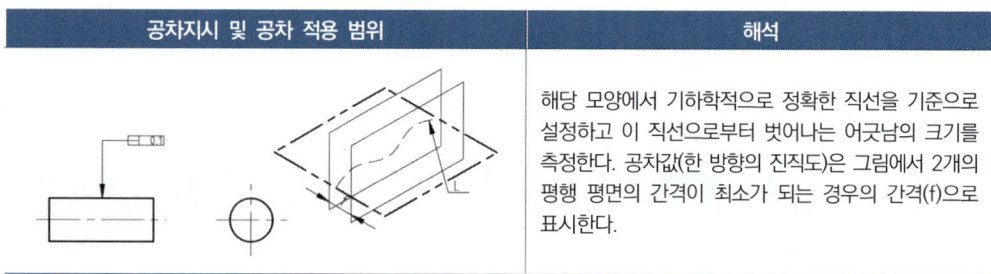

공차지시 및 공차 적용 범위	해석
	해당 모양에서 기하학적으로 정확한 직선을 기준으로 설정하고 이 직선으로부터 벗어나는 어긋남의 크기를 측정한다. 공차값(한 방향의 진직도)은 그림에서 2개의 평행 평면의 간격이 최소가 되는 경우의 간격(f)으로 표시한다.

② 평면도

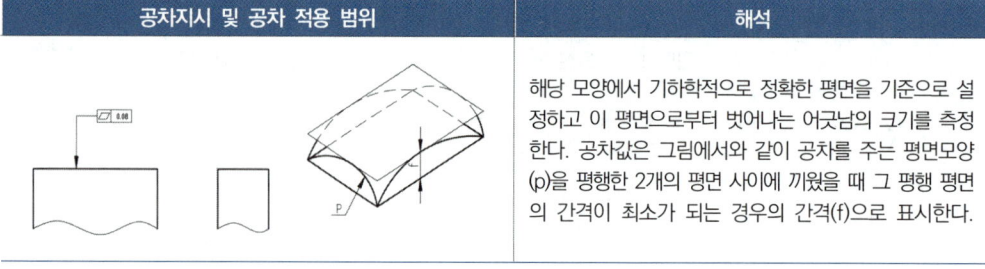

공차지시 및 공차 적용 범위	해석
	해당 모양에서 기하학적으로 정확한 평면을 기준으로 설정하고 이 평면으로부터 벗어나는 어긋남의 크기를 측정한다. 공차값은 그림에서와 같이 공차를 주는 평면모양(p)을 평행한 2개의 평면 사이에 끼웠을 때 그 평행 평면의 간격이 최소가 되는 경우의 간격(f)으로 표시한다.

③ 진원도

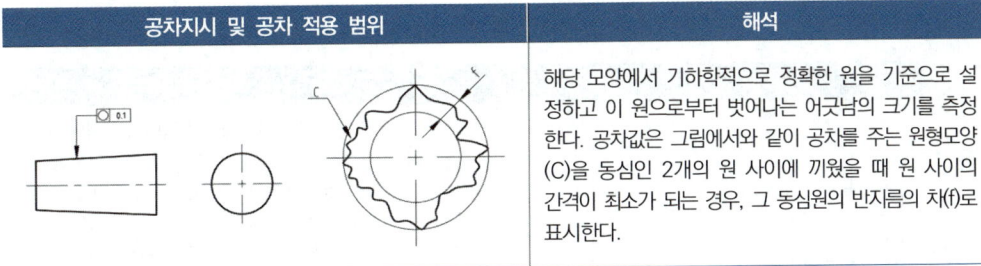

공차지시 및 공차 적용 범위	해석
	해당 모양에서 기하학적으로 정확한 원을 기준으로 설정하고 이 원으로부터 벗어나는 어긋남의 크기를 측정한다. 공차값은 그림에서와 같이 공차를 주는 원형모양(C)을 동심인 2개의 원 사이에 끼웠을 때 원 사이의 간격이 최소가 되는 경우, 그 동심원의 반지름의 차(f)로 표시한다.

④ 원통도

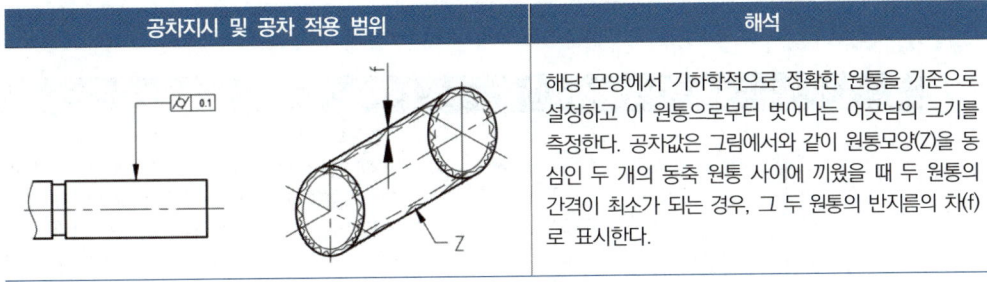

공차지시 및 공차 적용 범위	해석
	해당 모양에서 기하학적으로 정확한 원통을 기준으로 설정하고 이 원통으로부터 벗어나는 어긋남의 크기를 측정한다. 공차값은 그림에서와 같이 원통모양(Z)을 동심인 두 개의 동축 원통 사이에 끼웠을 때 두 원통의 간격이 최소가 되는 경우, 그 두 원통의 반지름의 차(f)로 표시한다.

(3) 단독형체 또는 관련형체로 적용되는 기하공차

① 선의 윤곽도

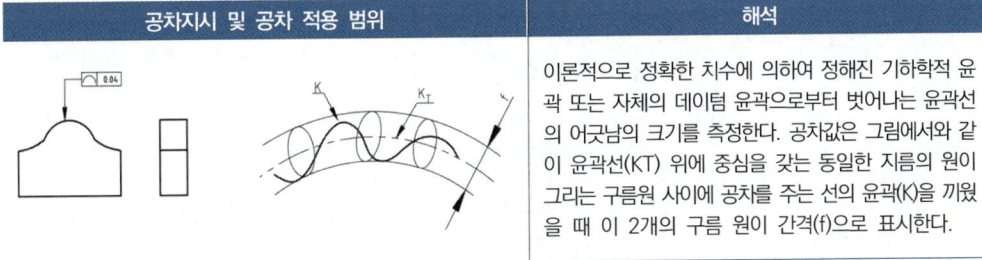

공차지시 및 공차 적용 범위	해석
	이론적으로 정확한 치수에 의하여 정해진 기하학적 윤곽 또는 자체의 데이텀 윤곽으로부터 벗어나는 윤곽선의 어긋남의 크기를 측정한다. 공차값은 그림에서와 같이 윤곽선(KT) 위에 중심을 갖는 동일한 지름의 원이 그리는 구름원 사이에 공차를 주는 선의 윤곽(K)을 끼웠을 때 이 2개의 구름 원이 간격(f)으로 표시한다.

② 면의 윤곽도

공차지시 및 공차 적용 범위	해석
	이론적으로 정확한 치수에 의하여 정해진 기하학적 면의 윤곽 또는 자체의 데이텀 면의 윤곽으로부터 벗어나는 윤곽면의 어긋남의 크기를 측정한다. 공차값은 그림에서와 같이 이론적으로 정확한 치수에 의하여 정해진 윤곽면(Fr) 위에 중심을 갖는 동일한 지름의 정확한 구가 그리는 구름면 사이에 공차를 주는 면의 윤곽(F)을 끼웠을 때 2개의 구름면의 간격(f)으로 표시한다.

(4) 관련 형체에 적용되는 기하공차

① 평행도

공차지시 및 공차 적용 범위	해석
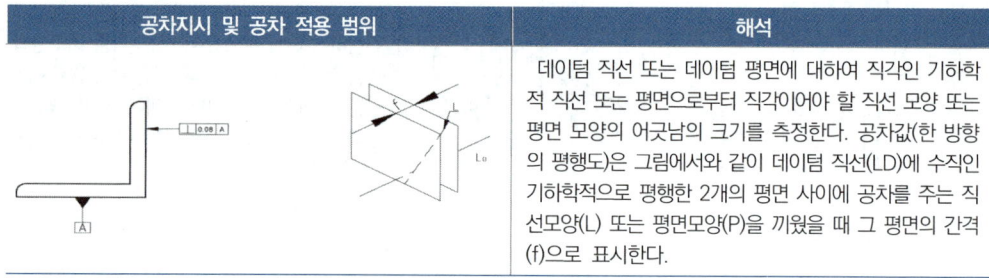	데이텀 직선 또는 데이텀 평면에 대하여 평행인 기하학적 정확한 직선 또는 평면으로부터 평행이어야 할 직선 모양 또는 평면 모양의 어긋남의 크기를 측정한다. 공차값(한 방향의 평행도)은 그림에서와 같이 데이텀 직선(LD)에 평행인 기하학적으로 평행한 2개의 평면 사이에 공차를 주는 직선모양을 끼웠을 때 그 평면의 간격(f)으로 표시한다.

② 직각도

공차지시 및 공차 적용 범위	해석
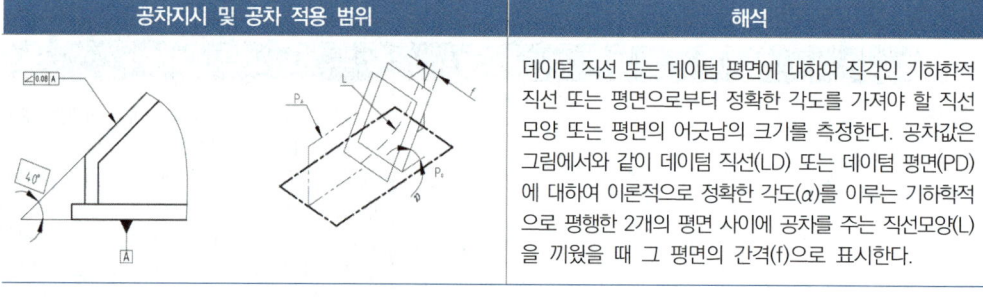	데이텀 직선 또는 데이텀 평면에 대하여 직각인 기하학적 직선 또는 평면으로부터 직각이어야 할 직선 모양 또는 평면 모양의 어긋남의 크기를 측정한다. 공차값(한 방향의 평행도)은 그림에서와 같이 데이텀 직선(LD)에 수직인 기하학적으로 평행한 2개의 평면 사이에 공차를 주는 직선모양(L) 또는 평면모양(P)을 끼웠을 때 그 평면의 간격(f)으로 표시한다.

③ 경사도

공차지시 및 공차 적용 범위	해석
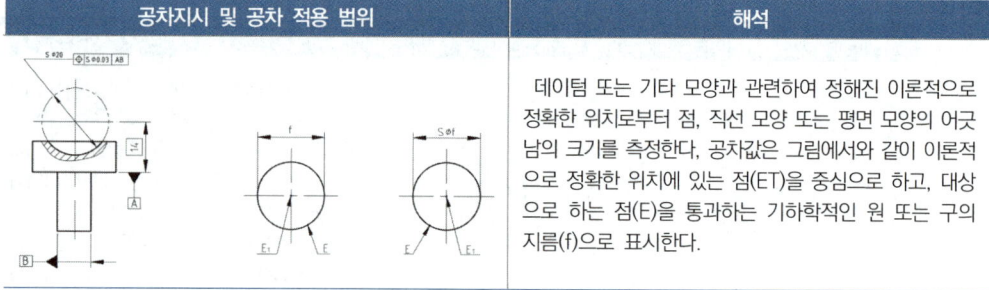	데이텀 직선 또는 데이텀 평면에 대하여 직각인 기하학적 직선 또는 평면으로부터 정확한 각도를 가져야 할 직선 모양 또는 평면의 어긋남의 크기를 측정한다. 공차값은 그림에서와 같이 데이텀 직선(LD) 또는 데이텀 평면(PD)에 대하여 이론적으로 정확한 각도(α)를 이루는 기하학적으로 평행한 2개의 평면 사이에 공차를 주는 직선모양(L)을 끼웠을 때 그 평면의 간격(f)으로 표시한다.

④ 위치도

공차지시 및 공차 적용 범위	해석
	데이텀 또는 기타 모양과 관련하여 정해진 이론적으로 정확한 위치로부터 점, 직선 모양 또는 평면 모양의 어긋남의 크기를 측정한다. 공차값은 그림에서와 같이 이론적으로 정확한 위치에 있는 점(ET)을 중심으로 하고, 대상으로 하는 점(E)을 통과하는 기하학적인 원 또는 구의 지름(f)으로 표시한다.

⑤ 동축도 및 동심도

공차지시 및 공차 적용 범위	해석
동축도	지시선의 화살표로 나타낸 축선은 데이텀 축직선 A-B를 축선으로 하는 지름 0.09mm인 원통 안에 있어야 한다.
동심도	지시선의 화살표로 나타낸 원의 중심은 데이텀 점 A를 중심으로 하는 지름 0.02mm인 원 안에 있어야 한다.

⑥ 대칭도

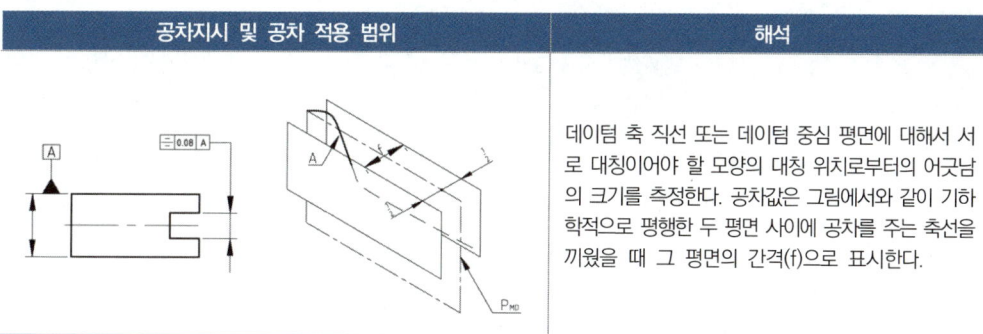

공차지시 및 공차 적용 범위	해석
	데이텀 축 직선 또는 데이텀 중심 평면에 대해서 서로 대칭이어야 할 모양의 대칭 위치로부터의 어긋남의 크기를 측정한다. 공차값은 그림에서와 같이 기하학적으로 평행한 두 평면 사이에 공차를 주는 축선을 끼웠을 때 그 평면의 간격(f)으로 표시한다.

⑦ 원주 흔들림

공차지시 및 공차 적용 범위	해석
	데이텀 축 직선을 축으로 하는 회전면을 가져야 할 대상물 또는 데이텀 축 직선에 대하여 수직인 원형 평면이어야 할 대상물을 데이텀 축 직선의 둘레에 회전했을 때 그 표면이 지정된 위치 또는 임의의 위치에서 지정된 방향으로 변위하는 크기를 측정한다. 그림과 같이 원주 흔들림은 대상물의 표면상의 각 위치에 있어서의 흔들림 중에서 그 최대치로 표시하는 것을 원칙으로 한다.

⑧ 온 흔들림

공차지시 및 공차 적용 범위	해석
	데이텀 축 직선을 축으로 하는 원통면을 가져야 할 대상물 또는 데이텀 축 직선에 대하여 수직인 원형 평면이어야 할 대상물을 데이텀 축 직선의 둘레에 회전했을 때 그 전체의 표면이 지정된 방향으로 변위하는 크기를 측정한다.

CHAPTER 01 실전연습문제

01 KS B 0161에 규정하는 표면거칠기(surface roughness)에서 기준 길이의 5번째의 높은 산과 낮은 골을 지나는 두 직선의 간격을 측정하여 평균의 차를 미크론(μm) 단위로 나타낸 것은?

① 최대 높이(Rmax)
② 10점 평균거칠기(Rz)
③ 중심선 평균거칠기(Ra)
④ 기준길이 평균거칠기(Rl)

표면거칠기의 표시방법(단위 : μm)
- 최대높이($R_{\max}$) : S
- 10점 평균거칠기(R_z) : Z
- 중심선 평균거칠기(R_a) : a

02 다음 거칠기를 표시한 것 중에서 가장 표면이 매끄러운 것은?

① 25Z   ② 12.5a   ③ 1.6S   ④ 0.1S

03 중심선 평균거칠기로 표면거칠기의 지시값의 상한과 하한을 기입하는 방법으로 올바른 것은?

① 상한은 좌측에 하한은 우측에 기입한다.
② 상한은 우측에 하한은 좌측에 기입한다.
③ 상한은 위로 하한은 아래로 나란히 기입한다.
④ 상한은 아래로 하한은 위로 나란히 기입한다.

04 다음 표면거칠기 표시 방법에서 C가 의미하는 것은?

① 가공으로 생긴선이 거의 방사상이다.
② 가공으로 생긴선이 다방면 또는 무방향이다.
③ 가공으로 생긴선이 거의 동심원이다.
④ 가공으로 생긴선이 두 방향으로 교차를 이룬다.

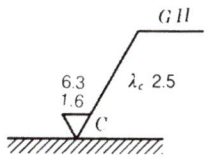

정/답　01 ②　02 ④　03 ③　04 ③

```
a : 중심선 평균 거칠기값
b : 가공 방법
c : 컷오프값                    가공모양의 기호(줄무늬 방향기호)
d : 줄무늬 방향기호              = : 평행, ⊥ : 수직, × : 교차, M : 무방향,
e : 다듬질 여유 기입             C : 동심원, R : 방사상(레이디얼형)
f : 중심선 평균 거칠기이외의 표면 거칠기값
g : 표면 파상도
```

05 그림과 같은 표면거칠기의 표면기호를 각각 설명한 것이다. 틀린 것은?

① FL(래핑) : 가공방법
② Rz=100 : 10점 평균 거칠기값
③ L = 25 : 지시값에 대한 기준길이
④ M : 밀링 가공에 의한 절삭

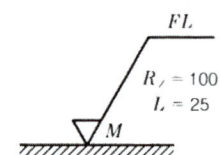

06 다음 표면거칠기의 지시 방법에 관한 설명 중 가장 올바르게 설명한 것은?

① 전면의 거칠기 정도가 같을 때에는 부품번호 옆에 표시한다.
② 제거 가공을 허용하지 않을 때는 면 지시기호에 가로선을 부가한다.
③ 단면했을 때에는 표면거칠기를 지시하지 아니하고 형상공차를 표시한다.
④ 특별히 가공방법을 지시할 필요가 있을 때에는 별도의 지시선에 표시한다.

07 다음 공차에 관한 용어 설명 중 옳은 것은?

① 치수허용차란 최대 허용치수에서 기준치수를 뺀 값이다.
② 위 치수허용차란 최대 허용치수에서 기준치수를 뺀 값이다.
③ 아래 치수허용차란 기준치수에서 최소 허용치수를 뺀 값이다.
④ 최대 허용치수란 기준치수에서 최소 허용치수를 더한 값이다.

치수허용차 = 허용 한계치수 – 기준치수
• 위 치수허용차 = 최대 허용치수 – 기준치수
• 아래 치수허용차 = 최소 허용치수 – 기준치수

정/답   05 ④   06 ①   07 ②

08 기준치수에 대한 설명 중 옳은 것은?

① 최대 허용치수와 최소 허용치수의 차
② 실제로 가공된 기계부품의 치수
③ 실제 치수에 대해 허용되는 한계치수
④ 허용 한계치수의 기준이 되며 호칭치수라고도 한다.

09 게이지 제작공차에 사용되는 축의 IT의 공차의 급수에 해당되는 것은?

① IT 1~IT 4
② IT 5~IT 8
③ IT 8~ IT 12
④ IT 13~ IT16

게이지 제작 공차 : 구멍- IT 1~IT 5, 축- IT 1~IT 4

10 기본공차는 몇 등급으로 구분되는가?

① 12
② 15
③ 18
④ 20

IT 기본공차는 IT 01 ~IT 18까지 20등급으로 구분되어 있다.

11 50H7이 나타내는 것은?

① 기준치수
② 한계치수
③ 공차의 등급
④ 구멍의 크기

12 기준치수가 30, 최대 허용치수가 29.96, 최소 허용치수가 29.94일 때 아래 치수허용차는?

① -0.06
② +0.06
③ -0.04
④ +0.04

치수허용차 = 허용한계치수 - 기준치수
- 위 치수허용차 = 최대 허용치수 - 기준치수 = 29.96 - 30 = -0.04
- 아래 치수허용차 = 최소 허용치수 - 기준치수 = 29.94 - 30 = -0.06

정/답　08 ④　09 ①　10 ④　11 ③　12 ①

13 다음 중 KS "치수공차와 끼워맞춤"의 기준치수 적용범위는 몇 mm 이하인가?

① 1000　　② 2500　　③ 3000　　④ 3150

14 아래 치수허용차가 "0"이 되는 기준 구멍은?

① M7　　② K7　　③ J7　　④ H7

15 다음 표는 IT 기본공차 등급이다. 40H7, 40h6의 끼워맞춤에서 최대틈새는 얼마인가?

① 0.009
② 0.034
③ 0.041
④ 0.049

기준치수 mm	공차등급 및 기본공차 수치(μm)				
	IT 4	IT 5	IT 6	IT 7	IT 8
18~30	6	9	13	21	33
30~50	7	11	16	25	39

$\phi 40H7 = \phi 40^{+0.030}_{0}$ … (구멍공차)

$\phi 40h6 = \phi 40^{0}_{-0.016}$ … (축공차)

최대틈새 = 구멍의 최대 허용치수 − 축의 최소 허용치수 = 40.025−39.984=0/041

16 KS 규격 끼워맞춤에서 50H7m6은 어떤 끼워맞춤을 의미하는가?

① 구멍 기준식 중간 끼워맞춤　　② 구멍 기준식 억지 끼워맞춤
③ 구멍 기준식 헐거움 끼워맞춤　　④ 축 기준식 억지 끼워맞춤

① 구멍 기준식 : H6~h10
② 축 기준식 : h5~h9
　㉠ 헐거운 끼워맞춤 : a~h(구멍기준), A~H(축기준)
　㉡ 중간 끼워맞춤 : j~m(구멍기준), J~M(축기준)
　㉢ 억지 끼워맞춤 : n~zc(구멍기준), N~ZC(축기준)

17 구멍의 최소 허용치수보다 축의 최대 허용치수가 작은 끼워맞춤은?

① 헐거운 끼워맞춤　　② 주간 끼워맞춤
③ 억지 끼워맞춤　　④ 구멍 끼워맞춤

정/답　13 ④　14 ④　15 ③　16 ①　17 ①

18 공차 끼워맞춤에서 구멍의 최대 허용치수 50.025mm, 최소 허용치수 50.000mm, 축의 최대 허용치수 50.050mm, 최소 허용치수 50.034mm일 때 최소죔새는 얼마인가?

① 0.009　　　② 0.005　　　③ 0.025　　　④ 0.034

> 최소죔새 = 축의 최소 허용치수 − 구멍의 최대 허용치수 = 50.034 − 50.025 = 0.009

19 구멍의 치수는 $80^{+0.025}_{0}$, 축의 치수가 $80^{-0.025}_{-0.050}$이라면 무슨 끼워맞춤인가?

① 억지 끼워맞춤　　　② 중간 끼워맞춤
③ 헐거운 끼워맞춤　　④ 열간 끼워맞춤

> 최대틈새 = 80.025 − 79.950 = 0.075mm
> 최소틈새 = 80.0 − 79.975 = 0.025mm
> ∴ 항상 틈새가 존재하므로 헐거운 끼워맞춤이다.

20 상용하는 끼워맞춤 중 위 치수허용차와 아래 치수허용차의 절대값은 같고, 양과 음의 부호로만 구분되는 것은?

① H　　　② js　　　③ h　　　④ e

> JS 또는 js 공차는
> 치수허용차 = $\pm \dfrac{n}{2}$
> 예) 30js6 = 30 ± 0.08

21 구멍이 $50^{+0.025}_{0}$이고, 축이 $50^{+0.033}_{0.017}$인 중간 끼워맞춤에서 최대죔새를 계산한 것은?

① 0.008　　　② 0.017　　　③ 0.025　　　④ 0.033

> 최대죔새 = 50.033 − 50.0 = 0.033mm

정/답　18 ①　19 ③　20 ②　21 ④

22 다음의 치수허용차 중에서 가장 틈새가 큰 끼워맞춤은?

① H7e7　　② H7f7　　③ H7h7　　④ H7u7

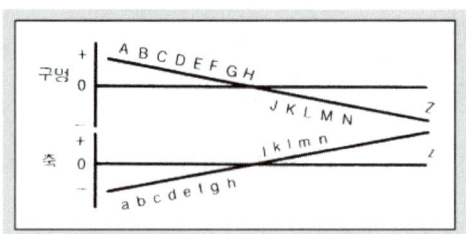

23 구멍치수가 $\phi 40^{+0.0005}_{0}$, 축의 치수 $\phi 40^{0}_{-0.004}$의 최대틈새는?

① 0.004　　② 0.005　　③ 0.011　　④ 0.009

24 다음 중 억지 끼워맞춤에 해당되는 것은?

① $\left|\leftarrow \begin{array}{l}구멍\ 70^{+0.019}_{0}\\ 축\ \ \ \ 70^{+0.035}_{+0.025}\end{array}\rightarrow\right|$　　② $\left|\leftarrow \begin{array}{l}구멍\ 70^{+0.019}_{0}\\ 축\ \ \ \ 70^{-0.030}_{-0.049}\end{array}\rightarrow\right|$

③ $\left|\leftarrow \begin{array}{l}구멍\ 70^{+0.009}_{0}\\ 축\ \ \ \ 70\pm 0.015\end{array}\rightarrow\right|$　　④ $\left|\leftarrow \begin{array}{l}구멍\ 70^{+0.019}_{0}\\ 축\ \ \ \ 70^{+0.021}_{+0.002}\end{array}\rightarrow\right|$

① 최대죔새 : 0.035　┐ 억지 끼워맞춤
　최소죔새 : 0.006　┘
② 최대틈새 : 0.068　┐ 헐거운 끼워맞춤
　최소틈새 : 0.030　┘
③, ④ 중간 끼워맞춤

25 형상공차를 두는 이유가 아닌 것은?

① 대량생산으로 원가를 절감하기 위하여
② 고도의 정밀도를 갖는 제품을 만들기 위하여
③ 종래의 치수공차만으로는 제품 간의 호환성을 주기 어렵기 때문에
④ 고정도의 생산제품을 설계하기 위하여

정/답　22 ①　23 ④　24 ①　25 ①

26 형상공차를 나타내는 기호 중 서로 잘못 짝지워진 것은?

① ▱ 평면도　　　② ⊕ 위치도
③ ◎ 동축도　　　④ ○ 원통도

27 다음 기하공차의 종류 중 단독형체 또는 관련 형체에 적용되는 것은?

① 원통도　　　② 선의 윤곽도
③ 위치도　　　④ 원주 흔들림

기차공차의 종류와 기호							
적용하는 형체	구분	공차의 종류	기호	적용하는 형체	구분	공차의 종류	기호
단독 형체	모양 공차	진직도	—	관련 형체	자세공차	평행도	//
		평면도	▱			직각도	⊥
		진원도	○			경사도	∠
		원통도	⌭		위치공차	위치도	⊕
단독 형체 또는 관련 형체		선의 윤곽도	⌒			동축도 공차 또는 동심도	◎
		면의 윤곽도	⌒			대칭도	⩵
					흔들림공차	원주 흔들림	↗
						온 흔들림	⇗

28 기하공차 종류에 적용되는 형체 중 단독 형체에 해당되지 않는 것은?

① ▱　　② ○　　③ ⌭　　④ ↗

29 기하공차의 종류에서 위치공차에 해당되는 것은?

① 원통도 공차　　　② 면의 윤곽도 공차
③ 대칭도 공차　　　④ 온 흔들림 공차

30 온 흔들림 공차 표시가 맞는 것은?

① ∠　　② //　　③ ↗　　④ ⇗

정/답　26 ④　27 ②　28 ④　29 ③　30 ④

31 도면에 표시된 ⌭ 0.002 A 에서 ⌭의 기호는?

① 진원도　　② 원통도　　③ 동축도　　④ 위치도

32 다음은 기하공차를 표시한 것이다. 기하공차가 맞는 것은?

① 흔들림공차
② 경사도공차
③ 위치도공차
④ 대칭도공차

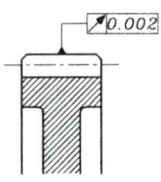

33 그림의 기하공차의 기호 ⌯ 가 나타내는 것은?

① 진직도　② 원통도
③ 동심도　④ 대칭도

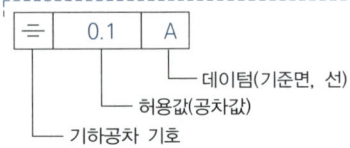

34 ∥ 0.01 / 0.006/200 로 표시된 것의 뜻은?

① 소정의 길이 200mm에 대하여 0.006mm, 전체길이에 대하여 0.01mm의 대칭도
② 소정의 길이 200mm에 대하여 0.006mm, 전체길이에 대하여 0.01mm의 평행도
③ 소정의 길이 200mm에 대하여 0.006mm, 전체길이에 대하여 0.06mm의 직각도
④ 소정의 길이 200mm에 대하여 0.006mm, 전체길이에 대하여 0.01mm의 평면도

35 다음과 같은 기하공차 도시방법에 관한 설명 중 올바른 것은?

① KS에는 없는 방법이다.
② 한 개 형체에 두 개의 공차를 지시하는 경우이다.
③ 진원도의 데이텀은 B이다.
④ 단독 형체에는 적용되지 않은 공차들이다.

○	0.01	
∥	0.06	B

정/답　31 ②　32 ①　33 ④　34 ②　35 ②

36 ISO 형상공차에서 표시된 `// | 0.01 | A ` 에서 A가 표시하는 것은?

① 가공방법　　② 기준형상　　③ 정도등급　　④ 대칭표시

37 다음 도면을 보고 해석한 것 중 잘못된 내용은?

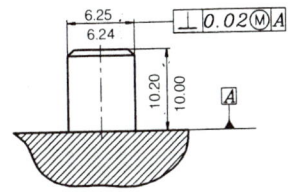

① 형상의 축은 규정위치 공차 내에 있어야 한다.
② 형상이 MMC(6.25)일 때, 최대허용 직각도 공차는 0.02이다.
③ 형체가 규정된 치수에 관계없이 직각도 공차의 영역은 0.02이다.
④ 형체가 규정된 최소 크기보다 클 때, 직각도 공차의 증가는 허용된다.

> 치수공차는 6.25 − 6.24 = 0.01mm이고, 직각도 공차는 데이텀 A를 기준으로 0.02의 공차가 주어졌다. 최대로 허용되는 직각도 공차는 0.03mm(0.01 + 0.02)이다.

38 KS 규격에서 규정된 표면거칠기 표시법이 아닌 것은?

① 최대 높이 거칠기　　② 중심선 평균 거칠기
③ 10점 평균 거칠기　　④ 자승 평균 거칠기

측정기

1 측정기 선정

(1) 측정기 선택 기준
① 공차의 크기
② 공작물의 수량
③ 측정 방법

(2) 측정 방법
① 직접측정 : 실물의 실제 치수를 직접 측정하는 방법으로 직접측정기의 종류는 다음과 같다.
- 버니어 캘리퍼스
- 마이크로미터
- 측장기
- 각도자
- 하이트 게이지

② 비교측정 : 이미 알고 있는 표준편의 양과 차를 실물의 치수와 비교해 측정함으로써 측정 범위가 좁다.
- 다이얼 게이지
- 미니미터
- 옵티미터
- 공기 마이크로미터
- 전기 마이크로미터
- 콤비네이션 셋
- 표준 게이지

③ 간접측정 : 기하학적으로 측정하기 힘든 경우, 예를 들어 나사, 기어 등과 같이 형태가 복잡한 것은 기하학적 계산에 의하여 결정하는 측정 방법이다.

(3) 측정 오차

① 고유오차측정기의 취급과 구조에서 오는 오차
② 개인오차측정자의 부주의, 숙련도, 버릇 등에서 오는 오차
③ 환경에 의한 오차측정기 사용 장소의 온도, 압력, 빛(조명), 진동 등에서 오는 오차
④ 우연오차 : 측정 장소에서 예기치 못한 원인에 의하여 발생하는 오차로 반복 측정하여 평균값을 구해 우연오차를 없앴다.

(4) 측정기 방식

측정하고자 하는 대상, 정도, 용도, 범위 등을 고려하여 적당한 측정기 방식을 선택한다.

① 편위법(偏位法 ; deflection method) : 계측기 눈금의 기준과 지침의 위치를 비교하여 측정량의 크기를 재는 방법이며, 다이얼 게이지, 전류계, 전압계 등의 계측기가 이와 같은 방식이다. 정밀도가 낮고 조작이 간단하며 가장 폭넓게 사용되는 방식이다.

② 영위법(零位法 ; zero method, null method) : 측정량을 가감할 수 있는 기지량(既知量)과 균형시켜 그때의 균형량의 크기로부터 측정량을 구하는 방법이다. 마이크로미터가 이와 같은 방식으로 이것은 정밀도가 높은 측정 방식이다.

③ 보상법(補償法 ; compensation method) : 계기류로 측정해야 할 값과 표준값을 비교해서 양자의 근소한 차이를 정밀하게 측정하여 측정량을 알아내는 방식이다.

④ 치환법(置換法 ; substitution method) : 지시량과 미리 알고 있는 양으로부터 측정량을 아는 방법이다. 이 방식은 길이의 정밀측정에 주로 사용한다.

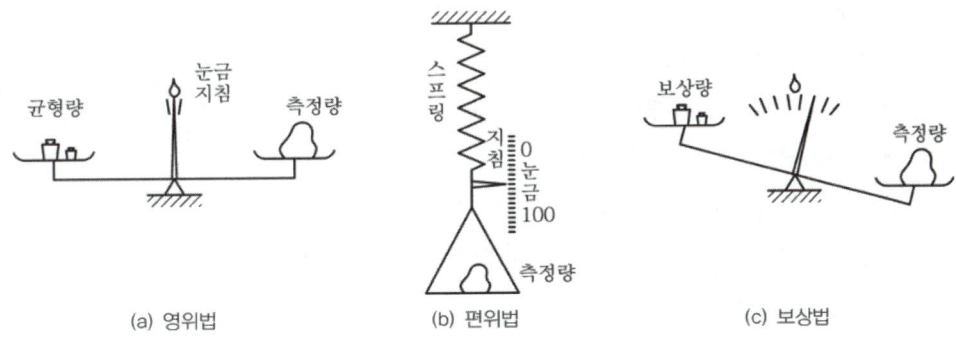

그림 2-1 측정기의 방식

(5) 측정기 사용상 분류

① 길이 측정기의 종류

강철자, 직각자, 콤퍼스, 디바이더, 마이크로미터, 버니어 캘리퍼스, 하이트 게이지, 다이얼 게이지, 스냅 게이지, 표준 게이지, 리잇 게이지, 광학측정기

② 각도 측정기의 종류

각도 게이지, 직각자, 분도기, 콤비네이션, 베벨, 사인바, 테이퍼 게이지, 만능각도기, 분할대

③ 평면 측정기의 종류

수준기, 직각자, 서피스 게이지, 정반, 옵티컬 플랫, 조도계, 스트레이트 에지

④ 안지름 측정기의 종류

구멍용 한계 게이지, 내경 지침 측미기, 플러그 게이지

⑤ 진직도 측정기 종류

직선자, 수준기, 나이프 에지, 오토콜리미터, 정반과 인디게이터

⑥ 나사 측정기의 종류

나사 마이크로미터

⑦ 기어 측정기의 종류

기어 시험기

(6) 컴퍼레이터(comperator)

정밀 비교 측정기를 총칭하여 컴퍼레이터라 한다. 컴퍼레이터는 확대장치를 이용하여 미소 이동량을 확대해 측정한다.

① 기계적 컴퍼레이터
- 마이크로미터 : 확대기구-나사
- 다이얼 게이지 : 확대기구-기어
- 미니미터 : 확대기구-지렛대

② 전기적 컴퍼레이터 전기 마이크로미터 : 확대기구-전자기적 방법

③ 유체적 컴퍼레이터 공기 마이크로미터 : 확대기구-공기의 유출저항

④ 광학적 컴퍼레이터
- 미크로룩스
- 옵티미터 : 확대기구-광학적 지렛대

2 기본 측정기 사용

(1) 외측 마이크로미터

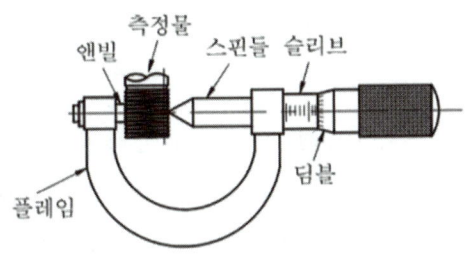

그림 2-2 외측 마이크로미터

① 외경, 내경 및 깊이 측정에 사용, 3각 나사의 원리를 이용한 측정기이다.
② 읽는 방법 : 1차로 슬리브의 눈금을 읽고, 2차로 슬리브와 딤블이 일치하고 있는 곳의 딤블의 눈금을 읽는다.

(2) 내측 마이크로미터

① 홈의 폭 또는 안지름 측정에 사용

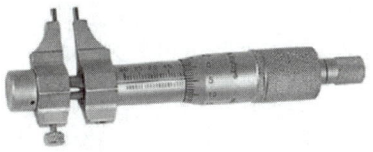

그림 2-3 내측 마이크로미터

(3) 버니어 캘리퍼스

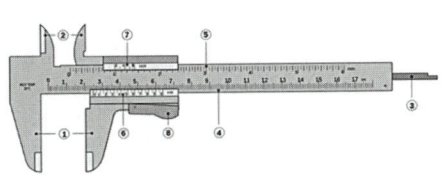 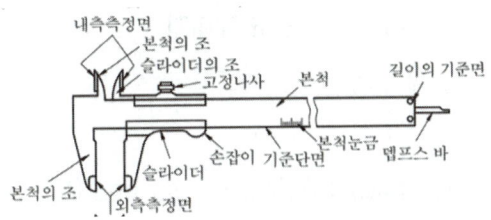

그림 2-4 버니어 캘리퍼스-M1형   그림 2-5 버니어 캘리퍼스 구조

① 아들자(부척)와 어미자(주척)로 구성되어 일감의 외경, 내경, 깊이, 두께, 폭 등을 측정한다.
② 읽는 방법 : 1차로 부척의 0눈금에 위치해 있는 주척의 큰 눈금을 읽고, 2차로 주척의 눈금과 부척의 눈금이 일치하고 있는 곳의 부척의 눈금을 읽는다.

(4) 하이트 게이지

① 일감의 높이 측정 및 검사와 평행선을 그을 때도 사용, 블록게이지와 마이크로미터를 조합한 측정기로서, ㎛ 단위의 높이를 설정하거나 또는 비교측정에서의 기준 게이지로 사용한다.
② HM형, HB형, HT형으로 분류, 이 중에서 0점 조정 가능한 것은 HT형이다.

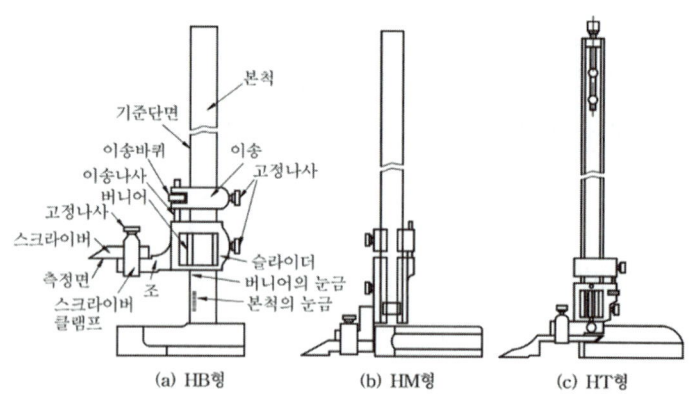

그림 2-6 하이트 게이지

(5) 실린더 게이지

① 내경 측정기로 다이얼 게이지와 같은 원리이다.
② 다이얼 게이지는 평면도, 진원도, 축의 흔들림 등을 측정할 수 있다.

(6) 다이얼 캘리퍼 게이지

내경 측정용으로 사용

(7) 틈새게이지(thickness gauge)

부품 사이의 틈새 또는 좁은 홈의 폭을 측정

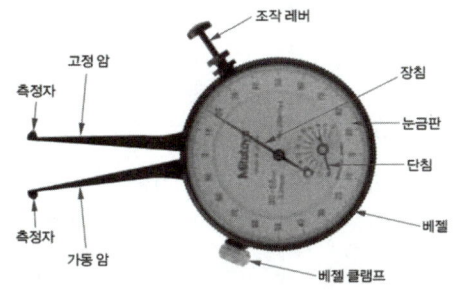
그림 2-7 다이얼 캘리퍼 게이지

그림 2-8 틈새 게이지

(8) 블록 게이지

① 각 면의 치수가 다른 육면체로 구성

볼록게이지 세트

모양	
요한슨형	직사각형 단면
호크형	정사각형 단면
캐리형	원형단면

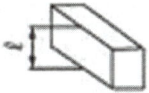 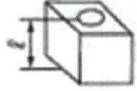 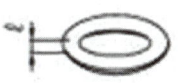

(a) 요한슨형　　(b) 호크형　　(c) 캐리형

볼록게이지의 모양(ℓ은 블록게이지의 호칭지수)

그림 2-9 블록 게이지

② 8, 27, 32, 47, 76, 103개가 한 세트로 구성
③ 정밀도에 따른 종류

등 급	용 도	검사 주기
AA(00급)	연구소용(참고용)	3년
A(0급)	표준형	2년
B(1급)	검사용	1년
V(2급)	공작용(일감용)	6개월

(9) 테이퍼 게이지

일감의 테이퍼 측정용으로 사용

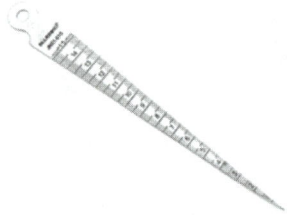

그림 2-10 테이퍼 게이지

(10) 아날로그 온도 측정기

① 온도 측정용으로 사용
② 물체의 열팽창, 전기 저항의 변화, 여러 개의 열전기쌍을 직렬로 접속한 장치(열전퇴)의 기전력 변화 등을 이용하여 온도 측정

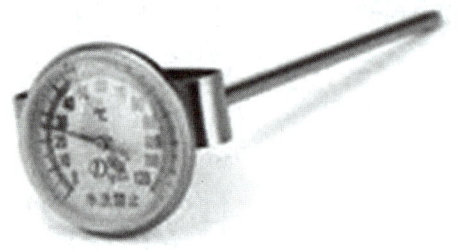

그림 2-11 아날로그 온도 측정기

CHAPTER 02 실전연습문제

01 다음과 같이 외측 마이크로미터를 이용하여 측정할 때 측정값은 몇 mm인가?

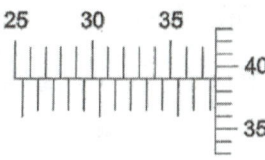

① 35.40mm ② 37.89mm ③ 39mm ④ 40mm

37.5+(39/100)=37.89mm

02 다음과 같이 버니어 캘리퍼스를 이용하여 측정하려 한다. 이때 측정값은 몇 mm인가?

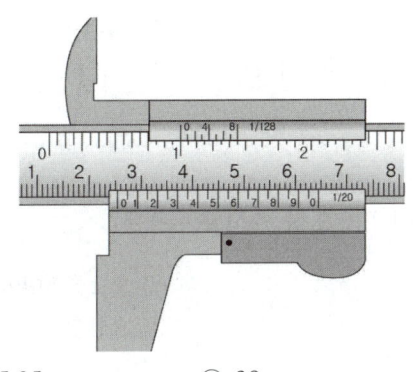

① 35.40mm ② 25.35mm ③ 39mm ④ 40mm

25+(35/100)=25.35mm

03 다음 중 마이크로미터 측정면의 평면도 검사에 적당한 측정기는?

① 공구 현미경 ② 블록 게이지 ③ 옵티컬 플랫 ④ 삼침법

정/답 01 ② 02 ② 03 ③

- 공구현미경 : 정밀도는 0.01~0.001[mm]까지 나사의 각도, 피치, 바이트 각도 등을 측정
- 삼침법 : 나사의 골에 세 개의 침을 끼워 이들 침의 외측거리를 외측 마이크로미터, 측장기 등으로 측정한다. 가장 정밀도가 높은 측정법이다.

$d_2 = M - 2d + 0.86603p$

공식에서 d_2 : 유효지름, M : 3침 삽입 후 외경, d : 침의 지름, p : 나사의 피치

04 다음 중 구멍용 한계 게이지가 아닌 것은?

① 봉 게이지　　② 평 게이지　　③ 플러그 게이지　　④ 나사 게이지

플러그 게이지 : 비교적 작은 구멍 검사
- 평 게이지 : 비교적 큰 구멍 검사
- 봉 게이지 : 250[mm]를 초과하는 구멍 검사

05 마이크로미터 스핀들 나사의 피치가 0.5[mm]이고, 딤블을 100등분하였다면 최소 측정값은?

① 0.01[mm]　　② 0.001[mm]　　③ 0.005[mm]　　④ 0.05[mm]

최소측정 = $\dfrac{\text{피치}}{\text{딤블의 주 등분수}} = \dfrac{0.5}{100} = 0.005[\text{mm}]$

06 광파 간섭현상을 이용하여 평면도를 측정하는 것은?

① 공구 현미경　　　　② 오토콜리메이터
③ 옵티컬 플랫　　　　④ 요한슨식 각도 게이지

07 공기 마이크로미터의 특징을 설명한 것 중 틀린 것은?

① 배율이 높다.
② 정도(精度)가 좋다.
③ 압축 공기원(컴프레서 등)은 필요 없다.
④ 1개의 피측정물의 여러 곳을 1번에 측정한다.

공기 마이크로미터는 공기의 흐름에 의해 조절되므로 컴프레서가 필요하다.

정/답　04 ④　05 ③　06 ③　07 ③

08 내경 측정에 사용되는 측정기가 아닌 것은?

① 내측 마이크로미터　　　　② 실린더 게이지
③ 공기 마이크로미터　　　　④ 옵티컬 플랫

광선정반(optical flat) : 평면도 검사용

09 측정기의 선택 기준이 아닌 것은?

① 공차의 크기　　　　　② 공작물의 수량
③ 측정 방법　　　　　　④ 공작물의 경도

10 블록 게이지(block gauge)는 어느 작업으로 완성 가공되는가?

① 호닝　　② 버핑　　③ 래핑(건식)　　④ 브로칭

11 다음 중 직접 측정의 장점이 아닌 것은?

① 측정범위가 다른 측정 방법보다 넓다.
② 피측정물의 실제 치수를 직접 읽을 수 있다.
③ 양이 적고, 종류가 많은 제품을 측정하기에 적합하다.
④ 조작이 간단하고, 경험을 필요로 하지 않는다.

12 사인바(sine bar)에 관하여 틀리게 설명한 것은?

① 2개의 원주핀이 블록과 더불어 사용된다.
② 3각형 모양의 블록이 필수적이다.
③ 3각함수를 이용하여 각도의 측정을 정밀하게 하는데 사용한다.
④ 블록을 올려놓기 위한 정반도 함께 사용한다.

13 나사의 측정 대상이 아닌 것은?

① 리드각　　② 유효지름　　③ 산의 각도　　④ 피치

정/답　　08 ④　09 ④　10 ③　11 ④　12 ②　13 ①

14 비교 측정에 대한 기준이 되는 표준 게이지의 종류에 해당되지 않는 것은?

① 하이트 게이지　　　　　　② 와이어 게이지
③ 틈새 게이지　　　　　　　④ 드릴 게이지

> **하이트 게이지**
> 스케일과 베이스 및 서피스 게이지를 합한 구조로 공작물의 높이 측정 및 금긋기 작업

15 사인바(sine bar)에 대한 설명 중 틀린 것은?

① 45°에는 그 오차가 급격히 커지므로 45° 이하의 각도를 측정한다.
② 직각삼각형의 삼각함수(sine)표에 의하여 높이를 각도로 환산하여 직접적으로 그 값을 구하는 방법
③ 윗면의 평면도, 롤러의 치수 및 진원도가 정확해야 하며 롤러 중심선이 윗면과 평행해야 한다.
④ 직각자의 양끝을 지지하는 같은 크기의 원통 롤러로 구성되어 있다.

> **사인바(sine bar)**
> 직각삼각형의 2변의 길이로 삼각함수 관계를 이용하여 각도를 결정
> $$\sin a = \frac{H}{L}$$
> • L : 사인바의 길이
> • H : 높은쪽과 낮은쪽의 높이차

16 버니어 캘리퍼스의 버니어 눈금 방법에서 어미자 19[mm]를 20등분할 때 최소 읽기의 값은?

① 0.02[mm]　　② 0.03[mm]　　③ 0.04[mm]　　④ 0.05[mm]

> $$C = \frac{s}{n} = \frac{1}{20} = 0.05[mm]$$
> • n : 등분수
> • s : 어미자 1눈금간격

17 구멍용 한계 게이지가 아닌 것은?

① 봉 게이지　　　　　　　② 평형 플러그 게이지
③ 스냅 게이지　　　　　　④ 판 플러그 게이지

> 한계 게이지(limit gauge) : 다량의 동일 제품의 치수를 측정할 때 사용하는 게이지로 한쪽은 통과측, 다른 쪽은 정지측으로 되어 있다.
> • 구멍용 한계 게이지 : 플러그 게이지, 평 게이지, 봉 게이지
> • 축용 한계 게이지 : 스냅 게이지, 링 게이지

정/답　14 ①　15 ②　16 ④　17 ③

18 비교측정의 특징 중 틀린 것은?

① 치수 계산이 생략된다.
② 자동화가 가능하다.
③ 많은 양의 높은 정도를 비교적 용이하게 측정할 수 있다.
④ 측정범위가 넓고, 직접 제품의 치수를 읽을 수 있다.

> 측정 방법으로는 직접측정, 비교측정 그리고 간접측정이 있다.
> - 직접측정 : 실물로부터 직접 치수를 측정
> - 비교측정 : 실제 제품의 치수와 표준치수를 비교해 그 차로 실물의 치수를 측정

19 사인바(sine bar)에서 정반면으로부터 블록 게이지의 높이를 각각 알고 있을 때, 각도 측정을 위해 필요한 것은?

① 양 롤러의 중심거리
② 바의 폭
③ 바의 길이
④ 롤러의 크기

> **사인바(sine bar)**
> $x = \sin^{-1}\left(\dfrac{h}{l}\right)$
> - l : 양 롤러의 중심거리

20 길이 측정기 중 레버(lever)를 이용하는 것은?

① 마이크로미터(micrometer)
② 다이얼 게이지(dial gauge)
③ 미니미터(minimeter)
④ 옵티컬 플랫(optical flat)

> 미니미터(minimeter) : 레버 확대기구를 이용하여 수백, 수천배 확대하여 측정

21 측정기 중 아베(Abbe)의 원리에 맞는 구조를 갖고 있는 것은?

① 하이트 게이지
② 외측 마이크로미터
③ 캘리퍼형 내측 마이크로미터
④ 버니어 캘리퍼스

> - 아베의 원리 : 표준 측정자와 피측정물은 동일 축선상에 있어야 한다.
> - 아베의 원리에 일치하지 않는 측정기 : 버니어 캘리퍼스, 내측 마이크로미터, 하이트 게이지

정/답 18 ④ 19 ① 20 ③ 21 ②

22 측정 방법의 종류가 아닌 것은?

① 영위법　　② 보상법　　③ 치환법　　④ 상각법

23 마이크로미터 중 한계 게이지로 사용할 수 있는 것은?

① 나사 마이크로미터　　② 지시 마이크로미터
③ 기어 마이크로미터　　④ 안지름 마이크로미터

> 지시 마이크로미터 : 측정력을 일정하게 유지하기 위해 인디케이터를 내장한 마이크로미터이다.

24 측정기 콤비네이션 세트(combination set)로 측정할 수 없는 것은?

① 45°　　② 60°　　③ 직각도　　④ 평행도

> 콤비네이션 세트(combination set) : 강철자, 직각자 및 각도기 등을 이용하여 각도를 측정할 수 있다.

25 나사의 측정 방법이 아닌 것은?

① 센터 게이지에 의한 나사각 측정　　② 피치 게이지에 의한 나사피치 측정
③ 3침법에 의한 유효지름 측정　　④ 2침법에 의한 나사 바깥지름 측정

26 전기 마이크로미터(electric micrometer)에 관한 설명 중 틀린 것은?

① 자동선별, 자동치수, 디지털 표시 등에 이용하기가 쉽다.
② 응답속도가 대단히 빠르다.
③ 고속 측정이 가능하다.
④ 그 치수가 합격인지 불합격이지 등의 신호를 간단히 얻을 수 없다.

정/답　22 ④　23 ②　24 ④　25 ④　26 ④

27 어미자의 최소눈금이 0.5[mm]이고, 아들자 24.5[mm]를 25등분한 버니어 캘리퍼스의 최소측정값은?

① 0.05[mm] ② 0.01[mm] ③ 0.025[mm] ④ 0.02[mm]

$C = \dfrac{s}{n} = \dfrac{0.5}{25} = 0.02 [\text{mm}]$

28 진직도의 측정에 사용되는 측정기가 아닌 것은?

① 직선자(straight edge) ② 수준기(level)
③ 스냅 게이지(snap gauge) ④ 오토 콜리메이터(auto collimator)

스냅 게이지 : 축지름 검사

29 길이 측정기가 아닌 것은?

① 하이트 게이지 ② 마이크로미터
③ 버니어 캘리퍼스 ④ 콤비네이션 스퀘어

30 고온계로서 가장 높은 온도를 측정할 수 있는 열전대는?

① 동-콘스탄탄 ② 철-콘스탄탄
③ 크로멜-알루멜 ④ 텅스텐-몰리브덴

31 각도 측정기에 해당되는 것은?

① 마이크로미터 ② 공기 마이크로미터
③ 버니어 캘리퍼스 ④ 콤비네이션 세트

정/답 27 ④ 28 ③ 29 ④ 30 ④ 31 ④

32 1/20[mm]의 버니어 캘리퍼스를 설명한 것 중 맞는 것은?

① 본척의 눈금이 0.5[mm], 부척의 눈금은 19[mm]를 20등분할 것
② 본척의 눈금이 1[mm], 부척의 눈금은 19[mm]를 20등분할 것
③ 본척의 눈금이 0.5[mm], 부척의 눈금은 19[mm]를 25등분할 것
④ 본척의 눈금이 1[mm], 부척의 눈금은 19[mm]를 25등분할 것

33 우연 오차를 없애는 가장 좋은 방법은?

① 측정기 자체의 오차를 없게 한다.
② 온도에 의한 오차를 없게 한다.
③ 반복 측정하여 평균한다.
④ 개인 오차를 없게 한다.

34 0.01[mm]까지 측정할 수 있는 마이크로미터에서 나사의 피치와 딤블의 눈금에 대하여 옳게 설명한 것은?

① 피치는 0.1[mm], 원주는 20등분되어 있다.
② 피치는 0.5[mm], 원주는 50등분되어 있다.
③ 피치는 1[mm], 원주는 25등분되어 있다.
④ 피치는 0.5[mm], 원주는 100등분되어 있다

35 오버 핀(over pin)법으로 측정하는 것은?

① 수나사의 골지름
② 나사의 유효지름
③ 기어의 중심거리
④ 기어의 이두께

36 아베의 원리(Abbe's principle)에 대해 설명한 것은?

① 측정기의 측정면 모양은 피측정물의 외형이 곡면일 때는 평면, 안지름에는 구면이나 곡면을 사용한다.
② 피측정물과 표준자와는 측정방향에 있어서 일직선 위에 배치하여야 한다.
③ 측정시 눈의 위치를 읽은 눈금판에 대하여 수직이 되도록 한다.
④ 측정지와 마모를 적게 하기 위하여 내마모성이 큰 재료를 선택한다.

정/답 32 ② 33 ③ 34 ② 35 ④ 36 ②

37 비교측정의 특징과 관계가 없는 것은?

① 치수계산이 생략된다.
② 자동화가 가능하다.
③ 많은 양을 높은 정도로 비교적 용이하게 측정할 수 있다.
④ 측정범위가 넓다.

38 측정의 방식 중에 편위법에 대해 올바르게 설명한 것은?

① 측정하려고 하는 양의 작용에 의하여 계측기의 지침에 편위를 일으켜 이 편위를 눈금과 비교함으로써 측정을 행하는 방식이다.
② 계측기의 지시가 0 위치를 나타낼 때의 기준량의 크기로부터 측정량의 크기를 간접으로 아는 방식이다.
③ 지시량을 미리 알고 있는 양으로부터 측정량을 아는 방식이다.
④ 분등과 측정량의 차이로부터 측정량을 알아내는 방식이다.

39 블록 게이지의 사용법으로 옳은 것은?

① 먼지, 습기가 많은 곳에서 사용해도 문제가 없다.
② 측정면을 손으로 잘 닦아 사용한다.
③ 목재 테이블이나 천 또는 가죽 위에서 사용한다.
④ 사용 후 윤활유를 발라서 보관한다.

40 나사 게이지로 나사를 검사할 때 게이지에 의한 치수 검사는 어떤 경우에 합격한 것으로 하는가?

① 통과나사 게이지의 통과 쪽이 헐겁게 통과하고, 정지나사 게이지는 빡빡하게 통과해야 한다.
② 통과나사 게이지의 통과 쪽이 무리없이 통과하고, 정지나사 게이지는 빡빡하게 통과해야 한다.
③ 통과나사 게이지의 통과 쪽이 빡빡하게 통과하고, 정지나사 게이지는 5회전 이상 돌려지지 않아야 한다.
④ 통과나사 게이지의 통과 쪽이 무리없이 통과하고, 정지나사 게이지는 2회전 이상 돌려지지 않아야 한다.

정/답 37 ④ 38 ① 39 ③ 40 ④

41 마이크로미터에 관한 설명 중 틀린 것은?

① 나사 마이크로미터는 나사의 유효지름, 골지름, 바깥지름을 측정할 수 있으며, 앤빌의 중심위치가 V형으로 되어 있다.
② 나사축의 회전으로 전진와 후퇴되어 거리를 측정하게 되어 있다.
③ 마이크로미터의 부척의 원리는 버니어 캘리퍼스의 원리와는 다르다.
④ 미터식은 피치가 0.5[mm]이므로 스핀들이 1[mm] 이동하기 위해 2회전이 필요하다.

42 기어 이두께 버니어 캘리퍼스의 설명으로 올바른 것은?

① 이두께 자와 이높이 자가 일체로 되어 있는 버니어 캘리퍼스이다.
② 측정 접촉면이 원판으로 되어 있는 버니어 캘리퍼스이다.
③ 측정 접촉면이 인볼류트(involute) 곡선으로 되어 있다.
④ 측정 접촉면이 롤러(roller)형으로 되어 있다.

정/답 41 ③ 42 ④

기계가공법

CHAPTER 03

PLANT MAINTENANCE ENGINEER

1 공작기계의 종류 및 용도

(1) 절삭공구에 의한 가공

절삭가공을 하는데 사용하는 기계를 공작기계(工作機械 ; machine tool)라 한다.

① 선반(lathe) : 선삭가공
② 밀링(milling) : 면, 홈, 절단, 각도 총형가공
③ 셰이퍼(shaper) : 형삭가공, 플레이너 : 평삭가공
④ 드릴링 머신(drilling machine) : 구멍뚫기가공
⑤ 보링 머신(boring machine) : 구멍 확대가공

(2) 연삭공구에 의한 가공

① 연삭(grinding) : 다듬질 연삭 작업
② 호닝(horning) : 구멍 내면 정밀입자 가공
③ 슈퍼피니싱(super finishing) : 정밀입자 가공
④ 래핑(lapping) : 초정밀입자 가공

(3) 공작기계의 기본 운동

① 절삭운동 : 절삭할 때 칩의 길이 방향으로 절삭 공구가 움직이는 운동을 절삭운동이라 하고, 칩(chip)은 절삭가공 시 소재로부터 탈락되어 떨어져 나온 부스러기이다.
  - 공구가 절삭운동을 하는 공작기계 : 밀링, 셰이퍼, 슬로터, 브로우칭
  - 일감(공작물)이 절삭운동을 하는 공작기계 : 선반, 플레이너
  - 공구와 일감 둘 다 절삭운동을 하는 공작기계 : 호빙머신, 래핑머신, 원통연삭기
② 이송운동 : 절삭공구 또는 가공물을 절삭 방향으로 이송하는 운동이다.
③ 위치 조정운동 또는 조정운동 : 공작물과 공구간의 절삭 조건에 따른 절삭 깊이 조정 및 일감,

공구의 설치 또는 제거를 위한 운동이다.

(4) NC 공작기계

수치제어(Numerical Control) 공작기계로 제품을 가공하기 위한 매개수단으로서 수치와 기호로 구성된 정보를 해당 공작기계에 입력하여 자동으로 가공 가능하다.

(5) CNC 공작기계

NC 장치부에 computer 기능을 결합시켜 NC 프로그램의 저장, 수정, 편집 등을 자유로이 할 수 있도록 한 것을 CNC(Computer Numerical Control) 공작기계라 한다.

① CNC 공작기계의 특징
- 균일한 가공품을 얻을 수 있다.
- 생산성 증가
- 인건비 절감 및 제조원가 감소
- 공구 관리비 감소
- 작업자의 피로도 감소
- 복잡한 제품의 가공이 쉽다.
- 다품종 중량 생산에 적당

(6) DNC 공작기계

Direct Numerical Control(Distribute Numerical Control)의 약자로 여러 대의 공작기계를 한 대의 컴퓨터로 연결하여 전체 시스템의 생산성 향상을 위한 NC이다.

2 절삭가공의 종류 및 특징

(1) 선반가공

선반으로 외경절삭, 끝면절삭, 정면절삭, 절단, 테이퍼 절삭, 곡면절삭, 구멍뚫기, 보링, 널링, 나사절삭 등이 가능하고, 종류로는 다음과 같은 것들이 있다.

그림 3-1 보통선반

① 보통선반(engine lathe)
② 탁상선반(bench lathe; 소형선반) : 계기, 시계 등의 부품 절삭
③ 터릿선반(turret lathe) : 여러 개의 공구를 사용하여 순차적으로 절삭 가공을 할 수 있는 선반으로 심압대 대신 회전공구대에 사용하며 대량생산이 목적이다.
④ 자동선반(automatic lathe) : 주축속도와 공작물의 착탈 등이 자동적으로 이루어진다.
⑤ 모방선반(模倣旋盤; copying lathe) : 형판을 사용하고 형판을 본떠 절삭할 수 있는 선반이다.
⑥ 수직선반(vertical lathe) : 주축이 수직으로 설치되어 공구의 길이 방향으로 이송운동을 하는 선반이다.
⑦ 정면선반(face lathe) : 면판을 사용하고, 길이가 짧고 지름이 큰 공작물 가공에 적당하다.
⑧ 다인선반(多刃旋盤; multicut lathe) : 공구대에 여러 개의 바이트가 부착되어 이 바이트의 일부 또는 전부가 동시에 절삭가공이 가능하며, 지름이 큰 공작물을 깎을 때 적당한 선반이다.
⑨ 차륜선반
⑩ 차축선반 : 철도차량용 차축가공 등에 사용되는 선반이다.
⑪ 크랭크축선반(crankshaft lathe)
⑫ 캠축선반(cam shaft turning lathe)
⑬ 롤선반(roll turning lathe)

(2) 밀링가공

밀링 머신(milling machine)은 많은 절삭날을 가진 다인공구를 사용하여 가공물의 표면을 정밀하게 깎아내는 공작기계이다. 평면 절삭, 키 홈 절삭, 절단 작업, 각 홈 절삭, 정면 절삭, 곡면 절삭, 기어 절삭, 총형 절삭, 나사 절삭 등이 가능하다.

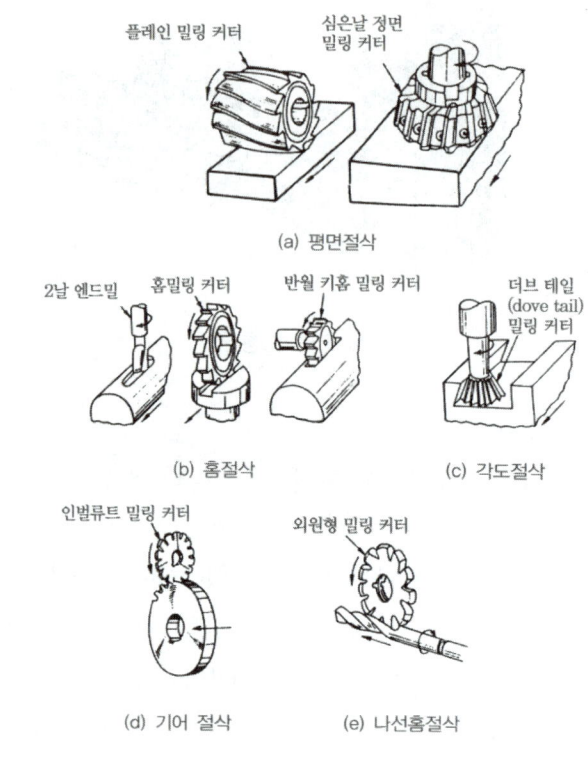

그림 3-2 밀링가공의 종류

밀링머신의 종류는 다음과 같다.
① 니형 밀링 머신(knee type milling machine)
- 수평식 밀링 머신
- 수직식 밀링 머신
- 만능 밀링 머신 : 비틀림 홈, 나선 홈, 헬리컬 기어 가공 가능
② 생산형 밀링 머신 : 동일 부품의 대량 생산 가능
③ 특수 밀링 머신 : 금형 제작에 사용
④ 나사 밀링 머신 : 나사 가공에 사용

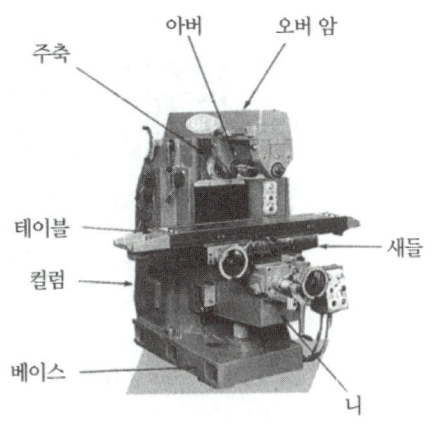

그림 3-3 밀링 머신의 구조

(3) 셰이퍼(shaper)

① 셰이퍼(shaper)의 가공 분류 : 평면, 수직, 측면 절삭, 넓은 홈 절삭, 각도 절삭, 곡면 절삭, 등이 가능하다.

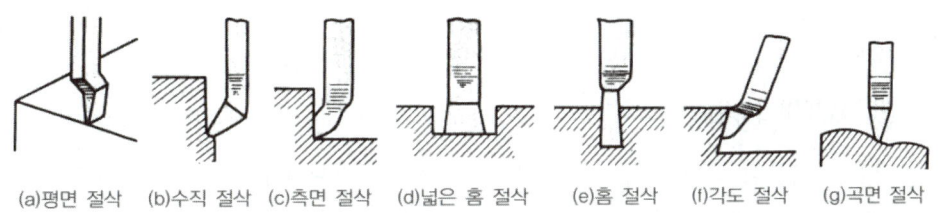

그림 3-4 셰이퍼 가공의 분류

② 셰이퍼의 종류
- 수평형 셰이퍼
- 수직형 셰이퍼 : 슬로터 – 램이 수직 왕복운동
- 직주식 셰이퍼 : 테이블 이동
- 횡행식 셰이퍼 : 램 이동

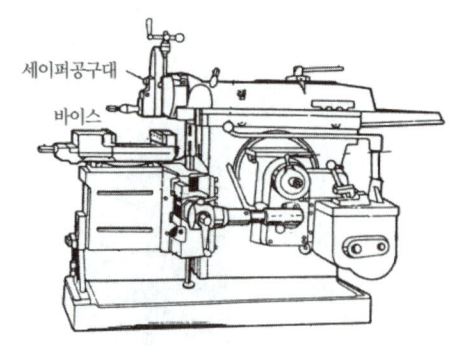

그림 3-5 셰이퍼

(4) 슬로터(slotter)

테이블에 대하여 램이 수직으로 상하운동을 하며 절삭하는 공작기계로, 수직형 셰이퍼라고도 한다. 셰이퍼와 함께 퀵리턴운동을 하는 공작기계로 분류된다. 퀵리턴운동(quick return motion)이란 급속귀환운동으로 절삭속도가 공구의 귀환속도보다 느리게 움직이며 가공하는 것을 의미한다.

① 슬로터의 가공 분류 : 키 홈 가공, 평면 가공, 곡면의 절삭 가공, 내면 가공, 스플라인, 세레이션 홈 가공, 내접 기어 가공 등이 가능하다.

(5) 플레이너(planer)

대형 공작물의 평면가공을 주목적으로 하는 공작기계이다.
① 셰이퍼로 가공할 수 없는 큰 공작물의 평면가공
② 수평면, 수직면, 경사면, 홈 곡면 등을 가공
③ 퀵리턴 운동을 하는 공작기계의 종류이다.

(6) 드릴링머신

드릴(drill)이라는 공구를 이용하여 주로 구멍가공을 위한 공작기계이다.
① 드릴링머신의 가공
- 드릴링(drilling) : 구멍을 뚫는 작업
- 리밍(reaming) : 드릴 구멍을 다듬는 작업
- 태핑(tapping) : 암나사를 내는 작업
- 보링(boring) : 이미 뚫린 구멍을 정밀한 치수로 넓히는 작업
- 스폿 페이싱(spat facing) : 볼트나 너트 부분이 닿는 부분을 평평하게 자리를 만드는 작업

- 카운터 보링(counter boring) : 볼트의 머리부가 공작물에 묻히게 자리의 단을 만드는 작업
- 카운터 싱킹(counter sinking) : 접시 머리 볼트의 머리부를 묻는 자리를 만드는 작업

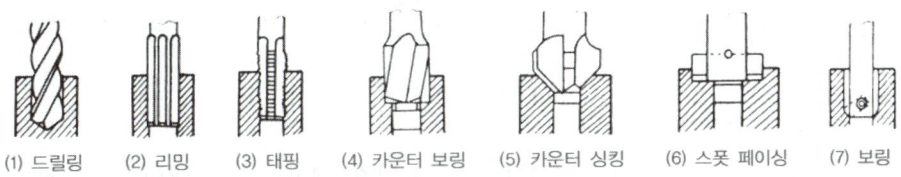

(1) 드릴링　(2) 리밍　(3) 태핑　(4) 카운터 보링　(5) 카운터 싱킹　(6) 스폿 페이싱　(7) 보링

그림 3-6 드릴링머신에 의한 가공

② 드릴링머신의 종류
- 레이디얼 드릴링머신 : 대형 공작물 가공에 적합
- 다축 드릴링머신 : 다수의 구멍을 동시에 가공이 가능
- 심공 드릴링머신 : 깊은 구멍 가공 시
- 직립 드릴링머신 : 주축이 수직 방향이고 가장 일반적으로 사용
- 탁상 드릴링머신 : 소형 드릴링머신
- 다두 드릴링머신 : 제품의 대량 생산

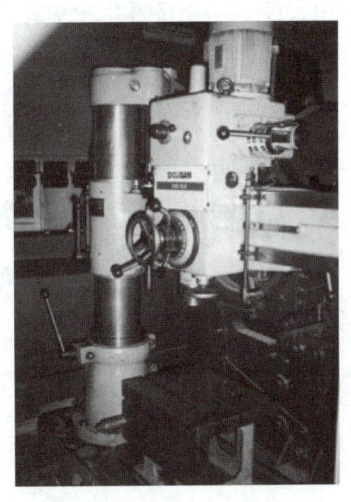

그림 3-7 레이디얼 드릴링 머신

(7) 보링머신

드릴로 뚫은 구멍 또는 단조 작업으로 내부 구멍이 만들어져 있는 것을 보링 바이트를 이용하여 구멍 내부를 완성 가공하든지, 내부 구멍을 확대 작업을 하는 공작기계이다.

① 보링머신에서 할 수 있는 작업 : 보링 작업, 리머 작업, 탭 작업, 단면절삭, 외경절삭, 나사깎기 등이 가능하다.

② 보링머신의 종류
- 수평식 보링머신 : 가장 보편적으로 사용되며, 테이블형, 플로어형, 플레이너형 등이 있다.
- 정밀 보링머신 : 진원도, 진직도가 높은 고속 정밀 보링 작업
- 지그 보링머신 : 구멍을 매우 정확하게 위치를 잡아 주어 정밀한 구멍가공이 가능하다.

(8) 연삭기

연삭 숫돌바퀴로 고속 회전시켜 공작물의 표면을 깎아내는 방법

① 자생작용
- 연삭 시 숫돌의 마모된 입자가 탈락되고 새로운 입자가 나타나는 현상
- 숫돌입자의 마멸 → 파쇄 → 탈락 → 생성의 과정을 되풀이하는 현상

② 연삭숫돌의 3요소
- 숫돌 입자 : 절삭날의 역할 → 숫돌입자의 연삭 깊이 : 숫돌의 원주속도에 반비례한다.
- 결합제 : 숫돌입자를 성형
- 기공 : 연삭 미세 입자를 피하며 자생작용을 돕는 역할

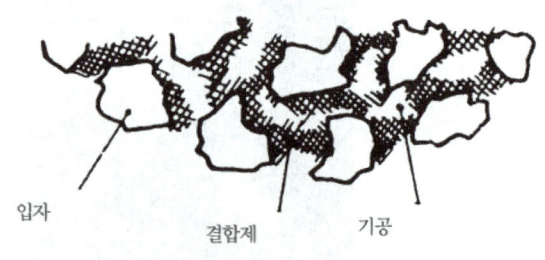

그림 3-8 연삭숫돌의 3요소

③ **연삭가공의 분류** : 원통 외면, 내면 연삭, 평면 연삭, 나사 연삭, 공구 연삭, 기어 연삭 등

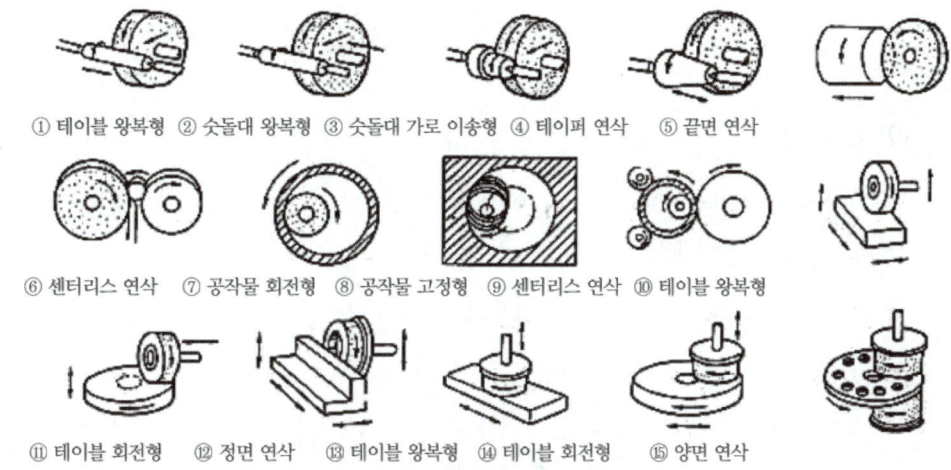

그림 3-9 연삭가공의 분류

④ **연삭기의 종류**
- 원통 연삭기 : 테이블 왕복형, 숫돌대 왕복형, 숫돌대 가로이송형, 테이퍼 연삭기 끝면 연삭기
- 내면 연삭기 : 공작물 회전형(보통형), 공작물 고정형(유성형)
- 평면 연삭기 : 공작물의 평면 연삭
- 센터리스 연삭기 : 조정숫돌을 사용하여 공작물에 회전과 이송을 주어 연삭, 작은 지름의 공작물을 대량 생산, 센터나 척을 이용하지 않고, 공작물의 이송 방법에는 통과 이송법, 전후 이송법, 단 이송법 등이 있다.
- 특수 연삭기 : 나사, 크랭크, 캠 연삭 등
- 공구 연삭기 : 바이트, 드릴, 호브, 리머, 밀링 커터 등을 연삭
- 만능 연삭기 : 단면, 테이퍼 등의 연삭 가능

⑤ **연삭숫돌 바퀴 표시 방법**

입자-입도-결합도-조직-결합제-바깥지름-두께-구멍지름

예 A 54 J 6 V 300 25 100

⑥ **연삭숫돌 수정**
- 글레이징(glazing; 무딤) : 마모된 숫돌 바퀴의 입자가 탈락되지 않고 마멸에 의해 납작해진 현상
- 로우딩(loading; 눈메움) : 숫돌입자의 표면이나 기공에 칩이 끼여 있는 현상
- 드레싱(dressing) : 눈메움 또는 무딤 발생 시 숫돌 표면을 드레서(dressor)라는 공구를

이용하여 숫돌 날을 생성시키는 작업
- 트루잉(truing) : 연삭면을 숫돌과 축에 대하여 평행 또는 일정한 형태로 성형시키는 작업으로 나사 가공을 위해 나사 모양의 연삭숫돌을 만드는 것이 트루잉 작업의 예가 된다.

(9) 호닝머신

회전운동과 직선 왕복운동을 하는 혼(hone)이라는 공구를 이용한 원통 내면의 정밀 다듬질 가공을 하는 공작기계이다.

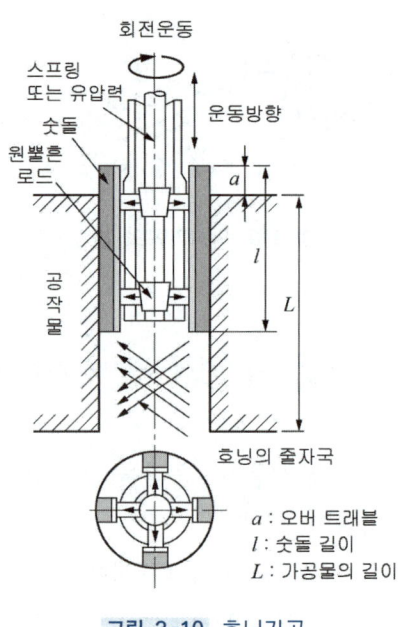

그림 3-10 호닝가공

① 호닝가공의 특징
- 표면 정밀도 향상
- 크기를 정확히 조절할 수 있다.
- 최소의 발열과 변형으로 신속하고 경제적인 정밀가공을 할 수 있다.
- 호닝에 의하여 구멍의 위치를 변경시킬 수 없다.

② 액체 호닝 : 공작액과 미세 입자를 함께 가공물 표면에 고속 분사하여 요철부를 없애 매끈한 다듬질 면을 얻고자 하는 가공이다.

(10) 슈퍼피니싱

회전하고 있는 가공물의 표면에 미세 입자로 된 숫돌을 접촉시켜 가로, 세로 방향으로 진동을 주어 가공하는 방법이다.

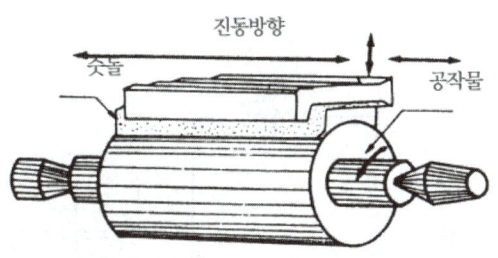

그림 3-11 슈퍼피니싱가공

① 원통내면, 외면, 평면 등의 초정밀 가공
② 슈퍼피니싱의 특징 : 숫돌을 사용한 방향성이 없는 가공이다.

(11) 래핑

가공물을 랩공구에 밀착시켜 그 사이에 랩제를 넣고 가공물을 누르며, 상대운동을 시켜 매끈한 다듬질 면을 얻는 가공 방법이다.

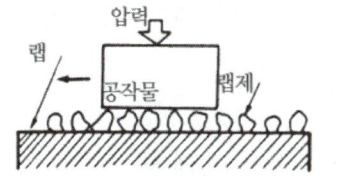 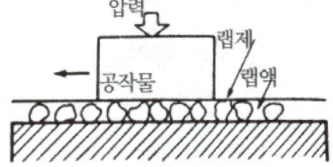

그림 3-12 래핑가공

① 종류
- 습식 : 래핑유를 사용한 거친 래핑 작업
- 건식 : 래핑유를 사용하지 않는 정밀 래핑 작업, 습식 래핑보다 표면의 정도가 높다.

② 랩 공구의 주재료는 주철이다.

(12) 방전가공

가공액 속에 잠긴 공작물과 전극 사이에 공작물에 +전류, 전극에 -전류를 흘려보내며 간격을 좁혀주면 아크열이 발생하여 공작물은 가공액의 기화 폭발 작용으로 미소량씩 용해 비산시켜 구멍뚫기, 절단, 연마가공 등의 작업이 가능한 가공이다. 내마모성, 내부식성이 높은 표면을 얻을 수 있다.

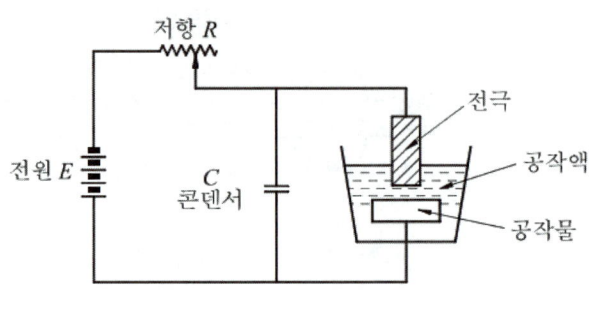

그림 3-13 방전가공

① 전극 재료 : 흑연, 텅스텐, 구리합금, 동
② 가공 재료 : 보석류, 경화강, 내열강 등의 난삭성 재료
③ 방전회로 : RC회로-콘덴서 방전회로

(13) 초음파가공

가공액 속에 공작물을 넣고 공구를 근접시킨 상태에서 공구에 16~30[Hz]의 초음파를 주어 상하 진동시켜 공작물 표면을 다듬질하는 방법이다.

① 작업 : 구멍뚫기, 절단, 평면가공, 표면가공
② 공구(혼)의 재료황동, 연강, 공구강, 모넬메탈, 피아노선재 등
③ 연삭입자 알루미나, 탄화규소, 탄화붕소 등
④ 가공재료 : 취성 큰 재료, 즉 다이어몬드, 루비, 사파이어, 수정 등의 보석류, 초경합금, 세라믹, 유리, 강철, 도자기 등

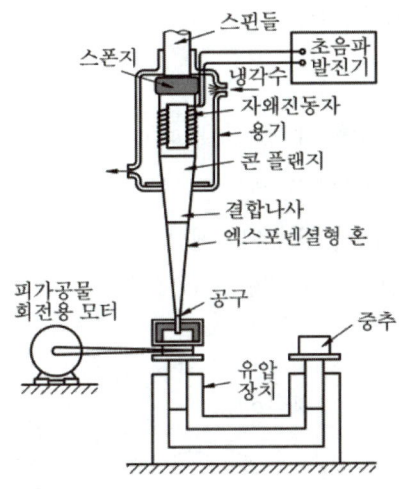

그림 3-14 초음파가공

(14) 전해연마

전기 화학적인 방법으로 가공물의 표면을 다듬질하는 방법이다.
① 치수 정밀도보다 표면의 광택이 중요할 때
② 드릴의 홈, 주사침, 반사경 등을 얻는다.
③ 구리, 동합금, 알루미늄, 알루미늄 합금 등 연마 가능
④ 주철은 연마 불가능
⑤ 전해액 : 과염소산, 황산, 인산, 질산 등

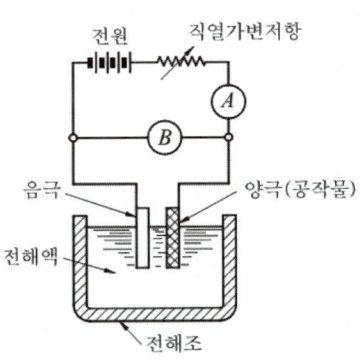

그림 3-15 전해연마가공

3 비절삭가공의 종류 및 특징

(1) 주조가공

용해된 금속을 일정한 형(型)에 주입시켜 필요한 모양을 만드는 작업을 주조(鑄造, casting)라 하고 이와 같은 방법으로 완성된 제품을 주물(鑄物) 또는 주조품(鑄造品)이라 한다. 이러한 제품의 예로는 밥솥, 밸브나 콕, 자동차의 엔진 등이 있고 주물 작업공정 및 제조공정은 주조 방안 결정 → 모형(목형)제작 → 주형제작 → 용융금속 → 주입 → 주물 등의 순이다.

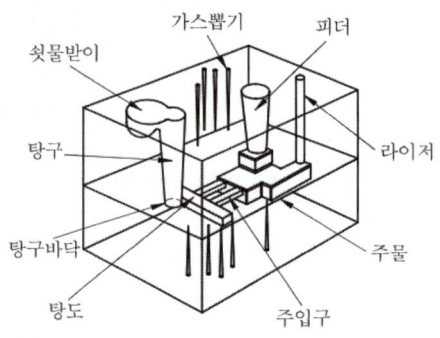

그림 3-16 주조가공 시 탕구계

① 원심 주조법 : 주형을 고속 회전(300~3000[rpm])을 시켜 원심력을 이용 중공 주물을 생산하는 방법이다.
  • 주물파이프, 피스톤 링, 실린더 라이너 등
② 셸(몰드) 주조법 : 주형을 규소(Si)모래, 열 경화성의 합성수지를 배합한 분말을 가열된 금형에 뿌려서 만듦, 특징은 다음과 같다.
  • 주물 표면이 깨끗하다.
  • 정밀도가 높다.
  • 기계가공이 필요치 않음
  • 주형을 신속히 대량 생산 가능
③ 인베스트먼트 주조법(investment casting) : 사용하는 모형재료로는 왁스, 파라핀 등이며 이러한 재료는 가열하여 녹여서 제거한다. 특징은 다음과 같다.
  • 주물 치수가 매우 정확하다.
  • 주물 표면이 깨끗하다.
  • 모형 재료의 특성상 복잡한 형상의 제품도 만들기 쉽다.
  • 정밀 주조법에 해당한다.
④ 이산화탄소법 : 탄산가스를 주형 내에 불어넣어 주형을 경화시키는 방법
⑤ 진공 주조법 : 금속을 진공 중에서 용해하고 주조하는 방법

⑥ 칠드(chilled) 주조법(냉간 주조법) : 사형, 열도전율이 큰 급냉으로 주형을 완성하여 주조한다. 특별한 기계적 성질을 가진 주철 주물을 얻고자 할 때 사용한다. 주물 표면은 경도가 높고 내부는 경도가 낮은 주조법이다

⑦ 다이 캐스팅(die casting) : 용해 금속을 금형에 고압으로 주입시켜 주조하는 방법으로 특징은 다음과 같다.
- 주물 표면이 깨끗하다.
- 정밀도가 높다.
- 기계가공이 필요치 않다.
- 단 시간내 대량 생산 가능
- 아연, 알루미늄, 구리 등의 합금 : 다이 캐스팅이 가능한 금속
- 기화기, 광학기계 등의 주조품 생산

(2) 소성가공

소성이란 소재에 가했던 외력을 제거해도 영구 변형되는 재료의 특성을 의미한다. 이와 같은 성질을 이용해서 가공하는 분야가 소성가공이다.

① 소성가공의 특징
- 주물에 비하여 치수가 정확하다.
- 금속의 조직이 치밀해진다.
- 복잡한 형상 가공은 어렵다.
- 대량생산으로 균일한 제품을 얻는다.
- 경도와 강도는 커진다.

② 소성가공의 종류
- 단조(forging) : 해머로 두들겨 성형시키는 가공법이다.
- 압연(rolling) : 회전하는 롤러 사이에 재료를 통과시켜 두께는 감소시키고 길이와 폭은 증가시키는 가공 방법이다. 압연가공 시 발생하는 내부응력 때문에 열간압연된 H형강이나 I형강에는 잔류응력이 존재한다.
- 압출(extruding) : 실린더 모양의 컨테이너에 빌렛을 넣고 한쪽에서 압력을 가하는 가공법이다.
- 인발(drawing) : 봉, 관을 다이에 넣고 축 방향으로 통과시켜 지름은 감소하고 길이방향을 증가시키는 가공 방법이다.
- 전조가공 : 압연가공과 유사한 방법으로 수나사, 볼, 기어 등을 가공할 수 있다.
- 판금가공 : 판재를 형에 맞추어 해머로 두드려 각종 용기, 장식품 등을 가공하는 방법이다.

③ 단조가공 : 해머 또는 프레스로 앤빌(anvil) 위에 있는 공작물에 충격력 또는 압력을 가하여 원하는 형상으로 가공하는 방법이다.
  • 자유단조(free forging) : 금형이 필요 없고, 단조 후 절삭가공하여 완성품을 얻는다. 자유단조작업의 종류로는 다음과 같은 6가지가 있다.
    − 절단(cutting off) : 작업판재 및 봉재 절단
    − 늘이기(drawing) : 작업재료를 앤빌과 램 사이에 넣고 타격하여 단면을 좁히고 길이를 늘리는 작업
    − 눌러 붙이기(up-setting) : 작업압축하여 길이를 줄이고 단면을 확대하는 작업
    − 굽히기(bending) 작업
    − 단짓기(setting down) : 작업소재의 어느 한 단면을 경계로 하여 늘리기 작업
    − 구멍뚫기(punching) 작업
  • 형 단조 : 금형을 사용하고, 정밀도가 높고, 소형 제품의 대량생산에 적합하며, 가격이 저렴하다.
④ 압연가공 : 두 개의 회전하는 롤러 사이에 소재를 통과시켜 단면적 또는 두께를 감소시켜 각종 판재, 형재, 봉재 등을 성형하는 가공법이다.

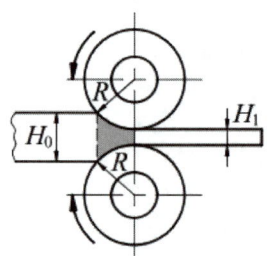

그림 3-17 압연가공

⑤ 압출가공 : 각종 형상의 단면재, 각종 파이프 및 선재 등을 제작할 때 소성이 큰 재료에 강력한 압력으로 다이를 통과시켜 가공하는 방법이다

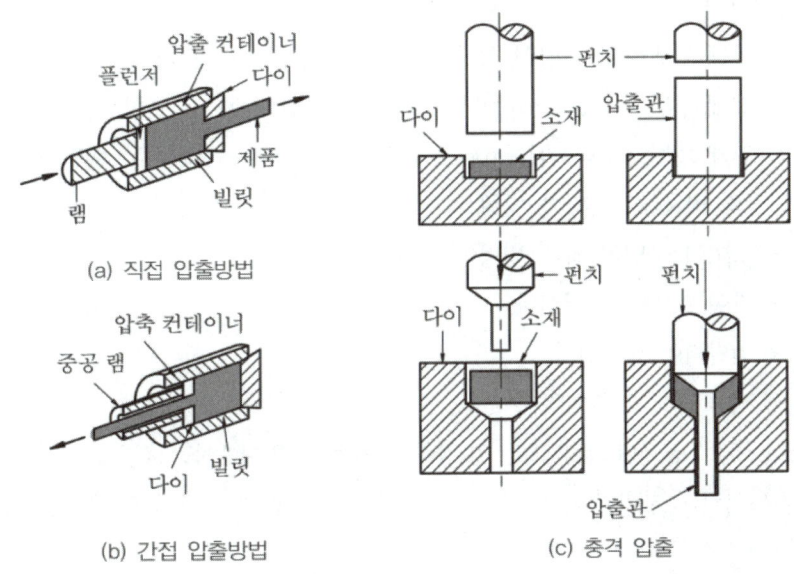

그림 3-18 압출가공

- 압출가공의 종류
  - 직접압출(전방압출) : 램의 진행 방향으로 빌릿이 압출되어 나옴
  - 간접압출(후방압출, 역식압출) : 램의 반대 방향으로 빌릿이 압출되어 나옴
  - 충격압출 : Zn, Pb, Al, Cu 등 순금속 및 일부 합금을 재료로 사용, 치약 튜브, 화장품, 약품 등의 용기, 아연 건전지 케이스 등의 용도로 사용되고 있다.
- 압출가공 종류에 따른 비교
  - 직접압출보다 간접압출에서 마찰력이 적다.
  - 직접압출보다 간접압출에서 소요동력이 작다.
  - 직접압출보다 간접압출에서 압출 종료 시 컨테이너에 남는 소재량이 적다.

⑥ 인발가공 : 테이퍼(taper) 구멍을 가진 다이(die)의 안쪽에 소재를 밀착시키고 다이 바깥에서 소재를 끌어내어 봉이나 선재를 만드는 방법이다.

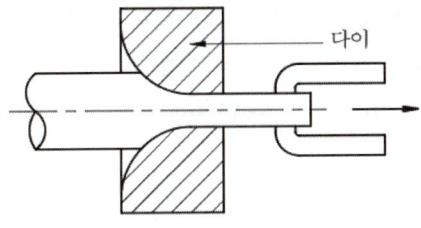

그림 3-19 인발가공

- 인발가공의 종류
  - 봉재 인발다이 구멍의 형상에 따라 원형, 각형, 및 기타 형상의 봉을 가공
  - 선재 인발지름 5[mm] 이하의 선재를 압연 가공 후 인발가공
  - 관재 인발소정의 심봉(mandrel)을 넣어 다이를 통과하는 인발가공
- 역장력 작용 시 나타나는 현상
  - 와이어 구멍의 확대 변형이 적다.
  - 다이 수명이 길어진다.
  - 인발력이 증가한다.
  - 제품 정도가 좋아진다

⑦ **전조가공** : 공구나 소재 또는 이 양쪽을 회전시키거나 왕복시킴으로써 공구의 형상을 소재에 복사시키는 방법이다. 나사, 기어, 볼 그리고 관재 전조 등이 있다.

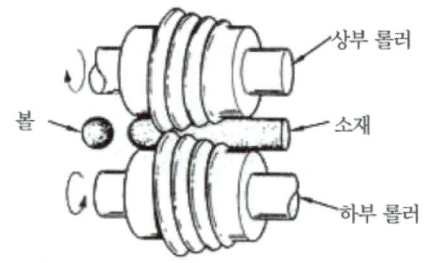

그림 3-20 볼 전조가공

⑧ **프레스가공(판금가공)** : 제품의 형상을 가진 펀치와 다이를 이용하여 소재를 눌러 제품으로 가공하는 방법으로서 주로 판재의 성형, 봉, 각재 등의 성형에 적합하다.
- 전단가공의 분류 : 블랭킹(blanking), 구멍뚫기(punching), 전단(shearing), 트리밍(trimming), 셰이빙(shaving), 브로칭(broaching), 노칭(notching), 분단(parting) 등이 있다.
- 성형가공의 분류 : 굽힘(bending), 비딩(beading), 딥 드로잉(deep drawing), 커링(curing), 시밍(seaming), 벌징(bulging), 스피닝(spinning) 등이 있다.
- 압축가공의 분류 : 압인(coining), 엠보싱(embossing), 스웨이징(swaging), 버니싱(burnishing), 충격압출(impact extrusion) 등이 있다.

CHAPTER 03 실전연습문제

01 선삭(turning)작업에서 일반적으로 하지 않는 것은?

① 기어가공 작업   ② 나사깎기   ③ 테이퍼 작업   ④ 널링

> 선삭(turning) 작업은 선반 작업으로 센터 작업, 널링 작업, 척 작업, 테이퍼 절삭 작업, 나사 절삭 작업 등이 가능하다.

02 대량생산을 목적으로 하는 선반으로 보통선반의 심압대 대신 회전공구대에 필요한 공구를 공정순으로 배치 고정하여 크기가 같은 제품을 효율적으로 가공할 수 있는 선반은?

① 자동선반(automatic lathe)   ② 탁상선반(bench lathe)
③ 모방선반(copying lathe)   ④ 터릿선반(turret lathe)

03 밀링 가공에서 T형 홈(⊏⊐)을 가공하고자 할 때 필요로 하는 커터를 바르게 짝지은 것은?

① 엔드밀과 T홈 커터   ② 정면 커터와 T홈 커터
③ 총형 커터와 T홈 커터   ④ 드릴과 T홈 커터

04 밀링 머신 구성요소 중 밀링 커터를 설치하는 곳은?

① 아버(arbor)   ② 오버암(overarm)
③ 칼럼(column)   ④ 공구대(tool post)

05 보링작업에서 주로 사용하는 절삭공구는?

① 커터   ② 리머   ③ 호브   ④ 바이트

정/답   01 ①   02 ④   03 ①   04 ①   05 ④

06 미리 뚫어진 구멍을 넓히는 작업에 가장 적합한 공작기계는?

① 드릴링 머신　　② 밀링 머신　　③ 슬로팅 머신　　④ 보링 머신

07 급속귀환 운동기구를 사용하지 않는 공작기계는?

① 플레이너　　② 셰이퍼　　③ 슬로터　　④ 드릴링 머신

> 급속귀환 운동기구를 갖고 있는 공작기계 : 셰이퍼, 슬로터, 플레이너 등

08 드릴링할 때 드릴의 절삭저항을 감소시키기 위하여 치즐 에지(chisel edge)를 일부분 연삭하는 것은 다음 중 어느 것인가?

① 시닝(thining)　　② 치핑(chipping)
③ 펀칭(punching)　　④ 샌딩(sanding)

09 다음 중 급속귀환운동이 이루어지는 공작기계끼리 짝지어진 것은?

① 셰이퍼, 브로우칭 머신　　② 플레이너, 밀링머신
③ 드릴링머신, 보오링머신　　④ 플레이너, 셰이퍼

10 다음과 같은 공작기계에서 가공물은 고정 상태이고 공구가 직선 왕복운동을 하면서 비교적 소형의 평면, 측면, 홈 등을 가공하는 것은?

① 드릴링 머신　　② 선반
③ 셰이퍼　　④ 플레이너

11 플레이너(planer)의 급속귀환 운동에 부적당한 기구는?

① 유압기구　　② 크랭크 장치
③ 랙과 피니언　　④ 웜과 웜 기어

> • 셰이퍼의 램 운동기구 : 크랭크와 로커암, 유압식, 랙과 피니언, 스크루와 너트
> • 슬로터의 램 운동기구 : 크랭크식, 위트워스 급속귀환 운동식, 랙과 피니언, 유압식
> • 플레이너 테이블 구동장치
>   : 기어식(스퍼 기어, 헬리컬 기어, 웜 기어, 랙과 피니언), 나사식, 변속전동기식, 유압

정/답　06 ④　07 ④　08 ①　09 ④　10 ③　11 ①

12 셰이퍼의 급속귀환 운동에 부적당한 기구는?

① 랙과 피니언 ② 크랭크 장치
③ 유압기구   ④ 웜과 웜 기어

13 다음 중 유성형 연삭기는?

① 공작물 회전형 ② 공작물 이동형
③ 공작물 고정형 ④ 공작물 왕복형

> 내면 연삭기에는 보통형과 유성형 2가지가 있다.
> - 보통형 : 공작물과 연삭숫돌에 회전을 가하여 연삭하는 방식이다.
> - 유성형(planetary type) : 공작물은 정지상태로 놓고 숫돌을 회전시키면서 공작물 주위를 공전시키며 연삭하는 방식이다

14 나사연삭기에서 나사를 연삭하기 위하여 나사 모양으로 숫돌을 만드는 작업은?

① 글래징 ② 투루잉 ③ 로우딩 ④ 드레싱

15 연삭숫돌의 파손 원인이 아닌 것은?

① 숫돌과 공작물, 숫돌과 지지대간에 불순물이 끼었을 경우
② 숫돌이 과도한 고속으로 회전하는 경우
③ 숫돌의 측면을 공작물로 심하게 삽입됐을 경우
④ 숫돌이 진원이 아닐 경우

> 숫돌의 진원은 기하학적인 측면에서 최초 가공하기 전에도 완전 진원은 아닐 것이다.

16 연삭작업에서 눈메꿈(loading)을 일으킨 칩을 제거하여 깎임새를 회복시키는 작업은?

① 드레싱(dressing) ② 보딩(boarding)
③ 크러싱(crushing) ④ 셰이핑(shaping)

> **연삭숫돌 수정작업**
> - 드레싱(dressing) : 절삭성이 나빠진 숫돌의 마모입자를 탈락시키고 새롭고 날카로운 입자를 발생시켜주는 작업
> - 트루잉(truing) : 숫돌의 연삭면을 축과 평행하게 또는 일정한 형을 갖도록 성형시키는 작업

정/답 12 ④ 13 ③ 14 ② 15 ④ 16 ①

17 장시간 연삭가공 시 면이 변화되어 최초의 숫돌면 모양으로 형상수정을 위하여 다이아몬드 드레서(diamond dresser)로 연삭숫돌을 재가공하는 것은?

① 로딩(loading)
② 글레이징(glazing)
③ 트루잉(truing)
④ 그라인딩 번(grinding burn)

연삭숫돌의 작용과 수정
- 글레이징(무딤; glazing) : 숫돌바퀴의 입자가 탈락이 되지 않고 마멸에 의하여 평평해지는 현상
- 로딩(눈메움; looding) : 숫돌입자의 표면이나 기공에 연삭 칩이 끼여 연삭성이 불량한 현상
- 드레싱(dressing) : 평평해진 숫돌입자가 자생작용으로 떨어져 나가지 않아 공구를 이용해서 숫돌날을 재생시키는 작업
- 트루잉(truing) : 숫돌의 연삭면을 숫돌과 축에 대하여 평행 또는 일정한 형태로 성형시키는 방법

---

18 연삭가공에서 숫돌입자의 연삭깊이는 어떻게 되는가?

① 숫돌의 원주속도에 비례한다.
② 연삭입자의 간격(間隔)에 반비례한다.
③ 숫돌의 원주속도에 반비례한다.
④ 공작물의 원주속도에 반비례한다.

19 연삭숫돌 표시의 보기이다. K는 무엇을 표시한 것인가?

〈보기〉 WA60KmV

① 결합제
② 입도
③ 결합도
④ 조직

20 강판재에 곡선 윤곽의 구멍을 뚫어서 형판(template)을 제작하려 할 때 가장 적합한 가공법은?

① 버니싱 가공
② 와이어 컷 방전 가공
③ 초음파 가공
④ 플라즈마 젯 가공

와이어 컷 방전 가공 : 연속적으로 이송하는 지름 0.05~0.3[mm]의 와이어를 전극으로 하고 이 와이어에 장력을 준 상태에서 와이어를 이송하여 피가공물과 와이어 전극 사이에서 발생되는 방전 현상을 이용하여 가공물을 임의의 윤곽현상으로 가공하는 방법이다.

정/답 17 ③ 18 ③ 19 ③ 20 ②

21 가공물을 양극으로 하고 불용해성인 납, 구리를 음극으로 하여 전해액 속에 넣으면 가공물의 표면이 전기에 의한 화학작용으로, 매끈한 면을 얻을 수 있는 방법은?

① 전기화학가공　　② 전해연마　　③ 방전가공　　④ 화학연마

- 전해연삭(electrolytic grinding) : 전해연마에서 나타난 양극 생성물을 전해작용으로 제거시키는 방법으로 가공속도가 빠르고 숫돌의 소모가 적으며 가공면이 연삭 다듬질보다 우수하다.
- 화학연마 : 적당한 약물 중에 가공물을 담그고 가열하여 화학반응을 촉진시킴으로써 금속표면에 광택을 얻는 작업이다.

22 정밀입자가공에서 호닝(honing)의 결과에 대한 설명으로 틀린 것은?

① 표면 정밀도를 향상시킨다.
② 최소의 발열과 변형으로 신속하고 경제적인 정밀가공을 할 수 있다.
③ 전(前)공정에 나타난 테이퍼, 진원도 또는 직선도를 바로 잡는다.
④ 호닝에 의하여 구멍의 위치를 변경시킬 수 있다.

- 호닝(honing) : 정밀 보링 머신, 연삭기 등으로 가공한 공작물의 내면, 외면 및 평면 등의 가공표면을 혼(hone)이라는 공구로 회전운동과 동시에 왕복운동을 시켜 정밀하게 가공

23 일감의 표면을 완성가공하는 방법으로 가공면은 매끈하고 방향성이 없고 치수변화보다는 고정밀도의 표면을 얻는 것이 주 목적인 것은?

① 래핑(lapping)　　② 액체 호닝(liquid honing)
③ 초음파가공(ultra-sonic machining)　　④ 슈퍼 피니싱(super finishing)

24 공구에 진동을 주고 공작물과 공구 사이에 연삭 입자를 두고 전기적 에너지를 기계적 에너지로 변화함으로써 공작물을 정밀하게 다듬는 방법은?

① 전해 연마　　② 기어 셰이빙　　③ 초음파 가공　　④ 방전 가공

- 초음파 가공 : 혼에 부착된 금속공구를 공작물에 밀착시켜 상하 진폭을 10~30마이크론 정도의 공작물 사이에 있는 연삭입자가 공구의 진동으로 공작물의 표면을 다듬는 가공이다.
- 구멍뚫기, 절단, 평면가공, 표면가공이 가능하다.
- 초경합금, 세라믹, 유리 등의 굳고 취약한 재료를 사용
- 공구의 재료로 황동, 연강, 공구강, 모넬 메탈, 피아노선재 등을 사용
- 연삭입자의 재질은 알루미나, 탄화규소, 탄화붕소 등을 사용

정/답　21 ②　22 ④　23 ④　24 ③

25 전해연마의 장점이 아닌 것은?

① 절삭 또는 연삭된 표면의 조도를 높인다.
② 복잡한 면의 정밀가공이 가능하다.
③ 가공에 의한 표면균열이 생기지 않는다.
④ 전류밀도가 클수록 표면이 깨끗하다.

26 정밀입자가공에 해당하는 것은?

① 방전가공(EDM)　　　　② 브로칭(boraching)
③ 보링(boring)　　　　　④ 액체 호닝(liquid honing)

정밀입자가공 : 호닝 가공, 슈퍼 피니싱 가공, 래핑 가공

27 전해연마의 결점에 해당되지 않는 것은?

① 깊은 홈이 제거되지 않는다.
② 내마멸성, 내부식성이 나쁘다.
③ 모서리가 둥글게 된다.
④ 주물제품은 광택 있는 가공면을 얻을 수 없다.

전해연마 특징
- 가공 변질층이 없어 평활한 면을 제공
- 복잡한 형상의 연마 가능
- 가공면의 방향성이 없다.
- 내마모성, 내부식성의 향상
- 연성 재료도 쉽게 연마 가능

28 건식법과 습식법으로 구분하여 가공하는 것은?

① 브로칭　　② 래핑　　③ 슈퍼 피니싱　　④ 호빙

래핑 정밀 연삭가공 : 공작물과 랩 공구 사이에 랩제와 래핑유를 넣고 상대운동을 시켜 표면을 마모현상으로 매끈하게 가공하는 방법으로 습식 래핑과 건식 래핑이 있다.

정/답　25 ④　26 ④　27 ②　28 ②

29 슈퍼 피니싱의 특징 중 맞는 것은?

① 호닝, 랩핑 등과 같은 면을 10초 이내의 단시간에 얻을 수 있다.
② 연삭립은 연삭 행정이 길어서 구성인선이 발생한다.
③ 가공부에 고온이 발생하고, 변질층이 크게 생긴다.
④ 방향성이 없는 다듬질면과 높은 정밀도를 얻을 수 있다.

30 방전가공(electric discharge machining)에 관한 설명 중 틀린 것은?

① 절삭가공이 어려운 높은 경도의 재료도 비교적 쉽게 가공할 수 있다.
② 열의 영향을 받으므로 가공변질층이 넓은 단점이 있다.
③ 내마모성이 높은 표면을 얻을 수 있다.
④ 내부식성이 높은 표면을 얻을 수 있다.

31 입자를 사용하는 가공법은?

① 방전가공　　② 초음파가공　　③ 전해가공　　④ 전자빔가공

32 방전가공이란 무엇인가?

① 기계적 진동을 하는 공구와 공작물 사이에 연삭입자와 물 또는 기름의 혼합액을 주입하여 급격한 타격작용으로 공작물 표면을 가공하는 방법
② 공작물을 양극으로 하여 전해액 안에서 공작물의 표면을 전기분해하는 가공법
③ 공구와 공작물 사이에서 방전을 시켜 구멍뚫기, 조각, 절단 등의 가공을 하는 방법
④ 전해연삭에서 나타난 양극 생성물을 연삭작업으로 갈아내는 가공법

33 공작기계 중 가공 표면 거칠기를 가장 양호하게 얻을 수 있는 공작기계는?

① 연삭　　② 호닝　　③ 슈퍼 피니싱　　④ 브로칭

정/답　29 ④　30 ②　31 ②　32 ③　33 ③

34 가공하는 전극과 공작물 사이에 지립(砥粒)의 역할을 겸하는 절연체를 개재시켜 전해 작용으로 생긴 양극의 산화피막을 절연체의 기계적 작용으로 제거하는 가공법은?

① 전해연삭　　② 전극연마　　③ 절연가공　　④ 방전가공

35 전해연마에 관한 설명으로 옳지 않은 것은?

① 가공면에는 방향성이 없다.
② 내마멸성이 좋아진다.
③ 내부식성이 좋아진다.
④ 연마량이 많으므로 깊은 홈이 제거된다.

36 다이아몬드, 루비, 사파이어 등 경질(硬質) 비금속재료의 구멍뚫기 가공에 가장 알맞은 방법은?

① 전해연마　　　　　　　　② 방전가공
③ 슈퍼 피니싱(super finishing)　　④ 호닝(honing)

37 칠드 주조(chilled cast iron)란 무엇인가?

① 강철을 담금질하여 경화한 것
② 주철의 조직을 마텐자이트로 한 것
③ 용융주철을 급랭하여 표면을 시멘타이트 조직으로 만든 것
④ 미세한 펄라이트 조직의 주물

> 칠드 주조사형과 금형을 사용하여 주철이 급랭되면 표면은 단단한 백주철이 되고, 내부는 연한 회주철이 되도록 한 주조 방법

38 왁스와 같은 재료로 모형을 만들고, 여기에 주형재를 부착시켜 굳힌 후 가열하여 왁스를 녹여서 제거하고, 여기에 쇳물을 주입하여 주물을 만드는 방법으로, 주물의 치수가 정확하고, 표면이 깨끗하며, 복잡한 형상을 만드는데 사용하는 주조법은?

① 원심 주조법　　　　　② 인베스트먼트 주조법
③ 다이 캐스팅　　　　　④ 셸 주조법

정/답　34 ①　35 ④　36 ②　37 ③　38 ②

39 다이 캐스팅(die casting) 주조법에 관한 설명이다. 옳지 않은 것은?

① 용융금속을 강철로 만든 금속 주형 중에서 대기압 이상의 압력으로 압입하는 방법이다.
② 금속형(die)의 주성분은 Cr-Mo-V 강철이다.
③ 제품의 표면이 매끈하고 두께가 얇아 중량을 가볍게 할 수 있다.
④ 주철관(鑄鐵管), 주강관(鑄鋼管), 실린더 라이너(cylinder liner) 등의 제조에 사용된다.

> 원심 주조법 : 주형을 300~3000[rpm]으로 고속회전시켜 발생하는 원심력을 이용하여 속이 빈 중공제품을 얻는 방법이다. 주철관, 주강관, 실린더 라이너 등의 제조에 사용된다.

40 다이 캐스팅에 일반적으로 많이 사용되는 금속은?

① 아연, 알루미늄의 합금　　② 구리, 코발트의 합금
③ 아연, 텅스텐의 합금　　　④ 스테인리스, 아연의 합금

41 모형을 왁스(wax) 같은 재료로 만들어서 매우 복잡한 주물을 제작할 때 가장 좋은 주조법은?

① 탄산가스 주조법(CO_2-process)　　② 인베스트먼트 주조법(investment process)
③ 다이 캐스팅 주조법(die casting process)　　④ 원심 주조법(centrifugal casting process)

> • 탄산가스 주조법 : 규사에 규산 나트륨을 첨가 배합하여 주형 내에 불어 넣어 주형을 경화시키는 방법
> • 다이 캐스팅 주조법 : 금형에 용융금속을 고압·고속으로 주입시켜 표면이 깨끗한 정밀한 주물을 대량생산할 수 있다.
> • 원심 주조법 : 주형을 고속으로 회전시키며 용융금속을 주입하여 원심력을 이용한 주조법이다.

42 특수 드로잉 가공에서 다이 대신 고무를 사용하는 성형가공법은 어느 것인가?

① 액압성형법(hydroforming)　　② 마폼법(marforming)
③ 벌징법(bulging)　　　　　　　④ 폭발성형법(explosive forming)

> 하이드로폼법 : 고무 대신 고무막으로 격리시킨 내부에 액체를 넣어 다이로 사용하여 용기의 입구보다 중앙부분이 넓은 용기를 만들어 가공하는 방법이다. 다이 대신 고무를 사용한 것을 마폼법이라 한다.

정/답　39 ④　40 ①　41 ②　42 ②

43 인발가공에서 인발 조건의 인자(因子)가 아닌 것은?

① 역장력　　② 마찰력　　③ 다이(die)각　　④ 천공기

> 인발가공에 영향을 미치는 인자 : 인발력, 다이 각도, 단면감소율, 윤활법, 역장력 등

44 압출 가공의 종류에 해당되지 않는 것은?

① 복식 압출　　② 직접 압출　　③ 간접 압출　　④ 충격 압출

> **압출 가공의 종류**
> - 직접 압출(전방 압출) : 램의 진행방향으로 소재가 압출
> - 간접 압출(후방 압출, 역식 압출) : 램의 반대방향으로 소재가 압출
> - 충격 압출 : 치약 튜브, 화장품, 약품의 용기제작 시 사용하는 방법으로 Zn, Pb, Al, Cu 등의 재료를 사용한다.

45 인발작업에서 인발력(引拔力)이 결정되기 위한 인자에 해당되지 않는 것은?

① 다이(die) 마찰　　② 다이(die)각
③ 단면 감소율　　　④ 압력각

46 소성가공에 해당되는 것은?

① 선삭　　② 엠보싱　　③ 드릴링　　④ 브로칭

47 전단가공에 속하지 않는 것은?

① 구멍뚫기(punching)　　② 셰이빙(shaving)
③ 비딩(beading)　　　　④ 트리밍(trimming)

> **프레스 소성가공**
> - 전단가공 : 블랭킹, 펀칭, 전단, 트리밍, 셰이빙, 브로칭, 노칭, 분단
> - 성형가공 : 굽힘, 비딩, 컬링, 시밍, 벌징, 스피닝, 딥드로잉
> - 압축가공 : 압인, 엠보싱, 버니싱, 충격압출

정/답　43 ④　44 ①　45 ④　46 ②　47 ③

48 프레스 가공의 전단 작업에서 얻는 제품 전단면의 단면형상은 다음 중 어느 영향이 가장 큰가?

① 소재의 재질
② 클리어런스(clearance)
③ 프레스의 종류
④ 소재의 전단 저항

- 클리어런스(clearance) : 전단가공 시 펀치와 다이의 간극

49 프레스 가공 방식에서 상하형이 서로 무관계한 요철(凹凸)을 가지고 있으며, 재료를 압축함으로써 상하면상에는 다른 모양의 각인(刻印)이 되는 가공법은?

① 코이닝 가공(coining work)
② 굽힘 가공(bending work)
③ 엠보싱 가공(embossing work)
④ 드로잉 가공(drawing work)

- 굽힘 가공(bending) : 평평한 소재나 판을 그 중립면에 있는 굽힘 축 주위를 움직임으로써 재료에 굽힘 변형을 주는 가공
- 엠보싱 가공(embossing) : 소재에 두께의 변화를 일으키지 않고 상하반대로 여러 가지 모양의 요철을 만드는 가공
- 드로잉 가공(drawing) : 블랭킹한 제품을 이용하여 원통형, 각통형, 반구형, 원뿔형 등의 이음새 없는 중공용기를 성형하는 가공

50 스프링 백(spring back)이란?

① 스프링에서 장력의 세기를 나타내는 척도이다.
② 스프링의 피치를 나타낸다.
③ 판재를 구부릴 때 하중을 제거하면 탄성에 의해 약간 처음 상태로 돌아가는 것이다.
④ 판재를 구부렸을 때 구부린 모양의 활 모양으로 되는 현상이다.

스프링 백이 커지는 경우
- 탄성한계, 경도, 구부림, 반지름이 클수록 스프링 백이 크다.
- 두께가 얇을수록 크다.
- 구부림 각도가 작을수록 크다.

51 단조작업에서 소재를 축방향으로 압축하여 길이를 짧게 하는 작업의 명칭은?

① 늘이기(drawing)
② 업세팅(up setting)
③ 넓히기(spreading)
④ 단짓기(setting down)

- 늘이기(drawing) : 재료를 앤빌과 램 사이에 넣고 타격하여 단면을 좁히고 길이를 늘리는 작업
- 넓히기(spreading) : 재료를 얇고 넓게 펴는 작업
- 단짓기(setting down) : 소재의 어느 단면을 경계로 하여 한쪽만 압력을 가하여 가늘게 하는 작업

정/답   48 ②   49 ①   50 ③   51 ②

52 압출가공의 종류에 해당되지 않는 것은?

① 단식 압출　② 전방 압출　③ 후방 압출　④ 충격 압출

53 재료를 열간 또는 냉간가공하기 위하여 회전하는 롤러 사이를 통과시켜 예정된 두께, 폭 또는 지름으로 가공하는 소성가공법은?

① 주조가공　② 압연가공　③ 판금가공　④ 단조가공

- 주조가공 : 용해금속을 얻고자 하는 제품형상의 주형에 부어 응고시켜 소정의 제품을 얻는 가공
- 판금가공 : 펀치와 다이를 이용한 판재 가공법으로 프레스 가공(press work) 분야이다.
- 단조가공 : 해머나 프레스 등을 이용하여 소재에 외력을 가해 목적하는 형상을 가공하는 방법으로 자유단조와 형단조가 있다.

54 상하형이 서로 관계없는 요철을 가지고 있으며, 재료를 압축함으로써 상하면 위에는 다른 모양의 각인이 되는 가공법은?

① 코이닝(coining)　② 엠보싱(embossing)
③ 벤딩(bending)　④ 드로잉(drawing)

- 엠보싱(embossing) : 소재에 두께의 변화가 없는 상하 반대 모양의 요철가공
- 드로잉(drawing) : 재료를 앤빌과 램 사이에 넣고 타격하여 단면을 좁히고 길이를 늘리는 작업

55 스패너(spanner)를 단조하는데 보통 많이 사용되는 단조방식은 다음 중 어느 것인가?

① 형(型) 단조　② 자유(自由) 단조
③ 업셋(upset) 단조　④ 회전 스웨이징(回轉 swaging)

- 업셋 단조(upset forging) : 소재를 축방향으로 압축하여 일부 또는 전체를 굵고 짧게 하는 작업
- 스웨이징(swaging) : 봉 등의 바깥지름을 축소하거나 테이퍼로 가공하는 작업

56 외력을 제거하면 시간과 더불어 잔류응력이 감소되는 현상을 무엇이라고 하는가?

① 시효경화　② 가공경화　③ 탄성여효　④ 결정성장

- 시효경화 : 저절로 시간과 더불어 가공경화되는 현상
- 가공경화 : 외력으로 인하여 재료의 경도와 강도가 증가하고 연신율 및 단면수축률이 감소하는 현상

정/답　52 ①　53 ②　54 ①　55 ①　56 ③

57 소성가공이 아닌 것은?

① 인발(drawing)　　　　　　② 단조(forging)
③ 나사전조(thread rolling)　　④ 브로칭(broaching)

58 인발 작업에서 역장력을 작용시켰을 때 나타나는 현상으로 틀린 것은?

① 다이 구멍의 확대변형이 적다.
② 다이 수명이 길어진다.
③ 인발력이 감소한다.
④ 제품 정도가 좋아진다.

59 소성가공의 특징과 관계가 먼 것은?

① 주물에 비하여 치수가 정확하다.
② 복잡한 형상을 만들기 쉽다.
③ 금속의 조직이 치밀해진다.
④ 대량생산으로 균일한 제품을 얻는다.

60 치약, 화장품 용기 등 연한 금속의 짧고 얇은 관을 제작하는데 많이 이용되는 소성가공 방법은 무엇인가?

① 빌렛 압출법　② 충격 압출법　③ 관재 인발　④ 디프 드로잉

정/답　57 ④　58 ③　59 ②　60 ②

기계재료

PLANT MAINTENANCE ENGINEER

1 기계재료의 개요

(1) 기계재료의 재질적 분류

① 금속재료
- 철강재료 : 탄소 함유량에 따라 분류
  - 순철(C 0.03% 이하) : 전해철 – 전기가 잘 통하는 금속
  - 강 : 탄소강(C 0.03~2.0%), 합금강(탄소강+W, Cr, Mo, V,…), 주강
  - 주철(C 2.0~6.68%) : 보통 주철, 특수주철 등
- 비철금속재료
  - 알루미늄과 그 합금
  - 구리와 그 합금
  - 마그네슘과 그 합금
  - 티탄과 그 합금
  - 니켈과 그 합금
  - 아연, 납, 주석과 그 합금
  - 귀금속

② 비금속재료
- 무기질 재료 : 유리, 시멘트, 석재 등
- 유기질 재료 : 플라스틱, 목재, 고무, 피혁, 직물 등 이와 같은 기계재료 중 가장 널리 사용되고 있는 것은 금속이다. 왜냐하면 금속은 다른 재료에 비하여 강도와 경도가 크고 가공 및 취급이 쉽기 때문이다

(2) 금속 특징

① 실온에서 수은(Hg) 외에 고체(결정체)이다.
② 전성과 연성이 풍부하다.

③ 전기와 열의 전달이 우수한 양도체이다.
④ 특유의 광채를 갖고 있으며 빛을 반사한다.
⑤ 비중이 비교적 크다.
- 경금속의 종류 : 비중 4.5 이하인 금속이 경금속이다. 알루미늄(Al 2.7), 마그네슘(Mg 1.74), 나트륨(Na 0.91), 리튬(Li 0.53)
- 중금속의 종류 : 비중 4.5 이상인 금속이 중금속이다. 철(Fe 7.87), 구리(Cu 8.96), 니켈(Ni 8.85), 금(Au 19.32), 은(Ag 10.5), 주석(Sn 7.3), 납(Pb 11.34), 이리듐(Ir 22.5)

⑥ 가공 및 소성 변형이 가능하다.
⑦ 경도 및 용융점이 높다.

(3) 준금속과 비금속

① 준금속(아금속) : 완전한 금속의 특징을 갖고 있지 못한 금속이다., 규소(Si), 붕소(B), 게르마늄(Ge), 비소(As), 안티모니(Sb), 텔루륨(Te), 폴로늄(Po) 등 7종이 있다.
② 비금속 : 산소(O_2), 수소(H_2), 탄소(C) 등이 있다.

(4) 합금(alloy)의 특징

합금은 어떤 하나의 순금속에 다른 금속 또는 비금속을 혼합시켜 만든 물질이다.
① 경도 및 강도는 일반적으로 증가한다.
② 주조성은 양호하며, 내식성, 내열성(내화성)은 증가한다.
③ 가단성, 전·연성은 낮아진다.
④ 열 및 전기 전도도는 낮아진다.
⑤ 용융점 온도는 낮아진다.
⑥ 광택은 첨가되는 성분 금속의 비율에 따라 변화한다.

2 기계재료의 물성 및 재료시험

금속재료의 성질은 물리적, 화학적, 기계적 성질 등으로 분류되며 재료시험은 파괴시험법과 비파괴시험법으로 분류된다.

(1) 금속재료의 물리적 성질

① 비중(specific gravity)
- 단조, 압연, 인발 등의 소성 가공된 금속이 주조한 것보다 조직의 친밀도가 크다.
- 최소 비중의 금속 : Li 0.53
- 최대 비중의 금속 : Ir 22.5

② 용융점(melting point) : 고체가 녹아 액체로 되는 온도점이다.
- 철(Fe)-1538[℃], 구리(Cu)-1083[℃], 알루미늄(Al)-660[℃], 마그네슘(Mg)-650[℃], 니켈(Ni)-1455[℃]
- 최소 용융점의 금속 : 수은(Hg) → -38.89[℃]
- 최대 용융점의 금속 : 텅스텐(W) → 3400[℃]

③ 비열(specific heat) : 어떤 물질 1[kg]을 1[℃] 높이는데 필요한 열량이다.

④ 열팽창계수 : 선팽창 계수-온도가 1[℃] 올라감에 따라 길이가 늘어나는 비율
 : 아연(Zn) > 납(Pb) > 마그네슘(Mg) > 몰리브덴(Mo)

⑤ 열 및 전기 전도율 : Ag-Cu-Au(Pt)-Al-Mg-Zn-Ni-Fe-Pb-Sb

⑥ 융해 잠열(melting latent heat) : 고상이 액상으로 변화시 온도 변화없이 또는 액상이 고상으로 변화시 온도 변화없이 출입하는 열이다.

⑦ 자성(磁性) : 자기를 띠어 자석으로 되는 성질
- 상자성체자기장과 같은 방향으로 자성을 띠는 물질(Cr, Pt, Mn, Al)
- 반자성체자기장과 반대 방향으로 자화되는 물질(Bi, Sb, Au, Hg, Cu)
- 강자성체자기장에 의하여 강하게 자화되어 자기장을 없애도 자화가 남아 있는 성질(Fe, Ni, Co)

(2) 금속재료의 화학적 성질

① 부식금속이 물 또는 공기 중에서 화학적 작용에 의하여 금속 표면이 변화하는 현상이다.
② 침식화학적인 작용뿐만 아니라 기계적 작용도 수반되어 일어나는 부식 현상이다.
③ 이온화 경향금속 원자가 전자를 잃고 양이온으로 되는 현상으로 이온화 경향이 큰 금속은 산화되기 쉽다.
④ 내식성금속의 부식에 대한 저항력, 부식이 되기 쉬운 금속은 이온화 경향이 큰 금속이다.
 - 구리와 니켈 및 크롬을 함유(스테인리스강)한 금속은 내식성이 우수하다.

(3) 금속재료의 기계적 성질

강도(strength), 경도(hardness), 인성(toughness), 메짐성(취성; shortness), 피로(fatigue), 연성, 전성, 크리프, 가단성, 주조성, 연신율, 항복점 등의 기계적 성질이다.

① 연성
  - 가느다랗게 늘릴 수 있는 성질
  - Au-Ag-Al-Cu-Pt-Pb-Zn-Fe-Ni
② 전성
  - 얇은 판으로 넓게 펼 수 있는 성질
  - Au-Ag-Pt-Al-Fe-Ni-Cu-Zn
③ 피로 : 반복적으로 하중을 재료에 가하면 파괴되는데 이러한 현상을 피로라 한다.
  - S-N 곡선 : 응력과 반복횟수를 나타내어 피로한도를 구할 수 있는 곡선이다.
④ 크리프 : 고온 상태에서 일정 하중을 계속해서 가하면 재료는 시간의 경과에 따라 변형이 증가하게 되는 현상이다.
⑤ 마멸 : 마찰에 의하여 마찰 표면이 조금씩 부서져 떨어져 나가게 되는 현상이다.
⑥ 연신율
⑦ 취성(메짐성)
  - 청열취성(blue shortness) : 200~300[℃]에서 연강은 상온에서보다 연신율은 낮아지고 강도와 경도가 높아진다. 그러나 부서지기 쉬운 성질을 갖는다.
  - 저온취성(low tempering shortness) : 재료의 온도가 상온보다 낮아지면 경도나 인장강도는 증가하지만 연신율이나 충격값 등은 감소하여 부서지기 쉽다.
  - 상온취성(cold shortness) : 인(P)이 원인이 되어 충격값 및 인성이 저하하는 현상이다.
  - 적열취성(red shortness) : 황(S)이 원인이 되어 950[℃]에서 인성이 저하하는 현상으로 Mn을 첨가하여 방지할 수 있다.

(4) 기계재료에 필요한 성질

① 주조성, 소성, 절삭성, 연삭성 등이 좋아야 한다.
② 열처리성과 표면 처리성이 양호해야 한다.
③ 기계적 성질, 화학적 성질 등이 우수해야 한다.
④ 경량화가 가능해야 한다.
⑤ 재료의 공급과 대량생산이 가능해야 하고 경제성이 있어야 한다.
⑥ 안전성, 내식성, 내열성 등이 좋아야 한다.

(5) 재료시험

① 파괴시험
- 정적시험 : 인장, 압축, 굽힘, 비틀림, 전단 강도, 경도, 크리프 시험 등
- 동적시험 : 충격시험, 피로시험

② 비파괴시험 : 자기탐상법(자분탐상법), 형광시험법(침투탐상법), 초음파시험법, X선시험법, 선시험법(방사선탐상법), 외관시험법, 타진법 등

③ 인장시험 : 암슬러형 만능 재료시험기를 사용
- 항복점, 탄성한도, 인장강도, 연신율 등을 측정할 수 있다.

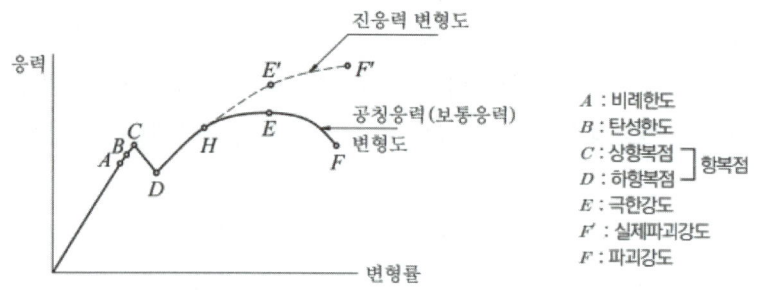

그림 4-1 응력과 변형률선도

④ 경도 : 시험마모 및 절삭성 등에 대한 저항으로 측정한다.
- 브리넬 경도 : 가공하기 전 재료의 경도를 시험하는데 적당하다.
- 비커즈 경도 : 경화된 강이나 정밀 가공 부품, 박판 등의 경도 시험에 꼭지각이 136°되는 사각뿔형(피라미드형)인 다이아몬드 압입자를 사용한다. 침탄층, 질화층, 탈탄층 경도 측정에 사용한다.
- 로크웰 경도
  - B스케일 : 100[kg]의 하중에서 1/16in 강구를 사용한다.
  - C스케일 : 150[kg]의 하중에서 다이아몬드 원뿔을 사용한다.
- 쇼오 경도 : 시험한 재료에 아무런 흔적도 남기지 않고 일정한 높이에서 시험편 위에 낙하시켰을 때 반발하여 올라간 높이로 경도를 측정한다.

⑤ 충격 시험 : 인성과 메짐성을 위한 시험이다.

⑥ 피로 : 시험크랭크축, 차축, 스프링 등과 같이 인장과 압축을 되풀이해 작용시켰을 때 재료가 파괴되는 현상의 시험이다.(S-N 곡선으로 표시)

⑦ 크리프 시험 : 고온하에서 재료에 일정한 응력을 가할 때 생기는 변형량의 시간적 변화 시험이다.

⑧ 커핑 시험 : 구리판, 알루미늄판, 기타 여러 금속의 재료를 가압 형성하여 변형된 능력, 즉 연성을 평가하거나 비교하기 위한 시험이다. 에릭슨 시험이라고도 한다

3 열처리

금속의 성질을 변화시킬 목적에서 금속을 가열·냉각시키는 것

(1) 일반 열처리(계단 열처리)

① 담금질(quenching : 소입) : 재료를 고온으로 가열했다가 급랭시키면 재질이 경화되어 강도 및 경도가 증가하며, 두께가 얇고 철판 모양의 물체일수록 담금질 효과가 크다.
- 냉각방법에 따른 강의 조직

냉각 방법	강의 조직
노냉(노중 냉각)	펄라이트
공냉(공기중 냉각)	소르바이트
유냉(유중 냉각)	트루스타이트
수냉(수중 냉각)	마텐자이트

- 경한 순서

    오스테나이트(A) < 마텐자이트(M) > 트르스타이트(T) > 소르바이트(S) > 펄라이트(P)
- 심냉처리(sub zero treatment) : 담금질을 한 직후 잔류 오스테나이트를 마텐자이트화하기 위하여 0[℃] 이하로 냉각 처리(드라이 아이스를 사용)하는 방법이다.

② 뜨임(tempering : 소려) : 담금질 후 인성을 개선시키고 내부응력 제거를 위해 723℃ 변태점(A_1) 이하로 재가열 후 냉각하면 취성이 줄고 강인성이 커지는 열처리이다. 기타 단면수축률, 연신율 및 충격치를 개선시킨다.

③ 풀림(annealing : 소둔) : 내부응력 제거와 경화된 재료의 연화(가공경화 제거)를 위해 723℃ 변태점(A_1) 이상에서 가열 후 서냉한 열처리이다.

④ 불림(normalizing : 소준) : 주조나 소성가공에 의해 거칠고 불균일한 조직을 제거하기 위해 910℃ 변태점(A_3)보다 40~60[℃] 높게 가열 후 공기 중 냉각 처리한 열처리이다.
- 거칠어진 조직 미세화, 편석이나 잔류 응력 제거, 재질의 표준화를 위한 열처리
- 결정입자는 조직이 미세하게 되고, 강도 및 경도 크게 증가, 연신율과 인성도 조금 증가

(2) 항온 열처리(恒溫 熱處理 : isothermal heat treatment)

변태점 이상으로 가열한 재료를 연속적으로 냉각하지 않고 어느 일정한 온도의 염욕 중에 냉각하여 그 온도에서 일정한 시간 동안 유지시킨 뒤 냉각시켜 담금질과 뜨임을 동시에 할 수 있는

방법이다. 이 방법은 온도, 시간, 변태의 3가지 변화를 도표로 표시하여 목적한 조직 및 경도를 얻을 수 있다.

① 항온 변태(isothermal treatment) : 오스테나이트 상태에서 A_1 이하의 항온까지 급냉하고 그대로 항온 유지했을 때 일어나는 변태

② 항온 변태곡선(time-temperature transformation curve : TTT곡선) : 항온 변태에 따른 조직의 변화를 나타낸 것으로 S곡선 또는 C곡선이라고도 한다.

- 항온 열처리 3요소 : 온도, 시간, 변태

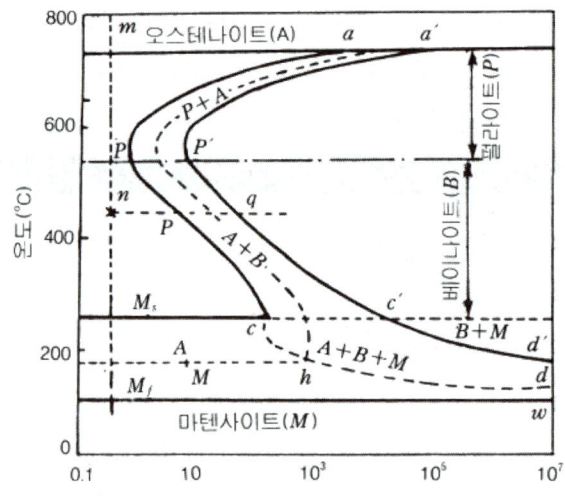

그림 4-2 항온변태곡선(TTT 곡선)

- 베이나이트 조직은 마텐자이트와 트루스타이트의 중간 조직이다. 오스테나이트가 변태하여 생성된 조직으로 현미경으로 보면 깃털 모양의 침상이고 부식되기 쉽다.

(3) 표면 경화법(表面 硬化法)

강 표면에만 경도를 부여하고 내부에는 연성과 인성을 지니게 하는 방법의 열처리이다. 표면의 경도를 크게 해줄 필요가 있는 부분, 예를 들면 축 및 기어 등과 같은 내마멸성이 요구되는 기계의 접촉부에 적합한 열처리를 표면 경화 처리(surface hardening)라 한다.

① 화학적인 표면 경화법
- 침탄법 : 0.2[%] 이하의 저탄소강을 침탄제와 함께 침탄상자에 넣어 탄소를 침투시켜 노에서 가열하여 0.5~2[mm]의 침탄층을 생성시킨 후 담금질 처리한 표면 경화법이다. 기어, 피스톤, 축 등의 표면 경화에 가장 적당한 방법이며 경화층의 두께는 침탄법이 가장 깊다.
- 질화법 : 고온(520~550[℃])의 암모니아 가스(NH_3)에서 분해된 질소를 철 또는 강에 침투시켜 질화철을 형성한 열처리이다.

- 마모저항 및 경도가 크나 취성이 있다.
- 600[℃] 이하에서는 경도가 감소되지 않고 산화도 일어나지 않는다.
- 크랭크축, 캠축 등에 사용한다.
- 질화강은 담금질할 필요가 없다.
• 청화법(cyaniding : 시안화법, 액체침탄법, 침탄질화법) : 액체침탄법으로 C와 N를 동시에 침투시키는 방법으로 매우 짧은 시간에 표면경화가 가능하며 KCN(청산칼리 또는 시안화 칼륨)과 NaCN(청산소다 또는 시안화 나트륨) 등의 청화제를 액중에 침지시켜 표면을 경화시키는 방법이다. 탄소와 질소를 동시에 침투시켜 침탄질화법이라고도 한다. 침탄 깊이는 온도가 높을수록, 시간이 길수록 깊어진다.

② 물리적인 표면 경화법
• 화염 경화법(flame hardening) : 경화시키고자 하는 재료를 산소-아세틸렌 가스를 열원으로 하여 가열하고 담금질을 하여 경화시키는 방법이다.
  - 기어의 잇면, 캠, 나사, 크랭크축, 선반 베드의 안내면, 선반 주축 등의 표면 경화에 주로 사용하는 방법
  - 제품이 과열되기 쉽다.
  - 경화층의 깊이를 조정하기 어렵다.
  - 작업이 간단하다.
• 고주파 경화법(induction hardening) : 고주파 전류를 이용하여 담금질 시간이 짧고 복잡한 형상에 이용하는 표면 경화법이다.
  - 국부적으로 담금질이 가능
  - 직접 가열로 열효율이 높다.
  - 담금질 재료의 피로강도가 우수하다.
  - 기어, 핀, 축 등의 표면층에 경도 및 피로한도를 요구하는 열처리에 이용

③ 금속침투법 : 강철 표면에 타금속을 침투시켜 표면에 합금층이나 금속피복을 만들어 경화시키는 방법
• 세라다이징(sheradizing : Zn 침투법)
• 크로마이징(chromozing : Cr 침투법) : 내열성, 내식성, 내마모성 향상, 줄의 표면 경화
• 칼로라이징(calorizing : Al 침투법) : 고온산화성이 크다.
• 실리콘나이징(siliconizing : Si 침투법) : 내산성 증가
• 브론나이징(boronizing : B 침투법) : 경도 증가, 내마모성 증가

CHAPTER 04 실전연습문제

01 금속의 결정입자를 X선으로 관찰하면 금속 특유의 결정형을 가지고 있는데, 그림과 같은 결정격자의 모양은 무엇인가?

① 면심입방격자
② 체심입방격자
③ 조밀육방격자
④ 단순입방격자

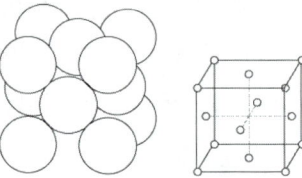

면심입방격자
모서리와 면 중심에 원자가 있는 격자 구조

02 반복하중을 가하여 재료의 강도를 평가하는 시험 방법은 다음 중 어느 것인가?

① 충격시험　　② 인장시험　　③ 굽힘시험　　④ 피로시험

- 충격시험 : 재료에 충격하중을 가하여 인성과 메짐성을 시험
- 인장시험 : 재료에 인장하중을 가하여 재료의 항복점, 탄성한도, 인장강도, 연신율 등을 측정
- 굽힘시험 : 굽힘에 대한 재료의 저항력, 재료의 탄성계수, 탄성 에너지를 결정하기 위한 시험

03 연성(延性) 재료가 고온에서 정하중을 받을 때 기준강도로서 어떤 것을 취하는가?

① 항복점　　② 피로한도　　③ 크리프 한도　　④ 극한강도

크리프 시험 : 고온에서 시험편에 정하중을 가했을 때, 시간과 변형률의 관계로부터 고온에서 재료의 특성을 결정하는 시험이다.

정/답　01 ①　02 ④　03 ③

04 지름 15[mm]의 연강봉에 4,900[N]의 인장하중이 작용할 때 여기에 생기는 응력은 약 얼마인가?

① 12.74[N/cm²] ② 1,254.4[N/cm²]
③ 27.44[N/cm²] ④ 2,772.83[N/cm²]

$$\sigma = \frac{P}{A} = \frac{4 \times 500}{\pi \times 1.5^2} = 2,772.83 [N/cm^2]$$

05 인장시험편을 만들 때 고려하지 않아도 되는 사항은?

① 시험편의 무게
② 표점거리
③ 평행부의 길이
④ 평행부의 단면적

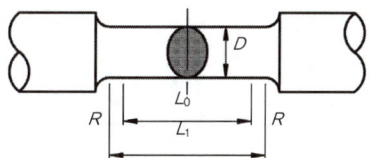

시험편의 모양
- L_0 : 표점거리
- D : 지름
- L_1 : 평행부 거리
- R : 모서리 반지름

06 기계재료의 조직 검사법 중 결함 검사법에 해당되지 않는 것은?

① 자력결함 검사법 ② 형광 검사법
③ X-선 검사법 ④ 인장시험 검사법

기계적 시험 : 기계재료의 기계적 성질을 파악하기 위한 시험
: 인장시험, 경도시험, 충격시험, 피로 및 크리프 시험, 마멸시험 등

07 다음 중 비금속재료는?

① Al_2O_3 ② Au ③ Ni ④ Co

정/답 04 ④ 05 ① 06 ④ 07 ①

08 재료에 일정한 응력을 가할 때 생기는 변형량의 시간적 변화를 무엇이라 하는가?

① 피로   ② 인장   ③ 크리프   ④ 압축

- 피로(fatique) : 작은 응력이라도 장시간 연속적으로 되풀이하여 작용시켰을 때 재료에 나타나는 현상
- 크리프(creep) : 재료를 고온에서 장시간 외력을 걸어 놓으면 시간의 경과에 따라 천천히 변형이 증가하는 현상

09 브리넬 경도 시험기에서 강철볼(steel ball)의 지름이 2[mm], 하중이 4,615.8[N]이고 시편에 압입한 강철 볼의 깊이가 0.5[mm]일 때 브리넬 경도는?

① 735[N/mm²]   ② 1,470[N/mm²]
③ 367.5[N/mm²]   ④ 2,940[N/mm²]

브리넬 경도
$$H_B = \frac{W}{A} = \frac{W}{\pi D t} = \frac{4,615.8}{\pi \times 2 \times 0.5} = 1,470[N/mm^2]$$

10 샤르피 충격시험에 대한 설명이다. 틀린 것은?

① 충격력에 대한 재료의 충격저항, 즉 점성강도를 측정하는데 그 목적이 있다.
② 재료를 파괴할 때 재료의 인성(toughness) 또는 취성(brittleness)을 시험한다.
③ Ni-Cr강의 뜨임취성, 강의 청열취성과 저온취성 등의 기계적 성질을 파악할 수 있다.
④ 충격흡수 에너지 단위면적당 충격값은 [cm²/N · m]로 표시한다.

단위면적당 충격값이면 [N · m/cm²]으로 표시할 수 있다.

11 충격시험은 무엇을 측정하기 위한 시험인가?

① 인장강도   ② 연신율   ③ 경도   ④ 인성

- 인장강도 : 인장시험
- 연신율 : 인장시험
- 경도 : 경도시험

12 금속 원소 중 경금속 원소는?

① Fe   ② Cu   ③ Pb   ④ Al

정/답   08 ③   09 ②   10 ④   11 ④   12 ④

13 다음 중 기계재료로 가장 많이 사용되는 2원합금 재료는 무엇인가?

① 알루미늄 합금　　　　　② 청동
③ 스테인리스강　　　　　④ 탄소강

14 다음 중 기계적 성질과 가장 먼 항목은?

① 용융점　　② 경도　　③ 충격값　　④ 신연율

15 다음 중 파괴 시험법은?

① X-선 시험법　　　　　② 초음파 탐상법
③ 피로 시험법　　　　　④ 형광 탐상법

16 정지 상태에서 압입자를 눌러서 경도를 측정하는 경도계가 아닌 것은?

① 브리넬 경도계　　　　② 쇼어 경도계
③ 로크웰 경도계　　　　④ 비커스 경도계

17 다음 중 반발경도 시험법에 속하는 것은?

① 브리넬 경도　　　　　② 로크웰 경도
③ 비커스 경도　　　　　④ 쇼어 경도

18 강과 주철은 어느 것을 기준으로 하여 구분하는가?

① 첨가 금속함유량　　　② 탄소함유량
③ 금속조직 상태　　　　④ 열처리 상태

19 다음 중 탄소강의 용도로 적합한 것은?

① 항공기 구조용　　　　② 전기통신선로용
③ 화학약품용　　　　　④ 기계구조용

정/답　13 ④　14 ①　15 ③　16 ②　17 ④　18 ②　19 ④

20 순철의 물리적 성질 중 비중은 얼마 정도인가?

① 7.87 ② 6.65 ③ 5.58 ④ 4.78

21 표면경화의 효과를 얻기 위한 방법들 중 잘못된 것은?

① 화염경화법 ② 탈탄법 ③ 질화법 ④ 청화법(시안화법)

22 강의 특수 열처리법에서, 오스테나이트를 경(硬)한 조직인 베이나이트로 변환시키는 항온 열처리법은?

① 오스포밍(ausforming)
② 노멀라이징(normalizing)
③ 오스템퍼링(austempering)
④ 마템퍼링(martempering)

> 항온열처리 : 강을 가열하여 염욕 중에서 냉각 도중 특정 온도에서 정지 후 변태시켜 담금질 변형 및 균열을 방지할 수 있는 열처리
> - 오스템퍼 : Ar', Ar'' 중간 염욕 중 항온 변태시켜 베이나이트 조직을 얻기 위한 열처리
> - 마템퍼 : M_s와 M_f간의 염욕 중에서 항온 변태시켜 마텐자이트와 베이나이트 조직을 얻기 위한 열처리
> - 마퀜칭: M_s점보다 약간 높은 온도에서 염욕 중 항온변태시켜 마텐자이트를 얻기 위한 열처리

23 강의 담금질 조직 중에서 경도가 제일 큰 것은?

① Troostite ② Austenite ③ Martensite ④ Sorbite

> 강의 담금질 열처리시 조직의 경도 순서
> A < M > T > S > P > F
> - A : 오스테나이트
> - M : 마텐자이트
> - T : 트루스타이트
> - S : 소르바이트
> - P : 펄라이트
> - F : 페라이트

24 고체 침탄법에서 침탄제와 촉진제로 많이 사용하는 것은?

① 목탄 60[%]와 $BaCO_3$ 40[%]의 혼합물
② NaCN와 KCN의 혼합물
③ 목탄 또는 골탄
④ $BaCl_2$ 및 $CaCO_3$의 혼합물

정/답 20 ① 21 ② 22 ③ 23 ③ 24 ①

침탄법
0.2[%] 이하의 탄소를 함유한 저탄소강 또는 저탄소 합금강의 재료를 침탄제 속에 넣고 담금질하여 표면을 경하게 만드는 방법
- 고체 침탄
  - 침탄제 : 목탄, 코크스, 골탄($BaCO_3$) 40[%]+목탄 60[%]
  - 촉진제 : 탄산 바륨, 탄산 나트륨
- 액체 침탄
  - 침탄제 : NaCN, B_2Cl_2, KCN, $NaCO_3$
- 가스 침탄
  - 침탄제 : CO, CO_2, CH_4, C_2H_6, C_3H_8, C_4H_{10}

25 강을 풀림(annealing) 열처리하는 목적은?

① 오스테나이트 조직까지 가열시키고 공기 중에서 냉각하여 경화된 조직을 갖게 하기 위하여
② 재료 표면을 굳게 하며, 담금질한 강철에 인성을 증가시키기 위하여
③ 가공경화된 재료를 연하게 하고, 내부 응력을 제거하기 위하여
④ A_3 변태점 이상으로 가열하고 공기 중에서 방냉하여 강의 재질을 개선하기 위하여

강의 표준 열처리
- 담금질(소입 ; quenching) : 고온으로 가열 후 급랭시켜 재질을 경화
- 뜨임(소려 ; tempering) : 담금질 후 재료에 인성 증가
- 풀림(소둔 ; annealing) : 재료를 가열 후 천천히 냉각시켜 연화시키고 가공경화 제거
- 불림(소준 ; normalizing) : 내부응력 제거, 재질의 조직을 균일화, 표준화

26 강재의 표면경화방법 중에서 암모니아 가스를 이용하는 것은?

① 화염 열처리　　　　　　　　② 고주파 열처리
③ 염욕로 침탄법　　　　　　　④ 질화법

27 KCN 또는 NaCN와 관련이 있는 표면처리법인 것은?

① 침탄법　　② 질화법　　③ 화염경화법　　④ 청화법

청화법(침탄질화법, 시안화법) : 탄소 질소가 철과 작용하여 침탄과 질화가 동시에 일어나게 하는 방법으로 NaCH, KCN 등의 청화제 사용

정/답　25 ③　26 ④　27 ④

28 풀림(annealing) 열처리에 관한 설명으로 적합하지 않은 것은?

① 단조, 주조, 기계 가공에서 생긴 내부응력 제거
② 열처리로 인하여 경화(硬化)된 재료의 연화(軟化)
③ 가공 또는 공작에서 연화된 재료의 경화
④ 일정 온도에서 일정 시간 가열 후 비교적 느린 속도로 냉각시키는 조작

> **풀림의 목적**
> • 기계적 성질개선 ; 담금질 효과를 향상, 내부응력 제거, 인성의 향상·피절삭성 개선
> • 경화된 재료의 연화(가공경화 제거)를 위해 가열 후 서냉한다.

29 항온 열처리의 요소 중 틀린 것은?

① 온도   ② 시간   ③ 결정   ④ 변태

30 강의 표면 경화법에서 시안화법(cyaniding)은?

① 화염경화법(火炎硬化法)   ② 고주파 경화법(高周波硬化法)
③ 질화법(窒化法)   ④ 청화법(靑化法)

> 시안화법(청화법) : 액체 침탄법으로 C와 N를 동시에 침투시키는 방법으로 사용하는 청화제에는 KCN과 NaCN를 사용한다.

31 강철의 표면경화법으로 가장 관계가 먼 것은?

① 청화법(cyaniding)   ② 침탄법(carburizing)
③ 질화법(nitriding)   ④ 파텐팅(patenting)

> 파텐팅(partenting, 담금질 소르바이트) : 피아노선, 경강선을 인발하기에 앞서 급속 가열 후 A_1 변태점 이하에서 일정한 온도를 유지 후 염욕 노(爐)에서 소르바이트 조직을 얻는 방법이다

정/답 28 ③   29 ③   30 ④   31 ④

32 금속표면처리에서 강철을 암모니아(ammonia) 분위기 중에서 가열하고 질소를 침투시켜서 표면경화 하는 방법은?

① 질화법
② 점화법
③ 실리코나이징(siliconizing)
④ 크로마이징(chromizing)

33 질화법에서 질화 처리한 특징이 아닌 것은?

① 변형이 적다.
② 마모 및 부식에 대한 저항이 크다.
③ 600[℃] 이하에서는 경도가 감소되지 않고 산화도 일어나지 않는다.
④ 경화공의 깊이가 고체 침탄보다 깊게 된다.

34 재료 내부에 생긴 내부응력, 가공경화 등을 제거하기 위한 열처리 작업은?

① 불림   ② 뜨임   ③ 담금질   ④ 풀림

35 표면경화법 중 질화법의 설명으로 틀린 것은?

① 경화층이 깊고 경도는 침탄한 것보다 매우 높다.
② 마모 및 부식에 대한 저항이 크다.
③ 질화강은 담금질할 필요가 없다.
④ 500[℃] 정도에서는 경도가 감소되지 않는다

36 담금질 효과가 큰 물체의 형태는 어느 것인가?

① 공과 같은 모양
② 정육각형 모양
③ 굵은 막대 형상
④ 얇은 철판 모양

정/답 32 ① 33 ④ 34 ④ 35 ① 36 ④

37 오스테나이트를 점점 냉각할 때, 마텐자이트를 거쳐 탄화철이 큰 입자로 나타나는 조직으로 알파철이 혼합된 급냉조직은?

① 시멘타이트(cementite) ② 베이나이트(bainite)
③ 소르바이트(sorbite) ④ 트루스타이트(troostite)

38 강철을 서냉시켰을 때 상온에서 볼 수 있는 조직이 아닌 것은?

① 페라이트 ② 펄라이트
③ 오스테나이트 ④ 시멘타이트

- 급냉조직 : qustenite, martensite, troostite, sorbite
- 서냉조직 : ferrite, pearlite, cemantite

정/답 37 ④ 38 ③

기계구동 장치 조립

PLANT MAINTENANCE ENGINEER

1 조립작업계획

아래 도면과 같은 기계 조립도면을 분석하고 조립계획을 수립한다. 아래의 도면은 일종의 동력전달 장치로 스퍼기어와 V벨트 전동장치 중 하나로 동력을 전달받고 전달하는 기계장치이다. 이와 같은 기계도면으로는 동력전달장치 외에 편심구동장치, 치공구 도면 등이 있다.

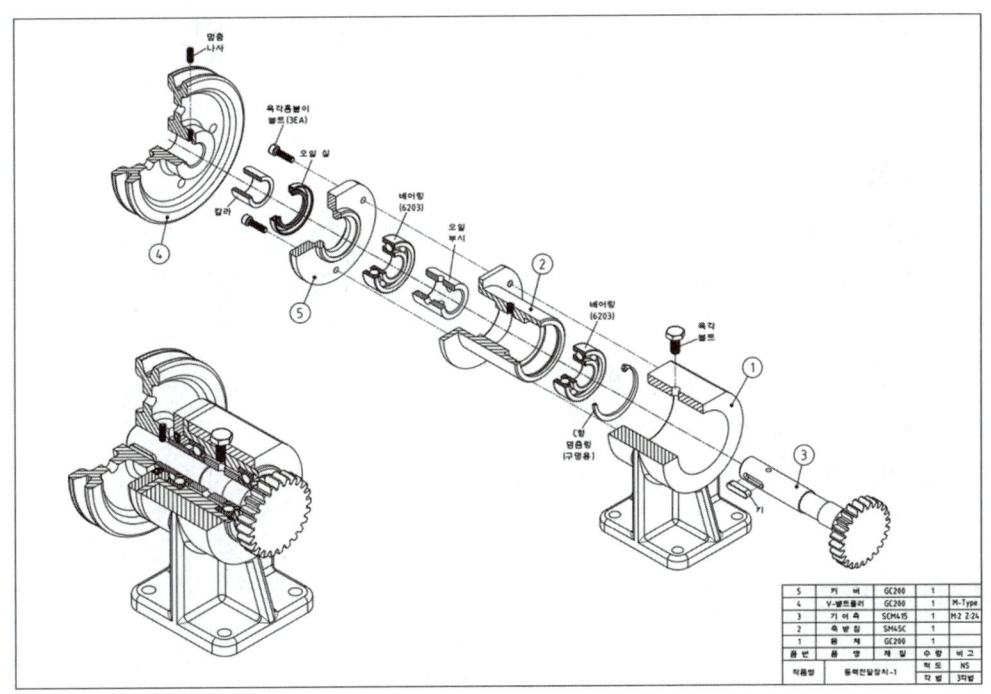

그림 5-1 동력전달장치

그림의 동력전달장치의 부품들을 살펴보면 ①은 몸체, ②는 축받침, ③은 기어 축, ④는 V-벨트 풀리, ⑤는 커버이고 그 외에 평행키, 육각볼트, C형 멈춤링(구멍용), 베어링(6203), 오일부시, 오일실, 육각 홈붙이 볼트, 칼라, 멈춤나사 등으로 구성되어 있다.

조립계획을 수립하기 위해서는 이와 같이 도면을 분석하고 부품목록 등을 작성 후, 조립순서를 결정한다.

(1) 기계장치의 조립도면과 부품도 분석

동력전달장치, 편심구동장치 또는 치공구 장치 등의 기계장치의 조립도면과 부품도를 분석한 후 조립에 필요한 자료들을 만든다. 즉, 제품의 형상과 크기, 위치 결정면과 위치 결정 방법, 고정면과 고정 방법, 요구되는 정밀도, 조립될 제품의 수량, 필요한 조립용 수공구와 조립용 고정구, 제작할 부품과 표준품 구매 여부 등을 구체화하여 자료화 한다.

- 조립도에서 확인해야 할 사항 : 기계 구성 부품의 종류와 명칭, 조립 제품의 크기, 조립 상태, 제품의 수량, 납기와 납품 주기 등을 확인하도록 한다.

(2) 부품도 목록

기계장치 조립에 필요한 기계장치 구성 부품 목록을 작성한다. 이와 같은 부품 목록표에 제작할 부품과 표준품 구매 관련 사항을 정리 기록한다. 목록표에는 부품명, 크기(규격), 수량, 외주 제작과 표준품 구매 관련 자료를 기록한다.

- 부품도에서 확인해야 할 사항 : 부품의 치수와 치수 공차, 표면 거칠기, 형상 정밀도, 부품의 수량, 가공 방법 등을 확인한다.

(3) 조립 순서 결정

이와 같이 해서 얻은 자료를 근거로 조립 순서를 결정한다. 조립 순서는 부분 조립과 주 조립으로 진행된다. 만약 조립 순서에 오류가 발생할 경우 다음과 같은 상황에 처할 수 있다.

① 조립이 되지 않는다.
② 불필요한 공정이 발생되어 제조비용이 증가한다.
③ 제품의 품질에 영향을 미치게 된다.

이와 같은 오류로 인하여 조립 순서의 합리적인 결정은 매우 중요하다.

2 설계도면 및 조립도면 해독

(1) 설계도면 해독

기계장치 도면을 보고 기계조립을 위한 도면 해독 능력이 필요하다. 도면 해독 시 끼워맞춤에 대한 치수공차, 표면거칠기, 기하공차 등의 분석이 중요하다. 특히 기하공차의 경우 관련 형상 공차와 위치 공차는 반드시 기준이 되는 면과 관련되어 있으므로 정확한 분석이 필요하다. 그리고 부품들이 도면상에서 요구하는 사항들을 만족하고 있는지 확인하여야 한다. 부품의 만족 여부를 판단하는 방법으로는 다음 2가지가 있다.

① 정밀측정법 : 부품의 치수를 측정하여 측정 데이터로 합격 여부를 판단하는 방법이다.

② 게이징법 : 치수는 몰라도 제시된 조건을 만족시키는지 여부를 판단하는 방법이다.

(2) 동력전달장치 조립도 해독

다양한 기계장치 조립 상황을 생각할 수 있으나, 하나의 예로 그림 5-2와 같은 동력전달장치 조립도 해독에 관하여 설명해 보기로 한다. 그림의 동력전달장치는 몸체, 커버(2개), 스퍼기어, 축, 플랜지, 패킹, 니플, 베어링(6203, 2개), 볼트(6개), 오일실(2개), 스프링 와셔, 너트, 평행키(2개) 등으로 구성되어 있는 기계장치이다. 해독해야 할 주요 부품은 몸체, 축, 커버, 플랜지, 베어링, 오일실 등이다.

① 축 해독

그림 5-2와 5-3을 참고하면 축에는 베어링(6003, 2개)과 오일실(2개)이 조립되어 있다는 것을 알 수 있다.

- Ø17 js5를 해석한다.

  베어링 6003이 조립될 위치는 Ø17 js5이다. Ø17 js5는 17의 IT5급 공차 0.008mm로 Ø17±0.004 공차허용한계에 있어야 한다. 즉, 최대허용치수는 17.004mm, 최소 허용치수는 16.996mm이다. 실제 가공된 축은 이 공차 내에 있어야 함을 알 수 있다.

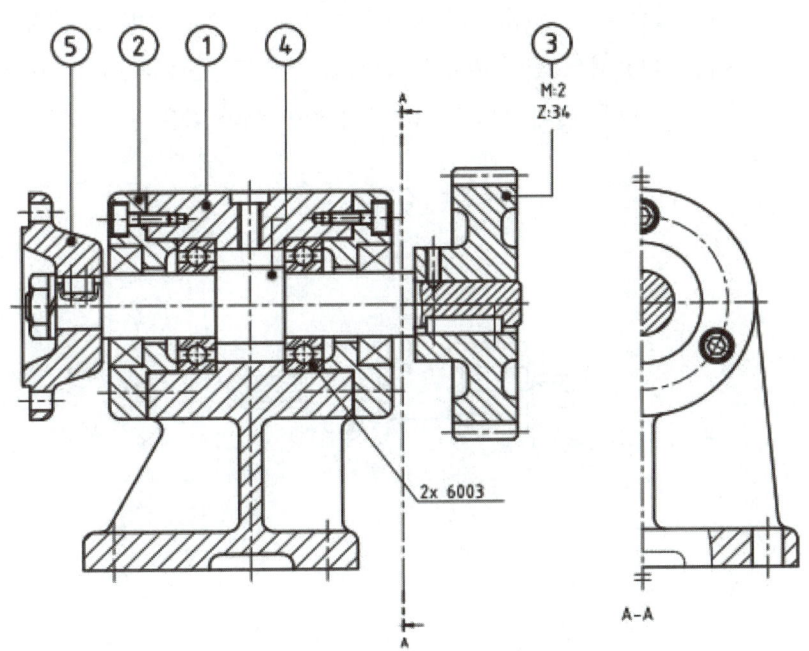

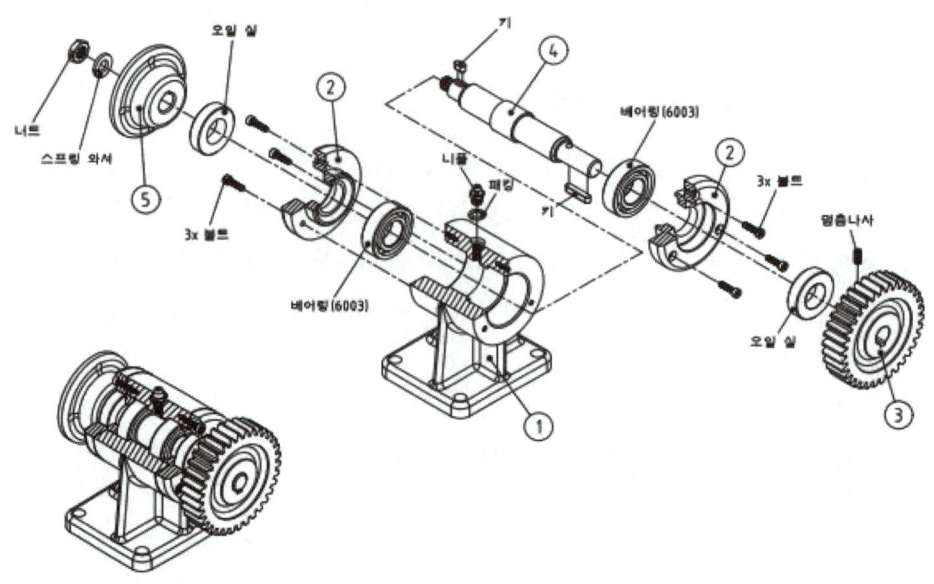

그림 5-2 동력전달장치의 조립도

- 축의 흔들림을 해석한다.

   축의 흔들림 발생 부위는 베어링이 조립될 부위, 스퍼기어와 플랜지가 조립될 부위이다. 베어링 6003이 조립될 부위의 흔들림 정밀도는 축을 데이텀(datum)으로 했을 때 0.008mm이다. 실제 가공된 축의 흔들림이 이와 같은 공차 범위 내에 있어야 한다.

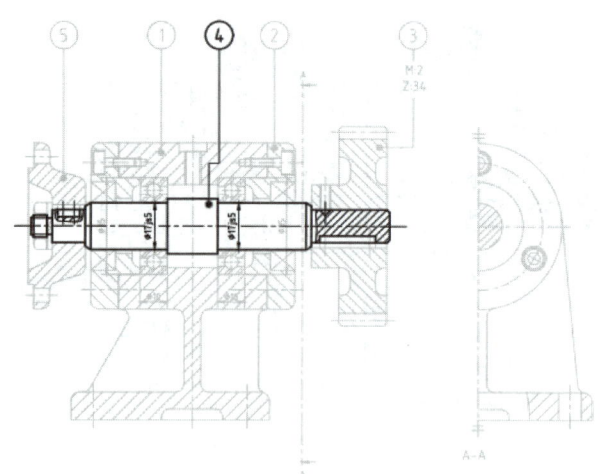

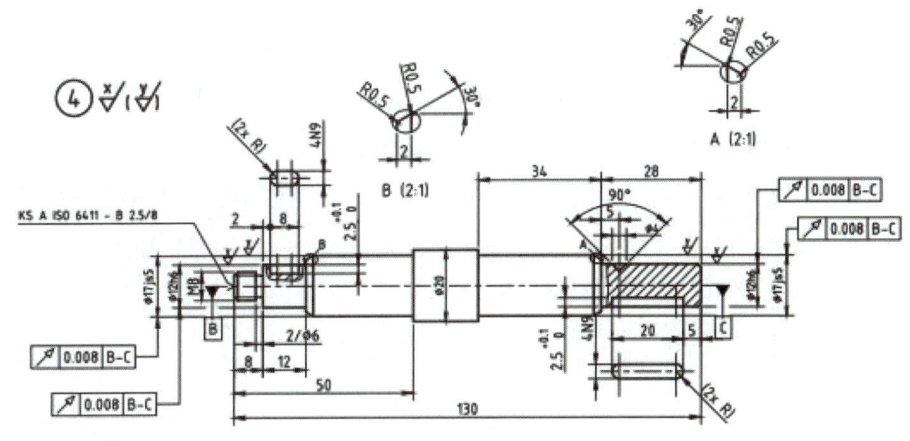

그림 5-3 축 해독

② 몸체 해독

몸체에서 해독해야 할 중요 부위는 베어링 6003과 오일실이 조립될 부위이다. 즉, ∅35H7 부위이다. 또 중요한 부위는 기준면 A로부터 중심축까지의 높이 70±0.02이다.

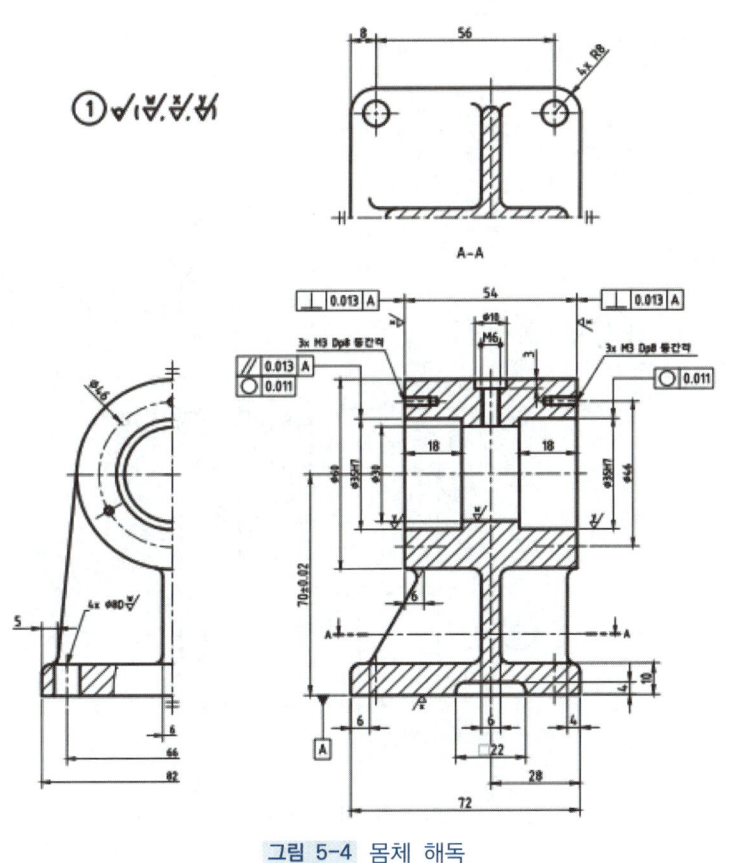

그림 5-4 몸체 해독

- ∅35H7를 해독한다.

  ∅35H7은 최대 허용치수는 35.025이고 최소 허용치수는 35.000이다. 실제 가공하였을 때 최소 허용치수와 최대 허용치수 범위 안에 속하는지를 검사해야 한다.

- 중심축까지의 높이 70±0.02를 해독한다.

  구멍의 최대 허용치수는 32.025mm이고 최소 허용치수는 35.000mm이며, 기준면 A로부터 중심축까지 높이는 최대 허용치수 70.02mm, 최소 허용치수 69.98mm이다. 조립시 이와 같은 공차의 확인이 필요하다.

③ 커버를 해독한다.

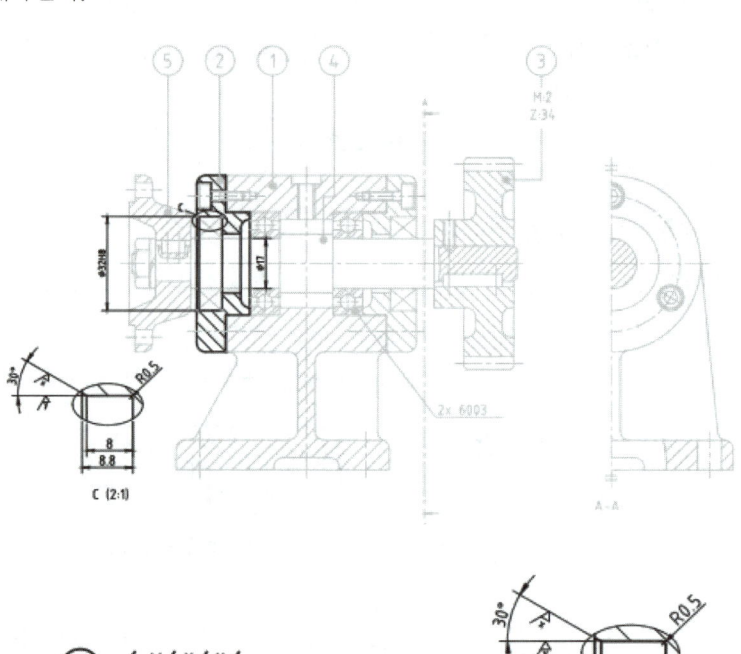

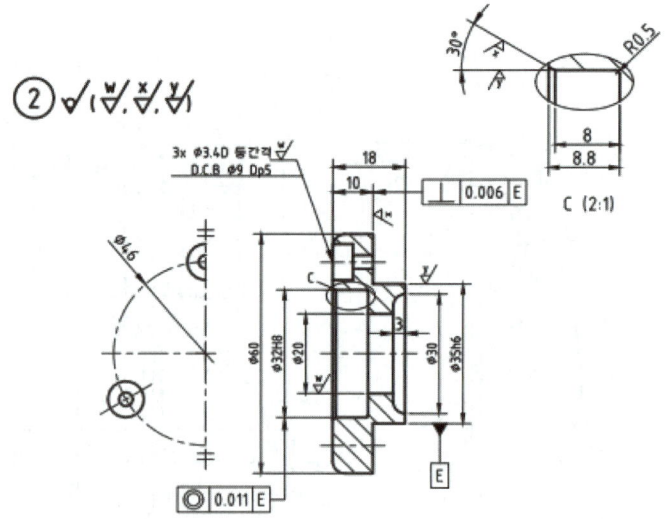

그림 5-5 커버 해독

- ∅35h6를 해독한다.

  이 부분은 몸체 ∅35H7에 조립될 부분으로 헐거운 끼워맞춤이 되는 부분으로 최대 허용치수는 35.025mm이고, 최소 허용치수는 35.000mm이다. 조립 시 최대 허용치수와 최소 허용치수 범위 내에 있을 때 조립이 가능하다.

- ∅32H8를 해독한다.

  이 부분은 오일 실이 조립될 부분으로 최대 허용치수 32.039mm, 최소 허용치수 32.000mm이다. 이 허용 한계치수 범위 내에 있을 때 조립이 가능하다.

④ 스퍼기어와 플랜지, 키를 해독한다.

- ∅12H7을 해독한다.

  이 부분은 키와 조립될 부분으로 키 높이의 공차가 0.1mm로 최대 허용치수가 1.9mm, 최소 허용치수가 1.8mm이다. 스퍼기어와 플랜지 구멍의 최대 허용치수가 13.9mm, 최소 허용치수가 13.8mm로 이 범위 내에 있어야 평행키와 조립이 가능하다.

- 4JS9을 해독한다.

  이 부분은 평행키의 폭 부분과 조립될 부분으로 중간 끼워맞춤이 적용되며 4의 IT9급 공차 0.030mm로 4±0.015 공차허용한계에 있어야 한다. 즉, 최대허용치수는 4.015mm, 최소 허용치수는 3.985mm이다. 조립 시 이 범위 내에 있어야 한다.

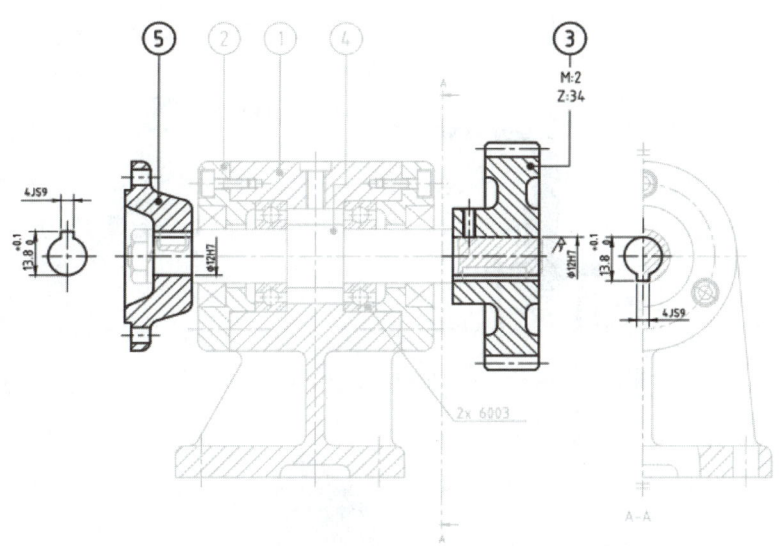

그림 5-6 스퍼기어와 플랜지, 평행키 해독

3 공구활용

공구는 조립공구와 측정공구로 구분할 수 있다. 조립공구는 조립 고정구와 조립용 수공구로 구분하여 활용하고 있다. 기계 구동 장치의 조립도면과 구성 부품들을 기반으로 필요한 부품의 모양과 치수에 맞는 조립 고정구를 준비하고 조립하는데, 필요한 수공류류와 측정공구로는 다음과 같은 기본 공구들이 있다.

(1) 조립공구

조립용 수공구로는 렌치류, 플라이어류, 드라이버류, 플러 등이 있다.

① 드라이버 : (+), (-) 홈이 있는 비교적 작은 볼트 머리를 조이거나 풀 때 사용하는 공구
② L형 육각 렌치 : 6각형 볼트 머리 홀더가 있는 볼트를 풀거나 조일 때 사용하는 공구
③ 토크 렌치 : 일정한 토크의 체결력으로 나사를 조일 때 사용하는 공구
④ 멍키 스패너 : 볼트나 너트의 조이기와 풀기를 목적으로 물림입의 크기 조절이 가능한 공구
⑤ 양구 스패너 : 볼트나 너트의 조이기와 풀기를 목적으로 사용할 수 있는 공구 양쪽에 물림입이 달려 있다.
⑥ 플라이어 : 주로 소형 수도관, 가스관 등의 배관공사에 사용되는 공구
⑦ 스냅 링 플라이어 : 스냅 링을 벌리거나 오므리는 데 사용하는 공구
⑧ 플러 : 기어나 베어링 등을 축이나 실린더에서 빼내는 공구

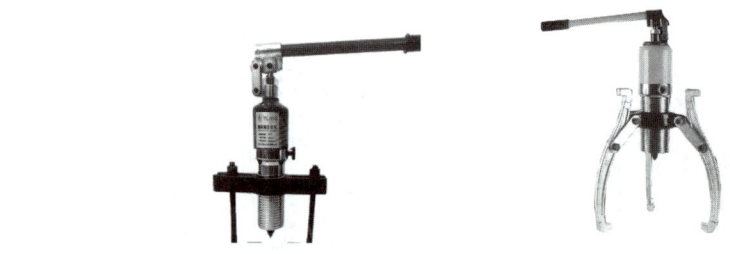

베어링 및 기어용 유압 플러

드라이버　　　　　L형육각렌치　　　　　토크렌치

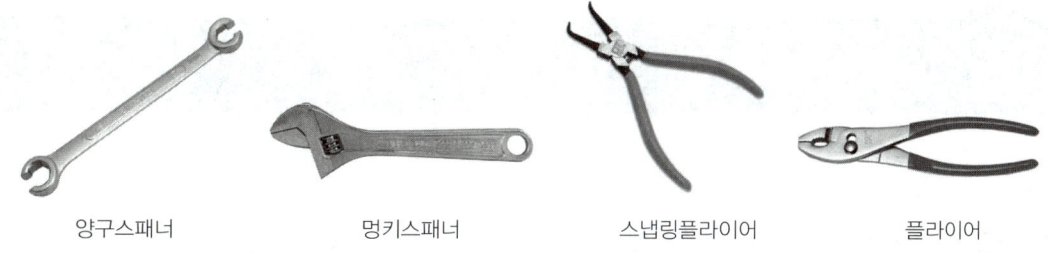

| 양구스패너 | 멍키스패너 | 스냅링플라이어 | 플라이어 |

그림 5-7 수공구류

4 조립 측정 검사

(1) 측정공구

측정기 선정 시 일반적인 고려사항과 기계장치 부품에서 요구되는 치수공차, 기하공차, 표면거칠기 등의 측정에 적합한 측정기를 선정하도록 한다. 도면을 분석한 결과에 따라 필요한 측정기를 선택한다. 예를 들어, 버니어 캘리퍼스, 외측 및 내측 마이크로미터, 하이트 게이지, 최소 눈금 0.001mm의 다이얼 게이지, 최소 눈금 0.001mm의 테스트 인디케이터, 정반, V블록, 센터 블록 등을 필요로 한다.

① 버니어 캘리퍼스 : 측정 범위는 150mm 이상이고 정밀도 0.05mm, 일반치수 및 정밀도가 낮은 부분의 측정에 사용된다.

② 마이크로미터 : 측정 범위는 0~25mm, 25~50mm, 정밀도는 0.001mm이고 축 부분의 정밀치수 측정에 사용한다.

③ 실린더 게이지 : 측정 범위는 18~35mm, 35~60mm, 정밀도는 0.001mm이고 몸체의 내경 주요 부위 측정에 사용한다.

④ 하이트 게이지 : 측정 범위는 150mm 이상, 정밀도는 0.05mm 또는 0.02mm이고 높이 측정에 사용한다. 하이트 게이지와 테스트 인디케이터를 사용하여 몸체의 바닥으로부터 중심 축 높이까지 측정할 수 있다.

⑤ 테스트 인디케이터 또는 다이얼 게이지 : 축의 흔들림을 측정하기 위해 양센터의 축을 지지한 상태에서 측정기를 측정 부위에 대고 축을 회전시켜 최대 지시량이 공차 범위 내에 있는지를 검사한다.

CHAPTER 05 실전연습문제

01 다음 중 기계조립수립계획 순서로 맞는 것은?

① 도면분석 → 부품목록표 작성 → 조립순서결정
② 부품목록표 작성 → 조립순서결정 → 도면분석
③ 도면분석 → 조립순서결정 → 부품목록표 작성
④ 조립순서결정 → 도면분석 → 부품목록표 작성

02 기계조립계획에 있어 가장 먼저 해야 할 작업은 다음 중 어느 것인가?

① 기계도면분석
② 조립 부품도 목록 만들기
③ 조립 순서 결정하기
④ 수공구 및 조립공구 준비하기

03 다음 중 기계조립을 위한 자료에 해당하지 않는 것은?

① 제품의 형상과 크기
② 조립용 수공구와 고정구
③ 조립공의 인원 수
④ 제작해야 할 부품과 구매품 분류

04 조립순서 결정 시 조립순서가 잘못된 경우 나타날 수 있는 상황으로 거리가 먼 것은?

① 조립이 되지 않는다.
② 불필요한 공정이 발생되어 제조비용이 늘어난다.
③ 제품의 품질에 영향을 미치게 된다.
④ 줄과 정으로 잘 다듬으면 조립은 가능하다.

05 부품 목록표에 기재되어야 할 사항으로 볼 수 없는 것은?

① 품명　　② 품질　　③ 규격　　④ 수량

목록표에는 부품명, 크기(규격), 수량, 외주 제작과 표준품 구매 관련 자료를 기록한다.

정/답　01 ①　02 ①　03 ③　04 ④　05 ②

06 다음 중 조립도에 확인해야 할 사항이 아닌 것은?

① 부품의 종류와 명칭 ② 조립제품의 크기와 상태
③ 부품의 치수공차와 표면거칠기 ④ 납기 및 납품 주기

07 다음은 부품도에서 확인해야 할 사항들이다. 확인해야 할 사항으로 적당하지 않은 것은?

① 부품의 종류와 명칭 ② 부품의 치수와 치수공차
③ 표면거칠기 ④ 형상공차 및 정밀도

> 부품도에서 확인해야 할 사항으로는 부품의 치수와 치수 공차, 표면거칠기, 형상 정밀도, 부품의 수량, 가공 방법 등이 있다.

08 기계도면에서 부품들이 요구하는 사항들을 만족하고 있는지 확인하는 방법 중 부품의 치수를 측정하여 측정 데이터로 합격 여부를 판단하는 방법으로 다음 중 맞는 것은?

① 수동측정법 ② 자동측정법
③ 정밀측정법 ④ 게이징법

> 부품의 만족 여부를 판단하는 방법으로는 정밀측정법과 게이징법이 있다.
> • 정밀측정법 : 부품의 치수를 측정하여 측정 데이터로 합격 여부를 판단하는 방법이다.
> • 게이징법 : 치수는 몰라도 제시된 조건을 만족시키는지 여부를 판단하는 방법이다.

09 기계구동장치의 부품 조립 시 재료 및 자료에 해당하는 것으로 거리가 먼 것은?

① 안전 관련 매뉴얼
② 조립공구 리스트, 구동장치 부품 및 조립도
③ 조립공정 작업계획서
④ 조립 시 작업공수, 재료비, 인건비 등의 비용

10 조립 매뉴얼은 조립 시 작업지시서에 해당한다. 다음 중 조립 매뉴얼에 포함되어 있지 않은 사항은?

① 조립비용 ② 조립절차 ③ 조립방법 ④ 검사방법

> 조립 매뉴얼은 작업지시서로 표현되며 조립절차, 조립방법, 검사방법 등의 내용을 포함한다.

정/답 06 ③ 07 ① 08 ③ 09 ④ 10 ①

11 다음 그림과 같은 물체를 제3각법으로 투상했을 때 투상도명이 틀린 것은?

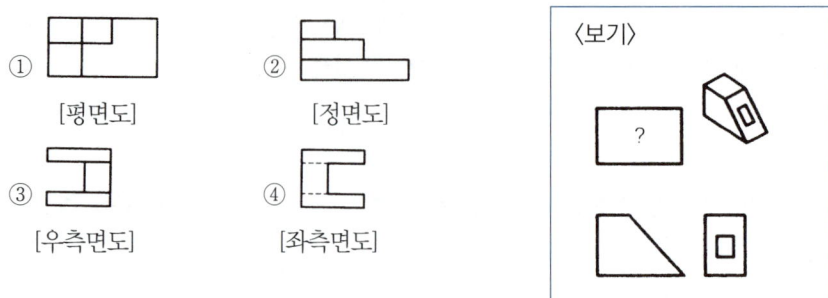

12 다음 입체도의 제3각법에 의한 투상도에서 미완성 투상도로 올바른 것은?

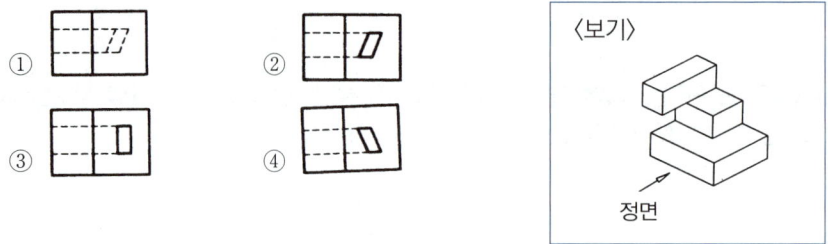

13 다음 표는 IT 기본공차 등급이다. ⌀40H7, ⌀40h6의 끼워맞춤에서 구멍의 최대 허용치수와 축의 최소 허용치수는 얼마인가?

기준치수 mm	공차등급 및 기본공차 수치(μm)				
	IT 4	IT 5	IT 6	IT 7	IT 8
18 ~ 30	6	9	13	21	33
30 ~ 50	7	11	16	25	39

① 40.021, 39.984 ② 40.025, 39.984
③ 40.025, 39.987 ④ 40.021, 39.987

⌀40H7 = $\phi 40^{+0.030}_{0}$ … (구멍공차)

⌀40h6 = $\phi 40^{0}_{-0.016}$ … (축공차)

최대틈새 = 구멍의 최대허용치수 − 축의 최소허용치수 = 40.025 − 39.984 = 0.041

정/답 11 ① 12 ③ 13 ②

14 다음 중 기계장치 조립순서가 맞게 나열된 것은?

① 조립도와 부품도를 해독한다. → 필요 공구를 준비한다. → 부품을 조립한다. → 구동 상태를 검사하여 기록하고 관리한다.
② 조립도와 부품도를 해독한다. → 부품을 조립한다. → 필요 공구를 준비한다. → 구동 상태를 검사하여 기록하고 관리한다.
③ 필요 공구를 준비한다. → 조립도와 부품도를 해독한다. → 부품을 조립한다. → 구동 상태를 검사하여 기록하고 관리한다.
④ 필요 공구를 준비한다. → 조립도와 부품도를 해독한다. → 구동 상태를 검사하여 기록하고 관리한다. → 부품을 조립한다.

15 다음 보기의 괄호 안에 들어갈 공구로 적당한 것은?

〈보기〉
∅17js5는 17의 IT5급은 0.008mm이고, ∅17±0.004이다. 즉, 최대 허용치수는 17.004mm, 최소 허용치수는 16.996이다. 최소 읽음 치수 0.001mm (   )를(을) 사용하여 이 범위에 속하는지를 검사한다.

① 다이얼게이지   ② 한계게이지   ③ 게이지 블록   ④ 마이크로미터

16 다음 보기의 괄호 안에 들어갈 공구로 적당한 것은?

〈보기〉
몸체를 정반 위에 올려놓고 하이트 게이지와 0.001mm (   )를(을) 사용하여 몸체의 ∅42H 구멍의 윗면과 아래면을 측정하여 치수를 확인한다.

① 버니어 캘리퍼스   ② 마이크로미터
③ 실린더 게이지   ④ 테스트 인디게이터

테스트 인디게이터 : 수평형

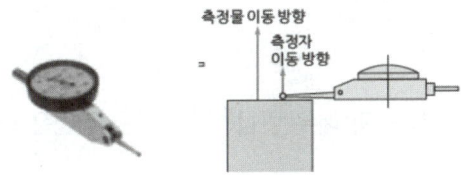

측정점에서 지시오차의 최대값과 최소값의 차이를 구할 수 있다.

정/답   14 ①   15 ④   16 ④

17 다음 보기의 괄호 안에 들어갈 공구로 적당한 것은?

> 〈보기〉
> 축의 흔들림을 측정 부위인 베어링 6003과 조립될 부위의 흔들림 정밀도는 축을 데이텀(datum)으로 했을 때 0.009이다. 측정 방법은 양센터 구멍을 깨끗이 청소하고 양센터에 축을 지지하고, (   )나 (   )를(을) 측정부위에 대고 축을 회전하였을 때 최대 지시량이 0.009 이내에 있는지를 검사한다.

① 버니어 캘리퍼스, 마이크로미터 ② 게이지 블록, 테이퍼 게이지
③ 테스트 인디게이터, 다이얼 게이지 ④ 실린더 게이지, 콤비네이션 세트

18 다음 중 조립용 수공구로 볼 수 없는 것은?

① 드라이버   ② 플라이어   ③ 렌치   ④ 해머

조립용 수공구류 : 스패너 및 렌치, 플라이어, 드라이버 등

19 다음 공구류 중 "일정한 토크의 조임력으로 나사를 체결하는 데 사용하는 공구"에 해당하는 것은?

① 토크렌치   ② L형 육각렌치   ③ 멍키 스패너   ④ 플라이어

20 볼트나 너트의 조이기와 풀기를 목적으로 사용할 수 있도록 양쪽에 물림입이 달린 공구는?

① 양구 스패너   ② 몽키 스패너   ③ 드라이버   ④ 플라이어

21 볼트나 너트의 조이기와 풀기를 목적으로 사용하는 공구로서 물림입의 크기 조절이 가능한 것은?

① 양구 스패너   ② 몽키 스패너   ③ 드라이버   ④ 플라이어

22 조립이 완성된 기계구동장치의 부품 성능, 수명, 고장 등과 매우 밀접하며 중요한 작업은 다음 중 어느 것인가?

① 조립도면 해독   ② 조립공구 선정
③ 조립상태 확인   ④ 조립 측정기 선정

정/답 17 ③ 18 ④ 19 ① 20 ① 21 ② 22 ③

기계장치 보전

PLANT MAINTENANCE ENGINEER

01 체결용 기계요소

1 나사(Screw)

(1) 나사 각 부의 명칭

① 바깥지름(外徑) : 수나사의 산봉우리에 접하는 가상적인 원통의 지름이다. 수나사의 크기는 바깥지름으로 나타내고, 암나사는 이것에 끼워지는 나사이다.

② 골지름(谷徑) : 수나사의 골 밑에 접하는 가상적인 원통의 지름이다.

③ 유효지름(有效徑) : 나사산의 두께와 골의 간격이 같은 가상 원통지름이다.

④ 피치(pitch) : 서로 이웃한 나사산과 산 사이의 거리이다.

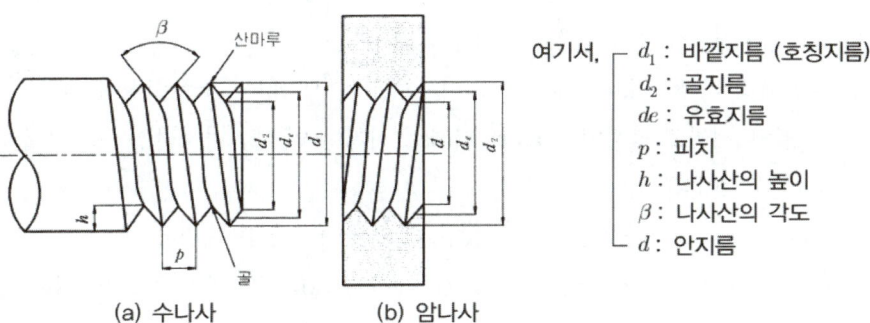

그림 6-1 나사 각 부의 명칭

⑤ 리드(lead) : 나사가 1회전할 때 축방향으로 움직인 거리로 표현된다.
  리드 $l = np$, n=줄수(중수), p=피치
  1줄 나사 $l = p$

2줄 나사 $l = 2p$

3줄 나사 $l = 3p$

⑥ 나사산의 각도 : 나사의 축선을 포함한 단면형에 있어서 측정한 2개의 플랭크(flank)가 이루는 각이다.

⑦ 산 높이 : 골 밑에서 산의 끝까지를 축선에 직각으로 측정한 거리이다.

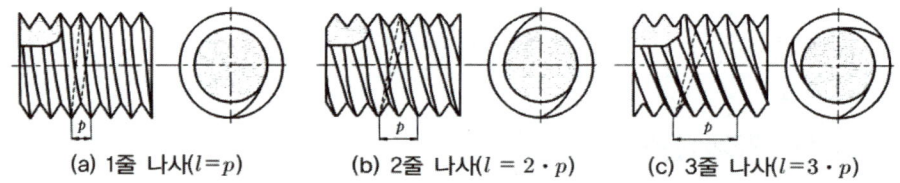

그림 6-2 줄 수에 따른 나사

(2) 결합용 나사

결합용 나사는 주로 삼각형의 단면형을 갖는 나사이며, 가장 널리 사용된다.

① 미터 나사(metric thread) : 지름과 피치를 mm로 표시하며, 나사산의 각은 60°이며, KS 및 ISO 규격나사이다. 용도는 기계부품의 접합 또는 위치의 조정 등에 사용되며, 체결용 나사로서 가장 많이 사용된다.
- 미터 보통나사(metric coarse screw thread) : 일반적으로 많이 사용되는 나사이다.
- 미터 가는나사(metric fine screw thread) 지름에 대한 피치의 비율이 보통 나사보다 가는 것으로, 용도는 보통 나사보다 강도를 필요로 하는 곳, 살이 얇은 원통부, 정밀기계, 공작기계 및 항공기, 자동차의 이완 방지용에 쓰인다.

② 유니파이 나사(unified thread) : 미국, 영국, 캐나다의 3국 협정에 의하여 정한 나사로서 ABC 나사라고도 하며, 인치계 나사로 피치는 인치당 나사산의 수로 표시하며, 나사산의 각은 60°이다.
- 유니파이 보통 나사(unified coarse screw thread) 체결용
- 유니파이 가는 나사(unified fine screw thread) 정밀기계, 진동이 있는 부분에 사용한다. 3/8 - 16UNC

③ 관용 나사(pipe thread) : 보통 나사에 비하여 피치 및 나사산의 높이가 낮아 주로 가스관, 수도관 등의 이음부분, 압력계의 고정부, 수밀(水密), 기밀(氣密) 등을 필요로 하는 곳에 사용된다.
- 관용 평행 나사(straight pipe thread: KS B 0221) : 관, 관용부품, 유체기기 등의 기계적 결합을 목적으로 한다.

- 관용 테이퍼 나사(taper pipe thread: KS B 0222) : 나사부의 내밀성을 주목적으로 하는 나사로서 테이퍼 나사는 축심(軸心)에 대해 1/16의 테이퍼를 가지고 있으므로 평행 나사에 비하여 기밀성(氣密性)이 우수하다.
④ 휘트워드 나사(whitworth screw thread) : 영국 나사의 규격이며 나사산의 각은 55°이고, 인치 나사이다.
⑤ I.S.O 나사 : 국제 표준화기구에 의하여 제정된 나사이다.

(3) 운동용 나사

① 사각 나사(square thread) : 축방향에 하중을 크게 받는 운동용 나사로 적합하며, 특히 하중의 방향이 일정하지 않은 교번하중 작용시 사용된다. 스러스트(thrust: 추력)를 전달시킬 수 있고, 강력한 이송나사 등에 이용된다.
② 사다리꼴 나사(trapezoidal thread) : 인치계에는 산의 각도가 29°, 미터계에는 30°로서 두 종류가 있으며, 29°의 사다리꼴 나사를 애크미 나사라고 한다. 용도는 선반의 리드 스크루, 잭, 프레스 등의 축방향 힘을 전달하는 운동용 나사 및 공작기계의 이송나사로 사용된다.
③ 톱니 나사(buttress thread) : 나사 산의 각도가 30°인 것과 45°인 것이 있으며, 추력이 한 방향으로만 작용하는 바이스, 압착기 등에 사용한다.
④ 너클 나사(knuckle thread) : 원형나사 또는 둥근나사라고도 하며, 나사산의 각은 30°로 산마루와 골은 둥글다. 용도는 먼지와 모래 등이 들어가기 쉬운 곳, 토목공사용 윈치(winch) 등에 사용한다. 또는 전구나사라고도 한다
⑤ 볼 나사(ball screw) : 나사축과 너트 부분에 나선 모양의 홈을 파고, 그 홈 사이에 많은 볼을 삽입하여 볼의 구름 접촉을 이용한 나사로서, 보통 나사에 비하여 마찰계수가 극히 작으며 0.05 이하이고 전동효율은 90% 이상이다. 용도는 공작기계의 이송 나사와 수치 제어장치, 최근의 정밀기계류, 자동차의 스티어링부에 사용된다.

(4) 작은 나사와 세트 스크루

① 작은 나사(machine screw) : 나사 축지름이 8mm 이하의 작은 나사로서, 머리 윗면에 나사를 돌릴 수 있는 일자(-)홈과 십자(+)홈이 만들어져 있다. 용도는 일상의 가정용품에서부터 일반의 기계류에 널리 쓰인다.
② 세트 스크루(set screw) : 멈춤 나사 또는 정지 나사라고도 하며, 나사의 끝을 이용하여 기어(gear)나 벨트 풀리(belt pulley)와 같은 회전부품 등을 축에 고정할 때 쓰이는 작은 나사로 회전력(torque)이 크지 않은 곳의 키 대용으로 쓰인다.
③ 태핑 나사(tapping screw) : 나사의 끝을 침탄처리한 작은 나사로서, 주로 얇은판의 연결에

사용된다. 암사나를 만들지 않고 드릴 구멍에 끼워 암나사를 내면서 조여지는 나사이다.

(5) 볼트의 종류

① 용도에 의한 분류
- 관통볼트(through bolt) : 조이려는 부분을 관통하여 볼트 지름보다 약간 큰 구멍을 뚫고, 여기에 머리 붙이 볼트를 끼워 넣은 후 너트로 결합하는 볼트
- 탭 볼트(tap bolt) : 관통볼트를 사용하기 어려울 때 결합하려는 상대쪽에 암나사를 내고, 머리붙이 볼트를 조여 부품을 결합하는 볼트이다.
- 스터드 볼트(stud bolt) : 양쪽 끝 모두 수나사로 되어있는 나사로서 관통하는 구멍을 뚫을 수 없는 경우에 사용한다. 한쪽 끝은 상대 쪽에 암나사를 만들어 미리 반영구적으로 나사 박음하고, 다른 쪽 끝에 너트를 끼워 죄도록 하는 볼트

② 머리부에 의한 분류
- 6각 볼트 : 머리모양이 정육각형인 볼트로서 일반적으로 가장 많이 사용하며, 머리 접촉면이 넓어 강력한 조임력이 얻어진다.
- 4각 볼트 : 머리모양이 정사각형인 볼트로서, 볼트머리 자리면이 6각 볼트의 2배이므로 스패너를 이용할 때 회전 모멘트를 크게 할 수 있다. 따라서 고착되어 있는 경우 볼트를 쉽게 풀어 분리가 가능하다.
- 6각 구멍붙이 볼트 : 머리를 원통형으로 하고, 머리 가운데에 6각 렌치를 넣고 죌 수 있는 구멍이 있는 볼트로 재질로는 강도가 우수한 합금강(SCM435)이 사용된다.

③ 특수 볼트
- 아이 볼트(eye bolt) : 볼트의 머리부에 핀을 끼울 구멍이 있어 자주 탈착하는 뚜껑의 결합에 사용된다. 아이 볼트 중 고리 볼트(lifting bolt)는 무거운 물체를 달아 올리기 위하여 훅(hook)을 걸 수 있는 고리가 있는 볼트이다.
- 나비 볼트(wing bolt) : 볼트의 머리부를 나비 모양으로 만들어 스패너 없이 손으로 조이거나 풀 수 있어, 별도의 공구 없이 손으로 탈착이 가능하다.
- 간격유지 볼트 : 스테이 볼트(stay bolt)라고도 하며, 두 물체 사이의 거리를 일정하게 유지시키면서 결합하는데 사용하며, 중간에 링을 끼우는 방법과 볼트에 간격유지 턱을 양쪽에 만드는 방법 등이 있다.
- 기초 볼트(foundation bolt) : 기계, 구조물 등을 콘크리트 기초에 고정시키기 위하여 사용하는 볼트이다. 한쪽은 콘크리트 기초에 묻혔을 때 빠지지 않도록 하기 위하여 여러 가지 형태로 되어 있으며, 반대쪽은 수나사로 나사산이 되어 있어 기계를 고정시키는 데 사용한다.
- 리머 볼트(reamer bolt) : 볼트가 끼워지는 구멍은 볼트 지름보다 크므로 전단력이 작용하면

볼트가 파손되기 쉽기 때문에 큰 전단력이 작용할 때는 볼트의 맞춤이 중간 끼워맞춤 또는 억지 끼워맞춤이 되도록 볼트 구멍을 리머로 다듬질한 다음, 정밀 가공된 리머 볼트를 끼워 결합한다. 경우에 따라 테이퍼지게 하거나 링을 끼워 전단력을 받도록 결합하기도 한다.
- T볼트 : 공작기계 테이블에 파져 있는 T자형 홈에 사용하도록 볼트의 머리를 사각형으로 만들어 너트를 조일 때 볼트 머리가 회전하지 않게 된다

(6) 너트의 종류

① 6각 너트(hexagon nut)
- 6각 모양으로 되어 있으며, 가장 널리 사용되는 너트이다.
- 6각 너트에는 너트의 호칭 높이가 호칭지름에 비하여 0.8배 이상인 너트(일반 6각 너트)와 0.8배 이하인 너트(6각 낮은 너트)가 있다.

② 4각 너트(square nut)
- 4각 모양으로 되어 있으며, 주로 목재 결합에 많이 사용되고 기계류의 결합에도 사용된다.

③ 둥근 너트(circular nut)
- 회전체의 균형을 좋게 하거나 너트를 외부에 돌출시키지 않으려고 할 때 주로 사용한다.
- 너트를 죄는 데는 훅 렌치 등의 특수한 스패너가 필요하다.

④ 와셔붙이 너트(washer based nut)
- 너트의 밑면에 넓은 원형 플랜지가 붙어있는 와셔붙이 너트는 볼트 구멍이 큰 경우 또는 접촉하는 물체와의 접촉면적을 크게 함으로써 접촉 압력을 작게 하려고 할 때 주로 사용한다.
- 너트 하나로 와셔의 역할을 겸한 너트이다.

(7) 여러 가지 나사

① 작은 나사(screw)
- 볼트의 바깥지름이 1~9mm인 작은 나사로서 볼트의 머리부에는 드라이버로 돌릴 수 있도록 홈이 파져있다.
- 홈의 모양은 −자형과 +자형이 있으며 나서 머리의 외부 돌출여부 및 볼트 머리 자리의 모양 등에 따라 여러 종류의 머리 모양이 있다.
- 대체적으로 조임력이 작다.

② 멈춤 나사(set screw)
- 나사를 밀어 박음으로써 나사 끝에 발생하는 마찰저항으로 두 물체 사이에 회전이나 미끄럼이 생기지 않도록 사용하는 나사로 키(key)의 대용 역할을 한다.
- 회전체의 보스 부분을 축에 고정시키는 데 많이 사용한다.

③ 나사못(wood screw)
- 끝부분이 원추형으로 가늘게 되어 있으며, 피치가 크고 나사산은 3각 나사로 목재와 같은 연한 재료에 나사 박음할 때 사용한다.

명칭	육각 볼트	리머 볼트(관통 볼트)	탭 볼트
그림			

명칭	스터드 볼트	기초 볼트	아이 볼트	T 볼트
그림				

명칭	육각 너트	나비 너트	둥근 너트
그림			

명칭	아이 너트	캡 너트	홈붙이 육각너트
그림			

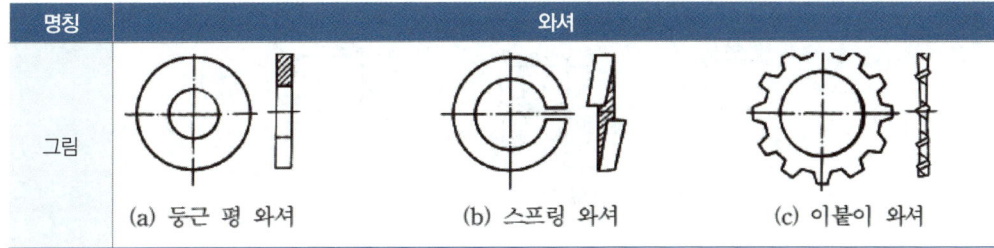

그림 6-3 볼트·너트·와셔의 종류

④ 태핑 나사(tapping screw)
- 나사의 표면은 침탄 경화법으로 경화시켰으며 나사의 끝부분에 테이퍼를 준다.
- 나사가 들어갈 자리에 구멍을 뚫고 태핑 나사를 돌리면 나사산이 만들어진다.
- 주로 박판을 고정하는 데 사용하거나 전기 기구 조립 등에 많이 사용한다.

(8) 와셔

① 볼트 결합부의 구멍이 크거나 너트의 자리면이 고르지 못할 때 사용
② 자리면의 재료가 너무 연하여 볼트의 체결 압력에 견딜 수 없을 때 사용
③ 너트의 풀림을 방지할 때 사용
④ 갈퀴붙이 와셔 또는 혀붙이 와셔는 물체를 고정시키는 역할을 한다.
⑤ 스프링 와셔와 접시 스프링 와셔는 진동에 의한 풀림을 줄이는 역할을 한다.

(9) 볼트·너트 풀림 방지법

① 로크 너트에 의한 방법
② 자동 죔 너트에 의한 방법
③ 분할 핀에 의한 방법
④ 와셔에 의한 방법 : 스프링 와셔, 폴 와셔, 혀붙이 와셔, 톱니 붙이 와셔, 중지 판, 풀림방지용 와셔 등
⑤ 멈춤 나사에 의한 방법
⑥ 플라스틱 플러그에 의한 방법 : 나사면에 플라스틱이 들어간 너트를 사용하여 마찰계수 증가로 방지
⑦ 철사를 이용하는 방법 : 핀 또는 와셔 대신에 철사를 감아 사용하여 방지

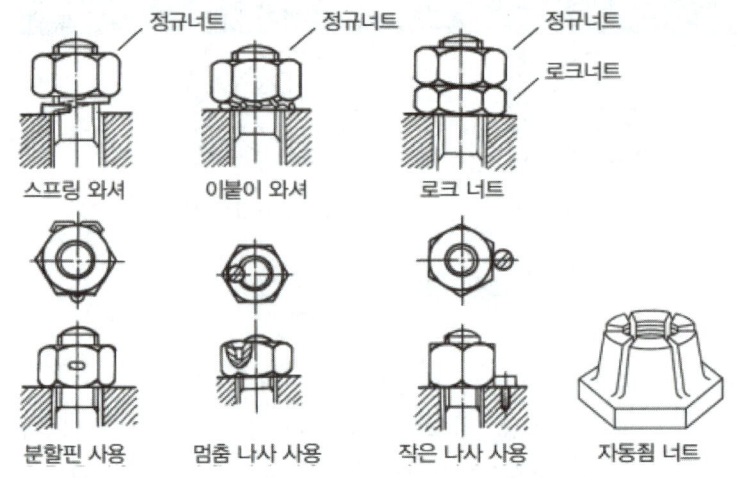

그림 6-4 볼트·너트 풀림 방지법

2 키(Key), 핀(Pin), 코터(Cotter)

1. 키(key)

키(key)는 기어나 풀리, 커플링, 클러치 등을 축에 고정하여 회전력을 전달하는 장치로 강 또는 특수강으로 만들며, 주로 전단력에 의해 파괴가 된다. 일반적으로 축보다 약간 강한 재료를 사용하며 보통 기울기는 1/100이다.

(1) 키의 종류

① 성크 키(sunk key)
- 축과 보스 양쪽에 키 홈이 있는 키로 가장 많이 사용한다.
- 키 윗면은 기울기가 1/100이다.
- 묻힘 키, 사각 키라고도 한다.

② 안장 키(saddle key)
- 큰 힘에는 적당하지 않다.
- 축은 가공하지 않고 보스에만 키 홈(기울기 1/100)을 만든다.
- 마찰력으로 회전력을 전달하는 데 사용한다.

③ 평 키(flat key)
- 납작 키라고도 한다.
- 키가 닿는 면의 축만을 평편하게 깎은 것으로 보스의 기울기는 1/100이다.

④ 접선 키(tangential key)
- 큰 동력을 전달하는 데 적당한 키이다.

- 키 홈을 축의 접선 방향에 만들고 테이퍼 키 2개를 한 조로 하여 끼운 키이다.
- 역전하는 축에는 120°각도로 두 곳에 설치한 것이다.
- 정사각형 단면의 키를 90°로 배치한 것을 케네디 키(kennedy key)라고 한다.

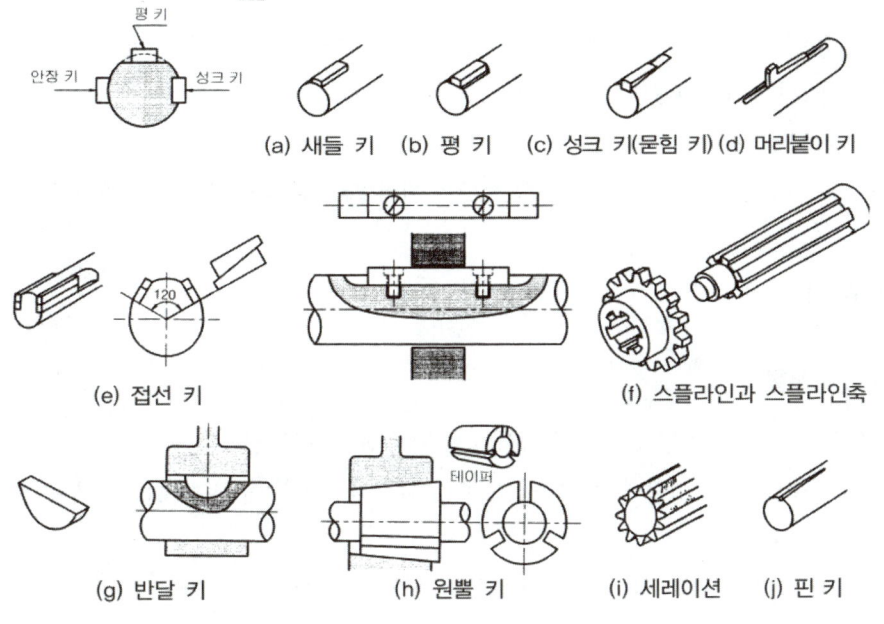

그림 6-5 키의 종류

⑤ 페더 키(feather key)
- 키의 기울기가 없는 키로 기어나 풀리를 축방향으로 이동할 경우에 사용한다.
- 키를 축이나 보스에 고정한다.
- 미끄럼 키(sliding key)라고도 한다.

⑥ 스플라인 축(spline shaft)
- 축 주위에 피치가 같은 평행한 키 홈을 4~20개 만든 것으로 보스를 축 방향으로 움직일 수 있다.
- 키보다 큰 토크 전달이 가능하다.
- 선반의 변속장치, 자동차의 변속기, 클러치, 항공기, 공작기계 등의 속도 변환 기구 등에 사용된다.

⑦ 세레이션(serration)
- 축에 작은 삼각형 키 홈을 만들어 축과 보스를 고정시킨 것이다.
- 같은 지름의 스플라인에 보다 많은 돌기가 있어 동력 전달이 크다.
- 자동차의 핸들이나 전동기, 발전기의 축 등에 사용된다.

⑧ 반달 키(woodruff key)

　키 홈을 축에 반달 모양으로 판 것으로 키를 끼운 후에 보스를 끼운다.
- 특히, 작은 지름(60mm 이하)이나 공작기계의 테이퍼 축에 쓰인다.

⑨ 둥근 키(round key)
- 회전력이 극히 작은 곳에 사용하며, 핀을 구멍에 끼워서 사용한다.
- 일명 핀 키(pin key)라고도 한다.

⑩ 원뿔 키(cone key)
- 축과 보스에 홈을 내지 않고 원뿔 슬롯을 끼워 박아 축의 임의의 곳에 마찰력으로 고정한다.

2. 핀(Pin)

(1) 일반사항

① 핀은 두 개 이상의 부품을 결합시키는 데 주로 사용된다.
② 나사 및 너트의 이완 방지, 핸들을 축에 고정하거나 힘이 적게 걸리는 부품을 설치할 때 사용한다.
③ 분해 조립할 부품의 위치를 결정하는데 많이 사용한다.
④ 핀은 강재로 만드나 황동, 구리, 알루미늄 등으로 만들기도 한다.

(2) 핀의 종류

① 평행 핀(dowel pin) : 기계 부품을 조립할 경우나 안내 위치를 결정할 때 사용된다.
② 테이퍼 핀(taper pin) : 테이퍼 $T=\dfrac{1}{50}$, 호칭지름은 작은쪽 지름으로 주축을 보스에 고정할 때 사용된다.
③ 분할 핀(split pin) : 너트의 풀림 방지나 바퀴가 축에서 빠지는 것을 방지하기 위하여 사용한다.
④ 스프링 핀 : 탄성을 이용하여 물체를 고정시키는 데 사용되며, 해머로 때려 박을 수 있는 핀이다.

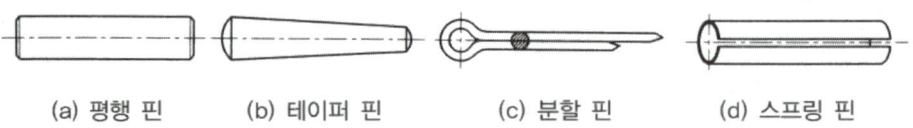

(a) 평행 핀　　(b) 테이퍼 핀　　(c) 분할 핀　　(d) 스프링 핀

그림 6-6 핀의 종류

(3) 너클 핀 이음

너클 핀 이음은 한쪽 포크(fork)에 아이(eye) 부분을 연결하여 구멍에 수직으로 평행 핀을 끼워 두 부분이 상대적으로 각운동을 할 수 있도록 연결한 이음이다.

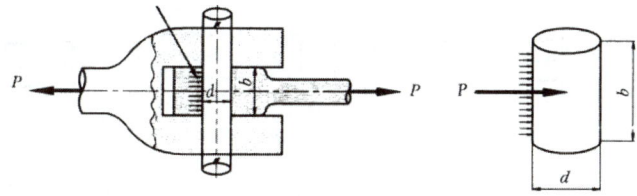

그림 6-7 너클 핀 이음

3. 코터(Cotter)

코터는 한쪽 또는 양쪽에 기울기를 갖는 평판 모양의 쐐기로 인장력이나 압축력을 받는 2개의 축을 연결하는 결합용 요소이다. 평행한 쐐기로 된 강철편의 코터를 로드(rod)와 소켓(socket)을 연결한 후 수직으로 끼워 두 축을 연결하는 이음이다. 대부분 이음을 해제할 필요가 있을 때 사용한다.

(1) 코터의 3구성 요소

로드(rod), 소켓(socket), 코터(cotter)

(2) 코터의 기울기(구배)

① 자주 분해 시 : $\frac{1}{5} \sim \frac{1}{10}$

② 보통 분해 시 : $\frac{1}{20}$

③ 반영구적일 때 : $\frac{1}{50} \sim \frac{1}{100}$

그림 6-8 코터이음

(3) 코터의 자립 조건

① 한쪽 기울기의 코터 : $\alpha \leq 2\rho$
② 양쪽 기울기의 코터 : $\alpha \leq \rho$

여기서, α는 경사각이고 ρ는 마찰각이다.

3 리벳이음(Riveting)

(1) 리벳의 종류

① 모양에 따른 분류

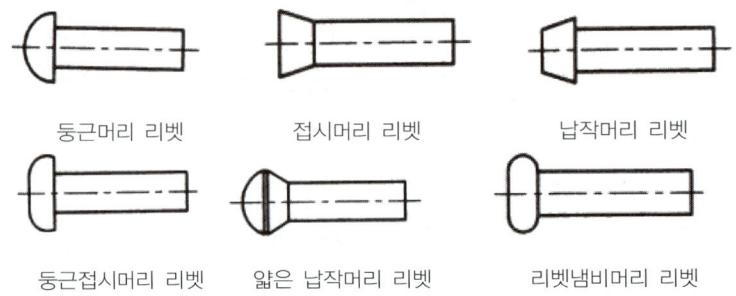

그림 6-9 모양에 따른 리벳의 종류

- 리벳의 호칭길이 – 머리 부분을 제외한 것 : 둥근머리 리벳, 납작머리 리벳, 냄비머리 리벳
- 리벳의 호칭길이 – 머리 부분을 포함한 전체 길이 : 접시머리 리벳
- 리벳의 길이 : $l = S + (1.3 \sim 1.6)d$ 여기서, S는 판 두께의 합, d는 리벳 직경이다.

② 사용목적에 따른 분류
- 구조용 리벳 : 강도만을 요하는 것(예 : 구조물, 교량)
- 저압용 리벳 : 주로 기밀 또는 수밀을 요하는 것(예 : 저압용 탱크)
- 보일러용 리벳 : 강도 및 기밀을 요하는 것(예 : 보일러, 고압 용기)

③ 제조 방법에 따른 분류
- 열간 성형 리벳 : 재료의 변태점 이상의 온도에서 머리 부분 성형
- 냉간 성형 리벳 : 냉간 가공에 의해 머리 부분을 성형

(2) 리벳 작업순서

① 드릴링(drilling) 또는 펀칭(punching)

② 리밍(reaming)

③ 리베팅(riveting)

④ 코킹(caulking) 또는 풀러링(fullering)

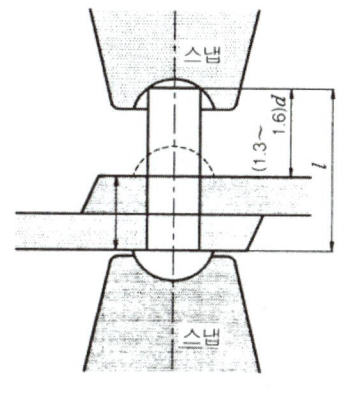

그림 6-10 리벳팅 작업

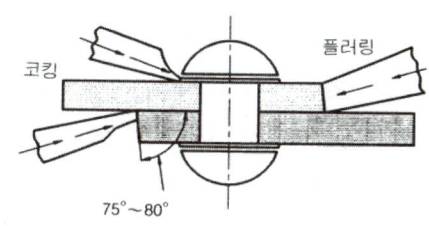

그림 6-11 코킹 및 플러링

(3) 리벳이음의 종류

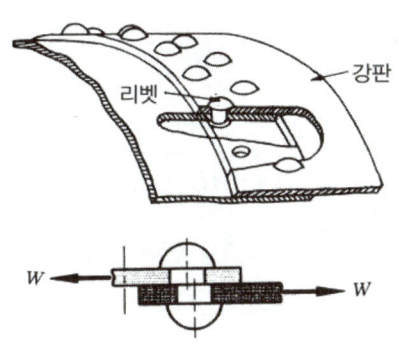

그림 6-12 겹치기 이음(2열 지그재그)

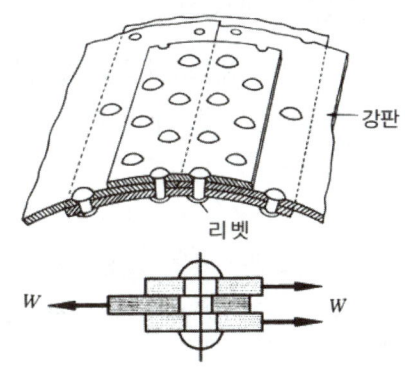

그림 6-13 맞대기 이음(양쪽 덮개 이음)

(4) 리베팅, 코킹, 플러링

① **리베팅** : 리벳 구멍은 지름 20mm까지는 펀칭으로 구멍을 뚫지만, 중요한 이음과 연성이 없는 강판에는 드릴링 또는 리머로 다듬질한다. 리벳의 구멍은 리벳의 지름보다 1~1.5mm 크게 뚫는다. 구멍을 맞추어서 겹쳐 놓고 가열된 리벳 섕크를 끼우고 머리를 스냅(snap)으로 받친 다음 섕크의 끝에 머리를 대고 손이나 기계력에 의하여 두드려 제2의 리벳 머리를 만들어 준다.

② **코킹(caulking)과 플러링(fullering)** : 고압 탱크, 보일러 등과 같이 기밀을 필요로 할 때에는 리베팅 후 리벳머리의 주위 또는 강판의 가장자리를 정(chisel)으로 때려 그 부분을 밀착시켜서 틈을 없애며 이것을 코킹이라 하며, 강판의 가장자리는 75°~85°기울어지게 절단한다. 기밀을 더욱 완전하게 하기 위하여 끝이 넓은 끌로 때려 리벳과 판재의 안쪽 면을 완전히 밀착시키는 데 이것을 플러링이라 한다.

4 용접이음(Welding)

(1) 용접이음의 특성

① 용접이음의 장점
- 이음 효율이 높고, 기밀성이 좋다.
- 구조가 간단하여 작업공정이 적어지고 제작속도가 빠르다.
- 재료와 제작비의 경감, 판의 두께에 제한이 없다.

② 용접이음의 단점
- 고열에 의한 재질의 변화, 진동을 감쇠시키기 어렵다.
- 팽창과 수축 및 잔류 응력이 발생한다.
- 비파괴 검사가 어렵다.

(2) 용접부의 구성

① 용착부 : 용접봉과 모재의 일부가 용융하여 응고된 부분
② 용접금속 : 용착부 금속
③ 용착금속 : 용접금속 중에서 용접봉이 녹아서 된 것
④ 열영향부 : 용융은 되지 않았지만 열에 의해서 조직과 특성이 변화한 모재 부분
⑤ 용접부 : 용착부+열영향부
⑥ 덧살 : 용접부에 치수 이상으로 표면으로부터 올라온 금속

(3) 용접의 종류

① 가스 용접 : 가스와 산소가 화합하여 발생하는 높은 온도의 연소열을 이용
② 아크 용접 : 낮은 전압으로 전류를 많이 통해 줌으로써 아크를 발생시키는 원리로 금속아크, 원자수소아크, 탄소아크 용접 등이 있으며 금속아크 용접이 가장 많이 사용
③ 전자 빔 용접 : 금속에 전자선을 투사하면 금속에 열이 발생하는 원리 이용
④ 레이저 용접 : 레이저는 파장이 극히 짧은 빛으로 이를 이용하면 수십 kW급의 고출력 용접이 가능
⑤ 플라스마 용접 : 기체를 수천도의 높은 온도로 가열하면 그 속의 가스 원자가 원자핵과 전자로 유리되어 양이온과 음이온 상태가 되는 플라스마 현상을 이용하여 용접

(4) 용접부의 분류

① 그루브 용접 : 접합할 모재를 맞대어 놓고 그 사이에 홈을 만들며 용접

② 필릿 용접 : 거의 직교하는 두 면을 결합하는 용접
③ 비드 용접 : 모재의 용접 홈을 가공하지 않고, 두 판을 맞대어 그 위에 그대로 비드를 용착시켜 용접
④ 플러그 용접 : 접합할 모재의 한쪽에 구멍을 뚫고, 판재의 표면까지 차게 용접
⑤ 덧살올림 용접 : 부재 표면이 마멸되었거나 치수가 부족한 표면에 비드를 쌓아 올린 용접

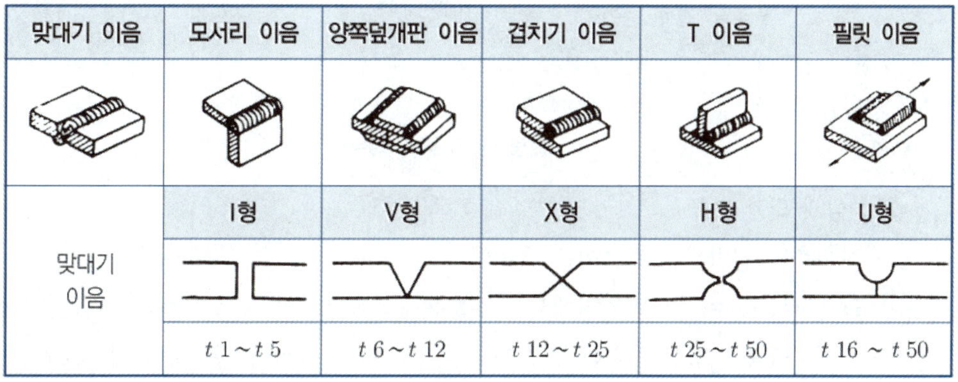

맞대기 이음	모서리 이음	양쪽덮개판 이음	겹치기 이음	T 이음	필릿 이음
맞대기 이음	I형	V형	X형	H형	U형
	$t\,1 \sim t\,5$	$t\,6 \sim t\,12$	$t\,12 \sim t\,25$	$t\,25 \sim t\,50$	$t\,16 \sim t\,50$

그림 6-14 용접이음의 종류

02 축계 기계요소

1 축(Shaft)

축은 베어링(bearing)에 지지되고 강도, 휨 그 밖의 기계적 필요조건을 구비하여 회전 및 왕복운동을 하는 기계요소이다.

(1) 축의 종류

① 작용하중에 의한 분류
- 차축(axle) : 주로 굽힘하중을 받으며, 정지차축과 회전차축이 있다.
- 스핀들(spindle) : 주로 비틀림하중을 받으며, 정밀하고 짧은 회전축으로 공작기계의 주축에 사용된다.
- 전동축(transmission shaft) : 주로 비틀림과 굽힘하중을 동시에 받으며, 일반 공장용으로 사용된다.
  - 전동축의 동력전달 순서는 다음과 같이 전달된다.
    주축(main shaft)→선축(line shaft)→중간축(counter shaft)→기계

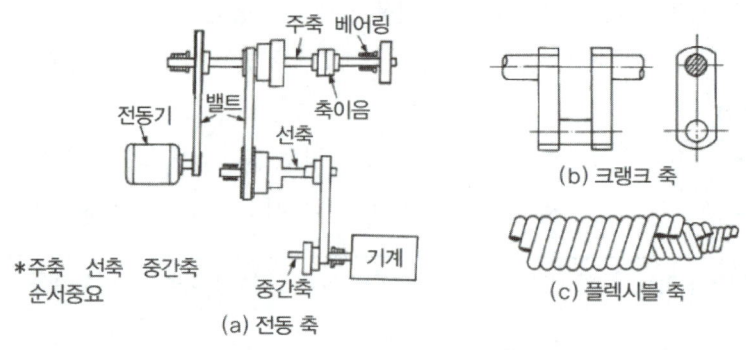

그림 6-15 축의 종류

② 형상에 의한 분류
- 직선축 : 일반적으로 쓰이는 축이다.
- 크랭크축 : 주로 내연기관에서 직선왕복운동을 회전운동으로 변환시키는 데 쓰인다.
- 플렉시블축 : 강선을 2중·3중으로 감아서 만든 축이며, 휨 및 충격, 진동이 심한 곳에 쓰인다.

(2) 축 설계 시 고려사항

① 강도 : 정하중, 반복 하중, 충격 하중 등 하중의 종류에 따라 충분한 강도를 갖게 한다.
② 응력 집중 : 축에 키 홈이나 코터 구멍, 노치, 단 붙임 등이 있는 부분은 단면적이 감소하고 변화가 급격하므로 응력이 집중하여 축의 강도가 감소하므로 이를 고려하여야 한다.
③ 변형 : 처짐변형(베어링압력 불균형), 비틀림변형(기계적 불균형) 등을 고려하여야 한다.
④ 진동 : 축은 굽힘 진동 또는 비틀림 진동에 의하여 공진하게 되면, 진폭이 점차 증대되어 파괴 가능하다.
⑤ 열응력 : 제트 엔진, 터빈의 회전축과 같이 고온 상태에서 사용되는 축은 열응력에 따라 베어링 하중이 증가하게 된다.
⑥ 열팽창 : 축의 온도 상승으로 인하여 축의 길이가 변화되고, 베어링 하중이 증가
⑦ 부식 : 선박의 프로펠러 축 등과 같이 항상 액체 중에서 접촉하고 있는 축은 전기, 화학적 작용을 고려하여야 한다.

(3) 축의 고장 원인과 대책

① 조립 및 정비 불량
- 기어, 풀리, 베어링 등의 끼워맞춤 불량과 키, 핀, 코터 등의 맞춤 불량 등을 수리하지 않고 사용했을 때 진동소음이 심하고 기어, 베어링의 수명이 급속히 저하되어 결국 사용이 불가능

한 상태가 된다. 그래서 보스 내경은 절삭 수리를 하고, 축은 살 더하기 보수 또는 신품으로 교체 후 정확한 끼워맞춤을 하여 사용하도록 한다.
- 굽은(휜) 축 사용 시 실(Seal) 부위 누유, 진동과 소음이 심하고 베어링의 발열이 커진다.
- 급유 불량은 기어 마모로 인한 소음을 증가시키고 베어링부의 발열을 발생시킨다. 그 대책으로는 적절한 유종(기름의 종류) 및 급유 방법을 사용하도록 한다.

② 설계 불량
- 재질의 불량으로 마모 및 굽힘이 발생할 수 있고, 단시간에 피로 파괴가 될 수 있다. 이 경우 재질을 변경하여 문제를 해결하도록 한다.
- 치수 및 강도 부족으로 인해 마모 및 굽힘이 발생하고, 단시간에 피로 파괴가 될 수 있다. 이러한 경우 크기(Size)를 조정하여 문제를 해결하도록 한다.
- 형상 및 구조 불량은 노치부의 응력 집중을 발생시켜 파단될 수 있으므로 형상을 개선하여 문제를 해결하도록 한다.

③ 자연 열화
- 끼워맞춤을 확인하고, 축을 분해하여 외관 검사 및 테스트를 하여 자연 열화의 원인을 찾도록 한다. 자연 열화로 인해서 끼워맞춤부의 마멸(마모), 녹, 흠, 변형, 굽힘 등이 발생할 수 있다.

(4) 축과 보스의 수리 방법

① 신품으로 교체
- 축은 새로 제작하여 처음과 같은 효과는 볼 수 있으나, 시간과 비용이 높다.
- 보스부는 내경을 수정하여 사용할 수 있다.

② 마모부의 살 더하기 용접
- 신품으로 교체하는 것보다는 비용이나 시간이 절약되나, 용접열 때문에 휨이 발생할 수 있고, 축 중앙부에 불량이 생길 수 있어 신뢰성은 낮은 방법이다.

③ 마모부를 잘라 맞춰 용접
- 신품으로 교체하는 것보다는 비용이나 시간이 절약되나, 용접 기술이 부족하면 신뢰성이 떨어진다.

④ 축을 깎아낸 후 신품 축의 외경을 수정, 부시를 제작하여 보스부에 끼워 수리하는 방법이 있다. 이때는 억지끼워맞춤을 하여야 한다.

⑤ 마모부를 잘라 버리고 비틀어 넣는 방법
- 용접축의 일부가 기어로 되어 있을 경우에 적용 가능하다.

⑥ 휜(굽은) 축의 정비를 현장에서 할 수 있는지의 판단
- 500rpm 이하, 베어링 간격이 비교적 긴 축이 휘었을 때
- 경하중 기계에서 축 흔들림 때문에 진동이나 베어링의 발열이 생긴 경우
- 베어링 중간부의 풀리, 스프로킷이 흔들려 소음이 발생하고 있는 경우

⑦ 축 굽힘 시 수리 방법
- 2개의 V블록에 축을 올려놓고, 굽은 곳을 짐 크로우(Jim Crow)를 대고 힘을 가하여 수리한다.
- 0.1~0.2mm 범위 내에서 수리 가능하다.

2 베어링(Bearing)

회전하는 축을 지지하여 축에 작용하는 하중을 받는 부분을 베어링이라 하고 베어링에 들어간 축부분을 저널이라 한다.

1. 베어링의 종류

(1) 하중상태에 의한 분류

① 레이디얼 베어링 : 축에 직각방향으로 하중을 받을 때 사용한다.
- 예 : 엔드 베어링, 중간 베어링

② 스러스트 베어링 : 축방향으로 하중을 받을 때 사용한다.
- 예 : 피벗 베어링, 칼라 스러스트 베어링

③ 합성 베어링 : 축방향 및 축과 직각방향의 하중을 동시에 받을 때 사용한다.
- 예 : 원뿔 베어링, 구면 베어링

(2) 접촉 방법에 의한 분류

① 구름 베어링(rolling bearing) : 구름 접촉
- 예 : 볼 베어링(ball bearing), 롤러 베어링(roller bearing)

② 슬라이딩 베어링(sliding bearing) : 미끄럼 접촉
- 레이디얼 베어링 : 엔드 베어링, 중간 베어링
- 스러스트 베어링 : 피벗 베어링, 칼라 스러스트 베어링

2. 베어링의 특성

(1) 미끄럼 베어링의 장·단점

① 장점
- 구조가 간단하고 가격이 싸다.
- 충격에 견디는 힘이 크다.
- 베어링의 수리가 용이하다.
- 베어링에 작용하는 하중이 클 때 주로 사용한다.

② 단점
- 시동을 할 때 마찰저항이 크다.
- 윤활유를 넣을 때 주의해야 한다.

(2) 구름 베어링의 장·단점

① 장점
- 윤활이 용이하고 기계의 소형화가 가능하다.
- 과열될 위험성이 적고 고속 회전에 적합하다.
- 규격품이 많으므로 교환과 선택이 용이하다.

② 단점
- 설치와 조립이 힘들고, 특수강을 사용하며 정밀가공해야 한다.
- 가격이 비싸다.
- 소음이 발생하기 쉽고 충격에 약하다.
- 초고속과 큰 하중으로서는 그다지 좋지 않다.
    - 최근 초고속에는 에어 베어링(air bearing)을 사용한다.

(3) 미끄럼 베어링과 구름 베어링의 비교

종류	미끄럼 베어링	구름 베어링
마찰	미끄럼 마찰(마찰저항이 크다.)	구름마찰(마찰저항이 작다.)
형상치수	바깥지름이 작고, 폭이 넓다.	바깥지름이 크고, 폭이 좁다.
내충격성	비교적 강하다.	비교적 약하다.
진동소음	비교적 작다.	비교적 많다.
고속운전	고속회전이 가능은 하나 구름 베어링에 비해 부적당	적당하다.
윤활	윤활장치가 복잡하다.	비교적 쉽다.
수영	길다.	짧다.
규격	규격화되어 있지 않다.	규격화되어 있다.

3. 미끄럼 베어링과 구름 베어링의 일반사항

(1) 미끄럼 베어링 메탈의 구비 조건

① 눌어 붙지 않아야 한다.
② 재료의 특성을 충분히 발휘할 수 있도록 성분이 고르게 분포되어야 한다.
③ 높은 내식성을 가져야 한다.
④ 높은 피로강도를 가져야 한다.
⑤ 마찰에 의한 마멸이 적어야 한다.

(2) 구름 베어링의 구조

구름 베어링은 내륜과 외륜 사이에 볼(ball) 또는 롤러(roller) 등의 전동체를 넣어 전동체의 간격을 일정하게 유지하기 위하여 리테이너(retainer)를 가지고 있다.

① 볼 베어링(ball bearing) : 단열과 복열의 두 종류가 있으며 단열 깊은 홈형, 레이디얼 볼 베어링, 복열 자동조심형 레이디얼 볼 베어링, 단식 트러스트 볼 베어링 등이 있다.

그림 6-16 구름 베어링의 구조

② 롤러 베어링(roller bearing)
- 원통 롤러 베어링 : 레이디얼 부하 용량이 매우 크고, 트러스트 하중을 전혀 받을 수 없다. 중하중용이며 충격에 강하다.
- 니들 롤러 베어링 : 길이에 비하여 지름이 매우 작은 롤러(지름 2~ 5mm)를 사용한 베어링으로 주로 리테이너가 없이 니들 롤러만으로 전동하므로 단위면적에 대한 부하량이 커서 좁은 장소에서 비교적 큰 하중을 받는 내연기관의 피스톤 핀에 사용된다.
- 원뿔 롤러 베어링 : 레이디얼 하중과 트러스트 하중을 동시에 받을 수 있으며, 주로 공작기계의 주축에 쓰인다.

(3) 볼 베어링과 롤러 베어링의 비교

비교항목 \ 종류	볼 베어링	롤러 베어링
하중	비교적 경하중용	비교적 큰 하중
마찰	작다.	비교적 크다.
회전수	고속 회전에 적당	비교적 저속 회전에 적당
내충격성	아주 작다.	작다(볼 베어링보다 크다.)

(4) 구름 베어링의 호칭법

형식번호 — 치수기호(나비와 지름기호) — 안지름번호 — 등급기호

① 첫 번째 숫자 : 형식번호
- 1 : 복렬 자동 조심형, 2, 3 : 복렬 자동 조심형(큰나비), 6 : 단열 홈형, N : 원통 롤러형, 7 : 단열 앵귤러 콘택트형(경사 접촉형)

② 두 번째 숫자 : 치수기호(폭기호＋지름기호)
- 0, 1 : 특별 경하중형, 2 : 경하중형, 3 : 중간형

③ 세 번째 숫자와 네 번째 숫자 : 안지름기호
- 00 : 안지름 10mm, 01 : 안지름 12mm, 02 : 안지름 15mm, 03 : 안지름 17mm
- 안지름 치수 9mm 이하의 한 자리 숫자는 그대로 표시하고 20mm 이상 500mm까지는 그 1/5의 수 값(두자리 숫자)으로 표시한다.

④ 다섯 번째 이후의 기호
- 베어링의 등급기호(무기호 : 보통급, H : 상급, P : 정밀급, SP : 초정밀급) 또는 실드 기호, 궤도륜 형상기호, 조합기호, 틈새기호 등이 있다.

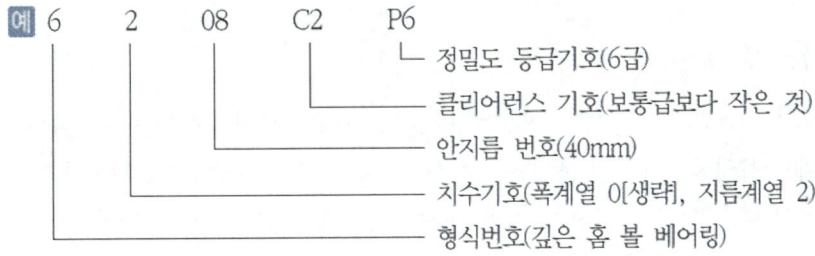

예 6 2 08 C2 P6
- 정밀도 등급기호(6급)
- 클리어런스 기호(보통급보다 작은 것)
- 안지름 번호(40mm)
- 치수기호(폭계열 0[생략], 지름계열 2)
- 형식번호(깊은 홈 볼 베어링)

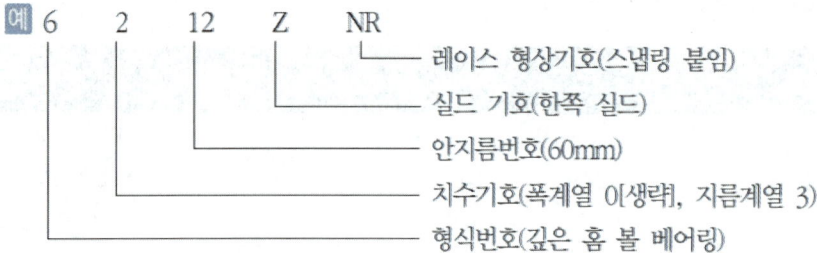

(5) 베어링 사용 시 주의사항

① 충격과 진동에 견딜 수 있어야 한다.
② 마찰에 의해 발생하는 열을 발산시킬 수 있어야 한다.
③ 먼지 등의 침입에 주의하고 윤활제 열화에 적절한 조치를 해야 한다.
④ 베어링 압력과 미끄럼 속도에 따른 윤활유 선정이 가능해야 한다.

(6) 베어링 장착 방법(한계온도 : 120℃)

① 열박음(가열 유조)에 의한 방법
  - 열을 가하여 100℃ 범위에서 열 박음을 실시하고, 120℃를 초과 가열하면 베어링에서 경도 저하가 일어나므로 주의하도록 한다.
② 고주파 가열기를 사용하는 방법
③ 프레스 압입에 의한 때려 넣는 방법
④ 해머를 이용한 압입시키는 방법
  - 오일 인젝션 : 높은 유압을 이용하여 베어링 내륜을 빼내는 것
  - 베어링용 어댑터 : 베어링을 적정한 틈새로 조립하기 위해 사용하는 것

3 축이음(Shaft Joint)

축이음은 모터나 발전기 등과 같은 제품의 축연결, 수리나 교체를 위한 분해, 축의 중심선의 어긋남, 기계의 유연성, 어떤 축에서 다른 축으로 이동하는 충격하중 감소, 과부하에 대한 보호, 회전체 진동의 감소 등을 공급하기 위해 사용하는 기계요소이다.

1. 커플링(Coupling)

(1) 커플링의 종류

① 두 축이 동일선상에 있는 경우 : 고정 커플링(fixed coupling)

② 두 축이 정확한 일직선상에 있지 않을 때 : 플렉시블 커플링(flexible coupling)
③ 두 축이 평행하는 경우 : 올덤 커플링(oldham's coupling)
④ 두 축이 교차하는 경우 : 유니버설 조인트(universal joint)

(2) 고정 커플링

① 머프 커플링 : 두 축을 맞대어 중심을 일치시켜 고정하며 구조가 단순한 반면 인장력이 작용하는 경우 사용하지 않는 것이 좋다.
② 마찰원통 커플링 : 2개의 분할통을 바깥쪽에서 링을 박아 사용할 수 있는 것으로 바깥둘레가 반원뿔형으로 1/20~1/30의 기울기를 가진다. 긴 전동축이나 150mm 이하의 진동이 없는 축에 사용 가능하다.
③ 플랜지 커플링 : 플랜지에 두 축을 끼워 고정하고 두 축의 중심을 맞춰 플랜지면의 볼트 구멍에 리머볼트로 체결한다. 큰 힘의 동력전달에 사용한다.

(3) 유연 커플링

① 올덤 커플링
  • 두 축이 평행하고, 두 축의 중심선이 일치하지 않고 각속도의 변화 없이 동력을 전달하고자 할 때 사용
  • 진동이 발생하고 회전수가 작아 고속회전에는 부적합하다.
② 유니버설 조인트 : 두 축의 중심선이 수시로 변화하는 경우, 즉 어떤 임의의 각으로 교체할 때 사용
③ 체인 커플링 : 결합할 두 축의 끝에 스프라켓 휠과 롤러 체인을 사용하여 축이음한 종류이다.
④ 기어 커플링 : 한 쌍의 내접기어로 구성되며, 두 축의 중심이 조금 어긋나도 토크 전달이

가능하다.
⑤ 그리드 커플링
- 동력 전달 시 축 유동 오차를 허용하는 종류이다.
- 두 축의 중심을 완전히 일치시키기 어려울 때도 사용 가능하다.
- 전달토크의 변동으로 축에 충격이 가해질 때 사용할 수 있다.
- 고속회전으로 인한 진동을 완화시킬 때 사용 가능하다.

2. 클러치(Clutch)

운전 중 필요에 따라 축이음을 차단시킬 수 있는 장치를 클러치라고 한다.

(1) 클러치의 종류

① 맞물림 클러치(claw clutch) : 원동축과 종동축의 끝에 서로 물림이 가능한 형상의 턱을 만들어 서로 맞물려 동력을 전달(사각형, 사다리꼴형, 톱니형, 삼각형, 나선형 등)
② 마찰 클러치(friction clutch) : 원동축과 종동축에 붙어 있는 마찰면을 서로 밀어붙여 발생하는 마찰력에 의하여 동력을 전달(원판 클러치, 원추 클러치)
③ 기타 클러치 : 비역전 클러치, 원심 클러치, 전자 클러치

03 전동용 기계요소

1 마찰차(Friction Wheel)

마찰차는 2개의 바퀴를 접촉시킨 다음 이것을 서로 밀어붙여 그 사이에 생기는 마찰력을 이용하여 두 축 사이에 동력을 전달시키는 데 사용된다.

(1) 마찰차의 응용 범위

① 전달하여야 할 힘이 크지 않고 속도비가 중요시되지 않는 경우
② 회전속도가 커서 보통의 기어를 사용할 수 없는 경우
③ 양축 사이를 자주 단속할 필요가 있을 경우
④ 무단 변속을 시키는 경우와 안전장치의 역할이 필요한 경우

(2) 마찰차의 종류

① **원통 마찰차** : 두 축이 평행한 평 마찰차, V홈 마찰차
② **원뿔 마찰차** : 두 축이 만나는 것
③ **변속 마찰차** : 구면차, 에반스 마찰차, 원뿔과 원판차

(3) 마찰차의 특성

① 운전이 정숙하며, 효율은 그다지 높지 않다.
② 미끄럼이 약간 생기므로 확실한 전동과 강력한 동력의 전달은 곤란하다.
③ 전동의 단속이 무리 없이 행해진다.
④ 무단 변속하기 쉬운 구조로 할 수 있다.
⑤ 과부하의 경우 미끄럼에 의한 다른 부분의 손상을 막을 수 있다.

2 기어(Gear)

동력을 전달시키는데 마찰차의 접촉면에 차례로 물리는 이(tooth)에 의하여 운동을 전달시키는 기계요소를 기어(치차)라 한다. 서로 맞물려 있는 기어에서 잇수가 많은 것을 기어(gear)라 하고, 잇수가 적은 것을 피니언(pinion)이라 한다.

(1) 기어의 특징

① 큰 동력을 일정한 속도비로 전달할 수 있다.
② 사용 범위가 넓다. (예 : 시계, 항공기 등)
③ 전동 효율이 좋고 감속비가 크다. (예 : 내접 기어, 웜 기어)
④ 충격에 약하고 소음과 진동이 발생한다.

(2) 기어의 종류

① 두 축이 평행한 경우

명 칭	그 림	특징 및 용도
평 기어 (Spur gear, 스퍼기어)		• 이가 축에 평행한 원통 기어 • 동력 전달용으로 사용 • 가장 일반적인 기어
헬리컬 기어 (Helical gear)		• 이의 변형과 진동, 소음이 작고 큰 동력 전달과 고속 운전에 적합한 기어 • 이가 잇면을 따라 연속적으로 접촉을 하므로 이의 물림 길이가 동일 • 임의로 비틀림 각을 선정할 수 있으므로 중심거리를 조정 가능

명 칭	그 림	특징 및 용도
더블 헬리컬 기어 (Double-helical gear)		• 좌우 두 개의 나선 이를 가지는 헬리컬 기어 • 일체형 • 추력이 발생하지 않음 • 헤링본 기어
래크(Rack)와 피니언(Pinion)		• 회전운동을 직선운동으로 변환 또는 직선운동을 회전운동으로 변환 가능
내접 기어 (Internal gear)		• 큰 기어 속에 작은 기어가 접하여 회전 • 가속기에 사용, 감속비가 크다.

② 두 축이 교차하는 경우

명 칭	그 림	특징 및 용도
베벨 기어 (Straight bevel gear)		• 기어의 이가 원뿔의 모선과 일치 • 동력 전달용 사용, 전동용으로 가장 널리 사용됨
스파이럴 베벨 기어 (Spiral bevel gear)		• 기어의 이가 곡선으로 된 베벨 기어 • 교차하는 두 축에 동력을 전달할 때 사용 • 이의 물림이 좋아 전동이 조용
마이터 기어 (Miter gear)		• 두 축이 직각으로 교차 • 기어의 잇수가 같은 한 쌍의 베벨 기어
크라운 기어 (Crown gear)		• 피치 원뿔각이 90° • 피치면이 평면으로 되어 있는 베벨 기어 • 축이 평행한 경우에 래크에 해당

③ 축이 평행하지도 교차하지도 않는 경우

명 칭	그 림	특징 및 용도
웜 기어 (Worm gear)		• 두 축이 직각이며 교차하지 않는 경우 • 큰 감속비를 얻을 수 있음 • 전동 효율이 매우 나쁜 기어
하이포이드 기어 (Hypoid gear)		• 어긋난 축 사이에 회전 운동을 전달 • 원추형 기어, 자동차의 차동장치로 사용
스크류 기어 (Screw gear)		• 비틀림 각이 서로 다른 헬리컬 기어를 엇갈리는 축에 조합시킨 기어

(3) 기어의 각부 명칭

① 피치원(pitch circle) : 축에 수직인 평면과 피치원이 만나는 원
② 원주 피치(circular pitch) : 피치원상의 이에서 이웃한 이까지의 원호 길이(p)
③ 지름 피치(diametral pitch) : 잇수를 inch를 표시한 기준 피치원 지름으로 나눈 값(DP)
④ 이끝 높이(addendum) : 피치원에서 이끝원까지의 거리(a)
⑤ 이뿌리 높이(dedendum) : 피치원에서 이뿌리원까지의 거리(d)

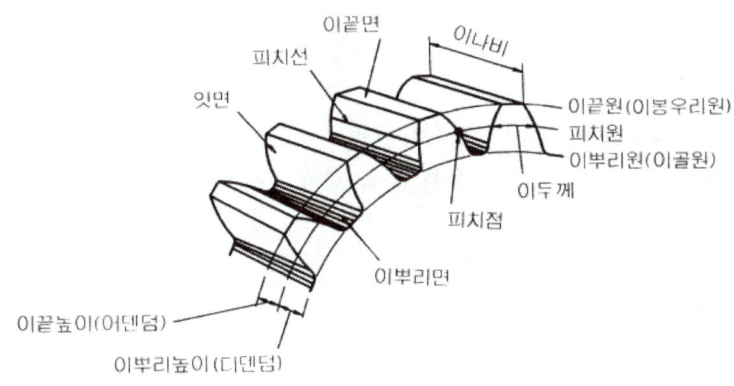

그림 6-17 기어의 각부 명칭

⑥ 이높이(whole depth) : 이의 총 높이($h = a + d$)

⑦ 유효 이높이(working depth) : 한 쌍의 기어에서 이끝높이의 거리(h)
⑧ 원주 이두께(circular tooth thickness) : 피치원에 따라 측정한 원호 이두께
⑨ 이나비(face width) : 축선 방향으로 측정한 이의 길이
⑩ 클리어런스(clearance) : 이뿌리원에서 상대 기어의 이끝원까지 거리
⑪ 뒷틈(back lash) : 한 쌍의 기어를 물리게 했을 때의 이 사이 간극
⑫ 잇면(tooth surface) : 기어의 이가 물려서 닿는 면
⑬ 압력각(pressure angle) : 잇면의 한 점에 반지름과 치형의 접선과 이루는 각(a)

(4) 치형 곡선

① 인벌류트(involute) 곡선 : 원기둥에 감은 실을 풀 때, 실 위의 한 점이 그리는 원의 일부를 곡선으로 한 것을 인벌류트 곡선이라고 한다. 일반 동력전달기계의 기어에 사용한다.
② 사이클로이드(cycloid) 곡선 : 피치원을 기초원으로 하여 그 위를 작은 원인 구름원이 미끄럼 없이 굴러갈 때 이 구름원 위의 한 점이 그리는 궤적(사이클로이드 곡선)을 치형 곡선으로 만든 것이다

(5) 치형의 간섭 및 언더컷

① 이의 간섭(interference of tooth) : 서로 맞물린 랙과 피니언에서 큰 기어의 이끝이 피니언의 이뿌리에 닿아서 회전할 수 없게 되는 현상
② 언더컷(undercut of tooth) : 치의 절하라고도 하며, 잇수가 적은 기어를 랙(rack) 공구나 호브로 절삭하면 이뿌리가 파여지게 되는 현상
③ 백래시(back lash) : 한쌍의 기어가 물고 돌아갈 때 윤활유 유막 두께, 기어의 치수오차, 중심거리의 변동, 열팽창, 부하에 의한 이의 변형, 축의 변형 등을 고려한 적당한 틈새, 즉 잇면의 놀음
④ 전위 기어(shifted gear) : 잇수가 적은 기어를 절삭하거나 언더컷을 방지하기 위하여 표준 이의 랙(rack) 공구로 표준 절삭량보다 낮게 절삭하여 기준 피치선의 피치원보다 다소 바깥쪽으로 절삭한 기어이다.

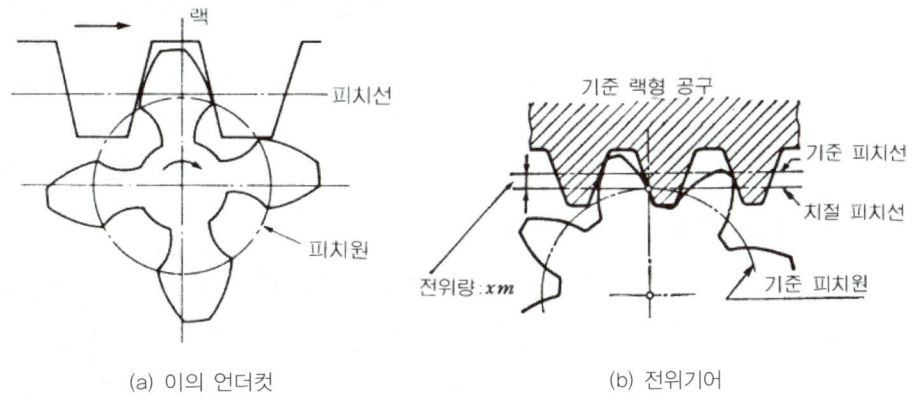

(a) 이의 언더컷 (b) 전위기어

그림 6-18 언더컷과 전위기어

(6) 기어 운전 초기에 일어나는 현상 및 손상

① 스코어링(접촉 마모) : 기어의 조립 불량 현상
  • 기어 조립 후 운전 초기에 발생하는 현상이다.
  • 스코어링의 원인 : 급유량 부족, 윤활유 점도 부족, 내압 성능 부족 등
② 피칭 : 기어의 윤활 불량으로 과하중에 의해 이의 표면에 균열이 생겨(표면 피로) 그 균열 속에 윤활유가 들어가면 유체역학적인 고압을 받아 균열이 발생하고 잇면의 일부가 떨어져 나가는 진행성 현상이다.
  • 박리 : 피칭 전 상태
③ 스폴링 : 기어의 제작 불량으로 충격 과하중, 기어 재료의 연질, 충격 고하중으로 인해 발생하는 것으로, 피칭보다 넓은 부분이 어느 정도의 두께를 가지고 최종적으로 박리되는 현상이다.
④ 이의 절손 : 충격, 이물질 혼입, 반복 피로, 과부하로 인하여 발생될 수 있다.
⑤ 어브레이진 : 기어 자체의 마모분, 외부로부터 먼지 혼입으로 인하여 발생될 수 있는 현상이다.

(7) 기어의 손상 원인

① 기어의 이 부분이 파손되는 주 원인 : 과부하 절손, 피로 파손, 균열, 소손 등
② 기어의 치면 열화 : 마모, 소성항복, 융착, 표면 피로, 이면의 간섭 등
③ 기어의 표면 피로에 의한 손상 : 초기, 진행성 피칭과 파괴적 스폴링 등이 원인이다.

3 벨트(Belt)

벨트 전동(belt drive)은 양축에 고정한 벨트 풀리(belt pully)에 벨트를 걸어서 마찰력에 의하여 동력과 운동을 전달하는 장치이며, 축간 거리가 10m 이하이고 속도비는 1 : 10 정도, 속도는

10~30m/s이다. 벨트의 전동 효율은 96 ~ 98%이며, 충격하중에 대한 안전장치의 역할을 하므로 원활한 전동이 가능하다.

1. 평 벨트

(1) 평 벨트의 종류

평 벨트는 충분한 유연성(flexibility)과 탄력성이 필요하므로 가죽, 직물, 고무 및 강철 등의 벨트가 사용되나 현재로서는 고무 벨트가 가장 일반적으로 사용되고 있다.

① 가죽 벨트 : 소가죽을 탄닌, 크롬 처리하여 탄성을 준 것으로 마찰계수가 크며 방열성도 좋다.
② 고무 벨트 : 무명 또는 인견에 고무를 침투시켜 가황한 것. 인장강도가 크고, 수명이 길다.
③ 직물 벨트 : 목면, 모(毛), 마(麻) 등으로 만들며 길이와 나비에 제한이 없다. 습기에 약하다.
④ 강철 벨트 : 강도가 제일 크나 벨트 풀리의 외주의 모양과 두 축의 평행도가 일치해야 한다. 두께 0.3~1.1mm, 폭 15~250mm 정도의 것을 사용한다.

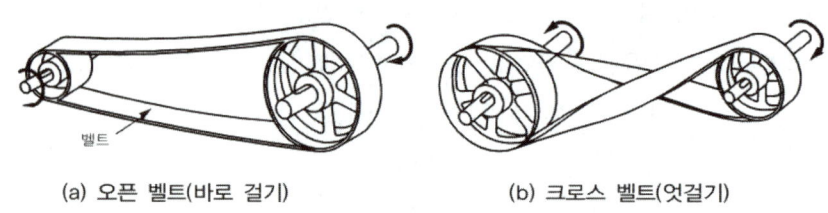

(a) 오픈 벨트(바로 걸기)   (b) 크로스 벨트(엇걸기)

그림 6-19 벨트를 거는 법

(2) 벨트 거는 법

벨트를 풀리에 거는 방법에는 바로걸기(평행형 걸기 : open belting)와 엇걸기(십자형 걸기 : cross belting) 등이 있다. 오픈 벨트는 원동차와 피동차의 회전방향이 같으며, 크로스 벨트는 회전방향이 반대이다.

① 두 축이 평행일 때 : 평행걸기와 십자걸기가 있다.
② 2축이 수직일 때 : 안내 풀리 사용

(3) 벨트에 장력을 가하는 방법

양 벨트 풀리의 지름 차이가 아주 크거나 축간거리가 짧을 때는 접촉각이 작으므로 미끄럼이 증대한다. 만일 축간거리가 아주 길고, 고속회전일 때는 플래핑(flapping) 현상이 생긴다. 이러한 현상을 없애고, 일정한 장력을 유지시켜 주기 위한 방법으로 다음과 같은 방법이 있다.

① 자중에 의한 방법
② 탄성 변형에 의한 방법
③ 스냅 풀리를 사용하는 방법
④ 보조 풀리를 사용하는 방법
⑤ 가요(可撓) 전동기계 이용법
⑥ 유성(遊星) 기어 이용법

2. V벨트

(1) V벨트의 특성

① 미끄럼이 적고, 속도비가 크다.(속도비 : 7~10)
② 고속운전을 시킬 수 있다.
③ 장력이 작으므로 베어링에 걸리는 부하가 작다.
④ 운전이 정숙하며, 충격의 흡수효과가 있다.
⑤ 벨트가 벗겨지는 일이 없다.
⑥ 이음이 없으므로 전체가 균일한 강도를 갖는다.
⑦ V벨트 단면의 형상은 M, A, B, C, D, E형의 6종류가 있으며, M에서 E쪽으로 갈수록 단면이 커진다.
⑧ V벨트의 길이는 사다리꼴 단면의 중앙을 통과하는 원둘레의 길이를 유효길이라 부른다.

$$호칭번호 = \frac{벨트의\ 유효둘레}{25.4}$$

예 A30 : V벨트의 단면은 A형이고, 유효둘레는 30인치이다.

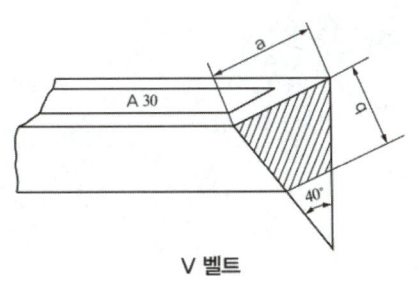

V벨트의 크기

형별	a	b
M	10.0	5.5
A	12.5	9.0
B	16.5	11.0
C	22.0	14.0
D	31.5	10.0
E	38.5	25.5

그림 6-20 V벨트 형식

⑨ 풀리의 홈 각도는 40°보다 작게 한다. (3종류: 34°, 36°, 38°) (V벨트 풀리의 홈 각이 V벨트의 각도에 비해 작은 이유는 V벨트가 굽혀졌을 때 단면 변화에 따른 미끄럼 발생을 방지하기

때문이다.

⑩ 축 간 거리가 5m 이하로 평 벨트보다 짧다. (평 벨트의 축 간 거리는 10m 이하)

(2) V벨트 정비에 관한 사항

① 2줄 이상을 건 벨트의 처짐은 균등하게 발생되어야 한다.
② 베이스가 이동할 수 없는 축 사이에서는 장력 풀리를 사용한다.
③ 벨트는 합성고무 재질로 되어 있어 장기간 보관하면 열화가 발생한다.
④ 홈 상단과 벨트의 상면은 거의 일치시켜 사용해야 한다.

(3) 기타 벨트

① 타이밍 벨트 : 벨트 풀리와 벨트 사이의 접촉면에 치형의 돌기가 있어 미끄럼을 방지하고 맞물려 전동할 수 있는 벨트이다.
② 레이스 벨트 : 원형의 긴 끈으로 된 벨트로서 전달력이 작은 소형 공작기계의 전동 벨트로 사용되고 있다.

3. 체인(Chain)

체인 전동(chain drive)은 보통 축간거리 4m 이하에 사용하며 아래 그림과 같이 스프로킷 휠(sprocket wheel)에 체인이 물려서 동력을 전달한다. 주로 축간거리가 짧고 기어 전동이 불가능한 경우에 사용된다.

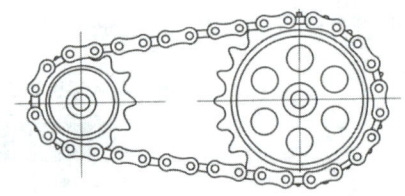

그림 6-21 체인 전동

(1) 체인 전동의 특징

① 미끄럼 없이 일정한 속도비를 얻을 수 있다.
② 초장력이 필요 없으므로 베어링의 마찰손실이 작다.
③ 접촉각이 90° 이상이면 전동 가능하다.
④ 내열, 내유, 내수성이 크며, 유지 및 수리가 쉽다.
⑤ 큰 동력 전달 효율이 95% 이상이다.

⑥ 체인의 탄성으로 어느 정도 충격하중을 흡수한다.
⑦ 진동, 소음이 생기기 쉽다.
⑧ 고속회전에 부석당하고 저속, 대 마력에 적당하며, 윤활이 필요하다.

(2) 체인의 종류

① 롤러 체인(roller chain)

롤러 링크판과 핀 링크판을 핀으로 엇갈리게 연결한 체인을 말하며, 롤러 체인에는 핀과 스프로킷 휠의 마멸과 마찰을 적게 하기 위한 롤러가 핀에 끼워져 있고 또 롤러와 핀 사이에는 부시(bush)가 있어 롤러의 마멸을 감소시켜 준다. 링크 수가 짝수일 때에는 이음 링크를, 홀수일 때에는 오프셋 링크를 사용하며, 짝수여야 사용하기에 편리하다. 축간거리는 피치의 40~50배로 한다.

② 사일런트 체인(silent chain; 고속 동력 전동용)

전동할 수 없는 고속회전이 필요할 때, 조용하고 원활한 운전이 필요할 때 사용된다. 사일런트 체인은 스프로킷 휠의 치와의 접촉면적이 크므로 운전은 원활하고, 전동효율도 98% 이상까지 도달한다. 고가이며, 공작이 어렵다. 링크의 양끝의 경사면이 맺는 각을 면각이라 하며, 보통 52°, 60°, 70°, 80°의 4종류가 있으며, 피치가 큰 것일수록 면각이 작은 것을 사용한다.

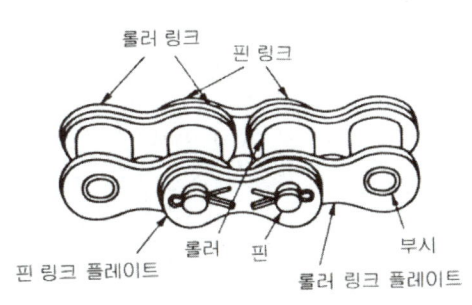

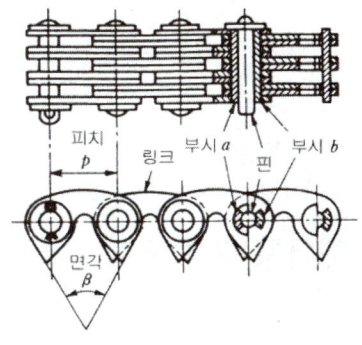

* 롤러체인 3구성요소 : 롤러, 핀, 부시

(a) 롤러 체인　　　　　　　　　　(b) 사일런트 체인

그림 6-22 롤러 체인과 사일런트 체인

③ 블록 체인

안경모양의 블록과 플레이트(plate)의 링크를 핀(pin)으로 연결한 체인으로 모두 강철로 만들고, 핀은 플레이트 링크(plate link)에 고정되어 있으며, 양끝이 졸라 매어져 있다. 4~4.5m/sec 이하의 저속도의 전달에 적당하며, 비교적 값이 싸나 마찰부분이 많고 경하중에는 적합하지만 중하중에는 적합하지 않다.(체인블록, 하역기계 등에 이용)

④ 디태쳐블 체인(detachable chain)

핀틀 체인을 간단하게 한 것으로 부착이 간편하며, 강도, 정밀도가 낮고 저속 및 소하중 동력전동용(운반용)으로 쓰인다.

⑤ 쇼트 링크 체인(short link chain)

둥근링을 용접 또는 단접하여 만든 것으로 중량물의 하역에 쓰인다.

⑥ 기타

그 밖에 물품운반용으로 핀틀 체인, 컴비네이션 체인, 어태치먼트 체인 등이 있다.

- 링크 체인(link chain) : 원형 단면을 가진 가는 연강봉으로 타원형으로 구부려 이어서 만든 것으로 인양용으로 사용되고 있다.
- 핀틀 체인(pintle chain) : 오프셋 링크에서 링크판과 부시를 일체화시킨 것으로 오프셋 링크와 이음핀으로 연결되어 있으며, 저속 중용량의 컨베이어, 엘리베이터 등에 사용되고 있다.

(3) 체인 사용상 주의할 점

① 용량에 맞는 체인을 사용하고, 무게중심을 맞추고 모서리는 피하는 것이 좋다.
② 과부하는 되도록 피하고, 작업 전에 이상 유무를 확인하도록 한다.
③ 정격 하중의 70~75%, 충격 하중은 1/4 이하로 사용해야 한다.
④ 체인 블록을 2개 사용 시 무게중심이 한 곳으로 쏠리지 않아야 한다.
⑤ 물건을 장시간 걸어두지 않도록 한다.

04 제어용 기계요소

1 브레이크(Break)

브레이크는 기계의 운동 부분의 에너지를 흡수해서 속도를 느리게 하든가 정지시키는 장치이며, 구성으로는 작동부, 마찰부, 조작부 등이 있다.

(1) 브레이크의 종류

① 마찰 브레이크(friction brake) : 가장 많이 사용된다.
- 원주 브레이크블록 브레이크(block brake; 단식·복식 브레이크)
- 밴드 브레이크(band brake)

- 내확 브레이크(expansion brake)

② 축방향 브레이크
- 원판 브레이크(disc brake)
- 원뿔 브레이크(cone brake)

(2) 자동하중 브레이크

하중에 의하여 일정한 방향의 회전에 한하여 자동적으로 브레이크가 작용한다. 웜 브레이크(worm brake), 나사 브레이크(screw brake), 캠 브레이크(cam brake), 원심력 브레이크(centrifugal brake), 코일 브레이크(coil brake), 로프 브레이크(rope brake), 전자기 브레이크(electra-magnetic brake) 등이 있다.

2 스프링(Spring)

코일 스프링은 탄성이 큰 재료로 만들어지고, 하중의 작용에 따라 변형한다. 스프링에 외력이 작용하면 변형되므로 외력은 일을 하는 셈이고, 이 일은 스프링에 변형에너지 형태로 저장된다. 스프링에 작용시킨 외력을 제거하면 변형은 원래대로 돌아가고 변형된 에너지가 방출된다.

(1) 스프링의 용도

① 완충용(충격 에너지 흡수, 방진) : 차량용 현가장치, 승강기 완충 스프링 등
② 축적 에너지 이용 : 계기용 스프링, 시계의 태엽, 완구용 스프링, 축음기, 총포의 격심용 스프링 등
③ 복원성 이용 : 밸브 스프링, 조속기 스프링 등
④ 하중 조절용 : 스프링 와셔

(2) 스프링의 종류

① 형상에 따른 분류
- 코일 스프링(coil spring) : 인장용과 압축용
- 판 스프링(leaf spring) : 자동차의 현가장치로 널리 사용
- 스파이럴 스프링(spiral spring) : 시계나 계기류의 동력용
- 토션 바 스프링 : 소형 승용차의 현가용

05 관계 기계요소

1 관 이음쇠

관 이음쇠의 기능으로는 관로의 연장, 관로의 곡절(구불구불 꺾인 상태), 관로의 분기 등이 있다. 배관의 직선 연결 이음에 사용되는 배관용 관 이음쇠에는 유니온, 니플, 부싱 등이 있고, 아래 그림은 강관용 사용처별 이음쇠의 분류이다.

① 배관의 방향을 바꿀 때 : 엘보우, 밴드
② 관을 도중에서 분기할 때 : T, Y, 크로스
③ 동경관을 직선 결합할 때 : 소켓, 유니온, 니플
④ 이경관의 연결 : 이경 소켓, 이경 엘보우, 이경 티이, 부싱
⑤ 관 끝을 막을 때 : 플러그, 캡
⑤ 플랜지 부착기기에 접합할 때 : 플랜지

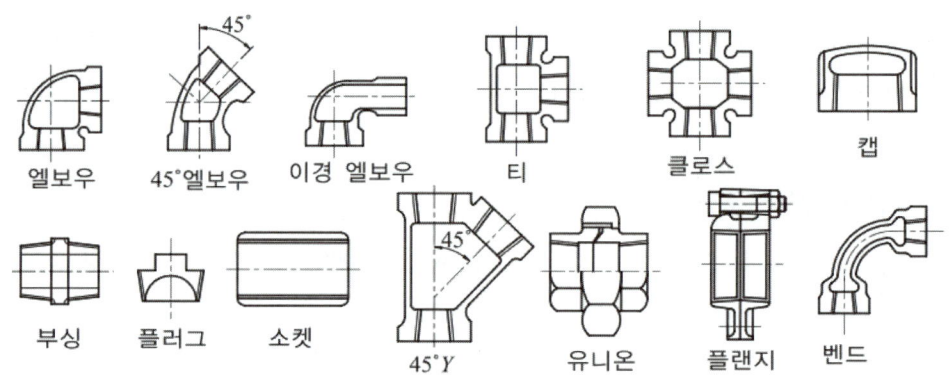

그림 6-23 사용처별 관 이음쇠(강관용)

2 관 이음의 종류

① 용접 이음
- 관과 관을 용접하여 결합하는 방법, 고온·고압 배관 이음 시 누설의 염려가 적어 유리하다.

② 플랜지 이음
- 나사 이음 방법으로 부착하고 관경이 비교적 클 경우, 내압이 높을 경우 사용되며 분해 조립이 편리하여 관내 이물질 제거가 수월하다.

③ 플레어 이음
- 플레어 작업 : 관의 선단부를 원추형의 펀치로 나팔형으로 펴는 작업
- 동관 이음 시 플레어를 만들어 연결하는 방법이다.

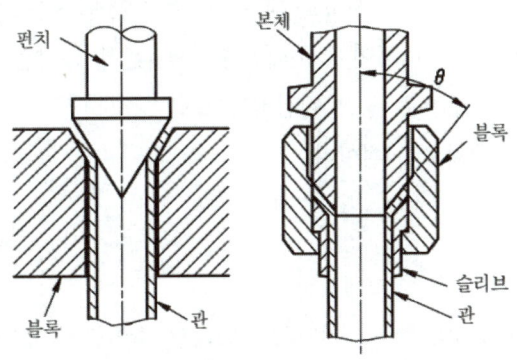

그림 6-24 플레어 이음

④ 신축 이음
- 열에 의한 관의 수축을 허용하고 축 방향으로 과도한 응력이 걸리지 않게 하기 위해 신축이 가능한 이음쇠로 파형관 이음, 루프형 이음, 쇼밴드형 이음 등의 종류가 있다.

⑤ 유니언 이음
- 배관 정비 시 분해가 필요한 관 이음에 사용한다.

⑥ 주철관 이음
- 주철관을 지하에 매설할 경우에 사용된다.
- 주철관은 강관에 비하여 내식성이 우수하고 가격이 저렴하다.

⑦ 나사 이음
- 소형관 이음에 주로 사용한다.

06 밸브의 점검 및 정비

1 밸브에 대한 일반적인 사항

① 밸브의 크기는 호칭 경으로 나타내며 강관이나 이음쇠의 호칭 경 치수와 일치해야 한다.
② 호칭 경을 나타낼 때 A열은 mm 단위, B열은 인치 단위이다.

2 밸브의 취급

밸브는 유체 흐름의 단속과 변경, 유량, 온도, 압력 등을 조절하기 위하여 유체 통로의 개폐를 행하는 요소이다. 운전 중에 사고를 방지하기 위하여 반드시 정기 점검을 실시해야 하며, 1일 24시간 연속 운전을 고려하여 표준적인 기간을 정하여 점검할 수 있도록 한다.
① 1,000시간을 기준으로 정기 점검하도록 한다.
② 4,000시간을 주기로 교환한다.

3 밸브 플레이트

밸브 플레이트는 유체의 흐름을 차단하기 위한 판이라 할 수 있다. 다음은 압축기 밸브 플레이트 교환 시 유의 사항이다.
① 마모된 플레이트는 절대 뒤집어서 사용하지 않도록 한다.
② 두께의 0.3mm 이상 마모되면 교환해 사용해야 한다.
③ 마모 한계에 달하였을 때는 파손되지 않게 교환해야 한다.
④ 교환 시기가 되었으면 사용 한계의 기준치 내에서 무조건 교환하도록 한다.

4 밸브의 고장

① 조립 불량에 의한 고장 3가지
  - 밸브 조립 순서의 불량
  - 밸브 홀더 볼트의 체결 불량
  - 밸브 홀더 볼트의 조립 불량
② 취급 불량에 의한 고장 4가지
  - 리프트의 과대
  - 볼트의 조임 불량
  - 시트의 조립 불량
  - 스프링과 스프링 홈의 부적당

07 펌프의 점검 및 정비

1 펌프의 종류와 특성

펌프는 용적형과 비용적형으로 분류된다.

① **터보형 펌프** : 회전하는 회전차의 동력학적 작용에 의한 방법으로 유체를 수송하는 펌프이다. 원심식, 사류식, 축류식 등이 있고 비용적형이라 한다.
- 원심식 펌프 : 액체가 회전차의 원심력에 의해 속도에너지를 받아 작동하는 펌프이다.
- 축류식 펌프 : 회전차의 입구와 출구에서 모두 축 방향으로 유입, 유출하는 구조로, 안내날개의 양력에 의한 압력에너지와 속도에너지를 주는 펌프이다.
- 사류식 펌프 : 회전차의 입구와 출구가 모두 경사진 방향으로 유입 및 유출하는 구조이다.

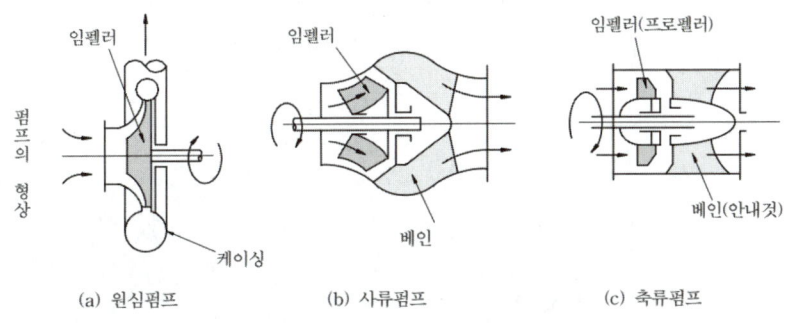

그림 6-25 비용적형 펌프

② **용적형 펌프** : 밀폐된 용기 내에 용기와 로터 사이의 공간에 액체를 채워 그 체적을 입구에서 출구로 옮겨 토출하는 원리이다.
- 왕복식 펌프 : 피스톤 또는 플런저의 왕복 운동에 의해서 액체를 흡입하여 소요의 압력으로 압축 후 송출하는 원리로 고속, 고압용으로 적합한 펌프이다.
- 회전식 펌프 : 기어, 베인, 스크류 등의 회전 운동에 의하여 액체를 수송하는 펌프이다.

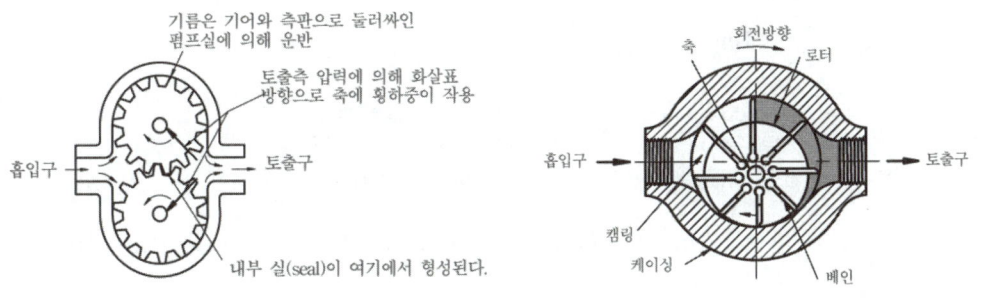

그림 6-26 기어 펌프 및 베인 펌프

③ **기타**
- 벌류트 펌프 : 벌류트실에서 임펠러로부터 바깥쪽으로 고속으로 보내는 액체의 속도에너지를 압력에너지로 변환시켜 액체를 수송하는 원심펌프의 종류이다.

- 디퓨저 펌프 : 임펠러의 바깥쪽에 안내깃을 두고 있는 원심펌프의 종류로 고양정에 적합하다.
- 베인 펌프 : 용적형 회전펌프로서 회전하는 로터에 베인이 반경방향으로 배치되어 베인과 베인 사이로 액체를 받아 입구에서 출구로 이송하는 원리이다. 비교적 고장이 적고 보수가 용이하다.
- 나사 펌프 : 나사 모양의 회전자를 회전시켜 액체를 나선 사이로 통과 해 나가도록 한 원리로 액체를 수송한다.
- 다단 펌프 : 1개의 펌프에서 2개 이상의 임펠러를 동일 회전축에 장치한 것으로서 토출 양정을 높이기 위한 것이고 원심 펌프의 한 종류이다.

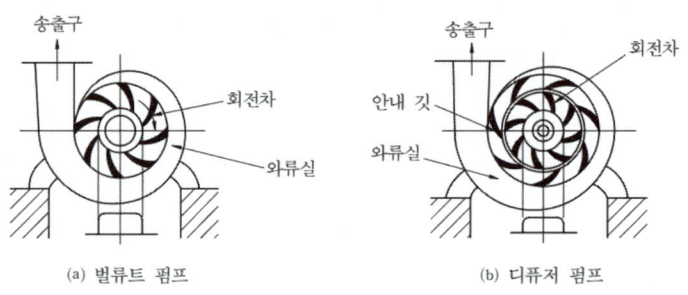

그림 6-27 벌류트 펌프 및 디퓨저 펌프

2 펌프 동력과 제효율(諸效率)

① 체적 효율

$$\eta_v = \frac{Q}{Q_{th}} \times 100 = \frac{Q_{th} - \Delta Q}{Q_{th}} \times 100 [\%]$$

Q : 실제 송출량[m³/s] Q_{th} : 이론 송출량[m³/s]
ΔQ : 누설유량[m³/s] $Q_{th} = q \cdot N$
q : 펌프 1회전당 배제용량[m³/rev] N : 펌프 회전수[rpm]

※ 단위 환산 : $1m^3 = 1000L$, $1L = 1000cc$, $1min = 60sec$, $1m^3/min = \frac{1}{60}m^3/s$

② 토크 효율

$$\eta_T = \frac{T_{th}}{T} \times 100 = \frac{T_{th}}{T_{th} + \Delta T} \times 100 [\%]$$

T_{th} : 이론 토크[N · m, J] T : 실제 토크[N · m, J]
ΔT : 손실 토크[N · m, J]

※ 단위 : $1J = 1N \cdot m$, $1kJ = 1000J$

$$T_{th} = \frac{PQ}{2\pi}$$

> P : 토출 압력[N/m², Pa]
> $1Pa = 1\text{N/m}^2$
> $1kPa = 1000Pa = 1000\text{N/m}^2$

③ 펌프 동력

$$L_p = \frac{P \cdot Q}{1000} = \frac{\gamma QH}{1000} [\text{kW}]$$

> P: [N/m²]
> Q: [m³/s], 압력과 송출량 단위 맞춰 대입할 것
> γ: 비중량[N/m³]
> H: 전양정, 전수두[m]

$1\text{MPa} = 10^6\text{Pa} = 10^6\text{N/m}^2 = 10^3\text{kPa}$

$1\text{kW} = 1000\text{W} = 1000\text{N} \cdot \text{m/s} = 102\text{kg}_f \cdot \text{m/s}, \ 1\text{kg}_f = 9.8\text{N}$

④ 펌프 효율

$$\eta = \frac{L_p}{L_s} \times 100 [\%] = \eta_v \cdot \eta_T$$

> L_s : 소요동력[kW], 축동력이라고도 하며 펌프의 효율은 펌프 전효율로도 표현됨.

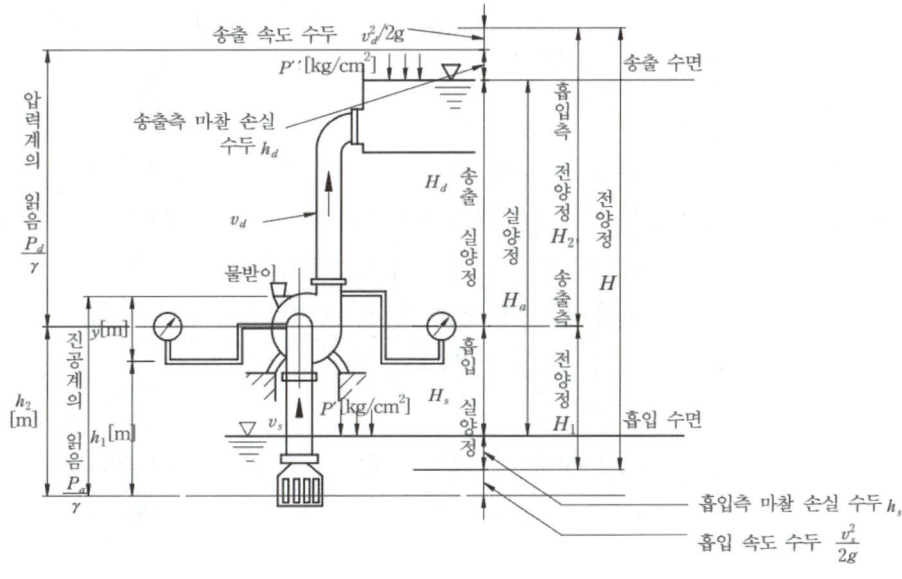

그림 6-28 원심 펌프의 양정

3 공동 현상(Cavitation, 캐비테이션)

유동 중 유체의 정압이 유체의 증기압보다 낮아지게 되면 국부적으로 기포가 발생하며 그 기포가 모여 성장하여 공동부를 만드는 현상이다.

① 발생조건

펌프 흡입관 입구에서 유동 저항으로 인하여 압력저하가 발생하고 깃 뒷면에서 압력 강하가 더 커 최저압력이 액체에 대한 포화증기압과 같으면 공동 현상이 일어날 한계조건이 된다.

② 공동 현상에 의한 현상
- 소음과 진동이 수반된다.
- 유동깃에 침식 현상이 생긴다.
- 양정이 낮아지고 효율이 감소하는 현상이 발생한다.

③ 캐비테이션 방지책
- 펌프 회전수를 감소시킨다.
- 흡입관의 손실을 가능한 작게 하기 위하여 흡입속도를 감소시킨다.
- 단흡입 펌프면 양흡입 펌프로 바꾼다.
- 펌프의 설치 위치를 낮춤으로써 유효 흡입 수두를 증가시킨다.
    ※ 유효 흡입 수두(NPSH; Available net positive suction head) : 펌프 운전 시 캐비테이션 발생 없이 펌프가 안전하게 운전되고 있는가를 나타내는 척도이다.

4 수격 현상(Water Hammer)

① 원인
- 갑자기 유로가 좁아들 경우, 즉 관에 부착된 밸브가 닫히는 경우 유체가 밸브를 때려 운동에너지가 압력에너지로 변화하고 압축파를 형성하여 상류 방향으로 유동하며 다시 밸브쪽으로 되돌아 오면서 관벽을 타격하는 현상이 반복적으로 일어나는 현상이다.
- 펌프 운전 중 갑자기 펌프가 정전 등의 이유로 멈추었다가 정상 운전되는 경우 정상 압력을 초과하여 압력변동이 수반되는 현상이다.

② 방지책
- 플라이휠(fly wheel)을 설치하는 방법 : 관성을 주기 위한 방법이다.
- 조압수조(surge tank)를 설치하는 방법 : 적정 압력을 유지하기 위하여 관로 중에 설치하는 방법이다.
- 송출구 근처에 송출밸브를 설치하는 방법 : 송출구 압력을 제어하는 방법이다.

5 맥동 현상(Surging)

맥동 현상이란 유량과 양정이 주기적으로 변화하는 현상이다.

① 맥동 현상이 일어날 조건
- 송출구 관로 중에 외부와 연결된 물탱크나 공기탱크가 있을 때 발생할 수 있다.
- 물탱크 송출구 뒤쪽에서 유량조절을 밸브로 할 때, 유량이 줄어들면 양정이 일시적으로 증가하여 펌프 저항이 증가하게 된다. 이와 같은 현상이 맥동 현상이다.

② 맥동 현상의 방지책
- 맥동 현상 방지가 완벽하지는 않지만 깃 출구각을 감소시켜 작게 한다.
- 관로 속의 공기나 가스 등을 외부로 배출시켜 유체의 저항을 감소시킨다.
- 송출밸브 후방의 밸브 조정으로 유량을 변화시킬 때 맥동 현상시 양수량 이상으로 증가시키며 회전수 변화를 준다.

6 펌프의 특성곡선과 펌프 운전

① 펌프의 특성곡선

펌프시험 장치에서 회전을 일정하게 유지하면서 펌프의 송출밸브를 조정하여 관로에 저항을 줌으로써 효율(η), 양정(H), 축동력(L)의 관계를 무차원으로 표시한 곡선이다.

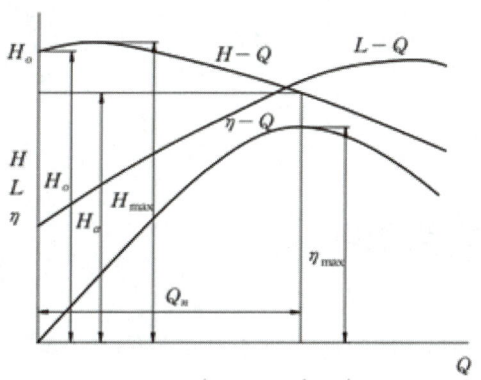

그림 6-29 펌프의 특성곡선

② 펌프 운전상 주의 사항
- 소음, 동력 관계(과부하), 베어링 온도, 모터의 과열, 압력, 진공, 전류계 판독 등에 주의하여 운전하도록 한다.

③ 시운전 시 주의 사항
- 공회전을 시키지 않고, 액체 흡입 확인
- 모터 회전 방향 확인

- 밸브 개폐 상태 확인 시 주의할 것
- 압력, 진공, 전류, 소리, 진동, 베어링 온도 확인 시 주의할 것

7 펌프의 보수 관리

① 베어링의 사용 관리
- 베어링 하우징부에서 나는 거친 소리나 두드리는 소리는 베어링에 이물질이 있음을 의미한다.
- 베어링 하우징부에서 나는 휘파람 소리는 윤활유가 부족하다는 의미이다.
- 베어링 온도는 정상운전 상태에서 주위 온도보다 20~30℃ 초과하지 않도록 한다.

② 기어 펌프의 고장 원인과 대책
- 폐입 현상 : 기어 펌프 작동 시 오일의 일부가 기어의 맞물림에 의해 두 기어의 틈새에 갇혀서 다시 원래의 흡입측으로 되돌려지는 현상으로 릴리프 홈이 있는 기어를 사용하면 방지할 수 있다.
- 기어 펌프에서 폐입 현상 시 발생되는 사항으로는 고압 발생, 기어의 진동, 소음 발생 등이 있다.

③ 펌프 부식의 가속화 원인
- 유체 내의 산소량이 많을수록 부식되기 쉽다.
- 온도가 높을수록, 유속이 빠를수록 부식되기 쉽다.
- 표면이 거칠수록 그리고 재료가 응력을 받고 있는 부분은 부식되기 쉽다.

08 송풍기의 점검 및 정비

송풍기는 공기의 유동을 일으키는 기계 장치이다. 즉, 임펠러를 전동기에 의해 회전시켜 공기를 흡입하고 압력을 가하여 덕트로 이송시키는 기계다. 압력은 0.1~1.0atm 기압(1.0332~10.332mAq)이고, 공기조화 시스템 및 각종 흡·배기 시스템에 사용되고 있다.

1 송풍기의 구성

송풍기는 용기(Casing), 회전차(Impeller), 축(Shaft), 베어링(Bearing), 커플링(Coupling), 베드(Bed) 등으로 구성된다.

분류	깃 형상
다익팬(multiblade fan)	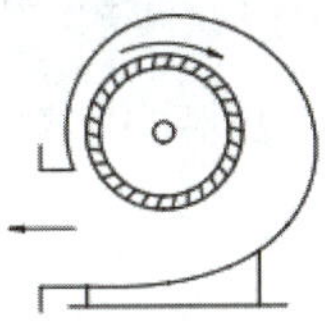
반경류형팬(radial fan)	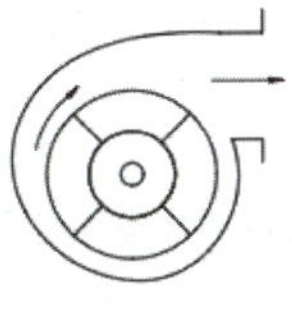
터보팬(turbo fan)	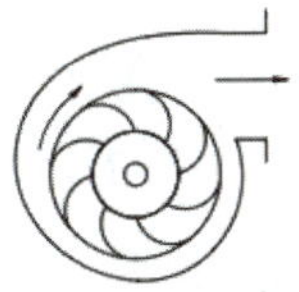
익형팬(airfoil fan)	
한계부하팬(limited fan)	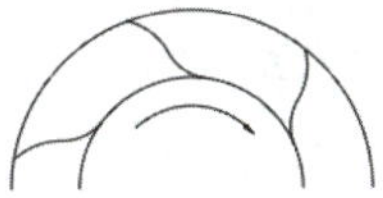

그림 6-30 원심식 송풍기의 종류 및 깃 형상

2 송풍기 설치 시 확인 사항

① 송풍기를 설치하기 전 기초 작업이 필요하고 기초 작업 시 확인해야 할 사항으로는 기초 치수, 기초 볼트 위치, 부품배치 위치 확인 등이 있다.
② 송풍기 임펠러 축의 수평을 맞출 때는 수준기를 사용하고 축의 처짐 등을 확인할 경우는 다이얼 게이지를 이용한다.
③ 송풍기를 설치한 곳의 기초 지반이 연약할 때는 진동으로 인해 고장 발생 가능성이 높다.
④ 고온가스를 취급하는 송풍기의 중심내기(centering, alignment)를 할 때는 열팽창을 우선적으로 고려해야만 한다.

3 송풍기의 유지관리 주안점

① 송풍기의 정기 점검 3위치 : 임펠러, V벨트, 베어링

② V벨트는 정기적으로 교환
- 운전시간 7,000~10,000시간 경과하면 신품으로 교환할 것
- 보통 1년 반에서 2년마다 신품으로 교환

③ 벨트 교체 시 주의사항
- 송풍기 동력 제어판의 전원 스위치를 차단
- 방호커버의 안전덮개를 벗겨내고 벨트를 바깥쪽부터 순서대로 벗겨내는데 손이 끼지 않도록 주의한다.
- 벨트를 벗겨내고 송풍기와 모터의 활차가 일직선상에 있는지 확인하고, 그렇지 않다면 일직선상에 놓일 수 있도록 잡아주고, 새로운 벨트를 1새씩 걸어 벨트의 굴곡이 적당한지 확인한다. 벨트를 걸면서 손이 벨트에 끼지 않도록 주의한다.
- 조립 완료 후 매일 1회, 그 후에는 1개월에 1회 점검하도록 한다.

④ 임펠러 청소는 연 1회

⑤ 베어링의 정비불량은 소음발생의 원인
- 베어링 유닛 구성은 베어링, 베어링 상자 및 밀봉장치이고 추정 수명은 2년이다.
- 베어링의 유지관리 주의점은 이상음 발생 유무이다. 확인 방법은 청각 그리고 베어링부의 온도 적정성으로 손으로 베어링 상자에 10초 이상 접촉해 70℃ 이하이면 이상 없다.
- 베어링 윤활법은 모두 그리스 윤활이 채용된다.

4 송풍기 점검 관련 사항

① 송풍기 축의 온도 상승에 따른 신장에 대한 대책

송풍기 축은 압축열이나 취급하는 가스의 온도 등의 영향으로 운전 중에 축 방향으로 팽창한다. 즉, 축 방향으로 열팽창하여 늘어날 수 있다. 그래서 전동기 축 정방향 베어링(고정축)은 고정하고, 전동기 축 반대 방향(자유축)은 팽창되도록 하여 응력 발생을 막아 문제를 해결하도록 한다.

② 양쪽 지지형 송풍기의 축을 설치할 때 전동기 축과 반대 전동기 축의 좌·우측 구배는 0.05mm 이하에 있는지 확인한다.

③ 베어링 과열 원인 : 베어링의 마모, 조립 불량, 그리스의 과충전 등

④ 운전 중 베어링의 온도가 급상승하는 경우 확인 사항
- 적정한 윤활유를 사용하고 있는지 및 미끄럼 베어링 오일링의 회전이 정상인지 확인한다.
- 원통부에 벨트를 사용하는 경우, 벨트가 축에 강하게 접촉되어 있는지 확인한다.

⑤ 송풍기의 풍량 부족의 원인
- 송풍기 또는 덕트(duct)에 먼지 등이 쌓여 있어 저항이 증대되었을 때

- 회전수가 저하되었을 때
- 임펠러(impeller)에 이물질이 끼었을 때

5 원심식 통풍기(Fan)의 정기 점검 항목

① 통풍기의 주유 상태 확인
② 통풍기 벨트의 작동 상태 확인
③ 덕트 접촉부의 풀림 상태 확인
④ 덕트 배풍기의 먼지 퇴적 상태 확인
⑤ 후드 덕트의 마모, 부식, 움푹 패임 등의 손상 유무 상태 확인

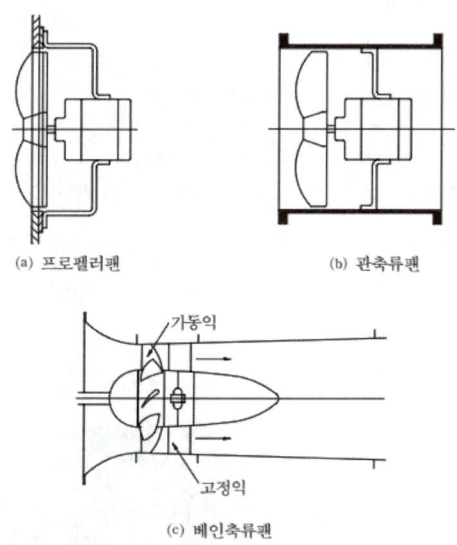

그림 6-31 축류식 송풍기의 종류

09 압축기의 점검 및 정비

기체를 압축시켜 저압을 고압으로 송출하는 장치로 컴프레서(Compressor)라고 하며, 주로 공기의 압축에 사용되지만, 천연가스, 산소, 질소 및 기타 가스 압축에도 사용되고 있다. 용도적인 면에서 공장, 제트기관, 가스 터빈 등에 사용된다. 송출압력이 게이지압력으로 98kPa($1kgf/cm^2$) 이상일 때 압축기라 한다. 터보형과 용적형으로 구분되며 터보형에는 원심압축기와 축류압축기가 있고 용적형으로는 왕복압축기와 회전압축기가 있다.

1 압축기의 작동 원리에 따른 종류

① **왕복형 압축기** : 피스톤을 실린더 속에서 상하 왕복 운동시켜 기체를 흡입하여 고압으로 만들어 송출하는 기계이다.
  - 특징
    - 기계적인 접촉부가 많고 고속회전이 불가능하다.
    - 단위 동력당 공기량이 많다. 즉, 대풍량에 사용된다.
    - 열효율이 좋다.
    - 용량 조절이 간단하다.
    - 송출 공기압이 일정하지 않아 공기탱크가 있어야 한다.
    - 다른 압축기에 비해 대형이고 시설비가 고가이다.
    - 압력비가 원심식보다 높다.
    - 풍량은 압력변화에 따라 거의 변화가 없다.
  - 용도 : 소풍량, 초고압용으로 사용된다.
  - 라비린스 피스톤 : 윤활제의 혼입을 피할 필요가 있는 식료품 공업용, 화학공업용 등의 경우 피스톤링 대신에 라비린스패킹을 사용하는 피스톤이다.
  - 무급유 압축기 : 탄소수지제 피스톤링을 사용 것이다.

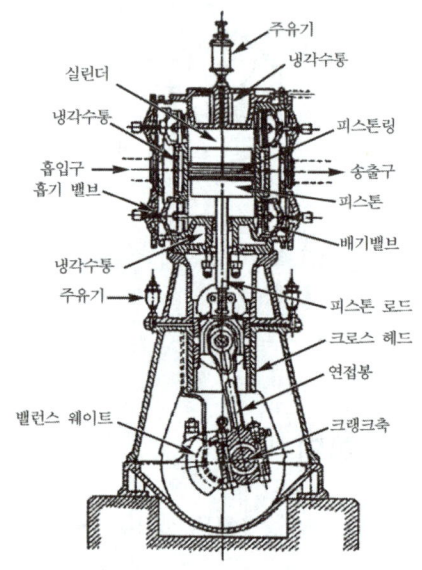

그림 6-32 왕복형 압축기 구조

② **원심식 압축기** : 회전차의 회전에 의한 운동에너지를 압력에너지로 변환하여 축방향으로 흡입한 공기를 고압으로 만들어 반경방향으로 송출시키는 압축기이다.
  - 중간냉각기 : 압축온도가 상승하고 압축 일량의 증가에 따라 열응력이 발생하여 기계요소들

의 파손이 발생할 우려가 있어 중간냉각기를 설치하여 각 단에서 빠져나온 기체가 다음 단으로 가는 도중 냉각기를 통해 온도를 낮춰 줌으로써 열응력에 의한 파손을 예방할 수 있다. 냉각기 대신에 물재킷(water jacket)을 사용하기도 한다.

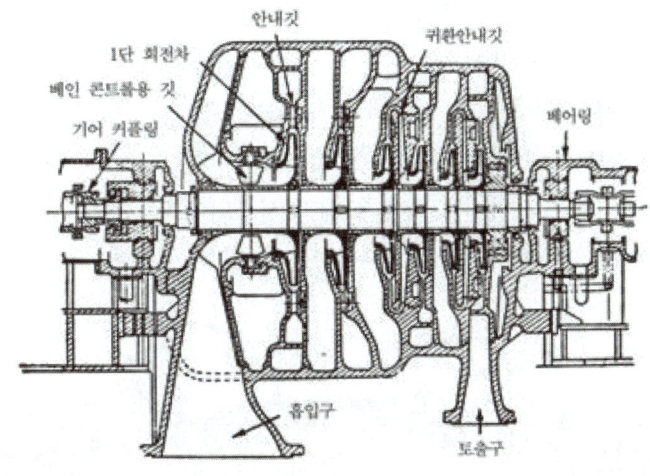

그림 6-33 원심식 압축기

- 특징
  - 대유량 송출이 가능한 터보형 압축기라고도 한다.
  - 가격이 저렴한 편이고 효율이 양호하다.
- 용도 : 먼지가 많아도 사용이 가능하다는 특징을 갖고 있는 압축기로 제철소, 광산, 화학공업용 등으로 사용되고 있다.

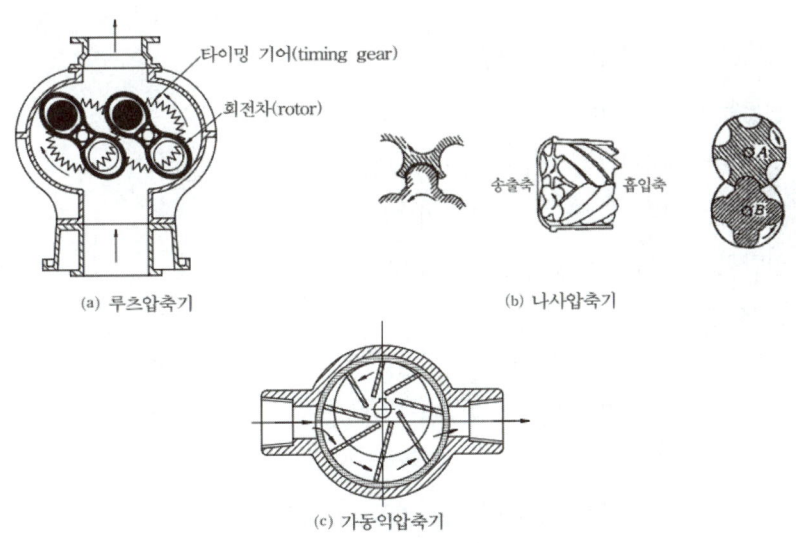

그림 6-34 회전형 압축기의 종류

③ 축류형 압축기
- 회전자에 설치된 동익과 케이싱에 부착된 정익이 교대로 배열되어 익렬 배치가 여러 단 중첩되어 있는 구조이다.
- 특징
  - 구조적으로 고속회전이 가능하다.
  - 동일 풍량에 대해서 다른 형식에 비해 소형화할 수 있다.
  - 원심압축기보다 대유량으로 사용할 수 있다.
  - 저압소형 깃에서 고압대형 깃까지 제작 사용되고 있다.
- 용도 : 보일러 통풍용, 터널 환기용, 항공기용으로 사용되고 있다.

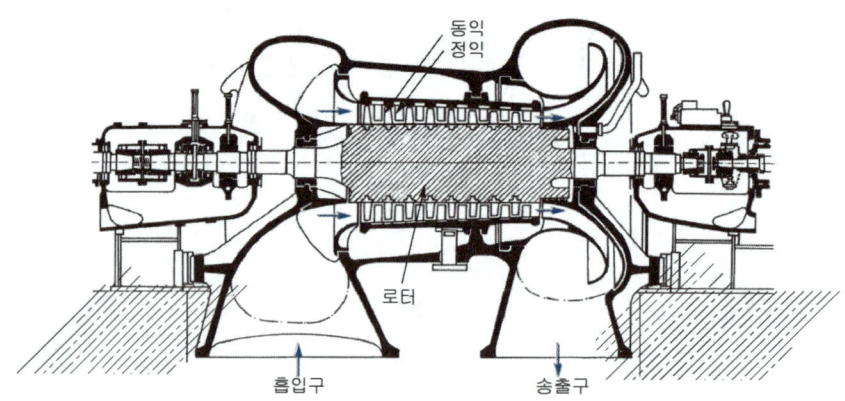

그림 6-35 축류형 압축기

2 압축기의 형태에 따른 종류

① 왕복 피스톤 압축기
- 사용 압력 범위는 10~100kgf/cm² 정도까지로 분류된다.
- 냉각 방식에는 공랭식과 수랭식이 있다.
- 일반적으로 널리 사용되는 압축기이다.

② 터보식 압축기
- 구조가 복잡하고 대형이며 고가이다.
- 진동과 소음이 적은 압축기로 분류된다.

③ 격판식 압축기
- 기름이 섞이지 않은 청정 공기를 얻을 수 있는 압축기이다.
- 수명이 짧으며 고압을 얻을 수 없다.
- 식품, 의약품, 화학 산업 등에 널리 이용되고 있다.

④ 무급유식 공기 압축기
- 드레인에는 수분만 포함되어 있어, 자동 배수 밸브가 막히는 경우가 적다.
- 급유식에 비하여 수명이 짧다.
- 가격이 고가이다

3 압축기 손실

① 유체 흐름상 손실 : 압축기의 성능에 가장 큰 영향을 미치는 손실이며 압축기 흡입구로부터 배출구에 이르기까지 유체의 마찰 손실, 곡관이나 단면변화에 의한 부차적 손실, 회전차 입구와 출구에서의 충돌 손실 등으로 발생되고 있다.
② 누설 손실 : 회전차 입구와 케이싱 사이, 축의 케이싱을 통과하는 부분과 평형장치(balance – piston) 사이 틈, 다단의 경우 각단의 격판과 축 사이의 틈 등에서 누설이 발생하게 되는데 이것을 방지하기 위하여 고정부분과 회전부분 사이에 래버린스 패킹(labyrinth packing)을 사용하고 있다.
③ 기계적 손실 : 베어링, 패킹상자, 기밀장치 등에서 발생하는 마찰로 인한 손실이다.

4 설치 작업 시 주의해야 할 사항

① 기초 주변에 형틀을 사용하여 기초와 물체와의 공간이 남지 않도록 충분히 모르타르를 채워준다.
② 모르타르(Mortar)를 기초 볼트 구멍에 공동이 생기지 않도록 철봉으로 잘 다져 채워준다.
③ 기초 앙카 작업 시 심출 볼트는 크랭크 케이스와 나사 볼트를 위해 부착시켜 두는 것이 좋다.

5 압축기의 정비

① 애프터 쿨러(after cooler) : 압축기에서 발생한 고온의 압축공기를 그대로 사용하면 패킹의 열화를 촉진하거나 기기에 나쁜 영향을 주게 되므로 냉각 시 사용하는 기기이다. 정기적으로 사용 시 문제가 없는지 점검한다.
② 흡입 필터에 눈막힘이 발생하면 나타나는 현상
- 실린더와 피스톤의 마모
- 용적 효율 저하
- 윤활유 소비 증가
③ 윤활유 및 냉각수는 주기적으로 정기 점검을 실시하도록 한다.

④ 흡입 필터 전·후 압력이 50~100mAq(0.5~10MPa)를 초과할 때는 교환하도록 한다.
⑤ 압축기 흡입상태의 눈막힘을 점검하도록 한다.
⑥ 압축기 밸브 부품 중 밸브 스프링 교환 시 고려 및 유의해야 할 사항
- 교환 시간이 되었을 때 탄성 마모가 없어도 교환하는 것이 안전하다.
- 교환 시간이 되면 기준치 내에 있어도 교환하는 것이 안전하다.
- 손으로 간단히 수정하여 사용해서는 안 되고 자유높이 상태에서 높이가 규정치 이하로 되었을 때 교환하도록 한다.

10 감속기의 점검 및 정비

감속기는 모터의 회전수를 원하는 회전수로 감속시켜 주는 것으로 모터와 기어박스를 체결하여 구성된 기기이다.

1 감속기

(1) 기어 감속기의 종류

① 평행 축형 감속기에 사용하는 기어 : 스퍼 기어, 헬리컬 기어, 더블 헬리컬 기어
② 이물림 축형 감속기 : 웜 기어, 하이포이드 기어

(2) 웜 기어(Worm gear) 감속기의 특징

① 적은 용량으로 큰 감속비를 얻을 수 있다.
② 웜과 웜 기어를 한 쌍으로 사용하여 역회전을 방지할 수 있다.
③ 진동과 소음이 적다.
④ 호환성이 없으며 경제성이 불량하다.
⑤ 치면에서 미끄럼이 커 전동 효율이 감소한다.

(3) 감속기 운전 시 주의사항

① 구동축과 피동축의 축 중심이 일치하도록 설치해야 한다. 그렇지 않으면 기어, 베어링, 축 등의 수명이 짧아진다.
② 시운전 전에 감속기의 회전방향과 감속비를 확인해야 한다.

③ 에어벤트 플러그 위치를 확인하도록 한다.

(4) 감속기 운전 시 손상의 징후

① 소음
- 데시벨로 측정하거나 청음봉을 이용한다.
- 잇면 흠집, 기어 물림 상태, 피치원 흔들림, 백래시 유무, 윤활상태, 입력축 속도 등을 확인한다.

② 진동
- 커플링 연결 상태, 스프라켓 또는 체인 등의 마모 및 길이 등 확인
- 감속기 브라켓의 강도, 이 접촉면의 불량, 기어 백래시의 작은 정도를 확인
- 베어링의 파손 및 오일의 부족 상태 확인

③ 베어링 및 베어링 상자 온도
- 윤활유 상태, 베어링 조립 상태, 베어링의 틈새 및 하중 상태, 밀봉장치의 마찰 등 확인

④ 오일 리킹(oil leaking; 오일 누설)
- 오일 레벨이 매우 높을 경우
- 실 및 가스켓의 경화, 오일실의 파손 등
- 에어 벤트 플러그의 막힘

2 변속기

(1) 변속기 운전 중 주의사항

① 평소 진동과 소음의 이상 유무를 확인한다.
② 윤활유의 양이 적당한지 그리고 온도를 점검한다.
③ 무단 변속기의 변속은 회전 중에, 기어 감속기의 변속은 정지 중이어야 한다.
④ 오일의 누설이 있는지 수시로 점검한다.

(2) 열이 발생하는 원인

① 과부하 운전 때문
② 윤활유가 너무 많거나 적기 때문
③ 윤활유가 오염되어 있기 때문
④ 베어링 마모 및 체인 마모 때문
⑤ 부정확한 설치 때문

⑥ 주위 온도가 높은 경우

(3) 소음의 발생 원인
① 체인이 늘어지거나 마모의 발생 때문
② 텐션 슈 및 스프링 파손 때문
③ 입력 회전수가 빠르기 때문
④ 베어링 손상 및 윤활유 부족 때문
⑤ 과부하 및 충격하중이 크기 때문
⑥ 부정확한 설치 때문

(4) 누유가 발생하는 원인
① 오일실이 손상되었기 때문
② 윤활유량이 너무 많기 때문
③ 배유구 및 볼트 조인 상태가 불량하기 때문
④ 공기통 구멍이 막혔기 때문

(5) 진동 원인
① 비정상적인 체인의 마모 때문
② 벨트 및 커플링 조립상태가 불량하기 때문

11 전동기의 점검 및 정비

전동기(Motor)는 전기에너지를 기계에너지로 바꾸어 주는 회전 기기로 직류전동기와 교류전동기로 분류된다.

(1) 전동기의 분류 및 일반사항
① 직류전동기(DC 모터)
- 구조가 복잡하다.
- 정류자와 브러시를 필요로 한다.
- 계자 조절에 의해 용이하게 회전속도를 조정할 수 있다.

② 3상교류 유도전동기
- 구조가 간단하다.
- 내구성이 양호하여 기계설비용으로 사용되고 있다.
- 정밀기계 등에 사용하기에는 속도제어에 어려움이 있다.
- 품질, 성능이 안정되어 있고 전원 회로 설치가 용이하다.
- 교류 3상 유도 전동기의 회전 방향을 바꾸려면 전원 3선 중 2선을 서로 교체하여 결선해야 한다.
- 소형(1kW 이하) 3상 유도 전동기에서 가장 많이 사용하는 급유의 형태는 그리스 급유이다.
- 점검 시 육안으로 확인할 수 있는 항목
  - 기름 누설
  - 도장의 벗겨짐으로 더럽혀지고 손상 여부
  - 베어링유의 더러움이나 변질 여부

③ 3상교류 동기전동기
- 부하에 관계없이 속도가 일정하다.
- 역률이 양호하다.
- 일정 속도로 고역률에 적합하다.

(2) 전동기의 점검

전동기의 점검은 정지 중 점검과 운전 중 점검으로 나누어 볼 수 있다.

① 정지 중 점검 부위 및 점검 방법

점검 부위	점검 방법
축이음(커플링)의 마모	안전 커버를 벗겨 마모·변형을 점검
벨트를 걸칠 때 느슨한 정도	풀리 사이의 벨트를 손가락으로 눌러 봄 2cm 전·후로 유연성이 있으면 됨
와인딩형 모터에 슬립링의 자국이나 브러시의 마모 상태	육안검사, 브러시 마모는 보전 담당자와 상의

② 운전 중 점검 부위 및 점검 방법

점검 부위	점검 방법
벨트를 걸칠 때 느슨함 상태	육안 점검
와인딩형 모터에서 슬립링과 브러시 사이에 불꽃 발생	육안 점검
진동 상태	육안 점검 또는 손으로 만져 봄
이상음 발생	귀로 들어 봄
전류값은 정격 이내에 있는지 유무	전류계를 사용하여 확인

점검 부위	점검 방법
베어링 발열	손으로 만져 봄
모터의 이상 발열	손으로 만져 봄. 10초 정도 접촉 가능하다면 문제없음

(3) 전동기 과열 및 발열

① 전동기 과열의 원인
- 과부하 운전 또는 단상 운전으로 인하여 발생
- 빈번한 기동, 정지 등으로 발생
- 베어링부에서의 발열 발생
    - 원인 : 베어링의 조립 불량, 벨트의 장력 과대, 커플링 중심내기 불량 등
- 냉각 불충분으로 발생

② 직류 전동기 과열의 원인
- 전동기 과부하로 과열
- 베어링 조임 과다로 인해 발생
- 과부하로 인해 저속 회전 현상이 일어남

(4) 전동기의 고장 중 진동의 직접 원인

① 베어링이 손상되었을 때
② 커플링, 풀리 등의 마모 및 마멸되었을 때
③ 냉각 팬 커버의 변형으로 팬과 접촉으로 인해 발생
④ 팬 날개바퀴의 느슨해짐으로 인해 발생
⑤ 로터와 스테이터의 접촉으로 발생

(5) 전동기의 고장 원인에서 기동 불능에 대한 원인

① 퓨즈 용단 및 서머 릴레이, 차단기 등의 작동으로 인해 기동 차단됨
- 퓨즈 용단 : 퓨즈가 과전류로 인해 녹아 끊어짐
② 기계적 과부하로 인한 차단
③ 시동 버튼 스위치 작동 불량으로 인해 차단
④ 배선의 단선 및 전기 기기류의 고장으로 인해 차단
⑤ 운전 조작 잘못 및 미숙으로 인한 정지
⑥ 전원이 끊겨 있거나 모터가 소손되어 있을 때

CHAPTER 06 실전연습문제

01 다음 중 나사의 설명으로 옳은 것은?

① 유니파이 나사 : 나사산 60도, 수나사의 바깥지름과 피치를 mm로 나타낸다.
② 사다리꼴 나사 : 공작기계의 이송에 쓰인다.
③ 볼 나사 : 나사산과 골이 둥글며, 둥근 나사라고도 한다.
④ 톱니 나사 : 운동용 나사로 양쪽 방향의 힘을 전달한다.

02 축 방향에 큰 하중을 받아 운동을 전달하는데 적합하며, 하중의 방향이 일정하지 않고 교번 하중을 받을 때 효과적인 나사는?

① 볼 나사　　　② 사각 나사　　　③ 톱니 나사　　　④ 너클 나사

- 볼 나사 : 암수나사의 홈에 강구가 들어 있어서 일반 나사보다 마찰계수가 매우 작고, 운동 전달이 가벼워 NC 공작기계(수치제어 공작기계)나 자동차용 스테어링 장치에 쓰인다.
- 사각 나사 : 나사산의 모양이 4각이며, 3각 나사에 비하여 풀어지기는 쉬우나, 저항이 작은 이점으로 동력전달용 잭(jack), 나사 프레스, 선반의 피드(feed)에 쓰인다.
- 톱니 나사 : 축선의 한쪽에 힘을 받는 곳에 사용(잭, 프레스, 바이스)되며, 힘을 받는 면은 축에 직각이고, 받지 않는 면은 30°의 각도로 경사져 있다.
- 너클 나사 : 둥근 나사라고도 하며, 모래ㆍ먼지가 들어가기 쉬운 전구나 호스의 연결부 등에 쓰인다.

03 다음 설명 중 옳은 것은?

① 플랜지 너트 : 너트의 밑면에 6각보다 큰 지름의 와셔가 달린 너트
② 홈붙이 너트 : 손으로 돌려서 조일 수 있는 곳에 사용한다.
③ 사각 너트 : 암나사를 깎을 수 없는 얇은 판에 리벳으로 설치하여 사용하는 너트
④ 둥근 너트 : 축선이 조절되어 중심위치를 정하기 쉽도록 만든 너트

②번 : 나비 너트, ③번 : 플레이트 너트, ④번 : 모따기 너트

정/답　01 ②　02 ②　03 ①

04 나사 끝을 침탄 담금질하여 얇은 판 또는 무른 재료의 암나사 쪽을 아래 구멍만 뚫어 놓고, 암나사를 만들어 조여가는 것은?

① 태핑 나사(tapping screw) ② 스터드 볼트(stud bolt)
③ 세트 스크루(set screw) ④ 관통 볼트(through bolt)

> 세트 스크루(set screw) : 나사끝을 이용하여 기어나 벨트 풀리와 같은 회전부품을 축에 고정할 때 쓰이는 작은 나사

05 다음 중 나사산의 각도가 60°인 것은?

① 유니파이 보통 나사 ② 사다리꼴 나사
③ 톱니 나사 ④ 둥근 나사

> - 유니파이 나사 : $\alpha=60°$
> - 사다리꼴 나사 : $\alpha=29°$와 $30°$
> - 톱니 나사 : $\alpha=30°$와 $45°$
> - 너클 나사 : $\alpha=30°$이다.

06 축에 편심되지 않고 임의의 위치에 고정할 수 있는 키는?

① 스플라인 ② 핀 키 ③ 새들 키 ④ 원뿔 키

07 지름 60mm 이하에 쓰이며, 자동적으로 위치조정을 하면서 테이퍼축에 적합한 키는?

① 원뿔 키 ② 반달 키 ③ 접선 키 ④ 둥근 키

08 세레이션(serration) 이음과 가장 관계되는 것은?

① 축과 보스
② 풀리와 키
③ 클러치 전동과 충격
④ 선반에서 나사절삭할 때 과부하에서 오는 진동

정/답 04 ① 05 ① 06 ④ 07 ② 08 ①

09 접선 키의 사용각도는?

① 90°의 두 곳
② 45°
③ 120°의 두 곳
④ 120°의 세 곳

10 다음 중 가장 큰 회전력을 전달할 수 있는 키는?

① 페더 키
② 묻힘 키
③ 평 키
④ 스플라인

키의 토크 크기 순서 : 세레이션 〉 스플라인 〉 접선 키 〉 묻힘 키 〉 평 키 〉 안장 키

11 핀의 용도 중 틀린 것은?

① 작은 핸들을 축에 고정할 때와 같이 힘이 많이 걸리지 않는 부품의 설치
② 분해조립하는 부품의 위치 결정
③ 너트의 풀림 방지
④ 분해할 필요가 없는 부품의 영구적 이음

핀의 종류와 용도
① 평행 핀 : 노크 핀이라고도 하며, 부품의 관계 위치를 항상 일정하게 유지할 때
② 테이퍼 핀 : 축에 보스를 고정시킬 때 사용. T = 1/50, 호칭지름은 작은 쪽의 지름
③ 분할 핀 : 핀 전체가 갈라진 것으로 너트의 풀림 방지, 크기는 분할 핀이 들어가는 구멍의 지름
④ 스프링 핀 : 세로 방향으로 쪼개져 있어서 크기가 정확하지 않을 때 해머로 박아 고정 또는 이완을 방지할 수 있는 핀

12 세로 방향으로 쪼개져 있으므로, 구멍의 크기가 정확하지 않더라도 해머로 때려 박을 수가 있어 편리한 핀은?

① 평행 핀
② 테이퍼 핀
③ 스프링 핀
④ 분할 핀

13 다음 중 평행 핀의 호칭법으로 옳은 것은? (단, d는 호칭 지름, l은 길이이다.)

① 명칭, $d \times l$, 재료
② 명칭, 등급, $d \times l$, 재료
③ 명칭, 종류, 형식, $d \times l$, 재료
④ 명칭, 등급, $d \times l$

정/답　09 ③　10 ④　11 ④　12 ③　13 ③

키핀의 호칭법	
명 칭	호칭법
평행 핀	규격번호 또는 명칭, 종류, 형식, 호칭지름 × 길이, 재료
테이퍼 핀	명칭, 등급 $d \times l$, 재료
슬롯 테이퍼 핀	명칭, $d \times l$, 재료, 지정 사항
분할 핀	규격번호 또는 명칭, 호칭지름 × 길이, 재료

14 소켓에 코터를 끼울 때 균열을 방지하기 위해서 사용하는 것은?

① 소켓　　　② 로드　　　③ 지브　　　④ 컬러

> 코터 이음 : 코터는 인장 또는 압축하는 두 축을 연결하는 것으로 분해할 필요가 있을 때 쓰이며, 로드, 소켓, 코터 등으로 구성된다. 압축하중이 작용하는 축을 연결할 때는 로드에 턱을 붙이고, 코터를 때려 박을 때 소켓이 쪼개질 염려가 있으므로 지브를 사용한다.

15 양쪽 경사진 코터의 자립상태를 나타내는 식은 다음 중 어느 것인가? (단, 마찰각을 ρ, 경사각을 α라 한다.)

① $\alpha \leq \rho$　　② $\alpha \geq 2\rho$　　③ $\alpha \geq \rho$　　④ $\alpha \geq 2\rho$

> 코터의 자립조건
> ① 한쪽이 경사진 경우 : $\alpha \leq 2\rho$
> ② 양쪽이 경사진 경우 : $\alpha \leq \rho$

16 코터는 일반적으로 한쪽 기울기의 것이 많이 쓰이며, 빠짐 방지를 위하여 핀을 사용하는 코터의 기울기는?

① $\dfrac{1}{100} \sim \dfrac{1}{50}$　② $\dfrac{1}{40} \sim \dfrac{1}{20}$　③ $\dfrac{1}{15} \sim \dfrac{1}{10}$　④ $\dfrac{1}{10} \sim \dfrac{1}{5}$

테이퍼 $\tan\alpha$	미끄럼 방지
1/20 ~ 1/40	필요하지 않음
1/15 ~ 1/10	핀
1/15 ~ 1/5	너트

정/답　14 ③　15 ①　16 ③

17 다음 그림의 이음은?

① 한줄 겹판 1줄 맞대기 이음
② 한줄 겹판 2줄 맞대기 이음
③ 한줄 겹판 1줄 겹치기 이음
④ 한줄 겹판 2줄 겹치기 이음

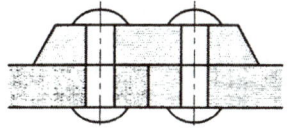

18 리벳 이음에서 피치란 무엇을 의미하는가?

① 리벳 열에서 이웃하고 있는 리벳의 중심선 사이의 거리
② 판의 끝과 바깥쪽 리벳 열의 중심선 사이의 거리
③ 같은 중심선 위에 있는 인접한 이웃 리벳 사이의 중심거리
④ 맞대기 이음에서 덮개판과 덮개판 사이의 거리

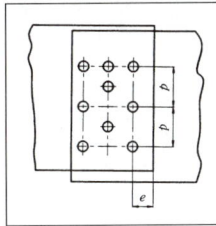

여기서, P : 피치
(3열 지그재그 겹치기 이음의 경우)

19 리벳 작업 시 리벳의 구멍 크기는?

① 리벳 구멍이 리벳 지름보다 작아야 한다.
② 리벳 구멍과 리벳 지름은 같아야 한다.
③ 리벳 머리지름은 리벳 구멍보다 1~1.5mm 정도 크게 한다.
④ 리벳 지름은 리벳 구멍보다 3~5mm 정도 크게 한다.

리벳 머리지름은 리벳 구멍보다 1~1.5mm 정도 크게 하고 리벳의 길이는 강판의 합계치수보다 1.3~1.6 크게 한다.

정/답 17 ① 18 ③ 19 ③

20 리벳의 종류 중 사용목적에 의해 분류한 것으로 주로 수밀을 중요시하는 저압 탱크 등에 사용되는 리벳은?

① 보일러용 리벳
② 저압용 리벳
③ 구조용 리벳
④ 열간용 리벳

리벳이음 : 보일러, 차량, 선박, 철골 구조물의 강판이나 형광등을 영구적으로 결합하는 이음
- 구조용 리벳 : 강도 요구(철교, 철탑)
- 저압용 리벳 : 수밀 요구(저압용 탱크)
- 보일러용 리벳 : 강도와 기밀이 요구될 때(압력용기)

21 코킹(caulking) 작업의 목적은?

① 용접에 있어서 모재를 접합하기 위하여
② 리베팅에 있어서 기밀을 유지하기 위하여
③ 리베팅에 있어서 강판의 강도를 크게 하기 위하여
④ 용접에 있어서 효율을 증가시키기 위하여

코킹은 리베팅 작업에 있어서 기밀을 유지하기 위하여 실시하며, 플러링을 할 수도 있다. 단, 강판의 두께가 5mm 이하의 것에는 코킹의 효과가 없으므로 종이, 막대, 천, 석면 같은 패킹재료를 강판 사이에 끼워서 사용한다.

22 리벳 이음이 주로 파괴되는 경우가 아닌 것은?

① 리벳이 전단으로 파괴된다.
② 리벳이 굽혀져서 파괴된다.
③ 강판의 가장자리가 끊어진다.
④ 리벳 구멍 사이의 강판이 절개된다.

리벳 이음 파괴의 종류

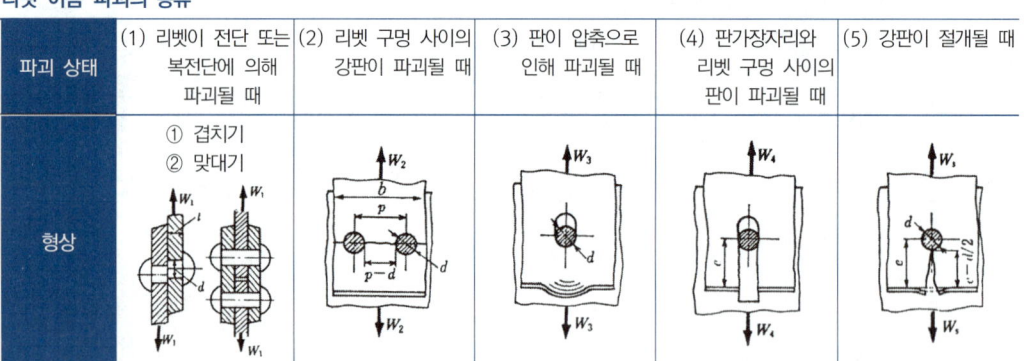

23 다음은 보일러용 리벳 이음에 대한 설명이다. 옳은 것은?

① 피치는 대략 리베팅하는 길이에 의해 결정된다.
② 원주 방향의 응력은 축 방향의 응력의 1/2이다.
③ 원통을 반지름 방향의 내압으로 위아래로 분리하려고 하는 힘은 강판의 저항력과 같아야 한다.
④ 리벳 이음의 세로 이음은 원주 이음보다 약한 것을 써도 좋다.

> 축방향 단면은 원주 방향의 단면에 비해 2배의 강도를 갖게 되며, 내압에 의한 원통의 파괴는 원주 방향에 연(沿)하여 일어난다.

24 리벳 제품과 비교한 용접 제품의 결점에 해당되지 않는 것은?

① 품질 검사가 곤란하다.
② 용접자의 기술에 의하여 용접의 신뢰도가 좌우된다.
③ 자재가 많이 든다.
④ 잔류응력이 생기기 쉽다.

25 용접부에 생기는 잔류응력을 없애려면 어떤 처리를 하는가?

① 담금질   ② 불림   ③ 뜨임   ④ 풀림

> 용접부는 열을 받기 때문에 변형이나 잔류응력이 생긴다.
> 이를 없애는 방법으로 풀림 처리를 한다.

26 용접 이음에서 실제 이음의 효율을 나타낸 것을 고르시오.

① η = 형상계수 ÷ 용접계수
② η = 형상계수 × 용접계수
③ η = 사용계수 ÷ 형상계수
④ η = 사용계수 × 형상계수

> 모재의 강도에 대한 용접부의 강도비율을 용접이음 효율이라 하며, 이음 형상의 치수에 의한 형상계수(形狀係數) K1과 용접의 좋고 나쁜 것을 표시하는 용접계수 K2와의 곱을 실제이음 효율이라 한다.

정/답 23 ③ 24 ③ 25 ④ 26 ②

27 기차에서의 차축에서 받는 응력은?

① 휨만을 받는다.
② 비틀림만을 받는다.
③ 휨과 비틀림을 동시에 받는다.
④ 충격하중만 받는다.

> 차축 ┌ 정지차축 : 자동차의 앞차축
>   └ 회전차축 : 철도 차륜용 차축

28 다음 축에 관한 각각의 설명으로 틀린 것은?

① 크랭크축 : 왕복운동 기관의 회전운동을 직선운동으로 바꾸는 데 사용된다.
② 직선축 : 보통 사용되는 곧은 축이다.
③ 스핀들 : 주로 비틀림작용을 받으며, 공작기계의 주축으로 사용된다.
④ 전동축 : 주로 비틀림과 휨을 받으며, 공장 안의 동력 전달축으로 사용된다.

> 크랭크축은 주로 내연기관에서 직선왕복운동을 회전운동으로 변환시키는 데 쓰인다.
> • 작용하는 힘에 의한 분류
> ① 차축 : 주로 힘을 받는 정지축 또는 회전축
> ② 스핀들(spindle) : 주로 비틀림을 받는 축(공작기계의 스핀들)
> ③ 전동축(transmission shaft) : 주로 비틀림과 힘을 동시에 받는 축

29 원동기에서 직접 회전운동을 받아 다른 축에 동력을 전달하는 축의 명칭은?

① 메인 샤프트(main shaft)
② 카운터 샤프트(counter shaft)
③ 라인 샤프트(line shaft)
④ 베어링 샤프트(bearing shaft)

> 전동축의 동력 전달 순서
> ① 주축(main shaft) : 원동기에서 직접 동력을 받는 축
> ② 선축(line shaft) : 주축에서 동력을 받아서 각 공장에 분배하는 역할을 하는 축
> ③ 중간축(counter shaft) : 선축에서 동력을 받아서 각각의 기계에 필요한 속도와 방향을 조정해서 동력을 전달시키는 축

30 축을 모양에 따라 분류한 것이 아닌 것은?

① 직선축
② 플렉시블축
③ 스핀들축
④ 크랭크축

> 모양에 의한 분류
> ① 직선축(straight shaft) : 보통 사용되는 직선축
> ② 크랭크축(crank shaft) : 왕복 운동기관에서 직선운동을 회전운동으로 바꾸는데 사용되는 축
> ③ 플렉시블축(flexible shaft) : 축이 어느 정도 굽혀질 수 있는 축

정/답 27 ① 28 ① 29 ① 30 ③

31 유연성 커플링(flexible coupling)의 종류가 아닌 것은?

① 기어 커플링
② 롤러 체인 커플링
③ 다이어프램 커플링
④ 머프 커플링

32 두 축을 빨리 단속할 필요가 있을 때 쓰이는 축이음은?

① 플랜지 커플링
② 클러치
③ 유니버설 조인트
④ 플렉시블 커플링

33 다음 중 원통 커플링에 속하지 않는 것은 어느 것인가?

① 머프 커플링
② 반중첩 커플링
③ 올덤 커플링
④ 셀러 커플링

> **원통 커플링의 종류**
> 머프 커플링, 마찰원통 커플링, 셀러 커플링, 반중첩 커플링, 분할 원통(클램프) 커플링

34 유니버설 조인트에서 전동할 수 있는 2축의 교차 각도의 허용 범위는?

① 35°이내 ② 30°이내 ③ 25°이내 ④ 20°이내

> 일반적으로 축 각도는 30° 이하가 허용되며, 매우 저속인 경우에는 45° 이하까지 허용한다.

35 큰 축과 고속도 정밀 회전축에 적당하고, 공장 전동축 또는 일반 기계의 커플링으로 널리 사용되는 것은?

① 플랜지 커플링
② 올덤 커플링
③ 유니버설 커플링
④ 슬리브 커플링

정/답 31 ④ 32 ② 33 ③ 34 ② 35 ①

36 올드햄(oldham) 커플링에 대한 설명 중 틀린 것은?

① 마찰부분이 많고 진동이 일어나기 쉽다.
② 구동축과 종동축의 각속도비는 일정하다.
③ 고속회전일 때 가장 좋다.
④ 두 축이 평행하고 약간 떨어져 있을 때 사용된다.

37 2개의 축선이 정확히 일직선으로 되지 않을 경우 충격, 진동을 완화할 목적으로 된 축 이음은?

① 올덤 커플링
② 유니버설 커플링
③ 플렉시블 커플링
④ 고정 커플링

> **커플링 : 반영구적 이음**
> ① 원통 커플링 : 연결한 두 축이 일직선상에 있을 때 사용. 볼트 또는 키에 의해 고정
> ② 플랜지 커플링 : 축 끝에 플랜지를 키에 고정하고 이 플랜지를 서로 맞대어 리머 볼트로 죈 이음. 큰 축, 고속정밀회전축, 가장 널리 사용
> ③ 플렉시블 커플링 : 두 축의 중심선이 일치되기 어려운 경우 전달 회전력의 변동이 많은 원동기에서 다른 기계로 동력전달 시 고속회전으로 진동을 일으키는 경우에 사용(탄성체 : 고무, 가죽, 연철금속, 스프링)
> ④ 올덤 커플링 : 두 축이 평행하고 거리가 짧을 때 사용. 접촉면의 마찰저항이 커서 윤활이 필요(저속회전)
> ⑤ 유니버설 조인트 : 두 축이 어떤 각도로 교차하는 경우의 이음. 두 축 끝에 끼운 요크 끝에 십자형의 핀을 회전할 수 있도록 연결한다. 자재이음이라고도 한다.

38 축단을 약간 크게 하여 경사지게 중첩시켜 공통의 키로서 고정한 커플링은?

① 반중첩 커플링
② 유니버설 커플링
③ 클램프 커플링
④ 셀러 커플링

39 마찰 원통 커플링을 설명한 것 중 틀린 것은?

① 큰 토크를 전달하는데 적당하다.
② 긴 전동축의 연결에 편리하다.
③ 설치 및 분해가 적당하다.
④ 분할통의 테이퍼는 1/20~1/30이다.

원뿔형으로 된 주철제 분할원통으로 2축의 연결단에 덮어씌우고 이것을 연강제의 링(ring)으로 양 끝에서 두드려 넣고 통의 바깥면 테이퍼를 이용해서 졸라맨다. 즉, 분할원은 중앙에서 양끝으로 향하여 $\frac{1}{20} \sim \frac{1}{30}$의 테이퍼를 가지고 있다.

• 특징
① 큰 토크의 전달에는 부적당하다.
② 설치 및 분해가 쉽고 축을 임의의 곳에서 고정할 수 있다.
③ 긴 전동축의 연결에 편리하다.
④ 150mm 이하의 축과 진동이 없는 경우에 사용한다.

40 롤링 베어링의 장점이 아닌 것은 어느 것인가?

① 과열의 위험이 없다.
② 규격이 정해진 품종이 풍부하고 교환성이 좋다.
③ 기계의 소형화가 가능하다.
④ 소음 및 진동이 없고, 설치와 조립이 쉽다.

구름 베어링의 특성
1. 장점
① 윤활이 용이하다.
② 과열될 위험성이 적고 고속회전에 적합하다.
③ 규격품이 많으므로 교환과 선택이 용이하다.
2. 단점
① 설치하기가 힘들고 특수강을 사용하며 정밀 가공해야 한다.
② 가격이 비싸다.
③ 소음이 발생하기 쉽고 충격에 약하다.

41 볼(Ball) 베어링에 대한 설명 중 틀린 것은?

① 볼 간격을 유지하기 위하여 리테이너를 사용
② 큰 하중에, 고속회전에 이용된다.
③ 마찰은 적으나 충격에 약하다.
④ 볼재료는 고탄소 크롬강을 이용한다.

42 미끄럼 베어링에 대한 설명 중 잘못된 것은?

① 구조가 간단하다.   ② 수리가 용이하다.
③ 작은 하중에 사용한다.   ④ 충격하중에 잘 견딘다.

정/답   40 ④   41 ②   42 ③

43 그림과 같은 저널은 무슨 저널인가?

① 중간 저널
② 칼라 저널
③ 엔드 저널
④ 피벗 저널

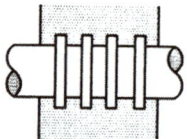

44 축선방향과 축의 직각방향으로 동시에 하중을 받는 저널은?

① 피벗 저널   ② 칼라 저널   ③ 원뿔 저널   ④ 중간 저널

- 복합(합성) 저널 : 축선방향과 축의 직각방향으로 동시에 하중이 작용하는 저널
- 종류 : 원뿔 저널, 구면 저널

45 다음에서 최고속회전으로 레이디얼 하중과 큰 스러스트(thrust)를 받을 수 있는 베어링은?

① 테이퍼 롤러 베어링   ② 깊은 홈 볼 베어링
③ 앵귤러 콘택트 볼 베어링   ④ 스러스트 볼 베어링

① 원통 롤러형
  - 일반적으로 큰 하중에 견딜 수 있다.
  - 내륜과 외륜 양쪽에 칼라(coller)가 있는 것은 다소의 스러스트에 견딜 수 있다.
  - 중하중, 충격하중에 견딜 수 있다.
② 테이퍼 롤러형(테이퍼 베어링)
  - 큰 레이디얼 하중뿐만 아니라 한쪽 방향의 큰 스러스트 하중에서도 견딜 수 있다.
  - 충격하중이나 합성하중에 적합하다.
③ 침상 롤러형(니들 베어링)
  - 작은 지름(지름이 5mm 이하로 길이가 지름의 2~10배의 것)이므로 바깥지름을 작게 할 수 있다.
  - 다수의 접촉선에 의해 받으므로 충격, 중하중에 견딜 수 있다.

46 베어링 번호 No.6208인 레이디얼 볼 베어링의 안지름은 얼마인가?

① 20mm   ② 30mm   ③ 40mm   ④ 50mm

안지름 기호(세번째, 네번째 기호)
00 : 안지름 10mm, 01 : 안지름 12mm
02 : 안지름 15mm, 03 : 안지름 17mm
04 : 안지름 04×5=20mm
99 : 안지름 99×5=495mm
∴ 0.8×5=40mm이다.

정/답   43 ②   44 ③   45 ①   46 ③

47 롤러 지름이 2~5mm로 길이에 비하여 지름이 작은 베어링으로서 보통 리테이너가 없는 베어링은?

① 원뿔형 롤러 베어링 ② 구면 롤러 베어링
③ 원통 롤러 베어링 ④ 니들 베어링

48 다음 베어링의 표시 608 C2 P6에서 C2의 뜻은?

① 틈새 기호 ② 등급 기호 ③ 안지름 번호 ④ 계열 번호

베어링 표시
〈예〉 1. 608 C2 P6
　　60 : 베어링 계열 번호
　　8 : 안지름 번호(베어링안지름18mm)
　　C2 : 틈새 기호(2틈새)
　　P6 : 등급 기호(6급) ┌ 무기호 : 보통급
　　　　　　　　　　　　│ H : 상급
　　　　　　　　　　　　│ P : 정밀급
　　　　　　　　　　　　└ SP : 초정밀급

---

49 베어링의 수명시간의 계산식은?(f_h = 수명계수)

① $L_h = f_h \times 500$
② $L_h = f_h^{\,3} \times 500$
③ $L_h = f_h^{\,6} \times 500$
④ $L_h = f_h^{\,9} \times 500$

베어링의 수명시간 : L_h
① 볼 베어링의 경우
$$L_h = 500(33.3/N)(C/P)^3 = 500(f_n \frac{C}{P})^3 = 500 f_h^3$$
② 롤러 베어링의 경우
$$L_h = 500(33.3/N)(C/P)^{\frac{10}{3}}$$
$$= 500 f_h^{\frac{10}{3}} = 500(f_n \frac{C}{P})^{\frac{10}{3}}$$
단, $f_h = (f_n \frac{C}{P})$

---

50 다음 중 베어링의 부시 메탈로서 사용할 수 있는 것은?

① 모넬 메탈 ② 다우 메탈 ③ 배빗 메탈 ④ 일드레이 메탈

정/답 47 ④ 48 ① 49 ② 50 ③

51 다음 중 오일리스 베어링이 쓰이지 않는 곳은?

① 공작기계　　② 식품기계　　③ 인쇄기　　④ 냉장고

> **오일리스 베어링**
> ① 성분 : 구리+주석+흑연분말을 소결시킴
> ② 급유가 곤란하고 저속이며, 경하중에 사용
> ③ 용도 : 전기시계, 인쇄기, 식품기계, 냉장고, 음향기계 등에 사용된다.

52 볼 베어링에서 베어링 하중을 1/2배로 하면 수명은 몇 배로 되는가?

① 4배　　② 6배　　③ 8배　　④ 10배

> $L_n = (\frac{c}{p})^3$ 에서
> $L_n = (\frac{c}{p/2})^3 = 8(\frac{c}{p})^3$
> ∴ 8배 증가

53 구름 베어링 중에서 가장 널리 사용되는 것으로 구조가 간단하고 정밀도가 높아서 고속 회전용으로 적합한 베어링은 어느 것인가?

① 깊은 홈 볼 베어링　　② 마그네토 볼 베어링
③ 앵귤러 볼 베어링　　④ 자동 조심 볼 베어링

54 NA4916V의 베어링 호칭표시에서 NA는 무엇을 나타내는가?

① 복력 원통 롤러 베어링　　② 스러스트 롤러 베어링
③ 테이퍼 롤러 베어링　　④ 니들 롤러 베어링

55 다음 중 베어링 장착 방법으로 적당하지 않은 것은?

① 해머를 이용하는 방법　　② 열박음 방법
③ 프레스를 이용하는 방법　　④ 핀 펀치를 때려 박는 방법

정/답　51 ①　52 ③　53 ①　54 ④　55 ④

56 축이 휘었는데 교환하지 않고 정비 현장에서 수리 여부를 판단하는 기준으로 다음 중 거리가 먼 것은?

① 경하중 기계에서 축 흔들림 때문에 진동이나 베어링의 발열이 있을 때
② 감속기가 부착된 고속 회전축이나 단 달림부에서 급하게 휘어져 있을 때
③ 베어링 중간부의 풀리, 스프라킷이 흔들려 소리를 낼 때
④ 500rpm 이하이며 베어링 간격이 비교적 긴 축이 휘어져 있을 때

57 축의 센터링(Centering) 불량 시 발생하는 현상으로 볼 수 없는 것은?

① 축의 손상이 우려된다.
② 베어링부 마모가 심하다.
③ 진동 발생 우려가 매우 높다.
④ 기계 구동이 원활하다.

58 마찰차에 관한 설명이 맞지 않는 것은?

① 전달력이 크지 않고 속도비가 중요하지 않을 때
② 회전속도가 커서 기어를 쓰지 않을 때
③ 두 축 사이를 단속할 필요가 있을 때
④ 정확한 속도가 필요할 때

> **마찰차의 응용범위**
> • 전달할 힘이 과히 크지 않고, 속도비가 일정하지 않을 경우
> • 회전속도가 커서 보통 기어를 쓰기 곤란할 경우
> • 두 축 사이를 자주 단속할 필요가 있을 경우
> • 무단변속을 시키는 경우와 안전장치의 역할이 필요한 경우

59 다음 마찰차 중 무단변속 마찰차에 해당되지 않는 것은?

① 원뿔 마찰차
② 구면 마찰차
③ 원판 마찰차
④ 원통 마찰차

> 무단변속 마찰차 : 원판, 원뿔(원추), 구면, 에반스 마찰차 등

정/답 56 ② 57 ④ 58 ④ 59 ④

60 마찰차에 대한 다음 설명 중 옳지 않은 것은?

① 마찰계수가 큰 것일수록 큰 동력을 전달할 수 있다.
② 내접 마찰차에서는 회전방향이 같다.
③ 마찰차는 확실한 속도비로 전동된다.
④ 마찰차는 직접 전동장치의 일종이다.

61 두 개의 같은 원뿔차를 반대방향으로 축을 평행하게 놓고 그 사이에 가죽제 링을 끼워서 이를 좌우로 이동하면서 변속되는 마찰차는?

① 원판 마찰차 ② 에반스 마찰차
③ 구면 마찰차 ④ 로빈슨 마찰차

62 기어 구동에서 이가 상대측 이뿌리에 간섭을 일으켜 발열하고 윤활막 파괴로 금속 접촉을 일으키는 현상은?

① 스코어링   ② 스포어링   ③ 피칭   ④ 노치파괴

63 기어 이의 면 열화 현상 중 표면 피로에 해당하는 것은?

① 피로파괴   ② 초기 피칭   ③ 크리프파괴   ④ 스코어링

64 기어가 회전할 때 이의 면에 반복되는 접촉 압력에 의해 균열이 발생하고, 그 균열 속에 윤활유가 침투하여 이의 면의 일부가 떨어져 나가는 현상을 무엇이라 하는가?

① 플래팅   ② 강성도   ③ 인장강도   ④ 피칭

65 다음 중 기어 손상의 분류 중 피칭과 관련이 있는 것은?

① 마모   ② 피로파괴   ③ 탄성여효   ④ 가공경화

정/답 60 ③ 61 ② 62 ① 63 ② 64 ④ 65 ①

66 기어 치면의 표면 피로에 해당되는 것은?

① 박리   ② 습동 마모   ③ 스코어링   ④ 피이닝 항복

67 두 축이 서로 평행하게 설치되어 회전력을 전달하는 기어가 아닌 것은?

① 크라운 기어   ② 스퍼 기어   ③ 헬리컬 기어   ④ 헤링본 기어

> **기어의 종류**
> ① 두 축이 평행한 경우 : 스퍼 기어, 헬리컬 기어, 더블 헬리컬 기어(헤링본 기어), 래크와 피니언, 내접 기어 등
> ② 두 축이 교차하는 경우 : 직선 베벨 기어, 스파이럴 베벨 기어, 마이터 기어, 크라운 기어, 앵귤러 베벨 기어, 헬리컬 베벨 기어 등
> ③ 두 축이 평행하지도 않고 교차하지 않는 경우 : 하이포드 기어, 스크루 기어, 웜 기어 등

68 회전운동을 직선운동으로 바꿀 때 쓰이는 기어는?

① 베벨 기어   ② 헬리컬 기어   ③ 랙과 피니언   ④ 웜과 웜 기어

69 두 축의 회전방향이 같으며, 높은 감속비의 경우에 쓰이고, 원통의 안쪽에 이가 있는 기어는?

① 내접 기어   ② 스파이럴 기어   ③ 래크   ④ 헬리컬 기어

> 내접 기어 : 두 축의 회전방향이 같으며, 높은 감속비를 얻으며, 원통의 안쪽에 이가 있다.

70 기어 사용 시 기어 속도비가 불합리한 관계로 원활한 회전을 하기 위해 전위 기어를 사용하는데, 다음 중 전위 기어의 사용 목적이 아닌 것은?

① 베어링의 압력 증가   ② 중심거리가 변할 때
③ 언더컷을 피하고 싶을 때   ④ 이의 강도개선

정/답   66 ①   67 ①   68 ③   69 ①   70 ①

전위 기어(shifted gear) : 래크형 공구로 기어를 절삭할 때 공구의 피치선과 피절삭 기어의 기준 피치원이 접하지 않고, 약간 떨어진 위치에서의 절삭된 기어를 전위 기어라 한다.
① 전위 기어의 장점
- 언더컷을 방지한다.
- 맞물림에서 미끄럼을 줄인다.
- 축간 거리를 조정한다.
- 유효 단면을 증가시킨다.
- 이 뿌리를 튼튼하게 한다.
② 전위 기어의 단점
- 표준 기어와 같은 시판 기어가 있다.
- 물음 압력각이 증가되어 베어링에 걸리는 하중이 증대된다.
- 교환성이 없다.

71 기어가 맞물려 있을 때 힘의 전달방향을 나타내는 각은?

① 압력각 ② 여유각 ③ 맞물림각 ④ 경사각

72 정밀도가 크고 호환성이 큰 치형을 쉽게 만들 수 있으며, 중심거리가 약간 변하더라도 속도비가 일정한 전동이 가능하므로, 일반적으로 널리 사용되고 있는 치형곡선은?

① 에피 사이클로이드 곡선
② 하이포 사이클로이드 곡선
③ 인벌류트 곡선
④ 트로코이드 곡선

① 인벌류트(involute) 곡선 : 원기둥에 감긴 실을 당기면서 풀 때 실의 한 점이 그리는 원의 일부를 곡선으로 한 것이다.
- 기어의 물림에서 다소 중심거리가 틀려도 잘 물린다.
- 공작이 쉽고 호환성이 있으며, 일반적 기어에 사용한다.
- 이뿌리 부분이 튼튼하다.
- 마멸이 심하다(단점).
② 사이클로이드(cycloid) 곡선 : 한 개의 원 위에서 원판의 한 점이 그리는 곡선
- 주로 계기나 시계류에 사용
- 2개의 곡선으로 이루어진다.
- 피치원이 완전히 일치하지 않으면 바르게 물리지 않는다.
- 공작이 어렵고 호환성이 적다.
- 이뿌리가 약하나 효율이 높고, 소음이 적고, 마멸이 적다.

73 피치원에서 이뿌리원까지의 거리를 나타내는 말은?

① 어덴덤 ② 디덴덤 ③ 뒤틈 ④ 클리어런스

정/답   71 ①   72 ③   73 ②

- 이끝높이(어덴덤) : 이끝원과 피치원과의 차이
- 이뿌리 높이(디덴덤) : 피치원과 이뿌리원과의 차이

74 스터브(stub gear)의 설명 중 틀린 것은?

① 치형 언더컷을 작게 할 수 있다.
② 이 높이를 표준 스퍼 기어 치수보다 높게 한 것이다.
③ 압력각이 20°이다.
④ 물림률이 낮아진다.

스터브(stub gear; 낮은이 기어의 치형) : 이 높이를 보통보다 낮게 한 것으로 이의 강도가 크다.
① 큰 동력 전달이나 충격이 있는 곳에 사용한다.
② 압력각 : 14.5°, 15°, 20°, 22.5°
- 낮은 이는 굽힘강도가 증대되고 최소 잇수가 감소하는 장점이 있고, 높은 이는 운전성능의 향상을 원하는 치형으로 만들어 좋은 효과를 나타내고 있으나, 특수한 공구와 높은 정밀도의 제작이 필요하므로 일반적인 기어가 아니다.

75 헬리컬 기어에 스러스트가 생기는 것을 개선한 기어는 다음 중 어느 것인가?

① 스퍼 기어　　② 베벨 기어　　③ 더블 헬리컬 기어　　④ 웜 기어

76 두 축이 나란하지도 교차하지도 않으며 베벨 기어의 축을 엇갈리게 한 것으로, 자동차의 차동 기어장치의 감속기어는?

① 베벨 기어　　② 웜 기어　　③ 베벨 헬리컬 기어　　④ 하이포이드 기어

① 하이포이드 기어
- 평행도 아니고 교차도 없는 기어로서 이의 단면적이 크며 전동이 용이하다.
- 축간 거리를 일정 범위 내에서 임의로 정할 수 있다.
- 자동차 감속비(뒷차축의 최종단의 감속기) 또는 감속비가 별로 크지 않을 때에는 웜 기어 대신으로 많이 사용한다.
② 웜 기어
- 한 줄 또는 두 줄 이상의 줄수를 가진 나사 모양의 것으로 큰 감속비를 얻을 수 있다.
- 역전에는 사용하지 않는다.
③ 베벨 헬리컬 기어 : 이가 원뿔면의 모선과 경사진 기어를 말한다.
④ 베벨 기어 : 원뿔면에 축과 평행하게 이가 나 있는 기어이다.

정/답　74 ②　75 ③　76 ④

77 웜과 웜 기어의 장치에 있어서 다음 사용 목적 중 가장 큰 비중을 차지하고 있는 것은?

① 고속회전을 하려고 할 때　　② 고부하에 사용될 때
③ 직선운동을 시키려고 할 때　　④ 큰 감속비를 얻으려고 할 때

78 다음은 V-벨트의 정비에 관한 사항이다. 잘못 표현된 것은?

① 2줄 이상을 건 벨트는 균등하게 쳐져 있어야 한다.
② 풀리의 홈 마모 점검의 필요성은 없다.
③ V-벨트는 장기간 보관하면 열화되므로 구입 년월일을 확인한 후 사용하기를 권한다.
④ 베이스가 이동할 수 없는 축 사이에서는 장력 풀리를 사용하도록 한다.

79 벨트를 선정할 때 고려 사항이 아닌 것은?

① V-벨트의 종류 및 형식　　② 소요 벨트의 가닥 수
③ V-벨트 풀리의 형상과 지름　　④ V-벨트의 설계공식 적용 여부

80 벨트식 무단변속기의 정비 관련 사항으로 거리가 먼 것은?

① 벨트를 이동시킴에 있어서 무리가 발생될 수 있는지 확인한다.
② 가변피치 풀리의 습동부는 윤활 불량이 되기 쉬운지 확인한다.
③ 광폭 벨트는 특수하므로 예비품 관리를 잘 해두었는지 확인한다.
④ 벨트의 수를 확인한다.

81 벨트의 종류 중 고무 벨트에 대한 특징이 아닌 것은?

① 무명에 고무를 입혀 만든 것으로 유연하다.
② 미끄럼이 적다.
③ 습기에 잘 견디고 기름에는 약하다.
④ 재질상 탄성이 매우 적다.

정/답　77 ④　78 ②　79 ④　80 ④　81 ④

82 벨트 전동장치에 관한 설명으로 옳지 않은 것은?

① 정확한 속도비를 필요로 하는 경우에는 사용할 수 없다.
② 효율은 70~75%로 낮은 편이다.
③ 하중이 갑자기 증가하는 경우에는 안전장치의 역할을 한다.
④ 구조가 간단하고, 값이 싸다.

벨트 전동장치
① 벨트와 벨트 풀리 사이의 마찰에 의해 회전력을 전달한다.
② 하중이 갑자기 증가하는 경우는 미끄러져 안전장치의 역할을 한다.
③ 구조가 간단하고 값이 싸다.
④ 효율이 높으나 정확한 속도비를 얻을 수 없다.
⑤ 효율은 96~98%이다.
⑥ 일반기계의 전동장치로 널리 사용된다.

83 바로걸기 벨트의 경우 이완측을 위로 가게 하는 이유는 무엇인가?

① 벨트가 잘 벗겨지지 않는다.
② 벨트 걸기가 쉽다.
③ 장력이 커진다.
④ 접촉각이 커져서 미끄럼이 적고 정확한 전동이 된다.

풀리의 바깥면을 평평하게 하지 않고 중앙을 볼록하게 하는데, 이것은 벨트가 벗겨지는 것을 방지하기 위함이고, 이완 측을 위로 가게 하는 것은 접촉각이 커져서 미끄럼이 적어지고 정확한 전동이 된다.

84 벨트 전동에서 축간 길이가 아주 길고 고속회전을 할 경우에 작동을 확실히 하려면 항상 적당하고 일정한 장력을 유지해야 하는데, 이때 장력을 유지해주는 방법으로 적당하지 않은 것은?

① 벨트의 자중에 의한 방법
② 긴장보조차(緊張補助車)를 이용하는 방법
③ 탄성변형에 의한 방법
④ 미끄럼을 이용하는 방법

인장 풀리의 사용벨트의 미끄러짐을 적게 하려면 풀리와 벨트의 접촉각을 크게 하면 되는데, 이때 사용한다. 또는 이완 쪽이 원동차의 위가 되게 하는 방법도 있다.

정/답   82 ②   83 ④   84 ④

85 다음 중 V벨트의 규격을 나타내는 기호가 아닌 것은?

① A형　　② C형　　③ E형　　④ G형

> V벨트 전동은 2축에 V홈을 가진 V벨트차를 고정하고 단면이 사다리꼴로 되어 있는 벨트를 몇 개씩 걸어 동력을 전달한다. 동력의 전달은 V벨트와 벨트차 홈 사이에서 작용하는 마찰력에 의해서 행해지는데 V홈 밑에 V벨트가 접촉하지 않게 되어야 한다. 크기는 작은 것부터 M, A, B, C, D, E형의 6가지 규격이 있다.

86 V벨트에서 A30이란?

① 단면이 A형이고 유효둘레가 30cm이다.
② 단면이 A형이고 유효둘레가 30인치이다.
③ 재료가 A호이며 지름이 30cm이다.
④ A는 제작번호이고 단면의 두께가 30mm이다.

> V 벨트의 호칭번호
>
> $$호칭번호 = \frac{벨트의 유효둘레}{1인치(25.4mm)}$$

87 다음 중 벨트 풀리의 호칭법 중 맞는 것은?

① 명칭 종류 폭×지름 재질
② 종류 재료×호칭지름×호칭폭
③ 명칭 종류 지름×폭 재질
④ 종류×재료×호칭폭

88 체인(chain) 전동 장치 중 오프셋 링크에서 링크판과 부시를 일체화시킨 것으로 오프셋 링크와 이음 핀으로 연결되어 있으며, 저속 중용량의 컨베이어, 엘리베이터 등에 사용가능한 것은?

① 부시 체인(bush chain)
② 사일런트 체인(silent chain)
③ 핀틀 체인(pintle chain)
④ 롤러 체인(roller chain)

89 체인에 관한 설명 중 맞는 것은?

① 소음과 진동이 없다.
② 전동이 확실하고 일정 속도비를 얻는다.
③ 유지 보수가 어렵다.
④ 내열, 내유, 내습성에 약하다.

정/답　85 ④　86 ②　87 ③　88 ③　89 ②

체인의 특징
① 슬립이 없는 일정한 속도를 얻을 수 있다.
② 내열, 내유, 내습성이 있다.
③ 대 동력이 전달되고 효율은 95% 이상이다.
④ 체인의 탄성으로 충격하중을 흡수할 수 있다.
⑤ 고속회전에는 부적당하다.

90 체인 전동에서 소음이 가장 작은 것은 어느 것인가?

① 링크 체인
② 사일런트 체인
③ 롤러 체인
④ 블록 체인

체인의 종류
① 롤러 체인 : 일반적으로 사용되며 링크수가 홀수일 때 오프셋 링크를 사용한다.
② 사일런트 체인 : 고속회전이 필요한 곳이나 정숙한 운전을 할 때 사용한다. 면각에는 52°, 60°, 70°, 80°의 4종류가 있으며, 피치가 클수록 면각은 작은 것을 쓴다.
③ 블록 체인 : 저속의 동력전달에 사용되며 마찰이 커서 경하중에 적합하다.
   • 체인 블록, 하역기계 등에 사용
④ 엇걸이 체인(detachable chain) : 가단주철의 링크 체인을 간단하게 한 것
   • 저속 및 소하중 동력전동용

91 체인 전동장치에서 스프로킷의 설명으로 옳지 않은 것은?

① 스프로킷은 강제 또는 주철제로 한다.
② 마멸을 균일하게 하기 위하여 잇수는 짝수로 한다.
③ 체인과 인접한 핀의 중심 사이의 거리를 피치라 한다.
④ 체인이 스프로킷에 감겼을 때, 핀의 중심을 지나는 원을 피치원이라 한다.

92 체인 전동에서 두 축의 중심거리는 체인의 피치 크기의 몇 배가 가장 적당한가?

① 10~20배
② 20~30배
③ 30~40배
④ 40~50배

정/답   90 ②   91 ②   92 ④

93 롤러 체인을 이음할 때 사용하는 링크가 아닌 것은?

① 핀 링크　　② 롤러 링크　　③ 오프셋 링크　　④ 안내 링크

> 링크수가 홀수인 경우에는 이음매의 한쪽은 롤러 링크, 다른 한쪽은 핀 링크에 이어서 이음 링크를 사용할 수 없으므로 이때 오프셋 링크를 사용한다.

94 블록 브레이크에 대한 설명 중 틀린 것은?

① 블록 브레이크는 회전장치의 제동에 사용된다.
② 큰 회전력의 전달에 알맞다.
③ 브레이크 드럼에 하나의 브레이크 블록을 갖는다.
④ 큰 제동력을 얻기 어렵다.

> **단식 블록 브레이크**
> ① 브레이크 편이 하나이므로 드럼의 축에 힘 모멘트가 작용한다.
> ② 큰 제동 토크가 필요한 경우에는 적당하지 않다.
> ③ 브레이크 레버를 손으로 누르는 힘 : 보통 10~15kg, 최대 20kg이 넘지 않아야 한다.
> ④ 조작부호는 수동력, 전자식, 유압, 공압, 증기압이 있다.

95 브레이크 장치에서 브레이크 드럼의 원주에 1개 또는 2개의 브레이크 패드를 브레이크 레버로 눌러서 그 마찰에 의해 제동하는 것은?

① 밴드 브레이크　　② 블록 브레이크　　③ 자동 브레이크　　④ 전자 브레이크

96 하중에 의하여 일정한 방향의 회전에 한하여 자동적으로 브레이크 작용을 하는 것은?

① 블록 브레이크　　　② 밴드 브레이크
③ 자동하중 브레이크　④ 축압 브레이크

97 자동하중 브레이크의 종류에 해당되지 않는 것은?

① 나사 브레이크　　　② 웜 브레이크
③ 원심력 브레이크　　④ 폴 브레이크

정/답　93 ④　94 ②　95 ②　96 ③　97 ④

하중에 의하여 일정한 방향의 회전에 한하여 자동적으로 제동되는 것
• 종류 : 웜 브레이크, 나사 브레이크, 캠 브레이크, 원심력 브레이크, 체인 브레이크 등

98 엔진의 밸브 스프링과 같이 빠른 반복하중을 받는 스프링에서는 그 반복속도가 스프링의 고유진동수에 가까워지면 심한 공진을 일으킨다. 이 현상은?

① 공명현상　　　　　　　　② 캐비테이션
③ 서징　　　　　　　　　　④ 공진동

99 다음 스프링 중에서 가장 작은 공간을 차지하면서 비교적 큰 힘을 받으며 재생(再生)이 용이한 스프링은?

① 판 스프링　　　　　　　　② 코일 스프링
③ 접시형 스프링　　　　　　④ 스파이럴 스프링

100 다음 보기는 관 이음쇠의 기능이다. 그 기능에 해당하지 않는 것은?

① 관로의 연장　　　　　　　② 관의 진동 흡수
③ 관로의 곡절　　　　　　　④ 관로의 분기

101 관 이음 방법에는 여러 가지가 있다. 다음 중 관 이음법에 해당하지 않는 것은?

① 올덤 이음　　② 나사 이음　　③ 플레어 이음　　④ 플랜지 이음

102 관경이 비교적 크거나 내압이 높은 배관을 연결할 때 나사 이음, 용접 등의 방법으로 부착하고 분해가 가능한 관 이음 방법으로 맞는 것은?

① 플랜지 이음　　② 주철관 이음　　③ 신축 이음　　④ 유니온 이음

정/답　98 ③　99 ③　100 ②　101 ①　102 ①

103 비교적 소형 배관이나 관의 살이 얇은 경우 적합한 용접을 활용한 방법은?

① 시임 용접법　　　　　　② 필렛 용접법
③ 플레어 이음법　　　　　④ 맞대기 용접법

104 열에 의한 관의 팽창 수축을 허용하고 축 방향으로 과도한 응력이 걸리지 않게 하기 위해 연결하는 이음쇠로 다음 중 맞는 것은?

① 유니온 이음쇠　　　　　② 니플 이음쇠
③ 부싱 이음쇠　　　　　　④ 신축 이음쇠

105 배관 계통의 정비를 위하여 분해할 필요가 있는 곳에 사용하는 관 이음쇠로 다음 중 적당한 것으로 맞는 것은?

① 밴드　　② 소켓　　③ 유니온　　④ 엘보

106 다음은 밸브 플레이트의 교환 요령이다. 잘못 기술된 것은?

① 마모 한계에 달하였을 때 파손되지 않았으면 교환할 필요는 없다.
② 교환 시간이 되었으면 사용 한계의 기준치 내에서도 교환한다.
③ 플레이트의 두께가 0.3mm 이상 마모되면 교체하여 사용한다.
④ 마모된 플레이트는 뒤집어서 사용해서는 안 된다.

107 다음 중 펌프의 체적효율에 대한 표현으로 맞는 것은?

① 펌프의 이론적인 토출량과 실제 토출량과의 비율
② 펌프 구동 동력과 소모 전력의 비율
③ 펌프의 실제적인 토출량에서 이론적인 토출량을 제한 체적
④ 펌프의 이론적인 토출량에서 실제적인 토출량을 제한 체적

108 다음 중 원심펌프의 종류로 맞는 것은?

① 기어 펌프　　　　　　　② 플런저 펌프
③ 디퓨저 펌프　　　　　　④ 다이어프램 펌프

정/답　103 ③　104 ④　105 ③　106 ①　107 ①　108 ③

109 회전 속도가 높고 전체 효율이 가장 좋은 펌프는 어느 것인가?

① 피스톤식　　② 베인식　　③ 원심식　　④ 기어식

110 다음 중 초고압 펌프로 가장 적당한 유압 펌프는?

① 나사 펌프　　② 기어 펌프　　③ 베인 펌프　　④ 피스톤 펌프

111 다음 유압 펌프 중 용도에 따른 회전식에 해당하지 않는 펌프는?

① 기어 펌프　　② 나사 펌프　　③ 베인 펌프　　④ 플런저 펌프

> 왕복식 : 피스톤(플런저) 펌프-실린더 내 피스톤의 왕복운동으로 액체 수송

112 기어 펌프에 관한 설명으로 다음 중 맞는 것은?

① 유압 펌프로 사용 시 효율은 낮으나 소음과 진동이 거의 발생하지 않는다.
② 기어가 회전할 때 기포가 발생하지만 산업용 유압 펌프로도 사용할 수 있다.
③ 회전수 1500rpm 정도의 윤활유 펌프에 많이 이용되고 있으며, 점성이 큰 액체에서는 회전수를 크게 한다.
④ 원통형의 케이싱 내에 편심된 회전체가 회전하고, 이 회전체에 홈이 있어 홈 속에 판 모양의 베인이 삽입된 구조이다.

113 펌프의 회전수가 증가할 때 용적효율과의 관계로 다음 중 맞는 것은?

① 효율이 증가한다.　　② 효율이 감소한다.
③ 효율은 일정하다.　　④ 효율과는 무관하다.

> $\eta_v = \dfrac{Q}{Q_{th}} = \dfrac{Q}{q \cdot N}$, 회전수 N이 증가하면 효율은 감소한다.

정/답　109 ①　110 ④　111 ④　112 ②　113 ②

114 펌프에서 압력이 국부적으로 낮아져서 기포가 생겨 소음과 진동을 일으키게 되는 현상은?

① 채터링(chattering)   ② 서징(surging)
③ 보일링(boiling)   ④ 캐비테이션(cavitation)

> 채터링 현상은 밸브시트를 두드리는 자려진동(自勵振動) 현상이다.

115 다음은 캐비테이션의 방지책이다. 틀린 것은?

① 펌프의 설치 위치를 되도록 낮게 한다.
② 흡입관을 가능한 짧게 한다.
③ 펌프의 회전수를 낮게 한다.
④ 양흡입 펌프이면 단흡입 펌프로 교체한다.

> **케비테이션 방지책**
> ① 펌프 회전수를 감소시킨다.
> ② 흡입관의 손실을 가능한 작게 하기 위하여 흡입속도를 감소시킨다.
> ③ 단흡입 펌프면 양흡입 펌프로 바꾼다.
> ④ 펌프의 설치 위치를 낮춤으로써 유효 흡입 수두를 증가시킨다.

116 유량과 양정이 주기적으로 변화하는 현상을 무엇이라 하는가?

① 공동 현상   ② 채터링 현상   ③ 서징 현상   ④ 오일링 현상

> 관속의 액체가 꽉 채워진 상태로 유동하다가 갑자기 속도가 변화할 때 급격한 압력의 변화로 이어져 충격과 진동이 수반되는 현상을 맥동(surging) 현상이라 한다.

117 그림에서 실양정을 구하는 표현식은?

① $H_a + H_d$
② $H_a - H_d$
③ $H_s + H_d$
④ $H_a - H_s$

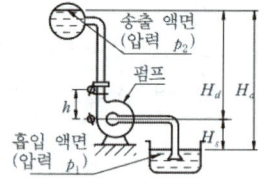

> H_a는 실양정, H_d는 송출실양정, H_s는 흡입실양정이라 한다.

118 관로에서 유속의 급격한 변화에 의해 관내 압력이 상승 또는 하강하는 현상은?

① 캐비테이션　　　　　　② 수격 작용
③ 채터링 현상　　　　　　④ 크래킹 현상

> 수격 작용(Water Hammer) : 물의 관내 유동 시 갑자기 관 끝 밸브가 닫히거나 하여 압력이 상승하게 되는 현상으로 소음과 진동 등이 수반되어 문제를 발생시킬 수 있다.

119 기어 펌프가 작동 시 오일의 일부가 기어의 맞물림에 의해 두 기어의 틈새에 갇혀서 다시 원래의 흡입측으로 되돌려지는 현상이 일어난다. 다음 중 이와 같은 현상을 무엇이라 하는가?

① 공동 현상　　② 맥동 현상　　③ 폐입 현상　　④ 채터링 현상

120 기어 펌프의 경우 릴리프 홈이 있는 기어를 사용하는 이유로 다음 중 맞는 것은?

① 토출측 압력을 높이기 위해서
② 흡입측 압력을 낮추기 위해서
③ 펌프의 스톱락(Stop lock) 현상을 방지하기 위해서
④ 펌프의 폐입 현상을 방지하기 위해서

121 기어 펌프에서 폐입 현상 시 발생되는 사항으로 다음 중 맞지 않은 것은?

① 고압 발생　　　　　　② 진동 발생
③ 베어링부 자력 발생　　④ 소음 발생

122 다음 중 원심펌프의 점검 시 고장에 해당하지 않는 것은?

① 가동하지 않는다.
② 물의 수송이 원활하다.
③ 규정 수량이 나오지 않는다.
④ 처음에는 물이 나오지만, 곧 나오지 않게 된다.

> **원심펌프의 점검 시 고장 사항**
> • 가동하지 않는다.
> • 물이 나오지 않는다.
> • 규정 수량이 나오지 않는다.
> • 처음에는 물이 나오지만, 곧 나오지 않게 된다.

정/답　118 ②　119 ③　120 ④　121 ③　122 ②

123 원심펌프가 가동하지 않을 때 점검사항이 아닌 것은?

① 원동기의 고장 확인 ② 기동조건이 성립되어 있는지 확인
③ 보호 회로가 작용하고 있는지 확인 ④ 흡입 양정의 높이 확인

점검 사항	확인 사항
원동기 고장	원동기를 점검 후 수리
기동 조건이 성립되지 않음	각 기동 조건을 확인
보호 회로가 작용하고 있음	각 보호 장치를 확인

124 원심펌프 점검 시 물이 나오지 않을 때 점검사항으로 적당하지 않은 것은?

① 공기가 흡입된다. ② 흡입양정이 높다.
③ 흡·토출 밸브가 닫혀 있다. ④ 회전수가 저하하고 있다.

점검 사항	확인 사항
펌프 흡입관의 만수 불충분	재차 마중물을 채워준다.
흡·토출 밸브가 닫혀 있다.	흡입관 이음부, 펌프 그랜드 패킹부부터 공기 누입을 조사한다.
스트레이너와 흡입관이 막혀있다.	점검 후 열어 준다.
임펠러에 이물질이 막혀있다.	분해하여 이물질을 제거한다.
회전수가 떨어지고 있다.	회전계로 체크한다.
회전방향이 반대이다.	전동기의 배선을 수정한다.
양정이 너무 높다.	입력계로 확인 후 조치한다.
흡입 양정이 높다.	진공계로 확인 후 조치한다.

125 원심펌프 점검 시 규정 수량이 나오지 않을 때 다음 중 점검해야 할 사항이 아닌 것은?

① 공기의 흡입 ② 흡입관의 침수 깊이
③ 임펠러 이물질 침입 ④ 양정의 높이

점검 사항	확인 사항
공기 흡입	흡입관 이음부, 펌프 그랜드 패킹부부터 공기 누입을 조사한다.
흡입관의 잠수 깊이 부족	흡입관을 길게 해 준다.
임펠러에 이물질이 막혀있다.	분해하여 이물질을 제거한다.
라이너 링의 마모	분해하여 청소한다.
회전수가 떨어지고 있다.	회전계로 체크한다.

정/답 123 ④ 124 ① 125 ④

126 원심펌프 점검 시 처음에는 물이 나오지만, 곧 나오지 않을 때 점검해야 할 사항이 아닌 것은?

① 펌프 흡입관의 만수 불충분 ② 공기 흡입
③ 흡입관에 공기 집합소가 있다. ④ 임펠러의 이물질

점검 사항	확인 사항
펌프 흡입관의 만수 불충분	재차 마중물을 채워준다.
공기 흡입	흡입관 이음부, 펌프 그랜드 패킹부부터 공기 누입을 조사한다.
흡입관에 공기 집합소가 있다.	배관을 수정한다.

127 송출량 0.8m³/min, 총양정이 20m인 경우 펌프의 축동력은? (단, 펌프의 효율은 80%이고 상온의 물이다.)

① 3.26 ② 4.26 ③ 5.26 ④ 6.26

$\eta = \dfrac{L_w}{L_s} = \dfrac{\gamma QH}{L_s}$, $0.8 = \dfrac{9800 \times 0.8 \times 20}{60 \times 1000 \times L_s}$, $L_s = 3.26\text{kW}$

128 기어 펌프에서 이론 송출량이 65.5[L/min], 체적효율이 0.9일 때 실제 송출량은?

① 58.95[L/min] ② 72.22[L/min]
③ 54.75[L/min] ④ 60.45[L/min]

$\eta_V = \dfrac{\text{실제송출량}}{\text{이론송출량}}$, $0.9 = \dfrac{Q}{65.5}$, $Q = 58.95[L/\min]$

129 압력 6.86MPa, 유량 40L/min로 작동하고 있는 유압 펌프의 소요 동력은 얼마인가? (단, 펌프 효율은 85%이다.)

① 4.6kW ② 5.4kW ③ 6.4kW ④ 7.3kW

$\eta_v = \dfrac{P \cdot Q}{L_S}$, $L_S = \dfrac{6.86 \times 10^6 \times 40 \times 10^{-3}}{0.85 \times 60} = 5.4 kW$

정/답 126 ④ 127 ① 128 ① 129 ②

130 송풍기 축의 온도상승에 따른 축이 신장에 대한 대책으로 다음 중 맞는 것은?

① 양쪽이 모두 신장되도록 해 준다.
② 신장되지 못하도록 고정한다.
③ 전동기 축 베어링이 신장되도록 한다.
④ 반대 전동기 축(자유축)방향으로 신장되도록 한다.

> 전동기 축 정방향 베어링(고정축)은 고정하고, 전동기 축 반대 방향(자유축)으로 신장되도록 하면 문제를 해결할 수 있다.

131 양쪽 지지형 송풍기의 축을 설치할 때, 전동기 축과 반대 전동기 축의 좌·우측 구배의 차는 몇 mm 이하로 해야 하는가?

① 0.05   ② 0.1   ③ 0.15   ④ 0.2

132 송풍기(Blower)의 주요 구성 부분이 아닌 것은?

① 커플링   ② 로프   ③ 케이싱   ④ 임펠러

133 송풍기 베어링의 온도가 급상승하는 경우 확인해야 할 항목으로 맞지 않는 것은?

① 윤활유의 적정 여부 확인
② 송풍기의 회전 방향 확인
③ 미끄럼 베어링 오일링의 회전 상태가 정상인지 확인
④ 원통부에 벨트가 쓰이는 경우 이것이 축에 강하게 접촉되어 있지 않는지 확인한다.

> 원통부에 벨트를 사용한 경우, 벨트가 축에 강하게 접촉되어 있는지 확인해야 한다.

134 송풍기의 풍량이 부족한 경우의 원인으로 다음 중 맞는 것은?

① 회전수가 증가되었을 때
② 송풍기 또는 덕트에 먼지 등이 쌓여 있어 유동 저항이 증가되었을 때
③ 임펠러에 이물질이 없을 때
④ 벨트의 장력이 적당할 때

정/답   130 ④   131 ①   132 ②   133 ④   134 ②

135 원심식 압축기와 비교한 왕복형 압축기의 장점에 해당하는 것은?

① 맥동이 없다.
② 윤활이 쉽다.
③ 고압 발생이 가능하다.
④ 대용량으로 사용된다.

- **원심식 압축기의 특징**
  - 윤활이 쉽고, 압력 맥동이 없다.
  - 대용량으로 설치 면적이 비교적 좁다.
  - 기초가 견고하지 않아도 된다.
  - 고압 발생이 어렵다.
- **왕복형 압축기의 특징**
  - 고압 발생이 가능하다.
  - 소용량으로 설치 면적이 넓다.
  - 윤활이 어렵다.
  - 기초가 견고해야 한다.
  - 공기를 압축할 때 압력 맥동이 발생한다.

136 다음은 압축기 밸브 부품 중 밸브 스프링의 교환에 대한 내용이다. 잘못 설명된 것은?

① 자유높이 상태에서 높이가 규정치 이하로 되었을 때 계속 사용하여도 무방하다.
② 손으로 간단히 수정하여 사용해서는 안 된다.
③ 교환 시간이 되면 기준치 내에서도 교환한다.
④ 교환 시간이 되어도 탄성 마모가 없어도 교환하여 사용한다.

압축기 밸브 부품 중 밸브 스프링 교환 시 유의해야 할 사항
- 교환 시간이 되었을 때 탄성 마모가 없어도 교환하도록 한다.
- 교환 시간이 되면 기준치 내에서도 교환해야 한다.
- 손으로 간단히 수정하여 사용해서는 안 된다.
- 스프링의 자유높이 상태에서 높이가 규정치 이하로 되었을 때 교환해야 한다.

137 일반적으로 널리 사용되는 압축기로 사용 압력 범위는 1.0~10.0MPa 정도까지이며, 냉각 방식에 따라 공랭식과 수랭식으로 분류되는 압축기로 다음 중 맞는 것은?

① 베인형 압축기
② 왕복 피스톤 압축기
③ 터보 압축기
④ 스크류형 압축기

정/답 135 ③ 136 ① 137 ②

138 압축기는 압축하는 방식에 따라 원심식과 왕복식으로 분류된다. 다음 중 원심식 압축기와 비교한 왕복식 압축기의 특징으로 맞지 않는 것은?

① 고압 발생이 불가능하다.
② 내구성이 요구되므로 기초가 견고해야 한다.
③ 윤활이 어려운 압축기에 해당한다.
④ 소용량으로 사용이 가능하다.

139 다음 중 사용 압력이 10mAq 이상으로 높은 압력의 공기를 송출시키는 유체기계는?

① 통풍기　　② 압축기　　③ 송풍기　　④ 환풍기

구분	압력		atm	MPA
	mAq(수주)	kgf/cm²		
통풍기	1 이하	0.1 이하	0.1	0.01
송풍기	1~10 미만	0.1~1 미만	0.1~1	0.01~0.1
압축기	10 이상	1 이상	1 이상	0.1 이상

140 평행축형 기어 감속기에 해당되지 않는 것은 다음 중 어느 것인가?

① 더블 헬리켈 기어 감속기　　② 하이포이드 기어 감속기
③ 헬리켈 기어 감속기　　　　 ④ 스퍼 기어 감속기

141 웜기어(Worm Gear) 감속기의 특징으로 틀린 것은?

① 역전을 방지할 수 없다.
② 소음이 커서 정숙한 회전이 가능하다.
③ 치면에서의 미끄럼이 커서 전동 효율이 감소한다.
④ 적은 용량으로 큰 감속비를 얻을 수 있다.

142 다음 중 감속기 운전 중 손상의 징후가 아닌 것은?

① 소음　　　　　② 진동
③ 베어링의 온도　④ 필터 찢어짐

정/답　138 ①　139 ①　140 ②　141 ①　142 ④

143 오일 리킹(oil leaking)이 일어나는 원인에 해당하지 않는 것은?

① 실의 경화, 가스켓의 경화, 오일 실의 찢어짐으로 인해
② 오일 레벨이 매우 높은 경우
③ 오일의 점도가 높은 경우
④ 에어 벤트 플러그의 막힘

144 다음 중 전동기가 기동하지 않는 원인으로 가장 적당한 것은?

① 축이음 마모
② 베어링의 파손
③ 전동기의 발열
④ 코일의 단선

> **모터가 돌지 않는 원인**
> • 전원이 끊겨 있다.
> • 서멀 릴레이가 작동하고 있다.
> • 모터의 배선이 끊겨 있다.
> • 모터가 소손되어 있다.

145 전동기 운전 시 진동 현상의 원인으로 다음 중 잘못된 것은?

① 로터와 스테이터의 접촉
② 냉각 불충분
③ 베어링의 손상
④ 커플링, 풀리 등의 마모

> **모터 과열의 원인**
> • 주위 온도가 너무 높다.
> • 전원 전압이 너무 높거나 너무 낮다.
> • 3상 모터가 단상으로 되어 있다.
> • 냉각이 불완전하다.
> • 과부하가 되어있다.

146 다음 중 전동기 기동 불능의 원인이라 할 수 없는 것은?

① 전기 기기의 고장
② 배선의 단선
③ 베어링 마모
④ 기계적 과부하

> 베어링의 마모에 의해서 진동이 발생할 수 있다.

정/답 143 ③ 144 ④ 145 ② 146 ③

147 전동기 과부하 시 회로 및 기기의 보호용으로 사용되는 것이 아닌 것은?

① 퓨즈(Fuse), 노퓨즈 브레이크(NFB) 또는 배선용 차단기(MCCB)
② 열동형 과부하계전기(THR=Thermal Relay)
③ 전자식 과부하계전기(EOCR=Electronic overload current Relay)
④ 퓨즈 용단 및 서머 릴레이, 차단기

148 직류 전동기의 운전 시 브러시로부터 스파크가 발생하는 경우에 해당하지 않는 것은?

① 정류자와 브러시의 접촉 불량
② 전압의 부적당
③ 정류자편의 오손
④ 보극의 극성 불량

> 보극 : 정류기에서 주된 자기극인 엔과 에스의 사이에 있는 보조 자기극을 의미한다. 전압이 부적당하면 모터가 과열될 수 있다. 전압이 낮으면 모터의 힘이 약하다.

149 3상 유도 모터가 운전 중 갑자기 정지하였다. 다음 중 그 대책으로 적당하지 않은 것은?

① 모터 전원을 다시 넣어 모터가 운전되면 그냥 사용해도 무방하다.
② 전원이 차단되어 있는지 확인한다.
③ 모터 단자의 전압을 측정하여 확인한다.
④ 모터를 기동해 이상 유무를 확인한다.

150 다음은 변속기의 고장원인 중 소음이 발생할 때의 원인에 해당한다. 소음의 원인에 해당하지 않는 것은?

① 오일실이 손상되었다.
② 체인이 늘어지거나 마모되어 있다.
③ 과부하 및 충격하중이 크다.
④ 베어링이 손상되었거나 윤활유가 부족하다.

> 오일실이 손상된 경우는 누유가 발생한다.

정/답 147 ④ 148 ② 149 ① 150 ①

참 | 고 | 도 | 서

1. 구민사, "일반기계기사 필기" 김영기 저, 2024년도 판
2. 구민사, "건설기계설비기사 필기" 김영기 저, 2023년도 판
3. 구민사, "기계설계산업기사 필기" 김영기 저, 2023년도 판
4. 구민사, "설비보전기능사 필기"
5. 한국직업능력개발원, "NCS 모듈 기계구동장치 조립" 교육부, 2019년
6. 구민사, "기계컴퓨터 응용설계" 김영기, 문범용 저, 2018년
7. 기전연구사, "기계설비보전" 김창균 저, 2018년

04

SUBJECT

PLANT MAINTENANCE
ENENGINEER

설비진단 및 관리

- 설비 진동 및 소음
- 설비관리계획
- 종합적 설비관리
- 윤활관리의 기초
- 윤활방법과 시험
- 현장윤활

설비 진동 및 소음

PLANT MAINTENANCE ENGINEER

01 설비진단

1 설비진단의 개요

(1) 설비진단기술의 정의
① 설비진단기술은 기계 설비의 고장 및 열화, 스트레스 등을 파악하고, 강도, 강성도 및 그 성능을 정량적으로 평가하여 이상원인 등을 찾아 정비 수행 범위를 결정하는 일련의 과정으로 정의된다.
② 설비진단기술은 단순히 기계 설비를 점검하고 고장을 찾아내는 것을 의미하지 않는다.

(2) 설비진단기술의 구성
① 설비진단기술은 현장 작업자가 판단하는 간이진단기술과 전문 해석 기술자가 판단하는 정밀진단기술로 분류된다.
② 정밀진단기술은 스트레스 정량화 기술, 고장검출 해석기술 그리고 강도·성능의 정량화 기술로 구성된다.
- 스트레스 정량화 기술 : 기계, 화학, 온도, 전기 등의 스트레스 계측(스트레스의 계산)
- 고장검출 해석기술 : 회전기계, 전동기, 정지기계, 배관류 등의 진단기술
  - 해석기술 : 강제 열화 시험, 파괴 시험, 파단면 해석, 화학 분석
- 강도·성능의 정량화 기술 : 피로 강도, 내열 강도, 절연내력, 내부식 강도 등의 추정 기술

(3) 설비진단기술의 성격
① 센서기술 : 설비의 상태 파악을 위한 기술
② 해석·평가기술 : 이상의 예지를 위한 기술

(4) 설비진단기술의 필요성

① 설비 데이터에 의한 신뢰성 확보를 위해
② 클레임 방지를 위해
③ 고장을 미연에 방지하기 위해
④ 정량적 설비 관리를 위해
⑤ 우수 점검자 확보를 위해
⑥ 에너지 자원 절약을 위해
⑦ 환경 오염 및 재해 방지를 위해

(5) 설비진단기술의 도입 효과

① 주요 설비부의 상시 감시로 인해 우발적 고장방지 효과
② 정밀진단을 실시함으로 인해 설비의 열화방지 효과
③ 경향 관리를 실행함으로써 계획수리, 생산계획의 유연화, 예비품의 효율적 관리 등으로 설비 수명을 예측하는 효과
④ 점검자의 경험에 따른 전단기기의 사용 및 기능 향상으로 정량화할 수 있는 효과

2 설비진단기법

기계 설비의 고장원인 분석법으로는 진동 분석법, 오일 분석법, 응력법, 마모입자 분석법, 열화상 분석법 및 비파괴 분석법 등이 있다.

(1) 진동 분석법

진동법을 이용한 분석의 예로는 다음과 같은 것들이 있다.
① 회전기계에 생기는 각종 이상(언밸런스·베어링 결함 등)의 검출 및 평가
② 송풍기, 팬 등의 밸런싱 평가
③ 유압밸브의 리크(leak : 누유) 진단 평가
④ 진동 이외의 파라미터(온도, 압력 등)의 설비 이상원인 평가

(2) 오일 분석법

베어링 등의 마모에 대한 진행 상황을 윤활유 중에 포함된 마모 금속의 양, 형태, 재질(성분) 등으로 판단하는 방법으로 다음과 같은 오일 분석법이 있다.
① 페로그래피법 : 마모분 입자를 자석으로 검출하여 금속 현미경으로 마모입자의 크기, 형상

또는 열처리한 재질 등을 관찰하여 이상 부위와 이상 원인을 규명하는 방법이다.

② SOAP법 : 채취한 오일 중 마모 성분과 농도를 검출하기 위하여 오일 시료를 연소시켜 발생된 금속 성분의 발광 또는 흡광 현상을 분석하는 방법이다.

표 1-1 | SOAP 분석 장치의 분류에 따른 원리와 연소방식

구분 \ 분류	ICP법 (고주파 유도 플라즈마)	회전 전극법	원자 흡광법
원리	금속 성분의 발광 스펙트럼을 측정		금속성분의 원자를 흡수 스펙트럼을 측정
연소방식	플라즈마 이용 (7000~9000℃)	고압 방전 이용 (약 15000V)	아세틸렌 불꽃 이용 (약 2000℃)

(3) 응력법

① 설비구조물에 발생하는 균열을 찾아내는 방법
② 각 부재의 실제 응력을 측정하고 설비 내부의 응력 분포를 해석한 다음, 설비의 피로에 의한 수명을 해석하는 순서로 분석하는 방법이다.

3 소음진동 개론

(1) 음향과 소음

① 음향(acoustic) : 즐거움을 주는 소리
② 소음(noise) : 시끄러운 소리

(2) 소음 관련 용어

① 소리의 크기 : 음압 또는 음압 레벨로 표시한다.
② 소리의 속도 : 공기 344m/s, 물속 1500m/s, 철재봉 5000m/s로 소리를 전달하는 매질과 주위 환경에 따라 다르다.
③ 소리의 소멸 : 음의 역 2승법칙 – 어떤 소리를 2S만큼 떨어져서 들으면 S에서 들을 때보다 6dB만큼 낮아진다.
④ 방음 = 차음 + 흡음 + 제진 + 방진, 제진은 진동하는 물체 자체의 진동을 줄이는 것이고, 방진은 진동이 전달되는 경로에 탄성체 등을 통하여 진동의 전달을 줄이는 것이다.
⑤ 흡음 : 소리를 흡수하여 소리의 크기를 줄이는 것이다.
⑥ 차음 : 두 공간 사이에 소리의 전달을 차단, 소리가 투과되지 않도록 하는 것이다.
⑦ 공명효과 : 차음벽이 어떤 특정 주파수에서 차음력이 현저히 떨어지는 현상이다.

⑧ 데시벨(dB) : 소음의 크기 등을 나타내는 단위
⑨ 가청주파수 : 정상 청력을 가진 사람이 귀로 들을 수 있는 주파수 대역(10~20000Hz)
⑩ 지향성 : 방향에 따라 응답의 변화가 있는 것
⑪ 마스킹 : 어떤 음이 다른 음의 듣는 능력을 감쇠시키는 현상

(3) 진동(vibration)의 정의

물체가 정지된 기준 위치로부터 어떤 시간 간격을 두고 연속적으로 떨림이 수반이 되는 현상이다. 진동을 측정할 수 있는 중요한 매개변수 3가지는 진폭, 주파수, 위상각이다. 진동을 측정하여 분석함으로써 기계를 정지 또는 분해하지 않고도 기계의 열화나 고장 상태를 파악할 수 있다.

(4) 진동의 분류

① 자유진동과 강제진동 : 자유진동은 어떤 외력에 의해 스스로 진동하는 것이고, 강제진동은 외력이 반복적으로 가해져 발생하는 진동이다. 외력이 작용하고 있느냐 없느냐로 구분할 수 있다.
② 규칙진동과 불규칙진동 : 규칙진동은 진폭이 규칙적인 상태에 있고, 만약 진폭이 불규칙적으로 진동하고 있는 경우면 불규칙진동이라 한다.
③ 선형진동과 비선형진동 : 진동계를 구성하는 모든 요소, 즉 스프링, 질량, 감쇠기 등이 선형 특성일 때 선형진동이라 하고, 그들 중 어느 하나라도 비선형 특성을 보이면 비선형진동이다.
④ 비감쇠진동과 감쇠진동 : 마찰을 고려하지 않는 진동은 비감쇠진동이고, 마찰을 고려하여 에너지 손실이 발생하는 경우가 감쇠진동이다.

(5) 소음과 진동의 관련성

대기 중에서 진행하는 음파의 압력은 건물 벽에 외력을 가해 벽을 구성하는 입자들을 움직여 본래의 음파와 동일한 주파수의 진동을 발생시킨다. 이와는 반대로 진동을 하는 벽은 벽 바로 앞의 대기 입자에 힘을 가해서 소음을 발생시킨다. 이와 같이 소음과 진동은 매질 내의 한 부분에 외부 힘을 가할 때 매질의 탄성에 의해서 초기 에너지가 매질의 다른 부분으로 전달되는 현상이다.

02 진동 및 측정

1 진동의 물리적 성질

(1) 진폭(amplitude)

주기적인 진동이 발생하고 있을 때 진동의 중심으로부터 최대로 움직인 거리를 진폭이라 한다.

① 편진폭(peak) : 시간에 대한 변화량은 나타내지 않고 단지 최대값만 표시
② 양진폭(peal to peak) : +측의 최대값에서 -측의 최대값까지 표시

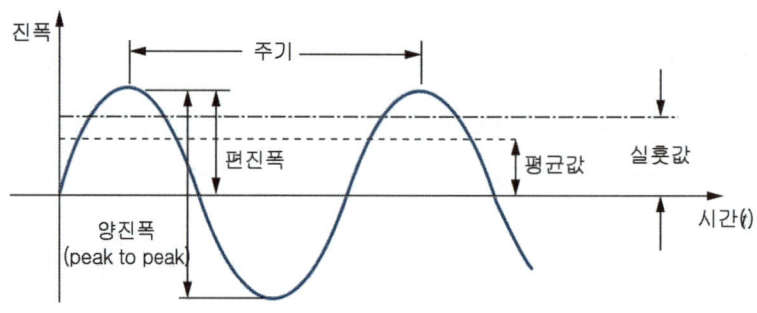

그림 1-1 조화진동의 사이클

③ 실효값(RMS : Root Mean Square) : 진동의 에너지를 표현할 때 적합, 진동 크기의 표현에 가장 적합
④ 평균값(AVE) : 진동량의 평균값, 파의 시간에 대한 변화량을 표시

(2) 주파수

단위 시간당 사이클 수를 주파수라 하고 단위 사이클당 시간을 주기라 한다.

① 각진동수 $\omega(rad/s)$

② 주파수 $f = \dfrac{\omega}{2\pi}(cps,\ Hz)$

③ 주기 $T = \dfrac{1}{f} = \dfrac{2\pi}{\omega}\ (s/cycle)$

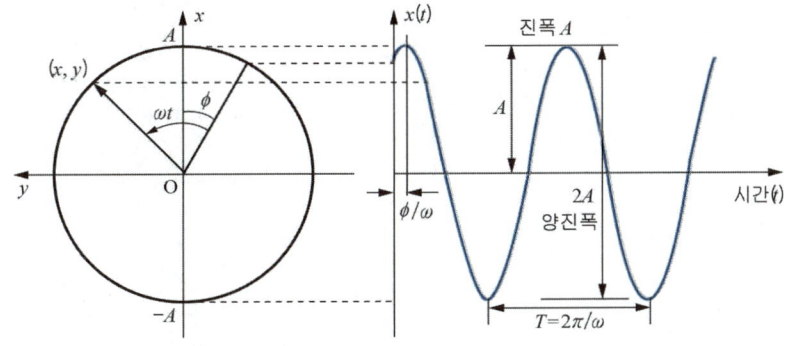

그림 1-2 등속도 원운동의 비감쇠 자유진동

(3) 위상(phase)

진동위상이란 어떤 진동물체의 고정된 기준점에 대하여 다른 진동물체의 상대적 위치변화를 나타내는 변위각이다.

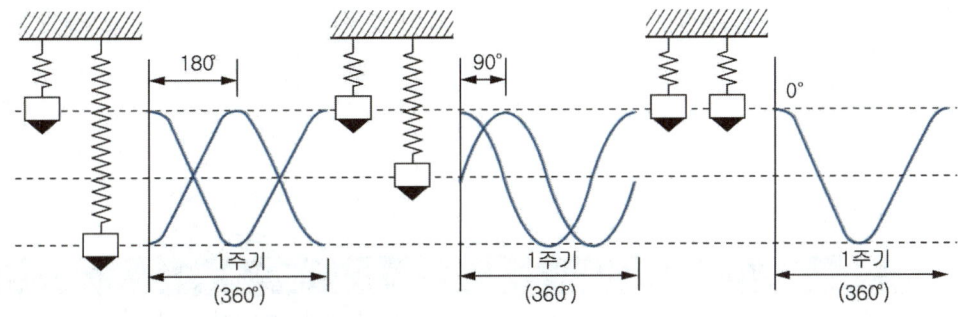

그림 1-3 위상과 주기

(4) 진동 측정 파라미터

진동 측정 파라미터로는 진동변위, 진동속도, 진동가속도 등을 사용한다. 변위, 속도, 가속도 사이에는 다음과 같은 관계 표현이 있다.

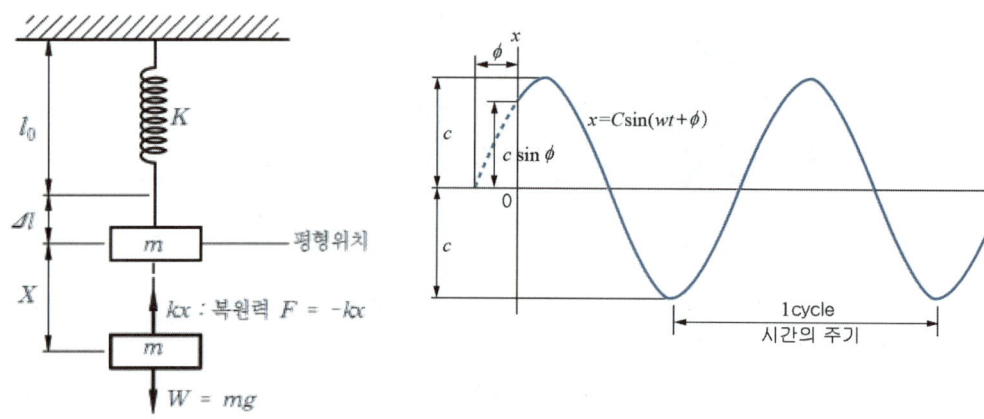

그림 1-4 스프링진자 운동

$$\Sigma F = m\ddot{x} = -kx$$

$$\ddot{x} + \frac{k}{m}x = 0, \quad \omega = \sqrt{\frac{k}{m}}, \quad f = \frac{\omega}{2\pi}, \quad T = \frac{2\pi}{\omega}$$

$$x = C\sin\omega t$$

$$\dot{x} = V = \omega C\cos\omega t$$

$$\ddot{x} = a = -\omega^2 C\sin\omega t$$

표 1-2 | 진동 측정량과 단위

진동 측정량	단위	설명
변위	m, mm, μm	회전체의 운동(10Hz 이하의 저주파 진동)
속도	m/s, mm/s	피로와 관련된 운동(10~1000Hz의 중간 주파수)
가속도	m/s²	가진력과 관련된 운동(고주파 진동의 측정이 용이)

(5) 진동 측정량의 데시벨(dB) 표현

진동 측정량을 dB 단위로 표현할 수 있다.

① 진동 변위 C의 dB 단위

$$L_C = 20\log_{10}\left(\frac{C}{C_0}\right) \; [dB]$$

C : 측정된 진동 변위[μm]
C_0 : 기준 진동 변위[$10^{-5}\mu m$]

② 진동속도 V의 dB 단위

$$L_V = 20\log_{10}\left(\frac{V}{V_0}\right) \ [dB]$$

V : 측정된 진동 속도[$\mu m/s$]
V_0 : 기준 진동 속도[$10^{-2} \mu m/s$]

③ 진동 가속도 a의 dB 단위

$$L_a = 20\log_{10}\left(\frac{a}{a_0}\right) \ [dB]$$

a : 측정된 진동 가속도[$\mu m/s^2$]
a_0 : 기준 진동 가속도[$10 \mu m/s^2$]

2 진동 발생원과 특성

(1) 고유진동과 강제진동

① **고유진동** : 진동을 하는 물체, 즉 그 진동체가 갖는 특정한 값을 가진 진동수와 파장만 허용하는 진동을 고유진동이라 한다. 이때의 진동수를 고유진동수라 한다.
② **강제진동** : 진동체에 주기적인 외력이 작용할 때 발생하는 진동이다. 강제진동의 진폭은 외력의 진폭에 비례하고, 자유진동의 주기에 접근할수록 증가한다.
③ **공진** : 진동체가 갖는 고유진동수와 외력의 진동수가 일치하게 되어 진폭이 증가하는 현상이다. 공진 시 발생하는 진동수를 공진 주파수라 한다.
④ **위험속도** : 축에 작용하는 굽힘모멘트와 토크의 변동주기가 축의 고유진동수와 일치되었을 때의 속도를 위험속도 또는 임계속도라 한다.

(2) 1자유도 자유진동

① **비감쇠 자유진동**

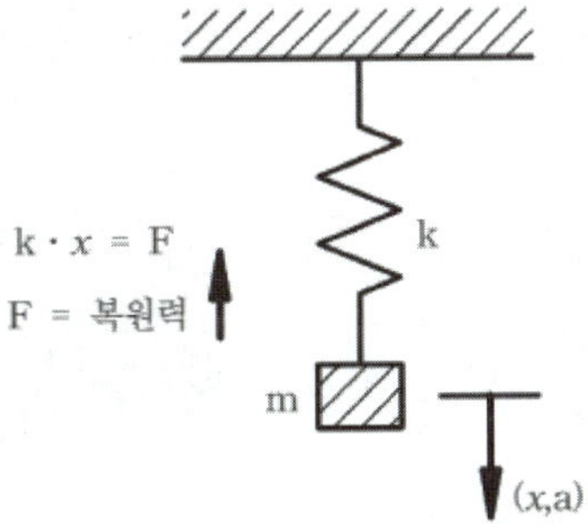

그림 1-5 비감쇠 자유진동

$$\Sigma F = ma = m\ddot{x} = -kx$$

$$\ddot{x} + \frac{k}{m}x = 0$$

$$x = A\sin(\omega_n t + \phi)$$

$$\omega_n = \sqrt{\frac{k}{m}} = \sqrt{\frac{g}{\delta}} \ , \ T = \frac{2\pi}{\omega_n} \ , \ f = \frac{1}{T} = \frac{\omega_n}{2\pi}$$

$$V = \dot{x} = \omega_n A\cos(\omega_n t + \phi)$$

$$a = \ddot{x} = -\omega_n^2 A\sin(\omega_n t + \phi)$$

$$F_s = kx = k\delta \ , \ F = m\ddot{x}$$

여기서, F_s는 스프링력이고, F는 관성력이다.

② 감쇠 자유진동

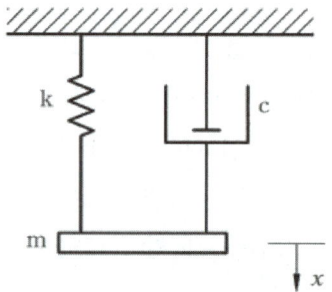

그림 1-6 감쇠 자유진동

$$\Sigma F = m\ddot{x} = -kx - c\dot{x}$$

$$\ddot{x} + \frac{c}{m}\dot{x} + \frac{k}{m}x = 0$$

$$x = e^{\lambda t}$$

$$V = \dot{x} = \lambda e^{\lambda t}$$

$$a = \ddot{x} = \lambda^2 e^{\lambda t}$$

- 임계감쇠계수 $C_c = 2\sqrt{mk}$ [N s/m]

- 감쇠비 $\zeta = \dfrac{C}{C_c}$, C : 감쇠계수[N s/m]

(3) 1자유도 강제진동

① 비감쇠 강제진동

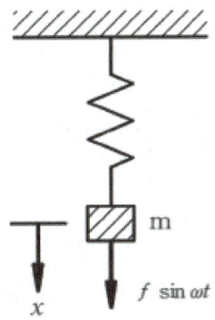

그림 1-7 비감쇠 강제진동

$$\Sigma F = ma = m\ddot{x} = -kx + F\sin\omega t$$

$$\ddot{x} + \frac{k}{m}x = \frac{F}{m}\sin\omega t$$

- 진동 전달률 $T = \dfrac{\text{진동전달력}}{\text{외부전달력}} = \dfrac{kx}{F\sin\omega t} = \dfrac{1}{1-\dfrac{\omega^2}{\omega_n^2}}$

- 공진 $\omega_n = \omega$, $T = \infty$

② 감쇠 강제진동

$$\Sigma F = m\ddot{x} = -kx - c\dot{x} + F\sin\omega t$$

$$\ddot{x} + \frac{c}{m}\dot{x} + \frac{k}{m}x = \frac{F}{m}\sin\omega t$$

- 진폭비 $R = \dfrac{X}{F/k} = \dfrac{1}{\sqrt{[1-(\omega/\omega_n)^2]^2 + [2\zeta(\omega/\omega_n)]^2}}$

여기서 X : 강제진동의 동적 변위 진폭, F/k : 정적 변위 진폭

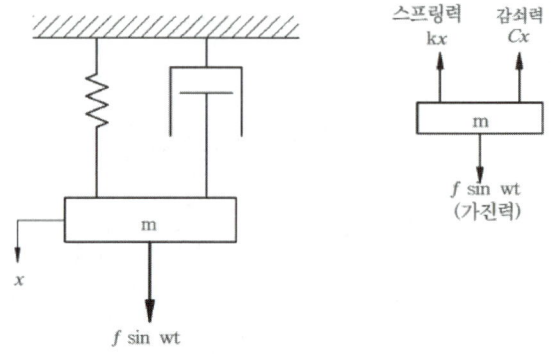

그림 1-8 감쇠 강제진동

- 공진 : $\omega_n = \omega$, $R = \dfrac{X}{F/k} = \dfrac{1}{2\zeta}$

③ 감쇠계의 힘 전달률

$$T = \dfrac{\sqrt{1+(2\zeta\omega/\omega_n)^2}}{\sqrt{[1-(\omega/\omega_n)^2]^2 + [2\zeta(\omega/\omega_n)]^2}}$$

- $T=1$이면 $\omega/\omega_n = \sqrt{2}$, 감쇠비는 진동전달에 어떤 영향도 주지는 못함

3 진동방지 대책

(1) 진동방지의 목적

기계 설비에서 크고 작은 진동은 기계의 수명을 단축시키고 진동 공해의 문제가 되며, 다음 2가지의 진동 방지 목적이 있다.
① 진동 발생기계에서 외부로 진동이 전달되는 것을 막는데 있다.
② 어떤 기계를 외부의 진동으로부터 보호하는데 있다.

(2) 방진 대책

① 진동원 대책
- 진동 발생이 적은 기계로 교환하여 가진력을 감쇠시킨다.
- 불균형의 균형화를 이루도록 한다.
- 탄성 지지를 한다.
- 기초 중량의 부가 및 경감을 시킨다.
- 동적 흡진기를 설치한다.

② 전달 경로 대책
- 진동원으로부터 전달 경로까지 진동을 차단한다.
- 진동원으로부터 멀리 떨어져 거리 감쇠를 크게 한다.
- 설치 위치의 변경을 통한 공진과 응답을 억제시킨다.

③ 수진측 대책
- 기초의 진폭을 감소시킨다.
- 수진측의 강성을 변경시킨다.
- 수진측의 탄성 지지를 한다.
    - 수진측 : 진동을 전달받은 측

(3) 방진재의 특성

① 방진 스프링 : 저주파 차단에 좋고 감쇠가 거의 없으며, 공진 시 전달률이 매우 큰 단점을 갖고 있다. 스프링의 감쇠비가 적을 시에는 스프링과 병렬로 댐퍼를 넣고 기계 무게의 1~2배 정도의 방진 거더를 부착한다. 고유 진동수는 2~10Hz를 적용한다.

② 방진고무(패드) : 고주파 차단에 좋고 정하중에 따른 수축량은 10~15% 이내로 사용하며, 고유 진동수가 강제 진동수의 1/3 이하인 것을 선택하되 70% 이하로 해야 한다.

(4) 진동 방지법

진동원과 진동 보호 대상 사이의 진동 전달 경로 차단에는 다음의 4가지 방법이 있다.

① 진동 차단기 : 강성이 충분히 작고 고유 진동수가 차단하려는 진동의 최저 진동수보다 1/2 이상 작아야 한다.

② 거더 이용 : 스프링 차단기 위에 놓인 거더 위에 진동보호 상체를 설치하는 경우, 거더는 고유 진동수를 낮추는 역할을 한다.

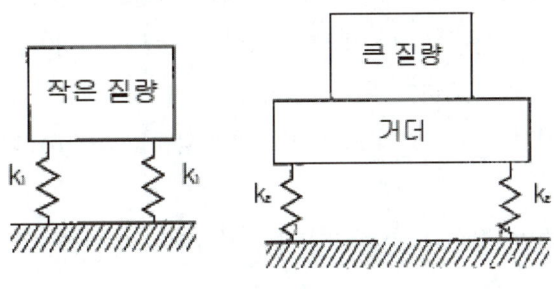

그림 1-9 진동 차단

③ 2단계 차단기 사용 : 고주파 진동 제어에 효과가 크나 저주파 진동 제어에는 역효과가 발생할 수 있다.

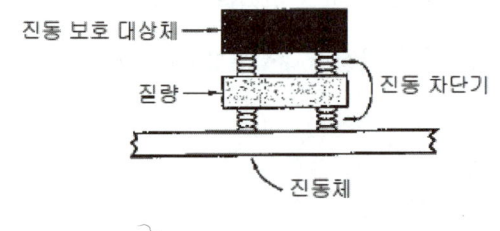

그림 1-10 진동 2단계 차단

④ 기초의 진동을 제어하는 방법 : 기초 자체의 진동을 제어하는데 효과가 있다.

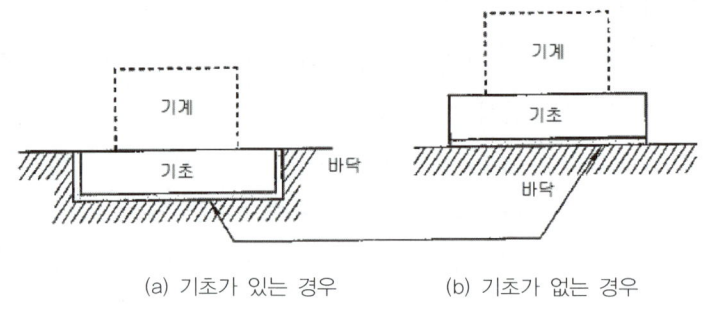

(a) 기초가 있는 경우   (b) 기초가 없는 경우

그림 1-11 기초의 진동 흡수

(5) 진동차단기의 종류

① 강철 스프링 : 하중이 큰 경우 또는 정적 변위가 5mm 이상일 때 사용, 내부 감쇠가 아주 작고 나선형 구조로 만들고 고유 진동수는 2Hz 이하이다. 측면 하중에 대한 제한을 따른다.
② 천연고무나 합성고무 절연재 : 원하는 방향에 원하는 크기의 강성을 줄 수 있고, 최저 10Hz까지 진동 제어가 가능하다.
- 고무 차단기 : 측면으로 미끄러지는 하중에 적합, 가볍고 강하며 저렴한 장점이 있고 강성이 온도에 따라서 크게 변하는 단점이 있다. 보다 큰 단점은 강성이 시간의 흐름에 따라 천천히 그리고 지속적으로 변화하며 무거운 하중이 걸려 있을 때 더욱 심하게 변화한다.
  고무차단기의 강성은 그 크기의 모양, 재료의 탄성계수, 주파수, 하중의 크기에 따라 차이가 있다.
- 천연고무 : 강하며, 감쇠가 상당하며, 값은 저렴하고, 탄화수소와 오존 그리고 높은 온도에 약하다.
- 네오프렌 : 합성고무로 비교적 높은 온도에 잘 견디며 화학적 성질에 대한 저항이 크다.

- 실리콘 합성고무 : -75℃에서 20℃까지도 이용
③ **패드** : 패드는 다음과 같은 종류가 있다.
- 스폰지 고무 : 액체를 흡수하므로 발화 물질 등이 액체가 있는 경우 플라스틱 등으로 밀폐된 패드를 이용한다.
- 파이버 글라스 : 많은 수의 모세관을 포함하고 있어 습기를 흡수하는 경향이 있고, PVC 등 플라스틱 재료를 밀폐해서 사용하는 것이 필요하며, 패드의 강성은 파이버의 밀도와 직경에 의해 결정된다.
- 코르크 : 수분이나 석유 제품에 사용

(6) 감쇠기

감쇠기를 사용했을 때 효과적인 경우는 아래와 같다. 강제진동의 경우 감쇠기를 사용한다.
① 시스템이 충격과 같은 힘에 의해서 진동되는 경우
② 시스템이 그의 고유 진동수에서 강제진동을 하는 경우
③ 시스템이 많은 주파수 성분을 갖는 힘에 의해서 강제진동되는 경우
- 고무와 플라스틱 재료를 사용한 점성탄성재료는 진동제어를 위한 시스템의 감쇠 처리(damping treatment)를 목적으로 사용한다.

4 진동측정 원리 및 기기

올바른 진동을 측정하기 위해 필요한 사항으로는 측정절차, 측정위치, 측정방향, 센서 선정, 센서 설치 등이 있다.

(1) 진동 측정 시스템

진동측정 시 기계적 신호를 전기적인 신호로 바꾸어 주는 변환기(transducer)를 사용하는데 센서(sensor)라고도 한다.
① **진동 센서의 감도** : 어떤 지정된 출력량과 입력량과의 비, 진동센서 중에서 가장 널리 쓰이는 것은 가속도계이다.
② **전하 감도** : 센서나 변환기가 단위 물리량에 대해 발생시키는 전하. 전하 가속도계의 감도는 전하 감도를 표시한다. 전하 감도의 가속도계는 용량성 부하의 영향을 받지 않으므로 케이블의 길이가 변해도 감도는 변하지 않는다.
- 전하감도 표현의 예
    - $20pC/ms^{-2}$ 라면 외부의 $1m/s^2$의 가속도에 대하여 $20pC$의 전하를 출력한다는 의미

이다.

여기서 pC는 pico coulomb으로 전기량의 단위이며, $1pC = 10^{-12}C$ 이다.

- $200pC/g$ 라면 외부의 $1g(9.81\text{m/s}^2)$의 가속도에 대하여 $200pC$의 전하를 출력한다는 의미이다.

③ 전압 감도 : 센서나 변환기가 단위 물리량에 대해 발생시키는 전압. 전압감도의 가속도계는 케이블의 길이가 용량에 영향을 받으므로 감도가 변화한다.
- 압전형 가속도계의 경우 일반적으로 전하 감도를 표시하지만, 케이블과 가속도계 자체의 정전 용량이 일정하다면 전하 감도를 정전 용량으로 나눈 값으로 전압감도를 표시하기도 한다.
- 전압감도 표현의 예
  - $20mV/ms^{-2}$ 이라면 외부의 1m/s^2의 가속도에 대하여 $200mV$의 전압을 출력한다는 의미이다.
  - $200mV/g$ 라면 외부의 $1g(9.81\text{m/s}^2)$의 가속도에 대하여 $200mV$의 전압을 출력한다는 의미이다.

④ 전치 증폭기 : 전치 증폭기는 다음과 같은 2가지 기능이 있다. 전치 증폭기의 출력은 주 증폭기에 입력 처리되어 지시계에 그 결과를 나타내게 된다.
- 감지될 약한 신호의 증폭
- 변환기(센서)와 주 증폭기 사이의 임피던스(impedance) 조합
  - 전치 증폭기는 전하 증폭기와 전압 증폭기로 분류된다. 전하 증폭기는 센서로부터의 입력 전하에 비례하는 출력 전압을 발생시키는 증폭기이고, 전압 증폭기는 입력 전압에 비례하는 출력 전압을 발생시키는 증폭기이다.

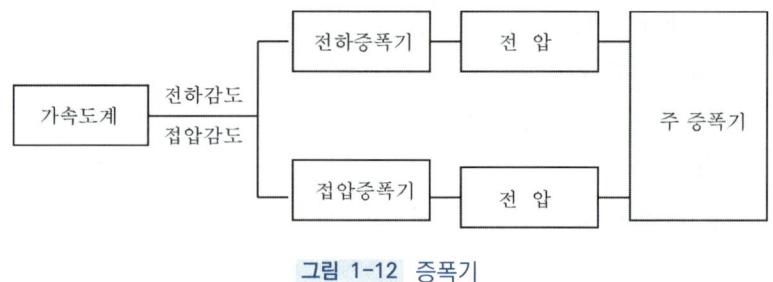

그림 1-12 증폭기

⑤ 증폭 및 분석기
- 신호처리 : 진동의 단순한 rms(root mean square; 실효출력, 정격출력-항상 균일하게 증폭이 되는 출력의 크기)값으로부터 전 주파수 대역에 대한 순간적인 주파수 분석에 이르기

까지 다양한 신호 분석이 가능하다.
- FFT 분석기 : 기계의 진동 분석에 일반적으로 이용되고 있고, 주로 여러 채널에 신호를 입력하여 다양한 분석이 가능한 펄스(pulse)형의 진동 분석기가 사용되고 있다.

(2) 진동센서의 종류

진동센서에는 변위계, 속도계 및 가속도계의 종류가 있으며, 접촉형과 비접촉형으로 분류된다. 접촉형으로는 가속도계와 속도계가 있다. 가속도계의 종류로는 압전형, 스트레인 게이지형, 서보형 등이 있고, 속도계로는 동전형이 있다. 변위계는 비접촉형이고 와전류형, 용량형, 전자 광학형, 홀 소자형 등이 있다.

① 변위계 : 변위센서는 진동의 변위를 측정할 수 있으며, 축의 운동과 같이 직선관계 측정 시 와전류형 변위계가 사용되고 있다.
- 와전류형의 원리 : 발전기 코일에서 교류계가 형성되어 측정물의 표면에 와전류가 발생하고, 이 와전류에 의해 코일의 임피던스가 변화하게 되며, 와전류의 세기는 코일과 측정물의 거리에 따라 변화하게 되어 코일의 임피던스 변화에서 진동 변위를 구할 수 있는 원리이다.

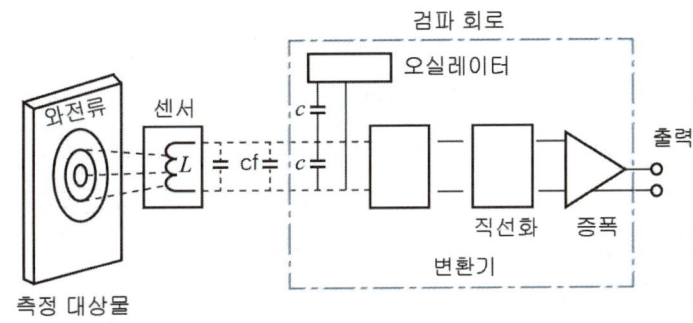

그림 1-13 변위센서

- 특징
  - 축과 마운트 사이에 발생되는 미소 진동 측정이 가능하다.
  - 축 표면의 흠집과 조도 측정이 가능하다.
  - 변위와 출력이 비례하여 신호처리가 쉽다.
  - 저주파수에만 측정이 가능하다.

② 속도계 : 속도센서는 기계진동을 감시하는 실용적 센서라 할 수 있고, 주로 영구 자석형 센서로 볼 수 있는 동전형 속도계가 널리 이용되고 있다. 즉, 압전형 속도센서로 진동 측정 주파수 범위는 10~1000Hz이다.
- 동전형 속도계의 원리 : Faraday의 전자유도법칙을 이용한 것으로 스프링에 가동코일이

붙은 추가 매달려 진동에 의해 가동코일이 영구자석의 자계 내를 위·아래로 운동하며, 코일에는 추의 상대속도에 비례하는 기전력이 유기되어 자속밀도(B)와 도체속도(V)를 곱한 값이 발생 기전력(e)에 비례하는 관계를 이용한 속도센서이다.

$$e \propto B \times V$$

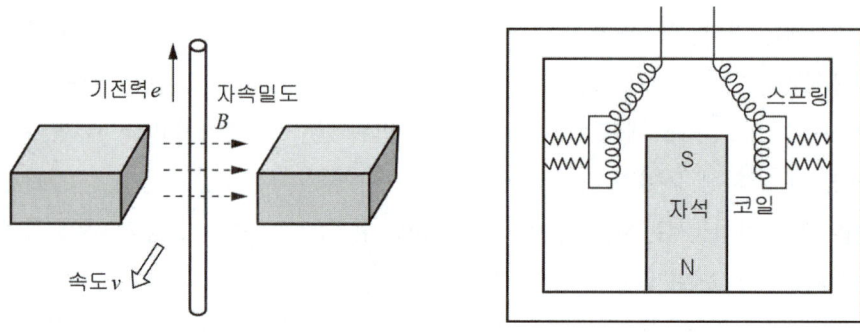

그림 1-14 속도센서

- 특징
  - 1kHz 이하의 중저주파수 대역의 진동 측정에 적당하다.
  - 센서 자체의 크기가 다른 센서와 비교해 커서 자체 질량의 영향이 있다.
  - 영구 자석에 의해 외부 전원에 관계없이 전기신호가 발생한다.
  - 변압기 등 자장이 강한 장소에서는 사용이 불가하다.
  - 출력 임피던스가 낮은 반면 안정적인 감도를 갖는다.
③ 가속도계 : 압전형 가속도센서가 널리 이용되고 있다.
- 압전형의 원리 : 압전효과를 이용하여 기계의 진동 측정에 가장 많이 사용된다.
  - 압전효과 : 수정 또는 세라믹 합금으로 만든 압전소자에 힘이 가해질 때 그 힘에 비례하는 전하가 발생하는 작용이다.
  - 구성 : 압전소자, 볼트로 고정된 질량 및 압전소자를 누르는 스프링 등으로 구성
  - 가속도계에서 출력되는 값은 기계 내부에서 발생되는 힘에 비례하므로 기계의 진동을 측정할 수 있다.
- 특징
  - 출력 전압이 적을 때 가속도 레벨이 떨어지는 단점이 있다.
  - 높은 주파수 대역에서는 저주파 결함이 나타나므로 약 5Hz로 제한하도록 한다.
  - 마운팅에 감도가 매우 높으므로 나사나 밀랍으로 고정해야 하고 손으로 고정할 수는 없다.
  - 중고주파수 대역(10Hz 이하)의 가속도 측정에 적당하다.

- 수십 grm의 소형 경량이다.
- 바람, 온도, 습도 등의 주변 환경과 충격 등의 영향을 받는다.
- 출력 임피던스가 크고 케이블 용량에 의해 감도의 변화가 발생한다.

(3) 진동센서의 선정

① 돌출 축 또는 플렉시블 로터에서 베어링 시간신호를 해석할 경우에는 변위계를 사용한다.
② 기어 박스 내에 있는 내부 축(비돌출 축) 또는 로터에서 베어링 시스템의 강성을 해석할 때는 속도계나 가속도계를 사용한다.
③ 주요 진동이 10~1000Hz이면 속도계나 가속도계를 사용한다.
④ 주요 진동이 1kHz 이상의 주파수이면 가속도계를 사용한다.

(4) 진동센서의 설치

① 변위센서
- 와전류형 변위계의 설치는 회전축과 적당한 초기 변위만큼 떨어져 붙인다.

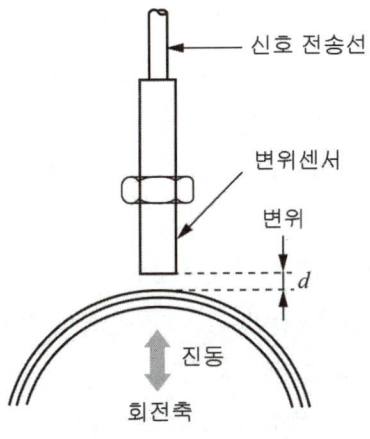

그림 1-15 진동 변위센서

- 시계방향 회전의 경우와 반시계방향 회전의 경우 센서의 부착 위치

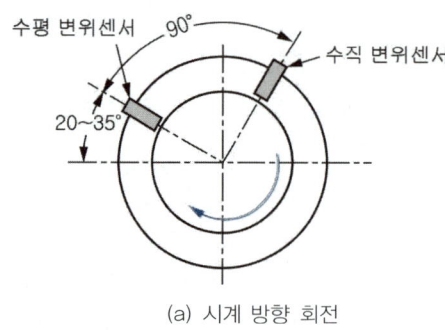 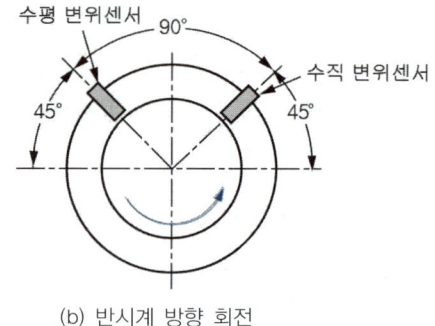

(a) 시계 방향 회전　　　　(b) 반시계 방향 회전

그림 1-16 변위센서 부착위치

② 속도센서 : 1000Hz 이하에서 사용하는 동전형 센서의 부착법이 있다.
③ 가속도센서
- 원하는 측정 방향과 주 감도축이 일치하도록 부착한다.
- 교차 방향의 진동은 주축 방향의 감도에 의해 1% 정도이므로 무시될 수 있다.
- 베어링 하우징의 경우, 가속도 측정의 목적은 축과 베어링의 운전 상태를 점검하는 것이고, 이때 가속도센서는 베어링으로부터 진동이 일어나는 직접적인 통로에 설치되어야 한다.

※ 측정점에 가속도계를 고정하는 방법 : 가속도계의 부적절한 고정은 공진 주파수의 감소를 초래하여 가속도계의 유용 주파수 한계를 제한시키므로 실제 진동측정 시 정확한 결과를 얻기 위해 필요하다. 고정방법으로는 다음과 같은 것이 있다. 가속도계를 설치하여 고정시키기 전에 고정면 사이에 얇은 실리콘 그리스나 왁스를 첨가한다면 고정 강성이 증대될 수 있다.

- 나사 고정
  - 최적의 부착법으로 사용 가능하다.
  - 주파수 영역이 넓고 정확도 및 장기적 안정성이 좋다.
  - 센서의 이동 및 고정 시간이 길다.
  - 먼지, 온도, 습기의 영향이 적다.
  - 고정할 때 구조물에 구멍 가공을 해야 한다.
- 에폭시 시멘트 고정
  - 영구적으로 센서를 설치할 때 고정이 빠르다.
  - 사용가능한 주파수 영역이 넓고 정확도와 장기적 안정성이 양호하다.
  - 먼지와 습기는 접착에 나쁜 영향을 준다.
  - 에폭시는 고온에서 문제를 발생시키고 가속도계를 떼어낼 때 구조물에 에폭시가 남는다.
- 밀랍 고정
  - 밀랍의 얇은 막을 사용하여 가속도계를 고정하는 방식이다.

- 온도가 올라가면 밀랍이 녹아 부드러워진다.
- 사용범위를 40℃ 이하로 제한하는 왁스고정 방법이다.
- 가속도계의 고정 및 이동이 용이하다.
- 적당한 사용 주파수 영역과 정확성은 있으나 장기적 안정성이 불량하다.
- 먼지, 습기, 고온 상에서는 문제를 발생시키고 사용 후 구조물의 접착면을 청결하게 할 수 있다.

• 자석 고정
- 영구자석을 이용한 간단한 부착방법이다.
- 가속도계의 고정 및 이동이 용이하다.
- 사용 주파수 영역이 좁고 정확도가 떨어지며 작은 구조물에는 자석의 질량 효과가 크다.
- 습기의 영향이 없으며, 먼지와 고온은 접착력을 약화시킨다.
- 측정 구조물에 손상을 주지 않는 장점이 있으며, 마그네틱(magnetic) 고정이라고도 한다.

• 절연 고정
- 전기적으로 절연되어야 하는 곳에 사용하는 것이다.
- 운모 와셔와 나사못 등을 이용한 고정이다.
- 접지루프를 방지하는 역할을 한다.

• 손 고정
- 고속 측정에 편리하나 손의 흔들림으로 측정 오차가 발생할 수 있다.
- 측정결과의 신뢰성이 떨어진다.
- 가속도계의 이동이 용이하고 사용 주파수의 영역이 매우 좁고 일정한 하중을 가하기 힘들다.

(5) 진동센서의 영향

① 온도의 영향 : 가속도센서 주위의 온도가 급격히 변하면 센서의 출력에 잡음이 나타날 수가 있다. 델타 전단형 가속도센서의 경우 이와 같은 영향이 매우 작아 주로 사용하고 있다.
② 마찰 전기 잡음 : 가속도센서 사용 중 센서의 케이블이 진동하게 되면 케이블 내부의 철망이 내부 절연체로부터 벗겨질 수가 있다. 이때 철망과 내부 절연체의 사이에 전기장이 형성되어 철망에 전류를 유도시켜 잡음이 일어난다. 이러한 현상에 대한 방지책은 잡음 발생이 적은 전용 케이블을 사용하고, 케이블을 피측정물 표면에 접착테이프 등으로 부착하여 사용하면 잡음 등을 방지할 수 있다.
③ 환경 조건의 영향 : 기저부 응력 상태, 습기, 음향, 내식성, 자기장, 방사능 강도 등의 영향이 있다.

5 회전기기 진단

(1) 회전기계진단의 개요

회전기계의 대표적인 구성은 전동모터와 펌프 그리고 주변 기계장치로 이루어진다. 이와 같은 회전기계의 진단에는 모터와 펌프의 설치와 관련하여 축 정렬 기술, 즉 언밸런스, 축, 베어링 및 기어장치의 진단기술이 중요하다. 기계고장의 원인으로는 설계결함, 재료결함, 조립불량, 생산결함, 운전불량, 정비결함 등이 있다.

① 회전기계에서 발생하는 이상 현상의 특징
- 저주파 시 이상 현상 : 언밸런스, 미스얼라인먼트, 풀림, 오일 휩 등
- 중간주파 시 이상 현상 : 압력맥동, 러너 블레이드 통과 진동 등
- 고주파 시 이상 현상 : 공동, 유체음, 진동 등
    - 언밸런스(unbalance, 질량 불평형); 로터 축심 회전 시 질량분포의 부적정에 의한 회전주파수의 발생 현상
    - 미스얼라인먼트(misalignment, 축 오정렬); 커플링으로 연결되어 있는 2개의 회전축의 중심선이 엇갈려 있을 경우로서 통상적인 회전주파수와 고주파가 발생하는 현상
    - 풀림(looseness); 기초볼트 풀림이나 마모 등에 의하여 발생하는 것으로, 회전 주파수의 고차 성분이 발생하는 현상
    - 오일 휩(oil whip); 강제 급유되는 미끄럼 베어링을 갖는 로터에서 발생하는 베어링 역학적 특성에 기인하는 진동으로서 축의 고유 진동수가 발생하는 현상
    - 압력 맥동; 펌프의 압력 발생 기구에서 임펠러가 벌류트 케이싱부를 통과할 때 발생하는 유체 압력 변동, 압력 발생기구에 이상이 생기면 압력 맥동에 변화가 발생한다.
    - 러너 날개 통과 진동; 압축기, 터빈의 운전 중에 동정익(動靜翼)간의 간섭, 임펠러와 확산(diffuser)과의 간섭, 노즐과 임펠러의 불규칙한 고주파 진동 음향이 발생하는 현상
    - 공동현상(cavitation); 유체기계에서 국부적 압력 저하에 의하여 기포가 생기며 고압부에 도달하면 파괴하여 일반적으로 불규칙한 고주파 진동 음향이 발생하는 현상
    - 유체음, 진동; 유체기계에서 압력 발생 기구의 이상, 실(seal)기구의 이상 등에 의하여 발생하는 와류의 일종, 불규칙성의 고주파 진동 음향이 발생하는 현상

② 이상진단의 분류
- 간이진단 : 기계 설비가 정상인지 이상이 있는지에 대한 판단목적의 진단, 휴대용 진동계와 같은 간이 진단기기를 이용하여 설비의 상태를 현장에서 진단하는 방법
- 정밀진단 : 간이진단으로부터 제시된 기계 설비의 이상 부위, 이상 내용에 대하여 주파수 분석을 할 수 있는 정밀진단용 기기를 이용하여, 고장 초기단계에 진단과 고장 발생 예측을 동시에 할 수 있는 것이 정밀진단이다.

(2) 회전기계의 간이진단

① 간이진단 설비 선정
- 주요 진단 대상이 되는 설비
- 생산과 직접 관련된 설비
- 부대설비인 경우라도 고장이 발생하면 큰 손해가 예측되는 설비
- 고장 발생 시 2차 손실이 예측되는 설비
- 정비비가 매우 높은 설비 등
    - 회전수가 300rpm 이상의 회전기계 간이진단 대상 설비의 예
        : 컴프레셔, 펌프(원심펌프, 축류펌프, 사류펌프 등), 블로어(터보, 축류), 기어 감속기, 전동기, 엔진, 터빈, 공작기계, 테이블 롤러

② 설비의 특징 파악
- 선정된 설비의 특징 파악
    - 설비사양 : 모터용량, 회전수, 사용유체, 압력 등
    - 구조 및 설계 조건 : 형식, 구조도, 부품 등
    - 설비의 고장 이력과 수리 내용
    - 진동, 베어링 온도의 과거 경향
- 축 계통에서 발생하는 이상 현상 : 기계적 언밸런스, 미스얼라인먼트, 풀림, 축 굽힘, 오일 휩

③ 측정 파라미터의 선정
- 기계 설비의 이상 상태에 따른 측정 파라미터
    - 변위 : 변위량 또는 움직임의 크기가 문제가 되는 이상 현상. 예로는 공작기계의 떨림 현상, 회전축의 흔들림 등 측정 시 사용한다.
    - 속도 : 진동에너지나 피로도가 문제가 되는 이상 현상. 예로는 회전기계의 진동 측정 시 사용한다.
    - 가속도 : 충격력 등과 같이 힘의 크기가 문제가 되는 이상 현상. 예로는 베어링의 이상 진동, 기어의 이상 진동 측정 시 사용한다.

④ 측정 주기
- 고속 회전체 : 실시간 감시 필요. 변화가 발생하면 급격히 고장 유발하는 경우
- 수동 측정 시 주기 : 기계의 성능 저하 정도의 변화가 충분히 검토될 수 있어야 함.
- 측정 주기 결정 시 고려 사항
    - 고장 발생이 생기지 않을 정도의 짧은 주기가 좋음
    - 측정 주기는 항상 일정할 필요는 없고 필요 이상 짧은 주기로 측정하는 것은 바람직하지

않음
- 공장 내의 대상 설비의 수, 점검 점의 수, 점검 점과의 거리 등을 충분히 고려

⑤ 판정 기준의 결정
- 판정 방법(측정된 진동 데이터) : 절대판정법, 상대판정법, 상호판정법 등
- 현장에서는 주로 절대판정법과 상대판정법이 사용된다.
- 속도에 대한 판정 기준
    - 진동에 의한 설비의 피로는 진동 속도에 비례
    - 진동에 의하여 발생하는 에너지는 진동 속도의 제곱에 비례
    - 인체의 감도는 진동 속도에 비례
- 판정 기준의 예
    - 절대판정 기준 : 동일 부위에서 측정한 값을 '판정기준'과 비교하여 양호, 주의, 위험 등으로 판정
    - 상대판정 기준 : 동일 부위를 정기적으로 측정한 값을 시계열로 비교하여 정상적인 데이터를 초기값으로 하여 그 몇 배로 되었는가를 보아서 판정
    - 상호판정 기준 : 동일 기종의 기계가 여러 대 있을 경우, 그들을 각각 동일 조건하에서 측정하여 상호 비교해 판정

(3) 회전기계의 정밀진단

회전기계의 정밀진단은 축이나 로터로부터 발생하는 이상 현상 진단에 적용하며, 이상 현상으로는 로터의 언밸런스, 축의 미스얼라인먼트, 굽힘, 풀림 및 자려 진동 등이 있고, 저주파 영역의 진동 현상을 대상으로 주파수 분석을 통해 정밀하게 진단하고 분석하는 기술이다. 진동분석법으로는 주파수분석, 위상분석, 진동방향분석, 운동방향분석, 진동형태분석 등이 있다.

① 이상 진동 주파수
- 언밸런스(unbalance; 질량 불평형) : 기하학적 축과 질량 중심선이 일치하지 않은 상태 또는 질량 중심이 회전축 상에 놓여 있지 않은 상태를 의미한다. 질량 불평형의 힘은 시간 파형에서 정현파 형태로 변하고 속도의 제곱에 비례하며 회전속도를 증가시키면 진동 크기가 증가한다.
    - 회전 주파수의 1f 성분의 주파수가 나타남
    - 언밸런스량과 회전수가 증가할수록 주파수 진동 레벨이 높게 됨
    - 만약 1f의 하모닉 신호보다 높으면 언밸런스가 아니다.
    - 수평·수직방향에 최대 진폭이 발생
- 미스얼라인먼트(misalignment; 축 정렬 불량) : 커플링 등에서 서로의 회전 중심선이 어긋

난 상태의 이상 현상이다. 다음과 같은 진동 특성이 있다.
- 항상 회전 주파수의 2f 또는 3f 성분의 주파수가 나타남
- 높은 축 진동이 발생한다. 또한 다음과 같은 발생 원인이 있다.
    = 휨 축이거나 베어링의 설치가 잘못되었을 경우
    = 축 중심이 기계의 중심선에서 어긋났을 경우

- 기계적 풀림(looseness; 헐거움) : 부적절한 마운드나 베어링의 케이스에서 발생한다. 회전 기계의 경우 축 떨림이 발생하고 축의 회전 주파수 f와 그 고주파 성분(2f, 3f, 4f,...) 또는 분수 주파수 성분(1/2f, 1/3f, 1/4f...)이 나타난다. 진동 특성은 언밸런스와 같이 회전결함이다.

- 편심(eccentricity) : 로터의 기하학적 중심과 실체의 회전중심이 일치하지 않을 때 발생한다. 진동 특성은 언밸런스와 동일하다.
  - 베어링의 편심
  - 기어 및 풀리의 편심
  - 아마추어의 편심

- 미끄럼 베어링(sliding bearing, sleeve bearing) : 틈새가 큰 미끄럼 베어링은 기계적 헐거움이 원인이 되어 작은 양의 언밸런스, 미스얼라인먼트 및 기타 진동을 발생시킨다.
  - 오일 휠(oil whirl) : 비교적 고속운전하는 기계에서 강제 윤활하는 메탈에서 발생하고, 1/2f보다 다소 적은 0.45~0.48f의 주파수로 검출된다.

- 공진(resonance) : 고유진동수와 강제진동수가 일치할 경우 진폭이 갑자기 커지는 현상으로 견디지 못하면 균열이 동반될 수 있는 현상이다. 공진 현상의 방지책으로는 다음 3가지가 있다.
  - 결함 발생 주파수를 기계의 고유진동수와 다르게 한다.
  - 기계의 강성과 질량을 바꿔 고유진동수를 변화시킨다.
  - 우발력(강제력)을 없앤다.

- 유체의 진동 : 펌프, 수차, 송풍기 등의 임펠러(impeller)나 깃(blade)이 유체와 충돌하며, 그 반동력에 의해 진동과 소음이 발생하는 현상이다.

- 마찰(rubbing; 울림) : 기계의 고정부와 회전부의 마찰에 의해 발생하는 진동으로 1f(2f)로 나타난다.

- 상호간섭 : 2개 이상의 다른 진동과 소음이 발생하는 경우

② 이상 진동의 파형 분석

정밀진단 기법으로 널리 사용되는 파형분석에는 생파형(시간파형) 평가법과 주파수 분석법이 있다. 생파형 평가법은 측정파형 그 자체에서 이상 특징을 볼 수 있다. 주파수 분석법은 주파수 스펙트럼에서 이상 내용을 판단하는 것이다. 주파수 분석 자료를 얻기 위해서는 다음

과 같은 처리기술이 요구된다.
- 필터링 처리 : 회전기계의 이상 시 발생하는 주파수는 그 이상 내용에 따라 발생하는 주파수 대역이 다르므로, 해당 주파수 범위의 신호만을 선택 처리하는 것으로 하이패스 필터, 밴드패스 필터, 로패스 필터 등이 있다.
- 포락선 처리 : 베어링의 결함 등을 검출할 때 사용
- 상관함수 : 시간에 묻혀 잘 나타나지 않는 주기 신호의 존재 확인과 구조물을 통하는 진동 전파 경로 확인 및 진동원 탐지 등 시스템 분석 시 사용되는 시간 영역의 해석기법이다.

(4) 구름베어링의 진단

① 구름베어링에서 발생하는 진동 특성
- 베어링의 구조에 기인하는 진동 : 이상 원인으로는 굽힘 축 또는 베어링의 설치 불량, 전동체 지름이 일정하지 않을 경우 등
- 베어링의 비선형성에 의한 진동(저주파) : 이상 원인으로는 베어링 사이의 중심선 불일치, 하우 징면의 홈이나 이물질 혼입, 베어링대의 취부 부분의 풀림, 베어링의 조립 불량, 내륜과 내면의 비진원성, 저널의 비진원성, 저널면의 홈이나 이물질 혼입 등
- 표면의 굴곡에 의한 진동 주파수(저주파) : 이상 원인으로는 내륜의 굴곡, 외륜의 굴곡, 전동체의 굴곡 등
- 베어링 결함에 의한 진동 주파수(고주파) : 이상 원인으로는 내륜결함-편심 마모와 스폿 홈 원인, 외륜결함-스폿 홈 원인, 전동체 결함-스폿 홈 원인 등

② 구름베어링의 진동 측정 위치
- 베어링 하우징이 표면에 노출되어 있을 경우
  - 점검 위치는 베어링 케이싱이고 통상적인 베어링에서 나타난다.
- 베어링 하우징이 내부에 있는 경우
  - 점검 위치는 케이싱 상의 강성이 높은 부분 또는 기초이며 감속기 등에서 나타난다.

③ 구름베어링의 정밀진단
- 저주파 진동을 이용한 정밀진단 단계 :
  진단베어링→(가속도계) 증폭기→적분기(가속도▶속도)→필터→주파수분석
- 고주파 진동을 이용한 정밀진단 단계 :
  진단베어링→(가속도계) 증폭기→필터→절대값 처리→주파수분석

(5) 기어의 진단
마모가 심한 경우나 두 축의 정렬이 불량한 경우 또는 기어의 절손 등이 발생하면 진동과 소음은

크게 증가하게 되며, 수명 저감과 함께 사고의 위험이 따르게 된다.
① 진단 대상 기어 : 주로 회전수가 100rpm 이상의 기어로 스퍼 기어, 헬리컬 기어, 베벨 기어 등이고 웜 기어는 진단 대상이 아니다. 간이 진단에서는 기어의 편심 피치의 오차, 치형오차, 기어 이의 마모, 이뿌리의 균열 등 기어 물림에 의하여 발생하는 이상 현상을 찾는다.
② 기어의 정밀진단 : 저주파 진동과 고주파 진동을 이용한 주파수 분석과 평균 응답 해석법이 있다.
- 주파수 분석법 : 측정된 진동 속도의 주파수를 분석하여 이상 원인을 찾는 방법이다.
- 평균 응답 해석법 : 기어 물림 진동 주파수 성분을 추출하여 이것을 기어의 회전축과 비교 동일 위상 또는 일정한 위상차로 가산, 평균화함으로써 국소적인 이상이 발생하는지를 알아내는 방법이다.

03 소음 및 측정

1 소음의 물리적 성질

(1) 파동(wave motion)
파동을 전달하는 물질인 매질의 변형 운동이 파동이다. 이것은 음에너지를 전달한다.

(2) 파면(wave front)
파동이 전달될 때 어떤 시점에 위상이 같은 점들을 연결한 연속적인 면이다.

(3) 음선(sound ray)
파면에 수직한 음의 진행 방향을 나타내는 선이다.

(4) 음파(sound wave)
공기 등의 매질을 전파하는 압력파이고 음과 매질 개개의 입자가 파동이 진행하는 방향의 전·후로 진동하는 종파이다. 음파의 종류로는 평면파, 발산파, 구면파, 진행파, 정재파 등이 있다.
① 평면파(plane wave) : 음파의 파면 모양이 평면인 파이다.
② 발산파(diverging wave) : 음의 세기가 음원으로부터 거리에 따라 감소하며 점점 더 넓은 면적으로 퍼져나가는 파이다.

③ 구면파(구형파; spherical wave) : 음원에서 모든 방향으로 같은 에너지를 방출할 때 생기는 파이다.
④ 진행파(progressive wave) : 매질의 일정 방향으로 에너지를 전달하는 파로 음파의 진행 방향으로 발생하는 파이다.
⑤ 정재파(standing wave) : 동일한 진폭과 진동수를 가지고 있으며 서로 반대 방향으로 진행하는 둘 또는 그 이상의 음파의 구조적 간섭에 의해 반복되는 패턴의 파이다.

음파의 종류에 따른 예	
평면파	긴 실린더 내의 피스톤 운동
발산파	공중에 있는 점 음원
정재파	튜브, 악기, 파이프 오르간, 실내 등에서 발생하는 파

(5) 음의 회절(diffraction of sound wave)

음파가 장애물로 인해 가로막혔을 때 장해물 뒤쪽으로 음이 전파되는 현상이다.
① 장애물과 파장의 크기에 따라 음의 회절은 달라진다.
② 장애물이 작을수록, 파장이 클수록 음의 회절은 잘 된다.
③ 물체의 틈 구멍에 있어서는 그 틈 구멍이 작을수록 음의 회절이 잘 된다.

(6) 음의 굴절(refraction of sound wave)

음파가 한 매질에서 다른 매질로 들어갈 때 그 경계면에서 음파가 구부러지는 현상이다.
① 스넬(Snell)의 법칙 : 하나의 매질(1번)에서 타 매질(2번)로 들어갈 때, 그 매질들의 음파의 음속은 서로 다르다.

$$\frac{C_1}{C_2} = \frac{\sin\theta_1}{\sin\theta_2}$$

C_1 : 1번 매질의 음속 C_2 : 2번 매질의 음속
θ_1 : 입사각 θ_2 : 굴절각
$\frac{C_1}{C_2}$: 음속비

- 스넬의 법칙 : 굴절 전과 후의 음속차가 커지면 굴절도 커진다.

② 온도 차나 풍속의 변화에 의해서도 굴절은 변화하게 된다. 온도가 높은 쪽에서 낮은 쪽으로 굴절하게 되고, 음원보다 상공의 풍속이 크면 상공으로 굴절한다.

(7) 음의 간섭(interference of sound wave)

둘 또는 그 이상의 동종의 음의 파동이 겹쳐 파동을 강화하거나 약화되는 중첩의 원리가 이용되는 현상이다. 중첩의 현상으로는 보강 간섭, 소멸 간섭, 맥놀이 등이 있다.

① 보강 간섭 : 여러 음파의 마루는 마루끼리, 골은 골끼리 겹쳐 나타나는 현상으로 이때 합성파의 진폭은 여러 음파 중 그 어떤 음파의 진폭보다 커진다.

② 소멸 간섭 : 여러 음파의 마루는 골과 골은 마루와 엇갈리게 겹쳐 나타나는 현상으로 이 때 합성파의 진폭은 여러 음파 중 그 어떤 음파보다 진폭이 작아진다.

③ 맥놀이 : 여러 개의 음파가 겹쳐 나타나는 현상, 보강간섭과 소멸간섭이 교대로 겹쳐 나타나는 현상이다.

(8) 음의 반사율(reflexibility), 투과율(transmissivity), 흡음률(absorptivity)

음파의 반사법칙 : 음파가 반사할 때 입사파와 반사파는 동일 매질 내에 있고, 반사각은 입사각과 동일하다.

① 반사율(a_r) : 경계면에서는 음압과 입자 속도는 동일하고, 반사율은 입사음의 세기(I_i)에 대한 반사음의 세기(I_r)로 표현된다.

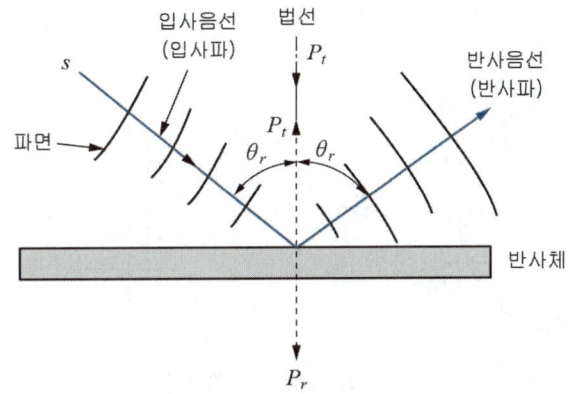

그림 1-17 음파의 반사법칙

음파가 장애물에 입사되면 일부는 반사되고 일부는 장애물을 통과하면서 흡수되고 나머지는 장애물을 투과하게 된다.

$$I = \frac{P^2}{\rho C}$$

P_r : 경계면에서 반사되는 음압
P_i : 법선방향으로 수직 입사하는 음압

$$\alpha_r = \frac{I_r}{I_i} = \left(\frac{\rho_2 C_2 - \rho_1 C_1}{\rho_2 C_2 + \rho_1 C_1}\right)^2$$, 하첨자 1은 입사측 매질, 하첨자 2는 타 매질

- ρC는 고유 음파 임피던스로 반사율은 임피던스 차에 비례하여 변화한다.

② 투과율(τ) : 투과율은 입사음의 세기에 대한 투자음의 세기로 표현한다.

$$\tau = \frac{I_t}{I_i} = 1 - \alpha_r = \frac{4(\rho_1 C_1 \times \rho_2 C_2)}{(\rho_2 C_2 + \rho_1 C_1)^2}$$

- 투과손실 $TL = 10\log\left(\dfrac{1}{\tau}\right)$, I_t : 투과되는 음의 세기, P_t : 투과 음압

③ 흡음률(a) : 흡수율이라고도 하며 입사음의 세기에 대한 (입사음의 세기−반사음의 세기)로 표현된다.

$$a = \frac{I_i - I_r}{I_i}$$

(9) 호이겐스(Huyghens)의 원리

파동이 전파될 때 파면의 각 점은 파원이 되어 아주 작은 구면파를 형성하고, 이 수많은 구면파들에 공통으로 접하는 선이나 면이 새로운 파면이 된다는 원리이다.

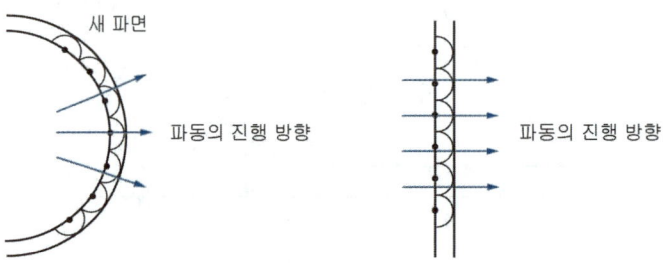

그림 1-18 호이겐스의 원리

(10) 도플러(Doppler) 효과

파원과 관측자의 거리가 변화할 때 진동수와 파장이 다르게 느껴지는 효과이다. 서로 가까워질 때 진동수가 크고 파장은 짧게, 서로 멀어질 때 진동수는 작고 파장은 길게 관측된다.

(11) 마스킹(Masking) 효과

음파의 간섭으로 어떤 소리에 의해 다른 소리가 파묻혀 들리지 않게 되는 현상이다. 즉, 작고

큰 소리를 동시에 들을 때 큰 소리만 들리고 작은 소리는 듣지 못하는 현상이다.

2 소음 발생원과 특성

(1) 발생음의 분류

① 고체음 : 기계 자체의 진동에 의해 발생하는 음이다. 예를 들면, 북, 타악기, 스피커 음 등이 있다. 충격, 마찰, 타격 등에 의한 소리라 할 수 있다.
- 1차 고체음 : 지반 진동을 수반하는 기계의 진동 소리
- 2차 고체음 : 기계 자체에서 나오는 소리

② 기류음 : 유체역학적인 원인에 의한 것으로, 즉 직접적인 공기의 압력변화로 인해 발생하는 기체음이다. 예를 들어, 음성, 관악기인 나팔이나 색소폰, 폭발음 등이 있다.
- 난류음 : 난류란 불규칙적인 어지러운 유동의 의미로, 선풍기나 송풍기 등에서 나는 소리
- 맥동음 : 맥동이란 주기적인 흐름을 의미하는 것으로, 압축기, 진공펌프, 엔진의 배기음 등에서 나는 소리

③ 공명 : 고유 진동수가 동일한 2개의 진동체에서 한쪽의 진동체에서 소리가 나면 다른 쪽 진동체에서도 소리가 울리는 현상이다. 공명음의 주파수는 진동체의 길이와 두께 등에 영향을 받는다.

진동체의 공명음의 주파수(Hz, cps) 공식	
봉의 종진동	$\dfrac{1}{2l}\sqrt{\dfrac{E}{\rho}}$
봉의 횡진동	$\dfrac{K_1 d}{l^2}\sqrt{\dfrac{E}{\rho}}$
1단 개구관	$\dfrac{C}{4l}$
2단 개구관	$\dfrac{C}{2l}$
주변 공원관	$\dfrac{3.2^2 h}{4\pi a^2}\sqrt{\dfrac{E}{3\rho(1-\sigma^2)}}$

l : 길이(m)
E : 영률(N/m^2, Pa)
ρ : 재료의 밀도(kg/m^3), K_1 : 정수
d : 각 봉의 1변 또는 원봉의 지름(m)
C : 공기 중의 음속(m/s)
h : 관의 두께(m)
a : 원판 반지름(m)
σ : 프와송의 비

(2) 기계 소음의 발생원

① 모터 동력 : 기계에서 발생되는 소음은 모터와 관계가 있다.

　　소음도 증가량(dB)=$17\log_{10}$(마력 증가비)

　　　예 12PS(마력)의 모터에서 발생하는 소음이 84dB일 경우 25PS(마력)의 모터에 소음 증

가량은?

$$\text{소음도 증가량} = 17\log\left(\frac{25}{12}\right) = 5.42 \ (dB)$$

마력의 증가비가 2.083일 때 소음도 증가는 5.42dB되는 것을 알 수 있다.

② 회전 속도
- 고속회전기계가 저속회전기계보다 소음이 크다.
- 기계 종류나 설치 방법 및 회전체 질량 등의 영향으로 회전속도가 소음의 증가를 가져온다.
- 컴프레서, 송풍기, 펌프 등의 소음은 회전속도 증가비의 사용대수의 20~50배 증가한다.

$$\text{소음도 증가량} = (20 \sim 50)\log_{10}(\text{회전속도 증가비})$$

③ 구조물의 공진
- 공진으로 구조물의 수명이 저하되거나 시스템이 불안정해진다.
- 공진현상이 발생하지 않도록 감쇠계수가 큰 재료 사용하거나 구조를 변경하도록 한다.

④ 회전체의 불균형(unbalance)
- 기계 회전체로는 모터의 회전축, 공작기계의 스핀들, 송풍기의 날개 및 운동기구의 플라이휠 등이 있다.
- 회전체의 불균형은 소음보다는 진동의 발생원이다.
- 회전체의 불균형으로 인해 회전체의 질량 중심과 회전체 축과의 상대적 변위를 초래한다.
- 회전체의 불균형은 재료의 밀도 차이와 기공 등에 의한 불균형과 편심이나 조립 불량 등의 불균형으로 나뉜다.

⑤ 베어링
- 전동체와 회전체의 표면의 불규형으로 발생한다.
- 베어링에 작용하는 하중의 크기와 방향을 고려한 적절한 배치 그리고 축정렬(alignment)이 필요하다.

⑥ 기어
- 기어 소음은 기어 치형 간격의 정밀도에 영향을 받는다.
- 기어가 회전할 때 이와 이 사이의 마찰의 영향이 커 마찰력이 작은 재료를 사용하여 소음을 줄인다.

⑦ 기계의 패널
- 기계의 표면을 덮고 있는 패널에 전달되는 진동에 의해 소음이 발생한다.
- 패널에 구멍을 뚫어 공기의 흐름을 조장하여 저주파 소음을 억제한다.

⑧ 충격
- 기계 표면에 가해지는 대기 중의 충격음으로 표면을 진동시켜 발생한다.

⑨ 왕복 운동형 내연기관
- 공기 흡입과 배기 과정에서 공기 역학적 소음이 발생한다.

⑩ 공기 동력학적 발생원
- 공기 운동에 의해서 발생되는 소음, 송풍기나 컴프레셔 등에서 발생하는 소음을 예로 들 수 있다.
- 난류 흐름의 소음의 원인
- 공기의 동력학적 기계의 소음 발생에 영향을 주는 요소
  - 추진 날개의 회전속도 : 소음도 증가량은 속도 증가비와 상용대수의 20~50배
  - 날개통과 주파수
  - 불균일한 날개 간격
  - 날개의 수 : 소음도 감소는 날개수 증가비의 상용대수의 10배

  소음도 감소량(dB) = $10\log_{10}$(날개수 증가비)

(3) 음의 특성

음의 지향성을 나타내는 값으로 지향계수와 지향지수가 있다.

① 지향계수(directivity factor : Q) : 특정 방향에 대한 음의 지향도를 나타내는 값이다.

$$Q = \log^{-1}\left(\frac{SPL_0 - \overline{SPL}}{10}\right)$$

$\overline{SPL}$: 음원에서 반지름 r(m) 떨어진 구형면 상의 여러 지점에서 측정한 SPL의 평균값
SPL_0 : 동일 거리에서 어떤 특정 방향의 SPL

② 지향지수(directivity index : DI)

$$DI = SPL_0 - \overline{SPL} = 10\log Q \text{ (dB)}$$

- 음원의 위치에 따라 무지향성 점음원도 지향성을 갖는다.

3 소음방지 대책

소음방지 방법으로는 흡음, 차음, 소음기 등 기본적인 3가지 방법이 있다.

(1) 소음원의 분류

① 음원의 종류 : 기계적 소음, 유체 소음, 연소 소음, 전자기적 소음 등이 있다.
② 기계진동 유무에 다른 소음
- 기계 진동에 의한 소음 : 충격, 관성력, 불균형 등의 가진력 등으로 발생

- 기계 진동을 수반하지 않는 소음 : 가스 연소, 기류, 화학 변화 등

③ 동력 전달 시 발생하는 소음
- 모터, 펌프 등의 동력부에서 발생하는 소음
- 벨트 전동, 체인 전동, 기어 전동 등의 동력 전달 시 발생하는 소음
- 기계 가공, 소성 가공 등의 작업부에서 발생하는 소음

(2) 소음원 대책의 고려 사항
① 기계에서 발생하는 큰 소음을 평균 소음 레벨로 낮추는 방법
② 평균적인 소음을 평균 이하로 줄이는 방법

(3) 흡음

① 정의

어떤 재료에 음파가 입사하면 입사에너지 중 일부는 반사, 나머지는 흡수된다. 흡수된 음파에너지가 마찰 저항이나 진동 등에 의하여 열에너지로 변하는 현상이다.

② 흡음 재료
- 일차적으로 실내 소음을 낮춘다.
- 흡음 재료는 주파수, 재료의 구성, 표면 처리, 두께 등에 따라 특성이 변화한다.
- 흡음재의 용도
  - 산업용 : 보온 재료, 보냉 재료 등
  - 건축용 : 단열·보온 재료, 실내 장식 재료, 실내 음향 재료 등
  - 공해 방지용 : 실내 흡음 처리, 방음 처리, 소음기 내부 재료 등

③ 다공질형 흡음재
- 무수히 많은 세공이 있어 음파에너지가 입사되면 흡수되어 나올 때까지 많은 시간이 소요되면서 열에너지로 변환되어 음이 감쇠되는 원리가 적용된다.
- 저주파 영역보다는 고주파 영역에서 흡음 특성이 우수하다.

④ 얇은 판의 흡음재
- 입사된 음에너지가 판을 진동시켜 음에너지 일부가 판의 내부 마찰로 인한 열에너지로 바뀌게 된다. 얇은 판의 예로는 합판이나 석고보드가 있다.
- 판의 고유진동수는 저주파 대역의 공명 주파수에서 최대가 되고 흡음률은 낮게 되는 특성을 보인다.

⑤ 공명기형 흡음재
- 판 모양의 수없이 작은 구멍을 뚫어 놓은 흡음재이다.

- 석면 슬레이트판, 알루미늄판, 연질 섬유판 등이 있고, 사무실이나 가정의 거실 등에 사용된다.
- 헬름홀츠 공명기 : 공명기형 흡음재로 만든 흡음기

⑥ 유공판 흡음재
- 벽면과 일정한 간격을 두고 설치된다.
- 소음을 내부의 흡음재로 통과시키는 것이 1차적 목적이다.
- 철판, 알루미늄판, 합판 등을 유공판의 재료로 사용한다.

(4) 차음

① 정의

공기 속을 전파하는 음파를 벽체 재료로 감쇠시키기 위하여 입사된 음파가 벽체를 투과하지 못하게 막는 것을 차음이라 한다.

② 차음 대책 마련 시 유의사항
- 틈새는 차음에 큰 영향을 미치므로 틈새 관리와 대책 수립이 필요하다.
- 차음 재료 선택 시 벽체의 질량이 큰 재료를 선택해야 한다.
- 큰 차음 효과를 위해 다공질 재료를 삽입한 이중벽 구조로 시공한다.
- 벽체에 진동이 발생할 경우 차음효과가 저하한다. 이때는 방진 및 제진 처리가 필요하다.
- 효과적인 차음을 위해 음원 발생부에 흡음재 처리가 필요하다.

(5) 소음기

소음기는 공기의 배출로 인하여 발생하는 소음을 음원에서 감쇠시키는 것이다. 금속제의 원통이나 직사각형 상자 모양이고 내연기관이나 환기장치로부터 발생하는 소음을 줄이는데 사용된다.

① 종류
- 흡음형 : 스틸 울에 음을 흡수하는 방식
- 팽창형 : 좁은 관에서 넓은 공간으로 확산시켜 음을 줄이는 방식
- 간섭형 : 음파의 간섭을 이용하여 음을 상쇄시키는 방식
- 공명형 소음기 : 가는 관의 많은 구멍에서 넓은 공명실로 확산시켜 서로 음을 상쇄시키는 방식

② 소음기 설계 시 결정해야 할 사항
- 소음 발생원의 기본 주파수, 목표 차음의 성능, 최대 감음 주파수, 허용압력 손실, 관로 상에 소음기의 설치 위치 등을 결정해야 한다.

③ 소음기 설치 시 주의사항
- 소음기 설치 전후의 유체·유동 저항을 최소화하도록 한다.
- 소음 발생원의 부하 한도 범위에서 소음기의 정압을 결정하도록 한다.
- 파이프 내에 유체에 대한 내성을 갖도록 마감재를 선택하도록 한다.
- 소음 발생원의 음향 특성, 구조 및 안전성 등을 검토하도록 한다.

④ 소음기의 용도
- 송풍기, 공기 압축기 등의 유체기계 흡·배기 관로 또는 기구의 토출구
- 실내 환기구

4 소음측정 원리 및 기기

(1) 소음측정 방법

① 주관적 방법 : 인간의 귀로 측정하여 음의 크기를 감지하는 방법
② 객관적 방법 : 측정기기를 사용하여 소음원, 전파경로, 수음점 등에서 측정하는 방법
- 소음원 : 소음의 파워레벨, 스펙트럼, 지향성 등 조사
- 전파경로 : 공장 내 음향효과, 벽면 등의 차음성, 주변 암소음의 시간 및 공간분포를 조사
  - 암소음 : 측정하고자 하는 소음 외에 주변에서 발생하고 있는 소음을 의미한다.

(2) 소음계와 소음측정

① 소음계 : 소음레벨을 측정하는 기기, 즉 소음의 크기를 측정하는 계기이다.
- 사람의 청감에 대해 보정을 하여 소리의 크기 레벨에 근사한 값으로 측정할 수 있도록 한 측정기
- 소음계는 청취식과 지시식으로 구분된다. 대부분은 지시식 소음계를 사용한다.
- 지시식 소음계 : 지침 및 디지털 방식
- 소음계 구조
  - 마이크로폰과 전치 증폭기 : 신호처리 전에 전치 증폭기로 신호를 증폭
  - 교정장치 : 감도를 교정
  - 소음 레벨 변환기 : 소음도가 지시계기 내에 있도록 하기 위한 감쇄기
  - 청감 보정 회로 : 인간의 귀의 특성과 유사한 주파수 특성을 갖게 하기 위한 회로(1000Hz 기준)
  - 필터 : 소리를 주파수별로 나누는 역할
  - 검파기 : 지시계기의 반응속도 조절
  - 지시 및 출력부 : 녹음기 또는 플로터에 전송

② 소음측정 : 소음이라 판단되는 음량에 청감보정을 등청감곡선에 따라 보정된 수량으로 측정
- 정밀소음계 주파수 범위 : 20~12,500Hz
- 보통소음계 주파수 범위 : 31.5~8,000Hz
- 간이소음계 주파수 범위 : 70~6,000Hz

③ 마이크로폰 사용
- 음향적 압력 변동을 전기적 신호로 변환하는 장치가 마이크로폰이다.
- 소음계 본체에서 분리, 연장코드를 사용하여 삼각대에 장치하여 사용하는 것을 원칙
  - 측정자로부터의 반사음에 의해 지시치에 오차가 발생하기 때문

(3) 주파수 분석기

① 소음의 특성을 결정할 때 중요한 요소 중 하나가 주파수 특성이다.
② 주파수 분석 : 옥타브 밴드 또는 1/3옥타브 밴드로 이루어진다.
- 옥타브 : 어떤 음에서 8도의 간격을 가진 음. 한 음과 다른 음 간의 차이를 표시하는 단위

③ 총 소음도 : 소음의 모든 주파수 성분을 대수 합산한 값
④ 필터분석기
- 시간에 따라서 거의 변하지 않는 정상소음의 주파수 분석
- 직렬로 연결된 밴드패스필터로 구성

⑤ 실시간 주파수 분석기 : 밴드패스필터를 병렬로 연결
- 모든 주파수밴드의 분석이 동시에 이루어지므로 분석 시간이 짧다.

(4) 기록계

① 소음계 및 주파수 분석기로 측정 시 지시치가 항상 일정하지 않기 때문에 기록계가 필요하다.
② 기록계는 시시각각의 변화를 기록할 수 있다.
③ 기록계를 소음계 및 주파수 분석기에 조합하면 소음레벨 및 밴드레벨의 기록측정이 가능
- 밴드레벨 : 소음을 주파수로 분석하였을 때 각 주파수 대역에 해당하는 소리 성분의 강도

④ 소음계 : 지시계기의 지시치를 판독해야 한다.
⑤ 레벨기록계 : 자동 기록 측정되므로 판독 및 장시간 측정이 가능하다.

(5) 교정기

① 장비 상호간의 적절한 연결을 확인하기 위해 시스템 교정이 필요하다.
② 일정한 주파수에서는 일정한 레벨의 음압이 발생하는데, 이것을 이용한 것이 음압교정기이다.
③ 측정시스템의 마이크로폰에 부착하여 사용한다.
- 소음계의 지시계나 기록계의 기록값이 교정기의 음압레벨과 일치하도록 조정자를 조절한다.

CHAPTER 01 실전연습문제

01 다음은 진동 관련 설명이다. 맞지 않는 것은?

① 감쇠요소 : 감쇠기 또는 비틀림 감쇠기
② 관성요소 : 질량 또는 질량관성 모멘트
③ 비주기진동 : 갑자기 가해진 외력에 의한 과도운동
④ 주기진동 : 일정한 시간이 지날 때마다 되풀이되는 운동을 말하며, 특히 sine이나 cosine 함수로 표시되는 운동을 혼합운동이라 한다.

> sine과 cosine 함수로 표시되는 운동형태는 주기성을 갖는 운동으로 보통 단현운동 또는 조화운동이라 한다.

02 다음 중 진동계의 구성요소라 할 수 없는 것은?

① 탄성요소 ② 증폭요소 ③ 관성요소 ④ 기진요소

> 진동계의 구성요소에는 관성요소, 탄성요소, 감쇠요소, 기진요소 등이 있다.

03 다음 중 진동계의 구성요소와 그 특징의 연결이 틀리게 연결된 것은?

① 감쇠요소 · 감쇠기 또는 비틀림 감쇠기
② 탄성요소 · 스프링 또는 비틀림 스프링
③ 관성요소 · 반발 또는 면적관성 모멘트
④ 기진요소 · 기진력 또는 기진변위

> 관성요소는 질량 또는 질량관성 모멘트와 관련된다.

04 다음 중 비감쇠자유진동의 표현으로 맞는 것은? (단, m : 질량, k : 스프링상수, C : 감쇠계수)

① $m\ddot{x} + kx = 0$　　　　② $m\ddot{x} + kx = F(t)$
③ $m\ddot{x} + C\dot{x} + kx = F(t)$　　④ $m\ddot{x} + C\dot{x} + kx = 0$

> ④는 감쇠자유진동, ②는 비감쇠강제진동, ③은 감쇠강제진동, $F(t)$는 외력이다.

정/답　01 ④　02 ②　03 ③　04 ①

05 2개의 조화진동이 합성하여 나타나는 울림현상과 관련된 것은?

① 진동수의 차이가 많이 날 때
② 진동수의 차이가 작을 때
③ 진폭의 차이가 많을 때
④ 진폭이 약간 다를 때

> 울림현상은 맥놀이현상이라고도 한다. 주파수가 서로 비슷한 조화진동이 중첩되어 서로 간섭할 때 나타나는 현상으로 반복되는 주기는 두 주파수의 차이가 적을수록 길어진다.

06 다음 중 고유진동수를 구하는 공식에 알맞은 것은? (단, f : 고유진동수, ω : 각진동수)

① $f = \dfrac{\omega}{\pi}$
② $f = \dfrac{\omega}{2\pi}$
③ $f = \dfrac{2\pi}{\omega}$
④ $f = \dfrac{\omega}{2}$

> 고유주기 $T = \dfrac{2\pi}{\omega}$, 고유주파수 $f = \dfrac{\omega}{2\pi}$ -고유진동수라고도 한다.

07 다음 보기와 같은 비감쇠 자유진동을 합성했을 때 진폭을 구하는 공식으로 맞는 것은?

〈보기〉 $x_1 = A\sin\omega t$, $x_2 = B\cos\omega t$

① $X = \sqrt{A+B}$
② $X = \sqrt{A^2 + B^2}$
③ $X = \sqrt{A + B^2}$
④ $X = \sqrt{A^2 + B}$

> 진폭 공식 $X = \sqrt{A^2 + B^2}$, 초기 위상각 $\phi = \tan^{-1}\left(\dfrac{A}{B}\right)$

08 다음 중 감쇠비를 구하는 공식에 알맞은 것은? (단, C : 감쇠계수, m : 질량, k : 스프링상수)

① $\dfrac{C}{2\sqrt{m^2 k}}$
② $\dfrac{C\omega}{2\sqrt{mk}}$
③ $\dfrac{C}{2\sqrt{mk}}$
④ $\dfrac{C}{2\sqrt{m}}$

> 임계감쇠계수 $C_c = 2\sqrt{mk}$, 감쇠비 $\psi = \dfrac{C}{C_c} = \dfrac{C}{2\sqrt{mk}}$

정/답   05 ②   06 ②   07 ②   08 ③

09 질량 M, 길이 L인 일정 단면에 가늘고 긴 막대 봉에서 봉의 중심을 통과하는 반경방향에 대한 질량관성 모멘트 공식으로 다음 중 맞는 것은?

① $\dfrac{1}{12}ML^2$

② $\dfrac{1}{12}ML$

③ $\dfrac{1}{12}M^2L$

④ $\dfrac{1}{12}ML^2$

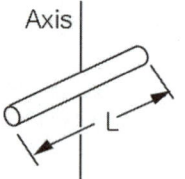

> 가늘고 긴막대의 질량중심점에 대한 관성 모멘트 공식 : $J_G = \dfrac{1}{12}ML^2$

10 다음 중 감쇠의 종류에 맞지 않는 것은?

① 혼합감쇠　　② 점성감쇠　　③ 쿨롱감쇠　　④ 고체감쇠

> 감쇠의 종류로는 점성감쇠, 쿨롱감쇠, 고체감쇠(히스테리시스 감쇠)가 있다.

11 건조한 고체면 사이의 미끄럼에서 생기는 건성저항을 말하는 감쇠는?

① 점성감쇠　　② 임계감쇠　　③ 쿨롱감쇠　　④ 고체감쇠

> • 점성감쇠 : 유체 속에서 운동하는 고체와 접촉에 의해 발생하는 마찰저항
> • 쿨롱감쇠 : 일반적인 고체와 고체 사이에서 발생하는 마찰저항
> • 고체감쇠 : 불규칙적인 감쇠로 히스테리시스 감쇠라고도 한다.

12 다음은 감쇠에 대한 설명이다. 설명이 바르지 못한 것은?

① 고체감쇠 : 고체에 주기적인 변동하중이 작용하여 변형할 때 내부마찰이나 히스테리스에 의해서 생긴다.
② 쿨롱감쇠 : 건조한 고체면 사이의 미끄럼에서 생기는 건성저항을 말한다.
③ 임계감쇠 : 떨림이 지속되는 감쇠현상이므로 시스템이 진동하지 않는 가장 작은 감쇠계수 C값을 갖도록 하는 상태이다.
④ 점성감쇠 : 유체와 고체면 사이에 생기는 점성저항이며, 동일재료에 대해서 비교적 저속상대 운동에서는 속도에 비례한다. 고속에서는 속도의 2승에 비례하기도 한다.

정/답　09 ④　10 ①　11 ③　12 ③

- 임계감쇠 : 떨림이 일어나자마자 끝나는 감쇠현상이므로 시스템이 진동하지 않는 가장 작은 감쇠계수 C값을 갖도록 하는 상태이다.

13 다음 중 감쇠형태가 아닌 것은?

① 중임계감쇠　　② 초임계감쇠　　③ 아임계감쇠　　④ 임계감쇠

감쇠의 형태에는 임계감쇠, 초임계감쇠(부족감쇠), 아임계감쇠(과도감쇠)가 있다.

14 다음 중 감쇠비를 계산할 수 있는 물리적 특성은?

① 스프링상수　　② 주기　　③ 대수감쇠율　　④ 고유진동수

대수감쇠율 $\delta = \dfrac{2\pi\psi}{\sqrt{1-\psi^2}}$, ψ : 감쇠비

15 다음 중 외란이 가해진 후 계가 스스로 진동하는 형태는?

① 자유진동　　② 반복진동　　③ 순차진동　　④ 강제진동

- 자유진동 : 중력, 탄성력 등에 의한 진동형태
- 강제진동 : 외력에 의한 인위적인 진동형태

16 다음 중 반복적인 힘을 받아 발생하는 진동 형태는?

① 자유진동　　② 반복진동　　③ 순차진동　　④ 강제진동

17 다음은 진폭에 대한 설명이다. 잘못 표현된 것은?

① 평균값 : 양진폭의 1/2값
② 피크-피크(양진폭, 전진폭) : 정측의 최대값에서 부측의 최대값까지의 값
③ 실효값 : 진동의 에너지를 표현하는 것에 적합한 값
④ 피크값(편진폭) : 진동량의 절대값의 최대값

정/답　13 ①　14 ③　15 ④　16 ④　17 ①

- 편진폭(peak) : 시간에 대한 변화량은 나타내지 않고 단지 최대값만 표시
- 양진폭(peal to peak) : +측의 최대값에서 −측의 최대값까지 표시
- 실효값(RMS : Root Mean Square) : 진동의 에너지를 표현할 때 적합, 진동 크기의 표현에 가장 적합
- 평균값(AVE) : 진동량의 평균값, 파의 시간에 대한 변화량을 표시

18 다음은 진동측정 파라미터들이다. 진동측정 파라미터에 해당하지 않는 요소는?

① 변위　　　② 질량　　　③ 속도　　　④ 가속도

> 진동측정 파라미터로는 진동변위, 진동속도, 진동가속도 등을 사용한다.

19 시스템을 외부 힘에 의해서 평형위치로부터 움직였다가 그 외부 힘을 끊었을 때 시스템이 자유진동을 하게 되는데, 이때의 진동수를 무엇이라 하는가?

① 고유진동수　　　② 강제진동수　　　③ 자유진동수　　　④ 간헐진동수

> 고유진동수 : 어떤 시스템이나 구조가 외부 힘이 작용하지 않아도 스스로 진동할 수 있는 특정한 주파수이다. 이와 같은 주파수는 그 시스템의 질량과 탄성에 의해 결정된다.

20 진동센서 중 가속도 검출형의 종류에 해당하지 않는 것은?

① 스트레인 게이지형　　　② 서보형
③ 압전형　　　　　　　　④ 와전류형

> - 진동센서 : 변위계, 속도계 및 가속도계의 종류가 있다.
> - 접촉형과 비접촉형으로 분류되는데, 접촉형으로는 가속도계와 속도계가 있다.
> - 가속도계의 종류로는 압전형, 스트레인 게이지형, 서보형 등이 있다.
> - 속도계로는 동전형이 있다.
> - 변위계는 비접촉형이고 와전류형, 용량형, 전자 광학형, 홀 소자형 등이 있다.

21 다음 진동 측정용 센서 중 비접촉형 센서가 아닌 것은?

① 홀 소자형　　　② 용량형　　　③ 전자 광학형　　　④ 압전형

22 가속도센서 설치방법 중 나사고정 방식의 특징에 해당하지 않는 것은?

① 먼지, 습기, 온도의 영향이 적다.
② 사용할 수 있는 주파수 영역이 넓고 정확도 및 장기적 안정성이 좋다.
③ 사용 후 구조물의 접착면을 깨끗이 할 수 있다.
④ 고정 시 구조물에 수정을 가해야 한다.

> 밀랍으로 고정 후 구조물의 접착면을 청결하게 할 수 있다.

23 가속도센서 설치방법 중 에폭시 시멘트 고정 방식의 특징이라 할 수 없는 것은?

① 고온에서 문제를 발생시키고 가속도계를 떼어낼 때 구조물에 에폭시가 남는다.
② 먼지와 습기의 영향이 없다.
③ 영구적으로 센서를 설치할 때 고정이 빠르다.
④ 사용할 수 있는 주파수 영역이 넓고 정확도와 정기적 안정성이 좋다.

> 습기의 영향이 없으며, 먼지와 고온에서 접착력을 약화시키는 것은 자석고정의 특징이다.

24 다음 중 가속도센서의 설치방법에 속하지 않는 것은?

① 밀랍 고정
② 자석(magnetic) 고정
③ 에폭시 시멘트 고정
④ 핀 고정

> 가속도센서 고정 방법 : 나사 고정, 에폭시 시멘트 고정, 밀랍 고정, 절연 고정, 자석 고정, 손 고정

25 다음 중 진동센서에 직접적인 영향을 주는 요소가 아닌 것은?

① 환경조건   ② 온도   ③ 마찰전기 잡음   ④ 결합 방법

> 진동센서에 직접적인 영향을 주는 요소로는 온도, 마찰 전기 잡음, 환경 조건 등이 있다.

26 진동센서에 영향을 주는 요소 중 환경 조건에 의한 영향이 할 수 없는 것은?

① 음향   ② 내식성   ③ 내마멸성   ④ 방사능 강도

> 환경 조건의 영향 : 기저부 응력상태, 습기, 음향, 내식성, 자기장, 방사능 강도 등

정/답   22 ③   23 ②   24 ④   25 ④   26 ③

27 진동센서의 측정타이밍에 관한 내용이다. 다음 중 잘못된 사항은?

① 윤활조건을 항시 같게 유지한다.
② 항상 동일 회전수일 때 측정한다.
③ 항상 동일 광도 하에서 측정한다.
④ 항상 같은 부하일 때 측정한다.

> 측정 타이밍이란 센서가 진동을 감지하고 데이터를 수집하는 시간 간격으로 동일한 윤활조건, 회전수, 부하 하에서 측정이 이루어져야 한다.

28 다음 중 파동에 대한 설명으로 맞는 것은?

① 매질의 변환운동으로 음에너지를 전달
② 파동의 위상이 같은 점들을 연결한 면
③ 음의 진행방향을 나타내는 선
④ 공기 등의 매질을 전파하는 소밀파

> • 파면 : 파동의 위상이 같은 점들을 연결한 면
> • 음선 : 음의 진행방향을 나타내는 선
> • 음파 : 공기 등의 매질을 전파하는 소밀파

29 다음 중 발산파에 대한 설명으로 맞는 것은?

① 음원으로부터 거리가 멀어질수록 더욱 넓은 면적으로 퍼져나가는 파
② 음원에서 모든 방향으로 동일한 에너지를 방출할 때 발생하는 파
③ 둘 또는 그 이상의 음파의 구조적 간섭에 의해 시간적으로 일정하게 음압의 최고와 최저가 반복되는 파
④ 음파의 파면들이 서로 평행한 파

> • 정재파 : 둘 또는 그 이상의 음파의 구조적 간섭에 의해 시간적으로 일정하게 음압의 최고와 최저가 반복되는 파
> • 구면파 : 음원에서 모든 방향으로 동일한 에너지를 방출할 때 발생하는 파
> • 평면파 : 음파의 파면들이 서로 평행한 파

30 다음 중 음의 회절에 대한 설명으로 맞는 것은?

① 파장과 장애물의 크기에 상관없다.
② 장애물 뒤쪽으로 음이 전파되는 현상
③ 파장이 작다.
④ 장애물이 클수록 회절은 잘 된다.

> 음의 회절은 파장과 장애물의 크기에 따라 다르며, 파장이 크고, 장애물이 작을수록 회절은 잘 된다.

정/답 27 ③ 28 ① 29 ① 30 ②

31 다음은 음의 굴절에 대한 설명이다. 맞는 것은?

① 음파가 한 매질에서 타 매질로 통과할 때 구부러지는 현상이다.
② 밤에는 상공 쪽으로 굴절한다.
③ 낮에는 지표 쪽으로 굴절한다.
④ 온도가 높은 쪽으로 굴절한다.

> 음의 굴절 : 음파가 한 매질에서 다른 매질로 들어갈 때 그 경계면에서 음파가 구부러지는 현상이다.
> • 온도 차나 풍속의 변화에 의해서도 굴절은 변화하게 된다. 온도가 높은 쪽에서 낮은 쪽으로 굴절하게 되고, 음원보다 상공의 풍속이 크면 상공으로 굴절한다.

32 둘 또는 그 이상의 동종의 음의 파동이 겹쳐 파동을 강화하거나 약화되는 중첩의 원리가 이용되는 현상을 음의 간섭이라 한다. 다음 중 음의 간섭에 해당하는 현상이 아닌 것은?

① 맥놀이　　　② 소멸간섭　　　③ 잔여간섭　　　④ 보강간섭

> 음의 간섭 현상으로는 보강간섭, 소멸간섭, 맥놀이 등이 있다.

33 맥놀이 현상을 울림 현상이라고도 한다. 다음 설명 중 맥놀이 현상은?

① 여러 파동이 마루는 마루끼리, 골은 골끼리 만나면서 엇갈려 지나갈 때 그 합성파의 진폭은 개개의 어느 파의 진폭보다 작게 된다.
② 하나의 파면상의 모든 점이 파원이 되어 각각 2차적인 구면파를 사출하여 그 파면들을 둘러싸는 면이 새로운 파면을 만드는 현상이다.
③ 여러 파동이 마루는 골과 골은 마루와 만나면서 엇갈려 지나갈 때 그 합성파의 진폭은 개개의 어느 파의 진폭보다 작게 된다.
④ 주파수가 약간 다른 두 개의 음원으로부터 나오는 음은 보강간섭과 소멸간섭을 교대로 이루어 어느 순간에 큰 소리가 들리면 다음 순간에는 조용한 소리로 들리는 현상

> • 보강간섭 : 여러 파동이 마루는 마루끼리, 골은 골끼리 만나면서 엇갈려 지나갈 때 그 합성파의 진폭은 개개의 어느 파의 진폭보다 작게 되는 현상이다.
> • 소멸간섭 : 여러 파동이 마루는 골과 골은 마루와 만나면서 엇갈려 지나갈 때 그 합성파의 진폭은 개개의 어느 파의 진폭보다 작게 되는 현상이다.
> • 호이겐스(Huyghens)의 원리 : 하나의 파면상의 모든 점이 파원이 되어 각각 2차적인 구면파를 사출하여 그 파면들을 둘러싸는 면이 새로운 파면을 만드는 현상이다.

정/답　31 ①　32 ③　33 ④

34 다음 설명 중 마스킹효과는?

① 크고 작은 두 소리를 동시에 들을 때 큰 소리만 듣고 작은 소리는 듣지 못하는 현상
② 발음원이 이동할 때 그 진행 방향 쪽에서는 원래 발음원의 음보다 고음이 되고, 진행 반대쪽에서는 저음으로 되는 현상
③ 서로 다른 파동 사이의 상호작용으로 나타나는 현상
④ 둘 또는 그 이상의 같은 성질의 파동이 동시에 어느 한 점을 통과할 때 그 점에서의 진폭은 개개의 파동의 진폭을 합한 것과 같다.

- 음의 간섭 : 서로 다른 파동 사이의 상호작용으로 나타나는 현상이다.
- 중첩의 원리 : 둘 또는 그 이상의 같은 성질의 파동이 동시에 어느 한 점을 통과할 때 그 점에서의 진폭은 개개의 파동의 진폭을 합한 것과 같다.
- 도플러 효과 : 발음원이 이동할 때 그 진행 방향 쪽에서는 원래 발음원의 음보다 고음이 되고, 진행 반대쪽에서는 저음으로 되는 현상이다.

35 다음 중 주파수(cycle/sec)에 대한 설명으로 올바른 것은?

① 진동의 진폭과 같이 진동하는 입자에 의해 발생하는 최대 변위값
② 한 고정점을 1초 동안에 통과하는 마루 또는 골의 평균수
③ 한 파장이 전파되는 데 소요되는 시간
④ 진동하는 입자의 어떤 순간에서의 위치와 그것의 평균위치와의 거리

- 주기 : 한 파장이 전파되는 데 소요되는 시간(sec/cycle)
- 변위 : 진동하는 입자의 어떤 순간에서의 위치와 그것의 평균위치와의 거리
- 진폭 : 진동의 진폭과 같이 진동하는 입자에 의해 발생하는 최대 변위값

36 2차 고체음에 대한 설명으로 맞는 것은?

① 압축기, 진공펌프, 엔진의 배기음
② 기계의 진동이 지반진동을 수반하여 발생하는 소리
③ 기계 본체의 진동에 의한 소리
④ 선풍기, 송풍기 등의 소리

- 난류음 : 선풍기, 송풍기 등의 소리
- 맥동음 : 압축기, 진공펌프, 엔진의 배기음
- 1차 고체음 : 기계의 진동이 지반진동을 수반하여 발생하는 소리

정/답   34 ①   35 ②   36 ③

37 다음 중 소음방지방법에 해당하지 않는 것은?

① 흡음 ② 차음 ③ 청음제 ④ 소음기

소음방지방법 : 흡음, 차음, 진동차단, 소음기 등

38 일반적인 소음에 대한 설명으로 타당하지 않은 것은?

① 흡음률은 동일 재료라 할지라도 주파수에 따라 달라진다.
② 부드럽고 다공성 표면을 갖는 재료는 높은 흡음률을 갖는다.
③ 직접 오는 소음은 소음원으로부터의 거리가 2배 증가함에 따라서 6dB 감소한다.
④ 일반적으로 소음원에 가까운 거리에서는 반사되는 소음이 직접 오는 소음을 압도한다.

일반적으로 소음원에 가까운 거리에서는 직접 오는 소음이 반사되어 오는 소음을 압도하게 된다.

39 다음은 소음에 대한 일반적인 설명이다. 적절하지 않은 것은?

① 벽의 무게를 2배로 증가시키거나 주파수를 2배로 증가시키면 투과손실도 각각 2dB 증가한다.
② 소음방지방법 중 차음은 차음벽을 설치하여 소음전파를 차단시키는 것이다.
③ 투과손실은 입사소음의 소음도와 투과소음이 소음도의 차이로서, 재료의 차음효과를 통상적인 dB의 개념으로 나타낸다.
④ 무거운 벽은 입사음파에 의한 진동진폭이 작아서 높은 투과손실이 기대된다.

벽의 무게를 2배로 증가시키거나 주파수를 2배로 증가시키면 투과손실은 각각 6dB 증가한다.

40 다음은 댐핑과 강성에 대한 설명이다. 적절한 설명이 아닌 것은?

① 투과손실 증가를 위해서는 재료의 강성을 가능한 높여야 한다.
② 투과손실은 재료의 굽힘강성과 내부 댐핑에 의해서도 영향을 받는다.
③ 강성이 2배로 증가되면 투과손실은 9dB 정도 증가한다.
④ 저주파소음에 대해서는 재료의 무게와 내부 댐핑은 중요하지 않다.

• 강성(stiffness)은 몸체가 탄성 변형에 저항하는 능력이고 댐핑(damping)은 진동 시스템이 에너지를 소산시키는 것이며, 시간이 지남에 따라 진동의 진폭을 감소시킨다. 에너지가 소산되며 주로 열로 나타나게 된다.
• 강성이 2배로 증가되면 투과손실은 6dB 정도 증가한다.

정/답 37 ③ 38 ④ 39 ① 40 ③

41 다음 중 진동 방지 방법이라 할 수 없는 것은?

① 진동차단기
② 동조질량감쇠기
③ 거더의 이용
④ 2단계 차단기 사용

- 진동 방지 방법 : 진동차단기, 거더 이용, 2단계 차단기 사용, 기초의 진동을 제어
- 동조질량감쇠기 : 건축물 등의 구조물에 외부로부터의 하중이 구조물 등에 전달되는 에너지를 흡수하여 진동을 감소시켜 주는 장치이다.

42 다음 중 진동 차단기의 기본 요구조건으로 적절하지 않은 것은?

① 탄성이 없는 재료를 사용해야 한다.
② 온도, 습도, 화학적 변화 등에 의해 견딜 수 있어야 한다.
③ 강성이 충분히 작아서 차단능력이 있어야 한다.
④ 강성은 작되 걸어준 하중을 충분히 받칠 수 있어야 한다.

진동 차단기는 기본적으로 탄성이 높은 재료를 사용해야 하고, 강성이 충분히 작고 고유진동수가 차단하려는 진동의 최저 진동수보다 1/2 이상 작아야 한다.

43 다음 중 진동 차단기의 종류에 해당하지 않는 것은?

① 강철스프링
② 천연고무
③ 패드
④ 합성수지

44 다음 중 패드의 종류에 해당하지 않는 것은?

① 스펀지고무
② 코르크
③ 파이버글라스
④ 네오프렌

네오프렌 : 합성고무로 비교적 높은 온도에 잘 견디며, 화학적 성질에 대한 저항이 크다. 진단 차단기의 고무 재질로 사용된다.

정/답 41 ② 42 ① 43 ④ 44 ④

45 다음 중 감쇠기를 사용했을 때 효과적인 경우에 해당하지 않는 경우는?

① 시스템이 충격과 같은 힘에 의해서 진동되는 경우
② 시스템이 많은 주파수 성분을 갖는 힘에 의해서 강제진동되는 경우
③ 시스템에 정적인 힘에 의한 진동이 미미할 때 효과적이다.
④ 시스템이 그의 고유진동수에서 강제진동을 하는 경우

> 댐핑 처리를 할 때는 탄성이 큰 재료를 사용하며 강제진동의 경우 감쇠처리가 요구된다.

46 다음 중 댐핑판과 그의 부착위치를 선정함에 있어 주의사항으로 적절하지 않은 것은?

① 댐핑판을 설치하는 기준설정이 곤란하다면, 구조물의 특정 부분만 댐핑처리를 하여 진동을 완화시킨다.
② 댐핑판을 구조물에 완전히 부착시킴으로써 진동 에너지의 상당 부분을 흡수할 수 있도록 해야 한다.
③ 댐핑판은 그것이 흡수한 에너지의 상당 부분을 열로 발산할 수 있는 높은 손실계수를 갖는 재료이어야 한다.
④ 댐핑판은 구조물이 진동할 때 현저한 변형을 받을 수 있는 곳에 설치해야 한다.

> 댐핑판을 설치하는 기준 설정이 곤란하다면, 구조물의 판 전체에 댐핑처리를 하도록 한다.

47 다음 중 회전기계에서 저주파가 발생할 때 나타나는 이상현상으로 맞는 것은?

① 압력맥동
② 러너 블레이드 통과 진동
③ 미스얼라인먼트
④ 공동현상

> 저주파 시 이상 현상 : 언밸런스, 미스얼라인먼트, 풀림, 오일 휩 등

48 다음 중 회전기계에서 고주파가 발생할 때 나타나는 이상현상이 아닌 것은?

① 공동
② 유체음
③ 진동
④ 압력맥동

> • 중간 주파 시 이상 현상 : 압력맥동, 러너 블레이드 통과 진동 등

정/답 45 ③ 46 ① 47 ③ 48 ④

49 로터의 축심 회전 중 질량 분포의 부적정에 의한 회전 주파수가 발생하는 현상은?

① 오일 휩 ② 언밸런스 ③ 풀림 ④ 공동

- 미스얼라인먼트(misalignment, 축 오정렬); 커플링으로 연결되어 있는 2개의 회전축의 중심선이 엇갈려 있을 경우로서 통상적인 회전주파수와 고주파가 발생하는 현상이다.
- 풀림(looseness); 기초볼트 풀림이나 마모 등에 의하여 발생하는 것으로 회전 주파수의 고차 성분이 발생하는 현상이다.
- 오일 휩(oil whip); 강제 급유되는 미끄럼베어링을 갖는 로터에서 발생하는 베어링 역학적 특성에 기인하는 진동으로서 축의 고유진동수가 발생하는 현상이다.

50 유체기계에서 국부적 압력 저하에 의하여 기포가 생기며, 고압부에 도달하면 파괴하여 일반적으로 불규칙한 고주파 음향이 발생하는 이상현상으로 다음 중 맞는 것은?

① 공동현상 ② 미스얼라인먼트 ③ 압력 맥동 ④ 오일 휩

압력 맥동; 펌프의 압력 발생 기구에서 임펠러가 벌류트 케이싱부를 통과할 때 발생하는 유체 압력 변동, 압력 발생기구에 이상이 생기면 압력 맥동에 변화가 발생한다.

51 설비가 정상인지 이상이 있는지에 대한 진단을 목적으로 하며, 평가지수를 정량화한 값을 이용하고, 특별히 고도의 기능 및 기술을 필요로 하지 않는 진단법으로 맞는 것은?

① 정밀진단법 ② 간이진단법 ③ 초정밀진단법 ④ 전문진단법

이상진단법으로는 간이진단과 정밀진단이 있다. 간이진단으로부터 제시된 기계 설비의 이상 부위, 이상 내용에 대하여 주파수 분석을 할 수 있는 정밀진단용 기기를 이용하여 고장 초기 단계에서 진단과 고장 발생 예측을 동시에 할 수 있는 것이 정밀진단이다.

52 회전기계의 간이진단에서 진단을 해야 하는 설비를 선정하는 기준으로 알맞지 않은 것은?

① 정비비가 매우 높은 설비
② 고장이 발생하게 되면 2차 피해가 예측되는 설비
③ 생산에 직결되어 있는 설비
④ 부대설비일지라도 고장이 발생하면 상당히 적은 손해가 예측되는 설비

부대설비일지라도 고장이 발생하면 큰 손해가 예측되는 설비

정/답 49 ② 50 ① 51 ② 52 ④

53 회전기계의 간이진단 측정법으로 적절하지 않은 것은?

① 안전한 장소에서 검출 신호를 측정하기 위한 단자박스를 준비하여 놓고 정기적으로 사람이 측정하는 방법
② 검출단을 항상 설치하여 정기적 또는 실시간으로 데이터를 채취하여 판정을 실행하는 방법
③ 측정하고 싶을 때 수시로 측정하는 방법
④ 사람이 정기적으로 측정하는 방법

54 다음 보기의 판정 기준의 예는 어떤 판정에 해당하는가?

〈보기〉
" 동일 부위를 정기적으로 측정값을 시계열로 비교하여 정상적인 경우의 값을 초기값으로 하여 그 몇 배로 되었는가를 보아 판정한다."

① 상대판정기준　　② 절대판정기준　　③ 직접판정기준　　④ 상호판정기준

- 절대판정기준 : 동일 부위에서 측정한 값을 판정기준과 비교하여 판정
- 상호판정기준 : 동일 기종의 기계가 여러 대 있을 경우 그들을 각각 동일 조건하에서 측정하여 상호 비교함으로써 판단

55 회전기계의 정밀 진단 중 시간 축의 복합된 파형을 주파수 축으로 변환시켜 각각의 이상 주파수별로 분해하여 놓고, 이 중에서 가장 특징적인 주파수를 찾아내어 이 주파수에 해당하는 이상의 원인을 찾아내는 진단분석방법은 다음 중 어느 것인가?

① 진동 방향 분석　　　　② 진동 형태 분석
③ 주파수 분석　　　　　④ 위상 분석

- 진동방향 분석 : 진동이 주로 발생하는 방향을 찾아내는 방법
- 진동형태 분석 : 회전수와 진폭의 관계를 구하여 분석하는 방법
- 위상 분석 : 각 베어링에 발생하는 위상의 형태를 분석하는 방법

56 회전기계가 이상 진동을 수반하면서 회전을 하고 있을 경우 그 회전 기계의 정지 과정에서 진폭이 감쇠되는 궤적으로부터 진단이 이루어지는 정밀진단분석법은 다음 중 어느 것인가?

① 위상 분석　　　　　　② 세차 운동 방향 분석
③ 진동 방향 분석　　　　④ 진동 형태 분석

정/답　53 ③　54 ①　55 ③　56 ④

57 다음의 특징을 가진 이상현상으로 맞는 것은?

> - 회전주파수의 1f 성분의 주파수가 나타난다.
> - 회전수가 증가할수록 진동레벨이 높게 나타난다.
> - 수평 및 수직방향에 최대의 진폭이 발생한다.

① 편심　　② 언밸런스　　③ 미스얼라인먼트　　④ 풀림

58 베어링의 진단에서 롤링 베어링에서 발생하는 진동의 종류에 해당하지 않는 것은?

① 베어링의 선형성에 의하여 발생하는 진동　　② 베어링의 손상에 의하여 발생하는 진동
③ 베어링의 구조에 기인하는 진동　　④ 다듬면의 굴곡에 의한 진동

- 구름베어링에서 발생되는 진동의 4가지 종류
- 베어링의 비선형성에 의하여 발생하는 진동
- 베어링의 손상에 의하여 발생하는 진동
- 베어링의 구조에 기인하는 진동
- 다듬면의 굴곡에 의한 진동

59 베어링의 비선형성에 의하여 발생하는 진동의 이상 원인에 해당하지 않는 것은?

① 베어링대의 취부 부분이 풀림　　② 베어링이 굽혀 설치되었을 때
③ 양베어링 중심선이 불일치　　④ 베어링 조립 불량

- 베어링 구조에 기인하는 진동의 이상원인
- 축에 굽힘이 있을 경우
- 베어링이 굽혀서 설치되었을 경우
- 전동체의 지름이 일정하지 않을 경우
- 베어링의 비선형성에 의하여 발생하는 진동의 이상원인
- 양베어링 중심선이 불일치(0.5f-발생하는 주파수)
- 하우징면의 홈, 이물질 혼입(0.5f-발생하는 주파수)
- 베어링대의 취부 부분의 물림(0.5f-발생하는 주파수)
- 베어링 조립 불량(0.5f-발생하는 주파수)
- 내축 내면의 비진원성(2f-발생하는 주파수)
- 저널의 비진원성(2f-발생하는 주파수)
- 저널면의 홈, 이물질 혼입(2f-발생하는 주파수)
- 표면의 굴곡에 의한 진동의 이상원인
- 내륜의 굴곡
- 전동체의 굴곡
- 내륜 결함의 원인 : 편심 마모, 홈(spot)
- 외륜 결함의 원인 : 홈(spot)
- 전동체 결함의 원인 : 홈(spot)
- 외륜의 굴곡
- 베어링의 손상에 의한 진동의 이상원인

정/답　57 ②　58 ①　59 ②

60 기계의 정밀 진단에서 종합적 판정법 중 점검정보에 속하지 않는 항목은?

① 충격성　　② 음의 종류　　③ 음의 성격　　④ 손의 감각

- 종합판정을 위한 항목 : 점검정보, 간이진단, 파형평가, 정진진단 등
- 점검정보 항목 : 음의 종류, 음의 성격, 손의 감각
- 간이진단 항목 : 간이판정결과, 증가 주파수대, 진동 증기 경향, 파고율
- 파형평가 항목 : 충격성, 변조, 주시성, 안정성
- 정밀진단 항목 : 회전차수분포, 이상 주파수의 존재(이상 주기이 존재)
* 충격성은 평형평가 항목에 해당한다.

61 다음 중 회전기계의 이상 진동의 파형 분석법에 해당되지 않는 것은?

① 포락선 처리　　② 필터링 처리
③ 방사선 처리　　④ 상관함수

- 이상 진동의 파형분석 : 필터링 처리, 포락선 처리, 상관함수
- 필터링 처리 : 발생하는 주파수 대역이 다르므로 해당 주파수 범위의 신호만을 선택 처리
- 포락선 처리 : 베어링의 결함 등을 검출할 때 사용
- 상관함수 : 시간 영역의 해석기법

62 다음 중 슬리브 베어링의 진동원인이라 할 수 없는 것은?

① 축과 틈새의 과대　　② 윤활유 관계의 문제
③ 중심의 어긋남　　④ 기계적 헐거움

- 슬리브 베어링 : 두 부품 사이의 이동을 용이하게 하는 부싱과 유사하다. 마찰을 감소시키고 진동 흡수가 가능한 기계요소이다.

63 편심에 의한 진동은 로터의 기학학적 중심과 실체의 회전 중심이 일치하지 않을 경우에 발생한다. 다음 중 편심에 의한 진동 발생에 대한 예로 적절하지 않은 것은?

① 기어 및 풀리의 편심　　② 베어링의 편심
③ 아마추어(amateur)의 편심　　④ 하우징의 편심

편심 교정
- 베어링 편심교정에서 밸런스 작업 시 베어링과 축의 상호관계 위치를 일정하게 유지
- 기어의 편심교정에서 2개의 기어 중심선을 연결한 방향에 편심된 기어의 회전수와 같은 주파수가 발생
- 아마추어 편심교정에서 아마추어와 고정자 사이에서 회전수와 같은 주파수로 진동이 발생
- 베어링 편심이 있는 경우 축 또는 로터의 언밸런스가 된 것 같이 진동이 발생

정/답　60 ①　61 ③　62 ③　63 ④

64 고유진동수의 단위로 다음 중 맞는 것은?

① Ω　　　　　　② dB　　　　　　③ Hz　　　　　　④ C

- 저항 : Ω(옴, 오메가), 소리(소음) : dB(데시벨), 전하 : C(쿨롱)

65 다음 중 공장소음을 방지할 수 있는 방법은?

① 소음방지 재료의 질량을 감소시킨다.
② 소음방지 재료의 강성을 높인다.
③ 소음방지 재료의 무게를 감소시킨다.
④ 소음방지 재료의 내부 댐핑을 감소시킨다.

- 재료의 강성은 소음 감소에 중요한 역할을 한다. 강성이 높은 재료는 진동을 더 잘 흡수하고, 소음을 줄이는 데 효과적이다.
- 환경소음 : 기계소음과 교통소음으로 분류된다.
- 기계소음 : 공장소음, 공사장소음
- 교통소음 : 도로소음, 철도소음, 항공기소음
- 소음방지법 3가지 : 흡음, 차음, 소음기(silencer)
- 소음 방지 재료의 성질
- 흡수하거나 차단하거나 감쇠시키는 성질을 갖고 있어야 한다.
- 질량 : 무겁고 두꺼운 재료는 소리를 차단할 수 있다.
- 감쇠 : 감쇠 화합물을 사용
- 분리 : 소리 전달을 방지하기 위해 공간을 분리한다.
- 흡수 : 소리를 스펀지처럼 흡수하는 것이 좋다.
- 질량이 많은 비닐, 음향 폼 패널, 섬유유리 단열재 등 적당

66 인간이 들을 수 있는 소리의 진동수 범위로 다음 중 가장 적절한 것은?

① 2Hz~20kHz　　　　　　② 10Hz~5kHz
③ 20Hz~10kHz　　　　　　④ 20Hz~20kHz

- 가청주파수 : 보통 사람이 들을 수 있는 대역 가청범위에 속하는 주파
- 인간에게 일반적으로 수용되는 가청 범위는 20~20,000Hz 사이

정/답　64 ③　65 ②　66 ④

67 소음 투과율의 정의로 맞는 것은?

① $100\log\left(\dfrac{투과된\ 에너지}{입사\ 에너지}\right)$ ② $\dfrac{투과된\ 에너지}{입사\ 에너지}$

③ $100\log\left(\dfrac{입사\ 에너지}{투과된\ 에너지}\right)$ ④ $\dfrac{입사\ 에너지}{투과된\ 에너지}$

> 투과율 $= \dfrac{투과된\ 에너지}{입사\ 에너지}$, 흡음률 $= \dfrac{흡수된\ 에너지}{입사\ 에너지}$

68 다음 중 스넬(Snell)의 법칙과 관련이 있는 음의 물리적 성질로 맞는 것은?

① 반사 ② 투과 ③ 굴절 ④ 회절

> • 스넬(Snell)의 법칙
> 하나의 매질(1번)에서 타 매질(2번)로 들어갈 때, 그 매질들의 음파의 음속은 서로 다르다.

69 다음은 소음을 줄이기 위한 대책이다. 적절한 대책으로 볼 수 없는 것은?

① 흡음재를 사용한다. ② 소음기나 방음벽을 설치한다.
③ 감쇠기를 사용하면 안 된다. ④ 차음재를 사용하도록 한다.

> 소음방지법 3가지 : 흡음, 차음, 소음기(silencer)

70 다음은 소음장치를 위한 자재류의 기능을 설명한 것이다. 그 연결이 잘못된 것은?

① 흡음재 : 음에너지가 적기에 최소의 열에너지로 변환된다.
② 차음재 : 음에너지를 감쇠시킨다.
③ 차진재 : 구조적 진동과 진동 전달력을 감소시킨다.
④ 소음기 : 음의 비정상 흐름을 정상 흐름으로 전환시킨다.

> **소음기**
> • 소음기 설치 전후의 유체 유동 저항을 최소화
> • 소음 발생원의 부하 한도 범위에서 소음기의 정압 결정
> • 파이프 내에 유체에 대한 내성을 갖도록 마감재 선택
> • 소음 발생원의 음향 특성, 구조 및 안전성 등 고려

정/답 67 ② 68 ③ 69 ③ 70 ④

71 20℃ 공기 중에서 약 450Hz의 음의 파장은 약 몇 cm인가?

① 55　　② 60　　③ 76　　④ 87

> 파장(wavelength; λ) : 음파가 1사이클 진행하는 거리
> 파장=음속(c)×주기(T), 상온(15~20℃)에서 음속은 340m/s이다.
> $T = \dfrac{1}{f} = \dfrac{1}{450}s,\ \lambda = 340 \times \dfrac{1}{450} = 0.76m$

72 고체음은 기계 자체의 진동에 의한 소리이고, 기류음은 공기의 흐름의 압력변화에 의한 것이다. 다음 중 고체음과 기류음이 복합된 소리에 해당하는 것으로 볼 수 있는 것은?

① 타악기 소리　　② 사람의 음성　　③ 자동차 소리　　④ 관악기 소리

> - 고체음 : 북, 타악기, 스피커 음 등
> - 기류음 : 음성, 관악기 소리, 폭발음 등

73 소리의 세기가 10dB 증가했다는 것은 소음의 크기가 10배 증가했음을 뜻한다. 소리의 세기가 30dB이라면 소음의 크기는 0dB에 비하여 몇 배 증가한 것인가?

① 100　　② 250　　③ 500　　④ 1,000

> 소음계 : 소리파의 압력을 측정하는 계기, 소리 크기의 단위는 데시벨(decibell, dB)이다.
> - 지진이나 태풍의 위력을 나타내는 척도, 로그(logarithm, log)로 증가
> - 20dB의 소리는 10dB보다 10배 큰 소리, 30dB는 10dB보다 100배, 40dB는 10dB보다 1,000배 큰 소음

74 설비진단기술에서 다음 중 종합진단에 해당하는 것으로 볼 수 없는 것은?

① 이상이나 결함의 원인, 정도　　② 수리 및 개량법의 결정
③ 단순 기계 설비 점검　　④ 신뢰성, 수명의 예측

> 설비진단기술은 기계 설비의 고장 및 열화, 스트레스 등을 파악하고, 강도, 강성도 및 그 성능을 정략적으로 평가하여 이상원인 등을 찾아 정비 수행 범위를 결정하는 일련의 과정이다. 설비진단기술은 단순히 기계 설비를 점검하고 고장을 찾아내는 것을 의미하는 것은 아니다.

정/답　71 ③　72 ③　73 ④　74 ③

75 다음 중 설비의 1차 건강진단기술로서 현장의 운전자나 점검원이 실시하는 진단기술은?

① 정밀진단기술 ② 간이진단기술 ③ 1차 진단기술 ④ 사전진단기술

> 설비진단기술은 현장 작업자가 판단하는 간이진단기술과 전문 해석 기술자가 판단하는 정밀진단기술로 분류

76 다음 중 스트레스 정량화 기술, 고장검출해석 기술 그리고 강도·성능의 정량화 기술로 구성된 진단기술로 맞는 것은?

① 정밀진단기술 ② 간이진단기술 ③ 전문진단기술 ④ 고차진단기술

> 설비의 정밀 해석 기술로서 정밀 진단 그룹이라 칭하는 전문 스텝 부서에서 실시하는 진단기술을 정밀진단기술이라 한다.

77 스트레스 정량화 기술 중 스트레스 측정에서 해당하지 않는 것은?

① 전기 스트레스 계측
② 화학 스트레스 계측
③ 전산 스트레스 계측
④ 기계 스트레스 계측

> 스트레스 측정에는 기계, 화학, 온도, 전기 등의 스트레스 계측이 있다.

78 다음 중 고장검출 해석기술에서 해당되지 않는 것은?

① 화학 분석
② 파단면 해석
③ 강제 열화 시험
④ 온도 해석

> 고장해석기술에는 강제 열화 시험, 파괴 시험, 파단면 해석, 화학 분석 등이 있다.

79 다음 중 강도 및 성능의 정량화 기술에 해당되지 않는 것은?

① 회전 반응 추정기술
② 내부식 강도 추정기술
③ 절연 내력 추정기술
④ 내열 강도 추정기술

> 강도 및 성능의 정량화 기술에는 피로강도, 내열강도, 절연내력, 내부식강도 등의 추정기술이 있다.

정/답 75 ② 76 ① 77 ③ 78 ④ 79 ①

80 설비진단의 필요성 중 설비 측면의 데이터에 의한 신뢰성 확보를 위해 필요한 것에 맞지 않는 것은?

① 설비의 고도화, 복잡화에 따른 오작동 발생 증대
② 설비의 신뢰성, 설계를 위한 데이터의 필요성
③ 설비의 대형화, 다양화에 따른 오감 점검 불가능
④ 설비의 대형화, 다양화에 따른 고장 손실 증대

- 설비 데이터에 의한 신뢰성 확보를 위해
- 설비의 대형화, 복잡화에 따른 인간의 오감 점검의 불가능
- 설비의 대형화, 복잡화에 따라 기계 고장에 의한 손실 증가
- 설비의 신뢰성 요구에 따른 신뢰성 설계 기초 데이터가 필요

81 설비진단기술의 필요성 중 조업 측면에서 다음 중 클레임 방지에 해당되지 않는 것은?

① 고장에 의한 제품 불량의 통제
② 고장의 미연 방지 및 확대 방지
③ 생산단위 대형화로 인한 기계고장 손실이 많아질 때
④ 고장에 의한 납기 지연, 클레임 방지

- 조업 측면의 클레임 방지를 위해
- 양질의 제품 요구로 인한 기계고장에 의한 제품 불량 엄격 통제
- 기계고장으로 인한 제품의 납기지연, 클레임 발생
- 생산 단위의 대형화로 인한 기계고장에 의한 손실 증대

82 설비진단기술의 필요성 중 정비계획 측면에서 고장의 미연 방지에 해당되지 않는 것은?

① 고장의 미연 방지 및 확대 방지
② 인위적 고장 방지 및 전문 기술자 확보의 필요성
③ 점검개소의 증대
④ 과잉정비 지양

- 정비 측면에서 고장의 미연 방지를 위해
- 오감에 의한 오버홀을 실시함으로써 과잉 정비 발생
- 잦은 수리는 인위적 고장요인을 발생
- 정비기술의 체계적 누적으로 중복 정비의 회피
- 정확한 설비진단에 의한 예비품 재고 기간 단축
- 제조원가 중 정비비용 상승에 의한 고장 예방 및 확대 방지에 의한 원가 절감 필요
- ※ 오버홀(over haul) : 기계류를 완전 분해 점검, 수리, 조정하는 작업

정/답 80 ① 81 ② 82 ③

83 설비진단기술의 필요성 중 정량적 설비관리 측면과 관련한 내용으로 해당되지 않는 것은?

① 열화상태의 부품파악이 곤란할 때
② 기술축적과 설비대책이 곤란할 때
③ 정량적인 점검이 불가능할 때
④ 설비의 신뢰성 설계를 위한 데이터를 확보할 때

- 정량적 설비 관리를 위해
- 신뢰성 있는 점검, 정량적 판정기준, 경향관리 불가능
- 부품불량 및 열화진전 상태 파악 곤란 및 적절한 예비품 발주 곤란
- 설비인력의 정량화가 곤란하고 기술축적 곤란

84 설비진단기술의 필요성 중 우수 점검자 확보를 위한 측면의 내용이 아닌 것은?

① 우수 점검자의 확보 미흡
② 소형 고속기계의 진단 곤란
③ 점검개소의 증대
④ 데이터에 의한 기록유지 곤란

우수 점검자 확보가 필요한 이유
- 오감으로는 대형 고속 기계진단이 어려움
- 사람의 점검은 계수화 및 정량화와 데이터 축적의 한계 • 점검자의 기능 차에 의한 정도 격차 발생
- 설비의 대형화 복잡화에 따른 점검 개소의 증대
- 우수인력 확보가 어려워짐

85 다음 중 설비진단 기술의 도입 효과로 적당하지 않은 것은?

① 점검원이 경험적인 기능과 진단기기를 사용하면 보다 정량화할 수 있는 효과
② 중요설비 부위를 상시 감시함에 따라 돌발적인 중대고장 방지를 도모할 수 있는 것
③ 정밀진단을 실행함에 따라 설비의 열화부위, 열화내용 정도를 알 수 있기 때문에 오버홀이 필요한 효과
④ 경향관리를 실행함으로써 설비의 수명을 예측할 수 있는 효과

- 설비진단기술의 도입 효과
- 주요 설비부의 상시 감시로 인해 우발적 고장방지 효과
- 정밀진단을 실시함으로 인해 설비의 열화방지 효과
- 경향 관리를 실행함으로써 계획수리, 생산계획의 유연화, 예비품의 효율적 관리 등으로 설비 수명을 예측하는 효과
- 점검자의 경험에 따른 전단기기의 사용 및 기능 향상으로 정량화할 수 있는 효과

정/답 83 ④ 84 ② 85 ③

86 설비진단 기법 중 진동 분석법을 이용한 분석에 해당되지 않는 것은?

① 회전기계에 생기는 각종 이상의 검출, 평가 기술
② 블로우, 펜 등의 밸런싱 진단 조정 기술
③ 진동 이외의 파라미터의 설비 이상 원인의 해석 기술
④ 전기장치의 노이즈 이상 진단 기술

- 진동법을 응용한 진단기술
- 회전기계에 생기는 각종 이상의 검출 및 평가기술
- 송풍기(Blower), 펜 등의 밸런싱 진단 및 조정 평가 기술
- 유압 밸브의 리크 진단 평가 기술
- 진동 이외의 파라미터(온도, 압력 등)의 설비 이상원인 평가 기술

87 다음 중 설비진단기법으로 기계 설비의 고장 원인을 분석하는 방법의 종류에 해당되지 않는 것은?

① 진동 분석법
② 오일 분석법
③ 마모입자 분석법
④ 초음파 분석법

기계 설비의 고장원인 분석법으로는 진동 분석법, 오일 분석법, 응력법, 마모입자 분석법, 열화상 분석법 및 비파괴 분석법 등이 있다.

88 다음 중 설비진단기법 중 오일 분석법에 해당하지 않는 것은?

① 원자 흡광법
② 응력법
③ 페로그래피법
④ ICP법(고주파 유도 플라즈마)

- 오일 분석법 : 마모에 대한 진행 상황을 윤활유 중에 포함된 마모 금속의 양, 형태, 재질(성분) 등으로 판단하는 방법, 페로그래피법, SOAP법 등이 있다.
- SOAP법 : ICP법(고주파 유도 플라즈마), 회전 전극법, 원자 흡광법 등

89 채취한 시료유를 연소하여 그때 생긴 금속성분 특유의 발광 또는 흡광현상을 분석하는 방법의 설비진단기술로 맞는 것은?

① 응력법
② 페로그래피법
③ SOAP법
④ 진동법

SOAP법 : 채취한 오일 중 마모 성분과 농도를 검출하기 위하여 오일 시료를 연소시켜 발생된 금속 성분의 발광 또는 흡광 현상을 분석하는 방법

정/답 86 ④ 87 ④ 88 ② 89 ③

90 채취한 오일 샘플링을 용제로 희석하고 약간 경사시켜 고정한 슬라이드에 흘린 뒤 강력한 자석을 통해 크기별로 배열한 후 관찰하여 이상부위와 원인에 대해 규명하는 설비진단기술로 다음 중 맞는 것은?

① ICP법
② 원자 흡광법
③ 회전 적극법
④ 페로그래피법

SOAP 분석 장치의 분류에 따른 일반사항

구분 \ 분류	ICP법 (고주파 유도 플라즈마)	회전 전극법	원자 흡광법
원리	금속 성분의 발광 스펙트럼을 측정		금속성분의 원자를 흡수 스펙트럼을 측정
연소방식	플라즈마 이용 (7000~9000℃)	고압 방전 이용 (약 15000V)	아세틸렌 불꽃 이용 (약 2000℃)
시료 전 처리	희석 사용	직접 측정	금속 성분과 산 등에 의한 용해
측정입자 크기	작은 입자(~10μm)	비교적 큰 입자까지 가능	특히 제한 없음
분석시간	원자 흡광법과 비교하여 빠름		시간이 걸림

정/답 90 ④

설비관리계획

PLANT MAINTENANCE ENGINEER

01 설비관리 개론

1 설비관리의 개요

(1) 설비관리란?

기업이 갖고 있는 유형의 고정 자산인 설비를 활용하여 기업 자체의 생산성과 수익성을 향상시키는 활동을 총칭하여 설비관리(Equipment Management)라 한다. 즉, 다음과 같은 관리 및 경영활동을 의미한다.
① 생산보전활동 : 설계가 종료된 설비의 사용 중의 보전도 유지를 포함한 활동
② 보전도 향상 : 기존 설비 또는 신규 개발이나 구매되는 설비의 설계와 연계된 활동
③ 설비 자산의 효율적 관리

(2) 설비관리의 필요성 및 목적

① 필요성
- 설비관리를 통해 기업이 얻고자 하는 것은 생산성(Productivity) 향상, 품질(Quality) 향상, 제조 원가(Cost) 절감, 납기(Delivery) 준수, 재해예방(Safety) 그리고 종업원의 근무의욕(Morale)을 고취시켜 이윤을 향상시키는데 있다.
- 설비규모의 증대, 설비기술의 고도화, 생산 주체의 변화 등으로 인해 필요
  - 설비규모의 증대 : 설비의 대형화, 고성능화, 설비투자의 증대
  - 설비기술의 고도화 : 설비기술의 혁신, 신재료와 구성 부품의 발달, 신뢰성의 보전
  - 생산주체의 변화 : 인간의 노동력에서 자동화 및 기계 설비화로 인해

② 4대 목적
- 신뢰성 : 고장이 없도록 하는 것

- 보전성 : 고장 시 단기간 복구
- 경제성 : 비용의 최소화
- 가용성 : 시스템의 사용

(3) 설비관리 시스템의 구성 요소

① 투입(input) : 원료, 자금
② 산출(output) : 제품, 이익
③ 처리기구 : 설비, 공장
④ 관리 : 운전 조작 및 조건
⑤ 피드백(feedback) : 제품 특성의 측정치

(4) 시스템의 라이프사이클(The life cycle of system)

시스템의 라이프사이클이란 시스템의 탄생에서 사멸까지를 의미하고, 시스템의 연구 방법에는 시스템해석, 시스템공학, 시스템관리 등이 있다.
① 제1단계 : 시스템의 개념 구성과 규격 결정 – 최고 관리의 전략적 의사 결정 – 시스템해석
② 제2단계 : 시스템의 설계, 개발 – 중간관리의 전략적 의사결정 – 시스템공학
③ 제3단계 : 제작, 설치 – 중간관리의 전략적 및 제일선의 일상적 의사결정 – 시스템공학 & 시스템관리
④ 제4단계 : 운용, 유지 – 제일선의 일상적 의사결정 – 시스템관리

(5) 생산성

어느 기간 동안 생산한 총 생산량을 그 기간에 투입된 총 사람 수로 나눈 것이다.

$$생산성 = \frac{생산량}{사람 수} = \frac{자본 투자}{사람 수} \times \frac{생산 능력}{자본 투자} \times \frac{생산량}{생산 능력}$$

(6) 설비 고장으로 인해 발생될 수 있는 손실

① 돌발 고장 시 수리비 지출
② 가동 중 원재료의 손실
③ 품질 저하에 의한 손실
④ 복구 기간 중 가동률 저하로 인한 복구 손실
⑤ 생산계획 착오로 인한 납기 연장, 신용 저하 등으로 오는 손실
⑥ 생산 정지 시간의 감산에 의한 손실

⑦ 정지 기간 중 작업자가 작업 없이 기다리는 시간 손실

(7) 설비관리의 발전 과정

사후보전 → 예방보전 → 생산보전 → 개량보전 → 보전 예방 → 종합적 생산보전 순으로 발전

① 사후보전(BM : Breakdown Maintenance) : 고장, 정지 혹은 유해한 성능 저하가 발생한 후 수리
- 주로 돌발 고장의 형태로 발생
- 설비 가동률의 저하가 발생

② 예방보전(PM : Preventive Maintenance) : 고장, 정지 혹은 유해한 성능 저하가 발생하는 상태를 초기에 발견하기 위해 정기적인 검사를 하는 것
- 문제의 원인을 제거하거나 원래 상태로 복구하는 보전 형태
- 주기적 검사로 미연에 방지
  - 시간 기준 예방보전 : 정기보전, 주기보전, 정해진 시간 기준으로 보전 실시
  - 상태 기준 예방보전 : 열화 정도에 따라 보전 실시

③ 생산보전(PM : Productive Maintenance)
- 경제성을 강조하여 생산성을 높이기 위한 보전
  - 생산보전의 목적 : 비용은 최소, 성능은 최고로 하는 것
  - 생산보전의 구분 : 유지 활동(일상보전, 예방보전, 사후보전)과 개선 활동(개량보전)으로 구분

④ 개량보전(CM : Corrective Maintenance) : 설비의 체질을 개선하는 것으로 설비가 효율성이나 경제성이 떨어질 때 이를 개선하기 위해 개조하는 보전
- 신뢰성과 보전성(정비성)을 위한 활동

⑤ 보전예방(MP : Maintenance Prevention)
- 고장이 없고 보전이 필요하지 않은 설비를 설계, 제작하기 위한 보전

⑥ 종합적 생산보전(TPM : Total Productive Maintenance)
- 설비의 라이프사이클을 대상으로 한 PM의 종합 시스템을 확립
- 최고경영자부터 사원까지 전원이 참가하여 설비 효율의 극대화를 목표로 하는 보전
- 작업자에게도 동기를 부여하여 자주 보전을 확립

⑦ 종합적 생산성 관리(TPM : Total Productive Management)
- 현재 설비보전은 종합적 생산보전에서 종합적 생산성 관리 개념으로 발전
- 현재의 설비보전 체제로 기업의 성격을 생산 시스템의 극대화, 개선에 초점을 맞춘 보전

※ 용어 정리

　　오버홀(over haul) : 기계류를 완전 분해 점검, 수리, 조정하는 작업

(8) 설비관리 기법

① 테로테크놀로지(Terotechnology)
- 정의 : 경제적인 라이프사이클을 코스트(LCC)를 추구하기 위하여 유형 자산에 적용되는 경영, 재무, 기술, 타 실제 활동을 종합한 테크놀로지이다.
- LCC : Life Cycle Cost – 설비 생애 비용, LCC를 최소화하기 위한 설비의 설계 – 보전예방 (MP)

② 로지스틱스(Logistics)
- 로지스틱스는 종합 공학으로 신뢰성과 보전성을 강조한 설비관리 기법
  목적 – 제품, 시스템, 프로그램, 설비 등의 물적 자원에 관한 수명비용의 경제성 추구
- 메이커에서 유통단계를 거쳐 소비자에게 도달할 때까지의 총 비용을 최소화 – 토털 시스템 어프로치

③ TPM
- 글로벌한 전사적, 종합적 설비관리의 대표적인 기법
- 목적 – 설비의 경제적인 생애비용

2 설비의 범위와 분류

(1) 설비의 범위

① 설비는 토지, 자본 그리고 사람과 함께 대표적인 생산요소이다.
② 현재는 설비의 자동화로 인해 정보와 에너지 요소가 중요한 생산요소로 추가된다.
　　※ 생산요소 : 설비, 토지, 자본, 사람, 정보, 에너지 요소 등
③ 생산요소 중 가장 중요한 것은 기계나 장치를 포함한 설비이다.
- 설비는 많은 자본을 투자한 유형의 고정 자산이다.
- 설비는 생산요소로서 인간의 욕구를 충족시키기 위한 수단으로 개별적인 기능을 갖는 물리적 개체다.
- 설비는 장기적인 사용에 견뎌야 하며 계속적으로 그리고 반복적으로 사용될 수 있어야 한다.

(2) 일반관리 기능범위

직접기능과 간접기능으로 분류해 볼 수 있다. 직접기능은 일상보전, 수리 등을 직접 수행하는

실무적 기능이고, 간접기능은 직접기능을 수행하기 위한 계획, 통제, 조정 등과 같은 관리적인 기능이다.
① 직접기능 : 설비의 성능 저하와 고장, 정지를 일으키는 상태를 제거, 수리, 복구하여 성능을 최상의 상태로 유지하는 활동이다.
② 간접기능
- 기술적 측면의 기능 : 설비 성능 분석, 보전 표준 설정, 보전 기록 등이 해당된다.
- 경계적 측면의 기능 : 보전의 방침 목표, 보전 효과 체크 등이 해당된다.
※ 설비관리의 3대 측면
  ① 기술적인 측면 : 설계기술, 진단기술, 대책기술(재생-보수-마모방지 등)
  ② 경제적인 측면 : 설비의 생애관리-생애비용의 최소화
  ③ 인간적인 측면 : 설비관리의 방침, 목표, 조직과 요원 등

(3) 기술 기능 범위
① 보전 업무에서 현 설비나, 다음 설비 설계 및 구매 등을 결정하는 데 기반이 되는 기능이다.
② 성능 분석, 고장의 분석, 진단 기술 개발 등 관련 범위이다.

(4) 실행 및 지원 기능 범위
주유, 조정, 수리 업무 등의 준비와 실시 관련 범위이다.

(5) 설비의 분류
① 설비 형태별 분류
- 토지 및 건물
  - 구축물 : 저수지, 침전지, 호안, 교량, 궤도 등
- 생산 설비 : 기계, 장치, 공구, 계측기기, 보조 설비 기구류 등
  - 기계 : 공작기계, 운반기계, 원동기계 등
  - 장치 : 증류탑, 열교환기 등
- 운반기계 설비 : 기계, 설비, 도구, 자재, 인력을 이동시킬 수 있는 설비
- 유틸리티 설비 : 동력, 조명, 냉·난방, 공조, 상·하수도 설비, 정화조 등
- 사무용 설비
  - 공구 및 비품 : 생산용 공구, 치공구, 측정기류, 사무용 기기, 가구 등 고정자산
② 설비 목적별 분류
- 생산설비 : 직접 생산 작업을 하는 기계, 배관, 전기장치, 운반장치, 배선, 조명 등의 모든

설비와 그 설비와 관계있는 건물, 구조물 등을 포함한 설비이다.
- 연구개발설비 : 기초 연구와 응용 연구를 위한 설비, 공업화 연구를 위한 설비, 기업합리화를 위한 공장 연구 설비이다.
- 유틸리티설비 : 증기 발생 장치 및 배관설비, 발전설비, 공업용 원수·취수설비, 수처리설비, 냉각·냉동설비, 연료저장 수송설비, 공기압축 및 건조설비 등이 해당한다.
- 수송설비 : 인입선 설비, 도로와 항만설비, 운반하역설비, 운송 수단의 수입, 저장설비 등이 해당한다.
- 판매설비 : 서비스 상점(service shop), 서비스 스테이션(service station) 등이 해당한다.
- 관리설비 : 기업의 건물, 지점, 영업소, 생산 공장의 관리 및 보조설비, 복리후생설비 등이 해당한다.

02 설비계획

1 설비계획의 개요

(1) 설비계획 일반

① 설비계획의 필요성 및 추진 순서
- 신사업 개발, 제품종의 변경, 제품의 설계 변경, 제품 생산 규모의 변경 시 설비계획을 실시한다.
- 설비의 노후화에 따른 생산성 향상과 경제성을 고려하여 신설과 교체에 대한 계획이 필요하다.
- 추진 순서 : 방침결정→부지선정→전체배치→건축설계→세부배치→공사→이설설치

② 설비계획의 의의
- 신설비에 대한 위치선정 및 설계를 통한 계획단계부터 설비관리의 효율화를 도모하는데 의의가 있다.

③ 설비설계의 분류
- 구조설계 : 건물 및 부대시설
- 배치설계 : 장비, 기계 및 부품
- 자재운반 시스템설계 : 현 배치에 따른 장비 등의 운반계획

④ 설비설계의 목적
- 설비투자는 최소 비용으로 할 것

- 생산 소유시간(lead time)은 최소의 시간으로 할 것
- 기존 사용 면적의 효율화
- 물자 사용 비용은 최소로 할 것
- 설비 배치 변경은 신축성을 유지할 것
- 생산 공정 간 균형을 유지할 것
- 종업원의 편익, 복리 및 안전을 제공할 것

(2) 설비투자의 분류

① 합리적 투자
- 설비 갱신과 개조에 따른 경비 절감이 목적인 프로젝트

② 확장 투자 : 제품 판매량 확충을 위한 프로젝트

③ 제품 투자 : 신제품 개발 및 현제품의 개량을 위한 프로젝트

④ 전략적 투자 : 위험감소 투자와 후생 투자가 있다.
- 위험감소 투자 : 방위적 투자-원자재 자사 생산 투자 등, 공격적 투자-신제품 개발 투자 등
- 후생 투자 : 복지 투자

(3) 프로젝트 진행 순서

연구개발 → 프로젝트의 확립 → 경제성의 결정 → 엔지니어링 → 조달과 건설 → 운전 실시

① 연구개발 : 기존 제품 개량, 신제품 개발을 위한 연구

② 프로젝트의 확립 : 프로젝트를 현실화하기 위한 모든 것 결정
   예 플랜트의 배치 및 능력, 제품의 종류와 품질, 생산 공정 등

③ 경제성의 결정 : 프로젝트의 가치 평가

④ 엔지니어링 : 상세설계, 재료표 및 시방서 작성

⑤ 조달과 건설 : 장비 및 장치 구입, 공사 실시

⑥ 운전 실시 : 운전원 교육 및 설비의 보전 실시

2 설비배치

(1) 설비배치의 개요

생산의 최적 흐름을 위하여 공장 내의 건물, 시설, 기계 설비, 통로, 창고, 사무실 등의 물적 요소의 위치를 공간적으로 위치를 분할하고, 배열하는 것을 설비배치라 한다.

① 만족과 안정, 역행 배제, 균형의 원칙 등을 고려하여 배치할 것

② 합리적 배치가 원칙 : 분업화, 전문화, 시스템화가 가능할 것
③ 통합배치 : 기계 설비, 작업자, 재료, 보조 활동 등이 가능하도록 잘 조정할 것

(2) 설비배치 시 고려할 원칙

① 흐름(Flow)
- 공정순 기계 배치 및 운반수단을 고려한 통로 설계로 운반효율을 극대화
- 최단 보행 확보

② 공간(Space)
- 방진, 방음, 고온, 악취, 분진 등의 장소 집중화로 비용 절감
- 면적 활용의 효율화
- 건설비 절감 확보
- 탄력적인 공간 활용으로 적응성, 확장성 등 고려

③ 활동(Activity Relationship)
- 효율적인 작업이 가능하도록 할 것
- 관리 감독이 수월하도록 할 것
- 생산, 설비비 절감이 가능하도록 할 것
- 외관이 수려하도록 할 것
- 안전이 확보되도록 할 것
- 합법적으로 할 것
- 인간성 존중이 실현되도록 할 것

(3) 설비배치의 형태와 특징

① 기능별(공정별) 배치
- 동일한 기능을 가진 설비들을 한 공정에 모아 배치. 예를 들어, 드릴작업, 용접, 도장 등이 적용된다.
- 다품종 소량 생산일 경우에 적합한 방식이다.
- 주문 생산 시스템에서 적합하다.

② 제품별(Line Layout) 배치 : 대량생산 형태에 적합한 방식으로 장점과 단점은 다음과 같다.
- 장점
  - 정체 시간이 짧고, 작업의 흐름이 용이하여 조기 발견, 예방, 복구 등이 쉽다.
  - 분업이 용이하고 작업을 단순화할 수 있어 전용 공구의 사용이 가능하다.
  - 작업자의 직접 작업이 많아 실질적 가동률이 높다.

- 공정이 단순화되고, 직접 확인 관리가 가능하다.
- 작업의 균형화로 품질 관리가 용이하고 재고품이 적다.
- 작업을 단순화할 수 있어 작업자 교육이 용이하다.
- 공정과 설비가 집중 배치되어 자재와 제품의 운반이나 소요 면적이 적다.
- 단점
  - 작업의 융통성이 적고 공정 계열이 다르면 배치를 바꿔야만 한다.
  - 합리적인 설비배치가 어렵다.
  - 만능 숙련된 작업자를 양성하기 어렵다.
  - 기계 대수가 많아지면 가동률이 떨어진다.
  - 설비 라인의 고장이나 어떤 품종의 감산 시 가동률이 떨어진다.

③ 제품 고정형 배치
- 작업자의 기량을 신뢰할 수 있을 때 사용한다.
- 주재료와 부품이 고정된 장소에 있고 인원과 장비만 이동하여 작업을 진행한다.
- 예를 들어, 교량이나 선박 제작 등이 있다.

④ 혼합형 배치
- 기능별 배치, 제품별 배치, 제품 고정형 배치의 혼합, 주로는 기능별 배치와 제품별 배치가 혼합된 경우이다.

3 설비의 신뢰성 및 보전성 관리

(1) 신뢰성의 개념 및 필요성

① 신뢰성의 의의
- 언제나 고장 없이 안심하고 사용할 수 있음을 나타내는 특성이 신뢰도이다.
- 즉, 신뢰하고 사용할 수 있다. 믿고 사용할 수 있음을 수치적으로 표현한 것이 신뢰도이다.
- 신뢰성을 나타내는 관리지표 : 설비 종합 효율, 고장률, 평균고장간격(MTBF)

$$신뢰도 = \frac{설비의\ 총\ 수 - 총\ 고장\ 횟수}{설비의\ 총\ 수} \times 100(\%)$$

② 신뢰성이 중요한 이유
- 제품 수명 증가 요구
- 설비의 가혹한 사용 조건 개선
- 신제품 개발 기간 단축 요구
- 설비의 부품 수 증가

(2) 신뢰성 평가 척도

① 고장률(Failure)
- 일정 기간 중에 발생하는 단위 시간당 고장 횟수
- 1,000시간당의 백분율

$$고장률(\lambda) = \frac{고장\ 횟수}{총\ 가동\ 시간}$$

② 평균 고장 간격(MTBF : Mean Time Between Failure)
- F(t) : 고장률

$$MTBF = \frac{1}{F(t)}, 고장률의\ 역수$$

- 전체 고장 횟수에 대한 전체 가동 시간의 비
- 고장과 고장 사이의 평균 시간

※ MTBF 분석의 목적
- 설비의 수명, 최적의 보수 그리고 점검 주기 설정을 위해
- 신뢰성 및 보전성 향상을 위한 기초 자료 수집을 위해
- 점검 항목 선정과 점검 기준 설정을 위해

③ 평균 고장 시간(MTTF : Mean Time To Failure)
- 장비가 사용되어 '처음 고장'이 발생할 때까지의 평균 시간

$$MTTF = \frac{장비의\ 총\ 가동\ 시간}{특정\ 시간으로부터\ 발생한\ 총\ 고장\ 수}$$

(3) 설비의 고장률과 열화 패턴

① 배스터브(Bath Tub-욕조) 곡선
- 예방보전에 따라 사전 교체를 취하지 않는 경우 인간의 사망률과 유사한 곡선으로 표현한 설비의 고장률 곡선이다.

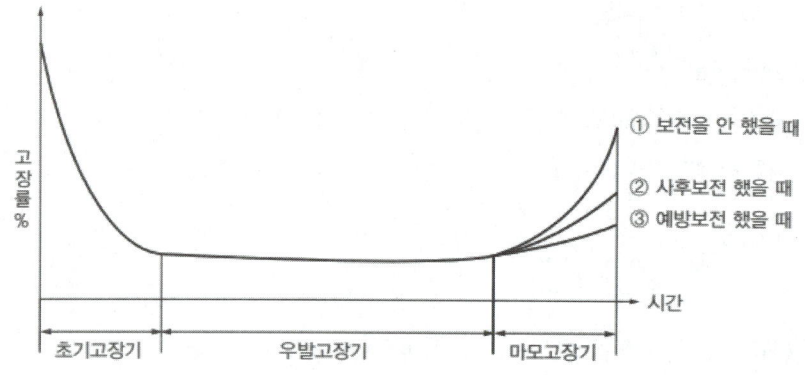

그림 2-1 설비의 고장률 곡선

② 시간에 따른 고장기 3단계
- 초기 고장기
    - 시간의 경과와 함께 고장 발생이 줄어드는 고장률 감소형이다.
    - 부품의 수명이 짧고 결함이 있는 것은 고장을 일으키며 신뢰성이 높은 것만 남는다.
    - 설계 및 제작 불량에 해당하는 것들은 이 시기에 나타난다.
    - 예방보전이 불필요하며, 보전요원이 고장이나 불량이 발생할 경우에 맞춰 수리 및 개선 조치를 한다.
- 우발 고장기
    - 고장패턴이 우발적으로 예측이 어려운 시기로 고장률이 일정하게 나타난다.
    - 이 시기를 유효 수명이라 하며, 고장으로 인한 정지시간을 감소시키는 것이 중요하다.
    - 고장 난 부분을 파악하는 감지능력을 위한 교육 훈련이 필요하다.
    - 일정한 고장률을 감소시키기 위해서는 개선 및 개량이 꼭 필요하다.
    - 예비품의 관리가 중요하다.
- 마모 고장기
    - 설비부품간의 마모와 열화에 의해 고장이 증가하는 시기이다. 고장률 증가형이라 한다.
    - 사전에 미리 점검하고 일상 점검 시의 보전 활동을 통해 장비의 수명을 연장할 수 있다.
    - 예방보전 효과가 가장 크다.

(4) 고장확률 밀도 함수

단위 시간당 어떤 비율로 고장이 발생하고 있는지를 나타내는 함수이다. 종류로는 지수분포, 정규분포, 와이블(Weibull)분포 등이 있다.

① 지수분포
- 여러 개의 부품이 조합되어 만들어진 기기나 시스템에 적용
- 고장률은 시간에 관계없이 일정하다.

② 정규분포 : 열화로 인한 고장과 같이 사용 시간 또는 횟수의 증가에 따라 고장 수가 증가하게 되는 부품 또는 시스템에 적용
- 사용시간이 증가함에 따라 고장률도 증가하게 된다.

③ 와이블분포 : 고장률 함수분포에 따라 적절하게 표현 가능

(5) 고장분석의 필요성

설비관리의 목적은 최소의 보전비용으로 최대의 설비 효율을 얻는 것이다.

① 신뢰성 향상 : 설비의 고장을 줄인다.
② 보전성 향상 : 고장에 의한 정지 시간을 단축한다.
③ 경제성 향상 : 가능한 정비 비용을 줄인다.

(6) 보전성(保全性, Maintainability)

① 의미
- 보전에 대한 용이성(容易性)을 나타내는 특성이고 이것을 양적으로 표현하게 되면 보전도라고 할 수 있다.
- 규정된 조건에서 보전이 실시될 때 규정시간 내에 보전이 종료되는 확률을 의미한다.
- 정량적 표현으로는 보전횟수, 보전시간과 작업자시간, 보전비용, 보전품질 등으로 표현

② 보전성 평가방법
- 가용성
  - 보전 가능한 시스템이나 제품이 어떤 사용조건 하에서 규정 시간 동안 기능을 유지할 수 있는 성질이다.
  - 가용도 : 가용성을 확률로 표현한 것

$$가용도(A) = \frac{작동\ 가능\ 시간(MTBF)}{작동\ 가능\ 시간(MTBF) + 작동\ 불능\ 시간(MTTR)}$$

- 평균 수리 시간(MTTR; Mean times to repair)
  - $MTTR = \frac{1}{\mu}$, μ : 평균 수리율
  - 지수분포에 따른 표현식

(7) 유용성(有用性, Availability)

① 의미
- 신뢰도와 보전도를 종합한 평가 척도
- 어느 특정 순간에 기능을 유지하고 있는 확률, 즉 설비유효 가동률이라 표현한다.

$$설비유효가동률 = 시간가동률 \times 속도가동률$$

② 설비보전에서 효과 측정을 위한 척도로 사용되는 지수
- 유용성

$$설비\ 가동률 = \frac{정비\ 가동\ 시간}{부하\ 시간} \times 100$$

- 신뢰성

$$고장\ 도수율 = \frac{고장\ 횟수}{부하\ 시간} \times 100$$

- 보전성

$$고장\ 강도율 = \frac{고장\ 정지\ 시간}{부하\ 시간} \times 100$$

- 경제성

$$제품\ 단위당\ 보전비 = \frac{보전비\ 총액}{생산량}$$

(8) 신뢰성과 보전성의 설계 시 시스템 구성의 기본 요소

① 투입 : 원료, 재료, 노력, 자금 등 해당
② 산출 : 제품, 이익 등 해당
③ 처리기구 : 설비, 공장, 프로세스 등이 해당
④ 관리 : 운전 조건과 조작, 조직, 운영 방침 등
⑤ 피드백 : 판매와 제품 사용의 효과, 제품 특성의 측정치 등

※ 설비보전을 위한 설비의 신뢰성
- 고유의 신뢰성
  - 부품 재료의 성질 상태
  - 설계기술 : 보전성 설계 포함
  - 제조기술 : 제조방식, 작업자의 기능 등
- 사용의 신뢰성
  - 사용조건, 환경의 적합성 여부
  - 조업기술 : 작업표준, 작업자의 기능 등

- 보전기술 : 보전방식, 작업자의 기능 등

4 설비의 경제성 평가

1. 경제성 평가의 필요성

(1) 평가 필요성

설비 투자 시 그 투자로 인한 이익의 대소, 비용 절감, 손익 분기점, 유리한 투자 방안 그리고 자본 회수 기간 등의 정량적인 계산이 요구된다.

① 장래의 불명확한 현금 수익 문제 : 명확한 현금 지출과 관련하여 평가할 것
② 자금의 시간적 가치 문제 : 현재의 자금이 미래의 지금보다 가치가 높아야 할 것
③ 미래의 기대액 : 미래의 기대액과 상응되는 현재의 가치로 환산되어야 할 것

2. 설비의 경제성 평가 방법

(1) 비용 비교법

① 평가척도 : 연간비용(=기계 설비 1년당 자본비용 + 가동비)
- 설비 투자 정책을 결정하는 방법
- 연간 비용이 적을수록 유리한 설비 투자로 평가
- 비용을 중요시 함
  - 수익을 고려하지 않음
- 수익에 큰 차이가 없는 조건을 갖는 설비교체 대상에 적용
- 방법으로는 연평균 비교법과 평균 이자법이 있다.

② 연평균 비교법
- 설비의 사용기간 동안 자본 비용과 가동비의 합을 현재 가치로 환산하고, 그 사용기간 중의 연평균비용과 비교하여 대책을 결정하는 방법이다.
  - 내구 사용기간 : 장비(또는 제품)가 정상적인 사용 조건에서 예상되는 유용한 수명을 의미

③ 평균 이자법
- 연간비용으로 정액제에 의한 감가상각비와 평균이자 및 가동비를 합한 방법
- 특징 : 사고방식, 대응 그리고 회계상의 수속이 쉽다.

(2) 자본 회수법

① 투자계획에 의하여 얻을 수 있는 연평균 이윤이 회수금액을 초과하면 그 투자계획은 채택

가능

② 시설, 증설 등의 독립 투자에는 적용하기 쉽다.

(3) MAPI(Machinery & Allied Products Institute) 방식

① 설비 교체의 경제 분석 방법
- 매우 이론적이고 실용에 문제가 있음
- 현 유지 설비와 이에 대항하기 위하여 산출된 시설비에 한정되고, 투자 시기 결정이 주제이다.
- 투자 시기의 결정과 투자의 타당성을 취급

(4) 신 MAPI 방식

① 구 MAPI 방식의 단점 보완
- 자본 배분에 관련된 투자 순위 결정이 주제인 방식

② 수익률(또는 긴급률)을 구하여 이의 대소에 따라서 설비 상호 간의 우선순위를 평가하는 방식이다.

표 2-1 | 구 · 신 MAPI 방식 비교

구 MAPI 방식	신 MAPI 방식
· 세금공제 전 비교 방식 채택 · 비용차액 : 종합 최소액으로 비교 · 조업비 및 유지비 등 일정 비율로 가정 · 투자의 시기 결정과 타당성을 취급하므로 별개의 계획을 검토하는데 한계가 있음 · 감가상각은 정액법 적용	· 납세 후의 비교 방식 채택 · 추가 투자에 대한 상대적 투자 이율로 비교 · 비용 변화 다양한 형태(증가 또는 감소) · 설비대체로 인한 수익(수익증대, 조업비 감소)에 대한 소득세 고려 · 여러 투자안의 채택 우선순위의 결정으로 자본의 효율적 운영을 위한 능률 측정 가능 · 감가상각은 정액법, 정율법, 연수합계법 적용

5 정비계획 수립

(1) 정비(보전)계획 수립 전 검토사항

① 수리 시기와 시간, 수리 인원 등
② 수리계획
③ 보전비용
④ 일상 점검 및 정기(주, 월, 연간 등) 수리 중 선택할 것

(2) 정비계획의 분류

① 기기 수급계획
- 기기나 공사 재료 발주, 입고 등 관련 수급계획

② 공사계획

(3) 정비계획에 필요한 요소

① 점검과 보전계획
- 일상 점검
    - 장비 작동 중에 실시
    - 이상 징후(소음, 진동)를 고장 발생 이전에 발견하여 고장을 미연에 방지하는 점검
- 정기 점검
    - 장비 정지 후에 실시
    - 각종 계측기를 사용하여 설비 유지와 부품의 사전 교환을 목적으로 행해지는 점검
- 보전요원의 임무 : 각 설비마다 점검표 작성, 점검 결과 자료 저장, 자료 해석 및 검토를 바탕으로 교환주기, 분해 점검주기 등을 판단, 경제성 있는 보전계획 수립 등

② 고장관리와 보전계획
- 보전(정비)계획 수립 시 중요한 관리 목표 : 고장에 대한 보전 시간
- 개량 보전 실시 : 고장 원인을 찾아 설비를 개선시켜 고장 재발 방지

③ 예비품관리와 보전계획
- 공사시기에 맞춰 예비품을 준비
    - 예비 부품, 부분적인 세트 예비품
    - 단일 기계 예비품 : 전체 공정에 영향을 줌. 특히 동력설비에서 빈번히 발생 가능함
    - 라인 예비품

(4) 정비(보전)계획 수립 방법

생산계획, 보전능력, 보전형태, 보전요원 등의 조건을 잘 조합하여 최적 보전 비용, 최적 고장 시기를 산출하기 위한 계획을 수립한다.

① 생산계획 : 증산 또는 감산 계획을 알아야 한다.
② 보전능력 : 설비의 가동률과 실제 가동률을 계산하여 설비능력을 파악해 둔다.
③ 보전형태 : 각 설비의 점검 및 수리에 얼마나 시간이 걸렸는지 미리 알아둔다.
④ 보전요원 : 보전요원 수 제한, 집중 작업화하여 최소 비용으로 운영

03 설비보전의 계획과 관리

1 설비보전과 관리시스템

(1) 설비보전의 의의와 목적

① 설비보전의 의의 : 설비를 유용하게 활용하여 기업의 생산성을 향상시키는데 있다.
② 설비보전 : 설비의 성능유지 및 이용에 관한 활동
  - 설비의 열화현상 조사 → 설비의 수리 부분을 예측 → 수리에 필요한 자재와 인원 준비 → 계획적인 보수 실행
③ 경제적인 보전 활동을 위한 고려 사항
  - 보전활동의 업무량
  - 보전활동의 최적 수준
  - 보전활동의 형태
  - 예방보전 형태와 대상
  - 보전활동 관리
  - 보전활동 관리 및 그 결과에 대한 정량적 계량 분석
④ 설비보전의 목적 : 생산량 확보, 품질의 확보, 코스트의 절감, 납기의 확보, 안전성 확보, 의욕 향상 등

(2) 설비보전 시스템의 개요

① 설비보전 : 기업의 생산 활동에 사용하는 설비를 보전하는 것
② 생산보전 : 생산 설비를 보전하는 것으로 예방보전의 개념을 포함한다.
③ 생산보전을 위한 설비관리 업무의 내용
  - 보전 목표 설정
  - 중점 설비와 개소의 선정
  - 설비보전의 표준 설정
  - 설비보전 계획 수립과 실시
  - 설비보전의 기록
  - 보전비 관리
  - 설비보전의 효과 측정과 개선

(3) 설비보전 표준화의 필요성 및 목적

① 안전의 확보
② 품질의 확보
③ 생산성 향상
④ 코스트 절감(cost down)

(4) 설비보전 표준의 분류

① 검사 표준 : 입고 검사, 예방보전 검사, 사후의 검사 등
  • 예방보전 검사를 설비검수라 하고, 다음과 같은 종류가 있다.
    – 주기에 따른 분류 : 일상 검사(매일, 매주), 정기 검사(1개월 이상, 3개월, 6개월 등의 주기)
    – 검사 항목에 따른 분류 : 점검 대상의 항목에 따라 정도 검사, 성능 검사로 구분
    – 설비 대상에 따른 분류 : 기계설비, 전기설비, 배관설비 등으로 구분
② 보전 표준 : 보전작업의 종류에 따라 청소, 조정, 급유 상태 등을 표시-정비 표준
③ 수리 표준 : 수리 조건과 방법에 대한 표준(표현 방식 : 조문, 매뉴얼 형식, 도표식 등)

(5) 설비보전의 관리 효과

설비의 유지와 고용인의 안전도 향상으로 인한 수리비의 절감 효과가 있다.

(6) 설비보전 조직

① 설비보전 조직을 위한 고려 사항
  • 제품의 특성 : 재료, 반제품 또는 제품의 화학적, 물리적, 경제적 특성 고려
  • 생산의 형태 : 프로세스, 지속성, 교체 수
  • 설비의 특징 : 구조, 기능, 정밀도, 열화의 속도와 정도
  • 지리적 요건 : 입지, 환경
  • 공장의 규모
  • 인적 구성 및 전통적 배경 : 기술수준, 관리수준, 인간관계
  • 외주 이용도 : 외주 이용의 가능성, 경제성
② 설비보전 조직의 분류와 장단점
  • 집중보전(central maintenance) : 한 사람의 보전 책임자하에 전(total) 보전 및 관리 요원을 조직하여 집중 관리하는 방식이다.

장 점	단 점
- 1인 보전이기 때문에 관리자가 모든 책임을 진다. - 충분한 인원 동원이 가능하다. - 긴급 작업, 고장, 새로운 작업을 신속하게 처리한다. - 특수 기능자를 효과적으로 이용할 수 있다. - 각자 다른 기능을 가진 보전원의 배치가 가능하다. - 자본과 새로운 일에 대하여 통제가 확실하다. - 보전원의 기능 향상을 위한 훈련이 용이하다.	- 보전요원이 공장 전체에서 작업을 하므로 적절한 관리 감독이 어렵다. - 작업 표준을 위한 시간 손실이 많다. - 작업 의뢰부터 완성까지의 시간이 상당히 길다. - 일정 작성이 곤란하다. - 보전요원이 생산 근로자보다 우선순위를 갖는다.

- 지역보전(area maintenance) : 각 구역에 보전 및 관리 요원이 배치, 맡은 구역을 담당하는 방식이다.

장 점	단 점
- 작업 의뢰부터 완성까지의 시간손실을 최소화한다. - 보전 감독자와 요원이 담당 설비에 정통하다. - 생산 라인의 공정 변경이 신속히 이루어진다. - 근무 시간의 교대가 유기적이다. - 보전요원들은 생산계획, 생산성의 문제점, 특별 작업 등에 관하여 잘 알게 된다. 보전요원이 쉽게 생산 근로자에게 접근 가능하다.	- 대수리 작업의 처리가 어렵다. - 지역별로 보전요원을 여분으로 배치할 수 없다. - 근로자의 고용, 업무 전환, 초과 근로에 대하여 문제점이 발생한다. - 전문가의 채용이 어렵다.

- 부분보전(departmental maintenance) : 공장의 보전요원을 각 제조 파트의 감독자하에 배치하여 보전을 행하는 방식이다.

장 점	단 점
- 지역 보전의 장점과 유사하다. - 작업 계획은 생산량에 따라 책임이 있는 관리자에 의해 수립된다. - 인사 문제도 지역 보전보다 양호	- 제조 감독자들이 보전 업무에 관한 지식이 부족 - 제조 감독자들이 보전 요원을 무시하는 경우 발생 - 보전 책임 분할 - 보전비 예산 측정이 어렵고, 관리가 곤란하다.

- 절충보전(combination maintenance) : 지역보전 또는 부분보전과 집중보전을 조합한 방식이다.

2 설비보전의 본질과 추진방법

(1) 설비보전의 본질

설비의 최적 상태 유지(maintenance)와 지속적 개선(improvement)이 설비보전의 본질이라 할 수 있다.

① 설비보전의 필요성

설비와 관련한 모든 문제점들의 결과로 인하여 보전비 손실뿐만 아니라 원가 상승 등의 직접적인 요인이 되므로, 이를 막아야 하는 것이 설비보전이 필요한 이유이다. 설비보전의 일반적인 문제점들로 인하여 강제 열화 등을 통한 고장과 불량이 발생하게 된다.
② 설비보전(예방보전)의 효과(기대효과)
- 설비 상태를 양호하게 파악할 수 있다.
- 대수리가 줄어든다.
- 고장 발생 원인을 사전에 파악할 수 있다.
- 예비품 재고량이 줄어든다.
- 설비 갱신 기간의 연장에 의한 설비 투자액을 줄일 수 있다.
- 보전 작업의 질적 향상을 도모할 수 있고 신속히 대처할 수 있다.
- 보전비, 제품 불량, 원료의 단가 등을 줄일 수 있다.
- 수율이 향상된다.
  - 실제로 얻은 양과 이론적으로 기대했던 양과의 비율을 수율이라 한다.
- 안전과 유지 상태의 향상으로 인한 보상비와 보험료를 줄일 수 있다.
- 고장으로 인한 생산의 지연으로 발생하는 납기 지연을 줄일 수 있다.
- 심리적으로 안정감을 얻을 수 있고 인간관계가 양호하게 된다.

(2) 설비 유지관리 추진 방법

① 설비의 열화 현상과 원인

설비의 열화현상이란 가혹한 사용 환경에 의해서 재료의 기계적 성질이 변화(저하 또는 손상)하게 되는 것이라 할 수 있다. 기계적 성질로는 강도, 내구성, 피로, 크리프(creep), 부식 그리고 균열(crack) 등이 있다.

- 사용에 의한 열화
  - 원인 : 운전 조건과 조작 방법
  - 온도, 압력, 회전수, 부식, 충격, 피로 등의 열화 발생 및 오작동 발생
  - 나타나는 현상은 마모이다.
- 자연적인 열화
  - 원인 및 열화현상 : 설비의 노후화, 부식, 절연 저하 등
  - 나타나는 현상은 파손이다.
- 재해에 의한 열화
  - 원인 및 열화현상 : 자연재해와 사고에 의한 파괴, 노후화 촉진 등
  - 나타나는 현상은 오손(더럽게 되고 손상됨)이다.

② 열화의 형태
- 성능저하형(기능저하) : 설비의 사용 중 성능이나 전력 등의 효율이 점차 떨어지는 형태

- 공작기계, 압축기 등
- 돌발고장형(기능정지) : 파손 등으로 인하여 돌발적인 고장에 의해 정지하고, 수리에 의해 복구되는 형태
  - 기계의 축 절손, 전기회로의 단선, 내압 용기의 파괴 등

③ 절대적 열화와 상대적 열화
- 절대적 열화 : 현재 보유한 설비가 신제품일 때와 비교해 상대적으로 성능이 떨어져 가는 상태
- 상대적 열화 : 현재 보유한 설비가 우수한 신형설비에 비해 상대적으로 성능이 떨어져 가는 상태

④ 설비 열화의 대책
- 열화의 방지
  - 일상점검 : 설비의 성능 유지를 위해 매일 점검을 통하여 청소 및 간단한 정비를 실시
- 열화의 회복 : 예방 수리, 사후 수리
- 열화 측정 : 설비의 검사
  - 양부검사 : 성능저하형, 경향검사 : 돌발고장형

(3) 설비의 최적 보전계획

① 설비의 최적 보전 비용
- 기회손실(기회원가) : 보전을 실시하여 설비를 유지함으로써 막을 수 있는 생산성의 손실
- 경제적인 관리 : 보전비의 축소가 아닌 보전비와 기회 손실의 합을 최소한으로 줄인다는 의미

(4) 설비보전의 추진 방법

① 추진 시 고려사항
- 현 보유설비와 기술범위 내에서 최소 설비보전 비용점을 찾을 것
- 열화 손실비를 최소화할 것
- 최소의 보전비로 보전효과를 높이는 방법을 찾을 것

② 최소 보전비용을 찾는 방법에 포함되는 요점 사항
- 보전작업의 계획적 시행, 방법의 개선, 측정의 실시
- 보전요원의 교육 훈련
- 외주 업자의 유효 활용
- 보전 자재 재고의 적정화

- 설비 예산과 보전비 관리

③ 향후 보전활동의 방향
- TBM에서 CBM으로 전환
- 운전 중의 보수 기술 개발 및 활용 극대화
- 잔여 수명 측정 기술
- 보전기술자의 확보와 교육훈련 강화
- 품질보증 보전기술
- MP 정보 및 설계 방법의 확립

※ 용어정리
- TBM(Time Based Maintenance) : 시간 기반의 보전방식-정기보전이 중심
- CBM(Condition Based Maintenance) : 상태기반의 보전방식-예지보전이 중심
- MP(Maintenance Prevention) : 보전예방-설비의 가용도를 높이기 위한 활동

3 공사관리

(1) 공사의 종류

① 자본적 지출을 하는 공사
- 지출의 형태에 따라 설비의 신설, 증설, 확장, 개조 등과 같은 자산공사를 의미

② 수리공사
- 설비의 성능을 유지하기 위한 공사

(2) 수리공사의 분류

① 돌발 수리공사 : 설비 검사에 의해서 계획하지 못했던 고장의 수리
② 사후 수리공사 : 설비 검사를 하지 않은 생산 설비의 수리
③ 예방 수리공사 : 설비 검사에 의해서 계획적으로 하는 수리
④ 정기 수리공사 : 정기 수리계획에 의해서 하는 수리
⑤ 보전 개량공사 : 보전상의 요구에 의해서 하는 개량공사
 - 수리 주기를 연장하기 위한 재질 변경
⑥ 개수공사 : 조업상의 요구에 의해서 하는 개량공사
 - 배관 교체공사
⑦ 일반보수공사 : 직접 제조가 아닌 부분의 수리
 - 제조의 부속 설비에 관련한 공사-공정, 사무, 연구, 시험, 복리, 후생 등의 수리

(3) 공사 완급도에 따른 분류

① 긴급공사
- 즉시 착수해야 하는 공사
- 착공 후 전표를 남기고 여력표는 남기지 않는다.
    - 전표 : 회계거래에 대한 계정과목, 거래내용, 금액 등을 거래하는 서식
    - 여력표 : 여유가 있는 일시를 나타내는 표

② 계획공사
- 일정 계획을 수립하여 통제하는 공사, 공수견적을 한다.

③ 예비공사
- 공사계획을 보유하고 있다가 여유시간이 있을 때 하는 공사. 한가할 때 하는 공사

④ 준급공사
- 당 계절에 착수하는 공사

(4) 일정 계획 및 진도관리

① 간트 차트
- 수평 직선으로 그어지는 막대, 시간의 길이와 일의 양을 나타냄
- 막대의 길이로 실적의 양부, 진척도를 알 수 있음
- 막대의 길이는 작업에 대한 계획량과 실적량에 비례
- 유효시간 확인 가능, 계획작업량과 실제작업량 등 막대로 표시
- 하나의 직선으로 시간, 작업계획량 및 실적량 등의 변화를 표시

② PERT-CPM : 네트워크(network) 계획기법 중에서 대표적인 것
- PERT(Program Evaluation & Review Technique) : 일정 통제 중심
- CPM(Critical Path Method) : 일정 및 비용 통제 중심

③ PERT-CPM은 간트 차트와 다르게 비반복적인 대규모 공사의 계획, 관리기법에 적합하다.

④ PERT-CPM의 기대 효과
- 업무 수행에 따른 문제점의 사전 예측이 가능하다.
- 계획, 일정, 자원, 비용 등에 대한 의사소통이 원활하다.
- 최적안의 선택 및 자원의 효율적 사용이 가능하도록 한다.
- 주 공정에 대한 정보 제공으로 중점적인 일정 관리가 가능하다.

(5) 기타 공사

① 휴지공사 : 프로세스 연속 생산 공장에서 공장 전체 또는 일련의 장치를 휴지(운전정지)하여

한 번에 보전공사를 실시한다. 이것을 휴지공사, 정기수리, 대수리공사 또는 SD(Shut Down) 공사라 한다.
- 정밀검사를 실시하여 장치 내부의 노화상태를 점검할 수 있는 좋은 기회의 공사이다.

② 긴급돌발공사 : 고장으로 인한 정지에 의해서 큰 휴지 손실을 일으키는 경우에 한하여 실시한다.
③ 외주공사 : 기업 내에서 처리할 수 없는 공사로 외주 업체를 선택하여 진행하는 공사이다.

4 설비보전관리 및 효과 측정

(1) 설비보전 작업관리

① 설비본전 작업관리의 의의 : 설비보전작업관리는 기계나 설비의 효율적인 운영과 수명 연장을 위해 중요하다. 이를 위해 예방보전, 고장수리 그리고 시스템 개선을 포함하여 설비의 신뢰성과 성능을 유지하는 데 도움이 되는 것이 보전작업관리이다.

② 보전작업 시간 측정법의 종류 : 실적법, 워크 샘플링법, 표준시간법, UMS 등
- 대기시간 감소와 작업속도의 타당성 개선을 위한 작업 측정
- UMS : Universal Maintenance Standard

③ 보전 데이터의 종류
- 일상 점검 체크시트, 정기검사 기록, MTBF 분석 기록표 등

④ 보전기록의 효과
- 보전비 견적 자료화, 설비 예산 편성의 자료화, 수리시기 예측자료 등으로 이용할 수 있는 효과

(2) 보전 효과 측정

① 보전 효과 측정의 의의
- 보전 목표와 실적을 측정하여 보다 높은 목표달성을 위해 활용한다.
- 설비보전의 활동목표를 명확히 하고, 그 목표에 대한 수행도를 측정함으로써 보전부문 활동을 보다 효율적으로 수행하도록 한다.

② 듀폰 방식 : 평가요소 16가지를 선정해 도식도표로 보전효과를 종합적으로 평가하고 해석하여 보전효과를 증대하기 위해 정기적으로 개선계획을 수립하는 방식이다.
- 특징
  - 보전 관리자 스스로 자기진단을 정기적으로 실시하여 보전효과를 개선할 수 있다.
  - 도식 도표를 이용한다.
  - 계획, 작업량, 비용, 생산성 4가지를 기본기능으로 하여 평가한다.
  - 평가 요소 16가지 중 2가지를 제외하고 나머지는 비율로 표시할 수 있다.

- 기본기능의 성적은 6가지 등급을 부여하고 있다.
- 정기적인 평가에 의해 개선 목표를 수립하고 개선계획을 작성하도록 되어 있다.

③ **측정 지표** : 평균고장수리시간(MTTR), 평균가동시간(MTBF), 제조원가당 보전비, 설비잔존 가치당 보전비, 생산요원수당 보전요원 수, 운전시간당 보전비, 설비가동률, 고장빈도율, 고장강도율, 예방보전수행률, 설비운전시간당 보전비, 생산리드타임개선 등

5 보전용 자재관리

(1) 보전 자재(예비품)관리

보전용 자재관리는 장비의 가동 중단으로 인한 기업운영의 위험을 제어하기 위해 필요한 예비부품의 가용성을 최적의 비용으로 보장하는 리스크관리의 한 형태이다. 즉, 필요할 때 사용할 수 있도록 예비부품과 구성요소의 재고를 관리, 식별, 조달, 저장 및 배포하는 과정을 포함한 관리 분야이다.

① 보전 자재관리 목적
- 사고 또는 예방보전 시 재고 부족, 수배지연 등으로 인한 휴지시간과 공사지연을 방지
- 적정한 재고량 유지로 비용 절감
- 개량보전을 통한 신뢰성 향상
- 자재 발주와 구입 시 전표 처리 등의 사후비용 절감

② 보전 자재의 대상
- 항상 교체 수리 시 필요로 하는 예비설비와 장치
- 돌발고장에 대비한 예비부품
- 보전용 핵심 공구류
- 보전 정비로 인하여 재사용한 부품
- 상비품으로 보관하고 있는 자재

③ 보전 자재(예비품)의 관리 순서
- 예비품 분류→상비 품목의 결정→예비품의 표준화→예비품 비보유 시 대응 방침

④ 보전 자재관리 시 고려사항
- 재고 유지 상태일 때 비용과 무재고에 따른 정지로 인한 손실비와의 관계
- 돌발 고장 시 구입할 것인가? 계획하에 구입해야 할 부품인가?
- 재이용이 가능한 부품인가?
- 예비품 조달 시 걸리는 시간, 부품단가, 사용빈도와 사용금액 등 고려

(2) 발주점 방식(상비품 발주 방식)의 재고관리 시스템

① 정량 발주 방식(주문점법)
- 일정한 발주량의 발주시기를 변화를 줄 수 있는 방식
- 정해 놓은 재고량까지 내려가면 일정량만큼 보충 주문하여 재고량을 확보하는 방식
- 계획된 최대, 최저량의 사이에서 언제든지 재고를 확보할 수 있는 방식
- 주문시점 방식, 더블 비법(복책법), 포장법, 일괄 출하법 등이 있다.

② 정기 발주 방식
- 발주량은 변화를 줄 수 있고, 발주 시기는 일정한 방식
- 실적 및 예상 변화에 따라 발주 수량을 바꾸는 방식
- 주문 시기를 반년에 1번 또는 1회 등으로 주문
- 비교적 안정되어 있는 물품에 적용

③ 사용고 발주 방식(정량 유지 방식, 정수형, 예비품 방식)-정수발주 방식
- 발주량과 발주 시기가 같이 변화하는 방식
- 최대 재고량을 최소량으로 정해 놓고 사용할 때마다 사용량만큼 발주하는 방식
- 불출 빈도가 낮은 고가의 예비품을 돌발 고장 대책으로 일정량만 재고로 보관
- 고가로 사용빈도가 적고 비교적 단가가 높은 것에 적용
- ※ 예비품 보충 방식으로는 개별 발주방식과 상비품 발주방식이 있다.
- ※ 재고관리 시스템의 분류 : 발주점 방식, EOQ(경제적 주문량) 방식, ABC 등급 방식
  - EOQ : Economic Order Quantity-보전 자재의 경제적 주문량의 결정을 위한 모형

(3) 보전비관리

① 보전비의 분류
- 목적에 따른 분류 : 수리비, 노무비
- 수단에 의한 분류 : 예방보전비, 사후보전비, 개량보전비
- 요소별에 따른 분류 : 보전자재비, 용역비, 외주수리비, 보전원 인건비

② 총 보전비관리
- 총 보전비율 = $\dfrac{\text{총 보전비}}{\text{총 제조원가}} \times 100\,(\%)$
- 총 제조원가 = 재료비 + 인건비 + 제조경비
  - 재료비 : 수선, 소모품비 등
  - 인건비 : 용역비, 보전원의 인건비 등
- 총 보전비와 총 보전비율의 산출과 분석은 설비효율의 평가측정과 차기 목표 수립 및 재료비, 외주비, 인건비 부분의 방향설정에 중요하다.

CHAPTER 02 실전연습문제

01 다음 중 설비의 중요 업무에 해당하지 않는 것은?

① 보수나 교환의 시기나 범위의 결정
② 예비품 발주시기의 결정
③ 개량 보전방법의 결정
④ 설비의 구조방식 설계

- 설비의 중요업무
  - 예비품 발주시기의 결정
  - 개량 보전방법의 결정
  - 보수나 교환의 시기나 범위의 결정
  - 수리작업이나 교환작업의 신뢰성 확보
- 설비관리 및 유지보수에 대한 중요 업무
  - 정기점검 : 설비의 상태를 주기적으로 확인하여 문제를 조기에 발견하고 예방
  - 예방정비 : 고장이 발생하기 전에 설비를 청소하고, 윤활 조정
  - 고장수리 : 설비에 문제가 발생했을 때 신속하게 수리하여 가동 중단 시간을 최소화
  - 부품교체 : 마모되거나 손상된 부품을 적시에 교체
  - 기록유지 : 모든 점검, 정비 및 수리 활동을 기록하여 설비의 이력 관리

02 다음 중 계속적 또는 반복적으로 사용되며, 고액의 자본을 투자한 유형 고정 자산은?

① 기계   ② 기구   ③ 공구   ④ 설비

- 기계(機械, Machine) : 동력을 사용하여 움직이거나 일을 하도록 만들어진 기기
- 기구(機構) : 요소들이 결합되어 구속된 운동을 하고 운동을 주고받는 구조이지만, 힘의 전달은 고려하지 않는다.
- 공구(工具, Tool) : 기계나 제품의 조립 및 수리, 자재의 절삭 및 가공 등의 작업에 필요한 도구

03 기계류를 완전 분해 점검함으로써 설비의 효율을 높이기 위한 보전 활동인 오버홀(over haul)은 어떤 보전에 속하는가?

① 개량보전   ② 예방보전   ③ 사후보전   ④ 일상보전

- 오버홀(over haul) : 기계류를 완전 분해 점검, 수리, 조정하는 작업
- 예방보전(PM : Preventive Maintenance) : 고장, 정지 혹은 유해한 성능 저하가 발생하는 상태를 초기 발견하기 위한 정기적인 검사

정/답   01 ④   02 ④   03 ②

04 다음은 설비에 관한 설명이다. 올바른 설명에 해당하지 않는 것은?

① 1년 이내의 단기간 소모되는 공구나 판매를 목적으로 하는 제품과 구성 부품 그리고 재료 등이 있다.
② 설비에는 토지, 구조물, 기계장치, 선박, 차량운반구, 치공구 및 비품 등이 포함된다.
③ 설비는 장기적 사용을 할 수 있어야 하고, 계속적, 반복적으로 사용할 수 있어야 한다.
④ 일반적으로 고액의 자본을 투입한 유형의 고정자산이라 할 수 있다.

> 기업이 갖고 있는 유형의 고정 자산인 설비를 활용하여 기업 자체의 생산성과 수익성을 향상시키는 활동을 총칭하여 설비관리(equipment management)라 한다.

05 다음 중 설비보전의 직접적인 기능에 해당하는 것으로 타당한 것은?

① 고장 원인 분석
② 설비 검사
③ 정비 점검 기록
④ 정비 점검 계획

> 설비의 직접 기능 : 설비의 성능 저하와 고장, 정지를 일으키는 상태를 제거, 수리, 복구하여 성능을 최상의 상태로 유지하는 활동

06 다음은 설비관리의 의의에 대한 설명이다. 적합하지 않은 것은?

① 설비 자산의 효율성 관리
② 설비에 대한 요구 변화 관리
③ 보전도 유지를 포함한 생산 설비 관리 활동
④ 설계와 연계되는 보전도 향상

> • 설비보전의 오류 발생 시 설비가 가동될 때 고장의 위험성이 커지고 작업지연이나 유휴시간의 발생으로 비용 증가가 일어난다.
> • 설비보전이란 노후된 부품의 교체, 긴급수리나 예방조치 등과 같은 물적 자원의 보전뿐만 아니라 휴가, 교육, 훈련, 의료설비 등의 인적 자원의 보전도 설비보전활동의 일환이다.

07 설비를 목적별로 분류했을 때 다음 중 잘못된 것은?

① 연구개발설비 : 기초 연구설비, 응용 연구설비, 공업화 연구설비
② 생산설비 : 기계, 운반장치, 전기장치 배관
③ 관리설비 : 항만설비, 도로, 저장설비, 서비스 스테이션
④ 유틸리티설비 : 증기 발생장치, 발전설비, 수처리설비

정/답 04 ① 05 ② 06 ② 07 ③

- 수송설비 : 인입선설비, 도로와 항만설비, 운반하역설비, 운송 수단의 수입, 저장설비 등
- 판매설비 : 서비스 상점(service shop), 서비스 스테이션(service station) 등
- 관리설비 : 기업의 건물, 지점, 영업소, 생산 공장의 관리 및 보조 설비, 복리후생 설비 등

08 다음 중 설비의 형태적 분류에 포함되지 않는 것은?

① 건물 및 토지
② 사무용 기기
③ 기계 및 장치
④ 연구 개발 설비

설비 형태별 분류 : 토지 및 건물, 기계장치 및 공구류, 사무용 설비 등

09 다음은 설비관리의 발전 단계이다. 순서가 올바른 것은?

① 사후보전→생산보전→예방보전→보전예방→개량보전→종합적 생산보전
② 사후보전→개량보전→예방보전→생산보전→보전예방→종합적 생산보전
③ 사후보전→예방보전→생산보전→개량보전→보전예방→종합적 생산보전
④ 예방보전→보전예방→생산보전→개량보전→사후보전→종합적 생산보전

- 설비관리의 발전단계 : 사후보전(BM)→예방보전(PM)→생산보전(PM)→개량보전(CM)→보전예방(MP)→종합적 생산보전(TPM)
- 2차 세계대전을 전후하여 1950년대 미만까지는 예방보전이다.
- 1930년대까지 기업의 주 보전 형태는 사후보전이다.
- 1970년대 들어오면서 활성화한 것이 종합적 생산보전(TPM)이다.

10 다음 중 설비관리 목적에 부합하지 않는 것은?

① 생산 원가 상승
② 생산 계획 수립 및 달성
③ 납기 준수 및 공정관리
④ 재해 예방 및 안전관리

설비관리 4대 목적
- 신뢰성 : 고장이 없도록 하는 것
- 보전성 : 고장 시 단기간 복구
- 경제성 : 비용의 최소화
- 가용성 : 시스템의 사용

정/답 08 ④ 09 ③ 10 ①

11 다음 중 유틸리티 설비에 해당하는 것은?

① 동력 설비　　② 운반 설비　　③ 항만 설비　　④ 서비스 스테이션

> 유틸리티 설비 : 증기 발생장치 및 배관설비, 발전설비, 공업용 원수·취수설비, 수처리설비, 냉각·냉동설비, 연료저장 수송설비, 공기압축 및 건조설비 등이 해당한다.

12 다음 보전의 분류 중 경제성을 강조하여 생산성을 높이기 위한 보전에 해당하는 것은?

① 생산보전　　② 개량보전　　③ 예방보전　　④ 종합적 생산보전

> • 종합적 생산보전(TPM : Total Productive Maintenance) : 설비의 라이프사이클을 대상으로 한 PM의 종합 시스템을 확립
> • 예방보전(PM : Preventive Maintenance) : 고장, 정지 혹은 유해한 성능 저하가 발생하는 상태를 초기에 발견하기 위해 정기적인 검사를 하는 것

13 설비의 체질을 개선하는 것으로 설비가 효율성이나 경제성이 떨어질 때 이를 개선하기 위해 개조하는 보전은 다음 중 어느 것인가?

① 생산보전　　② 개량보전　　③ 보전예방　　④ 사후보전

> • 사후보전(BM : Breakdown Maintenance) : 고장, 정지 혹은 유해한 성능 저하가 발생한 후 수리, 주로 돌발 고장의 형태로 발생
> • 보전예방(MP : Maintenance Prevention) : 고장이 없고 보전이 필요치 않은 설비를 설계, 제작을 위한 보전

14 기업이 갖고 있는 유형의 고정 자산인 설비를 활용하여 기업 자체의 생산성과 수익성을 향상시키는 활동을 무엇이라 하는가?

① 설비보전관리　　② 생산보전관리　　③ 공장설계관리　　④ 공사설비관리

> 설비보전관리는 기계, 장비, 건물 등의 설비를 체계적으로 관리하고 유지하기 위한 기술이다. 설비보전을 통해 고장을 예방하고, 설비의 수명을 연장하며, 생산성과 안전성을 향상시키기 위한 활동이다. 이와 같은 활동의 예로는 정기적인 점검, 예방정비, 고장수리 등이 있다.

정/답　11 ①　12 ④　13 ②　14 ①

15 설비보전의 일반관리 기능범위 중 직접 기능에 해당하는 것은?

① 설비의 성능 저하와 고장, 정지를 일으키는 상태를 제거, 수리, 복구하여 성능을 최상의 상태로 유지
② 설비 성능 분석
③ 보전 표준 설정
④ 보전효과 체크

> **설비보전의 일반관리 기능 중 간접기능**
> • 기술적 측면의 기능 : 설비 성능 분석, 보전 표준 설정, 보전 기록 등이 해당
> • 경계적 측면의 기능 : 보전의 방침 목표, 보전 효과 체크 등이 해당

16 경제적인 라이프사이클을 코스트(LCC)를 추구하기 위하여 유형 자산에 적용되는 경영, 재무, 기술, 기타 실제 활동의 설비관리 기법을 무엇이라 하는가?

① 스넬법 ② 테로테크놀러지 ③ 로지스틱스 ④ TPM

> • 로지스틱스 : 종합 공학으로 신뢰성과 보전성을 강조한 설비관리 기법
> • TPM : 글로벌한 전사적, 종합적 설비관리의 대표적인 기법

17 다음은 설비관리 시스템의 구성 요소에 대한 것이다. 연결이 매끄럽지 못한 것은?

① 투입(input) : 원료, 자금
② 산출(output) : 제품, 이익
③ 처리기구 : 피드백 처리
④ 관리 : 운전 조작 및 조건

> **설비관리 시스템의 구성요소**
> • 투입(input) : 원료, 자금
> • 산출(output) : 제품, 이익
> • 처리기구 : 설비, 공장
> • 관리 : 운전 조작 및 조건
> • 피드백(feedback) : 제품 특성의 측정치

18 설비의 보전 효과 측정 방법에서 각 항목별 산출식이 올바르지 않은 것은?

① 설비 가동률 $= \dfrac{\text{정비 가동 시간}}{\text{부하 시간}} \times 100$

② 고장 도수율 $= \dfrac{\text{고장 횟수}}{\text{부하 시간}} \times 100$

③ 고장 강도율 $= \dfrac{\text{고장 정지 시간}}{\text{부하 시간}} \times 100$

④ 제품 단위당 보전비 $= \dfrac{\text{생산량}}{\text{보전비 총액}}$

정/답 15 ① 16 ② 17 ③ 18 ④

$$\text{제품 단위당 보전비} = \frac{\text{보전비 총액}}{\text{생산량}}$$

19 다음 중 평균 고장 시간(MTTF)을 나타낸 것으로 옳은 것은?

① $MTTF = \dfrac{\text{고장 횟수}}{\text{총 가동 시간}}$

② $MTTF = \dfrac{\text{고장 횟수}}{\text{부하 시간}} \times 100$

③ $MTTF = \dfrac{\text{장비의 총 가동 시간}}{\text{특정 시간으로부터 발생한 총 고장 수}}$

④ $MTTF = \dfrac{\text{정비 가동 시간}}{\text{부하 시간}} \times 100$

고장률$(\lambda) = \dfrac{\text{고장 횟수}}{\text{총 가동 시간}}$

20 다음 중 평균고장간격(MTBF)에 대한 설명으로 옳은 것이 아닌 것은?

① 평균고장간격$= \dfrac{1}{F(t)}$, F(t) : 고장률

② 수리를 하는 시스템이나 기기에 이용

③ 설비의 평균 고장률$= \dfrac{1}{MTBF}$

④ 대상물이 사용되어 처음 고장이 발생할 때까지의 평균 시간

- 전체 고장 횟수에 대한 전체 가동 시간의 비
- 고장과 고장 사이의 평균 시간

21 다음 중 설비의 경제성 평가법 중 MAPI 방식과 가장 관계가 먼 것은?

① 종합평균연부담액(Adverse Average)
② 조업열성(Operating Inferiority)
③ 긴급률(Urgency Rating)
④ 자본비용(Cost of Capital)

- 구 MAPI 방식 : 총비용의 연금환산치가 최소로 되는 것과 같은 사용년수(경제적 수명)를 결정하는 것도 포함하고, 교체가 유리한가 불리한가를 판단하는 것을 목적으로 하고 있다.
- 신 MAPI 방식 : 수익률(또는 긴급률)을 구하여 이의 대소에 따라서 설비 상호 간의 우선순위를 평가하는 방식이다.

정/답 19 ③ 20 ④ 21 ③

22 다음 중 공장의 전 보전 요원이 한 사람의 보전 책임자 밑에 조직되어 지휘감독을 받고, 배치상으로 집중되어 있는 설비보전 조직은 어느 것인가?

① 집중 보전 ② 지역 보전 ③ 부분 보전 ④ 절충 보전

- 집중 보전(Central Maintenance) : 한 사람의 보전 책임자 하에 전(Total) 보전 및 관리 요원을 조직하여 집중 관리하는 방식
- 지역 보전(Area Maintenance) : 각 구역에 보전 및 관리 요원이 배치, 맡은 구역을 담당하는 방식
- 부분 보전(Departmental Maintenance) : 공장의 보전 요원을 각 제조 파트의 감독자 하에 배치하여 보전을 행하는 방식
- 절충 보전(Combination Maintenance) : 지역 보전 또는 부분 보전과 집중 보전을 조합한 방식

23 다음 중 집중 보전 방식의 단점이라 할 수 없는 것은?

① 보전요원이 공장 전체에서 작업을 하므로 적절한 관리 감독이 어렵다.
② 특수 기능자를 효과적으로 이용할 수 없다.
③ 작업 표준을 위한 시간 손실이 많다.
④ 보전요원이 생산 근로자보다 우선순위를 갖는다.

집중 보전 방식의 장점
- 1인 보전이기 때문에 관리자가 모든 책임을 진다.
- 충분한 인원 동원이 가능하다.
- 긴급 작업, 고장, 새로운 작업을 신속하게 처리한다.
- 특수 기능자를 효과적으로 이용할 수 있다.
- 각자 다른 기능을 가진 보전원의 배치가 가능하다.
- 자본과 새로운 일에 대하여 통제가 확실하다.
- 보전원의 기능 향상을 위한 훈련이 용이하다.

24 다음 열화 중 시간의 경과와 더불어 가치가 감소되는 열화 현상은?

① 자연적인 열화 ② 절대적 열화
③ 상대적 열화 ④ 돌발 고장형 열화

- 절대적 열화 : 현재 보유한 설비가 신제품일 때와 비교해 상대적으로 성능이 떨어져 가는 상태
- 상대적 열화 : 현재 보유한 설비가 우수한 신형설비에 비해 상대적으로 성능이 떨어져 가는 상태

정/답 22 ① 23 ② 24 ②

25 다음 중 설비보전의 기대효과로 적절하지 않은 것은?

① 설비의 신뢰성 향상으로 인한 원가 절감과 품질 향상 효과
② 설비 수리에 투입된 노무비의 감소 효과
③ 작업장의 안전도 감소 효과
④ 설비 고장으로 인한 기계 및 작업의 유효기간 감소 효과

> **설비보전의 기대효과**
> • 납기 준수 및 제품 원가 절감 효과
> • 작업환경 개선 및 근로 의욕 증진 효과
> • 설비 고장, 정지, 성능 저하 방지 효과
> • 수율 상승 및 에너지 손실 방지 효과
> ※ 수율 : 실제로 얻은 양과 이론적으로 기대했던 양과의 비율

26 다음 중 설비 열화의 대책으로 맞지 않는 것은?

① 열화의 측정　　　　　② 열화의 방지
③ 열화의 회복　　　　　④ 열화의 촉진

> 설비 열화의 대책 : 열화의 방지, 열화의 회복, 열화의 측정 등이 있다.

27 다음 중 설비보전의 효과로 맞는 것은?

① 보전비가 감소한다.
② 제작 불량이 줄어들지 않는다.
③ 수율 및 에너지 손실의 상승
④ 설비 고장으로 인한 정지 손실이 감소하지 않는다.

> **설비보전의 효과**
> • 대수리가 줄어든다.
> • 고장 발생 원인을 사전에 파악할 수 있다.
> • 설비 갱신 기간의 연장에 의한 설비 투자액을 줄일 수 있다.
> • 보전 작업의 질적 향상을 도모할 수 있고 신속히 대처할 수 있다.
> • 보전비, 제품 불량, 원료의 단가 등을 줄일 수 있다.
> • 수율이 향상된다.
> • 안전과 유지 상태의 향상으로 인한 보상비와 보험료를 줄일 수 있다.
> • 고장으로 인한 생산의 지연으로 발생하는 납기 지연을 줄일 수 있다.

정/답　25 ③　26 ④　27 ①

28 주기에 따른 설비보전의 검사를 분류할 때 1개월 이상의 검사는?

① 일상 검사　② 정기 검사　③ 년간 검사　④ 준정기 검사

- 주기에 따른 분류 : 일상 검사(매일, 매주), 정기 검사(1개월 이상, 3개월, 6개월 등의 주기)
- 제조부분과 협의하여 연간계획하에서 추진하며, 검사 주기가 1개월 이내인 검사를 일상 검사라 한다.

29 다음 중 생산보전(PM)을 중심으로 총체적인 설비관리를 추진함으로써 얻을 수 있는 효과라 할 수 없는 것은?

① 설비 고장에 따른 휴지 손실 감소　② 제조 원가 감소
③ 예비품 관리 향상 및 재고 감소　④ 설비보전 비용 감소 및 제품 불량 증가

설비보전 비용 감소 및 제품 불량 감소

30 다음 중 설비 배치를 하는 목적이라 할 수 없는 것은?

① 공간의 경제적 사용 및 노동력의 효과적 활용
② 양질의 제품 제조를 위한 설비비의 증가
③ 생산량의 증가
④ 배치 및 작업의 탄력성 유지

설비 배치의 목적
- 효율성 증대 : 작업 흐름을 최적화하여 시간과 비용을 절약
- 공간 활용 : 사용 가능한 공간을 최대한 활용하여 생산성 향상
- 안전성 향상 : 작업자의 안전을 보장하고 사고 위험 감소
- 자재 이동 최소화 : 자재와 제품의 이동 거리와 시간을 줄여 효율 증대
- 유연성 : 미래의 변화나 확장에 쉽게 대응

31 다음은 설비 배치의 형태이다. 소품종 대량생산에 적합하며 단순 반복 흐름의 생산 작업방식이라 할 수 있는 형태는?

① 제품별 배치　② 기능별 배치　③ 공정별 배치　④ 혼합형 배치

설비 배치의 형태
- 제품별 배치 : Line balancing
- 기능별(공정별) 배치 : 다품종 소량 생산일 경우에 적합한 방식
- 제품 고정형 배치 : 주재료와 부품이 고정된 장소에 있고, 인원과 장비만 이동하여 작업을 진행
- 혼합형 배치 : 기능별 배치, 제품별 배치, 제품 고정형 배치의 혼합

정/답　28 ②　29 ④　30 ②　31 ①

32 SLP는 3가지 형태, 즉 제품별, 기능별, 제품 고정형으로 분류된다. 이들 중 대량생산 형태에서 생산 효율을 최대화하기 위하여 각 공정 간의 공정 평균의 효율이 중요시되는 설비배치의 형태는? (단, SLP는 시스템적 공장 배치 계획이란 의미이다.)

① 제품 고정형 배치 ② 혼합형 배치
③ 기능별 배치 ④ 제품별 배치

- SLP(Systematic Layout Planning) : 체계적(시스템적) 공장 배치 계획
- 설비배치의 효율적인 질적 요소를 고려한 것

33 제품의 종류가 다양하고 수량이 적은 주문 생산과 표준화가 곤란한 다품종 소량생산일 경우에 적합한 설비배치 형태로 다음 중 적당한 것은?

① 제품 고정형 배치 ② 혼합형 배치
③ 기능별 배치 ④ 제품별 배치

34 다음 중 보전 수리작업의 능률을 저하시키는 요인이 아닌 것은?

① 열악하고 위험한 환경에서 작업한다.
② 재료 및 부품, 공구 등의 준비작업 시간이 짧다.
③ 공장 내의 이동시간이 과다하다.
④ 감독이 어렵고 동기부여가 부족하다.

보전 수리작업의 능률을 저하시키는 요인
- 열악하고 위험한 환경에서 작업하는 경우
- 재료 및 부품, 공구 등의 준비 작업이 많은 경우
- 공장 내의 이동시간이 과다한 경우
- 감독이 어렵고 동기부여가 부족한 경우
- 수리보수의 품질이 떨어지는 경우

35 반복작업의 빈도가 높은 보전작업의 경우 표준을 설정하면 이점이 많다. 이와 같은 이점에 해당되지 않는 것은?

① 작업측정이 수월하고 편하다.
② 검사나 공사 등 보전작업을 계획하고 준비하는데 도움이 된다.
③ 작업자의 교육훈련 자료로 활용할 수 있다.
④ 예비품의 준비와 활용의 범용성이 떨어진다.

정/답 32 ④ 33 ③ 34 ② 35 ④

> **보전작업 표준의 이점**
> - 작업측정이 용이하다.
> - 검사나 공사 등 보전작업의 여력계획, 일정계획, 준비작업에 도움이 된다.
> - 작업자의 교육 훈련자료로 활용할 수 있다.

36 다음 중 작업표준 대상 작업 선정 시 고려사항으로 적합하지 않은 것은?

① 간헐적인 수리작업의 공사계획상 시간상의 애로가 있는 작업
② 공사 지연에 따른 생산 품질상에 미치는 영향이 큰 작업
③ 비용적인 측면에 영향이 큰 작업
④ 비교적 작업능률이 떨어진다고 생각되는 작업

> **작업표준 대상 작업 선정 시 고려사항**
> - 정기적인 수리작업의 공사계획상 시간상의 애로가 있는 작업
> - 공사 지연에 따른 생산 품질상에 미치는 영향이 큰 작업
> - 비용적인 측면에 영향이 큰 작업
> - 비교적 작업능률이 떨어진다고 생각되는 작업
> - 고도의 기술이 요구되는 작업
> - 수리보수의 품질이 부족한 작업

37 설비의 고장률 곡선(욕조 곡선-Bath Tub 곡선)을 기준으로 설비의 고장 상태를 3단계로 구분할 수 있는데, 다음 중 이에 해당되지 않는 것은?

① 초기 고장기　　② 우발 고장기　　③ 마모 고장기　　④ 총괄 고장기

> 설비의 고장률 곡선 : 초기 고장기, 우발 고장기, 마모 고장기

38 제품에 대한 전형적인 고장률 패턴을 나타내는 욕조 곡선을 크게 초기 고장기, 우발 고장기, 마모 고장기로 구분한다. 다음 중 우발 고장기에 발생될 수 있는 고장의 원인으로 가장 타당한 것은?

① 안전계수가 높은 경우　　　　② 스트레스가 기대 이하인 경우
③ 사용자 잘못이 없는 경우　　　④ 예비품의 관리가 중요한 경우

> **우발 고장기에 발생될 수 있는 고장의 원인**
> - 안전계수가 낮은 경우
> - 스트레스가 기대 이상인 경우
> - 사용자 과오가 발생한 경우
> - 충분한 디버깅(debugging)을 하였을 경우

정/답　36 ①　37 ④　38 ④

39 다음 중 설비관리를 통해 달성할 수 있는 것으로 타당한 것은?

① 납기 미준수　　　　　　② 신뢰성 향상
③ 안전성 미확보　　　　　④ 유지 비용 증가

> 설비관리를 통해 납기준수, 신뢰성 향상, 안전성 향상, 유지 비용 감소 등의 효과가 있다.

40 다음 중 설비보전효과 측정을 위한 듀폰방식의 특성으로 적당하지 않은 것은?

① 도식 도표를 이용한다.
② 보전효과를 4가지의 기본기능으로 표현한다.
③ 16가지 평가요소를 모두 다 비율로 표시하고 있다.
④ 보전관리자 스스로 자기부문의 결점을 찾기 위하여 정기적 평가로 자가진단이 가능하다.

듀폰방식의 특징
- 보전 관리자 스스로 자기진단을 정기적으로 실시하여 보전효과를 개선할 수 있다.
- 도식 도표를 이용한다.
- 계획, 작업량, 비용, 생산성 4가지를 기본기능으로 하여 평가한다.
- 평가 요소 16가지 중 2가지를 제외하고, 나머지는 비율로 표시할 수 있다.
- 기본기능의 성적은 6가지 등급을 부여하고 있다.
- 정기적인 평가에 의해 개선 목표를 수립하고 개선계획을 작성하도록 되어 있다.

41 다음의 서술은 예방보전에 관한 내용이다. 가장 적합하게 서술된 것은?

① 예방보전은 고장의 사전예측이 불가능하다.
② 예방보전은 가장 경제적인 수준에서 실시되어서는 안 된다.
③ 예방보전 비용은 고장으로 인한 평균손실액보다 커야 한다.
④ 예방보전 시간은 수리시간보다 짧아야 한다.

> - 예방보전은 고장의 사전예측이 가능하여야 한다.
> - 예방보전은 가장 경제적인 수준에서 실시되어야 한다.
> - 예방보전 비용은 고장으로 인한 평균손실액보다 적어야 한다.

정/답　39 ②　40 ③　41 ④

42 다음 중 일정한 재고량을 정해 놓고 사용한 만큼을 발주시키는 예비품 발주방식으로 맞는 것은?

① 정량 발주방식 ② 정기 발주방식
③ 간헐 발주방식 ④ 사용고 발주방식

- 정량 발주방식 : 정해 놓은 재고량까지 내려가면 일정량만큼 보충 주문하여 재고량을 확보하는 방식
- 정기 발주방식 : 실적 및 예상 변화에 따라 발주 수량을 바꾸는 방식
- 사용고 발주방식 : 최대 재고량을 최소량으로 정해 놓고 사용할 때마다 사용량만큼 발주하는 방식

43 다음 중 정비계획 수립 시 고려할 사항이 아닌 것은?

① 제품 성분 분석 ② 수리계획 확인
③ 수리요원 ④ 설비능력 파악

정비계획 수립 전 검토사항
- 수리 시기와 시간, 수리 인원 등
- 수리 계획
- 보전 비용
- 일상 점검 및 정기(주, 월, 연간 등) 수리 중 선택할 것

44 보전방식 중 고장이 나서 설비의 정지 또는 유해한 성능 저하를 가져온 후에 수리를 행하는 보전방식으로 맞는 것은?

① 예방보전 ② 개량보전 ③ 사후보전 ④ 생산보전

- 예방보전(PM : Preventive Maintenance) : 고장, 정지 혹은 유해한 성능 저하가 발생하는 상태를 초기에 발견하기 위해 정기적인 검사를 하는 것
- 개량보전(CM : Corrective Maintenance) : 설비의 체질을 개선하는 것으로 설비가 효율성이나 경제성이 떨어질 때 이를 개선하기 위해 개조하는 보전
- 생산보전(PM : Productive Maintenance) : 경제성을 강조하여 생산성을 높이기 위한 보전

45 설비보전의 실시 결과에 대한 기록을 통하여 얻을 수 있는 효과로서 다음 중 적합한 내용이 아닌 것은?

① 교체분석의 기초자료 ② 설비 처분 비용 기초자료
③ 보전비의 견적 자료 ④ 보전시기의 예측 자료

보전비 견적 자료화, 설비 예산 편성의 자료화, 수리시기 예측자료 등으로 이용할 수 있는 효과

정/답 42 ④ 43 ① 44 ③ 45 ②

46 다음 공사 중 즉시 착수해야만 하는 공사는 어느 것인가?

① 계획공사　　② 긴급공사　　③ 예비공사　　④ 준급공사

- 계획공사 : 일정계획을 수립하여 통세하는 공사, 공수견적을 한다.
- 예비공사 : 공사계획을 보유하고 있다가 여유시간이 있을 때 하는 공사. 한가할 때 하는 공사
- 준급공사 : 당 계절에 착수하는 공사

47 설비 종합 효율 중 성능 가동률과 가장 관계가 깊은 손실로 다음 중 맞는 것은?

① 고장 손실　　　　　　② 불량품 손실
③ 공전 손실　　　　　　④ 가동 전 손실

- 설비종합효율(OEE) : 가용성, 성능, 품질의 세 가지 요소를 고려하여 계산하고 있다.
- 성능 가동률 : 설비가 이상적인 사이클 시간에 비해 얼마나 빠르게 작동하는지를 나타낸다.
- 성능 가동률이 높을수록 생산성이 향상되고 설비종합효율도 증가하게 된다.
- 공존손실 : 여러 요인으로 인해 발생하는 생산성 손실을 의미한다.
- 성능 가동률이 높을수록 공존손실은 일반적으로 낮아지는 경향을 보이게 된다. 즉, 기계나 시스템이 잘 작동할수록 생산성 손실이 줄어들게 된다.

48 다음 열화 중 기계 설비의 갱신을 요구하는 것에 해당하는 열화는?

① 절대적 열화　　② 상대적 열화　　③ 자연적 열화　　④ 인위적 열화

- 절대적 열화(Absolute Degradation) : 시스템이 시간이 지남에 따라 겪는 전체적인 성능 저하 형태
- 상대적 열화(Relative Degradation) : 다른 시스템이나 평균 성능과 비교하여 측정된 성능 저하 형태

49 다음 설비열화의 대책으로 해당되지 않는 것은?

① 열화저장-현상회복　　　　② 열화방지-일상보전
③ 열화측정-검사　　　　　　④ 열화회복-수리

설비열화의 대책
- 열화의 방지 : 일상점검 : 설비의 성능 유지를 위해 매일 점검을 통한 정비
- 열화의 회복 : 예방 수리, 사후 수리
- 열화의 측정 : 설비의 검사

정/답　46 ②　47 ③　48 ①　49 ①

50 설비의 노후로 인하여 부식, 절연 저하 등이 발생하고 나타나는 현상이 파손인 형태의 열화로 다음 중 적당한 것은?

① 인위적 열화
② 상대적 열화
③ 재해에 의한 열화
④ 자연적 열화

- 사용에 의한 열화 : 운전 조건과 조작 방법에 의해 온도, 압력, 회전수, 부식, 충격, 피로 등의 열화 발생 및 오작동 발생이 나타나는 현상은 마모이다.
- 자연적인 열화 : 설비의 노후화, 부식, 절연 저하 등이 원인이며 나타나는 현상은 파손이다.
- 재해에 의한 열화 : 자연재해와 사고에 의한 파괴, 노후화 촉진 등으로 나타나는 현상은 오손이다.

51 시간적으로 어느 정도의 비율로 고장을 일으키는가를 알기 위해 다음 중 활용되고 있는 것은?

① 신뢰도
② 보전도
③ 고장확률 밀도 함수
④ 가동률

- 고장확률 밀도 함수 : 단위 시간당 어떤 비율로 고장이 발생하고 있는지를 나타내는 함수

52 설비계획 및 설치 시 경제성 향상을 위해 고려해야 할 사항이 아닌 것은?

① 예산관리
② 기업주의 경제적 상황
③ 에너지 효율
④ 유지 보수

- 설비계획 및 설치 시 경제성 향상을 위해 고려해야 할 사항
- 예산관리 : 총 비용을 예측하고 예산 내에서 계획을 수립한다.
- 에너지 효율 : 에너지 효율적인 설비를 선택하여 운영비용을 절감한다.
- 유지보수 : 장기적인 유지보수 비용을 고려하여 신뢰성 높은 설비를 선택한다.
- 확장성 : 미래의 확장 가능성을 고려하여 유연한 설계를 하도록 한다.
- 기술 혁신 : 최신 기술을 적용하여 생산성을 높이고 경쟁력을 강화한다.

53 다음 중 경제성 평가법으로 신MAPI 방식과 관련된 사항은?

① 비용 비교법
② 연평균 비교법
③ 투자이익률법
④ 평균 이자법

- 신MAPI 방식 : 자본 배분에 관련된 투자 순위 결정이 주제인 방식

정/답 50 ④ 51 ③ 52 ② 53 ③

54 설비의 보전효과 중 신뢰성을 평가하는 척도를 나타낸 것과 관련이 먼 것은?

① 가용성　　　　　　　　　② 고장률
③ 평균 고장 간격　　　　　　④ 평균 고장 시간

- 신뢰성 평가 척도 : 고장률(Failure), 평균 고장 간격(MTBF : Mean Time Between Failure), 평균 고장 시간(MTTF : Mean Time To Failure)
- 가용성 : 보전성 평가방법

55 설비의 고장률을 나타내는 배스터브 곡선을 적용했을 때 스트레스로 발생되며, 거의 랜덤하게 발생하는 고장기는 어떤 구간에 해당하는가?

① 초기 고장기　　② 우발 고장기　　③ 마모 고장기　　④ 중간 고장기

- 초기 고장기 : 시간의 경과와 함께 고장 발생이 줄어드는 고장률 감소형
- 우발 고장기 : 고장패턴이 우발적으로 예측이 어려운 시기로 고장률이 일정, 유효 수명기
- 마모 고장기 : 설비부품간의 마모와 열화에 의해 고장이 증가하는 시기, 고장률 증가형

정/답　54 ①　55 ②

종합적 설비관리

PLANT MAINTENANCE ENGINEER

01 공장 설비관리

1 공장 설비관리의 개요

(1) 공장 설비의 종류

① 건물 및 부대시설, 방재설비, 운반설비 – 넓은 의미
- 부대시설 : 급수 설비, 배수 설비, 난방 설비, 배기 설비, 조명 설비, 배선 설비 등
- 방재 설비 : 소방 설비, 안전 설비 등

② 기계 설비 및 고정구, 계기류 등 – 좁은 의미
- 기계 설비 : 공작기계, 프레스, 열처리장치 등
- 고정구 : 바이스, 클램프, 지그 등의 치공구
- 계기류 : 계측기구

(2) 공장 설비관리의 목적

① 기계 설비, 치공구, 계측기구 등 양호한 상태 확보
② 기계 설비 등의 개선을 통한 표준화에 노력
③ 작업 진행의 원활화
④ 생산계획이 달성되고 있는지를 조사하는 점검표 작성 및 활용화
⑤ 작업 진행에 따른 문제점 조사 및 개선

(3) 설비분류

① 공장에서 각종 기계류의 분류를 알기 쉽게 기호로 분류하여 정리한다.
② 분류를 하기 위해서는 먼저 분류의 기초가 되는 표준을 명확하게 한다.

③ 설비기호 : 장래의 증설에 대비해 초창기부터 명백한 분류 및 기호를 결정해 둔다.
- 설비기호 사용의 이점
  - 설비 대상이 명백히 파악되고 설비계획 수립이 용이함
  - 사무적 처리가 쉽고 착오가 감소함
  - 통계적인 각종 데이터를 얻기가 용이함
④ 설비 번호의 표시 방법
- 설비에 대한 분류, 기호가 결정되면 표시판을 만들어 설비에 부착
- 주의사항 : 절대로 동일 기호를 2장 만들지 말 것

(4) 설비 분류의 기호법

① 순번식 기호법
- 뜻이 없는 기호법으로 종류와 형태에 관계 없이 배치나 구입 순으로 기호를 부여해 표기하는 것

② 세구분식 기호법
- 연속 번호 중에서 일정 범위의 숫자를 하나의 종류에 해당시킨 것
- 예 1~20 : 밀링, 21~30 : 선반

③ 십진분류 기호법
- 도서 분류법 같이 표기하는 것

④ 기억식 기호법
- 뜻이 있는 기호법으로 기억하기 쉽게 첫 글자나 그 밖의 문자를 기호로 표기하는 것
- 예 M : Milling(밀링), L : Lathe(선반)

2 계측관리

(1) 계측관리 개요

① 계측에 관한 모든 문제에 대한 계측화 계획을 추진, 계측결과를 유용하게 활용할 것
② 계측작업을 실시하고 계측기를 장치하며 관리할 것
③ 작업을 도식적이며 객관적으로 표시하고, 공통된 관점으로 공정명세표를 작성하고, 이를 일괄적으로 공통된 기호를 사용해 표기할 것
④ 계측관리에 관한 공정을 객관적으로 명시하도록 공정도를 작성할 것

※ 작업 = 공정 : 하나의 제품을 완성하기까지 거치게 되는 단계

(2) 계측화의 목적

① 생산 공정의 기술적 해석을 위한 목적
② 공정의 기술적 관리를 위한 목적
③ 시험 검사를 위한 목적
④ 기업의 경제적 관리를 위한 목적
⑤ 설비보전 및 안전관리, 위생관리 등을 위한 목적
⑥ 조사 연구를 위한 목적

(3) 계측기 선정

① 계측 목적에 적합한 것을 선정
  - 작업용, 관리용, 시험 연구용, 검사용 등
② 계측 대상에 대한 여러 변수를 측정하기에 적합한 것을 선정
  - 온도, 압력, 점도, 경도, 크기, 무게 등의 계측해야 할 특성
③ 계측 대상의 사용 조건에 적합한 것을 선정
  - 사용 방법, 사용 장소, 설치 위치, 취급 방법 등
④ 구매, 관리, 보전 비용을 비교해 경제적인 것을 선정
⑤ 국제 표준, 계측 기술의 수준, 미래의 전망을 생각하여 선정
⑥ 계측기의 원리, 구조, 성능 등 검토 및 계측기 장치를 위한 난이도 고려하여 선정

(4) 계측기 장치 방법

① 직접 측정기
  - 측정자가 대상에 접근하여 직접 측정하는 방식
  - 마이크로미터, 버니어 캘리퍼스, 측장기, 각도기, 수은 온도계, 압력계 등
② 비교 측정기
  - 제품 측정 시 표준값과 비교하여 측정기의 눈금으로 그 차이를 읽는 방식
  - 다이얼 게이지, 미니미터, 옵티미터, 공기 마이크로미터, 전기 마이크로미터 등
③ 현장 작업용 계장
  - 현장 작업자가 작업 중 이용하는 계측기로 사용이 간편하다.
④ 관리 작업용 계장
  - 관리자가 사용하는 것으로 현장 작업용보다 장기적, 정기적으로 사용이 가능하다.
⑤ 시험 연구용 계장
  - 시험 연구 담당자 또는 계측기의 교정 등에 사용되며 정밀도가 높다.

⑥ 장치 공업용 계장
- 화학이나 제철 공업 분야 등에서 공정이 정지되어 있는 장치 내로 원료나 동력이 공급되면서 제품이 연속해서 정상적으로 만들어지는 과정에서 사용되고 있는 계기이다. 이러한 계기로는 정치식, 자동지시식, 기록식 계측기 등이 사용된다.

⑦ 한계 게이지(limit gauge)
- 제품에 주어진 허용차 범위 안에 들어오느냐 벗어나느냐로 합격과 불합격을 판정하는 계기이다.

⑧ 계측기장치 공정도 방식
- 계장계획은 공정도 또는 공정명세표로부터 계측기에 관한 요건을 추출하여 수립한다.

3 치공구관리

(1) 치공구의 개요

① 치공구의 정의
- 치공구란 지그와 고정구를 의미하나 금형, 절삭공구, 검사구 등 각종 공구를 통칭한다.

② 치공구의 분류
- 지그, 고정구 : 각 공정에서 지정된 작업을 용이하게 수행할 수 있도록 하기 위해서 공작물과 공구를 보호, 지지하며 공구를 안내하도록 설계된 도구이다.
- 금형 : 금속 재료를 사용하여 만든 형틀을 총칭한 것이다.
- 검사구 : 공정 중이나 작업 완료 후에 재료나 제품이 규정 기준에 만족하는가를 조사하기 위한 공구이다.
- 공구 : 재료를 가공하여 원하는 형상으로 만드는 작업에 사용되는 도구이다.

(2) 치공구 설계 시 요구조건

① 설계 도면에 나타난 정보를 정확하게 이해하고, 그것이 요구하는 기능과 정도를 제품 속에 제대로 살릴 수 있는 구조를 갖추도록 해야 한다.
② 공작 작업이 쉬운 구조로 피공작물의 부착과 해체가 용이해야 한다.
③ 운전 취급하기 쉬운 구조이며, 충분한 강성을 갖고 있어야 한다.
④ 최대한 단순한 구조이고 균형이 갖추어진 형상이어야 한다.
  - 작업자의 안전성, 신뢰성을 줄 수 있는 구조이며, 형상이어야 할 것
⑤ 경제성을 갖춘 구조이어야 한다.
⑥ 구성 부품의 표준화가 고려되어야 한다.
⑦ 전 작업 단계에서 검사를 설비할 수 있는 것과 같은 구조이어야 한다.

⑧ 절삭가공으로 생긴 칩을 제거하기 쉬운 구조이어야 한다.
- 절삭유 사용이 가능한 구조인지 고려해야 할 것

(3) 치공구 관리 기능

① 계획 단계
- 공구의 설계 및 표준화 : 산업표준규격, 경제적, 표준화
- 공구의 연구 시험
- 공구 소요량의 계획과 보충 : 생산계획 및 과거의 실적 참고

② 보전 단계
- 공구의 제작 및 수리
- 공구의 검사
- 공구의 보관과 불출 관리
- 공구의 연삭 : 다량 사용 시 집중연삭방식 적용

(4) 치공구가 미치는 영향

공구의 사용은 필수적이며 적절히 사용하면 다음과 같은 영향이 발생한다.
① 제품의 품질에 영향을 준다.
② 제품의 생산 수량에 영향이 있다.
③ 공구의 결함, 예비품 보관 등 관련 계획에 영향을 준다.
④ 공구관리에 소요되는 시간과 비용에 영향이 있다.
⑤ 작업장과 공구 보관 장소와의 거리로 인한 시간과 비용에 영향을 준다.
- 공구의 부수 작업에 따른 영향

4 공장 에너지관리

(1) 에너지원

에너지 이용 효율을 향상시키는 것은 공장에서 제품의 원가 절감에 매우 중요하다.
① 태양 에너지 : 복사열 에너지, 인력 에너지
② 해양 에너지 : 조류 에너지, 해류 에너지, 해수 온도차 에너지, 파도 에너지
③ 지반 내부 에너지 : 지열, 화산, 온천 에너지
④ 대기권내 에너지 : 수력 에너지, 풍력 에너지, 방전 에너지

⑤ 자원 에너지
- 화석 에너지 : 석유, 석탄, 천연가스
- 핵분열 에너지 : 플루토늄, 우라늄, 토륨
- 핵융합 에너지 : 중수소, 2중 수소, 리튬

(2) 열관리

① 열관리의 중요성
- 최소한의 연료 사용으로 최대의 효과를 얻는 것이 목적이다.
- 제품 원가 중 연료비가 차지하는 비중이 높으므로 열관리 기술이 중요하다 할 수 있다.
- 열관리 영역 : 연료의 관리, 연소의 관리, 열사용의 관리, 폐열 회수 이용—열관리 방법

② 연료관리
- 사용 목적 및 설비에 적합하고 가격이 저렴하며 확보가 쉬워야 한다.
- 공장 내 저장, 수송 및 사용이 쉽고 열설비, 인건비, 관리비, 입지 조건 등을 고려해야 한다.
- 연료 구입 시 질과 양에 대한 검사와 성분, 발열량 등을 정확히 파악한다.

③ 연소관리
- 연료의 선택, 설비, 작업 부하, 작업 방법 등에 대한 기술적, 경제적 효과를 얻을 수 있도록 관리

④ 열사용관리
- 증기, 열처리, 용해, 건조, 증류, 증발, 냉난방 등이 열을 사용하는 목적이다.
- 열의 합리적 사용, 전열 및 누설에 따른 열손실 방지, 남은 열 및 폐열을 회수하여 재사용 등

⑤ 폐열회수 이용 : 연도 가스의 이용, 배기, 드레인의 회수 등에 이용
- 건물 내의 잉여열, 배수열, 쓰레기 소각열 등 통상 배출되어 버리는 열을 재이용하기 위해 회수

(3) 전력관리

① 전력관리의 목적 : 최소한의 전력으로 최대의 효과를 얻는 것
② 효과적인 공장관리를 위해서는 공정관리의 적정화가 필요하다.
③ 전력손실의 원인
- 직접손실 : 기계의 공회전, 누전, 저능률 설비
- 간접손실 : 공정관리 및 품질 불량 등

02 종합적 생산보전

1 종합적 생산보전의 개요

(1) 종합적 생산보전의 의의

① 종합적 생산보전(TPM : Total Productive Maintenance)이란?
- 설비 효율을 최고로 높이기 위한 설비의 라이프사이클을 대상으로 한 종합적 시스템을 확립하기 위한 것
- 설비의 계획, 사용, 보전 등 모든 부문에 걸쳐 전원이 참가하여 동기를 부여하여 관리하는 시스템
- 소집단의 자주 활동에 의하여 생산보전을 추진해 나가는 것

② 테로테크놀로지 – 영국에서 제창
- 경제적 라이프사이클을 추구
- 유형의 설비자산에 적용되는 관리, 재무, 기술 및 기타의 실제 활동을 종합한 기술
- 설비의 LCC(life cycle cost)의 경제성 추구를 목적
- TPM을 목표로 한 종합적 효율화와 같은 의미

(2) TPM의 5가지 활동

최고경영자로부터 제일선의 작업자까지

① 설비의 효율화를 위한 개선 활동 : 효율화를 저해하는 6대 로스(loss)를 추방
- 설비를 가장 효율적으로 사용할 수 있도록

② 작업자의 자주 보전 체제의 확립 : 설비에 정통한 작업자를 육성, 보전 체제 확립
- 자주적 소집단 활동을 통해 PM을 추진

③ 계획 보전 체제의 확립 : 보전 부문의 효율적 활동을 위한 체제 확립

④ 기능 교육의 확립 : 작업자의 기능 수준 향상

⑤ MP 설계와 초기 유동 관리 체제의 확립 : 보전이 필요 없는 설비를 설계

※ 활동목표 : 효율의 극대화를 추구하는 기업의 체질 개선을 통하여 모든 낭비를 예방하는 시스템을 구축

(3) TPM의 특징

① 고장제로, 불량제로의 달성 → 예방이 필수
② 예방의 개념

- 정상 상태 유지 : 청소, 점검, 급유, 나사 조임, 정도 점검 실시
- 조기 이상 발견
  - 작업자의 오감 활용을 이용한 간이진단
  - 진단기기를 사용한 정밀진단
- 조기 대처

(4) TPM의 목표

① 맨(man), 머신(machine), 시스템(system)을 임계 상태까지 높일 것
- 맨–작업자, 머신–설비
- 설비의 성능을 항상 최고의 상태로 장시간 유지

② 현장 체질을 개선할 것
- 설비와 사람이 변하는 것이 목표

2 설비효율 개선방법

(1) 설비의 효율화 저해 로스(loss)

설비의 기능이나 성능을 최고로 유지시키는 것을 저해하는 6대 로스는 다음과 같다.

① 고장 로스 : 돌발적 또는 만성적으로 발생하고, 대책으로는 다음과 같은 7가지가 있다.
- 첫 번째 : 강제 열화를 방치하지 않음
- 두 번째 : 청소, 급유, 조임 등 기본 조건을 지킴
- 세 번째 : 바른 사용 조건을 준수함
- 넷 번째 : 보전 요원의 보전 품질을 높임
- 다섯 번째 : 긴급 처리만 끝내지 말고, 반드시 근본적인 조치를 취함
- 여섯 번째 : 설비의 약점을 개선함
- 일곱 번째 : 고장 원인을 철저히 분석함

② 작업 준비·조정 로스
- 오차의 누적으로 발생
- 표준화의 미비로 발생

③ 일시 정체 로스
- 일시적으로 정지 또는 설비만 공회전하는 경우의 순간 정지 로스
- 공작물을 제거하거나 리셋하는 것만으로 간단히 처리
- 대책 3가지
  - 첫째 : 현상을 잘 살피도록 한다.

- 둘째 : 미세한 결함도 시정한다.
- 셋째 : 최적 조건을 파악한다.

④ 속도 로스
- 설비의 설계 속도와 실제로 움직이는 속도와의 차이로 발생하는 로스

⑤ 불량·수정 로스
- 대책
  - 원인을 여러 가지로 생각하여 모든 대책을 수립하도록 한다.
  - 현상 관찰을 충분히 한다.
  - 요인 계통을 재검토한다.
  - 요인 중에 숨어 있는 결함의 체크 방법을 재검토한다.

⑥ 초기·수율 로스
- 초기 로스 : 개시되어 안정될 때까지 그 사이에서 발생하는 로스

(2) 로스 계산 방법

① 시간 가동률(ASS : Availability Steady State)
- 고장 로스 시간과 관계, 유용성을 나타내는 척도, 설비 가동률이라고도 한다.

$$\text{시간 가동률} = \frac{\text{부하시간} - \text{정지시간}}{\text{부하시간}}$$

  - 부하시간 = 조업시간 = 휴지시간
  - 휴지시간 : 생산계획상의 휴지시간, 계획보전의 휴지시간, 일상관리상의 조회시간 등
  - 정지시간 = 정지한 시간(고장·준비·조정·바이트 교환 등)

② 성능 가동률
- 속도 가동률 : 속도의 차이, 설비가 원래 갖고 있는 능력에 대한 실제 속도의 비

$$\text{속도 가동률} = \frac{\text{기준 사이클 시간}}{\text{실제 사이클 시간}}$$

- 실질 가동률 : 단위 시간 내에서 일정 속도로 가동하는지를 나타내는 비

$$\text{실질 가동률} = \frac{\text{생산량} \times \text{실제 사이클 시간}}{\text{부하시간} - \text{정지시간}}$$

- 성능 가동률=실질 가동률×속도 가동률
  - 설비가 가동되고 있는 시간 동안 정상적으로 생산되어야 할 생산량과 설비의 공회전, 순간정지 및 속도 저하 또는 비정상적인 설비 가동에 의해 감산된 실제 생산량과의 비를 시간으로 나타낸 것을 의미한다.

③ 설비 종합 효율 : 설비의 유효성을 판단할 수 있다.
- 설비 종합 효율=시간 가동률×성능 가동률×양품률
- 설비 유효 가동률=시간 가동률×속도 가동률
- 양품률 : 총생산량 중 재가공 또는 공정 불량에 의해 발생된 불량품의 비
  - 수율(yield)이라고도 하며, 불량률의 반대, 생산수량 중에서 양품이 차지하는 비율

(3) 로스의 6대 개선 목표

① 고장 로스 : 모든 설비의 고장률 제로
② 작업 준비·조정 로스 : 가능한 짧은 시간 내의 조정, 10분 이하의 단순 조정, 극소화 목표
③ 일시 정체 로스 : 모든 설비의 정체 제로
④ 속도 저하 로스 : 설계 시 목표로 한 속도와 차이가 없거나 개량에 의한 그 이상의 속도
⑤ 불량·수정 로스 : 정도 차이는 있음
⑥ 초기·수율 로스 : 극소화 목표
※ 제로 목표 : 고장 로스, 일시 정체 로스, 속도 저하 로스, 불량·수정 로스

3 만성 로스 개선방법

(1) 만성 로스의 돌발형과 만성형

① 돌발형 : 복원의 문제-지그 마모, 주축의 진동 등
② 만성형 : 혁신의 문제-하나의 원인이 아니라 여러 원인을 명확히 파악하기 어려움

(2) 만성 로스의 특징

① 원인은 하나 그러나 그 원인을 발생시킬 수 있는 사항은 무궁무진하며, 그때마다 바뀐다.
② 복합적 원인에 의해 발생하게 되고, 그 요인의 조합이 그때마다 달라진다.

(3) PM(Phenomena Mechanism) 분석 - 만성 로스의 원인 분석 도구로 사용

① PM 분석의 정리 : 현상(phenomena)을 물리적(physical)으로 해석하여 현상과 공정 및 설비의 메커니즘(mechanism)을 해석하여 사람(man), 설비(machine), 재료(material), 방법(method)과의 관련성을 추구 및 분석하는 시스템을 뜻하는 mechanism을 검토하는 요인해석(analysis)의 기법
- 4M : 사람, 설비, 재료, 방법과의 관련성을 추구 및 분석을 통한 시스템을 뜻하는 mechanism-Man, Machine, Material, Method

② 만성화된 설비나 시스템의 불합리한 현상을 원리 및 원칙에 따라 현상을 해석하는 방법

(4) PM 분석의 7단계(step)

① 1단계 : 현상을 명확히 파악
② 2단계 : 현상을 물리적으로 해석
③ 3단계 : 현상이 성립하는 조건을 모두 추출
④ 4단계 : 각 요인의 목록을 작성
⑤ 5단계 : 조사방법을 검토
⑥ 6단계 : 이상 상태를 발견
⑦ 7단계 : 개선책을 입안하고 실시

4 자주보전 활동

(1) 자주보전(Autonomous Maintenance)

자주보전이란 평상 시 자기설비를 점검, 급유, 부품교환, 수리, 이상의 조기 발견, 정밀도 체크 등을 스스로 행하는 것이다.
① TPM 활동 시 제조 부문의 보전 활동을 체계적·과학적으로 실행하는 것
② 자주보전의 목표는 제품화 시 "재해 제로", "불량 제로", "고장 제로"를 실현하는 것
③ 제조 부문을 중심으로 전원 참여의 소집단 활동을 기본으로 하며, 운전원이 설비의 기본조건을 정비하고, 사용조건을 준수하고 총 점검 교육을 받아 설비에 강한 운전원이 되는 것
④ 설비의 미결함 및 열화를 지속적으로 적출, 복원하는 활동

(2) 자주보전을 위한 작업자의 요구능력(제조 부문의 자주보전 활동)

① 설비의 이상 발견과 개선 능력
② 설비의 기능·구조 이해와 이상 원인 발견 능력
③ 설비와 품질 관계를 이해하고 품질 이상의 예지와 원인 발견 능력
④ 수리할 수 있는 능력

(3) 자주보전의 7단계(step) 추진(또는 전개)

① 제1단계 : 초기 청소
② 제2단계 : 발생원인·란 개소 대책
③ 제3단계 : 청소·급유 기준의 작성과 실시

④ 제4단계 : 총 점검 – 매뉴얼 활용 및 교육
⑤ 제5단계 : 자주 점검 – 체크시트 마련
⑥ 제6단계 : 자주보전의 시스템화 – 정리 & 정돈의 표준화
⑦ 제7단계 : 철저한 자주 관리

(4) 계획보전과 예지보전

① 계획보전 : 미리 작성한 보전 스케줄에 따라서 계획적으로 진행하는 보전
 • 미리 계획을 세워 진행한다는 면에서 예방보전, 개량보전과 같다.
② 예지보전 : 진단기기를 이용하여 열화 정도를 측정하고, 진단 결과에 따라 이상 및 문제가 예견되면 설비의 현 상태에 따라 보전을 실시한다.
 • 이상 신호를 미리 파악하고 예방
 • 기계의 이상을 상태감시에 의해 예지하고 그 정보에 기인해서 행하는 보전
 • 기계의 제반 상태를 살펴 이상 작동이나 고장에 미리 대비
 • 설비 부품의 고장 지점을 예측하여, 해당 부품에 장애가 발생하기 전에 부품을 교체

5 품질 개선 활동

(1) 품질관리(QC; Quality Control)

① 생산관리에 통계적 방법을 사용하여 불량품의 발생 원인을 찾고, 그것을 없앰으로써 품질의 유지와 향상을 도모하는 일련의 활동이다.
② 제조공정 중에서 불량품을 발생시키는 원인을 가능한 한 미연에 방지하는 활동이다.

(2) QC의 단계별 전개 방법(7단계)

① 테마 선정 : 주제 선정
② 현상 파악 및 분석
③ 목표 설정
④ 원인 분석 : 요인 해석
⑤ 대책 수립 및 실시
⑥ 효과 파악
⑦ 표준화 및 사후관리

(3) 문제 해결의 5단계

① 개선 대상을 선정한다.
- 제조원가가 큰 제품
- 생산량이 많은 제품
- 스트랩이 많이 발생하는 제품
- 재작업이 자주 발생하는 제품
- 애로사항이 있는 공정

② 현 작업 방법을 분석한다.
- 전반적인 사실을 조사·기록하고 대안을 만든다.

③ 분석 자료를 검토한다.
- Purpose, Place, Sequence, Person, Means 등을 검토한다.

④ 개선안을 수립한다.

⑤ 개선안을 도입한다.

※ 문제해결의 절차 : 착안을 통해 문제 발견 → 문제 발굴 → 문제 창출 → 문제 해결

(4) 브레인스토밍(Brain Storming)법

① 문제 해결 기법
② 기본 원칙 4가지
- 좋고 나쁨에 대한 비판은 절대 금지
- 틀에 얽매이기보다는 자유분방한 사고
- 질보다 양을 추구
- 타인의 아이디어에 편승하여 발전토록 한다.

(5) QC 7가지 도구

① 특성 요인도
- 결과에 대한 원인이 어떻게 관계하고 있고, 영향을 주고 있는지를 한 눈으로 알 수 있게 작성한 그림
- 생선뼈라 불리기도 함. 펼친 그림이 생선을 닮았기 때문

② 히스토그램(histogram)
- 길이, 무게, 시간, 경도 등을 측정하는 데이터가 어떻게 분포되어 있는지를 알아보기 쉽게 나타낸 그림

③ 산점도
- 두 개의 짝으로 된 데이터를 그래프 용지 위에 점으로 나타낸 그림

④ 파레토 차트(pareto chart)
- 항목별로 층별하고 불량, 결함, 고장 등의 발생건수(또는 손실금액) 등을 출연도수의 크기순으로 배열하고 누적의 합을 나타낸 차트
- 막대그래프로 표시, 문제점을 찾아낼 수 있다.

⑤ 체크 시트(check sheet)
- 불량, 결함 등 셀 수 있는 데이터가 분류 항목별 어느 곳에 집중되어 있는지 알아보기 쉽게 나타낸 그림이나 표

⑥ 관리도(control chart)
- 공정에 있어서 우연 원인에 의한 산포와 이상 원인에 의한 산포를 구분하여 공정을 안정 상태로 유지하기 위해 고안한 그래프

⑦ 층별
- 불량이 나올 때 데이터를 필요한 요인들마다 구분해 불량 원인을 파악한 것

(6) PDCA 사이클과 표준화

① 설비보전의 추진 단계
- P – D – C – A의 4단계 사이클로 지속적인 개선을 추진한다.
  - P : Plan, D : Do, C : Check, A : Action
- 만성적인 문제의 재발방지 정착화 방법의 표준화 수립 시 PDCA를 준수

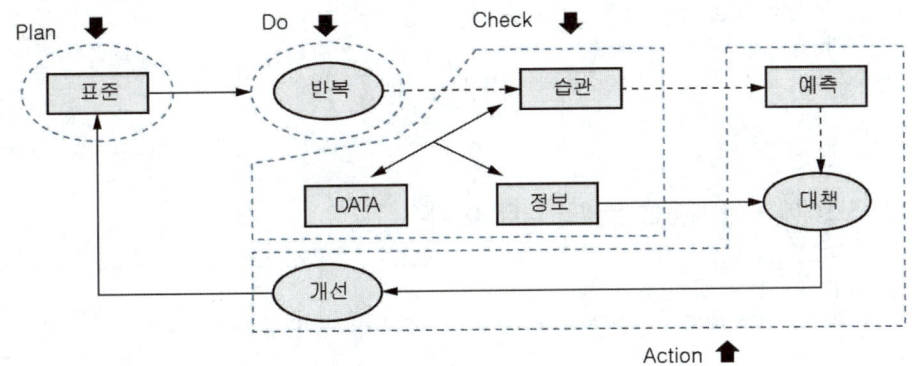

그림 3-1 PDCA 사이클

CHAPTER 03 실전연습문제

01 다음 중 계측화 목적에 해당되지 않는 것은?

① 양질의 공정을 위한 객관적인 과학적 해석
② 설비보전, 안전관리, 위생관리
③ 조사 연구
④ 생산 공정의 기술적 해석

계측화의 목적
- 생산 공정의 기술적 해석을 위한 목적
- 공정의 기술적 관리를 위한 목적
- 시험 검사를 위한 목적
- 기업의 경제적 관리를 위한 목적
- 설비보전 및 안전관리, 위생관리 등을 위한 목적
- 조사 연구를 위한 목적

02 현장 작업자가 작업 중에 이용하는 계측기로서 사용이 간편하고 직관적으로 이용하기 간편하도록 한 계측기 장치 방법은?

① 관리 작업용 계장
② 장치 공업에 있어서의 계장
③ 현장 작업용 계장
④ 시험 연구용 계장

- 장치 공업에 있어서의 계장 : 제품이 연속해서 정상적으로 만들어지는 과정에서 사용 계기
- 관리 작업용 계장 : 관리자가 사용하는 것
- 시험 연구용 계장 : 시험 연구 담당자 또는 계측기의 교정 등에 사용

03 다음 보기에 관한 내용은 무엇을 나타내는가?

〈보기〉
" 계측 관리에 대해서 공정을 객관적으로 명기하도록 공정도를 작성할 것 "

① 계측화의 의미
② 계측화의 방식
③ 계측화의 필요성
④ 계측화의 원리

계측화의 방식 : 계측관리에 관한 공정을 객관적으로 명시하도록 공정도를 작성하는 방법

정/답   01 ①   02 ③   03 ②

04 다음은 공장설비의 종류이다. 넓은 의미의 공장설비로 분류되지 않는 것은?

① 부대시설 ② 방재설비 ③ 운반설비 ④ 기계설비

> 좁은 의미의 공장설비 : 기계설비, 치공구류, 계측기구 등

05 다음 중 공장설비의 부대시설에 속하지 않는 것은?

① 급수설비 ② 배기설비 ③ 조명설비 ④ 소방설비

> 소방설비는 방재설비로 분류된다.

06 다음 중 공장 설비의 관리 목적에 부합하지 않는 것은?

① 생산계획이 달성되고 있는지를 조사하는 점검표 작성 및 비활용화
② 기계설비, 치공구, 계측기구 등 양호한 상태 확보
③ 기계설비 등의 개선을 통환 표준화에 노력
④ 작업 진행의 원활화

> **공장 설비관리의 목적**
> • 기계설비, 치공구, 계측기구 등 양호한 상태 확보
> • 기계설비 등의 개선을 통환 표준화에 노력
> • 작업 진행의 원활화
> • 생산계획이 달성되고 있는지를 조사하는 점검표 작성 및 활용화
> • 작업 진행에 따른 문제점 조사 및 개선

07 다음은 설비분류에 대한 설명이다. 적절하지 않은 것은?

① 공장에서 각종 기계류의 분류를 알기 쉽게 기호로 분류하여 정리한다.
② 분류를 하기 위해서는 먼저 분류의 기초가 되는 표준을 명확하게 한다.
③ 설비기호는 장래의 증설에 대비해 초창기부터 명백한 분류 및 기호를 결정해 둔다.
④ 설비에 대한 분류, 기호가 결정되면 표시판을 만들어 설비에 부착할 필요는 없다.

> 설비에 대한 분류, 기호가 결정되면 표시판을 만들어 설비에 부착하도록 한다.

정/답 04 ④ 05 ④ 06 ① 07 ④

08 다음 중 설비 분류의 기호법에 해당하지 않는 것은?

① 명찰식　　　② 순번식　　　③ 세구분식　　　④ 십진분류

설비분류 기호법 : 순번식, 세구분식, 십진분류, 기억식

09 다음 설비분류 기호법 중 기억식 기호법에 해당하는 것은?

① 뜻이 있는 기호법으로 기억하기 쉽게 첫 글자나 그 밖의 문자를 기호로 표기하는 것
② 도서 분류법 같이 표기하는 것
③ 연속 번호 중에서 일정 범위의 숫자를 하나의 종류에 해당시킨 것
④ 뜻이 없는 기호법으로 종류와 형태에 관계없이 배치나 구입 순으로 기호를 부여해 표기하는 것

- 순번식 기호법 : 뜻이 없는 기호법으로 종류와 형태에 관계없이 배치나 구입 순으로 표기하는 것
- 세구분식 기호법 : 연속 번호 중에서 일정 범위의 숫자를 하나의 종류에 해당시킨 것
- 십진분류 기호법 : 도서 분류법 같이 표기하는 것

10 계측기 중 측정자가 계측 대상에 접근해서 직접 측정하는 직접 측정기의 종류가 아닌 것은?

① 수은 온도계　　　　　　② 마이크로미터
③ 버니어 캘리퍼스　　　　④ 사인바

사인바는 각도게이지로 간접측정기이다.

11 다음 중 치공구의 정의로 가장 적절한 표현은?

① 동력을 이용하여 일을 하도록 한 동력장치
② 지그와 고정구를 뜻함. 금형, 절삭 공구, 검사 공구 등 각종 공구를 통칭하는 용어
③ 구성요소 상호간의 운동관계를 결정하는 계
④ 어떤 제품을 만들 때 사용하는 보조장치

- 기계 : 동력을 이용하여 움직이거나 일을 하도록 설계된 구조장치
- 기구 : 기계 구성요소 상호간의 운동관계를 결정하는 운동계이다.
- 도구 : 어떤 일을 할 때 사용하는 소규모 장치이다.

정/답　08 ①　09 ①　10 ④　11 ②

12 다음 중 치공구를 사용하는 적합한 생산형태와 거리가 먼 것은?

① 대량 생산   ② 일괄 생산   ③ 소품종 생산   ④ 맞춤형 생산

- 치공구를 사용하는 적합한 생산 형태 : 대량, 일괄, 맞춤형 생산
- 대량 생산 : 동일한 제품을 많은 양으로 생산할 때 적합하다.
- 일괄 생산 : 다양한 제품을 소량으로 생산할 때 유용하다.
- 맞춤형 생산 : 특정 고객의 요구에 맞춰 제품을 제작할 때 사용한다.

13 다음 중 치공구관리 기능의 보전 단계에 해당하지 않는 것은?

① 공구의 검사   ② 공구의 연구 시험
③ 공구의 제작 및 수리   ④ 공구의 보관과 공급

- 치공구관리 기능의 계획 단계
- 공구의 설계 및 표준화, 공구의 연구 시험, 공구 소요량의 계획 및 보충

14 공장관리에 있어 치공구가 공정에 미치는 영향으로 다음 중 적당하지 않는 것은?

① 제품의 품질에 영향을 준다.
② 제품의 생산 수량에 영향이 있다.
③ 공구의 결함이나 예비품 보관의 필요성 등과는 큰 영향이 없다.
④ 공구관리에 소요되는 시간과 비용에 영향이 있다.

치공구가 공장관리에 미치는 영향
- 제품의 품질에 영향을 준다.
- 제품의 생산 수량에 영향이 있다.
- 공구의 결함, 예비품 보관 등 관련 계획에 영향을 준다.
- 공구관리에 소요되는 시간과 비용에 영향이 있다.
- 작업장과 공구 보관 장소와의 거리로 인한 시간과 비용에 영향을 준다.

15 열관리 방법 중에서 열사용의 효율을 높이기 위해 공장 내에서 1차적으로 사용한 열 또는 운송 중에 새어 나온 열을 2차적 목적에 사용하기 위해 이루어지는 것은?

① 폐열 회수   ② 연소 관리   ③ 열사용 관리   ④ 연료 관리

- 열관리 방법 : 연료의 관리, 연소의 관리, 열사용의 관리, 폐열 회수 등 방법
- 폐열 회수 : 대기로 버려지거나 방출 가능한 열에너지를 모아 재사용하는 관리법이다.

정/답 12 ③ 13 ② 14 ③ 15 ①

16 전력관리 적정화의 주된 내용은 전력손실을 방지하는 것이다. 다음 중 전력의 직접손실 원인이 아닌 것은?

① 저능률 설비
② 공정 관리 불량
③ 누전
④ 기계의 공회전

> 직접 전력손실의 원인 : 기계의 공회전, 누전, 저능률 설비

17 다음 중 설비관리의 생애주기(life cycle) 순서로 옳은 것은?

① 도입 단계 → 계획 단계 → 운전 단계 → 폐기 단계
② 계획 단계 → 운전 단계 → 도입 단계 → 폐기 단계
③ 계획 단계 → 도입 단계 → 운전 단계 → 폐기 단계
④ 도입 단계 → 운전 단계 → 계획 단계 → 폐기 단계

> **설비관리의 생애주기**
> - 설비의 계획, 설계, 구축, 운영, 유지보수 그리고 폐기까지의 전 과정
> - 각 단계는 설비의 효율성, 안전성 및 비용 효과를 최적화하기 위해 중요

18 설비의 6대 로스(loss) 중 돌발적 또는 만성적으로 발생하는 고장에 의해 발생되는 로스는?

① 고장 로스
② 수율 저하 로스
③ 순간 정지 로스
④ 속도 저하 로스

> **6대 로스**
> - 고장 로스 : 돌발적 또는 만성적으로 발생
> - 작업 준비, 조정 로스 : 작업 준비 및 품종 교체, 공구 교환에 의한 시간적 정지 로스
> - 일시 정체 로스 : 일시적으로 정지 또는 설비만 공회전하는 경우의 순간적 로스
> - 속도 저하 로스 : 설비의 설계속도와 실제로 움직이는 속도와의 차이로 생기는 로스
> - 불량 수정 로스 : 불량품에 의한 불량 로스, 돌발 불량, 만성 불량
> - 초기, 수율 로스 : 생산 개시부터 안정화될 때까지 사이에 발생하는 로스

19 TPM(Total Product Maintenance) 활동목표를 올바르게 기술한 것은?

① 실내에 머물며 기업활동의 모든 자료를 분석하여 적용 관리를 위한 시스템 구축
② 기능적 조직을 활용하여 설비의 모든 활동을 제한하는 시스템 구축
③ 기업에 최소 이익을 가져다주는 설비보전 활동을 위한 토탈 시스템 구축
④ 설비 효율 극대화를 추구하는 기업의 체질 개선을 통하여 모든 손실을 예방하는 시스템을 구축

정/답 16 ② 17 ③ 18 ① 19 ④

> TPM(Total Product Maintenance) 활동목표 : 설비 효율 극대화를 추구하는 기업의 체질 개선을 통하여 모든 손실을 예방하는 시스템을 구축하는데 있다.

20 다음 중 설비 효율을 저해하는 6대 로스에 해당하지 않는 것은?

① 준비・조정 로스　　② 속도 저하 로스
③ 고장 로스　　　　　④ 계획 정지 로스

> 설비 효율을 저해하는 6대 로스 : 고장 로스, 작업준비・조정 로스, 일시 정체 로스, 속도 로스, 불량수정 로스, 초기・수율 로스

21 종합적 생산 보전(TPM)의 주요 활동과 거리가 먼 것은?

① 계획 보전 활동　　② 자주 보전 활동
③ 사후 활동　　　　④ 전문 보전 활동

> **TPM의 5대 활동**
> - 설비 효율화를 위한 개선 활동
> - 작업자의 자주 보전 체제의 확립
> - 계획 보전 체제의 확립
> - 기능 교육이 확립
> - MP 설계와 초기 유동관리 체제의 확립

22 다음 중 만성 로스의 특징으로 맞는 것은?

① 숨어 있는 요인은 무시하고 돌출된 요인만 해석한다.
② 원인은 하나지만 원인이 될 수 있는 것은 수없이 많고, 그때마다 바뀐다.
③ 단순 요인이 발생된다.
④ 발생 원인은 바뀌지 않는다.

> **만성 로스의 특징**
> - 원인은 하나이지만 원인이 될 수 있는 것은 수없이 많으며, 그때마다 바뀐다.
> - 복합 원인으로 발생하며, 그 요인의 조합이 그때마다 달라진다.

정/답　20 ④　21 ③　22 ②

23 어떤 설비에 대한 시간 가동률을 산출하려고 한다. 지난 1주간의 설비 가동 현황은 다음과 같다. 지난 1주간의 시간 가동률은 몇 %인가?

〈1주간 설비 가동현황〉
조업 시간=600분, 고장 시간=36분, 계획된 휴지 시간=72분

① 82.0%　　　② 88.0%　　　③ 90.5%　　　④ 93.2%

- 부하시간=조업시간-휴지시간=600-72=528분
- 가동시간=부하시간-휴지시간=528-36=492분
- 시간 가동률=가동시간/부하시간=(492/528)×100=93.2%

24 다음 중 설비 유효성 판정 기준인 설비 종합 효율 산출식으로 맞는 것은?

① 설비 종합 효율=시간 가동률×성능 가동률×양품률
② 설비 종합 효율=시간 가동률×실질 가동률×양품률
③ 설비 종합 효율=시간 가동률×성능 가동률×생산량
④ 설비 종합 효율=실질 가동률×성능 가동률×양품률

- 설비종합효율(OEE; Overall Equipment Effectiveness)
- 시간가동률, 성능가동률, 양품률의 세 가지를 곱한 값으로 정의
- 설비가 가동되도록 예약된 기간동안 최대 잠재력 대비 얼마나 활용되는지를 측정하는 척도

25 다음 중 제조 부문을 중심으로 전원 참여의 소집단 활동을 기본으로 하며, 운전원이 설비의 기본조건을 정비하고 사용조건을 준수하고, 총 점검 교육을 받아 설비를 스스로 전개하는 보전 활동으로 맞는 것은?

① 예방 보전　　② 예지 보전　　③ 자주 보전　　④ 계획 보전

- 예방 보전 : 보전주기를 기다리지 않고 고장이 발생한 경우의 보전 활동
- 예지 보전 : 이상 신호를 미리 파악하여 예방하는 보전
- 계획 보전 : 미리 계획을 세워 행하는 보전, 예방 보전이나 개량 보전에 닮아 있는 보전

정/답　23 ④　24 ①　25 ③

26 자주 보전의 추진 단계 순으로 맞는 것은?

① 청소·급유 기준 작성과 실시 → 초기 청소 → 발생 원인·곤란 개소 대책 → 총 점검 → 자주 점검
② 초기 청소 → 발생 원인·곤란 개소 대책 → 청소·급유 기준 작성과 실시 → 자주 점검 → 총 점검
③ 초기 청소 → 발생 원인·곤란 개소 대책 → 청소·급유 기준 작성과 실시 → 총 점검 → 자주 점검
④ 청소·급유 기준 작성과 실시 → 초기 청소 → 발생 원인·곤란 개소 대책 → 자주 점검 → 총 점검

> **자주 보전의 7단계(Step) 추진(또는 전개)**
> - 제1단계 : 초기 청소
> - 제2단계 : 발생원인·곤란 개소 대책
> - 제3단계 : 청소·급유 기준의 작성과 실시
> - 제4단계 : 총 점검
> - 제5단계 : 자주 점검
> - 제6단계 : 자주보전의 시스템화
> - 제7단계 : 자주 관리 철저

27 투자 의사결정 과정에서의 역할 분담을 사용 부서로 분배한다. 역할 분담을 하는 부서로는 보전 부서, 기술 부서가 있다. 다음 중 보전 부서의 담당 업무역할이 아닌 것은?

① 설비의 제작 가능성을 경제성 및 기술적으로 분석
② 회사의 보전 수준, 보전 방법 등의 능력과 이용 가능성 고려
③ 투자 설비에 대한 보전도 평가
④ 투자 설비에 대한 시방서 작성

> 투자 의사결정 과정에서 투자 설비에 대한 시방서 작성은 기술 부서에서 해야 한다.

28 설비의 물리적 성질과 메커니즘을 이해하여 만성화된 설비나 시스템의 불합리 현상을 원리 및 원칙에 따라 해석하여 현상을 밝히는 방법으로 맞는 것은?

① FMEA
② PM 분석
③ QM 매트릭스법
④ FTA

> - FMEA(Failure Mode Effect Analysis; 고장 모드 영향 분석) : 설계개선이 자료와 요구되는 제품의 신뢰성을 확보하기 위해 제품의 설계단계에서 예상되는 고장의 증상과 원인 그리고 그 영향을 분석, 적절한 대책을 세우는 방법이다. 설계, 제조공정 및 안전성의 평가 등에 활용되고 있다.
> - FTA(Fault Tree Analysis; 고장 목 분석) : 어떤 부품이 고장의 원인인지를 찾아내는 연역적 해석 기법이다. 개발설계, 설계변경, 크레임 대책 강구 시에 활용된다.
> - QM 매트릭스법 : 개선을 위한 품질문제와 조건관리 항목을 한 눈에 파악할 수 있게 작성해 두는 방법이다.

정/답 26 ③ 27 ④ 28 ②

29 품질 확보를 위해서 품질보전 전개 순서가 있다. 다음 중 추진 순서가 바르게 된 것은?

① 현상 분석 → 목표 설정 → 요인 해석 → 개선 및 실시 → 표준화
② 현상 분석 → 목표 설정 → 요인 해석 → 표준화 → 개선 및 실시
③ 목표 설정 → 현상 분석 → 요인 해석 → 표준화 → 개선 및 실시
④ 목표 설정 → 현상 분석 → 요인 해석 → 개선 및 실시 → 표준화

- QC의 7단계 : 주제 선정 → 현상 분석 → 목표 설정 → 요인 해석 → 대책 개선 및 실시 → 효과 확인 → 표준화 및 사후 관리

30 품질 개선 활동에서 QC 7가지 도구는 매우 유용하게 사용된다. 다음 보기는 QC 7가지 도구 중 어떤 도구에 해당하는 설명인가?

〈보기〉
"결과에 원인이 어떻게 관계하는가를 한 눈에 알 수 있도록 작성한 그림이다. 이 도구를 사용하여 많은 의견을 한 장의 그림에 정리하는 데 유용하게 사용된다."

① 특성요인도　　② 파레토 차트　　③ 히스토그램　　④ 층별

QC 7가지 도구
- 특성 요인도 : 결과에 대한 원인이 어떻게 관계하고 있고, 영향을 주고 있는지를 한 눈으로 알 수 있게 작성한 그림
- 히스토그램(Histogram) : 길이, 무게, 시간, 경도 등을 측정하는 데이터가 어떻게 분포되어 있는지를 알아보기 쉽게 나타낸 그림
- 산점도 : 두 개의 짝으로 된 데이터를 그래프 용지 위에 점으로 나타낸 그림
- 파레토 차트(Pareto Chart) : 항목별로 층별하고 불량, 결함, 고장 등의 발생건수(또는 손실금액) 등을 출연도수의 크기순으로 배열하고 누적의 합을 나타낸 차트
- 체크 시트(Check Sheet) : 불량, 결함 등 셀 수 있는 데이터가 분류 항목별 어느 곳에 집중되어 있는지 알아보기 쉽게 나타낸 그림이나 표
- 관리도(Control Chart) : 공정에 있어서 우연 원인에 의한 산포와 이상 원인에 의한 산포를 구분하여 공정을 안정 상태로 유지하기 위해 고안한 그래프
- 층별 : 불량이 나올 때 데이터를 필요한 요인들마다 구분해 불량 원인을 파악한 것

31 다음 중 품질 개선 활동으로 사용하는 방법이 아닌 것은?

① 특성요인도(Cause and effect Diagram)　　② 파레토 차트(pareto Chart)
③ 간트 차트(Gantt Chart)　　④ 관리도(Control Chart)

간트 차트(Gantt Chart) : 프로젝트의 일정과 작업을 시각적으로 표시하는 가로 막대 차트

정/답　29 ①　30 ①　31 ③

32 설비보전의 추진은 PDCA 4단계의 사이클로 지속적인 개선을 추진한다. 다음 중 PDCA 내용이 바르지 못한 것은?

① 계획(Plan)　　　② 실시(Do)　　　③ 점검(Check)　　　④ 분석(Analysis)

PDCA : Plan(계획)-Do(실시)-Check(점검)-Action(재실시)

정/답　32 ④

윤활관리의 기초

PLANT MAINTENANCE ENGINEER

01 윤활관리의 개요

1 윤활관리와 설비보전

윤활관리란 동력구동장치류 등의 기계에 올바른 윤활을 행하여 윤활상의 고장이 없도록 하고, 기계나 설비의 정상 운전을 보장하며, 생산성 향상 및 생산비의 절감에 기여하는 것을 목적으로 한 설비보전의 한 분야라 할 수 있다.

설비에서 발생하는 일반적인 고장은 정지기계보다는 회전기계의 구성요소인 모터, 베어링, 기어 및 윤활장치 등에서 발생된다. 이러한 기계 구성 요소의 마찰부에 윤활제를 공급하여 마찰저항을 줄여줌으로써 기계적 운동을 원활하게 해주고 기계적 마모(wear)를 감소시키는 것을 윤활(lubrication)이라고 한다.

기본적으로 윤활은 각종 엔진·차량을 비롯하여 일반기계의 원활한 운전의 기초가 되어 중요하다. 일반적으로 윤활이라는 것은 두 면 사이에 개재하는 것이 꼭 기름이어야 하는 것도 아니다. 공기·가스와 같은 기체일 때도 있고, 흑연과 같이 고체인 경우도 있다.

움직이는 두 물체 사이에 기계에 올바른 급유를 공급하고 정기적인 점검을 통해 고장의 감소와 원활한 가동으로, 결과적으로 마찰저항과 기계적 마모를 줄여 시설관리비용의 절감과 생산성의 향상을 기대하는 것이 윤활과 설비보전의 관계이다.

윤활이 필요한 곳으로는 기계장치의 베어링, 기어, 습동면 및 캠, 피스톤, 체인 및 와이어 부분 등이다.

① 베어링 : 회전축을 지지하는 기계요소
  - 미끄럼베어링 : 고하중 지지
  - 롤링베어링 : 볼이나 롤러베어링이 있고, 고속으로 작은 하중을 지지
② 기어 : 직접 접촉 방식의 동력 전달용 기계요소
③ 체인 및 와이어 : 원거리 간접 접촉 방식의 동력 전달용 기계요소

④ 습동면 및 캠 : 직선 왕복운동을 하는 기계요소
⑤ 피스톤 : 실린더 내에서 직선 왕복운동을 하는 요소

(1) 마찰

두 물체가 상대 접촉하고 있을 때, 한 면이 다른 면 위를 누르고 있거나 미끄러지는 운동을 하고 있다면 접촉면에 저항이 발생하여 운동방향의 반대방향으로 마찰력이 발생한다. 이와 같은 힘은 두 물질의 작용하는 압력과 접촉면 사이의 불규칙성(표면이 거칠기), 상호 접하고 있는 두 물체의 성질에 따라 달라지고 정마찰력과 동마찰력으로 분류되는데, 보통 동마찰력이 정마찰력보다는 작다.

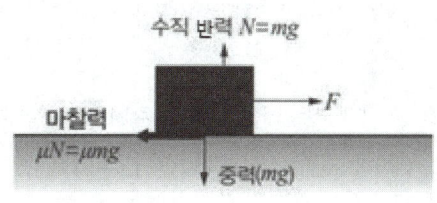

그림 4-1 마찰력

① 마찰력의 크기는 마찰계수(비례정수 μ)와 수직반력의 곱이다.
$$f = \mu N = \mu mg \ [N]$$
② 마찰력의 방향은 운동방향의 반대이다.
③ 기계 효율 : 마찰로 인해 에너지가 기계에 의해 다른 형태의 에너지로 변환할 때에는 에너지의 손실이 존재하게 된다. 따라서 기계효율은 100%가 아니다.
④ 부착력 : 면과 면의 접촉 시 다른 물체에 붙어 있으려는 힘이다.
⑤ 응집력 : 서로 접한 표면의 분자상호간 끌어당기는 힘이다.

(2) 마찰 상태의 분류

마찰면의 윤활제의 거동에 따라 건식마찰, 유체마찰, 경계마찰로 분류된다.
① 건식마찰 : 고체마찰이라고도 하며, 접촉면에 윤활유가 없는 마찰 상태이다.
② 유체마찰 : 접촉면에 윤활유가 강한 유막을 형성하여 접촉면이 직접 접촉을 하지 않고 유막을 사이에 두고 이루어지는 마찰 상태이다.
③ 경계마찰 : 건식과 유체마찰의 중간 상태로 접촉면 사이의 유막이 아주 얇은 상태의 마찰이다.

(3) 윤활 상태의 분류

① 유체윤활
- 유막 두께가 표면 거칠기보다 클 때의 윤활 상태로 완전윤활(후막윤활)이라고 한다.
- 윤활유 선정 기준 : 적정 점도

② 경계윤활(박막윤활, 혼합윤활)
- 유막 두께가 표면 거칠기보다 작거나 같을 때의 윤활 상태로 불완전윤활이라고 한다.
- 유막으로 하중 지탱이 불가능하다.
- 윤활유 선정 기준 : 유성 향상제, 내마모방지제 등
- 완전윤활(perfect lubrication)에서 유막이 약해지면서 마찰이 급격히 증가하기 시작하는 경계윤활 상태를 불완전윤활(imperfect lubrication)이라고 한다.
- 고하중 상태에서, 특히 기계의 시동이나 정지 전후에 일어난다.

③ 극압윤활
- 유막 두께가 표면 거칠기보다 작을 때 나타나는 윤활상태이다.
- 흡착 유막만으로는 하중 지탱이 불가능하다. 극압첨가제로 윤활 유지
- 유막이 파단되어 금속의 접촉이 발생, 즉 융착소부현상이 일어난다.
- 윤활유 선정 기준 : 극압첨가제-염소, 인, 황 등

(4) 윤활제의 성질

① 비중
- 표준대기압, 4℃ 상태, 물의 중량에 대한 어떤 물질의 중량비
- 표준물질에 대한 어떤 물질의 질량과의 비

② 점도 : 점성의 정도
- 점성 : 유체 유동 시 유체층과 층 사이의 유체 마찰
- 점도지수 : 온도 변화에 따른 점도의 변화를 나타내는 척도
- 점도지수가 높다는 것은 온도 변화에 대한 점도 변화가 적다는 의미이다.

③ 인화점 : 가연성 액체나 고체의 표면에 순간적으로 화염을 접근시켰을 때 연소에 필요한 만큼의 증기가 발생하는 최저 온도이다.

④ 발화점 : 가연성 액체 없이 스스로 연소를 시작할 수 있는 최저 온도이다.

⑤ 유동점
- 윤활유의 온도가 떨어지면 액체 입자가 정출되어 고체 입자들이 떠다니게 되는데, 이때의 온도점을 유동점이라 한다.
- 유동점은 윤활유의 급유와 관계가 깊다.

⑥ 적하점
- 반고체 상태의 그리스가 액체 상태로 되어 떨어지는 최초의 온도점이다.
- 그리스 내열성을 평가하는 기준이 된다.

⑦ 산화 안정도 : 내산화도를 평가하는 방법의 성질이다.

⑧ 주도
- 그리스의 굳음 정도를 나타낸다.
- 그리스의 묽게 된 정도를 나타내는 수치, 윤활유의 점도를 나타낸다.
- 점도와는 반대로 수치가 커질수록 그리스는 묽어진다.
- 주도=원추 깊이(mm)×10
  - ASTM의 규정 : 규정된 원추형 추를 25℃의 시료에 5초간 떨어뜨려 들어간 깊이로 나타낸다.
  - 미국 그리스협회(NLGI)의 규정에 의하여 규정 원추(102g)를 그리스 표면에 떨어뜨려 규정시간 (5초) 동안에 들어간 깊이를 mm로 나타내어 10배 한 것

⑨ 이유도 : 그리스를 장기간 저장하고 있을 경우 또는 사용 중에 그리스를 구성하고 있는 오일이 분리되는 현상이다.

⑩ 혼화 안정도
- 그리스의 전단 안정성
- 기계적 안정성을 평가하는 방법

⑪ 중화가
- 석유제품의 산성 또는 알칼리성을 나타내는 것
- 산화 조건하에서 사용되는 동안 오일 중에 일어난 상대적 변화를 알기 위한 척도이다.
- 전산가(TAN : Total Acid Number) : 기름 중 산성 성분의 양
- 전알칼리가(TBN:Toyal Base Number) : 윤활유 중 전알칼리 성분의 양

⑫ 잔류 탄소
- 오일의 증발, 열분해 후에 생기는 탄화 잔류물(탄소만 함유된 것은 아님)이다.
- 윤활유의 잔류 탄소는 윤활유의 정제도와 밀접한 관계가 있다.

⑬ 동판 부식
- 동판 부식 시험 : 오일 중에 함유되어 있는 부식성 물질로 인한 금속의 부식 여부에 관한 시험

⑭ 황산회분
- 윤활유 첨가제가 함유된 신유 또는 윤활유용 첨가제를 태워서 생긴 탄화 잔류물에 황산을 가하고 가열해서 된 회분을 황산회분이라 한다.
- 황산 회분은 윤활유의 금속 첨가제를 정량적으로 측정하는 데 사용된다.

(5) 윤활제의 구비조건

① 금속의 부식성이 적을 것
② 열전도가 좋을 것
③ 내하중성이 클 것
④ 화학적으로 안정되어 있을 것

(6) 액체 윤활유의 구비조건

① 점도가 충분해야 한다. 즉, 사용 상태에 따라 적정한 점도를 가지고 있어야 한다.
② 윤활유 성질(유성)이 균일하고 청정해야 한다.
③ 화학적으로 불활성이어야 한다.
④ 산화나 열에 대한 안정성이 높아야 한다.
⑤ 발화점과 인화점이 높아야 한다.

(7) 윤활유가 산화되었을 때 나타나는 현상

① 금속 표면색의 변화
② 중축합물을 생성
③ 점도 및 산의 증가
④ 표면장력의 감소

2 윤활관리의 기능과 목적

(1) 윤활제의 역할(기능)

① 냉각작용 : 마찰열 등의 열화로 인한 과열부를 냉각하는 작용
② 방청작용 : 금속의 표면 부식 및 녹 방지를 위한 작용
③ 감마작용 : 마찰면의 직접 접촉에 의해서 생기는 건조면 마찰부에 윤활제를 공급하여 마찰을 감소시키는 작용으로 윤활작용이라고도 한다.
④ 응력분산작용 : 접촉부에 가해지는 하중을 분산시켜 응력이 어떤 일부에 집중되지 않도록 하는 작용
⑤ 밀봉작용 : 부품 접촉부 미세 틈새에 오일막을 형성하여 오일의 누출을 방지하고, 외부로부터 공기와 함께 먼지 등의 불순물이 내부로 유입되지 않도록 하는 방진작용의 역할도 한다.
⑥ 청정작용 : 외부로부터 혼입된 이물질 또는 윤활부에 생성된 불순물 등을 제거하는 작용, 세정작용, 청정분산작용이라고도 표현된다.

⑦ 동력 전달작용 : 유압기기의 작동유로 이용될 경우 동력을 전달하는 작용

(2) 윤활관리의 목적

① 기계적 마찰부에 정확한 윤활이 이루어지도록 한다.
② 윤활로 인하여 제반 고장이나 성능 저하가 발생하지 않도록 한다.
③ 기계나 장치의 정상 운전이 이루어지도록 한다.
④ 생산성을 향상시키고 제품 단가 등의 생산비 절감을 낮추도록 한다.
⑤ 설비 가동률의 증대 및 설비수명의 연장
⑥ 유지비 절감, 윤활비 절감, 동력비의 절감 등의 목적

(3) 윤활관리 목적을 달성하기 위한 고려사항

① 기계장치에 필요한 적정 윤활제를 선정한다.
② 선택한 윤활제의 적정량을 결정하여 급유한다.
③ 적합한 급유법을 선정한다.
④ 급유는 적정한 간격으로 정확하고 확실하게 이루어지도록 한다.
⑤ 이물질이나 수분이 윤활부와 윤활제에 혼합되지 않도록 주의한다.

3 윤활관리의 방법

(1) 윤활관리계획

윤활관리계획에 있어 다음과 같은 표(카드)를 활용한다.
① 윤활관리 조사표 : 윤활 대상 기계의 급유부분, 급유실태 등을 조사한다.
② 기계대장 : 기계의 제원, 급유방법 등을 기재한다.
③ 급유지시표 : 급유개소, 유종, 급유량, 급유간격 및 급유개소 중요 수리 실태를 조사하고 기재한다.
④ 윤활제 갱유 카드 : 월간 및 연간의 갱유(坑油) 결과를 담당부서에 기재한다.
⑤ 윤활관리 점검표 : 분기, 반기, 년간 점검결과를 기재한다.

(2) 윤활관리의 효과

자원절약 효과, 생산성 제고의 효과, 공장에 대한 경제적 효과 등이 있다.
① 윤활 의식의 함양 – 마찰감소에 의한 에너지 소비량의 절감
② 기계의 정상 운전 – 고장률 감소, 휴지손실의 방지

③ 기계 보수 유지관리의 합리화 – 급유 시스템 자동화
④ 기계 기능의 유지 – 수명연장
⑤ 보수 유지비용의 감소 – 설비 감소에 따른 투자금 절약
⑥ 윤활유의 낭비 방지 – 윤활제 소비량 절감
⑦ 동력 비용의 감소 – 가동률, 기계효율 향상에 따른 설비 투자액 절감
⑧ 구매 업무의 간소화 – 교환비용 감소
⑨ 안전 작업의 철저
⑩ 윤활 사고의 방지
⑪ 제품 정도의 향상–설계와 재질 등의 개선

(3) 적정 윤활법

다음과 같은 내용을 준수하여 윤활하도록 한다.
① 적정한 윤활제 선택
② 적정한 온도범위에서 사용
③ 적정량만 필요한 개소에 공급
④ 적당한 공급 간격으로 확실하게 급유 처리
⑤ 외부로부터 이물질이나 수분이 윤활부위와 윤활제에 혼합되지 않도록 주의한다.
- 윤활관리 4원칙 : 적유, 적량, 적법, 적기

(4) 윤활관리의 체계

① 마찰면, 윤활장치의 적절한 설계
② 적당한 유종의 선정
③ 윤활제의 적당한 보관 및 운반
④ 급유 및 급유 일상 점검
- 유면 점검
- 오일 온도 체크
- 누유 점검
- 적당한 시기에 윤활유 교체

02 윤활제의 선정

1 윤활제의 구성

① 윤활유 : 기유+첨가제
② 그리스 : 기유+첨가제+증주제(增註劑; Thickener)
  • 액체의 윤활유에 증주제인 금속비누를 분산시켜 상온에서 반고체상(겔상, 젤리상)으로 만든 것
  • 증주제 : 지방산과 금속알칼리류(Ni, Ca, Al, Li)로 비누화한 것
③ 기유(base oil)
  • 광유계
    – 원유를 증류 및 정제하여 얻은 탄화수소 계열 화합물이다.
    – 파라핀계, 나프텐계, 아로마틱계 등이 있다.
  • 합성유계
    – 화학적으로 합성해서 만든 화합물
    – 폴리알파올레핀유(PAO), 에스테르유(ESTER), 실리콘유(SILICONE) 등이 있다.
④ 기유에 의한 분류 : 미국석유협회(API)에 의한 분류
⑤ 기유별 성상(性相) 비교

성질 \ 기유 분류	나프텐계	파라핀계
산화안정성	높다	낮다
분자량	작다	크다
유동점	낮다	높다
점도지수	낮다	높다
밀도(휘발성)	높다	낮다

2 윤활유의 분류

① 원료에 의한 분류
  • 석유계 윤활유 : 파라핀계 윤활유, 나프텐계 윤활유, 혼합 윤활유
  • 비광유계 윤활유 : 동식물계 윤활유, 합성 윤활유
② 용도에 의한 분류 : 전기 절연유, 금속 가공유, 방청유, 유압 작동유

③ 점도에 의한 분류
- 미국 자동차기술자협회(SAE) 윤활유(엔진유 및 기어유)
- 미국 기어제조협회(AGMA) 윤활유(기어유)
- ISO 공업용 윤활유

④ API(미국석유협회) 서비스 분류 : 가솔린 엔진유, 디젤 엔진유, 기어유
⑤ 용도에 의한 분류 : 내연기관용 윤활유, 터빈유, 기어유, 냉동기유, 기계유, 베어링 윤활유, 금속가공유, 유압작동유 등

3 윤활제의 종류와 특성

① 액체 윤활제
- 고온에서 변질이나 내부식성이 우수한 광물섬유
- 점도 및 유동성이 우수한 지방유(동물성, 식물성), 합성유
- 냉각 효과가 좋으나 누설의 우려가 있다.

② 반고체 윤활제
- 그리스, 컴파운드 등 사용
- 그리스유로 윤활을 하는데 힘이 들지 않고 한 번 주입하면 오래 사용할 수 있는 장점이 있다.

표 4-1 | 윤활유와 그리스의 특징 비교

윤활제 항목	윤활유	그리스
연속 급유	필요 (순환급유 용이)	장기간 무급유 (순환급유 곤란)
윤활계통	복잡 (세부윤활 용이)	단순 (세부윤활 곤란)
밀봉장치	복잡 (누설 많음)	단순(용이) (누설 적음)
이물질 제거	연속 제거 필요	불가능
고속회전	가능	한계가 낮음 (초고속에 곤란)
냉각능력	큼	적음
교환	용이	곤란
마찰손실	적음 (회전저항 적음)	큼 (회전저항 : 초기에 큼)

③ 고체 윤활제
- 고체 윤활제는 윤활성이 액체 윤활제보다 온도에 덜 민감한 장점이 있다.
- 흑연, 이황화몰리브덴, PTFE(Poly-Tetra-Fluoro-Ethylene=폴리테트라플루오로에틸렌) 등 사용

④ 기체 윤활제 : 공기, 불활성가스 등 사용

※ 방청유 : 금속에 녹 발생을 방지하기 위해 바르는 기름(주성분 오일)으로 금속 표면에 기름 보호막을 만들어 공기 중의 산소나 수분을 차단하는 것이 목적이다.

4 윤활제의 선정 기준

① 윤활유 선정 시 고려해야 할 사항
- 윤활제의 점도, 열 및 산화 안정성, 적합성, 부식성, 가연성, 유독성, 구매 용이도, 가격 등
  - 열안정성(Thermal stability) : 고온상에서 윤활유는 열화현상으로 탈색, 점도변화, 산화작용 촉진 등의 현상이 일어난다. 이와 같은 현상을 열적 불안전성이라 한다. 이와 같은 열적 불안전성에 대한 안전성이 고려되어야 한다.
  - 산화안정성(oxidation stability) : 윤활제와 첨가제가 공기 또는 물과 접촉 시 산소와 반응하여 산화물이 발생되면 화학적으로 불안정하게 되는 현상을 산화현상이라 하고, 이와 같은 산화 현상에 대한 안전성이 고려되어야 한다.
  - 적합성(Compatibility) : 기계장치에 사용되고 있는 재질과 윤활제가 적합한지를 고려해야 한다.
  - 가연성(Flamibility) : 윤활제가 연소되어서는 안 된다.
- 윤활기능 중 가장 비중이 높은 것은 감마작용이고, 윤활유 선정 시 가장 적합한 점도를 선정하는 것이 중요하다.

② 윤활 3요소 : 마찰면, 급유방법, 윤활제 등

5 윤활유의 선정 기준

윤활제 중 90% 이상이 윤활유이고 주로 광유계가 사용된다.

① 적정 윤활제 선정 기준
- 용도만 고려하여 선정
- 용도와 주도를 고려하여 선정
- 용도와 점도를 고려하여 선정

6 그리스의 선정 기준

① 주도 고려
- 혼화주도 : 25℃에서 60회 혼화한 직후의 주도
- 불혼화주도 : 혼화하지 않고 25℃에서 측정한 주도

② 용도 고려
- 구름 베어링용(다목적용, 저온용, 온도용), 집중 급유용, 고하중용(EP), 고온용, 기어 콤파운드, 자동차용 휠 베어링

③ NLGI : 미국 윤활 그리스 협회(National Lubricating Grease Institute)-9개의 주도 등급

NLGI 000	NLGI 00	NLGI 0	NLGI 1	NLGI 2	NLGI 3	NLGI 4	NLGI 5	NLGI 6
유체	반유체	매우 부드러움	부드러움	일반 그리스	굳음	매우 굳음	단단함	매우 단단함

- 액체형 그리스 : 000등급-중앙급유장치를 이용한 급유, 00등급 - 기어박스의 윤활
- 부드러운 그리스 : 1등급-슬라이딩 베어링, 2등급-구름 베어링, 3등급 - 워터 펌프 윤활
- 딱딱한 그리스 : 5등급이나 6등급 - 밀봉 그리스나 블록 그리스

표 4-2 | 운전조건에 따른 윤활유의 선택

운전조건 \ 윤활제	그리스	윤활유
저하중 고속회전	범용 그리스	저점도유
고하중 저속회전	극압 그리스	고점도유
고온(高溫) 사용 시	Li, Na계 그리스	고점도유

7 윤활유의 첨가제

① 산화방지제
- 황화합물, 인산화합물, 아민 및 페놀화합물 등을 사용한다.
- 윤활유의 열화를 방지하고 수명연장을 위하여 사용한다.

② 방청제 : 유기산 에스테르, 지방산염, 유기린 화합물, 아민 화합물 - 녹이나 부식 방지제

③ 소포제 : 실리콘유, 실리콘의 유기화합물 - 거품 없애는 첨가제

④ 점도지수 향상제 : 고분자 중합체의 탄화수소
- 고분자 화합물 기름의 유동성을 유지하는 작용을 한다.

⑤ 유성향상제
- 유기린 화합물이나 유기 에스테르와 같은 극성화합물-마찰방지제

- 융착방지제라고도 하며, 시이저(scizure)라는 눌어붙음 현상도 있다.
- 경계윤활 시 유막이 끊어지지 않게 하며 마찰계수를 줄여준다.

⑥ 청정제 : 불순물을 제거하기 위한 첨가제이다.
- 고온 운전에 따른 산화 생성물, 외부로부터 침입한 카본 및 슬러지 등을 제거

⑦ 유동점 강하제 : 파라핀은 저온에서 결정(저온 시 왁스의 결정화)을 만든다. 저온에서 이 결정을 방지하고 흐름을 용이하게 하기 위해 사용하는 첨가제이다.

⑧ 분산제 : 고온 운전에 따른 슬러지 등의 침전물 분산을 위한 첨가제

⑨ 내마모제 : 마모 발생 억제제

⑩ 극압제 : 극압피막을 형성하여 마모 등 발생 억제를 위한 첨가제

⑪ 항유화제 : 오일 내 함유한 수분 제거를 위한 첨가제

⑫ 유화제 : 물과 기름이 잘 혼합되어 안정되도록 하는 첨가제

CHAPTER 04 실전연습문제

01 다음은 윤활의 목적이다. 잘못 설명된 것은?

① 냉각 작용으로 윤활유 자신의 열화 방지를 목적으로 한다.
② 금속 표면에 접촉하여 금속의 산화 현상 촉진을 목적으로 한다.
③ 금속 간 접촉에 의한 마모 방지를 목적으로 한다.
④ 이물질 침입을 막고 녹과 부식 방지를 목적으로 한다.

02 다음 보기가 의미하는 것은?

〈보기〉
"내연기관의 윤활유에 연료유 및 다량의 수분이 혼입되었을 경우에 점도가 변화하는 현상으로 산화를 촉진시키는 조건은 먼지, 온도, 사용 시간, 금속 촉매, 산소, 윤활유의 혼합, 수분, 함유 슬러지 등이다."

① 윤활유의 희석   ② 윤활유의 탄화   ③ 윤활유의 발화   ④ 윤활유의 인화

- 탄화(炭化) : 열 → 건유 → 다량의 탄소잔류물 발생
- 산화(酸化) : 산소 외 수분, 먼지 등 → 점도 증가 또는 표면장력의 저하
- 유화(油畫) : 수분 → 유화액

03 다음 중 내연기관의 윤활유에 연료유가 혼입되어 윤활유의 점도가 변화하는 현상을 무엇이라 하는가?

① 윤활유의 유화   ② 윤활유의 희석
③ 윤활유의 알칼리화   ④ 윤활유의 탄화

04 윤활유가 산화되었을 때 나타나는 현상으로 다음 중 거리가 먼 것은?

① 점도의 증가   ② 표면장력의 저하
③ 잔류 탄소 발생 ④ 중혼합물 생성

정/답 01 ② 02 ① 03 ② 04 ③

05 다음 보기의 윤활유 중 가장 폭넓게 사용되는 것은?

① 기체 윤활유 ② 고체 윤활유
③ 반고체 윤활유 ④ 액체 윤활유

06 그리스의 굳음 정도를 무엇이라 하는가?

① 비열 ② 비중 ③ 점도 ④ 주도

점도 : 액체의 내부 마찰에 기인하는 점성의 정도

07 가연성 액체 없이 스스로 연소를 시작할 수 있는 최저 온도를 무엇이라고 하는가?

① 발화점 ② 폭발점 ③ 연소점 ④ 인화점

인화점 : 가연성 액체나 고체의 표면에 순간적으로 화염을 접근시킬 경우, 연소시키는데 필요한 만큼의 증기가 발생하는 최저 온도

08 기계적 마찰부에 공급하는 윤활제의 역할이라 할 수 없는 것은?

① 윤활작용 ② 냉각작용 ③ 감마작용 ④ 시일작용

윤활작용은 감마작용, 시일작용은 밀봉 및 방진작용

09 윤활제의 역할 중 다음 보기의 작용은?

〈보기〉
"마찰면의 직접 접촉에 의해서 생기는 건조면 마찰을 해소하기 위하여 건조면 마찰을 유체 마찰로 바꿔 마찰을 최소화시키는 작용"

① 감마 작용 ② 응산 분산 작용
③ 방진 작용 ④ 냉각 작용

정/답 05 ④ 06 ④ 07 ① 08 ③ 09 ①

10 다음은 윤활관리의 목적이다. 타당하지 않은 것은?

① 기계적 마찰부에 정확한 윤활이 이루어지도록 한다.
② 윤활로 인하여 제반 고장이나 성능 저하가 발생할 수도 있다.
③ 기계나 장치의 정상 운전이 이루어지도록 한다.
④ 생산성을 향상시키고 제품 단가 등의 생산비 절감을 낮추도록 한다.

11 다음 중 윤활 관리의 효과라 할 수 없는 것은?

① 보수 유지비용의 상승
② 동력 비용의 절감
③ 안전사고 예방
④ 기계 보수 유지관리의 합리화

12 윤활유가 산화되었을 때 나타나는 현상이 아닌 것은?

① 점도와 산의 증가
② 금속 표면색의 변화
③ 표면장력의 증가
④ 중축합물을 생성

13 다음 중 작동유의 산화 방지제로서 적당한 것은?

① 아민 및 페놀 화합물
② 탄화수소 화합물
③ 실리콘의 유기 화합물
④ 유기린 화합물

14 금속의 고체마찰이나 늘어붙음을 방지하기 위한 유압유의 첨가제는?

① 점도지수향상제
② 산화방지제
③ 유성향상제
④ 유동점강화제

15 다음의 유압유에서 요구되는 성질이 아닌 것은?

① 증기압이 높을 것
② 비열과 열전달률이 클 것
③ 체적탄성계수와 비등점이 높을 것
④ 내화성이 클 것

정/답 10 ② 11 ① 12 ③ 13 ① 14 ③ 15 ①

> 기체와 접하고 있을 때 모든 액체는 경계면을 통하여 증발하려 한다. 증발된 증기분자는 액체 표면의 상부공간 속에서 분압을 형성한다. 이때의 분압을 증기압이라 한다. 증기압이 높은 액체일수록 증발이 쉽다.

16 윤활제의 물리적 성질 중에서 동계운전 시에 가장 고려해야 할 성질은?

① 압축성 ② 유동점 ③ 인화점 ④ 비중과 밀도

17 유압유를 냉각하였을 때 파라핀 또는 그 밖의 고체가 석출 또는 분리되기 시작하는 온도는?

① 유동점 ② 응고점 ③ 흐린점 ④ 전환온도

18 윤활제의 산성을 나타내는 척도로 보통 사용하는 것은?

① 탄화수소(산의 양) ② 소포성
③ 중화수(알칼리 양) ④ 산화 안정성

> 산화 안정성 : 유압유의 산성을 나타내는 척도로 오일의 수명을 예측하는 수단으로 사용된다.

19 다음 중 윤활유의 방청제(傍聽劑 ; anticovrosiv)로 가장 적당한 것은?

① 이온 화합물 ② 인산화합물
③ 유기산 에스테르 ④ 실리콘 유

20 윤활제(潤滑劑)가 갖추어야 할 조건을 나열한 것 중 옳지 않은 것은?

① 유동성, 윤활성이 좋을 것 ② 산화에 안정할 것
③ 점도지수가 낮을 것 ④ 소포성(消泡性)이 좋을 것

정/답 16 ② 17 ① 18 ④ 19 ③ 20 ③

21 액체 윤활유의 구비조건이 아닌 것은?

① 유체 마찰 저항이 적을 것
② 압축성 유체일 것
③ 화학적, 물리적 변화가 적을 것
④ 녹이나 부식의 발생을 방지할 수 있을 것

22 다음 중 윤활상태 분류에 포함되지 않는 것은?

① 유체윤활　　② 경계윤활　　③ 극압윤활　　④ 보전윤활

23 유체윤활은 완전윤활이라고도 한다. 그 조건으로서 다음 중 맞는 것은?

① 유막두께 = 표면거칠기　　② 유막두께 > 표면거칠기
③ 유막두께 < 표면거칠기　　④ 유막두께 ≤ 표면거칠기

- 유체윤활 : 유막두께 > 표면거칠기
- 경계윤활 : 유막두께 ≤ 표면거칠기
- 극압윤활 : 유막두께 < 표면거칠기

24 유체윤활의 윤활유 선정 기준으로 다음 중 맞는 것은?

① 적정 점도　　② 유성 향상제　　③ 내마모 방지제　　④ 극압첨가제

- 유체윤활 : 적정 점도
- 경계윤활 : 유성향상제, 내마모방지제
- 극압윤활 : 극압첨가제

25 다음 중 그리스 윤활제의 구성으로 맞는 것은?

① 기유+첨가제　　　　② 기유+첨가제+증주제
③ 기유+증주제　　　　④ 증주제+첨가제

윤활제의 구성
- 윤활유 : 기유+첨가제
- 그리스 : 기유+첨가제+증주제

정/답　21 ②　22 ④　23 ②　24 ①　25 ②

26 다음 중 광유계 기유의 종류가 아닌 것은?

① Aromatic   ② Paraffinic   ③ ESTER   ④ Naphthenic

- 광유계 : 파라핀계, 나프텐계, 아로마틱계 등
- 합성유계 : 폴리알파올레핀유(PAO), 에스테르유(ESTER), 실리콘유(SILICONE) 등

27 다음은 나프텐계와 파라핀계의 기유별 성상을 비교한 것이다. 잘못된 것은?

① 비중은 파라핀계가 나프텐계보다 낮다.
② 점도지수는 나프텐계가 파라핀계보다 낮다.
③ 유동점은 파라핀계가 나프텐계보다 높다.
④ 잔류탄소분은 나프텐계가 파라핀계보다 경질이다.

잔류탄소분은 파라핀계가 나프텐계보다 경질이다.

기유 분류 성질	나프텐계	파리핀계
잔류탄소분	연질	경질
유동점	낮다	높다
점도지수	낮다	높다
비중	높다	낮다

28 다음 보기와 같은 경우에 사용하는 첨가제는?

〈보기〉
"오일이 공기 중의 산소와 접촉하거나 온도상승, 수분혼입, 각종 금속과의 접촉 등에 의해 산화되어 부식성 산이나 슬러지를 생성하는 것을 억제를 위한 첨가제이다."

① 청정제   ② 분산제   ③ 산화방지제   ④ 방청제

29 다음은 윤활유 선정 시 고려 사항이다. 적당하지 않은 것은?

① 고점도의 윤활유를 선정한다.
② 점도지수가 높아야 한다.
③ 윤활부위와 운전조건 등이 고려되어야 한다.
④ 장비 제작사의 추천을 고려해야 한다.

정/답   26 ③   27 ④   28 ③   29 ①

점도는 적당하고 점도지수가 높아야 한다. 점도지수란 온도변화에 따른 점도의 변화 정도를 나타내는 척도이다.

30 다음 중 윤활유 특징에 관한 사항으로 거리가 먼 것은?

① 장기간 무급유가 가능하다.　　② 윤활계통이 복잡하고 크다.
③ 밀봉장치가 복잡하다.　　④ 이물질을 연속적으로 제거하여야 한다.

장기간 무급유가 가능한 것은 그리스이다.

31 다음 중 그리스 윤활의 특징에 해당하지 않는 것은?

① 마찰손실이 크다.　　② 냉각능력이 크다.
③ 이물질 제거가 불가능하다.　　④ 고속회전의 한계가 낮다.

냉각능력이 큰 것은 윤활유이다.
- 윤활유의 특징
① 윤활유 소모에 따른 연속적인 급유가 필요하다.
② 윤활계통이 복잡하고 크다.
③ 밀봉장치가 복잡하다.
④ 연속적인 이물질 제거가 가능하다.
⑤ 고속회전이 가능하다.
⑥ 냉각능력이 크다.
⑦ 마찰손실이 작다.

32 윤활제로 그리스와 윤활유가 사용되고 있다. 고속저하중의 운전조건에 사용가능한 윤활유로 다음 중 맞는 것은?

① 고점도유　　② 저점도유　　③ 극압윤활유　　④ 저압윤활유

운전조건 \ 윤활제	윤활유	그리스
고속저하중	저점도유	범용 그리스
	고점도유	극압 그리스
저속고하중	고점도유	Li, Na계 그리스

정/답　30 ①　31 ②　32 ②

33 다음은 윤활관리의 목적이다. 타당하지 않은 것은?

① 설비가동률의 증대　　② 유지비의 절감
③ 설비수명의 연장　　　④ 윤활비용의 증가

> 윤활관리의 목적은 기계설비나 장치의 성능저하나 고장을 미연에 방지하여 기계의 성능 및 정밀도를 유지하고 생산성을 향상시키는데 있다.
> • 설비가동률의 증대
> • 유지비의 절감
> • 설비수명의 연장
> • 윤활비용의 절감
> • 동력비 절감
> • 생산성 증가 및 제조원가의 절감

34 다음 중 윤활관리 효과를 달성하기 위해 고려해야 할 사항으로 거리가 먼 것은?

① 어떤 기계장치가 되었든 적당한 윤활제면 된다.
② 선택한 윤활제의 적정량을 공급하도록 한다.
③ 윤활유의 공급에 적합한 방법을 선정해야 한다.
④ 이물질이나 수분이 윤활제에 함유되지 않도록 해야 한다.

> 기계장치에 필요한 적정한 윤활제를 선정하여 사용해야 한다.

35 윤활유 선정 시 고려해야 할 사항으로 다음 중 거리가 먼 것은?

① 윤활제의 점도　　② 열 및 산화안정성
③ 적합성　　　　　④ 비가연성

> 윤활제의 점도, 열 및 산화안정성, 적합성, 부식성, 가연성, 유독성 등을 고려

36 윤활유 선정 시 고려해야 할 항목 중 감마작용에 가장 큰 영향을 주는 것은?

① 윤활제의 점도　　② 열 및 산화안정성
③ 가연성　　　　　④ 유독성

정/답　33 ④　34 ①　35 ④　36 ①

37 다음 중 윤활유의 3요소에 해당하지 않는 것은?

① 마찰면 ② 급유방법 ③ 산화안정성 ④ 윤활제

38 윤활유의 용도에 의한 분류가 아닌 것은?

① 내연기관용 윤활유 ② 압축기유
③ 냉동기유 ④ 기어 콤파운드

> 그리스의 용도에 의한 분류 : 구름 베어링용(다목적용, 저온용, 광범위 온도용), 집중 급유용, 고하중용(EP), 기어 콤파운드, 자동차용 섀시, 자동차용 휘일 베어링 등

39 그리스의 용도에 따른 분류가 아닌 것은?

① 기계유 ② 구름 베어링용
③ 고하중용 ④ 자동차용 휘일 베어링

> 윤활유의 용도에 의한 분류 : 착암기용, 급속가공유, 기계유, 섬유기계 전용유, 유압작동유, 압축기유, 냉동기유, 진공펌프유, 베어링유, 열매체유, 내연기관용, 터빈유, 기어유, 공작기계 습동면유, 스핀들유, 미스트 급유 전용유 등

40 다음 중 윤활제 선정 시 기준에 해당하는 것으로 거리가 먼 것은?

① 용도 ② 비용(가격) ③ 점도 ④ 주도

41 다음은 주도와 관련한 사항이다. 맞지 않는 것은?

① 그리스의 묽고 된 정도를 나타내는 수치이다.
② ASTM에서 규정한 주도 시험기로 측정한다.
③ 혼화주도란 25℃에서 60회 혼화한 직후의 주도이다.
④ 주도는 원추의 깊이(mm) 곱하기 20으로 계산한다.

정/답 37 ③ 38 ④ 39 ① 40 ② 41 ④

42 다음 중 적정 윤활법에 해당하지 않는 것은?

① 적정한 윤활제를 선택한다.
② 적정한 온도범위에서 사용한다.
③ 필요한 개소에 관계없이 대량의 윤활제를 충분히 공급한다.
④ 적당한 공급 간격으로 확실하게 급유 처리한다.

43 다음은 윤활관리 계획 일람표의 종류이다. 그 종류로서 타당하지 않은 것은?

① 윤활유 종류 및 업체 목록　　② 기계대장
③ 윤활제 갱유 카드　　　　　　④ 윤활관리 점검표

① 윤활관리 조사표 : 윤활 대상 기계의 급유부분, 급유실태 등을 조사한다.
② 기계대장 : 기계의 제원, 급유방법 등을 기재한다.
③ 급유지시표 : 급유개소, 유종, 급유량, 급유간격 및 급유개소 수리 실태를 조사하고 기재한다.
④ 윤활제 갱유 카드 : 월간 및 연간의 갱유(坑油) 결과를 담당부서에 기재한다.
⑤ 윤활관리 점검표 : 분기, 반기, 년간 점검결과를 기재한다.

44 다음 중 윤활관리 4원칙에 해당하지 않는 것은?

① 적유　　② 적요　　③ 적량　　④ 적법

윤활관리 4원칙 : 적유, 적량, 적법, 적기

45 다음 중 윤활사고의 주요 원인이다. 이 중에서 가장 많은 사고의 원인에 해당하는 것은?

① 유종 선종 불량　　　② 유종의 혼용
③ 이물질의 혼입　　　 ④ 급유량의 부족

오일 부족이 윤활사고의 가장 많은 원인에 해당한다.

정/답　42 ③　43 ①　44 ②　45 ④

46 유종 선정 불량에 의하여 수반되는 현상으로 다음 중 해당 사항이 없는 것은?

① 동력손실 증가　　　　　　　② 마찰면의 손상
③ 윤활제의 수명 연장　　　　　④ 소음 진동 증가

> 유종 선정 불량으로 동력손실 증가, 마찰면 손상, 윤활제 수명 단축, 소음 진동 증가로 이어진다.

47 윤활제의 사용 목적과 관련 없는 것은?

① 냉각작용　　② 감마작용　　③ 방청작용　　④ 탄성작용

48 고체윤활제의 구비조건으로 부적당한 것은?

① 금속표면에서 분자흡착력이 커야 한다.
② 용해성, 수용성, 융해성 등이 커야 한다.
③ 부식성이 없어야 한다.
④ 전단강도가 작아야 한다.

49 다음은 윤활제 분류 및 규격에 관한 표현이다. 맞는 표현은?

① SAE : 자동차용 엔진유 및 기어유　　② ISO : 공업용 기어유
③ AGMA : 내연기관용 윤활유　　　　　④ API : 공업용 윤활유

> - SAE : 자동차용 엔진유 및 기어유
> - ISO : 공업용 윤활유
> - AGMA : 공업용 기어유
> - API : 내연기관용 윤활유

50 기계적 결합부의 미세 틈새로 윤활유의 누설 및 대기 중의 공기, 먼지 등의 침입을 방지하고자 하는 윤활작용은?

① 감마작용　　② 시일작용　　③ 응력분산작용　　④ 냉각작용

> 밀봉작용(Sealing) : 윤활유의 누설방지, 압력유지 및 외부로부터의 이물질 침입 방지 목적의 작용

정/답　46 ③　47 ④　48 ②　49 ①　50 ②

51 공기와의 접촉, 온도, 윤활제의 종류에 따라 열화현상의 변화가 수반되는데, 윤활유 열화현상의 원인 중 가장 큰 원인에 해당하는 것은?

① 탄화　　　② 희석　　　③ 유화　　　④ 산화

- 탄화(炭化) : 열 때문에 기름이 건류되어 다량의 잔류 탄소를 발생시키는 현상
- 산화(酸化) : 공기 중의 산소를 흡수하여 일으키는 화학적인 반응
  → 점도 증가, 표면장력의 저하, 산의 증가 등 초래
- 유화(油畫) : 윤활유가 수분과 혼합되어 유화액을 만드는 현상(수분→유화액)
- 희석 : 윤활유 중 연료 및 다량의 수분이 혼입되어 일어나는 현상
- 윤활유 열화
  - 내부 변화(화학변화-자체 변질) : 산화, 탄화
  - 외부 요인(다른 물질 칩입) : 희석(연료유), 유화(물), 이물질 혼입(고형물질, 유기 요제)

52 윤활상의 고장원인 중 윤활제와 관련된 사항이라고 할 수 없는 것은?

① 오일 누설　　　　　　　　② 성질이 다른 혼합유 사용
③ 윤활유의 과소 및 과잉 공급　　④ 적정유를 사용하지 않음

53 다음 중 윤활유의 산화촉진과 관련이 없는 것은?

① 신유 혼입　　② 사용유 혼입　　③ 수분 혼입　　④ 공기 혼입

54 다음 중 NLGI 그리스 주도 번호 중 유동성이 가장 큰 것은 어느 것인가?

① NLGI 6　　② NLGI 0　　③ NLGI 2　　④ NLGI 4

NLGI : 미국 윤활 그리스 협회(National Lubricating Grease Institute)

NLGI 000	NLGI 00	NLGI 0	NLGI 1	NLGI 2	NLGI 3	NLGI 4	NLGI 5	NLGI 6
유체	반유체	매우 부드러움	부드러움	일반 그리스	굳음	매우 굳음	단단함	매우 단단함

정/답　51 ④　52 ③　53 ①　54 ②

55 다음 보기의 마찰은?

> 〈보기〉
> "접촉면 사이에 윤활제가 충분한 유막을 형성하고 마모나 발열이 최소인 마찰상태"

① 고체마찰　　② 극압마찰　　③ 유체마찰　　④ 경계마찰

56 다음 중 내하중용 첨가제라고 할 수 없는 것은?

① 내마모제　　② 극압제　　③ 유성향상제　　④ 방청제

- 내마모제 : 마모 발생 억제제
- 극압제 : 극압피막을 형성하여 마모 등 발생 억제를 위한 첨가제
- 유성향상제 : 마찰방지제
- 방청제 : 녹이나 부식 방지제

57 다음 중 파라핀계 윤활유의 특징으로 맞는 것은?

① 산화 저항성 낮음　　② 휘발성 높음
③ 점도지수 높음　　　 ④ 유동점 낮음

58 점도지수 향상제를 사용했을 때 문제가 될 수 있는 것은?

① 열안정성　　② 저온 시동성　　③ 화학 안정성　　④ 유동성

열안정성을 위해서는 산화 방지제를 첨가하여 윤활유의 열화를 방지한다.

59 윤활제의 분류 체계상 윤활유 구성 성분으로 적당하지 않은 것은?

① 광유　　② 식용유　　③ 지방유　　④ 합성유

윤활유의 구성 : 광유, 지방유, 혼성유, 합성유

정/답　55 ③　56 ④　57 ③　58 ①　59 ②

60 다음은 AGMA에 의한 공업용 밀폐기어용 기어유의 종류와 타입별 첨가제를 기술한 것이다. 그중에서 연결이 올바른 것은?

① R/O-방청제, 지방유 ② EP-산화방지제
③ 컴파운드-극압제 ④ 합성유-디에스테롤

- R/O(Rust & Oxidation : 녹방지성과 산화안정성)·광유에 방청제, 산화방지제를 첨가
- EP(Extreme Pressure : 극압)·공유에 극압제 첨가
- 컴파운드·광유에 3~10% 지방유 첨가, 합성지방유를 첨가, 웜기어용
- 합성유·디에스테롤, 폴리글리콜 또는 합성탄화수소계, 밀폐기어, 웜기어용

61 다음은 윤활유 요구 성능 중에서 점도(粘度 : viscosity)에 대한 기술이다. 올바른 표현은?

① 점도가 높으면 마찰이 작아지고 낮으면 윤활효과가 증가한다.
② 점도가 작으면 마찰이 커지고 높으면 윤활효과가 증가한다.
③ 점도가 높으면 마찰이 커지고 낮으면 윤활효과가 떨어진다.
④ 점도가 작으면 마찰이 작아지고 높으면 윤활효과가 떨어진다.

62 윤활유에 요구되는 일반적인 성질 중 내연기관 등에서 연소가스 중의 불순물을 금속표면으로부터 씻어냄과 동시에 오일 중에 미립자 상태로 확산시켜, 그 미립자의 성장을 방해하는 성질을 뜻하는 엔진오일의 성상을 무엇이라 하는가?

① 청정분산성 ② 산화안정성 ③ 열안정성 ④ 주도성

63 다음 중 윤활유의 성질을 향상시키기 위한 첨가제의 종류가 아닌 것은?

① 소포제 ② 유화제 ③ 산화방지제 ④ 방청제

유화제 : 어떤 액체가 다른 액체에 부유하도록 하는 여러 화학적 첨가물이다.

64 그리스의 첨가제로 주로 사용되는 종류가 아닌 것은?

① 구조안정제 ② 산화방지제 ③ 마모방지제 ④ 점도지수향상제

점도지수향상제는 윤활유의 유동성 유지를 위한 첨가제이다.

정/답 60 ④ 61 ③ 62 ① 63 ② 64 ④

윤활방법과 시험

PLANT MAINTENANCE ENGINEER

01 윤활 급유법

1 윤활유계의 윤활

윤활유계(lubricating system)란 상대접촉 운동이 발생하는 부위의 마찰로 인한 마모, 마멸 등을 완화 또는 방지를 목적으로 윤활유 공급을 위한 급유, 배유 및 부속장치를 총칭한 시스템이다.

(1) 윤활유 공급 방법 선정 시 고려사항
① 마찰면의 형태
② 미끄럼 방향
③ 하중의 경중과 성질
④ 미끄럼 속도
⑤ 사용 온도

(2) 급유장치를 선정하는데 필요한 검토 항목
① 윤활개소의 조건 : 윤활개소의 수, 윤활 접촉면의 온도와 냉각 등
② 윤활제 선택 : 미끄럼 베어링-윤활유, 구름베어링-그리스, 고속회전 시에는 윤활유
③ 급유 위치 : 높은 곳(크레인)-급유하기 어려운 곳, 급유가 쉬운 장소
④ 급유 빈도와 윤활개소
   • 연속 급유가 필요한 곳 : 미끄럼 베어링, 기어, 고속회전의 구름 베어링 등
   • 발열이 적은 경우 : 적하급유 또는 자기순환급유
   • 발열이 많은 경우 : 강제순환급유
   • 윤활개소가 20개 이하 급유빈도가 1일 이하 : 수동급유

- 윤활개소가 20개 초과 급유빈도 1일 이상 : 집중급유장치 사용
⑤ 기타 급유장치와의 관계
- 그리스의 집중급유장치-파벌형 급유장치, 급유장치 이상 시 예비부품 교환 가능
⑥ 급유 방법 : 다음은 급유방법과 윤활장치이다.
- 수동급유
    - 윤활유 : 수동급유법, 도포
    - 그리스 : 그리스 컵, 도포, 그리스 건
- 적하급유
    - 윤활유 : 가시적하급유기, 심지급유기
- 자기순환급유
    - 윤활유 : 링 급유장치, 칼라 급유장치, 체인 급유장치, 패드 급유장치, 유옥 급유장치, 비말 급유장치
    - 그리스 : 밀봉 베어링
- 강제순환급유
    - 윤활유 : 순환급유장치, 분무급유장치, 집중급유장치
    - 그리스 : 수동 집중 급유장치, 자동 집중 급유장치

(3) 윤활급유법의 분류

① 전손식 급유법 : 현재는 거의 사용하지 않는 방법으로 한 번 사용한 윤활제는 폐기하는 급유법이다. 소형기계, 중요도가 떨어지는 베어링, 크레인의 개방기어 등에 사용되었다.
② 회수식 급유법 : 윤활부에 사용한 윤활유를 회수하여 반복해 사용할 수 있다. 반복적인 윤활유의 연속 공급으로 감마작용과 냉각작용 등이 충분한 방법이다. 이와 같은 방법을 반복사용식 급유법이라고 하며, 하부패킹 급유법, 유환(링) 급유법, 유욕식 급유법, 순환 급유법, 비산 급유법 등이 있다.

2 윤활유계의 윤활방법

(1) 비순환 급유법

윤활유 급유법으로 비순환 급유법과 순환 급유법이 있다. 순환 급유가 어려울 경우에 비순환 급유법을 사용한다. 비순환 급유법은 소량의 윤활제를 사용하는 방법이고, 손 급유법, 적하 급유법 등의 전손식 급유법이다.

① 손 급유법(hand oiling)
- 손으로 기름 치기를 하는 간단한 급유 방법이다.

- 미끄럼 속도가 낮고 경하중인 경우에 사용한다.
- 인쇄 기계, 방적 기계, 공구, 체인 등에 사용

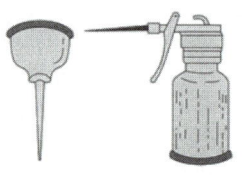

② 적하 급유법(drop-feed oiling)
- 비교적 고속회전의 소형 볼베어링 등에 많이 사용되는 방법이다.
- 가시식(可視式)의 오일에 기름이 저장되어 있고, 적하하는 오일량은 상부의 나사에 의하여 조절된다.
- 엔진, 펌프, 컴프레셔, 공작기계 등

그림 5-1 손 급유법

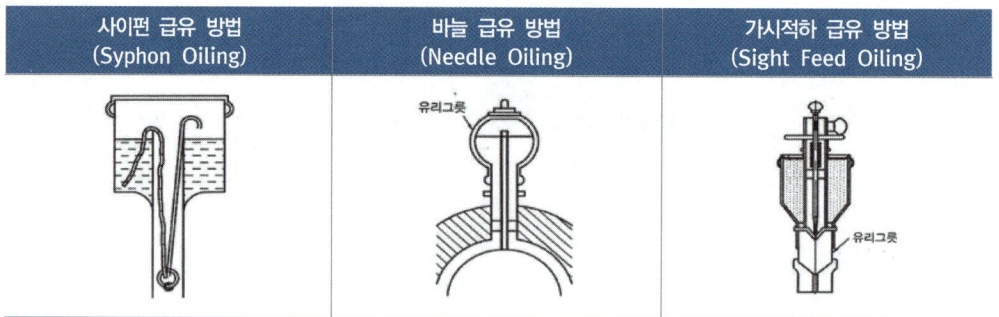

그림 5-2 적하 급유법의 종류

③ 가시부상 유적 급유법
- 급유 상태를 볼 수 있는 급유법이다.

(2) 순환 급유법

윤활유를 연속해서 마찰면에 공급하는 급유법으로, 오일을 펌프로 순환시키며 오일탱크로 되돌아오도록 한 회전식 급유법이다. 자기순환 급유법과 강제순환 급유장치가 있다.

① 유욕 급유법
- 유면의 적절한 위치는 가장 낮은 위치에 있는 전동체의 중심에 위치하도록 한다.

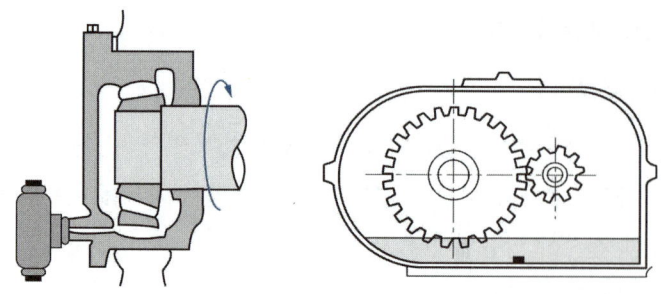

그림 5-3 유욕 급유법

- 윤활개소의 일부가 유욕(oil bath)에 들어가 윤활이 되는 방식이다.
- 저, 중속의 밀폐기어, 감속기 내의 베어링 등 윤활에 적합하다.

② 원심 급유법
- 원심력을 이용한 방법이다.
- 엔진 종류의 크랭크핀 급유에 사용한다.

③ 패드 급유법(하부 패킹 급유법)
- 패킹을 가볍게 저널(journal)에 접촉시켜 급유하는 방법이다.
- 모세관 현상을 이용한 방법이다.
- 차의 베어링 등에 사용

④ 강제순환 급유법
- 순환 급유법으로 가장 좋은 급유법이다.
- 펌프를 이용하여 윤활이 필요한 기계가 한 대이든 여러 대이든 관계없이 모든 마찰면에 윤활제를 동시에 공급이 가능하다.
- 윤활 적용이 끝난 윤활유는 재사용하기 위하여 펌프로 별도의 저장조에 회수시켜 여과 및 냉각 과정을 거친 후 반복 사용하는 방식이다.
- 스팀터빈, 디젤기관, 압연기, 스크린, 감속기 등 대형 설비에 사용

⑤ 유륜식 급유법
- 마찰면으로 기름을 운반해 윤활 작용을 하고, 나머지는 대부분 마찰면의 열을 제거한 후 기름 탱크로 되돌아오는 급유법이다.
- 모터, 발전기, 소형 터빈 등과 같은 고속 회전하는 베어링용으로 널리 사용되고 있다.

⑥ 체인 급유법
- 유륜식 급유법보다 점도가 높은 기름을 필요로 할 때 사용한다.
- 비교적 저속도의 고하중 베어링용으로 사용되고 있다.

⑦ 버킷 급유법
- 밀폐된 케이스를 사용하며, 회전판을 부착하여 비말을 받아 적하하는 급유 방법이다.

⑧ 나사 급유법
- 축 표면에 나선 모양의 홈을 내고, 축의 회전에 따라 기름이 홈을 따라 상승하여 축 표면에 급유하는 원리이다.

⑨ 비말 급유법(비산 급유법; splash oiling)
- 기계의 운동부를 오일 탱크 내 유면에 미접(미소접촉)시켜 소량의 오일을 마찰면에 튀게 하여 급유하는 방법이다.
- 기어 윤활에 사용

⑩ 중력 순환 급유법
- 높은 곳에 위치한 기름 탱크로부터 분배관을 통하여 오일을 흘려보내는 급유법이다.

⑪ 롤러 급유법
- 기름 탱크에 롤러를 설치하여 롤러에 부착되는 기름으로 윤활하는 급유법이다.

⑫ 분무 급유법(미스트 급유; oil mist oiling)
- 공기여과기, 공기압축기, 분무장치, 감압밸브로 구성되어 있다.
- 분무기에 의하여 마찰면을 적실 정도로 소량의 오일을 다량의 공기와 함께 보내는 방식이다.
- 저속과 고속 구름 베어링 등에 사용된다.

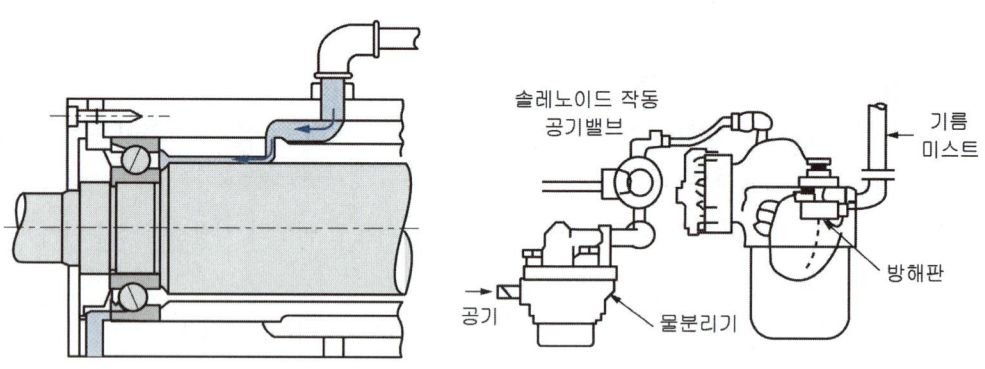

그림 5-4 미스트 급유법

(3) 강제순환급유장치의 작용 원리 및 특징

① 작용 원리도

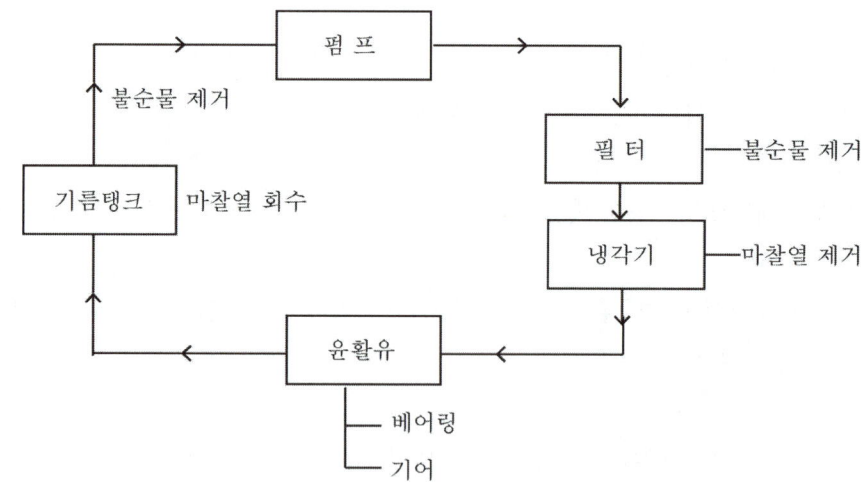

그림 5-5 강제순환급유법의 작용 원리도

② 특징
- 냉각효과가 좋고 청정한 오일을 오랜 기간 사용 가능하다.
- 마찰면의 마멸입자, 오일의 열화 생성물, 외부 혼입 이물질 등을 제거한다.
- 여러 윤활부에 필요 유량을 배분할 수 있다.
- 복잡한 기기 구성으로 관리에 주의가 요구된다.

3 그리스계의 윤활 및 윤활방법

(1) 그리스 급유법

그리스는 광유 및 합성유(액체 윤활유)에 증주제를 분산시킨 상온에서 반고체 또는 고체상태의 윤활제로 다음과 같은 특징이 있다.

① 급유 간격이 길고, 누설이 적고, 밀봉성과 먼지 등의 침입이 적다.
② 내하중성이 크고 녹이나 부식을 방지한다.
③ 고하중에 적당하고 급유가 곤란한 부분에 적당하다.
④ 유동성 불량, 냉각 작용이 적고, 초고속에 부적합하며 급유량 조절이 곤란하다.
⑤ 그리스 건, 그리스 컵을 사용하거나 손 급유법으로 그리스를 급유한다.

(2) 중앙집중식 그리스 공급장치(Centralized Grease System)

그리스 펌프를 이용하여 여러 개의 윤활부위에 일정량의 그리스를 강제적으로 동시에 확실히 공급할 수 있는 장치이다. 펌프, 분배밸브, 공급관, 제어 및 지시장치 등으로 구성된다.

① $5.88 \sim 6.86$MPa($60 \sim 70$kg/cm^2)의 고압 유지
② 300 이상의 주도를 갖는 그리스 선택

02 윤활기술

1 윤활기술과 설비의 신뢰성

(1) 윤활유 분석

기계 설비의 대부분은 회전기계부분에서 전체 고장 중 윤활과 관련한 고장이 50%를 차지하고 있다. 그 부분의 올바른 윤활관리를 위해서는 윤활유분석(유분석)을 통해 그 특성을 잘 파악해야만 한다.

① 유분석의 범위
- 물리적 분석, 화학적 성분 분석, 마모입자 분석, 오염도 분석 등

② 유분석을 위한 시료 채취 관련 사항
- 가능한 기동 중일 때 설비에서 채취하고 정지 중인 경우 설비에서 3분 이내에 채취한다.
- 플러싱을 통한 채취 시 채취밸브 및 채취 기구를 사용한다.
- 채취 시기는 알맞은 주기를 선택하고 채취 시간을 기입한다.
- 원칙 및 목적에 부합하는 채취부를 선택한다.
- 채취 후 신속히 분석하도록 한다.

③ 유분석을 통해 확인 가능한 정보
- 고장의 근본 원인을 파악할 수 있다.
- 초기 마모의 진행 상태를 파악할 수 있다.
- 기계 열화로 인한 수리시기를 파악할 수 있다.
- 고장의 원인 분석을 통해 방지 대책을 수립할 수 있다.

(2) 윤활유 선정 시 고려사항

① 적당한 점도를 갖고 있어야 한다.
② 산화 안정성 등의 요구 성능이 우수해야 한다.
③ 높은 점도지수가 요구된다.
④ 윤활부 및 운전조건을 고려해야 한다.
⑤ 기계류 및 급유방법을 고려해야 한다.
⑥ 윤활유 종류를 단순화하여야 한다.
⑦ 기계장치 제작사의 권유를 고려해야 한다.

(3) 윤활사고의 주요 원인

① 유종 선정 불량
- 동력손실 증가
- 마찰면의 손상 발생
- 윤활제의 수명 단축 발생
- 소음 진동 증가

② 유종의 혼용
- 사용 유종이 없어 우선 구하기 쉬운 오일로 일시 급유하는 경우

③ 이물질의 혼입
- 유압계통에 수분 혼입
- 순환계통에 절삭유 혼입

④ 급유량의 부족

⑤ 누유

(4) 윤활관리 진행 순서

① 준비사항
② 기준마련
③ 계획수립
④ 윤활관리 실행
⑤ 실적의 기록 및 평가
⑥ 개선안 실시
⑦ 표준화와 효율화

2 윤활계의 운전과 보전

(1) 윤활계

윤활계는 마찰 부분에 적정한 윤활제를 공급하기 위한 급유장치, 윤활 배관 및 세정장치, 윤활펌프, 냉각기, 가열기, 여과기 등으로 구성되어 있다.

① 윤활 펌프
- 유지관리를 위해 2대 이상을 1조로 설비한다.
- 펌프 압력은 0.196~0.392MPa 정도이다.
- 주로 기어펌프가 사용된다.
- 여과기를 설치하여 오일 속 불순물을 제거한다.

② 드레인 탱크의 크기
- 펌프의 토출량과 순환되는 유량과 관계가 있다.
- 엔진의 형식과 발생 동력에 의하여 결정된다.

③ 윤활유 냉각기
- 점도의 영향을 많이 받고 있기 때문에 알맞은 점도 유지를 위해 윤활유의 온도 조절이 요구된다.

(2) 윤활계의 보수

① 수분이 응축하는 부분에서는 녹이 자주 발생하고, 이것은 표면을 거칠게 하고, 분말은 기름 속에 혼입되면 마모의 원인이 된다.
② 운전 중에는 마찰 부분의 온도, 진동 및 소음에 주의해야 한다.
③ 윤활유 출입구 온도 및 오염 상태에 주의를 요한다.
④ 오일의 누수가 발생되면 화재의 위험과 환경오염 등의 문제가 발생되므로 그에 상응하는 조치가 요구된다.

(3) 오일 플러싱

기존의 사용된 오일을 제거하고 탱크와 기타 부속물을 세척 처리하는 것을 플러싱이라 한다. 플러싱을 하는 시기는 기계장치의 신설 시, 윤활유 교환 시, 윤활장치의 분해 및 검사 시 등에 맞춰 실시한다.

① 플러싱유의 구비조건
- 사용유와 동질의 오일을 사용할 것
- 저점도유로서 인화점이 높을 것
- 고온의 청정 분산성을 가질 것
- 방청성이 매우 우수할 것

② 플러싱의 분류
- 산세정 : 초기 설치된 배관 내의 금속, 모래, 먼지, 녹 등을 제거
  - 황산→물→가성소다→물→오일
- 분해세정 : 방청제 및 슬러지를 제거하는 용제 처리 과정
- 윤활유세정 : 이물질이나 고형물질 등을 제거
- 화학세정 : 화학물질 제거

3 윤활제의 열화관리와 오염관리

1. 열화관리

(1) 열화의 개요

① 윤활유 열화의 원인 : 열, 기계적 전단, 금속 마모분, 수분, 먼지, 교반 등의 영향으로 열화가 일어난다.
② 윤활유 열화에 의한 영향 : 기계 고장과 베어링 마모, 녹아 붙음의 원인이 된다.
③ 윤활유 열화가 진행될 때 나타나는 현상 : 점도변화, 산가의 증가, 수분의 증가, 슬러지 발생,

색상의 변화 등

(2) 윤활유의 열화 방지책

① 윤활유의 고온 노출 시간을 짧게 하고 오일의 적정 온도를 일정하게 유지하도록 한다.
② 윤활유 내부의 슬러지 성분을 제거하도록 한다.
③ 산화방지제 또는 청정제를 사용하도록 한다.
④ 오일 교환 시는 열화유를 완전히 제거하도록 한다.
⑤ 고온 상태의 오일과 혼합 사용을 피하도록 한다.
⑥ 나프텐계 기름보다 파라핀계 기름을 사용하도록 한다.
⑦ 신품기계 도입 시 세척 후 사용하도록 한다.

(3) 사용유의 열화 판정법

① 직접 판정법
- 사전에 신유의 성상을 파악해 둔다.
- 대표적인 사용유의 시료를 채취하여 성상을 파악한다.
- 사용유와 신유의 성상을 비교 검토하여 판정의 기준을 정하고 그에 따라 교환한다.

② 간접 판정법
- 투명 유리관에 오일을 채워 그 색상으로 평가하는 방법

투명(Clear)	양호
반투명(Hazy)	오염-시험 분석 필요
적색 및 흑색(Black)	산화-시험 분석 필요
유화(Emulsion)	수분-즉시 신유로 교체 필요

- 냄새로 연료의 혼입 또는 불순물의 함유량 판단
- 수분 함유 – 오일을 시험관에 채우고 선단부를 110℃로 가열하여 물이 튀는 소리로 판단
- 항유화성 조사 – 물과 오일을 동일량을 섞어 완전히 분리될 때까지 시간을 측정
- 간이식 점도계, 중화가시험기, 비중계, 비색계, 간이 시험기 등을 사용하여 분석

2. 오염관리

(1) 오염물질의 종류, 원인 및 특징

① 산화생성물 : 고온, 수분에 의한 오일의 분해가 원인이며, 금속을 부식시키는 특징이 있다.
② 슬러지 : 오일의 열화 생성물, 먼지 등에 의한 퇴적물이며 오일 작동을 방해한다.

③ 수분 : 수분에 의한 산화방지제의 분해에 의해 발생하며, 에멀전화의 원인이 된다.
④ 공기 : 펌프 패킹 불량에 의해 공기가 흡입될 수 있으며, 기포가 발생하는 특징이 있다.

(2) 누유 발생의 원인과 발생부위
① 배관의 진동
② 패킹의 손상
③ 패킹의 재질 불량
④ 패킹의 노화
⑤ 패킹의 허용압력 이상 사용
⑥ 패킹의 과잉 조임
⑦ 이음부의 치수 불량
⑧ 이음부의 부착력 부족

(3) 외부 오염방지를 위한 사항
① 접합부에 패킹, 가스켓 등의 실링(sealing)을 할 것
② 에어 브리더(air breather) 부착
③ 급유구에 필터 부착

(4) 오염관리를 위한 추진 사항
① 오염물질의 조사
② 오염의 영향 파악
③ 오염물질의 제거대책
④ 오염물질의 혼입방지대책
⑤ 정화기기의 관리
⑥ 사용오일의 오염도 측정
⑦ 오염도의 관리기준 설정

(5) 오염도 측정법
① 계수법
- 오일 필터의 입구측과 출구측으로부터 채취한 일정량의 오일 속에 포함되어 있는 미세 불순물의 수를 계측하는 방법
- 자동 미립자 측정기 사용

- 레이저 광선에 의한 레이저 파티클 수를 측정

② 질량법(중량법)
- 용해 추출법 : 산화 생성물을 측정, 작동유 100mL 중 불용해분의 중량을 측정하는 방법이다.
- 맴블란 필터법(밀리포어 필터법) : 작동유 100mL 중의 오염물 양을 측정하는 방법이다.

4 윤활제에 의한 설비진단 기술

설비진단 기술이란 설비 상태를 정량적으로 측정, 예를 들어 윤활유를 분석하여 이물질의 혼입을 통해 진단함으로써 사고를 미연에 방지하는 기술이다.

(1) 윤활 오염 마모 성분 분석법

SOAP(Spectrometric Oil Analysis Program)법과 페로그래피(Ferrography Methodes)법이 있다.

① SOAP(Spectrometric Oil Analysis Program)법

채취한 시료유를 연소시켜 발생한 금속 성분 특유의 발광 또는 흡광 현상을 분석하여 그 파장과 강도에서 오일 중 마모 성분과 농도를 알 수가 있는 방법이다.

② 페로그래피(Ferrography Methodes)법

윤활유를 채취하여 그 속에 있는 마멸분의 크기나 형상을 현미경으로 관찰하여 기계장치의 열화상태를 파악하는 방법이다.

(2) NAS 오염도 등급법

① 사용 중인 윤활유를 분석하여 이물질의 혼입을 통해 진단하는 방법이다.
② NAS 오염도 등급 – 계수법, NAS 1638, 개/100mL
③ NAS 오염도 등급 – 질량법(중량법), NAS 1638, mg/100mL

5 윤활설비의 고장과 원인

(1) 윤활상의 고장 원인

① 윤활제
- 부적격 윤활제 사용, 성질이 다른 윤활제와 혼합 사용, 윤활제의 열화와 오염, 오일의 누설 등이 원인이다.

② 마찰면
- 마찰면의 재질 불량, 마찰면의 작용 불량, 마찰면의 과도한 작용, 마찰면의 마모에 의한

기계부분의 간격이 커짐 등이 원인이다.

③ 작업면
- 급유작업의 부주의, 과잉급유 또는 과소한 급유, 급유기간이 너무 느리거나 빠름, 플러싱의 불충분, 작업상의 움직임과 충격에 의한 진동 등이 원인이다.

④ 급유방법
- 급유방법의 설계 불량에 의한 부적격, 급유장치의 고장 등이 원인이다.

⑤ 환경
- 전도열이 높은 경우, 마찰면의 방열이 불충분한 경우, 불순물의 혼입, 기온에 의한 현저한 온도변화, 뜨거운 물, 산의 증기, 염분 등이 원인이다.

(2) 윤활유 트러블과 대책

① 동점도 증가
- 원인 : 고점도유의 혼입과 산화로 인한 열화 등이 원인이다.
- 대책 : 동점도 과도 시 윤활유를 교환하고 다른 윤활유 순환 계통을 점검한다.

② 동점도 감소
- 원인 : 저점도유의 혼입과 연료유 혼입에 의한 희석이 원인이다.
- 대책 : 연료 계통 누유 상태를 점검하고, 다른 윤활유 순환 계통을 점검한다.

③ 외관 혼탁
- 원인 : 수분이나 고체 혼입이 원인이다.
- 대책 : 점검 후 윤활유를 교환해 준다.

④ 소포성 불량
- 원인 : 고체 입자의 혼입과 부적합 윤활유의 혼입이 원인이다.
- 대책 : 윤활유를 교체한다.

⑤ 전산가 증가
- 원인 : 이물질 혼입과 열화가 심한 경우에 발생한다.
- 대책 : 열화 원인을 파악 후 제거하고 이물질 파악 및 교환을 한다.

03 윤활제의 시험방법

1 윤활유의 시험방법

(1) 윤활유의 일반 성상 시험항목

① 비중 : 작동유에 중점 실시
② 점도 : 전 윤활유에 실시
③ 인화점 : 엔진유에 중점 실시
④ 불용해분 : 엔진유, 극압첨가제에 주로 실시
⑤ 수분 : 혼탁한 경우 실시
⑥ 회분 : 전 윤활유에 실시
⑦ 전산가(TAN) : 전 윤활유에 실시
⑧ 색상 : 터빈유, 스핀들유, 작동유 등에 실시
⑨ 기타 : 유동점, 점도지수, 중화가, 잔류탄소, 수분증류법, 침전물, 기포성 시험 등

(2) 비중(Specific Gravity)_KS M 2002

① 정의
- 비중$(15/4℃) = \dfrac{15℃에서의\ 일정\ 부피의\ 오일의\ 질량}{4℃에서의\ 오일과\ 같은\ 부피의\ 물의\ 질량}$
- 비중$(60/60℉) = \dfrac{60℉에서의\ 일정\ 부피의\ 오일의\ 질량}{60℉에서의\ 오일과\ 같은\ 부피의\ 물의\ 질량}$
- $API도 = \dfrac{141.5}{비중(60/60℉)} - 131.5$; 미국에서 사용하는 단위

② 시험방법
- 부평법 : 비중계, 하이드로미터

③ 의의
- 오일의 화학적 조성 또는 정제도 내지 균일성을 판단하는데 도움이 된다.

(3) 유동점(Pour Point)_KS M 2016

① 일반사항
- 유동점 : 오일이 유동하는 최저온도, 규정방법에 의한 냉각 시 유동성을 나타내는 온도
- 2.5℃의 정수비로 나타내고 유동점보다 2.5℃ 낮은 온도를 응고점이라 한다.

② 시험방법

시험관에 시료를 넣고 46℃로 가온한 다음 규정한 방법으로 냉각한다. 시료의 온도가 2.5℃ 내려갈 때마다 시험관을 냉각 중탕에서 꺼내고, 시료가 5초간 전혀 움직이지 않으면 그때의 온도가 응고점이고, 이 수치에서 2.5℃를 더한 것을 유동점으로 한다.

③ 의의

저온에서 윤활유의 사용 가부를 결정할 때 유동점이나 응고점만으로 판단하는 것보다는 그 온도하에서 점도를 파악하는 것이 더 중요하다.

(4) 색상(ASTM Color)_KS M 2106

① 윤활유 색상에 영향을 주는 인자
- 원유, 정제도, 비점, 첨가제 등
- 투과광선과 반사광선의 영향도 받는다.

② 윤활유 색강
- ASTM 색도계 사용
- ASTM 색 : 16 종류 – 엷은 쪽부터 진한 쪽으로 0.5, 1.0, 1.5, 2.0, 2.5, 3.0, 3.5, 4.0, 4.5, 5.0, 5.5, 6.0, 6.5, 7.0, 7.5, 8.0

③ 의의
- 윤활유의 색상은 정제 정도를 나타낸다.

(5) 인화점(Flash Point)_KS M 2056

① 일반사항
- 인화점 : 연소가 발생하는 최저 온도
- 연소점 : 연소가 꺼지지 않고, 5초 동안 유지되는 온도점, 인화점보다 7~10℃ 정도 높다.
- 착화점(발화점) : 점화하지 않아도 연소가 시작되는 온도점

② 시험방법

통풍이 안되는 실내에서 시료를 버너로 가열하여 시료의 온도가 인화점보다 28℃ 밑에 도달하면 온도가 2℃ 상승할 때마다 시험 불꽃이 유면상에 나타난다.

③ 의의
- 수송, 저장, 사용 시 취급상 안전에 주의를 요한다.
- 기어, 베어링 등의 윤활 시 인화점에 대한 주의는 특별히 필요하지 않다.
- 압축기 실린더 윤활유, 절삭유, 열처리유 등은 사용 및 작업조건상 검토가 필요하다.

(6) 동점도(Kinematic Viscosity)_KS M 2014

① 개요
- 동점도 : 밀도에 대한 절대점도(cSt; 센티 스톡스 단위 사용)
- 점도 측정 : Poiseuille식을 이용한 실용 점도계를 사용

② 시험방법
- 규정량의 시료를 점도계에 넣고 항온조에 넣는다.
- 동점도 V_k = 유출시간(sec) × 점도보정계수

③ 의의
- 마찰면에 가장 중요한 인자
- 온도의 영향이 크므로 점도 표현 시 측정온도를 명기한다.

(7) 점도지수(Viscosity Index; VI)_ KS M 2014

① 의미
- 점도지수는 온도 변화에 따른 점도의 변화를 나타내는 척도이다.
- 점도지수가 클수록 온도 변화에 따른 점도의 변화가 적어 윤활유 선택 시 점도지수가 큰 것을 선택한다.

② 산출법

$$VI = \frac{L-U}{L-H} \times 100 \ (\%)$$

- H계유 : 파라핀계유(펜실베니아산) – 점도지수 100인 윤활유의 100°F에서 세이볼트 점도값
- L계유 : 나프텐계유(걸프해안산) – 점도지수 0인 윤활유의 100°F에서 세이볼트 점도값
- U : 윤활유의 100°F에서 세이볼트 점도값

③ 의의
- 파라핀계유는 점도지수가 높다(점도 변화율이 적다).
- 나프텐계유는 점도지수가 낮다(점도 변화율이 크다).

(8) 중화가(Neutralization Number)_KS M 2024

① 시험 방법
- 중화가의 측정 : 지시약 적정법
- 지시약 : 전산가(TBN) 측정 – α 나프톨 벤젠, 전알칼리가(TBN) 측정 – 메틸오렌지

(9) 잔류탄소(Carbon Residue)_KS M 2017

① 응용
- 증기기관의 실린더유의 탄화 경향을 측정
- 자동차 엔진 오일 및 공기 압축기유의 탄화 경향을 측정

② 의의
- 탄화수소가 불완전 연소하면 탄화물이 되어 사용 시 기계에 악영향, 즉 탄화물이 부착 및 퇴적되어 기계효율의 저하를 초래하고, 사고의 원인이 되므로 오일의 탄화 경향을 예측할 필요가 있다.

(10) 회분(Ash)_KS M 2044

① 회분이란?
- 회분은 석탄이나 목탄이 연소 후 남은 불연성의 광물질이다.
- 윤활유 중에 함유되어 있는 무기질을 측정하기 위한 것이다.
- 정제 광유에는 거의 없고 엔진오일 등에서 많은 양이 배출되고 있다.

② 시험방법
- 그릇에 시료를 채취한 후 가열시켜 연소시키고, 전기로에 넣어 가열하여 유리탄소 성분을 완전히 태우고 냉각 후 백분율로 표시한다.

③ 의의
- 윤활유의 사용 상태, 계속 사용 여부를 판단하기 위한 것이다.
- 철의 녹 마모분, 모래 등이 회분의 성분으로 이것에 따라 윤활유의 사용한도를 규정한다.

(11) 수분증류법(Water by Distillation)_KS M 2058

① 윤활유에는 수분이 없으나 윤활유 용기의 취급 및 부주의로 수분이 혼입되는 경우가 있다.

② 시험 방법
- 시료와 용제를 플라스크에 넣고 검수관과 콘덴서를 연결하고 나서 냉각기 아래 끝부분에 응축액이 초당 평균 3방울 정도 떨어지게 하고 증류시킨다. 수분은 검수관에 모이게 되므로 수분의 눈금을 읽도록 한다.
  - 용제, 키실렌 : 벤젠 = 80 : 20

③ 의의
- 수분은 윤활면의 유막력의 저하, 유막이 파괴되어 용착된다. 또한 첨가제와 결합하여 금속의 부식을 증가시키고 기름의 열화를 촉진시킨다.
- 열화로 인해 생긴 유화물이 유로를 폐쇄시켜 기계고장의 원인이 된다. 이러한 이유에서

수분의 함유량에 주의해야 한다.

(12) 수분 및 침전물(Water and Sediment by Centrifuge)_ASTM D 96
① 윤활유에 혼입한 수분 및 고형 협잡물을 조사해서 오염도를 판단
② 시험 방법
- 시료와 용제를 원심분리기에 넣고 원심분리관 하단에 침전물이 고일 때까지 10분씩 원심분리를 실행하고 수분 및 침전물의 양을 측정한다.

(13) 불용해분(Insolubles)_KS M 2221
① 사용 윤활유의 노말 헥산(n-Hexane) 및 톨루엔 불용해분을 측정하여 이물질이 기름의 산화 생성물인지 아니면 혼입된 이물질인지 판별
② 시험 방법
- 노말 헥산과 톨루엔 불용해분의 시료를 원심분리관에 넣고 잘 섞어 원심분리한 뒤 상층에서 떠서 건조 후 칭량을 통해 중량을 %로 나타낸다.
③ 의의
- 윤활유의 열화 및 오염도를 알 수 있다.
- 사용 윤활유를 계속 사용 가능한지 판단하는 지침으로 매우 유용하다.

(14) 기포성 시험(Foaming Characteristics Test)_KS M 2025
① 기포 발생
- 윤활유의 교반 및 순환 시 낙차의 수반에 의해 기포 발생
- 윤활유에 수분, 이물질 등의 혼입으로 기포 발생
② 시험 방법
- 기포도와 기포안정도를 측정
- 기포도 : 시료를 공기 도입관에 넣고 공기를 불어 넣어 발생하는 거품량으로 나타낸다.
- 기포안정도 : 기포도 측정 후 10분간 방치 후 거품량으로 나타낸다.
③ 의의
- 완전 윤활 불가능, 산화 촉진, 유압 저하 및 진동 발생 등을 유발시킨다.

2 그리스의 시험방법

(1) 주도(Penetration or Consistency)

① 반고체 상태인 그리스의 무르고 단단한 정도

② 규정된 용기 속내의 시료에 무게와 각도가 규정된 원추를 일정한 높이 40mm에서 낙하시켜 원추가 5초 동안 침투한 깊이를 mm로 측정하여 측정된 mm 수치의 10배의 수치로 표시한다.
- ASTM 0217(미국재료시험협회 : American Society for Testing & Materials)의 실험법 :
  - 25℃로 유지된 혼화기에서 60회 회전한 그리스 샘플 시료를 102.5g±0.05g 채워 놓은 표준 용기 안에 삼각 원뿔 추를 5초간 떨어뜨려 얼마만큼 추가 침투하는지 그 침투 깊이를 mm 단위로 측정한 후 10배수로 하여 그리스 주도를 표현한다.

③ 액체 상태의 윤활유는 점도 등급을 사용할 수 있는 반면 반고체 상태인 그리스는 점도로 표시할 수 없기 때문에 혼합물의 농도를 나타내는 주도(consistency)로 그리스의 묽고 뻑뻑함의 정도를 나타낸다.

※ 참고

① 그리스의 주도는 미국의 NLGI(National Lubrication Grease Institute)의 기준에 따른 9등급으로 분류한다.

② 혼화란 혼합과 융화의 합성어로 혼합은 고용물이 합일, 융화는 유동물이 합일하는 것

③ 혼화주도 : 시험온도를 25±0.5℃로 유지하여 규정의 혼화기 내에서 60회를 혼화한 직후에 측정한 주도

④ 불혼화주도 : 시험온도 25±0.5℃에서 혼화하지 않은 상태에서 측정한 주도

⑤ 고형주도 : 주도 85 이하의 그리스에 적용되며, 규정치수로 절단된 고형시료의 25±0.5℃에서 측정한 주도

(2) 적점(dropping point)

① 반고체 상태인 그리스의 온도가 상승하여 최초 액체 상태로 변하게 되는 온도

② 내열성을 판단하는 기준으로 삼을 수 있다.

③ 적점에 가장 큰 영향을 주는 인자는 증주제의 종류이다.

(3) 혼화안정도(Work Stability)

① 전단 안정성(shear stability), 즉 기계적 안정도(mechanical stability)를 평가하는 방법
- 그리스를 혼합하였을 때 전단 안정도 평가 시험(기계적 안정성 시험)
- 그리스의 전단안정성(shear stability)은 그리스에 기계적 전단작용이 가해졌을 때 강도의 변화에 대해 저항하는 성질의 기계적 안정성을 의미한다.

- 그리스는 전단을 받으면 섬유구조가 파괴되어 무르게 된다.
② 첫 번째 시험 : 규정된 혼화기에 시료를 넣고 100,000회 혼화한 후 25℃로 유지시킨 후 다시 60회 혼화하여 주도를 측정하는 시험이다.
③ 두 번째 시험 : 원통형 용기에 일정량의 그리스와 함께 쇠막대를 넣고 회전시켜 그리스가 전단된 후 25℃에서 주도를 측정한다.

(4) 이유도(Oil Separation)
① 이유(離油) 현상(유분리 현상) : 장기간 그리스를 보관하면 오일이 점차적으로 분리되어 스며 나오게 되는 현상이다. 그리스의 저장안정성(storage stability)이라고도 한다.
② 정적인 상태에서 규정된 시간동안 그리스에서 분리되어 나온 오일의 양을 %로 표시

(5) 산화안정도(Oxidation Stability)
① 그리스가 여러 가지 외부 요인에 의해 산화 또는 열화하려는 것을 억누르는 성질
  - 그리스 산화는 윤활의 주체인 기유에 의해서 발생한다.
  - 그리스가 윤활유에 비해 산화되기 쉽다.
  - 금속비누기 그리스보다 금속비누를 사용하지 않는 그리스가 산화안정성이 우수하다.
② 시험은 고압산소가 충전된 용기 내에 그리스를 넣고, 100℃에서 100시간 동안 시험하여 용기 내에 저하된 압력으로 나타냄

(6) 증발량(Evaporation Loss)
① 그리스가 고온상에서 증발하여 손실된 양
② 시험법
  - 시료를 그대로 가열 상태로 놓고 시험하는 방법
  - 가열된 시료와 같은 온도의 공기를 불어 증발을 촉진시키는 방법
③ 그리스 증발의 주요인은 기유이다.
  - 그리스의 주성분 : 기유, 증주제, 첨가제
  - 기유의 점도가 높을수록 증발량이 적다.
  - 고온에서 사용하는 그리스는 증발량이 적어야 한다.

(7) 수세내수성(Water Washout Characteristics)
① 그리스와 물이 섞여 있으면 여러 가지 장애가 나타난다.
  - 그리스가 완전 발수성(拔水性)이면 금속 부위에 녹 발생

- 그리스가 어느 정도 흡수성이면 녹 및 부식 방지성을 향상시킬 수 있음
- 그리스가 내수성이 없어 물과 공존하면 그리스의 구조가 파괴

② 시험 방법
- 금속 표면에 일정 두께의 그리스를 도포한 후 물을 분사하여 씻겨 나가는 그리스의 양을 측정

③ 수세내수도는 그리스의 성능 평가 방법이다.

(8) 내하중 성능(Load Carrying Capacity)

① 윤활표면에 가해지는 고하중에 의해 마모 발생
② 극압 하중에 의해 소부 현상 또는 피팅 현상이 발생
- 소부 현상 : 극압 하중에 의해 접촉부 유막이 얇아져 깨지게 되고 그로 인해 금속부 접촉이 발생하여 조금씩 떨어져 나가 파손이 되는 현상이다.
- 피팅 현상 : 두 금속 접촉면에 작용하는 하중에 의해 금속표면이 파손되어 국부적인 원형 형태의 파임이 나타나는 현상이다.

③ 내하중 성능은 마모방지성능과 극압(EP) 성능으로 분류된다.

(9) 누설도(Leakage Tendency)

① 기계 윤활부에서 그리스가 누출되면 수명단축 및 고장의 원인이 된다.
- 베어링의 경우 그리스의 유출로 베어링 수명이 현저히 떨어지는 것을 알 수 있다.

② 일반적인 누설도 평가방법은 자동차용 휠 베어링 그리스 누설도 시험이다.
- ASTM D 1263과 ASTM D 4290이 있다.

(10) 외관 점도(Apparent Viscosity)

① 반고체 상태의 그리스와 같은 물질의 유동 저항이다.
② 규정된 전단속도와 온도에서 그리스 흐름의 난이도를 평가하는데 사용된다.
- 그리스가 윤활 개소에서 어떠한 거동을 보이는가를 알기 위해 필요하다.

③ 포아즐리(poiseuille) 식을 이용하여 외관 점도를 알 수 있다.

(11) 저온 토크(Low Temperature Torque)

① 규정온도 이하에 있는 그리스가 채워진 볼베어링의 내륜을 1rpm으로 회전시키는 동안 외륜에 걸리는 토크이고, 기동토크와 회전토크를 측정하여 나타낸다.
- 기동토크 : 회전을 시작할 때 측정된 최고 토크

- 회전토크 : 규정시간 동안 회전한 후 평균 토크, 그리스의 복원성 등의 유동특성에 영향이 크다.

② 저온 토크는 사용하는 기유의 점도, 기유의 종류 등에 많은 영향을 받는다.

(12) 방청성(Corrosion Preventive Property)

① 녹 발생 방지
- 녹 발생의 원인이 되는 수분, 산 등의 물질들이 금속 표면에 이르지 못하도록 차단하는 것

② 시험법으로는 ASTM D 1743이 있다. 베어링의 부식 상태를 관찰하는 시험이다.

(13) 동판부식(Copper Corrosion)

① 동 재질을 함유한 금속을 동판부식성이 있는 그리스로 윤활 시 장애를 일으킨다.

CHAPTER 05 실전연습문제

01 윤활제의 급유법 중 적하 급유법의 종류가 아닌 것은?

① 사이펀 급유법 ② 가시부상 유적 급유법
③ 바늘 급유법 ④ 가시적하 급유법

02 모세관 현상에 의하여 기름을 마찰면에 보내어 이때 털실이 직접 마찰면에 접촉하게 되는 급유법으로 다음 중 맞는 것은?

① 적하 급유법 ② 중력순환 급유법
③ 모세관 급유법 ④ 패드 급유법

03 다음 중 순환펌프를 이용하여 윤활유를 급유하는 방법으로 맞는 것은?

① 낙하 급유법 ② 패드 급유법 ③ 손 급유법 ④ 강제순환 급유법

04 다음 중 비순환 급유법으로 맞는 것은?

① 원심 급유법 ② 적하 급유법 ③ 비말 급유법 ④ 유륜식 급유법

05 윤활유의 급유 방식으로는 비순환식 급유법과 순환식 급유법이 있다. 다음 중 순환식 급유법의 종류에 해당하지 않는 것은?

① 유목 급유법 ② 링 급유법 ③ 손 급유법 ④ 원심 급유법

06 다음은 그리스 윤활의 특징이다. 그 특징으로 적당하지 않은 것은?

① 회전저항이 적다. ② 윤활제 누설이 적다.
③ 냉각효과가 적다. ④ 순환 급유법으로 적당하지 않다.

정/답 01 ② 02 ④ 03 ④ 04 ② 05 ③ 06 ①

액체 윤활과 그리스 윤활의 비교	
오일(윤활유)	그리스
회전저항이 적다.	회전 초기 저항이 크다.
냉각 효과가 크다.	냉각 효과가 적다.
순환 급유가 양호하다.	순환 급유에 안 좋다.
밀봉장치가 복잡하다.	밀봉장치에 적절하다.
누설이 많다.	누설이 적다.
모든 회전속도에서 양호하다.	초고속회전에서 곤란하다.

07 다음 보기에 해당하는 시스템은?

〈보기〉
"상대접촉 운동이 발생하는 부위의 마찰로 인한 마모, 마멸 등을 완화 또는 방지를 목적으로 윤활유 공급을 위한 급유, 배유 및 부속장치를 총칭한 시스템이다."

① 유압계　　② 공압계　　③ 윤활유계　　④ 수류계

08 다음 중 윤활유 공급 방법 선정 시 고려사항이 아닌 것은?

① 마찰면의 형태　② 적용 압력　③ 미끄럼 속도　④ 사용 온도

고려사항 : 마찰면의 형태, 미끄럼 방향, 하중의 경중과 성질, 미끄럼 속도, 사용 온도 등

09 다음 중 윤활제 급유장치를 선정하는데 있어 검토해야 할 항목으로 맞지 않는 것은?

① 윤활개소의 조건　　　　② 윤활제의 선택
③ 급유 속도　　　　　　　④ 급유 위치

급유장치를 선정하는데 필요한 검토 항목
① 윤활개소의 조건
② 윤활제 선택
③ 급유 위치
④ 급유 빈도와 윤활개소
⑤ 기타 급유장치와의 관계
⑥ 급유 방법

정/답　07 ③　08 ②　09 ③

10 다음 중 연속 급유가 필요한 곳에 해당하지 않는 것은?

① 비끄럼 베어링 ② 기어
③ 고속 회전하는 구름 베어링 ④ 체인

11 윤활부의 발열이 많은 경우 어떤 급유법이 적당한가?

① 적하급유 ② 강제순환급유 ③ 자기순환급유 ④ 수동급유

12 윤활유를 자기순환 급유법으로 급유할 때 사용하는 윤활장치의 종류에 해당하지 않는 것은?

① 링 급유장치 ② 칼라 급유장치 ③ 집중 급유장치 ④ 체인 급유장치

- 윤활유 자기순환 급유 방법의 윤활장치 : 링 급유장치, 칼라 급유장치, 체인 급유장치, 패드 급유장치, 유욕 급유장치, 비말 급유장치 등
- 윤활유 강제순환 급유 방법의 윤활장치 : 순환 급유장치, 분무장치, 집중 급유장치 등

13 다음 중 그리스 자기순환 급유 방법의 윤활장치의 종류로 맞는 것은?

① 그리스 컵 ② 밀봉 베어링 ③ 그리스 건 ④ 수동집중 급유장치

그리스 컵과 그리스 건은 수동급유, 수동집중 급유장치는 그리스의 강제순환급유 방법이다.

14 다음은 회수식 급유법에 대한 설명이다. 전손식 급유법에 해당하는 것은?

① 윤활 부위에 공급하고 윤활면에서 나온 윤활유는 전량 폐기하는 급유법이다.
② 공급한 윤활제가 윤활면을 거쳐 나온 윤활유를 다시 회수하여 사용하는 급유법이다.
③ 윤활부에 다량의 윤활유를 공급할 수 있는 방법이다.
④ 감마작용과 냉각작용 등을 충분히 기대할 수 있는 방법이다.

정/답 10 ④ 11 ② 12 ③ 13 ② 14 ①

15 다음은 강제순환급유법의 특징이다. 잘못 설명된 것은?

① 윤활부에 발생한 마찰열을 윤활유가 충분히 냉각시킬 수 있어 냉각효과가 크다.
② 윤활부 마찰입자, 윤활유의 열화 생성물, 외부에서 들어온 이물질 등을 제거하고, 깨끗한 윤활유를 장시간 반복 사용할 수 없다.
③ 기기의 구성이 복잡하여 충분한 관리가 요구된다.
④ 다수의 윤활부에 적정 유량을 배분하여 공급 가능하다.

> 강제순환 급유법은 윤활부 마찰입자, 윤활유의 열화 생성물, 외부에서 들어온 이물질 등을 제거하고 깨끗한 윤활유를 장시간 반복 사용이 가능하다.

16 다음은 그리스 윤활의 특징이다. 보기의 괄호 안에 들어갈 내용으로 맞는 것은?

〈보기〉
"베어링에 충전된 그리스가 기계의 움직임에 따라 뒤섞이고 묽어져 윤활면에서는 윤활 기유의 (　)에 가까운 상태에서 윤활작용을 하고 정지되면 다시 (　)의 그리스로 되돌아오는 (　)을 가지고 있다."

① 밀착성, 고체형, 운동성
② 윤활성, 반고체형, 운동성
③ 점성, 액체형, 환원성
④ 점도, 반고체형, 복원성

17 다음 중 그리스 윤활의 장점이 아닌 것은?

① 윤활제가 비산 유출되어 장기간 사용 불가로 급유기간이 길다.
② 저속, 충격하중 등에 양호한 윤활성을 갖고 있기 때문에 내하중성이 크다.
③ 흡착력이 강하므로 고하중에 잘 견딘다.
④ 급유 횟수가 적어 경제적이고 급유가 곤란한 부분에 적합하다.

> 윤활제의 비산이 유출되지 않아 장기간 사용이 가능하여 급유기간이 길다.

18 다음 중 그리스 윤활의 단점이 아닌 것은?

① 급유량 조절이 곤란하다.
② 초고속에 부적합하다.
③ 냉각효과가 작아 온도상승 제어가 쉽다.
④ 그리스 급유, 교환, 세정 등이 어렵다.

> 냉각효과가 작아 온도상승 제어가 어렵다.

정/답　15 ②　16 ④　17 ①　18 ③

19 그리스 펌프를 이용하여 여러 개의 윤활부위에 일정량의 그리스를 강제적으로 동시에 확실히 공급할 수 있는 장치는 다음 중 어느 것인가?

① 그리스 컵
② 그리스 건
③ 손 급유법
④ 중앙집중식 그리스 공급장치

20 다음 중에서 윤활제 열화의 원인에 해당하지 않는 것은?

① 기계적 전단
② 금속 마모 및 마멸분
③ 점도변화
④ 교반

점도변화는 열화의 진행으로 나타나는 현상이다.

21 윤활제의 열화에 의해 구동장치에서 나타나는 현상이라 할 수 없는 것은?

① 기계의 고장
② 점도 유지
③ 베어링의 마모
④ 슬러지들이 녹아 금속 표면에 달라붙음

22 윤활제의 열화가 진행될 때 나타나는 현상이 아닌 것은?

① 점도변화
② 수분의 증가
③ 슬러지 발생
④ 기계의 고장

23 산화생성물의 오염물질이 발생했을 때 나타나는 특징으로 맞는 것은?

① 금속부식
② 작동방해
③ 에멀전화
④ 기포발생

• 산화생성물 : 고온, 수분에 의한 오일의 분해가 원인이며, 금속을 부식시키는 특징이 있다.
• 슬러지 : 오일의 열화 생성물, 먼지 등에 의한 퇴적물이며 오일 작동을 방해한다.
• 수분 : 수분에 의한 산화방지제의 분해에 의해 발생하며, 에멀전화의 원인이 된다.
• 공기 : 펌프 패킹 불량에 의해 공기가 흡입될 수 있으며 기포가 발생하는 특징이 있다.

정/답 19 ④ 20 ③ 21 ② 22 ④ 23 ①

24 다음 오염물질 중 슬러지의 발생 원인으로 맞는 것은?

① 고온, 수분에 의한 오일의 분해가 원인이다.
② 오일의 열화 생성물, 먼지 등에 의해 발생한다.
③ 수분에 의한 산화방지제의 분해에 의해 발생한다.
④ 펌프 패킹 불량에 의해 발생한다.

25 다음 중 오염물질로 분류되지 않는 것은?

① 산화생성물   ② 슬러지   ③ 기유   ④ 공기

> 오염물질의 종류 : 산화생성물, 슬러지, 수분, 공기 등

26 다음 중 외부 오염방지를 위한 조치사항으로 맞지 않는 것은?

① 드레인 콕(drain cock) 설치
② 이음 접합부에 패킹, 가스켓 부착
③ 에어 브리더(air breather) 부착
④ 급유구에 필터 부착

> 드레인 콕은 외부 오염방지를 위한 것보다 오일탱크의 오염방지 목적에서 설치한다.

27 다음은 누유와 관련한 사항이다. 적당하지 않은 것은?

① 배관의 진동으로 인해 누유가 발생하고 주위를 오염시킬 수 있다.
② 적정한 윤활유의 점도 유지로 인해 누유가 일어날 수 있다.
③ 이음부 치수불량 등으로 인해 부착력이 부족하면 누유가 발생한다.
④ 패킹의 손상, 재질불량, 노화, 허용압 이상의 사용으로 인해 누유가 발생한다.

28 열화판정을 위한 간이 판정법으로 유리시험관에 채운 오일의 색상으로 판단하는 방법이 있다. 다음 중 색상에 따른 판단이 잘못된 것은?

① 투명-양호   ② 반투명-양호   ③ 흑색・산화   ④ 유화・수분

정/답 24 ② 25 ③ 26 ① 27 ② 28 ②

투명 유리관에 오일을 채워 그 색상으로 평가하는 방법	
투명(clear)	양호
반투명(hazy)	오염-시험 분석 필요
적색 및 흑색(black)	산화-시험 분석 필요
유화(emulsion)	수분-즉시 신유로 교체 필요

29 다음은 열화 판정을 위한 간이 판정법이다. 이에 해당하지 않는 것은?

① 물과 오일을 동일량을 섞어 완전히 분리될 때까지 시간을 측정하여 항유화성 조사
② 오일을 시험관에 채우고 선단부를 110℃로 가열하여 물이 튀는 소리로 수분 함유 판단
③ 냄새로 연료의 혼입 또는 불순물의 함유량 판단
④ 사용유와 신유의 성상을 비교 검토하여 판정의 기준을 정하고 그에 따라 교환한다.

30 다음은 윤활유의 열화 방지 대책이다. 옳지 않은 것은?

① 윤활유 내부의 슬러지 성분을 제거하도록 한다.
② 파라핀계 기름보다 나프텐계 기름을 사용하도록 한다.
③ 오일 교환 시는 열화유를 완전히 제거하도록 한다.
④ 윤활유의 고온 노출 시간을 짧게 하고, 오일의 적정 온도를 일정하게 유지하도록 한다.

31 다음 중 윤활유 시험항목이 아닌 것은?

① 비중 ② 점도 ③ 전산가 ④ 공기

비중, 점도, 인화점, 불용해분, 회분, 전산가, 색상 등

32 급유 간격이 길고, 누설이 소량이고 밀봉과 이물질 침입 등이 적은 특징을 가진 급유법은?

① 유욕 급유법 ② 강제순환 급유법
③ 그리스 급유법 ④ 버킷 급유법

정/답 29 ④ 30 ② 31 ④ 32 ③

33 다음 중 순환 급유법에 해당하는 것은?

① 비산 급유법　② 사이펀 급유법　③ 손 급유법　④ 적하 급유법

> 비말 급유법(비산 급유법; splash oiling) : 기계의 운동부를 오일 탱크 내 유면에 미접(미소접촉)시켜 소량의 오일을 마찰면에 튀게 하여 급유하는 방법이다.

34 순환 급유법의 종류로 기름을 마찰면에 보낼 때 모세관현상을 이용하여 털실이 직접 마찰면에 접촉하게 해서 윤활유를 공급하는 방법은?

① 버킷 급유법　② 패드 급유법　③ 비말 급유법　④ 원심 급유법

35 다음 중 비순환 급유법에 해당하지 않는 것은?

① 바늘 급유법　② 사이펀 급유법　③ 체인 급유법　④ 적하 급유법

36 다음 중 순환 급유법이 아닌 것은?

① 유욕 급유법　② 비말 급유법　③ 미스트 급유법　④ 손 급유법

37 다음은 그리스에 대한 설명이다. 맞게 기술된 것은?

① 그리스는 증주제로만 만들 수 있다.
② 그리스는 광유로만 만들 수 있다.
③ 그리스는 순환급유가 가능하다.
④ 그리스는 NLGI에 따른 9개의 주도 등급이 있다.

> • 그리스의 구성 : 기유+증주제+첨가제
> - 기유 : 정제광유, 합성유
> - 증주제 : 알칼리 금속+지방산
> - 첨가제 : 구조안정제, 산화방지제, 유성향상제, 극압제, 방청제, 부식방지제, 마모방지제 등

정/답　33 ①　34 ②　35 ③　36 ④　37 ④

38 다음 중 윤활의 3요소에 해당하지 않는 것은?

① 마찰면　　　② 급유방법　　　③ 급유기　　　④ 윤활제

> 윤활의 3요소 : 마찰면, 윤활제, 급유방법

39 다음 중 가시적하 급유법에 대한 유면기준으로 맞는 것은?

① 오일 용기 높이의 1/3~2/3　　② 오일 용기 높이 만큼
③ 유면계 1/3~2/3　　④ 용기 높이 1/3~2/3

> - 가시적하 : 오일 용기 높이의 1/3~2/3
> - 심지급유 : 오일 용기 높이의 1/3~2/3
> - 기력급유 : 용기 높이 또는 유면계 1/3~2/3

40 다음은 기어의 윤활불량 중에서 마모와 스코어링(scoring)의 주원인이다. 해당하지 않는 것은?

① 그리스 부족　　② 설계 오류
③ 기어 정렬상태 불량　　④ 마찰성 마모

> 기어의 마모와 스코어링 주원인 : 그리스 부족, 유종선택의 오류, 마찰성 마모, 기어정렬상태 불량

41 다음 중 윤활 고장 발생 원인에 해당하지 않는 것은?

① 윤활제면　　　② 마찰면　　　③ 작업면　　　④ 기계접촉면

> 윤활고장 발생원인 : 윤활제면, 마찰면, 작업면, 급유방법면, 환경면 등
> - 작업면의 고장원인
> - 급유 작업의 부주의
> - 과잉 급유 또는 과소한 급유
> - 급유기간이 너무 느리거나 빠름
> - 플러싱의 불충분

정/답　38 ③　39 ①　40 ②　41 ④

42 다음 보기의 괄호 안에 들어갈 내용으로 맞는 것은?

〈보기〉
"SOAP법은 윤활유 속에 함유된 (   )을(를) 분석하여 윤활부의 마모를 검출하여 진단하는 방법이다."

① 유류 산화제
② 정량 금속성분
③ 정량 비금속성분
④ 점도

SOAP(Spectrometric Oil Analysis Program)법 : 채취한 시료유를 연소시켜 발생한 금속성분 특유의 발광 또는 흡광 현상을 분석하여 그 파장과 강도에서 오일 중 마모 성분과 농도를 알 수 있는 방법이다.

43 윤활유의 열화 판정의 기준으로서 유압장치에 대한 적정기준에 해당하지 않는 것은?

① 잔류탄소 - 0.5 이상
② 점도 상승 - 사용조건에 따라 규정한다.
③ 슬러지 침전값 - 최고 2.0
④ 산값 - 최고 1.0

잔류 탄소 - 0.5 이상은 터빈의 열화 판정 기준이다.

44 유분석을 위한 윤활유의 시료채취 시 적정한 시료량은?

① 500~1000ml
② 1000~1500ml
③ 1500~2000ml
④ 2000~2500ml

45 현장 간이 윤활 검사법으로 500ppm 이상의 물이 함유된 오일을 한계치로 실시하는 것을 무엇이라 하는가?

① 육안 검사
② 크래클(Crackle) 테스트
③ 비즈니스 카드 테스트
④ 원심력 테스트

현장 간이 윤활검사법 : 보기, 듣기, 접촉, 냄새 맡기, 오일 보기, 만져 보기, 육안검사, 비즈니스 카드 테스트, 오일에서 분리된 물, 유상액, 더러운 오일, 침전물, 크래클 테스트, 마모 부스러기, 원심력 테스트, 간단한 필터 검사법 등

정/답 42 ② 43 ① 44 ③ 45 ②

46 윤활점검에 있어서 점검자의 주관에 의한 개인차를 적게 하기 위해서 점검기기를 사용한다. 다음은 각 점검기기별 목적을 표현한 것이다. 맞는 것은?

① 간이 밀리포어 필터 : 기름 속의 먼지를 관찰한다.
② 간이 비색계 : 사용 기름의 오염도를 측정한다.
③ 크레용 : 윤활 부위의 색상을 체크한다.
④ 간이 현미경 : 오일의 열화를 추정한다.

- 간이 밀리포어 필터 : 사용 기름의 오염도를 측정한다.
- 간이 비색계 : 오일의 열화를 추정한다.
- 간이 현미경 : 기름 속의 먼지를 관찰한다.

47 오염원의 입자 침입원으로 브리더(breather)가 원인이 되지 않는 것은?

① 개방 통기구   ② 팽창 챔버   ③ 오일 주입구   ④ 통기 플러그

- 오염원이 입자 침입원으로 tank나 sump의 breather가 원인이 되는 것
 : 팽창 챔버, Spin-on 필터, 건조 브리더, 개방 통기구, 브리더 필터 캡, 통기 플러그 등

48 다음 중 윤활유 일반성상 시험항목이 아닌 것은?

① 비중   ② 색상   ③ 수분   ④ 탄성계수

- 일반성상 시험항목 : 비중, 색상, 유동점, 인화점, 동점도, 점도지수, 중화가, 잔류탄소, 회분, 수분 및 침전물, 불용회분, 기포성 시험 등

정/답 46 ③   47 ③   48 ④

현장윤활

PLANT MAINTENANCE ENGINEER

01 압축기의 윤활관리

(1) 압축기의 윤활개소 및 윤활방법

압축기 종류			윤활개소	윤활방법
터보형	축류식 & 원심식		베어링, 기어	순환 또는 오일링
용적형	공기 압축기	왕복식	실린더	강제 비말
			베어링	순환 비말
		회전식 루츠형	기어	유욕 비말
			실린더, 베어링	순환
		회전식 베인형	실린더, 베어링	순환
		회전식 스크루형	실린더, 베어링	순환
		원심축류식 모터 직결식	베어링	강제순환
		원심축류식 기어 증속식	기어, 베어링	강제순환
	고압가스 압축기	왕복식	실린더	강제
			베어링	강제순환
	송풍기	회전식 루츠형	기어	유욕 비말
			실린더, 베어링	순환
		회전식 베인형	실린더, 베어링	순환
		원심식 축류형	베어링	순환

(2) 공기 압축기

① 압축기 내부 윤활
- 왕복형 : 실린더라이너와 피스톤링 부의 감마작용, 밀봉작용, 방청작용이 일어남
- 회전형 : 로터와 베인 끝단 마찰부에서 윤활작용이 일어남
- 터보형 : 내부 윤활이 필요 없음

② 내부 윤활유의 요구 성능
- 점도가 적당해야 한다.
- 열, 산화 안정성이 좋아야 한다.
- 생성 카본이 연질(軟質)이고 제거가 용이하다.
- 부식 방지성이 좋아야 한다.
- 적정온도를 가져야 한다.
- 금속 표면에 대한 부착성이 좋아야 한다.

③ 압축기 외부 윤활
- 실린더 이외의 윤활 개소, 대부분은 내부 윤활유와 동일 점도를 사용해도 좋다.
- 왕복형 : 크로스 헤드와 크랭크의 윤활부
- 회전형 : 베어링이나 구동 기어

④ 외부 윤활유의 요구 성능
- 점도는 적당해야 한다.
- 점도지수가 높아야 한다.
- 우수한 산화 안정성을 갖고 있어야 한다.
- 수분성이 좋아야 한다.
- 방청성과 소포성을 갖추고 있어야 한다.
- 유동성이 낮아야 한다.

⑤ 압축기의 유지 보수 관리는 다음 단계로 진행한다.
- 정기적인 청소 : 공기 압축기의 흡입구와 필터를 청결하게 유지한다.
- 윤활 : 적절한 윤활을 통해 부품의 마모를 방지하도록 한다.
- 검사 및 테스트 : 정기적으로 오일 레벨을 확인하고, 벨트와 조인트의 상태를 점검한다.
- 부품 교체 : 필요한 경우 필터, 오일, 벨트 등을 교체한다.
- 모니터링 및 기록 유지 : 공기 압축기의 성능을 모니터링하고, 유지보수 기록을 체계적으로 관리한다.

(3) 고압 가스 압축기

① 주의점 : 내부 윤활유의 선정 시 압축가스의 반응성과 가스에 의한 윤활유의 희석에 주의한다.
② 가스에 따른 사용 윤활유
- 반응성 가스
  - 산소, 염소 가스 등과 같이 탄화수소와 반응성이 큰 가스의 경우 윤활유 사용이 불가
  - 물, 진한 황산, 글리세린 등을 사용

- 희석성 가스 : 점도가 높은 압축기유 사용
  - 메탄, 에탄, LPG, LNG 등 : 희석성이 있는 가스
  - 헬륨 : 압축온도가 높음
- 불활성 가스
  - 질소, 수소, 아르곤 등의 윤활유와 반응성, 희석성이 없는 것 : 저점도유 사용
  - 밀봉효과 기대 시 : 고점도유 사용
- 산성 가스
  - 아황산가스, 탄산가스 등
  - 중화 능력을 가진 윤활유 사용
- 합성 화학용 가스
  - 황이 적게 함유된 윤활유 사용

(4) 압축기유의 관리

① 왕복동 압축의 분해 점검 : 매 2년 주기로 실시
② 운전 개시 초기 : 500시간 만에 시행, 그 이후로는 1,000시간마다 실시
③ 유분석 점검 항목 : 전산가(TAN), 동점도, 수분 분석

(5) 압축기용 오일

① 합성 오일
- 왕복동식 압축기용 합성 오일
  - 토출압력 30kgf/cm² 이상, 압축 공기 토출 온도가 180℃ 이상의 조건에서 사용
- 회전형 압축기용 합성오일
  - 베인, 스크루 압축기에 적용
  - 다단 압축기와 같은 산화 안정성과 내마모성이 요구되는 압축기에 사용

② 전용 오일
- 왕복동식 압축기의 전용 오일
  - 압축 공기 토출 온도가 180℃까지
- 회전형 압축기용 전용 오일
  - 베인, 스크루 압축기에 적용

02 베어링의 윤활관리

(1) 베어링의 윤활유 선정 조건
① 내하중 성능이 높고 산화 안정성이 좋은 윤활유를 선정한다.
② 방청 성능이 좋은 정제 광유 또는 합성유가 좋다.
③ 적정한 점도를 갖는 오일을 선정한다.
- 점도가 너무 높을 때
  - 점성 저항으로 인해 발열이 발생할 수 있고 동력손실이 증가한다.
- 점도가 너무 작을 때
  - 유막형성이 충분하지 못하고 이상 마모 및 소손의 원인
  - 소손 : 불에 타서 부서지는 현상, 마찰에 의한 열화현상으로 마멸이 커지는 것

④ 회전속도가 빠를수록 저점도유가 적당하다.
⑤ 베어링 하중이 증가할수록 고점도유가 좋다.

(2) 베어링 급유법
① 미끄럼 베어링
- 순환식 : 베어링의 온도 상승으로 냉각이 필요할 때 사용하는 방법이다.
- 전손식 : 저속의 운전에 적용하며 소량의 급유로 윤활이 가능하다.
- 유욕식 : 비말 급유, 링 급유, 체인 급유, 칼라 급유 등에 적합한 방법이다.

② 구름 베어링
- 유욕식 : 교반작용에 의해 베어링 온도가 상승한다. 그러므로 천천히 급유할 필요가 있다.
- 분무식
  - 고속 회전에 적합
  - 압축공기가 베어링을 냉각시킨다.
  - 정확한 급유를 할 수 있다.
  - 베어링의 오염을 방지한다.
- 적하식 : 저속의 운전에 적용하며 소량의 급유로 윤활이 가능하다.

(3) 베어링의 그리스 윤활
① 미끄럼 베어링
- 선정 시 고려사항 : 온도, 용도, 급유방법, 하중 등

- 마찰에 의한 온도 상승 시 베어링 온도는 56℃가 한도이다.
- 운전 속도는 2m/s 이하가 적당하다.
- 중하중 : 극압제, 그라파이트 등이 첨가된 그리스를 사용한다.
- 충격 또는 진동 하중 : 단단한 그리스, 즉 굳은 그리스를 사용하면 된다.

② 구름 베어링
- 선정 시 고려사항 : 그리스의 특성, 사용 조건, 급유 방법 등
- 윤활 방법 : 프레스 건, 그리스 컵, 집중 윤활 등

(4) 베어링의 오일 윤활과 그리스 윤활의 비교
① 윤활유 : 흐름이 자유롭고 냉각 효과가 커 고온에 사용하기 적당하다.
② 그리스 : 급유 간격이 비교적 길고, 누유가 적고 오일에 비해 표면 점착성이 크다.

03 기어의 윤활관리

(1) 기어유
① 기어 이면 간의 직접 접촉 등을 막아 마찰, 마모를 저하시켜 눌러 붙는 것을 방지하기 위한 오일
- 기어의 이면 손상 : 정상마모, 리징, 긁힘, 스코어링, 피팅, 스폴링, 부식 등

② 기어용 윤활유의 요구조건 : 적정 점도, 고점도 지수, 수분리성(항유화성), 내하중성 및 마모 방지성, 우수한 산화 안정성, 소포성, 방식 및 방청성, 저온도하에서의 유동점 등

(2) 기어 윤활
① 기어는 개방형과 밀폐형으로 구분되고, 급유법은 다음과 같다.
- 개방형 : 손 급유법, 브러시 급유법
- 밀폐형 : 유욕 급유법, 강제 순환식 급유법

② 스퍼기어 윤활
- 산화 안정성이 높은 순광유 사용
- 중하중인 경우 이면 사이의 유막을 유지하기에는 고점도 윤활유가 좋다.
- 고속 시에는 경하중 상태가 되므로 저점도 윤활유가 적당하다.

③ 밀폐형 스퍼 베벨기어의 윤활
- 일반적으로 사용하는 윤활유는 산화 안정성이 높은 순광유 사용
- 터빈의 고속 강제 순환식은 터빈유 사용
- 중하중 충격 부하를 받는 경우는 불활성 극압 기어유 사용
  - 극압 기어유 : 내하중 마모 방지성이 양호

④ 하이포이드 기어 윤활
- 미끄럼이 크고 중하중 상태에 있음
- 순광유나 불활성 극압 윤활유는 사용 부적합함
- 스커핑(scuffing)을 일으킴
  - 스커핑(scuffing) : 금속과 금속의 접촉, 용착과 분리의 반복 작용의 형태, 점착마모(adhesive)를 허용하게 하는 과열에 의해 윤활막의 국부적 파손을 일으키며, 매우 빠르게 치면이 마모되는 현상
- 활성형 극압 윤활유가 적당함

⑤ 웜 기어의 윤활
- 순광유 사용 : 산화 안정성이 높다.
- 웜과 웜휠 사이의 미끄럼 속도가 빠르고 운전 온도가 높다.
- 고하중 상태에서 합성유를 사용한다.

(3) 사이클로이드 감속기의 윤활 방법

① 1kW 이하의 소형에는 그리스, 그 이상의 것은 유욕 윤활(Oil Bath Lubrication) 방법이 쓰인다.

04 유압 작동유 및 오염관리

(1) 유압 작동유

① 유압작동유의 종류
- 석유계 : 순광유 작동유(HH), R&O형 작동유(HL), 내마모성 작동유(HM), 고점도 지수(저온용) 작동유, 유압·안내면 겸용유(multi-purpose oil), NC 작동유 등
- 난연성
  - 함수형 : O/W 유화형 작동유(HFAE), W/O 유화형 작동유(HFB), 물·글리콜계 작동유

(HFC) 등
- 합성유 : 인산 에스테르계 작동유, 실리콘유계 작동유, 합성탄화수소계 작동유(HFDS), 유기 에스테르계 작동유 등

② 유압 작동유의 유온관리
- 저온 영역(0~20℃) : 시동 시 위험
- 상온 영역(20~30℃) : 점도 증가 시 효율 저하
- 이상 온도 영역(30~46℃) : 적온 조정
- 안전 온도 영역(46~55℃) : 적온 조정
- 주의 온도 영역(55~65℃) : 작동유의 수명 저하, 오일 쿨러 필요, 8℃ 상승할 때 수명 반감
- 한계 온도 영역(65~80℃) : 작동유의 수명 저하, 오일 쿨러 필요, 8℃ 상승할 때 수명 반감
- 위험 온도 영역(80~100℃) : 절대로 사용 불가

③ 유압 작동유의 열화
- 유압유 자체의 산화에 의한 열화 발생
- 첨가제로 인한 열화 발생
- 이물질 혼입에 의한 열화 발생

④ 유압유가 토출되지 않을 때 대책
- 오일 탱크 내의 유량이 부족하다. → 유압유를 보충할 것
- 오일 흡입 파이프 또는 흡입 필터가 막혔다. → 파이프, 필터 등을 세척한다.
- 오일 흡입 라인에서 누출이 발생한다. → 플랜지를 조사하여 교정한다.
- 오일 점도가 너무 높다. → 가동조건에 맞는 적정 점도유를 선정한다.

⑤ 펌프 주변의 오일 누유 대책
- 축, 패킹 등이 마모되었을 때 → 축, 패킹 등을 교환한다.
- 흡입파이프 연결부가 손상되었다. → 연결부를 조정한다.
- 헤드 패킹이 손괴되었다. → 헤드 패킹을 교환한다.

(2) 오염관리

① 윤활유 오염관리를 위한 단계
- 저장 : 윤활유를 깨끗하고 건조한 안전한 장소에 보관하여 오염 물질로부터 격리 보관한다.
- 이송 : 윤활 시스템으로 윤활유를 오염 없이 이송해야 한다.
- 적용 : 자동 윤활 시스템과 같은 올바른 방법으로 윤활 지점에 윤활유를 적용해야 한다.

- 필터링 : 오염을 피하기 위해 윤활유를 여과처리(필터링)해야 한다.

② 오염도 측정법
- 현장에서 이루어질 수 있는 간단한 시험 방법
  - 외관시험 : 사용 윤활유와 신유의 색채, 투명도, 냄새 등으로 오염 정도를 알 수 있다.

외관 상태	냄새 정도	사용유의 상태	대책
투명, 색채 변화 무(無)	양호	양호	사용 가능
암흑색	악취	불량	교환
색채 변화 없고 혼탁	양호	수분 포함	수분의 분리
투명, 색채 무(無)	양호	타 종류 기름 혼입	사용 가능

  - 고형물의 조사 : 침전물을 확대경으로 검사하여 이물질의 종류와 상태를 파악하는 방법
  - 스폿 시험 : 스폿 시험지에 사용유를 떨어뜨려 변색의 정도, 검은 반점의 여부 등을 조사하는 방법
  - 수분의 함유 상태 검사 : 사용유를 가열시켜 증발되는 소리로 판단하는 방법
- 실험실에서 오염 정도를 측정하는 방법
  - 중량법 : 시료 중 오염물질의 중량을 측정하는 방법
  - 계수법 : 시료 중 오염물질의 크기, 개수 등을 측정하는 방법
  - 오염 지수법 : 시료의 오염도를 산출하는 방법, SAE에 측정법이 규정되어 있음
  - 수분 측정법 : 시료에 있는 수분을 측정해서 용량 또는 중량으로 표시
  - 기포성 측정법 : 기포도, 기포 안정도를 측정
- 크래클 테스트(crackle test)
  - 사용유 중에 수분의 함유 유무를 현장에서 쉽게 알 수 있는 간이 진단법이다.
  - 물과 오일의 끓는점을 이용한 시험이다.

CHAPTER 06 실전연습문제

01 다음 중 공기 압축기의 트러블 원인으로 잘못된 것은?

① 드레인·드레인 트랩의 작동 불량
② 탄소·탄소의 부착, 발화 등
③ 마모·베어링, 기어 링의 마모
④ 발열·이상 발열은 압축기 고장의 27%

> 공기 압축기의 윤활 문제의 원인
> • 드레인 : 드레인 트랩의 작동 불량
> • 마모 : 실린더, 피스톤 링의 마모
> • 탄소 : 탄소의 부착, 발화 등
> • 발열 : 이상 발열은 압축기 고장의 27%

02 압축기유를 선정할 때 가장 우선적으로 유의해야 할 것으로 맞는 것은?

① 적정 점도   ② 적정 압력   ③ 온도는 고온   ④ 적정 회전수

> 압축기유의 점도는 압력에 의한 영향이 매우 크고, 실린더의 온도, 압력, 회전수, 실린더의 지름, 행정, 길이 등에 의해서 적정하게 결정된다.

03 다음은 공기 압축기의 보수 관리에 대한 내용이다. 틀린 것은?

① 공기 흡입구 관리
② 급유량은 가능한 최대로 적유
③ 필터 및 흡입관의 관리
④ 실린더의 냉각 상태 점검

> 공기 압축기의 보수 관리
> • 적유 선정, 적정 급유량, 공기 흡입구의 관리
> • 필터, 흡입관의 관리
> • 실린더의 냉각 상태, 압축비 관리
> • 토출 밸브와 토출관의 점검, 각 단의 중간 트레인 점검
> • 유분리기와 냉각기의 점검 등

04 산소, 염소 가스 등과 같이 탄화수소와 반응성이 큰 가스의 경우 윤활유 사용이 불가하다. 이런 경우 윤활유로서 대체 가능한 것으로 적당하지 않은 것은?

① 물   ② 진한 황산   ③ 글리세린   ④ 알코올

> 산소, 염소 가스 등과 같이 탄화수소와 반응성이 큰 가스의 경우 윤활유 사용이 불가하여 물, 진한 황산, 글리세린 등이 사용

정/답 01 ③ 02 ① 03 ② 04 ④

05 다음 중 메탄, 에탄, LPG, LNG와 같이 윤활유에 희석성이 있는 가스에 사용하는 윤활유로 적당한 것은?

① 베어링유 ② 압축기유 ③ 그리스 ④ 글리세린

> 메탄, 에탄, LPG, LNG 등 희석성이 있는 가스 또는 헬륨과 같은 압축온도가 높은 경우 점도가 높은 압축기유 사용

06 다음 중 구름베어링에 윤활을 필요로 하는 장소와 관련하여 적당하지 않은 것은?

① 리테이너와 궤도륜 안내면 사이의 미끄럼 부분
② 전동체와 리테이너 사이의 미끄럼 부분
③ 롤러와 볼 사이의 마찰 부분
④ 전동체와 궤도면과의 사이

> 구름베어링의 구성 3요소 : 궤도륜(고정륜 및 회전륜), 전동체(볼), 리테이너

07 다음 중 베어링의 오일 윤활 시 고려사항이 아닌 것은?

① 적정 점도 ② 충진량 ③ 급유 방법 ④ 운전 속도

> 베어링의 오일 윤활 시 고려사항 : 적정 점도, 운전속도, 하중, 운전온도, 급유방법 등

08 다음 중 베어링 오일의 요구 특성이라 할 수 없는 것은?

① 급유성 ② 산화 안정성
③ 방식 및 내부식성 ④ 저유동성

> 베어링 오일의 요구 특성 : 산화 안정성, 방식 및 내부식성, 내열성, 저유동성, 소포성 등

09 다음은 베어링의 윤활유와 그리스의 윤활 비교이다. 틀린 것은?

① 냉각효과는 그리스보다 윤활유가 더 양호하다.
② 누유량의 경우 그리스보다 윤활유가 더 많다.
③ 급유간격은 그리스가 윤활유보다 비교적 더 길다.
④ 윤활제의 교환은 그리스가 윤활유보다 더 용이하다.

> 윤활제의 교환은 그리스가 윤활유(기름; oil)보다 더 번잡하다.

정/답 05 ② 06 ③ 07 ② 08 ① 09 ④

10 다음 중 기어용 윤활유의 요구조건에 포함되지 않는 것은?

① 점도지수　　② 폐입현상　　③ 내하중성　　④ 내마모성

- 기어용 윤활유의 요구조건 : 적정 점도, 고점도 지수, 수분리성(향유화성), 내하중성 및 마모 방지성, 우수한 산화 안정성, 소포성, 방식 및 방청성, 저온도하에서의 유동점 등
- 폐입현상 : 기어의 맞물리는 이면 사이의 틈새에 갇혀진 유압유가 펌프출구로 유출되지 못하고 펌프입구로 되돌아오는 현상이다. 이러한 현상으로 거품이 많이 발생하고 축 동력의 증가로 인하여 기어의 진동, 소음의 원인이 된다.

11 극한 하중이 걸려 윤활이 불량하면 이면에 삼나무 무늬 또는 미세한 홈과 퇴적상이 마찰 방향과 평행으로 거의 등간격 상태의 요철이 발생하는 현상이고, 이면의 가공경화가 클 때에는 심한 파손의 원인이 되는 기어의 이면 손상은?

① 피팅(Pitting)　　② 스폴링(Spalling)　　③ 리징(Ridgig)　　④ 스코어링(Soring)

- 피팅(Pitting) : 이면의 국부적 피로 파손에 의하여 작은 홀(hole)이 파이는 현상
- 스폴링(spalling) : 이면의 국부적 피로에 의하여 피팅보다 약간 더 큰 불규칙한 형상이 발생하는 현상
- 스코어링(soring) : 고속 고하중 때문에 불완전 윤활이 발생하여 국부적인 이면의 금속접촉이 생겨 그 마찰로 표면이 용융되고 뜯겨나가는 현상
- 리플링(rippling) : 이면의 마모적인 활동 방향과 직각으로 잔잔한 파도 형상의 손상이 나타나는 현상

12 다음 중 유압 작동유의 기본적인 적합성에 해당하지 않는 것은?

① 산화 안정성　　② 점도　　③ 점도지수　　④ 유동점

- 유압 작동유의 기본적인 적합성 : 점도, 점도지수, 유동점
- 작동유의 품질을 나타내는 성질 : 산화 안정성, 소포성, 방청성, 마모 방지성, 윤활성 등

13 작동유는 열화되기 쉽고 장기간 사용하기 위해서는 고도로 정제된 광유에 산화방지제를 첨가하는 목적은 작동유의 어떤 성질의 품질을 위해서인가?

① 소포성　　② 산화 안정성　　③ 마모 방지성　　④ 방청성

- 소포성 : 공기 혼입으로 기포 발생, 유온 상승을 유발해 열화가 쉬우므로 기포 억제 시 요구
- 마모 방지성 : 마모 감소로 누유 방지를 위한 성질
- 방청성 : 금속 표면의 부식 방지

정/답　10 ②　11 ③　12 ①　13 ②

14 터보형 압축기의 윤활개소로는 베어링과 기어부가 있다. 다음 중 이곳의 윤활하는 방법으로 맞는 것은?

① 유욕 비말　　② 강제 비말　　③ 강제 순환　　④ 오일링

> 터보형 압축기의 윤활개소로는 베어링과 기어부 그리고 윤활방법으로는 순환과 오일링이 있다.

15 다음 압축기의 종류 중 윤활을 유욕 비말로 하는 것은?

① 원심 축류식 공기 압축기의 베어링부
② 왕복식 고압가스 압축기의 베어링부
③ 루츠형 회전식 공기 압축기의 기어부
④ 베인형 회전식 송풍기의 실린더

> - 원심 축류식 공기 압축기의 베어링부-강제순환
> - 왕복식 고압가스 압축기의 베어링부-강제순환
> - 베인형 회전식 송풍기의 실린더-순환

16 다음 압축기 중 내부 윤활이 필요 없는 것은?

① 터보형　　② 왕복형　　③ 회전형　　④ 원심형

> **압축기 내부 윤활**
> - 왕복형 : 실린더라이너와 피스톤링 부의 감마작용, 밀봉작용, 방청작용이 일어남
> - 회전형 : 로터와 베인 끝단 마찰부에서 윤활작용이 일어남

17 다음 중 공기 압축기의 내부 윤활유의 요구 성능으로 맞지 않는 것은?

① 점도가 적당해야 한다.
② 열, 산화 안정성이 충분하지 않아도 좋다.
③ 부식 방지성이 좋아야 한다.
④ 금속 표면에 대한 부착성이 좋아야 한다.

> **공기 압축기의 내부 윤활유의 요구 성능**
> - 점도가 적당해야 한다.
> - 열, 산화 안정성이 좋아야 한다.
> - 생성 카본이 연질(軟質)이고 제거가 용이하다.
> - 부식 방지성이 좋아야 한다.
> - 적정 온도를 가져야 한다.

정/답　14 ④　15 ③　16 ①　17 ②

18 다음 중 공기 압축기의 외부 윤활유의 요구 성능이 아닌 것은?

① 점도지수가 낮아야 한다.
② 산화 안정성이 양호해야 한다.
③ 유동성이 낮아야 한다.
④ 수분성이 좋아야 한다.

> **공기 압축기의 외부 윤활유의 요구 성능**
> - 점도는 적당해야 한다.
> - 점도지수가 높아야 한다.
> - 우수한 산화 안정성을 갖고 있어야 한다.
> - 수분성이 좋아야 한다.
> - 방청성과 소포성을 갖추고 있어야 한다.
> - 유동성이 낮아야 한다.

19 다음은 공기 압축기의 유지 보수 관리의 단계이다. 그 순서로 맞는 것은?

① 정기적 청소 → 검사 및 테스트 → 윤활 → 부품 교체 → 모니터링 및 기록 유지
② 정기적 청소 → 부품 교체 → 검사 및 테스트 → 윤활 → 모니터링 및 기록 유지
③ 정기적 청소 → 윤활 → 부품 교체 → 검사 및 테스트 → 모니터링 및 기록 유지
④ 정기적 청소 → 윤활 → 검사 및 테스트 → 부품 교체 → 모니터링 및 기록 유지

> **공기 압축기의 유지 보수 관리는 다음 단계로 진행한다.**
> - 정기적인 청소 : 공기 압축기의 흡입구와 필터의 청결 유지
> - 윤활 : 적절한 윤활을 통해 부품의 마모를 방지
> - 검사 및 테스트 : 정기적으로 오일 레벨을 확인하고, 벨트와 조인트의 상태 점검
> - 부품 교체 : 필요한 경우 필터, 오일, 벨트 등을 교체
> - 모니터링 및 기록 유지 : 공기 압축기의 성능을 모니터링하고, 유지보수 기록을 체계적으로 관리

20 다음 중 고압 가스 압축기의 유분석 점검 항목에 해당하지 않는 것은?

① 전산가
② 동점도
③ 수분 분석
④ 옥탄가

> - 유분석 점검 항목 : 전산가(TAN), 동점도, 수분 분석
> - 옥탄가 : 휘발유의 노킹 정도를 측정하는 값

정/답 18 ① 19 ④ 20 ④

21 다음 중 압축기용 오일 중 압축 공기 토출 온도가 180℃까지 사용 가능한 오일은 어느 것인가?

① 왕복동식 압축기용 합성 오일 ② 왕복동식 압축기의 전용 오일
③ 회전형 압축기용 합성 오일 ④ 회전형 압축기용 전용 오일

- 왕복동식 압축기용 합성 오일 : 토출압력 30kgf/cm² 이상, 압축 공기 토출 온도가 180℃ 이상
- 회전형 압축기용 합성 오일 : 베인, 스크루 압축기에 적용, 다단 압축기와 같은 산화 안정성과 내마모성이 요구되는 압축기에 사용
- 회전형 압축기용 전용 오일 : 베인, 스크루 압축기에 적용

22 다음은 베어링의 윤활유와 관련한 내용이다. 틀린 것은?

① 내하중 성능이 낮고 산화 안정성이 아주 우수한 윤활유를 선정한다.
② 방청 성능이 좋은 정제 광유 또는 합성유가 좋다.
③ 적정한 점도를 갖는 오일을 선정한다.
④ 회전속도가 빠를수록 저점도유가 적당하다.

베어링의 윤활유 선정
- 내하중 성능이 높고 산화 안정성이 좋은 윤활유를 선정한다.
- 방청 성능이 좋은 정제 광유 또는 합성유가 좋다.
- 적정한 점도를 갖는 오일을 선정한다.
- 회전속도가 빠를수록 저점도유가 적당하다.
- 베어링 하중이 증가할수록 고점도유가 좋다.

23 다음 중 미끄럼 베어링의 윤활유 급유법으로 가장 적당하지 않은 것은?

① 순환식 ② 전손식 ③ 분무식 ④ 유욕식

- 미끄럼 베어링의 오일 급유법 : 순환식, 전손식, 유욕식
- 구름 베어링의 오일 급유법 : 유욕식, 분무식, 적하식

24 다음 중 구름 베어링에 그리스 윤활을 위해 고려해야 하는 사항이라 할 수 없는 것은?

① 그리스의 특성 ② 용도 ③ 사용 조건 ④ 급유 방법

- 미끄럼 베어링에 사용할 그리스의 선정 시 고려사항 : 온도, 용도, 급유방법, 하중 등

정/답 21 ② 22 ① 23 ③ 24 ②

25 다음은 스퍼기어 윤활에 관련한 내용이다. 틀린 것은?

① 산화 안정성이 높은 순광유를 사용한다.
② 중하중인 경우 이면 사이의 유막을 유지하기에는 고점도 윤활유가 좋다.
③ 고하중 상태에서 합성유를 사용한다.
④ 고속 시에는 경하중 상태가 되므로 저점도 윤활유가 적당하다.

> 고하중 상태에서 합성유를 사용하는 것은 웜 기어 윤활에 해당한다.

26 다음 중 석유계 유압유에 해당하는 것은?

① 인산 에스테르계 작동유
② 합성탄화수소계 작동유
③ 물·글리콜계 작동유
④ R&O형 작동유

> 석유계 유압유의 종류 : 순광유 작동유(HH), R&O형 작동유(HL), 내마모성 작동유(HM), 고점도 지수(저온용) 작동유, 유압·안내면 겸용유(Multi-purpose Oil), NC 작동유 등

27 다음 중 유압 작동유의 안전온도영역으로 볼 수 있는 것은?

① 30~46℃　　② 46~55℃　　③ 55~65℃　　④ 65~80℃

> • 이상 온도 영역(30~46℃) : 적온 조정
> • 안전 온도 영역(46~55℃) : 적온 조정
> • 주의 온도 영역(55~65℃) : 작동유의 수명 저하, 오일 쿨러 필요, 8℃ 상승할 때 수명 반감
> • 한계 온도 영역(65~80℃) : 작동유의 수명 저하, 오일 쿨러 필요, 8℃ 상승할 때 수명 반감

28 다음은 윤활유 오염관리를 위한 단계 설명이다. 옳게 짝지어 설명된 것은?

① 저장 : 윤활유를 깨끗하고 건조한 안전한 장소에 보관하여 오염 물질로부터 격리 보관한다.
② 이송 : 오염을 피하기 위해 윤활유를 여과 처리해야 한다.
③ 적용 : 윤활 시스템으로 윤활유를 오염 없이 이송해야 한다.
④ 필터링 : 자동 윤활 시스템과 같은 올바른 방법으로 윤활 지점에 윤활유를 적용해야 한다.

> **윤활유 오염 관리를 위한 단계**
> • 저장 : 윤활유를 깨끗하고 건조한 안전한 장소에 보관하여 오염 물질로부터 격리 보관한다.
> • 이송 : 윤활 시스템으로 윤활유를 오염 없이 이송해야 한다.
> • 적용 : 자동 윤활 시스템과 같은 올바른 방법으로 윤활 지점에 윤활유를 적용해야 한다.
> • 필터링 : 오염을 피하기 위해 윤활유를 여과처리(필터링)해야 한다.

정/답　25 ③　26 ④　27 ②　28 ①

29 오염도를 측정하는 방법으로 현장에서 이루어지는 외관시험이 있다. 외관상 색채 변화 없이 혼탁하다면 이에 부합하는 설명으로 다음 중 맞는 것은?

① 냄새는 양호하며 사용유의 상태도 양호하고 사용 가능한 상태라 할 수 있다.
② 악취가 나는 상태로 불량한 사용유이며 교환을 해야 한다.
③ 냄새는 양호하며 사용유의 상태는 물을 포함하고 있어 수분의 분리가 이루어져야 한다.
④ 냄새는 양호하며 오일 속에 다른 오일들이 혼입되어 있으나 사용은 가능하다.

외관시험으로 오일을 상태를 점검할 수 있다.

외관 상태	냄새 정도	사용유의 상태	대책
투명, 색채 변화 무(無)	양호	양호	사용 가능
암흑색	악취	불량	교환
색채 변화 없고 혼탁	양호	수분 포함	수분의 분리
투명, 색채 무(無)	양호	타 종류 기름 혼입	사용 가능

30 다음 중 실험실에서 오염도를 측정하는 방법이 아닌 것은?

① 스폿 시험　　② 계수법　　③ 중량법　　④ 수분 측정법

- 현장에서 이루어질 수 있는 간단한 시험 방법
  - 외관시험 : 사용 윤활유와 신유의 색채, 투명도, 냄새 등으로 오염 정도를 알 수 있다.
  - 고형물의 조사 : 침전물을 확대경으로 검사하여 이물질의 종류와 상태를 파악하는 방법
  - 스폿 시험 : 스폿 시험지에 사용유를 떨어뜨려 변색의 정도, 검은 반점의 여부 등을 조사
  - 수분의 함유 상태 검사 : 사용유를 가열시켜 증발되는 소리로 판단하는 방법
- 실험실에서 오염 정도를 측정하는 방법
  - 중량법 : 시료 중 오염물질의 중량을 측정하는 방법
  - 계수법 : 시료 중 오염물질의 크기, 개수 등을 측정하는 방법
  - 오염 지수법 : 시료의 오염도를 산출하는 방법, SAE에 측정법이 규정되어 있음
  - 수분 측정법 : 시료에 있는 수분을 측정해서 용량 또는 중량으로 표시
  - 기포성 측정법 : 기포도, 기포 안정도를 측정

정/답　29 ③　30 ①

참 | 고 | 도 | 서

1. 구민사, "설비보전기능사 필기"
2. 구민사, "일반기계기사 필기" 김영기 저, 2024년
3. 한국표준협회미디어, "설비보전기사" 2014년
4. 기전연구사, "기계 설비보전" 김창균 저, 2018년
5. 일진사, "설비진단이해" 이성호 외 2인, 2018년
6. 일진사, "설비진단기술" 최부희 저, 2021년
7. 구민사, "건설기계 설비기사 필기" 김영기 저, 2023년

PLANT MAINTENANCE
ENENGINEER

SUPPLEMENT

CBT 실전모의고사

※ 필기과목의 변경과 CBT 시험 실시에 따른 기출문제는
   더 이상 수록할 수 없는 관계로 복원문제 및 출제예상
   모의고사로 대체합니다.

CBT 실전모의고사

PLANT MAINTENANCE ENGINEER

제1과목 | 공유압 및 자동제어

01 다음 중 오리피스에 관한 설명으로 맞는 것은?

① 유체의 압력강하는 교축부를 통과하는 유체점도의 영향을 거의 받지 않는다.
② 길이가 단면치수에 비해 비교적 긴 교축이다.
③ 유체의 압력강하는 교축부를 통과하는 유체점도에 따라 크게 영향을 받는다.
④ 유체의 압력강하는 교축부를 통과하는 유체온도에 따라 크게 영향을 받는다.

> 오리피스는 파이프의 단면을 좁혀 국부적인 유동 저항으로 쓰이는데, 단면 병목 구간의 길이가 매우 짧기 때문에 점도가 아니라 차압에 의해서만 유량이 조절된다.

02 유압실린더가 불규칙적으로 작동할 때, 다음 중 그 원인으로 적절한 것은?

① 솔레노이드 소손
② 모터 고장
③ 펌프 케이싱의 지나친 조임
④ 작동유의 점도변화

> 유압실린더의 불규칙적 작동은 유압실린더로 공급되는 유체가 균일하게 공급되지 않아 발생하는 현상이므로, 공급하는 유체의 점도가 높아지면 유압실린더의 속도가 감소하여 불규칙적으로 작동할 수 있다. ①, ②, ③번은 유압실린더로 전달되는 유체의 문제가 아닌 동작신호체계 혹은 구조상 문제의 원인이다.

정/답 01 ① 02 ④

03 나사형 회전자의 회전운동을 이용하여 고속회전이 가능하고, 소음이 적으며, 맥동 현상이 발생되지 않고 큰 용량의 공기탱크가 필요 없는 압축기의 종류로 맞는 것은?

① 터빈 압축기 ② 피스톤 압축기 ③ 스크루 압축기 ④ 베인 압축기

- 베인 압축기 : 날개 형상의 금속제 판을 사용한 압축기로서 케이싱 내의 편심 로터가 흡입과 배출 구멍이 있는 실린더 형태의 하우징 내에서 회전하여 압축공기를 생성하는 형태로 소음과 진동이 적다.
- 피스톤 압축기 : 피스톤의 왕복운동에 의해서 기체를 압축하는 용적형 압축기로서 고압을 얻을 수 있다.
- 터빈 압축기 : 날개의 회전운동만으로 진동이 적고 고속회전이 가능하고 공기 토출 시 압력에 의한 맥동이 없다.

04 다음 중 유압 시스템에서 사용하는 압력제어 밸브가 아닌 것은?

① 언로딩 밸브 ② 디셀러레이션 ③ 리듀싱 밸브 ④ 시퀀스 밸브

압력제어 밸브의 종류 : 릴리프 밸브, 리듀싱 밸브, 언로딩 밸브, 시퀀스 밸브, 카운터밸런스 밸브 등

05 실린더 입구의 분기회로에 유량제어 밸브를 설치하여 실린더 입구측의 불필요한 압유를 배출시켜 작동효율을 증진시킨 속도제어회로의 종류로 다음 중 맞는 것은?

① 블리드오프 회로 ② 미터 아웃 회로
③ 미터 인 회로 ④ 로크 회로

- 로크(lock) 회로 : 부하가 클 때 또는 장치 내의 압력저하에 의하여 실린더피스톤이 이동되는 경우 피스톤의 이동을 방지하는 회로
- 미터 인 회로 : 액추에이터로 유입하는 유량을 제어하여 액추에이터의 속도를 조절하는 회로
- 미터 아웃 회로 : 액추에이터에서 유출하는 유량을 제어하여 액추에이터의 속도를 조절하는 회로
- 블리드 오프 회로 : 액추에이터로 유입하는 유량을 바이패스시켜 액추에이터의 속도를 제어하는 회로

06 일반적인 유압 발생장치에서 기름 탱크의 용량을 결정하는 기준으로 다음 중 적절한 것은?

① 스트레이너 유량의 3배 이상 ② 펌프 토출량의 3배 이상
③ 공기 청정기 통기용량의 3배 이상 ④ 펌프의 토출량과 같은 크기

유압 작동유의 탱크 선정 : 오일의 양은 실린더의 직경과 길이를 가지고 산출한다.
- 사용 오일량(L)=실린더의 단면적(m^2)×실린더의 길이(m)÷1000
  - 1000을 나누는 것은 리터단위로 환산하기 위함
- 기본 필요량 : 실린더와 펌프가 잠겨 있어야 하는 양
- 오일 필요량 = 사용 오일량 + 기본 필요량
- 탱크의 크기 : 최소 필요량과 기본 필요량을 계산하여 크기를 선정한다.

정/답 03 ③ 04 ② 05 ① 06 ②

07 다음 중 전진과 후진 시 추력이 같은 장점을 갖고 있는 실린더는?

① 텔레스코프형 실린더
② 탠덤 실린더
③ 양 로드 실린더
④ 다위치형 실린더

- 탠덤 실린더 : 꼬치 모양으로 연결된 복수의 피스톤을 n개 연결시켜 n배의 출력을 얻을 수 있도록 한 실린더
- 다위치형 실린더 : 복수의 실린더를 직결, 여러 방향의 위치를 결정하는 실린더
- 텔레스코프형 실린더 : 긴 행정을 지탱할 수 있는 다단튜브형 로드를 갖췄으며, 튜브형의 실린더가 두 개 이상 서로 맞물려 있는 것으로서 높이에 제한이 있는 경우에 사용한다.

08 다음은 공기압 유량제어밸브에 대한 설명이다. 올바른 설명이 아닌 것은?

① 공기압실린더의 배기유량을 감소시켜 실린더의 속도를 증진시키는 것은 급속배기밸브이다.
② 공기압 회로의 유량을 조정하고자 할 때 사용하는 것은 교축밸브이다.
③ 공기압실린더의 속도제어를 위해 방향제어밸브와 실린더의 중간에 설치하는 것은 속도제어밸브이다.
④ 공기압의 속도제어는 배기 교축에 의한 속도제어회로를 주로 채택한다.

급속배기밸브는 공압실린더에서 배기되는 유량을 순간적으로 단면적이 넓은 배기구로 배출하여 순간적으로 속도를 증진시키는 밸브이다.

09 유압실린더를 선정할 때 주요 고려사항으로 다음 중 적당하지 않은 것은?

① 실린더의 작동속도
② 부하를 제어하는데 필요한 힘
③ 스트로크
④ 유압 펌프의 종류

유압실린더 선정 시 고려사항
- 동작방향, 동작형태, 필요한 힘, 이동거리(스트로크), 쿠션종류, 패킹재질, 방진커버, 부식 우려

10 공압 및 유압에 관한 설명으로 다음 중 적절하지 않은 것은?

① 공압은 인화나 폭발의 위험이 없다.
② 유압은 위치 제어성이 우수하고, 이송 속도도 매우 빠르다.
③ 공압은 공기탱크에 에너지를 저장할 수 있다.
④ 유압은 가스나 스프링 등을 이용한 축압기에 소량의 에너지 저장이 가능하다.

정/답 07 ③ 08 ① 09 ④ 10 ②

공압의 특징
- 유압기기에 비해 가격이 저렴하며 유지보수가 용이하다.
- 저압을 사용하므로 기기파손의 위험이 적다.
- 화재의 위험이 적다.
- 시스템이 청결하다.
- 공기의 압축성에 의해 정밀제어가 곤란하다.

유압의 특징
- 작은 장치로도 큰 힘을 낼 수 있다.
- 제어의 용이성과 정확도가 좋다.
- 응답이 빠르다.
- 윤활성, 방청성, 내열성이 우수하며, 보수가 용이하다.
- 비압축성에 의해 액추에이터 속도의 한계가 있다.
- 누유로 인해 시스템이 불결하다.

11 다음 중 제어에 관한 정의로 틀린 것은?

① 작은 에너지로 큰 에너지를 조절하기 위한 시스템을 말한다.
② 기계의 재료나 에너지의 유동을 중계하는 것으로 수동인 것이다.
③ 사람이 직접 개입하지 않고 어떤 작업을 수행시키는 것을 말한다.
④ 기계나 설비의 작동을 자동으로 변화시키는 구성 성분의 전체를 의미한다.

- 제어란 기계의 재료나 에너지의 유동을 중계하는 것으로서 수동이 아닌 것을 의미한다.

12 다음 중 비접촉식 검출 센서(스위치)가 아닌 것은?

① 리밋 스위치   ② 광전 스위치   ③ 유도형 센서   ④ 용량형 센서

- 광전 스위치 : 빛을 발광부와 수광부를 통해 근접한 물체를 검출하는 센서
- 유도형 센서 : 자기장에 의해 유도된 전류를 사용하여 근접한 금속 물체를 검출하는 센서
- 용량형 센서 : 전기력을 이용하여 근접한 비금속과 금속 물체 모두 검출하는 센서

13 전기의 기본이 되는 전하량의 단위로 다음 중 맞는 것은?

① 줄[J]   ② 암페어[A]   ③ 볼트[V]   ④ 쿨롱[C]

- 줄[J] : 에너지의 단위이며, 1[J]은 1[A]의 전류가 1초 동안 흘렀을 때의 에너지이다.
- 볼트[V] : 전위차 및 기전력의 단위이다.
- 암페어[A] : 전류의 단위이다.

정/답 11 ② 12 ① 13 ④

14 조작하고 있는 동안만 열려있고 접점으로 조작 전에는 항상 닫혀있는 접점으로 다음 중 맞는 것은?

① A접점　　　② D접점　　　③ B접점　　　④ C접점

- A접점 : 조작하고 있는 동안만 닫혀있고, 조작 전에는 항상 열려있는 접점
- C접점 : 2개의 고정 접점과 1개의 가동 접점을 가지며, 여자 코일에 의해 한쪽 접점을 열고 다른 쪽 접점을 닫도록 동작하는 것

15 미분조절기로서 제어편차의 증가율이 제어변수의 값이 되는 제어 방법으로 맞는 것은?

① P 동작　　　② K 동작　　　③ I 동작　　　④ D 동작

- D 동작(미분제어) : 진동을 제거, 출력이 제어편차의 시간변화에 비례, 단독사용이 없고 P 동작이나 PI 동작과 결합하여 사용, 응답초과량(over shoot)이 감소
- I 동작(적분동작) : Off-set 제거(잔류편차 제거), 진동이 발생, 제어 안전성 낮음
- P 동작 : Off-set 생성(잔류편차 생성), 부하변동이 적은 제어에 사용, 프로세스의 반응속도가 빠른 편이 아님
- K(비례상수) : 두 변수의 비가 일정할 때, 그 일정한 값

16 다음 중 스테핑 모터의 일반적인 특징으로 맞는 것은?

① 진동 및 공진의 문제가 없다.　　　② 대용량의 기기를 만들 수 있다.
③ 회전각도의 오차가 적다.　　　　　④ 관성이 큰 부하에 적합하다.

스테핑 모터의 특징
- 브러시가 없고 부하와 독립적이다.
- 오픈루프 제어가 가능하다.
- 홀딩토크 특성과 뛰어난 응답특성을 갖는다.
- 저속에서 DC모터보다 상대적으로 토크 특성이 좋다.
- 구조가 간단하며 신뢰성이 높다.
- 펄스 수에 비례하는 회전각도를 얻을 수 있어 정확한 각도제어를 할 수 있다.

17 입력이 어떤 정상 상태에서 다른 상태로 변화했을 때, 출력이 정상 상태에 도달할 때까지의 응답을 무엇이라 하는가?

① 과도 응답　　　② 스텝 응답　　　③ 램프 응답　　　④ 임펄스 응답

정/답　14 ③　15 ④　16 ③　17 ①

- 스텝 응답 : 제어 시스템이나 신호 처리에서 시스템이 스텝 입력(갑자기 변하는 입력)에 어떻게 반응하는지를 나타내는 것으로 이는 시스템의 동적 특성을 이해하는 데 중요하다. 또한 시스템 출력의 가장 기본적인 종류의 하나로서 입력이 0에서 1의 계단모양(반드시 1이 아니어도 됨)으로 갑자기 바뀔 때 나타나는 시스템의 출력이라 할 수 있다.
- 램프 응답 : 어떤 시각까지는 일정하고, 그 이후는 일정 속도로 계속 변화하는 입력 신호에 대한 응답이다. 단위 램프 입력과 같은 함수이며 스텝입력의 적분형태로 시간과 비례한다. 이러한 입력을 주었을 때 시스템의 응답을 측정하면 램프응답이 된다.
- 임펄스 응답 : 시스템이 임펄스 입력에 대해 어떻게 반응하는지를 나타내는 함수이다. 이것은 시스템의 특성을 이해하는 데 사용한다. 임펄스 응답은 스텝입력을 미분한 형태로서 실제로는 존재하지 않으나 시스템을 분석하는데 편리하기 때문에 사용된다.

18 $F(t) = \mathscr{L}^{-1}\left[\dfrac{1}{(s^2+6s+10)}\right]$ 의 값은?

① e-3t cosωt   ② e-3t sint   ③ e-t sin5t   ④ e-t sin5ωt

공식 $\mathscr{L}^{-1}\left[\dfrac{\omega}{(s+a)^2+\omega^2}\right] = e^{-at}\sin\omega t$

$\dfrac{1}{s^2+6s+10} = \dfrac{1}{(s+3)^2+1}$, $a=3$, $\omega=1$, $\mathscr{L}^{-1}\left[\dfrac{1}{(s+3)^2+1}\right] = e^{-3t}\sin t$

19 다음 그림과 같은 회로에서 V(s)을 구하시오.

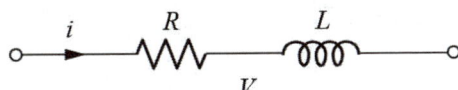

① V(s)=RI(s)+sLI(s)   ② V(s)=(1/R)I(s)+sLI(s)
③ V(s)=RI(s)+(1/sL)I(s)   ④ V(s)=RI(s)+(1/L)I(s)

$V = Ri + L\dfrac{di}{dt}$, $i \Rightarrow I(s)$, $\dfrac{di}{dt} \Rightarrow sI(s)$
$V = RI(s) + LsI(s)$

정/답 18 ② 19 ①

20 다음 진리표는 어떤 논리동작을 나타내는가?

A	B	X
0	0	0
0	1	1
1	0	1
1	1	1

① 논리곱(AND동작)
② 논리합(OR동작)
③ 부정논리합(NAND동작)
④ 부정(NOT동작)

- 논리곱 : 두 명제가 모두 참일 때만 결과가 참이 되는 연산
- 논리합 : 입력된 값 중 적어도 하나가 참일 때 결과값이 참이 되는 연산
- 부정논리곱
  - 모든 입력이 참일 때만 거짓(0)을 출력
  - 그 외의 경우에는 참(1)을 출력하는 논리 게이트
- 부정 게이트
  - 입력된 신호를 반전시키는 기능
  - 입력이 1(높은 전압)일 경우 출력은 0(낮은 전압)이 되고, 입력이 0일 경우 출력은 1이 된다.

제2과목 | 용접 및 안전관리

21 TIG용접과 MIG용접에 해당하는 용접은?

① 서브머지드 아크용접
② 교류 아크 셀룰로스계 피복용접
③ 직류 아크 일미나이트계 피복용접
④ 불활성가스 아크용접

- 불활성가스 아크용접 : Ar, He, Ne 등의 고온에서 반응하지 않는 불활성가스 속에서 텅스텐봉 또는 금속 전극선과 모재 사이에 아크를 발생시켜 용접하는 방법이다.
- 불활성가스 아크용접은 텅스텐 불활성가스 아크용접(TIG)과 금속 불활성가스 아크용접(MIG)의 두 가지 방법이 있다.

22 이산화탄소 아크 용접 시 건강에 가장 나쁜 영향을 미치는 것은?

① 탄소의 축적에 의한 질식
② 이산화탄소의 축적에 의한 질식
③ 질소의 축적에 의한 중독 작용
④ 복사 에너지에 의한 질식

이산화탄소 아크 용접 중 발생할 수 있는 오염물질로는 일산화탄소, 오존, 포스겐, 불화수소, 이산화탄소 등이 있다.

정/답 20 ② 21 ④ 22 ②

23 2차 무부하 전압 80V, 아크전압 30V, 아크전류 250A인 교류 용접기를 사용할 때 효율과 역률은 각각 얼마인가? (단, 내부손실은 2.5kW이다.)

① 효율 50%, 역률 75%
② 효율 45%, 역률 70%
③ 효율 75%, 역률 50%
④ 효율 70%, 역률 45%

- 효율=(아크 출력÷소비전력)×100[%], $\frac{7.5}{10} \times 100 = 75\%$
- 역률=(소비전력÷전원입력)×100[%], $\frac{10}{20} \times 100 = 50\%$
- 소비전력=아크출력+내부손실=7.5+2.5=10kW
- 전원입력=무부하 전압×정격 2차 전류=80×250=20,000W=20kW
- 아크출력=아크전압×정격 2차 전류=30×250=7500W=7.5kW

24 다음 중 아크 용접 피복제의 역할이라 할 수 없는 것은?

① 용착금속의 급랭을 촉진한다.
② 스패터의 발생을 적게 한다.
③ 용착금속에 필요한 합금 원소를 첨가시킨다.
④ 슬래그 제거를 쉽게 한다.

- 피복제의 역할 : 슬래그가 형성, 탈산작용을 하며 용착금속의 급랭을 방지

25 연강용 피복 아크 용접봉의 기호 E4303에서 E가 의미하는 것으로 다음 중 맞는 것은?

① 용착금속의 강도
② 전기 용접봉
③ 피복제 성분
④ 심선의 지름

- E : Electric Arc Welding의 첫글자(전극봉의 첫글자)
- 43 : 용착금속의 최저 인장강도(43kgf/mm^2)
- 0 : 용접자세 – 전 자세
- 3 : 피복제 – 라임티타니아계

정/답 23 ③ 24 ① 25 ②

26 다음 용접법 중 용착효율이 가장 높은 방법은?

① MIG 용접
② 피복 아크 용접
③ FCAW 용접(플럭스 코드 아크 용접)
④ 서브머지드 아크 용접

- 용착효율 : 전체 사용된 용접 금속에 대해 실제 용접부에 용착된 용접 금속의 중량비
- 용착효율이 높은 용접법 : 서브머지드 아크 용접과 일렉트로 슬래그 용접 - 거의 100%
- 용착효율이 낮은 용접법 : 피복 아크 용접 - 스패터, 슬래그, 버리는 잔봉 등으로 인해 낮음

27 산소용기의 취급 시 주의사항으로 다음 중 맞는 것은?

① 안전을 위해 용기는 눕혀서 보관한다.
② 통풍이 잘되고 직사광선이 잘드는 곳에 보관한다.
③ 기름이 묻은 손이나 장갑을 끼고 취급하지 않는다.
④ 가연성 물질과 함께 보관한다.

산소용기의 취급 시 주의사항
- 운반할 때에는 반드시 캡을 씌운다.
- 산소병 표면온도가 40℃ 이상이 되지 않도록 해야 하므로 직사광선은 피해야 한다.
- 겨울철 용기가 동결될 때는 직화(直火)로 녹이지 말고 40℃ 이하의 더운 물에 녹인다.
- 밸브 개폐 시 용기 앞에서 열지 말고 옆에서 열도록 한다.
- 산소가 새는 것을 조사할 때는 비눗물을 사용한다.
- 기름 묻은 손 또는 장갑을 끼고 용기를 만져서는 안 된다.
- 운반도중 굴리거나, 넘어뜨리거나, 던지거나 해서는 안 된다.
- 적재할 때는 구르지 않도록 받침(고임)목 등을 사용한다.
- 세워 놓고 사용할 때는 체인으로 묶는 등 전도방지 대책을 취한다.
- 화기로부터 5m 이상 떨어지게 한다.

28 피복 아크 용접에서 용접부에 기공(blow hole)이 생기는 원인으로 볼 수 없는 것은?

① 용접 재료가 건조하거나 용접 표면이 청결할 때
② 아크에 수소 또는 일산화탄소가 너무 많을 때
③ 용착부가 급랭될 때
④ 용접 재료의 탄소 함량이 너무 높을 때

용접부에 기공(blow hole)이 생기는 주원인
- 모재 금속과 용접 재료의 탄소 함량이 너무 높음
- 용접 재료가 젖었거나 용접 표면이 불결함
- 아크 길이가 크거나 용접 속도가 너무 빠름
- 용접 소모품이 제대로 청소되거나 보관되지 않음
- 녹, 먼지, 스케일과 같은 오염물질이 많은 환경에서 용접

정/답   26 ④   27 ③   28 ①

29 연강용 가스 용접봉의 성분 중 강의 강도를 증가시키나 연신율, 굽힘성 등을 감소시키는 원소로 다음 중 맞는 것은?

① S　　　　　② C　　　　　③ P　　　　　④ Si

> 탄소가 연강용 가스 용접에 미치는 영향으로 탄소 함량이 증가하면 급랭 강화가 심해져 열영향부의 경화 및 비드 밑 균열이나 모재에 균열이 생길 수 있다.

30 다음 중 일반적인 용접의 단점이 아닌 것은?

① 품질검사가 곤란하다.
② 저온 취성이 생길 우려가 있다.
③ 작업공정이 단축된다.
④ 잔류응력이 발생한다.

> 용접의 단점
> • 최적의 용접조건을 불만족 시 결함 발생 우려가 매우 높다.
> • 결함으로 인한 응력집중현상이 발생하고 기밀성은 유지가 어려워진다.
> • 제품의 진동을 감쇠시키기 어렵다.
> • 용접 시 발생한 고온의 열이 변형 및 잔류응력을 남기게 된다.
> • 작업공정이 단축되는 것은 용접의 장점이다.

31 방사선 투과사진의 상의 질을 나타내는 척도는 다음 중 어느 것인가?

① 탐촉자　　　② 흡수도계　　　③ 자분탐상계　　　④ 투과도계

> • 방사선투과시험(Radiographic Testing : RT) : X선이나 감마선을 사용하여 객체의 내부 구조를 검사, 이 방법은 결함이나 불연속성을 찾는 데 사용된다.
> • 투과도계 : 방사선투과사진의 상의 질을 나타내는 것으로 지름이 다른 여러 개의 가는 철사를 삽입하여 만들었다.

32 다음 중 비파괴 검사법과 연결이 틀린 것은?

① 방사선 투과 검사 - X선 투과 검사
② 자분 검사 - 누설 자속 이용
③ 침투 검사 - 초음파 침투 검사
④ 누수 검사 - 수압 또는 공기압 이용

> • 침투검사-침투액 및 현상제를 이용
> • 초음파 침투검사-초음파 이용

정/답　29 ②　30 ③　31 ④　32 ③

33 다음 시험법 중 시험체의 표면 검사에 적합한 시험법이 아닌 것은?

① 초음파탐상시험　　　② 외관시험
③ 침투탐상시험　　　　④ 자분탐상시험

- 표면 균열검사 : 외관시험, 자분탐상시험, 침투탐상시험
- 내부 결함검사 : 초음파탐상시험

34 다음 중 용접작업에 관한 안전사항 중 적절하지 못한 것은?

① 아연도금 강판의 용접 시에는 안전상 환기장치를 차단시키고 할 것
② 용접 시에는 반드시 보호장구를 착용할 것
③ 빈 용기를 용접할 때는 속에 위험한 가스나 증기가 있는지 점검할 것
④ 용접 작업장 주위에는 인화물질을 두지 말 것

아연도금강판의 용접 시 안전사항
- 유독가스 접촉을 피하기 위해 적절한 개인 보호 예방조치를 취해야 한다.
- 보호장비 : 장갑, 용접 헬멧, 강철 발가락 부츠, 가죽 자켓 등
- 호흡보호구 필수, 아연도금 강철을 용접할 때 유독한 산화아연연기를 흡입하지 않도록 할 것
- 통풍이 잘되는 곳에서 용접하는 경우에라도 호흡보호구는 착용하도록 한다.

35 흄(fume) 및 분진(dust)에 의한 재해로 다음 중 가장 거리가 먼 것은?

① 용접 시 발생하는 중금속이 원인이 된다.
② 증상이 중복될 경우 적혈구 수가 일시적으로 증가한다.
③ 흄(fume)을 흡수한 후 수 시간 후에 발열이 일어나 38~40℃의 고열이 발생한다.
④ 금속 산화물의 미립자를 흡수하여 발생하는 것으로 발열성 질환이다.

- 흄(fume)과 분진(dust)에 노출 시 다음과 같은 건강 문제 발생
- 직업성 천식 : 기침, 천명, 가슴 답답함
- 비염 : 코가 막히거나 흐르는 증상
- 외인성 알레르기성 폐렴 : 발열, 기침, 숨가쁨 악화, 체중 감소
- 적혈구 수에는 큰 영향을 미치지 않음
- 백혈구 수는 감소할 수 있음

정/답　33 ①　34 ①　35 ②

36 외부에서 신선한 공기를 송급시키는 호흡용 보호구는 다음 중 어느 것인가?

① 호스 마스크　　② 방독 마스크　　③ 보호 마스크　　④ 방진 마스크

> 송기마스크(호스마스크) : 적정공기 상태가 유지되기 어려운 밀폐공간과 같은 장소 등에서 사용하고 있다.

37 산업재해를 예방하고 쾌적한 작업 환경을 조성함으로써 근로자의 안전과 건강을 유지·증진함을 목적으로 제정된 법은?

① 사회보장법　　② 근로기준법　　③ 산업안전보건법　　④ 환경보건법

> - 산업안전보건법 : 사업장 산업재해를 예방하고 쾌적한 작업환경을 조성하여 근로자의 생명과 신체 안전을 도모하고 질병을 방지하며, 건강을 유지·증진시키기 위한 근로자 보호를 위한 법
> - 환경보건법 : 환경오염과 유해화학물질 등이 사람의 건강과 생태계에 미치는 영향을 조사, 평가하고 이를 예방 및 관리를 위한 법
> - 근로기준법 : 근로자의 인간다운 생활을 보장하고 근로조건의 최저기준을 정해 놓은 법
> - 사회보장법 : 출산, 양육, 실업, 노령, 장애, 질병, 빈곤 및 사망 등의 사회적 위험으로부터 모든 국민을 보호하고 국민 삶의 질을 향상시키는 데 필요한 소득·서비스를 보장하는 사회보험, 공공부조, 사회서비스를 보장하기 위한 법

38 다음 중 드릴 작업 시 안전 대책으로 맞지 않는 것은?

① 회전하고 있는 주축이나 드릴에 손이나 걸레를 대거나 머리를 가까이하지 않는다.
② 드릴은 사용 후에만 점검한다.
③ 상처나 균열이 있는 것은 사용하지 않는다.
④ 드릴의 착탈은 회전이 완전히 멈춘 후에 행한다.

> 드릴은 사용 전에 필히 날의 이상 유무 및 고정 상태 등을 점검해야 한다.

39 다음은 선반 작업 시 안전사항이다. 보기 중 틀린 것은?

① 기계 위에 공구나 가공물을 올려놓지 않는다.
② 절삭공구의 고정은 확실하게 한다.
③ 공작물의 측정은 절삭 또는 회전 중에 장갑을 끼고 한다.
④ 가공물의 장착이 끝나면 척 렌치류는 벗겨 놓는다.

정/답　36 ①　37 ③　38 ②　39 ③

> **선반 작업 시 안전사항**
> - 베드 위에 공구를 올려놓지 않는다.
> - 공작물의 측정은 기계를 정지시킨 후 실시한다.
> - 칩(chip)이나 부스러기를 제거할 때는 반드시 브러시를 사용한다.
> - 회전 중에 가공품을 직접 만지지 않는다.
> - 시동 전에 심압대가 잘 죄어져 있는가를 확인한다.
> - 운전 중에 백 기어(back gear)를 사용하지 않는다.
> - 보링작업이나 암나사를 깎을 때 구멍 안에 손가락을 넣어 소제하지 않는다.
> - 작업 시 공구는 항상 정리해 둔다.

40 다음 중 산업안전보건법에서 규정하고 있는 중대재해에 해당되지 않는 것은?

① 직업성 질병자가 동시에 5명이 발생한 재해
② 3개월 이상 요양을 요하는 부상자가 동시에 2명이 발생한 재해
③ 사망자 1명과 3개월 이상 요양이 필요한 부상자 1명이 발생한 재해
④ 사망자가 3명 발생한 재해

> **중대재해**
> - 중대재해처벌법상 중대재해는 중대산업재해와 중대시민재해로 구분된다.
> - 중대산업재해 : 사망자가 1명 이상, 6개월 이상 치료가 필요한 부상자가 2명 이상, 급성중독 등 직업성 질병자가 10명 이상 발생한 재해
> - 중대시민재해 : 특정 원료 또는 제조물, 공중이용시설 또는 공중교통수단의 결함을 원인으로 하여 사망자가 1명 이상, 2개월 이상 치료가 필요한 부상자가 10명 이상, 3개월 이상 치료가 필요한 질병자가 10명 이상 발생한 재해

제3과목 | 기계설비일반

41 기준치수가 $\phi 50$인 구멍기준식 끼워맞춤에서 구멍과 축의 공차값이 다음과 같을 때 틀린 것은?

> - 구멍 : 위 치수 허용차 +0.025, 아래 치수 허용차 0.000
> - 접축 : 위 치수 허용차 −0.025, 아래 치수 허용차 −0.050

① 축의 최대 허용치수 : 49.975
② 구멍의 최소허용치수 : 50.000
③ 최소틈새 : 0.025
④ 최대틈새 : 0.050

> 최대틈새 = 구멍의 위 치수 허용차−축의 아래 치수 허용차
> = 0.025−(−0.050)=0.075

정/답 40 ① 41 ④

42 다음 기하공차 중 평면도를 나타내는 기호는?

① ▱ ② // ③ ○ ④ ⊠

> // : 평행도, ○ : 진원도, ⊠ : 평면을 나타내는 기호

43 다음 제3각법으로 투상된 도면 중 잘못된 투상도가 있는 것은?

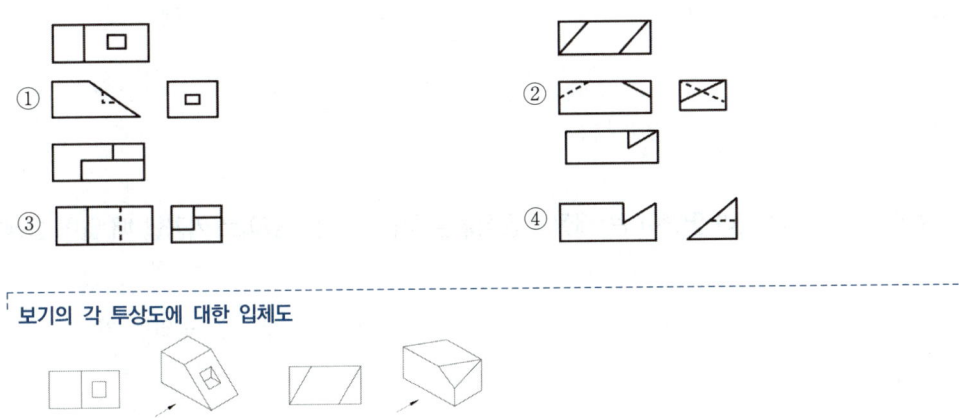

보기의 각 투상도에 대한 입체도

44 유화물 계통의 편석 및 수지상 조직을 제거하여 연신율을 향상시킬 수 있는 열처리방법으로 가장 적합한 것은?

① 재결정 풀림 ② 확산 풀림 ③ 템퍼링 ④ 퀜칭

> • 재결정 풀림 : 냉간가공한 재료를 600℃ 부근에서 응력이 감소되고 재결정 발생 풀림
> • 템퍼링 : 뜨임 열처리로 인성을 증가시키는 일반 열처리
> • 퀜칭 : 담금질 열처리로 강도 및 경도 증가 목적의 일반 열처리

정/답 42 ① 43 ③ 44 ②

45 다음 중 용융점이 가장 낮은 것은?

① Al   ② Sn   ③ Ni   ④ Mo

> Al-660℃, Sn-232℃, Ni-1455℃, Mo-2610℃

46 체심입방격자(BCC)의 인접 원자수(배위수)는 몇 개인가?

① 12개   ② 10개   ③ 8개   ④ 6개

> BCC-배위수 8개, FCC-배위수 12개, HCP-12개

47 순철, 순동, 알루미늄과 같이 연성이 큰 재질의 공작물을 약간 큰 절삭 깊이로 가공할 때 많이 발생하는 칩은?

① 열단형 칩   ② 전단형 칩   ③ 유동형 칩   ④ 균열형 칩

칩의 종류			
유동형 칩	전단형 칩	열단형 칩	균열형 칩
연성이 큰 재료 고속절삭 윗면경사각 크게 절삭 깊이 작게 절삭유 공급	연한 재료 윗면경사각 작게	점성이 큰 재료 저속절삭 윗면경사각 작게 절삭 깊이 크게	취성이 큰 재료 (주철) 저속절삭

48 초음파 가공의 특징으로 틀린 것은?

① 부도체도 가공이 가능하다.
② 공작물에 가공 변형이 남지 않는다.
③ 복잡한 형상도 쉽게 가공한다.
④ 납, 구리, 연강의 가공이 쉽다.

> 초음파 가공 : 취성이 큰 재료, 즉 다이아몬드, 유리 등의 보석류, 도자기 등 가공

정/답   45 ②   46 ③   47 ①   48 ④

49 공작기계의 구비조건으로 틀린 것은?

① 고장이 적고 효율이 좋을 것
② 높은 정밀도를 가질 것
③ 내구력이 적을 것
④ 가공능력이 클 것

> 공작기계는 공작물과 공구 사이에 상대운동을 부여함으로써, 공작물을 원하는 형상과 치수로 만들어 내는 가공능력이 우수해야 하고, 내구성이 커야 하며, 고장이 적고, 효율적이며, 높은 정밀도를 갖추고 있어야 한다.

50 다음 도면에서 A의 길이는 얼마인가?

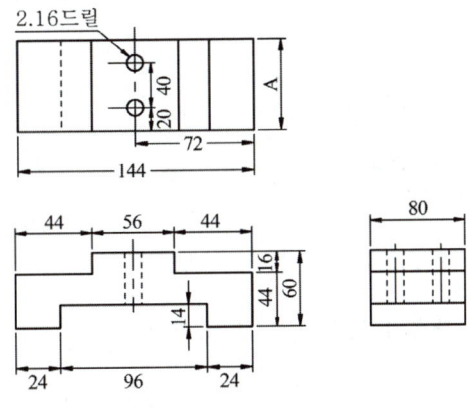

① 144mm   ② 96mm   ③ 80mm   ④ 44mm

> 평면도와 우측면도의 matching line을 확인하면 80mm이다.

51 마이터 기어(miter gear)의 모듈이 4, 잇수가 20일 때 바깥지름은 약 몇 mm인가?

① 96.5   ② 85.7   ③ 78.3   ④ 62.8

> 마이터 기어는 축각이 90°에 속도비가 1인 베벨기어이다.
> $D_o = m(Z + 2\cos\gamma) = 4 \times (20 + 2 \times \cos 45°) = 85.66mm$

정/답   49 ③   50 ③   51 ②

52 블록브레이크에서 브레이크에 발생하는 열의 소산과 관련된 브레이크 용량(MPa·m/s)을 표시하는 관계식으로 옳은 것은?

① 안전계수×속도계수
② 마찰계수×압력×속도
③ 속도×압력×비열
④ 발열계수×압력계수

> $B_c = \dfrac{H}{A} = \dfrac{\mu WV}{A} = \mu p V$ = 마찰계수×접촉면압력×회전속도

53 사각나사에서 리드각 3.0° 마찰계수 0.2일 때 이 나사의 효율을 구하면?

① 35.55% ② 30.55% ③ 25.55% ④ 20.55%

> 마찰각 $\rho = \tan^{-1}(0.2) = 11.31°$
> $\eta = \dfrac{\tan\alpha}{\tan(\alpha+\rho)} = \dfrac{\tan(3.0)}{\tan(3.0+11.31)} \times 100 = 20.55\%$

54 다음 중 미끄럼베어링 재료의 요구조건으로 틀린 것은?

① 열전도율이 낮을 것
② 주조와 다듬질 등의 공작이 용이할 것
③ 내부식성이 강할 것
④ 유막의 형성이 용이할 것

> 완전윤활 상태에서 베어링과 축의 저널 사이의 마찰에 의해 발생한 열은 외부로 전달되어 빠져나가도록 하는 것이 베어링의 열화에 의한 손상을 감쇠시킬 수 있으므로 열전도율이 높은 것을 사용하는 것이 유리하다.

55 공기마이크로미터의 특징에 대한 설명으로 틀린 것은?

① 비교측정기로서 큰 치수(1개)와 작은 치수(2개)로 이루어진 마스터가 최소 3개 필요하다.
② 측정물에 부착된 기름이나 먼지를 분출공기로 불어내므로 보다 정확한 측정이 가능하다.
③ 접촉 측정자를 사용하지 않을 때에는 측정력이 거의 0에 가깝다.
④ 배율이 높고 정도가 좋다.

> 공기마이크로미터(Air micrometer) : 그림과 같이 압축공기가 노즐로부터 피측정물의 사이를 빠져나올 때 틈새에 따라 공기의 양이 변화하게 되는데, 틈새가 크면 공기량이 많고 틈새가 작으면 공기량이 작아진다. 이 공기의 유량을 유량계로 측정하여 치수의 값으로 읽어내는 원리이다.

정/답 52 ② 53 ④ 54 ① 55 ①

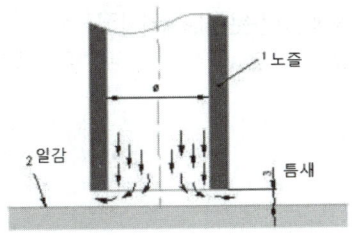

56 각도 측정기인 사인바에 대한 설명 중 틀린 것은?

① 하이트 게이지와 함께 사용해 오차를 보정할 수 있다.
② 사인바는 삼각함수를 이용하여 각도를 측정한다.
③ 45°를 초과하여 측정할 때 오차가 급격히 커진다.
④ 호칭치수는 양 롤러 간의 중심거리로 나타낸다.

> 사인바 : 삼각함수의 sin값을 이용한 간접 각도 측정기이다.

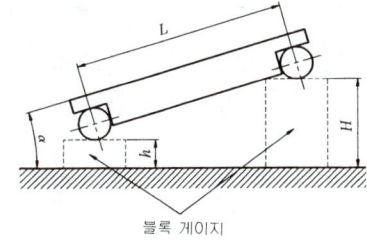

57 다음 중 각도 측정 게이지가 아닌 것은?

① 수준기 ② 오토 콜리미터 ③ 하이트 게이지 ④ 사인바

> • 하이트 게이지 : 높이 측정 및 수평선 긋기
> • 각도 측정기 : 각도 게이지, 직각자, 분도기, 콤비네이션, 베벨, 사인바, 테이퍼 게이지, 만능 각도기, 분할대 등

58 송풍기의 냉각 방법에 의한 분류로 다음 중 적당하지 않은 것은?

① 중간 냉각 다단형 ② 편 흡입형
③ 공기 냉각형 ④ 재킷 냉각형

> • 냉각 방법에 의한 분류 : 공기 냉각형, 재킷 냉각형, 중간 냉각 다단형
> • 임펠러 흡입구에 의한 분류 : 편 흡입형, 양 흡입형, 양쪽 흐름 다단형

정/답 56 ① 57 ③ 58 ②

59 다음은 압축기 밸브 부품 중 밸브스프링 교환에 관한 내용이다. 잘못된 것은?

① 교환 시간이 되어도 탄성 마모가 없으면 교환하지 말 것
② 자유 상태에서 높이가 규정치 이하로 되었을 때 교환할 것
③ 손으로 간단히 수정하여 사용하지 말 것
④ 교환 시간이 되면 기준치 내에서도 교환할 것

교환 시간이 되어 탄성 마모가 없어도 교환하여 사용하는 것이 안전하다.

60 다음 중 일반 유도 전동기의 특징으로 적절하지 못한 것은?

① 전원 회로 설치가 용이하다.　② 구조가 간단하다.
③ 품질, 성능이 안정되어 있다.　④ 회전수 조절이 자유롭다.

유도 전동기의 특징
- 부하에 관계없이 일정한 속도로 동작한다.
- 설계가 간단하고, 신뢰성이 높으며, 유지보수가 쉽다.
- 회전자에 전기적 연결이 필요 없다.
- 전자기 유도를 통해 토크가 발생한다.

제4과목 | 설비진단 및 관리

61 설비진단 기법과 응용 예를 설명한 다음 사항 중 잘못 연결된 것으로 보이는 것은?

① 오일 분석법 - 베어링의 오일 휩(oil whip) 진단
② 진동법 - 블로우, 팬 등의 밸런싱 진단
③ 응력법 - 설비 구조물의 응력 분포도 검사
④ 열화상법 - 전기, 전자 부품의 이상발견

- 오일분석법 : 베어링 등 금속과 금속이 습동하는 부분의 마모에 대한 진행 상황을 윤활유 중에 포함된 마모 금속의 양, 형태, 성분 등으로 판단하는 방법이며, 페로그래피법과 SOAP법이 있다.
- 페로그래피법 : 채취한 오일 샘플링을 용제로 희석하고 경사진 고정 슬라이드에 흘려서 슬라이드 아래에 강력한 자석으로 마모 입자를 즉, 자력선에 의해 채취된 입자를 페로스코프 현미경으로 마모 입자의 크기, 형상, 성분을 관찰하여 분석한다.
- SOAP법 : 오일 SOAP법은 채취한 시료유의 연소 시 발생되는 금속 성분의 발광 또는 흡광 현상을 분석하여 오일 중 마모 성분과 농도를 검출하는 방법이다.
- 베어링의 오일휩이란 : 충분히 윤활된 미끄럼 베어링의 경우 축을 고속으로 회전시켰을 때 축의 위험 속도의 2배가 되면 격심한 진동이 축에 발생하는 것을 오일휩이라 한다. 이에 대한 진단방법은 진동분석법이 적당하다.

정/답　59 ①　60 ④　61 ①

62 진동의 측정 단위로 다음 중 적절하지 않은 것은?

① m²/s² ② m/s² ③ m/s ④ m

> 진동의 측정 특성으로는 변위(m), 속도(m/s), 가속도(m/s²) 등이다.

63 진동의 종류별 설명으로 다음 중 틀린 것은?

① 자유진동 : 외란이 가해진 후 계가 스스로 진동을 하고 있는 경우이다.
② 비감쇠진동 : 대부분의 물리계에서 감쇠의 양이 매우 적어 공학적으로 감쇠를 무시한다.
③ 선형진동 : 진동의 진폭이 증가함에 따라 모든 진동계가 운동하는 방식이다.
④ 규칙진동 : 기계 회전부에 생기는 불평형, 커플링부의 중심 어긋남 등의 원인으로 발생하는 진동이다.

> • 진동의 종류는 외력 여부 혹은 감쇠력 여부에 따라 분류할 수 있다.
> • 외력 여부에 따른 분류
>   - 자유진동 : 외력 없음, 외력이 없는 상태하의 진동
>   - 강제진동 : 외력 존재, 외부의 주기적인 자극에 의한 진동
> • 감쇠력 여부에 따른 분류
>   - 비감쇠진동 : 한 번의 자극만으로 외부 자극 없이도 끝없이 자유 진동함
>   - 감쇠진동 : 진동하면서 계속 에너지를 잃어감

64 다음 중 설비진단의 개념과 가장 거리가 먼 것은?

① 수리 및 개량법의 결정
② 단순한 점검의 계기화
③ 신뢰성 및 수명의 예측
④ 이상이나 결함의 원인파악

> 설비진단이란 설비의 현재 상태량을 파악하여 이상 또는 고장에 관한 원인 및 앞으로의 경향을 예지, 예측하여 필요한 대책을 세우는 기술을 말한다.

65 진동에서 진폭표시의 파라미터가 다음 중 아닌 것은?

① 변위 ② 속도 ③ 가속도 ④ 댐퍼

> • 진폭이란 주기적인 진동이 있을 때 그 중심으로부터 최대로 움직인 거리 혹은 변위를 뜻하며, 진폭의 표시에는 위치의 변위량을 전진폭, 파형의 속도를 표시하는 속도진폭, 가속도를 표시하는 가속도진폭이 있다.
> • 댐퍼 : 진동에너지를 흡수하는 장치로서 감쇠라고도 한다.

정답 62 ① 63 ③ 64 ② 65 ④

66 방진에 사용되는 패드의 종류 중 많은 수의 모세관을 포함하고 있어 습기를 흡수하려는 경향이 있으며, PVC 등 플라스틱 재료를 밀폐해서 사용하는 재료는?

① 스펀지 고무
② 파이버 글라스
③ 강철
④ 코르크

> **방진에 사용되는 패드의 종류**
> - 스펀지 고무 : 스펀지 고무는 액체를 흡수하려는 경향이 있으므로, 발화물질 등의 액체가 있는 곳에서 이용할 때는 플라스틱 등으로 밀폐된 패드를 이용해야 하며, 가벼운 물체일 경우에 사용한다.
> - 코르크 : 비대생장을 하는 식물의 줄기나 뿌리의 주변부에 만들어지는 보호조직으로 코르크 형성층의 분열에 의하여 생기는 것으로서 단열, 방음, 전기적 절연, 탄성력 등에서 뛰어난 성질을 가지고 있다.
> - 파이버 글라스 : 많은 수의 모세관을 포함하고 있어 습기를 흡수하려는 경향이 있다. 따라서 파이버 글라스 패드는 PVC 등 플라스틱 재료를 밀폐해서 사용하는 것이 바람직하다.

67 다음의 파장과 주파수에 대한 설명으로 틀린 것은?

① 주파수는 소리의 속도에 반비례하고, 파장에 비례한다.
② 파장은 음파의 1주기 거리로 정의된다.
③ 주파수는 음파가 매질을 1초 동안 통과하는 진동횟수를 말한다.
④ 파장은 소리의 속도에 비례하고, 주파수에 반비례한다.

> 주파수와 파장은 서로 반비례의 관계에 있다. 주파수가 높아지면 파장이 짧아지고, 파장이 증가하면 주파수는 감소한다.
>
>
>
> $\lambda = \dfrac{C}{f}$, λ : 파장, f : 주파수, C : 음속

68 소음계로 소음 측정 시 주의사항으로 다음 중 옳지 않은 것은?

① 반사음 영향에 대한 대책을 세운다.
② 암소음 영향에 대한 보정값을 고려한다.
③ 변동이 적은 소음은 fast에, 변동이 심한 소음은 slow에 놓고 측정한다.
④ 청감보정회로를 사용한다.

> **소음계의 slow와 fast 차이**
> - slow : 비교적 안정적인 소음 측정을 할 때
> - fast : 수시로 변화하는 소음 측정을 할 때
> - 암소음 : 측정하는 차에 관계없는 주위의 소리
> - 반사음 : 음파가 물체에 부딪쳐 반사되어 나오는 소리
> - 청감보정회로 : 인간의 청감각을 주파수 보정 특성에 나타내는 것으로, A 특성을 갖춘 것이어야 하며, 자동차에서 발생하는 소음을 측정하는 데 사용하는 C 특성도 함께 갖추어야 한다.

정/답 66 ② 67 ① 68 ③

69 소음기의 내면에 파이버 글라스(fiber glass)와 암면 등과 같은 섬유성 재료를 부착하여 소음을 감소시키는 장치는?

① 팽창형 소음기 ② 흡음형 소음기
③ 간섭형 소음기 ④ 공명형 소음기

- 팽창형 소음기 : 관의 입구와 출구 사이에서 큰 공동이 발생하도록 급격한 관의 지름을 확대시켜 공기의 유속을 낮추어 소음을 감소시키는 장치
- 간섭형 소음기 : 음파의 간섭을 이용한 것으로서 입구에서 흡인된 소음이 분기되었다가 재차 합류시키면 음의 간섭으로 인해 감쇠되는 원리의 장치
- 공명형 소음기 : 내관의 작은 구멍과 그 배후 공기층이 공명기를 형성하여 흡음함으로써 감쇠시키는 장치

70 다음 중 소음 방지 방법이 아닌 것은?

① 차음 ② 소음기 ③ 공명 ④ 흡음

- 차음 : 공기 속을 전파하는 음을 벽체 재료로 감쇠시키기 위하여 음을 반사 또는 흡수하도록 하여 입사된 음이 벽체를 투과하는 것을 막는 것
- 공명 : 2개의 진동체의 고유 진동수가 같을 때 한쪽을 진동시키면, 다른 쪽도 진동하는 현상
- 흡음 : 음파의 파동에너지를 감쇠시켜 매질 입자의 운동에너지를 열에너지로 전환하는 것
- 소음기 : 소음을 흡음형, 팽창형, 간섭형, 공명형 등으로 감쇠시키는 장치

71 설비의 잠재열화현상을 파악하기 위해 측정 설비를 이용하여 직접 설비를 감지하는 보전방법으로 적당한 것은?

① 예방보전 ② 개량보전 ③ 보전예방 ④ 예지보전

- 예방보전 : 고장, 정지 또는 유해한 성능 저하를 가져오는 상태를 발견하기 위한 설비의 주기적인 검사로 초기 단계에서 이러한 상태를 제거 또는 복구시키기 위한 보전
- 개량보전 : 설비 자체의 체질 개선을 목표로 하는 보전
- 보전예방 : 고장이 없고, 보전이 필요하지 않은 설비를 설계 또는 제작하는 보전

72 만성로스 개선 방법 중 설비나 시스템의 불합리 현상을 원리 및 원칙에 따라 물리적 성질과 메커니즘을 밝히는 사고 방식에 적합한 표현은?

① FTA   ② PM분석   ③ FMEA   ④ QM분석

- FTA(Fault Tree Analysis) : 시스템에 발생하는 중대한 고장이 어떠한 원인에 의하여 발생하는가를 이론적으로 분석하고 세분화하여 최종적으로는 하나의 부품의 고장 원인까지 규명해 나가는 톱다운의 수법이다.
- FMEA(Failure Mode and Effect Analysis) : 사고와 원인의 관계를 계열적으로 해석하는 신뢰성 해석수법의 하나이다.
- QM(Quality Management)분석 : 회사의 경영상태를 품질 측면에서 관리하여 분석하는 방법이다.

73 다음 설명에 부합하는 설비망은 어떤 것인가?

> 설비의 종류, 수, 크기, 용량, 설치위치 등에 연계된 보전개념과 보전작업의 결정 및 정보연계를 의미하는 설비망으로 설비계획, 관리에 대한 명확한 책임 및 권한이 있으며, 여러 지역에 동종설비를 설치하여 보전능력의 분산을 갖는다.

① 시장 중심 설비망   ② 제품 중심 설비망
③ 공정 중심 설비망   ④ 프로젝트 중심 설비망

- 제품 중심 설비망(제품 중심 배치) : 공정의 계열에 따라 각 공정에 필요한 기계가 배치
- 공정 중심 설비망(공정 중심 배치) : 주문 생산과 표준화가 곤란한 다품종 소량 생산일 경우에 알맞은 배치
- 프로젝트 중심 설비망(제품 고정형 배치) : 주재료와 부품이 고정된 장소에 있고 사람, 기계, 도구 및 기타 재료가 이동하여 작업이 행하여지는 설비망

74 다음 중 설비의 경제성 평가 방법에 해당하지 않는 것은?

① 자본회수법   ② 비용비교법   ③ 연환지수법   ④ MAPI 방식

- 설비의 경제성 평가 방법의 종류
  - 자본회수법 : 설비비를 투자하고, 이를 몇 년간 일정한 금액만큼 균등하게 회수하는 방법
  - MAPI 방식 : 자본 배분에 관련된 투자 순위 결정이 주제이고, 긴급률이라고 불리는 일종의 수익률을 구하여 이의 대소에 따라서 설비투자안 상호 간의 우선순위를 평가하는 방식
  - 비용비교법 : 기계 설비의 1년당 자본 비용과 가동비의 합, 즉 연간비용을 평가 척도로 하여 설비 투자 정책을 결정하는 방법
  - 신MAPI 방식 : MAPI 방식의 단점을 보완한 방식을 투자 순위 결정을 위한 긴급도 비율이라는 비율을 도입한 방식
- 연환지수법 : 주어진 시계열에서 각 구간의 값을 바로 앞의 구간에 대한 백분율로 나타내는 지수를 이용하여 경제 변동의 모양을 밝히고 설명하는 방법
- 시계열 : 시간의 흐름에 따라 기록되는 것을 의미

정/답   72 ②   73 ①   74 ③

75 치공구 관리 기능 중 보전 단계에서 실시하는 내용으로 다음 중 틀린 것은?

① 공구의 검사
② 공구의 설계 및 표준화
③ 공구의 보관과 공급
④ 공구의 제작 및 수리

공구의 설계 및 표준화는 보전 단계가 아닌 치공구의 설계단계에서 실시하는 내용에 해당한다.

76 윤활유의 열화에서 다음 중 내부변화인 윤활유 자체의 변질과 관련된 것은?

① 유화
② 희석
③ 이물혼입
④ 산화

- 유화 : 융합되지 아니하는 두 가지의 액체에 계면활성제를 넣어서 섞고 한쪽의 액체를 다른 쪽의 액체 가운데에 분산하여 유제를 만드는 조작
- 희석 : 용액에 물이나 다른 용매를 더하여 농도를 묽게 하는 것
- 이물혼입 : 정상성분이 아닌 물질이 섞인 것

77 다음의 순환급유 종류 중 마찰면이 기름 속에 잠겨서 윤활하는 급유 방법에 해당하는 것은?

① 패드 급유
② 나사 급유
③ 원심 급유
④ 유욕 급유

- 패드 급유 : 패킹을 가볍게 저널에 접촉시켜 급유하는 방법으로 모사 급유법의 일종으로 패드의 모세관 현상에 의하여 각 윤활 부위에 직접 접촉하여 공급하는 형태의 급유 방식으로 경하중용 베어링에 많이 사용된다.
- 나사 급유 : 축 면에 나선 홈을 만들고 축을 회전시켜 축의 회전에 따라 기름이 홈을 따라 올라가 축 면에 급유되는 방법으로, 일종의 나사 펌프 급유이며 저속에는 이용되지 않는다.
- 원심 급유 : 원심력을 이용한 방법으로 엔진 종류의 크랭크 핀 급유에 사용된다. 금속제의 바퀴를 크랭크축에 붙이고 그 바퀴로 하여금 원심력에 의하여 오일을 공급한다. 오일은 파이프로 바퀴의 홈 속에 적하하도록 되어 있어 바퀴가 회전하면 원심력에 의해 홈 속에 저장되고 구멍을 통해 핀에 공급된다.

78 윤활유 SOAP 분석법 중 플라즈마를 이용하여 분석하는 방식에 해당하는 것은?

① 회전전극법
② 원자흡광법
③ ICP법
④ 페로그래피법

- SOAP법은 윤활유 속에 함유된 미량금속성분을 분석하여 윤활부의 마모를 초기에 검출하여 진단하는 방법이다.
- ICP(고주파 유도 결합 플라즈마) : 고주파 코일의 축을 따라 아르곤 등의 불활성 기체와 분무 시료의 혼합물을 흘림으로써 전자적으로 플라즈마 상태를 생성시켜 이에 의한 발광을 광원으로 사용하는 것
- 회전전극법 : 전극을 회전시키면서 화학 반응과 분석 등을 하는 방법
- 원자흡광법 : 기체상태의 중성원자가 복사선에너지를 흡수하는데 관하여 연구하는 방법
- 페로그래피법 : 윤활유 속에 함유된 마모분의 양과 형상을 분석함으로써 윤활부의 윤활상태를 진단하는 방법으로, 강한 자력에 의해 윤활유 속의 마모분을 분리하여 마모입자를 분석

정/답 75 ② 76 ④ 77 ④ 78 ③

79 그리스를 가열했을 때 반고체 상태의 그리스가 액체 상태로 되어 떨어지는 최초의 온도를 무엇이라 하는가?

① 적하점　　　　② 주도　　　　③ 이유도　　　　④ 산화안정도

- 주도 : 그리스의 점도에 해당하며 무르고 단단한 정도를 나타낸 값
- 이유도 : 그리스를 장시간 사용하지 않고 저장할 경우 또는 사용 중 그리스를 구성하고 있는 기름이 분리되는 현상
- 산화 안정도 : 내산화도를 평가하는 방법으로 윤활유를 일정 조건에서 산화시킨 후 신유와의 점도비, 전산가 증가 등을 시험하여 오일의 산화 안정성을 평가한다.

80 다음 기어의 손상 중 윤활유의 성능과 가장 관계가 높은 것은 어느 것인가?

① 피팅　　　　② 스코어링　　　　③ 이의 절손　　　　④ 스폴링

- 피팅 : 이면에 높은 응력이 반복 작용된 결과 이면상에 국부적으로 피로된 부분이 박리되어 작은 구멍을 발생하는 현상
- 이의 절손 : 매우 큰 과부하가 기어의 이에 작용하거나, 한 번 혹은 수회 약간의 과부하가 반복되어 발생하는 이의 파손을 말한다.
- 스폴링 : 치면의 표면하에 재료의 피로가 생겨, 상당히 큰 금속조각이 치면에서 탈락하는 손상
- 스코어링 : 고속, 고하중 기어에서 이면의 유막이 파단되어 국부적으로 금속접촉이 일어나 마찰에 의해 그 부분이 용융되어 뜯겨나가는 현상

정/답　79 ①　80 ②

CBT 실전모의고사

PLANT MAINTENANCE ENGINEER

제1과목 | 공유압 및 자동제어

01 유압 회로 중 최고 압력을 제한하여 회로 내의 과부하를 방지하는 유압기기로 다음 중 맞는 것은?

① 체크밸브
② 릴리프밸브
③ 디셀러레이션 밸브
④ 셔틀밸브

- 셔틀밸브 : 두 개 이상의 입구와 한 개의 출구가 설치되어 있으며, 출구가 최고 압력의 입구를 선택하는 기능을 가진 밸브
- 체크밸브 : 유체를 한 방향으로만 흐르게 하는 밸브
- 디셀러레이션 밸브 : 액추에이터를 감속시키기 위해서 캠 조작 등으로 유량을 서서히 감소시키는 밸브

02 다음 중 비용적형 유압펌프가 아닌 것은?

① 피스톤펌프 ② 사류펌프 ③ 원심펌프 ④ 축류펌프

- 용적형 펌프 : 유체의 비압축성을 이용한 것으로, 실린더 내 체적이 증가할 때 유체를 흡입, 체적이 증가할 때 송출하는 원리에 의해 작동하는 펌프로 토출량이 거의 일정하다.
- 비용적형 펌프 : 유체의 운동에 따른 원심력 등을 이용하여 송출하는 펌프로 토출량이 불규칙적이다.
- 용적형 펌프의 종류 : 기어펌프, 나사펌프, 베인펌프, 회전 피스톤펌프, 왕복동펌프 등
- 비용적형 펌프의 종류 : 원심펌프(터빈펌프, 벌류트펌프), 축류펌프, 혼류형 펌프 등

03 공압 작업요소의 설명으로 다음 중 틀린 것은?

① 탠덤 실린더는 2개의 복동 실린더가 1개의 실린더 형태로 된 것이다.
② 다위치 제어 실린더는 2개 또는 그 이상의 복동 실린더로 구성된다.
③ 격판 실린더는 격판에 부착된 피스톤 로드가 미끄럼 실링되어 있다.
④ 회전 실린더는 피니언과 랙 등의 구조를 이용하여 회전운동을 할 수 있다.

정/답   01 ②   02 ①   03 ③

> 격판실린더 : 내장된 격판은 피스톤의 기능을 대신하며, 피스톤 로드가 격판의 중앙에 부착되어 있다. 여기서는 미끄럼 밀봉이 필요 없고, 단지 재료가 늘어남에 따라 생기는 마찰만 있다.

04 다음은 오일 탱크에 관한 설명이다. 적절한 설명이 아닌 것은?

① 스트레이너 유량은 펌프 토출량의 2배 이상의 것을 사용한다.
② 오일 탱크의 유면계를 운전할 때 잘 보이는 위치에 설치한다.
③ 에어 블리저 용량은 펌프 토출량의 2배 이상으로 제작한다.
④ 오일 탱크의 크기는 펌프 토출량과 동일하게 제작한다.

> • 유압 작동유의 탱크 선정 : 오일의 양은 실린더의 직경과 길이를 가지고 산출한다.
> – 사용 오일량(L)=실린더의 단면적(m^2)×실린더의 길이(m)÷1000
> – 기본 필요량 : 실린더와 펌프가 잠겨 있어야 하는 양
> – 오일 필요량=사용 오일량+기본 필요량
> – 탱크의 크기 : 최소 필요량과 기본 필요량을 계산하여 크기를 선정한다.

05 일반적으로 압력계에서 표시하는 압력은?

① 차등 압력　② 게이지 압력　③ 압력 강하　④ 절대 압력

> • 압력 강하 : 유체 흐름의 경로에서 압력이 감소되는 것
> • 절대 압력 : 완전 진공상태를 기준으로 하여 측정한 압력
> • 차등 압력 : 2개의 압력에 대한 차이
> • 게이지 압력 : 압력계로 측정한 압력으로 대기압의 기준을 0으로 하여 높고 낮음을 나타내는 압력

06 공기압 실린더의 설치형식이 다음 중 아닌 것은?

① 타이로드형　② 트러니언형　③ 플랜지형　④ 풋형

> • 풋형 : 부하가 단순한 직선운동을 하고 부하가 작을 때 사용한다.
> • 플랜지형 : 부하의 운동방향과 축의 중심을 일치시켜 지지할 때 사용하는 것으로 견고한 지지가 필요하다.
> • 타이로드형 : 유압실린더에서 사용하는 실린더의 유형으로 양쪽 커버를 타이로드로 고정한 방식
> • 트러니언형 : 포신을 받치는 것처럼 실린더를 직각으로 설치하는 방식
> – 타이로드 : 래크 앤드 피니언의 래크와 로크 암 사이

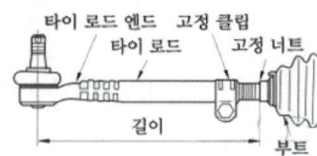

정/답　04 ④　05 ②　06 ①

07 다음 중 펌프가 소음을 내는 이유로 적절하지 않은 것은?

① 흡입관이 막혀 있는 경우
② 작동유의 점도가 너무 낮은 경우
③ 유중에 기포가 있는 경우
④ 펌프의 회전이 너무 빠른 경우

작동유의 점도가 높을 경우에 캐비테이션 현상이 발생하여 소음과 진동이 발생한다.

08 밸브 내부에서 연속적인 진동으로 밸브 시트 등을 타격하여 진동과 소음을 발생시키는 현상으로 다음 중 맞는 것은?

① 맥동현상
② 공동현상
③ 점핑현상
④ 채터링현상

• 공동현상(캐비테이션) : 액체 내에 증기 기포가 발생하여 소음과 진동을 발생시키는 현상
• 맥동현상 : 압력이 주기적으로 크게 흔들림과 동시에 토출량도 주기적으로 변동하여 소음과 진동을 발생시키는 현상
• 점핑현상 : 유량 제어 밸브에서 유체가 흐르기 시작할 때 등, 유량이 과도적으로 설정값을 넘어서는 현상

09 다음은 공기 냉각기(애프터 쿨러)에 관한 설명이다. 적절하지 않은 설명은?

① 압축기에서 나온 뜨거운 압축공기를 냉각함으로써 수중기의 약 60% 정도를 제거한다.
② 공랭식을 사용하면 냉각수를 사용하지 않아도 되므로 보수가 쉽고 유지비가 적게 든다.
③ 공랭식은 냉각효과를 높이기 위해 방열판을 설치하며, 수냉식에 비해 교환 열량이 크다.
④ 공기 압축기 후단, 에어 드라이어 앞단에 설치한다.

교환 열량은 공랭식보다 수냉식이 더 크다.

10 다음 중 유압 모터의 종류에 해당하지 않는 것은?

① 스크루 모터
② 피스톤 모터
③ 기어 모터
④ 베인 모터

유압 모터의 종류 : 기어 모터, 베인 모터, 회전 피스톤 모터, 요동 모터 등

정/답 07 ② 08 ④ 09 ③ 10 ①

11 미리 정해 놓은 순서 또는 일정한 논리에 의하여 정해진 순서에 따라 제어의 각 단계를 순차적으로 진행하는 제어로 맞는 것은?

① 동기 제어 ② 비동기 제어 ③ 시퀀스 제어 ④ ON-OFF 제어

- 동기 제어 : 실제의 시간과 관계된 신호에 의하여 제어가 행해지는 제어
- 비동기 제어 : 시간과는 관계없이 입력 신호의 변화에 의해서만 이루어지는 제어
- ON-OFF 제어 : 제어할 양을 목표값으로 유지하기 위해 조작량 또는 조작량을 지배하는 신호가 두 개의 정해진 값의 어느 쪽을 취하는가를 반복하는 방식

12 다음 중 유도형 센서의 특징이 아닌 것은?

① 전력 소모가 적다. ② 비금속재료 감지용으로 사용한다.
③ 자석 효과가 없다. ④ 감지 물체 안에 온도 상승이 없다.

유도형 센서는 금속재료만 감지한다.

13 변압기에 대한 설명으로 다음 중 틀린 것은?

① 정격 2차 전압에 권수비를 곱한 것을 정격 1차 전압이라 한다.
② 변압기는 전압과 전류를 바꾸고 있지만, 전력으로서는 바뀌지 않는다.
③ 입력에 대한 출력량의 비를 변압기 효율이라 하며, 출력이 클수록 효율이 좋다.
④ 변압기는 전압과 전류를 바꾸고 있지만 유도 저항에 비례한다.

변압기의 주요 기능은 전압을 변환하는 것이지, 유도 저항을 기반으로 작동하는 것은 아니다.
변압기는 전압에 비례, 전류에는 반비례, 유도저항에는 직접 비례하지 않는다.

14 제어 동작이 출력 상태와 무관하게 이루어지는 제어시스템으로서 제어장치로 구성된 각 기기들은 자기에게 정해진 작업만을 수행하며, 외란에 의한 오차에 대처할 능력이 없는 제어 방식은 어느 것인가?

① 디지털 제어 ② 오픈 루프 제어
③ 아날로그 제어 ④ 클로즈 루프 제어

- 디지털 제어 : 정보의 범위를 여러 단계로 등분하여 각각의 단계에 하나의 값을 부여한 디지털 제어 신호에 의하여 제어되는 시스템
- 아날로그 제어 : 연속적 물리량의 온도, 속도, 길이, 조도, 질량 등의 정보를 아날로그 신호로 처리되는 시스템
- 클로즈 루프 제어(폐회로 제어시스템) : 제어하고자 하는 하나의 변수가 계속 측정되어서 다른 변수, 즉 지령치와 비교되며 그 결과가 첫 번째의 변수를 지령치에 맞추도록 수정을 가하는 시스템

정/답 11 ③ 12 ② 13 ④ 14 ②

15 PID 고전 제어에 있어서 에러를 없애주는 제어장치로 다음 중 맞는 것은?

① 적분제어기   ② 증폭기   ③ 미분제어기   ④ 비례제어기

- 증폭기 : 입력신호의 에너지를 증가시켜 출력측에 큰 에너지의 변화로 출력하는 장치
- 미분제어기 : 출력이 입력 신호나 입력 신호에 의한 최초의 제어 동작과 비례하는 제어기
- 비례제어기 : 조작량이 동작 신호의 현재값에 비례하는 제어기
- 적분제어기 : 제어동작 신호의 시간 적분값에 비례하는 조작량을 내는 제어기
- PID제어 : 피드백 제어의 일종으로 P제어(비례)는 기준 신호와 현재신호 사이의 오차 신호에 적당한 비례 상수 이득을 곱해서 제어신호를 만들며 I제어(비례 적분)는 오차 신호를 적분하여 제어 신호를 만드는 적분제어를 비례 제어 병렬로 연결해 사용하고, D제어(비례 미분)는 오차 신호를 미분하여 제어 신호를 만드는 미분 제어를 비례제어로 병렬로 연결하여 사용한다.

16 다음 그림의 전달함수의 값은?

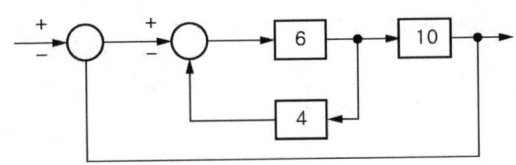

① 0.6   ② 0.7   ③ 0.8   ④ 0.9

- 안쪽 폐로의 전달함수 값을 구하면
$$G_1 = \frac{6}{1+6 \cdot 4} = \frac{6}{25}$$
- 전체 개루프 전달함수 값은
$$H = \frac{6}{25} \cdot 10 = \frac{12}{5}$$
- 전체 폐루프 전달함수 값은
$$G_2 = \frac{H}{1+H} = \frac{\frac{12}{5}}{1+\frac{12}{5}} = \frac{12}{17} = 0.7$$

17 다음 중 폐루프 시스템의 기본구성이 아닌 것은?

① 제어장치   ② 구동기   ③ 신호발생기   ④ 센서

폐루프 시스템(피드백 제어 시스템)의 기본 구성 요소
- 제어기(Controller) : 시스템의 출력을 조정
- 센서(Sensor) : 현재 출력값을 측정
- 비교기(Comparator) : 설정값과 실제 출력값을 비교
- 조정기(Actuator) : 제어기의 지시에 따라 시스템을 조정
- 제어 대상(Process) : 조정되어야 할 시스템

정/답   15 ①   16 ②   17 ③

18 $f(t) = e^{-at}$의 라플라스 변환은?

① $\dfrac{1}{s-a}$ ② $\dfrac{1}{s+a}$ ③ $\dfrac{1}{(s-a)^2}$ ④ $\dfrac{1}{(s+a)^2}$

> 지수 감쇠 함수 : $f(t) = e^{-at}$, $F(s) = \dfrac{1}{s+a}$

19 되먹임 제어계의 장점이 아닌 것은?

① 전체 제어계는 항상 안정하다.
② 목표값에 정확히 도달할 수 있다.
③ 제어계의 특성을 향상시킬 수 있다.
④ 외부 조건 변화에 대한 영향을 줄일 수 있다.

> • 되먹임 제어계(feedback control system)의 장점
>   - 되먹임은 시스템의 안정성을 향상시킬 수 있다.
>   - 외부 변화나 내부 오차에도 불구하고, 목표값에 더 정확하게 도달할 수 있게 한다.
>   - 다양한 조건에서도 잘 작동할 수 있도록 시스템을 적응시킬 수 있다.

20 제어동작 결과 정상오차를 발생시킬 수 있는 제어는?

① 비례제어   ② 적분제어
③ 비례적분제어   ④ 비례적분미분제어

> 비례제어(proportional control)는 시스템의 정상상태 오차(steady-state error)를 발생시킬 수 있다. 비례제어기는 오차에 비례하여 제어 신호를 생성하지만, 오차가 완전히 제거되지 않는 한계 속에서 작은 오차가 존재할 수 있다. 이를 정상상태 오차라 한다.

정/답   18 ②   19 ①   20 ①

제2과목 | 용접 및 안전관리

21 MIG용접 시 용융금속의 이행 형태가 아닌 것은?

① 단락(Short circuit) 이행형
② 입상(Globular) 이행형
③ 스프레이(Spray) 이행형
④ 스킵(Skip) 이행형

용착금속 이행방식(용적이행방식)
- 단락이행(Short Circuiting Transfer)
- 구상이행(Globular Transfer)
- 분사이행((Spray Transfer)
- Pulse Current Transfer

스킵(Skip)법 : 용착순서에 따른 용접법의 종류

22 용접에 의한 블로우 홀(blow hole) 발생 방지대책이 아닌 것은?

① 용접부의 녹을 제거한다.
② 용접재료를 건조시킨다.
③ 모재로 림드강을 사용한다.
④ 예열을 실시한다.

블로우 홀(기공) 방지대책
- 용접봉 선정을 정확히 하고 적당한 용접조건을 설정한다.
- 노즐을 수시로 체크하여 스패터를 제거한다.
- 모재 및 와이어에 부착된 불순물을 사전 점검하여 제거한다.
- 전극 와이어는 완전히 건조한 후 사용한다.
- 강풍이 불면(2m/s 이상) 방풍벽을 설치한 후 사용한다.
- 가용접은 기량이 우수한 용접사가 하되 후처리를 정확히 해야 한다.

23 다음 중 구리 합금의 용접에 가장 적합한 것은?

① 탄산가스아크용접
② 불활성가스아크용접
③ 피복금속아크용접
④ 서브머지드아크용접

구리합금용접에는 여러 가지 방법이 있지만, TIG용접이 가장 적절한 방법 중에 하나이다.

정/답 21 ④ 22 ③ 23 ②

24 다음 중 절단에 사용하는 에너지원이 다른 하나는 무엇인가?

① 산소가스 절단　　　　② 미그 절단
③ 아크 절단　　　　　　④ 플라즈마 절단

- 산소가스 절단 : 산소-아세틸렌, 산소-수소 가스의 화염으로 가열해 고압의 산소를 불어 넣어 절단하는 방식
- 미그 절단 : 고전류 밀도의 미그(MIG) 아크열에 의해 상당히 깊이 용입이 되는 것을 이용해 모재와의 사이에서 아크를 발생시켜 용융절단하는 방식
- 아크 절단 : 아크열에 의해 금속을 부분적으로 가열 용해해 절단하는 방법으로, 가스 절단이 어려운 주철, 스테인리스강, 비철금속 등의 절단이 가능
- 플라즈마 절단 : 고온상태의 플라즈마를 적당한 방법으로 한 방향으로 고속 분출시키면 플라즈마 제트가 발생, 이것을 이용해 재료를 절단하는 방식
- 플라즈마 : 기체를 수천도의 고온으로 가열했을 때 기체 속의 가스 원자가 이온상태로 유지되고 있는 것

25 다음 중 후열의 목적이 아닌 것은?

① 기계적 성질의 향상　　　② 슬래그의 생성 방지
③ 균열의 방지　　　　　　④ 잔류응력의 완화

- 후열은 용접 후 재료를 천천히 식혀가는 열처리라 할 수 있다.
  후열의 목적
- 용접부의 잔류 응력을 줄인다.
- 수소로 인한 균열을 방지한다.
- 미세구조를 개선하여 용접부의 기계적 성질을 향상시킨다.

26 용접 시 역률을 구하는 공식으로 다음 중 맞는 것은?

① 역률(%) = $\dfrac{전격아크전류(A)}{실제아크전류(A)} \times 100$

② 역률(%) = $\dfrac{개회로전압(V)}{아크전압(V)} \times 100$

③ 역률(%) = $\dfrac{아크발생시간(min)}{작업시간(min)} \times 100$

④ 역률(%) = $\dfrac{소비전력(kW)}{전원입력(kVA)} \times 100$

- 소비전력 = 아크출력 + 내부손실
- 전원입력 = 무부하전압 × 정격2차전류
- 아크출력 = 아크전압 × 정격2차전류
- 역률(%) = $\dfrac{소비전력(kW)}{전원입력(kVA)} \times 100$

정/답　24 ①　25 ②　26 ④

27 다음 중 마찰용접의 특징으로 바르지 못한 것은?

① 작업능률이 높으며 변형의 발생이 적다.
② 피용접물의 형상, 모양에 제한을 받지 않는다.
③ 치수의 정밀도가 높고 재료가 절약된다.
④ 이종 금속의 접합이 가능하다.

마찰용접의 특징
- 용접기술 중 최고의 접합 강도를 경제적으로 실현 가능하다.
- 고강도 접합이 가능하다.
- 비철금속간의 이종재접합이 가능하다.
- 높은 정밀도와 CO_2 배출량이 낮기 때문에 친환경적인 기술이다.
- 용접 부위 외의 영역이 뜨거워지지 않아 열처리가 필요 없다.
- 다양한 종류의 금속과 비금속 재료에 적용 가능하다.
- 빠른 용접 속도와 반복 작업에 적합하다.

28 연강 용접 시 일반적으로 예열이 필요한 판 두께는 다음 중 몇 mm 이상인가?

① 35mm 이상　② 25mm 이상　③ 15mm 이상　④ 5mm 이상

연강의 경우 판 두께 25mm 이상에서는 0℃ 이하로 용접하게 되면 저온 균열이 발생하기 쉬워 이음부 양쪽으로 약 100mm 폭을 50~75℃로 가열한 후 저수소계 용접봉을 사용하여 용접한다.

29 다음 중 교류 아크 용접기에 해당되지 않는 것은 어느 것인가?

① 가포화 리액터형　② 가동 코일형
③ 정류기형　④ 탭 전환형

- 직류 아크 용접기의 종류 : 회전형, 정지형
- 회전형 : 전동 발전기형, 엔진 구동형
- 정지형 : 정류기형, 방전관형

정/답　27 ②　28 ②　29 ②

30 다음 중 용해 아세틸렌 취급 시 주의사항으로 적절하지 못한 것은?

① 용기는 47℃ 이상에서 보관하며 반드시 캡을 씌어야 한다.
② 전장실의 전기 스위치, 전등 등은 방폭 구조여야 한다.
③ 아세틸렌 충전구 동결 시는 35℃ 이하의 온수로 녹여야 한다.
④ 용기에 진동이나 충격을 가하지 말아야 한다.

> **용해 아세틸렌 취급 시 주의사항**
> • 저장장소의 통풍이 양호해야 할 것
> • 저장장소에 화기를 가까이하지 않을 것
> • 운반 시 용기의 온도는 40℃ 이하로 유지하며, 반드시 캡을 씌울 것
> • 용기에는 전락, 전도, 진동, 충격을 가하지 말 것

31 투과법, 펄스 반사법, 공진법 등으로 시험하는 비파괴검사법은 어느 것인가?

① 방사선 투과시험
② 와전류 탐상시험
③ 자기 탐상시험
④ 초음파 탐상시험

> • 방사선 투과시험 : 방사선 투과량에 따라 필름의 색이 변화하는 것을 이용하여 내부의 결함을 찾는 방법
> • 와전류 탐상시험 : 와전류를 이용하여 결함을 찾는 방법으로 도체 내의 균열 등이 있으면 와전류의 크기와 분포가 변화한다. 이것을 이용하여 결함을 찾는다.
> • 자기 탐상시험 : 물체를 자화시켰을 때 결함 부위에 자장이 형성되어, 자분가루를 뿌렸을 때 결함 부위에 자분이 밀집되게 하고, 그 결함의 크기를 알 수 있는 방법

32 용접부의 미소한 균열이나 작은 구멍들을 신속하고 용이하게 검출하는 방법으로, 비자성 재료에 많이 사용하는 비파괴 검사법은 다음 중 어느 것인가?

① 자기검사
② 초음파검사
③ 형광침투검사
④ 방사선투과검사

> • 형광침투검사 : 육안 검사로 발견할 수 없는 작은 균열이나 결함 등을 발견할 수 있는 방법으로 형광체를 포함하는 침투액을 사용한다.
> • 초음파검사 : 용접부에 초음파를 투과시켜 초음파가 반사되는 속도를 토대로 용접부 형태를 확인하여 결함의 종류와 위치, 범위 등을 검출하는 방법

정/답 30 ① 31 ④ 32 ③

33 전류를 통하여 자화가 될 수 있는 금속재료, 즉 철, 니켈과 같이 자기변태를 나타내는 금속 또는 그 합금으로 제조된 구조물이나 기계 부품의 표면부에 존재하는 결함을 검출하는 비파괴 시험법으로 다음 중 맞는 것은?

① 초음파탐상시험　　② 감마선투과시험　　③ 자분탐상시험　　④ 맴돌이전류시험

> 감마선투과시험 : 엑스선이나 감마선 같은 방사선을 사용하여 시험체의 내부 결함을 검출하는 비파괴검사 방법이다. 방사선을 시험체에 투과시켜 필름에 영상을 형성함으로써 내부의 결함을 찾아낼 수 있는 방법으로 용접부의 결함 검출에 주로 사용되고 있다.

34 다음 중 작업복 선정 시 유의사항으로 적절하지 않은 것은?

① 착용자의 연령, 성별 등을 감안하여 적절한 스타일을 선정한다.
② 작업복이 몸에 맞고 동작이 편해야 한다.
③ 바지자락 또는 단추가 기계에 말려 들어갈 위험이 없도록 한다.
④ 작업에 지장이 없는 한 손발이 많이 노출되는 것이 좋다.

> 노출이 심하거나 노출이 많은 작업복은 작업자에게 적절하지 않다.

35 재해의 원인에서 정신적 요소 중 정신력과 관계되는 생리적 현상이라 할 수 없는 것은?

① 고집 및 과도한 집착성　　② 극도의 피로
③ 근육 운동의 부적합　　　④ 신경 계통의 이상

> • 재해의 원인은 인적관리 결함, 심리적 결함, 생리적 결함으로 분류된다.
> • 생리적 결함은 작업자가 작업 시 체력 부족, 신경계 이상, 피로, 수면 부족, 질병 등에 의해서 재해를 발생시킨 경우이다.
> • 고집 및 과도한 집착성은 심리적 결함에 따른 재해의 원인이다.

36 안전표시 색채에서 지시표지에 사용되는 색상으로 다음 중 적절한 것은?

① 빨간색　　② 검정색　　③ 파란색　　④ 노란색

> • 빨간색 – 금지 또는 경고 : 정지신호, 소화설비 및 그 장소, 유해행위의 금지
> • 노란색 – 경고 : 화학물질 취급 장소에서의 유해·위험경고 이외의 위험경고, 주의 표지 또는 기계 방호물
> • 파란색 – 지시 : 특정 행위의 지시 및 사실의 고지
> • 녹색 – 안내 : 비상구 및 피난소, 사람 또는 차량의 통행표지
> • 흰색 : 파란색 녹색에 대한 보조색
> • 검은색 : 문자 및 빨간색 또는 노란색에 대한 보조색

정/답　33 ③　34 ④　35 ①　36 ③

37 다음 중 화재 발생의 구성요소 3가지는?

① 점화원, 산소, 가연성 물질
② 발화점, 질소, 가연성 물질
③ 인화점, 산소, 가연성 물질
④ 점화원, 탄소, 가연성 물질

연소반응은 산소, 가연물, 점화원의 상호보완적 관계에 의해 시작되며, 가연물과 산소에 따라서 그 성장의 판도가 달라진다.

38 다음 물질이 보관되었던 드럼(drum)을 용접으로 보수하려고 할 때 폭발의 위험성이 가장 적은 것은 다음 중 어느 것인가?

① 휘발유
② 염화나트륨 수용액
③ 경유
④ 알코올

폭발의 성립조건
- 혼합되어 있는 가스가 밀폐된 공간에 충만해서 존재해야 한다.
- 인화성 가스 및 증기 또는 분진이 공기와 혼합되어 폭발 범위 내에 있어야 한다.
- 점화원이 있어야 한다.

인화성 물질 : 휘발유, LPG가스, 도시가스, 알코올 등

39 인력 운반 작업에 있어서 작업 동작과 관련해 재해의 원인으로 적절하지 않은 것은?

① 작업 환경이 좋지 않음
② 무리한 자세
③ 작업 규율 무시
④ 기계의 사용 방식 무시

인력 운반 작업 중 발생할 수 있는 재해 원인
- 무거운 물체의 부적절한 들어 올림으로 인한 근골격계 손상
- 작업 환경의 미끄러움이나 장애물로 인한 넘어짐 및 미끄러짐
- 작업자의 체력 부족이나 피로 누적
- 작업 도구의 부적절한 사용이나 장비의 결함

40 산업안전보건법상 관리감독자의 정기안전보건교육 시간으로 다음 중 맞는 것은?

① 연간 16시간 이상
② 연간 10시간
③ 월 1시간
④ 반기 6시간

관리감독자의 정기안전보건 교육 시간은 연간 16시간 이상이다.

정/답 37 ① 38 ② 39 ① 40 ①

제3과목 | 기계설비일반

41 그림은 축과 구멍이 끼워맞춤을 나타낸 도면이다. 다음 중 중간끼워맞춤에 해당하는 것은?

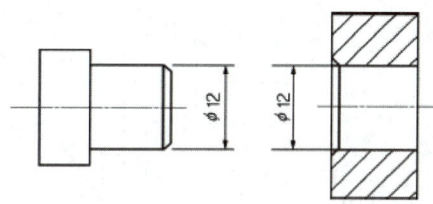

① 축-φ12h5, 구멍-φ12N6
② 축-φ12h6, 구멍-φ12G7
③ 축-φ12e8, 구멍-φ12H8
④ 축-φ12k6, 구멍-φ12H7

- 구멍 기준식 기호 : H7, 중간끼워맞춤 : k6
- 중간끼워맞춤 기호 : js, k, m

42 다음 도면에 대한 설명으로 옳은 것은?

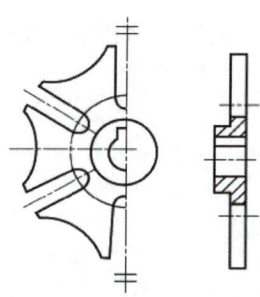

① 회전도시 단면도를 이용하여 키홈을 표현하였다.
② 대칭되는 도형을 생략하여 도시하였다.
③ 반복되는 형상을 모두 나타냈다.
④ 부분 확대하여 도시하였다.

문제의 도면을 보면 좌우대칭도임을 알 수 있다. 대칭기호로 대칭 중심선의 양 끝부분에 짧은 두 개의 나란한 가는 실선을 그린다.

정/답 41 ④ 42 ②

43 다음 보기의 설명에 적합한 기하공차 기호는?

[보기]
구 형상의 중심은 데이텀 평면 A로부터 30mm, B로부터 25mm 떨어져 있고, 데이텀 C의 중심선 위에 있는 점의 위치를 기준으로 지름 0.3mm 구 안에 있어야 한다.

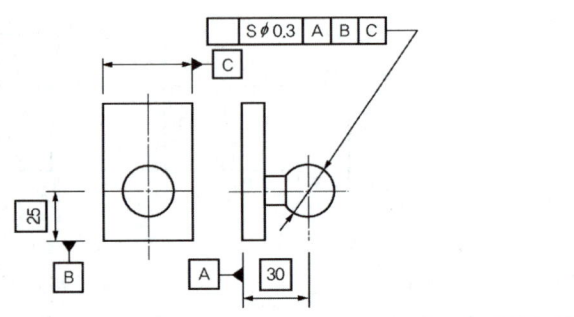

① ⌖   ② ∠   ③ ⊥   ④ ◎

⌖ : 위치도   ∠ : 경사도   ⊥ : 직각도   ◎ : 동축도(동심도)

44 다음과 같은 척도의 표시 중에서 배척에 해당하는 것은?

① 1:1   ② 1:√2   ③ 1:5   ④ 2:1

- 현척 1:1
- 축척 1:√2, 1:5

45 금속재료의 파괴형태를 설명한 것 중 다른 하나는?

① 미세한 공공 형태의 딤플 형상이 나타난다.
② 인장시험 시 컵-콘(원뿔) 형태로 파괴된다.
③ 균열의 전파 전 또는 전파 중에 상당한 소성변형을 유발한다.
④ 외부 힘에 의해 국부수축 없이 갑자기 발생되는 단계로 취성파단이 나타난다.

- 파괴의 형태 : 연성파괴, 취성파괴, 피로파괴 등이 있다.
- 연성파괴 : 정적하중에 의해 수반된 소성변형에 의한 파괴, 외력을 증가시키지 않는 한 균열은 성장하지 않으며 갑자기 발생하지 않으므로 취성파괴보다 안전하다.
- 취성파괴 : 균열이 발생하며 소성변형의 동반 없이 매우 빠른 속도로 균열의 전파가 발생한다. 취성 재료의 표면은 큰 결정립을 가지고 있고 취성파괴 면은 벽개면이라고 하는 결정면을 따라 파괴가 일어나며, 그 파괴면을 관찰해 보면 물의 흐름 모양을 띠게 되는데, 이것이 균열성장방향과 일치한다.
- 피로파괴 : 반복수직하중의 작용을 최대인장강도의 초과로 인해 균열을 발생시켜 파괴가 일어나는 현상

46 마텐자이트(martensite) 변태의 특징에 대한 설명으로 틀린 것은?

① 마텐자이트의 결정 내에는 격자결함이 존재한다.
② 마텐자이트 변태는 협동적 원자운동에 의한 변태이다.
③ 마텐자이트 변태는 확산 변태이다.
④ 마텐자이트는 고용체의 단일상이다.

강의 상변태는 마텐자이트 변태만을 제외하고는 확산을 동반하는 확산변태(diffusion transformation)이다. 마텐자이트는 담금질 처리로 가열된 재료를 물 등으로 급랭 처리하여 경도를 증가시킨 열처리이다.

47 금속가공에 의하여 경도가 커지는 반면, 연신율이 감소되는 성질을 다음 중 무엇이라 하는가?

① 취성(brittleness)
② 가공경화(work hardening)
③ 강도(strength)
④ 인장강도(tensile strength)

- 인장강도 : 인장하중이 작용할 때 단위 면적당 최대 저항
- 강도 : 단위 면적당 저항
- 취성 : 재료의 여린 성질로 작은 충격에도 깨지는 특성을 갖는다.

48 게이지 블록(gauge block)의 취급방법으로 틀린 것은?

① 녹을 막기 위하여 사용한 뒤에는 잘 닦아 방청유를 칠해 둘 것
② 측정면은 깨끗한 천이나 가죽으로 잘 닦아 사용할 것
③ 신속한 측정을 위해 공작기계 위에 놓고 계속 사용할 것
④ 먼지가 적고 건조한 실내에서 사용할 것

정/답 46 ③ 47 ② 48 ③

> **게이지 블록 취급 방법**
> - 알코올이나 벤젠 등으로 세척 후 방청유를 발라 녹을 방지할 것
> - 측정면은 깨끗한 천 또는 헝겊이나 가죽으로 잘 닦아 사용할 것
> - 먼지가 적고 건조한 실내에서 사용할 것
> - 블록 게이지는 온도에 영향이 크므로 측정용 장갑을 사용할 것
> - 돌기나 녹을 제거할 때는 오일스톤(#2000 이상)을 사용할 것

49 절삭가공에서 공구를 교환하기 위한 공구수명의 판정기준과 가장 거리가 먼 것은?

① 가공면에 광택이 있는 색조 또는 반점이 생길 때
② 완성 가공물의 치수변화가 일정량에 달할 때
③ 절삭저항의 변화가 급격히 증가할 때
④ 공구 인선의 마모가 없을 때

> 절삭가공으로 공구인선의 마모가 발생하고 그 정도가 지나치게 되면 제품의 치수 정확도가 떨어지게 된다. 이러한 현상으로 공구 인선의 마모는 공구 수명의 판단 기준이 되고 있다.

50 연삭 작업에서 연삭숫돌의 파괴원인으로 볼 수 없는 것은?

① 연삭숫돌의 옆에 붙은 종이를 떼지 않았을 때
② 회전수가 규정 이상으로 고속일 때
③ 고정 시 플랜지를 너무 세게 조였을 때
④ 균열이 있는 숫돌차를 사용할 때

> **연삭숫돌의 파괴 원인**
> - 숫돌의 회전속도가 너무 빠를 때
> - 이미 숫돌 자체에 균열이 생겨 있을 때
> - 숫돌의 측면을 사용 시 심하게 가압했을 때
> - 숫돌의 내경 크기가 적당하지 않을 때
> - 플랜지의 직경이 숫돌에 비해 현저히 작을 때
> - 숫돌에 큰 충격을 줬을 때
> - 숫돌의 회전 중심이 제대로 잡히지 않았을 때

51 다이캐스팅(die casting)의 일반적인 설명 중 틀린 것은?

① 복잡한 형상의 주조가 가능하다.　② 기계 가공여유가 필요하다.
③ 치수의 정밀도가 높다.　④ 대량생산에 적합하다.

정/답　49 ④　50 ①　51 ②

다이캐스팅 주조 : 사형 대신에 금형을 이용하고 고속으로 쇳물을 주입하여 가공하기 때문에 주물의 표면이 깨끗하고 치수의 정밀도가 높아 2차적 기계 가공여유가 필요 없다.

52 벨트 전동에서 유효장력 P를 나타내는 식으로 옳은 것은? (단, T_t는 긴장측 장력이고, T_s는 이완측 장력을 나타낸다.)

① $P = T_t - T_s$ ② $P = T_t \cdot T_s$ ③ $P = \dfrac{T_s}{T_t}$ ④ $P = \dfrac{T_t - T_s}{2}$

벨트에는 긴장측 장력과 이완측 장력이 걸리게 되고, 긴장측 장력과 이완측 장력의 차에 의해서 풀리가 회전하게 된다. 이때 걸리는 힘이 회전력이며 유효장력에 해당한다.

53 리벳작업 중 보일러 및 압력용기 등에서 기밀을 유지하기 위하여 하는 작업은?

① 코킹   ② 펀칭   ③ 다듬질   ④ 구멍뚫기

코킹 작업 또는 플러링 작업이다. 리벳팅 체결 후 리벳 머리가 강판의 표면에 밀착되도록 하여 기밀성과 수밀성을 갖도록 하는 작업이다.

54 사일런트 체인을 사용하는 주목적으로 가장 적합한 것은?

① 체인 핀 마모 방지   ② 자유로운 변속
③ 큰 동력 전달   ④ 보다 정숙한 운전

사일런트 체인의 특징
• 소음과 진동이 거의 없다.
• 고속 및 정숙한 운전이 가능하다.
• 무겁고 제작이 어렵다.
• 가격이 고가이다.

55 기어 잇수 $Z_1 = 20$, $Z_2 = 30$, $m = 3$인 한 쌍의 스퍼기어의 중심거리를 구하면 몇 mm인가?

① 105   ② 75   ③ 45   ④ 90

$C = m\dfrac{(Z_1 + Z_2)}{2} = 3 \times \dfrac{20 + 30}{2} = 75mm$

정/답   52 ①   53 ①   54 ④   55 ②

56 수평도나 수직도 측정 및 수평이나 수직으로부터 약간의 기울기를 측정하는 액체식 측정기로 다음 중 맞는 것은?

① 다이얼게이지 ② 버니어 캘리퍼스
③ 수준기 ④ 마이크로미터

- 다이얼게이지 : 비교측정기로 물체의 진동, 수평도, 직각도, 평행도, 평탄도 등을 측정
- 버니어 캘리퍼스 : 직접측정기로 제품의 길이나 높이, 너비, 외경, 내경 등을 정밀 측정
- 마이크로미터 : 나사의 원리를 이용한 측정기로 내경, 외경, 깊이 등을 정밀 측정

57 축의 구부러짐을 현장에서 수리할 수 있는 공구로 다음 중 적절한 것은?

① 유압풀러 ② 오스터 ③ 짐크로 ④ 기어풀러

- 기어풀러 : 축에 고정된 기어 등을 탈착 시 사용하는 공구
- 오스터 : 파이프에 나사를 낼 때 사용하는 공구
- 유압풀러 : 축에 고정된 기어 등을 유압으로 탈착 시 사용하는 공구

58 감속기의 점검항목과 점검방법 및 판단기준으로 다음 중 올바르지 못한 것은?

① 축이음 상태 — 입출력 축의 중심선 — 발열만 없으면 될 것
② 윤활유량 — 유면계의 위치 확인 — 상·하한선 사이에 위치할 것
③ 이상음, 진동, 발열 — 촉수, 청음봉 사용 — 진동, 이상음, 발열이 없을 것
④ 입출력 원동측과 부하측의 중심 — 다이얼게이지, 직선자 — 어긋남이 없을 것

축이음 상태 — 입출력 축의 중심선 — 진동, 소음, 발열이 없을 것

59 다음 중 송풍기의 풍량이 부족한 경우, 그 원인에 해당하지 않는 것은?

① 임펠러에 이물질이 끼었을 때
② 송풍기 또는 덕트(duct)에 먼지 등이 쌓여 있어 저항이 증대되었을 때
③ 회전수가 저하되었을 때
④ V-BELT의 장력이 너무 셀 때

송풍기의 풍량이 부족한 경우의 원인
- Duct 장치 또는 송풍기가 노후화하였을 때
- 송풍기 자체가 부식된 것
- 송풍기 또는 duct에 먼지 등이 쌓여 있어 저항이 증대되었을 때
- Filter, heater, cooler 등 송풍기와 duct로 연결된 기기가 막혔거나 이물질이 끼었을 때

정/답 56 ③ 57 ③ 58 ① 59 ④

60 구멍이 뚫려 있는 원통 또는 원뿔 모양의 플러그를 0~90° 회전시켜 유량을 조절하거나 개폐하는 용도로 다음 중 사용이 가능한 것은?

① 체크밸브 ② 슬루스밸브 ③ 앵글밸브 ④ 콕

- 앵글밸브(L형 밸브) : 유로의 방향에 입구와 출구가 수직으로 되어 있어 유체가 직각 방향으로 흐르도록 되어 있는 밸브이다.
- 슬루스밸브 : 밸브가 유체의 방향에 직각 방향으로 미끄러져 유로를 개방하도록 되어 있는 밸브
- 체크밸브(역지밸브) : 유체의 흐름을 한 방향으로만 흐르게 하는 밸브

제4과목 | 설비진단 및 관리

61 진동 에너지를 표현하는 방식으로 다음 중 적합한 것은?

① 양진폭 ② 실효값 ③ 평균값 ④ 편진폭

- 실효값 : 임의 주기파의 순시값의 1주기에 걸치는 평균값의 평방근을 의미하며, 진동의 에너지를 표현할 때 적합한 값이다.
- 양진폭 : 최대값으로서 기계 부속이 최대 응력, 기계 공차 측면에서 진동 변위가 중요시될 때 사용된다.
- 평균값 : 순간 측정값 자체의 시간 평균을 구한 값이며, 시간에 대한 변화량을 표시하지만 실제적으로 사용 범위가 국한되어 있다.
- 편진폭 : 짧은 시간 충격 등의 크기를 나타내기에 유용하나, 단지 최대값만을 표시할 뿐이며 시간에 대해 변화량은 나타나지 않는다.

62 소음방지대책에 관한 설명으로 다음 중 맞는 것은?

① 기계 주위에 차음벽을 설치하며, 투과율은 흡수에너지와 투과된 에너지의 비로 나타낸다.
② 차음효과를 증가시키기 위하여 차음벽의 무게와 주파수를 2배 증가시키면 투과손실은 오히려 감소한다.
③ 흡음재를 사용하며, 재료의 흡음률은 흡수된 에너지와 입사에너지와의 비로 나타낸다.
④ 차음벽의 무게나 내부 감쇠에 의한 차음효과는 주파수가 증가함에 따라 감소한다.

- 투과율은 입사에너지와 투과된 에너지의 비로 나타낸다.
- 단일 벽인 경우 질량 법칙에 따라 벽체의 질량이나 주파수가 2배로 증가하면 투과 손실도 비례하여 6dB씩 증가하게 된다.

정/답 60 ④ 61 ② 62 ③

63 설비 진단 기술에 관한 설명으로 다음 중 맞지 않는 것은?

① 설비의 생산량 증가 방법을 찾는 기술이다.
② 설비의 열화를 검출하는 기술이다.
③ 현재 설비 상태를 파악하고, 고장 원인을 찾는 기술이다.
④ 설비의 성능을 평가하고, 수명을 예측하는 기술이다.

> 설비 진단 기술이란 설비의 스트레스, 고장, 열화를 검출하고, 강도 및 성능을 정략적으로 파악하여 이상원인 등 정비 수행 범위를 결정하는 행위라 할 수 있다.

64 다음 중 진동현상을 설명하기 위해 사용하는 진동계의 기본요소가 아닌 것은?

① 감쇠   ② 질량   ③ 스프링(강성)   ④ 고유진동수

> 진동계의 기본요소는 힘, 질량, 스프링, 감쇠이다.

65 크고 작은 두 소리를 동시에 들을 때 큰 소리만 듣고 작은 소리는 듣지 못하는 현상을 무엇이라 하는가?

① 도플러 효과   ② 음의 반사 효과   ③ 마스킹 효과   ④ 거리 감쇠 효과

> - 도플러 효과 : 음원이 이동할 경우 음원이 이동하는 방향 쪽에서는 원래 음보다 고주파 음으로 들리고, 음이 이동하는 반대쪽에서는 저주파 음으로 들리는 현상
> - 음의 반사 효과 : 실내에서 벽, 천장, 마루 등의 반사요소에 의해 소리가 반사되어 음이 나오는 효과
> - 거리 감쇠 효과 : 방사된 음 등이 공간 속을 전파할 때 음원으로부터의 거리와 더불어 음의 세기가 감소해가는 현상

66 회전수가 100rpm 이상의 기어에 진동을 이용하여 진단을 할 경우 진단 대상이 아닌 것은?

① 스퍼기어   ② 웜기어   ③ 헬리컬기어   ④ 직선베벨기어

> - 회전수 100rpm 이상의 기어의 종류
>   - 스퍼기어, 헬리컬기어, 더블 헬리컬기어, 직선 베벨기어 등
> - 웜기어는 2개의 축이 교차하지도 평행하지도 않은 기어로서 진단 대상이 되지 않는다.

정/답   63 ①   64 ④   65 ③   66 ②

67 회전기계에서 주파수 영역에 따라 발생하는 이상 현상으로 다음 중 틀린 것은?

① 고주파 - 강제 급유되는 미끄럼 베어링을 갖는 회전자(rotor)에서 발생되는 오일 휩
② 저주파 - 기초 볼트 풀림이나 베어링 마모로 인해서 발생되는 풀림
③ 고주파 - 유체기계에서 국부적 압력 저하에 의하여 기포가 발생하는 공동현상으로 인한 진동
④ 저주파 - 회전자(rotor)의 축심 회전의 질량분포가 부적정하여 발생하는 진동

회전기계에서 발생하는 이상 현상에 대한 저주파 영역
- 언밸런스 : 축의 무게 중심이 기하학적인 중심과 일치하지 않을 때 발생
- 미스얼라인먼트 : 커플링으로 연결되어 있는 2개의 회전축의 중심선이 엇갈려 있을 경우
- 풀림 : 기초 볼트 풀림이나 베어링 마모 등에 의하여 발생함
- 오일휩 : 강제 급유되는 미끄럼 베어링을 갖는 로터에서 발생

회전기계에서 발생하는 이상 현상에 대한 중간주파 영역
- 압력맥동 : 펌프, 블로어의 압력 발생기구에서 임펠러가 벌류트 게이트 상부를 통과할 때 발생
- 러너 블레이드 통과 진동 : 축류식 혹은 원심식 압축기, 터빈의 운전 중에 동정익간의 간섭, 임펠러와 확산과의 간섭, 노즐과 임펠러의 간섭에 의하여 발생

회전기계에서 발생하는 이상 현상에 대한 고주파 영역
- 공동현상 : 유체기계에서 국부적 압력 저하에 의하여 기포가 생기며, 고압부에 도달하면 파괴하여 일반적으로 불규칙한 고주파진동 음향이 발생
- 유체음 진동 : 유체기계에서 압력 발생 기구의 이상, 실기구의 이상 등에 의하여 발생하는 와류의 일종으로서 불규칙성의 고주파진동 음향이 발생

---

68 음에 관한 설명으로 다음 중 맞지 않는 것은?

① 방음벽 뒤에서도 음을 들을 수 있는 것은 음의 회절현상 때문이다.
② 음파가 한 매질에서 타 매질로 통과할 때 구부러지는 현상을 음의 굴절이라고 한다.
③ 장애물이 파장보다 작을 경우 음파의 회절이 안 된다.
④ 음파가 장애물에 입사되면 일부는 반사되고, 일부는 장애물을 통과하면서 흡수되고, 나머지는 장애물을 투과하게 된다.

음의 회절이란 투과되지 않은 음이 장애물에 입사한 경우, 음이 장애물 뒤쪽으로 전파하는 현상이다. 장애물이 파장 보다 작을 경우 음의 회절은 가능하다.

---

69 다음 중 진동차단에 이용되는 재료가 아닌 것은?

① 콘크리트   ② 고무   ③ 패드   ④ 스프링

진동차단재료가 갖추어야 할 조건
- 강성이 충분히 작아서 차단 능력이 있어야 한다.
- 강성은 작되 걸어준 하중을 충분히 지지할 수 있어야 한다.
- 온도, 습도, 화학적 변화 등에 의해 견딜 수 있어야 한다.

정/답   67 ①   68 ③   69 ①

70 진동에 관한 설명으로 다음 중 적절하지 못한 것은?

① 어떤 시스템이 외력을 받고 있을 때 야기되는 진동을 강제진동이라 한다.
② 진동계의 기본요소들이 모두 선형적으로 작동할 때 야기되는 진동을 선형진동이라 한다.
③ 시스템을 외력에 의해 초기교란 후 그 힘을 제거하였을 때 그 시스템이 자유진동을 하는 진동수를 고유진동수라 한다.
④ 진동하는 동안 마찰이나 저항으로 인하여 시스템의 에너지가 손실되지 않는 진동을 감쇠진동이라 한다.

- 감쇠란 파동이나 입자가 물질을 통과할 때 에너지 또는 입자의 수가 감소하는 현상이다.
- 진동하는 동안 마찰이나 저항으로 인하여 시스템의 에너지가 손실되어 진동이 줄어드는 것을 감쇠진동이라 한다.

71 설비배치의 목적으로 다음 중 적당하지 않은 것은?

① 생산량 증가
② 생산인력의 증가
③ 생산 원가 절감
④ 우량품 제조 및 설비비 절감

설비배치의 목적
- 생산의 증가
- 생산 원가의 절감
- 우량품의 제조 및 설비비의 절감
- 공간의 경제적 사용 및 노동력의 효과적 활용
- 작업 환경 및 공장 환경의 보전
- 커뮤니케이션의 개선
- 배치 및 작업의 탄력성 유지
- 안전성의 확보

72 설비 효율화 저해 로스(loss) 중 설비의 설계 속도와 실제로 움직이는 속도와의 차이에서 생기는 로스에 해당하는 것은?

① 초기 로스
② 불량 로스
③ 속도 로스
④ 고장 로스

- 초기 로스 : 생산 개시 시점으로부터 안정화될 때까지의 사이에 발생하는 로스
- 고장 로스 : 돌발적 또는 만성적으로 발생하는 고장에 의하여 발생, 효율화를 저해하는 최대 요인으로 고장 제로를 달성하기 위한 대책이 필요하다.
- 불량 로스 : 불량이 발생하여 수리하였을 때 발생하는 로스

정/답 70 ④ 71 ② 72 ③

73 TPM 관리와 전통적 관리를 비교했을 때, TPM 관리의 특징으로 다음 중 맞는 것은?

① Output 지향
② 개선을 위한 자기 동기부여
③ 결과 중심 시스템
④ 제한적이고 터널식인 의사소통

> **TPM 관리의 특징**
> • Input 지향
> • 무결점 목표
> • 원인 추구 시스템
> • 예방 활동
> • 현장에서의 사실에 입각한 관리
> • 문제를 제거하려는 방법
> • 손실 측정
> • 개선을 위한 자기 동기부여
> • 눈에 보이고 공개적인 의사소통
> • Top down 목표 설정과 bottom up 활동
> • 예상치 못한 실수와 사람의 실수 없음
> • 불량 발생원 제거
> • 전사적 조직과 전사원 참여

74 컴퓨터나 로봇에 여러 전문직 기술을 부여하여 이들이 자동화 공장의 문제점을 인식하고, 이를 해결하기 위한 방법을 스스로 찾아내는 것으로, 설비의 특정 고장을 스스로 인지하고 더 나아가 고칠 수 있는 시스템을 무엇이라 하는가?

① 유연 기술 시스템
② 컴퓨터 제어 시스템
③ 유연 기술 셀 시스템
④ 지능 기술 시스템

> • 유연 기술 시스템 : 다양한 제품을 높은 생산성으로 유연하게 제조하는 것을 목적으로 생산을 자동화한 시스템
> • 컴퓨터 제어 시스템 : 컴퓨터를 사용하여 제품 및 공정 따위에 대한 자동화된 제어 작업을 수행하도록 구성한 시스템
> • 유연 기술 셀 시스템 : 둘 또는 셋의 가공 작업장 및 자재취급 장치로 구성한 시스템

75 설비를 가동시켜야 하는 시간에 대한 실제 가동한 비율은?

① 시간 가동률
② 성능 가동률
③ 부하 가동률
④ 정미 가동률

> • 성능 가동률 : 속도 가동률과 실질 가동률로 되어 있으며, 설비가 가동 또는 운전되고 있는 시간 동안 정상적으로 생산되어야 할 생산량과 설비의 공회전, 순간 정지 및 속도 저하 또는 비정상적인 설비 가동에 의해 감산된 실제 생산량과의 비를 시간으로 나타낸 것
> • 부하 가동률 : 일정 기간을 통해 설비가 가동해야 하는 시간 혹은 조업할 수 있는 설비의 가동률을 의미
> • 정미 가동률 : 설비 효율을 측정할 때 설비가 일정한 속도로 안정적으로 가동하는 상태가 얼마나 지속되었는지 측정하는 지표

정/답 73 ② 74 ④ 75 ①

76 베어링 윤활유와 비교한 그리스 윤활의 특징으로 다음 중 맞지 않는 것은?

① 회전 저항이 크다.
② 급유 간격이 짧다.
③ 순환 급유가 곤란하다.
④ 혼입물 제거가 곤란하다.

> **그리스 윤활의 특징**
> - 밀봉효과가 큼
> - 이물질 혼입의 방지
> - 급유가 비교적 용이
> - 내수성이 강함
> - 적하 유출이 적음
> - 비교적 높은 온도에도 사용 가능
> - 장기간 보존이 가능
> - 내하중성이 우수
> - 냉각 효과가 낮음
> - 이물질이 혼합 시 제거하기 어려움
> - 급유, 교환 등이 불편

77 다음 중 일반적인 윤활의 기능이라 할 수 없는 것은?

① 밀봉작용   ② 절삭작용   ③ 방청작용   ④ 마모방지작용

> **윤활의 기능**
> - 마찰 손실 방지
> - 마모 방지
> - 녹아 붙음 및 소부 현상 방지
> - 밀봉작용
> - 냉각 효과
> - 방청 및 방진작용

78 고압고속의 베어링에 윤활유를 오일펌프로 공급하여 윤활을 하고, 배출된 오일은 다시 기름 탱크로 모이고 여과 냉각 후 다시 순환하는 급유방법으로 다음 중 맞는 것은?

① 중력 순환 급유법
② 가시부상유적 급유법
③ 강제 순환 급유법
④ 오일 순환식 급유법

> - 중력 순환 급유법 : 임의의 높은 곳에 있는 오일 탱크에서 오일을 흘려보내는 방식
> - 오일 순환식 급유법(링 급유법) : 축에 끼운 오일 링이 축의 회전에 따라 마찰 면에 오일을 운반시켜 윤활작용을 하는 원리
> - 가시부상유적 급유법 : 유적을 물 또는 적당한 액체를 가득 채운 유리관 속을 서서히 떠오르게 하는 급유기를 사용한 방식

정/답   76 ②   77 ②   78 ③

79 다음 윤활 중 완전윤활 또는 후막윤활이라고도 하며, 가장 이상적인 유막에 의해 마찰면이 완전히 분리되는 것을 어떤 윤활이라 하는가?

① 경계 윤활　　② 극압 윤활　　③ 혼합 윤활　　④ 유체 윤활

- 경계 윤활 : 하중이 증가되거나 유온이 상승하게 되어 유막이 얇아지게 된다. 유막의 두께가 고체표면의 거칠기와 거의 같은 정도로 되어 유압만으로는 하중을 지탱할 수 없는 상태이다.
- 극압 윤활 : 하중이 커져 흡착 유막으로 지지할 수 없게 되어 금속면에서 고압, 고열과 함께 국부적인 융착과 파단이 일어나 금속면의 파괴가 일어난다.
- 유체 윤활 : 접촉면이 윤활제에 의하여 완전히 분리된 경우, 접촉표면에 걸리는 하중은 유압에 의해 지지되며, 접촉 표면의 마모는 매우 작고 마찰 손실도 오직 윤활막 내에서 이루어진다.
- 혼합 윤활 : 하중의 일부는 유막에 의해서, 일부는 마찰면의 직접 접촉에 의해서 유지되는 상태로 간헐적인 접촉과 부분적인 유체윤활이 혼합되어 있는 윤활이다.

80 다음 중 가장 높은 온도조건(주위 환경온도)에서 사용하기에 가장 적합한 그리스는?

① 리튬 그리스　　② 칼슘 그리스　　③ 나트륨 그리스　　④ 알루미늄 그리스

- 칼슘 그리스 : 컵 그리스라고 하며 부드러운 버터상으로 내수성은 있으나 적점이 낮아 고온이 될 위험성이 있는 개소의 윤활에는 쓸 수 없다. 사용 온도는 70~80도 정도까지이다.
- 나트륨 그리스 : 파이버 그라스라고 하며, 섬유상과 버터상이 있고, 칼슘 그리스보다 적점이 높아 100도까지 사용하지만, 내수성이 나빠 수분이 많은 곳에는 사용을 피한다.
- 알루미늄 그리스 : 부드럽고 투명하며 점착성과 내수성이 우수하다. 사용온도는 -20~100도 정도
- 리튬 그리스 : 버터상이며 내열, 내수성이 우수하며, 기계적 안정성도 양호하여 멀티퍼포스 그리스라고도 한다. 구름 및 밀봉 베어링에 사용된다.

정/답　79 ④　80 ①

CBT 실전모의고사

PLANT MAINTENANCE ENGINEER

제1과목 | 공유압 및 자동제어

01 다음은 압력에 대한 설명이다. 적절한 설명으로 볼 수 없는 것은?

① 사용 압력을 완전히 진공으로 하고 그 상태를 0으로 하여 측정한 압력을 게이지 압력이라 한다.
② 대기 압력보다 낮은 압력을 진공압이라 한다.
③ 게이지 압력에서는 국소대기압보다 높은 압력을 정압이라 한다.
④ 압력을 비중량으로 나누면 길이 단위가 되며 이를 양정 또는 수두라 한다.

> 사용 압력을 완전히 진공으로 하고 그 상태를 0으로 하여 측정한 압력을 절대압력이라 한다.

02 다음 중 요동형 실린더의 종류가 아닌 것은?

① 피스톤형 실린더   ② 베인형 실린더
③ 로킹암형 실린더   ④ 스크루형 실린더

> 로킹암형 실린더 : 잠금 실린더라고도 하며, 실린더를 완전히 확장 또는 완전히 수축된 위치에서 기계적으로 잠글 수 있는 기능을 가진 실린더이다.

03 실린더에 인장하중이 걸리는 경우, 피스톤이 끌리게 되는데 이를 방지하기 위해 인장하중이 걸리는 측에 압력 릴리프 밸브를 이용하여 저항을 형성한다. 이러한 목적을 위해 사용되는 밸브로 다음 중 맞는 것은?

① 시퀀스 밸브   ② 카운터 밸런스 밸브
③ 안전 밸브   ④ 브레이크 밸브

정/답   01 ①   02 ③   03 ②

- 안전 밸브 : 과대 압력에 의해 기기 및 배관계의 파괴를 방지하기 위해 사용되는 밸브
- 브레이크 밸브 : 외력에 의해 압력을 발생시켜 정지에 대한 지령을 내리는 감압밸브로서, 외부의 외력이 사려졌을 경우 압력이 급격하게 낮아진다.
- 시퀀스 밸브 : 여러 개의 액추에이터에서 하나의 에이터가 작동을 완료한 후 다음 작동이 이루어지도록 하는 밸브

04 곧고 긴 유압배관 속으로의 유체유동에 의한 압력손실로 인한 손실수두를 구하는 식으로 다음 중 맞는 것은?

① 달시-바이스바하 방정식
② 연속 방정식
③ 블라시우스 방정식
④ 프란틀 방정식

- 연속 방정식 : 유체의 흐름에서 단위시간당 유체 입자에 유입되는 양과 유출되는 양이 같은 조건을 만족시키는 방정식
- 프란틀 방정식 : 운동량의 퍼짐 정도인 점성도와 열확산도의 비를 근사적으로 표현하는 무차원 방정식
- 블라시우스 방정식 : 무차원 변수를 이용해 편미분 방정식의 경계층 운동방정식을 3차 비선형상 미분을 유도한 방정식

05 다음 중 비중에 관한 설명으로 맞는 것은?

① 물의 밀도를 측정하고자 하는 물질의 밀도로 나눈 값이다.
② 표준대기압 0℃ 물의 비중량에 대한 비로 표시한다.
③ 단위는 N/m^3을 사용한다.
④ 비중은 무차원 수이다.

- 비중이란 물질의 고유 특성으로서 기준이 되는 물질의 밀도에 대한 상대적인 비를 나타낸다. 일반적으로 액체의 경우 1atm 하에서 4℃의 물을 기준으로 하고, 기체의 경우에는 20℃ 공기를 기준으로 한다.
- 상대적인 비를 나타내기 때문에 비중은 단위가 없다.
- 물질의 단위용적 무게와 어떤 표준물질의 비를 말한다.
- 비열 : 어떤 물질 1g의 온도를 1도만큼 올리는 데 필요한 열량

06 유공압기기에 관한 설명이다. 다음 중 적절한 표현이 아닌 것은?

① 시퀀스밸브 : 액추에이터의 동작을 정해진 순서에 따라 작동시킨다.
② 감압밸브 : 2차 측의 압력을 일정하게 한다.
③ 셔틀밸브 : 안전장치, 검사기능, 연동제어 등에 사용된다.
④ 압력스위치 : 공기 압력신호를 전기신호로 변환한다.

- 셔틀밸브 : 출구가 최고 압력의 입구를 선택하는 기능을 가진 밸브로서, OR제어에 사용된다.

정/답   04 ①   05 ④   06 ③

07 변압기유의 요구사항으로 다음 중 올바른 표현은?

① 인화점과 응고점이 낮을 것
② 점도가 낮고 비열이 클 것
③ 산화가 잘될 것
④ 절연 내력이 작을 것

> **변압기유의 요구사항**
> • 절연 내력이 클 것
> • 인화점이 높을 것
> • 응고점이 낮을 것
> • 고온에서 화학적으로 안정할 것
> • 절연재료와 접촉 시 산화하지 않을 것
> • 점도가 낮고 냉각 효과가 클 것
> • 침전물이 생기지 않을 것

08 유공압장치의 전기 시퀀스 제어회로를 설계할 때 고려사항으로 다음 중 맞지 않는 것은?

① 설계 전 충분히 대상시스템을 파악해야 한다.
② 설계절차에 따라 순차적으로 진행되어야 한다.
③ 비용, 설비 관리자의 수준이 고려되어야 한다.
④ 대상시스템의 동작순서는 고려하지 않는다.

> 시퀀스 제어회로는 미리 정해진 순서에 따라 제어의 각 단계를 차례로 진행하는 것을 말하므로, 대상시스템의 동작순서는 고려되어야 한다.

09 다음 중 용적형 유압펌프가 아닌 것은?

① 왕복동 펌프 ② 터빈 펌프 ③ 기어 펌프 ④ 베인 펌프

> • 용적형 펌프 : 기어 펌프, 나사 펌프, 베인 펌프, 회전 피스톤 펌프, 왕복동 펌프
> • 비용적형 펌프 : 원심 펌프(터빈 펌프, 벌류트 펌프), 축류 펌프, 혼류형 펌프

10 다음 보기의 설명에 해당되는 법칙은?

[보기]
밀폐된 용기 속에서 유체에 가한 압력은 모든 방향으로 동일하게 전달된다.

① 베르누이 법칙
② 벤투리관의 법칙
③ 연속의 법칙
④ 파스칼의 법칙

정/답 07 ② 08 ④ 09 ② 10 ④

- 연속의 법칙 : 관속을 가득 흐르고 있는 유체에 대해서 모든 단면을 통과하는 중량 및 유량은 일정하다는 법칙
- 베르누이 법칙 : 유체가 흐르는 속도와 압력, 높이의 관계를 수량적으로 나타낸 법칙
- 벤투리관의 법칙 : 굵기가 다른 관에 유체를 통과시킬 때, 넓은 관보다 좁은 관에서 유체의 속도가 빨라지는 대신에 압력은 낮아지게 되는 현상의 법칙

11 제어량이 온도, 압력, 유량, 액면 등과 같은 일반 공업량일 때 발생하는 신호의 형태에 의한 제어로 다음 중 맞는 것은?

① 아날로그 제어 ② 2진 제어 ③ 논리 제어 ④ 디지털 제어

- 2진 제어 : 하나의 제어변수에 2가지의 가능한 값을 2진 신호를 이용하여 제어하는 시스템
- 논리 제어 : 요구되는 입력 조건이 만족되면 그에 상응하는 신호가 출력되는 제어
- 디지털 제어 : 정보의 범위를 여러 단계로 등분하여 각각의 단계에 하나의 값을 부여한 디지털 제어 신호에 의해 제어되며, 입력정보는 카운터, 레지스터, 메모리 등이 있다.
- 아날로그 제어 : 연속적 물리량의 온도, 속도, 길이, 조도, 질량 등의 정보를 아날로그 신호로 처리하는 제어

12 다음 중 전기회로에서 수동 소자가 아닌 것은?

① OP-AMP ② 저항 ③ 인덕터 ④ 커패시터

수동 소자는 증폭이나 전기에너지의 변환과 같은 능동적 기능을 갖지 않은 전자 소자이므로, 직류나 그에 가까운 변화를 하는 신호에 대해 증폭하는 장치인 OP-AMP(직류 증폭기)는 수동소자에 속하지 않는다.

13 릴레이를 사용한 전기제어 회로에서 릴레이 자신의 접점을 통해 전기신호를 자신의 릴레이 코일에 계속 흐르게 하여 릴레이 코일의 여자 상태를 유지하는 회로로 다음 중 맞는 것은?

① 동조 회로
③ 자기유지 회로
② 비동기 회로
④ 인터록 회로

- 동조 회로 : 외부의 전기 진동과 똑같은 고유 진동수를 가지고 공진하는 전기 회로
- 비동기 회로 : 시간과 관계없이 입력 신호의 변화에 의해서만 제어가 행해지는 회로
- 인터록 회로 : 한쪽의 회로가 열릴 때 다른 한쪽의 회로가 열리지 않도록 하는 회로

정/답 11 ① 12 ① 13 ③

14 피드백 제어계의 시간응답 특성을 설명한 것으로 다음 중 맞는 것은?

① 응답이 처음으로 희망값에 도달하는 시간은 응답시간이다.
② 응답 중에 생기는 입력과 출력의 최대 편차량은 오버슈트이다.
③ 응답이 정해진 허용범위 이내로 정착되는 시간은 상승시간이다.
④ 응답이 최초로 희망값의 70.7%에 도달하는데 필요한 시간은 지연시간이다.

- 상승시간 : 응답이 처음으로 희망값에 도달하는 시간
- 정착시간 : 응답이 정해진 허용범위 이내로 정착되는 시간
- 지연시간 : 계단응답이 최종값의 50%까지 도달하는데 필요한 시간

15 전달함수의 일반적인 식을 나타내면?

① 전달함수=(라플라스 변환시킨 출력)/(라플라스 변환시킨 입력)
② 전달함수=(라플라스 변환시킨 입력)/(라플라스 변환시킨 출력)
③ 전달함수=(라플라스 변환시킨 입력)+(라플라스 변환시킨 출력)
④ 전달함수=(라플라스 변환시킨 입력)×(라플라스 변환시킨 출력)

전달함수는 입력의 라플라스 변환에 대한 출력의 라플라스 변환의 비율로 정의한다.
- 시스템의 입력과 출력을 연결해 주는 수학적 함수

16 회전체의 각 변위를 측정하는 센서로 절대각을 측정하는 센서는?

① 앱솔루트인코더　　② 리졸버
③ 포텐쇼미터　　　　④ 타코미터

- 앱솔루트인코더 : 회전각도나 위치 정보를 절대값으로 제공하는 센서
- 리졸버 : 회전자의 위치를 측정하기 위한 센서
- 포텐쇼미터 : 전기저항을 조절하여 회로의 전압을 조절할 수 있는 장치
- 타코미터 : 물체의 회전속도를 측정하는 센서

17 선형제어계의 안정도를 판별하는 방법과 관계없는 것은?

① 나이퀴스트 판별법　　② 근궤적도
③ 보드 선도　　　　　　④ 과도 응답 판별법

정/답　14 ②　15 ①　16 ①　17 ④

- 나이퀴스트 판별법 : 피드백 시스템의 안정도를 판별하기 위한 한 가지 방법
- 근궤적도 : 피드백 제어 시스템의 안정성과 과도 응답에 대한 정보를 제공하는 방법
- 보드 선도 : 선형제어계의 주파수 응답을 나타내는 그래프
- 시스템의 안정성을 판별하는 데 사용된다.
- 과도 응답 판별법 : 시스템이 안정된 상태로 돌아가기 전에 일시적으로 변화하는 응답
- 과도 응답이란 출력이 정상상태(steady state)가 되기 전까지 걸리는 시간에 나타나는 응답

18 계자코일을 갖는 직류모터 중 분권형모터에 대한 특징이 아닌 것은?

① 전기자 코일과 계자 코일이 병렬로 연결되어 있다.
② 기동토크가 높다.
③ 속도조절이 양호한 성능을 갖는다.
④ 무부하 동작에서 속도는 증가한다.

- 분권형 모터 : 전기자 코일(권선)과 계자 코일을 분리하여 접속하는 구조이다.
- 부하에 따라 속도 조절이 가능하다.
- 무부하 상태에서의 회전수가 높다.
- 무부하 동작에서는 일반적으로 속도가 증가한다.
- 정류자와 브러시가 없어 유지보수가 쉽다.
- 효율적인 운전이 가능하다.
- 분권형 모터의 기동 토크
- 모터가 정지 상태에서 움직임을 시작할 때 필요한 최소 토크이다.
- 분권형 모터의 기동 토크는 모터의 종류와 설계에 따라 다를 수 있다.

19 블록선도의 입출력비(C/R)는?

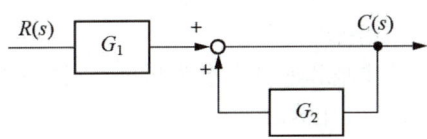

① 1/(-G1G2)
② G1/(-G2)
③ G1/(1-G2)
④ G1G2/(+G2)

정/답   18 ②   19 ③

$$C(S) = R(S) \cdot G_1 + X$$

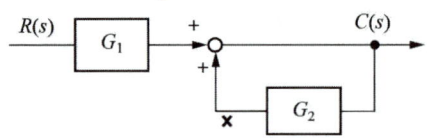

$$X = G_2 \cdot [R(S) \cdot G_1 + X], \quad [1-G_2]X = R(S) \cdot G_1 \cdot G_2$$

$$C(S) = R(S) \cdot G_1 + X = R(S) \cdot G_1 + \frac{R(S) \cdot G_1 \cdot G_2}{1-G_2} = R(S) \cdot \frac{G_1 - (G_1 \cdot G_2) + (G_1 \cdot G_2)}{1-G_2}$$

$$\frac{C(S)}{R(S)} = \frac{G_1}{1-G_2}$$

20 응답이 최초로 목표값의 50%에 도달하는데 소요되는 시간은?

① 상승시간   ② 정정시간   ③ 지연시간   ④ 응답시간

- 상승시간 : 응답이 처음으로 희망값에 도달하는 시간
- 지연시간 : 계단응답이 최종값의 50%까지 도달하는데 필요한 시간

 제2과목 | **용접 및 안전관리**

21 다음은 용접부의 예열 목적에 대한 설명이다. 설명 중 맞지 않는 것은?

① 탄소의 방출을 용이하게 하여 저온 균열을 방지한다.
② 용접부의 열영향부와 용착금속의 경화를 방지한다.
③ 온도 분포를 완만하게 하여 변형과 잔류 응력 발생을 적게 한다.
④ 용접부의 기계적 성질을 향상시킨다.

예열의 목적
- 금속의 균열을 방지하고 용접 품질을 개선할 수 있다.
- 재료를 가공하기 전에 그 재료의 온도를 높여서 가공성을 향상시키고, 내부 응력을 줄이며, 재료의 변형을 방지하기 위함도 있다.
- 저온균열이 일어나기 쉬운 재료의 경우 예열이 필요하다.

정/답   20 ③   21 ①

22 탄산가스 용접에 관련한 설명으로 다음 중 적절하지 않은 것은?

① 솔리드 와이어 용착률은 90~95%에 달한다.
② 전압을 높이면 비드가 넓어진다.
③ 와이어 돌출길이는 200A 이하에서는 15~25mm 정도로 한다.
④ 전류를 높이면 아크 전압도 함께 높여 주어야 한다.

> 200A 이하에서는 10~15mm 정도가 적당함

23 다음은 테르밋 용접의 특징이다. 설명이 적절하지 못한 것은?

① 용접작업 후 변형이 적다.
② 용접용 기구가 간단하고 설비비가 싸다.
③ 용접하는 시간이 비교적 짧다.
④ 이동을 할 수 없고 전기가 필요하다.

> **테르밋 용접의 특징**
> • 용접 작업이 단순하고 작업 장소의 이동이 쉽다.
> • 용접용 기구가 간단하고 설비비가 저렴하다.
> • 용접 작업 후 변형이 적다.
> • 전력이 필요하지 않다.
> • 용접시간이 비교적 짧다.

24 다음 중 탄산가스 아크 용접봉의 심선에 첨가된 탈산제에 해당하는 것은?

① H_2 ② CaO   ③ CaF_2 ④ Mn

> • 심선(Core Wire) : 저탄소 림드강이 주로 사용됨
> • 화학성분 : 탄소(C), 규소(Si), 망간(Mn), 인(P), 황(S), 구리(Cu)
> • 망간 : 균열을 방지하고 탈산제 성분으로 이용됨
> • 황 : 고온 균열을 일으킴
> • CaO : 산화칼슘, CaF_2 : 플루오르화칼슘, H_2 : 수소

25 불활성 가스 텅스텐 아크 용접의 특징으로 다음 중 적절하지 않은 것은?

① 플럭스가 불필요하여 비철금속 용접이 용이하다.
② 슬래그 제거가 불필요하고 깨끗한 비드를 얻을 수 있다.
③ 후판 용접 시에는 타 아크용접에 비해 능률이 높다.
④ 가스용접의 용착부에 비해 연성, 강도, 내식성이 우수하다.

정/답   22 ③   23 ④   24 ④   25 ③

TIG 용접	MIG 용접	CO_2 용접
• 얇은 재료에 적합(보통 6mm 이하) • 마무리가 필요 없는 깔끔한 용접이 가능 • 품질이 좋은 반면 속도가 느림 • 숙련된 기술이 필요함 • 텅스텐 전극을 사용	• 용접 수행이 쉽다. • 빠르게 용접이 가능하다. • 두꺼운 재료에 알맞다.	• 빠른 속도로 용접 가능 • 품질이 상대적으로 떨어짐 • 금속전극을 사용

26 다음 중 아크 절단법의 분류에 해당하지 않는 것은?

① 금속 아크 절단 ② 수중 절단
③ 플라즈마 제트 절단 ④ 아크에어 가우징

- 아크 절단법 : 아크에너지를 이용한 절단법
- 플라즈마 절단, MIG 절단, 아크에어 절단, 아크 톱 절단법 등이 있다.
- 아크에어 가우징 : 탄소 전극봉을 사용하여 용접물에 아크를 발생시켜 가열하고, 고압의 공기를 불어 공기 중에 산소가 녹은 쇳물을 산화시키면서 불필요한 금속부를 제거하는 작업
- 수중 절단 : 수소와 산소를 이용한 특수 절단법이다.

27 가스 용접에서 사용하는 용기에 대한 설명으로 다음 중 바른 것은?

① 프로판 가스 용기의 내압시험은 압력 $30kgf/cm^2$ 이상이다.
② 산소 용기의 최고 충전압력은 TP로 표시한다.
③ 수소가스 용기의 도색은 청색이다.
④ 산소는 산소 용기에 15℃, 15기압의 저압으로 충전된다.

- 산소용기의 최고충전압력(FP) 15.0MPa, 내압시험압력(TP) 25.0MPa이며, 실제 산소용기충전소에서 용기에 충전되는 산소의 압력은 약 12.0MPa(118.43atm)이다.
- 산소용기 : 녹색, 수소용기 : 주황색, 아세틸렌용기 : 노란색, 탄산가스용기 : 청색, 질소용기 : 회색
- 산소 용기에 산소 충전압력과 온도 : 35℃, $150atm=150kgf/cm^2=14.7MPa$
- $30kgf/cm^2 =295N/cm^2 =2.94MPa=30atm$(기압)

28 롤러 전극 사이에서 이루어지고 있으며, 강관과 같은 파이프 제조에 쓰이는 용접으로 다음 중 가장 타당한 것은?

① 매시 심용접(Mash Seam Welding) ② 맞대기 심용접(Butt Seam Welding)
③ 프로젝션 용접(Projection Welding) ④ 플래시 용접(Flash Welding)

- 심 용접(seam welding)은 원판상의 롤러 전극 사이에 용접할 2장의 판을 두고 가압 통전하여 전극을 회전시키면서 연속적으로 점용접을 반복하는 방법으로 용접관 용접에 적당하다.

정/답 26 ② 27 ① 28 ②

29 아크열에 의한 모재의 용입에서 용융지의 깊이(penetration)에 영향을 주는 인자가 다음 중 아닌 것은?

① 용착 금속의 양
② 용접봉의 지름과 운봉속도
③ 극성
④ 전류량

- 용입 깊이에 영향을 주는 주요 인자로는 용접되는 금속의 종류, 금속의 두께, 필요한 용입량, 기초 재료의 표면 상태(기름, 녹, 밀스케일의 존재), 예열 사용 여부, 전극 직경 등
- 용융 깊이에 큰 영향을 주는 요소는 전류량, 용접속도이다. 그 외에 극성, 봉의 크기의 영향 있음
- 용착금속의 양은 용접 전류에 의해 제어되며, 이로 인한 침투 깊이에 영향을 받는다. 전류의 강도가 높을수록 전극의 녹는 속도와 기본 재료로의 침투 깊이가 증가하게 된다. 용착금속의 양 자체가 용입 깊이에 직접적인 영향을 주는 것은 아니다.

30 용접 결함 중 용접사에 의해 발생하는 결함이라 할 수 없는 것은?

① 크레이터 균열
② 언더컷
③ 용입불량
④ 라미네이션

용접사에 의해 발생할 수 있는 용접 결함
- 기공성(Porosity) : 용접부의 오염으로 발생
- 언더컷(Undercutting) : 용접부의 가장자리가 불규칙하게 파여서 발생
- 불완전 침투(Incomplete Penetration) : 용접재료가 기초재료에 완전히 침투하지 못해 발생
- 균열(Cracks) : 용접 중 또는 용접 후에 발생
- 불완전 융합(Incomplete Fusion) : 용접재료가 기초재료와 완전히 융합되지 않아 발생
- 슬래그 포함(Slag Inclusions) : 용접 슬래그가 용접부 내에 남아있어 발생
- 라미네이션 : 재료를 여러 층으로 겹쳐서 만드는 과정으로 재료의 강도를 높이고, 내구성을 향상시키며, 다양한 환경에 대한 저항력을 증가시키기 위해 사용하는 기술

31 다음 중 방사선 투과 검사의 특징 설명으로 바르지 못한 것은?

① 검사의 신뢰성이 높다.
② 내부 결함 검출에 용이하다.
③ 모재가 두꺼워지면 검사가 어렵다.
④ 모든 용접 재질에 적용이 가능하다.

방사선 투과검사의 특징
- 거의 모든 재질에 대해 적용이 가능하다.
- 결함의 종류, 형상을 판별하기 용이하고 영구보존이 가능하다.
- 라미네이션이나 기울어져 있는 균열 등은 검출하기 어렵다.
- 제품의 형상이 복잡한 경우에는 검사하기 어렵다.
- 방사선 위험 때문에 안전관리의 주의를 요한다.
- 고가의 검사 비용이 든다.

정/답   29 ①   30 ④   31 ③

32 자기 탐상 검사법에서 시험체에 자화를 할 때, 일반적으로 표면 결함 검출에 적용하는 전원 형태는?

① 직류　　　② 교류　　　③ 직류 정극성　　　④ 직류 역극성

- 표면 결함 검출 : 교류
- 내부 결함 검출 : 직류

33 다음 비파괴검사법 중 가장 신뢰성이 높은 검사는 어느 것인가?

① 와류탐상검사　　　② 육안검사　　　③ 방사선탐상검사　　　④ 자분탐상검사

- 와류탐상검사 : 튜브 재료, 얇은 용접, 표면 결함검사에 적합
- 초음파검사 : 부식 평가, 벽두께 측정 및 더 두꺼운 용접 검사에 유용
- 방사선탐상검사와 초음파검사 : 모두 용접 및 재료의 비파괴검사에 신뢰도가 있으며, 정확한 판독을 보장하고, 위험을 피하기 위해 높은 기술 수준과 훈련이 필요
- 육안검사 : 가장 기본적인 방법, 다른 방법들에 비해 제한적임

34 다음 중 위험점의 5요소와 거리가 먼 것은?

① 접촉　　　② 함정　　　③ 행정　　　④ 충격

- 위험점 5요소 : 함정(Trap), 충격(Impact), 접촉(Contact), 말림(얽힘), 튀어나옴(Ejection)

35 안전하게 통행할 수 있는 통로의 조명은 몇 럭스(lx) 이상이어야 하는가?

① 75　　　② 40　　　③ 3　　　④ 15

- 제21조(통로의 조명) 사업주는 근로자가 안전하게 통행할 수 있도록 통로에 75럭스 이상의 채광 또는 조명시설을 하여야 한다.
- 초정밀 작업 : 750lx 이상, 정밀 작업 : 300lx 이상, 보통 작업 : 150lx 이상, 기타 작업 : 75lx 이상

36 밀폐된 탱크 안의 용접 작업 시 안전사항으로 다음 중 틀린 것은?

① 감전에 주의한다.　　　② 고압 산소로 청소한다.
③ 방진 또는 방독 마스크를 착용한다.　　　④ 국소 배기 장치를 설치한다.

- 탱크와 같은 밀폐공간이나 작업할 시에 환기를 철저히 해야 하며, 2인 1조 작업을 원칙으로 한다.
- 용접 작업을 하는데 고압의 산소를 부리면 화재발생 위험이 높아지므로 해서 안 된다.

정/답　32 ②　33 ③　34 ③　35 ①　36 ②

37 다음 중 감전재해의 주요 원인과 가장 거리가 먼 것을 고르면?

① 비가 오는 환경이나 젖은 장갑, 작업복을 입고 용접하는 경우
② 건조한 상태에서 스위치를 조작하거나 전원 스위치를 off한 후 용접기를 수리할 때
③ 용접 중 홀더가 신체에 접촉될 때나 홀더에 용접봉을 고정할 때
④ 1차 측과 2차 측의 손상된 케이블에 접촉된 경우

> 감전 재해 원인에 대한 몇 가지 예를 들면 다음과 같다.
> • 피복이 벗겨진 전선을 사용하는 경우
> • 충전부의 감전 방호조치를 하지 않았을 경우
> • 전기·기계·기구의 미 접지 상태에 있을 경우
> • 전기·기계·기구의 절연 상태 불량일 경우

38 용접 작업 안전에 관한 내용으로 다음 중 적절하지 못한 것은?

① 용접봉 홀더는 B형보다는 A형 홀더를 사용하여야 한다.
② 땀이나 물에 의해 젖은 작업복, 장갑, 작업화를 착용하지 않는다.
③ 절연 홀더의 절연 부분 파손 시 작업 완료 후 보수하거나 교체한다.
④ 아크 용접기에는 전격 방지기를 부착하여 사용한다.

> • 감전재해를 방지하기 위하여 홀더는 용접봉을 물어주는 부분을 제외하고는 절연 처리된 절연형 홀더를 사용한다.
> • 용접봉 홀더의 절연커버가 파손된 것은 즉시 교체하여야 한다.
> • 용접봉 홀더 A형 : 손잡이 부분을 포함하여 전체가 절연된 것, B형 : 손잡이 부분만 절연된 것.

39 다음 중 회전 중인 숫돌의 위험 방지를 위한 가장 적절한 안전장치는?

① 덮개를 설치한다.
② 급정지 장치를 한다.
③ 집진 장치를 한다.
④ 기동 스위치에 시건 장치를 한다.

> 연삭기의 숫돌 주위에 덮개를 설치하여 칩이 튀거나 비산되지 않도록 한다.

40 다음 중 산업안전 실천의 효과와 거리가 먼 것은?

① 산업 설비의 손실을 감소시킬 수 있다.
② 생산재의 손실을 축소시킬 수 있다.
③ 생산성을 감소시킬 수 있다.
④ 인명 피해를 예방할 수 있다.

> 산업안전 실천으로 실질적인 생산성을 증가시킬 수 있다.

정/답 37 ② 38 ③ 39 ① 40 ③

제3과목 | 기계설비일반

41 그림과 같은 입체도를 화살표 방향에서 본 투상도면으로 가장 적합한 것은?

①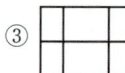
②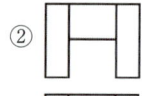
③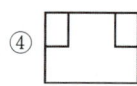
④

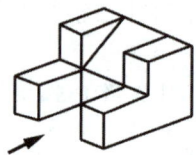

입체도에 대한 정면도, 평면도, 우측면도는 다음과 같다.

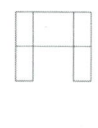 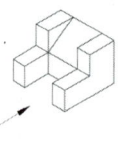

42 그림과 같은 표면의 결 도시기호에서 C가 의미하는 것은?

① 가공에 의한 컷의 줄무늬가 투상면에 대해 여러 방향으로 교차
② 가공에 의한 컷의 줄무늬가 투상면의 중심에 대하여 동심원 모양
③ 가공에 의한 컷의 줄무늬가 투상면에 경사지고 두 방향으로 교차
④ 가공에 의한 컷의 줄무늬가 투상면에 평행

- = : 가공에 의한 컷의 줄무늬가 투상면에 평행
- X : 가공에 의한 컷의 줄무늬가 투상면에 경사지고 두 방향으로 교차
- M : 가공에 의한 컷의 줄무늬가 투상면에 대해 여러 방향으로 교차

43 다음 그림에 대한 설명으로 가장 올바른 것은?

① 대상으로 하고 있는 면은 0.1mm만큼 떨어진 두 개의 평행한 평면 사이에 있어야 한다.
② 대상으로 하고 있는 원통의 축선은 0.1mm만큼 떨어진 두 개의 평행한 평면 사이에 있어야 한다.
③ 대상으로 하고 있는 원통의 축선은 ϕ0.1mm의 원통 안에 있어야 한다.
④ 대상으로 하고 있는 면은 0.1mm만큼 떨어진 두 개의 동축 원통면 사이에 있어야 한다.

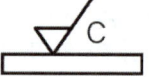

 : 원통도 공차

정/답 41 ③ 42 ② 43 ④

44 ϕ100e7인 축에서 치수공차가 0.035이고, 위치수허용차가 −0.072라면 최소허용치수는 얼마인가?

① 99.893 ② 99.928 ③ 99.965 ④ 100.035

> 치수공차=최대허용치수−최소허용치수
> 최대허용치수=기준치수+위치수허용차
> $(100-0.072)-x=0.035$, $x=99.893$=최소허용치수

45 강을 담금질하면 경도가 크고 메지므로 인성을 부여하기 위하여 A_1 변태점 이하의 온도에서 일정 시간 유지하였다가 냉각하는 열처리 방법은?

① 노말라이징(Normalizing) ② 어닐링(Annealing)
③ 템퍼링(Tempering) ④ 퀜칭(Quenching)

> • 퀜칭(Quenching) : 강도와 경도를 증가시키기 위한 열처리, 담금질이다.
> • 어닐링(Annealing) : 재료를 연화시키기 위한 열처리, 풀림이다.
> • 노말라이징(Normalizing) : 재료를 미세화, 균일화, 표준화시키기 위한 열처리, 불림이다.

46 금속을 냉간 가공하였을 때 기계적·물리적 성질의 변화에 대한 설명으로 틀린 것은?

① 냉간 가공이 진행됨에 따라 전기적 성질인 투자율은 감소한다.
② 냉간 가공이 진행됨에 따라 전기 전도율은 낮아진다.
③ 냉간 가공도가 증가할수록 연신율은 증가한다.
④ 냉간 가공도가 증가할수록 강도는 증가한다.

> 냉간 가공 시 가공경화로 인하여 강도와 경도는 증가하고, 항자력이 낮고 투자율이 높을수록 전기적 성질이 양호하다.

47 전기 및 열전도도가 우수한 순서대로 나열된 것은?

① Au>Cu>Ag>Fe>Al ② Cu>Ag>Au>Al>Fe
③ Ag>Cu>Au>Al>Fe ④ Ag>Au>Cu>Fe>Al

> 은, 구리, 금, 알루미늄 순이다.

48 보통선반에서 테이퍼를 절삭하는 방법으로 틀린 것은?

① 심압대를 편위시키는 방법　　② 테이퍼 장치를 사용하는 방법
③ 복식 공구대를 경사시키는 방법　　④ 척의 조를 편위시키는 방법

- 테이퍼 절삭 작업 : 심압대 편위법, 복식 공구대 이용법, 테이퍼 절삭 장치 이용법, 총형 바이트법

49 회전축의 흔들림 검사를 위해 사용하는 측정기로 다음 중 맞는 것은?

① 한계 게이지　　② 다이얼 게이지　　③ 하이트 게이지　　④ 틈새 게이지

- 한계 게이지 : 두 개의 게이지를 짝지어 한쪽은 허용되는 최대치수, 다른 쪽은 최소치수로 하여 제품이 이 한도 내에서 들도록 만들어졌는가를 검사하는 게이지
- 틈새 게이지 : 여러 가지 두께의 박강판 게이지를 조합한 것으로 몇 장씩 조합하여 여러 가지 치수의 틈새를 측정하는 게이지
- 하이트 게이지 : 일감의 높이를 측정하는 게이지

50 아베의 원리를 만족하는 측정기는?

① 외측 마이크로미터　　② 하이트 게이지
③ 블록 게이지　　④ 틈새 게이지

- 아베의 원리 : 길이 측정 시 물체를 기준 척도와 일직선상에 세워 놓아야 한다는 원리

51 절삭공구의 여유각이 작아 측면과 공작물과의 마찰에 의해 발생하는 마모는?

① 크레이터 마멸(crater wear)　　② 플랭크 마모(flank wear)
③ 구성인선(built-up edge)　　④ 치핑(chipping)

- 구성인선(built-up edge) : 연한 재료의 절삭 시 국부적인 고온, 고압에 의하여 공구의 절삭날에 가공물의 미소한 입자가 압착 또는 융착되고, 성장하고, 깨지고 다시 입자가 압착용착되고 하는 현상이 반복되면 가공표면이 거칠게 가공되는 현상
- 절삭공구의 파손 형태에는 치핑, 크레이터 마멸, 플랭크 마모 3가지가 있다. 플랭크 마모란 여유면 마모라고도 하며, 절삭공구의 플랭크(공구측면)가 절삭면에 평행하게 마모되는 것이다.

정/답　48 ④　49 ②　50 ①　51 ②

52 금긋기 작업에서의 유의사항으로 틀린 것은?

① 기준면과 기준선을 설정하고 금긋기 순서를 결정한다.
② 금긋기 선은 굵고 선명하도록 반복하여 긋는다.
③ 같은 치수의 금긋기 선은 전후, 좌우 구분없이 한 번만 긋는다.
④ 금긋기 선의 굵기는 일반적으로 0.07~0.12mm이다.

> 금긋기 작업 시 반복하여 그으면 해당 부분에 마모가 발생할 수 있어 한 번에 정확히 긋는다.

53 볼트와 너트의 고착 원인으로 틀린 것은?

① 유성 페인트의 도포
② 부식성 가스의 침입
③ 부식성 액체의 침입
④ 수분의 침입

> 고착 방지법 : 녹에 의한 고착을 방지하려면 우선 나사의 틈새에 부식성 물질이 침입하지 못하도록 산화 연분을 기계유로 반죽한 페인트를 나사 부분에 칠해서 죄는 방법이 쓰인다.

54 축의 동력 전달 방향을 바꾸는 기어가 아닌 것은?

① 웜 기어
② 스파이럴 베벨 기어
③ 하이포이드 기어
④ 헬리컬 기어

> 감속기의 종류
> • 평행 축형 감속기 : 스퍼기어, 헬리컬 기어, 더블 헬리컬 기어
> • 교쇄 축형 감속기 : 직선 베벨 기어, 스파이럴 베벨 기어
> • 이물림 축형 감속기 : 웜 기어, 하이포이드 기어
> • 헬리컬 기어 감속기는 평행 축형 감속기에 속하므로 축의 동력 전달 방향과 동일한 방향으로 감속이 이루어진다.

55 벨트 전동장치 중 미끄럼을 방지하기 위해 안쪽 표면에 이가 있으며, 정확한 속도가 요구되는 경우에 사용하는 것으로 다음 중 맞는 것은?

① 타이밍 벨트
② 링크 벨트
③ 보통 벨트
④ 레이스 벨트

> • 보통 벨트 : 접촉면이 평평한 벨트
> • 링크 벨트 : 링크를 서로 리벳으로 연결한 벨트로서 고속용으로는 부적합하다.

정/답 52 ② 53 ① 54 ④ 55 ①

56 나사풀림 방지 방법으로 틀린 것은?

① 록(lock) 너트에 의한 방법
② 홈붙이 너트와 분할핀 고정에 의한 방법
③ 스프링 와셔 또는 고무 와셔에 의한 방법
④ 실 용접에 의한 방법

나사 풀림 방지 방법
- 홈 붙이 너트 분할 핀 고정에 의한 방법
- 절삭 너트에 의한 방법
- 로크 너트에 의한 방법
- 특수 너트에 의한 방법
- 와셔에 의한 방법
---

57 볼 베어링에서 베어링 하중을 1/2로 하면 수명은 몇 배인가?

① 10배　　② 8배　　③ 6배　　④ 4배

볼 베어링의 수명(회전수)

$L = (\frac{C}{P})^3 \times 10^6$, C : 동적부하용량, P : 등가하중
---

58 전동기 베어링부의 발열 원인으로 틀린 것은?

① 절연물의 열화에 의한 것
② 윤활제 부족에 의한 것
③ 베어링 조립 불량에 의한 것
④ 커플링의 중심내기 불량에 의한 것

베어링부의 발열 원인 : 윤활불량, 과대 하중, 회전속도의 과대, 클리어런스 과소, 물 또는 이물질 침입, 축과 하우징의 정도 불량, 축의 휨 과대 등
---

59 송풍기의 양쪽 벨트 풀리의 축간 거리가 멀거나, 고속회전을 할 때 벨트가 위아래로 파도치는 현상은?

① 점핑 현상
② 채터링 현상
③ 캐비테이션 현상
④ 플래핑 현상

- 점핑 현상 : 유량 제어 밸브 등에서 유체가 처음 흐르기 시작할 때 유량이 과도적으로 설정값을 넘어서는 현상
- 채터링 현상 : 엔진이 고속으로 회전할 때 접점의 개폐 속도가 대단히 빨리 닫힐 때의 충격으로 인해 불규칙한 진동이 발생하는 현상
- 캐비테이션 현상 : 수차나 펌프 등에 있어서 임펠러 입구의 정압이 그 수온에 상당하는 포화 증기압 이하로 될 때 발생하며, 펌프의 성능이 저하하고 소음 및 진동이 발생하는 현상

정/답　56 ④　57 ②　58 ①　59 ④

60 감속기에 사용하는 평기어 언더컷을 방지하는 방법으로 옳지 않은 것은?

① 잇수비를 작게 한다.
② 이 높이가 높은 기어로 제작한다.
③ 압력각을 20도 이상으로 증가시킨다.
④ 기어의 잇수를 한계 잇수 이상으로 설정한다.

> **언더컷 방지대책**
> • 이의 높이를 줄여서 압력각을 20도 이상으로 증가시킨다.
> • 한계 잇수 이상으로 제작하거나 이의 높이가 낮은 것을 사용한다.
> • 전위 기어를 만들어 사용한다.

제4과목 | 설비진단 및 관리

61 진동체에 물리량이 주어졌을 때 그 진동체가 갖는 특정한 값을 가진 진동수와 파장만으로 발생하는 진동만이 허용될 때의 진동을 무엇이라 하는가?

① 강제 진동   ② 흡음 진동   ③ 탄성 진동   ④ 고유 진동

> • 강제 진동 : 진동계에 주기적인 힘(외력)이 가해지면서 일어나는 진동
> • 탄성 진동 : 탄성체가 외부 힘에 의해 변형되었다가 본래의 형태로 돌아가려는 성질 때문에 발생하는 진동 형태
> • 흡음 진동 : 소리를 흡수할 때 발생하는 진동

62 회전기계의 질량 불평형 상태의 스펙트럼에서 가장 크게 나타나는 주파수 성분은?

① $1X$ ② $2X$ ③ $3X$ ④ $1.5X \sim 1.7X$

> • 회전기계의 질량 불평형 상태에서 스펙트럼의 가장 두드러진 주파수 성분은 기계의 기본 주파수, 즉 1X rpm(1x 회전 속도)이다. 1X가 없는 회전기계는 없으며, 주원인이 질량 불형형(Imbalance)이다.
> • 1X(원엑스) 주파수에서 X는 기계의 1차 회전속도를 의미한다. 이는 기본 주파수 또는 기본 회전속도를 나타낸다.
> • 1X는 기계의 회전속도와 비례하는 성분 중 그 첫 번째를 의미하며 Hz로 표현한다. rpm이면 60으로 나눠 표현하면 된다.
> • 2X는 1X의 2배가 되는 주파수이다. nX이면 1X의 n배가 되는 주파수이다.

정/답 60 ② 61 ④ 62 ①

63 고유진동수와 강제진동수가 일치할 경우 진폭이 크게 발생하는 현상은?

① 풀림 ② 공진 ③ 상호간섭 ④ 캐비테이션

- 풀림 : 강재를 일정한 온도로 가열한 다음 천천히 식혀 내부 조직을 치밀하게 하고, 응력을 제거하는 열처리 방법
- 상호간섭 : 2개 이상의 피드백 제어계가 구성되어 있는 제어계 등에서 서로 작용하여 만나는 것
- 캐비테이션 : 물이 증발하고 수중에 용입되어 있던 공기가 낮은 압력 상태에서 기포가 일어나 충격과 진동이 수반되는 공동현상이다.

64 다음 중 저주파 차단은 좋으나, 공진 시 전달률에 매우 큰 단점이 있는 방진재는?

① 파이버 글라스 ② 천연고무 패드 ③ 방진 스프링 ④ 네오프랜 마운트

- 방진 스프링 : 금속제 스프링으로, 정적 휨량을 크게 할 수 있고, 저주파 성분까지 흡수할 수 있으나 감쇠능력은 다소 떨어진다는 단점이 있다. 감쇠능력이 떨어지게 되면 진동 전달률이 증가하게 된다.

65 다음 소음계 사용에 관한 설명으로 잘못된 것은?

① 소음의 주파수 분석에는 옥타브 분석기가 활용된다.
② 측정지점에 바람이 많으면 바람마개(wind screen)를 부착한다.
③ 측정 시 소음계에서 0.5m 이상 떨어져 측정자의 인체에서의 반사음을 고려하여야 한다.
④ 충격성 소음의 경우 소음계의 동특성을 slow 상태로 놓고 측정한다.

- 충격성 소음의 경우 안정적이지 않은 소음이 발생하므로, 동특성을 fast에 놓고 측정해야 한다.

66 다음 진동 차단기의 요구조건으로 적절하지 못한 것은?

① 진동발생 기계에서 외부로 진동이 잘 전달되도록 해야 한다.
② 강성이 충분히 작아서 차단 능력이 있어야 한다.
③ 강성은 작되 걸어준 하중을 충분히 견딜 수 있어야 한다.
④ 온도, 습도, 화학적 변화 등에 의해 견딜 수 있어야 한다.

- 진동 차단기의 주목적은 외부로 전달되는 진동을 차단하는 데 있다. 진동이 외부로 전달될 경우 진동으로 인한 소음 및 주변 기기에 대한 악영향을 일으킬 수 있다.

정/답 63 ② 64 ③ 65 ④ 66 ①

67 진동이 완전한 1사이클을 하는 동안에 걸린 총 시간을 무엇이라 하는가?

① 진동수　　　　② 각진동수　　　　③ 진동주기　　　　④ 진동위상

- 진동수 : 진동운동에서 단위 시간당 반복운동이 일어난 횟수
- 각진동수 : 단위 시간동안 물체가 움직인 각도
- 진동위상 : 두 파형을 비교할 때, 파동의 진폭과 주파수는 동일하지만 T/4의 차이가 생길 수 있다. 이러한 시간의 지연을 위상 지연이라고 부르며 위상각으로 측정한다. T의 시간 지연은 360도의 위상각에 해당하므로, T/4의 시간 지연은 90도의 위상각이 된다. 이 경우 우리는 일반적으로 두 개의 파동을 90도만큼 위상차가 있다고 한다.

68 소음의 가청음압과 가청주파수에 대한 설명으로 다음 중 맞는 것은?

① 최저 가청주파수는 0Hz이다.
② 최대 가청음압은 60Pa 또는 130dB이다.
③ 최대 가청주파수는 10,000Hz이다.
④ 최저 가청음압은 2×10^{-3}Pa 또는 0dB이다.

- 가청음압 : 사람의 귀로 들을 수 있는 소밀파의 압력 변화의 크기
- 가청주파수 : 사람의 귀로 들을 수 있는 음파의 주파수
- 최저 가청주파수는 20Hz이다.
- 최대 가청주파수는 20,000Hz이다.
- 최저 가청음압 2×10^{-5}Pa 또는 0dB이다.

69 진동전달 경로차단에서 사용되는 일반적인 방법에 대한 설명이다. 다음 중 맞는 것은?

① 스프링형 진동 차단기는 강성이 충분히 높아야 한다.
② 진동체에 질량을 가하여 고유진동수를 높이면 효과적이다.
③ 스프링형 진동 차단기에 사용하는 스프링은 고유진동수가 가능한 높아야 한다.
④ 2단계 진동제어는 저주파 진동제어에 역효과를 줄 수 있다.

- 진동차단기의 강성은 그에 부착된 진동 보호 대상체의 구조적 강성보다 작아야 하며, 차단하려는 진동의 최저 주파수보다 작은 고유 진동수를 가져야만 한다.

70 다음은 소음 방지에 관한 내용이다. 맞지 않는 것은?

① 차음벽의 차음 효과는 투과율에 의해서 결정된다.
② 일반적으로 부드럽고 다공성 표면을 갖는 재료는 높은 흡음률을 갖는다.
③ 투과손실은 재료의 굽힘 강성과 내부 댐핑에 의한 영향을 받지 않는다.
④ 소음기는 덕트(duct) 소음이나 배기 소음을 방지하기 위해서 사용되는 장치이다.

> 투과손실은 투과되지 않고 반사되거나 흡수되는 에너지를 의미한다. 그러므로 굽힘강성이 내부의 댐핑에 의해 재질 혹은 형상에 대한 변화가 발생할 경우 투과손실에 영향을 줄 수 있다.

71 다음의 치공구 관리의 기능 중 계획 단계에서 행해져야 하는 것으로 가장 적합한 것은?

① 공구의 연구시험
② 공구의 검사
③ 공구의 보관과 대출
④ 공구의 제작 및 수리

> 계획 단계란 아직 공구가 만들어지기 전 어떻게 만들 것인가에 대한 계획을 하는 단계이기 때문에 보기의 ②, ③, ④는 공구가 이미 제작되고 난 후의 행해지는 것이므로, 공구의 연구시험이 계획 단계에 해당된다.

72 자주보전의 전개 단계 중 발생원인, 곤란개소 대책은 어느 단계에 해당하는가?

① 제 4단계
② 제 3단계
③ 제 2단계
④ 제 1단계

> - 제1단계: 초기 청소
> - 제2단계: 발생원인, 곤란 개소 대책
> - 제3단계: 청소, 급유 기준의 작성과 실시
> - 제4단계: 총 점검 - 매뉴얼 활용 및 교육
> - 제5단계: 자주 점검 - 체크시트 마련
> - 제6단계: 자주보전의 시스템화 - 정리&정돈의 표준화
> - 제7단계: 철저한 자주 관리

73 다음 중 유용성(availability)에 대한 설명으로 맞는 것은?

① 어떤 특정 환경과 운전 조건하에서 어느 주어진 시점 동안 명시된 특정 기능을 성공적으로 수행할 수 있는 확률
② 어느 특정 순간에 기능을 유지하고 있는 확률
③ 대상물이 사용되어 처음 고장이 발생할 때까지의 평균시간
④ 수리 가능한 체계나 설비가 고장 난 후 규정된 조건에서 수리될 때 규정시간 내에 수리가 완료될 확률

정/답 70 ③ 71 ① 72 ③ 73 ②

- 유용성이란 신뢰도와 보전도를 종합한 평가 척도, "어느 특정 순간에 기능을 유지하고 있는 확률"을 의미한다.
- MTFF(Mean Time to First Failure) : 첫 고장까지의 평균시간, 대상물이 사용되어 처음 고장이 발생할 때까지의 평균시간
- 보전성 : 수리 가능한 체계나 설비가 고장 난 후 규정된 조건에서 수리될 때 규정시간 내에 수리가 완료될 확률
- 신뢰성 : 어떤 특정 환경과 운전 조건하에서 어느 주어진 시점 동안 명시된 특정 기능을 성공적으로 수행할 수 있는 확률

74 효율적인 열관리 방법에 관한 내용으로 다음 중 가장 적합하지 않은 것은?

① 설비의 열사용 기준을 정해 열효율 향상을 도모해야 한다.
② 열관리의 효과를 높이기 위해서는 공장 간부와 일부 관계자만에 의한 집중관리가 필요하다.
③ 열설비는 성능유지 및 향상을 위한 관리가 중요하다.
④ 연료는 가격이 저렴하고 쉽게 확보할 수 있어야 한다.

열관리의 효과를 높이기 위해서는 전 직원의 전사적인 관리가 필요하다.

75 설비보전 조직형태 중 집중보전의 장점으로 다음 중 틀린 것은?

① 특수 기능자를 효과적으로 이용할 수 있다.
② 보전작업에 필요한 인원의 동원이 용이하다.
③ 긴급작업이나 새로운 작업 시 신속히 처리할 수 있다.
④ 보전요원의 관리감독이 용이하다.

집중보전의 특징
- 공장의 모든 보전요원을 한 사람의 관리자 밑에 조직한다.
- 모든 보전을 집중 관리하는 보전방식
- 집중보전의 장점
- 충분한 인원동원이 가능
- 다른 기능을 가진 보전원을 배치
- 긴급작업, 고장, 새로운 작업을 신속히 처리
- 특수 기능자를 효과적으로 이용
- 1인 보전에 관한 전 책임을 짐
- 자본과 새로운 일에 대하여 통제가 보다 확실
- 보전원의 기능 향상을 위하여 훈련이 보다 잘 행해짐
- 집중보전의 단점
- 보전요원이 공장 전체에서 작업을 하기 때문에 적절한 관리감독을 할 수 없음
- 작업표준을 위한 시간손실이 많음
- 일정 작성이 곤란
- 작업의뢰와 완성까지의 시간이 김
- 보전원이 각종 생산 작업에 대하여 우선순위를 가짐

정/답 74 ② 75 ④

76 다음 중 윤활관리의 경제적 효과로 맞는 것은?

① 기계 및 설비의 유지관리에 필요한 보수비용 절감효과
② 윤활제 소비량의 증가효과
③ 고장으로 인한 생산성 및 기회손실의 증가효과
④ 설비의 수명감소로 인한 설비 투자비용의 절감효과

윤활관리의 경제적 효과
- 윤활유 사용 소비량의 절약
- 마찰감소에서 오는 에너지 소비절감
- 폐자원의 이용 등의 효과
- 기계고장으로 인한 생산중지 중의 파급손실 예방
- 동 수리비의 절감
- 수명연장으로 기계설비 손실액의 절감
- 기계의 효율 향상 및 정밀도 유지
- 노동의 절감

77 미끄럼 베어링 급유법 중 유욕식에 해당하지 않는 것은?

① 링 급유 ② 비말 급유 ③ 원심 급유 ④ 체인 급유

- 미끄럼 베어링의 급유법
- 전손식 : 적하 급유, 원심 급유 등에 사용하며, 적은 급유량으로도 윤활이 가능할 때 사용하여 운전 속도가 낮을 때 사용된다.
- 유욕식 : 링 급유, 체인 급유, 컬러 급유, 비말 급유 등에 사용
- 순환식 : 베어링의 온도가 상승한 경우 냉각시키기 위하여 사용

78 압축기 내부 윤활유의 요구 성능으로 가장 거리가 먼 것은?

① 부식 방지성이 좋을 것
② 적정한 점도를 가질 것
③ 생성 탄소가 경질일 것
④ 산화 안정성이 양호할 것

압축기 내부 윤활유의 요구 성능
- 열, 산화 안정성이 양호할 것
- 생성 탄소가 연질이고 제거가 쉬울 것
- 적정 점도를 가질 것
- 부식 방지성이 좋을 것
- 금속 표면에 대한 부착성이 좋을 것

정/답 76 ① 77 ③ 78 ③

79 다음 중 윤활제의 오염도를 분석하기 위한 오염 정도 측정법으로 틀린 것은?

① 중량법　　　② 오염 지수법　　　③ 계수법　　　④ 연소법

작동유의 오염도를 측정하는 방법
- 중량법 : 시료유 100ml 중의 오염물질의 중량 측정
- 계수법 : 시료유 100ml 중의 오염물질의 크기, 개수를 측정
- 오염 지수법 : 오일 중의 미립자 또는 젤라틴상의 물질에 따라 필터의 눈이 막혀 여과 시간의 변화 현상을 이용하는 방법
- 수분측정법 : 크실렌 등의 용제와 혼합한 시료를 가열, 증류하여 검수관에서 분리된 수분을 측정하여 시료에 대한 용량 또는 중량으로 표시한다.
- 기포성 측정법 : 기포성이란 규정 온도에서 5분간 공기를 불어넣은 직후의 거품 양이고, 기포 안정도란 기포도를 측정한 다음 10분간 방치한 후의 거품 양이다.

80 기름 중에 함유되어 있는 유리유황 및 부식성 물질로 인한 금속의 부식 여부에 관한 시험은 다음 중 어느 것인가?

① 잔류탄소 시험　　② 동판부식 시험　　③ 황산회분 시험　　④ 산화안정도 시험

- 잔류탄소 시험 : 잔류탄소란 기름의 증발, 오일을 공기가 부족한 상태에서 불완전 연소시켜 열분해 후에 발생되는 탄화 잔류물이다. 규정된 장치나 방법에 의해 공기의 유통을 막고 가열해 잔류하는 탄소상 물질의 양을 구하고, 시료에 대한 중량 백분율로 결과를 나타내는 시험
- 황산회분 시험 : 시료가 연소하고 남은 탄화 잔류물에 황산을 가하여 가열한 후 황량으로 된 회분을 황산회분이라 한다. 따라서 황산회분 시험은 윤활유의 첨가제를 정량적으로 측정하는 시험
- 산화안정도 시험 : 내산화도를 평가하는 방법이고, 이것은 윤활유를 일정 조건에서 산화시킨 후 신유와의 점도비, 전산가 증가 등을 시험하여 오일의 산화 안정성을 평가한다.

정/답　79 ④　80 ②

CBT 실전모의고사

PLANT MAINTENANCE ENGINEER

제1과목 | 공유압 및 자동제어

01 기체의 온도를 일정하게 유지하면서 압력 및 체적이 변화할 때, 압력과 체적은 서로 반비례한다는 법칙은?

① 베르누이 법칙
② 보일의 법칙
③ 보일-샤를의 법칙
④ 샤를의 법칙

- 샤를의 법칙 : 기체의 부피는 1도 올라갈 때마다 0도일 때 부피의 1/273씩 증가한다는 법칙
- 베르누이 법칙 : 유체가 흐르는 속도와 압력, 높이의 관계를 수량적으로 나타낸 법칙
- 보일-샤를의 법칙 : 양이 일정할 때, 이상 기체의 부피, 압력, 온도의 관계를 나타내는 법칙

02 미리 정해진 순서에 따라 동일한 유압원을 이용하여 여러 가지 기계 조작을 순차적으로 수행하는 회로를 무슨 회로라 하는가?

① 시퀀스 회로
② 언로드 회로
③ 증압 회로
④ 카운터 밸런스 회로

- 카운터 밸런스 회로 : 중력에 의한 낙하를 방지하기 위해 배압을 유지하는 압력 제어 회로
- 언로드 회로 : 펌프에서 송출되는 유체를 기름탱크로 되돌려 펌프를 무부하 상태로 만들어 수명을 연장하는 회로
- 증압 회로 : 일부에서 짧은 행정 또는 순간적으로 고압을 필요로 할 경우 활용하는 회로

03 다음 중 공압 작동기(actuator)의 종류가 아닌 것은?

① 공압 모터
② 요동 액추에이터
③ 공기 압축기
④ 공압 실린더

정/답 01 ② 02 ① 03 ③

> 액추에이터란 유체에너지를 운동에너지로 변환시키는 장치이므로, 공기 압축기처럼 유체에너지를 생성시키는 장치로 작동기로 분류되지 않는다.

04 다음 중 유압 작동유의 구비조건이 아닌 것은?

① 윤활성이 좋을 것
② 적당한 점도가 유지될 것
③ 화학적으로 반응이 좋을 것
④ 비압축성일 것

> **유압 작동유의 구비조건**
> - 인화점과 발화점이 높아야 한다.
> - 윤활성이 크고 비압축성이어야 한다.
> - 강한 유막을 형성해야 한다.
> - 적당한 점도와 유동성이 있어야 한다.
> - 물, 먼지 등의 불순물과 분리가 잘되어야 한다.
> - 녹과 부식 방지 효과가 있어야 한다.
> - 장시간 사용하여도 화학적 변화가 없어야 한다.
> - 거품이 적고 비중이 적당해야 한다.
> - 화학적으로 안정적이어야 한다(사용시간에 따라 화학적 변화가 일어나면 안 된다).

05 다음 중 공유압 변환기의 사용 시 주의점으로 맞는 것은?

① 액추에이터 및 배관 내의 공기를 충분히 뺀다.
② 수평 방향으로 설치한다.
③ 발열장치 가까이 설치한다.
④ 반드시 액추에이터보다 낮게 설치한다.

> 공유압 변환기는 공기의 유입이 있을 경우 결로에 의한 응축수, 기포 발생으로 인한 정밀도 저하 등의 영향이 발생할 수 있기 때문에 공기를 충분히 빼야 한다.

06 다음 중 공압 센서의 특징으로 맞지 않는 것은?

① 물체의 재질이나 색에 영향을 받지 않고 검출할 수 있다.
② 폭발 방지를 필요로 하는 장소에서도 사용된다.
③ 자장의 영향에 둔감하다.
④ 높은 작동 힘이 요구되는 곳에 사용된다.

> 높은 작동 힘이 요구되는 곳에 사용되는 것은 유압 센서이다.

정/답 04 ③ 05 ① 06 ④

07 다음 보기의 설명에 해당되는 특성은?

[보기]
압력제어 밸브의 조정 핸들을 조작하여 압력을 설정한 후 압력을 변화시켰다가 다시 핸들을 조작하여 원래의 설정값에 복귀시켰을 때 최초의 압력값과는 오차가 발생한다.

① 릴리프 특성
② 히스테리시스 특성
③ 압력 조절 특성
④ 유량 특성

- 유량 특성 : 제어 밸브 전후의 차압을 일정하게 했을 때 밸브의 양정과 밸브를 통과하는 유량의 관계를 백분율로 표시한 것
- 릴리프특성 : 2차측 공기의 압력을 외부에서 상승시켰을 때 릴리프 구멍에서 배기되는 고압의 압력 특성
- 압력 조절 특성 : 압력 제어 밸브의 핸들을 돌렸을 때 회전각에 따라 압력이 원활하게 변화하는 특성

08 다음 중 200bar 이상의 고압에 주로 이용되는 유압펌프는?

① 나사펌프
② 기어펌프
③ 베인펌프
④ 피스톤펌프

기어, 나사, 베인펌프는 회전펌프에 속하는 펌프로서 회전식 펌프의 특징은 구조가 간단하고 취급이 용이하며, 고압을 얻기가 비교적 쉽지만, 피스톤 펌프처럼 왕복동형보다는 높은 압력을 생성할 수 없으며, 펌프 중 가장 높은 고압을 발생시키는 펌프는 왕복동형 펌프이다.

09 어큐뮬레이터 취급 시 주의사항으로 다음 중 틀린 것은?

① 어큐뮬레이터에 부속쇠 등을 용접하거나 가공, 구멍 뚫기 등을 하지 않는다.
② 펌프와 어큐뮬레이터 사이에 유압유가 펌프로 역류하지 않도록 체크 밸브를 설치한다.
③ 봉입 가스는 불활성 가스 또는 공기압을 사용한다.
④ 충격 완충용은 가급적 충격이 발생하는 곳에서 멀리 설치한다.

어큐뮬레이터 취급 시 주의사항
- 축압기에 부속쇠 등을 용접하거나 가공, 구멍뚫기 등을 해서는 안 된다.
- 펌프와 축압기 사이에는 체크밸브를 설치하여 유압유가 펌프에 역류하지 않도록 한다.
- 축압기와 관로와의 사이에 스톱밸브를 넣어 토출압력이 봉입가스의 압력보다 낮을 때는 차단한 후 가스를 넣어야 한다.
- 봉입 가스압은 6개월마다 점검하고, 항상 소정의 압력을 예압시킨다.
- 가스봉입 형식인 것은 미리 소량의 작동유를 넣은 다음 가스를 소정의 압력으로 봉입한다.
- 봉입가스는 질소가스 등의 불활성가스 또는 공기압을 사용할 것이며, 산소 등의 폭발성 기체를 사용해서는 안된다.
- 충격 완충용에는 가급적 충격이 발생하는 곳에 가까이 설치한다.

정/답 07 ② 08 ④ 09 ④

10 압축 공기가 2개의 입구에 모두 작용할 때만 출구에 압축 공기가 나오는 동작을 하는 밸브는?

① 감압 밸브　　② 분류 밸브　　③ 2압 밸브　　④ OR 밸브

- OR 밸브 : 두 개의 개별 유체 입력을 단일 출력으로 흐르게 하는 밸브
- 감압 밸브 : 밸브로 유입된 유체의 압력을 낮춰 토출하는 밸브
- 분류 밸브 : 압력이 다른 2개의 유압 관로에 각각의 관로의 압력에는 관계없이 항상 일정한 관계를 가진 유량으로 분할하는 밸브

11 폐회로 제어에 대한 설명으로 다음 중 옳은 것은?

① 실제값과 기준값의 비교기능이 있다.
② 피드백 신호가 없다.
③ 2진 신호를 사용한다.
④ 외란 변수의 변화가 작을 때 사용한다.

폐회로 제어
- 피드백에 의하여 제어량과 목표값을 비교하고, 그들이 일치되도록 정정 동작을 하는 제어

12 3상 전동기의 과열 원인으로 다음 중 적절하지 않은 것은?

① 단상 운전　　　　　　② 공진 현상 발생
③ 과부하 운전　　　　　④ 코일의 단락

공진 현상은 특정 진동수를 가진 물체가 같은 진동수의 힘이 외부에서 가해질 때 진폭이 커지면서 에너지가 증가하는 현상으로 전동기의 과열원인이 아닌 전동기의 진동원인이다.

13 다음 중 제어계의 성능으로서 3가지 중요한 특성값이 아닌 것은?

① 정상편차　　② 속응성　　③ 결합계수　　④ 안정도

제어계의 성능을 결정하는 중요한 세 가지 요소는 안정성(stability), 정확성(accuracy) 그리고 속도(response Time)이고, 이와 같은 요소들이 제어 시스템을 얼마나 잘 작동하게 하는가를 결정한다.

정/답　10 ③　11 ①　12 ②　13 ③

14 다음 중 피드백 제어계의 특징이 아닌 것은?

① 품질이 향상된다.
② 생산속도를 상승시킨다.
③ 연료, 원료 및 동력을 절감할 수 있다.
④ 운전 및 수리에 고도의 지식이 필요 없다.

피드백 제어계의 특징
- 제어량을 목표값과 비교하였을 때 정확하다는 이점이 있다.
- 정확하고 대역폭이 증가하지만 구조가 복잡하고 비용이 많이 든다.
- 제어 부품의 성능에 큰 영향을 받지 않는다.
- 계의 특성 변화에 대한 입력 대 출력비의 감도가 줄어든다.
- 외부 조건의 변화에 대한 영향을 감소시킬 수 있다.

---

15 다음 블록선도의 전달함수의 값은?

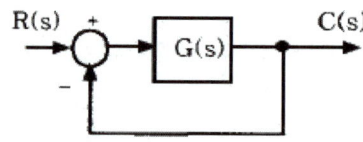

① 1+1/G ② G/(1-G) ③ G/(1+G) ④ 2G

$C(S) = [R(S) - X] \cdot G(S)$

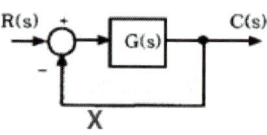

$X = [R(S) - X] \cdot G(S) = R(S) \cdot G(S) - X \cdot G(S)$

$X = \dfrac{R(S) \cdot G(S)}{1 + G(S)}$, $C(S) = \left[R(S) - \dfrac{R(S) \cdot G(S)}{1 + G(S)} \right] \cdot G(S) = R(S) \cdot \dfrac{G(S)}{1 + G(S)}$

$\dfrac{C(S)}{R(S)} = \dfrac{G(S)}{1 + G(S)}$

---

16 다음 중 주파수 영역에서 속응성 및 안정도를 표시하기 위한 양이 아닌 것은?

① 위상여유 ② 대역폭 ③ 게인여유 ④ 피크시간

정/답 14 ③ 15 ③ 16 ④

- 속응성 : 자동 조정 체계가 설정값의 변동에 신속히 응답하는 성질
- 주파수 안정도 : 발전력과 부하 사이의 상당한 불균형을 경험한 이후에 안정한 주파수를 유지할 수 있는 능력
- 주파수 위상 : 반복되는 파형의 한 주기에서 첫 시작점의 각도 혹은 어느 한 순간의 위치
- 대역폭 : 데이터 전송 속도
- 주파수 영역에서 시스템의 속응성과 안정도를 표시하기 위한 양
- 이득 마진(gain margin) : 시스템이 불안정해지기 전에 이득을 얼마나 더 증가시킬 수 있는지를 나타내는 것
- 위상 마진(phase margin) : 시스템이 불안정해지기 전에 위상을 얼마나 더 변화시킬 수 있는지를 나타내는 것

17 1차 요소 $G(s) = \dfrac{1}{1+Ts}$ 인 제어계의 절점 주파수에서의 이득[dB]으로 맞는 것은?

① -3 ② -4 ③ -5 ④ -6

절점 주파수
- 주파수 전달함수의 실수부=허수부를 만족하는 주파수 ω를 절점 주파수라 한다.
- 보드선도에서는 굴곡점에 해당한다.
- 이득은 -3dB이다.

18 $V(t) = Ri(t) + L\dfrac{d}{dt}i(t) + \dfrac{1}{C}\int i(t)dt$ 를 S함수로 표시하면 어떻게 나타내는가?

① $V(s) = RI(s) + SLI(s) + \dfrac{1}{SC}I(s)$
② $V(s) = RI(s) + \dfrac{1}{SL}I(s) + SCI(s)$
③ $V(s) = \dfrac{1}{R}I(s) + SLI(s) + \dfrac{1}{SC}(s)$
④ $V(s) = \dfrac{1}{R}I(s) + \dfrac{1}{SL}I(s) + SCI(s)$

$V(t) = Ri(t) + L\dfrac{d}{dt}i(t) + \dfrac{1}{C}\int i(t)dt$

$i(t) = I(s)$, $\dfrac{d}{dt}i(t) = SI(s)$, $\int i(t)dt = \dfrac{1}{S}I(s)$

$V(s) = RI(s) + LSI(s) + \dfrac{1}{CS}I(s)$

19 제어계를 동작시키는 기준으로서 직접 제어계에 가해지는 신호는?

① 동작신호 ② 기준입력신호 ③ 조작량 ④ 궤환신호

- 기준입력 : 제어계를 동작시키는 기준으로서 직접 폐회로에 가해지는 입력
- 동작신호 : 기준입력과 제어량의 차이로 제어동작을 일으키는 신호로 편차라고도 함
- 조작량 : 제어량을 조정하기 위하여 제어장치가 제어대상에 주는 양
- 궤환신호 : 주피드백 신호

정/답 17 ① 18 ① 19 ②

20 개루프 시스템과 비교하여 폐루프 시스템의 장점이 아닌 것은?

① 기준입력과 출력 사이의 오차 보정
② 성능 향상
③ 설치비용의 절감
④ 외란 제거

폐루프 시스템(Closed Loop System)의 단점
- 복잡해지고 값이 고가이다.
- 제어계 전체가 불안정해질 가능성이 있다.

개루프 시스템(Open Loop System)의 장점
- 시스템을 설계하는데 있어 복잡하지 않다.
- 시스템이 단순한 편이고 제어계가 불안정하지 않다.
- 제품의 단가를 줄일 수 있다.

개루프 시스템(Open Loop System)의 단점
- 외부 조건(외란)의 변화에 대처가 가능하다.
- 목표값과 오차가 클 수 있다.

제2과목 | 용접 및 안전관리

21 마찰용접의 특징에 대한 설명으로 다음 중 적당하지 않은 것은?

① 취급과 조작이 간단하고 이종 금속의 접합이 가능하다.
② 용접물의 형상치수, 단면모양, 길이, 무게 등의 제한을 받지 않는다.
③ 작업능률이 높고 변형의 발생이 적다.
④ 국부 가열이므로 열영향부가 좁고 이음 성능이 좋다.

마찰용접의 특징
- 최고의 접합강도를 경제적으로 실현가능한 용접기술이다.
- 고강도 접합이 가능하다.
- 비철금속간의 이종재접합이 가능하다.
- 높은 정밀도와 CO_2 배출량이 적다.

22 가스용접용 연료가스 중 산소와 화합할 때 불꽃온도(℃)가 다음 중 가장 높은 것은?

① C_2H_2
② H_2
③ CH_4
④ C_3H_8

- 가스용접에 쓰이는 가스는 산소와 아세틸렌, 산소와 수소, 산소와 석탄가스 등
- 산소와 아세틸렌 : 3,500℃, 산소와 수소 : 2,500℃, 산소와 석탄가스 : 1,500℃
- 아세틸렌가스 : C_2H_2, 수소 : H_2, 메탄 : CH_4, 프로판 : C_3H_8

정/답 20 ③ 21 ② 22 ①

23 탄산가스 아크 용접에서 와이어 송급 시 아크 길이를 자동으로 자기 제어할 수 있는 특성을 무엇이라 하는가?

① 전압회복특성　② 수하특성　③ 상승특성　④ 정전류특성

- 상승특성 : 부하 전류가 증가하면 단자 전압도 다소 높아지는 특성
- 정전류특성(수하특성) : 아크 길이와 전압이 변하여도 전류는 거의 변하지 않고, 아크가 지속되는 특성

24 AW 300의 아크 용접기로 150[A]의 용접전류를 사용하여 용접하는 경우 허용 사용률은 약 몇 % 인가? (단, 용접기의 정격 사용률은 40%이다.)

① 160　② 120　③ 80　④ 60

AW 300 : 교류아크 용접기의 정격 2차 전류가 300A

$$허용사용률 = \left(\frac{정격2차전류}{실제사용전류}\right)^2 \times 정격사용률$$

$$허용사용률 = \left(\frac{300}{150}\right)^2 \times 40 = 160\%$$

25 MIG 용접으로 알루미늄을 용접할 경우 다음 중 가장 적당한 가스는?

① Ar+N　② Ar+O$_2$　③ CO$_2$　④ Ar+He

알루미늄 용접에는 주로 아르곤(Ar) 가스를 사용한다. TIG 및 MIG 용접으로 진행 시 공정에서 아주 좋은 아크 안정성을 제공하고, 깨끗하고 강한 용접이 가능하다. 두꺼운 알루미늄 시트의 경우는 아르곤(Ar)과 헬륨(He)의 혼합 가스를 사용할 수도 있다.

26 아크 용접에서 위빙비드(weaving bead)의 위빙 폭은 용접봉 지름의 몇 배로 하는 것이 좋은가?

① 8~9배　② 6~7배　③ 4~5배　④ 2~3배

- 직선비드 : 비드의 폭이 용접봉 지름의 2배가 되지 않도록 한다.
- 위빙비드 : 횡운동, 지그재그를 통해 만들어지기 때문에 직선비드보다 폭이 넓으며 마치 물결무늬, 실을 꼬아 놓은 것과 같은 형태이고, 비드의 폭은 용접봉 지름의 3배가 되지 않도록 한다.

정/답　23 ③　24 ①　25 ④　26 ④

27 직류 아크 용접기를 사용하여 용접할 경우는 극성을 주의하여야 한다. 이때 용접봉에는 (-)극을 연결하고, 모재에는 (+)극을 연결하여 용접하는 것으로 다음 중 맞는 표현은?

① DCEP   ② 직류 정극성   ③ 직류 역극성   ④ DCRP

직류 정극성 용접	직류 역극성 용접
모재 (+)극, 용접봉 (-)극 DCSP, DCEN 비드가 좁고 용입이 깊다. 강, 스테인리스강 등의 용접에 적당	모재 (-)극, 용접봉 (+)극 DCRP, DCEP 용입이 얕고 비드 폭이 넓다. 청정작용이 있다. 비철금속, 주철 등의 용접에 적당

- DCSP : Direct Current Straight Polarity
- DCEN : Direct Current Electrode Negative
- DCRP : Direct Current Reverse Polarity
- DCEP : Direct Current Electrode Positive

28 다음 중 아크 용접의 분류에 속하지 않는 것은?

① Submerged Arc Welding   ② Shield metal Arc Welding
③ Projection Welding   ④ Stud Welding

- 아크 용접은 비소모성 전극 아크 용접과 소모성 전극 아크 용접으로 분류
- Shielded Metal Arc Welding(SMAW) : 피복 아크 용접
- Gas Metal Arc Welding(GMAW) : MIG 용접
- Gas Tungsten Arc Welding(GTAW) : TIG 용접
- Submerged Arc Welding : 서브머지드 아크 용접, 잠호 용접
- 전기저항 용접의 종류
- 맞대기 용접 : 플래시 용접, 버트 용접
- 겹치기 용접 : 점(spot) 용접, 심 용접, 프로젝션 용접

29 내균열성이 가장 우수한 피복 아크 용접봉으로 다음 중 맞는 것은?

① E4300   ② E4301   ③ E4302   ④ E4303

- E4301 : 일미나이트계 용접봉(Ilmenite type)으로 내균열성, 내피트성, X-선의 성능 등이 우수한 특징을 갖고 있으며 조선, 건설, 압력용기 등에 사용되고 있다.
- E4316 : 저수소계 용접봉(low hydrogen type)으로 내균열성, 기계적 성질 등이 우수하며, 압력용기, 후판 용접, 중요 강도 부재 등의 용접에 사용된다.
- 내균열성이 좋은 피복 아크 용접봉 : E4316 〉 E4301

정/답   27 ②   28 ③   29 ②

30 다음 중 일반적인 용접기의 구비조건으로 적절하지 못한 것은?

① 사용 중에 온도 상승이 커야 한다.
② 아크가 안정되어야 한다.
③ 구조 및 취급이 간단해야 한다.
④ 사용 유지비가 적게 들어야 한다.

용접기의 구비조건
- 아크가 안정되어야 한다.
- 구조 및 취급이 간단해야 한다.
- 사용 유지비가 적게 들어야 한다.
- 사용 중에 온도 상승이 적어야 한다.
- 무부하 전압을 최소로 하여 전격기의 위험을 줄인다.
- 소비전력이 적고 역률이 좋은 용접기를 구비한다.
- 용접 중 단락되었을 경우 대전류가 흐르는 것보다는 오히려 안전한 범위 내에서 개방 회로 전압을 유지하는 것이 중요하다.
- 소비전력이 큰 용접기 : 강력한 용접 작업 가능, 전기 비용 증가
- 소비전력이 적은 용접기 : 전기 비용을 절약할 수는 있지만 덜 강력할 수 있다.
- 전격(電擊) : 사전적 의미로 강한 전류를 갑자기 몸에 느꼈을 때의 충격이다.

31 자분 탐상 시 시험체의 자화에 의해 검출이 가능한 결함의 깊이로 다음 중 맞는 것은?

① 8mm 이내 ② 5mm 이내 ③ 3mm 이내 ④ 1mm 이내

자화에 의하여 검출 가능한 결함의 깊이는 표면과 표면 바로 밑 5mm 정도이다.

32 다음 중 방사선 검사로 발견이 곤란한 결함은 어느 것인가?

① 라미네이션 변질층
② 균열
③ 슬래그 혼입
④ 블로우 홀

방사선 투과 검사
- 균열이나 기공과 같은 결함을 감지하는데 유용
- 용접부의 불완전 침투나 용접 미달, 표면 결함(언더컷, 용접 스패터) 등은 감지가 어려움

33 탱크나 용기 용접부의 기밀, 수밀을 검사하는데, 가장 적합한 검사방법은 다음 중 어느 것인가?

① 초음파 검사 ② 침투 검사 ③ 누설 검사 ④ 외관 검사

- 초음파 검사 : 작은 결함, 부식, 피팅, 마모, 균열과 같은 결함
- 침투 검사 : 균열, 파괴, 접합 불량, 이음매 등
- 외관 검사 : 녹, 크랙, 흠집, 이물질 유입, 색, 광택, 미성형, 공정 누락 등

정/답 30 ① 31 ② 32 ① 33 ③

34 용접 시 안전과 관련된 다음 설명 중 틀린 것은?

① 수동 아크 용접용 홀더는 비교적 낮은 전압이 들어오므로 절연이 다소 불량하더라도 전격 사고의 위험이 없다.
② 아크 빛은 전광성 안염의 요인이 되므로 성능 좋은 차광보호용구를 반드시 착용하여야 한다.
③ 용접 작업 근처에는 도료, 인화성 물질이 있어서는 안되며, 가연성 가스에도 조심해야 한다.
④ 전자빔 용접 시에는 X-선 등의 방사선 누출에 각별히 주의하여야 한다.

> 수동 아크 용접은 피복 아크 용접을 의미하고, 감전재해를 방지하기 위하여 홀더는 용접봉을 물어주는 부분을 제외하고는 절연 처리된 절연형 홀더를 사용해야 한다.

35 화재의 종류 중 종이, 목재, 석탄 등이 연소 후에 재를 남기는 일반화재를 나타내는 것은 다음 중 어느 것인가?

① D급 화재 ② C급 화재 ③ B급 화재 ④ A급 화재

> - A급 화재 : 종이, 목재, 석탄 등의 일반화재
> - B급 화재 : 기름 등의 유류화재
> - C급 화재 : 전기 설비 등의 전기화재
> - D급 화재 : 금속 분말 등에 의한 화재

36 화재 발생의 구성 3요소로 다음 중 맞는 것은?

① 발화점, 질소, 가연성 물질
② 점화원, 탄소, 가연성 물질
③ 점화원, 산소, 가연성 물질
④ 인화점, 산소, 가연성 물질

> - 화재 발생의 구성 3요소는 연소의 3요소, 즉 산소, 가연물, 점화원이다.
> - 점화원 : 가연물과 산소의 화학반응을 돕는 활성화 에너지의 근원이라 할 수 있다.

37 이동식 사다리의 구조 조건으로 다음 중 틀린 것은?

① 발판의 간격은 동일하게 할 것
② 견고한 구조로 할 것
③ 재료는 심한 부상, 부식 등이 없는 것으로 할 것
④ 폭은 25cm 이상으로 할 것

> 사다리의 폭은 30cm 이상, 길이는 6m 이내로 할 것

정/답 34 ① 35 ④ 36 ③ 37 ④

38 일반적으로 보호구인 장갑을 사용해선 안 되는 작업은 다음 중 어느 것인가?

① 가스 절단 작업
② 고열 작업
③ 드릴 작업
④ 용접 작업

장갑 착용 불가 : 선반 작업, 드릴 작업, 목공 기계 작업, 그라인더 작업, 해머 작업 등

39 다음 중 재해의 원인에 해당하지 않는 것은?

① 안전장치를 제거하고 운전한다.
② 운전을 정지하고 기계를 정비한다.
③ 허가 없이 장치를 운전한다.
④ 결함이 있는 장치를 운전한다.

재해의 원인
- 직접 원인 : 불완전한 상태와 불안전한 행동
- 간접 원인 : 관리적 원인, 교육적 원인, 작업관리상 원인
- 불안전한 행동
- 안전장치를 제거하고 운전한다.
- 허가 없이 장치를 운전한다.
- 결함이 있는 장치를 운전한다.

40 연삭기 사용 시 안전사항으로 다음 중 틀린 것은?

① 숫돌은 장착하기 전에 균열이 없는가를 점검한다.
② 연삭기를 사용할 때에는 방진마스크와 보안경을 착용한다.
③ 숫돌과 받침대의 간격은 3mm 이하로 유지한다.
④ 숫돌 커버가 작업에 방해가 될 때는 떼어내고 작업한다.

연삭기 사용 시 안전사항
- 작업 전 1분 이상, 숫돌 교체 시 3분 이상 시운전을 할 것
- 해당 숫돌은 사용목적 외 사용 금지할 것
- 인화성물질 주변에서 연삭 작업 금지할 것
- 연삭기 덮개 설치 여부 확인
- 안전모, 보안경, 귀마개 등 개인보호구 착용할 것
- 최고 사용회전속도를 초과하지 않도록 할 것
- 연삭기 접지를 실시하여 감전 사고를 예방할 것
- 숫돌 커버가 작업에 방해가 되더라도 안전장치를 제거하지 말 것

정/답 38 ③ 39 ② 40 ④

제3과목 | 기계설비일반

41 다음의 기하공차 도시법에 대한 설명 중 틀린 것은?

① 지정길이 50mm에 대하여 원통도 공차값 0.01mm이다.
② 진원도 공차값 0.01mm이다.
③ 지정길이 50mm에 대하여 평행도 공차값 0.09mm이다.
④ A는 데이텀을 지시한다.

○	0.01	
//	0.09/50	A

위의 기호는 평행도와 진원도를 표현하고 있다.

42 다음 그림이 나타내는 가공방법은?

① 대상면의 브로칭 가공
② 대상면의 드릴링 가공
③ 대상면의 밀링 가공
④ 대상면의 선삭 가공

BR : 브로칭, D : 드릴링, M : 밀링, L : 선반

43 구멍의 치수가 $\phi 50^{+0.005}_{-0.004}$이고, 축의 치수가 $\phi 50^{+0.005}_{-0.004}$일 때 최대틈새는?

① 0.004   ② 0.005   ③ 0.008   ④ 0.009

최대틈새=구멍의 최대허용치수-축의 최소허용치수
50.005-49.996=0.009

정/답 41 ① 42 ① 43 ④

44 다음 도면에서 대상물의 형상과 비교하여 치수 기입이 틀린 것은?

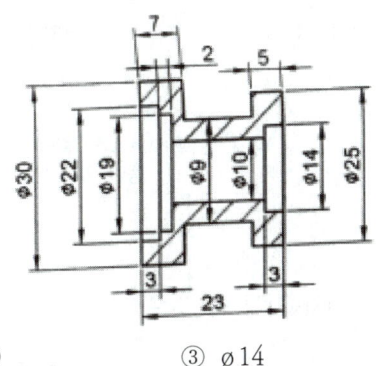

① 7   ② ø9   ③ ø14   ④ ø30

문제의 도면 치수에서 ø9의 위치에서는 ø14보다 크고 ø19보다는 작아야 한다.

45 다음 금속침투법 중 철-알루미늄 합금 층이 형성될 수 있도록 철강 표면에 알루미늄을 확산, 침투시키는 표면경화법은?

① 크로마이징   ② 세라다이징   ③ 칼로라이징   ④ 실리코나이징

- 세라다이징 : 아연 분말 속에 재료를 묻고 300~400도로 1~5시간 동안 가열한 것
- 크로마이징 : 크롬을 재료에 1000~1400도에서 침투, 확산시킨 방법
- 실리코나이징 : 철강에 규소를 침투, 확산시켜 내산성을 향상시킨 방법

46 일반적인 스프링 재료가 갖추어야 할 조건으로 다음 중 올바르지 못한 것은?

① 높은 응력에 견딜 수 있어야 한다.
② 피로강도와 파괴인성치가 낮아야 한다.
③ 표면상태가 양호하고 부식에 강해야 한다.
④ 가공하기 쉬운 재료여야 한다.

스프링 재료가 갖추어야 할 조건
- 탄성계수가 크고, 탄성한도, 피로한도 및 크리프한도가 높아야 한다.
- 내식성 및 내열성이 커야 한다.
- 비자성이고 도전성이 양호해야 한다.

정/답   44 ②   45 ③   46 ②

47 Mo 금속은 어떤 결정격자로 되어 있는가?

① 정방격자　　② 면심입방격자　　③ 체심입방격자　　④ 조밀육방격자

- 체심입방격자 : Ba, Cr, Mo, Li, W, V, Na, K 등이 있다.
- 면심입방격자 : Al, $\gamma-Fe$, Ni, Cu, Pt, Au, Pb, Ag, Ca 등이 있다.
- 조밀육방격자 : Mg, Ti, Zn, Cd, Zr, Co, Be, Ce, Hg 등이 있다.

48 절삭가공에서 절삭조건과 거리가 가장 먼 것은?

① 이송속도　　② 절삭깊이　　③ 절삭속도　　④ 공작기계의 모양

절삭조건 : 절삭속도, 절삭깊이, 이송속도, 절삭유, 공구의 윗면 경사각 등

49 연삭숫돌을 교체한 후 시험운전 시 최소 몇 분 이상 공회전을 시켜야 하는가?

① 1분 이상　　② 3분 이상　　③ 5분 이상　　④ 10분 이상

연삭숫돌을 사용하는 작업의 경우 작업을 시작하기 전에는 1분 이상, 연삭숫돌을 교체한 후에는 3분 이상 시험운전을 하고 해당 기계에 이상이 있는지를 확인해야 한다.

50 다음 그림의 화살표로 지시한 버니어캘리퍼스 측정값은 얼마인가?

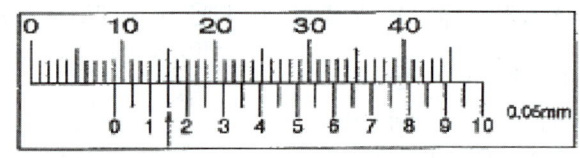

① 9mm　　② 9.1mm　　③ 9.15mm　　④ 15mm

버니어캘리퍼스는 어미자의 눈금과 아들자의 눈금이 일치하는 곳에서 1mm 이하의 값을 읽는다.

51 나사의 유효지름을 측정하려 한다. 다음 중 정밀도가 가장 높은 측정법은?

① 삼침법에 의한 측정　　② 투영기에 의한 측정
③ 공구 현미경에 의한 측정　　④ 나사 마이크로미터에 의한 측정

정/답　47 ③　48 ④　49 ②　50 ③　51 ①

나사의 유효지름 측정법
- 삼침법 : 나사 측정용 3침을 피측정물에 접촉하여 마이크로미터를 이용해 측정한다.
- 나사 마이크로미터 : 길이의 변화를 나사의 회전각과 지름에 의해 확대하여 작은 길이의 변화를 읽어 측정한다.
- 공구 현미경 : 피측정물을 확대 관측하여 나사의 유효지름 등을 측정한다.
- 투영기 : Y축의 선을 E, F와 같이 나사의 경사면에 맞추고, 마이크로미터의 심블을 돌려 측정

52 공작기계의 절삭 운동과 이송 운동에 대한 설명으로 옳은 것은?

① 선반 가공은 공구를 회전시키고, 공작물이 직선 운동을 하며 가공하는 작업이다.
② 밀링 가공은 공구를 회전시키고, 공작물이 이송 운동을 하며 가공하는 작업이다.
③ 원통 연삭 가공은 공작물을 회전시키고, 공구는 직선 운동을 하며 가공하는 작업이다.
④ 플레이너 가공은 공구를 회전시키고, 공작물이 직선 운동을 하며 나사 가공하는 작업이다.

- 선반가공은 공구는 직선 운동하며, 공작물이 회전 운동을 하며 가공하는 작업이다.
- 원통 연삭 가공은 공작물을 고정하고, 공구는 직선 운동을 하며 가공하는 작업이다.
- 플레이너 가공은 공구는 고정하며, 공작물은 직선 운동을 하며 가공하는 작업이다.

53 관용나사의 특징으로 틀린 것은?

① 보통나사에 비하여 피치 및 나사산의 높이가 낮다.
② 관용테이퍼 나사는 축심에 대해 1/16의 테이퍼를 가진다.
③ 관용테이퍼 나사는 평행나사에 비해 기밀성이 우수하다.
④ 나사산의 각도가 75도이며 주로 미터나사이다.

관용나사의 각도는 규격에 따라 55도 혹은 60도이며, 종류는 형상에 따라 평행나사 혹은 테이퍼 나사를 사용한다.

54 베어링의 안지름 기호가 08일 때 이 베어링의 안지름은?

① 8mm ② 16mm ③ 32mm ④ 40mm

베어링의 안지름
- 00 = 10mm
- 01 = 12mm
- 02 = 15mm
- 03 = 17mm
- 04 이후부터는 해당 숫자의 × 5 : 8×5=40mm

정/답 52 ② 53 ④ 54 ④

55 일반적인 핀의 호칭법에 대한 설명으로 틀린 것은?

① 분할 핀의 호칭 길이는 긴 쪽 길이로 표시한다.
② 테이퍼 핀의 호칭 지름은 작은 쪽의 지름으로 표시한다.
③ 평행 핀의 길이는 양 끝의 라운드 부분을 제외한 길이를 말한다.
④ 분할 핀의 호칭 지름은 핀이 끼워지는 구멍의 지름으로 표시한다.

- 분할 핀의 호칭 길이는 짧은 쪽 길이로 표시한다.

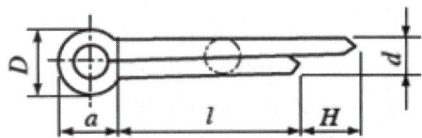

56 두 축의 중심선을 일치시키기 어렵거나, 전달토크의 변동으로 충격을 받거나, 고속회전으로 진동을 일으키는 경우에 충격파 진동을 완화시켜 주기 위하여 사용하는 커플링은?

① 머프 커플링　　　　　　② 클램프 커플링
③ 플렉시블 커플링　　　　 ④ 마찰 원통 커플링

- 머프 커플링(슬리브 커플링) : 주철제의 통 속에 양 축단을 끼워 넣어 키를 이용하여 고정하는 간단한 축이음
- 클램프 커플링 : 축 양단을 단단히 죄어 고정시키는데 사용하는 축이음
- 마찰 원통 커플링 : 두 개로 분리된 원통의 바깥을 원추형으로 만들고, 여기에 두 축을 끼우고, 그 바깥에 링을 끼워 고정하는 축이음

57 오프셋 링크에서 링크판과 부시를 일체화시킨 것으로, 오프셋 링크와 이음 핀으로 연결되어 있으며, 저속 중용량의 컨베이어, 엘리베이터용으로 사용되는 체인은?

① 롤러 체인　　② 부시 체인　　③ 핀틀 체인　　④ 블록 체인

- 롤러 체인 : 강판으로 만든 롤러 링크와 서로 핀으로 연결한 체인
- 부시 체인 : 롤러 체인에서 롤러를 없앤 형태의 체인으로서 저속용으로 사용하는 체인
- 블록 체인 : 병렬로 된 2장의 링크판 사이에 블록을 삽입하고 이들을 핀으로 연결하여 만든 체인

58 펌프를 사용할 때 발생하는 캐비테이션에 대한 대책으로 옳지 않은 것은?

① 흡입 양정을 길게 한다.　　　　② 양 흡입 펌프를 사용한다.
③ 펌프의 회전수를 낮게 한다.　　④ 펌프의 설치위치를 되도록 낮게 한다.

정/답　55 ①　56 ③　57 ③　58 ①

캐비테이션 방지대책
- 펌프의 설치 높이를 가능한 한 낮춘다.
- 흡입측의 손실을 가능한 한 작게 한다.
- 흡입 수위를 높인다.
- 펌프의 회전수를 낮춘다.
- 동일한 회전수와 토출량에서는 양흡입펌프가 유리하다.
- 실양정이 크게 변동하여 토출량이 과대하게 되는 경우에는 토출밸브를 조절한다.
- 흡입관의 스트레이너 등에 이물질이 있는 경우 이를 제거한다.

59 전동기 회전 중 진동현상을 보이고 있다. 다음 중 그 원인으로 틀린 것은?

① 냉각 불충분
② 베어링 손상
③ 커플러, 풀리의 느슨해짐
④ 로터와 스테이터의 접촉

냉각 불충분은 전동기의 과열과 연관이 있다.

60 밸브의 제작 및 사용상 주의해야 할 사항으로 틀린 것은?

① 산성 등 화학 약품을 취급하는 곳에서는 다이어프램 밸브를 사용한다.
② 글루브 밸브를 관에 부착할 때 밸브 박스 외측에 정확한 흐름 방향을 표시하도록 한다.
③ 체크 밸브는 밸브체의 움직임에 따라 역류방지까지 약간의 시간적 늦음이 발생할 수 있다.
④ 리프트 밸브의 시트와 밸브 박스 재질은 팽창 계수 차에 의해 밸브 시트가 이완되는 것을 방지하기 위해 다른 재질을 사용한다.

밸브 박스의 재질을 다르게 할 경우 팽창 계수 차에 의하여 이완이 적절히 이루어지지 않아 정확한 실링 혹은 유체의 전달이 안될 수 있으므로, 같은 재질을 사용한다.

제4과목 | 설비진단 및 관리

61 다음 중 진동하는 동안 마찰이나 다른 저항으로 에너지가 손실되지 않는 진동은?

① 실효값 진동
② 양진폭 진동
③ 편진폭 진동
④ 비감쇠 진동

감쇠란 파동이나 입자가 물질을 통과할 때 에너지 또는 입자의 수가 감소하는 현상으로서 에너지의 손실이 없다는 것은 비감쇠에 해당한다.

정/답 59 ① 60 ④ 61 ④

62 가속도 센서의 부착방법 중 사용할 수 있는 주파수 영역이 넓고 정확도가 우수하나, 가속도계 이동 및 고정시간이 길고 고정 시 구조물에 탭 작업을 하여 고정하는 방법은 다음 중 어느 것인가?

① 손고정　　　　② 왁스고정　　　　③ 나사고정　　　　④ 영구자석고정

- 손고정 : 꼭대기에 가속도계가 고정된 막대 탐촉자는 빠른 측정에는 편리하나, 손의 흔들림으로 인해서 전체적인 측정 오차가 생길 수 있다. 가속도계의 고정 및 이동이 쉽고, 사용 주파수 영역이 좁으며 정확도가 떨어져 측정 오차가 크다.
- 왁스고정(밀랍고정) : 밀랍을 발라서 센서를 고정하며, 고온이 되면 밀랍이 녹아 센서가 떨어지므로 사용 범위를 40℃ 이하로 제한한다.
- 영구자석고정(자석고정) : 영구자석은 측정 지점이 평탄한 자성체일 때 부착 방법이다.

63 진동 측정 파라미터를 선정할 때 일반적으로 속도를 많이 활용하는 이유로 다음 중 맞지 않는 것은?

① 진동에 의한 설비의 피로는 진동속도에 반비례한다.
② 인체의 감도는 일반적으로 속도에 비례한다.
③ 진동에 의해 발생하는 에너지는 진동 속도의 제곱에 비례한다.
④ 과거의 경험적 기준 값은 대부분 속도가 일정할 때의 기준이다.

속도는 진동에 의해 발생하는 운동에너지가 진동속도의 제곱에 비례하고, 설비 내부로 확산되어 가는 과정에서 마모를 발생시키기 때문에 진동속도는 설비가 어느 정도 마모하고, 손상되어 가는가를 나타내는 효과적인 양이다. 또한 재료의 피로면에서도 속도는 높게 평가된다.

64 다음 중 소음의 물리적 성질을 잘못 표현한 것은?

① 음선 : 음의 진행방향을 나타내는 선으로 파면에 수직
② 파면 : 파동의 높이가 같은 점들을 연결한 면
③ 음파 : 공기 등의 매질을 전파하는 소밀파(압력파)
④ 파동 : 음에너지의 전달이 매질의 변형운동으로 이루어지는 에너지 전달

파면 : 파동이 진행할 때 특정 시간에 같은 변위를 가지는 점들을 이어서 만든 선 혹은 면

정/답　62 ③　63 ①　64 ②

65 1자유도 진동시스템에서 비감쇠진동일 때 고유진동주파수에 대한 설명으로 맞는 것은? (단, 스프링상수 : k[N/mm], 질량 : m[kg]이다.)

① 고유진동주파수는 $\left(f = \frac{1}{2\pi}\sqrt{\frac{m}{k}}\right)$ 으로 나타낸다.
② 고유진동주파수와 강제진동주파수가 일치하면 시스템이 안정된다.
③ 고유진동주파수는 외부로부터 주기적인 힘이 가해짐으로써 발생하는 진동현상이다.
④ 고유진동주파수는 시스템의 스프링상수에 비례한다.

고유진동주파수
- 진동체에 물리량이 주어졌을 때 그 진동체가 갖는 특정한 값을 가진 진동수와 파장만의 진동이 허용될 때의 진동을 말한다.
- 고유진동주파수 $f = \frac{w_n}{2\pi} = \frac{1}{2\pi}\sqrt{\frac{k}{m}}$

66 다음 중 와전류형 변위센서를 사용하여 측정할 수 없는 것은?

① 회전수
② 축(shaft)의 팽창량
③ 가속도 진동
④ 축(shaft)의 중심 변화

- 변위센서 : 물체가 이동한 거리 또는 위치를 계측하는 센서
- 가속도센서 : 이동하는 물체의 가속도나 충격의 세기를 측정하는 센서

67 다른 진동체상의 고정된 기준점에 대하여 어느 진동체의 상대적인 이동을 의미하며, 순간적인 위치 및 시간 지연을 무엇이라 하는가?

① 진폭
② 위상
③ 주파수
④ 포락선

- 진폭 : 주기적인 진동이 있을 때 그 중심으로부터 최대로 움직인 거리 혹은 변위
- 주파수 : 주기 현상에 있어서 단위 시간 또는 길이 사이에 동일한 상태가 반복되는 횟수
- 포락선 : 규칙성을 가진 곡선 무리의 모두에 접하는 곡선

68 다음 중 소음과 관련한 용어와 기호의 연결이 잘못된 것은?

① 음의 세기레벨 - PWL
② 등가소음도 · Leq
③ 교통소음지수 - TNI
④ 감각소음레벨 - PNL

음의 세기레벨(sound intensity level) · SIL
- 등가소음도(Leq; Equivalent Noise Level), 교통소음지수(TNI; Traffic Noise Index), 감각소음레벨(PNL; Perceived Noise Level)

정/답 65 ④ 66 ③ 67 ② 68 ①

69 다음 중 진동 차단기의 종류가 아닌 것은?

① 강철 스프링　　② 심 플레이트　　③ 공기 스프링　　④ 합성고무 절연재

> **진동 차단기의 종류**
> • 강철 스프링, 천연고무 또는 합성고무 절연재, 패드, 공기스프링

70 마스킹 효과에 관한 설명으로 다음 중 맞지 않는 것은?

① 저음이 고음을 잘 마스킹한다.
② 마스킹 효과는 음파의 간섭에 의해 일어나는 현상이다.
③ 두 음의 주파수가 거의 같을 때는 맥동이 생겨 마스킹 효과가 감소한다.
④ 두 음의 주파수가 비슷할 때는 마스킹 효과가 대단히 작아진다.

> • 마스킹 효과 : 음원이 두 개의 경우, 소리의 크기가 서로 다른 소리를 동시에 들을 때 큰 소리만 들리고 작은 소리는 듣지 못하는 현상이다. 이 현상은 음의 간섭으로 인하여 발생되며, 마스킹의 특징은 다음과 같다.
> • 저음이 고음을 잘 마스킹한다.
> • 두 음의 주파수가 비슷할 때는 마스킹 효과가 매우 커진다.
> • 두 음의 주파수가 같을 경우 맥동이 생겨 마스킹 효과가 감소한다.

71 설비를 목적에 따라 분류할 때 다음 중 유틸리티 설비에 해당되는 것은 어느 것인가?

① 운반 장치　　② 서비스 숍　　③ 발전 설비　　④ 항만 설비

> 유틸리티 설비는 생산 설비를 작동되게 하기 위한 보조 설비로서, 생산 설비를 작동하기 위해서는 전기, 가스, 물 등의 공급이 필요하며, 이러한 것들을 공급해주는 설비를 의미한다.

72 일명 공정별 배치라고도 부르며, 제품의 종류가 많고 수량이 적으며, 주문생산과 표준화가 곤란한 다품종 소량생산에 적합한 설비배치 형태는 다음 중 어느 것인가?

① 기능별 배치　　　　　　② 제품별 배치
③ 혼합형 배치　　　　　　④ 제품고정형 배치

> • 제품별 배치 : 공정의 계열에 따라 각 공정에 필요한 기계가 배치되는 형식으로 생산량이 많고 표준화되고 작업의 균형이 유지되며, 재료의 흐름이 원활한 경우 잘 이용된다.
> • 혼합형 배치 : 기능별 배치, 제품별 배치 및 제품 고정형 배치와의 혼합형으로, 기능별과 제품형이 혼합된 경우가 많다.
> • 제품 고정형 배치 : 주재료와 부품이 고정된 장소에 있고, 사람, 기계, 도구 및 기타 재료가 이동하여 작업이 행하여진다.

정/답　69 ②　70 ④　71 ③　72 ①

73 발주 방식 중 재고관리에서 재고가 일정 수준에 이르면 일정 발주량을 발주하는 방식으로 맞는 것은?

① 정기 발주방식 ② 사용고 발주방식
③ 정량 발주방식 ④ 정수 발주방식

- 정기 발주방식 : 이 방식은 발주시기를 일정하게 하고, 소비의 실적 및 예상의 변화에 따라 발주 수량을 그때마다 바꾸는 것
- 정수 발주방식(사용고 발주방식) : 최고 재고량을 일정량으로 정해 놓고, 사용할 때마다 사용량만큼을 발주해서 언제든지 일정량을 유지하는 방식

74 만성로스에 관한 설명으로 다음 중 가장 적합하지 않은 것은?

① 만성로스는 잠재하므로 표면화하기 어려운 경향이 있다.
② 만성로스를 제로화하기 위해서는 관리도 분석기법의 활용이 가장 바람직하다.
③ 만성로스 개선을 위해서는 특징을 충분히 파악하는 것이 중요하다.
④ 만성로스는 원인과 결과의 관계가 불명확하고 복합적 원인인 경우가 많다.

만성로스의 제로화를 하기 위해서는 PM분석을 활용하는 것이 바람직하다.

75 다음 중 고장과 고장 사이의 평균시간을 나타내는 용어는?

① MTBM ② MTTF ③ MTTR ④ MTBF

- MTBF : 평균 고장시간 간격
- MTBM : 정비간 평균시간
- MTTF : 평균 고장시간
- MTTR : 평균 수리시간
- MTFF : 첫 고장까지의 평균시간

정/답 73 ③ 74 ② 75 ④

76 미끄럼 베어링에 그리스 윤활을 사용할 때 고려해야 할 사항으로 다음 중 틀린 것은?

① 중하중의 경우에는 극압제를 첨가한 그리스를 사용한다.
② 급유방법에는 급유하기 편리한 주도의 그리스를 선택한다.
③ 운전 온도에 적정한 점도의 윤활유를 기유로 하여 안정되는 증주제를 사용한 그리스를 선택한다.
④ 진동 하중을 받을 때에는 굳은 그리스를 사용하지 않는다.

미끄럼 베어링의 그리스 윤활 시 고려사항
- 온도 : 온도 상승이 마찰에만 의한 경우 베어링의 온도는 56도가 한도이다. 따라서 적정한 윤활유를 기유로 제조한 그리스를 선택해야 한다.
- 용도 : 일반적으로 2m/s 이하에 적합하다.
- 급유 방법 : 급유하기에 적합한 주도의 그리스를 선택한다.
- 하중 : 중하중의 경우에는 극압제, 그래파이트 등이 첨가된 그리스를 선택하고, 충격 또는 진동하중을 받을 때는 굳은 그리스를 사용한다.

77 윤활유 분석을 위한 시료 채취 시 주의사항으로 적합하지 않은 것은?

① 탱크 바닥에서 채취한다.
② 시료는 가동중인 설비에서 채취한다.
③ 채취 개소는 일정한 장소나 지점에서 채취한다.
④ 샘플링라인이나 밸브, 채취 기구는 샘플링 전에 충분히 플러싱을 한다.

윤활유 분석을 위한 시료 채취 시 주의사항
- 설비시스템의 한 지점에서 동일방법으로 채취한다.
- 윤활작용을 하고 돌아오는 귀환라인의 전 단계에서 채취한다.
- 정상운전조건에서 채취한다.
- 탱크의 경우 중간에서 채취한다.
- 파이프 직경이 크고, 유속이 느릴 때 파이프 바닥에서 시료를 채취하는 것은 피한다.
- 시료 채취 전 채취용 밸브를 청결하게 한다.
- 오일속의 입자수 대비 시료병 속에 근본적으로 존재하는 입자수는 10:1보다 크게 유지한다.
- 윤활유 추가 전에 시료를 채취한다.
- 가능한 한 시료채취 후 48시간 내에 분석한다.

정/답 76 ④ 77 ①

78 다음 중 액상윤활유로서 갖추어야 할 성질로 틀린 것은?

① 사용 상태에서 충분한 점도를 가질 것
② 한계 윤활상태에서 견디어 낼 수 있는 유성이 있을 것
③ 가능한 화학적으로 활성화되어 있으며, 청정 균질할 것
④ 산화나 열에 대한 안전성이 높을 것

> **윤활유가 갖추어야 할 성질**
> • 점도가 적당하고 유막이 강할 것
> • 온도에 따른 점도변화가 적고 유성이 클 것
> • 인화점이 높고 발열이나 화염에 인화되지 않을 것
> • 중성이며, 베어링이나 금속을 부식시키지 않을 것
> • 사용 중에 변질되지 않을 것
> • 불순물이 잘 혼합되지 않을 것
> • 발생 열을 흡수하여 열전도율이 좋을 것
> • 내열, 내압성일 것

79 그리스 기유에 대한 요구 성질 중 맞지 않는 것은?

① 오일 실 등에 영향이 없을 것
② 증발온도가 낮을 것
③ 증주제와 친화력이 좋을 것
④ 적당한 점도 특성을 가질 것

> 기유는 그리스에서 중주제와 함께 윤활 주체가 되는 것으로 증발온도가 낮으면, 낮은 온도에서도 쉽게 증발할 수 있기 때문에 증발온도는 높으면 높을수록 좋다.

80 기계의 운전 중 윤활고장 현상으로 나타나는 직접적인 증상이라 할 수 없는 것은?

① 마찰 부분의 손상
② 동력비 감소
③ 소음이나 진동의 발생
④ 온도의 상승

> 동력비 감소는 윤활이 제대로 이루어지지 않았을 때 기계부품간의 마찰로 인한 동력비가 감소하는 것을 말하는 것으로 간접적인 증상으로 본다.

정/답 78 ③ 79 ② 80 ②

CBT 실전모의고사

PLANT MAINTENANCE ENGINEER

제1과목 | 공유압 및 자동제어

01 다음은 압력에 관한 설명이다. 적절한 설명에 해당하지 않는 것은?

① 절대압력=계기압력+표준대기압
② 대기압보다 높으면 정압, 낮으면 부압이라 한다.
③ 진공도는 항상 절대압력으로 나타낸다.
④ 절대진공도=표준대기압+진공계압력

- 게이지상의 진공도는 대기압을 0으로 놓고 완전진공을 760mmHg로 표시하는 것
- 절대 진공도는 760mmHg에서 게이상의 진공도를 뺀 값을 나타낸다.

02 다음 중 방향제어 밸브의 조작 방식 기호 중 기계적 방식이 아닌 것은?

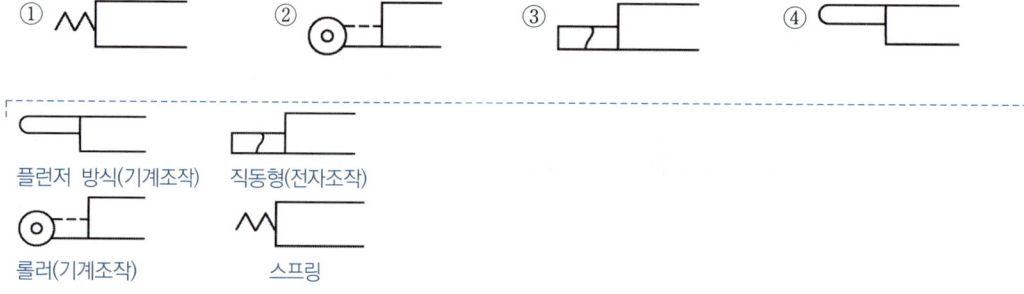

정/답 01 ④ 02 ③

03 다음 중 유압 작동유의 점도가 너무 높을 경우에 대한 설명으로 적절하지 않은 것은?

① 동력 손실의 증대
② 기계 마찰 부분의 마모 증대
③ 내부 마찰의 증대와 온도 상승
④ 작동유의 비활성

유압 작동유의 점도가 높을 경우
- 유동 저항이 증가하여 압력손실이 커진다.
- 동력손실이 증가한다.
- 마찰이 증가한다.
- 캐비테이션이 발생한다.
- 유압 작동유의 점도가 낮을 경우
- 누설 가능성이 커진다.
- 용적효율이 떨어진다.
- 압력을 유지하기 힘들다.
- 윤활유로서의 역할이 힘들어진다.

04 리드 스위치의 일반적인 특성으로 적당하지 않은 것은?

① 회로 구성이 복잡하다.
② 소형, 경량이다.
③ 반복 정밀도가 높다.
④ 스위칭 시간이 짧다.

리드 스위치란 두 개의 끝단에 강한 자성체의 성격을 가진 금속 리드 소자를 아주 미세한 간격으로 겹치게 한 후, 유리관에 넣고 밀봉한 형태로서 구성이 간단하다.

05 다음 중 일반적인 단동실린더의 속도제어에 적합한 방법으로 맞는 것은?

① 블리드 오프 제어
② 미터 아웃 제어
③ 미터 인 제어
④ 재생 제어

단동실린더는 실린더 내부 스프링에 의해 후진하고, 전진 시에만 유체의 압력을 공급하여 전진하는 실린더이다. 여기서 미터 인 제어의 경우 실린더로 공급되는 유체의 양을 조절하는 방식이며, 미터 아웃 제어의 경우 실린더에서 배출되는 유체의 양을 조절하는 방식이므로 전진 시에는 미터 인 방식으로 속도제어가 되지만, 미터 아웃 방식을 사용할 때는 스프링 때문에 정확한 속도제어가 불가능하다.

정/답   03 ②   04 ①   05 ③

06 일반적인 공압 발생장치를 구성하는 기기의 배치순서로 다음 중 맞는 것은?

① 공기 압축기 → 공압 조정 유닛 → 에어드라이어 → 저장탱크 → 후부 냉각기 → 배관
② 공기 압축기 → 냉각기 → 저장탱크 → 에어드라이어 → 공압 조정 유닛
③ 공기 압축기 → 저장탱크 → 에어드라이어 → 후부 냉각기 → 배관 및 공압 조정 유닛
④ 공기 압축기 → 에어드라이어 → 저장탱크 → 후부 냉각기 → 배관 및 공압 조정 유닛

- 공기 압축기 : 외부의 공기를 흡입하여 압축기에 의해 공압을 발생시키는 장치
- 냉각기 : 생성된 공압은 높은 열을 가지고 있으므로 냉각기를 통해 온도를 낮추어 시스템에 공급해야 열화가 발생하지 않는다.
- 저장탱크 : 생성된 공압을 저장하는 장치
- 에어드라이어 : 생성된 공압에 있는 수분을 제거하는 장치로 수분이 함유된 공압이 밸브나 실린더로 전달될 경우 녹과 같은 열화가 발생한다.
- 공압 조정 유닛 : 보통 서비스 유닛이라 부르며, 시스템으로 공급되기 전 필터, 압력조절밸브, 윤활기를 통해 사용자가 원하는 압력으로 시스템에 공급하도록 해주는 장치

07 공유압의 동력은 다음의 무엇을 나타내는가?

① 에너지   ② 일량   ③ 거리   ④ 일률

- 일률 : 단위 시간 동안에 이루어지는 일의 양

08 다음 중 유압모터의 관성력으로 인한 펌프작용을 방지하기 위해 필요한 보상회로의 명칭은?

① 일정 토크 구동 회로   ② 유압모터 직렬 회로
③ 브레이크 회로   ④ 유압모터 병렬 회로

- 브레이크 회로 : 시동 시의 서지압력 방지나, 정지시키고자 할 경우에 유압적으로 제동을 부여하는 회로로서 카운터밸런스 밸브 혹은 압력릴리프 밸브가 사용된다.
- 유압모터 병렬 회로 : 병렬배치 미터 인 회로와 병렬배치 미터 아웃 회로가 있다. 미터 인 회로는 유압모터를 독립적으로 구동, 정지, 속도제어가 되는 이점이 있다. 미터 아웃 회로는 각 유압모터의 속도를 제어하고, 유압모터의 부하변동에 따라, 다른 유압모터의 회전속도에 영향을 주기 쉽다.
- 유압모터 직렬 회로 : 유압모터를 직렬로 배치하면 펌프의 용량을 작게 할 수 있고, 또 유량분배장치도 생략 가능하다. 회로의 일부 관지름은 병렬배치의 경우보다 작아지고, 압력관과 귀환관은 각 한 개의 관으로 충분하다.
- 일정 토크 구동 회로 : 유압모터축의 최대토크를 전속도 범위에 걸쳐 일정히 할 수 있으므로 인쇄기계, 제지기계, 고무나 직물기계 등의 구동에 적합하다.

정/답   06 ②   07 ④   08 ③

09 방향제어 밸브의 구조 중 스플 방식의 밸브에 대한 설명으로 다음 중 맞지 않는 것은?

① 밸브 습동 부분에서의 내부 누설이 없고 조작이 확실하다.
② 다양한 조작방식을 쉽게 적용할 수 있다.
③ 다양한 유압 흐름의 형식을 쉽게 설계할 수 있다.
④ 전환밸브에서 가장 널리 사용되는 형식이다.

포펫밸브의 특징	스풀밸브의 특징
• 디지털 제어에 적합 • 밀봉성이 우수 • 작동유의 오염에 강함 • 큰 조작력이 필요 • 시트 표면 마모가 쉽게 일어남 • 압력제어 밸브로 많이 사용됨	• 포트부의 개구면적을 연속적으로 변화 가능함 • 높은 가공 정밀도 요구됨 • 작동유 오염에 취약 • 스풀과 슬리브 사이의 틈새에 누설 가능함 • 방향제어 밸브로 주로 사용됨

10 SI 단위계에서 압력을 표시하는 단위는?

① 뉴턴(N)　　② 파스칼(Pa)　　③ 와트(W)　　④ 바(bar)

- 바(bar) : 압력의 단위이지만 SI 단위에는 해당하지 않고 피트-파운드 단위계이다.
- 뉴턴(N) : 힘의 단위
- 와트(W) : 일률, 전력의 단위

11 회전수 계측 센서 중 광학식 엔코더의 특징이 아닌 것은?

① 처리회로가 간단하다.　　② 진동 및 충격에 약하다.
③ 고분해능화가 용이하다.　　④ 디지털 신호이므로 노이즈 마진이 작다.

- 광학식 엔코더 : 광학식 로터리 엔코더는 엔코더 중에서도 가장 널리 쓰이는 형태로, 패턴이 지정된 엔코더 휠 또는 디스크를 통해 빛이 통과될 때 센서를 이용하여 위치 변화를 식별하는 방식의 엔코더이다.
- 광학식 엔코더 특징
  - 먼지, 액체, 온도 등 여러 외부 요인에 의한 영향을 받는다.
  - 다양한 액체에 직접 노출되며, 주변 온도의 변화에 큰 영향을 받는다.
  - 실링이 제대로 이루어지지 않을 경우 모래, 염분, 먼지 등에 취약하다.
  - 고분해능 및 고정밀 측정이 가능하다.
  - 고정밀 로봇 및 공작기계에 사용된다.
  - 강한 자기장의 영향을 받는 환경에서 사용하기에 적합하다.
  - 디지털 신호이므로 노이즈 마진이 크다.
- 노이즈 마진
  - 디지털 신호가 여러 스테이지의 논리회로 소자를 거치면서 목적지로 가는 동안 이 신호에 노이즈가 들어와도 원래의 값을 유지하여 목적지까지 도착할 수 있는지에 대한 의미

정/답　09 ①　10 ②　11 ④

12 폐회로 제어계에서 설정값과 피드백 변수의 비교 연산 결과 발생하는 값은?

① 외란   ② 기준값   ③ 목표값   ④ 제어편차

- 외란 : 제어 대상이 되는 온도, 압력, 수위 등에 대해 직접적으로 변화를 초래하는 원인
- 기준값 : 제어계를 동작시키는 기준으로서 직접 폐루프에 가해지는 값이며, 목표치와 비례
- 목표값 : 외부에서 주어지며 피드백 제어계에 속하지 않는 신호로 설정값이라고도 한다.

13 다음 제어 방식 중 의미가 다른 하나는?

① 귀환제어   ② 개루프제어   ③ 폐루프제어   ④ 피드백제어

- 귀환제어 : 제어계의 출력 신호의 일부를 입력부로 되돌리는 회로, 입출력 신호 사이의 관계를 유지하는데 사용하는 제어
- 개루프제어 : 시스템 내의 하나 또는 여러 개의 입력 변수가 약속된 법칙에 의하여 출력 변수에 영향을 미치는 제어
- 폐루프제어 : 제어하고자 하는 하나의 변수가 계속 측정되어서 다른 변수, 즉 지령치와 비교되면 그 결과가 첫 번째의 변수를 지령치에 맞추도록 수정을 가하는 제어
- 피드백제어 : 피드백에 의하여 제어량과 목표값을 비교하고 그들이 일치되도록 정정 동작을 하는 제어

14 3상 유도 전동기가 원래의 속도보다 저속으로 회전할 경우 원인으로 적절하지 않은 것은?

① 과부하   ② 퓨즈 단락   ③ 베어링 불량   ④ 축받이의 불량

- 퓨즈 단락은 전동기의 과열원인에 속한다.

15 질량 M인 물체에 힘 f를 가하여 거리 x만큼 이동한 물리계의 전달함수는? (단, 초기조건은 0이다.)

① Ms ② $1/Ms$ ③ Ms^2 ④ $1/Ms^2$

- 2차 지연요소 : 전달함수 특성방정식의 최고 차수가 2인 시스템

$$f = Ma, \quad a = \frac{f(t)}{M} = \frac{d^2x(t)}{dt^2}$$

$$\frac{F(s)}{M} = s^2 X(s), \quad G(s) = \frac{X(s)}{F(s)} = \frac{1}{Ms^2}$$

초기조건이 0이므로, 이 전달함수는 시스템의 동적인 반응을 나타낸다.

정/답   12 ④   13 ②   14 ②   15 ④

16 되먹임 제어계에 해당되지 않는 것은?

① 공정제어　　② 수동조정　　③ 서보기구　　④ 자동조정

- 공정제어, 서보기구, 자동조정 등은 되먹임 제어계(Feedback Control Systems)에 해당한다. 자동 조정이 어려운 경우 수동조정을 하게 되는데, 수동조정은 제어 시스템에서 매개변수를 수동으로 조정하여 시스템의 성능을 최적화하는 과정이라 할 수 있다. 이러한 수동조정도 자동조정 대신에 이루어지는 것이라면 되먹임 제어계라 할 수 있는 부분도 있다.
- 공정제어는 시스템의 출력이 원하는 결과를 얻기 위해 입력을 조정하는 방식으로 작동한다. 이는 되먹임 루프를 통해 시스템의 현재 상태를 지속적으로 모니터링하고, 필요한 경우 조정을 통해 목표 상태를 유지하는 것을 포함한 제어 형태이다.
- 서보기구는 시스템의 출력이 원하는 결과를 얻기 위해 입력 신호에 따라 조정되는 되먹임 제어 시스템의 한 예이다. 속도 및 위치 제어에 있어 유용한 시스템이다.
- 자동조정은 시스템이 원하는 성능을 유지하도록 도와주는 방법 중 하나로, 시스템의 출력을 측정하고 입력을 조정하여 목표값에 도달하도록 하는 제어이다.

17 제어계에서 가장 많이 이용되는 전자요소는?

① 변복조기　　② 가감산기　　③ 증폭기　　④ 주파수 변환기

- 제어계에서 사용되는 증폭기는 신호의 크기를 증가시켜 센서에서 오는 약한 신호를 처리하거나, 구동기를 제어하는 데 사용된다.

18 다음과 같은 블록선도의 등가 합성 전달 함수는?

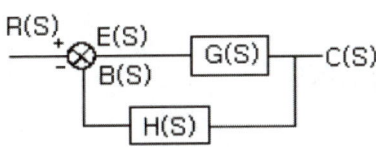

① G(s) / 1-G(s)H(s)　　　② H(s) / 1-G(s)H(s)
③ G(s) / 1+G(s)H(s)　　　④ H(s) / 1+G(s)H(s)

$C(s) = E(s) \cdot G(s), \quad B(s) = E(s) \cdot G(s) \cdot H(s)$
$E(s) = R(s) - B(s) = R(s) - E(s) \cdot G(s) \cdot H(s)$
$E(s) \cdot [1 + G(s) \cdot H(s)] = R(s)$
$C(s) = \dfrac{R(s)}{1 + G(s) \cdot H(s)} \cdot G(s)$
$\dfrac{C(s)}{R(s)} = \dfrac{G(s)}{1 + G(s) \cdot H(s)}$

정/답　16 ②　17 ③　18 ③

19 라플라스 변환의 특징이 아닌 것은?

① 주파수 영역에 대한 해석을 쉽게 한다.　② 미분방정식을 선형 방정식화 한다.
③ 위상(Phase)과 밀접한 관계가 있다.　④ 초기값을 무시할 수 있다.

라플라스 변환의 특징
- 시간 영역의 함수를 복소수 주파수 영역의 함수로 변환하는 수학적 기법이다.
- 라플라스 변환은 선형 연산자이다.
- 미분과 적분 연산을 간단한 곱셈과 나눗셈으로 변환할 수 있다.
- 시스템의 초기 및 최종 상태를 쉽게 구할 수 있다.
- 각 함수에 대해 유일한 라플라스 변환이 존재한다.
- 모든 복소수에서 수렴하진 않는다.
- 라플라스 변환의 식이 같아도 수렴하는 복소수가 달라진다.
- 서로 다른 신호에서 같은 식의 라플라스 변환이 만들어질 수 있다.

20 순차 제어와 되먹임 제어의 차이점은?

① 조절부　② 조작부　③ 출력부　④ 비교부

순차 제어는 정해진 순서대로 작업을 수행하는 반면, 되먹임 제어는 실시간으로 공정을 조정하여 목표를 달성해 가는 제어이다. 즉, 되먹임 제어는 시스템의 출력과 기준 입력을 비교하고, 그 차이(오차)를 감소시켜 가며 목표를 달성하는 피드백 제어이다.

제2과목 | 용접 및 안전관리

21 간이 자동화 용접법인 중력식 용접법(gravity welding)에 주로 사용되는 피복아크 용접봉의 종류로 다음 중 가장 적절한 것은?

① 고셀룰로스계 용접봉　② 저수소계 용접봉
③ 일나이트계 용접봉　④ 철분산화철계 용접봉

- 고셀룰로스계 용접봉 : 엷은 판의 용접에 적당
- 저수소계 용접봉 : 두꺼운 금속 부분에 사용, 우수한 침투력을 갖고 있다.
- 일미나이트계 용접봉 : 용접봉은 깨끗하고 견고한 용접이 가능

정/답　19 ④　20 ④　21 ④

22 다음 용접법과 전원특성과의 관계가 잘못 연결된 것은?

① TIG 용접-수하특성
② MIG 용접-정전압특성
③ 피복 아크 용접-수하특성
④ CO_2 용접-정전류특성

- 정전압특성 : 부하 전류가 변하여도 단자 전압은 거의 변하지 않는 특성 - MIG 용접과 CO_2 용접
- 상승특성 : 부하 전류가 증가하면 단자 전압도 다소 높아지는 특성
- 정전류특성(수하특성) : 아크길이와 전압이 변하여도 전류는 거의 변하지 않고 아크가 지속되는 특성

23 일반적으로 산소-아세틸렌가스 용접 시 사용하는 연강판을 용접할 때 가장 적절한 불꽃은 어느 것인가?

① 산화불꽃
② 탄화불꽃
③ 중성불꽃
염화불꽃

- 산소-아세틸렌가스 용접불꽃 : 중성, 산화, 탄화불꽃이 있다.
- 중성불꽃 : 산소와 아세틸렌의 혼합비가 반반, 불꽃은 백색, 불꽃 온도는 약 3,250℃, 주철, 연강, 청동, 알루미늄, 아연 등 거의 모든 금속용접에 사용 가능

24 용접 중 용착금속의 용입 부족 현상 방지대책으로 다음 중 올바른 것은?

① 개선 각도를 크게 한다.
② 아크길이를 길게 한다.
③ 루트 간격을 좁힌다.
④ 용접속도를 빨리 한다.

- 용입 부족 : 용접부의 이음부 전체가 용접되지 않고, 불충분하게 용접되어 나타나는 현상
- 용입 부족 현상 방지대책
- 루트 간격, 개선 각도 등을 조절한다. 개선이란 홈(grove)을 파 놓은 것을 의미하는 것으로, 적정한 크기를 유지할 필요가 있다.
- 적절한 직경의 용접봉을 사용한다.
- 용입이 좋은 용접봉을 선정한다.
- 용접 전류를 조금 높게 한다.
- 용접 속도를 약간 느리게 한다.

25 다음 중 가스절단에 관한 설명으로 적절하지 않은 것은?

① 아세틸렌 가스의 순도에 영향이 적다.
② 산소의 순도(99%)가 높으면 절단속도가 느리다.
③ 팁의 종류에는 동심형과 이심형이 있다.
④ 모재의 온도가 높을수록 고속절단이 가능하다.

- 산소의 순도가 높을수록 가스 절단 속도가 빨라진다. 최대의 효율을 위해서는 산소 순도를 일반적으로 99.5% 이상 유지할 필요가 있다.

정/답 22 ④   23 ③   24 ①   25 ②

26 서브머지드 아크 용접의 특징으로 다음 중 맞는 것은?

① 용착속도가 느리다.
② 용입이 얕다.
③ 적용재료의 제약을 받는다.
④ 비드 외관이 거칠다.

서브머지드 아크 용접의 특징
- 자동용접의 일종이므로 용접속도가 빠르다.
- 열에너지의 손실이 적고 용입이 매우 깊다.
- 용접 홈의 크기가 작아 모재의 소비가 적다.
- 용접 변형이나 잔류응력이 적다.
- 후판, 박판의 용접이 가능하다.
- 일정한 조건하에서 용접이 이루어지므로 용접이음의 신뢰도가 높다.

---

27 아크 용접기의 감전 방지를 위해 다음 중 가장 적합한 것을 고르시오.

① 전격 방지장치
② 2차 권선장치
③ 리밋 스위치
④ 헬멧

- 전격 방지장치 : 전격 방지장치는 용접 작업을 하지 않을 때 용접기의 출력 케이블에 접속된 용접봉 홀더의 전압을 30V 이하의 안전 전압으로 하여 감전 재해를 방지하기 위해 사용하는 장치이다.
- 2차 권선장치 : 전기적 분리를 제공하는 절연 변압기
- 리밋 스위치 : 감지 범위 내에 물체가 있는지 여부를 감지하는 데 사용되는 센서유형으로, 물체의 위치를 정확하게 표시하도록 설계된 기계 장치이다.

---

28 팁 끝이 모재에 닿아 순간적으로 끝이 막히거나 팁의 과열, 사용 가스의 압력이 부적당할 때, 팁 속에서 폭발음이 나며 불꽃이 꺼졌다가 다시 나타나는 현상으로 다음 중 맞는 것은?

① 점화(Ignite)
② 인화(Flash Back)
③ 역화(Back Flow)
④ 역류(Contra Flow)

- 인화(Flash Back) : 팁 끝이 순간적으로 막히면 가스의 분출이 나빠지고, 토치의 가스 혼합실까지 불꽃이 그대로 도달되어 토치가 빨갛게 달구어지는 현상
- 토치의 아세틸렌 밸브를 차단시킨다.
- 산소 밸브를 차단시킨다.
- 역류(Contra Flow) : 산소와 아세틸렌가스가 같은 출구로 배출되기 때문에 팁 끝이 막히는 등의 문제 발생 시 고압의 산소가 밖으로 나오지 못하기 때문에 고압의 산소가 저압의 아세틸렌가스 라인으로 밀려 들어가는 현상

정/답 26 ③ 27 ① 28 ③

29 다음 중 피복아크 용접에서 아크 쏠림의 방지책이 아닌 것은?

① 용접봉 끝을 아크 쏠림 반대 방향으로 기울인다.
② 아크 길이를 짧게 한다.
③ 접지점 2개를 연결한다.
④ 정극성을 역극성으로 한다.

> **아크 쏠림 방지책**
> • 직류 용접기 대신 교류 용접기를 사용
> • 아크 길이를 짧게, 접지를 용접부와 원거리로 유지
> • 접지점을 용접부와 원거리로 유지
> • 긴 용접선에는 후퇴법을 적용
> • 용접부의 시점과 끝단에는 엔드 탭을 설치
> • 용접봉 끝을 아크 쏠림 반대 방향으로 기울인다.

30 용접기의 무부하 전압을 20~30V 이하로 유지하여 용접사를 감전으로부터 보호하는 장치로 다음 중 맞는 것은?

① 전격 방지장치　　　　② 핫 스타트장치
③ 고주파 발생장치　　　④ 원격 제어장치

> • 전격 방지장치 : 용접 작업을 하지 않을 때 용접기의 출력 케이블에 접속된 용접봉 홀더의 전압을 30V 이하의 안전 전압으로 유지하도록 하여 감전 재해를 방지하기 위한 장치이다.
> • 핫 스타트장치 : 아크의 초기 안정을 도모하는 장치

31 용접부 검사에서 교류의 자장에 의한 금속 내부에 와류작용을 이용하는 비파괴검사법으로 다음 중 맞는 것은?

① 방사선 검사　　　　② 초음파 검사
③ 맴돌이 전류 검사　　④ 자분 검사

> **맴돌이 전류 검사**
> • 전자기 유도를 사용하는 방법으로 교류가 흐르는 코일을 전도체에 가까이할 때 발생하는 와전류를 이용하여 재료 내부의 결함을 검사한다.
> • 전도성 재료의 표면 및 하부 결함을 감지할 수 있다.

정/답　29 ④　30 ①　31 ③

32 다음의 용접부 비파괴 시험 기호 중 와류탐상시험의 기호로 맞는 것은?

① RT　　　② PT　　　③ ET　　　④ UT

- RT(Radiographic Testing) : 방사선 탐상 시험
- PT(Penetrant Testing) : 침투 탐상 시험
- ET(Eddy Current Testing) : 와류 탐상 시험
- UT(Ultrasonic Testing) : 초음파 탐상 시험

33 다음 중 용접부의 결함 검사에 사용되는 비파괴시험법이 아닌 것은?

① 자기 탐상법　　　② 현미경 조직 시험
③ 방사선 투과 시험　　　④ 형광 침투 시험

- 자기 탐상법 : 물체를 자화시켰을 때 결함 부위에 자장이 형성되어, 자분가루를 부렸을 때 결함 부위에 자분이 밀집되게 하고 그 결함의 크기를 알 수 있는 방법
- 방사선 투과 시험 : X선이나 감마선을 사용하여 객체의 내부 구조를 검사. 이 방법은 결함이나 불연속성을 찾는 데 사용된다.
- 형광 침투 시험 : 육안 검사로 발견할 수 없는 작은 균열이나 결함 등을 발견할 수 있는 방법으로 형광체를 포함하는 침투액을 사용한다.
- 현미경 조직 시험 : 금속 내부의 조직을 관찰하는 시험법이다.

34 다음 중 가스용접의 안전수칙으로서 바르지 않은 것은?

① 호스는 호스밴드로 확실하게 연결되어 있는지 확인하고 호스걸이가 있을 때에는 걸어 둔다.
② 아세틸렌 가스 도관과 연결부에는 구리를 사용한다.
③ 아세틸렌 가스는 통풍이 잘되는 곳에 설치한다.
④ 자연환기가 불충분한 곳에서는 환기장치를 설치한 후 용접한다.

가스용접 시 안전수칙
- 보안경 등 보호구 착용할 것
- 토치 내에서 소리가 날 때나 과열 시 역화에 주의할 것
- 용접 전 소화기와 소화수 위치 확인할 것
- 안전기와 산소 조정기 상태 점검할 것
- 가스용기는 열원에서 떨어진 곳에 세워 보관할 것
- 가스호스는 꼬이지 않도록 주의할 것
- 아세틸렌(C_2H_2) 가스는 구리, 은, 수은과 접촉하면 폭발성 화합물을 만들고 매우 불안전한 기체로 공기 중에서 폭발 위험성이 크다.

정/답　32 ③　33 ②　34 ②

35 다음 중 전격 방지대책으로 바르지 못한 것은?

① 땀, 물 등에 의해 습기찬 작업복, 장갑, 구두 등을 착용하고 작업하지 않는다.
② 용접기 내부에 함부로 손을 대지 않는다.
③ 홀더나 용접봉은 맨손으로 취급하지 않는다.
④ 용접 작업을 끝냈을 때나 장시간 중지할 때는 스위치를 차단시킬 필요가 없다.

> **전격 방지 대책**
> - 고압 고무장갑을 반드시 착용할 것
> - 타충전부와 접촉을 방지할 것
> - 로프 및 절연 손잡이 취급에 주의하고 손상을 방지할 것
> - 용접용 보호구를 착용하고 용접봉에 접촉되지 않도록 유의할 것
> - 검정품인 자동전격방지장치를 부착하여 사용할 것
> - 절연 용접봉 홀더를 사용할 것

36 다음은 용접작업의 안전사항에 관한 설명이다. 그 사항 중 적절하지 못한 것은?

① 산소병 밸브 및 도관, 취구부는 기름 묻은 천으로 닦는다.
② 용접작업은 가연성 물질이 없는 안전한 장소를 선택한다.
③ 유류탱크는 증기 열탕물로 완전히 세척한 후 통풍구멍을 개방하고 작업한다.
④ 작업 중에는 소화기를 준비하여 만일의 사고에 대비한다.

> 산소병 밸브, 압력 조정기, 도관, 연결부위 등은 기름 묻은 천으로 닦아서는 안 된다.

37 다음은 재해 형태에 관한 설명이다. 잘못 설명된 것은?

① 협착 : 기계설비 또는 물건에 끼워지거나 말려든 상태
② 전도 : 사람이 건축물 등에서 떨어지는 것
③ 낙하 : 위에서 떨어지는 물건 등으로 사람이 맞은 경우
④ 감전 : 전기 접촉이나 방전에 의해 사람이 충격을 받은 경우

> - 전도 : 사람이 과속, 미끄러짐 등으로 평면상으로 넘어졌을 때
> - 추락 : 사람이 건축물 등에서 떨어지는 것

정/답 35 ④ 36 ① 37 ②

38 다음 중 안전모나 안전대의 용도로 가장 적당한 것은?

① 전도 방지용
② 작업 능률 가속용
③ 추락 재해 방지용
④ 작업자 용품의 일종

- 안전모 : 물체의 낙하 또는 추락 등의 위험 방지
- 안전대 : 로프, 고리, 차단막 등의 추락에 의한 위험 방지 기구

39 동력으로 운전하는 기계는 안전을 위하여 다음 중 어떤 장치가 필요할 수 있는가?

① 서행 장치
② 감시 장치
③ 동력 차단 장치
④ 안전 이탈 장치

동력으로 운전하는 설비의 경우 동력 차단 장치를 설치하여 스위치, 클러치 등을 두고 안전에 대비해야 한다.

40 누전차단기의 사용 목적으로 다음 중 적당하지 않은 것은?

① 전기 설비 및 전기기기의 보호
② 단선 방지
③ 감전으로부터 보호
④ 누전으로 인한 화재 예방

누전차단기 : 전기 회로에 과전류가 흐를 때 이로 인한 사고 예방을 위해 전류 흐름을 차단하는 것

제3과목 | 기계설비일반

41 기하공차를 나타내는데 있어서 대상면의 표면은 0.1mm만큼 떨어진 두 개의 평행한 평면 사이에 있어야 한다는 것을 나타낸 것은?

① ⊥ 0.1 A
② ⌀ 0.1
③ ▱ 0.1
④ — 0.1

- — : 진직도
- ⊥ : 직각도
- ▱ : 평면도
- ⌀ : 원통도

정/답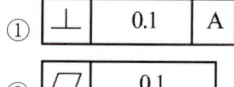

42 기계제도의 투상법의 설명으로 맞는 것은?

① 동일한 부품을 각각 제1각법과 제3각법으로 도면을 작성할 경우 배면도의 투상도는 다르다.
② 제3각법은 평면도가 정면도 위에 우측면도는 정면도 오른쪽에 있다.
③ 제1각법은 물체와 눈 사이에 투상면이 있는 것이다.
④ KS규격은 제3각법만을 사용한다.

정투상법에는 제1각법과 제3각법이 있다. 제1각법은 물체를 보는 위치에서 물체 뒷면의 투상면에 비춰 투상하는 방법이고, 제3각법은 물체를 보는 위치에서 물체 앞면의 투상면에 반사되도록 하여 투상하는 방법이다.

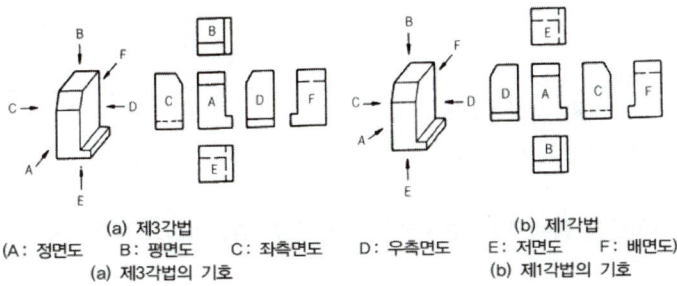

(A: 정면도 B: 평면도 C: 좌측면도 D: 우측면도 E: 저면도 F: 배면도)
(a) 제3각법의 기호   (b) 제1각법의 기호

43 그림과 같은 정면도와 우측면도에 가장 적합한 평면도는?

① 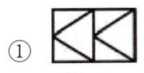 ②

③ 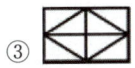 ④

 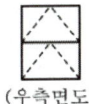
(정면도)   (우측면도)

평면도와 입체도는 다음과 같다.
• 정면도와 우측면도로부터 평면도는 3각형의 꼭지점이 왼쪽에 위치해야 한다.
• 우측면도로부터 평면도는 실선으로 표기되어야 함을 할 수 있다.

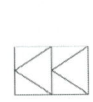 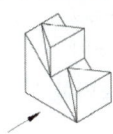

정/답 42 ② 43 ①

44 다음 중 표면 경화 열처리 방법이 아닌 것은?

① 침탄법　　② 질화법　　③ 오스템퍼링　　④ 고주파 경화법

표면경화법의 종류
- 침탄법, 질화법, 고주파법, 화염법, 숏피닝

45 파괴시험을 정적시험과 동적시험으로 나눌 때 동적시험에 해당하는 것은?

① 경도시험　　② 인장시험　　③ 피로시험　　④ 크리프시험

경도시험, 인장시험, 크리프시험은 시험 시 하중의 변화가 없는 정적시험이다.

46 담금질한 강재의 잔류 오스테나이트를 마텐자이트화시키는 작업으로 0℃ 이하의 온도에서 냉각시키는 조작은?

① 질량효과　　② 심랭처리　　③ 항온열처리　　④ 고주파경화

- 질량효과 : 질량 및 단면치수의 약간의 변화로 담금질경화층 깊이가 크게 변화하는 것
- 항온열처리 : 변태점 이상으로 가열한 재료를 연속적으로 냉각하지 않고, 어느 일정한 온도의 염욕 중에 냉각하여 그 온도에서 일정한 시간 동안 유지시킨 뒤 냉각시켜 담금질과 뜨임을 동시에 하는 방법
- 고주파경화 : 고주파 유도전류로 강재의 표피를 급열하고, 이어서 급랭 경화시키는 방법

47 일반적인 줄 작업의 주의사항으로 틀린 것은?

① 왼손은 줄의 균형을 유지하기 위해 손목을 수평으로 하고 손바닥으로 줄 끝을 가볍게 누르거나 손가락으로 감싸준다.
② 오른손 팔꿈치를 옆구리에 밀착시키고 팔꿈치가 줄과 수평이 되게 한다.
③ 눈은 항상 가공물을 보며 작업하고 줄을 당길 때는 가공물에 압력을 주지 않는다.
④ 보통 줄의 사용 순서는 중목 → 황목 → 세목 → 유목의 순으로 작업한다.

줄의 작업 순서 : 황목 → 중목 → 세목 → 유목

48 다음 중 밀링머신으로 절삭하기 곤란한 것은?

① 총형 절삭　　② 곡면 절삭　　③ 널링 절삭　　④ 키 홈 절삭

널링 가공은 선반에서만 가능하다.

정/답　44 ③　45 ③　46 ②　47 ④　48 ③

49 다음 선반에서 사용하는 척 중 4개의 조가 각각 단독으로 이동하여 불규칙한 공작물의 고정에 적합한 것은 어느 것인가?

① 단동척   ② 연동척   ③ 콜릿척   ④ 벨척

- 연동척 : 1곳의 핸들 구멍을 회전시키는데 따라 동시에 3개의 조를 같은 양 만큼 이동시킬 수 있는 척
- 콜릿척 : 나사 등을 이용하여 바깥쪽에서 균일한 힘으로 제품을 고정하는 척
- 벨척 : 4, 6, 8개 등 여러 개의 볼트를 방사상으로 고정하는 척

50 다음 중 일반적인 직접측정의 특징과 거리가 가장 먼 것은?

① 기준 치수인 표준게이지가 필요하다.
② 측정 범위가 다른 측정 방법보다 넓다.
③ 측정물의 실제치수를 직접 잴 수 있다.
④ 양이 적고 종류가 많은 제품을 측정하기에 적합하다.

- 직접측정 : 측정기를 직접 제품에 접촉시켜 실제 길이를 알아내는 방법
- 비교측정 : 표준 치수의 게이지와 비교하여 측정기의 바늘이 지시하는 눈금에 의하여 그 차이를 읽어내는 측정기이다.

51 측정하려고 하는 양의 변화에 대응하는 측정기구의 지침의 움직임이 많고 적음을 가리키며, 일반적으로 측정기의 최소 눈금으로 표시하는 것은?

① 감도   ② 정밀도   ③ 정확도   ④ 우연오차

- 정밀도 : 동일한 조건에서 여러 번 반복 측정을 하는 경우 그 측정값이 서로 얼마나 가깝게 나오는지에 대한 척도
- 정확도 : 측정값이나 근삿값이 참값에 얼마나 가까운가를 나타내는 개념
- 우연오차 : 계통적 오차 등을 보정하여도 여전히 남는 원인을 찾아내기 어려운 오차

52 다음 보기는 V벨트 제품의 호칭을 나타낸 것이다. '2032'가 의미하는 것은?

일반용 V 벨트 A 80 또는 2032

① 명칭   ② 종류   ③ 호칭번호   ④ V 벨트의 길이

- A : V 벨트 규격, 80 또는 2032 : V 벨트 길이(인치)

정/답 49 ① 50 ① 51 ① 52 ④

53 축의 센터링 불량 시 나타나는 현상이 아닌 것은?

① 진동이 크다.　　　　　　　　② 기계성능이 저하된다.
③ 구동의 전달이 원활하다.　　　④ 베어링부의 마모가 심하다.

> 축의 센터링 불량은 축의 동심이 양호하지 않은 상태이므로 회전 시 진동이 크게 발생해 구동의 전달이 원활하지 않다.

54 와셔를 굽히거나 구멍을 만들어 그곳에 끼운 후 볼트, 너트의 풀림을 방지하는 와셔는?

① 폴 와셔　　　　　　　　② 고무 와셔
③ 스프링 와셔　　　　　　④ 락 플레이트 와셔

> - 폴 와셔 : 너트의 이완을 방지하는 와셔
> - 고무 와셔 : 너트의 누수, 누유를 방지하는 와셔
> - 스프링 와셔 : 너트로 전달되는 진동을 방지하는 와셔
> - 락 플레이트 와셔 : 너트가 진동과 충격에 의해 풀림을 방지하는 와셔

55 운동체와 정지체의 기계적 접촉에 의해 운동체를 감속 또는 정지시키고, 정지 상태를 유지하는 기능을 가진 요소로 다음 중 맞는 것은?

① 클러치　　② 감속기　　③ 래칫 휠　　④ 브레이크

> - 클러치 : 한 축에서 다른 축으로 동력을 끊었다 이었다 하는 장치
> - 감속기 : 한 축에서 다른 축으로 동력을 전달할 때, 회전 속도를 줄이는 장치
> - 래칫 휠 : 휠의 주위에 특별한 형태의 이를 갖고 이것에 스토퍼를 물려, 축의 역회전을 막기도 하고, 간헐적으로 축을 회전시키기도 하는 톱니바퀴

56 유성기어 감속기에 대한 설명으로 다음 중 틀린 것은?

① 윤활 시 1kW 이하의 소형에는 그리스 윤활을 할 수 있고, 그 이상의 것은 유욕윤활방법이 사용된다.
② 작동 시 구름마찰을 한다.
③ 고정된 내접기어에 유성기어가 맞물려 회전하면서 감속한다.
④ 무단변속기와 조합하여 큰 감속비를 얻을 수 있다.

> **유성기어 감속기의 특징**
> - 1kW 이하의 소형에는 그리스를 사용하고 그 이상의 것은 유욕윤활방법이 쓰인다.
> - 적은 단수로 큰 감속비를 얻을 수 있다.
> - 큰 토크의 전달이 가능하다.
> - 입력축과 출력축을 동축선상에 배치할 수 있다.

정/답　53 ③　54 ①　55 ④　56 ②

- 복수의 피니언기어에 부하를 분산하므로, 톱니의 마모와 손상이 비교적 적다.
- 구조가 복잡하고 변속비의 계산이 어렵다.
- 구름마찰이란 한 물체가 다른 물체의 표면 위에서 구를 때 점 또는 선 접촉 상태의 마찰로 기어와 기어가 맞물려 돌아가는 유성기어의 경우에는 적합하지 않다. 유성기어의 경우는 일반적으로 구름마찰과 미끄럼마찰이 혼합된 형태라 할 수 있다.

57 전동기 과열의 원인과 가장 거리가 먼 것은?

① 단선
② 과부하 운전
③ 빈번한 가동 및 정지
④ 베어링 부에서의 발열

전동기의 과열원인
- 전동기 회전이 구속되어 있는 경우
- 전동기측 토크보다 부하측의 토크가 연속적으로 큰 경우
- 전동기의 주위 온도가 높을 경우
- 전압이 높을 경우
- 전압강하가 커서 전동기 출력이 저하되면서 전동기가 구속되는 상태로 될 경우
- 콘덴서 단자 사이가 단락되어 있는 경우
- 콘덴서 용량이 정격보다 클 경우
- 기동 및 정지의 빈도가 높아서 제동장치들을 자주 사용할 경우
- 단선은 전류가 흐르지 않는 상태이므로 과열의 원인이 될 수 없다.

58 유압용 펌프에서 진동, 소음의 발생 원인으로 다음 중 거리가 가장 먼 것은?

① 그리스 과다 주입
② 볼 베어링 손상
③ 캐비테이션 발생
④ 임펠러 파손

그리스 과다 주입은 베어링에서 발생하는 현상으로 그리스 내부 마찰과 베어링 회전요소들의 휘저음 현상으로 인한 소음이 발생하며, 특히 고속베어링의 과급유 상태가 되면 초음파 수준의 고주파소음이 발생한다.

59 송풍기의 운전 중 점검사항으로 가장 거리가 먼 것은?

① 베어링의 온도
② 베어링의 진동
③ 임펠러의 부식여부
④ 윤활유의 적정여부

임펠러의 부식여부는 운전 중이 아닌 운전을 정지하고 나서 이루어지는 점검사항이다.

정/답 57 ① 58 ① 59 ③

60 다음 중 터보형 압축기의 종류에 해당하는 것은?

① 나사식 압축기
② 축류식 압축기
③ 왕복식 압축기
④ 회전식 압축기

- 왕복식 압축기 : 실린더 내를 피스톤이 왕복 운동을 함으로써 공기를 압축하는 방식이며, 밸브 개폐에 시간이 걸리기 때문에 피스톤의 이동속도를 낮게 해야 하며, 진동이 발생하기 쉽다.
- 터보형 압축기 : 모터나 다른 동력원으로부터 구동력을 가하여 익을 회전시켜, 회전하는 익(vane) 사이를 공기가 통과하는 사이에 발생하는 익의 양력에 의하여 일을 얻어 공기를 압축하는 형식
- 나사식 압축기 : 기체를 나사부의 공간에 압입하고 압축하여 압력을 높이는 장치로서, 나사부 및 기관 내에서 윤활유를 사용하지 않는 것으로 청정한 압축공기를 얻을 수 있고, 고속회전하며 소형, 경량이다.
- 축류식 압축기 : 동일한 중심을 가진 일련의 회전하는 회전자와 고정자를 축 방향으로 흐르게 하고, 단면적이 점점 줄어들어 공기를 단계적으로 압축하는 압축기이다.
- 회전식 압축기 : 회전운동을 하는 로터에 의해 가스를 흡입 또는 배출하는 방식의 압축기

제4과목 | 설비진단 및 관리

61 다음 중 진동의 전달경로 차단방법과 가장 거리가 먼 것은?

① 언밸런스(unbalance)의 양을 크게 하는 방법
② 진동 차단기 설치
③ 기초(base)의 진동을 제어하는 방법
④ 질량이 큰 경우 거더(girder)의 이용

진동 방지 기술의 종류
- 진동차단기, 질량이 큰 경우 거더의 이용, 2단계 차단기의 사용, 기초의 진동을 제어하는 방법

62 고속 회전기의 축 진동 측정, 회전수 측정, 위치 측정 등에 사용되는 진동 센서는?

① 동전형 속도 센서
② 서보형 가속도 센서
③ 와전류형 변위 센서
④ 압전형 가속도 센서

- 동전형 속도 센서 : 가동코일이 붙은 추가 스프링에 매달려 있는 구조로 진동에 의해 가동코일이 영구자석의 자계 내를 상하로 움직이면 코일에는 추의 상대속도에 비례하는 기전력이 유기된다.
- 서보형 가속도 센서 : 피드백에 원리를 두고 있으며, 변위를 변위센서로 검출해서 서보 증폭기를 통해 구동부에 전류를 흘리고, 변위에 비례하는 복원력을 발생시켜 질량을 평행위치로 복귀시킨다.
- 압전형 가속도 센서 : 압전소자가 스프링을 겸한 질량-스프링 시스템을 구성하고 있어서 가속도가 가해지면 그 크기에 비례한 전하를 일으킨다.

정/답   60 ②   61 ①   62 ③

63 다음 중 미스얼라인먼트의 원인이 아닌 것은?

① 회전하는 축이 휘어진 경우
② 회전축의 질량중심선이 축의 기하학적 중심선과 일치하지 않는 경우
③ 베어링의 설치가 잘못된 경우
④ 축 중심이 기계의 중심선에서 어긋났을 경우

- 미스얼라인먼트 : 축, 커플링, 베어링 등의 중심선 정렬이 적절하게 이루어지지 않을 경우 발생하며, 각도 정렬 불일치, 평행 정렬 불일치, 베어링 정렬 불일치 등이 있다.
- 미스얼라인먼트 발생 원인
- 열팽창에 의한 발생
- 기계가 직접적으로 적절한 정렬이 이루어지지 않았을 경우
- 힘이 파이프와 지지대 등에 의해 기계에 전달될 때
- 기초가 평평하지 않거나, 들린 경우 또는 침식된 경우

64 소음의 물리적 성질 중 음파의 종류를 설명한 것으로 틀린 것은?

① 평면파 : 음파의 파면들이 서로 평행한 파
② 진행파 : 둘 또는 그 이상 음파의 구조적 간섭에 의해 시간적으로 일정하게 음압의 최고와 최저가 반복되는 패턴의 파
③ 발산파 : 음원으로부터 거리가 멀어질수록 더욱 넓은 면적으로 퍼져나가는 파
④ 구면파 : 음원에서 모든 방향으로 동일한 에너지를 방출 때 발생하는 파

- 진행파 : 음파의 진행 방향으로 에너지를 전송하는 파
- 정재파 : 둘 또는 그 이상 음파의 구조적 간섭에 의해 시간적으로 일정하게 음압의 최고와 최저가 반복되는 패턴의 파

65 진동 방지의 일반적인 방법 중 고주파 진동을 방지하는데 가장 효과적인 것은?

① 기초 진동을 제어
② 진동 차단기의 사용
③ 질량이 큰 거더를 사용
④ 2단계 차단기의 사용

- 기초 진동을 제어 : 설치대에 큰 질량을 더해주거나, 강철 보강재와 감쇠 재료를 사용한 제어
- 진동 차단기의 사용 : 밑바닥에 직접 진동 보호 대상체를 놓거나, 스프링형 진동 차단기를 사용한 경우
- 질량이 큰 거더를 사용 : 보호 물체를 스프링 차단기 위에 놓인 거더 위에 설치하는 경우, 보호 물체의 질량과 함께 블록의 질량은 차단기의 고유 진동수를 원래보다 작게 하는 역할을 한다.

정/답   63 ②   64 ②   65 ④

66 다음 중 감쇠 형태의 종류가 아닌 것은?

① critical damping
② viscous damping
③ Coulomb damping
④ hysteretic damping

> 감쇠의 종류 : 점성감쇠(viscous damping), 쿨롱감쇠(Coulomb damping), 고체감쇠(hysteretic damping) 등이 있다.

67 소음을 측정하기 위해 공장에서 준비해야 할 자료가 아닌 것은?

① 공장 배치도 ② 기계 배치도 ③ 작업 공정도 ④ 생산 현황도

> 공장의 소음을 측정하기 위해서는 소음이 발생하는 곳의 기계배치 및 작업방식에 대한 파악이 필요하므로, 기계배치도, 작업공정도, 공장배치도 등이 준비되어 있어야 한다. 현재의 생산 품목 및 개수에 대한 내용을 담고 있는 생산 현황도는 이미 제품이 생산된 후의 과정이므로 소음을 파악하기 위한 자료로는 맞지 않는다.

68 질점의 단순조화진동을 $y = C\cos(\omega_n t - \phi)$라 할 때 이 진동의 주기는?

① $2\pi\omega_n$
② $\dfrac{\omega_n}{2\pi}$
③ $\dfrac{2\pi}{\omega_n}$
④ $\dfrac{\pi}{\omega_n}$

> 고유주기는 단위 사이클당 걸린 시간으로 표현된다.
> $T = \dfrac{2\pi}{\omega_n}(\sec/cycle, \ \sec)$

69 음의 전파는 매질의 진동에너지가 전달되는 것이므로 음의 진행 방향에 수직하는 단위면적을 단위시간에 통과하는 음에너지를 무엇이라 하는가?

① 음의 세기 ② 음압 ③ 음향 출력 ④ 음의 지향성

> - 음압 : 음에너지에 의해 매질에 생기는 미세한 압력변화
> - 음향 출력 : 음원으로부터 단위시간당 방출되는 총 음에너지
> - 음의 지향성 : 음원으로부터 방사된 소리의 세기 또는 감도가 방향에 따라 변하는 것

정/답 66 ① 67 ④ 68 ③ 69 ①

70 x방향의 운동방정식이 다음과 같이 나타날 때, 이 진동계에서의 감쇠 고유진동수(damped natural frequency)는 약 몇 rad/s인가?

$$2\ddot{x}+3\dot{x}+8x=0$$

① 1.85   ② 2.25   ③ 1.35   ④ 2.75

$m=2,\ C=3,\ k=8$
$\omega_n=\sqrt{\dfrac{k}{m}}=\sqrt{\dfrac{8}{2}}=2,\ C_c=\dfrac{2k}{\omega_n}=8,\ \psi=\dfrac{C}{C_c}=\dfrac{3}{8}=0.375$
$\omega_d=\omega_n\sqrt{1-\psi^2}=2\times\sqrt{1-0.375^2}=1.85$

71 공장 설비 계획에 관하여 기계 설비의 배치와 안전의 유의사항으로 틀린 것은?

① 기계 배치는 안전과 운반에 관계없이 가능한 가깝게 설치한다.
② 기계설비의 주위에는 충분한 공간을 둔다.
③ 공장 내외에는 안전 통로를 설정한다.
④ 원료나 제품의 보관 장소는 충분히 설정한다.

기계 배치는 안전과 운반을 고려하여 산업안전법에 의해 적절하게 설치한다.

72 TPM에서의 설비종합효율을 계산하기 위해서 고려되어야 할 사항으로 다음 중 해당하지 않는 것은?

① 양품률   ② 시간가동률   ③ 성능가동률   ④ 로스율

종합효율=시간 가동률×성능 가동률×양품률

73 다음은 예방보전 검사제도의 흐름을 나타낸 것이다. 맞는 것은?

① PM검사 계획 → PM검사 표준 설정 → PM검사 실시 → 수리 요구 → 수리 검수 → 설비 보전 기록
② PM검사 표준 설정 → PM검사 계획 → PM검사 실시 → 수리 요구 → 수리 검수 → 설비 보전 기록
③ 수리 요구 → PM검사 계획 → PM검사 표준 설정 → PM검사 실시 → 수리 검수 → 설비 보전 기록
④ 수리 요구 → 수리 검수 → PM검사 계획 → PM검사 표준 설정 → PM검사 실시 → 설비 보전 기록

예방보전 검사제도의 흐름
PM검사 표준 설정 → PM검사 계획 → PM검사 실시 → 수리 요구 → 수리 검수 → 설비 보전 기록(암기 : 표 → 계 → 실 → 요 → 검 → 기)

정/답   70 ①   71 ①   72 ④   73 ②

74 제조 능력의 요인은 크게 외적요인과 내적요인으로 나눈다. 다음 중 외적요인에 해당하지 않는 것은 어느 것인가?

① 자재　　　　② 설비　　　　③ 노동　　　　④ 자금

> **제조 능력의 외적요인**
> • 관련 산업의 발달 정도 : 기계공업의 기술 수준, 소재 공업의 기술 수준
> • 외주업체 및 계열업체의 수준 : 외주부품의 품질 안정도, 납기 및 가격 등의 적정성
> • 시장의 규모 및 안전성 : 내수 시장의 안정성 및 확대 전망, 수출 시장의 규모 및 전망

75 지그와 고정구, 금형, 절삭공구, 검사구 등 각종 공구를 통칭하는 용어로 맞는 것은?

① 계측공구　　　② 제작공구　　　③ 치공구　　　④ 공작기계

> • 계측공구 : 여러 방법과 장치를 이용하여 어떤 사실을 양적으로 표착하는 공구
> • 공작기계 : 주조, 단조 등으로 만든 기계부품을 가공하는 기계
> • 제작공구 : 재료를 가지고 기능과 내용을 가진 새로운 제품을 만드는 공구

76 베어링에 그리스를 충전하는 휴대용 그리스 펌프로 1회의 공급으로 수 일 또는 수 주간의 주기를 가진 경우에 사용하는 것으로 다음 중 맞는 것은?

① 그리스 컵　　　　　　　　② 집중그리스 윤활장치
③ 그리스 건　　　　　　　　④ 오일 미스트

> • 그리스컵 : 컵 속의 그리스가 열에 녹아 마찰면으로 공급되는데 그리스를 베어링에 도달시키기 위해 나사 혹은 스프링으로 압입해야 한다.
> • 오일 미스트 : 열악한 조건에서 고속으로 사용되는 베어링에 대해서 이상적인 윤활
> • 집중그리스 윤활장치 : 강압 그리스 펌프를 주체로 하여 이로부터 관지름 2인치 정도의 주관을 시공하고, 분배관을 배열하여 다수의 베어링에 동시 일정량의 그리스를 확실히 급유하는 방법

77 다음은 그리스의 시험방법에 대한 설명이다. 적합하지 않은 것은?

① 동판부식 : 그리스에 함유된 부식성 유황물질로 인한 금속의 부식여부 및 이물질의 양을 측정하는 시험이다.
② 주도 : 그리스의 굳은 정도, 유동성을 표시하는 시험이다.
③ 수분 : 그리스에 함유되어 있는 수분의 함유량을 측정하는 시험이다.
④ 적점 : 그리스가 온도 상승에 따라 저하되는 최저의 온도, 내열성을 확인하는 시험이다.

> 동판부식은 기름 중에 함유된 유리 유황 및 부식성 물질로 인한 금속의 부식 여부에 관한 시험으로 이물질의 양을 측정하지는 않는다.

정/답　　74 ②　　75 ③　　76 ③　　77 ①

78 다음 중 윤활관리의 4원칙에 해당하지 않는 것은?

① 적유　　　② 적법　　　③ 적량　　　④ 적소

윤활관리의 4원칙
- 적유 : 설비가 필요로 하는 적정 윤활제를 선정
- 적법 : 적합한 급유방법을 결정
- 적량 : 적정량의 급유량을 결정
- 적기 : 적정 간격으로 적당한 시기에 공급함으로써 설비의 성능과 정밀도를 유지

79 윤활설비의 고장과 원인에서 다음 중 작업에 의한 고장원인이라 할 수 없는 것은?

① 플러싱의 불충분
② 과잉급유 및 부주의
③ 높은 전도열 및 마찰면의 불충분한 방열
④ 급유가 빠르거나 너무 느림

윤활설비의 작업에 의한 고장 원인
- 급유작업의 부주의
- 과잉의 급유 또는 과소한 급유
- 급유시간이 너무 느리거나 빠름
- 플러싱의 불충분
- 작업상의 움직임과 충격에 의한 무게

80 중, 저속의 밀폐기어, 감속기 내의 베어링 하우징 등 윤활개소의 일부가 오일 배스에 잠긴 상태로 윤활하는 방식의 급유법으로 다음 중 맞는 것은?

① 나사 급유　　　② 유욕식 급유　　　③ 비산 급유　　　④ 사이펀 급유

- 나사 급유 : 축 면에 나선 홈을 만들고 축을 회전시켜 축의 회전에 따라 기름이 홈을 따라 올라가 축 면에 급유되는 방법
- 비산 급유 : 기름 속에 회전체의 일부가 들어가 기름을 튀겨 윤활이 되도록 하는 방식
- 사이펀 급유 : 베어링의 컵에 오일을 저축하는 기름 탱크에 뚜껑을 씌우고 그 속에 가는 털실 또는 무명실을 감아서 만든 끈을 넣어 오일이 모세관 작용에 의하여 일단 올라가고 다음에 사이펀 작용에 의해 적하는 원리

정/답　78 ④　79 ③　80 ②

CBT 실전모의고사

PLANT MAINTENANCE ENGINEER

제1과목 | 공유압 및 자동제어

01 다음 진리표에 대한 논리를 만족하는 밸브로 옳은 것은? (단, a와 b는 입력, y는 출력이다.)

[진 리 표]

a	b	y
0	0	0
1	0	1
0	1	1
1	1	1

문제의 진료표는 OR조건을 나타내고 있다.

기호	설명
AND밸브	2개의 입력이 모두 ON되었을 때 출력을 내보냄
간접 작동형 체크밸브	제어포트가 ON이 되어야만 유체가 흐름
급속배기밸브	실린더에서 배출되는 유체를 넓은 면적의 출구로 유체를 내보냄
OR밸브	2개의 입력 중 1개라도 ON되면 출력을 내보냄

정/답   01 ①

02 실리카겔과 같은 물질을 사용하여 압축공기 속의 수분을 제거하는 방식은?

① 저온 건조   ② 흡착식 건조   ③ 흡수식 건조   ④ 고온 건조

- 감습장치 : 공기 속에 포함되어 있는 수분을 제거하는 장치의 총칭
- **감습장치의 종류**
  - 냉각 감습장치 : 냉각 코일 또는 공기 세정기를 사용하는 장치
  - 압축 감습장치 : 공기를 압축기로 압축하고 냉각기로 냉각해 수분을 응축시키는 장치
  - 흡수식 감습장치 : 염화리튬, 트리에틸렌 글리콜 등의 흡수제를 사용하는 장치
  - 흡착식 감습장치 : 실리카겔, 활성 알루미나, 생석회 등의 흡착제를 사용하는 장치

03 다음 중 단위 질량당 유체의 체적을 무엇이라 하는가?

① 비중   ② 밀도   ③ 비중량   ④ 비체적

- 밀도 : 물질의 질량을 부피로 나눈 값
- 비중 : 어떤 물질의 질량과 이것과 같은 부피를 가진 표준물질의 질량과의 비율
- 비중량 : 물체의 단위 부피당 중량

04 다음 중 공기압 모터의 특징으로 적절하지 않은 것은?

① 회전 방향을 쉽게 바꿀 수 있다.
② 폭발 및 과부하에 안전하다.
③ 구동 초기에 최고 회전 속도를 얻을 수 있다.
④ 속도를 무단으로 조절할 수 있다.

공기압 모터의 특징
- 전동기에 비하여 관성과 출력의 비가 결정값보다 작으므로 시동과 정지가 쇼트발생 없이 자연스럽게 행할 수 있다.
- 폭발의 위험성이 있는 환경에서도 안전하며 주위 온도, 습도 등의 영향이 다른 원동기에 비하여 적은 편이다.
- 가격이 저렴한 제어 밸브만으로 회전수, 토크를 자유롭게 조절할 수 있다.
- 속도 제어 및 역회전 기구가 간단한 편이다.
- 모터 자체의 발열이 적어 섭동부의 마찰열은 압축 공기의 단열 팽창으로 냉각된다.
- 에너지의 축적이 행해져 정전 시의 비상용 동력원으로 유효하다.
- 부하에 의한 회전수 변동이 크고, 일정 회전수를 고속으로 유지하는 것이 어렵다.
- 에너지 변화 효율이 낮으며 공기의 압축성에 의해 제어성이 좋지 않은 편이다.
- 회전 날개형 공기압 모터 등은 배기 소음이 크다.

정/답   02 ②   03 ④   04 ③

05 다음 공기압 서비스 유닛에서 기기 순서가 바르게 나열한 것은?

① 압력조절기 → 필터 → 윤활장치
② 윤활장치 → 압력조절기 → 필터
③ 윤활장치 → 필터 → 압력조절기
④ 필터 → 압력조절기 → 윤활장치

> 서비스유닛 : 필터, 압력조절밸브, 윤활기로 구성되어 공기탱크를 통해 공급된 공압을 필터를 거쳐 압력조절밸브로 사용자가 원하는 압력으로 조절하고, 조절된 공압에 윤활기를 통해서 미세한 윤활유를 공급하여 시스템에 공압을 공급하는 장치

06 다음 중 축압기의 기능이 아닌 것은?

① 압력에너지 저장
② 회로압의 증대
③ 서지압의 흡수
④ 맥동압의 제거

> 축압기의 기능 : 유압 에너지 축적, 사이클 시간 단축, 에너지 보조, 압력 보상, 서지압력 방지, 충격압력 흡수, 유체의 맥동현상 흡수, 2차 & 3차 유압회로 구동, 펌프 대용, 안전장치 역할 등

07 다음 중 표준대기압의 1atm과 같지 않은 것은?

① 101325kPa   ② 10332kgf/m²   ③ 1.0132bar   ④ 760mmHg

> 1atm=101.325kPa

08 다음 밸브의 제어라인에 부여하는 숫자로 옳은 것은?

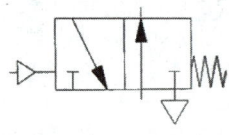

① 13   ② 10   ③ 2   ④ 1

공유압 라인별 기호		
	ISO-1219	ISO-559/II
작업라인	A, B, C, …	2, 4 …
공급라인	P	1
배기라인	R, S, T(유압), …	3, 5, …
제어라인	Z, Y, X, …	10, 12, 14, …

정/답 05 ④ 06 ② 07 ① 08 ②

09 다음 중 밸브의 오버랩에 대한 설명으로 맞는 것은?

① 포지티브 오버랩에서 밸브의 전환 시 액추에이터는 부하에 종속된 움직임을 갖는다.
② 밸브의 전환 시 모든 연결구가 순간적으로 연결되는 형태가 제로 오버랩이다.
③ 방향제어밸브는 일반적으로 제로 오버랩을 갖는다.
④ 밸브의 작동 시 포지티브 오버랩 밸브는 서지압력이 발생할 수 있다.

- 오버랩의 종류 : 포지티브 오버랩, 네거티브 오버랩, 제로 오버랩

포지티브 오버랩
- 밸브 전환 시 잠시동안 밸브의 연결구가 모두 차단
- 압력이 떨어지지 않음
- 잠시동안 펌프로부터 토출된 유압유가 갈 곳이 없음
- 압력 릴리프 밸브를 동작시키는데 필요한 시간보다 적은 경우 사용으로 서지압력 발생

네거티브 오버랩
- 밸브 전환 시, 잠시동안 밸브의 연결구가 모두 차단 연결
- 펌프로부터 토출된 유량을 A 혹은 T포트로 연결하여 최소한의 저항 통로를 형성
- 유량이 차단되지 않아 서지압력이 없고, 부드럽고 조용한 밸브 전환이 가능
- 서지 압력으로 인한 유압시스템과 유압 부품의 손상을 방지함
- 잠시동안 압력이 붕괴되어 액추에이터가 표류될 수 있음

제로 오버랩
- 밸브 전환 시 포지티브 오버랩과 네거티브 오버랩 사이에 존재하는 경계 영역
- 펌프로부터 토출된 유압유 연결구 B포트로 흘러, 밸브의 전환과 동시에 A포트로 흐름
- 오버랩을 구현하기 위해 높은 정도의 가공이 필요하며, 가공비가 매우 비쌈
- 주로 서보밸브를 사용하여 유량이 개폐되는 정도를 동일하게 해줌

10 그림과 같은 유압회로의 명칭으로 옳은 것은?

① 임의 위치 로크 회로
② 최대압력 제한 회로
③ 압력 설정 회로
④ 브레이크 회로

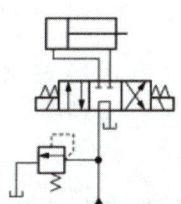

- 로크 회로 : 실린더 행정을 임의 위치에서 고정시킬 필요가 있을 때 이동을 방지하는 회로, 즉 고정시켜 놓은 실린더를 움직이지 못하도록 하는 방향제어 회로이다.

11 실제의 시간과 관계된 신호에 의하여 제어가 이루어지는 것은?

① 논리제어계　　② 동기제어계　　③ 메모리제어계　　④ 파일럿제어계

- 논리제어계 : 요구되는 입력 조건이 만족되면 그에 상응하는 신호가 출력되는 제어계
- 메모리제어계 : 어떤 신호가 입력되어 출력 신호가 발생한 후에는 입력신호가 없어져도 그때의 출력 상태를 유지하는 제어계
- 파일럿제어계 : 요구되는 입력 조건이 만족되면 그에 상응하는 출력 신호가 발생되는 형태를 요구하는 제어계

정/답　　09 ④　10 ①　11 ②

12 자동제어에 해당하는 작업은?

① 실린더 전·후진 위치에 리밋 스위치를 설치하여 반복 작업을 한다.
② 아크 용접 로봇이 서보 모터를 이용하여 입력된 경로대로 용접 작업을 수행한다.
③ 요동형 액추에이터에 센서를 설치하여 제한된 각도에서 반복적으로 회전운동을 한다.
④ 캠이 회전운동을 하면서 리밋 스위치를 작동시키면 그 신호를 받아 실린더가 동작한다.

- 자동제어(폐회로 제어 시스템) : 제어하고자 하는 하나의 변수가 계속 측정되어서 다른 변수, 즉 지령치와 비교되면 그 결과가 첫 번째의 변수를 지령치에 맞추도록 수정을 가하는 제어
- 여러 개의 외란 변수가 존재할 때
- 외란 변수들의 특징과 값이 변화할 때
- 제어(개회로 제어 시스템) : 시스템 내의 하나 또는 여러 개의 입력 변수가 약속된 법칙에 의하여 출력 변수에 영향을 미치는 공정
- 외란 변수에 의한 영향이 무시할 정도로 작을 때
- 특징과 영향을 확실히 알고 있는 하나의 외란 변수만 존재할 때
- 외란 변수의 변화가 아주 작을 때
- 용접 로봇은 위치가 변화함에 따라 계속해서 외란이 발생하기 때문에 폐회로 제어 시스템을 사용해야 하지만, 문제의 보기 ①, ③, ④는 정해진 루틴에 의한 동작이므로 외란 발생이 적어 개회로 시스템으로 제어한다.

13 어떤 목적에 적합하도록 되어 있는 대상에 필요한 조작을 가하는 것을 무엇이라 하는가?

① 제어   ② 시스템   ③ 자동화   ④ 신호처리

- 시스템 : 일정한 목적을 달성하기 위해서 질서가 잡힌 요소의 모임으로 합리적으로 연계 동작해 문제 처리를 실행하는 수단과 규칙
- 자동화 : 여러 가지 신호들을 처리하기 위한 시스템 제어에 있어 그 판단이나 조작을 기계가 사람을 대신하여 작업의 일부나 전부를 수행하는 것
- 신호처리 : 다양한 신호를 원하는 목적에 맞도록 수학적으로 가공, 변환, 교환, 전송, 저장하는 기술

14 유도전동기의 특성에 대한 설명으로 옳은 것은?

① 회전수는 주파수의 반비례한다.
② 무부하 상태에서 슬립은 1% 이하이다.
③ 동기속도로 회전할 때 슬립 S는 1이다.
④ 슬립은 회전자 속도가 동기속도에 비해 얼마나 빠른가를 나타낸다.

유도전동기의 특징
- 유도전동기의 회전수와 역률은 주파수에 비례하고, 유기기전력, 온도변화, 최대토크는 주파수에 반비례한다.
- 슬립은 손실 속도를 정상속도로 나눈값이며, 동기 속도 기준 손실률을 나타낸다.
- 동기 속도로 회전하는 모터의 슬립은 0%이다. 슬립은 모터의 동기 속도와 실제 회전 속도 사이의 차이를 나타내는데, 동기 도에서는 이 차이가 없기 때문에 슬립이 발생하지 않는다.

정/답 12 ② 13 ① 14 ②

15 다음 중 전압을 변위로 변환하는 장치는?

① 벨로즈　　② 전자석　　③ 전위차계　　④ 스프링

- 탄성변형을 이용한 변환기(기계적 변환) : 스프링, 벨로즈, 다이어프램, 부르동관 등
- 전위차계 : 전기 회로에 사용되는 부품으로 가변 저항 역할을 하는 기기이다. 전위차(전압)를 측정할 수 있다.

16 그림과 같은 기계시스템에서 f(t)를 입력으로 하고 x(t)를 출력으로 하였을 때의 전달함수는?

① ms^2+bs+k
② $1 / ms^2+bs+k$
③ s / ms^2+bs+k
④ k / ms^2+bs+k

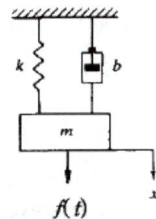

$\Sigma F = ma,\ m\dfrac{d^2}{dt^2}x(t)+b\dfrac{d}{dt}x(t)+kx(t)=f(t)$

$(ms^2+bs+k)X(s)=F(s)$

$\dfrac{X(s)}{F(s)} = \dfrac{1}{ms^2+bs+k}$

17 자동제어계의 주파수 영역 내에서의 성능을 설명해 주는 정수가 아닌 것은?

① 공진주파수(Resonance Frequency)　　② 분리도(Cut Off Rate)
③ 대역폭(band Width)　　④ 계단응답(Step Response)

- 제어 시스템에서 주파수 영역 내의 성능은 보드 진폭과 위상 플롯으로 나타낸다.
- 계단응답은 시스템의 신호처리에서 단위 계단 입력에 대해 어떻게 반응하는지를 나타내는 것으로 단위 계단 입력은 갑자기 0에서 1로 전환되는 신호이다. 이러한 것은 시스템의 동적 특성을 이해하는 데 활용된다.

18 그림과 같은 블록선도의 전달함수는?

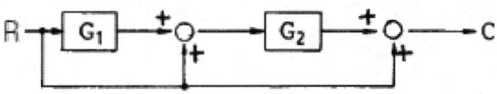

① G_1+G_2+1
② $1+G_2+G_1G_2$
③ $G_1+G_2+G_1G_2$
④ $G_1G_2 / 1-G_1G_2$

정/답　15 ②　16 ②　17 ④　18 ②

$$(R \cdot G_1 + R) \cdot G_2 + R = C$$

$$\frac{C}{R} = 1 + G_2 + G_1 \cdot G_2$$

19 시퀀스 제어계에서 제어대상을 조작하기 위해 제어대상에 가하는 신호를 무엇이라고 하는가?

① 제어명령　　② 조작신호　　③ 검출신호　　④ 기준신호

- 제어명령은 컴퓨터, 기계, 시스템 등을 제어하기 위해 사용되는 지시나 명령어이다.
- 조작신호는 시스템이나 장치가 특정 작업을 수행하도록 지시하는 전기적, 기계적 또는 디지털 신호이다.
- 기준신호는 제어 시스템에서 달성하고자 원하는 출력이라 할 수 있다.

20 온도, 유량, 압력 등을 제어량으로 하는 제어계로서 프로세스에 가해지는 외란의 억제를 주목적으로 하는 것은?

① 프로세스 제어　　② 자동 제어　　③ 서보 기구　　④ 정치 제어

- 자동 제어는 시스템이나 장치가 인간의 직접적인 개입 없이도 원하는 성능이나 동작을 유지하도록 하는 기술이다.
- 서보 기구는 물체의 기계적 변위를 제어량으로 읽어 제어하는 시스템으로, 전기식, 유압식, 공압식 등의 종류가 있다. 서보모터의 속도값과 위치값을 측정하여 피드백시키는 시스템이다.
- 정치 제어란 목표값이 미리 정해진 시간적 변화를 추종시키기 위한 제어이다.

제2과목 | 용접 및 안전관리

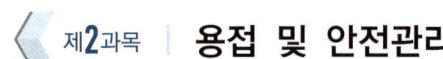

21 다음 중 진공상태에서 이루어지는 용접은?

① 가스 아크 용접　　② 일렉트로 슬래그 용접
③ 전자 빔 용접　　　④ 불활성가스 용접

- 전자 빔 용접 : 진공 상태에서 용접이 이루어지기 때문에 산화 및 질화를 방지할 수 있다. 용접속도가 빠르고 깊고 좁은 용접부를 형성할 수 있다. 반도체, 원자력, 우주항공 등에 사용된다.

정/답　19 ②　20 ①　21 ③

22 고주파 펄스 TIG 용접기의 장점으로 다음 중 적당하지 않은 것은?

① 전극봉 소모가 많다.
② 0.5mm 이하의 박판 용접에서도 안정된 용접이 이루어진다.
③ 20A 이하의 저전류에서 아크 발생이 안정하다.
④ 좁은 홈 용접에서 아크 교란이 없어 안정하다.

고주파 펄스 TIG 용접기의 장점
- 전극소모가 적고 수명이 길다.
- 매우 좁은 열영향부(HAZ)를 만든다.
- 용접부의 성능 개선을 위한 열처리가 거의 필요 없다.
- 에너지 효율이 좋아서 낮은 전력 소모로 빠른 용접을 실시한다.
- 0.13mm 이하의 매우 얇은 두께와 25mm 정도 두께도 용접이 가능하다.
- 강종 제한이 거의 없다(탄소강, 스테인리스강, 합금강, 알루미늄, 구리, 티타늄, 니켈 등).
- 용접 시간이 짧고, 국부적인 가열로 인해 용접부의 산화나 변형의 위험성이 작다.

23 일렉트로 슬래그 용접에 관한 다음 설명 중 틀린 것은?

① 스패터가 발생하지 않고 조용하다.
② 용융금속의 용착량은 90%가 된다.
③ 용접시간을 단축할 수 있으며 능률적이고 경제적이다.
④ 용접 홈의 가공 준비가 간단하고 각 변형이 적다.

일렉트로 슬래그 용접의 특징
- 홈(I형 홈 적용) 가공이 간단하다.
- 용접 후 각 변형(angular distortion)이 극소하다.
- 슬래그 혼입, 기공, 스패터 등의 결함이 거의 없다.
- 용접금속 중 산소, 질소의 함유량이 적다.
- 수직자세의 후판 작업일수록 고능률 용접이 된다.
- 플럭스의 소비량이 현저히 적다.
- 아크 용접에 비해 냉각속도가 느리다.
- 열영향부의 결정립을 조대화시켜 노치인성이 발생할 수 있고 고온균열을 일으킨다.

24 전원이 없는 야외에서 차축이나 레일의 접합을 위해 사용하는 용접법으로 적절한 것은?

① 업셋 용접　　　　　　② 가스 압접
③ 일렉트로 슬래그 용접　④ 테르밋 용접

정/답　22 ①　23 ②　24 ④

- 테르밋 용접(Thermit Welding) : 용접 열원을 외부로부터 공급받는 것이 아닌 테르밋 반응에 의해 생성되는 열을 이용하여 접합
- 테르밋 반응(thermit reaction) : 금속 산화물과 알루미늄 간의 탈산 반응
- **테르밋 용접 용도**
  - 철강 계통으로는 주로 레일의 접합, 차축, 선박의 선미 프레임(stern frame) 등
  - 비교적 큰 단면을 가진 주조나 단조품의 맞대기 용접과 보수 용접에 사용
  - 동 계통으로는 주로 전기용품 재료의 이음 분야에 이용
  - 동과 철강과의 용접에도 사용

25 산소-아세틸렌 가스불꽃의 최고온도 범위로 다음 중 적절한 것은?

① 5,000~5,500℃
② 4,000~4,500℃
③ 3,000~3,500℃
④ 2,000~2,500℃

- 산소+아세틸렌 불꽃의 온도 : 약 3,000~3,500℃(3,480℃)
- 전기아크의 온도 : 약 6,000℃
- 아크용접에 비해 훨씬 낮고 열이 집중되지 않아 비능률적이지만 산소+아세틸렌 용접은 설비비가 싸고 간편한 이점도 있다.

26 다음은 용접봉의 저장 및 취급 시의 주의사항에 대한 내용이다. 적절하지 않은 것은?

① 수분을 흡수한 용접봉은 건조하여 재사용한다.
② 저수소계 용접봉은 건조를 하지 않는다.
③ 용접봉 취급 시 피복제가 벗겨지지 않도록 한다.
④ 용접봉은 충분히 건조된 장소에 보관한다.

저수소계 용접봉은 습기를 포함하지 않도록 보관에 충분히 주의를 기울여야 한다. 이는 매우 중요하다. 피복 Arc 용접봉은 포장되기 전에 충분한 건조가 되어 있지만, 개봉되기까지 상당한 기간이 경과하기 때문에 가능한 한 건조하여 사용하는 것이 좋다.

27 황이 층상으로 존재하는 강을 서브머지드 아크 용접할 때 일어나며, 고온균열의 일종에 속하는 것은 다음 중 어느 것인가?

① 비드 밑 균열
② 라미네이션 균열
③ 설퍼 균열
④ 매크로 균열

- 라미네이션 균열(Lamination Crack; 층상균열) : 라미네이션이 용접부 근처에 있으면 용접열과 확산성 수소의 영향으로 인해 라미테이션이 갈라진다. 라미네이션이란 압연 공정 중에 강괴 내의 개재물이나 유황 편석 등이 압연 방향을 따라 납작하게 퍼져나가는 층상이다.
- 비드 밑 균열(Under Bead Crack) : 모재의 용융선 근처의 열영향부에서 발생
- 설퍼 균열(Sulfer Crack) : 황이 층상으로 존재하는 강을 서브머지드 아크 용접할 때 일어나는 고온균열 형태이다.

정/답 25 ③ 26 ② 27 ③

28 모재와 전극 사이에 아크열을 이용하는 방법으로 용접작업에서의 주된 에너지원은 다음 중 무엇인가?

① 가스 에너지 ② 기계적 에너지
③ 전자파 에너지 ④ 전기 에너지

- 가스용접 : 가스 에너지(열에너지) 이용
- 마찰용접 : 기계적 에너지 이용
- 전자 빔 용접 : 전자파 에너지 이용

29 다음 중 불활성 아크 용접에 사용하는 가스로 맞는 것은?

① O_2, CO_2 ② Ar, He ③ N_2, Ne ④ O_2, N_2

- 불활성 가스 : 아르곤(Ar), 헬륨(He), 네온(Ne) 등

30 다음 중 용접기호와 자세가 바르게 연결된 것을 고르시오.

① F : 아래 보기 자세 ② V : 위 보기 자세
③ O : 수평 자세 ④ H : 수직 자세

- H : 수평 자세(Horizontal Position)
- V : 수직 자세(Vertical Position)
- O : 위 보기 자세(Overhead Position)
- F : 아래 보기 자세(Flat Position)

31 용접부의 형상과 기능에 어떤 변화도 주지 않고 표면이나 내부에 존재하는 결함을 검출하거나 품질이나 형상을 조사하는 방법으로 다음 중 적당한 것은?

① 금속학적 시험 ② 파괴 시험 ③ 비파괴 시험 ④ 기계적 시험

- 비파괴 시험(NDT; Non-Destructive Test) : 제품을 파괴하지 않고 재질, 성능, 상태, 결함의 유무 확인 등의 검사를 할 수 있는 방법이다.

정/답 28 ④ 29 ② 30 ① 31 ③

32 X선 투과 검사에서 용입 부족은 필름상에 어떻게 나타나는가?

① 검은 둥근점　　② 검은 직선　　③ 백색 직선　　④ 백색 둥근점

스패터	기공	슬래그	용입 부족	언더컷
백색 둥근점	검은 둥근점	검은 반점	검은 직선	가늘고 긴 검은선

33 다음 중 자분 탐상 시험법의 자화 방법의 종류로 틀린 것은?

① 공진법　　② 프로드법　　③ 축 통전법　　④ 직각 통전법

- 자분 탐상 시험법의 자화 방법의 종류
- 극간법, 관통법, 코일법, 축 통전법, 프로드법, 직각 통전법
- 초음파 검사법의 종류 : 공진법, 펄스 반사법, 투과법 등

34 드릴 작업 시 안전에 관한 다음 사항 중 틀린 것은?

① 가공 중 드릴이 같이 먹어 들어가면 기계를 멈추고 손 돌리기로 드릴을 뽑아낸다.
② 회전하고 있는 주축이나 드릴에 손이나 걸레를 대거나 머리를 가까이하지 않는다.
③ 드릴의 착탈은 회전이 완전히 멈춘 다음에 행한다.
④ 작거나 가벼운 일감은 손으로 잡고 작업한다.

- 드릴 작업 시 일감은 바이스, 스토퍼 등의 고정구를 이용하여 작업한다.

35 크레인 후크걸이용 와이어로프가 벗겨지는 것을 방지하기 위한 장치로 다음 중 맞는 것은?

① 과부하 방지 장치　　② 비상 정지 장치
③ 권과 방지 장치　　　④ 해지 장치

- 권과 방지 장치 : 와이어로프 등의 권과를 방지하는 장치
- 과부하 방지 장치 : 기중기 등의 정격 총 하중을 초과하여 발생되는 안전사고를 방지하는 장치
- 비상 정지 장치 : 기계가 비정상적으로 동작할 시 즉시 정지시키는 장치

정/답　32 ②　33 ①　34 ④　35 ④

36 가스용접 작업 중 점화 시에 폭음을 발생시키는 원인으로 다음 중 적절하지 않은 것은?

① 혼합가스의 배출이 불완전하다.
② 산소와 아세틸렌 압력이 부족하다.
③ 가스의 분출속도가 부족하다.
④ 아세틸렌 순도가 높다.

아세틸렌가스의 순도가 높을수록 용접 작업에 더 좋다. 순도가 높은 아세틸렌가스를 사용하면 장비의 수명을 연장하고 유지보수 및 교체 비용을 줄일 수 있다. 용접 작업에서 가스의 순도는 매우 중요한 요소라 할 수 있다.

37 다음 중 작업장에 조명 설치 시 필요한 조건으로 맞지 않는 것은?

① 작업 장소와 바닥 등에 너무 짙게 그림자를 만들지 않아야 한다.
② 광원이 흔들리지 않아야 한다.
③ 작업 성질에 따라 빛의 질이 적당하여야 한다.
④ 작업 장소와 그 주위의 밝기의 차이가 커야 한다.

작업장 내의 조명 밝기는 균일하게 유지되어야 한다.

38 다음 중 산업 현장에서 가장 높은 비율을 차지하는 사고 원인은?

① 근로자의 불안전한 행동
② 잘못된 작업 환경
③ 천재지변
④ 시설 장비의 결함

산업 현장에서 안전사고의 가장 큰 원인으로 근로자의 불안전한 행동을 뽑는다.

39 산업안전보건법의 목적으로 다음 중 부적당한 것은?

① 근로자의 안전과 보건을 유지·증진
② 산업안전보건 기준의 확립
③ 산업재해의 예방과 쾌적한 작업 환경 조성
④ 산업안전보건에 관한 정책의 수립 및 실시

산업안전보건법의 목적
- 산업안전 및 보건에 관한 기준을 확립
- 산업재해를 예방하며 쾌적한 작업 환경을 조성
- 노무를 제공하는 자의 안전 및 보건을 유지·증진을 위한 것

정/답 36 ④ 37 ④ 38 ① 39 ④

40 다음 중 산업 현장에서 분류하는 상해의 종류에 해당하지 않는 것은?

① 타박상　　　② 골절　　　③ 추락　　　④ 동상

> 산업현장에서 분류하는 상해의 종류 : 골절, 동상, 부종, 찔림, 타박상, 절단, 중독, 질식, 찰과상, 베임, 화상, 뇌진탕, 익사, 피부병, 청력장해, 시력장애 등

제3과목 | 기계설비일반

41 헐거운 끼워맞춤에 대한 다음 설명으로 틀린 것은?

① 구멍의 최소 치수에서 축의 최대 치수를 뺀 값이 최소 틈새이다.
② 축의 최대 치수에서 구멍의 최대 치수를 뺀 값이 최대 죔새이다.
③ 구멍의 최대 치수에서 축의 최소 치수를 뺀 값이 최대 틈새이다.
④ 항상 틈새가 발생한다.

> • 최대 죔새 : 축의 최대 치수에서 구멍에 최소 치수를 뺀 값이다.
> • 최소 죔새 : 축의 최소 치수에서 구멍에 최대 치수를 뺀 값이다.
> • 죔새만 발생하면 억지 끼워 맞춤이다.

42 그림과 같은 원형축 형상에서 기호표시란 (Y)에 들어갈 수 있는 기하 공차로 다음 중 가장 적합한 것으로 맞는 것은?

① ○　　　②
③ 　　　④ =

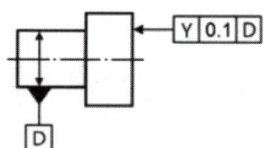

> • 진원도, 경사도, 원주 흔들림, 대칭도 공차 중 Y에 적합한 것은 원주 흔들림 공차이다.
> • 원주 흔들림 공차 : 어떤 직선을 회전축으로 하고 대상 물체(부품)를 회전시켜 대상 물체 형체의 흔들림 변동값을 규제하는 기하공차이다.

정/답　40 ③　41 ②　42 ③

43 핸들, 바퀴의 암, 리브, 훅(hook) 구조물 부재 등의 절단면을 나타내는 단면도는 무엇인가?

① 전단면도　　② 회전단면도　　③ 반단면도　　④ 부분단면도

- 회전단면도 : 핸들이나 바퀴의 암, 리브, 훅 등은 축에 수직한 단면으로 절단하여 그 축에 90도로 회전을 시켜 단면처리 하는 방법
- 전(온)단면도 : 대상 물체를 반으로 절단하여 단면도 표시
- 반(한쪽)단면도 : 대상 물체를 1/4만 절단하여 단면도 표시
- 부분단면도 : 대상 물체에서 단면이 필요한 일부분만 절단하여 단면도 표시

44 일반적인 고주파 담금질의 특징으로 다음 중 옳지 않은 것은?

① 직접 가열하므로 열효율이 높다.
② 열처리 불량이 적고 변형 보정을 필요로 하지 않는다.
③ 가열 시간이 길어서 경화면의 탈탄이나 산화가 많이 발생한다.
④ 직접 부분 담금질이 가능하므로 필요한 깊이만큼 균일하게 경화된다.

고주파 담금질의 특징
- 제한된 국부적 경화법이다.
- 가열시간이 짧다
- 표면산화와 탈탄이 최소로 발생한다.
- 변형이 적다.
- 피로강도가 증가한다.
- 경화시키지 않은 표면에 필요한 교정작업이 가능하다.
- 공정을 생산라인과 바로 연결시켜 사용한다.
- 유지비가 저렴하다.
- 시설비가 고가이다.
- 형상에 제한이 있다.
- 강종이 제한된다.

45 재료의 강도와 경도를 증가시키기 위하여 실시하는 열처리로 다음 중 가장 적합한 것은?

① 풀림　　② 불림　　③ 뜨임　　④ 담금질

- 풀림 : 금속이나 유리를 일정한 온도로 가열한 다음에 천천히 식혀 내부 조직을 고르게 하고 응력을 제거하는 열처리방법
- 불림 : 강을 표준상태로 만들기 위한 열처리로 강을 단련한 후, 오스테나이트의 단상이 되는 온도범위에서 가열하여 대기 속에 방치하여 자연냉각하는 열처리방법
- 뜨임 : 강철을 재가열했다가 내부 응력을 없애는 열처리방법

정/답　43 ②　44 ③　45 ④

46 다음 중 공작기계의 구비조건으로 적당하지 않은 것은?

① 가공능력이 좋아야 한다.
② 강성이 없어야 한다.
③ 기계효율이 좋고, 고장이 적어야 한다.
④ 가공된 제품의 정밀도가 높아야 한다.

공작기계 구비조건
- 공작기계의 운동 정밀도가 높아야 한다.
- 정강성, 동강성, 열강성이 커야 한다.
- 공작기계 각부의 진동이 적어야 한다.
- 습동부의 마모가 적고 내구성이 좋아야 한다.
- 단위 시간당의 생산능률이 좋아야 한다.
- 에너지가 적게 들고 공작기계의 값이 싸야 한다.
- 공작기계의 조작이 간편하고 안전성이 커야 한다.

47 구성인선의 방지대책으로 다음 중 옳지 않은 것은?

① 경사각을 작게 할 것
② 절삭 깊이를 적게 할 것
③ 절삭속도를 빠르게 할 것
④ 절삭공구의 인선을 날카롭게 할 것

구성인선 방지책
- 절삭 깊이를 적게 할 것
- 경사각을 크게 할 것
- 절삭공구의 인선을 예리하게 할 것
- 윤활성이 좋은 절삭 유제를 사용할 것
- 절삭속도를 크게 할 것

48 일반적인 래핑의 특성으로 다음 중 옳지 않은 것은?

① 가공면은 윤활성 및 내마모성이 좋다.
② 정밀도가 높은 제품을 가공할 수 있다.
③ 가공이 간단하고 대량생산이 가능하다.
④ 먼지의 발생이 없고 가공면에 랩제가 잔류하지 않는다.

래핑 가공의 특징
- 가공면이 매끈하고 적절한 방법에 의하여 거울과 같은 면을 얻을 수 있다.
- 정밀도가 높은 제품을 만들 수 있다.
- 대량생산을 할 수 있다.
- 작업 방법이 간단하며, 설비 비용도 많이 필요하지 않다.
- 가공면은 내식성, 내마멸성이 좋다.
- 비산하는 래핑 입자가 다른 기계 또는 제품에 부착하면 마멸시키는 원인이 된다.
- 가공면에 랩제가 잔류하기 쉬우며, 제품을 사용할 때 마멸을 촉진시킨다.

정/답   46 ②   47 ①   48 ④

49 정반 위에 놓고 이동시키면서 공작물에 평행선을 긋거나 평행면의 검사용으로 사용되는 금긋기 공구로 다음 중 맞는 것은?

① 펀치   ② 다이얼 게이지   ③ 디바이더   ④ 서피스 게이지

- 펀치 : 철판에 구멍을 뚫는 공구
- 다이얼 게이지 : 측정물의 길이를 비교하는 측정기
- 디바이더 : 양각 끝이 모두 침상으로 되어 있는 컴퍼스 모양의 제도용구

50 측정공구 중 비교측정에 사용되는 측정기로 맞는 것은?

① 측장기   ② 옵티미터
③ 마이크로미터   ④ 버니어 캘리퍼스

- 비교측정 : 측정하려고 하는 양(+)의 값을 이미 알고 있는 같은 종류의 값과 비교해서 구하는 측정 방법
- 측장기 : 길이를 측정하는 기계
- 옵티미터 : 표준 치수의 물체와 측정하고자 하는 물체의 치수 차이를 광학적으로 확대하여 정밀하게 측정하는 비교 측정기
- 마이크로미터 : 피치를 가진 나사를 이용한 길이측정기
- 버니어 캘리퍼스 : 외경, 내경, 깊이 등을 측정하는 기기

51 다음 그림과 같은 센터 게이지의 용도로 맞는 것은?

① 나사의 길이 측정   ② 나사의 강도 측정
③ 나사산의 피치 측정   ④ 나사 절삭바이트의 각도 측정

- 센터게이지 : 각도 측정용

52 축 고장 시 설계 불량의 직접원인이 아닌 것은?

① 재질 불량   ② 치수강도 부족   ③ 끼워맞춤 불량   ④ 형상구조 불량

- 설계 불량의 직접 원인은 설계 시에 계획하는 형상구조, 치수강도, 재질 등의 초기 단계에서 설정한 부분에서 발생한 것을 말하며, 간접원인은 설계 후 가공과정에서 발생한 원인에 의해 축의 고장이 발생한 경우를 간접 원인으로 본다.

정/답   49 ④   50 ②   51 ④   52 ③

53 기어 손상에서 이 부분이 파손되는 주원인으로 다음 중 틀린 것은?

① 균열 ② 마모 ③ 피로 파손 ④ 과부하 결손

> **기어 이의 파손의 원인**
> • 과부하 절손, 피로 파손, 균열, 소손 등

54 다음 브레이크 중 화물을 올릴 때는 제동 작용을 하지 않고 화물을 내릴 때 자중에 의한 제동 작용을 하는 것으로 맞는 것은?

① 원판 브레이크 ② 밴드 브레이크 ③ 블록 브레이크 ④ 나사 브레이크

> • 원판 브레이크 : 회전축에 고정되어 바퀴와 같이 도는 둥근 강판을 패드로 누름으로써 회전을 멎게 하는 장치
> • 밴드 브레이크 : 유성 기어장치가 들어 있는 드럼 둘레에 띠를 감아, 액추에이터로 밴드의 안쪽에 부착되어 있는 마찰재를 드럼에 압착시켜 정지시키는 장치
> • 블록 브레이크 : 브레이크 드럼에 브레이크 블록을 밀어 넣어 제동하는 장치

55 나사의 표시방법 중 유니파이 보통 나사를 나타내는 기호는?

① UNF ② UNC ③ CTC ④ CTG

> • UNF : 유니파이 가는 나사
> • UNC : 유니파이 보통 나사
> • CTC : 박강 전선관 나사
> • CTG : 후강 전선관 나사

56 축이음 핀의 빠짐 방지나 볼트, 너트의 풀림방지로 쓰이는 것은?

① 코터 ② 평행핀 ③ 분할핀 ④ 테이퍼핀

> • 코터 : 축과 축 등을 결합시키는 데 사용하는 쐐기
> • 평행핀 : 캠축에 캠축 스프로킷을 고정할 때 안내 위치를 결정하는 핀
> • 테이퍼핀 : 톱니바퀴, 벨트, 핸들 따위의 보스를 축에 간단히 고정하는 테이퍼가 붙은 핀

정/답 53 ② 54 ④ 55 ② 56 ③

57 송풍기의 풍량을 조절하는 방법으로 다음 중 틀린 것은?

① 가변 피치에 의한 조절
② 송풍기의 회전수를 변화시키는 방법
③ 송풍기 축의 축 방향의 신장 조절
④ 흡입구 댐퍼에 의한 조절

> **송풍기 풍량 조절방법**
> - 댐퍼 제어, 각도 제어, 회전수 제어
> - 가변피치에 의한 조절, 송풍기의 회전수를 제어하는 방법, 흡입날개 조절(Suction Vane Control), 흡입구 댐퍼에 의한 조절, 토출구 댐퍼에 의한 조절

58 펌프 운전 시 압력계가 정상보다 높게 나오는 원인으로 다음 중 틀린 것은?

① 파이프의 막힘
② 안전밸브의 불량
③ 밸브를 너무 막을 때
④ 실양정이 설계 양정보다 낮을 때

> - 실양정이란 흡입양정과 토출양정의 합이다.
> - 실양정이 설계 양정보다 높을 때 압력계가 정상보다 높게 나오는 원인이 된다.

59 감속기의 기어박스를 점검한 결과 이뿌리 면이 상대편 기어의 이끝 통로에 따라 마모되었다. 다음 중 문제 해결 방법으로 틀린 것은?

① 압력각을 증가시킨다.
② 기어의 이끝 높이를 크게 한다.
③ 기어의 이끝 면을 가공한다.
④ 피니언의 이뿌리 면을 가공한다.

> **이의 간섭 방지법**
> - 압력각을 크게 한다.
> - 피니언의 이뿌리 면과 기어의 이끝 면을 가공한다.
> - 기어의 이끝 높이를 작게 한다.

60 왕복식 압축기와 비교한 원심식 압축기의 단점으로 다음 중 맞는 것은?

① 윤활이 어렵다.
② 설치 면적이 넓다.
③ 맥동 압력이 있다.
④ 고압발생이 어렵다.

> **원심식 압축기의 단점**
> - 소용량 압축기는 효율이 감소하여 비경제적이다.
> - 부하가 감소하면 서징이 발생한다.
> - 냉매 회수장치가 필요하다.
> - 흡입관 및 배출관이 직접 팽창식에서는 커지므로 브라인식이 필요하다.
> - 압축 압력을 크게 하지 못한다.

정/답 57 ③ 58 ④ 59 ② 60 ④

제4과목 | 설비진단 및 관리

61 1자유도 진동계에서 다음 수식 중 옳은 것은?

① $T = \omega f$ ② $\omega_n = \dfrac{k}{m}$ ③ $C_{cr} = \sqrt{2mk}$ ④ $\omega = 2\pi f$

고유주파수 : $f = \dfrac{\omega}{2\pi}$, 고유주기 : $T = \dfrac{2\pi}{\omega} = \dfrac{1}{f}$

원진동수 : $\omega_n = \sqrt{\dfrac{k}{m}}$, 임계감쇠계수 : $C_{cr} = 2\sqrt{mk}$

---

62 스프링 상수 $2.4N/cm$인 스프링 4개가 병렬로 어떤 물체를 지지하고 있다. 스프링의 변위가 1cm라면 지지된 물체의 무게는 몇 N인가?

① 20.4 ② 18.2 ③ 9.6 ④ 7.6

$k_e = 4k$, $W = k_e\delta = 4k\delta = 4 \times 2.4 \times 1 = 9.6N$

---

63 센서에 대한 설명 중 틀린 것은?

① 진동 측정용 픽업은 가속도 검출형, 속도 검출형, 변위 검출형으로 구별되며 변위 검출형은 비접촉으로 사용된다.
② 속도 센서는 동전형 속도센서가 널리 사용되며, 측정 주파수 범위는 보통 1Hz~100Hz이다.
③ 가속도 센서로서 현재 널리 사용되고 있는 것은 압전형 가속도 센서이며, 이것은 주파수 범위의 광대역, 소형 경량화, 사용온도 범위가 넓다.
④ 변위 센서는 와전류식, 전자 광학식, 정전용량식 등이 있으며, 축의 운동과 같이 직선관계 측정 시 고감도 오실레이터로는 와전류형 변위센서가 사용된다.

동전형 속도 센서의 특징
- 중저주파역(1kHz 이하)의 진동 측정에 적합
- 대형으로 중량이다.
- 감도가 안정적이다.
- 변압기 등 자장이 강한 장소에서는 사용 불가
- 픽업의 출력 임피던스가 낮음

정/답 61 ④ 62 ③ 63 ②

64 진폭 2mm, 진동수 250Hz로 진동하고 있는 물체의 최대속도는 몇 m/s인가?

① 6.28 ② 4.71 ③ 3.14 ④ 1.57

$\omega = 2\pi f = 500\pi$, $x = X\sin\omega t$
$\dot{x} = V = X\omega\cos\omega t$, $V_{max} = 0.002 \times 500\pi = 3.14 \text{m/s}$

65 직접적인 공기의 압력 변화에 의한 유체 역학적 원인에 의해 난류음을 발생시키는 기기로 맞는 것은?

① 송풍기 ② 압축기 ③ 진공펌프 ④ 엔진 배음기

압축기, 진공펌프, 엔진의 배음기는 맥동음이 발생된다.

66 $x = Ae^{j\omega t}$인 조화운동의 가속도 진폭의 크기는?

① $\omega^2 A^2$ ② ωA^2 ③ ωA ④ $\omega^2 A$

$x = Ae^{j\omega t}$, $\dot{x} = V = Aj\omega e^{j\omega t}$, $\ddot{x} = a = A\omega^2 e^{j\omega t}$

67 회전속도가 2000rpm인 원심팬이 있다. 방진고무로 탄성지지시켜 진동전달률을 0.3으로 하고자 할 때, 정적 수축량은 약 몇 mm인가? (단, 방진고무의 감쇠계수는 0으로 가정한다.)

① 2.20 ② 1.41 ③ 0.97 ④ 0.71

$\omega = \dfrac{2\pi N}{60} = \dfrac{2 \times \pi \times 2000}{60} = 209.44 \, rad/s$

$TR = \dfrac{1}{\left|1 - \left(\dfrac{\omega}{\omega_0}\right)^2\right|}$, $0.3 = \dfrac{1}{\left|1 - \left(\dfrac{209.44^2}{\omega_0^2}\right)\right|}$

$\omega_0 = 100.61 = \sqrt{\dfrac{g}{\delta}}$, $\delta = 9.68 \times 10^{-4} = 0.968 \text{mm}$

정/답 64 ③ 65 ① 66 ④ 67 ③

68 다음 매질 중 음속이 가장 느린 것은 어느 것인가?

① 강철　　　　② 나무　　　　③ 납　　　　④ 알루미늄

- 음속은 딱딱한 물체이거나, 탄성률이 크거나, 온도가 상승할수록 빨라지며, 밀도가 클수록 느려진다.
- 기체의 음속(m/s)
  - 수소(0℃) : 1286, 헬륨(0℃) : 972, 공기(20℃) : 344, 공기(0℃) : 331
- 액체의 음속(m/s)
  - 바닷물 : 1533, 물 : 1493, 수은 : 1450, 메탄올 : 1143
- 고체의 음속(m/s)
  - 다이아몬드 : 12000, 철 : 5130, 알루미늄 : 5100, 구리 : 3560, 금 : 3240, 납 : 1322, 고무 : 1600, 나무 : 3353

69 1자유도계에서 질량을 m, 감쇠계수를 C, 스프링상수를 k라 할 때, 임펄스 응답이 그림과 같기 위한 조건은?

① $C < 2\sqrt{mk}$
② $C < 4mk$
③ $C > 2mk$
④ $C > 2\sqrt{mk}$

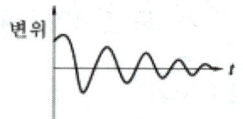

경감감쇠의 진폭 변화이므로 감쇠비 $\zeta = \dfrac{C}{C_c} < 1$, $C < C_c$

임계감쇠계수 $C_c = 2\sqrt{mk}$

70 다음 중 기류음에 대한 설명으로 맞는 것은?

① 기계 본체의 진동에 의한 소리이다.
② 직접적인 공기의 압력변화에 의한 유체역학적 원인에 의해 발생된다.
③ 물체의 진동에 의한 기계적 원인으로 발생한다.
④ 기계의 진동이 지반진동을 수반하여 발생하는 소리이다.

- 이차 고체음 : 기계 본체의 진동에 의한 소리
- 고체음 : 물체의 진동에 의한 기계적 원인으로 발생하는 소리
- 일차 고체음 : 기계의 진동이 지반진동을 수반하여 발생하는 소리

정/답　68 ③　69 ①　70 ②

71 보전업무에서 실제로 가장 중요한 요소의 하나로 현 설비뿐만 아니라 잠재적인 설비설계의 향상 또는 미래의 설비구매에 대한 의사결정을 위한 중요한 기반이 되는 설비관리기능으로 다음 중 맞는 것은?

① 실시기능 ② 지원기능 ③ 일반관리기능 ④ 기술기능

- 일반관리기능 : 보전 정책 기능과 예산관리, 보전 조직과 시스템 수립, 보전 업무의 계획
- 지원기능 : 보전 요원 인력관리, 교육 및 훈련 지원, 측정 장비 및 보전용 설비
- 실시기능 : 점검 및 검사 실행, 주유, 조정, 수리 업무 등의 준비 및 실행

72 사람, 물건, 설비의 관계를 가장 경제적으로 얻기 위해 제품을 구성하는 각 부품이나 재료의 입하부터 최종 출하까지의 생산설비를 계획하는 것과 관련하여 다음 중 가장 적절한 것은?

① 구조설계 ② 설비배치 ③ 안전설계 ④ 운반 시스템설계

- 구조설계 : 건축물의 구조에 관련된 부분의 설계
- 안전설계 : 안전에 최소한의 대응책을 정한 것
- 운반 시스템설계 : 낙하 폭탄이나 미사일과 같은 무기체의 효과적인 작용능력을 완성하기 위한 운반이나 추진의 수단에 대한 설계

73 특정 환경과 운전 조건 하에서 주어진 시점 동안 규정된 기능을 성공적으로 수행할 확률을 나타내는 것으로 다음 중 맞는 것은?

① 신뢰도 ② 고장률 ③ 가동률 ④ 보전도

- 고장률 : 기계나 장치, 기기, 부품 등이 어떤 기간 동안 고장 없이 동작한 후, 계속해서 어떤 단위 시간 내에 고장을 일으키는 비율
- 가동률 : 작업자나 기계설비의 실제 가동시간과 전 작업시간의 비율
- 보전도 : 기기나 시스템이 고장 난 뒤에 일정 시간까지 수리가 완료되는 확률

정/답 71 ④ 72 ② 73 ①

74 다음 중 고장해석을 위해 제시되는 방법의 결과가 목적 달성에 최적인 대안 선정이 가능한 방법은?

① 상황분석법　② 행동개발법　③ 의사결정법　④ 요인분석법

고장 분석 기법
- 상황분석법 : 복잡하게 얽혀있는 해결해야 할 당면 과제들을 누락 없이 중점적으로 다루어서 그 결과를 최선으로 가져가기 위한 논리적이고 합리적인 사고기법
- 특성 요인분석법 : 수평적으로 현상과 결과에 대한 근본적인 원인과 이유를 시각적으로 분석 정리하는 분석기법
- 행동개발법 : 개인 수준의 행동 개발부터 전체 행동 개발에 이르기까지의 다양한 능력 측정 도구와 개인 및 집단의 자기평가 그리고 지식, 기술, 행동의 여러 가지 개발 방법
- 변화기획법 : 조직의 가치 증대를 목적으로 개인 또는 집단의 문제의식을 해체 및 결합하여 조직의 과제로 현재화하는 작업

75 품질관리 도구 중 중심선과 관리한계선을 설정한 그래프로, 품질의 산포를 판별하여 공정이 정상상태인지, 이상상태인지를 판독하기 위한 방법으로 다음 중 맞는 것은?

① 히스토그램　② 관리도　③ 체크시트　④ 파레토도

- 체크시트 : 불량 항목별, 요인별, 결점 위치별 체크 시트 등으로 데이터를 간단히 취해서 정리하기 쉽도록 사전에 설치된 시트를 말한다.
- 파레토도 : 불량품, 결점, 클레임, 사고 건수 등을 그 현상이나 원인별로 데이터를 내고 수량이 많은 순서로 나열하여 그 크기를 막대그래프로 나타낸 것
- 히스토그램 : 공정에서 취한 계량치 데이터가 여러 개 있을 때 데이터가 어떤 값을 중심으로 어떤 모습으로 산포하고 있는가를 조사하는데 사용하는 그림

76 다음 중 베어링 윤활의 목적으로 맞지 않는 것은?

① 베어링의 수명 연장
② 유화에 따른 윤활면의 내압성 저하
③ 먼지 또는 이물질의 침입 방지
④ 동력 손실을 줄이고 발열을 억제

베어링 윤활의 목적
- 금속류의 직접 접촉에 의한 소음을 방지한다.
- 베어링의 마모를 방지하고 베어링 수명을 연장시킨다.
- 마모를 적게 하여 동력 손실을 줄이고 마찰에 의한 발열을 억제한다.
- 윤활유의 냉각 효과로서 열을 제거하고 베어링 온도 상승을 억제한다.
- 윤활유가 먼지와 이물질의 침입을 방지한다.

정/답　74 ③　75 ②　76 ②

77 윤활유에서 발생되는 트러블 현상에 대한 원인이 잘못 연결된 것을 선택하시오.

① 인화점 감소 · 저점도유 혼입
② 동점도 증가 · 고점도유의 혼입
③ 외관 혼탁 · 수분이나 고체의 혼입
④ 수분 증가 · 고체입자 혼입

윤활유의 트러블 현상
- 동점도 증가 : 고점도유의 혼입, 산화로 인한 열화
- 동점도 감소 : 저점도유의 혼입, 연료유 혼입에 의한 희석
- 수분증가 : 공기 중의 수분 응축, 냉각수 혼입
- 외관 혼탁 : 수분이나 고체의 혼입
- 소포성 불량 : 고체입자 혼입, 부적합 윤활유 혼입
- 전산가 증가 : 열화가 심한 경우, 이물질 혼입
- 인화점 증가 : 고점도유 혼입
- 인화점 감소 : 저점도유 혼입, 연료유 혼입

78 윤활유의 열화 판정법 중 직접 판정법에 해당되는 것은?

① 리트머스 시험지로 산성 여부를 판단한다.
② 냄새를 맡아보아 불순물의 함유 여부를 판단한다.
③ 시험관에 같은 양의 기름과 물을 넣고, 교반 후 분리시간으로 향유화성을 조사한다.
④ 사용유의 성상을 조사한다.

윤활유의 열화 판정법
- 직접 판정법
  - 신유의 성상을 사전에 명확히 파악해 둔다.
  - 사용유의 대표적 시료를 채취하여 성상을 조사한다.
  - 신유와 사용유의 성상을 비교, 검토한 후에 관리 기준을 정하고 교환하도록 한다.
- 간이 판정법
  - 냄새를 맡아본다.
  - 가열 후 물이 튀는 소리를 듣는다.
  - 손으로 기름을 찍어본다.
  - 유리판에 기름을 넣고 투시한다.
  - 리트머스 시험지로 산성 여부를 판단한다.
  - 시험관에 같은 양의 기름과 물을 넣고, 교반 후 분리시간으로 향유화성을 조사한다.
  - 기름과 농유산을 이용한다.
  - 소량의 시료를 채취하여 가열 후 유리막대를 이용하여 침투된 유폭을 측정한다.
  - 현장에서 간이식 점도계, 중화가 시험기, 비중계, 비색계를 활용하거나, 간이 시험기를 이용한다.

정/답   77 ④   78 ④

79 그리스 분석시험 중 주도시험에 대한 설명으로 다음 중 맞는 것은?

① 그리스의 단단하기, 즉 그리스가 얼마나 굳은가를 측정하는 시험
② 그리스가 장비의 부식에 미치는 영향을 간접 평가하는 시험
③ 그리스 중에 함유되어 있는 수분과 저휘발성인 광유의 함유량을 확인하는 시험
④ 그리스의 제조과정에서 사용된 금속염들은 그 양에 의해 좌우되는데, 이것은 윤활부의 마찰을 증가시킴으로써 기계를 손상시키는 요인이 되는 것을 보기 위한 시험

- 동판부식 : 그리스가 장비의 부식에 미치는 영향을 간접 평가하는 시험
- 증발량 : 그리스 중에 함유되어 있는 수분과 저휘발성인 광유의 함유량을 확인하는 시험
- 회분 : 그리스의 제조과정에서 사용된 금속염들은 그 양에 의해 좌우되는데 이것은 윤활부의 마찰을 증가시킴으로써 기계를 손상시키는 요인이 되는 것을 보기 위한 시험

80 고하중 기어나 극압성이 큰 압연기 등에 사용되는 윤활유로 다음 중 적당한 것은?

① 레귤러형 기어유
② 웜형 기어유
③ 마일드 EP형 기어유
④ 다목적용 기어유

- 마일드 EP형 기어유 : 극압첨가제를 가한 오일로 고하중 조건하의 기어에 사용한다.
- 레귤러형 기어유 : 저하중, 저속의 스퍼기어, 헬리컬기어, 웜기어 및 베벨기어에 사용한다.
- 웜형 기어유 : 속도, 하중이 약간 가혹한 조건하의 웜기어에 사용한다.
- 다목적용 기어유 : 하이포이드기어 및 극히 가혹한 조건하의 각종 기어에 사용한다. 고속 저토크, 고속 충격 하중에 견뎌야 하는 기어에 사용한다.

설비보전기사 필기

2025년 1월 15일 초 판 인쇄
2025년 1월 20일 초 판 발행
2026년 1월 15일 개정 1판 발행

저　　자	김영기
발 행 자	조규백
발 행 처	도서출판 구민사
	(07293) 서울특별시 영등포구 문래북로 116, 604호(문래동3가, 트리플렉스)

전화 (02) 701-7421
FAX (02) 3273-9642
홈페이지 http://www.kuhminsa.co.kr

신고번호 제2012-000055호(1980년 2월 4일)
I S B N　979-11-6875-634-2　　13550

가　　격　40,000원

낙장 및 파본은 구입하신 서점에서 바꿔드립니다.
본 서를 허락없이 부분 또는 전부를 무단복제, 게재행위는 저작권법에 저촉됩니다.